건축구조기술사 · 토목구조기술사 · 기술고시 합격 필독서

재료역학 · 구조역학 · 응용역학

역학의 정석

STANDARD SOLUTIONS OF STRUCTURAL MECHANICS

김성민 · 김성범 공저

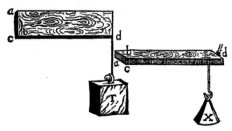

- 10년간 역학 기출문제 풀이수록
- 유형별 분류를 통한 체계적 학습
- 주요 문제 TI-*nspire* CAS 솔루션 PDF 제공

▶ YouTube 계산기 사용법 동영상 강좌

한솔아카데미
H/A/N/S/O/L/A/C/A/D/E/M/Y

본 도서를 구입시 드리는 혜택!

계산기 기본 사용법 무료 강의

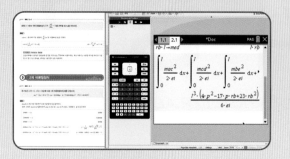

- 무한반복 ▶ **YouTube** 무료강의
- 한 눈에 보는 계산기 기본 사용법

▶ YouTube QR코드

주요 문제 Ti-Nspire 솔루션 제공

```
PE.C-4-4(DSM)
------------------------------1                                                    1

           ⌈ 1  -1   0   0 ⌉                              ⌈ 333333.  -333333.   0.   0. ⌉
200·250   | -1   1   0   0 | →k12                        | -333333.  333333.   0.   0. |
───────   |  0   0   0   0 |                              |   0.        0.      0.   0. |
  0.15    ⌊  0   0   0   0 ⌋                              ⌊   0.        0.      0.   0. ⌋

           ⌈ 0   0   0   0 ⌉                              ⌈ 0.    0.        0.        0. ⌉
200·250   |  0   1  -1   0 | →k23                        | 0.  333333.  -333333.    0. |
───────   |  0  -1   1   0 |                              | 0. -333333.   333333.    0. |
  0.15    ⌊  0   0   0   0 ⌋                              ⌊ 0.    0.        0.        0. ⌋

           ⌈ 0   0   0   0 ⌉                              ⌈ 0.   0.      0.         0. ⌉
200·400   |  0   0   0   0 | →k34                        | 0.   0.      0.         0. |
───────   |  0   0   1  -1 |                              | 0.   0.   266667.  -266667. |
  0.3     ⌊  0   0  -1   1 ⌋                              ⌊ 0.   0.  -266667.   266667. ⌋

k12+k23+k34 →k          ⌈ 333333.  -333333.     0.        0. ⌉
                        | -333333.  666667.  -333333.     0. |
                        |    0.    -333333.   600000.  -266667. |
                        ⌊    0.        0.    -266667.   266667. ⌋

------------------------------2                                                    2
------------------------------3                                                    3

⌈ 666667.  -333333. ⌉ →kaa                   ⌈ 666667.  -333333. ⌉
⌊ -333333.  600000. ⌋                         ⌊ -333333.  600000. ⌋

⌈ 300 ⌉ →xa                                   ⌈ 300 ⌉
⌊  0  ⌋                                        ⌊  0  ⌋

kaa⁻¹·xa →d                                   ⌈ 0.000623 ⌉
                                              ⌊ 0.000346 ⌋

------------------------------4                                                    4

⌈ -333333.    0.    ⌉ →kba                    ⌈ -333333.    0.    ⌉
⌊    0.    -266667. ⌋                         ⌊    0.    -266667. ⌋
```

▶ PDF 파일 무료 다운로드

[주요 문제 TI-*nspire* CAS 솔루션]

- 풀이 순서대로 작성된 Ti-Nspire 입력내용 제공
- 계산기 입력과정을 따라하기만 해도 문제 이해도 200% 향상가능

■ **재료역학**
1. 축하중
2. 전단
3. 비틀림
4. 굽힘
5. 응력, 변형률
6. 평면응력 응용
7. 단면성질

■ **구조기본**
1. 보 해석
2. 골조 해석
3. 트러스
4. 케이블
5. 아치
6. 이동하중, 영향선

■ **구조응용**
1. 동역학
2. 소성해석
3. 안정론

한솔아카데미 인터넷 서점 베스트북 홈페이지(www.bestbook.co.kr) 자료실에서 제공되는 주요문제 Ti-Nspire 솔루션을 참고하세요.

❶ 한솔아카데미 인터넷 서점 홈페이지에 접속하여 상단의 [자료실] – [도서자료]를 클릭합니다.

❷ 검색란에 '역학의 정석'을 입력하고 [검색] 버튼을 클릭합니다.

❸ 클릭 후 [주요문제 Ti-Nspire 솔루션.zip]을 다운로드하여 역학의 정석 계산기 활용 방법 을 참고하세요.

STANDARD SOLUTIONS
OF STRUCTURAL MECHANICS

PREFACE
책을 펴내며

인간의 삶에 필수적인 3대 요소는 의복(Clothing), 식량(Food), 그리고 주거(Shelter)입니다. 원시 동굴에서 시작된 주거는 시간이 흐르면서 다양한 형태의 구조물(Structure)로 진화해왔습니다. 구조공학의 발전과 함께 인류는 더 크고 넓은 구조물을 만들 수 있게 되었고, 이는 우리의 생활양식을 크게 변화시켰습니다.

그러나 구조물의 형태적 발전은 새로운 도전을 가져왔습니다. 태풍, 지진 등의 자연재해와 설계 시공 또는 사용상의 실수로 인한 인재(人災)로 인해 붕괴사고가 발생하면서, 구조안전에 대한 사회적 책임이 더욱 중요해졌습니다. 구조공학은 이러한 구조물의 형태적, 사회적 안전을 책임지는 핵심 분야로 자리 잡았습니다.

구조공학은 크게 재료역학과 구조역학으로 구성됩니다.
이 분야와 관련된 대표적인 국가기술자격시험으로는 건축구조기술사와 토목구조기술사가 있으며, 국가 공무원(5급 / 건축, 토목 직렬) 공채시험에서도 구조공학이 중요한 시험과목으로 채택되고 있습니다. 이들 시험에서 역학 관련 문제의 출제 비중이 40% 이상을 차지하기 때문에, 합격을 위해서는 재료역학과 구조역학을 철저히 이해하고 습득해야 합니다. 최근에는 이 세 분야의 시험문제가 서로 유사하게 출제되는 경향이 있어, 체계적인 기출문제 분석과 정리가 더욱 중요해졌습니다.

본서 "역학의 정석"은 저자 2인을 포함한 도동 스터디 멤버 5인이 구조기술사, 기술고시 역학 스터디를 진행하면서 정리한 기출문제 풀이집입니다. 이 책은 관련 시험에 효율적으로 대비할 수 있도록 구성되었으며, 다음과 같은 특징을 가지고 있습니다.

1. 10년간 역학 기출문제 풀이 수록
2. 유형별 문제 문류를 통한 체계적인 학습
3. 주요 문제 TI-Nspire 솔루션 PDF 제공
4. 계산기 기본 사용법 YouTube 동영상 강좌

또한, 두 저자의 장기간의 시행착오와 성공 경험을 담은 수험후기를 수록하여, 수험생 여러분에게 실질적인 도움과 동기부여를 제공하고자 했습니다.

구조역학의 여정은 쉽지 않지만, 본서가 여러분의 든든한 길잡이가 되어 목표 달성에 한 걸음 더 가까워질 수 있기를 바랍니다. 고독하고 힘든 수험생활 중인 여러분, 또는 이제 막 대장정의 첫발을 내딛는 수험생 여러분에게 이 책이 작은 등대가 되길 희망합니다.

여러분의 노력이 반드시 결실을 맺기를 진심으로 기원합니다. 건투를 빕니다!

From 김성민

비전공자(경제학 전공)인 내가 평소 생각지도 못했던 건축구조기술사에 도전하게 된 계기는 지켜야만 했던 '약속' 때문이었다.

사회생활을 막 시작했던 나의 20대 중반시절, 어머니는 백혈병 진단을 받고 항암치료를 시작하셨다. 어머니는 독한 항암제 부작용으로 무척 고통스러워 하셨고 나는 어머니를 위해 할 수 있는 것이 아무것도 없다는 것에 너무나 고통스러웠다.

무균실 병동에 계신 어머니와 안부전화를 하면서 우리는 항암치료를 무사히 마치고 공기 좋은 곳에서 예쁜 집짓고 행복하게 살자는 약속을 했고, 나는 건축구조기술사 자격증 시험에 합격하겠다고 약속했다. 그것이 백혈병 치료와는 아무런 상관이 없지만 그 시험이 내가 겪을 수 있는 가장 큰 어려움이라고 생각했기 때문이다. 무균실 병동에서 어머니의 간호는 누나들이 맡았고 내가 할 수 있는 일이라곤 희망을 저버리지 않은 채 그저 어머니가 완치되길 간절히 바라며 이런 '약속'을 하는 것뿐이었다. 그게 어머니와 마지막 약속이었고, 어머니는 항암치료제 부작용으로 5개월 만에 돌아가셨다.

나는 어머니가 돌아가신 슬픔과 나의 무력함에 죄책감이 들었고 괴로웠다. 그러나 어머니 생전 마지막 약속을 지켜야 한다는 생각에 포기하지 않고 공부를 했고 그렇게 10여 년이 흘러 건축구조기술사에 최종 합격할 수 있었다. 돌이켜 보건데 이 '약속'마저도 병상에 계셨던 어머니가 자식을 바른 길로 이끌어 주시기 위한 깊은 뜻이 아니었을까 하는 생각이 든다.

길고 긴 수험생 시절에 합격하고 가장 하고 싶었던 것은 공부한 자료를 정리하여 책으로 출판하는 것이었다. 합격 후 몇 번의 시도가 있었지만 빠듯한 일상 탓에 마음을 접고 있었다가 일년 간의 뜻밖의 소중한 시간이 주어져 출판에 도전할 수 있게 되었다.

자료를 정리하면서 나의 길고 길었던, 실패 딱지가 덕지덕지 붙어있던 수험생활을 되돌아볼 수 있었다. 시험은 자신과의 싸움이지만 나만 잘해서는 결코 이 시험에 합격할 수 없었음을 다시 한 번 느꼈다. 나의 무모한 도전과 계속된 실패 속에서도 항상 응원과 격려를 해 주었던 나의 가족과 지인들께 진심으로 감사드린다.

그 중에서도 오랜 수험기간 동안 묵묵히 뒷바라지를 해준 아내 상미와 딸 지우에게 사랑하고 미안하고 고맙다는 말을 전하고 싶다. 그리고 나의 긴 수험여정에 방점과 마침표를 찍게 해준 일등 공신들이자 이 책의 원본 자료를 같이 작성한 도동 스터디 멤버인 성범, 화성, 준, 현승에게 감사의 마음을 전한다. 또한 이 책의 출판을 기획해주신 한솔아카데미 대표님, 표지 디자인을 맡아주신 강수정 실장님, 생소한 공학수식을 변환작업 하시느라 정말 고생하신 안주현 편집부장님 그리고 이 책이 나오기까지 아낌없는 지원을 해 주신 최상식 이사님께 진심으로 감사 말씀을 전한다.

마지막으로, 포기하지 않는 인내심을 물려주신 존경하는 아버지 그리고 하늘나라에 계신 어머니에게 이 책을 바친다.

From 김성범

긴 수험생활을 돌이켜보면 힘든 점이 많았다. 그중에 답이 공개되지 않은 역학이 한 몫 한다. 그때 많은 힘이 되어준게 바로 스터디이다. 합격하면 나와 같은 어려움을 겪는 사람들에게 도움이 되기 위해 책을 낼 거라는 다짐을 했었고, 늦었지만 지금이라도 그들에게 도움이 되었으면 한다.

지금까지 서로를 믿고 의지하며 함께해준 김성민, 채화성, 김준, 박현승 그리고 한지성, 전진호, 김형태, 송의신 등 많은 이들에게 감사의 마음을 전하며, 언제나 큰 힘이 되어준 부모님과 사랑하는 신혜, 윤서, 윤지에게 다시 한번 고마움을 전하고 싶다.

CONTENTS

CHAPTER 01 주요공식 요약

5

책의 구성과 특징

01 책의 구성

이 책은 건축구조기술사(81회~120회), 토목구조기술사(81회~120회), 기술고시(2008년~2017년) 기출문제 중 역학계산문제를 재료역학, 구조기본, 구조응용이라는 주제별로 분류하였으며 세부항목은 다음과 같다.

분류	세부항목	비고
재료역학	축하중, 굽힘, 전단, 비틀림, 응력, 변형률, 평면응력 응용, 단면성질	136문항
구조기본	보 해석, 골조 해석, 트러스, 케이블, 아치, 이동하중, 영향선	296문항
구조응용	동역학, 소성해석, 안정론	171문항

풀이수록 문항 수

구분	건축구조기술사	토목구조기술사	기술고시	총합계
재료역학	45	44	47	136
축하중	14	16	11	41
전단	5	4	5	14
비틀림	5	2	6	13
굽힘	9	7	9	25
응력, 변형률	6	8	10	24
평면응력 응용		2	6	8
단면성질	6	5		11
구조기본	140	106	50	296
보 해석	63	59	33	155
골조 해석	31	16	6	53
케이블	5	3	2	10
트러스	31	14	5	50
아치	8	8	2	18
이동하중, 영향선	2	6	2	10
구조응용	76	59	36	171
동역학	38	29	12	79
소성 해석	20	16	8	44
안정론	18	14	16	48
총합계	261	209	133	603

02 책의 특징

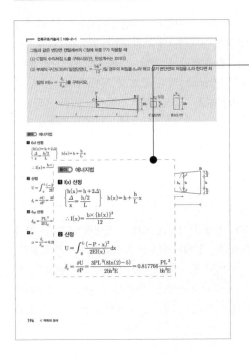

간결성(풀이과정 CAS 기능 활용)
문제를 해결하기 위한 식 수립까지만 표기하고 식의 전개, 정리는 계산기를 활용하여 최소화함으로써 계산 과정상의 실수를 줄이고 답안작성 시간을 최소화 할 수 있도록 하였다.

가독성(가급적 2쪽 이내 답안작성)
문제 풀이가 너무 길거나 장황한 경우 학습능률이 저하되고 실수할 가능성이 있기 때문에 전체적인 풀이를 한눈에 확인할 수 있도록 가급적 2쪽 이내로 풀이 하였다.

오타 최소화(답안수치 계산기 검증)
수기자료를 타이핑하는 과정에서 발생할 수 있는 오타 등을 방지하고 최종 답 확인을 위해 거의 모든 문제를 TI-Nspire CX CAS Student Software 프로그램으로 검증하였다(주요 문제는 계산 입력 내용 수록).

03 책의 활용

기본서와 학습 병행하기
서브노트로만 이론을 공부하면 이론의 배경이나 세부 내용을 정확히 파악할 수 없다. 대부분의 합격생이 그러하듯 처음 공부할 때 요약집으로 시작하지만 어느 정도 지나면 한계에 부딪혀 기본서를 다시 보게 된다. 물론 기본서를 100% 마스터한 후 서브노트를 공부하는 것은 매우 지루하기 때문에 기본서 공부와 서브노트 공부를 병행하는 것을 추천한다.

자신만의 서브노트 작성하기
역학은 각 문제에 대한 자신만의 '풀이 포맷'이 있어야 신속하게 문제를 풀 수 있다. 어떤 사람은 두괄식 전개에 익숙하지만 어떤 사람은 미괄식 전개가 편할 수 있다. 따라서 이 책의 풀이와 전개방식을 참고하여 본인만의 풀이 포맷을 이용한 서브노트를 작성할 것을 권한다. 이 과정에서 서브노트는 한 번에 작성되는 것이 아니라 보통 2~3번 정도 전면 수정단계를 거쳐 완성된다.

계산기 입력내용 따라하기
이 책에 첨부된 계산기 입력내용을 반드시 따라해 보길 바란다. 이 때 계산기의 단축키를 이용하여 입력시간을 최소화하고 첨부된 내용과 본인의 입력내용을 비교하는 연습을 통해 실제 시험장에서 계산기 입력실수를 방지할 수 있도록 몸에 익힌다.

직접 풀어보고 비교하기
이 책의 풀이는 최대한 저자의 시험 답안 작성 흐름을 따라서 작성하였다. 따라서 본인의 풀이방식과 맞지 않는다면 실제 시험장에서 실수할 수 있기 때문에 최대한 시험장 조건을 유지하고 직접 풀이하는 연습을 통해 실수를 줄이는 것이 최우선이 되어야 한다.

시험개요

01 건축구조기술사

건축구조기술사의 직무내용은 건축구조분야에 관한 고도의 전문지식과 실무경험에 입각한 계획, 연구, 설계, 분석, 시험, 운영, 시공, 평가 또는 이에 관한 지도, 감리 등의 기술업무 수행이다. 건축구조기술사 시험은 1차 필기시험, 2차 면접시험으로 나뉘며, 1차 평균 60점 이상이면 2차 시험을 볼 수 있고, 2차 시험 60점 이상이면 최종 합격이다. 기술사 시험은 표면상 절대평가이지만 합격TO 가이드라인이 정해져 있으므로 상대평가에 가깝다(단, 합격자 TO는 미공개). 시험과목은 정역학, 동역학, 건축구조기준, 구조계획, 철근콘크리트, 강구조, 기타 구조 및 지하구조물 설계, 안전진단 및 보수보강, 구조감리 및 현장지원 전반이다.

02 토목구조기술사

토목구조기술사의 직무내용은 토목구조분야의 토목기술에 관한 고도의 전문지식과 실무경험에 입각한 계획, 연구, 설계, 분석, 시험, 운영, 시공, 평가 또는 이에 관한 지도, 건설사업관리 등의 기술업무 수행이다. 토목구조기술사 시험은 1차 필기시험, 2차 면접시험으로 나뉘며, 1차 평균 60점 이상이면 2차 시험을 볼 수 있고, 2차 시험 60점 이상이면 최종 합격이다. 기술사 시험은 표면상 절대평가이지만 합격 TO 가이드라인이 정해져 있으므로 상대평가에 가깝다(단, 합격자 TO는 미공개). 시험과목은 토목구조 일반사항, 철근콘크리트, PSC, 구조역학, 강구조, 교량공학, 설계기획관리, 유지관리, 도로·공항·교량설계 및 토목건설사업관리이다.

03 기술고시

기술고시는 국가공무원 5급(기술) 공개경쟁채용시험을 말하며, 중앙부처에서 근무하는 국가직과 지방자치단체에서 근무하는 지역직으로 구분된다. 국가직의 경우 최종 합격 후 연수원 기간 중에 원하는 부처를 선택한다(2차 시험점수, 연수원 성적 및 부처 면접 등 종합 평가). 매년 중앙부처의 TO가 다르기 때문에 약간의 운이 작용할 수 있다. 매 기수마다 다르지만, 몇 달간의 지방연수 후 본인의 부처로 발령을 받으며, 바로 사무관으로 업무를 수행한다. 초임 사무관의 경우 업무에 대한 부담감을 많이 갖을 수 있으나, 그동안 쌓은 지식, 여러 부서와의 업무조율 및 과장, 실·국장, 동료들과 의견 조율을 통하여 국가 주요 정책을 만들어 나아간다. 지방직의 경우 시험 접수 당시 선택한 지역으로 발령을 받기에 연수원때는 상대적으로 수월하다. 연수원, 중앙부처 수습을 마치면 해당 지방에서 다시 수습사무관이라는 기간을 거치게 된다. 지방의 경우 5급 사무관이 팀장의 보직을 받게 되지만, 수습기간중에는 특별한 보직이 없이 업무를 배우게 된다. 수습기간을 마치고 보직을 받게 되면 그때부터 진짜 지방직 업무의 시작으로 생각하면 된다. 중간관리자(팀장)로써 과장, 실·국장과 함께 방향성을 잡고, 팀원들과 함께 보고서 및 사업의 세부적인 사항을 조율하며 정책을 추진한다. 기술고시는 1차 선택형 필기(PSAT), 2차 논문형 필기, 3차 면접시험으로 구분되며 상대평가 등을 통해 합격자가 결정되며, 합격자TO는 매년 초 사이버국가고시센터에 공고된다. 시험과목은 시설직(건축)은 필수 3과목(건축계획학, 건축구조학, 구조역학)과 선택 1과목(건축시공학, 도시계획학, 건축재료, 철근콘크리트공학)이며, 시설직(일반토목)은 필수 3과목(응용역학, 측량학, 토질역학)과 선택1과목(재료역학, 구조역학, 철근콘크리트공학, 수리수문학, 도시계획, 유체역학, 도로공학)이다.

* 기술사 및 기술고시에 대한 보다 자세한 사항은 한국산업인력공단-큐넷 및 사이버국가고시센터를 참조하기 바란다.

01 재료역학

재료역학은 Timoshenko & Gere & Goodno의 책으로 대부분 학습이 가능하며 2021년 현재 9판까지 번역되어 나왔다. 다만 예전에 출판되었던 재료역학(2판)에는 현재판에 없는 비탄성 굽힘과 에너지법이 상세히 정리되어 있으니 이 부분만 발췌독하여 정리하는 것이 필요하다. 또한 기술고시에서는 Advanced Mechanics of Materials에서 종종 출제되고 있으니 필요부분 발췌독을 권한다.

- James M. Gere, Barry J. Goodno, 박정선 역, 「재료역학(7판)」, CENGAGE Learning
- Gere & Timoshenko, 김문생 역, 「재료역학(2판)」, 기문당
- Ansel C. Ugural, Advanced Mechanics of Materials and Applied Elasticity(6th), PEARSON
- Robert D. Cook, Advanced Mechanics of Materials(2nd), PRENTICE HALL
- Arthur P. Boresi. Advanced mechanics of materials(5th), JOHN WILEY & SONS

02 구조역학

구조역학 기출문제는 양창현의 구조역학에서 압도적으로 출제되었다. 구조역학의 기본사항은 이 책을 참조하되, 매트릭스 변위법과 에너지법에 대해서는 C.K. Wang의 최신 구조해석과 선민호의 고수 구조역학을 추천한다. 그 외에 소성해석과 안정론에 대해서는 이수곤의 구조해석특론Ⅱ 및 Ugural 또는 Cook의 Advanced Mechanics of Materials을 참고하기 바란다.

- 양창현, 「구조역학」, 기문당
- C. K. Wang, 정일영 역 「최신 구조해석」, 대신기술
- 선민호, 「고수 구조역학」, 이앤지북
- 이수곤, 「구조해석특론 Ⅰ, Ⅱ」, 전남대학교 출판부
- William M. C. McKenzie, Examples in Structural Analysis(2nd), CRC Press

03 동역학

김상대의 구조동역학은 초심자가 쉽게 접근할 수 있다. Mario Paz의 구조동력학은 보다 상세한 내용을 다루고 있다. 김두기의 구조동역학은 지진, 바람, 환경 등 구조물에 발생할 수 있는 모든 진동에 대한 내용을 종합적으로 다루고 있으므로 세 책의 내용을 직절히 발췌독 하는 것이 필요하며, Chopra의 구조동역학은 초심자가 보기에 어려운 책이니 김상대의 책을 일독하고 필요부분만 발췌독 하기를 권한다.

- 김상대, 「구조동역학」, 대가
- Mario Paz, 최진성 역, 「구조동력학」, 예문사
- 김두기, 「구조동역학」, 구미서관
- Anil K. Chopra, 강현구 역, 「구조동역학」, Pearson
- 방은영, 「구조동역학」, 동화기술

계산기 선택

- 최근 역학 기출문제가 복잡해짐에 따라 계산기의 중요성이 커지고 있다. 계산기 기능 중 가장 핵심은 CAS 기능이다. CAS란 'Computer Algebra System'의 약자로 계산기가 단순히 숫자만을 연산하는 것이 아니라 문자까지도 연산할 수 있다.
- CAS 기능이 포함된 계산기를 사용하면 「문제분석 → 방정식 수립 → 식 연산 → 해 산정」과정에서 '식 연산' 과정을 온전히 계산기를 통해 수행하므로 계산과정에서의 실수를 줄일 수 있을 뿐만 아니라, 매트릭스 해석 및 변분해석 등 복잡한 산식의 계산을 간편하게 할 수 있게 된다.
- 기술사, 기술고시 수험생 대부분이 CAS 기능이 있는 계산기를 사용하고 있고, CAS 기능이 없는 계산기로는 사실상 풀이가 불가능한 문제들이 출제되기 때문에 CAS 계산기 사용은 합격의 필수요소다.

01 대표기종

대표적인 최신 CAS 계산기종으로는 Texas Instrumnets사의 TI-Nspire CX Ⅱ CAS와 Hewlett-Packard사의 HP Prime이 있으며, 연산속도는 HP Prime이 좀 더 빠르나 입력 템플릿 등 사용 편의성은 TI-Nspire가 뛰어나며, 이 책에서는 TI-Nspire CX CAS 기준으로 풀이를 작성하였다.

〈TI-Nspire CX Ⅱ CAS〉   〈HP Prime〉

02 주요 사용함수(Nspire 기준)

역학풀이 시 주로 사용되는 함수는 아래와 같으며 세부적인 사항은 계산기 구입시 동봉된 Reference Guide을 참고하기 바란다(https://education.ti.com에서 다운로드 가능).

• solve()	방정식 풀이	• deSolve()	미분방정식 풀이
• expand()	식의 전개	• factor()	식의 인수분해
• sum()	합계산정	• taylor()	taylor 급수전개
• tCollect()	삼각함수 변환	• tExpand()	삼각함수 변환
• eigVc()	고유벡터 산정	• eigVl()	고유값 산정
• det()	행렬식 산정	• identify()	단위행렬 생성
• newMat()	0행렬 생성	• fMax(), fMin()	최대, 최소값에 해당하는 독립변수
• exp▶list()	계산결과를 리스트로 변환	• list▶mat()	리스트를 매트릭스 형태로 변환

Ti-Nspire 솔루션 활용법

본 책은 한정된 페이지에 가급적 많은 문제를 다루고자 내용 설명을 간결화, 최소화하였으며, 오답, 오타를 교차 검증하기 위하여 모든 문제에 대해 Ti Nspire Student Software로 직접 입력한 후 책의 답안 내용과 확인 작업을 수행하였다.

또한 이렇게 교차검증에 사용된 계산기 입력 내용 중 주요한 문제에 대한 Ti Nspire 솔루션은 한솔아카데미 도서 전문몰 홈페이지-자료실-도서자료에 PDF 파일로 등재되어 있으니 시험공부에 활용하기 바라며, 주요 문제 Ti-Nspire 솔루션은 페이지 상단에 다음과 같은 영문표기법으로 문제를 구분하였으니 참고하기 바란다.

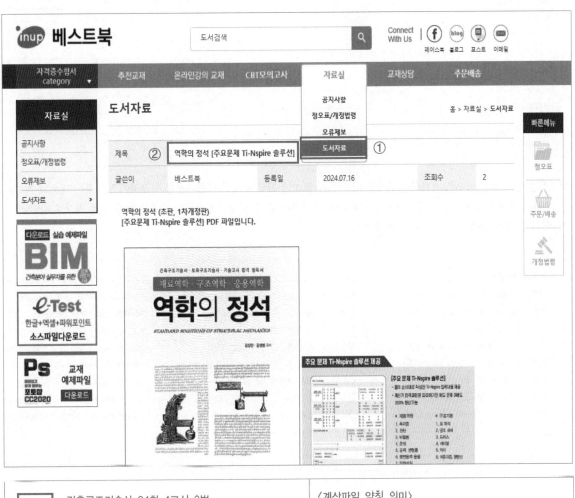

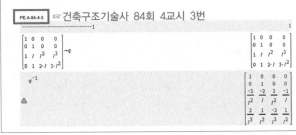

〈계산파일 약칭 의미〉

- PE.A-108-2-3 → 건축구조기술사-108회-2교시-3번
- PE.C-100-3-4 → 토목구조기술사-100회-3교시-4번
- 10-applied-1 → 기술고시-2010년-응용역학-1번
- 14-material-1 → 기술고시-2014년-재료역학-1번
- 12-archi-1 → 기술고시-2012년-건축구조학-1번
- 11-structural-2 → 기술고시-2011년-구조역학-2번

초판 인쇄 후 계산기 사용법에 대한 문의가 많이 있었고 계산기 입력내용 파일의 활용도가 낮다는 지적이 있어서 개정판에서는 각 장 별로 문제를 선별하여 계산기 입력내용에 대한 설명과 주석을 다음과 같이 추가로 수록하였다.

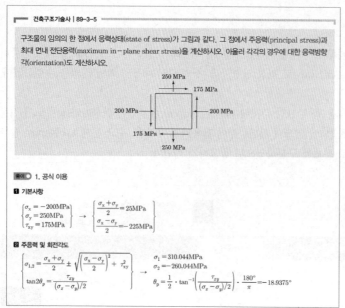

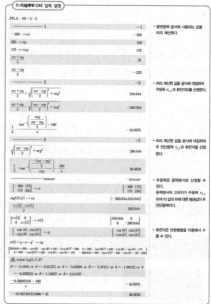

이 책을 통해 처음 공부를 시작하는 독자는 아래 문제 풀이에 첨부된 계산 해설내용을 참고하여 문제풀이 내용과 계산기 입력내용이 어떤 흐름으로 진행되는지 파악한 다음 개별 진도를 진행하면 효과적으로 학습할 수 있을 것으로 판단된다. 관련된 문제와 해당 페이지는 다음과 같다.

합격후기

공부를 시작하여 103회 건축구조기술사 필기시험 합격까지 전반적인 공부방향과 시험전략 등에 대해 기술하였습니다. 조금이나마 도움이 되시기 바랍니다.

건축구조기술사(103회) 필기

1 시험 전 상태

저는 고등학교 문과 졸업생으로 대학은 경제학부로 입학하였고, 토목공학을 복수전공 하였습니다. 그리고 졸업할 때 토목기사와 건축기사를 취득하였습니다. 저는 복수전공을 3학년 때부터 시작했기 때문에 토목기사의 응용역학 문제만 간신히 풀이하는 수준까지 공부하였습니다.

2 준비기간

2003년 회사에 입사하면서 건축구조기술사의 존재를 알게되었습니다. 처음 기술사 공부를 시작한 것은 2004년 겨울, 양재동 OO학원에서 였습니다. 어떠한 시험인지 잘 모르는 상태에서 막연히 '듣다보면 이해되겠지' 라는 생각으로 학원을 다녔는데, 전혀 이해할 수가 없었습니다. 돌이켜 생각해보면 그 강의는 '학습용'이 아니라 '수험용'으로서, 어느 정도 준비가 된 수험생 대상 강의가 아니었던가 싶습니다.

그렇게 겨울이 지나고 2005~ 2007년 가을까지는 개인적인 사정으로 공부를 중단했었고, 2007년 겨울부터 2008년까지 양창현 구조역학으로 본격적으로 공부를 하였습니다. 이 때부터 Ti-89t 계산기를 사용하기 시작했습니다. 그러다가 또 개인 사정으로 잠시 중단하였고, 2011년부터 배성호 역학강의를 인강으로 수강했는데 이 강의가 아주 큰 도움이 되었습니다. 이 무렵부터는 Ti-89t의 상위 기종인 Ti Nspire를 사용했습니다.

그렇게 공부하던 중 2012년 '신림동 고시촌'에서 이 책의 공동 저자인 성범군을 만나게 되었고, 그 인연으로 인해 다른 3명과 함께 '도동 역학스터디'를 결성 후 기출문제 풀이를 정리하기 시작하였으며, 2014년 5월 마침내 103회 건축구조기술사 필기시험에 합격하였습니다(면접시험은 108회 합격).

처음 시작부터 치면 10년이 걸렸고, 공부 중단기간을 빼면 6년 정도 걸린 것 같습니다.

3 성적

2010년 이전까지는 40점대를 왔다갔다 했고 11년부터는 50점을 넘나들었습니다. 그리고 스터디 시작 후 기출문제에 대한 본격적인 분석을 하고 나서부터는 55점 내외를 받았습니다. 그리고 13년부터는 60점에 근접하기도 하였으나 매회 실수 등으로 인해 낙방하다가 14년도 5월 103회 시험에서 평균 60.25점으로 합격하였습니다.

4 합격전략

건축구조기술사 시험은 크게 재료역학, 구조역학, 철근콘크리트, 강구조, 구조기준 및 실무 파트로 구성됩니다. 과목별 출제비중은 시험 회차에 따라 다르지만 재료역학, 구조역학이 40~50%, 철콘 및 강구조가 30~40%, 기준 및 실무가 20~30%로 구성됩니다.

출제 과목을 답안 명료성 순으로 따지면 구조역학-재료역학-강구조-철콘-구조기준-및 실무파트 순입니다. 철근콘크리트 및 구조기준은 일정 기간이 지나면 설계기준이 개정되어 새로운 예제가 나오며, 실무파트는 출제자의 주관적 견해가 반영되므로 고득점을 하기 어렵습니다. 반면 구조역학과 재료역학은 고전역학을 바탕으로 정립되어온 이론이 출제되기 때문에 출제의도가 명확하며 고득점을 할 수 있습니다.

저는 2008년까지는 철근콘크리트와 강구조를 중심으로 공부하다가 2011년부터는 역학을 기반으로 다음과 같은 전략으로 시험준비를 하였습니다.

- 재료역학, 구조역학 : 10년치 기출문제와 중요 예제를 정리하여 역학문제를 모두 맞춘다.
- 강구조 : 강구조 설계예제집의 예제를 모두 외워서 유사 출제문제는 무조건 맞춘다.
- 철근콘크리트 : 단원별 대표 기출문제를 정리하여 그 문제가 출제되면 맞춘다.
- 구조기준 : 풍하중과 지진하중, 철근 세목은 최대한 도식화를 통해 암기한다(절반 득점 목표).

제가 103회 때 받았던 점수를 보면, 1교시 평균48점, 2교시 평균44점, 3교시 평균 70점, 4교시 평균78점이었습니다. 2교시에서 두 문제나 계산실수를 하였지만 3, 4교시에서 위의 합격전략이 잘 들어맞아 고득점을 할 수 있었고 1,2교시의 실수를 만회할 수 있었습니다.

5 과목별 학습방향

- 재료역학 : 구조기술사 시험에서 재료역학 비중은 기술고시 보다 작습니다. 기술고시는 과목별로 출제문제수가 정해져 있는 반면에 구조기술사 시험은 그렇지 않기 때문입니다. 기술고시의 재료역학은 학부생 때 배우는 재료역학(Mechanics of Materials) 뿐만 아니라 탄성론(Theory of Elasticity)까지 출제범위에 포함되어 있습니다. 또한 최근 시험출제 경향을 보면 기술사와 기술고시, 두 시험이 기출문제를 상호 참조하여 제출하는 경우가 있기 때문에 기술사를 준비하더라도 재료역학 전범위에 걸친 기본적인 예제들은 숙지할 필요가 있습니다.

- 구조역학 : 구조역학의 기본서는 양창현 교수님의 구조역학입니다. 현재까지의 기출문제 대부분은 여기서 나왔기 때문에 이 책에 나오는 예제와 연습문제는 빠짐없이 풀어봐야 합니다. 저는 보, 라멘 등에 대한 기본적인 문제들에 대해서 5가지 풀이방법(매트릭스법, 에너지법, 처짐각법, 3연모멘트법, 모멘트분배법)으로, 각 풀이별 5분 이내 푸는 연습을 했습니다. 이렇게 하면 각 풀이법을 자연스럽게 익힐 수 있고, 풀이별 실수포인트를 확인할 수 있기 때문에 구조역학을 연습하는 최고의 방법이라 생각합니다(위의 5가지 풀이 훈련법은 같이 공부했던 친구인 유OO군의 합격비결을 전수받은 것입니다.).

- 강구조 : 강구조는 다른 과목에 비해 범위가 작고 응용문제가 거의 없기 때문에 공부하기가 가장 수월합니다. 저는 강구조학회에서 출판한 강구조설계 예제집에 나온 모든 예제를 개인 서브노트에 정리하고 풀이과정을 모두 암기하였습니다.

- 철근콘크리트 : 철근콘크리트 구조세목은 암기량이 방대하고 계산문제는 답이 모호하거나 시간이 엄청나게 오래 걸리기 때문에 공부하기 가장 까다롭습니다. 국내 철근콘크리트기준(KDS)은 미국기준인 ACI-318을 근간으로 작성되다 보니 모든 문구가 번역체 문장이라서 이해하기 까다롭습니다. 저는 KDS 조항들을 최대한 도식화, 수식화를 하여 이해하기 쉽도록 정리한 다음 핵심단어 위주로 암기하였습니다. 시험 한달 전부터는 영단어 어플인 Flashcards를 이용하여 암기한 것이 많은 도움이 되었습니다. 철근 콘크리트 계산문제는 주로 단면 설계이므로 계산량이 많아 시간이 오래 걸립니다. 그리고 기본서나 학회 예제집에는 시험문제로서 적합하지 않은 문제들이 많기 때문에, 각 단원별 시험출제에 적합한 문제(30분 이내 답안 완결 문제들)들 위주로 공부했습니다. 계산문제에 참고했던 책은 철근콘크리트 구조설계(김상식), 철근콘크리트(민창식), 철근콘크리트(신현묵), 콘크리트 구조기준 예제집(KCI-2012, 한국콘크리트학회), PCA Notes on ACI-318-08입니다. 김상식 교수님 책은 가장 가독성이 좋고 명료하지만 독학하기엔 설명이 조금 부족합니다. 민창식 교수님 책은 가장 친절하게 설명되어 있기 때문에 학습용으로 가장 좋습니다. 다만 문제풀이가 너무 길어 정리하는데 시간이 오래 걸립니다. 신현묵 교수님 책은 앞의 두 책의 중간성격입니다. 설명은 간단 명료하고 문제풀이도 적절합니다. 다만 신현묵 교수님이 토목공학과 소속이다 보니 토목 구조물 대상으로 한정 되어있습니다. 기준 예제집은 개정된 기준에 대한 가장 최신의 문제를 확인할 수 있는 장점이 있지만 실무서적이다 보니 시험용으로 출제할 만한 문제가 별로 없습니다. PCA Notes는 미국판 기준 예제집인데, KCI 기준예제집과 상호검증용으로 적합합니다. 참고로 요즘 출판되고 있는 철근콘크리트책(강병두, 이정윤 등)들이 훨씬 가독성이 좋기 때문에 최신 출판책을 추천드립니다.

⑥ 마치며

저는 103회 시험을 마친 후 곧바로 104회 준비를 하고 있었습니다. 합격을 장담할 수 없었을 뿐더러 합격발표를 기다리면 그 시간을 또 까먹게 되기 때문입니다. 또한 제가 합격커트 라인에 살짝 걸쳐 합격하긴 했지만 합격선에 근처에서 떨어지신 분들과 실력이 별반 차이나지 않다고 생각합니다.

제가 드리고 싶은 말씀은 어느 정도 공부가 된 상태라면 시험은 빠지지 말고 계속 응시하라는 것입니다. 이 시험이 대부분 계산문제이기 때문에 누가 실수를 적게 하느냐, 그리고 그 실수를 얼마만큼 만회할 수 있느냐의 싸움입니다. 따라서 합격선 근방에서 떨어졌다 할지라도 좌절하지 말고 꾸준히 연속해서 응시하면 분명히 합격할 수 있습니다.

김성범 합격후기

저는 101회, 104회 건축구조기술사 필기시험, 106회 토목구조기술사 필기시험, 2015년 기술고시와 관련한 전반적인 시험후기에 대해 작성하였습니다. 여러분의 수험생활에 작은 도움이 되길 바랍니다.

건축구조기술사(101회) 필기

❶ 시험 전 상태

기술고시 위주의 공부 방식으로 역학, RC, 내진이론 등의 관점에서 접근을 하였다.

물론 구조기술사 합격을 같이 한다면 더욱 좋겠다는 생각은 했지만, 좀 더 집중하는 시험을 선택하라면 기술고시였다. 따라서 기술사 실무 문제는 풀기 어려웠고, RC 및 강구조 역시 이론 설명, 단순 계산문제 정도의 풀이가 가능한 상태였다. 다만, 역학과 이론 등의 경우 어떠한 문제가 나와도 풀 자신은 있었다.

❷ 성적

평균 60.91
- 1교시 : 암기+복습을 정점에 찍지 못한 상태에서 봐서 그런지…10개 다 썼지만 점수는 평균 41.3점
- 2교시 : 역학 문제가 많이 나옴 평균 94.7점
- 3교시 : 1, 2, 4번 문제를 선택하여 풀었음 평균 57.7점
- 4교시 : 1, 3, 5번 문제를 선택하여 풀었음 평균 50점

❸ 공부

역학과 구조학, 강구조, 철콘 이렇게 문제가 나올 경우

역학은 100% 다 풀고, 구조학은 1교시용으로 준비, 강구조 역시 1교시용의 기본 내용, 철콘은 중간정도의 문제까지 풀 수 있는 수준으로 대비를 했다.

이런 공부 방법이라면 문제 출제 형태에 따라 합격, 불합격이 나뉠 수 있다.

점수를 획득하는 부분에신 획실히 받음으로 인해 합격전수가 나올 수 있음(저의 경우는 역학을 99% 다 푸는데, 쉬운 문제는 저 뿐 아니라 다른 분들도 푸실테고, 어려운 역학문제는 문제풀이 중 틀려도 경험상 많은 점수를 주는 것 같음)

❹ 스터디

개인의 패턴에 따라 다르지만 공부시간 확보, 연습, 다양한 문제 형태 & 풀이 접근이 가능한 측면에서 본인은 스터디를 꾸준히 한 것이 큰 도움이 되었다고 생각합니다(도동스터디).

스터디는 서로간의 자료공유, 답 확인 뿐만 아니라, 일정한 공부 페이스를 유지해주는데 큰 도움이 됩니다.

1 **시험 전 상태**

저는 101회 건축구조기술사 필기를 합격하였으나, 여러 사정에 의해 104회 건축구조기술사 필기시험을 다시 응시하게 되었으며 운 좋게도 104회 시험 역시 합격하였습니다. 101회, 103회, 104회를 계속 응시했던 것인데(102회는 응시하지 않음), 103회 때는 떨어졌으며(50점대 후반) 101회와 104회는 합격할 수 있었습니다. 이러한 결과에서 알 수 있듯이 한번 합격 실력에 올랐다고 해서 매번 합격할 수 있는 것은 아니라고 할 수 있고, 반면 일정실력에 오른 사람은 그 실력이 크게 떨어지지도 않습니다.

1 **성적**

- 1교시 : 평균 56점

  10문제 다 적었고 14쪽+2쪽을 추가로 적었습니다. 10문제를 모두 적는 다는 것은 시간이 부족할 수밖에 없으니 핵심을 잘 적어주셔야 합니다. 그리고 1교시를 잘 보기 위해서는 적어도 1교시 문제를 받았을 때 6~8개는 예상에서 적중해야 하고, 나머지는 처음 듣는 내용이 아닌 정도의 공부를 하셔야 합니다.

  101회 1교시 시험점수와 비교(42점)해서 점수가 오른 경향이 있는데, 101회 1교시는 모든 수치를 다 외우진 않았으나 104회 때는 실력이 정점에 도달하는 시기였으며, 채점관의 성향 등에 의해 점수가 다른 듯 합니다.

- 2교시 : 평균 83점

  역학 문제들은 답은 다 맞았고 추가점수를 받을 수 있는 부분들까지 적을 수 있는 만큼 적었습니다(두 가지 이상의 풀이법 작성, 풀이에 사용한 공식의 증명 등).

- 3교시 : 평균 71.3점

  역학, 소성, BMD 등 예상했던 문제들이 나왔다(동역학, 소성, 안정론, 메트릭스……어렵더라도 공부가 조금 되신 분들은 꼭 숙지하셔야 합니다). 철콘(6번)의 경우 이런 문제가 오히려 어렵게 느껴질 수 있으나 차근차근 보면 쉬운 내용들을 합친 것 뿐입니다. 20~22점 정도 획득

- 4교시 : 평균 67점

  쉬운 역학 문제는...꼭 답을 맞춰야 합니다. 그리고 여력이 있을 경우 여러풀이 & 증명 입니다. 철콘, 시험 때 3번 문제를 풀지, 5번을 풀지 고민 고민하고 5번도 답안지에 풀어두었다가 결국 5번은 지우고 3번을 푸는 바람에 시간 부족으로 제대로 풀지는 못한 것 같습니다. 강구조 4번, 이 문제는 헷갈리는 내용, 적용할지 말지에 대한 내용의 고민하다 결국 완벽히 적지는 못했습니다.

토목구조기술사(106회) 필기

1 **시험 전 상태**

토목구조는 처음 응시하였지만 건축구조기술사 및 기술고시와 출제범위가 겹치기 때문에 역학, RC, 강구조 풀이 및 이론에 큰 문제는 없었습니다. 다만 토목 고유의 문제(교량 등)에는 거의 대응을 할 수가 없었습니다. 시험을 응시한 이유는 여러 가지가 있었으나, 노력을 한다면 모든 이룰 수 있다는 것을 보여주고 싶은 마음이 제일 컸던 것 같습니다.

2 **성적**

평균 61.9

- 1교시 : 평균 49
- 2교시 : 평균 82.3
- 3교시 : 평균 52.3
- 4교시 : 평균 64

3 **하고 싶은 말**

토목구조 필기를 위해 특별히 더 공부한 내용은 없었습니다. 역학, 철콘, 강구조 및 내진 등 기존에 가지고 있던 내용으로만 시험을 봤었고 운이 좋게 합격할 수 있었습니다. 건축, 토목 구조기술사 자격증을 모두 소지하는 것에 대한 필요성

은 논외로 하고, 제가 말씀 드리고 싶은 것은 두 자격 시험의 출제과목이 유사하기 때문에 학습 추구방향도 동일하며 이 책을 토대로 공부하신다면 건축이든, 토목이든 무리없이 합격 가능하다는 말씀을 전하고 싶습니다.

2015년 기술고시(건축직)

1 공부 전반에 대하여

기술고시와 구조기술사는 방향이 다릅니다. 하지만 분명 겹치는 부분이 있습니다.

- 역학 : 무조건 답을 맞추는 것이 중요합니다. 다만, 기술고시는 추가적인 부분점수를 받으려는 노력 대신 여러번의 검산을 통해서 정답률을 높이려는 노력 / 기술사의 경우 (시간이 허락한다면) 추가적인 증명, 추가적인 검산을 답안에 명시하여 부분점수를 충분히 받을 수 있다.
- 철콘, 강구조 : 두 시험 모두 기본적인 문제는 동일하다. 다만, 기술고시의 경우 이론, 기술사의 경우 실무형 문제가 어렵게 출제될 수 있기에 본인이 준비하는 시험에 조금 더 포커스를 두도록 한다.
- 내진 등 기본 이론 : 두 시험 모두 최근 이슈가 되는 것들을 숙지 해 두어야 하지만, 기술사의 경우 너무 방대하기에 모든걸 다 준비할 수는 없다. 다만 회차가 거듭되면서, 본인이 서브로 정리해 둔 내용을 풍부하게 업데이트 해두자.
- 기타 : 두 시험 모두 오랜 시간이 걸리며, 시간이 지날수록 새로운 내용들이 들어오고, 옛날 것은 잊게 된다. 이때 필요한건 정리를 잘 해두고, 본인이 아는 것과 모르는 것의 구분을 명확히 해두어야 한다. 그래서 모르는 부분을 지워나가고, 아는 부분을 넓혀갈 때 합격이 되는 점수를 얻을 수 있을 것이다.

2 마치며

인생을 앞을 알 수 없습니다.

저 역시 기술사, 기술고시를 모두 합격할 것이라고는 저 뿐만 아니라 그 누구도 생각하지 않았을 것입니다.

- 처음 방향설정은 무엇보다도 중요합니다. 하지만, 중간 중간 점검하고, 수정하는 것도 필요한 일입니다. 저의 경우는 기술고시만을 생각하며 준비하다가 기술사 쪽을 볼 수 있었고, 기술사 경험을 바탕으로 기술고시까지 합격할 수 있었습니다.
- 꼭 본인이 공부한 부분이 어떤 단원의 어느 내용을 공부한 것인지를 서브노트에 남겨둬야 합니다. 시험의 특성상 많은 자료를 보고, 오랜 기간이 걸리기 때문에 본인이 공부한 내용, 아직 학습하지 못한 내용에 대한 분류가 꼭 필요합니다. 스터디를 꾸려보길 권합니다. 스터디는 본인이 공부하기 싫은 날도 강제적으로 할 수밖에 없습니다. 이는 장기전인 시험에서는 꼭 필요한 부분이며, 내가 취약한 부분을 다른 사람이 보완해 줄 수 습니다.
- 기술사...합격의 정답은 없지만, 열심히 하면 언젠가는, 누구나 할 수 있습니다. 제가 같이 공부했던 분들 중에는 합격하기 어려울 것이라고 생각한 분들도 있었습니다. 하지만 결국 합격하셨습니다. 비결은 공부를 놓지 않고 꾸준히 한 분들입니다. 이 시험은 안되는 시험이 아닙니다. 분명 될 수 있습니다.
- 기술사의 경우 모르는 문제 당연히 나옵니다. 그럴 때 아예 모르면 패스하고 2~3문제라도 충실히 적습니다. 혹시 대충이라도 알면 아는 부분까지 명확히, 확실히, 적어주시면 도움이 됩니다. 부분점수라도 받기 위해서는, 중간 계산값이라도 명확히 표현을 해줘야 채점관이 점수를 줄 수 있습니다(이런 건 본인이 다른 사람 답을 채점하는 연습을 해보면 명확해 집니다.).

책을 내는 시기가 너무 늦은 감이 있습니다. 하지만 지금이라도 정리를 하면 누군가에겐 도움이 될 것이라는 생각에 이렇게 출판을 진행합니다.^^

풀이문항 리스트

출제과목	출제분야	풀이문항 리스트(건구 : 건축구조기술사, 토구 : 토목구조기술사, 기시 : 기술고시)				
재료역학	축하중	건구 81-4-3 토구 97-1-12 건구 86-2-1 건구 82-4-5 기시 16-재료역학-1 토구 90-4-4 토구 102-4-6 기시 13-구조역학-5 기시 16-재료역학-4	건구 84-4-1 토구 99-1-12 건구 99-2-1 토구 94-1-13 건구 92-2-2 기시 09-응용역학-4 기시 10-응용역학-3 기시 17-구조역학-3	건구 107-4-5 토구 99-2-4 건구 100-2-1 토구 95-4-6 건구 108-3-1 토구 86-2-6 토구 109-3-6 건구 108-2-3	건구 116-2-4 토구 104-1-7 건구 101-2-1 토구 104-1-11 기시 16-응용역학-2 건구 114-2-6 토구 117-4-5 토구 98-2-4	토구 81-4-4 기시 13-구조역학-3 기시 11-재료역학-2 토구 116-2-5 건구 116-3-4 토구 93-3-4 기시 11-응용역학-4 기시 08-재료역학-4
	전단	토구 103-2-6 기시 14-재료역학-2 기시 11-구조역학-4	건구 113-3-4 기시 17-건축구조학-2 기시 09-재료역학-3	건구 118-2-4 기시 09-구조역학-2 건구 98-4-1	토구 110-3-6 건구 81-3-1 토구 83-1-11	토구 120-3-5 건구 88-3-5
	비틀림	건구 103-1-10 건구 110-2-4 기시 09-재료역학-1	건구 99-1-6 기시 16-구조역학-4 기시 14-응용역학-5	기시 17-재료역학-3 토구 102-3-2 기시 16-재료역학-2	건구 85-2-6 건구 96-1-4	토구 108-1-11 기시 08-재료역학-1
	굽힘	건구 96-2-2 건구 116-3-1 토구 99-3-6 건구 92-2-1 건구 101-2-3	기시 16-구조역학-2 토구 88-3-1 건구 92-3-1 기시 17-재료역학-2 토구 110-3-5	건구 120-4-1 토구 110-4-5 기시 11-재료역학-3 기시 15-건축구조학-3 기시 14-구조역학-1	기시 17-응용역학-3 기시 14-응용역학-3 건구 95-3-1 기시 12-응용역학-3 토구 108-3-3	건구 120-4-2 기시 08-응용역학-2 건구 82-3-5 토구 87-1-11 토구 116-4-6
	응력, 변형률	건구 89-3-5 건구 109-3-1 기시 09-응용역학-3 토구 88-2-2 기시 11-재료역학-1	건구 93-4-4 기시 12-응용역학-2 토구 100-1-13 기시 09-재료역학-2 토구 117-2-3	건구 94-3-1 기시 17-재료역학-1 토구 103-4-6 기시 10-응용역학-4 토구 107-4-2	건구 99-4-4 기시 14-응용역학-1 토구 115-2-6 기시 15-재료역학-4 토구 110-1-13	건구 102-4-6 기시 08-재료역학-3 토구 116-3-5 기시 17-응용역학-1
	평면응력 응용	토구 109-3-1 기시 14-재료역학-1	기시 10-응용역학-1 기시 15-재료역학-1	기시 11-응용역학-1 기시 10-재료역학-3	토구 85-2-5	기시 12-재료역학-4
	단면성질	건구 87-3-4 건구 118-3-2 토구 113-4-6	건구 96-2-1 토구 88-1-12	건구 99-2-2 토구 89-1-12	건구 102-3-3 토구 105-1-13	건구 104-2-1 토구 113-3-5
구조기본	보 해석	건구 117-2-2 기시 16-건축구조학-5 기시 15-재료역학-3 토구 104-2-5 건구 106-4-4 건구 98-4-4 토구 105-3-1 토구 116-2-6 토구 98-2-1 토구 117-4-2 토구 100-3-3 기시 17-구조역학-5	건구 94-3-4 기시 12-건축구조학-1 건구 81-4-4 기시 13-응용역학-3 토구 85-2-6 건구 106-4-1 건구 100-4-1 토구 117-4-3 토구 112-2-1 기시 09-건축구조학-1 토구 101-3-2 건구 81-3-3	건구 81-4-1 토구 116-3-6 건구 90-2-5 건구 109-2-1 기시 08-재료역학-2 건구 112-4-1 건구 99-4-2 기시 11-구조역학-3 건구 81-3-5 건구 88-4-2 토구 102-4-3 건구 84-4-3	건구 114-2-1 토구 109-2-1 토구 86-1-13 건구 112-4-4 건구 98-3-5 건구 85-2-2 건구 114-4-2 건구 103-4-1 건구 116-4-5 토구 92-4-6 토구 84-3-3 건구 114-4-5	토구 109-1-13 기시 12-응용역학-4 기시 13-구조역학-2 건구 99-3-2 건구 97-2-3 건구 120-3-1 토구 97-2-4 건구 111-2-4 건구 82-2-1 토구 98-4-1 토구 103-3-5 토구 87-2-1

출제과목	출제분야	풀이문항 리스트(건구 : 건축구조기술사, 토구 : 토목구조기술사, 기시 : 기술고시)				
구조기본	보 해석	기시 10—재료역학—1	기시 11—구조역학—2	기시 12—응용역학—5	기시 13—응용역학—4	기시 14—응용역학—4
		기시 15—응용역학—5	기시 16—재료역학—3	건구 98—1—4	건구 105—1—6	건구 85—4—4
		토구 86—3—1	토구 101—2—2	기시 11—응용역학—2	기시 13—재료역학—3	기시 14—응용역학—2
		건구 104—2—2	건구 90—4—1	건구 89—4—4	건구 91—3—1	기시 13—건축구조학—3
		건구 97—4—2	토구 119—4—1	건구 107—3—5	건구 87—4—3	건구 90—4—5
		건구 113—2—2	건구 120—2—3	기시 15—구조역학—2	건구 101—4—1	건구 113—4—3
		토구 82—3—5	토구 84—3—6	토구 85—3—5	토구 85—4—4	토구 91—2—5
		토구 93—2—5	토구 95—2—5	토구 100—2—4	토구 104—4—5	토구 106—2—3
		토구 107—2—1	토구 117—2—5	토구 117—3—4	토구 119—3—5	기시 08—구조역학—1
		기시 10—구조역학—3	기시 12—구조역학—1	기시 13—응용역학—2	기시 15—구조역학—4	건구 81—2—1
		건구 83—2—1	건구 85—2—3	건구 90—2—2	건구 92—2—6	건구 94—3—6
		건구 99—2—3	건구 103—3—1	건구 104—4—1	건구 115—3—6	토구 85—2—4
		토구 89—4—4	토구 91—4—6	토구 93—3—5	토구 105—4—2	토구 107—3—6
		토구 108—4—4	토구 118—2—4	기시 14—구조역학—3	건구 92—2—3	건구 94—3—5
		건구 100—3—1	건구 102—2—4	건구 112—4—6	건구 86—4—2	건구 118—3—1
		건구 117—3—3	토구 107—4—6	건구 83—2—2	기시 11—건축구조학—2	토구 92—3—5
		토구 81—2—2	토구 84—3—4	토구 88—2—5	토구 93—4—5	토구 95—3—4
		토구 96—4—3	토구 102—2—5	토구 120—3—4	기시 09—구조역학—5	기시 12—응용역학—1
		기시 15—구조역학—1	기시 17—응용역학—5	토구 87—3—1	토구 108—4—5	토구 84—2—5
	골조 해석	건구 83—2—4	건구 84—4—5	건구 86—3—4	건구 115—2—6	건구 101—2—2
		건구 102—3—6	건구 111—2—1	토구 86—4—6	토구 88—4—6	토구 89—4—3
		토구 90—2—2	토구 99—4—5	토구 103—3—6	토구 104—3—3	기시 08—재료역학—5
		기시 12—구조역학—2	기시 15—구조역학—5	건구 89—2—1	토구 89—3—4	토구 111—3—5
		기시 08—구조역학—3	건구 82—3—6	건구 102—2—1	건구 105—2—3	건구 110—2—2
		건구 110—3—1	건구 114—4—3	기시 16—구조역학—3	토구 85—4—6	토구 87—3—4
		토구 89—3—3	토구 93—4—4	건구 87—2—1	건구 91—3—5	건구 92—2—4
		건구 93—3—3	건구 95—2—5	건구 97—3—3	건구 108—2—1	토구 91—3—6
		토구 98—4—6	토구 108—2—6	기시 14—건축구조학—6	건구 84—4—4	건구 87—4—1
		건구 89—2—6	건구 98—2—3	건구 105—4—6	건구 107—2—4	건구 83—4—5
		건구 93—3—6	건구 93—2—5	건구 118—2—5		
	케이블	건구 96—4—3	건구 98—2—5	건구 108—3—2	건구 111—4—5	건구 113—4—1
		토구 90—3—1	토구 107—2—3	토구 116—3—4	기시 10—응용역학—5	기시 13—구조역학—1
	트러스	건구 88—3—6	토구 99—1—11	기시 10—구조역학—1	건구 119—2—1	건구 98—2—6
		토구 108—3—4	건구 83—2—3	건구 84—4—2	건구 85—2—1	건구 86—2—2
		건구 93—2—3	건구 96—3—1	건구 90—3—6	건구 101—4—3	건구 105—3—1
		건구 91—4—1	건구 107—3—4	건구 91—2—1	건구 109—2—2	건구 109—3—2
		건구 111—3—2	건구 112—2—2	건구 114—2—4	건구 116—4—6	토구 111—2—5
		토구 85—3—6	토구 90—2—3	건구 89—4—1	건구 97—4—1	건구 117—4—3
		토구 92—4—5	토구 96—1—13	토구 102—2—3	토구 106—2—4	토구 109—4—1
		기시 09—구조역학—4	기시 10—구조역학—2	건구 101—3—1	토구 94—3—4	기시 17—재료역학—4
		토구 106—3—1	건구 85—3—4	건구 88—2—3	건구 117—4—6	토구 117—3—3
		건구 104—2—6	건구 105—2—2	건구 109—4—3	토구 99—3—3	기시 17—구조역학—4

출제과목	출제분야	풀이문항 리스트(건구 : 건축구조기술사, 토구 : 토목구조기술사, 기시 : 기술고시)				
구조응용	아치	건구 103-2-2	건구 106-2-1	토구 82-3-4	건구 100-2-2	토구 89-1-3
		토구 92-4-4	기시 15-재료역학-2	토구 82-2-6	건구 104-3-1	건구 87-3-5
		토구 99-2-3	토구 115-3-6	기시 13-구조역학-4	건구 102-2-3	건구 107-1-10
		건구 117-2-1	토구 81-3-3	토구 88-3-2		
	이동하중·영향선	건구 92-2-5	건구 112-3-4	토구 84-4-5	토구 86-2-5	토구 90-2-1
		토구 94-3-5	토구 103-1-13	토구 114-4-4	기시 09-응용역학-1	기시 15-응용역학-2
	동역학	건구 82-3-1	토구 88-1-13	건구 84-2-2	건구 88-4-5	건구 106-2-2
		토구 84-4-4	토구 93-1-13	토구 94-4-5	토구 104-2-2	토구 108-1-12
		토구 108-2-5	토구 116-1-12	기시 08-응용역학-1	기시 16-응용역학-4	건구 84-3-3
		건구 86-4-1	건구 91-2-6	건구 92-4-1	건구 99-3-1	건구 99-4-6
		건구 104-4-2	건구 107-2-1	건구 111-4-3	건구 118-3-4	토구 83-2-4
		토구 87-1-4	토구 89-2-3	토구 90-4-5	토구 93-1-10	토구 94-3-6
		토구 101-3-5	토구 103-4-5	토구 106-1-13	토구 114-2-3	토구 118-3-4
		기시 09-구조역학-1	기시 09-구조역학-3	기시 16-건축구조학-4	기시 16-구조역학-1	건구 95-4-3
		건구 85-3-6	건구 110-4-1	건구 113-3-3	건구 118-4-1	기시 15-건축구조학-1
		건구 89-4-2	건구 101-4-5	건구 106-3-5	건구 109-4-6	토구 92-1-12
		토구 106-4-6	기시 15-구조역학-3	토구 115-3-4	기시 12-건축구조학-3	건구 88-4-3
		건구 94-2-5	건구 114-3-4	건구 116-3-5	건구 120-2-4	토구 81-4-2
		기시 17-구조역학-2	토구 105-4-1	건구 117-3-1	토구 86-1-12	건구 90-4-3
		건구 94-3-3	건구 95-2-3	건구 97-4-3	건구 110-3-4	건구 115-4-4
		토구 106-4-5	기시 12-구조역학-3	토구 92-2-5	토구 95-1-13	토구 116-4-4
		기시 14-구조역학-4	건구 85-3-3	건구 116-2-1	건구 117-4-1	
	소성 해석	건구 85-2-4	건구 86-2-5	건구 86-3-3	건구 87-2-6	건구 87-3-2
		건구 88-2-4	건구 94-2-1	건구 95-2-1	건구 95-3-2	건구 95-4-1
		건구 96-4-2	건구 99-3-3	건구 104-3-2	건구 106-4-2	건구 109-4-4
		건구 110-2-1	건구 111-4-1	건구 115-3-4	건구 115-4-6	건구 117-3-2
		토구 84-2-6	토구 87-4-1	토구 88-4-2	토구 91-4-5	토구 92-2-4
		토구 95-2-4	토구 95-2-6	토구 96-3-4	토구 97-1-11	토구 97-2-5
		토구 100-3-4	토구 101-4-4	토구 103-3-4	토구 106-3-2	토구 114-4-5
		토구 115-4-3	기시 08-구조역학-2	기시 08-응용역학-4	기시 10-구조역학-4	기시 11-건축구조학-1
		기시 14-구조역학-5	기시 16-구조역학-5	기시 17-구조역학-1	기시 17-응용역학-2	
	안정론	건구 86-3-6	건구 88-3-4	건구 116-3-3	토구 107-3-2	건구 103-2-1
		건구 85-4-3	건구 92-4-2	건구 120-3-2	토구 91-3-3	토구 96-2-1
		토구 106-4-4	기시 13-응용역학-1	기시 14-구조역학-2	기시 11-구조역학-1	건구 111-4-6
		토구 92-2-6	기시 08-구조역학-4	기시 12-구조역학-4	기시 16-재료역학-5	건구 82-4-2
		건구 90-3-3	토구 100-4-4	토구 106-2-1	건구 84-4-6	건구 88-4-1
		건구 88-4-4	건구 96-3-3	건구 96-4-1	건구 100-4-3	건구 106-3-1
		건구 111-2-2	토구 96-4-1	토구 97-1-13	토구 103-2-4	토구 105-3-4
		토구 115-3-1	토구 117-3-5	토구 120-2-5	기시 08-응용역학-3	기시 09-응용역학-2
		기시 10-구조역학-5	기시 10-응용역학-2	기시 10-재료역학-2	기시 11-응용역학-3	기시 12-재료역학-3
		기시 14-재료역학-4	기시 15-응용역학-1	기시 17-응용역학-4		

주요공식 요약

1 단면성능

1 기본사항

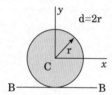

직사각형 단면

$$A = bh$$

$$\bar{x} = \frac{b}{2}$$

$$\bar{y} = \frac{h}{2}$$

$$I_x = \frac{bh^3}{12}$$

$$I_y = \frac{hb^3}{12}$$

$$I_{xy} = 0$$

$$I_P = \frac{bh}{12}(h^2 + b^2)$$

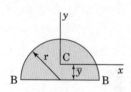

삼각형 단면

$$A = \frac{bh}{2}$$

$$\bar{x} = \frac{b+c}{3}$$

$$\bar{y} = \frac{h}{3}$$

$$I_x = \frac{bh^3}{36}$$

$$I_y = \frac{hb}{36}(b^2 - bc + c^2)$$

$$I_{xy} = \frac{bh^2}{72}(b - 2c)$$

$$I_P = \frac{bh}{36}(h^2 + b^2 - bc + c^2)$$

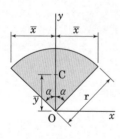

원형 단면

$$A = \pi r^2 = \frac{\pi d^2}{4}$$

$$I_x = I_y = \frac{\pi r^4}{4} = \frac{\pi d^4}{64}$$

$$I_{xy} = 0$$

$$I_P = \frac{\pi r^4}{2} = \frac{\pi d^4}{32}$$

$$I_{BB} = \frac{5\pi r^4}{4} = \frac{5\pi d^4}{64}$$

반원 단면

$$A = \frac{\pi r^2}{2}$$

$$\bar{y} = \frac{4r}{3\pi}$$

$$I_x = \frac{(9\pi^2 - 64)r^4}{72\pi} \approx 0.1098 r^4$$

$$I_y = \frac{\pi r^4}{8}$$

$$I_{xy} = 0$$

$$I_{BB} = \frac{\pi r^4}{8}$$

부채꼴 단면

$$\alpha \leq \frac{\pi}{2}$$

$$A = \alpha r^2$$

$$\bar{x} = r\sin\alpha$$

$$\bar{y} = \frac{2r\sin\alpha}{3\alpha}$$

$$I_x = \frac{r^4}{4}(\alpha + \sin\alpha\cos\alpha)$$

$$I_y = \frac{r^4}{4}(\alpha - \sin\alpha\cos\alpha)$$

$$I_{xy} = 0$$

$$I_P = \frac{\alpha r^4}{2}$$

포물선

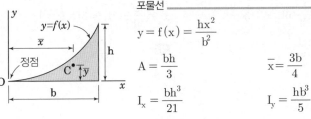

$$y = f(x) = \frac{hx^2}{b^2}$$

$$A = \frac{bh}{3} \qquad \bar{x} = \frac{3b}{4} \qquad \bar{y} = \frac{3h}{10}$$

$$I_x = \frac{bh^3}{21} \qquad I_y = \frac{hb^3}{5} \qquad I_{xy} = \frac{b^2h^2}{12}$$

n차 곡선

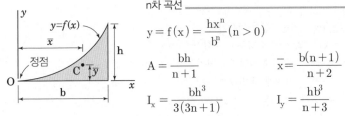

$$y = f(x) = \frac{hx^n}{b^n} \, (n > 0)$$

$$A = \frac{bh}{n+1} \qquad \bar{x} = \frac{b(n+1)}{n+2} \qquad \bar{y} = \frac{h(n+1)}{2(2n+1)}$$

$$I_x = \frac{bh^3}{3(3n+1)} \qquad I_y = \frac{hb^3}{n+3} \qquad I_{xy} = \frac{b^2h^2}{4(n+1)}$$

2 처짐공식

1 캔틸레버보

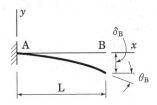

Notation
v = y방향 처짐(상향 +)
v′ = dv/dx = 처짐곡선의 기울기
$\delta_B = -v(L) =$ 빔 단부 B에서 처짐(하향 +)
$\theta_B = -v(L) =$ 빔 단부 B에서 회전각(시계방향 +)
EI = 일정

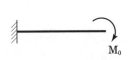

$$v = -\frac{M_0 x^2}{2EI} \qquad v' = -\frac{M_0 x}{EI}$$

암기 $\delta_B = \dfrac{M_0 L^2}{2EI}$ **암기** $\theta_B = \dfrac{M_0 L}{EI}$

$$v = -\frac{Px^2}{6EI}(3L - x) \qquad v' = -\frac{Px}{2EI}(2L - x)$$

암기 $\delta_B = \dfrac{PL^3}{3EI}$ **암기** $\theta_B = \dfrac{PL^2}{2EI}$

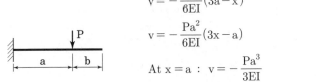

$$v = -\frac{Px^2}{6EI}(3a - x) \qquad v' = -\frac{Px}{2EI}(2a - x) \, (0 < x \leq a)$$

$$v = -\frac{Pa^2}{6EI}(3x - a) \qquad v' = -\frac{Pa^2}{2EI} \, (a \leq x \leq L)$$

$$\text{At } x = a : \; v = -\frac{Pa^3}{3EI} \qquad v' = -\frac{Pa^2}{2EI}$$

$$\delta_B = \frac{Pa^2}{6EI}(3L - a) \qquad \theta_B = \frac{Pa^2}{2EI}$$

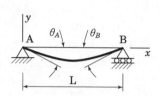

$$v = -\frac{qx^2}{24EI}(6L^2 - 4Lx + x^2) \qquad v' = \frac{qx}{6EI}(3L^2 - 3Lx + x^2)$$

암기 $\delta_B = \dfrac{qL^4}{8EI}$ 　　　　　　　암기 $\theta_B = \dfrac{qL^2}{6EI}$

② 단순보

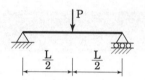

Notation

$v = $ y방향 처짐(상향 +)

$v' = dv/dx = $ 처짐곡선의 기울기

$\delta_C = -v(L/2) = $ 보 중앙부 C 처짐(하향 +)

$x_1 = $ A점에서부터 최대 처짐까지 거리

$\delta_{max} = -v_{max} = $ 최대 처짐(하향 +)

$\theta_A = -v'(0) = $ 보 좌측 단부 회전각(시계방향 +)

$\theta_B = -v'(L) = $ 보 우측 단부 회전각(시계반대방향 +)

$EI = $ 일정

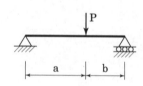

$$v = -\frac{Px}{48EI}(3L^2 - 4x^2) \qquad v' = -\frac{P}{16EI}(L^2 - 4x^2)\left(0 \le x \le \frac{L}{2}\right)$$

암기 $\delta_C = \delta_{max} = \dfrac{PL^3}{48EI}$ 　　암기 $\theta_A = \theta_B = \dfrac{PL^2}{16EI}$

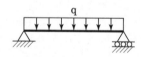

$$v = -\frac{Pbx}{6EI}(L^2 - b^2 - x^2) \qquad v' = -\frac{Pb}{6LEI}(L^2 - b^2 - 3x^2)\ (0 \le x \le a)$$

암기 $\theta_A = \dfrac{Pab(L+b)}{6LEI}$ 　　암기 $\theta_B = \dfrac{Pab(L+a)}{6LEI}$

If $a \ge b$, $\delta_C = \dfrac{Pb(3L^2 - 4b^2)}{48EI}$ 　If $a \le b$, $\delta_C = \dfrac{Pa(3L^2 - 4a^2)}{48EI}$

If $a \ge b$, $x_1 = \sqrt{\dfrac{L^2 - b^2}{3}}$ and $\delta_{max} = \dfrac{Pb(L^2 - b^2)^{3/2}}{9\sqrt{3}\,LEI}$

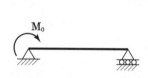

$$v = -\frac{qx}{24EI}(L^3 - 2Lx^2 + x^3) \qquad v' = -\frac{q}{24EI}(L^3 - 6Lx^2 + 4x^3)$$

암기 $\delta_C = \delta_{max} = \dfrac{5qL^4}{384EI}$ 　　암기 $\theta_A = \theta_B = \dfrac{PL^3}{24EI}$

$$v = -\frac{M_0 x}{6LEI}(2L^2 - 3Lx + x^2) \qquad v' = -\frac{M_0}{6LEI}(2L^2 - 6Lx + 3x^2)$$

암기 $\delta_C = \dfrac{M_0 L^2}{16EI}$ 　　암기 $\theta_A = \dfrac{M_0 L}{3EI}$ 　　암기 $\theta_B = \dfrac{M_0 L}{6EI}$

$x_1 = L\left(1 - \dfrac{\sqrt{3}}{3}\right)$ and $\delta_{max} = \dfrac{M_0 L^2}{9\sqrt{3}\,EI}$

③ 고정단 모멘트(FEM)

※ 모두 암기하기

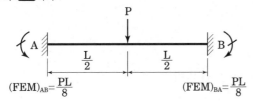

$$(FEM)_{AB} = \frac{PL}{8} \qquad (FEM)_{BA} = \frac{PL}{8}$$

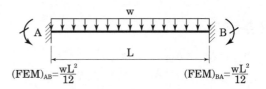

$$(FEM)_{AB} = \frac{wL^2}{12} \qquad (FEM)_{BA} = \frac{wL^2}{12}$$

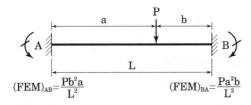

$$(FEM)_{AB} = \frac{Pb^2 a}{L^2} \qquad (FEM)_{BA} = \frac{Pa^2 b}{L^2}$$

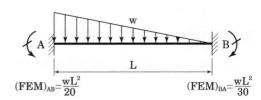

$$(FEM)_{AB} = \frac{wL^2}{20} \qquad (FEM)_{BA} = \frac{wL^2}{30}$$

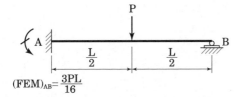

$$(FEM)_{AB} = \frac{3PL}{16}$$

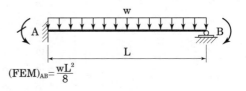

$$(FEM)_{AB} = \frac{wL^2}{8}$$

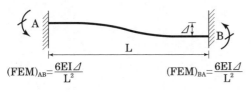

$$(FEM)_{AB} = \frac{6EI\varDelta}{L^2} \qquad (FEM)_{BA} = \frac{6EI\varDelta}{L^2}$$

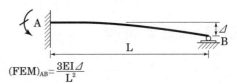

$$(FEM)_{AB} = \frac{3EI\varDelta}{L^2}$$

④ 응력, 변형률

■ Cauchy 응력공식

$$t = \sigma n \ ; \ \begin{Bmatrix} t_x^{(n)} \\ t_y^{(n)} \\ t_z^{(n)} \end{Bmatrix} = \underbrace{\begin{bmatrix} \sigma_{11} & \sigma_{12} & \sigma_{13} \\ \sigma_{21} & \sigma_{22} & \sigma_{23} \\ \sigma_{31} & \sigma_{32} & \sigma_{33} \end{bmatrix}}_{\text{응력텐서}} \underbrace{\begin{Bmatrix} n_1 \\ n_2 \\ n_3 \end{Bmatrix}}_{\text{단위법선벡터}} \ \left(단, \ n_1^2 + n_2^2 + n_3^2 = 1 \right)$$

■ 응력텐서

$$\sigma = \begin{bmatrix} \sigma_{11} & \sigma_{12} & \sigma_{13} \\ \sigma_{21} & \sigma_{22} & \sigma_{23} \\ \sigma_{31} & \sigma_{32} & \sigma_{33} \end{bmatrix} = \begin{bmatrix} \sigma_x & \tau_{xy} & \tau_{xz} \\ \tau_{yx} & \sigma_y & \tau_{yz} \\ \tau_{zx} & zy & \sigma_z \end{bmatrix}$$

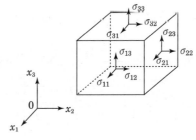

❸ 특성방정식

$$(\sigma - \lambda I) = 0 \;\; ; \;\; \begin{bmatrix} \sigma_{11} - \lambda & \sigma_{12} & \sigma_{13} \\ \sigma_{21} & \sigma_{22} - \lambda & \sigma_{23} \\ \sigma_{31} & \sigma_{32} & \sigma_{33} - \lambda \end{bmatrix} \begin{Bmatrix} n_1 \\ n_2 \\ n_3 \end{Bmatrix} = 0$$

❹ 주응력

$$\begin{vmatrix} \sigma_{11} - \lambda & \sigma_{12} & \sigma_{13} \\ \sigma_{21} & \sigma_{22} - \lambda & \sigma_{23} \\ \sigma_{31} & \sigma_{32} & \sigma_{33} - \lambda \end{vmatrix} = 0 \;\; ; \;\; \text{이 때 } \lambda_1, \lambda_2, \lambda_3 : \text{주응력}$$

❺ 응력 불변량

특성방정식 전개과정에서 좌표 변환과 무관하게 일정값을 갖는 물리량

$$\lambda^3 - I_1\lambda^2 + I_2\lambda - I_3 = 0 \;\; \rightarrow \;\; \begin{cases} I_1 = \sigma_{11} + \sigma_{22} + \sigma_{33} = \mathrm{tr}(\sigma) \\[2mm] I_2 = \begin{vmatrix} \sigma_{11} & \sigma_{12} \\ \sigma_{21} & \sigma_{22} \end{vmatrix} + \begin{vmatrix} \sigma_{22} & \sigma_{23} \\ \sigma_{32} & \sigma_{33} \end{vmatrix} + \begin{vmatrix} \sigma_{33} & \sigma_{31} \\ \sigma_{13} & \sigma_{11} \end{vmatrix} = \dfrac{1}{2}[\sigma_{ii}\sigma_{jj} - \sigma_{ij}\sigma_{ji}] \\[2mm] I_3 = \begin{vmatrix} \sigma_{11} & \sigma_{12} & \sigma_{13} \\ \sigma_{21} & \sigma_{22} & \sigma_{23} \\ \sigma_{31} & \sigma_{32} & \sigma_{33} \end{vmatrix} \end{cases}$$

❻ 평면응력 회전 및 주응력

$$\sigma_{x1}(\theta) = \frac{\sigma_x + \sigma_y}{2} + \frac{\sigma_x - \sigma_y}{2} \cdot \cos 2\theta + \tau_{xy} \cdot \sin 2\theta$$

$$\sigma_{y1}(\theta) = \frac{\sigma_x + \sigma_y}{2} - \frac{\sigma_x - \sigma_y}{2} \cdot \cos 2\theta - \tau_{xy} \cdot \sin 2\theta$$

$$\tau_{x1y1}(\theta) = \qquad - \frac{\sigma_x - \sigma_y}{2} \cdot \sin 2\theta + \tau_{xy} \cos 2\theta$$

$$\sigma_{1,2} = \frac{\sigma_x + \sigma_y}{2} \pm \sqrt{\left(\frac{\sigma_x - \sigma_y}{2}\right)^2 + (\tau_{xy})^2}$$

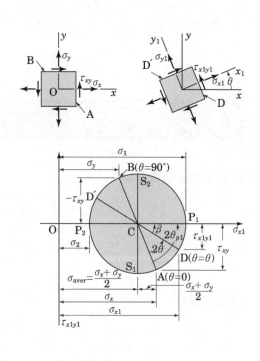

❼ 평면변형률 회전 및 주변형률

$$\epsilon_{x1}(\theta) = \frac{\epsilon_x + \epsilon_y}{2} + \frac{\epsilon_x - \epsilon_y}{2} \cdot \cos 2\theta + \frac{\gamma_{xy}}{2} \cdot \sin 2\theta$$

$$\epsilon_{y1}(\theta) = \frac{\epsilon_x + \epsilon_y}{2} - \frac{\epsilon_x - \epsilon_y}{2} \cdot \cos 2\theta - \frac{\gamma_{xy}}{2} \cdot \sin 2\theta$$

$$\frac{\gamma_{x1y1}}{2}(\theta) = \qquad - \frac{\epsilon_x - \epsilon_y}{2}\sin 2\theta + \frac{\gamma_{xy}}{2}\cos 2\theta$$

$$\epsilon_{1,2} = \frac{\epsilon_x + \epsilon_y}{2} \pm \sqrt{\left(\frac{\epsilon_x - \epsilon_y}{2}\right)^2 + \left(\frac{\gamma_{xy}}{2}\right)^2}$$

8 수치해석 Tip(계산값 교차검증에 유용)

① 주응력

$$\det\left(\begin{bmatrix} \sigma_x - \sigma_{1,2} & \tau_{xy} \\ \tau_{yx} & \sigma_y - \sigma_{1,2} \end{bmatrix}\right) = 0 \quad or \quad \mathrm{eigVl}\left(\begin{bmatrix} \sigma_x & \tau_{xy} \\ \tau_{yx} & \sigma_y \end{bmatrix}\right)$$

② 주응력 회전각(이 평형 방정식을 만족하는 θ)

$$\sigma_{1,2} = Q \cdot \sigma \cdot Q^T \quad \left(Q = \begin{bmatrix} \cos\theta & \sin\theta \\ -\sin\theta & \cos\theta \end{bmatrix}\right)$$

③ 주변형률

$$\det\left(\begin{bmatrix} \epsilon_x - \epsilon_{1,2} & \dfrac{\gamma_{xy}}{2} \\ \dfrac{\gamma_{yx}}{2} & \epsilon_y - \epsilon_{1,2} \end{bmatrix}\right) = 0 \quad or \quad \mathrm{eigVl}\left(\begin{bmatrix} \epsilon_x & \dfrac{\gamma_{xy}}{2} \\ \dfrac{\gamma_{yx}}{2} & \epsilon_y \end{bmatrix}\right)$$

9 Hooke's Law

$$\epsilon_x E = \sigma_x - \nu(\sigma_y + \sigma_z)$$
$$\epsilon_y E = \sigma_y - \nu(\sigma_z + \sigma_x) \quad \rightarrow \quad \begin{bmatrix} E\epsilon_x \\ E\epsilon_y \\ E\epsilon_z \end{bmatrix} = \begin{bmatrix} 1 & -\nu & -\nu \\ -\nu & 1 & -\nu \\ -\nu & -\nu & 1 \end{bmatrix} \begin{bmatrix} \sigma_x \\ \sigma_y \\ \sigma_z \end{bmatrix}$$
$$\epsilon_z E = \sigma_z - \nu(\sigma_x + \sigma_y)$$

10 2축 응력 변형에너지 밀도

$$u = \frac{1}{2}(\sigma_x \epsilon_x + \sigma_y \epsilon_y) + \frac{\tau_{xy}\gamma_{xy}}{2}$$

$$= \frac{1}{2E}(\sigma_x^2 + \sigma_y^2 - 2\nu\sigma_x\sigma_y) + \frac{\tau_{xy}^2}{2G}$$

$$= \frac{E}{2(1-\nu^2)}(\epsilon_x^2 + \epsilon_y^2 + 2\nu\epsilon_x\epsilon_y) + \frac{G\gamma_{xy}^2}{2}$$

① 단축응력 시 : $u = \dfrac{\sigma_x^2}{2E} = \dfrac{E\epsilon_x^2}{2}$ $\left(\because \sigma_y = \tau_{xy} = \gamma_{xy} = 0, \quad \epsilon_y = -\nu\epsilon_x\right)$

② 순수전단 시 : $u = \dfrac{\tau_{xy}^2}{2G} = \dfrac{G\gamma_{xy}^2}{2}$ $\left(\because \sigma_x = \sigma_y = \epsilon_x = \epsilon_y = 0\right)$

11 3축 응력 변형에너지 밀도

$$u = \frac{1}{2}(\sigma_x \epsilon_x + \sigma_y \epsilon_y + \sigma_z \epsilon_z) + \frac{1}{2}(\tau_{xy}\gamma_{xy} + \tau_{xz}\gamma_{xz} + \tau_{yz}\gamma_{yz})$$

$$= \frac{E}{2(1+\nu)(1-2\nu)}\left[(1-\nu)(\epsilon_x^2 + \epsilon_y^2 + \epsilon_z^2) + 2\nu(\epsilon_x\epsilon_y + \epsilon_x\epsilon_z + \epsilon_y\epsilon_z)\right] + \frac{G}{2}(\gamma_{xy}^2 + \gamma_{xz}^2 + \gamma_{yz}^2)$$

⑫ 체적변화량

① 변형 전 : $V_0 = abc$

② 변형 후 : $V_1 = V_0(1+\epsilon_x)(1+\epsilon_y)(1+\epsilon_z)$ ($\because$ 2차항 무시)

③ 체적변화량 : $\Delta V = V_1 - V_0 = V_0(\epsilon_x + \epsilon_y + \epsilon_z)$

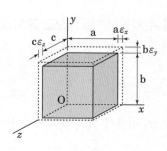

⑬ 단위체적 변화량(팽창률, Dilatation)

① $e = \dfrac{\Delta V}{V_0} = \epsilon_x + \epsilon_y + \epsilon_z = \dfrac{(1-2\nu)}{E}(\sigma_x + \sigma_y + \sigma_z)$

② 2축 응력 시 : $e = \dfrac{(1-2\nu)}{E}(\sigma_x + \sigma_y)$

③ 1축 응력 시 : $e = \dfrac{(1-2\nu)}{E}(\sigma_x)$ ($\therefore \nu_{\max} = 0.5$이 이상이면 물리적 거동과 반대)

④ 구 응력 시 : $e = \dfrac{3(1-2\nu)}{E}\sigma_0 = \dfrac{\sigma_0}{K}$ $\left(K = \dfrac{E}{3(1-2\nu)}, \quad 체적탄성계수\right)$

⑭ 3축 응력 최대전단응력(면내, 면외 전단응력 중 큰 값)

$$\tau_{\max} = \max\left[(\tau_{\max})_z \, (\tau_{\max})_x \, (\tau_{\max})_y\right]$$

$$= \left[\pm\frac{\sigma_x - \sigma_y}{2} \pm \frac{\sigma_y - \sigma_z}{2} \pm \frac{\sigma_z - \sigma_x}{2}\right]$$

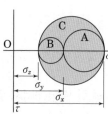

⑮ 연성재료 항복기준(σ_a, σ_b는 주응력)

① Tresca 항복기준(최대 전단응력 기준) 육각형 면적

$\begin{cases} 주응력\ 부호\ 동일\ :\ |\sigma_a| < \sigma_Y\ \ \text{or}\ \ |\sigma_b| < \sigma_Y \\ 주응력\ 부호\ 다름\ :\ |\sigma_a - \sigma_b| < \sigma_Y \end{cases}$

* Tresca 기준이 von mises 기준보다 안전(보수적)

② Von Mises 항복기준(최대 비틀림 에너지 기준) : 타원면적

$\begin{cases} 2차원\ :\ \sigma_a^2 - \sigma_a\sigma_b + \sigma_b^2 < \sigma_Y^2 \\ 3차원\ :\ \dfrac{1}{2}\left[(\sigma_a - \sigma_b)^2 + (\sigma_b - \sigma_c)^2 + (\sigma_c - \sigma_a)^2\right] < \sigma_Y^2 \end{cases}$

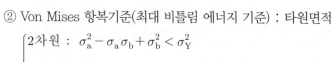

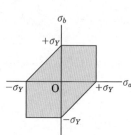

⑯ 취성재료 파괴기준

① Coulomb 파괴기준(최대 수직응력 기준)

$|\sigma_a| < \sigma_U$ & $|\sigma_b| < \sigma_U$

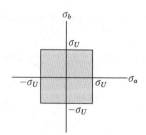

② Mohr 파괴기준

- 주응력(σ_a, σ_b)이 동일 부호인 경우 : 인장, 압축 극한강도(σ_{UT}, σ_{UC})보다 작으면 안정
- 주응력(σ_a, σ_b)이 다른 부호인 경우 : 비틀림 극한강도(τ_v)보다 작으면 안정

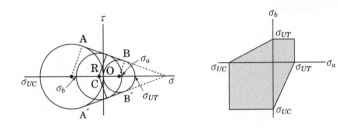

5 막응력

1 원통형 압력용기

$$\sigma_1 = \frac{pr}{t}$$

$$\sigma_2 = \frac{pr}{2t}$$

$$\therefore \sigma_1 = 2\sigma_2$$

$$\left(\tau_{\max}\right)_x = \frac{\sigma_1}{2} = \frac{pr}{2t}(지배)$$

$$\left(\tau_{\max}\right)_y = \frac{\sigma_2}{2} = \frac{pr}{4t}$$

$$\left(\tau_{\max}\right)_z = \frac{pr}{4t}$$

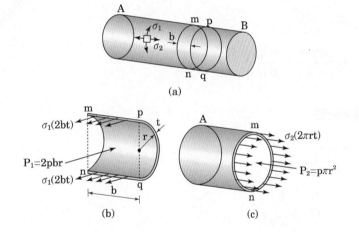

2 구형 압력용기

$$\sigma_1 = \sigma_2 = \sigma = \frac{pr}{2r_m t} \simeq \frac{pr}{2t}$$

$$\tau_{\max} = \frac{\sigma}{2} = \frac{pr}{4t}$$

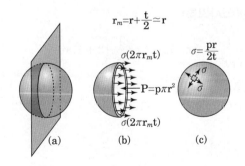

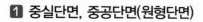
1 중실단면, 중공단면(원형단면)

$$\tau = \frac{T}{I_p}\rho$$

$$\Phi = \frac{TL}{GI_p}$$

$$U = \frac{T\Phi}{2} = \frac{T^2 L}{2GI_P}$$

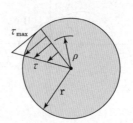
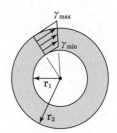

2 얇은 두께 폐단면

$$\tau(정해식) = \frac{T}{J}\rho \qquad J = \frac{4(A_m)^2}{\dfrac{L_m}{t}} \ \ or \ \ \frac{4(A_m)^2}{\displaystyle\int_0^{L_m}\frac{1}{t_i}dk}$$

$$\tau(약산식) = \frac{T}{2tA_m}$$

$$\Phi = \frac{TL}{GJ}$$

$$U = \frac{T\Phi}{2} = \frac{T^2 L}{2GJ}$$

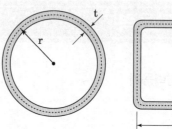
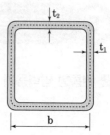

3 H단면

$$\tau = \frac{T}{\dfrac{1}{3}\Sigma bt^2}$$

$$\Phi = \frac{L}{G}\frac{T}{\dfrac{1}{3}\Sigma bt^3}$$

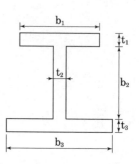

4 중실단면(직사각형)

$$\tau_{max} = \frac{T}{k_1 bt^2} \quad or \quad \tau_{max} = \frac{T}{bt^2}\left(3 + 1.8\frac{t}{b}\right)$$

$$\Phi = \frac{TL}{k_2 bt^3 G} \quad or \quad \Phi = \frac{42TLJ}{Gb^4 t^4}\left(이\ 때 \ \ J = \frac{bt(b^2 + t^2)}{12}\right)$$

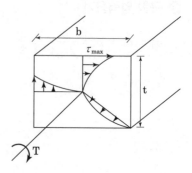

b/t	1.0	1.5	1.75	2.0	2.5	3.0	4.0	6.0	8.0	10.0	∞
k_1	0.208	0.231	0.239	0.246	0.258	0.267	0.282	0.299	0.307	0.313	0.333
k_2	0.141	-.196	0.214	0.229	0.249	0.263	0.281	0.299	0.307	0.313	0.333

b/t＝∞일 때 $k_1=1/3$, $k_2=1/3$만 암기

7 전단응력

1 전단탄성계수(G) 공식

$$\begin{cases} L = a\sqrt{2}\,(1+\epsilon) \\ L^2 = a^2 + a^2 - 2a^2\cos\left(\dfrac{\pi}{2}+\gamma\right) \end{cases} \rightarrow \quad \epsilon = \frac{\gamma}{2}$$

$$\epsilon E = \sigma_x - \nu(\sigma_y + \sigma_z) = \tau - \nu(-\tau + 0) = \tau(1+\nu)$$

$$\therefore \tau = \frac{E\gamma}{2(1+\nu)} \quad \rightarrow \quad G = \frac{\tau}{\gamma} = \frac{E}{2(1+\nu)}$$

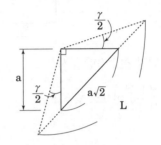
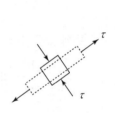

2 원형단면 전단중심 비교

① 반원 개단면

$$\begin{cases} y = r_m\cos\phi\,(주의) \\ dA = t\ ds = t r_m\,d\phi \end{cases} \rightarrow \begin{cases} I = \displaystyle\int_0^\pi y^2 dA \\ Q = \displaystyle\int_0^\theta y\ dA \\ \tau = \dfrac{V\ Q}{I\ t} \end{cases}$$

$$\rightarrow \begin{cases} V\cdot e = \displaystyle\int_0^\pi \tau\cdot r_m dA \\ \therefore e = \dfrac{4}{\pi}r_m \end{cases}$$

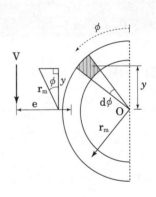

② 원형 개단면

$$\begin{cases} y = r_m\sin\phi \\ dA = t\ ds = t r_m\,d\phi \end{cases} \rightarrow \begin{cases} I = \displaystyle\int_0^{2\pi} y^2 dA \\ Q = \displaystyle\int_0^\theta y\ dA \\ \tau = \dfrac{V\ Q}{I\ t} \end{cases}$$

$$\rightarrow \begin{cases} V\cdot e = \displaystyle\int_0^{2\pi} \tau\cdot r_m dA \\ \therefore e = 2r_m \end{cases}$$

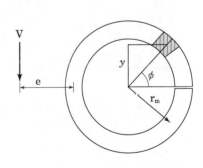

3 얇은 판에서 V=F₂ 성립 이유

$$\begin{cases} \tau_1 = \dfrac{V \cdot Q_1}{I \cdot t_f} \\[2mm] \tau_2 = \dfrac{V \cdot Q_2}{I \cdot t_w} \\[2mm] \tau_{max} = \dfrac{V \cdot Q_3}{I \cdot t_w} \end{cases} \rightarrow \begin{aligned} F_2 &= \tau_2 \cdot t_w h + \left(\tau_{max} - \tau_2\right) \cdot \dfrac{2}{3} \cdot t_w h \\[2mm] &= \dfrac{V}{I} \cdot \left[\dfrac{t_w h^3}{12} + 2bt_f\left(\dfrac{h}{2}\right)^2\right] \\[2mm] &\left(I = \dfrac{t_w h^3}{12} + 2\left[\dfrac{bt_f^3}{12} + bt_f\left(\dfrac{h}{2}\right)^2\right]\right) \end{aligned}$$

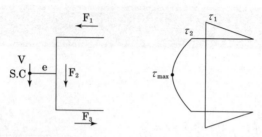

두께 얇은 경우 플렌지 전단저항 무시

$$\therefore I = \dfrac{t_w h^3}{12} + 2bt_f\left(\dfrac{h}{2}\right)^2 \text{이므로 } V \cong F_2$$

8 휨, 처짐

1 처짐 – 곡률 공식

$$\begin{cases} ds = \rho\, d\theta = \dfrac{d\theta}{\kappa} \quad \rightarrow \quad \dfrac{d\theta}{ds} = \kappa \\[2mm] ds^2 = dx^2 + dy^2 \quad \rightarrow \quad \dfrac{ds}{dx} = \sqrt{1 + (y')^2} \end{cases} \rightarrow \quad \dfrac{d\theta}{dx} = \dfrac{d\theta}{ds} \cdot \dfrac{ds}{dx} = \kappa \cdot \sqrt{1 + (y')^2} = \dfrac{1}{\rho}\sqrt{1 + (y')^2}$$

$$\begin{cases} \theta = \tan^{-1}\left(\dfrac{dy}{dx}\right) = \tan^{-1}(y') = \tan^{-1}(u) \\[2mm] \dfrac{d\theta}{du} = \dfrac{d(\tan^{-1}(u))}{du} = \dfrac{1}{1 + u^2} = \dfrac{1}{1 + (y')^2} \\[2mm] \dfrac{du}{dx} = \dfrac{d(y')}{dx} = y'' \end{cases} \rightarrow \quad \dfrac{d\theta}{dx} = \dfrac{d\theta}{du} \cdot \dfrac{du}{dx} = \dfrac{y''}{1 + (y')^2}$$

$$\kappa \cdot \sqrt{1 + (y')^2} = \dfrac{y''}{1 + (y')^2}$$

$$\therefore \kappa = \dfrac{y''}{\left(1 + (y')^2\right)^{3/2}} \cong y'' \quad [\because (y')^2 = 0]$$

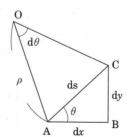

❷ 모멘트－곡률 공식

$$\epsilon_{\mathrm{x}} = -\frac{\mathrm{y}}{\rho} = -\kappa \mathrm{y} \;\; \rightarrow \;\; \sigma_{\mathrm{x}} = \mathrm{E}\epsilon_{\mathrm{x}} = -\mathrm{E}\kappa \mathrm{y}$$

$$\mathrm{M_I} = \int \sigma_{\mathrm{x}}\,\mathrm{y}\;\mathrm{dA} = \int -\mathrm{E}\kappa\,\mathrm{y}^2\,\mathrm{dA} = -\mathrm{EI}\kappa$$

$$\mathrm{M_I} + \mathrm{M_E} = 0 \;\; ; \;\; -\mathrm{EI}\kappa + \mathrm{M_E} = 0$$

$$\therefore \kappa = \frac{\mathrm{M}}{\mathrm{EI}}$$

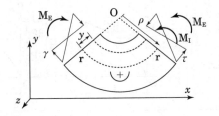 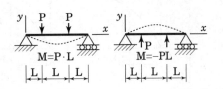

❸ 처짐－하중 공식

$$\mathrm{y}'' = \kappa = \frac{\mathrm{M}}{\mathrm{EI}} \;\; \rightarrow \;\; \begin{cases} \mathrm{EIy}'''' = -\mathrm{q} \\[4pt] \mathrm{EIy}''' = \mathrm{V} \\[4pt] \mathrm{EIy}'' = \mathrm{M} \end{cases}$$

❹ 비대칭 경사하중

$$\sigma_{\mathrm{x}} = \frac{\left(\mathrm{M_y} \cdot \mathrm{I_z} + \mathrm{M_z} \cdot \mathrm{I_{yz}}\right) \cdot \mathrm{z} - \left(\mathrm{M_z} \cdot \mathrm{I_y} + \mathrm{M_y} \cdot \mathrm{I_{zy}}\right) \cdot \mathrm{y}}{\mathrm{I_y} \cdot \mathrm{I_z} - \mathrm{I_{yz}^2}}$$

$$\tan\beta = \frac{y}{z}$$

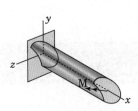 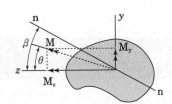

구분	변형에너지	공액에너지
일반	• 내부에너지를 변위로 표현 • 변형에너지 밀도 $u = \int \sigma \, d\epsilon$ • 변형에너지 $U = \int u \, dx$	• 내부에너지를 하중으로 표현 • 공액에너지 밀도 $u = \int \sigma \, d\epsilon$ • 공액에너지 $U = \int u \, dx$
비선형인 경우	카스틸리아노 제1정리 $$\frac{\partial U(\delta)}{\partial \delta_i} = P_i$$	Crotti-Engesser 정리(상보 에너지 정리) $$\frac{\partial U^*(P)}{\partial P_i} = \delta_i$$
선형탄성인 경우		카스틸리아노 제2정리 $$\frac{\partial U(P)}{\partial P_i} = \delta_i$$

① 내부에너지를 변위함수로 표현하기 어렵기 때문에 카스틸리아노 제1정리 사용 어려움(내부에너지를 힘의 함수로 표현하는 것 더 쉽다.)

② 선형탄성인 경우 $U^*(P) = U(P)$이므로 Crotti-Engesser 정리를 카스틸리아노 제2정리 형태로 표현 가능

10 에너지법 [2]

1 포텐셜 에너지(Π)

$\Pi = U(\text{내부에너지}) + V(\text{외부에너지})$

2 내부에너지(U)

$$U = \underbrace{\Sigma\left[\frac{F^2 L}{2EA} + \frac{F^2}{2k}\left(\text{or } \frac{k\Delta^2}{2}\right) + F\alpha\Delta T L + F\Delta\right]}_{\text{축하중, 축부재 온도변화}(\Delta T), \text{제작오차}(\Delta)} + \underbrace{\int \frac{M^2}{2EI}dx + \frac{M^2}{2k}\left(\text{or } \frac{k\theta^2}{2}\right)}_{\text{휨}} + \underbrace{\kappa \int \frac{V^2}{2GA}dx}_{\text{전단}} + \underbrace{\int \frac{T^2}{2GJ}dx}_{\text{비틀림}}$$

---

1) Gere & Timoshenko, 「재료역학」 2판, 기문당, 1986년, 539-606쪽
2) 구조물이 선형탄성이면 변형에너지와 공액에너지가 같아지기 때문에 형상함수를 이용하지 않고 포텐셜 에너지를 직접 편미분하여 미지력을 구할 수 있다.

① 축부재 온도상승 : $+F\alpha \Delta TL$, 축부재 온도하강 : $-F\alpha \Delta TL$

② 축부재 크게제작 : $+F\Delta$, 축부재 작게제작 : $-F\Delta$

③ 휨부재 온도변화 : $M = \dfrac{\alpha \Delta TEI}{h}$

④ κ(형상계수) : $\dfrac{6}{5}$(직사각형), $\dfrac{10}{9}$(원형), 1.0(I형)

③ 외부에너지(V)

V = 외력 × 변위

① 외력, 변위 방향 같을 때 : −

② 외력, 변위 방향 반대일 때 : +

④ 최소 포텐셜 에너지 원리(정류 에너지 원리)

구조물이 선형탄성이면 $U^*(P) = U(P)$이므로 최소 포텐셜 에너지 원리를 이용하여 힘, 변위를 구할 수 있다.(적합조건을 이용한 가상일의 원리와 동일)

구조역학	안정론
• 부정정력 산정 : $\dfrac{\partial \Pi}{\partial 부정정력} = 0$ • 변위 산정 $\dfrac{\partial \Pi}{\partial 외력} = 0$	• 평형방정식 산정 : $\dfrac{\partial \Pi}{\partial 변위} = 0$ • 임계하중 선정 : $\det(평형방정식) = 0$

(11) 형상계수(f), 전단탄성계수(κ)

형상계수(소성설계)	전단탄성계수(변형에너지)
$f = \dfrac{M_p}{M_y} = \dfrac{Z}{S}$ $S = \dfrac{I}{y}$(도심기준) $Z = 2A_o y_c$(면적 이등분선)	$\kappa = \int \left(\dfrac{Q}{Ib}\right)^2 AdA$
■단면 $f = \dfrac{3}{2}$ ●단면 $f = \dfrac{16}{3\pi}$ I 단면 f = 1.1~1.2	■단면 $f = \dfrac{6}{5}$ ●단면 $f = \dfrac{10}{9}$ I 난변 f = 1.0

12 **전단 변형에너지 공식**

$$U_v = \int dU = \int \frac{\tau\gamma}{2}dx \; dA = \int \frac{\tau^2}{2G}dA \; dx = \int \frac{\left(\dfrac{VQ}{Ib}\right)^2}{2G}\frac{A}{A}dA \; dx = \int \left(\frac{Q}{Ib}\right)^2 A \; dA \int \frac{V^2}{2GA}dx$$

$$= \kappa \int \frac{V^2}{2GA}dx$$

13 **변위일치법**

1 가상일의 원리

$$\Delta_i + \omega_R = \Sigma\left(\frac{FfL}{EA} + f\alpha\Delta TL + f\Delta\right) + \int \frac{mM}{EI}dx + \kappa \int \frac{vV}{GA}dx + \int \frac{tT}{GJ}dx$$

2 적합조건

$$\underbrace{\Delta_i^\uparrow}_{\substack{부정정\;구조물\;최종상태}} = \underbrace{\Delta_i^\uparrow + \Delta_i^\uparrow + \Delta_i^\uparrow + \Delta_i^\uparrow}_{\substack{실제하중,\;\;온도,\;\;제작오차,\;침하}} + \underbrace{R_i\delta_{ii}^\uparrow}_{\substack{가상하중}} \xrightarrow{ex} \begin{cases} \Delta_b = \Delta_{b0} + R_b\delta_{bb} + R_c\delta_{bc} \\ \Delta_c = \Delta_{c0} + R_b\delta_{cb} + R_c\delta_{cc} \end{cases}$$

14 **처짐각식**

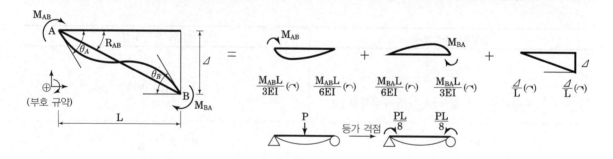

$$\begin{cases} \theta_A = \dfrac{\left(M_{AB} + \dfrac{PL}{8}\right)L}{3EI} - \dfrac{\left(M_{AB} + \dfrac{PL}{8}\right)L}{6EI} + \dfrac{\Delta}{L} \\ \theta_B = \dfrac{\left(M_{BA} - \dfrac{PL}{8}\right)L}{6EI} + \dfrac{\left(M_{BA} - \dfrac{PL}{8}\right)L}{3EI} + \dfrac{\Delta}{L} \end{cases} \rightarrow \begin{cases} M_{AB} = \dfrac{2EI}{L}\left(2\theta_A + \theta_B - \dfrac{3\Delta}{L}\right) - \dfrac{PL}{8} \\ M_{BA} = \dfrac{2EI}{L}\left(\theta_A + 2\theta_B - \dfrac{3\Delta}{L}\right) + \dfrac{PL}{8} \end{cases}$$

* 부재하중은 등가 절점하중으로 대치

15 3연모멘트 공식

$$
\begin{cases}
\tau_L = \dfrac{M_L L_L}{6EI_L} + \dfrac{M_C L_L}{3EI_L} + \theta_L \\[2mm]
\tau_R = \dfrac{M_C L_R}{3EI_R} + \dfrac{M_R L_R}{6EI_R} + \theta_R \\[2mm]
\beta_L = \dfrac{\Delta_L - \Delta_C}{L_L} \\[2mm]
\beta_R = \dfrac{\Delta_R - \Delta_C}{L_R}
\end{cases}
\rightarrow
\begin{aligned}
&\theta_L = \theta_R \text{ 이므로} \\[2mm]
&\beta_L - \tau_L = \tau_R - \beta_R \\[2mm]
&\tau_L + \tau_R = \beta_L + \beta_R
\end{aligned}
$$

$$
\therefore M_L \cdot \left(\frac{L_L}{I_L}\right) + 2M_C \cdot \left(\frac{L_L}{I_L} + \frac{L_R}{I_R}\right) + M_R \cdot \left(\frac{L_R}{I_R}\right) = -6E \cdot (\theta_L + \theta_R) + 6E \cdot (\beta_L + \beta_R)
$$

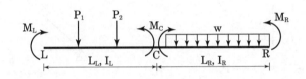

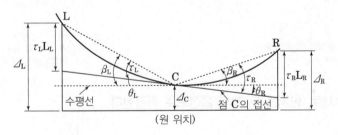

(원 위치)

16 매트릭스 변위법 기본공식

하중 작용 시	제작오차, 온도변화	지점침하 [3]
$P - AQ$	$P = AQ$	$P = AQ,\ R = A_R Q$
$K = ASA^T$	$K = ASA^T$	$K = ASA^T$
$d = K^{-1}P$	$e_0 =$ 제작오차 또는 온도변화치수	$e_0 = A_R^T d_R$
$e = A^T d$	$d = K^{-1}(P + ASe_0)$	$d = K^{-1}(P - ASe_0)$
$Q = SA^T d + FEM$	$Q = SA^T d + FEM - Se_0$	$Q = SA^T d + FEM + Se_0$

3) 토구 92-4-5 풀이참조

1 하중방향은 임의로 가정후 최종결과의 부호로 변위방향 결정

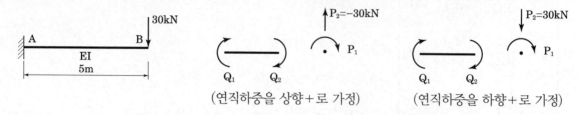

(연직하중을 상향+로 가정)   (연직하중을 하향+로 가정)

2 트러스 부재력 표현방식과 혼동주의

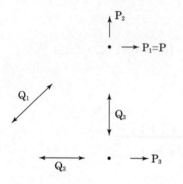

매트릭스 변위법 모델링 방식
(부재력 중심 표현)

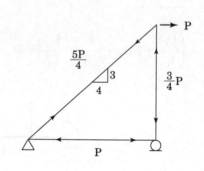

트러스 부재력 표현 방식
(절점 중심 표현)

3 회전스프링은 부재로, 힌지는 두 개의 절점으로 취급한다.

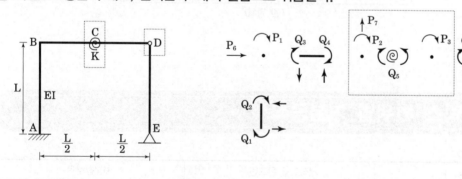

$$P_1 = Q_2 + Q_3 \qquad\qquad P_2 = Q_4 + Q_5 \qquad\qquad P_3 = -Q_5 + Q_6$$

$$P_4 = Q_7 + Q_8 \qquad\qquad P_5 = Q_9 \qquad\qquad P_6 = -\left(\frac{Q_1 + Q_2}{L}\right) - \left(\frac{Q_8 + Q_9}{L}\right)$$

$$P_7 = \frac{2(Q_3 + Q_4)}{L} - \frac{2(Q_6 + Q_7)}{L} \qquad P_8 \frac{2(Q_6 + Q_7)}{L}$$

※ P_3, P_7 산정 시 주의

18 경사부재 모델링

- 병진변위에 유의(P_4, P_5)
- 병진변위가 종속되는 절점 C와 부재 BC, CD 평형방정식 이용
- A매트릭스와 P매트릭스를 별도로 산정해야 함

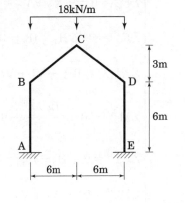

1 A matrix

$$\begin{cases}
\Sigma F_x^C = 0 \ ; \ H_2 - H_3 = 0 \\[4pt]
\Sigma F_y^C = 0 \ ; \ -V_2 + V_3 = 0 \\[4pt]
\Sigma F_x^{BC} = 0 \ ; \ H_1 - H_2 = 0 \\[4pt]
\Sigma F_y^{BC} = 0 \ ; \ -V_1 + V_2 = 0 \\[4pt]
\Sigma M^{BC} = 0 \ ; \ Q_3 + Q_4 - 6V_2 - 3H_2 = 0 \\[4pt]
\Sigma F_x^{CD} = 0 \ ; \ H_3 - H_4 = 0 \\[4pt]
\Sigma F_y^{CD} = 0 \ ; \ -V_3 + V_4 = 0 \\[4pt]
\Sigma M^{CD} = 0 \ ; \ Q_5 + Q_6 - 6V_4 + 3H_4 = 0
\end{cases}$$

$$V_1 = V_2 = V_3 = V_4 = \frac{Q_3 + Q_4 + Q_5 + Q_6}{12}$$

$$H_1 = H_2 = H_3 = H_4 = \frac{Q_3 + Q_4 - Q_5 - Q_6}{6}$$

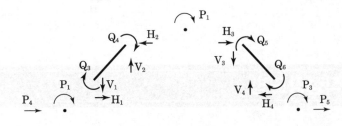

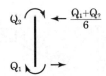

② P matrix

$$
\begin{cases}
\Sigma AF_x^C = 0 \ ; \ H_2 - H_3 = 0 \\[2mm]
\Sigma F_y^C = 0 \ ; \ -V_2 + V_3 = 0 \\[2mm]
\Sigma F_x^{BC} = 0 \ ; \ H_1 - H_2 = 0 \\[2mm]
\Sigma AF_y^{BC} = 0 \ ; \ -V_1 + V_2 - 18 \cdot 6 = 0 \\[2mm]
\Sigma M^{BC} = 0 \ ; \ \dfrac{18 \cdot 6^2}{2} - 6V_2 - 3H_2 = 0 \\[3mm]
\Sigma F_x^{CD} = 0 \ ; \ H_3 - H_4 = 0 \\[2mm]
\Sigma F_y^{CD} = 0; \ -V_3 + V_4 - 18 \cdot 6 = 0 \\[2mm]
\Sigma M^{CD} = 0; \ \dfrac{18 \cdot 6^2}{2} - 6V_4 + 3H_4 = 0
\end{cases}
$$

$V_1 = 108 \text{kN}(\uparrow)$ $\qquad$ $V_2 = 0$ $\qquad\qquad$ $V_3 = 0$ $\qquad\qquad$ $V_4 = 108 \text{kN}(\uparrow)$

$H_1 = 108 \text{kN}(\rightarrow)$ $\qquad$ $H_2 = 108 \text{kN}(\leftarrow)$ $\qquad$ $H_3 = 108 \text{kN}(\rightarrow)$ $\qquad$ $H_4 = 108 \text{kN}(\leftarrow)$

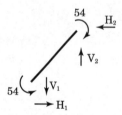

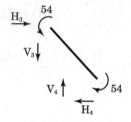

⑲ 매트릭스 직접강도법

① 좌표기준

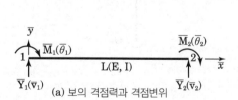

(a) 보의 격점력과 격점변위

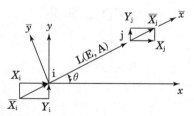

(b) 평면트러스의 좌표계

2 트러스 부재 강도매트릭스($\overline{K}_{ij}$, K_{ij}), 변환행렬(T_k)

$$\overline{K}_{ab} = \frac{EA}{L} \begin{array}{cccc} u_a & v_a & u_b & v_b \\ \left[\begin{array}{cccc} 1 & 0 & -1 & 0 \\ 0 & 0 & 0 & 0 \\ -1 & 0 & 1 & 0 \\ 0 & 0 & 0 & 0 \end{array}\right] & & & \end{array}\begin{array}{c} u_a \\ v_a \\ u_b \\ v_b \end{array}$$

$$\overline{K}_{bc} = \frac{EA}{L} \begin{array}{cccc} u_b & v_b & u_c & v_c \\ \left[\begin{array}{cccc} 1 & 0 & -1 & 0 \\ 0 & 0 & 0 & 0 \\ -1 & 0 & 1 & 0 \\ 0 & 0 & 0 & 0 \end{array}\right] & & & \end{array}\begin{array}{c} u_b \\ v_b \\ u_c \\ v_c \end{array}$$

$$T_k = \begin{bmatrix} \cos\theta & \sin\theta & 0 & 0 \\ -\sin\theta & \cos\theta & 0 & 0 \\ 0 & 0 & \cos\theta & \sin\theta \\ 0 & 0 & -\sin\theta & \cos\theta \end{bmatrix}$$

$$K_{ab} = T_k^T \cdot \overline{K}_{ab} \cdot T_k$$

$$K_{bc} = T_k^T \cdot \overline{K}_{bc} \cdot T_k$$

3 보 부재 강도매트릭스(K_{ij}) [4]

$$K_{ab} = \frac{EI}{L^3} \begin{array}{cccccc} v_a & \theta_a & v_b & \theta_b & v_c & \theta_c \\ \left[\begin{array}{cccccc} 12 & -6L & -12 & -6L & 0 & 0 \\ -6L & 4L^2 & 6L & 2L^2 & 0 & 0 \\ -12 & 6L & 12 & 6L & 0 & 0 \\ -6L & 2L^2 & 6L & 4L^2 & 0 & 0 \\ 0 & 0 & 0 & 0 & 0 & 0 \\ 0 & 0 & 0 & 0 & 0 & 0 \end{array}\right] & & & & & \end{array}\begin{array}{c} v_a \\ \theta_a \\ v_b \\ \theta_b \\ v_c \\ \theta_c \end{array}$$

$$K_{bc} = \frac{EI}{L^3} \begin{array}{cccccc} v_a & \theta_a & v_b & \theta_b & v_c & \theta_c \\ \left[\begin{array}{cccccc} 0 & 0 & 0 & 0 & 0 & 0 \\ 0 & 0 & 0 & 0 & 0 & 0 \\ 0 & 0 & 12 & -6L & -12 & -6L \\ 0 & 0 & -6L & 4L^2 & 6L & 2L^2 \\ 0 & 0 & -12 & 6L & 12 & 6L \\ 0 & 0 & -6L & 2L^2 & 6L & 4L^2 \end{array}\right] & & & & & \end{array}\begin{array}{c} v_a \\ \theta_a \\ v_b \\ \theta_b \\ v_c \\ \theta_c \end{array}$$

4 전구조물 강도매트릭스

$$K_T = \Sigma K_{ij}$$

5 강도 방정식($P = K_T \cdot \Delta$)

$$\begin{bmatrix} X_A \\ X_B \end{bmatrix} = \begin{bmatrix} K_{AA} & K_{AB} \\ K_{BA} & K_{BB} \end{bmatrix} \begin{bmatrix} u_A \\ u_B \end{bmatrix} \rightarrow \begin{cases} u_A : \text{미지 격점변위} & X_A : \text{격점변위에 대응하는 작용하중} \\ u_B : \text{경계조건} & X_B : \text{경계조건에 대응하는 반력성분} \end{cases}$$

6 격점변위

$$u_A = K_{AA}^{-1} \cdot X_A$$

---

4) 부재 강도매트릭스 크기를 전구조물 강도매트릭스 크기와 동일하게 하면 전구조물 강도매트릭스를 편리하게 계산할 수 있다.

⑦ 반력

$$X_B = K_{BA} \cdot u_A + FEM$$

⑧ 트러스 부재력

$$Q_{ij} = \left(\frac{EA}{L} \right)_{ij} \cdot [\cos\theta \quad \sin\theta]_{ij} \begin{Bmatrix} u_j - u_i \\ v_i - v_i \end{Bmatrix}$$

⑳ 기둥 좌굴하중

$$\begin{Bmatrix} M = EIy'' \\ M = -Py \end{Bmatrix} \rightarrow \begin{Bmatrix} y'' + k^2 y = 0 \left(k^2 = \dfrac{P}{EI} \right) \\ y = A\sin(kx) + B\cos(kx) \end{Bmatrix}$$

$$\begin{Bmatrix} y(0) = 0 \\ y(L) = 0 \end{Bmatrix} \rightarrow \underbrace{\begin{bmatrix} 0 & 1 \\ \sin(kL) & \cos(kL) \end{bmatrix}}_{Q} \begin{bmatrix} A \\ B \end{bmatrix} = \begin{bmatrix} 0 \\ 0 \end{bmatrix}$$

$$\det(Q) = 0 \ ; \quad \sin(kL) = 0 \quad \rightarrow \quad kL = n\pi = \pi$$

$$\therefore P_{cr} = \frac{\pi^2 EI}{L^2}$$

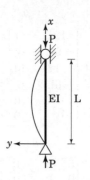

$$\begin{Bmatrix} M = EIy'' \\ M = P(\delta - y) \end{Bmatrix} \rightarrow \begin{Bmatrix} y'' + k^2 y - k^2\delta = 0 \left(k^2 = \dfrac{P}{EI} \right) \\ y = A\sin(kx) + B\cos(kx) + \delta \end{Bmatrix}$$

$$\begin{Bmatrix} y(0) = 0 \\ y'(0) = 0 \\ y(L) = \delta(주의) \end{Bmatrix} \rightarrow \underbrace{\begin{bmatrix} 0 & 1 & 1 \\ k & 0 & 0 \\ \sin(kL) & \cos(kL) & 0 \end{bmatrix}}_{Q} \begin{bmatrix} A \\ B \\ \delta \end{bmatrix} = \begin{bmatrix} 0 \\ 0 \\ 0 \end{bmatrix}$$

$$\det(Q) = 0 \ ; \quad \cos(kL) = 1 \quad \rightarrow \quad kL = \frac{(2n-1)\pi}{2} = \frac{\pi}{2}$$

$$\therefore P_{cr} = \frac{\pi^2 EI}{(2L)^2}$$

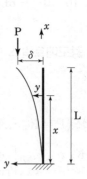

$$
\begin{cases}
M_0 = H \cdot L \\
M = EIy'' \\
M = -Py - H \cdot x + H \cdot L
\end{cases}
\rightarrow
\begin{cases}
y'' + k^2 y + \dfrac{H \cdot x}{EI} - \dfrac{H \cdot L}{EI} = 0 \left(k^2 = \dfrac{P}{EI} \right) \\
y = A\sin(kx) + B\cos(kx) - \dfrac{H(x-L)}{k^2 EI}
\end{cases}
$$

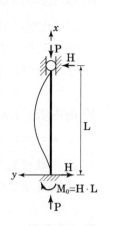

$$
\begin{cases}
y(0) = 0 \\
y'(0) = 0 \\
y(L) = 0
\end{cases}
\rightarrow
\underbrace{\begin{bmatrix}
0 & 1 & \dfrac{L}{k^2 EI} \\
k & 0 & -\dfrac{1}{k^2 EI} \\
\sin(kL) & \cos(kL) & 0
\end{bmatrix}}_{Q}
\begin{bmatrix} A \\ B \\ H \end{bmatrix}
=
\begin{bmatrix} 0 \\ 0 \\ 0 \end{bmatrix}
$$

$\det(Q) = 0 \ ; \ kL \cdot \cos(kL) - \sin(kL) = 0 \ \rightarrow \ kL = 4.49341$

$\therefore P_{cr} = \dfrac{20.190729 EI}{L^2} = \dfrac{\pi^2 EI}{(0.7L)^2}$

$$
\begin{cases}
M = y'' \\
M = -Py + M_0
\end{cases}
\rightarrow
\begin{cases}
y'' + k^2 y - \dfrac{M_0}{EI} = 0 \left(k^2 = \dfrac{P}{EI} \right) \\
y = A\sin(kx) + B\cos(kx) + \dfrac{M_0}{k^2 EI}
\end{cases}
$$

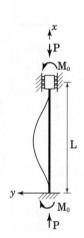

$$
\begin{cases}
y(0) = 0 \\
y'(0) = 0 \\
y(L) = 0
\end{cases}
\rightarrow
\underbrace{\begin{bmatrix}
0 & 1 & \dfrac{1}{k^2 EI} \\
k & 0 & 0 \\
\sin(kL) & \cos(kL) & \dfrac{1}{k^2 EI}
\end{bmatrix}}_{Q}
\begin{bmatrix} A \\ B \\ M_0 \end{bmatrix}
=
\begin{bmatrix} 0 \\ 0 \\ 0 \end{bmatrix}
$$

$\det(Q) = 0 \ ; \ \cos(kL) = 1 \ \rightarrow \ kL = 2n\pi = 2\pi$

$\therefore P_{cr} = \dfrac{4\pi^2 EI}{L^2} = \dfrac{\pi^2 EI}{\left(\dfrac{1}{2}L \right)^2}$

21 붕괴기구

1 조건

① 평형조건(Equilibrium Condition) : 외력과 내력은 힘의 평형상태 유지

② 붕괴조건(Mechanism Condition) : 극한하중 도달 시 붕괴기구 형성

③ 항복조건(Yield Condition) : 휨모멘트는 소성모멘트까지 발휘

주요공식 요약 / 재료역학 / 구조기본 / 구조응용

② 상계정리(Upper Bound Theorem) : Kinematic Theorem

① 가상일의 원리 이용하여 붕괴하중 산정
② 항복조건 및 붕괴기구 조건을 만족하는 붕괴하중은 실제 붕괴하중보다 크거나 같다.
③ 실제 붕괴하중은 모든 붕괴기구의 붕괴하중 중에서 가장 작은 값이다.

③ 하계정리(Lower Bound Theorem) : Static Theorem

① 정적 평형조건을 이용하여 붕괴하중 산정
② 정적 평형조건과 항복조건을 만족하는 붕괴하중은 실제 붕괴하중보다 작거나 같다.
③ 정적 평형조건과 항복조건을 만족하는 붕괴하중은 실제 붕괴하중보다 작거나 같다.(안전측으로 산정)

④ 유일정리(Uniqueness Theorem)

항복조건, 붕괴기구조건, 정적 평형조건을 모두 만족하는 붕괴하중은 단 하나만 존재한다.

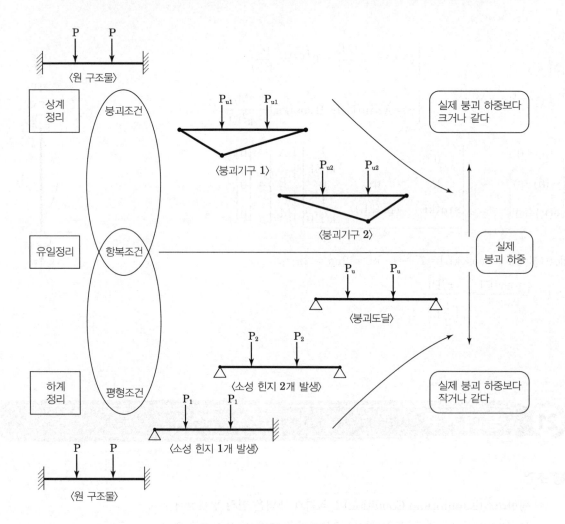

동역학 주요공식

1 운동방정식 단위정리

$$\begin{cases} \text{질량단위(m): } \mathrm{kg} \quad \text{or} \quad \mathrm{N \cdot s^2/m} \\ \text{감쇠단위(c): } \mathrm{kg/s} \quad \text{or} \quad \mathrm{N \cdot s/m} \\ \text{강성단위(k): } \mathrm{kg/s^2} \quad \text{or} \quad \mathrm{N/m} \end{cases}$$

$$\rightarrow \left(\begin{array}{c|c|cc} my'' & + \quad cy' & + \quad ky & = F(t) \\ [\mathrm{kg}] \cdot \left[\dfrac{m}{s^2}\right] & \left[\dfrac{kg}{s}\right] \cdot \left[\dfrac{m}{s}\right] & \left[\dfrac{kg}{s^2}\right] \cdot [m] & [N] \\ \downarrow & \downarrow & \downarrow & \downarrow \\ \left[\dfrac{kg\ m}{s^2}\right] = [N] & \left[\dfrac{kg\ m}{s^2}\right] = [N] & \left[\dfrac{kg\ m}{s^2}\right] = [N] & [N] \end{array} \right)$$

2 기본 계수

고유 진동수 : $\omega_n = \sqrt{\dfrac{k}{m}} \left(\dfrac{rad}{s}\right)$, $f_n = \dfrac{\omega_n}{2\pi}(Hz)$

감쇠 진동수 : $\omega_d = \omega_n \sqrt{1-\zeta^2}$

감쇠비 : $\zeta = \dfrac{c}{C_{cr}}$

임계감쇠계수(C_{cr}) : $C_{cr}^2 - 4mk = 0 \quad \rightarrow \quad C_{cr} = 2\sqrt{mk} = 2m\omega_n$

동적확대계수(DMF or DAF) : $D = \dfrac{y_0}{\delta_{st}} = \dfrac{1}{\sqrt{(1-r^2)^2 + (2\zeta r)^2}}$

전달성능 : $T_r = \dfrac{y_p(\text{구조물 운동})}{y_0(\text{지반운동})} = \dfrac{\sqrt{1+(2\zeta r)^2}}{\sqrt{(1-r^2)^2 + (2\zeta r)^2}}$

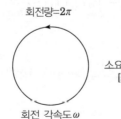

> **참고**
> 고유주기, 진동수 관계
> $2\pi = \omega \times T$
> $1 = f \times T$
> $\therefore T = \dfrac{2\pi}{\omega} = \dfrac{1}{f}$

회전량$=2\pi$

진동횟수$=1$

회전 각속도 ω
[rad/sec]

소요시간 T
[sec]

초당 진동수 f
[1/sec]=[Hz]

3 운동방정식 해

① 비감쇠 자유진동

$$y = y_h + y_p$$

$$= d_0 \cdot \cos(\omega_n t) + \left(\frac{v_0}{\omega_n}\right) \cdot \sin(\omega_n t) = \sqrt{d_o^2 + \left(\frac{v_0}{w_n}\right)^2} \left[\sin(\omega_n t + \theta)\right]$$

② 비감쇠 강제진동

$$y = y_h + y_p$$

$$= C_1\cos(\omega_n t) + C_2\sin(\omega_n t) + \left(\frac{-2\zeta r}{(1-r^2)^2 + (2\zeta r)^2}\delta_{st}\cos(\omega_0 t) + \frac{(1-r^2)}{(1-r^2)^2 + (2\zeta r)^2}\delta_{st}\sin(\omega_0 t)\right)$$

$$= C_1\cos(\omega_n t) + C_2\sin(\omega_n t) + \frac{\delta_{st}}{(1-r^2)}\sin(\omega_0 t - \theta)$$

(뒤아멜 방정식)

$$y = d_0 \cdot \cos(\omega_n t) + \left(\frac{v_0}{\omega_n}\right)\sin(\omega_n t) + \frac{1}{m\omega_n}\int_0^t p(\tau) \cdot \{\sin(\omega_n(t-\tau))\}d\tau$$

③ 감쇠 자유진동

$$\therefore y = y_h + y_p = e^{-\zeta\omega_n t} \cdot \left[d_0 \cdot \cos(\omega_d t) + \left(\frac{v_0 + \zeta\omega_n d_0}{\omega_d}\right) \cdot \sin(\omega_d t)\right]$$

$$= e^{-\zeta\omega_n t}\sqrt{d_o^2 + \left(\frac{v_0 + \zeta\omega_n d_0}{w_d}\right)^2} \cdot \left[\sin(\omega_d t + \theta)\right]$$

④ 감쇠 강제진동

$$y = y_h + y_p$$

$$= e^{-\zeta\omega_n t}\left[C_1\cos(\omega_d t) + C_2\sin(\omega_d t)\right] + \left(\frac{-2\zeta r}{(1-r^2)^2 + (2\zeta r)^2}\delta_{st}\cos(\omega_0 t) + \frac{(1-r^2)}{(1-r^2)^2 + (2\zeta r)^2}\delta_{st}\sin(\omega_0 t)\right)$$

$$= e^{-\zeta\omega_n t}\left[C_1\cos(\omega_d t) + C_2\sin(\omega_d t)\right] + \frac{\delta_{st}}{\sqrt{(1-r^2)^2 + (2\zeta r)^2}}\sin(\omega_0 t - \theta)$$

(뒤아멜 방정식)

$$y = e^{-\zeta\omega_n t}\left\{d_0 \cdot \cos(\omega_d t) + \left(\frac{v_0 + \zeta\omega_n d_0}{\omega_d}\right)\sin(\omega_d t)\right\} + \frac{1}{m\omega_d}\int_0^t p(\tau) \cdot \left\{e^{-\zeta\omega_n(t-\tau)}\sin(\omega_d(t-\tau))\right\}d\tau$$

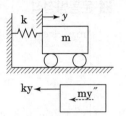

1 운동방정식

$$\begin{cases} my'' + ky = 0 \\ y'' + \dfrac{k}{m}y = 0 \end{cases} \rightarrow \quad y = y_h + y_p \rightarrow \begin{cases} y_h = C \cdot e^{\lambda t} \\ y_p = 0 \,(\because 자유진동) \end{cases}$$

2 특성방정식

$$C \cdot e^{\lambda t} \cdot \left(\lambda^2 + \dfrac{k}{m}\right) = 0$$

$$\lambda = \pm \sqrt{-\dfrac{k}{m}} = \pm i\sqrt{\dfrac{k}{m}} = \pm \omega_n i \left(이\ 때,\ \omega_n = \sqrt{\dfrac{k}{m}}\ 로\ 정의\right)$$

3 전체해

$$y_h = A\ e^{\omega_n i t} + B\ e^{-\omega_n i t}\ (오일러\ 공식 : e^{i\theta} = \cos\theta + i \cdot \sin\theta)$$

$$= A \cdot \{\cos(\omega_n t) + i \cdot \sin(\omega_n t)\} + B \cdot \{\cos(-\omega_n t) + i \cdot \sin(-\omega_n t)\}\ (올싸탄코)$$

$$= (A+B)\cos(\omega_n t) + i \cdot (A-B)\sin(\omega_n t)$$

$$= C_1\cos(\omega_n t) + C_2\sin(\omega_n t)$$

$$\therefore y = y_h + y_p = C_1\cos(\omega_n t) + C_2\sin(\omega_n t)$$

> **참고**
> 삼각함수 합성
> $$a \cdot \sin x + b \cdot \cos x = \sqrt{a^2 + b^2}\,\sin(x + \theta)$$

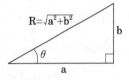

4 초기조건

$$\begin{cases} y(0) = d_0 \\ y'(0) = v_0 \end{cases} \rightarrow \begin{cases} C_1 = d_0 \\ C_2 = \dfrac{v_0}{\omega_n} \end{cases}$$

$$\therefore y = y_h + y_p$$

$$= d_0 \cdot \cos(\omega_n t) + \left(\dfrac{v_0}{\omega_n}\right) \cdot \sin(\omega_n t)$$

$$= \sqrt{d_o^2 + \left(\dfrac{v_0}{\omega_n}\right)^2} \cdot [\sin(\omega_n t + \theta)]$$

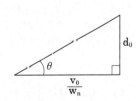

1 운동방정식

$$\begin{cases} my'' + cy' + ky = 0 \\ y'' + \dfrac{c}{m}y' + \dfrac{k}{m}y = 0 \\ y'' + 2\zeta\omega_n y' + \omega_n^2 y = 0 \end{cases} \rightarrow \quad y = y_h + y_p \rightarrow \begin{cases} y_h = C \cdot e^{\lambda t} \\ y_p = 0 \,(\because 자유진동) \end{cases}$$

2 특성방정식

$$\begin{cases} C \cdot e^{\lambda t} \cdot \left[\lambda^2 + 2\,\zeta\omega_n\lambda + \omega_n^2\right] = 0 \\ \lambda = -\zeta\omega_n \pm \omega_n\sqrt{\zeta^2 - 1} \end{cases} \rightarrow \begin{cases} \zeta > 1 \ : \ 초임계\ 감쇠 \\ \zeta = 1 \ : \ 임계감쇠 \\ \zeta < 1 \ : \ 아임계\ 감쇠\,(실제\ 구조물\ 감쇠범위) \end{cases}$$

$$\therefore \ \lambda = -\zeta\omega_n \pm \omega_n i \ \sqrt{1-\zeta^2} \ (\because \zeta < 1, \quad i^2 = -1)$$

3 전체해

$$y_h = e^{-\zeta\omega_n t}\left[Ae^{\left(\omega_n\sqrt{1-\zeta^2}\right)ti} + Be^{\left(-\omega_n\sqrt{1-\zeta^2}\right)ti}\right] (감쇠\ 진동수:\omega_d = \omega_n\sqrt{1-\zeta^2})$$

$$= e^{-\zeta\omega_n t}\left[Ae^{(\omega_d)ti} + Be^{(-\omega_d)ti}\right] (오일러\ 공식:e^{i\theta} = \cos\theta + i\cdot\sin\theta)$$

$$= e^{-\zeta\omega_n t}\left[A\cdot\{\cos(\omega_d t) + i\cdot\sin(\omega_d t)\} + B\cdot\{\cos(-\omega_d t) + i\cdot\sin(-\omega_d t)\}\right]$$

$$= e^{-\zeta\omega_n t}\left[(A+B)\cos(\omega_d t) + i\cdot(A-B)\cos(\omega_d t)\right]$$

$$= e^{-\zeta\omega_n t}\left[C_1\cos(\omega_d t) + C_2\sin(\omega_d t)\right]$$

$$\therefore \ y = y_h + y_p = e^{-\zeta\omega_n t}\left[C_1\cos(\omega_d t) + C_2\sin(\omega_d t)\right]$$

4 초기조건

$$\begin{cases} y(0) = d_0 \\ y'(0) = v_0 \end{cases} \rightarrow \begin{cases} C_1 = d_0 \\ C_2 = \dfrac{v_0 + \zeta\omega_n d_0}{\omega_d} \end{cases}$$

$$\therefore \ y = y_h + y_p$$

$$= e^{-\zeta\omega_n t}\cdot\left[d_0\cdot\cos(\omega_d t) + \left(\dfrac{v_0 + \zeta\omega_n d_0}{\omega_d}\right)\cdot\sin(\omega_d t)\right]$$

$$= e^{-\zeta\omega_n t}\sqrt{d_0^2 + \left(\dfrac{v_0 + \zeta\omega_n d_0}{\omega_d}\right)^2}\cdot\left[\sin(\omega_d t + \theta)\right]$$

25 **감쇠-강제진동 전체해 공식유도**

1 운동방정식

$$
\begin{cases}
my'' + cy' + ky = F_0 \sin(\omega_0 t) \\[4pt]
\hookrightarrow y'' + \dfrac{c}{m}y' + \dfrac{k}{m}y = \dfrac{F_0}{m}\sin(\omega_0 t) \\[4pt]
\hookrightarrow y'' + 2\,\zeta\omega_n y' + \omega_n^2 y = \dfrac{F_0}{m}\sin(\omega_0 t)
\end{cases}
\rightarrow \quad y = y_h + y_p \quad \rightarrow
\begin{cases}
y_h = C \cdot e^{\lambda t} \\[4pt]
y_p = P\cos(\omega_0 t) + Q\sin(\omega_0 t)
\end{cases}
$$

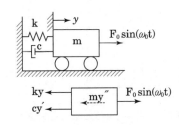

2 일반해(y_h)

$$y_h = e^{-\zeta\omega_n t}\left[C_1\cos(\omega_d t) + C_2\sin(\omega_d t)\right]$$

3 특수해(y_p)

$$
\begin{cases}
y''_p = -P\omega_0^2\cos(\omega_0 t) - Q\omega_0^2\sin(\omega_0 t) \\[4pt]
2\,\zeta\omega_n \cdot y'_p = 2\zeta\omega_n \cdot \left[Q\omega_0\cos(\omega_0 t) - P\omega_0\sin(\omega_0 t)\right] \\[4pt]
\omega_n^2 \cdot y_p = \omega_n^2 \cdot \left[P\cos(\omega_0 t) + Q\sin(\omega_0 t)\right]
\end{cases}
$$
이므로 $y_p'' + 2\zeta\omega_n y_p' + \omega_n^2 y_p$에 대입하면

$$
\begin{aligned}
&y_p'' + 2\zeta\omega_n y_p' + \omega_n^2 y_p \\
&\quad = \cos(\omega_0 t) \cdot \left[(\omega_n^2 - \omega_0^2)P + (2\zeta\omega_n\omega_0)Q\right] + \sin(\omega_0 t) \cdot \left[(-2\zeta\omega_n\omega_0)P + (\omega_n^2 - \omega_0^2)Q\right]
\end{aligned}
$$

∴ 최종 운동방정식은

$$
\underbrace{\cos(\omega_0 t) \cdot \left[(\omega_n^2 - \omega_0^2)P + (2\zeta\omega_n\omega_0)Q\right]}_{\cos \text{항}} + \underbrace{\sin(\omega_0 t) \cdot \left[(-2\zeta\omega_n\omega_0)P + (\omega_n^2 - \omega_0^2)Q\right]}_{\sin \text{항}} = \underbrace{\frac{F_0}{m}\sin(\omega_0 t)}_{\sin \text{항}}
$$

미정계수법 $\rightarrow$
$\begin{cases}
(\omega_n^2 - \omega_0^2)P + (2\zeta\omega_n\omega_0)Q = 0 \\[4pt]
(-2\zeta\omega_n\omega_0)P + (\omega_n^2 - \omega_0^2)Q = \dfrac{F_0}{m}
\end{cases}$, 양변 ω_n^2 나누고, $\dfrac{\omega_0}{\omega_n} = r$

$\dfrac{F_0}{m\omega_n^2} = \dfrac{F_0}{k} = \delta_{st}$ 대입하면

$$\begin{bmatrix} 1-r^2 & 2\zeta r \\ -2\zeta r & 1-r^2 \end{bmatrix}\begin{bmatrix} P \\ Q \end{bmatrix} = \begin{bmatrix} 0 \\ \delta_{st} \end{bmatrix} \quad \rightarrow \quad P = \frac{-2\zeta r}{(1-r^2)^2+(2\zeta r)^2}\delta_{st} \qquad Q = \frac{(1-r^2)}{(1-r^2)^2+(2\zeta r)^2}\delta_{st}$$

$$y_p = \frac{-2\zeta r}{(1-r^2)^2+(2\zeta r)^2}\delta_{st}\cos(\omega_0 t) + \frac{(1-r^2)}{(1-r^2)^2+(2\zeta r)^2}\delta_{st}\sin(\omega_0 t)$$

$$= \frac{\delta_{st}}{\sqrt{(1-r^2)^2+(2\zeta r)^2}}\sin(\omega_0 t - \theta) = \delta_{st}\cdot D \cdot \sin(\omega_0 t - \theta)$$

$$\left(D = \frac{y_0}{\delta_{st}} = \frac{1}{\sqrt{(1-r^2)^2+(2\zeta r)^2}}, \quad 동적확대계수(DMF) \quad or \quad 동적증폭계수(DAF) \right)$$

4 전체해

$$y = y_h + y_p$$

$$= e^{-\zeta\omega_n t}\left[C_1\cos(\omega_d t) + C_2\sin(\omega_d t)\right] + \left(\frac{-2\zeta r}{(1-r^2)^2+(2\zeta r)^2}\delta_{st}\cos(\omega_0 t) + \frac{(1-r^2)}{(1-r^2)^2+(2\zeta r)^2}\delta_{st}\sin(\omega_0 t)\right)$$

$$= e^{-\zeta\omega_n t}\left[C_1\cos(\omega_d t) + C_2\sin(\omega_d t)\right] + \frac{\delta_{st}}{\sqrt{(1-r^2)^2+(2\zeta r)^2}}\sin(\omega_0 t - \theta)$$

* 초기조건$(y(0) = d_o, \quad y'(0) = v_0)$은 전체해에 반영해야 함

```
       -2ζr
      ／|
    ／  |
  ／ θ  |
  ‾‾‾‾‾‾
   (1-r²)
```

---

26 지반운동, 구조물 응답

1 지반운동과 상대변위

$$\begin{cases} u = y - y_s \\ u' = y' - y_s' \\ u'' = y'' - y_s'' \end{cases} \rightarrow \begin{cases} my'' + c(y' - y_s') + k(y - y_s) = 0 \\ m(u'' + y_s'') + cu' + ku = 0 \\ mu'' + cu' + ku = -my_s'' \end{cases}$$

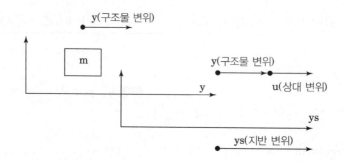

2 지반운동($y_s = y_0 \sin(\omega_0 t)$) 시 구조물 응답(절대변위)

$$my'' + cy' + ky = cy_s{}' + ky_s$$

$$y'' + 2\,\zeta\omega_n y' + \omega_n^2 y = \frac{ky_0}{m}\left(\frac{c\omega_0}{k}\cos\omega_0 t + \sin\omega_0 t\right)$$

$$= \frac{ky_0}{m}(2\zeta r \cos\omega_0 t + \sin\omega_0 t)$$

$$= \frac{ky_0}{m}\sqrt{1^2 + (2\zeta r)^2}\,\sin(\omega_0 t + \beta)$$

$$= Y_0 \sin(\omega_0 t + \beta)$$

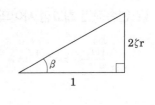

$$y_p = \frac{-2\zeta r\,y_0\sqrt{1+(2\zeta r)^2}}{(1-r^2)^2 + (2\zeta r)^2}\cos(\omega_0 t + \beta) + \frac{(1-r^2)\,y_0\sqrt{1+(2\zeta r)^2}}{(1-r^2)^2 + (2\zeta r)^2}\sin(\omega_0 t + \beta)$$

$$= \frac{y_0\sqrt{1+(2\zeta r)^2}}{\sqrt{(1-r^2)^2 + (2\zeta r)^2}}\sin(\omega_0 t + \beta - \theta)$$

$$= y_0 \cdot T_r \cdot \sin(\omega_0 t + \beta - \theta)$$

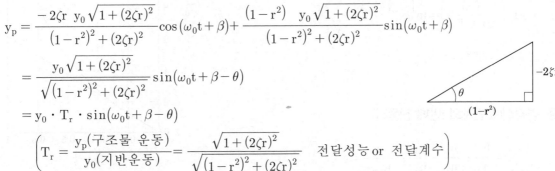

$$\left(T_r = \frac{y_p(\text{구조물 운동})}{y_0(\text{지반운동})} = \frac{\sqrt{1+(2\zeta r)^2}}{\sqrt{(1-r^2)^2 + (2\zeta r)^2}}\quad \text{전달성능 or 전달계수}\right)$$

3 지반운동($y_s = y_0 \sin(\omega_0 t)$) 시 구조물 응답(상대변위)

$$\mu'' + cu' + ku = -my_s{}'' = m\omega_0^2 y_0 \sin(\omega_0 t)$$

$$u_p = \frac{-2\zeta r \cdot y_0 r^2}{(1-r^2)^2 + (2\zeta r)^2}\cos(\omega_0 t) + \frac{(1-r^2)\cdot y_0 r^2}{(1-r^2)^2 + (2\zeta r)^2}\sin(\omega_0 t)$$

$$= \frac{y_0 r^2}{\sqrt{(1-r^2)^2 + (2\zeta r)^2}}\sin(\omega_0 t - \theta)$$

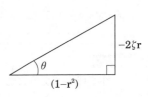

27 감쇠비 및 감쇠진동수

① 임계감쇠계수 : $C_{cr} = 2\sqrt{mk}\ (\because C_{cr}^2 - 4mk = 0)$

② 감쇠비 : $\zeta = \dfrac{c}{C_{cr}}$

③ 감쇠 진동수 : $\omega_d = \omega_n\sqrt{1-\zeta^2} \rightarrow \begin{cases} \zeta^2 + \left(\dfrac{\omega_d}{\omega_n}\right)^2 = 1 \\ \text{or} \\ \zeta^2 + \left(\dfrac{T_n}{T_d}\right)^2 = 1 \end{cases}$

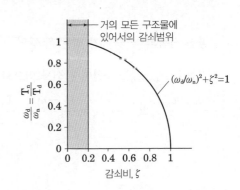

④ $\zeta = 0 \sim 0.2$에 분포하므로 $\omega_n \fallingdotseq \omega_d$라 할 수 있다.

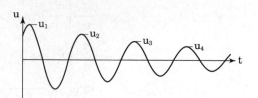

1 연속적인 최고점 사이의 비율

$$\frac{u(t)}{u(t+T_d)} = e^{\zeta \omega_n T_d} = e^{\frac{2\pi\zeta}{\sqrt{1-\zeta^2}}}$$

2 대수감소

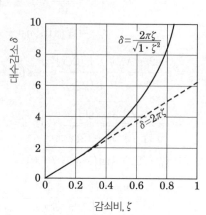

$$\delta = \ln\left(\frac{u(t)}{u(t+T_d)}\right) = \ln\left(e^{\frac{2\pi\zeta}{\sqrt{1-\zeta^2}}}\right) = \frac{2\pi\zeta}{\sqrt{1-\zeta^2}}$$

$$\therefore \delta = \frac{2\pi\zeta}{\sqrt{1-\zeta^2}} \fallingdotseq 2\pi\zeta$$

3 경감쇠(첫번째와 j번째 진동비)

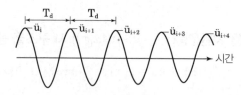

$$\frac{u_1}{u_{j+1}} = \frac{u_1}{u_2} \cdot \frac{u_2}{u_3} \cdot \frac{u_3}{u_4} \cdots \frac{u_j}{u_{j+1}} = e^{j \cdot \frac{2\pi\zeta}{\sqrt{1-\zeta^2}}}$$

$$\ln\left(\frac{u_1}{u_{j+1}}\right) = j \cdot \frac{2\pi\zeta}{\sqrt{1-\zeta^2}}$$

$$\delta_{경감쇠} = \frac{2\pi\zeta}{\sqrt{1-\zeta^2}} = \frac{1}{j} \cdot \ln\left(\frac{u_1}{u_{j+1}}\right) \fallingdotseq 2\pi\zeta$$

> **참고**
>
> 처음 대비 진동이 50% 감소하게 되는 j번째 진동은?
>
> $$\frac{1}{j_{50\%}} \cdot \ln\left(\frac{u_1}{0.5 \cdot u_1}\right) = \frac{2\pi\zeta}{\sqrt{1-\zeta^2}} \fallingdotseq 2\pi\zeta \;\rightarrow\; j_{50\%} = \frac{0.110318\sqrt{1-\zeta^2}}{\zeta} \fallingdotseq \frac{0.110318}{\zeta}$$

---

29 **반일률 대역폭(Half-Power band width)**

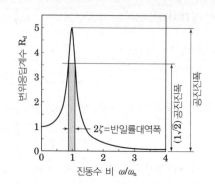

공진 진폭의 $\dfrac{1}{\sqrt{2}}$ 배가 되는 한 쌍의

진동수 ω_a, ω_b를 구하여 감쇠를 역으로 추정

$$\frac{\omega_b - \omega_a}{\omega_n} = 2\zeta \;\rightarrow\; \zeta = \frac{\omega_b - \omega_a}{2\omega_n} = \frac{f_b - f_a}{2f_n}$$

30 공진

1 감쇠운동의 조화가진 시 안정상태 응답 및 동적응답계수

$$
\begin{cases}
y_p = \dfrac{F_0}{k} \cdot \underbrace{\dfrac{1}{\sqrt{(1-r^2)^2 + (2\zeta r)^2}}}_{R_d} \cdot \sin(\omega_0 t - \theta) \\[4mm]
y'_p = \dfrac{F_0}{\sqrt{km}} \cdot \underbrace{\dfrac{r}{\sqrt{(1-r^2)^2 + (2\zeta r)^2}}}_{R_v} \cdot \cos(\omega_0 t - \theta)\left(\because r = \dfrac{\omega_0}{\omega_n}\right) \\[4mm]
y''_p = -\dfrac{F_0}{m} \cdot \underbrace{\dfrac{r^2}{\sqrt{(1-r^2)^2 + (2\zeta r)^2}}}_{R_v} \cdot \sin(\omega_0 t - \theta)\left(\because r = \dfrac{\omega_0}{\omega_n}\right)
\end{cases}
$$

$$\rightarrow \quad R_d = \dfrac{1}{\sqrt{(1-r^2)^2 + (2\zeta r)^2}}$$

$$R_a = r \cdot R_v = r^2 \cdot R_d$$

2 공진진동수 및 공진응답(Resonance)

$$
\begin{cases}
R_d = \dfrac{1}{\sqrt{(1-r^2)^2 + (2\zeta r)^2}} \\[4mm]
\left(\dfrac{\partial R_d}{\partial r} = 0\right) \ ; \ r = \sqrt{1 - 2\zeta^2} \\[4mm]
\therefore R_d\big|_{r = \sqrt{1 - 2\zeta^2}} = \dfrac{1}{2\zeta\sqrt{1 - \zeta^2}}
\end{cases}
\qquad
\begin{cases}
R_v = \dfrac{r}{\sqrt{(1-r^2)^2 + (2\zeta r)^2}} \\[4mm]
\left(\dfrac{\partial R_v}{\partial r} = 0\right) \ ; \ r = 1 \\[4mm]
\therefore R_v\big|_{r = 1} = \dfrac{1}{2\zeta}
\end{cases}
$$

$$
\begin{cases}
R_a = \dfrac{r^2}{\sqrt{(1-r^2)^2 + (2\zeta r)^2}} \\[4mm]
\left(\dfrac{\partial R_a}{\partial r} = 0\right) \ ; \ r = \dfrac{1}{\sqrt{1 - 2\zeta^2}} \\[4mm]
\therefore R_a\big|_{r = \frac{1}{\sqrt{1 - 2\zeta^2}}} = \dfrac{1}{2\zeta\sqrt{1 - \zeta^2}}
\end{cases}
$$

실제 구조물에서는 ζ가 20% 미만이므로 이 세 가지 공진진동수와 고유진동수의 차이는 무시할 만큼 작다.

재료역학

재료역학은 응력과 변형률 사이의 재료적 특성을 이용하여 하중작용에 따른 부재의 역학적 거동을 다루는 분야이다. 이 단원에서는 부재에 발생할 수 있는 축력, 전단력, 비틀림, 굽힘에 대한 해석 그리고 부재의 요소에 대한 응력과 변형률 검토를 다룬다.

1

축하중

Summary

출제내용　이 장에서는 탄성체 성질을 갖는 재료의 응력-변형률 관계를 구하는 문제와 축력을 받는 구조체의 각종 하중, 온도변화, 지점침하에 따른 부재의 응력 및 변형률을 구하는 문제, 비탄성 재료의 성질을 이용한 P-d곡선을 구하는 문제가 주로 출제된다.

학습전략　응력-변형률은 재료역학의 첫 부분에 나오는 내용으로 워낙 내용이 지루하다 보니 수험생 입장에서 기계적으로 공식만 암기하는 경향이 있는데, 비탄성 내용을 이해하기 위해서는 탄성 재료의 기본적인 성질을 이해해야 하므로 재료역학의 앞부분의 내용을 꼼꼼히 숙지할 필요가 있다. 또한 이 장에서는 구조역학 문제와 재료역학 문제가 혼합되어 출제되기 때문에 기본적인 변위일치법 뿐만 아니라 에너지법과 매트릭스 변위법, 매트릭스 직접강도법으로 푸는 방법도 연습해야 한다. 특히 축부재 문제는 자유도가 높지 않기 때문에 매트릭스 직접강도법으로 풀이법을 지정하여도 25분 이내에 풀 수 있으므로 출제자 입장에서 부담없이 출제할 수 있으므로 충분한 연습이 필요하다. 비탄성 재료성질을 갖는 구조물의 P-d 곡선은 정정구조물과 부정정 구조물을 구분하여 증분의 개념으로 순차해석 한다면 어렵지 않게 작성할 수 있다. 다만 P-d곡선은 여러번 구조해석을 해야하므로 25분 이내 풀이를 완료할 수 있도록 시간관리를 해야 한다. 비선형 재료성질을 갖는 구조물의 처짐은 중첩의 원리가 적용되지 않는 점을 유념하여 풀이해야 하며, 이 때 변위는 변형에너지가 아닌 공액에너지 개념으로 접근해야 하므로 카스틸리아노 제1정리와 Crotti-Engesser 정리의 개념을 숙지할 필요가 있다.

건축구조기술사 | 81-4-3

다음과 같은 강관($\phi-52\times3.8+\phi-65\times5$) 구조물의 C점에 정적하중 p=30kN이 상하로 작용할 때 구조물의 상하 A, B점의 반력과 C점의 처짐을 계산하고 A, B, C점에 필요한 용접 칫수를 결정하여 표시하시오. (단, Es=200,000N/mm², 모살용접의 허용전단응력=80N/mm², A와 B부분의 지지부분의 모재 두께는 충분하다.)

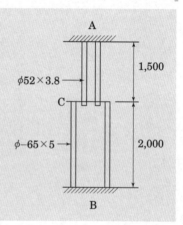

풀이 ◉ 변위일치법

1 기본사항

$$A_1 = \frac{\pi}{4}\left(52^2 - 44.4^2\right) = 575.414 \text{mm}^2$$

$$A_2 = \frac{\pi}{4}\left(65^2 - 55^2\right) = 942.478 \text{mm}^2$$

2 반력산정

$$\begin{cases} \Sigma F_y = 0 \ ; \ R_A + R_B = P \\ \delta_1 = \delta_2 \ ; \ \dfrac{R_A \times 1500}{EA_1} = \dfrac{R_B \times 2000}{EA_2} \end{cases} \rightarrow \begin{cases} R_A = 13.462 \text{kN}(\uparrow) \\ R_B = 16.538 \text{kN}(\uparrow) \end{cases}$$

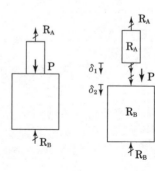

3 처짐

$$\delta_C = \frac{R_A \times 1500}{EA_1} = \frac{R_B \times 2000}{EA_2} = 0.175 \text{mm}(\downarrow)$$

PE.A $-81-4-3$

······················· 1   1

$$\frac{\pi}{4} \cdot (52^2 - (44.4)^2) \to a1 \qquad 575.414$$

$$\frac{\pi}{4} \cdot (65^2 - 55^2) \to a2 \qquad 942.478$$

······················· 2   2

$$\text{solve}\left(\left\{ \begin{array}{c} ra + rb = p \\ \dfrac{ra \cdot 1500}{e \cdot a1} = \dfrac{ra \cdot 2000}{e \cdot a2} \end{array}, \{ra, rb\} \right\}\right) | p = 3000 \text{ and } e = 200000 ①$$
$$ra = 13462.368 \text{ and } rb = 16537.632$$

······················· 3   3

$$\frac{ra \cdot 1500}{e \cdot a1} | e = 200000 \text{ and } ra = 13462.4 ② \qquad 0.17547015$$

- 각 단면의 면적 정보를 $a1$, $a2$ 변수로 지정

- 평형조건식과과 적합조건식을 연립하여 반력 ra, rb 산정

- AC부재의 처짐식에 반력을 대입하여 C점 처짐 산정

① with 연산자(|)를 사용하면 변수값을 임시로 할당할 수 있다. with 연산자 관련 내용은 Ti-Nspire CAS Reference Guide에서 확인할 수 있다.

| ("with")	(ctrl) (☰) keys
Expr | *BooleanExpr1* [**and** *BooleanExpr2*]...	
The "with" (|) symbol serves as a binary operator. The operand to the left of | is an expression. The operand to the right of | specifies one or more relations that are intended to affect the simplification of the expression. Multiple relations after | must be joined by a logical "**and**".	$x+1\|x=3$ 4 $x+y\|x=\sin(y)$ $\sin(y)+y$ $x+y\|\sin(y)=x$ $x+y$
The "with" operator provides three basic types of functionality: substitutions, interval constraints, and exclusions.	
Substitutions are in the form of an equality, such as x=3 or y=sin(x). To be most effective, the left side should be a simple variable. *Expr* | *Variable = value* will substitute *value* for every occurrence of *Variable* in *Expr*.	$x^3 - 2 \cdot x + 7 \to f(x)$ *Done* $f(x)\|x=\sqrt{3}$ $\sqrt{3}+7$ $(\sin(x))^2 + 2 \cdot \sin(x) - 6\|\sin(x)=d$ $d^2 + 2 \cdot d - 6$
Interval constraints take the form of one or more inequalities joined by logical "**and**" operators. Interval constraints also permit simplification that otherwise might be invalid or not computable.	$\text{solve}(x^2 - 1 = 0, x)\|x > 0 \text{ and } x < 2$ $x = 1$ $\sqrt{x} \cdot \sqrt{\dfrac{1}{x}}\|x > 0$ 1 $\sqrt{x} \cdot \sqrt{\dfrac{1}{x}}$ $\sqrt{\dfrac{1}{x}} \cdot \sqrt{x}$
Exclusions use the "not equals" (/= or ≠) relational operator to exclude a specific value from consideration. They are used primarily to exclude an exact solution when using **cSolve()**, **cZeros()**, **fMax()**, **fMin()**, **solve()**, **zeros()**, and so on.	$\text{solve}(x^2 - 1 = 0, x)\|x \neq 1$ $x = -1$

[with 연산자 관련 내용 : Ti-Nspire CAS Reference Guide 발췌]

② 연립방정식 풀이를 위하여 계산 과정에서 $\dfrac{ra \cdot 1500}{e \cdot u1}$ 을 입력하였으므로 최종 처짐을 구할 때 해당 식을 복사-붙여넣기 한 다음 with 연산자를 사용하여 연립방정식의 해 $ra = 13462.368$을 복사해서 붙여넣기 하면 실수 없이 처짐을 빠르게 구할 수 있다.

그림의 구조물에서 (1) 전체 강성매트릭스 K, (2) 절점변위 d2x, d3x, (3) 부재력 $F_①$, $F_②$를 구하시오.

풀이 1. 매트릭스 직접강도법

1 전구조물 강도 매트릭스(K)

$$K_{12} = K_1 \cdot \begin{bmatrix} 1 & -1 \\ -1 & 1 \end{bmatrix}$$

$$K_{23} = K_2 \cdot \begin{bmatrix} 1 & -1 \\ -1 & 1 \end{bmatrix}$$

$$\therefore K = K_{12} + K_{23}$$

2 강도 방정식(P=KΔ)

$$\begin{bmatrix} X_1 \\ X_2 = F_{2x} \\ X_3 = F_{3x} \end{bmatrix} = \begin{bmatrix} K_1 & -K_1 & 0 \\ -K_1 & K_1+K_2 & -K_2 \\ 0 & -K_2 & K_2 \end{bmatrix} \begin{bmatrix} u_1 = 0 \\ u_2 \\ u_3 \end{bmatrix}$$

3 격점변위($u_A = K_{AA}^{-1} \cdot X_A$)

$$K_{AA} = \begin{bmatrix} K_1+K_2 & -K_2 \\ -K_2 & K_2 \end{bmatrix}$$

$$X_A = \begin{bmatrix} X_2 & X_3 \end{bmatrix}^T = \begin{bmatrix} F_{2x} & F_{3x} \end{bmatrix}^T$$

$$u_A = \begin{bmatrix} u_2 & u_3 \end{bmatrix}^T = K_{AA}^{-1} \cdot X_A$$

$$= \begin{bmatrix} \dfrac{F_{2x}}{K_1} + \dfrac{F_{3x}}{K_1} & \dfrac{F_{2x}}{K_1} + \dfrac{F_{3x}(K_1+K_2)}{K_1 \cdot K_2} \end{bmatrix}^T$$

4 반력($X_B = K_{BA} \cdot u_A$)

$$K_{BA} = \begin{bmatrix} -K_1 & 0 \end{bmatrix}$$

$$X_B = \begin{bmatrix} X_1 \end{bmatrix} = K_{BA} \cdot u_A = \begin{bmatrix} -F_{2x} - F_{3x} \end{bmatrix}$$

5 부재력

$$F_① = F_{2x} + F_{3x} \quad (인장)$$

$$F_② = F_{3x} \quad\quad\quad (인장)$$

풀이 2. 매트릭스 변위법

1 평형매트릭스(A)

$$\begin{cases} P_1 = Q_1 - Q_2 \\ P_2 = Q_2 \end{cases} \rightarrow A = \begin{bmatrix} 1 & -1 \\ 0 & 1 \end{bmatrix}$$

2 전부재 강도매트릭스(S)

$$S = \begin{bmatrix} k_1 & \\ & k_2 \end{bmatrix}$$

3 구조물 강도매트릭스(K)

$$K = ASA^T = \begin{bmatrix} k_1+k_2 & -k_2 \\ -k_2 & k_2 \end{bmatrix}$$

4 변위(d)

$$d = K^{-1}P = (ASA^T)^{-1}P = (ASA^T)^{-1} \begin{bmatrix} F_{2x} & F_{3x} \end{bmatrix}^T$$

$$= \begin{bmatrix} \dfrac{F_{2x}}{k_1} + \dfrac{F_{3x}}{k_1} & \dfrac{F_{2x}}{k1} + \dfrac{F_{3x}(k_1+k_2)}{k_1+k_2} \end{bmatrix}^T$$

5 부재력(Q)

$$Q = SA^T d = SA^T (ASA^T)^{-1}P$$

$$= \begin{bmatrix} F_{2x} + F_{3x} & F_{3x} \end{bmatrix}^T$$

그림과 같은 구조물에 대해 다음을 구하시오.(단, $k_1=k_3=1000N/mm$, $k_2=2000N/mm$이며, EI는 일정하다.)

(1) 전체 강성매트릭스 [K]
(2) 절점 변위 d_{3x}, d_{4x}
(3) 반력 F_{1x}, F_{2x}

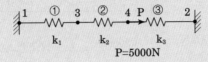

$$P=5000N$$

풀이 1. 매트릭스 변위법

1 평형 매트릭스(A)

$$\begin{cases} P_1 = Q_1 - Q_2 \\ P_2 = Q_2 - Q_3 \end{cases} \rightarrow A = \begin{bmatrix} 1 & -1 & 0 \\ 0 & 1 & -1 \end{bmatrix}$$

$$\xrightarrow{P_1} \qquad \xrightarrow{P_2}$$

$$\xleftrightarrow{} \quad \bullet \quad \xleftrightarrow{} \quad \bullet \quad \xleftrightarrow{}$$
$$Q_1 \qquad\qquad Q_2 \qquad\qquad Q_3$$

2 부재강도 매트릭스(S)

$$S = \begin{bmatrix} K_1 & 0 & 0 \\ 0 & K_2 & 0 \\ 0 & 0 & K_3 \end{bmatrix} = \begin{bmatrix} 1000 & 0 & 0 \\ 0 & 2000 & 0 \\ 0 & 0 & 1000 \end{bmatrix}$$

3 구조물 강성매트릭스(K)

$$K = ASA^T = \begin{bmatrix} 3000 & -2000 \\ -2000 & 3000 \end{bmatrix}$$

4 변위(d), 부재력(Q)

$$P_0 = [0, \quad 5000]^T$$

$$d = K^{-1}P_0 = (ASA^T)^{-1}P_0 = [\,2 \quad 3\,]^T (mm)$$

$$: \quad d_3 = 2mm(\rightarrow), \quad d_4 = 3mm(\rightarrow)$$

$$Q = SA^Td = [\,2000 \quad 2000 \quad -3000\,]^T(N)$$

5 반력

$$F_{1x} = 2000N(\leftarrow)$$

$$F_{2x} = 3000N(\leftarrow)$$

풀이 2. 매트릭스 직접강도법

1 전구조물 강도매트릭스

$$K_{13} = 1000 \begin{bmatrix} 1 & -1 & 0 & 0 \\ -1 & 1 & 0 & 0 \\ 0 & 0 & 0 & 0 \\ 0 & 0 & 0 & 0 \end{bmatrix}$$

$$K_{42} = 1000 \begin{bmatrix} 0 & 0 & 0 & 0 \\ 0 & 0 & 0 & 0 \\ 0 & 0 & 1 & -1 \\ 0 & 0 & -1 & 1 \end{bmatrix}$$

$$K_{34} = 2000 \begin{bmatrix} 0 & 0 & 0 & 0 \\ 0 & 1 & -1 & 0 \\ 0 & -1 & 1 & 0 \\ 0 & 0 & 0 & 0 \end{bmatrix}$$

$$K = K_{13} + K_{34} + K_{42}$$

2 강도 방정식(P=KΔ)

$$\begin{bmatrix} X_1 \\ X_3 = 0 \\ X_4 = 5000 \\ X_2 \end{bmatrix} = 1000 \cdot \begin{bmatrix} 1 & -1 & 0 & 0 \\ -1 & 3 & -2 & 0 \\ 0 & -2 & 3 & -1 \\ 0 & 0 & -1 & 1 \end{bmatrix} \begin{bmatrix} u_1 = 0 \\ u_3 \\ u_4 \\ u_2 = 0 \end{bmatrix}$$

3 격점변위($u_A = K_{AA}^{-1} \cdot X_A$)

$$K_{AA} = 1000 \cdot \begin{bmatrix} 3 & -2 \\ -2 & 3 \end{bmatrix}$$

$$X_A = [X_3 \quad X_4]^T = [\,0 \quad 5000\,]^T$$

$$u_A = [u_4] = K_{AA}^{-1} \cdot X_A = [\,2 \quad 3\,]^T (mm)$$

4 반력($X_B = K_{BA} \cdot u_A + FEM$)

$$K_{BA} = 1000 \cdot \begin{bmatrix} -1 & 0 \\ 0 & 1 \end{bmatrix}$$

$$X_B = K_{BA} \cdot u_A = [\,-2000 \quad -3000\,]^T$$

그림과 같은 부재에 축력이 작용할 경우 D위치에서의 변위 값을 구하시오.

- 부재의 자중은 무시함
- AC 부재의 단면적 : 600mm^2
- CD 부재의 단면적 : 200mm^2
- 탄성계수(E)=$2 \times 10^5 \text{MPa}$
- P_1=500kN, P_2=300kN, P_3=200kN

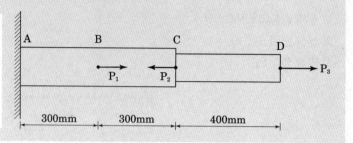

풀이 ● 1. 매트릭스 변위법

1 평형매트릭스(A), 부재 강도매트릭스(S)

$$A = \begin{bmatrix} 1 & -1 & 0 \\ 0 & 1 & -1 \\ 0 & 0 & 1 \end{bmatrix}$$

$$S = \begin{bmatrix} \dfrac{Ea_1}{300} & & \\ & \dfrac{Ea_1}{300} & \\ & & \dfrac{Ea_2}{400} \end{bmatrix} \quad \begin{pmatrix} a_1 = 600 \\ a_2 = 200 \end{pmatrix}$$

2 변위(d)

$$d = K^{-1}P = \left(ASA^{\,T}\right)^{-1}\left[500 \times 10^3 \quad -300 \times 10^3 \quad 200 \times 10^3\right]^{\text{T}}$$

$$\delta_d = d[3,1] = 2.75\text{mm}\,(\rightarrow)$$

풀이 ● 2. 에너지법

1 내부에너지

$$U = \frac{P_3^2 \times 400}{2EA_2} + \frac{\left(P_3 - P_2\right)^2 \times 300}{2EA_1} + \frac{\left(P_3 - P_2 + P_1\right)^2 \times 300}{2EA_1}$$

2 D점 변위

$$\delta_d = \frac{\partial U}{\partial P_3}\bigg|_{\substack{P_1 = 500 \times 10^3 \\ P_2 = 300 \times 10^3 \\ P_3 = 200 \times 10^3}} = 2.75\text{mm}\,(\rightarrow)$$

PE.A − 116 − 2 − 4

$\cdots\cdots\cdots\cdots\cdots\cdots\cdots$ sm	− sm

$2 \cdot 10^5 \to e$ 200000

| **SM (매트릭스 강도법)** |

- 탄성계수와 부재 단면적을 각각 e, $a1$, $a2$로 저장한다.

$600 \to a1$ 600

$200 \to a2$ 200

- 평형 매트릭스를 a, 강도 매트릭스를 s로 저장한다.

$$\begin{bmatrix} 1 & -1 & 0 \\ 0 & 1 & -1 \\ 0 & 0 & 1 \end{bmatrix} \to a \qquad \begin{bmatrix} 1 & -1 & 0 \\ 0 & 1 & -1 \\ 0 & 0 & 1 \end{bmatrix}$$

$$\begin{bmatrix} \dfrac{e \cdot a1}{300} & 0 & 0 \\ 0 & \dfrac{e \cdot a1}{300} & 0 \\ 0 & 0 & \dfrac{e \cdot a2}{400} \end{bmatrix} \to s \qquad \begin{bmatrix} 400000 & 0 & 0 \\ 0 & 400000 & 0 \\ 0 & 0 & 1000000 \end{bmatrix}$$

- 변위 산정공식을 이용하여 구한 결과값을 d에 저장하고 D점에 해당하는 변위 추출

$$(a \cdot s \cdot a^\tau)^{-1} \cdot \begin{bmatrix} 500 \cdot 10^3 \\ -300 \cdot 10^3 \\ 200 \cdot 10^3 \end{bmatrix} \to d \qquad \begin{bmatrix} 1. \\ 0.75 \\ 2.75 \end{bmatrix}$$

$d[3,1]$ ①   2.75

| **EM(에너지법)** |

- 축력에 대한 변형에너지를 변수 u에 저장한 후 D점 변위를 구하기 위하여 $P3$로 편미분한다.

| $\cdots\cdots\cdots\cdots\cdots\cdots$ em | − em |

$$\frac{p3^2 \cdot 400}{2 \cdot e \cdot a2} + \frac{(p3-p2)^2 \cdot 300}{2 \cdot e \cdot a1} + \frac{(p3-p2+p1)^2 \cdot 300}{2 \cdot e \cdot a1} \to u$$

$$\frac{p1^2}{800000} - \frac{p1 \cdot (p2-p3)}{400000} + \frac{p2^2}{400000} - \frac{p2 \cdot p3}{200000} + \frac{3 \cdot p3^2}{400000}$$

$\dfrac{d}{dp3}(u)\,|\,p1 = 500000 \text{ and } p2 = 300000 \text{ and } p3 = 200000$ 2.75

① 변위행렬(d)에서 d[3,1]을 입력하면 d행렬의 3행 1열의 원소를 추출할 수 있다. 절점 요소가 많으면 매트릭스 해석 시 답이 긴 경우가 있는데, 행렬의 원소를 추출하면 빠르고 정확한 풀이가 가능하다.

다음 그림과 같은 구조물에서 절점변위와 부재응력 그리고 지점 반력을 구하시오. 3개의 부재로 나누고 경계조건은 매트릭스 연산 시 소거법을 이용하여 구하시오.

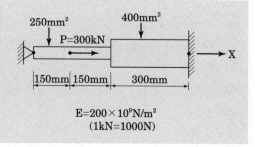

$$E = 200 \times 10^9 \text{N/m}^2$$
$$(1\text{kN} = 1000\text{N})$$

풀이 ◐ 1. 매트릭스 직접강도법

❶ 전구조물 강도매트릭스

$$K_{12} = K_{23} = \frac{200 \cdot 250}{0.15} \cdot \begin{bmatrix} 1 & -1 \\ -1 & 1 \end{bmatrix}$$

$$K_{34} = \frac{200 \cdot 400}{0.30} \begin{bmatrix} 1 & -1 \\ -1 & 1 \end{bmatrix}$$

$$K = K_{13} + K_{34} + K_{42}$$

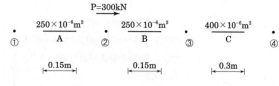

❷ 강도 방정식(P=KΔ)

$$\begin{bmatrix} X_1 \\ X_2 = 300 \\ X_3 = 0 \\ X_4 \end{bmatrix} = \begin{bmatrix} 333333 & -333333 & 0 & 0 \\ -333333 & 666667 & -333333 & 0 \\ 0 & -333333 & 600000 & -266667 \\ 0 & 0 & -266667 & 266667 \end{bmatrix}$$

$$\begin{bmatrix} u_1 = 0 \\ u_2 \\ u_3 \\ u_4 = 0 \end{bmatrix}$$

❸ 격점변위($u_A = K_{AA}^{-1} \cdot X_A$)

$$K_{AA} = \begin{bmatrix} 666667 & -333333 \\ -333333 & 600000 \end{bmatrix}$$

$$X_A = \begin{bmatrix} X_3 & X_4 \end{bmatrix}^T = \begin{bmatrix} 300 & 0 \end{bmatrix}^T$$

$$u_A = \begin{bmatrix} u_4 \end{bmatrix} = K_{AA}^{-1} \cdot X_A = \begin{bmatrix} 0.000623 & 0.000346 \end{bmatrix}^T (\text{m})$$

❹ 반력($X_B = K_{BA} \cdot u_A + \text{FEM}$)

$$K_{BA} = \begin{bmatrix} -333333 & 0 \\ 0 & -266667 \end{bmatrix}$$

$$X_B = K_{BA} \cdot u_A = \begin{bmatrix} -207.692 & -92.3076 \end{bmatrix}^T (\text{kN})$$

풀이 ◐ 2. 변위일치법

❶ 반력산정

$$\begin{cases} R_A + R_B = 300000 \\ \dfrac{R_A \cdot 150}{E \cdot 250} = \dfrac{(300000 - R_A) \cdot 150}{E \cdot 250} + \dfrac{R_B \cdot 300}{E \cdot 400} \end{cases}$$

$$\rightarrow \begin{cases} R_A = 207692 \text{ N} \\ R_B = 92308 \text{N} \end{cases}$$

❷ 변위

$$\delta_B = \frac{207692 \times 150}{200000 \times 250} = 0.623\text{mm}(\rightarrow)$$

$$\delta_C = \frac{92308 \times 300}{200000 \times 400} = 0.346\text{mm}(\rightarrow)$$

❸ 응력

$$\sigma_1 = \frac{R_A}{250} = 830.768 \text{MPa}(\text{인장})$$

$$\sigma_2 = \frac{300000 - R_A}{250} = 369.232 \text{MPa}(\text{압축})$$

$$\sigma_3 = \frac{R_B}{400} = 230.77 \text{MPa}(\text{압축})$$

질량 m인 물체가 2개의 선형스프링(k_1=k, k_2=2k)에 의해 양단고정점 사이에 지지되어있는 경우, 질량 m의 평형위치 y를 스프링 상수 k의 항으로 계산하시오.(단, 변형 발생전 스프링의 길이는 k_1, k_2에 대해 각각 l_1, l_2로 가정한다.)

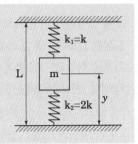

풀이

1 부재력 산정

$$\begin{cases} 평형조건 : mg = R_1 + R_2 \\ 적합조건 : \dfrac{R_1}{k} = \dfrac{R_2}{2k} \end{cases} \rightarrow R_1 = \dfrac{mg}{3}, \quad R_2 = \dfrac{2mg}{3}$$

2 평형위치

$$y = L - l_1 - \frac{R_1}{k_1} = L - l_1 - \frac{mg}{3k}$$

또는

$$y = l_2 - R_2 = l_2 - \frac{mg}{3k}$$

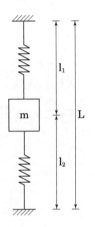
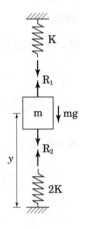

다음 그림과 같이 알루미늄(aluminum)과 강재(steel)가 B점에서 강접합되어 축방향 인장력 P를 받고 있다. 단면적 A(직경 10mm인 원형단면)는 일정하며, 알루미늄과 강재의 탄성계수(E_a, E_s)가 각각 다음과 같을 때, 이 합성인장재의 축강성 (axial stiffness)을 구하시오. (단, 알루미늄의 탄성계수 E_a=72.0GPa, 강재의 탄성계수 E_s=200GPa이다.)

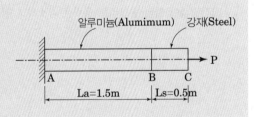

풀이

1 δ 산전

$$\delta = \frac{P \cdot 1500}{72000 \cdot \dfrac{10^2 \pi}{4}} + \frac{P \cdot 500}{200000 \cdot \dfrac{10^2 \pi}{4}} = \frac{7P}{7500\pi}$$

2 등가강성 k_{eq}

$$k_{eq} = \frac{P}{\delta} = \frac{7500\pi}{7} = 3366 \text{ N/mm}$$

주요공식 요약

재료역학

구조기본

구조응용

다음 그림과 같이 콘크리트 실린더 공시체의 내부에 철근이 보강되어 있으며, 일정한 압축력 P를 받고 있다. 다음 물음에 답하시오. 여기서, 재료는 선형탄성 거동을 한다고 가정한다. (단, 콘크리트의 탄성계수는 E_C, 철근의 탄성계수는 E_S이며, 콘크리트의 단면적은 A_C, 철근의 단면적은 A_S로 한다.)

(1) 콘크리트에 발생한 응력(σ_C) 및 철근에 발생한 응력(σ_S)을 구하시오.
(2) 시간이 경과함에 따라 콘크리트에 발생한 응력과 철근에 발생한 응력이 일정한지 아니면 다른지에 대해서 그 이유를 설명하시오.

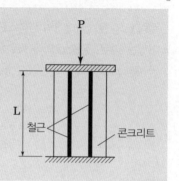

풀이

1 하중 분담력 산정

$$\left\{ \begin{array}{l} P = 2P_s + P_c \\ \dfrac{P_c \cdot L}{E_c \cdot A_c} = \dfrac{P_s \cdot L}{E_s \cdot A_s} \end{array} \right\} \quad \rightarrow \quad \begin{array}{l} P_c = \dfrac{A_c E_c}{A_c E_c + 2A_s E_s}P \\ P_s = \dfrac{A_s E_s}{A_c E_c + 2A_s E_s}P \end{array}$$

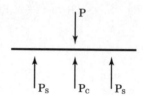

2 응력산정

$$\sigma_c = \frac{P_c}{A_c} = \frac{E_c}{A_c E_c + 2A_s E_s}P$$

$$\sigma_s = \frac{P_s}{A_s} = \frac{E_s}{A_c E_c + 2A_s E_s}P$$

3 시간경과에 따른 응력변화

① 콘크리트 : 시간경과에 따라 크리프 등으로 인해 응력 이완현상이 발생
② 철근 : 콘크리트 이완현상을 구속하려는 압축 잔류응력 누적
∴ 시간경과에 따라 콘크리트 응력은 감소하고 철근응력은 증가한다.

다음의 그림은 일반강도 철근(A_s, E_s, f_s)과 고강도 철근(A_{hs}, E_{hs}, f_{hs})으로 보강된 기둥부재이다. 철근의 총 단면적이 콘크리트 단면적의 1/50이고, 철근의 탄성계수가 콘크리트의 7배일 때, 콘크리트 및 일반강도, 고강도 철근에 의해 지지되는 하중의 비율을 각각 구하시오. (단, $E_s=E_{hs}$, $A_s=2A_{hs}$, $1.5f_s=f_{hs}$)이다.)

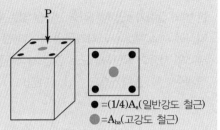

● =(1/4)A_s(일반강도 철근)
● =A_{hs}(고강도 철근)

풀이 ○ 변위일치법

1 조건 정리

$$A_s + A_{hs} = \frac{A_c}{5}$$

$$E_s = 7E_c$$

$$E_s = E_{hs}$$

$$A_s = 2A_{hs}$$

구분	E	A
일반철근	$E_s = 7E_c$	$A_s = 2A_{hs}$
고강도철근	$E_{hs} = E_s = 7E_c$	A_{hs}
콘크리트	E_c	$A_c = 5A_s + 5A_{hs} = 15A_{hs}$

2 평형방정식

$$P_s + P_{hs} + P_c = P \qquad \cdots \text{ⓐ}$$

3 적합조건

$$\left\{ \begin{array}{l} \delta_s = \dfrac{P_s L}{E_s A_s} = \dfrac{P_s L}{7E_c \cdot 2A_{hs}} \\[2mm] \delta_{hs} = \dfrac{P_{hs} L}{E_{hs} A_{hs}} = \dfrac{P_{hs} L}{7E_c A_{hs}} \\[2mm] \delta_c = \dfrac{P_c L}{E_c A_c} = \dfrac{P_c L}{E_c 15A_{hs}} \end{array} \right\} \rightarrow \left\{ \begin{array}{l} \delta_s = \delta_{hs} \quad \text{...ⓑ} \\[2mm] \delta_{hs} = \delta_c \quad \text{...ⓒ} \end{array} \right\}$$

4 하중분담 비율

ⓐ, ⓑ, ⓒ를 연립하면

$$P_s = \frac{7P}{18}, \quad P_{hs} = \frac{7P}{36}, \quad P_c = \frac{5P}{12}$$

$$\therefore P_s \ : \ P_{hs} \ : \ P_c = 14 \ : \ 7 \ : \ 15$$

한 변의 길이가 a인 정사각형 단면을 갖는 높이가 L인 사각기둥 모양의 부재가 그림과 같이 지상에 세워져있다. 사각기둥의 꼭대기에는 기둥의 자중과 같은 무게를 가진 강체가 있다. 부재의 자중과 끝단하중으로 인한 사각기둥 자유단의 변위를 구하시오. (단, 밀도 : ρ, 탄성계수 : E, 중력가속도 : g) (14점)

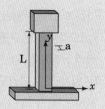

풀이 에너지법

1 수직하중

$$q = \rho \cdot g \cdot a^2 \qquad W = q \cdot L = \rho \cdot g \cdot a^2 \cdot L \qquad P_x = W + q(L-x)$$

2 사각기둥 자유단 변위

$$\delta = \int_0^L \frac{P_x}{Ea^2} dx = \frac{3 \cdot q \cdot \rho \cdot L^2}{2E} (\downarrow)$$

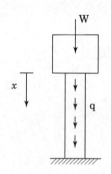

그림과 같이 길이 4000mm, 직경 40mm인 봉에 P=80kN의 인장력이 작용한다 이때 δ(신장량), Δd(직경 감소량), ΔV(봉의 체적 변화량)을 구하시오. (단, E=70Gpa, v(프와송비)=$\frac{1}{3}$, ΔV(봉의 체적 변화량)=$V_\varepsilon(1-2v)$)

풀이

1 기본사항

$$A = \frac{\pi}{4}(40)^2 = 1256.64 mm^2$$

2 신장량(δ)

$$\delta = \frac{PL}{EA} = \frac{80000 \cdot 4000}{70000 \cdot A} = 3.6378 mm$$

3 직경감소량(Δd)

$$\epsilon y = \frac{\sigma_y}{E} - \frac{v}{E}(\sigma_x + \sigma_z) = -\frac{1/3}{70000} \cdot \frac{80000}{A} = -3.0315 \times 10^{-4} \left(단, \sigma_y, \sigma_z = 0 \right)$$

$$\Delta d = \epsilon y \cdot d = -0.12126 mm$$

$$\therefore 0.12126 mm \ 감소$$

4 봉의 체적 변화량(ΔV)

$$\Delta V = v - v' = AL - \frac{\pi}{4}(d + \Delta d)^2 \cdot (L + \delta)$$

$$= A \cdot 4000 - \frac{\pi}{4} \cdot (40 - 0.012126)^2 \cdot (4000 + 3.6378) = -1521.52 mm^3$$

$$\therefore 1521.52 mm^3 \ 감소$$

다음 그림에서 원형단면부재((a)~(c))의 변형에너지를 구하고, 정하중과 동하중 작용시 효과에 대하여 설명하시오.

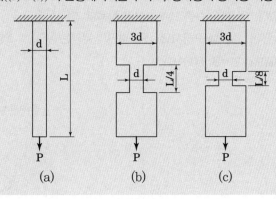

(a)   (b)   (c)

풀이

① 기본사항

$$A_d = \frac{\pi d^2}{4} \qquad A_{3d} = \frac{\pi (3d)^2}{4}$$

② 변형에너지

$$U_a = \frac{P^2 L}{2EA_d} = \frac{2P^2 L}{\pi d^2 E} = 0.63 \cdot \frac{P^2 L}{d^2 E}$$

$$U_b = \frac{P^2 \left(\dfrac{L}{4}\right)}{2E \cdot A_d} + \frac{P^2 \left(\dfrac{3L}{4}\right)}{2E \cdot A_{3d}} = \frac{2P^2 L}{3\pi d^2 E} = 0.21 \cdot \frac{P^2 L}{d^2 E}$$

$$U_c = \frac{P^2 \left(\dfrac{L}{8}\right)}{2E \cdot A_d} + \frac{P^2 \left(\dfrac{7L}{8}\right)}{2E \cdot A_{3d}} = \frac{4P^2 L}{9\pi d^2 E} = 0.14 \cdot \frac{P^2 L}{d^2 E}$$

③ 정하중과 동하중 작용시 효과

① 정하중 하에서 (a), (b), (c)의 최대 응력은 $\dfrac{P}{A}$ 로 동일하다.

② 단면적(A)이 증가하거나 길이(L)가 줄어들면 변형에너지(U)는 감소하기 때문에 에너지 흡수능력이 중요한 동하중 하에서 홈(groove) 길이가 짧은(c)가 가장 불리하다.

③ 따라서 동하중 혹은 에너지를 고려한 설계에서는 홈의 정도를 최소화 하여야 한다.

아래 그림에서 외경 D_s=50mm, 내경 D_c=40mm인 CFT 기둥이 강성이 큰 강판에 의해서 구속되어 있다. 이 때 압축력 P=80kN이 작용할 경우 σ_s, σ_c, ε을 구하고, 변형에너지 U_s, U_c를 구하시오. (단, 강판의 무게는 고려하지 않고, E_s=200,000MPa, E_c=20,000MPa이다.)

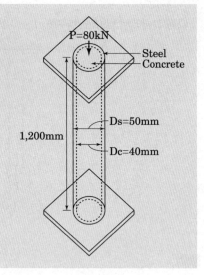

풀이

❶ 단면적

$$A_s = \frac{\pi}{4}\left(50^2 - 40^2\right), \quad A_c = \frac{\pi}{4}40^2$$

❷ 평형방정식 및 적합방정식

$$\left\{ \begin{array}{l} 80000 = P_c + P_s \\ \dfrac{P_c \cdot L}{E_c A_c} = \dfrac{P_s \cdot L}{E_s A_s} \end{array} \right\} \quad \rightarrow \quad \left\{ \begin{array}{l} P_s = 67924.5\text{N} \\ P_c = 12075.5 \ \text{N} \end{array} \right\}$$

❸ 응력, 변형률

$$\left\{ \begin{array}{l} \sigma_s = \dfrac{P_s}{A_s} = 96.0935\text{MPa} \\[2mm] \sigma_c = \dfrac{P_c}{A_c} = 9.60938\text{MPa} \\[2mm] \epsilon = \dfrac{\sigma_s}{E_s} = \dfrac{96.0935}{200000} = 4.8047 \times 10^{-4} \end{array} \right.$$

❹ 변형에너지

$$\left\{ \begin{array}{l} U_s = \dfrac{P\delta}{2} = \dfrac{P_s^2 \cdot L}{2E_s \cdot A_s} = 19581.3\text{N} \cdot \text{mm} \\[3mm] U_c = \dfrac{P\delta}{2} = \dfrac{P_c^2 \cdot L}{2E_c \cdot TA_c} = 3481.14\text{N} \cdot \text{mm} \end{array} \right.$$

3층 건물의 기둥이 각 층에서 그림과 같은 하중을 받을 때, 붕괴되지 않도록 지지되어 있는데 이 때 기둥에 저장되는 변형에너지를 구하시오. (단, P=150kN, H=3m, A=7500mm², E=200GPa)

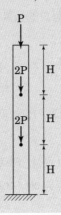

풀이

1 기본사항

$P = 150\text{kN}$

$A = 7,500\text{mm}^2 = 7500 \times 10^{-6}\text{m}^2$

$H = 3\text{m}$

$E = 200\text{GPa} = 200 \times 10^6 \text{kN/m}^2$

2 변형에너지

$$U = \frac{P^2 H}{2EA} + \frac{(3P)^2 H}{2EA} + \frac{(5P)^2 H}{2EA} = 0.7875\text{kNm}$$

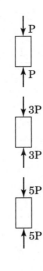

주요공식 요약

재료역학

구조기본

구조응용

질량이 M인 자동차가 일정한 속도 V의 크기로 강체벽에 수평으로 설치된 안전봉(safety rod)과 충돌하는 경우를 고려하자. 충분히 가벼운 안전봉의 단면적(넓이 A)은 길이방향으로 일정하며, 길이는 L, 탄성계수는 E이다. (단, 자동차는 강체(rigid body)로 가정하고 안전봉과 충돌할 때 충돌하중이 안전봉의 단면 중심에 축방향으로 작용하는 것으로 한다) (총 20점)

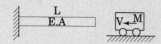

(1) 안전봉의 재료가 완전선형탄성($\sigma_y \to \infty$)이라고 가정할 때 충돌과정에서 안전봉에 발생하는 최대 압축응력(σ_{max})을 계산하시오. (8점)

(2) 안전봉이 완전탄소성재료라고 할 때 (1)과 같이 탄성상태로 계산하면 최대 압축응력이 항복응력(σ_y) 보다 큰 경우($\sigma_{max} > \sigma_y$), 충돌 후 소성에 의하여 흡수된 에너지의 크기(U_P)와 안전봉의 최대 압축변형량(δ)를 계산하시오. (12점)

1 최대압축응력(σ_{max})

$$\frac{1}{2}M \cdot V^2 = \frac{1}{2}P \cdot \delta_{max} = \frac{1}{2} \cdot \frac{P^2 L}{EA} = \frac{\sigma_{max}^2 \cdot A \cdot L}{2E}$$

$$\therefore \sigma_{max} = \sqrt{\frac{M \cdot E}{A \cdot L}} \cdot V$$

2 소성에너지(U_P)

$$\frac{1}{2}M \cdot V^2 = \frac{\sigma_y^2}{2E} \cdot AL + U_p$$

$$\therefore U_p = \frac{1}{2}\left(MV^2 - \frac{\sigma_y^2 \cdot A \cdot L}{E}\right)$$

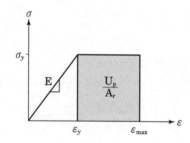

3 최대 압축변형량(σ_{max})

$$\begin{cases} \delta_{max} = \delta_y + \delta_p = \epsilon_y \cdot L + (\epsilon_{max} - \epsilon_y) \cdot L \\ \epsilon_y = \sigma_y/E \\ u_p = \frac{U_p}{AL} = (\epsilon_{max} - \epsilon_p) \cdot \sigma_y \quad \to \quad (\epsilon_{max} - \epsilon_y) = \frac{U_p}{\sigma_y \cdot A \cdot L} \end{cases}$$

$$\therefore \delta_{max} = \frac{M \cdot V^2}{2\sigma_y \cdot A} + \frac{\sigma_y \cdot L}{2E}$$

양단 A점과 C점이 고정인 구조에서 아래와 같은 각각의 경우에 대하여 AB부재의 응력(stress)과 B점의 변위를 산정하시오.

(1) B점에 하중 P(=500kN)가 작용하는 경우

(2) 구조체 전체에 온도상승 30℃가 발생하는 경우

(3) B점에 하중 P(=500kN)가 작용하며, 동시에 구조체 전체에 온도상승 30°가 발생하는 경우)

다만, AB부재와 BC부재의 단면적은 각각 $A_{AB}=10,000mm^2$, $A_{BC}=40,000mm^2$이며, 모든 부재의 탄성계수 $E=206,000N/mm^2$, 선팽창계수 $\alpha=0.000012(1/℃)$이다.

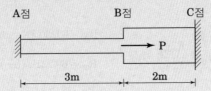

풀이 매트릭스 변위법

1 평평 매트릭스(A)

$P_1 = Q_1 - Q_2 \quad \rightarrow \quad A = [1\, -1]$

2 전부재 강도매트릭스(S)

$$S = \begin{bmatrix} \dfrac{EA_{AB}}{L_{AB}} & \\ & \dfrac{EA_{BC}}{L_{BC}} \end{bmatrix}$$

3 P=500kN 작용시

$d = K^{-1}P = (ASA^T)^{-1}P = (ASA^T)^{-1}[500 \times 10^3] = 0.104mm(\rightarrow)$

$Q = SA^Td = SA^T(ASA^T)^{-1}P = [71428.57, \quad -428571.43]^T N$

$\sigma_{AB} = 7.14MPa(인장)$

4 $\Delta T=30℃$ 발생한 경우

$d = K^{-1}P = (ASA^T)^{-1}(P + ASe_0) = (ASA^T)^{-1}\left([0] + AS\left(\alpha\Delta T\begin{bmatrix} L_{AB} \\ L_{BC} \end{bmatrix}\right)\right) = 0.4629mm(\leftarrow)$

$Q = SA^Td - Se_o = [-1059428.6, \quad -1059428.6]^T N$

$\sigma_{AB} = 105.94MPa(압축)$

5 P=500kN+$\Delta T=30℃$ 발생

$d = K^{-1}P = (ASA^T)^{-1}(P + ASe_0) = (ASA^T)^{-1}\left([500 \times 10^3] + AS\left(\alpha\Delta T\begin{bmatrix} L_{AB} \\ L_{BC} \end{bmatrix}\right)\right) = 0.359mm(\leftarrow)$

$Q = SA^Td - Se_o = [-988000, \quad -1488000]^T N$

$\sigma_{AB} = 98.8MPa(압축)$

아래 그림과 조건 하에서 고정단 B점에서의 반력을 구하시오.

〈조건〉

$\alpha = 1.0 \times 10^{-5}/℃(일정)$ 　　$\Delta T = 30℃$

$A_1 = 2000mm^2$ 　　　　　　$A_2 = 6000mm^2$

$E_1 = 200000MPa$ 　　　　　$E_2 = 30000MPa$

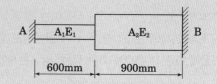

풀이 ○ **평형조건 및 적합조건**

$$\begin{cases} R_A = R_B \\ \alpha \cdot \Delta T \cdot L_1 - \dfrac{R_A L_1}{E_1 A_1} + \alpha \cdot \Delta T \cdot L_2 - \dfrac{R_B L_2}{E_2 A_2} = 0 \end{cases} \rightarrow$$

$$R_A = 69230.8N = 69.231 \ kN(\rightarrow)$$

$$R_B = 69.231kN(\leftarrow)$$

다음 그림과 같은 구조물에서 온도상승(ΔT) 시 부재의 신장량과 부재 내 응력을 구하시오.(단, 부재의 단면적(A), 탄성계수(E) 및 선팽창계수(α)는 일정하며, 스프링상수는 k)

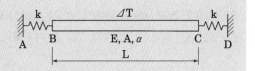

풀이 ● 1. 매트릭스 변위법

1 평형 매트릭스(A)

$$\begin{Bmatrix} P_1 = Q_1 - Q_2 \\ P_2 = Q_2 - Q_3 \end{Bmatrix} \rightarrow A = \begin{bmatrix} 1 & -1 & 0 \\ 0 & 1 & -1 \end{bmatrix}$$

2 부재 강도 매트릭스(S)

$$S = \begin{bmatrix} k_s & & \\ & k_b & \\ & & k_s \end{bmatrix} \quad \left(k_b = \frac{EA}{L}, \quad k_s = k \right)$$

3 절점변위(d)

$$e_0 = \begin{bmatrix} 0 & \alpha \Delta TL & 0 \end{bmatrix}^T$$

$$d = \left(ASA^T \right)^{-1} \cdot A \cdot S \cdot e_0$$

$$= \left[-\frac{\alpha \Delta TL \cdot k_b}{k_s + 2k_b} \quad \frac{\alpha \Delta TL \cdot k_b}{k_s + 2k_b} \right]^T$$

4 부재변형(e)

$$e = A^T d = \left[-\frac{\alpha \Delta TL \cdot k_b}{2k_b + k_s} \quad \frac{2\alpha \Delta TL \cdot k_b}{2k_b + k_s} \quad \frac{\alpha \Delta TL \cdot k_b}{2k_b + k_s} \right]$$

$$e\,[2,1] = \frac{2\alpha \Delta TL \cdot k_b}{2k_b + k_s} = \frac{2\alpha \Delta TL \cdot EA}{kL + 2EA} \ (신장)$$

5 부재력(Q) 및 응력(σ)

$$Q = SA^T d - Se_0$$

$$= \left[\frac{-\alpha \Delta TL \cdot k_b k_s}{2k_b + k_s} \quad \frac{\alpha \Delta TL}{2} \cdot \left(\frac{k_s^2}{(2k_b + k_s)} - k_s \right) \right.$$

$$\left. \frac{-\alpha \Delta TL \cdot k_b k_s}{2k_b + k_s} \right]^T$$

$$\sigma = \frac{Q\,[2,1]}{A} = \frac{\alpha \Delta TL \cdot kE}{2EA + kL} \ (압축)$$

풀이 ● 2. 변위일치법

1 부정정력(적합조건)

$$\alpha \cdot \Delta T \cdot L - \frac{F \cdot L}{E \cdot A} = \frac{2F}{K}$$

$$F = \frac{\alpha \Delta TL \cdot EA \cdot K}{2EA + KL}$$

2 부재 신장량(δ)

$$\delta = \alpha \Delta TL - \frac{FL}{EA} = \frac{2\alpha \Delta TL \cdot EA}{2EA + KL}$$

3 응력

$$\sigma = \frac{F}{A} = \frac{\alpha \Delta TL \cdot EK}{2EA + KL}$$

주요공식 요약

재료역학

구조기본

구조응용

양단고정인 직경 50mm 강봉이 상온 $T_1(20℃)$에서 $T_2(30℃)$로 온도가 상승하는 경우 강봉에 가해지는 힘을 구하시오. (단, $\alpha = 12 \times 10^{-6}/℃$, $E_s = 200000MPa$)

풀이 ● **변위일치법**

1 부정정력 산정

$$
\begin{cases}
\delta_T = \alpha \varDelta TL = 12 \cdot 10^{-6} \cdot 10 \cdot L \\
\delta_R = \dfrac{R_B L}{EA} = \dfrac{R_B L}{200000 \cdot \dfrac{\pi \cdot 50^2}{4}}
\end{cases}
$$

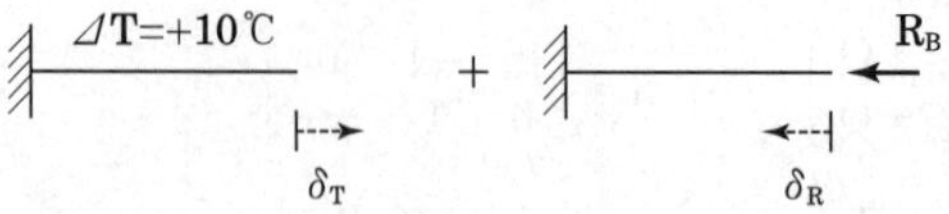

$\delta_T = \delta_r$; $R_B = 47123.9N = 47.1239kN$

2 부재 발생 힘

온도 10℃ 상승으로 인해 강봉에 47.1239kN의 압축력($\sigma = 24MPa$) 발생

$\varDelta T = +10℃$ ... δ_T + R_B ... δ_R

온도 20℃에서 두 봉의 끝 간격이 0.4mm이다. 온도가 150℃에 도달했을 때, (1) 알루미늄 봉의 수직응력, (2) 알루미늄 봉의 길이 변화를 구하시오.

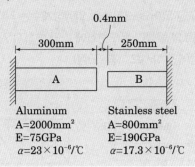

풀이

① 두 봉이 만날 때 온도변화(ΔT_1)

- $\alpha_A \cdot \Delta T_1 \cdot L_A + \alpha_B \cdot \Delta T_1 \cdot L_B = 0.4mm \quad \rightarrow \quad \Delta T_1 = 35.6347°$

- $\delta_{A,\Delta T_1} = \alpha_A \cdot \Delta T_1 \cdot L_A = 0.24588mm(\rightarrow)$

- $\sigma_{A,\Delta T_1} = 0$

$\Delta T_1 = 35.6347°$ 까지 자유단 거동

$\Delta T_2 = 150 - 20 - \Delta T_1 = 94.3653°$ 까지 양단고정 거동

② $\Delta T_2 = 94.3653°$ 일 때 응력, 변형률

- $\alpha_A \cdot \Delta T_2 \cdot L_A + \alpha_B \cdot \Delta T_2 \cdot L_B = \dfrac{R_B \cdot L_A}{E_A \cdot A_A} + \dfrac{R_B \cdot L_B}{E_B \cdot A_B} \rightarrow R_B = 290625N$

- $\delta_{A,\Delta T_2} = \alpha_A \cdot \Delta T_2 \cdot L_A - \dfrac{R_B \cdot L_A}{E_A \cdot A_A} = 0.069871mm(\rightarrow)$

- $\sigma_{A,\Delta T_2} = \dfrac{R_B}{A_A} = 145.312MPa(압축)$

③ 최종값

- $\delta_A = \delta_{A,\Delta T_1} + \delta_{A,\Delta T_2} = 0.315751mm(\rightarrow)$

- $\sigma_A = \sigma_{A,\Delta T_1} + \sigma_{A,\Delta T_2} = 145.312MPa(압축)$

다음 그림과 같이 두께 h_1의 코어에 두께 h_2의 박막을 코어의 윗면과 아랫면에 코팅한 시편을 준비하였다. 코어의 물성은 선형탄성으로 E_1의 탄성계수를 가지고 있고, 코팅층은 다음 그래프와 같이 선형탄성완전소성(linear elastic perfectly plastic)체이다. 또한 코어와 코팅층의 열팽창계수는 각각 α_1과 α_2이고, $\alpha_1 > \alpha_2$이다. 코어와 코팅층에는 응력이 없는 상태이고 재료의 물성이 온도변화에 따라 변하지 않으며, 코어와 코팅층의 계면을 완전 접착조건으로 가정했을 때 다음 물음에 답하시오. (총 20점)

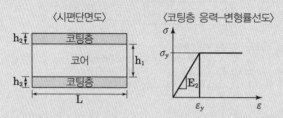

〈시편단면도〉　　〈코팅층 응력-변형률선도〉

(1) 현재 상태에서 온도가 상승할 때($\Delta T > 0$)와 하강할 때($\Delta T < 0$) 코팅층에는 각각 어떠한 응력이 발생하는지 정성적으로 설명하시오. (4점)
(2) 온도가 상승하면서 코팅층이 소성변형을 일으키기 직전의 온도변화 ΔT_c를 계산하시오. (12점)
(3) 만약 코팅층이 일반적인 세라믹 재질이라고 가정한다면, 코팅층은 온도 상승과 하강 중 어느 쪽에 취약한지와 그 이유에 대하여 설명하시오. (4점)

풀이

1 온도 상승, 하강 시 코팅층 응력상태

$\alpha_1 - \alpha_2 > 0$이므로 코팅층변위는 온도에 비례한다.

$\Delta T > 0 \rightarrow \delta_2 > 0$: 코팅층에 인장응력 발생

$\Delta T < 0 \rightarrow \delta_2 < 0$: 코팅층에 압축응력 발생

2 온도상승 시 코팅층 소성변형 직전 온도변화(ΔT_c)

$$\alpha_1 \cdot \Delta T - \frac{R}{E_1 A_1} = \alpha_2 \cdot \Delta T + \frac{R}{E_2 A_2} \quad \rightarrow \quad R = \frac{A_1 E_1 \cdot A_2 E_2}{A_1 E_1 + A_2 E_2} \cdot (\alpha_1 - \alpha_2) \Delta T$$

$$A_1 = h_1 \cdot b, \quad A_2 = 2h_2 \cdot b$$

$$\sigma_2 = \sigma_y = \frac{R}{A_2} \quad \rightarrow \quad \Delta T_c = \frac{(E_1 h_1 + 2E_2 h_2) \cdot \sigma_y}{(\alpha_1 - \alpha_2) E_1 E_2 \cdot h_1}$$

3 온도변화에 따른 세라믹 재질 유불리

세라믹 재질은 취성재료로서 인장에 취약하므로 온도상승에 불리하다.

비선형 재료로 이루어진 부정정 트러스에 하중을 가했을 경우 ②번 부재의 응력에 대한 하중의 비율을 변위의 함수로 표현하시오. (단, 부재의 길이 및 단면적은 ①번 부재 : 2l, 4A ②번부재 : l, A ③번 부재 : 2l, 4A이다.)

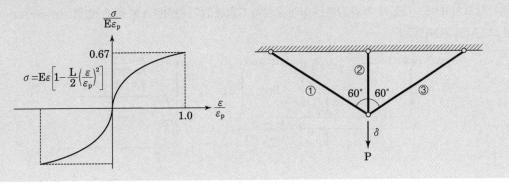

풀이

1 적합조건 [1]

$$2\delta_1 = \delta_2 \quad \rightarrow \quad 4\epsilon_1 = \epsilon_2$$

2 응력-변형률 관계식

$$\left\{ \begin{array}{l} \sigma_1 = E \cdot \epsilon_1 \cdot \left[1 - \dfrac{1}{3}\left(\dfrac{\epsilon_1}{\epsilon_p}\right)^2 \right] \\[2mm] \sigma_1 = \dfrac{F_1}{4A} \\[2mm] \epsilon_1 = \dfrac{\epsilon_2}{4} \end{array} \right\}$$

$$\rightarrow \quad F_1 = 4A \cdot E \cdot \left(\dfrac{\epsilon_2}{4}\right) \cdot \left[1 - \dfrac{1}{3}\left(\dfrac{\epsilon_2/4}{\epsilon_p}\right)^2 \right]$$

$$\left\{ \begin{array}{l} \sigma_2 = E \cdot \epsilon_2 \cdot \left[1 - \dfrac{1}{3}\left(\dfrac{\epsilon_2}{\epsilon_p}\right)^2 \right] \\[2mm] \sigma_2 = \dfrac{F_2}{A} \end{array} \right\} \quad \rightarrow \quad F_2 = A \cdot E \cdot \epsilon_2 \cdot \left[1 - \dfrac{1}{3}\left(\dfrac{\epsilon_2}{\epsilon_p}\right)^2 \right]$$

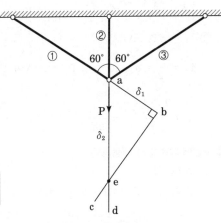

3 평형조건

$$F_1 + F_2 = P \quad \rightarrow \quad P = \dfrac{EA\epsilon_2\left(96\epsilon_p^2 - 17\epsilon_2^2\right)}{48\epsilon_p^2}$$

4 ②번 부재의 응력에 대한 하중의 비율

$$\dfrac{P}{\sigma_2} = \dfrac{A\left(17\epsilon_2^2 - 96\epsilon_p^2\right)}{16\left(\epsilon_2^2 - 3\epsilon_p^2\right)}$$

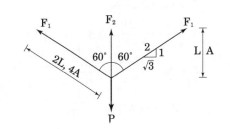

1) 윌리오 선도 작도순서 : 1. ①부재의 연장선 작도(ab), 2. ab에 수직선분 bc 작도, 3. ②부재 연장선 ad 작도, 4. bc-ad 교차점인 e가 최종 변위지점

다음 구조물의 탄성거동에서 붕괴에 이르기까지의 하중(P)−변위(δ) 관계도를 작성하시오. 그리고 이 과정에서 항복변위 δ_x, 및 항복하중 P_x, 붕괴변위 δ_c와 붕괴하중 P_c 그리고 각 단계별 강성변화를 하중(P)−변위(δ) 관계도에 명확히 표시하시오. (단, 세 개의 강봉은 아래 오른쪽 그림과 같이 완전탄소성 응력−변형(stress−strain)거동을 보인다고 가정한다.)

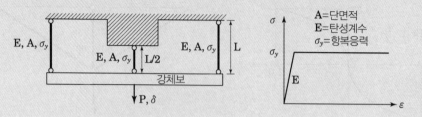

풀이

❶ 첫 항복 발생 시

① 구조해석

$$\begin{cases} \Sigma AF_y = 0 ; \ P_1 = T_1 + 2T_2 \\ \delta_1 ; \ \dfrac{T_1(L/2)}{EA} = \dfrac{T_2 L}{EA} \end{cases} \rightarrow \begin{cases} T_1 = \dfrac{P_1}{2} \ (\text{지배}) \\ T_2 = \dfrac{P_1}{4} \end{cases}$$

② $T_1 \rightarrow \sigma_y A$ 도달 시

$$T_1 = \frac{P_1}{2} = \sigma_y \cdot A \quad \rightarrow \quad P_1 = 2\sigma_y A \text{이므로}$$

$$\delta_1 = \frac{T_1 \cdot \left(\dfrac{L}{2}\right)}{EA} = \frac{\sigma_y L}{2E}$$

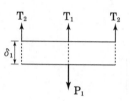

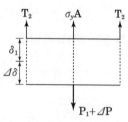

첫 번째 항복   두 번째 항복

❷ 두번째 항복 발생 시(붕괴시)

① 구조해석

평형조건 : $P_1 + \Delta P = 2T_2 + \sigma_y A$

$$T_2 = \frac{\sigma_y A + \Delta P}{2}$$

② $T_2 \rightarrow \sigma_y A$ 도달 시

$$T_2 = \frac{\sigma_y A + \Delta P}{2} = \sigma_y A \quad \rightarrow \quad \Delta P = \sigma_y A$$

$$\delta_1 + \Delta \delta = \frac{T_2 \cdot L}{EA} = \frac{\sigma_y L}{E}$$

$$\therefore \begin{cases} P_x = 2\sigma_y A \quad \delta_x = \dfrac{\sigma_y L}{2E} \\ P_c = 3\sigma_y A \quad \delta_c = \dfrac{\sigma_y L}{E} \end{cases}$$

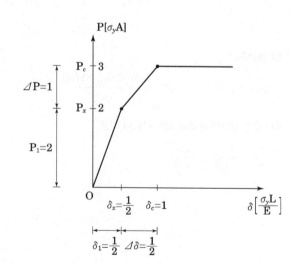

그림과 같이 봉 CD를 중심으로 좌우 대칭인 5개의 봉과 강체 AB가 연결되어 있다. 5개의 봉은 완전탄소성 재질이고, 탄성계수 E=200GPa이며, 단면적 A=100mm²이다. 봉 CD, FG, HI의 항복응력 Y_1=500MPa이고, 봉 MN, RS의 항복응력 Y_2=250MPa이다. 다음 물음에 답하시오. (단, 모든 부재의 자중은 무시한다) (총 30점)

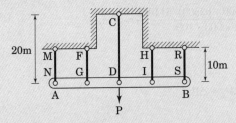

(1) 이 구조체에서 첫 번째 항복이 발생할 때의 하중 를 산정하고, AB 부재의 수직변위를 계산하시오. (5점)
(2) 모든 봉에 항복이 발생하는 시점의 최대 항복하중 를 계산하시오. (5점)
(3) 하중 P와 D점 수직변위의 하중－변위도를 그리시오. (10점)
(4) 하중 가 완전히 제거되었을 때, 각 봉에 남아있는 잔여력을 구하시오. (단, 이완시 하중－변위 관계는 선형으로 가정한다) (10점)

풀이

■ 첫번째 항복 발생 시

① 구조해석

$$\begin{cases} F_1 + 2F_2 + 2F_3 = P_1 \\ U = \dfrac{2000F_1^2 + 2 \cdot 1000 \cdot F_2^2 + 2 \cdot 1000 \cdot F_3^2}{2EA} \end{cases} \rightarrow \begin{cases} \dfrac{\partial U}{\partial F_2} = 0 \\ \dfrac{\partial U}{\partial F_3} = 0 \end{cases} \rightarrow \begin{cases} F_1 = \dfrac{P_1}{9} \\ F_2 = \dfrac{2P_1}{9} \\ F_3 = \dfrac{2P_1}{9} \end{cases}$$

② 항복부재 확인

$$\begin{cases} F_1 = \dfrac{P_1}{9} = \sigma_{y1} \cdot A \quad ; P_1 = 450kN \\ F_2 = \dfrac{2P_1}{9} = \sigma_{y1} \cdot A \quad ; P_1 = 225kN \\ F_3 = \dfrac{2P_1}{9} = \sigma_{y2} \cdot A \quad ; P_1 = 112.5kN(지배) \end{cases}$$

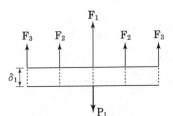

③ 수직변위

$$\delta_1 = \frac{F_3 L_3}{EA} = \frac{(2 \cdot 112500/9) \cdot 1000}{200000 \cdot 100} = 1.25mm$$

■ 두번째 항복 발생 시

① 구소해식

$$\begin{cases} \Sigma Y = 0 \; ; \; F_1 + 2F_2 + 2\sigma_{y2}A = 112500 + \Delta P_2 \\ \delta_1 + \Delta \delta_2 \; ; \; \dfrac{F_1 2000}{EA} = \dfrac{F_2 1000}{EA} \end{cases} \rightarrow \begin{aligned} F_1 &= \frac{\Delta P_2 + 62500}{5} \\ F_2 &= \frac{2 \cdot (\Delta P_2 + 62500)}{5} \end{aligned}$$

② 항복부재 확인

$$\begin{cases} F_1 = \dfrac{\Delta P_2 + 62500}{5} = \sigma_{y1}A & \rightarrow \quad \Delta P_2 = 187.5 \text{kN} \\[4mm] F_2 = \dfrac{2 \cdot (\Delta P_2 + 62500)}{5} = \sigma_{y1}A & \rightarrow \quad \Delta P_2 = 62.5 \text{kN}(지배) \end{cases}$$

③ 수직변위

$$\delta_1 + \Delta\delta_2 = \frac{F_2 L_2}{EA} = \frac{(2 \cdot (62500 + 62500)/5)\,1000}{200000 \cdot 100} = 2.5 \text{mm}$$

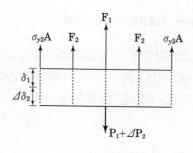

❸ 세번째 항복 발생 시(붕괴시)

① 구조해석

$$F_1 + 2\sigma_{y1}A + 2\sigma_{Y2}A = P_1 + \Delta P_2 + \Delta P_3$$

$$F_1 = \Delta P_3 + 25000$$

② F_1항복시 ΔP_3 산정

$$F_1 = \Delta P_3 + 25000 = \sigma_{y1}A \quad \rightarrow \quad \Delta P_3 = 25\text{N}$$

③ 수직변위

$$\delta_1 + \Delta\delta_2 + \Delta\delta_3 = \frac{F_1 L_1}{EA} = \frac{(25000 + 25000)\,2000}{200000 \cdot 100} = 5\text{mm}$$

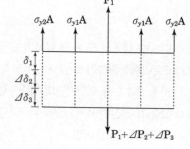

❹ P_U제거 시 잔여력(P = 200kN = 200000N) [2]

① 부재 RS, MN

$$\sigma_3 = 250 - \frac{2P}{9A} = -194.444 \text{MPa}$$

$$R_3 = 19.44\text{kN}(압축)$$

$$잔류변형 = 5\text{mm} - \frac{2P}{9} \cdot \frac{L_3}{EA} = 2.78\text{mm}$$

② 부재 FG, HI

$$\sigma_2 = 500 - \frac{2P}{9A} = 55.5556 \text{MPa}$$

$$R_2 = 5.56\text{kN}(인장)$$

$$잔류변형 = 5\text{mm} - \frac{2P}{9} \cdot \frac{L_2}{EA} = 2.78\text{mm}$$

③ 부재 CD

$$\sigma_1 = 500 - \frac{P}{9A} = 277.7778 \text{MPa}$$

$$R_1 = 27.78\text{kN}(인장)$$

$$잔류변형 = 5\text{mm} - \frac{P}{9} \cdot \frac{L_1}{EA} = 2.78\text{mm}$$

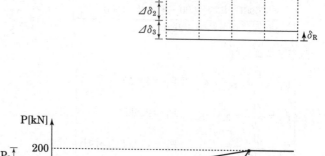

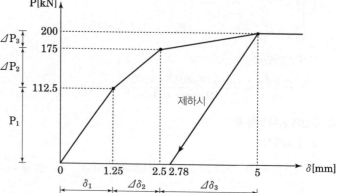

---

2) 모든 부재가 항복에 도달 직후에 하중을 제거한다고 가정한다.

그림과 같이 점 a는 힌지지점이고, 점 b는 자유단인 강체 수평부재가 부재 1과 부재 2의 수직부재로 지지되고 있다. 수직하중 P가 점 b에 작용할 경우 다음을 검토하시오.

(1) 항복하중과 이에 대응하는 점 b의 항복변위를 구하시오.

(2) 소성하중과 이에 대응하는 점 b의 소성변위를 구하시오.

(3) 구조물의 하중-변위 거동을 그림으로 표현하시오.

- 부재 1의 길이 : L, 단면적 : 2A

- 부재 2의 길이 : $\frac{3}{4}$L, 단면적 : A

- 재료의 항복응력 : σ_y, 항복변형률 : ε_y

- 재료의 탄성계수 : E

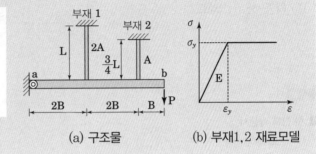

(a) 구조물   (b) 부재1, 2 재료모델

풀이

1 첫 항복 발생시

① 구조해석

$$\begin{cases} \Sigma M_a = 0; \quad 2B \cdot Q_1 + 4B \cdot Q_2 = 5B \cdot P_1 \\ \delta_b; \quad \frac{5}{2}\left(\frac{Q_1 L}{E \cdot 2A}\right) = \frac{5}{4}\left(\frac{Q_2\left(\frac{3L}{4}\right)}{E \cdot A}\right) \end{cases} \rightarrow \quad \begin{array}{l} Q_1 = \dfrac{15P_1}{22} \\ Q_2 = \dfrac{10P_1}{11} \end{array}$$

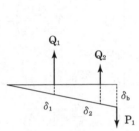

② 항복하중

$$\begin{cases} Q_1 = \dfrac{15P_1}{22} = \sigma_y \cdot 2A \quad \rightarrow \quad P_1 = 2.933\sigma_y A \\ Q_2 = \dfrac{10P_1}{11} = \sigma_y \cdot A \quad \rightarrow \quad P_1 = 1.1 \cdot \sigma_y A(지배) \end{cases}$$

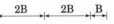

③ 항복변위

$$\delta_b = \frac{5}{4}\delta_2 = \frac{5}{4} \cdot \left(\frac{(\sigma_y \cdot A)\left(\frac{3L}{4}\right)}{E \cdot A}\right) = \frac{15}{16} \cdot \frac{\sigma_y L}{E} = 0.9375 \frac{\sigma_y A}{E}$$

2 두번째 항복 발생 시(붕괴)

① 구조해석

$$\Sigma M_a = 0 \quad ; \quad 2B \cdot Q_1 + 4B \cdot \sigma_y A = 5B \cdot (P_1 + \Delta P)$$

$$Q_1 = \frac{3}{4} \cdot \sigma_y A + \frac{5}{2} \cdot \Delta P$$

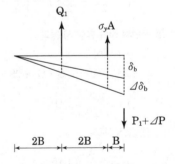

② 소성하중

$$Q_1 = \frac{3}{4} \cdot \sigma_y A + \frac{5}{2} \cdot \Delta P = \sigma_y 2A \quad \rightarrow \quad \Delta P = \frac{\sigma_y A}{2} = 0.5\sigma_y A$$

③ 소성변위

$$\delta_b + \Delta\delta_b = \frac{5}{2}\delta_1 = \frac{5}{2} \cdot \left(\frac{Q_1 L}{E \cdot 2A}\right) = \frac{5}{2} \cdot \frac{\sigma_y L}{E} = 2.5\frac{\sigma_y L}{E}$$

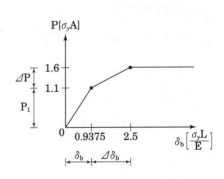

주요공식 요약

재료역학

구조기본

구조응용

다음 그림과 같이 힌지로 지지된 A 지점과 2개의 케이블(CE, DF)로 지지된 보 AB에 연직 하중 P가 B점에 작용할 때 다음 물음에 답하시오. (단, 보 AB는 강체이고, 두 케이블의 단면적(AC)과 재료적 물성치는 동일하며 완전 탄소성체로서 항복응력 f_y는 일정하다. 재하 전에 보 AB는 수평이며 케이블은 연직방향으로 설치되었다.)

(1) 항복하중 P_y
(2) 극한하중 P_u
(3) 하중-변위 그래프

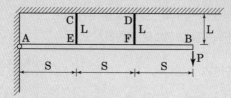

풀이

1 첫 항복 발생시

① 구조해석

$$\begin{cases} \Sigma M_A = 0 \; ; \quad S \cdot Q_1 + 2S \cdot Q_2 = 3S \cdot P_B \\ \delta_b ; \qquad 3\left(\dfrac{Q_1 L}{E \cdot A}\right) = \dfrac{3}{2}\left(\dfrac{Q_2 L}{E \cdot A}\right) \end{cases} \rightarrow \begin{array}{l} Q_1 = \dfrac{3P_B}{5} \\[2mm] Q_2 = \dfrac{6P_B}{5} \end{array}$$

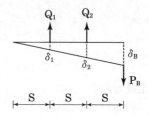

② 항복하중

$$\begin{cases} Q_1 = \dfrac{3P_B}{5} = f_y \cdot A \quad \rightarrow \quad P_B = \dfrac{5}{3} f_y A \\[3mm] Q_2 = \dfrac{6P_B}{5} = f_y \cdot A \quad \rightarrow \quad P_B = \dfrac{5}{6} \cdot f_y A (지배) \end{cases}$$

③ 항복변위

$$\delta_B = \frac{3}{2}\delta_2 = \frac{3}{2} \cdot \left(\frac{(f_y \cdot A)L}{EA}\right) = \frac{3}{2} \cdot \frac{f_y L}{E} = 1.5 \cdot \frac{f_y L}{E}$$

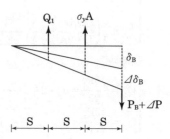

2 두번째 항복 발생 시(붕괴)

① 구조해석

$$\Sigma M_A = 0 \quad ; \quad S \cdot Q_1 + 2S \cdot f_y A = 3S \cdot (P_B + \Delta P)$$

$$Q_1 = \frac{f_y A}{2} + 3\Delta P$$

② 소성하중

$$Q_1 = \frac{f_y A}{2} + 3\Delta P = f_y A \quad \rightarrow \quad \Delta P = \frac{f_y A}{6}$$

③ 소성변위

$$\delta_B + \Delta\delta_B = 3\delta_1 = 3 \cdot \left(\frac{Q_1 L}{E \cdot A}\right) = 3 \cdot \frac{\sigma_y L}{E}$$

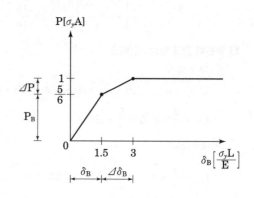

다음 그림과 같이 강체로 거동하는 보 AB가 끝단 A에서 핀으로 지지되어 있고 C점에서 원형 강선 CD에 의하여 지지되고 있다. 강선의 길이는 1m이고 지름은 3mm이며 탄성계수(E)는 210GPa, 항복응력(σ_y)은 820MPa이다. 강선의 응력(σ)－변형률(ε) 곡선이 아래 식과 같이 정의된다고 할 때, 다음 물음에 답하시오. (총 30점)

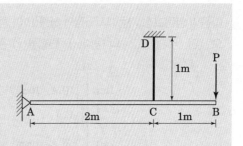

(1) 집중하중 P가 0kN에서 5.6kN까지 0.8kN 간격으로 증가할 때, 자유단 δ_B의 최종처짐 를 계산하시오. (20점)
(2) 집중하중 P와 처짐 δ_B로 정의되는 하중－변위곡선을 P ≤ 5.6kN 범위에서 도시하시오. (10점)

$$\sigma = E\varepsilon \qquad (0 \leq \sigma < \sigma_y)$$

$$\sigma = \sigma_y \left(\frac{E\varepsilon}{\sigma_y} \right)^{02} \qquad (\sigma \geq \sigma_y)$$

풀이

1 기본사항

$$A = \pi \cdot \frac{3}{4} = 7.06858\text{mm}^2 \quad L = 1000\text{mm} \quad E = 210000\text{MPa} \quad \sigma_y = 820\text{MPa}$$

$$\delta_1 = \varepsilon \cdot L = \frac{\sigma}{E} \cdot L \left(0 \leq \sigma \leq \sigma_y \right) \qquad \delta_2 = \varepsilon \cdot L = \frac{L}{E} \cdot \frac{\sigma^5}{\sigma_y^4} \left(\sigma \geq \sigma_y \right)$$

2 재료 탄성구간($0 \leq \sigma \leq \sigma_y$)

$$Q_1 = \frac{3P_1}{2} \quad \sigma_1 = \frac{Q_1}{A} \quad \delta_{1C} = \frac{\sigma_1}{E} \cdot L \quad \delta_{1B} = \frac{3}{2} \cdot \delta_{1C}$$

3 재료 항복시($\sigma \to \sigma_y$)

$$\sigma_y = \frac{Q_1}{A} \quad ; \quad P_y = 3864.16\text{N}, \quad \delta_{1B} = 5.85714\text{mm}$$

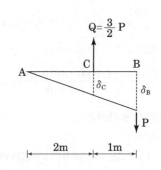

4 재료 비탄성구간($\sigma \geq \sigma_y$)

$$Q_2 = \frac{3P_2}{2} \quad \sigma_2 = \frac{Q_2}{A} \quad \delta_{2C} = \frac{L}{E} \cdot \frac{\sigma_2^5}{\sigma_y^4} \quad \delta_{2B} = \frac{3}{2} \cdot \delta_{2C}$$

5 P-d 선도

P(N)	δ_C(mm)
0	0
800	1.21261
1600	2.42522
2400	3.63783
3200	4.85044
3864.16	5.85714
4000	6.96163
4800	17.3228
5600	37.4413

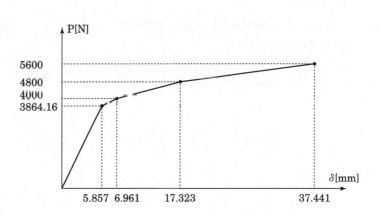

다음의 양단고정 기둥에서 b점의 하중(P)이 증가됨에 따라 수직처짐(δ)과의 관계식을 구하고 그림으로 도시하시오. (단, 부재 ①, ②의 응력(σ)-변형률(ε) 관계는 아래 그림과 같다.)

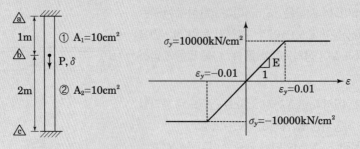

풀이

1 첫번째 항복 발생 시

① 구조해석

$$\begin{cases} R_A + R_C = P_1 \\ \dfrac{R_A \cdot 100}{EA} = \dfrac{R_C \cdot 200}{EA} \end{cases} \rightarrow \begin{cases} R_A = Q_A = \dfrac{2P_1}{3}(\text{인장}) \\ R_C = Q_C = \dfrac{P_1}{3}(\text{압축}) \end{cases}$$

② 항복하중

$$\begin{cases} Q_A = \dfrac{2P_1}{3} = \sigma_y A \rightarrow P_1 = 150000kN(\text{지배}) \\ Q_C = \dfrac{P_1}{3} = \sigma_y A \rightarrow P_1 = 300000kN \end{cases}$$

③ 항복변위

$$\delta_1 = \frac{Q_A L_A}{EA} = \frac{(10000 \cdot 10) \cdot 100}{10^6 \cdot 10} = 1cm$$

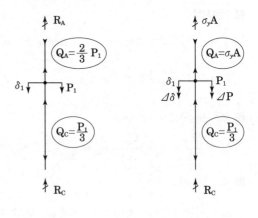

2 두번째 항복 발생 시(붕괴)

① 구조해석

$$\sigma_y A - P_1 - \Delta P + R_C = 0 \ (P_1 = 150000kN)$$

$$R_C = P_1 + \Delta P - \sigma_y A = \Delta P + 50000 = Q_C$$

② 붕괴하중

$$Q_C = \Delta P + 50000 = \sigma_y A \rightarrow \Delta P = 50000kN$$

③ 붕괴시 변위

$$\delta_1 + \Delta\delta = \frac{Q_C L_C}{EA} = \frac{(10000 \cdot 10) \cdot 200}{10^6 \cdot 10} = 2cm$$

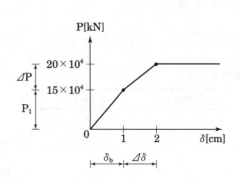

그림과 같은 강봉에서 탄소성 처짐을 고려한 B점의 처짐을 구하시오. (단, 자중과 하중을 모두 고려하고 단면적 A=1000mm², 단위중량 γ_w=25kN/m³, 항복응력 σ_y=104MPa, E₁=80000MPa, E₂=15000MPa이다.)

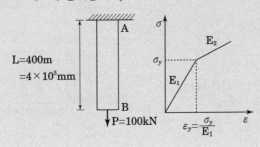

풀이

1 $\sigma-\epsilon$ 그래프(ϵ_y 산정)

$$\epsilon_y = \frac{\sigma_y}{E_1} = \frac{104}{80000} = 0.0013 \quad \rightarrow \quad \begin{cases} \sigma_1(\epsilon_1) = 80000\epsilon_1 \ [0 \leq \epsilon \leq 0.0013] \\ \sigma_2(\epsilon_2) = 15000(\epsilon_2 - 0.0013) + 104 \ [0.0013 \leq \epsilon] \end{cases}$$

2 강봉응력

$$\sigma(x) = \frac{P}{A} + \frac{\gamma A}{A}x = \frac{100000}{1000} + 25 \times 10^{-6} \times x = 100 + \frac{x}{40000}$$

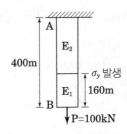

3 강봉의 항복응력 발생위치

$$\sigma(x) = \sigma_y ; \quad x = 160000mm$$

즉, B점에서부터 160m 떨어진 위치에서 재료항복 발생

4 처짐산정

① $\epsilon(x)$

$$\begin{cases} \sigma_1(\epsilon_1) = \sigma(x) ; \ 80000\epsilon_1 = 100 + \frac{x}{40000} \\ \qquad\qquad \Rightarrow \ \epsilon_1(x) = \frac{x + 4 \times 10^6}{32 \times 10^8} \ [0 \leq x \leq 160000] \end{cases}$$

$$\begin{cases} \sigma_2(2) = \sigma(x) ; \ 15000(\epsilon_2 - 0.0013) + 104 = 100 + \frac{x}{40000} \\ \qquad\qquad \Rightarrow \ \epsilon_2(x) = 1.66667 \times 10^{-9}(x + 620000) \ [160000 \leq x] \end{cases}$$

② δ_B

$$\delta_B = \int d\delta = \int \epsilon dx = \int_0^{160000} \epsilon_1(x)dx + \int_{160000}^{400000} \epsilon_2(x)dx = 564mm (\downarrow)$$

다음 그림과 같이 양단이 고정된 봉 AC에서 B점에 축하중 P가 작용할 때, 응력－변형률선도를 고려하여 B점의 연직처짐을 구하시오. (단, 부재 AB의 단면적은 $a=1000\text{mm}^2$, 부재 BC의 단면적은 $2a=2000\text{mm}^2$이며, 축하중 P=80kN이다.)

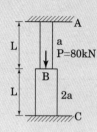

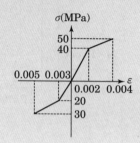

풀이

1 $\epsilon \leq 0.002$일 경우 가정

① 인장－압축 응력기준

$$\left\{\begin{array}{l} \epsilon_{t1}=0.002 \quad \to \quad \sigma_{t1}=40\text{MPa} \\ \epsilon_{c1}=0.002 \quad \to \quad \sigma_{c1}=\dfrac{40}{3}=13.33\text{MPa} \end{array}\right\}$$

② 부재응력 검토

$$\left\{\begin{array}{l} R_A+R_B=P(=80000\text{N}) \\ \dfrac{R_A \cdot L}{\dfrac{40}{0.002} \cdot a}=\dfrac{R_B \cdot L}{\dfrac{20}{0.003} \cdot 2a} \end{array}\right\}$$

$$\to \left\{\begin{array}{l} R_A=48000\text{N} \quad \to \quad \sigma_A=48\text{MPa} \rangle \sigma_{t1}(\text{N.G}) \\ R_B=32000\text{N} \quad \to \quad \sigma_B=16\text{MPa} \rangle \sigma_{c1}(\text{N.G}) \end{array}\right.$$

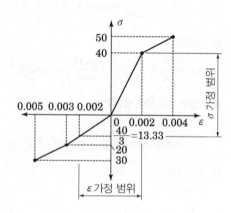

2 $0.002 \leq \epsilon \leq 0.003$일 경우 가정

① 인장－압축 응력기준

$$\left\{\begin{array}{l} \epsilon_{t2}=0.003 \quad \to \quad \sigma_{t2}=45\text{MPa} \\ \epsilon_{c2}=0.003 \quad \to \quad \sigma_{c2}=20\text{MPa} \end{array}\right\}$$

② 부재응력 검토

$$\left\{\begin{array}{l} R_A+R_B=P(=80000\text{N}) \\ 0.002 \cdot L+\dfrac{(R_A-40000) \cdot L}{\dfrac{10}{0.002} \cdot a}=\dfrac{R_B \cdot L}{\dfrac{20}{0.003} \cdot 2a} \end{array}\right\}$$

$$\to \left\{\begin{array}{l} R_A=43636.4\text{N} \quad \to \quad \sigma_A=43.6\text{MPa} < \sigma_{t2}(\text{O.K}) \\ R_B=36363.6\text{N} \quad \to \quad \sigma_B=18.18\text{MPa} < \sigma_{c2}(\text{O.K}) \end{array}\right\}$$

③ δ_B

$$\delta_B=\dfrac{36363.6 \cdot L}{\dfrac{20}{0.003} \cdot 2000}=0.002727L(\text{mm})(\downarrow)$$

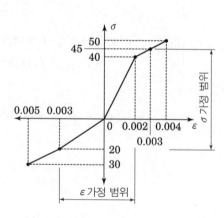

그림 (a)와 같이 미소변형 거동을 하는 트러스 구조물에 수직하중 P가 C점에 작용하고 있다. 모든 트러스 부재의 단면적은 400mm²이고 재료의 응력–변형률의 관계는 그림(b)와 같다. 이 때 집중하중 P와 C점의 수직 처짐 δ의 관계를 구하시오

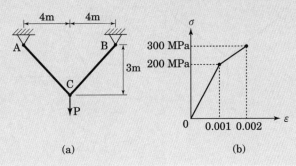

(a)   (b)

풀이

1 $\epsilon_{AC} \leq 0.001$일 때(첫번째 구간)

① 부재력

$$-P_1 + 2F \cdot \frac{3}{5} = 0 \rightarrow F = \frac{5P_1}{6}$$

② 항복하중

$$F = \sigma_{y1}A \ (= 200 \cdot 400) \rightarrow P_1 = 96000N = 96kN$$

③ 항복변위

$$\delta_v = \frac{5}{3}\delta_{AC} \rightarrow \delta_1 = \frac{5}{3} \cdot \frac{\left(\frac{5P_1}{6}\right) \cdot 5000}{200000 \cdot 400} = \frac{25}{3} = 8.333mm$$

④ 변형률 적합확인

$$\epsilon_{AC} = \frac{\delta_1 \cdot \frac{3}{5}}{L_{AC}} = 0.001(O.K)$$

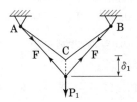

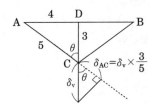

2 $0.001 < \epsilon_{AC} \leq 0.002$일 때(두번째 구간)

① 부재력

$$(-P_1 - \Delta P) + 2F \cdot \frac{3}{5} = 0 \rightarrow F = \frac{5(96000 + \Delta P)}{6}$$

② 항복하중

$$F = \sigma_{y2}A(= 300 \cdot 400) \rightarrow \Delta P = 48000N = 48kN$$

③ 항복변위($E_2 = 100000MPa$)

$$\delta_1 + \Delta\delta = \frac{5}{3} \cdot \frac{\left(\frac{5P_1}{6}\right) \cdot 5000}{200000 \cdot 400} + \frac{5}{3} \cdot \frac{\left(\frac{5\Delta P}{6}\right) \cdot 5000}{100000 \cdot 400}$$

$$= \frac{50}{3} = 16.778mm$$

④ 변형률 적합확인

$$\epsilon_{AC} = \frac{(\delta_1 + \Delta\delta) \cdot \frac{3}{5}}{L_{AC}} = 0.002(O.K)$$

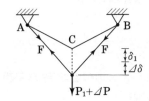

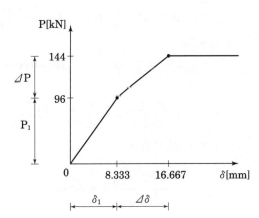

다음 그림 (a)와 같이 트러스 구조물에 수직하중 P가 C점에 작용하고 있다. 모든 트러스 부재의 단면적은 4cm²이고 재료의 응력-변형율의 관계는 그림 (b)와 같다. 집중하중 P와 C점의 수직처짐 δ의 관계를 구하시오. (20점)

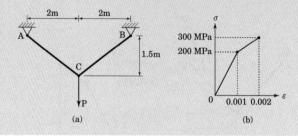

(a) (b)

풀이

❶ 기본 사항

$$\sigma_{y1} = 200\text{MPa} \quad \epsilon_{y1} = 0.001 \quad E_1 = 200000\text{MPa}$$
$$\sigma_{y2} = 300\text{MPa} \quad \epsilon_{y2} = 0.002 \quad E_2 = 100000\text{MPa}$$
$$A = 400\text{mm}^2 \quad L_{AC} = 2500\text{mm} \quad L_{BC} = 2500\text{mm}$$

❷ $\epsilon_{AC} \leq 0.001$일 때(첫번째 구간)

① 부재력

$$-P_1 + 2F \cdot \frac{3}{5} = 0 \quad \rightarrow \quad F = \frac{5P_1}{6}$$

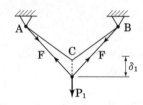

② 항복하중

$$F = \sigma_{y1}A \ (= 200 \cdot 400) \quad \rightarrow \quad P_1 = 96000\text{N} = 96\text{kN}$$

③ 항복변위

$$U = 2 \cdot \frac{\left(\frac{5P_1}{6}\right)^2 L_{AC}}{2E_1 A} \quad \rightarrow \quad \delta_1 = \frac{\partial U}{\partial P_1} = \frac{25P_1 L_{AC}}{18E_1 A} = \frac{25}{6} = 4.167\text{mm}$$

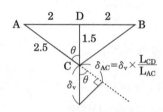

④ 변형률 적합확인

$$\epsilon_{AC} = \frac{\delta_1 \cdot \frac{1.5}{2.5}}{L_{AC}} = 0.001(\text{O.K})$$

❸ $0.001 < \epsilon_{AC} \leq 0.002$일 때(두번째 구간)

① 부재력

$$(-P_1 - \Delta P) + 2F \cdot \frac{3}{5} = 0 \quad \rightarrow \quad F = \frac{5(96000 + \Delta P)}{6}$$

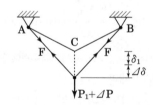

② 항복하중

$$F = \sigma_{y2}A \ (= 300 \cdot 400) \quad \rightarrow \quad \Delta P = 48000\text{N} = 48\text{kN}$$

③ 항복변위

$$\delta_1 + \Delta\delta = \frac{25P_1 L_{AC}}{18E_1 A} + \frac{25\Delta\delta L_{AC}}{18E_2 A} = \frac{25}{3} = 8.333\text{mm}$$

④ 변형률 적합확인

$$\epsilon_{AC} = \frac{(\delta_1 + \Delta\delta) \cdot \frac{1.5}{2.5}}{L_{AC}} = 0.002(\text{O.K})$$

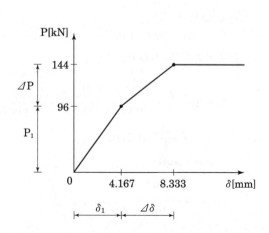

그림과 같은 구조물에 하중 P가 서서히 작용할 경우, 이 구조물의 변형에너지와 공액 에너지(complementary energy)를 구하고 개략적인 힘-변위 관계도를 작성하시오. (단, 구조재료는 선형탄성재료로 강성 EA는 일정하며, 처짐은 미소한 것으로 가정하고, 지점 A, B는 핀연결이며, C점에서 핀으로 연결되어 있다. 또한, 자중은 무시한다.)

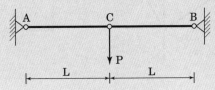

풀이 ○ 에너지법 [3]

1 기하학적 비선형을 고려하지 않는 경우(각 부재력 이용)

$$\begin{cases} L' = L + \Delta \\ L' = L \cdot \sec\beta = L\left(1 + \dfrac{\beta^2}{2!} + \dfrac{5\beta^4}{4!} + \ldots\right) \cong L + \dfrac{L \cdot \beta^2}{2} \\ \tan\beta \cong \beta = \dfrac{\delta}{L} \end{cases}$$

$$\rightarrow \quad \Delta = \frac{L\beta^2}{2} = \frac{\delta^2}{2L}$$

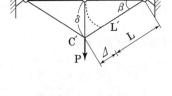

변형에너지 $U_m = 2 \cdot \dfrac{k\Delta^2}{2} = 2 \cdot \dfrac{\left(\dfrac{EA}{L}\right)\Delta^2}{2} = \dfrac{EA\delta^4}{4L^3}$

공액에너지 $U_m^* = U_m = \dfrac{EA\delta^4}{4L^3}$

2 기하학적 비선형을 고려하는 경우(하중-처짐 이용)

$$\begin{cases} T = \dfrac{P}{2\sin\beta} \cong \dfrac{P}{2\beta} = \dfrac{PL}{2\delta} \rightarrow P = T \cdot \dfrac{2\delta}{L} \\ \Delta = \dfrac{TL}{EA} \qquad\qquad \rightarrow T = \Delta \cdot \dfrac{EA}{L} \\ \Delta = \dfrac{\delta^2}{2L} \qquad\qquad \rightarrow \Delta = \dfrac{\delta^2}{2L} \end{cases} \rightarrow \therefore \begin{cases} P = \dfrac{EA\delta^3}{L^3} \\ \text{or} \\ \delta = \sqrt[3]{\dfrac{PL^3}{EA}} \end{cases}$$

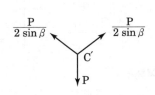

변형에너지 $U = \displaystyle\int_0^\delta P_1 d\delta_1 = \int_0^\delta \frac{EA\delta_1^3}{L^3} d\delta_1 = \frac{EA\delta^4}{4L^3} (= U_m)$

공액에너지 $U^* = \displaystyle\int_0^P \delta_1 dP_1 = \int_0^P \sqrt[3]{\frac{P_1 L^3}{EA}} dP_1$

$$= \frac{3P^{\frac{4}{3}}L}{4 \cdot \sqrt[3]{EA}} = \frac{3EA\delta^4}{4L^3}$$

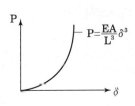

($U^* \neq U_m^*$ 즉, 기하학적 비선형시 공액에너지는 보존되지 않음)

---

3) 참고 : 재료역학(티모센코2판) 12장 에너지법, p566

그림과 같은 트러스에서 D점에 하중 P가 작용할 때 항복하중 P_y를 구하시오. (단, 탄성계수 E는 일정, 부재 AD 및 CD 의 단면적은 A, 부재 BD 의 단면적은 2A, 항복응력은 f_y이다.)

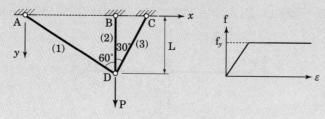

풀이

1 평형조건

$$\begin{cases} \Sigma F_x = 0; \ -F_A \cdot \sin 60° + F_C \cdot \sin 30° = 0 \\ \Sigma F_y = 0; \ -P + F_A \cdot \cos 60° + F_B + F_C \cdot \cos 30° = 0 \end{cases} \rightarrow \begin{aligned} F_A &= \dfrac{P - F_B}{2} \\ F_C &= \dfrac{\sqrt{3}\,(P - F_B)}{2} \end{aligned}$$

2 적합조건(변형에너지)

$$U_1 = \frac{F_A^2 \cdot (2L)}{2E \cdot A} + \frac{F_B^2 \cdot (L)}{2E \cdot 2A} + \frac{F_C^2 \cdot \left(\dfrac{2L}{\sqrt{3}}\right)}{2E \cdot A}$$

$$\frac{\partial U_1}{\partial F_B} = 0 \ ; \quad F_B = P(\sqrt{3} - 1)$$

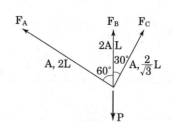

3 부재력

$$\begin{cases} F_A = \dfrac{(2 - \sqrt{3})P}{2} \\ F_B = (\sqrt{3} - 1)P \\ F_C = \dfrac{(2\sqrt{3} - 3)P}{2} \end{cases} \rightarrow \begin{cases} \sigma_A = \dfrac{F_A}{A} = \dfrac{0.1339P}{A} \\ \sigma_B = \dfrac{F_B}{2A} = \dfrac{0.366P}{A}\,(\text{지배}) \\ \sigma_C = \dfrac{F_C}{A} = \dfrac{0.232P}{A} \end{cases}$$

4 항복하중

$$\sigma_B = f_y; \quad \frac{0.366P_y}{A} = f_y$$

$$\therefore P_y = 2.73224 f_y \cdot A$$

그림 (A)와 같이 강체판에 작용하는 60kN의 압축력(P)를 3개의 단주 a, b, c가 함께 지지하고 있다. 각 부재의 하중-변위 곡선이 그림 (B)와 같을 때, 최종 연직변위 u와 각 단주의 부재력을 구하시오. (단, 강체판은 수평을 유지하며, 연직변위만 발생한다) (20점)

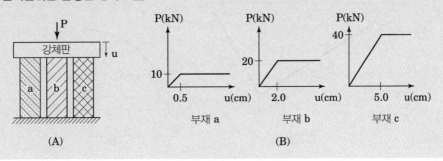

(A) 부재 a 부재 b 부재 c (B)

풀이

1 기본사항

$$\begin{cases} P = R_a + R_b + R_c \\ \delta = \dfrac{R_a}{k_a} = \dfrac{R_b}{k_b} = \dfrac{R_c}{k_c} \end{cases} \quad \begin{cases} k_a = 2000\text{kN/m} \\ k_b = 1000\text{kN/m} \\ k_c = 800\text{kN/m} \end{cases}$$

2 A기둥 항복

$\delta = 0.005\text{m}$ 발생 시; $\quad P = 19\text{kN} \quad \rightarrow \quad \begin{cases} R_a(\text{항복}) = 10\text{kN} \\ R_b = 5\text{kN} \\ R_c = 4\text{kN} \end{cases}$

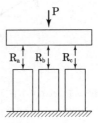

3 B기둥 항복

$\delta = 0.02\text{m}$ 발생 시; $\quad P = 46\text{kN} \quad \rightarrow \quad \begin{cases} R_a(\text{항복}) = 10\text{kN} \\ R_b(\text{항복}) = 20\text{kN} \\ R_c = 16\text{kN} \end{cases}$

4 P=60kN 작용시

$$\begin{cases} R_a(\text{항복}) = 10\text{kN} \\ R_b(\text{항복}) = 20\text{kN} \\ R_c(\text{항복}) = 30\text{kN} \end{cases}$$

$$\delta = \frac{R_c}{k_c} = \frac{3}{80} = 0.0375\text{m} = 37.5\text{mm}(\downarrow)$$

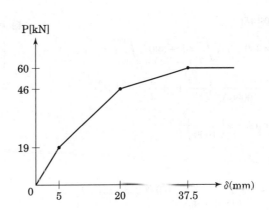

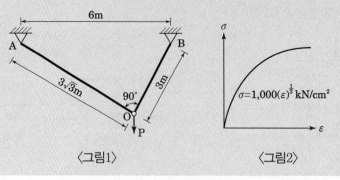

〈그림 1〉의 구조물은 비탄성재료특성(〈그림 2〉 참조)을 가진다. 절점 O에서의 수직처짐을 구하시오. (단, 하중 P＝100kN, 단면적 A＝32cm^2) (26점)

6m

A   B

3√3m   3m

90°

O

↓P

σ

$\sigma=1,000(\varepsilon)^{\frac{1}{2}}\,\mathrm{kN/cm^2}$

ε

〈그림1〉   〈그림2〉

풀이 1. 에너지법

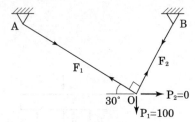

A   B

F_1 F_2

30° O → $P_2=0$

↓$P_1=100$

1 부재력

$$\begin{cases} F_1\cos 30° = F_2\cos 60° + P_2 \\ P_1 = F_1\sin 30° + F_2\sin 60° \end{cases}$$

$$\rightarrow \quad \begin{aligned} F_1 &= \frac{P_1+P_2\sqrt{3}}{2} & \sigma_1 &= \frac{F_1}{A} \\ F_2 &= \frac{P_1\sqrt{3}-P_2}{2} & \sigma_2 &= \frac{F_2}{A} \end{aligned}$$

2 공액에너지

$$U^* = 300\sqrt{3}\,A\int_0^{\sigma_1}\epsilon d\sigma + 300A\int_0^{\sigma_2}\epsilon d\sigma$$

$$= \frac{1}{10000A^2}\left(\frac{\sqrt{3}}{2}P_1^3 + \frac{3}{2}P_1P_2^2 + P_2^3\right)$$

$$\left(\text{이때 } \epsilon = \left(\frac{\sigma}{1000}\right)^2\right)$$

3 처짐

$$\begin{cases} \delta_v = \dfrac{\partial U^*}{\partial P_1}\bigg|_{P_1=100,\ P_2=0} = 0.002537\,\mathrm{cm}\,(\downarrow) \\ \delta_h = \dfrac{\partial U^*}{\partial P_2} = 0 \end{cases}$$

풀이 2. 윌리엇 선도 이용

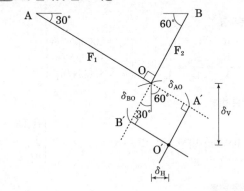

A 30°   60° B

F_1 O F_2

δ_{BO} δ_{AO}

B′   60°   A′ δ_V

30°

O′

δ_H

1 부재력

$$\begin{cases} F_{AO}=50 & \sigma_{AO}=\dfrac{50}{32} & \epsilon_{AO}=\dfrac{1}{409600} & \delta_{AO}=300\sqrt{3}\,\epsilon_{AO} \\ F_{BO}=50\sqrt{3} & \sigma_{BO}=\dfrac{50\sqrt{3}}{32} & \epsilon_{BO}=\dfrac{3}{409600} & \delta_{BO}=300\epsilon_{BO} \end{cases}$$

2 처짐

$$\begin{cases} \delta_v = \delta_{AO}\sin 30° + \delta_{BO}\sin 60° = 0.002537\,\mathrm{cm}\,(\downarrow) \\ \delta_h = \delta_{AO}\cos 30° - \delta_{BO}\cos 60° = 0 \end{cases}$$

* 수평변위가 발생하는 것으로 윌리엇 선도를 가정하여 그렸으나 최종 계산결과 수평변위는 0이다.

그림과 같이 완전탄소성 특성을 갖는 두 재료로 구성된 합성기둥이 있다. 이 기둥에 중심 압축력 P가 작용하며, 압축력은 단면에 고르게 분포한다. 두 재료는 완전히 부착되어 있으며, 재료의 단면적과 탄성계수, 응력-변형률 관계는 다음과 같다. 물음에 답하시오. (총 18점)

(1) P=1500kN일 때, 합성기둥의 응력과 줄어든 길이를 구하시오. (6점)
(2) 합성기둥이 지지할 수 있는 최대 압축력의 크기를 구하고, 이 때 두 재료의 응력상태를 설명하시오. (4점)
(3) 합성기둥에 작용하는 압축력의 크기와 기둥의 줄어든 길이의 관계를 그래프로 나타내시오. (8점)

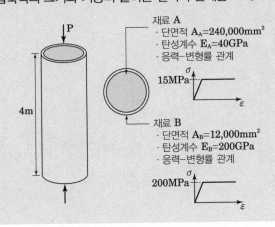

재료 A
· 단면적 A_A=240,000mm²
· 탄성계수 E_A=40GPa
· 응력-변형률 관계
15MPa

재료 B
· 단면적 A_B=12,000mm²
· 탄성계수 E_B=200GPa
· 응력-변형률 관계
200MPa

풀이

1 탄성해석

$$\begin{cases} P = R_A + R_B \\ \delta = \dfrac{R_A \cdot L}{E_A \cdot A_A} = \dfrac{R_B \cdot L}{E_B \cdot A_B} \end{cases} \rightarrow \begin{cases} R_A = \dfrac{4P}{5} \\ R_B = \dfrac{P}{5} \end{cases} : \quad 재료A \quad 최초항복 \quad 후 재료B \ 항복$$

2 P=1500kN일 경우 응력 및 줄어든 길이

$$\begin{cases} 1500 \cdot 10^3 = R_A + R_B \\ \dfrac{R_A \cdot L}{E_A \cdot A_A} = \dfrac{R_B \cdot L}{E_B \cdot A_B} \end{cases} \rightarrow \begin{cases} R_A = 1200 \cdot 10^3 \, N \ ; \sigma_A = \dfrac{R_A}{A_A} = 5MPa \\ R_B = 300 \cdot 10^3 \, N \ ; \sigma_B = \dfrac{R_B}{A_B} = 25MPa \end{cases}, \ \delta = \dfrac{R_A \cdot L}{E_A \cdot A_A} = 0.5mm$$

3 재료 A 항복시 P_1, δ_1

$$R_A\left(=\frac{4P_1}{5}\right) = \sigma_{yA} \cdot A_A ; \quad P_1 = 4500 \cdot 10^3 \, N$$

$$R_A = \frac{4P_1}{5} = 3600 \cdot 10^3 \, N$$

$$\delta_1 = \frac{R_A \cdot L}{E_A \cdot A_A} = 1.5mm$$

4 재료 B 항복시 P_2, δ_2

$$P_2 = R_A + R_B = 3600 \cdot 10^3 + \sigma_{y,B} \cdot A_B = 6000 \cdot 10^3 N$$

$$R_B = \sigma_{y,B} \cdot A_B = 2400 \cdot 10^3 N$$

$$\delta_2 = \frac{R_B \cdot L}{E_B \cdot A_B} = 4mm$$

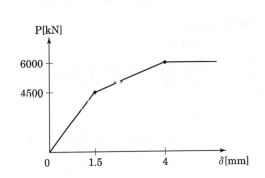

그림 (a)와 같은 조건의 인장재에 대하여 다음 물음에 답하시오. (단, 인장재의 응력−변형률(stress−strain) 관계는 아래 그림 (b)와 같다.)

(1) 초기 탄성계수 E는 70000MPa 임을 입증하시오.

(2) 인장력 P=20kN 작용 시 위 인장재의 신장량(elongation)을 구하시오.

(3) 하중 P를 제거했을 때 남게 되는 영구변형량을 구하시오. (단, 제하(unloading) 강성은 초기강성을 따르는 것으로 가정하시오.)

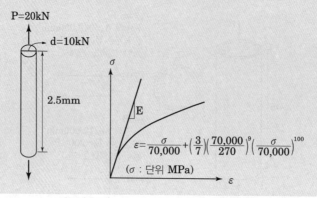

$$\varepsilon = \frac{\sigma}{70,000} + \left(\frac{3}{7}\right)\left(\frac{70,000}{270}\right)^9 \left(\frac{\sigma}{70,000}\right)^{100}$$
$(\sigma : \text{단위 MPa})$

풀이

❶ 초기탄성계수 [4]

$$\left\{ \begin{array}{l} \epsilon = \dfrac{\sigma}{70000} + \left(\dfrac{3}{7}\right)\left(\dfrac{70000}{270}\right)^9 \left(\dfrac{\sigma}{70000}\right)^{10} \\[2mm] \dfrac{d\epsilon}{d\sigma} = \dfrac{\sigma^9}{1.245 \cdot 10^{26}} + \dfrac{1}{70000} \end{array} \right\} \rightarrow E(\epsilon) = \dfrac{d\sigma}{d\epsilon} = \dfrac{1.245 \cdot 10^{23}}{\sigma^9 + 1.77931 \cdot 10^{21}}$$

$$\therefore E = \lim_{\sigma \to 0} \frac{d\sigma}{d\epsilon} = 70000\text{MPa}$$

❷ P=20kN일때 δ

$$\sigma = \frac{P}{A} = \frac{20000}{\pi \cdot 5^2} = \frac{800}{\pi}$$

$$\epsilon = 0.004558$$

$$\delta = \epsilon \cdot L = 0.004558 \times 2500 = 11.396\text{mm}$$

❸ 영구변형량

$$\delta = 11.396\text{mm}$$

$$\delta' = \frac{PL}{EA} = \frac{20000 \times 2500}{70000 \times \pi \times 5^2} = 9.0946\text{mm}$$

$$\epsilon' = \frac{\delta'}{2500} = 0.003637$$

$$\therefore \text{영구변형량} = \delta - \delta' = 2.3014\text{mm}(\text{신장})$$

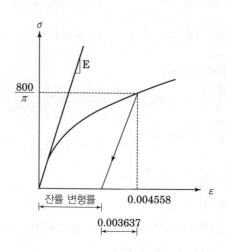

---

4) $\epsilon(\sigma)$가 고차방정식이므로 $\sigma(\epsilon)$형태로 바꿀 수 없다. 따라서 $\dfrac{d\epsilon}{d\sigma}$을 구한 후 역수를 취해 초기탄성계수를 구한다.

다음 그림과 같은 봉을 용접하여 연결하고자 한다.

(1) 용접부에서 발생하는 잔류응력의 원인과 영향 및 경감대책에 대해서 설명하시오.

(2) 봉의 양단이 [그림 a]와 같이 자유단일 때와 [그림 b]와 같이 고정단일 때에 용접에 의해서 발생되는 변형률과 잔류응력을 구하시오.

〈조건〉
- 용접열 = 500℃
- 선팽창계수 = $1.2 \times 10^{-5} /℃$
- 강재 탄성계수(E) = 200000MPa
- 두께 = 일정

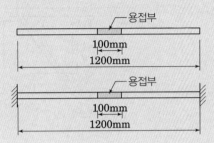

풀이

1 그림 a 변형(δ), 변형률(ε)

① 변형률

$\delta_{용접부} = \alpha \Delta TL = 1.2 \cdot 10^{-5} \cdot 500 \cdot 100 = 0.6\text{mm}$ $\delta_{전체봉} = 0.6\text{mm}$

$\varepsilon_{용접부} = \dfrac{0.6}{100} = 0.006$ $\varepsilon_{전체봉} = \dfrac{0.6}{1200} = 0.0005$

* 잔류응력 = 0

2 그림 b [5] 변형(δ), 변형률(ε)

① 평형 매트릭스(A), 부재 강도매트릭스(S)

$\begin{Bmatrix} P_1 = Q_1 - Q_2 \\ P_2 = Q_2 - Q_3 \end{Bmatrix} \rightarrow A = \begin{bmatrix} 1 & -1 & 0 \\ 0 & 1 & -1 \end{bmatrix}$

$S = \begin{bmatrix} \dfrac{EA_0}{550} & & \\ & \dfrac{EA_0}{100} & \\ & & \dfrac{EA_0}{550} \end{bmatrix}$ $(E = 200000\text{MPa})$

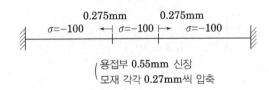

용접부 0.55mm 신장
모재 각각 0.27mm씩 압축

② 절점 변위(d) 및 부재 변형(e)

$e_0 = \begin{bmatrix} 0 & 1.2 \cdot 10^{-5} \cdot 500 \cdot 100 & 0 \end{bmatrix}$

* 단, 전체봉 신장량 = 0

$d = (ASA^T)^{-1}(0 + ASe_0) = \begin{bmatrix} -0.275\text{mm} & 0.275\text{mm} \end{bmatrix}$

$e = A^T d = \begin{bmatrix} 0.275\text{mm}(압축) & 0.55\text{mm}(신장) & 0.275\text{mm}(압축) \end{bmatrix}$

③ 부재력(Q) 응력(σ)

$Q = SA^T d - Se_0 = \begin{bmatrix} -100 \cdot A_0 & -100 \cdot A_0 & -100 \cdot A_0 \end{bmatrix}^T$

$\sigma = \dfrac{Q}{A_0} = \begin{bmatrix} -100\text{MPa} & -100\text{MPa} & -100\text{MPa} \end{bmatrix}^T$

---

5) 문제 요구사항이 명확하지 않기 때문에 매트릭스 변위법을 통해서 용접부 및 모재의 응력, 변위, 변형을 모두 구한다.

아래 그림과 같은 트러스 구조가 있다. C점에서 핀으로 연결하기 전에 각 바에 작용하는 하중은 없으며, 바 CF의 초기 길이는 $L-\delta$이다. 여기서 δ는 L에 비하여 매우 작은 값이다. 세 개의 바를 C점에서 핀으로 연결한 직후 외력을 제거하였을 경우, 바 BC와 바 FC에 작용하는 축하중을 구하시오. (20점) (단, 세 개의 바는 동일한 탄성계수 E와 단면적 A를 갖는다)

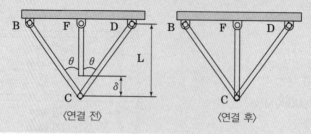

〈연결 전〉　　〈연결 후〉

풀이 ◯ 에너지법

❶ 평형방정식

$$\left\{ \begin{array}{l} T_{BC} \cdot \sin\theta - T_{CD} \cdot \sin\theta = 0 \\ -T_{BC} \cdot \cos\theta - T_{CD} \cdot \cos\theta + T \end{array} \right\} \rightarrow T_{BC} = T_{CD} = \frac{T}{2 \cdot \cos\theta}(압축)$$

❷ 포텐셜 에너지

$$\Pi = \frac{T^2 L}{2EA} + 2 \cdot \frac{(T_{BC})^2 \cdot \dfrac{L}{\cos\theta}}{2 \cdot EA} - T \cdot \delta$$

❸ 부재력

$$\frac{\partial \Pi}{\partial T} = 0 \; ; T = \frac{2\delta \cdot EA \cdot \cos^3\theta}{L(2\cos^3\theta + 1)}$$

$$\therefore \left\{ \begin{array}{l} T_{FC} = T = \dfrac{2\delta \cdot EA \cdot \cos^3\theta}{L(2\cos^3\theta + 1)}(인장) \\[3mm] T_{BC} = \dfrac{\delta \cdot EA \cdot \cos^2\theta}{L(2\cos^3\theta + 1)}(압축) \end{array} \right.$$

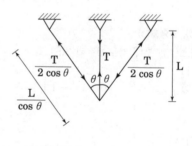

다음 그림과 같은 구조물(링크 부품)에서 원형 구멍이 뚫려 있는 손잡이부(폭 60mm)와 몸체부(폭 40mm)가 필렛(곡률반경 10mm)으로 연결되어 있다. 해당 구조물의 두께는 10mm이며, 하중 P가 수평방향으로 작용하고 있다. 구조물의 재료는 탄소강이며, 항복응력은 320MPa, 인장강도는 450MPa이다. 구멍부와 필렛부의 응력집중계수를 각각 2.0, 1.8로 가정하고, 안전계수 3.0을 고려하여 일반적인 설계를 하고자 할 때 다음 물음에 답하시오. (총 20점)

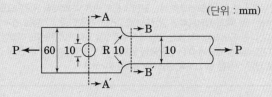

(1) 재료의 변형거동 특성을 고려하여 허용응력을 계산하시오. (2점)
(2) 손잡이부에 작용할 수 있는 최대 허용하중을 구하시오. (4점)
(3) 몸체부(필렛부 포함)에 작용할 수 있는 최대 허용하중을 구하시오. (4점)
(4) 본 구조물이 안전하게 사용될 수 있는 최대 허용하중을 결정하시오. (2점)
(5) 필렛부의 곡률반경이 감소될 경우 최대 허용하중이 어떻게 변화될지에 대해 정성적으로 설명하시오. (4점)
(6) 그림의 A-A' 단면과 B-B' 단면에서의 응력분포를 도식적으로 표현하시오. (4점)

풀이

1 재료 허용응력

$$\sigma_{allow} = \min\left[320, \ \frac{450}{3}\right] = 150\text{MPa} \ \rightarrow \ \sigma_{max}$$

2 손잡이부 최대허용하중

$$\sigma_{nom} = \frac{\sigma_{max}}{1.8} = 83.3\text{MPa}$$

$$P_{max} = \sigma_{nom} \cdot 40 \cdot 10 \cdot 10^{-3} = 33.33\text{kN}$$

3 몸체부 최대 허용하중

$$\sigma_{nom} = \frac{\sigma_{max}}{2.0} = 75\text{MPa}$$

$$P_{max} = \sigma_{nom} \cdot 60 \cdot 10 \cdot 10^{-3} = 45\text{kN}$$

4 본 구조물 최대 허용하중

$$P_{max} = 33.33\text{kN}(손잡이부 최대 허용하중)$$

5 필렛부 감소시 최대 허용하중 변화

필렛부 곡률반경이 0으로 접근하면 응력집중계수가 무한대가 되어 필렛부 피로파괴 발생

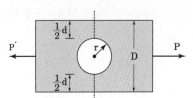

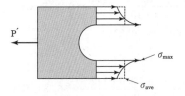

A-A단면 응력분포

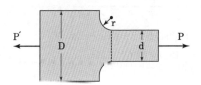

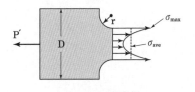

B-B단면 응력분포

2 전단

Summary

출제내용　이 장에서는 불균일 휨을 받는 부재 단면에 발생하는 전단응력에 관한 문제가 출제된다. 불균일 휨으로 부터 발생하는 단면의 전단응력은 해당 단면이 비대칭인 경우 비틀림이 발생하며 이에 대한 힘의 평형의 결과로서 전단중심이라는 개념을 묻는 문제가 출제된다. 또한 단면이 목제 등으로 조립되어 있다면 조립단면 전체가 불균일 휨에 저항하도록 충분한 합성이 이루어져야 하는데, 이러한 단면 합성을 검토하기 위해 도입된 전단류(Shear Flow) 개념과 적절한 못 간격을 묻는 문제가 출제된다.

학습전략　전단응력은 불균일 휨모멘트를 받는 단면의 평형 관계식으로부터 유도되므로 우선적으로 전단응력식을 이해해야 한다. 단면에서 발생하는 전단력과 전단응력의 평형관계를 이용하면 전단중심 개념을 쉽게 이해할수 있으며 관련 문제들을 어렵지 않게 풀이할 수 있다. 다만 풀이과정에서 많은 단면계수 수치값을 입력해야 하는데, 적절한 기호를 사용하여 구분입력 한다면 실수를 줄일 수 있다. 다만 비대칭 단면에 대한 전단중심 문제는 계산에 필요한 시간이 오래 걸릴 수 있으므로 본인만의 계산 포맷을 정해서 기계적으로 답안 작성할 수 있도록 연습하는 것이 필요하다.

토목구조기술사 | 103-2-6

휨부재인 H형강－300×300×10×15(압연형강)에 전단력(V)＝180kN이 작용하고, 중립축의 단면2차모멘트 $(I_x)＝2.04×10^8 mm^4$일 때, 전단응력도를 작성하고 발생된 전단응력에 대하여 안전한지 검토하시오.

풀이

1 플랜지

$$\tau_{x1} = \frac{180000 \cdot 15 \cdot x \cdot 142.5}{I \cdot 15} = 0.1257x \, MPa$$

$$\tau_1 = \tau_{x1}(150) = 18.86 MPa$$

2 웹브

$$\tau_2 = \frac{180000 \cdot 15 \cdot 300 \cdot 142.5}{I \cdot 10} = 56.581 MPa$$

$$\tau_{x2} = \frac{180000 \cdot \left(300 \cdot 15 \cdot 142.5 + x \cdot 10 \cdot \left(135 - \frac{x}{2}\right)\right)}{I \cdot 10}$$

$$= -0.000441(x^2 - 270x - 128250)$$

$$\tau_{max} = \tau_{x2}(135) = 64.6213 MPa$$

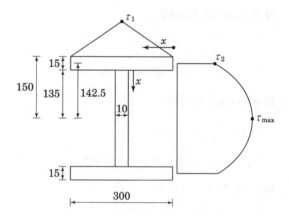

PE.C − 103 − 2 − 6

| ····················· 1 | −1 |

| $2.04 \cdot 10^8 \rightarrow i$ | 2.04E8 |

| $\dfrac{180000 \cdot 15 \cdot x \cdot 142.5}{i \cdot 15} \rightarrow tx1$ | $0.125735 \cdot x$ |

| $tx1 \,|\, x = 150$ | 18.8603 |

| ····················· 2 | −2 |

| $\dfrac{180000 \cdot 15 \cdot 300 \cdot 142.5}{i \cdot 10} \rightarrow t2$ | 56.5809 |

| $\dfrac{180000 \cdot \left(15 \cdot 300 \cdot 142.5 + x \cdot 10 \cdot \left(135 - \dfrac{x}{2}\right)\right)}{i \cdot 10} \rightarrow t2x$ ① | |
| | $-0.000441 \cdot (x^2 - 270 \cdot x - 128250.)$ |

| $t2x \,|\, x = 135$ | 64.6213 |

- 웨브에 발생하는 전단응력의 최대값을 구하기 위해 τ_{x2}을 x에 대한 함수로 정의 하였다.

① 웨브에서 발생하는 최대 전단응력의 위치는 중립축에서 발생하는 것을 직관적으로 알 수 있으며, $\dfrac{d}{dx}\tau_{x2} = 0$을 통해서도 $x = 135\text{mm}$ 위치에서 발생함을 알 수 있다. (x의 기준점은 웨브 시작점)

ㄷ형강의 전단중심(shear center) 위치에 대해 다음을 검토하시오.

(1) 전단중심의 개념을 설명하시오.
(2) 그림과 같은 ㄷ형강의 전단중심위치 e를 계산하시오.

- 형강 두께 t=3mm
- b=100mm, h=150mm

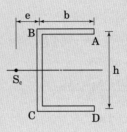

풀이

❶ 기본사항

$$I = \frac{th^3}{12} + 2bt\left(\frac{h}{2}\right)^2 = 4.21875 \times 10^6$$

$$Q(x) = t \times x \times \frac{h}{2} = 225x$$

❷ 전단중심

$$\tau(x) = \frac{V \times Q(x)}{I \times t} = 0.000018Vx$$

$$F_1 = \int_0^b \tau(x) \cdot tdx = 0.26667Vc$$

$$\Sigma M_0 = 0; \quad V \times e = 2 \cdot \left(F_1 \times \frac{h}{2}\right)$$

$$e = 40mm$$

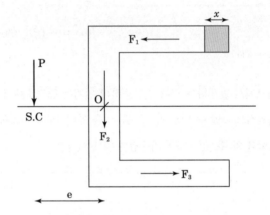

참고

$I = \dfrac{t_w h^3}{12} + 2 \cdot \left[\dfrac{b \cdot t_f^3}{12} + b \cdot t_f\left(\dfrac{h}{2}\right)^2\right]$ 에서 t_f가 작은 경우 $\dfrac{b \cdot t_f^3}{12} \cong 0$이므로

$I = \dfrac{t_w h^3}{12} + 2 \cdot b \cdot t_f\left(\dfrac{h}{2}\right)^2$

그림과 같이 반지름이 r이고 두께가 t인 얇은 반원형 단면이 있다. 원형 호의 중심 O로부터 전단중심 S까지의 거리 e를 구하시오.

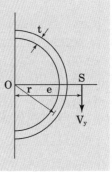

풀이

1 단면성능 [6]

$$I = 2 \times \int_0^{\frac{\pi}{2}} (r \cdot \cos\theta)^2 \cdot t \cdot r \ d\theta = \frac{\pi r^3 t}{2}$$

$$Q(\theta) = \int_0^{\theta} (r \cdot \cos\theta) \cdot t \cdot r \ d\theta = r^2 t \sin\theta$$

2 전단중심(s)

$$\tau(\theta) = \frac{V_y \cdot Q(\theta)}{I \cdot t}$$

$$\Sigma M_0 = 0; \quad \int_0^{\pi} \tau(\theta) \cdot t \cdot r \cdot r \ d\theta = V_y \times e$$

$$e = \frac{4r}{\pi}$$

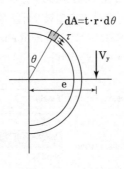

---

6) 계산기 입력시 기본값이 각도법인지 호도법인지 확인할 것

PE.A − 118 − 2 − 4

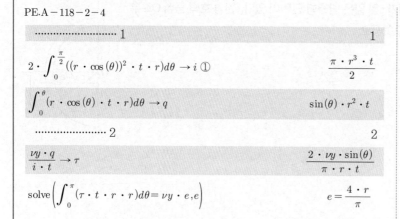

$$\cdots\cdots\cdots\cdots\cdots\cdots 1 \qquad\qquad\qquad 1$$

$$2 \cdot \int_0^{\frac{\pi}{2}} ((r \cdot \cos(\theta))^2 \cdot t \cdot r) d\theta \rightarrow i \;① \qquad\qquad \frac{\pi \cdot r^3 \cdot t}{2}$$

$$\int_0^{\theta} (r \cdot \cos(\theta) \cdot t \cdot r) d\theta \rightarrow q \qquad\qquad \sin(\theta) \cdot r^2 \cdot t$$

$$\cdots\cdots\cdots\cdots\cdots\cdots 2 \qquad\qquad\qquad 2$$

$$\frac{\nu y \cdot q}{i \cdot t} \rightarrow \tau \qquad\qquad \frac{2 \cdot \nu y \cdot \sin(\theta)}{\pi \cdot r \cdot t}$$

$$\text{solve}\left(\int_0^{\pi} (\tau \cdot t \cdot r \cdot r) d\theta = \nu y \cdot e, e \right) \qquad\qquad e = \frac{4 \cdot r}{\pi}$$

• 원형호의 단면2차 모멘트를 변수 i로 지정한다.

• 임의의 각도 θ에서의 단면 1차 모멘트를 변수 q로 지정한다.

• 임의의 각도 θ에서의 전단응력을 변수 τ로 지정한다.

① 계산기의 각도는 Radian(2π), Degree($360°$), Gradian(400g)입력할 수 있으며 Document Setting에서 각도 입력방식을 설정할 수 있다. default 값은 Radian으로 되어있으므로 각도 입력 시 Radian으로 입력하되, 각도 표시($°$)를 입력하면 Degree로 인식한다.

General Settings

Display Digits:	Float6 ▼
Angle:	Radian ▼
	Radian
	Degree
	Gradian
Exponential Format:	
Real or Complex Format:	
Calculation Mode:	Auto ▼
CAS Mode:	On ▼
Vector Format:	Rectangular ▼
Base:	Decimal ▼
Unit System:	SI ▼

[계산기 Document Setting 예시]

$\sin(2 \cdot \pi)$	0
$\sin(360°)$	0
$\sin(400^g)$	0
$\cos(2 \cdot \pi)$	1
$\cos(360°)$	1
$\cos(400^g)$	1

[Radian, Degree, Gradian 입력 예시]

전단중심(shear center or center of twist)을 정의하고, 다음 그림과 같은 부재단면에서 전단중심의 위치를 나타내시오.

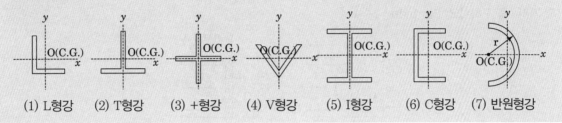

| (1) L형강 | (2) T형강 | (3) +형강 | (4) V형강 | (5) I형강 | (6) C형강 | (7) 반원형강 |

풀이 ●

1 전단중심

보에 굽힘응력이 발생할 때 단면에 비틀림이 발생하지 않는 작용점

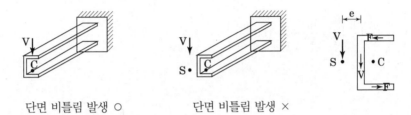

단면 비틀림 발생 ○   단면 비틀림 발생 ×

C형 채널 전단중심 위치 : $e = \dfrac{F \cdot h}{V}$

2 전단중심 위치

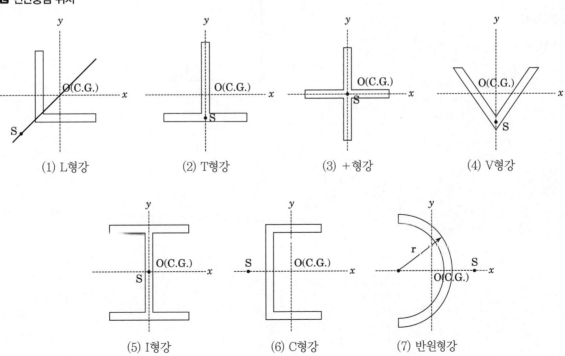

(1) L형강   (2) T형강   (3) +형강   (4) V형강

(5) I형강   (6) C형강   (7) 반원형강

아래 그림과 같은 플랜지의 폭이 B이고 복부판의 높이가 H이며 플랜지와 복부판의 두께 t가 일정한 ㄷ형강이
있다. 플랜지 중심선의 길이 b와 복부판 중심선의 길이 h를 이용하여, 복부판 중심선으로부터 전단 중심(o)까지
의 거리 e를 구하시오. (단, b=h)

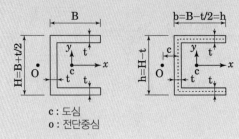

c : 도심
o : 전단중심

풀이

❶ 기본사항

$$I = \frac{th^3}{12} + 2 \cdot \left(\frac{bt^3}{12} + bt \left(\frac{h}{2} \right)^2 \right) \cong \frac{th^3}{12} + 2 \cdot \left(bt \left(\frac{h}{2} \right)^2 \right)$$

$$Q_1 = bt \cdot \frac{h}{2}$$

❷ 전단력

$$\tau_1 = \frac{V \cdot Q_1}{I \cdot t} = \frac{6bV}{(6b+h)ht}$$

$$F_1 = \frac{\tau_1 \cdot b \cdot t}{2} = \frac{3b^2 V}{(6b+h)h}$$

❸ 전단중심

$$\Sigma M_0 = 0; \quad V \cdot e = 2 \cdot F_1 \cdot \frac{h}{2}$$

$$e = \frac{3b^2}{6b+h} \cong \frac{3}{7}b \ (\because b=h)$$

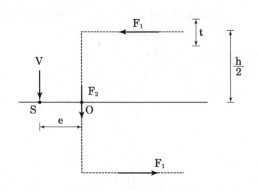

그림과 같이 보 단면의 전단 중심을 점 O라고 할 때, 다음 물음에 답하시오. (단, 모든 두께는 t로 일정하며, 다른 치수 b, d에 비해 매우 작다) (총 20점)

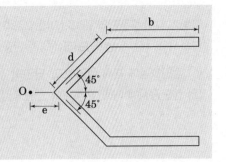

(1) 중심 수평 축에 대한 단면의 이차 관성 모멘트를 구하시오. (8점)
(2) 전단 중심(O)과 단면의 끝단 사이의 거리(e)를 구하시오. (12점)

풀이

1 단면2차모멘트(I)

$$I = 2 \cdot b \cdot t \cdot \left(\frac{d}{\sqrt{2}}\right)^2 + 2 \cdot \int_0^d \left(\frac{x}{\sqrt{2}}\right)^2 \cdot t \; dx$$

$$= \frac{td^2(3b+d)}{3}$$

2 전단중심과의 거리(e)

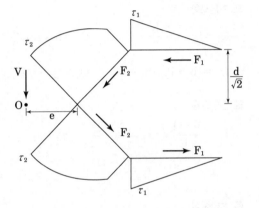

$$F_1 = \frac{f_1 \cdot b}{2} = \frac{V \cdot Q}{2I} \cdot b = \frac{V}{2I} \cdot \left(b \cdot t \cdot \frac{d}{\sqrt{2}}\right) \cdot b$$

$$\Sigma M = 0 \; ;$$

$$V \cdot e = 2 \cdot F_1 \cdot \frac{d}{\sqrt{2}}$$

$$\therefore e = \frac{3b^2}{2 \cdot (3b+d)}$$

그림과 같이 플랜지와 웨브가 박판으로 이루어진 강구조 휨부재 단면에 대해 다음 물음에 답하시오. (단, 단면의 도심(C)과 전단중심(S)은 일치하지 않으며 $b_2 > b_1$임) (총 20점)

(1) 전단흐름에 대해 설명하고, 단면의 전단흐름 방향을 표시하시오. (8점)

(2) 전단중심에 대해 설명하고, 전단중심의 위치(e)를 구하시오. (12점)

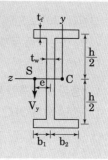

풀이

❶ 기본사항

$$Q_1 = b_1 \cdot t_f \cdot \frac{h}{2} \qquad Q_2 = b_2 \cdot t_f \cdot \frac{h}{2}$$

$$Q_3 = (b_1 + b_2) \cdot t_f \cdot \frac{h}{2} \qquad Q_4 = Q_3 + t_w \cdot \frac{h}{2} \cdot \frac{h}{4}$$

❷ 전단흐름

$$f_1 = \frac{V \cdot Q_1}{I} \quad f_2 = \frac{V \cdot Q_2}{I}$$

$$f_3 = \frac{V \cdot Q_3}{I} \quad f_4 = \frac{V \cdot Q_4}{I}$$

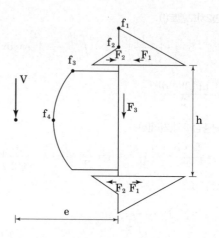

❸ 전단중심

$$\begin{cases} I = \dfrac{t_w h^3}{12} + 2 \cdot (b_1 + b_2) \cdot t_f \cdot \left(\dfrac{h}{2}\right)^2 \\ F_1 = f_1 \cdot b_1 \cdot \dfrac{1}{2} \\ F_2 = f_2 \cdot b_2 \cdot \dfrac{1}{2} \end{cases} \rightarrow \quad \Sigma M_s = 0 \ ; \quad V \cdot e = F_2 \cdot h - F_1 \cdot h$$

$$\therefore e = \frac{3t_f\left(b_2^2 - b_1^2\right)}{h \cdot t_w + 6t_f\left(b_1 + b_2\right)}$$

다음 비대칭 단면에 대한 전단중심(Shear Center) S의 위치를 구하시오. (10점) (단, c는 단면의 도심이다)

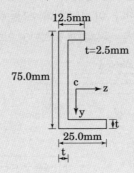

풀이

1 단면성능

$$c_1 = \frac{70 \cdot 2.5 \cdot (35+1.25)+12.5 \cdot 2.5 \cdot 72.5}{25 \cdot 2.5+70 \cdot 2.5+12.5 \cdot 2.5} = 32.035 \text{mm}$$

$$c_2 = \frac{10 \cdot 2.5 \cdot (5+1.25)+22.5 \cdot 2.5 \cdot (11.25+1.25)}{25 \cdot 2.5+70 \cdot 2.5+12.5 \cdot 2.5} = 3.198 \text{mm}$$

$$I_z = \frac{t \cdot h^3}{12}+t \cdot h \cdot \left(\frac{h}{2}-c_1\right)^2+b_2 \cdot t \cdot c_1^2+b_1 \cdot t \cdot (h-c_1)^2 = 189597 \text{mm}^4$$

$$I_y = \frac{t \cdot b_2^3}{12}+t \cdot b_2 \cdot \left(\frac{b_2}{2}-c_2\right)^2+\frac{t \cdot b_1^3}{12}+t \cdot b_1 \cdot \left(\frac{b_1}{2}-c_2\right)^2+h \cdot t \cdot c_2^2 = 9577.27 \ \text{mm}^4$$

$$I_{yz} = b_2 \cdot t \cdot (b_2-c_2) \cdot c_1+h \cdot t \cdot (-c_2) \cdot \left(-\frac{h}{2}+c_1\right)+b_1 \cdot t \cdot \left(\frac{b_1}{2}-c_2\right) \cdot (c_1-h) = 38772.5 \ \text{mm}^4$$

2 V_y에 대한 전단중심(e_2)

$$\tau_1(s) = \frac{V_y}{t\left(I_y \cdot I_z-I_{yz}^2\right)} \cdot \left[I_{yz}\int_0^s (b_1-c_2-s)t \cdot ds-I_y\int_0^s (c_1-h)t \cdot ds\right]$$

$$F_1 = \int_0^{b_1} \tau \cdot t \ ds = 0.28063 V_y$$

$$F_2 = V_y$$

$$V_y \cdot e_2 = F_2 \cdot c_2+F_1 \cdot h \quad \rightarrow \quad \therefore e_2 = 23.5433 \text{mm}$$

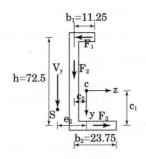

3 V_z에 대한 전단중심(e_1)

$$\tau_2(s) = \frac{V_z}{t\left(I_y \cdot I_z-t_{yz}^2\right)} \cdot \left[I_{yz}\int_0^s (c_1-h)t \cdot ds-I_z\int_0^s (b_1-c_2-s)t \cdot ds\right]$$

$$F_1 = -\int_0^{b_1} \tau \cdot t \ ds = 1\,20717 \ V_z$$

$$V_z \cdot (c_1-e_1) = F_1 \cdot h \quad \rightarrow \quad \therefore e_1 = -55.4848 \text{mm}$$

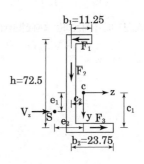

아래 그림과 같이 90×90의 목재를 2개 겹치고, 중간에 목재의 산지를 끼워 미끄럼을 방지하여 등분포하중
1.0kN/m에 견디는 단순보로 사용하려고 한다. 이 보의 최대 수직응력과 최대전단응력을 구하고, 목재 산지에
작용하는 최대전단력을 구하라. (단, 목재간은 충분하게 접착되어 있다.)

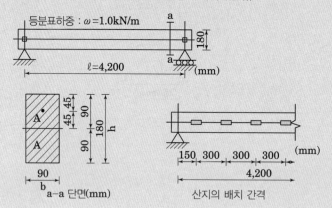

풀이

1 기본사항

$$I = \frac{90 \cdot 180^3}{12} = 4.374 \cdot 10^7 \mathrm{mm^4}$$

$$Q = 90 \cdot 90 \cdot 45 = 3.645 \cdot 10^5 \mathrm{mm^3}$$

2 부재력

$$M_{max} = \frac{\omega l^2}{8} = \frac{1 \times 4.2^2}{8} \cdot 10^6 = 2.205 \cdot 10^6 \mathrm{N \cdot mm} \,(중앙부)$$

$$V_{max} = 2100 \mathrm{N} \,(지점부)$$

$$V(150\mathrm{mm}) = 2100 \times 150 = 1950 \mathrm{N} \,(지점에서\ 150\mathrm{mm}\ 위치에서\ 전단력)$$

3 최대 수직응력(σ_{max})

$$\sigma_{max} = \frac{M_{max}}{I} y = \frac{2.205^2 \times 10^6}{4.374 \times 10^7} \times 90 = 4.537 \mathrm{MPa}$$

4 최대 전단응력(τ_{max})

$$\tau_{max} = \frac{V_{max} Q}{Ib} = \frac{2100 \times 3.645 \times 10^5}{4.374 \times 10^7 \times 90} = 0.1944 \mathrm{MPa}$$

5 목재산지에서 작용하는 최대전단력(V_{max}, 산지(150))

$$V_{max,산지(150\mathrm{mm})} = \frac{V_{(150)} Q}{I} \cdot 300 = 4875 \mathrm{N}$$

4개의 목판재가 못으로 연결되어 조립보를 구성한다. 각 못의 허용전단력은 $F_2 = 1. kN$ 보 단면에 작용하는 수직전단력은 4kN 일 때 다음 사항에 답하시오.

(1) a-a 부분의 못 간격

(2) b-b 부분의 못 간격

(3) 각각의 목판재가 단일 부재로 구성된 경우로 가정하는 경우 a-a와 b-b에 작용하는 전단응력의 크기를 산정하시오.

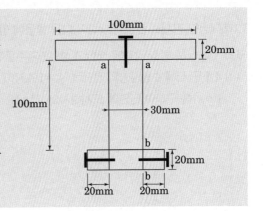

풀이

1 기본사항

$$\bar{y} = \frac{100 \times 20 \times 130 + 100 \times 30 \times 70 + 70 \times 20 \times 10}{100 \times 20 + 100 \times 30 + 70 \times 20} = 75.625\text{mm}$$

$$I = \frac{(100 \times 20^3)}{12} + \left(100 \times 20 \times (130 - \bar{y})^2\right) + \frac{(30 \times 100^3)}{12} + \left(30 \times 100 \times (\bar{y} - 70)^2\right) + \frac{(70 \times 20^3)}{12} + \left(70 \times 20 \times (\bar{y} - 10)^2\right)$$

$$= 14.65 \times 10^6 \text{mm}^4$$

$$Q_{aa} = 100 \times 20 \times (130 - \bar{y}) = 108750\text{mm}^3$$

$$Q_{bb} = 20 \times 20 \times (\bar{y} - 10) = 26250\text{mm}^3$$

2 a-a 부분의 못 간격

$$F_a \geq \frac{VQ_{aa}}{I} \cdot S \quad \rightarrow \quad S \leq 53.8851\text{mm}$$

3 b-b 부분의 못 간격

$$2 \cdot F_a \geq \frac{V \cdot 2Q_{bb}}{I} \cdot S \quad \rightarrow \quad S \leq 223.238\text{mm}$$

4 전단응력 산정

$$\sigma_{aa} = \frac{VQ_{aa}}{I \cdot 30} = 0.9898\text{MPa}$$

$$\sigma_{bb} = \frac{VQ_{bb}}{I \cdot 20} = 0.3584\text{MPa}$$

1축대칭인 강재보 단면에 대하여 다음 물음에 답하시오. (총 26점)

(1) x축, y축 방향 각각에 대한 소성단면계수를 구하시오. (12점)

(2) 전단중심에 수평방향의 전단력 $V_x = 10kN$이 작용할 때, 전단류(shear flow)를 구하여 단면에 도시하시오. (14점)

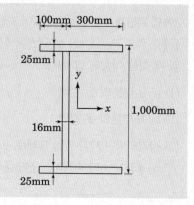

풀이

1 소성단면계수

① x축

$$Z_x = 2 \cdot \left(\int_0^{475} 16y \ dy + \int_{475}^{500} 400y \ dy \right) = 13360000 mm^3$$

② y축(웨브에 소성중립축 존재 가정)

$$A = 2 \cdot 25 \cdot 400 + 950 \cdot 16$$

$$25 \cdot x \cdot 2 + 950 \cdot (x - 92) = \frac{A}{2} \quad \rightarrow \quad x = 105$$

$$Z = \int_0^{13} 1000y \ dy + \int_{13}^{105} 50y \ dy + \int_0^3 1000y \ dy + \int_3^{295} 50y \ dy$$

$$= 2535800 mm^3$$

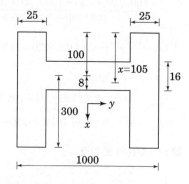

2 전단류

$$A = \int_0^{292} 50dy + \int_{292}^{308} 1000dy + \int_{308}^{400} 50dy = 35200 mm^2$$

$$y_c = \frac{\sum \int ydA}{A} = 243.182mm$$

$$I = \sum \int (y - y_c)^2 dA = 353354569.69696 mm^4$$

$$\begin{cases} f_1 = \dfrac{V}{I}(16 \cdot 475) \cdot (300 - y_c) = 12.2205MPa \\[2mm] f_2 = \dfrac{V}{I} \cdot \int_{300}^{400} (y - y_c)25dy = 7.55744MPa \\[2mm] f_3 = \dfrac{V}{I} \cdot \int_{300}^0 (y - y_c)25dy = 19.778MPa \\[2mm] f_4 = \dfrac{V}{I} \cdot \int_{y_c}^0 (y - y_c)25dy = 20.92MPa \end{cases}$$

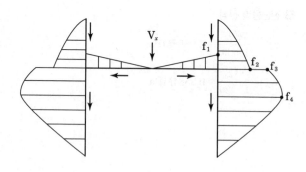

길이가 L인 단순지지보에 아래 그림과 같이 하중 P가 가해졌다. 다음 질문에 답하시오. (총 30점)

(1) 그림 (가)와 같이 하중을 받는 보에 대해 전단력선도와 굽힘모멘트선도를 그리고, 최대값을 구하여 선도에 표시하시오. (10점)

(2) 그림 (나)의 보의 단면은 직사각형이며, 폭이 b이고 높이가 h/3인 3개의 동일한 판재로 이루어졌다. 이때 각각의 판재가 그림 (다)와 같이 동일한 간격의 여러개의 못을 사용하여 하나의 보로 제작되었을 때 [그림 나]에 표시한 최상단 판재의 중립축에 대한 일차 면적모멘트(Q)를 구하시오. (10점)

(3) 못의 허용 전단력이 V_a로 주어졌을 경우 못 간의 최대 간격 As를 구하시오. (10점)

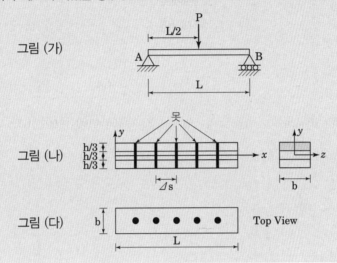

풀이

1 일차모멘트 Q

$$Q = \int y\ dA = \int_{h/6}^{h/2} y \cdot b dy = \frac{bh^2}{9}$$

2 못 간의 최대간격 Δs

$$\left\{ \begin{array}{l} f = \dfrac{\dfrac{P}{2} \cdot Q}{\dfrac{bh^3}{12}} \\ f \cdot \Delta s \le V_u \end{array} \right\} \rightarrow \Delta s \le \frac{3 \cdot h \cdot V_u}{2P}$$

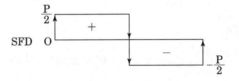

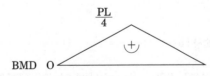

목재판 크기 3개를 아교로 접합한 집성목재의 4m 경간 단순보 중앙에 작용할 수 있는 최대 하중 P를 구하시오.

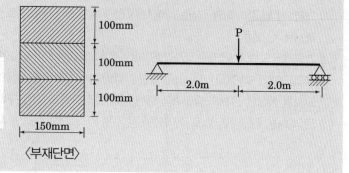

〈부재단면〉

풀이

1 기본사항

$$I = \frac{150 \times 300^3}{12} = 3.375 \times 10^8 \text{mm}^4$$

$$Q_1 = 150 \times 100 \times 100 = 1.5 \times 10^6 \text{mm}^3$$

$$Q_{max} = 150 \times 150 \times 75 = 1.6875 \times 10^6 \text{mm}^3$$

$$M_{max} = \frac{P}{2} \cdot 2 = P\text{kNm}$$

$$V_{max} = \frac{P}{2}\text{kN}$$

2 전단응력 검토

$$\begin{cases} \text{접합면}: \dfrac{\dfrac{P_1}{2} \cdot 10^3 \cdot Q_1}{I \cdot 150} \leq 1 \quad \rightarrow \quad P_1 = 67.5\text{kN} \\[4mm] \text{중립축}: \dfrac{\dfrac{P_2}{2} \cdot 10^3 \cdot Q_{max}}{I \cdot 150} \leq 2 \quad \rightarrow \quad P_2 = 120\text{kN} \end{cases}$$

3 휨응력 검토

$$\sigma_{max} = \frac{P_3 \cdot 10^6}{I} \cdot 150 \leq 15 \quad \rightarrow \quad P_3 = 33.75\text{kN(지배)} \qquad \therefore P_{max} = 33.75\text{kN}$$

높이가 h이고 면적이 가로 a, 세로 b인 탄성받침에 수평전단력 V가 작용할 때 수평변위 d를 구하시오. (단, 전단탄성계수는 G이며, 전단응력과 전단변형률γ 는 탄성고무받침 전체 체적에 대하여 동일하다고 가정한다.)

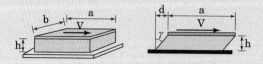

풀이 ◐ 수평변위 d

$$d = \tan\gamma \cdot h \cong \gamma \cdot h = \frac{\tau}{G} \cdot h = \frac{Vh}{abG}$$

비틀림 3

Summary

출제내용　이 장에서는 중실단면, 중공단면, 개단면, 폐단면에 대한 비틀림 응력을 묻는 문제가 출제된다. 주요 내용으로는 비틀림과 뒤틀림의 구분, 원형단면의 비틀림응력과 비틀림 회전각, 단면별 최대 비틀림 전단응력 등이다. 최근에는 고급 재료역학에서 다뤄졌던 각형단면과 H단면의 최대 전단응력 내용이 일반 재료역학 교과서(Gere 9판, 3.10 Torsion of Noncircular Primatic Shaft)에 추가됨에 따라 기술고시를 준비하는 수험생은 특히 이 부분에 대한 내용정리가 필요하다.

학습전략　비틀림은 건축, 토목 보다 기계쪽에서 중요하게 다뤄지는 분야이므로 과거 기출문제 위주로 내용을 정리하면 충분히 대비할 수 있다. 다만, 새롭게 추가된 내용이나 예제는 출제확률이 높으니 반드시 정리하여 대비할 필요가 있다.

건축구조기술사 | 103-1-10

다음 단면의 J(비틀림상수)와 C_w(뒤틀림 상수) 값을 구하시오.

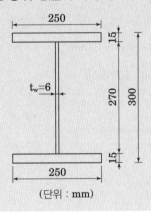

(단위 : mm)

풀이

① 비틀림 상수(J)

$$J = \Sigma \left(\frac{b \cdot t^3}{3} \right) = \frac{1}{3} \cdot \left(250 \cdot 15^3 + 270 \cdot 6^3 + 250 \cdot 15^3 \right)$$
$$= 581940 \, \text{mm}^4$$

② 뒤틀림 상수(C_w)

$$C_w = \frac{I_y \cdot h_0^2}{4} = \left(\frac{250 \cdot 300^3}{12} - \frac{244 \cdot 270^3}{12} \right) \cdot \frac{(300-15)^2}{4}$$
$$= 3.2953 \cdot 10^{12} \, \text{mm}^6$$

아래 그림과 같이 $2m \times 4m$ 크기의 간판을 수평으로 지지하고 있는 8m의 강재 파이프 기둥이 있다. 풍압력이 $2.5kN/m^2$일 때 이 기둥에 생기는 최대 비틀림응력 및 이 기둥의 꼭지점에서의 회전각을 구하시오. (단, 이 기둥 강재 파이프의 크기는 $\sigma = 300 \times 6(mm)$이며, 전단탄성계수 $G = 85 \times 10^3 MPa$이다.)

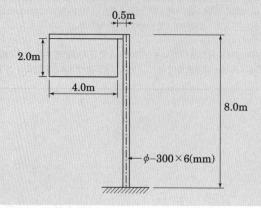

풀이

1 기본사항

$$I_p = \left(\frac{\pi d^4}{64}\right) \times 2 = \frac{\pi}{64}(300^4 - 288^4) \cdot 2 = 119.802 \times 10^6 mm^4$$

$$T = (2.5 \times 2 \times 4) \times (2 + 0.5) = 50 kNm = 50 \cdot 10^6 Nmm$$

2 τ_{max} 산정

$$\tau = \frac{T \cdot \rho}{I_p} = \frac{50 \cdot 10^6 \cdot 150}{I_p} = 62.603 MPa$$

3 ϕ 산정

$$\phi = \frac{TL}{GI_p} = \frac{50 \cdot 10^6 \cdot 8000}{85 \times 10^3 \times I_p} = 0.039281\,rad$$

길이 L의 속이 찬 원형실린더의 양 끝에서 토크 T가 작용하는 경우를 고려하자. 원형 단면의 반지름은 r이고 재료의 탄성계수는 E, 프아송비는 ν이다. 실린더의 표면에는 토크를 가하기 전 그림과 같이 길이가 L인 선 ab가 그려져 있다. 이 선은 수평방향에서 반시계 방향으로 θ만큼 기울어져 있다. 다음 물음에 답하시오. (단, 선 ab는 미소길이로 가정하고, $0 \leq \theta < 180°$ 이다) (총 20점)

(1) 선 ab가 토크 T의 하중 하에서 길이가 L′ 이 되었다면, L′ 을 L과 θ의 함수로 나타내시오. (12점)

(2) T가 일정할 때, 최대가 되는 L′ 을 구하고, 해당 각도(θ)의 물리적 의미를 설명하시오. (4점)

(3) L′ 과 L이 같은 경우가 있다면, 이 때의 모든 각도(θ)와 역학적 이유를 설명하시오. (4점)

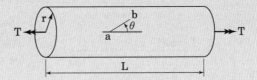

풀이

❶ L′ (L, θ)

$$G = \frac{E}{2(1+\nu)}, \quad I_p = \frac{\pi(2r)^4}{32} = \frac{\pi r^4}{2}, \quad \tau = \frac{T \cdot r}{I_p}$$

$$\left\{ \begin{array}{l} \epsilon_\theta = \dfrac{\epsilon_x + \epsilon_y}{2} + \dfrac{\epsilon_x - \epsilon_y}{2} \cdot \cos 2\theta + \dfrac{\gamma_{xy}}{2}\sin 2\theta = \dfrac{\gamma_{xy}}{2}\sin 2\theta \\ \gamma_{xy} = \dfrac{\tau}{G} = \dfrac{2T}{G\pi r^3} \end{array} \right\} \rightarrow \quad \epsilon_\theta = \frac{2T(1+\nu)}{E\pi r^3} \cdot \sin 2\theta$$

$$L′ = L + L \cdot \epsilon_\theta = L \cdot \left(1 + \frac{2T(1+\nu)}{E\pi r^3} \cdot \sin 2\theta \right)$$

❷ 최대 l′

$$\frac{dL′}{d\theta} = 0 \ ; \quad \theta = \frac{(2n-1) \cdot \pi}{4} \quad \rightarrow \quad \theta = 45°, 135°$$

$$L_{max}′ = L \cdot \left(1 + \frac{2T(1+\nu)}{E\pi r^3} \right)$$

❸ L=L′ 인 경우

$$\theta = \frac{n\pi}{2} \rightarrow \theta = 0°, \ 90°, 180°$$

직각, 수평인 경우 비틀림으로 인한 길이변화 없음

17－material－3

<table>
<tr><td>.................... 1</td><td>－1</td></tr>
<tr><td>$\dfrac{e}{2 \cdot (1+\nu)} \to g$</td><td>$\dfrac{e}{2 \cdot (\nu+1)}$</td></tr>
<tr><td>$\dfrac{\pi \cdot (2 \cdot r)^4}{32} \to ip$</td><td>$\dfrac{\pi \cdot r^4}{2}$</td></tr>
<tr><td>⚠ $\dfrac{\frac{t \cdot r}{ip}}{2 \cdot g} \cdot \sin(2 \cdot \theta) \to \varepsilon$</td><td>$\dfrac{2 \cdot \sin(2 \cdot \theta) \cdot t \cdot (\nu+1)}{e \cdot \pi \cdot r^3}$</td></tr>
<tr><td>.................... 2</td><td>－2</td></tr>
<tr><td>$l + l \cdot \varepsilon \to l1$</td><td>$\dfrac{2 \cdot l \cdot \sin(2 \cdot \theta) \cdot t \cdot (\nu+1)}{e \cdot \pi \cdot r^3} + l$</td></tr>
<tr><td>.................... 3</td><td>3</td></tr>
<tr><td>⚠ $\text{solve}\left(\dfrac{d}{d\theta}(l1)=0, \theta\right)$</td><td>① $\theta = \dfrac{(2 \cdot n1-1) \cdot \pi}{4}$ or $\dfrac{l \cdot t \cdot (\nu+1)}{r^3} = 0$</td></tr>
<tr><td>$l1 | \theta = 45\,°$</td><td>$\dfrac{2 \cdot l \cdot t \cdot (\nu+1)}{e \cdot \pi \cdot r^3} + l$</td></tr>
<tr><td>.................... 4</td><td>－4</td></tr>
<tr><td>$\text{solve}\,(l1=l, \theta)$</td><td>② $\theta = \dfrac{n2 \cdot \pi}{2}$ or $t \cdot (\nu+1) = 0$</td></tr>
</table>

- 복잡한 계산과정을 단순화하기 위하여 G, I_p, ϵ_θ 를 미리 변수에 저장한다.

- $L + L \cdot \epsilon_\theta$ 을 L' 에 저장한다. 단, 계산기에 L' 으로 저장할 수 없으므로 $L1$ 으로 저장하였다.

① $\theta = \dfrac{(2 \cdot n1-1) \cdot \pi}{4}$ 에서 $n1$는 자연수라는 의미이므로 $\theta = \dfrac{\pi}{4}, \dfrac{3\pi}{4}, \dfrac{5\pi}{4}, \cdots$

가 되며 첫번째 값인 $\theta = \dfrac{\pi}{4} = 45\,°$ 일 때 $L1$(문제에서 L')이 최대값이 된다.

② $\theta = \dfrac{n2 \cdot \pi}{4}$ 에서 역시 $n2$는 자연수이므로 $\theta = 90\,°$, $180\,°$, $270\,°$, $360\,°$ 일 때 $L1 = L$이 된다.

아래 그림처럼 재축방향 길이 1,500mm인 부재 끝단에 14,000kN · mm의 비틀림 모멘트가 작용할 때 아래 제시된 단면별 (a, b, c, d)에 대하여 다음을 계산하시오. (단, $G = 78.80\text{kN/mm}^2$)

(1) 최대 전단 응력
(2) 최대 수직 응력
(3) 최대 회전각

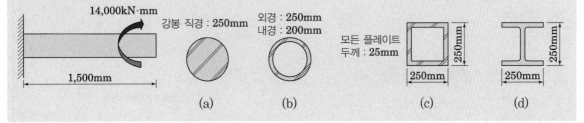

14,000kN·mm | 강봉 직경 : 250mm | 외경 : 250mm 내경 : 200mm | 모든 플레이트 두께 : 25mm

1,500mm

(a)　(b)　(c)　(d)

풀이

1 기본사항

$$I_{p,a} = \frac{\pi}{64}(250)^4 \times 2 = 3.835 \times 10^8 \text{mm}^4$$

$$I_{p,b} = \frac{\pi}{64}(250^4 - 200^4) \times 2 = 2.264 \times 10^8 \text{mm}^4$$

$$J_c = \frac{4A_m^{\,2}}{\displaystyle\int_0^{lm} \frac{ds}{dt}} = \frac{4 \cdot (225 \cdot 225)^2}{\dfrac{225 \cdot 4}{25}} = 2.8477 \times 10^8 \text{mm}^4$$

$$\int_0^{lm} \frac{ds}{dt} = \frac{225 \times 4}{25}$$

$$J_d = \frac{1}{3}\Sigma(bt^3) = \frac{1}{3}(2 \cdot 250 \cdot 25^3 + 200 \cdot 25^3) = 3.64583 \times 10^6 \text{mm}^4$$

2 최대전단응력 및 최대 회전각

최대 전단응력	최대 회전각
$\tau_a = \dfrac{T}{I_{p,a}} \cdot r = \dfrac{14 \cdot 10^6}{I_{p,a}} \cdot \dfrac{250}{2} = 4.5633\,\text{MPa}$	$\Phi_a = \dfrac{TL}{GI_{pa}} = \dfrac{14 \cdot 10^6 \cdot 1500}{78800 \cdot I_{pa}} = 0.006951\,\text{rad}$
$\tau_b = \dfrac{T}{I_{p,d}} \cdot r = \dfrac{14 \cdot 10^6}{I_{p,b}} \cdot \dfrac{250}{2} = 7.724\,\text{MPa}$	$\Phi_b = \dfrac{TL}{GI_{pb}} = \dfrac{14 \cdot 10^6 \cdot 1500}{78800 \cdot I_{pb}} = 0.0011771\,\text{rad}$
$\tau_c = \dfrac{T}{2A_m t} = \dfrac{14 \times 10^6}{2 \times 225^2 \times 25} = 5.531\,\text{MPa}$	$\Phi_c = \dfrac{TL}{GJ_c} = \dfrac{14 \cdot 10^6 \cdot 1500}{78800 \cdot J_c} = 0.000936\,\text{rad}$
$\tau_d = \dfrac{T \cdot t}{J_d} = \dfrac{14 \times 10^6 \cdot 25}{J_d} = 96\text{MPa}$	$\Phi_d = \dfrac{TL}{GJ_d} = \dfrac{14 \cdot 10^6 \cdot 1500}{78800 \cdot J_d} = 0.073096\,\text{rad}$

PE.A $-$ 85 $-$ 2 $-$ 6

| ·················· 1 | 1 | • 각 단면별 단면상수를 변수로 지정한다. |

$\dfrac{\pi \cdot 250^4}{64} \cdot 2 \rightarrow ipa$ ⟶ 3.83495E8

$\dfrac{\pi \cdot (250^4 - 200^4)}{64} \cdot 2 \rightarrow ipb$ ⟶ 2.26416E8

$\dfrac{4 \cdot (225 \cdot 225)^2}{\dfrac{225 \cdot 4}{25}} \rightarrow jc$ ⟶ 2.84766E8

$\dfrac{1}{3} \cdot (2 \cdot 250 \cdot 25^3 + (250 - 2 \cdot 25) \cdot 25^3) \rightarrow jd$ ⟶ 3.64583E6

·················· 2 ⟶ 2   • 최대 전단응력 산정

$\dfrac{14 \cdot 10^6}{ipa} \cdot \dfrac{250}{2}$ ⟶ 4.56329

$\dfrac{14 \cdot 10^6}{ipb} \cdot \dfrac{250}{2}$ ⟶ 7.72915

$\dfrac{14 \cdot 10^6}{2 \cdot 225^2 \cdot 25}$ ⟶ 5.53086

$\dfrac{14 \cdot 10^6 \cdot 25}{jd}$ ⟶ 96.

·················· 3 ⟶ 3   • 최대 회전각 산정

$\dfrac{14 \cdot 10^6 \cdot 1500}{g \cdot ipa} \Big| g = 78.8 \cdot 10^3$ ⟶ 0.000695

$\dfrac{14 \cdot 10^6 \cdot 1500}{g \cdot ipb} \Big| g = 78.8 \cdot 10^3$ ⟶ 0.001177

$\dfrac{14 \cdot 10^6 \cdot 1500}{g \cdot jc} \Big| g = 78.8 \cdot 10^3$ ⟶ 0.000936

$\dfrac{14 \cdot 10^6 \cdot 1500}{g \cdot jd} \Big| g = 78.8 \cdot 10^3$ ⟶ 0.073096

구조용 부재로 중공단면이나 개단면을 사용하는 이유를 아래 단면을 예로 들어 설명하시오.

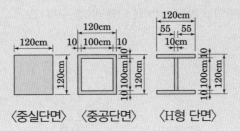

〈중실단면〉　〈중공단면〉　〈H형 단면〉

풀이

❶ 단위길이당 중량

$$\begin{cases} A_1 = 120^2 = 14400\text{cm}^2 \\ A_2 = 110 \cdot 4 \cdot 10 = 4400\text{cm}^2 \\ A_3 = 2 \cdot 120 \cdot 10 + 100 \cdot 10 = 3400\text{cm}^2 \end{cases} \rightarrow \begin{cases} \dfrac{A_2}{A_1} = 0.306 \\ \dfrac{A_3}{A_1} = 0.236 \end{cases}$$

❷ 휨성능

$$\begin{cases} \sigma_1 = \dfrac{M}{\dfrac{120^4}{12}} \cdot 60 = 3.472 \cdot 10^{-6}M \\ \sigma_2 = \dfrac{M}{2 \cdot \left(\dfrac{120 \cdot 10^3}{12} + 120 \cdot 10 \cdot 55^2 + \dfrac{10 \cdot 100^3}{12}\right)} \cdot 60 = 6.706 \cdot 10^{-6}M \\ \sigma_3 = \dfrac{M}{2 \cdot \left(\dfrac{120 \cdot 10^3}{12} + 120 \cdot 10 \cdot 55^2\right) + \dfrac{10 \cdot 100^3}{12}} \cdot 60 = 7.3952 \cdot 10^{-6}M \end{cases} \rightarrow \begin{cases} \dfrac{\sigma_1}{A_1} = 24.11 \cdot 10^{-9}M \\ \dfrac{\sigma_2}{A_2} = 1.52 \cdot 10^{-9}M \\ \dfrac{\sigma_3}{A_3} = 2.18 \cdot 10^{-9}M \end{cases}$$

❸ 전단성능

$$\begin{cases} \tau_{1v} = \dfrac{V \cdot (120 \cdot 60 \cdot 30)}{I_1 \cdot 120} = 1.042 \cdot 10^{-4}V \\ \tau_{2v} = \dfrac{V \cdot (120 \cdot 10 \cdot 55 + 2 \cdot 50 \cdot 10 \cdot 25)}{I_2 \cdot 20} = 5.086 \cdot 10^{-4}V \\ \tau_{3v} = \dfrac{V \cdot (120 \cdot 10 \cdot 55 + 50 \cdot 10 \cdot 25)}{I_3 \cdot 10} = 9.675 \cdot 10^{-4}V \end{cases} \rightarrow \begin{cases} \dfrac{\tau_{1v}}{A_1} = 723.37 \cdot 10^{-7}V \\ \dfrac{\tau_{2v}}{A_2} = 1.16 \cdot 10^{-7}V \\ \dfrac{\tau_{3v}}{A_3} = 2.85 \cdot 10^{-7}V \end{cases}$$

❹ 비틀림 성능

$$\begin{cases} \tau_{1t} = \dfrac{T}{120^3} \cdot (3 + 1.8) = 2.78 \cdot 10^{-6}T \\ \tau_{2t} = \dfrac{T}{2 \cdot 10 \cdot 110^2} = 4.13 \cdot 10^{-6}T \\ \tau_{3t} = \dfrac{T}{\dfrac{1}{3}\left(2 \cdot 120 \cdot 10^2 + 100 \cdot 10^2\right)} = 88.24 \cdot 10^{-6} \end{cases} \rightarrow \begin{cases} \dfrac{\tau_{1t}}{A_1} = 1.92 \cdot 10^{-10}T \\ \dfrac{\tau_{2t}}{A_2} = 9.39 \cdot 10^{-10}T \\ \dfrac{\tau_{3t}}{A_3} = 259.5 \cdot 10^{-10}T \end{cases}$$

❺ 결론

중실단면이 중공, 개단면 대비해서 휨, 전단, 비틀림 성능이 모두 우수하지만, 경제적인 측면으로 봤을 때 단위중량당 (또는 단가당) 응력으로 비교하면 중공, 개단면의 휨, 전단성능이 월등히 우수하다. 다만, 비틀림의 경우 중실단면, 개단면이 불리하지만 구조체의 경우 편심재하 가능성이 적기 때문에 비틀림이 지배적이지 않다. 따라서, 동일한 부재 사이즈(부피)를 가지는 단면이 휨, 전단, 비틀림 응력조건을 만족하는 경우 중공단면은 중실단면의 30.6%, 개단면은 중실단면의 23.6%의 재료를 사용하므로 구조용 부재로서 중공단면이나 개단면을 사용한다.

그림과 같이 환봉과 원형강관에 동일한 비틀림 모멘트에 의해 발생하는 최대전단응력도가 같을 경우, 원형강관의 두께를 구하고 환봉과 원형강관의 비틀림강성비와 단면적비를 구하시오.

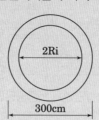

2Ri

200cm   300cm

풀이

1 기본사항

① 중실형 단면

$$J_1 = \frac{\pi \cdot 200^4}{32} = 1.5708 \times 10^8$$

$$A_1 = \frac{\pi \cdot 200^2}{4} = 31415.9$$

② 중공형 단면

$$J_2 = \frac{\pi}{32} \left[300^4 - (300 - 2t)^4 \right]$$

$$A_2 = \frac{\pi}{4} \left[300^2 - (300 - 2t)^2 \right]$$

2 강관두께 t

$$\frac{T}{J_1} \frac{200}{2} = \frac{T}{J_2} \frac{300}{2} \quad \rightarrow \quad t = 12.6152mm$$

3 비틀림 강성비

$$k_1 : k_2 = \frac{GJ_1}{L} : \frac{GJ_2}{L} = J_1 : J_2 = 1 : 1.5$$

4 단면적비

$$A_1 : A_2 = 1 : 0.362542$$

그림과 같은 비틀림 모멘트 $20\text{kN} \cdot \text{m}$를 전달하는 부재를 설계한다. 강재의 전단탄성계수는 80GPa, 허용전단응력은 50MPa, 허용비틀림변화율은 $1°/\text{m}$로 각각 가정한다. 다음 물음에 답하시오. (총 22점)

(1) 그림(a)와 같이 설계할 경우에 d_h의 최솟값을 구하시오. (8점)

(2) 그림(b)와 같이 설계할 경우에 d_s의 최솟값을 결정하고, 그림(a)의 속이 빈 원형관과 비교하여 중량의 증가율을 구하시오. (6점)

(3) 그림(a)의 원형관에서 비틀림 모멘트에 더하여 단면 전체에 균일한 압축응력 50MPa이 추가로 작용하고 있을 때, d_h의 최솟값을 구하시오. (단, 허용비틀림변화율은 고려하지 않는다) (8점)

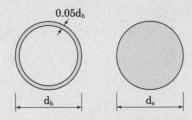

(a) 속이 빈 원형관 (b) 속이 찬 원형봉

풀이

1 그림(a)로 설계시 $d_{h,min}$

$$I_{p,a} = \frac{\pi}{32}\left(d_h^4 - (d_h - 0.1d_h)^4\right)$$

$$\left\{\begin{array}{l} \tau_t\left(= \dfrac{T}{I_{p,a}} \cdot d_h\right) \leq \tau_{allow}(=50) \ ; \ d_h \geq 180.93919\text{mm} \ (\text{지배}) \\[3mm] \theta_t\left(= \dfrac{T}{GI_{p,a}}\right) \leq \theta_{allow}\left(= 1 \cdot \dfrac{\pi}{180°}\right) \ ; \ d_h \geq 25.521585\text{mm} \end{array}\right\} \rightarrow d_{h,min} = 180.93919\text{mm}$$

2 그림(b)로 설계시 $d_{s,min}$

$$I_{p,b} = \frac{\pi}{32}d_s^4$$

$$\left\{\begin{array}{l} \tau_t\left(= \dfrac{T}{I_{p,b}} \cdot d_s\right) \leq \tau_{allow}(=50) \ ; \ d_s \geq 126.76815\text{mm} \ (\text{지배}) \\[3mm] \theta_t\left(= \dfrac{T}{GI_{p,b}}\right) \leq \theta_{allow}\left(= 1 \cdot \dfrac{\pi}{180°}\right) \ ; \ d_s \geq 19.5441\text{mm} \end{array}\right\} \rightarrow d_s\,min = 126.76815\text{mm}$$

$$\text{중량증가율} = \frac{A_b \cdot L - A_b \cdot L}{A_a \cdot L} = \frac{d_s^2 - \left(d_h^2 - (d_h - 0.1d_h)^2\right)}{\left(d_h^2 - (d_h - 0.1d_h)^2\right)} \times 100\% = 158.346\%$$

$$\text{중량비} = \frac{A_b}{A_a} = \frac{12621.4}{4885.49} = 2.5834$$

3 그림(a)에 압축응력 50MPa 추가 작용시 $d_{h,min}$

$$\tau_{max}\left(= \sqrt{\left(\frac{50}{2}\right)^2 + \tau_t^2}\right) \leq \tau_{allow}(=50) \ ; \ d_{h,min} = 189.826\text{mm}$$

그림과 같은 강재 캔틸레버 보에서 A점의 비틀림각(θ_A)과 최대전단응력(τ_{max})을 근사적으로 구하시오. (단, 보에 작용하는 비틀림모멘트 $M_t = 1.5kNm$, 강재의 전단탄성계수 $G = 8.1 \times 10^4 MPa$, 강재의 길이 $l = 7m$이다.)

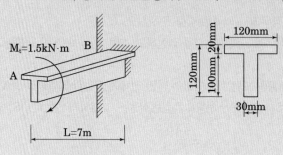

풀이 ○

❶ A점 비틀림각

$$\theta_A = \frac{M_t}{G \cdot \frac{1}{3}\Sigma bt^3} \cdot L = \frac{1.5 \cdot 10^6}{8.1 \cdot 10^4 \cdot \frac{1}{3} \cdot (120 \cdot 20^3 + 100 \cdot 30^3)} \cdot 7000$$

$$= 0.106254 rad$$

❷ 최대전단응력

$$\tau_{max} = \frac{M_t}{\frac{1}{3}\Sigma bt^2} = \frac{1.5 \cdot 10^6}{\frac{1}{3} \cdot (120 \cdot 20^2 + 100 \cdot 30^2)} = 32.6087 MPa$$

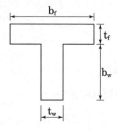

반경 r인 원형 단면 봉의 항복전단응력이 τ_y이고, 응력 – 변형도 곡선이 그림과 같을 때 봉의 극한 비틀림 응력모멘트 T_u와 봉단면속에서 항복이 처음 시작될 때의 비틀림 우력모멘트 T_y 및 T_u/T_y를 구하시오.

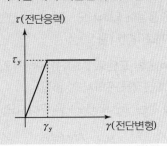

풀이

1 항복 비틀림 우력 모멘트

$$I_p = \frac{\pi(2r)^4}{64} \times 2 = \frac{\pi r^4}{2}$$

$$\tau_y = \frac{T_y}{I_p} \cdot r$$

$$T_y = \frac{\tau_y \cdot \pi \cdot r^3}{2}$$

2 극한 비틀림 모멘트

$$T_u = \int_0^r \tau_y \cdot dA \cdot \rho = \int_0^r \left(\frac{2T_y}{\pi r^3}\right) \cdot \rho \cdot (2\pi \cdot \rho \cdot d\rho) = \frac{4}{3}T_y$$

3 $\dfrac{T_u}{T_y}$

$$\frac{T_u}{T_y} = \frac{\frac{4}{3}T_y}{\frac{\tau_y \cdot \pi \cdot r^3}{2}} = \frac{4}{3}$$

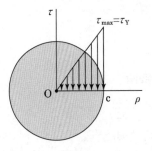

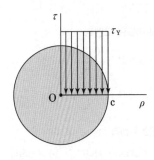

아래 그림과 같이 반지름이 r=40mm이고 강(전단탄성계수 G=80GPa)으로 만들어진 축 AB와, 같은 반지름이지만 청동(G=45GPa)으로 만들어진 축 BC가 B점에서 단단하게 결합되어 있고 양단은 벽에 고정되어 있다. 비틀림 모멘트 M_B가 B에 작용할 때 다음 물음에 답하시오. (단, 강은 전단응력이 125MPa, 청동은 전단응력이 40MPa일 때 항복하는 탄성−완전소성재료이다) (총 20점)

(1) 축에 최초로 항복이 발생하게 하는 비틀림 모멘트 $(M_B)_Y$를 구하시오. (8점)
(2) 최초의 항복이 발생할 때 단면 B의 회전각을 구하시오. (6점)
(3) B에서 한정 없이 비틀림이 생겨나게 하는 모멘트 $(M_B)_L$을 구하시오. (6점)

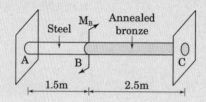

풀이

1 단부반력

$$I_p = \frac{\pi \cdot 80^4}{32}$$

$$\begin{cases} T_B = M_B - T_A \\ \dfrac{T_A \cdot 1500}{80 \cdot I_p} = \dfrac{(M_B - T_A) \cdot 2500}{45 \cdot I_p} \end{cases} \rightarrow \begin{array}{l} T_A = 0.7477 M_B \\ T_B = 0.2523 M_B \end{array}$$

$T_A \rightarrow\rightarrow\rightarrow$　$\overset{M_B}{\longleftarrow}$　$\longrightarrow M_B - T_A = T_B$

2 항복 비틀림 모멘트

$$\begin{cases} \text{강재항복}: \dfrac{T_A \cdot 40}{I_p} = 125 \rightarrow T_A = 1.2566 \cdot 10^7 \text{Nmm}, \quad (M_B)_Y = 1.6807 \cdot 10^7 \text{Nmm} \\ \text{청동항복}: \dfrac{T_B \cdot 40}{I_p} = 40 \rightarrow T_B = 4.0212 \cdot 10^6 \text{Nmm}, \quad (M_B)_Y = 1.5938 \cdot 10^7 \text{Nmm}(\text{지배}) \end{cases}$$

3 단면B 회전각

$$\theta = \frac{0.2523 \cdot 15.938 \cdot 10^6 \cdot 2500}{45000 \cdot I_p} = 0.0555 \text{rad}(\curvearrowright)$$

4 $(M_B)_L$

$$T_{\rho,BC} = \int_0^{40} 40 \cdot \rho \cdot 2\pi \cdot \rho \, d\rho = 5.362 \cdot 10^6 \text{Nmm}$$

$$T_{\rho,AB} = \int_0^{40} 125 \cdot \rho \cdot 2\pi \cdot \rho \, d\rho = 16.755 \cdot 10^6 \text{Nmm}$$

$$(M_B)_L = T_{\rho,BC} + T_{\rho,AB} = 22.1168 \cdot 10^6 \text{Nmm} = 22.1168 \text{kNm}$$

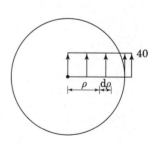

탄소성 강재로 된 축의 길이 1.0m 지름 50mm인 중실 원형축이 4.4kN·m의 비틀림하중(토크)을 받는다. 이 축의 전단항복강도(τ_y)가 150MPa이고, 전단탄성계수(G)는 80GPa이다. (총 40점) (단, 가공경화 효과는 무시한다)

(1) 항복 발생 여부를 판정하고, 항복이 발생할 경우 탄성반경(ρ_y)을 구하시오. (10점)

(2) 하중이 작용하고 있을 때 축의 비틀림각(ϕ)을 구하시오. (10점)

(3) 하중 제거시 영구비틀림각(ϕ_p)을 구하시오. (10점)

(4) 하중 제거시 단면내 잔류응력 분포를 도시하고, 최대 잔류응력을 구하시오. (10점)

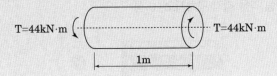

T=44kN·m   T=44kN·m

1m

풀이

1 항복여부

$$\begin{cases} I_p = \dfrac{\pi \cdot 50^4}{32} \\[2mm] \tau_y = \dfrac{T_y \cdot 25}{I_p} = 150 \end{cases} \rightarrow \quad T_y = 3.68 \ kNm \langle 4.4kNm (항복)$$

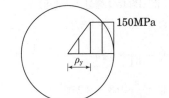

150MPa

ρ_y

2 탄성반경

$$4.4 \cdot 10^6 = \int_0^\rho x \cdot \frac{150}{\rho} \cdot x \cdot 2\pi \cdot x \ dx + \int_\rho^{25} x \cdot 150 \cdot 2\pi \cdot x \ dx$$

$$\rho_y = 18.641mm$$

3 비틀림각 ϕ

$$\Phi = \frac{\tau_y \cdot L}{\rho_y \cdot G} = 0.100585 rad$$

4 영구비틀림각 ϕ_p

$$\tau_v = \frac{4.4 \cdot 10^6 \cdot 25}{I_p} = 179.272MPa$$

$$\Phi_v = \frac{4.4 \cdot 10^6 \cdot 1000}{G \cdot I_p} = 0.089636 rad$$

$$\Phi_p = \Phi - \Phi_v = 0.010949$$

5 최대 잔류응력 τ_{max}

$$\tau_{max} = 29.272MPa$$

150MPa   +   179.272Mpa

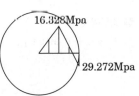

= 16.328Mpa

29.272Mpa

아래의 그림과 같이 길이 L이 1 m이고 한 끝단은 고정되어 있으며, 다른 끝단은 재질이 B인 원형 중공축과 그 안에 재료가 A인 원형단면 중실축이 원형 강체판에 접착되어 있다. 중공축의 외경 d_2는 300mm, 두께는 4.5mm이고 중실축의 직경 d_1은 250mm이다. 재료 A의 전단탄성계수 G_1은 200GPa이고, 재료 B의 전단탄성계수 G_2는 80GPa이다. 원형 강체판 중앙에 비틀림이 가해져서 내부 중실축에 발생한 변형에너지 U_1이 40N·m일 때, 다음 물음에 답하시오. (총 20점)

(1) 중실축과 중공축에 가해진 비틀림 모멘트를 각각 구하시오. (10점)
(2) 중실축과 중공축에 가해진 최대전단응력을 각각 구하시오. (5점)
(3) 중실축과 중공축의 비틀림 각을 각각 구하시오. (5점)

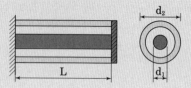

풀이

❶ 기본사항 (a : 중실, b : 중공)

$$G_a = 200 \cdot 10^6 \, \text{kN/m}^2 \qquad\qquad G_b = 80 \cdot 10^6 \, \text{kN/m}^2$$

$$I_a = \frac{\pi}{64} \cdot 0.25^4 \qquad\qquad\qquad I_{pa} = 2I_a$$

$$I_b = \frac{\pi}{64} \left(0.3^4 - 0.291^4 \right) \qquad\quad I_{pb} = 2I_b$$

❷ 비틀림 모멘트

$$T_a ; \begin{cases} U_A = \dfrac{T_a^2 \cdot 1}{2 G_a \cdot I_{pa}} = 40 \cdot 10^{-3}; \quad T_a = 78.3321 \text{kNm} \\[3mm] \phi_a = \dfrac{T_a \cdot L}{G_a \cdot I_{pa}} = 0.001021 \, \text{rad} \end{cases} , \quad T_b ; \begin{cases} \phi_a = \phi_b = \dfrac{T_b \cdot L}{G_b \cdot I_{pb}} \\[3mm] T_b = 7.4527 \text{kNm} \end{cases}$$

❸ 최대 전단응력

① 중공축

$$\tau_{max} = \frac{T_b \cdot 0.15}{I_{pb}} = 12255.5 = 12.2555 \text{MPa}$$

② 중실축

$$\tau_{max} = \frac{T_a \cdot 0.125}{I_{pa}} = 25532.3 = 25.5323 \text{MPa}$$

❹ 비틀림각

$$\phi_a = \phi_b = 0.001021 \text{rad}$$

강재로 제작된 길이 3.0m의 봉($G_s = 80$GPa)이 전체 길이의 1/3만큼 구리 파이프($G_b = 40$GPa)에 삽입되어 단단히 고정되어 있다. 강봉과 구리 파이프의 외부 직경은 각각 $d_1 = 70$mm, $d_2 = 90$mm일 때 다음 물음에 답하시오. (단, C 지점에서의 응력집중 효과는 무시한다) (총 20점)

(1) 양 끝단(AD)에 걸리는 토크를 T라고 할 때 조립부(BC 구간)에서 강봉과 구리 파이프에 걸리는 토크(T_s, T_b)를 의 함수로 표현하시오. (4점)
(2) 양 끝단(AD) 사이의 회전각이 8.0°로 제한될 때 허용 토크(T_1)를 구하시오. (6점)
(3) 구리 파이프(AC)의 전단응력이 $\tau_b = 70$MPa로 제한될 때 허용 토크(T_2)를 구하시오. (4점)
(4) 강봉(BD)의 전단응력이 $\tau_s = 110$MPa로 제한될 때 허용 토크(T_3)를 구하시오. (4점)
(5) 위의 세 가지 조건들을 모두 만족시키기 위한 최대 허용 토크를 결정하시오. (2점)

풀이

1 기본사항

$$I_{ps} = \frac{\pi}{32} \cdot 70^4 = 2.35718 \cdot 10^6 \text{mm}^4 \qquad I_{pb} = \frac{\pi}{32}(90^4 - 70^4) = 4.08407 \cdot 10^6 \text{mm}^4$$

$$G_s = 80000 \text{MPa} \qquad G_b = 40000 \text{MPa}$$

2 BC구간 T_s, T_b

$$\left. \begin{array}{l} T = T_s + T_b \\ \dfrac{T_s L_{BC}}{G_s I_{ps}} = \dfrac{T_b L_{BC}}{G_b I_{pb}} \end{array} \right\} \rightarrow \begin{array}{l} T_s = \dfrac{G_s I_{ps}}{G_s I_{ps} + G_b I_{pb}} \cdot T = 0.535818 \ T \\[2mm] T_b = \dfrac{G_b I_{pb}}{G_s I_{ps} + G_b I_{pb}} \cdot T = 0.464182 \ T \end{array}$$

3 AD구간 $\phi_{allow} = 8.0°$ 일 때 T_1

$$\frac{T_1 \cdot 1000}{G_b I_{pb}} + \frac{T_s \cdot 1000}{G_s I_{ps}} + \frac{T_1 \cdot 2000}{G_s I_{ps}} \leq 8 \cdot \frac{\pi}{180°} \rightarrow T_1 = 7.1351972 \cdot 10^6 \text{Nmm}$$

4 AC구간 $\tau_{b,allow} = 70$MPa일 때 T_2

$$\left. \begin{array}{l} \dfrac{T_2}{I_{pb}} \cdot \left(\dfrac{90}{2}\right) \leq 70 \ ; \ T_2 = 6.353 \cdot 10^6 \text{Nmm}(지배) \\[2mm] \dfrac{T_b}{I_{ph}} \cdot \left(\dfrac{90}{2}\right) \leq 70 \ ; \ T_2 = 13.6864 \cdot 10^6 \text{Nmm} \end{array} \right\} \rightarrow T_2 = 6.353 \cdot 10^6 \text{Nmm}$$

5 BD구간 $\tau_{s,allow} = 110$일 때 T_3

$$\left. \begin{array}{l} \dfrac{T_3}{I_{ps}} \cdot \left(\dfrac{70}{2}\right) \leq 110 \ ; \ T_3 = 7.40827 \cdot 10^6 \text{Nmm}(지배) \\[2mm] \dfrac{T_s}{I_{ps}} \cdot \left(\dfrac{70}{2}\right) \leq 110 \ ; \ T_3 = 13.8261 \cdot 10^6 \text{Nmm} \end{array} \right\} \rightarrow T_3 = 7.40827 \cdot 10^6 \text{Nmm}$$

6 최종 T_{allow}

$$T_{allow} = T_2 = 6.353 \cdot 10^6 \text{Nmm} = 6.353 \text{kNm}$$

4 굽힘

Summary

출제내용 이 장에서는 보 이론의 핵심이 되는 휨응력이 출제된다. 휨응력은 순수굽힘 상태에서 유도되는데, 이는 불균일 휨모멘트로부터 유도되는전단응력과 다름에 주의해야 한다. 휨응력 문제는 그다지 복잡하지 않은 구조해석을 동반하여 출제되거나 복합적으로 출제되며, 합성부재의 휨, 비대칭 보의 휨 등도 출제된다.

학습전략 휨응력은 순수굽힘 상태에서 유도되는데, 휨응력 공식과 처짐-곡률 관계식은 반드시 스스로 유도하여 해당 공식에서 결정되는 단면2차 모멘트의 정의 등 공식이 의미하는 바를 정확이 이해할 필요가 있다. 합성부재의 휨이나 비대칭 보의 문제를 풀이할 경우 관련 계수값 종류가 많아지기 때문에 계산 과정에서 실수가 발생할 가능성이 크다. 이럴 경우 관련 계수값을 적절한 문자지정을 통해 미리 계산기에 입력하면 실수를 방지할 수 있다.

건축구조기술사 | 96-2-2

다음 캔틸레버보에 대해서 물음에 답하시오. (단, 재료의 탄성계수는 E, 전단탄성계수 G = 0.3E라고 한다. 횡좌굴의 영향은 없는 것으로 가정)

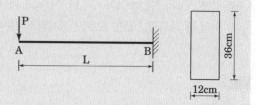

(1) 휨모멘트에 의한 변형에너지(U_M)과 전단력에 의한 변형에너지(U_Q)를 구하고, 휨모멘트에 의한 처짐(δ_M)과 전단에 의한 처짐(δ_Q)을 구하시오.

(2) 전단에 의한 처짐(δ_Q)이 모멘트에 의한 처짐(δ_M)의 10%가 될 때 길이 L_2 및 1%가 될 때 길이 L_2를 구하시오.

(3) 앞의 결과를 참고해서 캔틸레버에서 일반적인 처짐공식 $\dfrac{PL^3}{3EI}$의 적용에 대한 의견을 쓰시오.

풀이

1 휨모멘트에 의한 처짐

$$U_M = \int_0^L \frac{M^2}{2EI}dx = \frac{P^2 L^3}{6EI}$$

$$\delta_M = \frac{\partial U}{\partial P} = \frac{PL^3}{3EI}$$

2 전단력에 의한 처짐

$$U_Q = \kappa \int_0^L \frac{P^2}{2G\theta}dx = \kappa \cdot \frac{P^2 L}{2GA}$$

$$\delta_Q = \frac{\partial U}{\partial P} = \kappa \frac{PL}{GA}$$

3 L_1, L_2 산정

① 단면성능

$$I = \frac{bh^3}{12} = 46656\text{cm}^4 \qquad A = bh = 430\text{cm}$$

$$\kappa = \frac{6}{5}\text{(사각형 단면)} \qquad G = 0.3E$$

② L_1, L_2

$$\begin{cases} \dfrac{\kappa PL_1}{GA} = 0.1 \times \dfrac{PL_1^3}{3EI}; & L_1 = 113.842\text{cm} \\[2mm] \dfrac{\kappa PL_2}{GA} = 0.01 \times \dfrac{PL_2^3}{3EI}; & L_2 = 360\text{cm} \end{cases}$$

4 일반처짐 공식 적용에 대한 의견

① 이 문제에서 $\dfrac{\delta_Q}{\delta_M} = \dfrac{1296}{L^2}$으로 전단에 의한 처짐의 상대적 크기는 L^2에 반비례 한다.

② $L = L_1 = 133.842$cm일 때 $\dfrac{\delta_Q}{\delta_M} = 10\%$,

$L = L_2 = 360$cm일 때 $\dfrac{\delta_Q}{\delta_M} = 1\%$이므로

③ 1m 이상인 캔틸레버 보에서 전단 처짐의 상대적 크기는 대략 10% 정도로 무시할 수 있는 수준이다.

④ 따라서 캔틸레버의 일반적인 처짐공식은 적절하다.

그림과 같은 정사각 마름모 단면 abcd에 대한 다음 물음에 답하시오. (총 22점)

(1) 빗금 친 부분을 잘라내어 단면계수를 최대로 만들기 위한 길이 비율 n을 구하시오. (16점)

(2) 단면계수가 최대가 될 수 있도록 잘라낸 경우에 최대 휨응력의 감소율(%)을 구하시오. (6점)

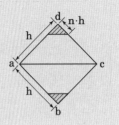

풀이

1 길이비율(n)

$$I = 2 \cdot \left(\frac{b_1 \cdot y_1^3}{12} - \left(\frac{b_n \cdot y_n^3}{36} + \frac{1}{2} \cdot b_n \cdot y_n \cdot \left(y_1 - \frac{2}{3} \cdot y_n \right)^2 \right) \right)$$

$$= \frac{h^4 \left(1 - 6n^2 + 8n^3 - 3n^4 \right)}{12}$$

$$S = \frac{I}{y_1 - y_n} = \frac{h^3 \sqrt{2} \left(3n^3 - 5n^2 + n + 1 \right)}{12}$$

$$\frac{\partial S}{\partial n} = 0 \; ; \; n = \frac{1}{9}$$

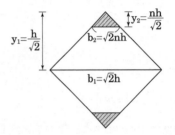

2 최대휨응력 감소율

$$\begin{cases} I_{1(n=0)} = \dfrac{h^4}{12} \; ; \; \sigma_1 = \dfrac{M}{I_1} \cdot y_1 = \dfrac{6\sqrt{2}\,M}{h^3} \\ I_{n\left(n=\frac{1}{9}\right)} = \dfrac{512h^4}{6561} \; ; \; \sigma_n = \dfrac{M}{I_n} \cdot \left(y_1 - y_n \right) = \dfrac{729\sqrt{2}\,M}{128h^3} \end{cases}$$

최대휨응력 감소율 $= \dfrac{\sigma_n - \sigma_1}{\sigma_1} \times 100\% = 5.0781\%$ 감소

16 − structural − 2

·················· 1	1

$$\dfrac{h}{\sqrt{2}} \to y1 \qquad\qquad\qquad \dfrac{h \cdot \sqrt{2}}{2}$$

$$\dfrac{n \cdot h}{\sqrt{2}} \to yn \qquad\qquad\qquad \dfrac{h \cdot n \cdot \sqrt{2}}{2}$$

$$\sqrt{2} \cdot h \to b1 \qquad\qquad\qquad h \cdot \sqrt{2}$$

$$\sqrt{2} \cdot h \cdot n \to bn \qquad\qquad\qquad h \cdot n \cdot \sqrt{2}$$

$$2 \cdot \left(\dfrac{b1 \cdot y1^3}{12} - \left(\dfrac{bn \cdot yn^3}{36} + \dfrac{1}{2} \cdot bn \cdot yn \cdot \left(y1 - \dfrac{2}{3} \cdot yn \right)^2 \right) \right) \to i$$

$$\dfrac{-h^4 \cdot (3 \cdot n^4 - 8 \cdot n^3 + 6 \cdot n^2 - 1)}{12}$$

⚠ $\dfrac{i}{y1 - yn} \to s \qquad\qquad \dfrac{h^3 \cdot (3 \cdot n^3 - 5 \cdot n^2 + n + 1) \cdot \sqrt{2}}{12}$

$$\text{solve}\left(\dfrac{d}{dn}(s) = 0, n \right) \qquad\qquad n = \dfrac{1}{9} \ \text{ or } \ n = 1 \ \text{ or } \ h = 0$$

·················· 2	2

$$i \mid n = 0 \to i1 \qquad\qquad\qquad \dfrac{h^4}{12}$$

$$\dfrac{m}{i1} \cdot y1 \qquad\qquad\qquad \dfrac{6 \cdot m \cdot \sqrt{2}}{h^3}$$

$$i \mid n = \dfrac{1}{9} \to in \qquad\qquad\qquad \dfrac{512 \cdot h^4}{6561}$$

$$\dfrac{m}{in} \cdot (y1 - yn) \mid n = \dfrac{1}{9} \qquad\qquad\qquad \dfrac{729 \cdot m \cdot \sqrt{2}}{128 \cdot h^3}$$

⚠ $\dfrac{\dfrac{729 \cdot m \cdot \sqrt{2}}{128 \cdot h^3} - \dfrac{6 \cdot m \cdot \sqrt{2}}{h^3}}{\dfrac{6 \cdot m \cdot \sqrt{2}}{h^3}} \qquad\qquad -0.050781$

길이비율

• 빗금친 부분의 단면계수 S 는 n 의 함수이므로, 미분한 값이 0이 되는 n 에서 S 는 최대값을 갖는다.

• $n = 0$일 때 단면이차 모멘트는 최대, $n = 1/9$일 때 단면이차 모멘트가 최소가 되므로 두 값의 비를 구한다.

그림과 같은 단면의 단면계수(section modulus)에 대한 소성계수(plastic modulus)의 비인 형상계수(shape factor)를 구하시오.

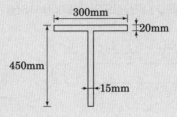

풀이

❶ 단면계수(S)

$$y_c = \frac{15 \cdot 430 \cdot \dfrac{430}{2} + 300 \cdot 20 \cdot (440)}{15 \cdot 430 + 300 \cdot 20} = 323.434 \mathrm{mm}$$

$$I = \frac{15 \cdot 430^3}{12} + 15 \cdot 430 \cdot \left(\frac{430}{2} - y_c\right)^2 + \frac{300 \cdot 20^3}{12} + 300 \cdot 20 \cdot (440 - y_c)^2$$

$$= 2.56948 \times 10^8 \mathrm{mm}^4$$

$$S = \frac{I}{y_c} = 794438 \mathrm{mm}^3$$

❷ 소성계수(Z)

$$15 \cdot y_p = 300 \cdot 20 + 15 \cdot (450 - 20 - y_p) \quad \rightarrow \quad y_p = 415 \mathrm{mm}$$

$$Z = 15 \cdot \frac{y_p^2}{2} + 15 \cdot \frac{(450 - y_p - 20)^2}{2} + 300 \cdot 20 \cdot \frac{(450 - y_p - 10)^2}{2}$$

$$= 1.44338 \cdot 10^6 \mathrm{mm}^3$$

❸ 형상계수

$$f = \frac{Z}{S} = 1.81685$$

그림 (가)와 같이 단순지지보에 두 개의 하중 P가 작용할 때, 보는 전단에 의해 파괴되거나 또는 휨에 의해 파괴될 수 있다. 이 보가 휨에 의해 파괴되기 위한 보의 길이 L과 높이 h의 관계 조건을 구하시오. (단, 재료의 특성은 그림 (나)와 같이 $|\sigma_c| = 3\sigma_t$로 압축강도가 인장강도의 3배이다) (15점)

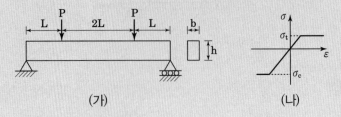

(가)   (나)

풀이

$$\begin{cases} \sigma = \dfrac{M}{I} \cdot y = \dfrac{P \cdot L}{\dfrac{bh^3}{12}} \cdot \left(\dfrac{h}{2}\right) = \dfrac{6PL}{bh^2} \\[4mm] \tau = \dfrac{VQ}{Ib} = \dfrac{P}{\dfrac{bh^3}{12} \cdot b} \cdot \left(\dfrac{h}{2} \cdot b \cdot \dfrac{h}{4}\right) = \dfrac{3P}{2bh} \end{cases}$$

$\sigma > \tau$; $h > 4L$

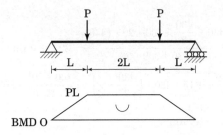

BMD O

그림과 같은 단순보(H − 600 × 200 × 11 × 17)에서

(1) 최대휨응력도 $\sigma_{b,max}$와 최대전단응력도 τ_{max}을 구하고 허용값과 비교하시오.

(2) 지점에서 3m 떨어진 D위치의 단면에서, ① 중립축 E점, ② 중립축에서 150mm 떨어진 F점, ③ 중립축에서 283mm떨어진 G점에서의 휨응력도 σ_E, σ_F, σ_G와 전단 응력도 τ_E, τ_F, τ_G를 구하고, 전단응력도를 그림으로 나타내시오. (단, $f_b = 160MPa$, $f_v = 92.4MPa$)

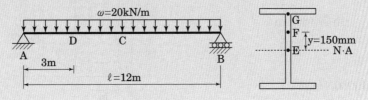

풀이

❶ 기본사항

$$I = \frac{200 \cdot 600^3}{12} - \frac{(200-11) \cdot (600-2 \cdot 17)^3}{12} = 7.44186 \times 10^8 mm^4$$

$$Q_G = 200 \cdot 17 \cdot \left(300 - \frac{17}{2}\right) = 991100 mm^3$$

$$Q_F = Q_G + (283-150) \cdot 11 \cdot \left(150 + \frac{283-150}{2}\right) = 1.30784 \times 10^6 mm^3$$

$$Q_E = Q_G + 283 \cdot 11 \cdot \frac{283}{2} = 1.43159 \times 10^6 mm^3$$

❷ 최대응력 검토(σ_{max}, τ_{max})

$$\sigma_{max} = \frac{360 \cdot 10^6}{I} \cdot 300 = 145.125MPa < f_b (OK)$$

$$\tau_{max} = \frac{120 \cdot 10^3 \cdot Q_E}{I \cdot 11} = 20.985MPa < f_v (OK)$$

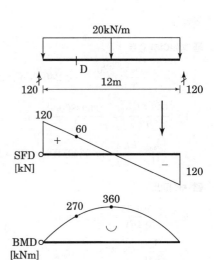

❸ D점 응력검토

① 휨응력

$$\sigma_E = \frac{270 \cdot 10^6}{I} \cdot 0 = 0$$

$$\sigma_F = \frac{270 \cdot 10^6}{I} \cdot 150 = 54.4218MPa$$

$$\sigma_G = \frac{270 \cdot 10^6}{I} \cdot 283 = 102.676MPa$$

② 전단응력

$$\tau_E = \frac{60 \cdot 10^3 \cdot Q_E}{I \cdot 11} = 10.4929MPa$$

$$\tau_f = \frac{60 \cdot 10^3 \cdot Q_F}{I \cdot 11} = 9.58586MPa$$

$$\tau_G = \frac{60 \cdot 10^3 \cdot Q_G}{I \cdot 11} = 7.26431MPa$$

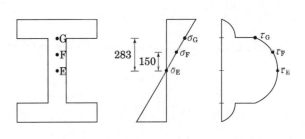

스팬 L =8m의 단순지지된 보에 등분포하중 ω =30kN/m이 작용하고 있다. 이 보의 단면이 그림과 같을 때 다음 사항을 검토하시오.

(1) 최대휨모멘트와 최대휨응력의 크기를 산정한 후 단면의 항복여부를 검토하시오.

(2) 보의 최대처짐의 크기를 구한 후 보의 처짐에 대하여 검토하시오. (단, 보의 처짐 제한은 L/300이다.)

〈조건〉

- h=500mm
- h_1=460mm
- y=250mm
- b=200mm
- b_1=180 mm
- 탄성계수 E=210000N/mm^2
- 항복강도 F_y=325N/mm^2

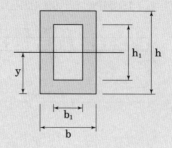

풀이

1 항복여부 검토

$$M_{max} = \frac{\omega L^2}{8} = \frac{30 \times 8^2}{8} = 240kNm = 240 \times 10^6 \, Nm$$

$$I = \frac{bh^3 - b_1 h_1^3}{12} = \frac{1869880000}{3} mm^4$$

$$\sigma = \frac{M_{max}}{I}\left(\frac{h}{2}\right) = 96.2629MPa < F_y(=325MPa)(OK)$$

2 처짐검토

$$\delta_{max} = \frac{5\omega L^4}{384EI} = 12.2239mm$$

$$\delta_a = \frac{L}{300} = 26.67mm > \delta_{max}(OK)$$

아래 그림과 같이 L형 앵글 (L−150×150×15mm) 단면의 단순지지된 보의 지간 중앙에 집중하중 P= 22.5kN의 힘이 작용한다. 이 경우 비대칭 휨에 의한 (1) 점A 위치에서의 x축방향의 응력 σ_x를 구하고 (2) 중립 축의 위치를 구하시오. (단, 휨에서 전단효과는 무시하고, 보의 비틀림(twisting)은 방지 되었다고 가정)

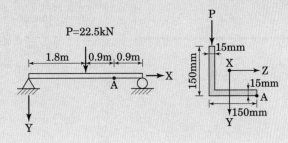

풀이

❶ 기본사항

$$c = \frac{150 \cdot 15 \cdot 75 + 135 \cdot 15 \cdot 7.5}{150 \cdot 15 + 135 \cdot 15} = 43.0263 \text{mm}$$

$$I_z = \frac{15 \cdot 150^3}{12} + (150 \cdot 15) \cdot (75 - c)^2 + \frac{135 \cdot 15^3}{12} + (135 \cdot 15) \cdot (c - 7.5)^2$$

$$\quad = 9.1127 \times 10^6 \text{mm}^4 = I_y$$

$$I_{yz} = 150 \cdot 15 \cdot (c - 75) \cdot (7.5 - c) + 135 \cdot 15 \cdot (c - 7.5) \cdot \left(15 + \frac{135}{2} - c\right)$$

$$\quad = 5.396 \times 10^6 \text{mm}^4$$

$$M_z = \frac{22.5}{2} \cdot 0.9 \times 10^6 = 10.125 \times 10^6 \text{Nmm}$$

❷ x축방향 응력

$$\sigma = \frac{(M_y \cdot I_z + M_z \cdot I_{yz}) \cdot z - (M_z \cdot I_y + M_y \cdot I_{yz}) \cdot y}{I_y \cdot I_z - I_{yz}^2}$$

$$\quad = \frac{(0 \cdot I_z + M_z \cdot I_{yz}) \cdot (150 - c) - (M_z \cdot I_y + 0 \cdot I_{yz}) \cdot c}{I_y \cdot I_z - I_{yz}^2} = 34.7508 \text{MPa}$$

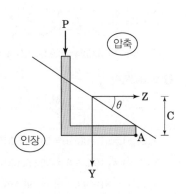

❸ 중립축

$$\sigma = 0 \; ; \quad \frac{y}{z} = \tan\theta = \frac{M_y \cdot I_z + M_z \cdot I_{yz}}{M_z \cdot I_y + M_y \cdot I_{yz}} = \frac{I_{yz}}{I_y}$$

$$\theta = \tan^{-1}\left(\frac{I_{yz}}{I_y}\right) = 30.63°$$

다음 그림과 같이 하중 P가 복부판을 포함하는 연직면에서 수직으로 작용할 때, 최대 휨응력을 구하시오.

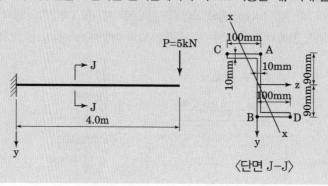

P=5kN

4.0m

〈단면 J–J〉

풀이

1 기본사항

$$I_z = \frac{10 \cdot 160^3}{12} + 2 \cdot \left(\frac{100 \cdot 10^3}{12} + 10 \cdot 100 \cdot 85^2\right) = 1.788 \cdot 10^7 \text{mm}^4$$

$$I_y = \frac{160 \cdot 10^3}{12} + 2 \cdot \left(\frac{10 \cdot 100^3}{12} + 10 \cdot 100 \cdot 45^2\right) = 0.573 \cdot 10^7 \text{mm}^4$$

$$I_{yz} = 2 \cdot (100 \cdot 10 \cdot 85 \cdot 45) = 0.765 \cdot 10^7 \text{mm}^4$$

$$M_z = 5 \cdot 4 = 20 \text{kNm}$$

$$M_y = 0$$

2 중립축 산정

$$\sigma_x = \frac{(M_y I_z + M_z I_{yz}) \cdot z - (M_z I_y + M_y I_{yz}) \cdot y}{I_z I_y - I_{yz}^2} = \frac{(M_z I_{yz}) \cdot z - (M_z I_y) \cdot y}{I_z I_y - I_{yz}^2} = 0;$$

$$\tan\beta = \frac{y}{z} = \frac{M_y I_z + M_z I_{yz}}{M_z I_y + M_y I_{yz}} = \frac{I_{yz}}{I_y} = 1.33624$$

$$\beta = \tan^{-1} 1.33624 = 0.928342 \, \text{rad} = 53.1901°$$

3 최대휨응력

$$\sigma_x = \frac{(M_z I_{yz}) \cdot z - (M_z I_y) \cdot y}{I_z I_y - I_{yz}^2};$$

$$\sigma_A(y,z) = \sigma(-90, 5) = 252.506 \text{MPa(인장)} \rightarrow \text{최대인장응력}$$

$$\sigma_B(y,z) = \sigma(90, -5) = 252.506 \text{MPa(압축)} \rightarrow \text{최대압축응력}$$

$$\sigma_C(y,z) = \sigma(-90, -95) = 96.486 \text{MPa(압축)}$$

$$\sigma_D(y,z) = \sigma(90, 95) = 96.486 \text{MPa(인장)}$$

다음 그림 (a)와 같이 캔틸레버보의 자유단에 크기가 4kN인 수직 하중이 작용하고 있다. 보의 단면이 그림 (b)와 같을 때, 보 단면의 최대휨응력을 구하시오. (단, 탄성계수 E는 상수이고, 단면의 웨브와 플랜지 두께는 10mm로 동일하며, 수직 하중은 전단 중심에 작용한다) (25점)

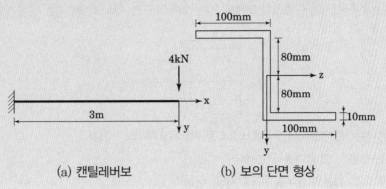

(a) 캔틸레버보 　　　　(b) 보의 단면 형상

풀이

1 기본사항

$$I_z = \frac{10 \cdot 160^3}{12} + \frac{100 \cdot 10^3}{12} \cdot 2 + 100 \cdot 10 \cdot 85^2 \cdot 2$$

$$= 1.788 \cdot 10^7 \mathrm{mm^4}$$

$$I_y = \frac{160 \cdot 10^3}{12} + \frac{10 \cdot 100^3}{12} \cdot 2 + 100 \cdot 10 \cdot (95-50)^2 \cdot 2$$

$$= 5.73 \cdot 10^6 \mathrm{mm^4}$$

$$I_{yz} = 100 \cdot 10 \cdot 45 \cdot 85 \cdot 2 = 7.65 \cdot 10^6 \mathrm{mm^4}$$

$$M_z = -12 \mathrm{kNm}, \ M_y = 0$$

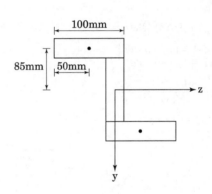

2 중립축

$$\sigma_x = \frac{\left(M_y \cdot I_z + M_z \cdot I_{yz}\right) \cdot z - \left(M_z \cdot I_y + M_y \cdot I_{yz}\right) \cdot y}{I_z I_y - I_{yz}^2} = 0 \ ;$$

$$\tan 2\theta_p = \frac{y}{z} = \frac{I_{yz}}{I_y} \ \rightarrow \ \theta_p = 26.583°$$

3 휨응력

$$\begin{cases} (z, \ y) = (95, \ 90) \ ; \ \sigma_x = -57.651 \mathrm{MPa} \\ (z, \ y) = (-5, \ 90) \ ; \ \sigma_x = 151.318 \mathrm{MPa} \end{cases}$$

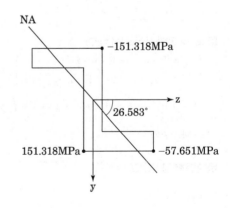

다음 그림과 같은 직사각형 단면보의 휨응력($\sigma = \dfrac{M}{I}y$)과 전단응력($\tau = \dfrac{VQ}{Ib}$) 공식을 유도하고자 한다. 다음 물음에 답하시오. (총 30점) (단, 이 보는 선형탄성재료로 만들어졌으며 임의하중에 의한 처짐량은 매우 작다. M은 휨모멘트, V는 전단력, I는 단면 2차 모멘트, Q는 외측의 단면 1차 모멘트, E는 탄성계수를 나타낸다)

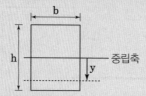

(1) 순수굽힘 발생시 수직변형률(ε_x)과 곡률(κ)의 관계를 유도하시오. (5점)

(2) 휨모멘트(M)와 곡률(κ)의 관계를 유도하시오. (5점)

(3) 휨모멘트(M)에 의한 휨응력 공식을 유도하시오. (5점)

(4) 전단력(V)이 작용할 때 단면에 발생하는 전단응력 공식을 유도하시오. (15점)

풀이

❶ $\epsilon_x - \kappa$ 관계식 유도($\epsilon_x = -\kappa \cdot y$)

$$\begin{cases} dx (\cong ds) = \rho \cdot d\theta \\ L = (\rho - y) \cdot d\theta \end{cases}$$

$$\epsilon_x = \frac{L_1 - dx}{dx} = \frac{-y}{\rho} = -\kappa \cdot y$$

$$\therefore \epsilon_x = -\kappa \cdot y$$

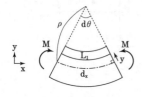

❷ $M - \kappa$ 관계식 유도($M = \kappa EI$)

$$\begin{cases} \sigma_x = E \cdot \epsilon_x = -E \cdot \kappa \cdot y \\ dM = -\sigma_x \cdot y \cdot dA = E \cdot \kappa \cdot y^2 \cdot dA \end{cases} \text{(부호주의)}$$

$$M = \int dM = \int_A E \cdot \kappa \cdot y^2 \cdot dA = E\kappa \int_A y^2 dA = \kappa EI$$

$$\therefore M = \kappa EI$$

❸ 휨응력 공식유도($\sigma = \dfrac{M}{I}y$)

$$\begin{cases} \sigma_x = E \cdot \epsilon_x \\ \epsilon_x = -\kappa \cdot y \\ M = \kappa EI \end{cases}$$

$$\sigma_x = -\frac{M}{I}y (+ \text{ 인장}, - \text{ 압축})$$

$$\sigma_c = -\frac{M}{I}(a) = -\frac{M \cdot a}{I}, \quad \sigma_t = -\frac{M}{I}(-a) = \frac{M \cdot a}{I}$$

❹ 전단응력 공식유도($\tau = \dfrac{VQ}{Ib}$)

$$\begin{cases} F_1 = \int_a^h \dfrac{M \cdot y}{I} dA \\ F_2 = \tau \cdot dx \cdot b \\ F_3 = \int_a^h \dfrac{(M+dM) \cdot y}{I} dA \end{cases}$$

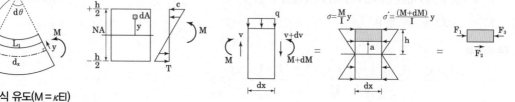

$$F_1 + F_2 = F_3 \quad ;$$

$$\tau \cdot dx \cdot b = \int_a^h \frac{dM \cdot y}{I} dA = \frac{dM}{I}\int_a^h y \cdot dA$$

$$\therefore \tau = \frac{dM}{dx} \cdot \frac{Q}{I \cdot b} = \frac{V \cdot Q}{I \cdot b} \left(Q = \int_a^h y \cdot dA \right)$$

다음 그림과 같은 직사각형 강재 단면의 단순보에 집중하중이 작용할 때 다음 항목을 구하시오. (단, 전단력의 영향은 무시하고, 강재의 항복강도 $F_y = 240$MPa, 강재의 탄성계수 $E = 200$GPa로 한다.)

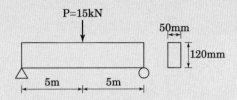

(1) 최대 휨모멘트가 발생하는 위치에서 탄성영역 두께 및 중립면의 곡률반경
(2) 하중 P가 0으로 감소된 후의 잔류응력 분포 및 중립면의 곡률반경

풀이

① 기본사항

$$I = \frac{50 \cdot 120^3}{12} = 7.2 \times 10^6 \text{mm}^4$$

$$M_y = \frac{\sigma_y \cdot I}{y} = 28.8 \text{kNm}$$

② 탄성영역 두께(h) 및 곡률반경

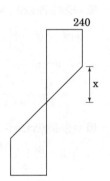

경간 $M_{max} = \frac{15 \cdot 10}{4} \cdot 10^6 = 37.5 \cdot 10^6 \text{Nmm}$

단면 $M(x) = 240 \cdot 2 \cdot \left\{ \left(\frac{1}{2} \cdot x \cdot 50 \cdot x \cdot \frac{2}{3} \right) + (60-x) \cdot 50 \cdot \left(30 + \frac{x}{2} \right) \right\}$

경간 $M_{max} =$ 단면 $M(x)$; $x = 37.75$mm

∴ 탄성영역두께 $h = 2x = 75.5$mm

$\epsilon = \kappa \cdot y = \frac{\sigma_y}{E}, \quad \rho = \frac{1}{\kappa}$ 이므로

$$\rho = \frac{E \cdot y}{\sigma_y} = \frac{200000 \cdot 37.75}{240} = 31458.3 \text{mm}$$

∴ 곡률반경 $\rho = 31458.3$mm

③ 하중제거 후 잔류응력 및 곡률반경

$$\rho = \frac{200000 \cdot 37.75}{43.38} = 174043 \text{mm}$$

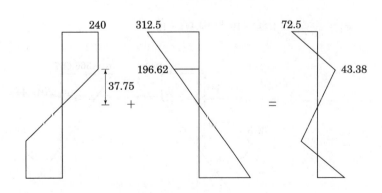

직사각형 보단면(폭 50mm×높이 120mm)에 휨모멘트 36.8 kN·m를 작용한 후 제거하였다. 이에 따른 잔류 응력과 곡률을 산정하시오. (E=200GPa, σ_y=240MPa로 탄성-완전소성 거동한다)

풀이

❶ 기본사항

$$I = \frac{50 \cdot 120^3}{12} = 7.2 \cdot 10^6 \text{mm}^4$$

$$S = \frac{I}{120/2} = 1.2 \cdot 10^5 \text{mm}^3$$

$$M_y = \sigma_y \cdot \frac{I}{y} = 2.88 \cdot 10^7 \text{Nmm}$$

$$M_p = 1.5 \cdot M_y = 4.32 \cdot 10^7 \text{kNm}$$

❷ 하중재하(load) : M=36.8kNm(탄소성 상태)

$$36.8 \times 10^6 = 2\left\{240 \times 50 \times (60-e) \times \left(\frac{60-e}{2}+e\right) + 240 \times 50 \times e \times \frac{1}{2} \times \frac{2}{3}e\right\}$$

$$e = 40\text{mm}$$

$$\kappa_1 = \frac{M}{EI} = \frac{\sigma_y}{e \cdot E} = 3 \cdot 10^{-5}$$

❸ 하중제하(unload) : M = -36.8kNm(탄성상태)

$$\sigma_1 = \frac{-36.8 \cdot 10^6}{S} = -306.667\text{MPa}$$

$$\sigma_2 = \sigma_1 \cdot \frac{40}{60} = -204.445\text{MPa}$$

$$\kappa_2 = \frac{\sigma_1}{60 \cdot E} = -2.555 \cdot 10^{-5}$$

❹ 잔류응력 및 곡률(중첩)

$$\sigma_3 = \sigma_1 + \sigma_y = -66.67\text{MPa}$$

$$\sigma_4 = \sigma_y + \sigma_2 = 35.555$$

$$\kappa_3 = \frac{\sigma_4}{40 \cdot E} = 4.444 \cdot 10^{-6} = 4.444 \cdot 10^{-6}$$

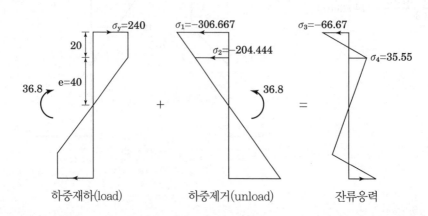

하중재하(load)   하중제거(unload)   잔류응력

아래 그림과 같이 반지름 R인 원통형 강체 받침 위에 보가 놓여 있다. 원래 직선이었던 보가 자중에 의하여 BD 사이에서 받침과 접촉되어 있다. (단, 보의 단면의 폭 및 높이는 보의 길이 및 R에 비하여 아주 작고, 변위도 R에 비하여 아주 작으며 보의 단위 길이당 자중은 w, 굽힘강성은 EI이다) (총 30점)

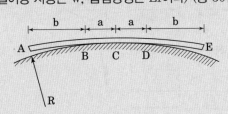

(1) BD 사이의 접촉력 및 D점에서의 반력을 구하시오. (10점)

(2) R의 크기를 구하시오. (6점)

(3) C점을 기준으로 할 때 E점의 처짐을 구하시오. (단, 이때 굽힘모멘트에 의한 처짐만을 고려한다) (14점)

풀이

❶ BD사이 접촉력 및 D점 반력

BD접촉 → BD구간 휨변형 없음 → BD구간 모멘트 0 → x^2, x항$=0$

$$M_2 = \frac{w(b+x)^2}{2} - R_D \cdot x - \frac{qx^2}{2} = \underbrace{\left(\frac{w}{2} - \frac{q}{2}\right)}_{0}x^2 + \underbrace{(bw - R_D)}_{0}x + \frac{b^2 w}{2}$$

$$\left.\begin{array}{l} \frac{w}{2} - \frac{q}{2} = 0 \\ bw - R_D = 0 \end{array}\right\} \rightarrow \begin{array}{l} q = w(\uparrow)(\text{BD사이 접촉력}) \\ R_D = b \cdot w(\uparrow)(\text{D점 반력}) \end{array}$$

❷ 반지름 R

$$\frac{1}{R} = \kappa = \frac{M}{EI} = \frac{b^2 w/2}{EI}$$

$$\therefore R = \frac{2EI}{b^2 w}$$

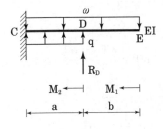

❸ E점 처짐

$$\delta_E = \frac{w(a+b)^4}{8EI} - \frac{wa^4}{8EI} - \frac{wa^3}{6EI} \cdot b - \frac{bwa^3}{3EI} - \frac{bwa^2}{2EI} \cdot b$$

$$= \frac{b^2 w}{8EI}\left(2a^2 + 4ab + b^2\right)(\downarrow)$$

다음 탄성계수 E와 열팽창계수 α의 재료로 이루어진 직사각형 보 단면에 보 깊이 방향으로 2차 곡선 형태 온도의 변화가 발생하였다. 여기서, T_{TOP}은 보 단면 상부의 온도를 표시한다.

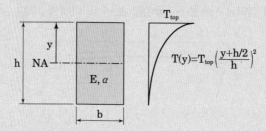

$$T(y)=T_{top}\left(\frac{y+h/2}{h}\right)^2$$

(1) 온도변화에 따른 보 단면의 중심축 NA에서 축변형률 변화량 $\Delta_{\varepsilon 0}$과 곡률의 변화량 Δ_ϕ을 산정하시오.

(2) 온도 변화에 따른 보 단면의 응력분포를 도시하시오.

풀이

❶ 온도하중을 받는 단면 휨응력 [7)]

$$\begin{cases} \dfrac{d^2}{dy^2}(\sigma_x+\alpha ET)=0 \;\rightarrow\; \sigma_x=-\alpha ET+C_1 y+C_2 \\[2mm] T=T_\top\left(\dfrac{y+\dfrac{h}{2}}{h}\right)^2 \end{cases} \rightarrow \begin{cases} \Sigma N=0 \;;\; \displaystyle\int_{-h/2}^{h/2}(\sigma_x\cdot b)dy=0 \\[2mm] \Sigma M=0 \;;\; \displaystyle\int_{-h/2}^{h/2}(\sigma_x\cdot b\cdot y)dy=0 \end{cases}$$

$$\rightarrow \begin{aligned} C_1&=\frac{\alpha ET_\top}{h} \\[2mm] C_2&=\frac{\alpha ET_\top}{3} \end{aligned} \qquad\qquad \therefore \sigma_x=\frac{\alpha ET_\top(h^2-12y^2)}{12h^2}$$

❷ 변형률

$$\epsilon_x=\frac{\sigma_x}{E}+\alpha T=\frac{\alpha T_\top}{3}+\frac{\alpha T_\top}{h}\cdot y$$

$$\Delta_{\varepsilon 0}=\frac{d}{dy}(\epsilon_x)=\frac{\alpha T_\top}{h}$$

$$\Delta_{\phi 0}=\frac{d}{dy}\left(\frac{\dfrac{\alpha T_\top}{h}\cdot y}{y}\right)=0 \;(\text{곡률 일정})$$

❸ 응력분포

$$\begin{cases} \sigma_{x=\frac{h}{2}}=-\dfrac{E\alpha T_\top}{6} \\[3mm] \sigma_{x=0}=\dfrac{E\alpha T_\top}{12} \\[3mm] \sigma_{x=-\frac{h}{2}}=-\dfrac{E\alpha T_\top}{6} \end{cases}$$

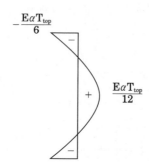

---

7) 온도하중 참고 : Advanced Strength and Applied Elasticity(A.Ugural, 4th) P110, ex3.2

그림과 같은 합성단면에서 휨모멘트 120kN · m를 받을 때 각 재료의 최대 및 최소응력을
구하시오. (단, $E_1 = 1.4 \times 10^4$ MPa, $E_2 = 2.1 \times 10^5$ MPa)

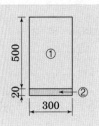

풀이 1. 환산단면 이용

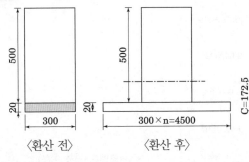

〈환산 전〉　　〈환산 후〉

1 기본사항

① 탄성계수비

$$n = \frac{E_2}{E_1} = 1.5$$

② 중립축

$$c = \frac{4500 \times 20 \times 10 \;+\; 300 \times 500 \times 270}{4500 \times 20 \;+\; 300 \times 500}$$

$$= 172.5 \text{mm}$$

③ 환산단면 2차모멘트(I_T)

$$I_T = \frac{4500 \times 20^3}{12} + (4500 \times 20) \times 162.5^2$$

$$+ \frac{300 \times 500^3}{12} + (300 \times 500) \times 97.5^2$$

$$= 6.9305 \times 10^9 \text{mm}^4$$

2 수직응력

$$\sigma_{1,C} = -\frac{120 \times 10^6 \times (520 - 172.5)}{I_T}$$

$$= -6.01688 = 6.01688 \text{MPa}(압축)$$

$$\sigma_{1,T} = \frac{120 \times 10^6 \times (172.5 - 20)}{I_T} = 2.6405 \text{MPa}(인장)$$

$$\sigma_{2,C} = \frac{120 \times 10^6 + (172.5 - 20)}{I_T} \times n$$

$$= 39.6075 \text{MPa}(인장)$$

$$\sigma_{2,T} = \frac{120 \times 10^6 + (172.5)}{I_T} \times n = 44.802 \text{MPa}(인장)$$

풀이 2. 모메트-곡률-응력 관계 이용

1 중립축

$$c = 172.5 \text{mm}$$

2 단면2차모멘트

$$I_1 = \frac{300 \times 500^3}{12} + (500 \times 300) \times (270 - c)^2$$

$$= 4.55 \times 10^9 \text{mm}^4$$

$$I_2 = \frac{300 \times 200^3}{12} + (300 \times 200) \times (c - 10)^2$$

$$= 1.586 \times 10^8 \text{mm}^4$$

3 모멘트-곡률-응력 관계식

$$\sigma_i = -E_i \kappa y, \quad M = \kappa(E_i I_i + E_j I_j)$$

$$\Rightarrow \quad \sigma_i = -\frac{M E_i}{E_i I_i + E_j I_j} y$$

4 응력산정

$$\sigma_{1,C} = -\frac{M \cdot E_1}{E_1 I_1 + E_2 I_2}(520 - c)$$

$$= -6.01688 \text{MPa} = 6.01688 \text{MPa}(압축)$$

$$\sigma_{1,T} = \frac{M \cdot E_1}{E_1 I_1 + E_2 I_2}(c - 20) = 2.6405 \text{MPa}(인장)$$

$$\sigma_{2,c} = \frac{M \cdot E_2}{E_1 I_1 + E_2 I_2}(c - 20) = 39.6075 \text{MPa}(인장)$$

$$\sigma_{2,T} = \frac{M \cdot E_2}{E_1 I_1 + E_2 I_2}(c) = 44.802 \text{MPa}(인장)$$

PE.A－82－3－5

···················· *sol* 1	*sol* 1
$1.5 \to n$	1.5
$\dfrac{4500 \cdot 20 \cdot 10 + 300 \cdot 500 \cdot 270}{4500 \cdot 20 + 300 \cdot 500} \to c$	172.5
	$6.9305 \text{E} 9$
$\dfrac{4500 \cdot 20^3}{12} + 4500 \cdot 20 \cdot (162.5)^2 + \dfrac{300 \cdot 500^3}{12} + 300 \cdot 500 \cdot (97.5)^2 \to it$	
$\dfrac{-120 \cdot 10^6 \cdot (520 - 172.5)}{it}$	-6.0168819
$\dfrac{120 \cdot 10^6 \cdot (172.5 - 20)}{it}$	2.6405021
$\dfrac{120 \cdot 10^6 \cdot (172.5 - 20)}{it} \cdot n$	3.9607532
$\dfrac{120 \cdot 10^6 \cdot 172.5}{it} \cdot n$	4.4801962
···················· *sol* 2	*sol* 2
$\dfrac{300 \cdot 500^3}{12} + 500 \cdot 300 \cdot (270 - c)^2 \to i1$	$4.5509375 \text{E} 9$
$\dfrac{300 \cdot 20^3}{12} + 300 \cdot 20 \cdot (c - 10)^2 \to i2$	$1.586375 \text{E} 8$
$\dfrac{-m \cdot e1}{e1 \cdot i1 + e2 \cdot i2} \cdot (520 - c) \| m = 120 \cdot 10^6 \text{ and } e1 = 1.4 \cdot 10^4 \text{ and } e2 = 2.1 \cdot 10^5$	
	-6.0168819
$\dfrac{m \cdot e1}{e1 \cdot i1 + e2 \cdot i2} \cdot (c - 20) \| m = 120 \cdot 10^6 \text{ and } e1 = 1.4 \cdot 10^4 \text{ and } e2 = 2.1 \cdot 10^5$	
	2.6405021
$\dfrac{m \cdot e2}{e1 \cdot i1 + e2 \cdot i2} \cdot (c - 20) \| m = 120 \cdot 10^6 \text{ and } e1 = 1.4 \cdot 10^4 \text{ and } e2 = 2.1 \cdot 10^5$	
	39.60752
$\dfrac{m \cdot e2}{e1 \cdot i1 + e2 \cdot i2} \cdot c \| m = 120 \cdot 10^6 \text{ and } e1 = 1.4 \cdot 10^4 \text{ and } e2 = 2.1 \cdot 10^5$	
	44.801962

sol1(환산단면 이용)

• 탄성계수비 $n = 1.5$ 를 ②번 부재에 적용하여 등가의 환산단면으로 치환 후 휨응력을 구한다.

sol2(모멘트-곡률 이용)

• 각각의 단면이차 모멘트를 구한 후 모멘트 곡률 관계식을 이용하여 휨응력을 산정한다.

두 개의 다른 금속판으로 만들어진 캔틸레버 기둥에 동일한 온도변화 ΔT가 있는 경우 기둥의 단부의 수평방향변위를 구하시오. 단, 단면적과 단면의 길이는 각각 A와 d로 한다.

- E_L, E_R : 탄성계수
- α_L, α_R : 열팽창계수
- I_L, I_R : 단면2차모멘트
- $A_L = A_R = A$: 단면적

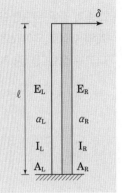

풀이

❶ 기본사항

$$A = d \cdot h \qquad I = \frac{h \cdot d^3}{12} \qquad \alpha_L > \alpha_R (\text{가정사항})$$

❷ 접합부 변형률(압축(−))

$$\epsilon_1 = -\frac{F}{E_L \cdot A} - \frac{M_1}{E_L \cdot I} \cdot \frac{d}{2} + \alpha_L \cdot \Delta T$$

$$\epsilon_2 = \frac{F}{E_R \cdot A} + \frac{M_2}{E_R \cdot I} \cdot \frac{d}{2} + \alpha_R \cdot \Delta T$$

❸ 부재 곡률

$$k_1 = \frac{M_1}{E_L \cdot I}, \quad k_2 = \frac{M_2}{E_R \cdot I}$$

❹ 평형조건 및 적합조건

$$\left\{ \begin{array}{l} M_1 + M_2 = F \cdot d \\[2mm] \epsilon_1 = \epsilon_2 \\[2mm] k_1 = k_2 \end{array} \right\} \rightarrow \left\{ \begin{array}{l} F = \dfrac{d \cdot h \cdot (\alpha_L - \alpha_R) \cdot E_L \cdot E_R \cdot (E_L + E_R) \cdot \Delta T}{E_L^2 + 14 E_L E_R + E_R^2} \\[4mm] M_1 = \dfrac{d^2 \cdot h \cdot (\alpha_L - \alpha_R) E_L^2 \cdot E_R \cdot \Delta T}{E_L^2 + 14 E_L E_R + E_R^2} \\[4mm] M_2 = \dfrac{d^2 \cdot h \cdot (\alpha_L - \alpha_R) E_L \cdot E_R^2 \cdot \Delta T}{E_L^2 + 14 E_L E_R + E_R^2} \end{array} \right\}$$

❺ 처짐

$$\delta(x) = \iint \frac{M_1}{E_L I} dx\, dx = \frac{6 \cdot E_L \cdot E_R \cdot (\alpha_L - \alpha_R) \cdot \Delta T}{d \cdot (E_L^2 + 14 E_L E_R + E_R^2)} \cdot x^2$$

$$\delta(L) = \frac{6 \cdot E_L \cdot E_R \cdot (\alpha_L - \alpha_R) \cdot \Delta T}{d \cdot (E_L^2 + 14 E_L E_R + E_R^2)} \cdot L^2$$

그림과 같은 등단면의 보가 일정한 분포하중 q=6kN/m를 받고 있을 때, 다음 물음에 답하시오. (단, 보는 두 개의 재질로 되어있으며, 보강판 재질의 탄성계수는 나머지 단면 재질의 탄성계수의 2.5배이다. 응력집중은 없다고 가정한다) (총 30점)

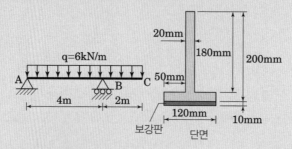

(1) 단면에서 중립축의 위치를 구하시오. (4점)

(2) 보에서 나타날 수 있는 최대 전단력의 크기와 최대 전단응력의 크기를 구하시오. (10점)

(3) (2)에서 전체 전단력의 몇 %가 웹에 작용하는지 구하시오. (8점)

(4) 보에서 나타날 수 있는 최대 굽힘모멘트의 크기와 최대 인장응력 및 압축응력을 구하시오. (8점)

풀이

1 중립축 위치(n=2.5)

$$y_c = \frac{n \cdot 120 \cdot 10 \cdot 5 + 120 \cdot 20 \cdot 20 + 180 \cdot 20(30+90)}{n \cdot 120 \cdot 10 + 120 \cdot 20 + 180 \cdot 20} = 55\text{mm}$$

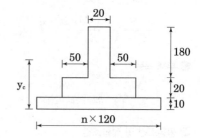

2 최대전단력

$$\begin{cases} \Sigma F_y = 0 \; ; \; R_A + R_B - 6 \cdot 6 = 0 \\ \Sigma M_A = 0 \; ; -4R_B + 6 \cdot 6 \cdot 3 = 0 \end{cases} \rightarrow \begin{array}{l} R_A = 9\text{kN} \\ R_B = 27\text{kN} \end{array}$$

$$V_{max} = 15\text{kN}$$

3 최대전단응력

$$I = \frac{20 \cdot 180^3}{12} + 20 \cdot 180(120 - y_c)^2 + \frac{120 \cdot 20^3}{12} + 120 \cdot (20 - y_c)^2$$

$$+ \frac{n \cdot 120 \cdot 10^3}{12} + n \cdot 120 \cdot 10^3 \cdot (y_c - 5)^2$$

$$= 3.5475 \cdot 10^7 \text{mm}$$

$$\tau_{max} = \frac{15 \cdot 10^3}{I \cdot 20} \cdot \left(20 \cdot \frac{155^2}{2} \right) = 5.0793\text{MPa}$$

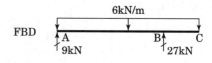

4 웨브의 전단력 부담률

$$f_w = \frac{15 \cdot 10^3}{I} \cdot \left(h \cdot 20 \cdot \left(210 - 55 - \frac{h}{2} \right) \right)$$

$$F_w = \int_0^{180} f_w dh = 13014.8\text{N} = 13.0148\text{kN}$$

$$\frac{F_w}{V_{max}} = 0.8677 \; ; \; \text{웨브가 전체 전단력의 } 86.77\% \text{ 부담}$$

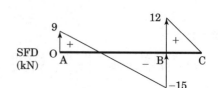

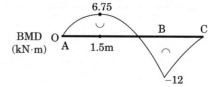

5 최대 굽힘모멘트

$$M_x = 9 \cdot x - 3x^2$$

$$\frac{\partial M_x}{\partial x} = 0 \; ; \quad x = 1.5m$$

$$M_{max}^+ = M_{1.5m} = 6.75kNm \, (\smile)$$

$$M_{max}^- = M_{4m} = 12kNm \, (\frown)(누락주의)$$

6 최대 인장/압축 응력

$$M_{max}^+ = 6.75kNm \; : \; \begin{cases} \sigma_t = \dfrac{6.75 \cdot 10^6}{I} \cdot 55 \cdot n = 26.163MPa(인장) \\[3mm] \sigma_c = \dfrac{6.75 \cdot 10^6}{I} \cdot (210-55) = 29.493MPa(압축) \end{cases}$$

$$M_{max}^- = 12kNm \; : \; \begin{cases} \sigma_t = \dfrac{12 \cdot 10^6}{I} \cdot (210-55) = 52.431MPa(인장) \to \sigma_{t,max} \\[3mm] \sigma_c = \dfrac{12 \cdot 10^6}{I} \cdot 55 \cdot n = -46.512MPa(압축) \to \sigma_{c,man} \end{cases}$$

그림과 같이 다른 재질의 직사각형 단면 C1과 C2로 구성된 합성단면에 휨모멘트 500,000Nmm가 작용할 때, 단면의 탄성 휨응력 분포도를 그리시오. (단, 단면 C1과의 C2 탄성계수는 각각 45MPa 및 15MPa이고, 두 재료의 접합면에서 완전합성 거동을 가정한다) (15점)

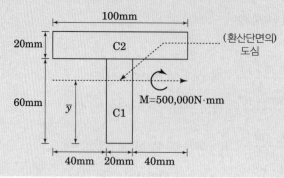

풀이

❶ 환산단면 성능

$$n = \frac{E_1}{E_2} = \frac{45}{15} = 3$$

$$y_c = \frac{n \cdot 20 \cdot 60 \cdot (30) + 100 \cdot 20 \cdot (70)}{n \cdot 20 \cdot 60 + 100 \cdot 20} = 44.2858mm$$

$$I = \frac{n \cdot 20 \cdot 60^3}{12} + n \cdot 20 \cdot 60 \cdot (y_c - 30)^2 + \frac{100 \cdot 20^3}{12} + n \cdot 100 \cdot 20 \cdot (70 - y_c)^2$$

$$= 3.20381 \cdot 10^6 mm$$

❷ 탄성휨응력 분포도

$$\begin{cases} \sigma_1 = \dfrac{5 \cdot 10^5 \cdot (y_c - 80)}{I} = 5.57372MPa(압축) \\[2mm] \sigma_2 = \dfrac{5 \cdot 10^5 \cdot (y_c - 60)}{I} = 2.45244MPa(압축) \\[2mm] \sigma_3 = \dfrac{5 \cdot 10^5 \cdot (y_c - 60)}{I} \cdot n = 7.35731MPa(압축) \\[2mm] \sigma_4 = \dfrac{5 \cdot 10^5 \cdot y_c}{I} \cdot n = 20.7342MPa(인장) \end{cases}$$

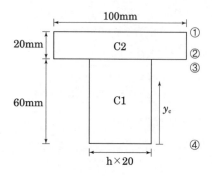

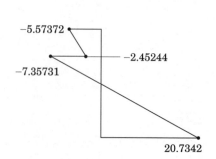

다음 그림과 같이 내민보에 집중하중 P와 10kN이 작용하고 있으며, 보의 단면은 오른쪽 그림과 같이 강판의 양면에 목재를 접착시킨 합성단면이다. 강판의 탄성계수는 200GPa이고, 허용휨응력은 120MPa이며, 목재의 탄성계수는 10GPa이며, 허용휨응력은 7MPa이다. 이 보에 작용할 수 있는 최대하중 P를 구하시오. (단, 목재와 강판은 완전 부착된 것으로 가정하고, 전단응력에 대한 검토는 고려하지 않는다) (20점)

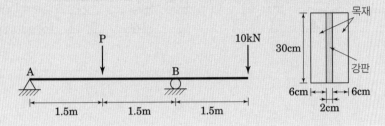

풀이

❶ 환산단면 성능

$$n = \frac{E_s}{E_w} = \frac{200}{10} = 20$$

$$E = 10000\text{MPa}$$

$$I = \frac{520 \cdot 300^3}{12} = 1.17 \cdot 10^9 \text{mm}^4$$

❷ 최대하중

① C점

$$\begin{cases} \text{목재}: \left(\frac{3}{4}P_1 - \frac{15}{2}\right) \cdot 10^6 \leq 7 \cdot \frac{I}{150} & P_1 \leq 82.8\text{kN} \\ \text{강판}: \left(\frac{3}{4}P_2 - \frac{15}{2}\right) \cdot 10^6 \leq \frac{120}{n} \cdot \frac{I}{150} & P_2 \leq 72.4\text{kN}(\text{지배}) \end{cases}$$

② B점

$$\begin{cases} \text{목재} : 15 \cdot 10^6 \leq \frac{7 \cdot I}{150}\left(= 54.6 \cdot 10^6\right) & \text{OK} \\ \text{강판} : 15 \cdot 10^6 \leq \frac{120}{n} \cdot \frac{I}{150}\left(= 46.8 \cdot 10^6\right) \text{OK} \end{cases}$$

$$\therefore P_{allow} = 72.4\text{kN}$$

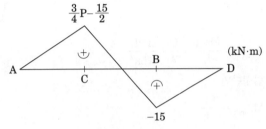

<BMD>

다음과 같은 이중보와 합성보의 중앙점에서 발생하는 응력과 처짐을 비교하고 합성효과에 대해 설명하시오.

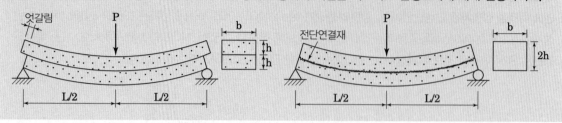

풀이

1 응력

① 비합성 단면 [8]

$$M_{max1} = \frac{P}{4} \times \frac{L}{2} = \frac{PL}{8}$$

$$I_1 = \frac{bh^3}{12}$$

$$\sigma_{max1} = \frac{M_{max}}{I_1} \times \frac{h}{2} = \frac{3PL}{4\,bh^2}$$

② 합성단면

$$M_{max2} = \frac{PL}{4}$$

$$I_2 = \frac{b(2h)^3}{12} = \frac{2bh^3}{3}$$

$$\sigma_{max2} = \frac{M_{max2}}{I_2} \times h = \frac{3\,PL}{8\,bh^2}$$

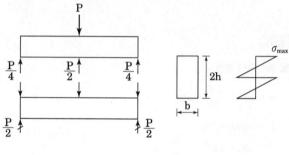

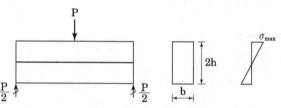

2 처짐

① 비합성 단면

$$\delta_1 = \frac{\dfrac{P}{2} \cdot L^3}{48EI_1} = \frac{PL^3}{8\,bh^3 E}$$

② 합성단면

$$\delta_2 = \frac{P \cdot L^3}{48EI_2} = \frac{PL^3}{32\,bh^3 E}$$

3 단면성능 비교

$$\sigma_{max1} : \sigma_{max2} = 1 : 0.5$$

$$\delta_1 : \delta_2 = 1 : 0.25$$

비합성단면이 합성단면에 비해 응력이 2배, 처짐은 4배 커진다. (합성 단면이 효율적)

---

8) '비합성 단면 상하부재 곡률이 같다' 는 조건이용 $\left(\kappa = \dfrac{M}{EI} \right)$

형태는 동일하지만 강도가 다른 4개의 목재를 조합하여 다음 하중에 저항할 수 있는 집성재를 만드시오. (단, 목재의 접착제는 충분한 강도를 가지는 것으로 가정하고, 사용 가능한 집성재 보의 최대 높이는 300mm로 제한한다.

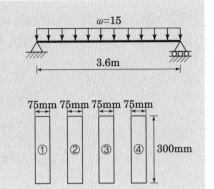

①, ② 목재 허용강도		③, ④ 목재 허용강도	
인장강도	5.5MPa	인장강도	3.5MPa
압축강도	9.0MPa	압축강도	4.5MPa
전단강도	0.65MPa	전단강도	0.45MPa

풀이

❶ 기본사항

$$M_{max} = \frac{15 \cdot 3.6^2}{8} = 24.3 \text{kNm}$$

$$V_{max} = \frac{15 \cdot 3.6}{2} = 27 \text{kN}$$

❷ 휨응력

$$\sigma_{max} = \frac{M_{max}}{I} \cdot y = \frac{24.3 \cdot 10^6}{\frac{300^4}{12}} \cdot \frac{300}{2} = 5.4 \text{MPa} \ (\text{부재 상하단에 ①, ② 가능})$$

❸ 전단응력

$$\tau_{max} = \frac{V_{max}Q}{I \cdot b} = \frac{27 \cdot 10^3 \cdot 300 \cdot 150 \cdot 75}{\frac{300^4}{12} \cdot 300} = 0.45 \text{MPa} \ (\text{부재 중앙에 ①, ②, ③, ④ 모두 가능})$$

❹ 집성재 배치

① or ②
③ or ④
③ or ④
① or ②

주요공사 요약 · 재료역학 · 구조기본 · 구조응용

다음 그림과 같이 보의 단면이 2가지 재료로 구성된 합성보(composite beam)가 있다. 이 보의 휨 공식(flexure formula)에 대하여 설명하시오. (단, $E_2 > E_1$이다.)

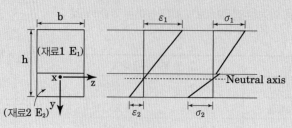

풀이

1 중립축

계산 편의상 $E_1 = E_T = C^2$, $E_2 = E_T = T^2$으로 치환 및 y축 방향 변경(상향 +)

$$\left\{ \begin{array}{l} h_c + h_t = h \\ \int_{-h_t}^{0} -\kappa T^2 yb\, dy + \int_{0}^{h_c} -\kappa C^2 yb\, dy = 0 \end{array} \right\} \rightarrow \left\{ \begin{array}{l} h_c = \dfrac{T}{C+T} \cdot h = \dfrac{\sqrt{E_T} \cdot h}{\sqrt{E_C} + \sqrt{E_T}} \\ h_T = \dfrac{C}{C+T} \cdot h = \dfrac{\sqrt{E_C} \cdot h}{\sqrt{E_C} + \sqrt{E_T}} \end{array} \right.$$

2 곡률

$$M_I = \int_{-h_t}^{0} \kappa T^2 y^2 b\, dy + \int_{0}^{h_c} \kappa C^2 y^2 b\, dy$$

$$= \frac{bh^3}{3} \cdot \frac{C^2 T^2}{(C+T)^2} \kappa$$

$$= \frac{bh^3}{3} \cdot \frac{E_C E_T}{\left(\sqrt{E_C} + \sqrt{E_T}\right)^2} \kappa$$

$$\therefore \kappa = \frac{3}{bh^3} \cdot \frac{\left(\sqrt{E_C} + \sqrt{E_T}\right)^2}{E_C E_T} \cdot M_I$$

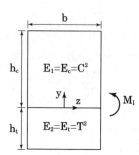

3 휨응력

$$\sigma_C = -\kappa E_C h_c = -\frac{3}{bh^2} \cdot \left(\frac{\sqrt{E_C} + \sqrt{E_T}}{\sqrt{E_T}} \right) \cdot M_I$$

$$\sigma_T = -\kappa E_T(-h_T) = \frac{3}{bh^2} \cdot \left(\frac{\sqrt{E_C} + \sqrt{E_T}}{\sqrt{E_C}} \right) \cdot M_I$$

아래 그림과 같이 길이 L=1.0m이고 자유단에 하중 P=1.0kN을 받는 캔틸레버 보가 있다. 다음 물음에 답하시오. (단, b=40mm, h=100mm, 재료의 인장측 탄성계수 $E_1=30GPa$, 압축측 탄성계수 $E_2=50GPa$이다) (총 20점)

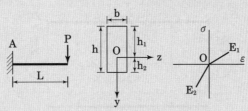

(1) 중립축의 위치 h_1, h_2를 각각 구하시오. (10점)
(2) 지점 A에서 단면의 최대인장응력과 최대압축응력을 각각 구하시오. (10점)

풀이

❶ 중립축 산정($E_1=T^2$, $E_2=C^2$) [9]

$$\left\{\begin{array}{l} h=h_1+h_2 \\ \displaystyle\int_{-h_1}^{0} -\kappa \cdot T^2 \cdot y \cdot b \, dy + \int_{0}^{h_2} -\kappa \cdot C^2 \cdot y \cdot b \, dy = 0 \end{array}\right\} \rightarrow \left\{\begin{array}{l} h_1 = \dfrac{C}{C+T}h = \dfrac{\sqrt{E_2}}{\sqrt{E_1}+\sqrt{E_2}} \cdot h = 56.3508\text{mm} \\ h_2 = \dfrac{T}{C+T}h = \dfrac{\sqrt{E_1}}{\sqrt{E_1}+\sqrt{E_2}} \cdot h = 43.6492\text{mm} \end{array}\right.$$

❷ 곡률

$$M_I = \int_{-h_1}^{0} \kappa \cdot T^2 \cdot y^2 \cdot b \, dy + \int_{0}^{h_2} \kappa \cdot C^2 \cdot y \cdot b \, dy$$

$$= \frac{bh^3}{3} \cdot \frac{(C \cdot T)^2}{(C+T)^2} \cdot \kappa = \frac{bh^3}{3} \cdot \frac{E_1 \cdot E_2}{\left(\sqrt{E_1}+\sqrt{E_2}\right)^2} \cdot \kappa$$

$$\therefore \kappa = \frac{3}{bh^3} \cdot \frac{\left(\sqrt{E_1}+\sqrt{E_2}\right)^2}{E_1 \cdot E_2} \cdot M_I$$

$$= \frac{3}{40 \cdot 100^3} \cdot \frac{\left(\sqrt{30000}+\sqrt{50000}\right)^2}{30000+50000} \cdot 10^6$$

$$= 7.8729833 \cdot 10^{-6}$$

❸ 휨응력

$$\left\{\begin{array}{l} \sigma_t = -\kappa \cdot T^2 \cdot (-h_1) = \dfrac{3}{bh^2}\left(\dfrac{\sqrt{E_1}+\sqrt{E_2}}{\sqrt{E_2}}\right) \cdot M_I = 13.3095\text{MPa(인장)} \\ \sigma_c = -\kappa \cdot C^2 \cdot h_2 = \dfrac{3}{bh^2}\left(\dfrac{\sqrt{E_1}+\sqrt{E_2}}{\sqrt{E_1}}\right) \cdot M_I = 17.1825\text{(압축)} \end{array}\right\}$$

9) Gere & Timoshenko, 「재료역학」(2판), 기문당, 1986년, 10.7 비탄성 굽힘 참조

다음 그림과 같이 중립축에 지름(d)의 원형구멍이 있는 부재에 굽힘모멘트(M)가 작용하고 있다. 지름(d)의 크기에 따라 최대응력이 발생하는 점의 위치 및 응력을 구하시오. (단, 단면은 폭 t, 높이 h인 직사각형 단면이며, 구멍의 가장자리 B점의 응력집중계수 K(stress-concentration factor)의 값은 2로 가정한다.)

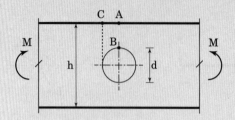

풀이

1 지점별 휨응력

위치	I	y	σ
C	$I_C = \dfrac{t \cdot h^3}{12}$	$y = \dfrac{h}{2}$	$\sigma_C = \dfrac{M}{I_C} \cdot y = \dfrac{6M}{h^2 \cdot t} = C$
A	$I_A = \dfrac{t \cdot h^3}{12} - \dfrac{t \cdot d^3}{12}$	$y = \dfrac{h}{2}$	$\sigma_A = \dfrac{M}{I_A} \cdot y = \dfrac{6M \cdot h}{(h^3 - d^3)t} = \dfrac{6M}{h^2 \cdot t} \cdot \left(\dfrac{h^3}{h^3 - d^3}\right) = C \cdot \left(\dfrac{1}{1 - x^3}\right)$
B	$I_B = \dfrac{t \cdot h^3}{12} - \dfrac{t \cdot d^3}{12}$	$y = \dfrac{d}{2}$	$\sigma_B = \dfrac{M}{I_B} \cdot y \cdot 2 = \dfrac{12M \cdot d}{(h^3 - d^3)t} = \dfrac{6M}{h^2 \cdot t} \cdot \left(\dfrac{2h^2 d}{h^3 - d^3}\right) = C \cdot \left(\dfrac{2x}{1 - x^3}\right)$

$\dfrac{6M}{h^2 \cdot t} \rightarrow C$, $\dfrac{d}{h} \rightarrow x$로 치환

2 σ_{max}

① d=0 일 때

A, C점이 최대응력 $\sigma_{max} = \sigma_C = \dfrac{6M}{h^2 \cdot t}$

② 0<d<0.5h 일 때

A점이 최대응력 $\sigma_{max} = \sigma_A = \dfrac{6M}{h^2 \cdot t} \cdot \left(\dfrac{h^3}{h^3 - d^3}\right)$

③ d=0.5h 일 때

A, B점이 최대응력 $\sigma_{max} = \sigma_A(0.5) = \dfrac{8}{7} \cdot \dfrac{6M}{h^2 \cdot t}$

④ d>0.5h 일 때

B점이 최대응력 $\sigma_{max} = \sigma_B = \dfrac{6M}{h^2 \cdot t} \cdot \left(\dfrac{2h^2 d}{h^3 - d^3}\right)$

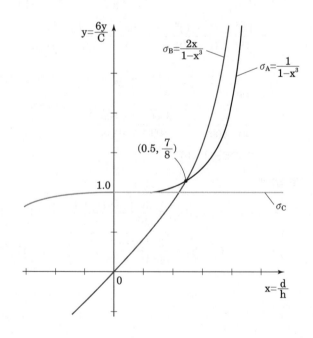

지름 d=6mm인 고강도 강연선이 반지름 R=600mm의 새들에 걸쳐 있으며 이 강연선 1개에는 장력 T=10kN 이 작용하고 있다. 이 강연선의 탄성계수 E=200GPa, 항복강도 f_y=1,600MPa일 때, 강연선의 굽힘모멘트를 고려한 최대 발생응력을 구하시오.

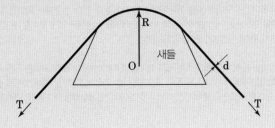

풀이 🔵

1 굽힘모멘트

$$\begin{cases} \kappa = \dfrac{1}{R+d/2} = \dfrac{1}{603}/m \\ A = \dfrac{\pi \cdot d^2}{4} = 28.274m^2 \\ I = \dfrac{\pi \cdot d^4}{64} = 63.617m^4 \end{cases} \dfrac{M}{EI} = \kappa \;\; \to \;\; M = 21100.2Nmm$$

2 최대응력

$$\sigma_{t,max} = \dfrac{10 \cdot 10^3}{A} + \dfrac{M}{I} \cdot \left(\dfrac{d}{2}\right) = 1348.7MPa < f_y$$

$$\sigma_{c,max} = \dfrac{10 \cdot 10^3}{A} - \dfrac{M}{I} \cdot \left(\dfrac{d}{2}\right) = -641.345MPa < f_y$$

5 응력, 변형률

Summary

출제내용   이 장에서는 2차원 요소와 3차원 요소에 작용하는 응력과 변형률 문제가 출제된다. 응력은 요소면에 수직방향인 인장, 압축 응력과 요소면에 평행방향인 전단응력으로 구성되며 수직응력과 전단응력의 조합 중 최대값인 주응력을 구하는 문제가 출제되는데 시각적 풀이법인 모어의 원을 이용하면 쉽게 풀이할 수 있다. 변형률은 축변형률과 전단변형률로 구성되며 이들 조합의 최대값인 주변형률을 구하는 문제가 출제되는데, 역시 모어원을 이용하면 쉽게 풀이할 수 있다. 또한 재료의 응력–변형률 관계식을 이용하여 주응력까지 구하는 문제가 출제되기도 한다.

학습전략   각 방향별 응력, 변형률 공식은 필수적으로 숙지해야 한다. 또한 모어원 원은 본인이 익숙한 회전 로테이션을 확실하게 숙지하여 풀이의 일관성을 유지하도록 한다. 이 책에서는 요소 회전방향과 일치하도록 y축의 하방향을 (+)로 하는 로테이션을 사용하였다. 평소 모어원 작도연습을 하지 않으면 시험장에서 실수할 가능성이 높다. 따라서 시간 내에 모어원 작도까지 완료하는 연습을 해야한다.

건축구조기술사 | 89-3-5

구조물의 임의의 한 점에서 응력상태(state of stress)가 그림과 같다. 그 점에서 주응력(principal stress)과 최대 면내 전단응력(maximum in−plane shear stress)을 계산하시오. 아울러 각각의 경우에 대한 응력방향각(orientation)도 계산하시오.

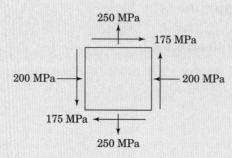

풀이 1. 공식 이용

❶ 기본사항

$$\begin{cases} \sigma_x = -200\text{MPa} \\ \sigma_y = 250\text{MPa} \\ \tau_{xy} = 175\text{MPa} \end{cases} \rightarrow \begin{cases} \dfrac{\sigma_x + \sigma_y}{2} = 25\text{MPa} \\ \dfrac{\sigma_x - \sigma_y}{2} = -225\text{MPa} \end{cases}$$

❷ 주응력 및 회전각도

$$\begin{cases} \sigma_{1,2} = \dfrac{\sigma_x + \sigma_y}{2} \pm \sqrt{\left(\dfrac{\sigma_x - \sigma_y}{2}\right)^2 + \tau_{xy}^2} \\ \tan 2\theta_p = \dfrac{\tau_{xy}}{(\sigma_x - \sigma_y)/2} \end{cases} \rightarrow$$

$$\sigma_1 = 310.044\text{MPa}$$
$$\sigma_2 = -260,044\text{MPa}$$
$$\theta_p = \frac{1}{2} \cdot \tan^{-1}\left(\frac{\tau_{xy}}{(\sigma_x - \sigma_y)/2}\right) \cdot \frac{180°}{\pi} = -18.9375°$$

❸ 최대 면내 전단응력 및 회전각도

$$\left\{ \begin{array}{l} \tau_{\max} = \sqrt{\left(\dfrac{\sigma_x - \sigma_y}{2}\right)^2 + \tau_{xy}^2} \\[12pt] \tan 2\theta_s = -\left(\dfrac{(\sigma_x - \sigma_y)/2}{\tau_{xy}}\right) \end{array} \right\} \rightarrow$$

$$\tau_{\max} = 285.044\,\text{MPa}$$

$$\theta_s = \frac{1}{2} \cdot \tan^{-1}\left(-\frac{(\sigma_x - \sigma_y)/2}{\tau_{xy}}\right) \cdot \frac{180°}{\pi} = 26.0625°$$

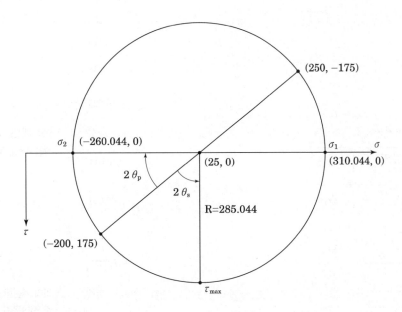

풀이 ● 2. 응력텐서 이용

❶ 주응력, 최대전단응력(MPa)

$$\sigma = \begin{bmatrix} -200 & 175 \\ 175 & 250 \end{bmatrix}$$

$$\sigma_{1,2} = \text{eigVl}(\sigma) = \begin{bmatrix} 310.04386 & 0 \\ 0 & -260.04386 \end{bmatrix}$$

$$\tau_{\max} = \frac{\sigma_1 - \sigma_2}{2} = 285.04386$$

❷ 회전각

$$Q = \begin{bmatrix} \cos\theta & \sin\theta \\ -\sin\theta & \cos\theta \end{bmatrix}$$

$$\sigma_{1,2} = Q \cdot \sigma \cdot Q^T \quad ; \quad \theta_p = -18.937°$$

$$\theta_s = 26.063°$$

PE.A $-89-3-5$

$\cdots\cdots\cdots\cdots\cdots\cdots 1$	-1
$-200 \rightarrow \sigma x$	-200
$250 \rightarrow \sigma y$	250
$175 \rightarrow \tau xy$	175
$\dfrac{\sigma x + \sigma y}{2}$	25
$\dfrac{\sigma x - \sigma y}{2}$	-225

• 평면응력 공식에 사용되는 값을 미리 계산한다.

$\cdots\cdots\cdots\cdots\cdots\cdots 2$	-2
$\dfrac{\sigma x + \sigma y}{2} + \sqrt{\left(\dfrac{\sigma x - \sigma y}{2}\right)^2 + \tau xy^2}$	310.044
$\dfrac{\sigma x + \sigma y}{2} - \sqrt{\left(\dfrac{\sigma x - \sigma y}{2}\right)^2 + \tau xy^2}$	-260.044
$\dfrac{1}{2} \cdot \dfrac{\tan^{-1}\left(\dfrac{\tau xy}{\dfrac{\sigma x - \sigma y}{2}}\right) \cdot 180}{\pi}$	-18.9375

• 미리 계산한 값을 공식에 대입하여 주응력 $\sigma_{1,2}$과 회전각도를 산정한다.

$\cdots\cdots\cdots\cdots\cdots\cdots 3$	-3
$\sqrt{\left(\dfrac{\sigma x - \sigma y}{2}\right)^2 + \tau xy^2}$	285.044
$\dfrac{1}{2} \cdot \tan^{-1}\left(\dfrac{\dfrac{-(\sigma x - \sigma y)}{2}}{\tau xy}\right) \cdot \dfrac{180}{\pi}$	26.0625

• 미리 계산한 값을 공식에 대입하여 주 전단응력 $\tau_{1,2}$과 회전각을 산정한다.

$\cdots\cdots\cdots\cdots\cdots\cdots tensor$	$-tensor$
$\begin{bmatrix} -200 & 175 \\ 175 & 250 \end{bmatrix} \rightarrow \sigma$	$\begin{bmatrix} -200 & 175 \\ 175 & 250 \end{bmatrix}$
$\text{eigVl}(\sigma) \rightarrow ev$	$\{-260.044, 310.044\}$
$\dfrac{ev[2] - ev[1]}{2}$	285.044
$\begin{bmatrix} ev[2] & 0 \\ 0 & ev[1] \end{bmatrix} \rightarrow \sigma 12$	$\begin{bmatrix} 310.044 & 0 \\ 0 & -260.044 \end{bmatrix}$
$\begin{bmatrix} \cos(\theta) & \sin(\theta) \\ -\sin(\theta) & \cos(\theta) \end{bmatrix} \rightarrow q$	$\begin{bmatrix} \cos(\theta) & \sin(\theta) \\ -\sin(\theta) & \cos(\theta) \end{bmatrix}$

• 주응력은 응력텐서로 산정할 수 있다.
응력텐서의 고유치가 주응력 $\sigma_{1,2}$이며 이 값의 차에 대한 평균값이 주 전단응력이다.

$\sigma 12 = q \cdot \sigma \cdot q^\tau \rightarrow eq$

$\begin{bmatrix} 310.044 = 350 \cdot \sin(\theta) \cdot \cos(\theta) + 450 \cdot (\sin(\theta))^2 - 200 & 0 = 350 \cdot (\cos(\theta))^2 + 450 \cdot \sin(\theta) \cdot \cos(\theta) - 175 \\ 0 = 350 \cdot (\cos(\theta))^2 + 450 \cdot \sin(\theta) \cdot \cos(\theta) - 175 & -260.044 = 450 \cdot (\cos(\theta))^2 - 350 \cdot \sin(\theta) \cdot \cos(\theta) - 200 \end{bmatrix}$

⚠ solve$(eq[2,1], \theta)$

$\theta = -8.1845$ or $\theta = -6.61371$ or $\theta = -5.04291$ or $\theta = -3.47211$ or $\theta = -1.90132$ or

$\theta = -0.330522$ or $\theta = 1.24027$ or $\theta = 2.81107$

$\dfrac{-0.33052158 \cdot 180}{\pi}$	-18.9375
$-18.937491571996 + 45$	26.0625

• 회전각은 변환행렬을 이용해서 구할 수 있다.

다음 그림과 같은 캔틸레버보에서 플랜지 바로 밑 A점에 생기는 휨응력 및 전단응력을 구하시오. 또 Mohr의 응력원을 이용하여 이와 같은 응력상태하에서 생기는 주응력(Principal Stress) 및 주전단응력의 크기와 방향(각도)을 구하시오.

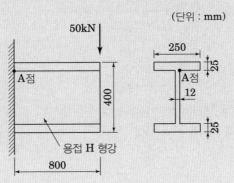

(단위 : mm)

풀이

1 기본사항

$$I = \frac{1}{12}\left(250 \times 400^3 - 238 \times 350^3\right) = 4.8298 \times 10^8$$

$$Q = 250 \times 25 \times (200 - 12.5) = 1.17188 \times 10^6$$

2 A점 응력

$$\sigma = \frac{50 \times 10^3 \times 800}{I} \times 175 = 14.49 \text{MPa}$$

$$\tau = \frac{-50 \times 10^3 \times Q}{I \times 12} = -10.11 \text{MPa}$$

3 주응력, 최대전단응력

$$\frac{\sigma_x + \sigma_y}{2} = \frac{\sigma_x - \sigma_y}{2} = 7.247 \text{MPa}$$

$$\sigma_{1,2} = \frac{\sigma_x + \sigma_y}{2} \pm \sqrt{\left(\frac{\sigma_x - \sigma_y}{2}\right)^2 + \tau_{xy}^2} = \begin{cases} 19.68 \text{MPa} \\ -5.19 \text{MPa} \end{cases}$$

$$\tau_{1,2} = \sqrt{\left(\frac{\sigma_x - \sigma_y}{2}\right)^2 + \tau_{xy}^2} = 12.439 \text{MPa}$$

4 회전각도

$$\begin{cases} \tan 2\theta_P = -\dfrac{2\tau_{xy}}{(\sigma_x - \sigma_y)} & \rightarrow \quad \theta_P = 27.1835°(\curvearrowright) \\ 2\theta_p + 2\theta_s = 90° & , \quad \theta_s = 17.8165°(\curvearrowleft) \end{cases}$$

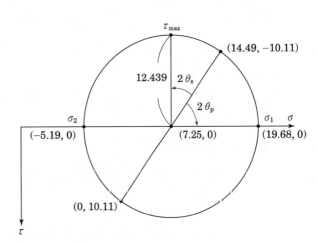

어떤 강체 내부에서 한 점의 응력 상태가 다음 그림과 같을 때 물음에 답하시오. (단, 단위는 MPa)

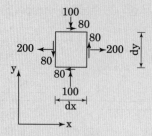

(1) 위의 응력 상태를 2차원 응력도 텐서(Stress tensor)로 나타내시오.
(2) 주응력의 의미를 설명하고, 그 크기를 구하시오.

풀이

❶ 응력도 텐서

응력벡터를 응력텐서와 기저벡터로 표현하면 다음과 같다.

$$\left\{ \begin{array}{l} t_x = \sigma_x \cdot e_x + \tau_{xy} \cdot e_y \\ t_y = \tau_{xy} \cdot e_x + \sigma_y \cdot e_x \end{array} \right\} \quad \rightarrow \quad \left\{ \begin{array}{l} t_x \\ t_y \end{array} \right\} = \begin{bmatrix} \sigma_x & \tau_{xy} \\ \tau_{xy} & \sigma_y \end{bmatrix} \cdot \left\{ \begin{array}{l} e_x \\ e_y \end{array} \right\}$$

$$\therefore \text{응력도 텐서 } \sigma = \begin{bmatrix} \sigma_x & \tau_{xy} \\ \tau_{yx} & \sigma_y \end{bmatrix} = \begin{bmatrix} 200 & 80 \\ 80 & -100 \end{bmatrix}$$

❷ 주응력의 의미

외력을 받고 있는 물체내의 임의의 한점을 포함하는 미소요소 내에서 어떤 면에 전단응력은 작용하지 않고 수직응력만이 작용할 때 그 수직응력 즉, 전단응력=0이고, 수직응력의 최대, 최소값

❸ 주응력 크기

① 응력도 텐서 고유치 이용

$$\det\left(\begin{bmatrix} 200 - \sigma_{1,2} & 80 \\ 80 & -100 - \sigma_{1,2} \end{bmatrix} \right) = 0 \quad ; \quad \left\{ \begin{array}{l} \sigma_1 = 220 \text{MPa} \\ \sigma_2 = -120 \text{MPa} \end{array} \right.$$

② 주응력 공식이용

$$\left\{ \begin{array}{l} \dfrac{\sigma_x + \sigma_y}{2} = \dfrac{200 - 100}{2} = 50 \text{MPa} \\ \dfrac{\sigma_x - \sigma_y}{2} = \dfrac{200 + 100}{2} = 150 \text{MPa} \\ \sqrt{\left(\dfrac{\sigma_x - \sigma_y}{2}\right)^2 + \tau_{xy}^2} = 170 \text{MPa} \end{array} \right\}$$

$$\rightarrow \left\{ \begin{array}{l} \sigma_1 = \dfrac{\sigma_x + \sigma_y}{2} + \sqrt{\left(\dfrac{\sigma_x - \sigma_y}{2}\right)^2 + \tau_{xy}^2} = 220 \text{MPa} \\ \sigma_2 = \dfrac{\sigma_x + \sigma_y}{2} - \sqrt{\left(\dfrac{\sigma_x - \sigma_y}{2}\right)^2 + \tau_{xy}^2} = -120 \text{MPa} \end{array} \right.$$

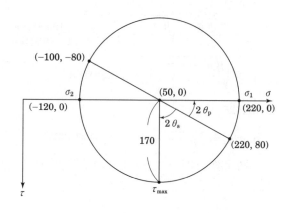

TI-*nspire* CAS 입력 설명

PE.A−94−3−1

·················· 1	−1
$\begin{bmatrix} 200 & 80 \\ 80 & -100 \end{bmatrix}$	$\begin{bmatrix} 200 & 80 \\ 80 & -100 \end{bmatrix}$
·················· 2	−2
$\triangle$ solve $\left(\det\left(\begin{bmatrix} 200-\sigma & 80 \\ 80 & -100-\sigma \end{bmatrix} \right) = 0, \sigma \right)$	$\sigma = -120$ or $\sigma = 220$
eig VI $\left(\begin{bmatrix} 200 & 80 \\ 80 & -100 \end{bmatrix} \right)$ ①	$\{220., -120.\}$
$\dfrac{200-100}{2}$	50
$\dfrac{200+100}{2}$	150
$\sqrt{\left(\dfrac{200+100}{2} \right)^2 + 80^2}$	170
$\dfrac{200-100}{2} + \sqrt{\left(\dfrac{200+100}{2} \right)^2 + 80^2}$	220
$\dfrac{200-100}{2} - \sqrt{\left(\dfrac{200+100}{2} \right)^2 + 80^2}$	−120

- 주응력은 determinant를 이용해서 구할 수 있다.

- 문제와 같이 응력값이 수치로 주어진다면 계산기의 eigVI를 이용해서 구할 수 있다.

① 응력값이 수치로 주어진다면 계산기 내장함수인 eigVI, eigVc를 이용하여 고유치와 고유벡터를 구할 수 있다.

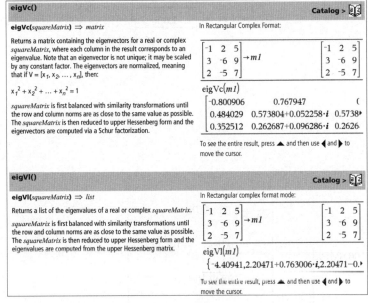

[eigVc( ), eigVI( ) 관련 설명 : Ti−Nspire CAS Reference Guide 발췌]

캔틸레버 T형보에 다음과 같은 하중이 작용할 경우 아래 사항을 검토하시오.

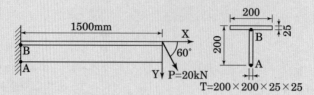

$T = 200 \times 200 \times 25 \times 25$

(1) T형보의 도심, 단면2차모멘트, B점의 단면1차모멘트
(2) 캔틸레버 보의 부재력 산정
(3) A점 주응력, 최대전단응력
(4) B점 주응력, 최대전단응력

풀이

1 기본사항

$$\bar{y} = \frac{200 \times 25 \times \left(200 - \dfrac{25}{2}\right) + 25 \times \dfrac{175^2}{2}}{200 \times 25 + 25 \times 175} = 140.833\,\text{mm}$$

$$Q = 200 \times 25 \times \left(200 - \frac{25}{2} - \bar{y}\right) = 233333\,\text{mm}^2$$

$$A = 200 \cdot 25 + 175 \cdot 25 = 9375\,\text{mm}^2$$

$$I = \frac{25 \times 175^3}{12} + 25 \times 175 \times \left(\frac{175}{2} - \bar{y}\right)^2$$
$$\quad + \frac{200 \times 25^3}{12} + 200 \times 25 \times \left(200 - \frac{25}{2} - \bar{y}\right)^2$$
$$= 3.476 \times 10^7\,\text{mm}^4$$

$$\sigma_{1,2} = \frac{\sigma_x + \sigma_y}{2} \pm \sqrt{\left(\frac{\sigma_x - \sigma_y}{2}\right)^2 + \tau_{xy}^2}$$

$$\tau_{max} = \sqrt{\left(\frac{\sigma_x - \sigma_y}{2}\right)^2 + \tau_{xy}^2}$$

$$0.5917 \\ +10\sqrt{3} \times 1.5 \\ = 26.573\,\text{kN·m}$$

$$0.5917\,\text{kN·m}$$
$$\to 10\,\text{kN}$$
$$1.5\,\text{m}$$
$$10\sqrt{3}\,\text{kN}$$

$$10\,\text{kN} \to 10$$
$$10\sqrt{3} \quad P = 20$$

2 A점 주응력, 최대전단응력

$$\left\{ \begin{aligned} \sigma_x &= \frac{10000}{A} - \frac{26.573 \cdot 10^6 \cdot \bar{y}}{I} = -106.6\,\text{MPa} \\ \sigma_y &= 0 \\ \tau_{xy} &= 0 \end{aligned} \right\} \to \left\{ \begin{aligned} \frac{\sigma_x}{2} &= -53.3\,\text{MPa} \\ \sigma_{1,2} &= 0\,\text{MPa}, \quad -106.6\,\text{MPa} \\ \tau_{max} &= 53.3\,\text{MPa} \\ \theta_p &= \frac{1}{2} \cdot \tan^{-1}\left(\frac{\tau_{xy}}{\frac{\sigma_x}{2}}\right) = 0° \\ \theta_s &= 45° - \theta_p = 45° (\curvearrowleft) \end{aligned} \right\}$$

3 B점 주응력, 최대전단응력

$$\begin{cases} \sigma_{\mathrm{x}} = \dfrac{10000}{A} + \dfrac{26.573 \cdot 10^6 \cdot (200 - 25 - \overline{y})}{I} = 27.187\text{MPa} \\[3mm] \sigma_{\mathrm{y}} = 0 \\[3mm] \tau_{\mathrm{xy}} = \dfrac{-10\sqrt{3} \cdot 10^3 \cdot Q}{I \cdot 25} = -4.65\text{MPa} \end{cases} \rightarrow \begin{cases} \dfrac{\sigma_{\mathrm{x}}}{2} = 13.59\text{MPa} \\[3mm] \sigma_{1,2} = 27.96\text{MPa}, \quad -0.774\text{MPa} \\[3mm] \tau_{\max} = 14.367\text{MPa} \\[3mm] \theta_p = \dfrac{1}{2} \cdot \tan^{-1}\!\left(\dfrac{\tau_{xy}}{\dfrac{\sigma_x}{2}}\right) = 9.44°(\curvearrowright) \\[5mm] \theta_s = 45° + 9.44° = 54.44°(\curvearrowright) \end{cases}$$

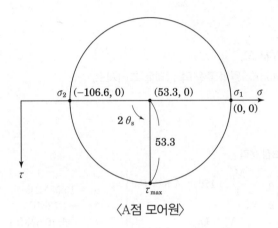

〈A점 모어원〉

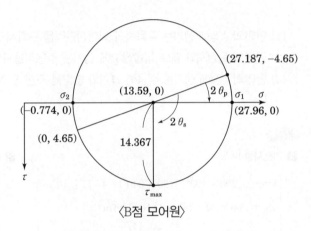

〈B점 모어원〉

그림과 같이 중앙부에 P=100kN의 집중하중을 받는 단순보의 지점 '가'에서 1.0m떨어진 위치의 단면에 대해 다음 물음에 답하시오. (단, 사용된 부재의 단면은 H-400×200×20×30이다.)

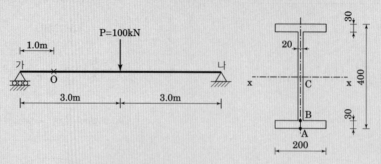

(1) 단면의 A점에 생기는 주응력과 최대전단력을 구하시오.
(2) 단면의 플랜지와 웨브 접합점 B에 생기는 주응력을 구하시오.
(3) 단면의 C점에 생기는 주응력 크기와 방향을 구한 후 Mohr's 원과 주응력 상태를 그리시오.

풀이

1 기본사항 [10]

$$\begin{cases} I = \dfrac{1}{12}(200 \times 400^3 - 180 \times 340^3) = 4.771 \times 10^8 \text{mm}^4 \\ Q_B = 200 \times 30 \times 185 = 1110000 \text{mm}^3 \\ Q_C = 200 \times 30 \times 185 + \dfrac{20 \times 170^2}{2} = 1399000 \text{mm}^3 \\ V_0 = 50000 \text{N} \\ M_0 = 5 \cdot 10^7 \text{Nmm} \end{cases}$$

2 A점 응력

$$\begin{cases} \sigma_x = \dfrac{M_0}{I} \times 200 = 20.96 \text{MPa} \\ \sigma_y = 0 \\ \tau_{xy} = 0 \end{cases} \quad \begin{matrix} \sigma_1 = 20.96 \text{MPa} \\ \rightarrow \sigma_2 = 0 \\ \tau_{max} = \pm 10.48 \text{MPa} \end{matrix}$$

$$\theta_P = 0° \qquad \theta_s = 45°(\curvearrowleft)$$

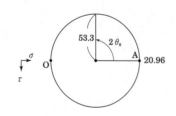

3 B점 응력

$$\begin{cases} \sigma_x = \dfrac{M_0}{I} \times 170 = 17.82 \text{MPa} \\ \sigma_y = 0 \\ \tau_{xy} = -\dfrac{V_0 \times Q_B}{I \times 20} = -5.82 \text{Mpa} \end{cases} \quad \begin{matrix} \sigma_1 = 19.55 \text{MPa} \\ \rightarrow \sigma_2 = -1.73 \text{MPa} \\ \tau_{max} = \pm 10.64 \text{MPa} \end{matrix}$$

$$\theta_P = 16.57°(\curvearrowright) \qquad \theta_s = 28.43°(\curvearrowleft)$$

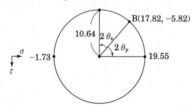

4 C점에 생기는 주응력, 최대전단력

$$\begin{cases} \sigma_x = 0 \\ \sigma_y = 0 \\ \tau_{xy} = -\dfrac{V_0 \times Q_C}{I \cdot 20} = -7.33 \text{MPa} \end{cases} \quad \begin{matrix} \sigma_1 = 7.33 \text{MPa} \\ \rightarrow \sigma_2 = -7.33 \text{MPa} \\ \tau_{max} = \pm 7.33 \text{MPa} \end{matrix}$$

$$\theta_P = 45°(\curvearrowright) \qquad \theta_s = 0°$$

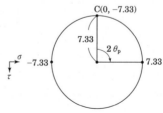

---

10) 전단력의 부호(↑⊞↓)와 전단응력의 부호(↓⊞↑)가 다름에 유의한다.

다음 그림과 같이 동일한 단면의 파이프로 구성된 구조물에서 A점이 고정되고 AB부재의 끝에 BC부재가 직각으로 연결되어 있다. C점에 z방향으로 P=1,000N이 작용할 때 다음을 구하시오.

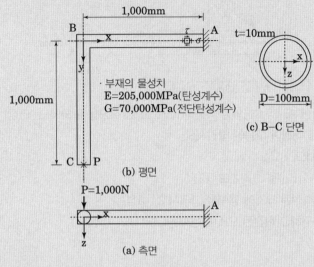

(c) B–C 단면

(b) 평면

(a) 측면

(1) A점에서 파이프에 발생하는 최대주응력 값과 주응력방향을 그림으로 나타내시오.
(2) C점의 z방향 수직처짐을 구하시오.

풀이

1 기본사항(A점 상단부 응력)

$$I = \frac{\pi}{64}\left(100^4 - 80^4\right) = 2.898 \times 10^6 \, \text{mm}^4$$

$$\sigma_x = \frac{M}{I}y = \frac{PL}{I}y = \frac{1000 \times 1000}{I} \times 50 = 17.2526 \, \text{MPa}$$

$$\sigma_y = 0$$

$$\tau_{xy} = \tau_T = \frac{T}{I_p}r = \frac{P \times L}{2 \times I} \times 50 = 8.6263 \, \text{MPa}$$

2 A점 최대주응력

$$\sigma_{1,2} = \frac{\sigma_x + \sigma_y}{2} \pm \sqrt{\left(\frac{\sigma_x - \sigma_y}{2}\right)^2 + \left(\tau_{x,y}\right)^2}$$

$$\sigma_1 = 20.8064 \, \text{MPa} \quad \sigma_2 = -3.5764 \, \text{MPa} \quad \tau_{12} = 12.1994 \, \text{MPa}$$

$$\tan 2\theta = \frac{2\tau_{x,y}}{\sigma_x - \sigma_y} \quad \rightarrow \quad \theta = 22.5° \, (\curvearrowleft)$$

3 Z방향 수직처짐

$$U = 2 \times \int_0^L \frac{(-P \cdot x)^2}{2EI}dx + \frac{(-P \cdot L)^2 L}{2G(2I)}$$

$$\delta = \frac{\partial U}{\partial P} = 3.58677 \, \text{mm} \, (\downarrow)$$

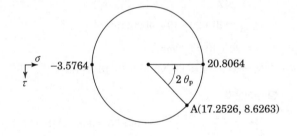

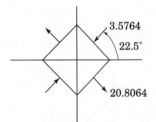

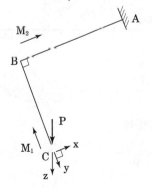

다음 그림과 같이 단순보 중앙에 50kN 하중이 작용하고, 단면의 도심에 축방향으로 400kN의 압축력이 작용한다. 다음 물음에 답하시오. (총 25점)

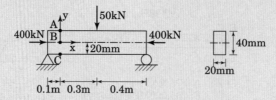

(1) 축력과 휨모멘트에 의한 A, B, C점의 수직응력(normal stress)을 구하시오. (5점)
(2) B점에서의 평면응력에 대하여 다음에 답하시오.
    (a) 전단응력을 구하시오. (5점)
    (b) 모어 원(Mohr's circle)을 그리시오. (5점)
    (c) 주응력을 구하고 회전된 요소에 응력을 그리시오. (5점)
    (d) 최대 전단응력을 구하고 회전된 요소에 응력을 그리시오. (5점)

풀이

❶ 기본사항

$$I = \frac{20 \cdot 40^3}{12} = 106667 \text{mm}^4$$

$$Q_{max} = 20 \cdot 20 \cdot 10 = 4000 \text{mm}^3$$

$$A = 20 \cdot 40 = 800 \text{mm}^2$$

$$M = 25 \cdot 0.1 = 2.5 \text{kNm} = 2.5 \cdot 10^6 \text{Nmm}$$

❷ 수직응력

$$\begin{cases} \sigma_A = -\dfrac{P}{A} - \dfrac{M \cdot 20}{I} = -968.75 = 968.75 \text{MPa(압축)} \\ \sigma_B = -\dfrac{P}{A} = -500 = 500 \text{MPa(압축)} \\ \sigma_C = -\dfrac{P}{A} + \dfrac{M \cdot 20}{I} = -31.25 = 31.25 \text{MPa(압축)} \end{cases}$$

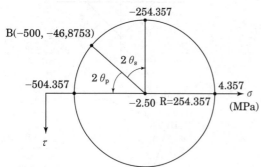

$$\sigma_{ave} = \frac{\sigma_x + \sigma_y}{2} = -250 \text{MPa}$$

$$R = \sqrt{\left(\frac{\sigma_x - \sigma_y}{2}\right)^2 + \tau_{xy}^2} = 254.357 \text{MPa}$$

❹ B점 주응력

$$\sigma_{1,2} = 4.357 \text{MPa}, \ -504.357 \text{MPa}$$

$$\tan 2\theta_p = \frac{2 \cdot \tau_{xy}}{\sigma_x - \sigma_y} \ ; \ \theta_p = 5.31° (\frown)$$

❺ B점 최대 전단응력

$$\tau_{max} = R = 254.357 \text{MPa}$$

$$\theta_s = \theta_p - 45° = 39.69° (\frown)$$

❸ B점 평면응력

$$\tau_{xy} = -\frac{VQ}{Ib} = -\frac{25000 \cdot Q_{max}}{I \cdot 20} = -46.875 \text{MPa}$$

그림과 같이 렌치를 사용하여 C 지점에 위치한 볼트를 풀려고 한다. A 지점에 100N의 힘이 작용될 때, 다음 물음에 답하시오. (단, 축 AB와 BC의 직경은 각각 20mm, 18mm이다) (총 30점)

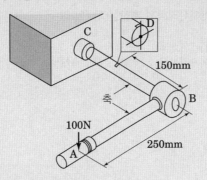

(1) D 지점이 있는 단면에서의 내력을 모두 구하시오. (6점)

(2) D 지점에서의 전단응력과 수직응력을 구하시오. (8점)

(3) 상기 응력상태를 기준으로 D 지점에서의 주응력과 최대 전단응력을 구하시오. (8점)

(4) 축 BC는 알루미늄 합금이며, 인장시험을 통하여 측정된 항복응력이 100MPa이라고 할 때, 이를 기준으로 D 지점의 항복 여부를 판정하고자 한다. 두 가지의 적절한 판정 기준에 의거하여 D 지점을 기준으로 한 축 BC의 항복 여부를 판정하고, 각각의 안전계수를 구하시오. (8점)

풀이

1 단면내력

$$\begin{cases} V = 100\text{N} \\ T = 100 \cdot 250 = 25000\text{Nmm} \\ M = -100 \cdot 150 = -15000\text{Nmm} \end{cases}$$

2 전단응력, 수직응력

$$\begin{cases} I = \dfrac{\pi \cdot 18^4}{64} = 5133\text{mm}^4 \qquad \sigma = \dfrac{M}{I} \cdot \left(-\dfrac{18}{2}\right) = 26.1983\text{MPa} \\ I_p = \dfrac{\pi \cdot 18^4}{32} = 10306\text{mm}^4 \qquad \tau = \dfrac{T}{I_p} \cdot \left(\dfrac{18}{2}\right) = 21.832\text{MPa} \end{cases}$$

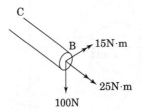

3 주응력, 최대전단응력

$$\begin{cases} \sigma_{1,2} = \dfrac{\sigma}{2} \pm \sqrt{\left(\dfrac{\sigma}{2}\right)^2 + \tau^2} = 38.5594\text{MPa}, \quad -12.361\text{MPa} \\ \\ \tau_{max} = \sqrt{\left(\dfrac{\sigma}{2}\right)^2 + \tau^2} = 25.4602\text{MPa} \end{cases}$$

4 항복검토

① 최대 전단응력 기준(Tresca criterion)

$$\tau_y = \dfrac{\sigma_y}{2} = 50\text{MPa} > \tau_{max}(=25.4602\text{MPa}) \qquad\qquad \text{F.S} = \dfrac{50}{25.4602} = 1.96 \qquad \text{O.K}$$

② 최대 비틀림 에너지 기준(Von mises criterion)

$$\sigma_y = 100\text{MPa} > \sigma_{max}\left(=\sqrt{\sigma_1^2 - \sigma_1\sigma_2 + \sigma_2^2} = 46\text{MPa}\right) \qquad\qquad \text{F.S} = \dfrac{100}{46} = 2.17 \qquad \text{O.K}$$

다음 그림과 같은 3축응력을 받고 있는 요소의 3차원 주응력 $\sigma_1 > \sigma_2 > \sigma_3$를 구하고,
최대주응력 σ_1이 작용하는 평면의 방향이 x, y, z축과 이루는 각도(°) α, β, γ를 각
각 구하시오. (단, 각도는 소수점 셋째자리까지 계산한다) (20점)

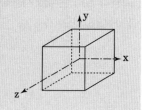

$$\sigma_{ij} = \begin{bmatrix} \sigma_x & \tau_{xy} & \tau_{xz} \\ \tau_{yx} & \sigma_y & \tau_{yz} \\ \tau_{zx} & \tau_{zy} & \sigma_z \end{bmatrix} = \begin{bmatrix} -50 & 0 & -40 \\ 0 & -40 & 0 \\ -40 & 0 & 10 \end{bmatrix} \text{MPa}$$

풀이

❶ 주응력(응력텐서의 특성방정식 이용)

$$\det \begin{bmatrix} -50-\lambda & 0 & -40 \\ 0 & -40-\lambda & 0 \\ -40 & 0 & 10-\lambda \end{bmatrix} = 0$$

$$\rightarrow \quad \lambda = \begin{cases} 30\text{MPa} & \rightarrow & \sigma_1 \\ -40\text{MPa} & \rightarrow & \sigma_2 \\ -70\text{MPa} & \rightarrow & \sigma_3 \end{cases}$$

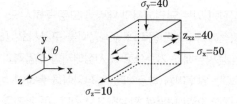

❷ 주평면 각도 [11]

$$\tan 2\theta_{py} = \frac{2 \cdot (-40)}{(-50-10)} \quad \rightarrow \quad \theta_{py} = 26.565°$$

$$(\alpha, \quad \beta, \quad \gamma) = (0, \quad 26.565°, \quad 0)$$

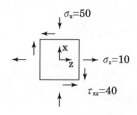

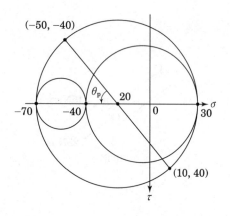

---

11) x−z축에 전단응력이 발생하므로 y축만 회전

평면응력을 받는 부재의 항복조건에 관한 다음 물음에 답하시오. (총 20점)

(1) 등방성 재료에 이축하중이 가해질 때 항복이 발생하는 경우, 폰 미세스의 조건과 최대 전단응력 조건에 의한 항복 이론을 각각 설명하시오. (8점)

(2) 반지름 r, 두께 t인 얇은 닫힌 원통형 압력용기가 내압 p를 받고 있다. 폰 미세스 항복 조건과 최대 전단응력 조건에 의해 항복이 발생하기 시작하는 내압 p_y를 각각 구하시오. (6점) (단, 재료의 항복 강도는 s_y이다)

(3) 다음과 같은 평면 응력 상태가 있다. $\sigma_x = 70MPa$, $\sigma_y = 140MPa$, $\tau_{xy} = -35MPa$

단축 인장시험으로 얻은 항복강도가 145MPa일 경우, 폰 미세스 항복 조건과 최대 전단응력 조건을 사용하여 항복이 발생하는지를 판별하시오. (6점)

풀이

1 폰 미세스 조건

최대 비틀림 에너지로 항복여부 판별

$$\begin{cases} u_d < (u_d)_Y \text{이면 안전} \\ u_d = \dfrac{1}{6G}(\sigma_a^2 - \sigma_a\sigma_b + \sigma_b^2) \\ (u_d)_Y = \dfrac{\sigma_Y^2}{6G} \end{cases}$$

$\rightarrow \quad \therefore \sigma_a^2 - \sigma_a\sigma_b + \sigma_b^2 < \sigma_Y^2$

2 최대 전단응력 조건(Tresca 항복기준)

재료 경사면 미끄럼에 의해 항복여부 판별

$$\begin{cases} \tau_{max} < \tau_Y \text{이면 안전} \\ \tau_{max} = \begin{cases} \dfrac{1}{2}|\sigma_{max}| (\text{주응력 부호 동일}) \\ \dfrac{1}{2}|\sigma_{max} - \sigma_{min}| (\text{주응력 부호 다름}) \end{cases} \\ \tau_Y = \dfrac{\sigma_Y}{2} (\text{인장시편 시험결과}) \end{cases}$$

$\rightarrow \quad \therefore \begin{cases} |\sigma_a| < \sigma_Y \quad |\sigma_b| < \sigma_Y (\text{주응력 부호 동일}) \\ |\sigma_a - \sigma_b| < \sigma_Y (\text{주응력 부호 다름}) \end{cases}$

3 반지름 r, 두께 t, 내압 p인 경우 p_y

① 본 미세스 조건 기준

$$\sigma_1 = \frac{pr}{t} \qquad \sigma_2 = \frac{pr}{2t}$$

$$\sigma_1^2 - \sigma_1\sigma_2 + \sigma_2^2 < S_Y^2 \quad \rightarrow \quad p_Y = \frac{2S_Y t}{\sqrt{3}\, r}$$

② 최대 전단응력 조건 기준

주응력 부호가 동일하므로 $\tau_{max} = \dfrac{1}{2}\sigma_{max} = \dfrac{1}{2} \cdot \dfrac{pr}{t}$

$$\frac{pr}{2t} < \frac{S_Y}{2} \quad \rightarrow \quad p_Y = \frac{S_Y t}{r} (\text{지배})$$

4 $\sigma_x = 70MPa$, $\sigma_y = 140MPa$, $\tau_{xy} = -35MPa$, $s_y = 145MPa$인 경우

① 본 미세스 조건 기준

$$\sigma_{1,2} = \frac{\sigma_x + \sigma_y}{2} \pm \sqrt{\left(\frac{\sigma_x - \sigma_y}{2}\right)^2 + (\tau_{xy})^2} = 154.5MPa,$$

$$55.5MPa$$

$\sigma_1^2 - \sigma_1\sigma_2 + \sigma_2^2 = 18375 < S^2$ 항복 미발생

② 최대 전단응력 조건 기준

주응력 부호가 동일 하므로

$$\tau_{max} = \frac{1}{2}\sigma_{max} = \frac{140}{2} = 70MPa$$

$$< \tau_Y\left(= \frac{S_Y}{2} = 72.5MPa\right)$$ 항복 미발생

다음 그림과 같이 단면이 원형(지름은 2.0cm)인 보에 220N · m의 휨모멘트(M)와
220N · m의 비틀림모멘트(T)가 동시에 작용하고 있다. 최대 인장 휨응력이 발생
하는 지점에서 응력의 상태를 정의하고 주응력과 그 방향을 결정하시오. (20점)

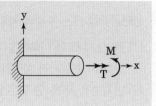

풀이

1 기본사항

$$I = \frac{\pi \cdot 20^4}{64} = 2500\pi \, \text{mm}^4$$

$$I_p = 2I = 5000\pi \, \text{mm}^4$$

2 고정단 응력

$$\sigma_x = \frac{220 \cdot 10^3}{I} \cdot 10 = 280.113 \text{MPa}$$

$$\tau = \frac{-220 \cdot 10^3}{I_p} \cdot 10 = -140.056 \text{MPa}$$

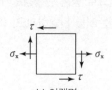

보 아랫면

3 주응력

$$\sigma_{1,2} = \frac{\sigma_x}{2} \pm \sqrt{\left(\frac{\sigma_x}{2}\right)^2 + \tau^2} = \begin{cases} 338.126 \text{MPa} \\ -58.013 \text{MPa} \end{cases}$$

$$\theta_p = \frac{1}{2} \cdot \tan^{-1}\left(\frac{2\tau}{\sigma_x - \sigma_y}\right) = -22.5°$$

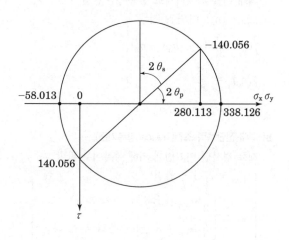

4 최대 전단응력

$$\tau_{max} = \frac{\sigma_x - \sigma_y}{2} = 198.07 \text{MPa}$$

$$\theta_s = \theta_p + 45° = 22.5°$$

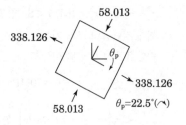

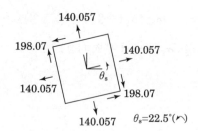

다음 그림과 같이 h＝25cm인 I 빔에 $2°$의 경사로 휨모멘트가 작용할 때, 수직으로 휨모멘트가 작용할 경우보다 A점에서의 인장응력이 몇 % 증가하는지 계산하시오. (단, 단면2차모멘트 $I_z = 5700cm^4$, $I_y = 330cm^4$이다.)

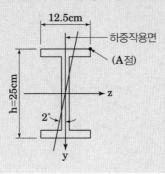

풀이

❶ 기본사항

$$P_z = P \cdot \sin\theta \qquad\qquad P_y = P \cdot \cos\theta$$

$$M_y = P_z \cdot L = P \cdot \sin\theta \qquad M_z = P_y \cdot L = P \cdot \cos\theta$$

$$z = \frac{b}{2} = \frac{12.5}{2}cm \qquad\qquad y = -\frac{h}{2} = -\frac{25}{2}cm$$

❷ A점에서 인장응력

① $2°$ 경사하중 작용 시

$$\sigma_{x1} = \frac{M_y}{I_y}z - \frac{M_z}{I_z}y$$

$$= \left(\frac{PL\sin 2°}{I_y} \cdot \frac{12.5}{2}\right) - \left(\frac{PL\cos 2°}{I_z} \cdot \left(\frac{-25}{2}\right)\right)$$

$$= 0.002853PL$$

② 수직하중 작용 시

$$\sigma_{x2} = -\frac{M_z}{I_z}y = -\frac{PL}{I_z}\left(-\frac{25}{2}\right)$$

$$= 0.002193PL$$

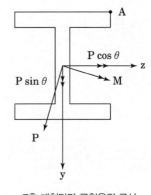

Z축 대칭단면 굽힘응력 공식

$$\sigma_x = \frac{M_y}{I_y}z - \frac{M_z}{I_z}y$$

❸ 인장응력 비교

$$\frac{\sigma_{x1}}{\sigma_{x2}} = 1.3008 \text{ (약 } 30.08\% \text{ 증가)}$$

길이 l인 캔틸레버보의 자유단 단부에 하중 P가 작용할 때, 그림과 같은 직사각형 단면의 y방향 최대변위와 최대 휨응력을 구하시오.

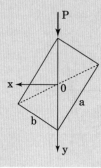

풀이

1 기본사항

$$I_{xx} = \frac{ba^3}{12}, \quad I_{yy} = \frac{ab^3}{12}$$

$$P_v = P \cdot \cos\theta$$

$$P_h = P \cdot \sin\theta$$

$$\tan\theta = \frac{b}{a}$$

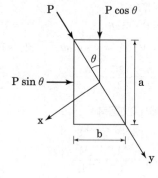

2 최대변위

$$\delta_{max} = \sqrt{\left(\frac{P \cdot l^3 \cdot \cos\theta}{3EI_{xx}}\right)^2 + \left(\frac{P \cdot l^3 \cdot \sin\theta}{3EI_{yy}}\right)^2} = \frac{4Pl^3}{a^2b^3E}$$

3 y방향 최대처짐

$$\delta_{y,max} = \frac{P \cdot l^3 \cdot \cos\theta}{3EI_{xx}} \cdot \cos\theta + \frac{P \cdot l^3 \cdot \sin\theta}{3EI_{yy}} \cdot \sin\theta = \frac{8Pl^3}{a(a^2+b^2)bE}$$

4 최대응력

$$\sigma = -\frac{Pl\cos\theta}{I_{xx}} \cdot y + \frac{Pl\sin\theta}{I_{yy}} \cdot x$$

$$\sigma_{max} = -\frac{Pl\cos\theta}{I_{xx}} \cdot \left(-\frac{a}{2}\right) + \frac{Pl\sin\theta}{I_{yy}} \cdot \left(\frac{b}{2}\right) = \frac{12Pl}{ab\sqrt{a^2+b^2}}$$

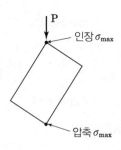

다음 그림과 같은 구조에 $100mm \times 100mm \times 100mm$ 크기의 콘크리트 구조체가 고정되어 있을 때 체적변화량 ΔV와 변형에너지 U를 결정하시오. (단, 탄성계수 $E = 20000MPa$, 포아송비 $\nu = 0.1$ 및 $F = 90kN$)

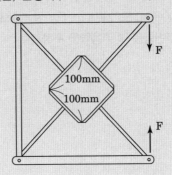

풀이

1 요소 작용응력

$$\sigma_x = -\frac{\sqrt{2}Q}{A} = -\frac{\sqrt{2} \cdot 90 \cdot 10^3}{100^2} = -9\sqrt{2}\,MPa$$

$$\sigma_y = -\frac{\sqrt{2}Q}{A} = -\frac{\sqrt{2} \cdot 90 \cdot 10^3}{100^2} = -9\sqrt{2}\,MPa$$

$$\sigma_z = 0$$

2 변형률

$$\epsilon_x = \frac{1}{E} \cdot \{\sigma_x - \nu \cdot (\sigma_y + \sigma_z)\} = -5.727565 \cdot 10^{-4}$$

$$\epsilon_y = \frac{1}{E} \cdot \{\sigma_y - \nu \cdot (\sigma_x + \sigma_z)\} = -5.727565 \cdot 10^{-4}$$

$$\epsilon_z = \frac{1}{E} \cdot \{\sigma_z - \nu \cdot (\sigma_x + \sigma_y)\} = 1.272792 \cdot 10^{-4}$$

3 체적변형률

$$\epsilon_v = \epsilon_x + \epsilon_y + \epsilon_z = -0.001018$$

4 변형에너지 밀도

$$u = \frac{1}{2}\{\sigma_x\epsilon_x + \sigma_y\epsilon_y + \sigma_z\epsilon_z\} = 0.00729N/mm^2$$

5 변형에너지

$$U = V \cdot u = 100^3 \cdot u = 7290Nmm$$

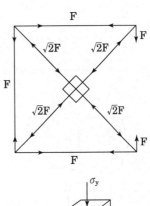

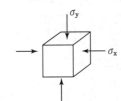

강구조물의 정밀진단 시 임의 지점에 45° 스트레인 로제트를 사용하여 변형률을 측정한 결과 $\epsilon_a = 680 \times 10^{-6}$, $\epsilon_b = 410 \times 10^{-6}$ 그리고 $\epsilon_c = -220 \times 10^{-6}$로 계측되었다. 강재의 탄성계수 $E = 200GPa$, 포아송비 $\mu = 0.3$ 일 때 스트레인 로제트를 설치한 계측지점의 최대 주변형률 및 주응력을 구하시오.

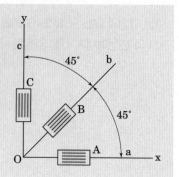

풀이

1 변형률 산정

$$\epsilon(\theta) = \frac{\epsilon_x + \epsilon_y}{2} + \frac{\epsilon_x - \epsilon_y}{2} \cdot \cos 2\theta + \frac{\gamma_{xy}}{2} \cdot \sin 2\theta$$

$$\begin{cases} \epsilon(0°) = \epsilon_a \; ; \; \dfrac{\epsilon_x + \epsilon_y}{2} + \dfrac{\epsilon_x - \epsilon_y}{2} \cdot \cos 0° + \dfrac{\gamma_{xy}}{2} \cdot \sin 0° = 680 \cdot 10^{-6} \\ \epsilon(45°) = \epsilon_v \; ; \; \dfrac{\epsilon_x + \epsilon_y}{2} + \dfrac{\epsilon_x - \epsilon_y}{2} \cdot \cos 45° + \dfrac{\gamma_{xy}}{2} \cdot \sin 45° = 410 \cdot 10^{-6} \\ \epsilon(90°) = \epsilon_c \; ; \; \dfrac{\epsilon_x + \epsilon_y}{2} + \dfrac{\epsilon_x - \epsilon_y}{2} \cdot \cos 90° + \dfrac{\gamma_{xy}}{2 \cdot} \sin 90° = -220 \cdot 10^{-6} \end{cases} \rightarrow \begin{cases} \epsilon_x = 6.8 \cdot 10^{-4} \\ \epsilon_y = -2.2 \cdot 10^{-4} \\ \gamma_{xy} = 3.6 \cdot 10^{-4} \end{cases}$$

2 주변형률

$$\epsilon_{1,2} = \frac{\epsilon_x + \epsilon_y}{2} \pm \sqrt{\left(\frac{\epsilon_x - \epsilon_y}{2}\right)^2 + \left(\frac{\gamma_{xy}}{2}\right)^2}$$

$$\therefore \epsilon_1 = 7.1466 10^{-4}, \quad \epsilon_2 = -2.54665 \cdot 10^{-4}$$

$$\frac{\gamma_{1,2}}{2} = \pm \sqrt{\left(\frac{\epsilon_x - \epsilon_y}{2}\right)^2 + \left(\frac{\gamma_{xy}}{2}\right)^2} = \pm 4.84665 \cdot 10^{-4}$$

$$\therefore \gamma_{1,2} = \pm 9.693297 \cdot 10^{-4}$$

$$\theta_p = \frac{1}{2} \cdot \tan^{-1}\left(\frac{\dfrac{\gamma_{xy}}{2}}{\dfrac{\epsilon_x - \epsilon_y}{2}}\right) = 10.9°$$

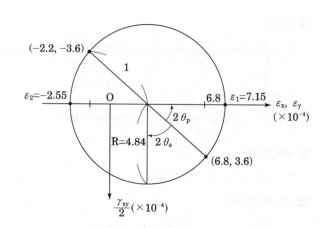

3 주응력

$$\begin{cases} \epsilon_x = \dfrac{\sigma_x}{E} - \dfrac{\nu}{E}(\sigma_y + \sigma_z) \\ \epsilon_y = \dfrac{\sigma_y}{E} - \dfrac{\nu}{E}(\sigma_x + \sigma_z) \end{cases} \text{에서}$$

$\sigma_z = 0$, $\nu = 0.3$ 이므로

$$\sigma_x = 134.945 MPa \qquad \sigma_y = -3.516 MPa$$

$$\tau_{xy} = G \cdot \gamma_{xy} = \frac{E}{2(1+\nu)} \cdot \gamma_{xy} = 27.692 MPa$$

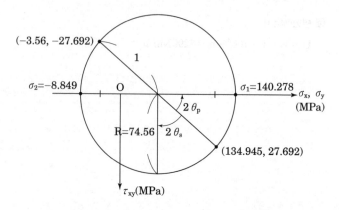

$$\sigma_{1,2} = \frac{\sigma_x + \sigma_y}{2} \pm \sqrt{\left(\frac{\sigma_x - \sigma_y}{2}\right)^2 + (\tau_{xy})^2}$$

$$\therefore \sigma_1 = 140.278\text{MPa} \qquad \sigma_2 = -8.849\text{MPa}$$

$$\tau_{12} = \pm \sqrt{\left(\frac{\sigma_x - \sigma_y}{2}\right)^2 + (\tau_{xy})^2} = \pm 74.563\text{MPa}$$

$$\tan 2\theta_p = \frac{\tau_{xy}}{\frac{\sigma_x - \sigma_y}{2}} \quad \rightarrow \quad \theta_p = 10.9°$$

토목구조기술사 | 88-2-2

아래 그림과 같이 내민보(단면 25mm×100mm)의 단부 B의 단면의 중앙 높이의 위치에 30° 하 방향으로 P가 작용할 때, 두 개의 strain gages를 보 단면의 중앙 높이의 위치에 있는 C점에 부착하였고, Gage 1은 수평방향, Gage 2는 60° 방향으로 그림과 같이 부착하였다. 여기서 P 하중이 작용할 때 계측된 변형률이 각각 $\epsilon_1 = 125 \times 10^{-6}$(Gage 1), $\epsilon_2 = -375 \times 10^{-6}$(Gage 2)일 경우, 작용된 힘 P를 계산하시오. (단, 보 단면의 탄성계수 $E = 2.0 \times 10^5$MPa, 포와송 비 $\nu = \frac{1}{3}$로 가정)

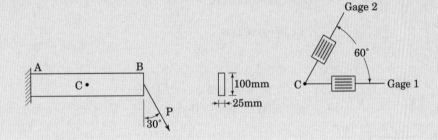

풀이

❶ C점 부재력 및 응력

$$\begin{cases} \text{축력}: \ N = \frac{P}{2}(\text{인장}) \\ \text{전단력}: \frac{\sqrt{3}}{2}P \ (\uparrow \downarrow) \\ \text{휨모멘트}: \frac{\sqrt{3}\,Pa}{2}(\frown) \end{cases} \rightarrow \begin{cases} \sigma_x = \frac{P/2}{25 \cdot 100} + 0 \ (\because \text{중립축}) \\ \sigma_y = 0 \\ \tau_{xy} = \dfrac{\dfrac{(\sqrt{3}P/2) \cdot (25 \cdot 50 \cdot 25)}{\dfrac{25 \cdot 100^3}{12}} \cdot 25}{} \end{cases}$$

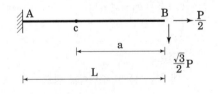

❷ 변형률

$$\epsilon_x = \frac{\sigma_x}{E} - \frac{\nu}{E}(\sigma_y + \sigma_z) = \frac{1}{2 \cdot 10^5} \cdot \left(\frac{P}{2 \cdot 25 \cdot 100}\right) - P \cdot 10^{-9}$$

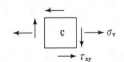

❸ 하중P 산정 [12]

$$\left(\epsilon_1(\text{gage1}) = \epsilon_x\right) \quad \rightarrow \quad 125 \cdot 10^{-6} = P \cdot 10^{-9}$$

$$\therefore P = 125000\text{N} = 125\text{kN}$$

---

12) 중립축에서의 변형률을 측정하였으므로 휨응력만을 이용하면 하중을 구할 수 있다.

등각 3축형 스트레인 게이지(delta rosette)를 통하여 다음 세 방향의 스트레인을 측정하였다. (총 30점)

$$\epsilon_a = 0.001, \quad \epsilon_b = -0.001, \quad \epsilon_c = 0.001$$

(1) 좌표변환으로 주변형률 ϵ_I, ϵ_{II}을 ϵ_a, ϵ_b, ϵ_c로 표시하시오. (10점)

(2) 주변형률 ϵ_I, ϵ_{II} 값과 그 방향각 θ를 구하시오. (10점)

(3) 평면응력 상태일 때 주응력 σ_I, σ_{II} 값을 구하시오. (10점)

(단, 재료는 등방성 선형 탄성체로, 탄성계수(E)는 30GPa, 포아송비(v)는 0.3으로 가정한다)

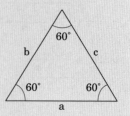

풀이

❶ 변형률

$$\epsilon(\theta) = \frac{\epsilon_x + \epsilon_y}{2} + \frac{\epsilon_x - \epsilon_y}{2} \cdot \cos 2\theta + \frac{\gamma_{xy}}{2} \cdot \sin 2\theta$$

$$\begin{cases} \epsilon_a = \epsilon_{(\theta = 0°)} \\ \epsilon_b = \epsilon_{(\theta = 60°)} \\ \epsilon_c = \epsilon_{(\theta = 120°)} \end{cases} \rightarrow \begin{cases} \epsilon_x = \epsilon_a = 0.001 \\ \epsilon_y = \dfrac{-\epsilon_a}{3} + \dfrac{2}{3}(\epsilon_b + \epsilon_c) = -0.000333 \\ \gamma_{xy} = \dfrac{2\sqrt{3}}{3}(\epsilon_b + \epsilon_c) = -0.002309 \end{cases}$$

❷ 주변형률($\epsilon_{1,2}$)

$$\epsilon_{1,2} = \frac{\epsilon_x + \epsilon_y}{2} \pm \sqrt{\left(\frac{\epsilon_x - \epsilon_y}{2}\right)^2 + \left(\frac{\gamma_{xy}}{2}\right)^2} \rightarrow \begin{cases} \epsilon_1 = 0.001667 \\ \epsilon_2 = -0.001 \end{cases}$$

$$\theta_p = \frac{1}{2} \cdot \tan^{-1}\left(\frac{\gamma_{xy}/2}{\dfrac{\epsilon_x - \epsilon_y}{2}}\right) \cdot \frac{180°}{\pi} = -30°$$

❸ 주응력($\sigma_{1,2}$)

$$\begin{cases} \epsilon_1 \cdot E = \sigma_1 - \nu(\sigma_2) \\ \epsilon_2 \cdot E = \sigma_2 - \nu(\sigma_1) \end{cases} \rightarrow \begin{array}{l} \sigma_1 = 45.066\text{MPa} \\ \sigma_2 = -16.48\text{MPa} \end{array}$$

참고

텐서를 이용한 주변형률 검토

$$\epsilon = \begin{bmatrix} 0.001 & -\dfrac{0.002309}{2} \\ -\dfrac{0.002309}{2} & -0.000333 \end{bmatrix} \qquad Q = \begin{bmatrix} \cos(2\theta) & \sin(2\theta) \\ -\sin(2\theta) & \cos(2\theta) \end{bmatrix}$$

- 주변형률 : $\det(\epsilon - \lambda I) = 0$ (또는 계산기 eigVl(ϵ) 이용) $\rightarrow$ $\epsilon_1 = 0.001667$ $\epsilon_2 = -0.001$

- 회전각도 : $\begin{bmatrix} 0.001667 & 0 \\ 0 & -0.001 \end{bmatrix} = Q\epsilon Q^T \rightarrow \theta_p = 30°$

직사각형 단면인 단순보의 거동을 시험하기 위해 그림과 같이 점 C 위치에 45°스트레인 로젯 게이지를 부착하였다. 집중하중 P=80kN이 그림과 같이 작용할 때, 스트레인 로젯을 구성하는 세 개의 스트레인 게이지 a, b, c로부터 측정한 변형율 ϵ_a, ϵ_b, ϵ_c을 각각 구하시오. (15점) (단, 부재의 재료는 후크의 법칙을 따르고, 탄성계수 E=200GPa, 포아송비=0.3이다)

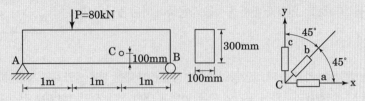

풀이

■1 기본사항

$$I = \frac{100 \cdot 300^3}{12} = 2.25 \cdot 10^8 \text{mm}^4$$

$$G = \frac{E}{2(1+\nu)} = 76923.1 \text{MPa}$$

$$M_c = \frac{80}{3} \cdot 1 \cdot 10^6 = 2.6667 \cdot 10^7 \text{Nmm}$$

$$Q_c = 100 \cdot 100 \cdot 100 = 100^3 \text{mm}^3$$

$$V_c = \frac{80}{3} \cdot 10^3 = 266667 \text{N}$$

■2 응력

$$\sigma_x = \frac{M_c \cdot 50}{I} = 5.926 \text{MPa}$$

$$\sigma_y = 0$$

$$\tau_{xy} = \frac{V_c \cdot Q}{I \cdot 100} = 1.1852 \text{MPa}$$

■3 변형률

$$\left\{ \begin{array}{l} E \cdot \epsilon_x = \sigma_x - \nu(\sigma_y + \sigma_z) \\ E \cdot \epsilon_y = \sigma_y - \nu(\sigma_x + \sigma_z) \end{array} \right\} \rightarrow \begin{array}{l} \epsilon_x = 2.963 \cdot 10^{-5} \\ \epsilon_y = -8.889 \cdot 10^{-6} \end{array}$$

$$\gamma_{xy} = \frac{\tau_{xy}}{G} = 1.5407 \cdot 10^{-5}$$

■4 스트레인 게이지 변형률

$$\epsilon_{45°} = \frac{\epsilon_x + \epsilon_y}{2} + \frac{\epsilon_x - \epsilon_y}{2} \cdot \cos 2 \cdot 45° + \frac{\gamma}{2} \cdot \sin 2 \cdot 45°$$

$$= 1.807 \cdot 10^{-5}$$

$$\therefore \epsilon_a = \epsilon_x = 2.963 \cdot 10^{-5}, \quad \epsilon_b = \epsilon_{45°} - 1.807 \cdot 10^{-5}, \quad \epsilon_c - \epsilon_y - -8.889 \cdot 10^{-6}$$

아래 그림과 같이 배열된 세 개의 스트레인 게이지가 탄성계수 $E = 70GPa$이고 프와송비 $\nu = 0.3$인 등방성 알루미늄 합금으로 된 부재의 표면에 부착되어 있다. 이 부재에 하중이 작용할 때, 스트레인 게이지에서 측정된 변형률이 각각 $\epsilon_a = +875\mu$, $\epsilon_b = +700\mu$, $\epsilon_c = +350\mu$이다. 스트레인 게이지가 부착된 면이 평면응력 상태임을 고려하고, 변형률 변환 공식을 사용하여 다음 물음에 답하시오. (총 20점)

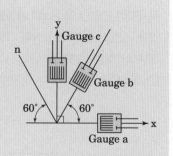

(1) xy평면에 수직인 방향을 z라고 할 때, z방향의 수직변형률 ϵ_z에 대한 식을 ϵ_x와 ϵ_y를 사용하여 구하시오. (6점)
(2) xy평면 내 최대 전단변형률과 3차원 공간의 모든 평면에 대한 최대 전단변형률을 각각 구하시오. (10점)
(3) n축 방향의 수직변형률을 구하시오. (4점)

풀이

1 ϵ_z

$$\left.\begin{cases} \epsilon_x = \dfrac{\sigma_x}{E} - \dfrac{\nu}{E}(\sigma_y + \sigma_z) \\[2mm] \epsilon_y = \dfrac{\sigma_y}{E} - \dfrac{\nu}{E}(\sigma_x + \sigma_z) \\[2mm] \epsilon_z = \dfrac{\sigma_z}{E} - \dfrac{\nu}{E}(\sigma_x + \sigma_y) \end{cases}\right\} \text{에서 } \sigma_z = 0\text{이므로} \qquad \therefore \epsilon_z = -\dfrac{\nu(\sigma_x + \sigma_y)}{E} = \dfrac{\nu(\epsilon_x + \epsilon_y)}{\nu - 1}$$

2 xy평면 내 최대 전단변형률

$$\epsilon_x = \epsilon_a = 875 \cdot 10^{-6}, \quad \epsilon_y = \epsilon_c = 350 \cdot 10^{-6}, \quad \epsilon_z = \frac{\nu(\epsilon_x + \epsilon_y)}{\nu - 1} = -525 \cdot 10^{-6}$$

$$\epsilon_{60°} = \frac{\epsilon_x + \epsilon_y}{2} + \frac{\epsilon_x - \epsilon_y}{2}\cos120° + \frac{\tau_{xy}}{2}\sin120° = 700 \cdot 10^{-6} \quad \rightarrow \quad \gamma_{xy} = 505.18 \cdot 10^{-6}$$

$$\epsilon_{1,2} = \frac{\epsilon_x + \epsilon_y}{2} \pm \sqrt{\left(\frac{\epsilon_x - \epsilon_y}{2}\right)^2 + \left(\frac{\gamma_{xy}}{2}\right)^2} = \begin{cases} \epsilon_1 = 977 \cdot 10^{-6} \\ \epsilon_2 = 248.2 \cdot 10^{-6} \end{cases}$$

$$\frac{\gamma_{xy,max}}{2} = \frac{\epsilon_1 - \epsilon_2}{2} = \frac{(977 - 248.2) \cdot 10^{-6}}{2}$$

$$\therefore \gamma_{xy,max} = 7.286 \cdot 10^{-4}$$

3 모든 평면에 대한 최대 전단변형률

$$\frac{\gamma_{max}}{2} = \frac{\epsilon_{max} - \epsilon_{min}}{2} = \frac{(977 + 525) \cdot 10^{-6}}{2}$$

$$\therefore \gamma_{max} = \gamma_{max} = 1502 \cdot 10^{-6}$$

4 n축방향 수직변형률

$$\epsilon_n = \frac{\epsilon_x + \epsilon_y}{2} + \frac{\epsilon_x - \epsilon_y}{2}\cos240° + \frac{\tau_{xy}}{2}\sin240°$$

$$= 262.5 \cdot 10^{-6}$$

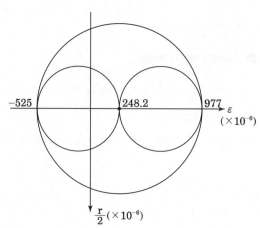

한 변의 길이가 이고 두께가 t인 정사각형 판에 이축 하중 P가 작용할 때 판의 한 면에 그림과 같이 스트레인 게이지 A, B, C를 부착하였다. 재료의 탄성계수가 E이고 포아송비가 ν이다. 스트레인 게이지 A, B, C에서 측정되는 변형률을 각각 E, ν, l, t, P로 나타내시오. (15점)

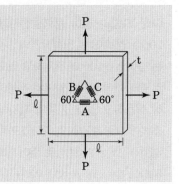

풀이

① 응력

$$\sigma_x = \frac{P}{t \cdot L}, \quad \sigma_y = \frac{P}{t \cdot L}, \quad \sigma_z = 0$$

② 응력 – 변형률 변환

$$\epsilon_x = \frac{\sigma_x}{E} - \frac{\nu}{E}\sigma_y, \quad \epsilon_y = \frac{\sigma_y}{E} - \frac{\nu}{E}\sigma_x, \quad \gamma_{xy} = 0$$

③ 스트레인 게이지 변형률

기본공식 : $\epsilon(\theta) = \dfrac{\epsilon_x + \epsilon_y}{2} + \dfrac{\epsilon_x - \epsilon_y}{2} \cdot \cos2\theta + \dfrac{\gamma_{xy}}{2} \cdot \sin2\theta$

$\epsilon_A = \epsilon(0°) = \dfrac{\epsilon_x + \epsilon_y}{2} + \dfrac{\epsilon_x - \epsilon_y}{2} \cdot \cos0° + \dfrac{\gamma_{xy}}{2} \cdot \sin0° = \dfrac{P(1-\nu)}{E \cdot L \cdot t}$

$\epsilon_B = \epsilon(120°) = \dfrac{\epsilon_x + \epsilon_y}{2} + \dfrac{\epsilon_x - \epsilon_y}{2} \cdot \cos120° + \dfrac{\gamma_{xy}}{2} \cdot \sin120° = \dfrac{P(1-\nu)}{E \cdot L \cdot t}$

$\epsilon_C = \epsilon(240°) = \dfrac{\epsilon_x + \epsilon_y}{2} + \dfrac{\epsilon_x - \epsilon_y}{2} \cdot \cos240° + \dfrac{\gamma_{xy}}{2} \cdot \sin240° = \dfrac{P(1-\nu)}{E \cdot L \cdot t}$

아래 그림과 같이 풍력발전기가 직경이 d＝200mm이고, 두께가 t＝20mm인 속이 빈 원형단면의 기둥으로 지지되어 있다. 풍력발전기의 몸체는 높이 h＝10m에 위치하고 있으며 몸체의 하중 W_1이 지지기둥의 중심으로부터 거리 b만큼 떨어져 작용하고, 기둥의 자체하중 W_2는 기둥의 중심에 작용하고 있다. 기둥의 지지력을 강화하기 위해서 강선을 기둥의 상단 외벽에 그림과 같이 장착하였으며 케이블의 장력은 T이다. (단, 하중 W_1＝4T(N), W_2＝22T(N)로 주어지며 몸체를 지지하는 수평부재의 무게는 무시하고 b＝2m, α＝30° 이다) (총 30점)

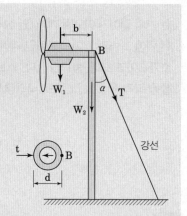

(1) 수직지지기둥에 작용하는 최대인장응력(σ_t) 및 최대압축응력(σ_c)을 구하시오. (18점)

(2) 수직기둥의 허용응력이 σ_{allow}＝100MPa일 경우 허용 가능한 케이블의 장력 T를 구하시오. (6점)

(3) 풍력터빈이 고속회전하면 추력 T_0가 프로펠러 앞쪽으로 발생한다. 이 경우 기둥 지지부 A에 걸리는 반력모멘트 M을 구하고, M이 발생하지 않도록 하기 위한 케이블의 장력 T와 추력 T_0의 비 T/T_0를 구하시오. (6점)

풀이

1 기본사항

$$I = \frac{\pi}{64} \cdot \left(200^4 - 160^4\right) \cdot 10^{-12} = 4.637 \cdot 10^{-5} \text{m}^4$$

$$A = \frac{\pi}{4} \cdot \left(200^2 - 160^2\right) \cdot 10^{-6} = 0.01131 \text{m}^2$$

2 기둥 최대응력(압축＋)

$$\sigma_A = \frac{\left(22T + 4T + \frac{\sqrt{3}}{2}T\right)}{A} \pm \frac{\left(\left(8T - \frac{10T}{2} - \frac{0.1\sqrt{3}}{2}T\right) \cdot 0.1\right)}{I}$$

$$= \begin{cases} = 8658.43T = 8.658 T \text{MPa(압축, 지배)} \\ = -3907.47T = 3.907 T \text{MPa(인장)} \end{cases}$$

$$\sigma_B = \frac{\left(4T + \frac{\sqrt{3}}{2}T\right)}{A} \pm \frac{\left(\left(8T - \frac{0.1\sqrt{3}}{2}T\right) \cdot 0.1\right)}{I}$$

$$= \begin{cases} = 17496.1T = 17.496 T \text{MPa(압축)} \\ = -16635.6T = 16.636 T \text{MPa(인장, 지배)} \end{cases}$$

3 케이블 장력(σ_{allow}＝100MPa)

$$\sigma_{t,max} = 100 \; ; \quad T = 6.011 \text{kN}$$

4 T/T_0

$$M_A = T_0 \cdot 10 + \frac{T}{2} \cdot 10 - \left(8T - \frac{0.1\sqrt{3}}{2}T\right)$$

$$M_A = 0 \; ; \quad \frac{T}{T_0} = 3.432$$

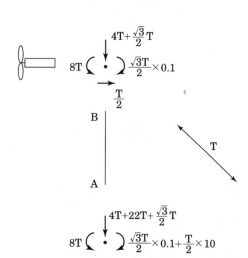

다음 그림과 같은 단주기둥에서 (1) 중립축 위치를 도시하고, (2) 최대압축/인장응력을 구하시오. (단, $e_x =$ 9cm, $e_y = 5$cm)

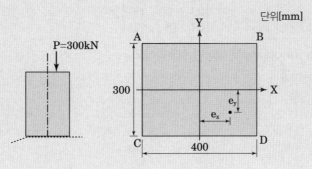

풀이

① 기본사항

$$A = 300 \cdot 400\,mm^2, \quad I_x = \frac{400 \cdot 300^3}{12}\,mm^4, \quad I_y = \frac{300 \cdot 400^3}{12}\,mm^4$$

$$M_x = P \cdot e_y = 300 \cdot 10^3 \cdot (-50)\,Nmm$$

$$M_y = P \cdot e_x = 300 \cdot 10^3 \cdot 90\,Nmm$$

② 임의점 압축응력(압축+, 인장−)

$$\sigma(x,y) = \frac{P}{A} + \frac{M_x}{I_x} \cdot y + \frac{M_y}{I_y} \cdot x$$

$$= \frac{5}{2} + \frac{27x}{1600} - \frac{y}{60}$$

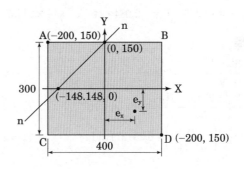

③ 중립축 위치

$$\begin{cases} \sigma(x,0) = 0 \quad \rightarrow \quad x_0 = -148.148\,mm \\ \sigma(0,y) = 0 \quad \rightarrow \quad y_0 = 150\,mm \end{cases}$$

④ 최대 압축, 인장응력(압축+, 인장−)

$$\sigma_A = \sigma(-200, 150) = 3.375\,MPa\,(인장)$$

$$\sigma_D = \sigma(200, -150) = 8.375\,MPa\,(압축)$$

3차원 구조물의 어느 한 점에서의 변형률 상태가 아래와 같을 때 다음 사항에 대하여 답하시오.

$$\begin{bmatrix} 15 & 23 & 34 \\ 23 & -30 & 18 \\ 34 & 18 & -25 \end{bmatrix} \mu$$

(1) 변형률 불변량(strain invariants)에 대하여 설명하시오

(2) 불변량의 값 I_1, I_2, I_3 산출

(3) 주 변형률 ϵ_1, ϵ_2, ϵ_3 산출

풀이

1 변형률 불변량(Strain Invariants)

임의의 변형률 텐서가 $E = \begin{bmatrix} E_{11} & E_{12} & E_{13} \\ E_{21} & E_{22} & E_{23} \\ E_{31} & E_{32} & E_{33} \end{bmatrix}$ 일 때, $\det(E - \lambda I) = 0$; $\lambda^3 - I_1 \lambda^2 + I_2 \lambda - I_3 = 0$에서

미소요소 변형률에서 회전각과 무관하게 나타나는 일정한 값 을 변형률 불변량이라 한다.

2 불변량값(부호주의)

$$E = \begin{bmatrix} 15 & 23 & 34 \\ 23 & -30 & 18 \\ 34 & 18 & -25 \end{bmatrix} \cdot 10^{-6}$$

$$\det(E - \lambda I) = 0 \rightarrow \lambda^3 - (-4 \cdot 10^{-5})\lambda^2 + (-2.084 \cdot 10^{-9})\lambda - (8.24467 \cdot 10^{-14}) = 0$$

$$\therefore I_1 = -4 \cdot 10^{-5}, \quad I_2 = -2.084 \cdot 10^{-9}, \quad I_3 = 8.24467 \cdot 10^{-14} \text{ (부호주의)}$$

3 주변형률

$$\begin{cases} Q = \dfrac{3I_2 - I_1^2}{9} = -8.72444 \cdot 10^{-10} \\ R = \dfrac{2I_1^3 - 9I_1 I_2 + 27I_3}{54} = 2.49596 \cdot 10^{-14} \\ \theta = \cos^{-1}\left(\dfrac{R}{\sqrt{-Q^3}}\right) = 0.251374\,\text{rad} \end{cases}$$

$$\rightarrow \begin{aligned} \epsilon_1 &= 2\sqrt{-Q}\cos\left(\frac{\theta}{3}\right) + \frac{I_1}{3} = 4.55337 \cdot 10^{-5} \\ \epsilon_2 &= 2\sqrt{-Q}\cos\left(\frac{\theta + 2\pi}{3}\right) + \frac{I_1}{3} = -4.7048 \cdot 10^{-5} \\ \epsilon_3 &= 2\sqrt{-Q}\cos\left(\frac{\theta + 4\pi}{3}\right) + \frac{I_1}{3} = -3.84851 \cdot 10^{-5} \end{aligned}$$

참고

수치해석이므로 별도 공식 없이 행렬식을 이용하면 간단히 구할 수 있다

$$\det\begin{pmatrix} 15\mu - x & 23\mu & 34\mu \\ 23\mu & -30\mu - x & 18\mu \\ 34\mu & 18\mu & -25\mu - x \end{pmatrix} = -\left(x^3 + \underbrace{40\mu x^2}_{I_1} - \underbrace{2084\mu^2 x}_{I_2} - \underbrace{82447\mu^3}_{I_3}\right) = 0$$

$$x = 4.55338 \cdot 10^{-5}, \qquad -3.84856 \cdot 10^{-5}, \qquad -4.70482 \cdot 10^{-5}$$

다음 그림과 같이, 원이 5%($\frac{\Delta}{D} \times 100 = 5\%$) 만큼 변형이 발생하여 타원이 되었다면, 이 원의 단면적은 몇 % 정도의 변화가 발생하는지 설명하시오.

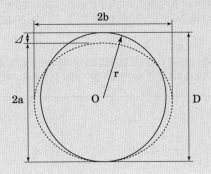

풀이

1 변형전 단면적

$$A_1 = \frac{\pi D^2}{4}$$

2 변형후 단면적

$$\left. \begin{cases} a = (D - 0.05D)/2 \\ b = (D + 0.05D)/2 \end{cases} \right\} \quad \rightarrow \quad A_2 = \pi \cdot a \cdot b = 0.783435 D^2$$

3 면적 변화율

$$\Delta A = \frac{A_2 - A_1}{A_1} \times 100\% = -0.25\%$$

변형발생으로 인해 변형전 대비 0.25% 줄어들었다.

6 평면응력 응용

Summary

출제범위　이 장에서는 얇은 막에 작용하는 응력문제가 출제된다. 크게 압력용기에 작용하는 응력문제와 표지판 기둥하부에 작용하는 조합응력 문제로 구분되며 출제유형이 비교적 한정적이다. 그렇기 때문에 재료역학 교과서가 개정되면서 추가되는 예제는 출제 가능성이 아주 높으며 기술고시에서는 막응력에 대한 공식을 유도하는 문제도 출제된 적이 있기 때문에 관련문제에 대한 대비도 필요하다.

학습전략　압력용기 문제는 원통형 타입과 구형 타입으로 구분하여 공식을 정리한다. 표지판 기둥하부 조합응력은 축력, 전단력, 비틀림 및 각 방향별 휨모멘트를 빠짐없이 계산하도록 풀이 시작 전 그림을 그리는 습관을 들이도록 한다.

토목구조기술사 | 109-3-1

내부에 균일한 압력 p=3MPa을 받는 원형탱크(circular tank) 구조물이 있다. 직경이 4m, 높이가 3m이고 부재의 두께가 3cm일 때, 2축 막응력(膜應力, biaxial membrane stress)을 산정하는 일반식을 유도하고 이를 이용하여 자오선응력(meridional stress) σ_1과 원환응력(hoop stress) σ_2를 구하시오.

풀이

❶ 막응력 일반식

① 원환응력(원주응력)

$$\sigma_1 \cdot (\pi \cdot 2r_m) \cdot t = p \cdot \pi r^2 \quad \rightarrow \quad \sigma_1 = \frac{p \cdot r_m^2}{2 \cdot t \cdot r} \cong \frac{p \cdot r}{2 \cdot t}$$

* r_m보다 r을 사용하는 것이 이론적인 엄밀해에 더 근접함

② 자오선응력(길이방향응력)

$$2 \cdot b \cdot t \cdot \sigma_2 = p \cdot b \cdot 2r \quad \rightarrow \quad \sigma_2 = \frac{p \cdot r}{t}$$

∴ $2\sigma_1 = \sigma_2$ (길이방향 용접이음부가 원주방향 용접부보다 2배 강해야 한다.)

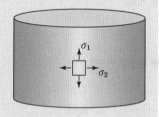

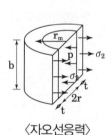

〈원환응력〉　　〈자오선응력〉

❷ 응력산정

$$r = \frac{D-t}{2} = \frac{4000-30}{2} = 1985mm$$

$$\sigma_1 = \frac{3 \cdot 1985}{2 \cdot 30} = 99.25MPa$$

$$\sigma_2 = \frac{3 \cdot 1985}{30} = 198.5MPa$$

다음 그림과 같이 두께(t)가 5mm이고, 중선에 대한 반지름(r)이 0.2m인 박판 실린더 압력관(Thin-walled cylindrical pressure vessel)으로 이루어진 캔틸레버 구조물에 수직하중(P)이 15.0kN, 비틀림모멘트(T)는 20.0kN · m 그리고 내압(p)이 2MPa 작용하고 있다. 이때 단면C의 점A와 점B에서의 수직응력(Normal stress)과 전단응력(Shear stress)을 구하여, 그 응력상태를 응력도로 도시하고, 또한 주응력과 최대 전단응력을 구하여 그 작용방향을 응력도로 도시하시오. (30점)

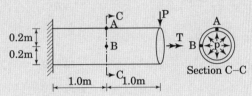

풀이

① 기본사항

$$I = \pi r^3 t = 1.257 \cdot 10^8 \, mm^4, \quad I_p = 2I$$

$$Q_{max} = \frac{1}{2} \cdot \pi \cdot \left(202.5^2 \cdot \frac{4 \cdot 202.5}{3\pi} - 197.5^2 \cdot \frac{4 \cdot 197.5}{3\pi}\right) = 400021 \, mm^3$$

② A점 응력

$$\left\{\begin{array}{l} \sigma_x = \dfrac{p \cdot r}{2t} + \dfrac{M}{I} r = 63.873 MPa \\[2mm] \sigma_y = \dfrac{p \cdot r}{t} = 80 MPa \\[2mm] \tau_{xy} = -\dfrac{T}{I_p} \cdot r = -15.916 MPa \end{array}\right\} \rightarrow \left\{\begin{array}{l} \sigma_{1,2} = \dfrac{\sigma_x + \sigma_y}{2} \pm \sqrt{\left(\dfrac{\sigma_x - \sigma_y}{2}\right)^2 + \tau_{xy}^2} = \left\{\begin{array}{l} 89.778 MPa \rightarrow \sigma_1 \\ 54.095 MPa \rightarrow \sigma_2 \end{array}\right. \\[4mm] \tau_{max}(면내) = \sqrt{\left(\dfrac{\sigma_x - \sigma_y}{2}\right)^2 + \tau_{xy}^2} = 17.842 MPa \\[4mm] \tau_{max}(면외) = max\left[\dfrac{\sigma_1}{2}, \dfrac{\sigma_2}{2}\right] = 44.889 MPa \end{array}\right.$$

$$\theta_p = \frac{1}{2} \cdot \tan^{-1}\left(\frac{2 \cdot \tau_{xy}}{\sigma_x - \sigma_y}\right) = 31.566°$$

$$\theta_s = \theta_p - 45° = -13.434°$$

15.90 ↑80
63.873 A
$\theta_p = 31.566°$ (↻) 89.778 54.095
$\theta_s = 13.434°$ (↻) 17.842 71.937 71.937

③ B점 응력

$$\left\{\begin{array}{l} \sigma_x = \dfrac{p \cdot r}{2t} = 40 MPa \\[2mm] \sigma_y = \dfrac{p \cdot r}{t} = 80 MPa \\[2mm] \tau_{xy} = -\dfrac{T}{I_p} \cdot r - \dfrac{V \cdot Q}{I \cdot (2t)} = -20.691 MPa \end{array}\right\} \rightarrow \left\{\begin{array}{l} \sigma_{1,2} = \dfrac{\sigma_x + \sigma_y}{2} \pm \sqrt{\left(\dfrac{\sigma_x - \sigma_y}{2}\right)^2 + \tau_{xy}^2} = \left\{\begin{array}{l} 89.774 MPa \rightarrow \sigma_1 \\ 31.2234 MPa \rightarrow \sigma_2 \end{array}\right. \\[4mm] \tau_{max}(면내) = \sqrt{\left(\dfrac{\sigma_x - \sigma_y}{2}\right)^2 + \tau_{xy}^2} = 28.774 MPa \\[4mm] \tau_{max}(면외) = max\left[\dfrac{\sigma_1}{2}, \dfrac{\sigma_2}{2}\right] = 44.387 MPa \end{array}\right.$$

$$\theta_p = \frac{1}{2} \cdot \tan^{-1}\left(\frac{2 \cdot \tau_{xy}}{\sigma_x - \sigma_y}\right) = 22.986°$$

$$\theta_s = \theta_p - 45° = -22.014°$$

20.691 ↑80
40 B
$\theta_p = 22.986°$ (↻) 88.774 31.2234
$\theta_s = 22.014°$ (↻) 28.774 60 60

$10-\text{applied}-1$

$\cdots\cdots\cdots\cdots\cdots\cdots 1$	1

$\pi \cdot 200^3 \cdot 5 \to i$ · · · · · · · · · · · · · · · · · 1.25664E8

$2 \cdot i \to ip$ · · · · · · · · · · · · · · · · · 2.51327E8

$\dfrac{\pi}{2} \cdot \left((202.5)^2 \cdot \dfrac{4 \cdot 202.5}{3 \cdot \pi} - (197.5)^2 \cdot \dfrac{4 \cdot 197.5}{3 \cdot \pi} \right) \to q$ · · · · · · 400021.

$\cdots\cdots\cdots\cdots\cdots\cdots 2$	2

$\dfrac{2 \cdot 200}{2 \cdot 5} + \dfrac{15 \cdot 1 \cdot 10^6}{i} \cdot 200$ · · · · · · 63.8732

$\dfrac{2 \cdot 200}{5}$ · · · · · · · · · · · · · · · · · 80

$\dfrac{-20 \cdot 10^6}{ip} \cdot 200$ · · · · · · · · · · · · · -15.9155

$\dfrac{63.873241463784 + 80}{2} + \sqrt{\left(\dfrac{63.873241463784 - 80}{2} \right)^2 + (-15.91549430919)^2}$

89.778175

$\dfrac{63.873241463784 + 80}{2} - \sqrt{\left(\dfrac{63.873241463784 - 80}{2} \right)^2 + (-15.91549430919)^2}$

54.095067

$\sqrt{\left(\dfrac{63.873241463784 - 80}{2} \right)^2 + (-15.91549430919)^2}$ · · · · 17.841554

$\dfrac{1}{2} \cdot \{89.778174597157, 54.095066866623\}$ · · · $\{44.889087, 27.047533\}$

$\dfrac{\dfrac{1}{2} \cdot \tan^{-1}\left(\dfrac{-15.91549430919}{\dfrac{63.873241463784 - 80}{2}} \right) \cdot 180}{\pi}$

31.565768

$31.565768342865 - 45$ · · · · · · · · · · · · · -13.434232

$\cdots\cdots\cdots\cdots\cdots\cdots 3$	-3

$\dfrac{2 \cdot 200}{2 \cdot 5}$ · · · · · · · · · · · · · · · · · 40

$\dfrac{2 \cdot 200}{5}$ · · · · · · · · · · · · · · · · · 80

$\dfrac{-20 \cdot 10^6}{ip} \cdot 200 - \dfrac{15 \cdot 10^3 \cdot q}{i \cdot 2 \cdot 5}$ · · · · · -20.690391

$\dfrac{40 + 80}{2} + \sqrt{\left(\dfrac{40 - 80}{2} \right)^2 + (-20.690391281546)^2}$ · · · 88.776593

$\dfrac{40 + 80}{2} - \sqrt{\left(\dfrac{40 - 80}{2} \right)^2 + (-20.690391281546)^2}$ · · · 31.223407

$\sqrt{\left(\dfrac{40 - 80}{2} \right)^2 + (-20.690391281546)^2}$ · · · · 28.776593

기본 계수값 입력

A점 응력

- σ_x
- σ_y
- τ_{xy}
- σ_1

- σ_2

- $\tau_{\max}$ (면내)
- $\tau_{\max}$ (면외)
- θ_p

- θ_s

B점 응력

- σ_x
- σ_y
- τ_{xy}
- σ_1
- σ_2
- $\tau_{\max}$ (면내)

$$\frac{1}{2} \cdot \{88.776592768837, 31.223407231163\} \qquad \{44.388296, 15.611704\} \qquad \bullet\ \tau_{\max}\,(\text{면외})$$

$$\frac{\dfrac{1}{2} \cdot \tan^{-1}\!\left(\dfrac{-20.690391281546}{\dfrac{40-80}{2}}\right) \cdot 180}{\pi} \qquad\qquad 22.98602 \qquad \bullet\ \theta_p$$

$$22.986020289473 - 45 \qquad\qquad\qquad -22.01398 \qquad \bullet\ \theta_s$$

아래 그림과 같이 중공 원형단면 기둥에 표지판이 고정되어 있다. 표지판에는 단위면적당 $1kN/m^2$의 풍하중이 정면으로 작용한다. 기둥에는 단위길이당 0.2kN/m의 풍하중이 전길이에 걸쳐 균일하게 정면으로 작용한다. (단, 기둥의 중량은 30kN, 표지판의 중량은 2kN이다) (총 30점)

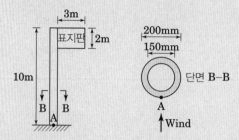

(1) A점에 발생하는 응력 상태를 도시하시오. (단, A점은 정면에서 보았을때 가장 앞에 있는 점이다) (15점)
(2) A점의 최대인장응력, 최대압축응력 및 최대전단응력의 크기를 구하시오. (15점)

풀이

1 기본사항

$$\begin{cases} I = \dfrac{\pi}{64}\left(200^4 - 150^4\right) = 5.369 \cdot 10^7 mm^4 \\ A = \dfrac{\pi}{4}\left(200^2 - 150^2\right) = 4375\pi\ mm^2 \end{cases}$$

$$\begin{cases} Q_c = 30kN & w_c = 0.2 \cdot 10 = 2kN \\ Q_p = 2kN & w_p = 1 \cdot 2 \cdot 3 = 6kN \end{cases}$$

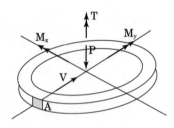

2 A점 응력

$$\begin{cases} V = w_c + w_p = 8kN \\ P = Q_c + Q_p = 32kN \\ M_x = 5w_c + 9w_p = 64kNm \\ M_y = 1.6Q_p = 3.2kNm \\ T = 1.6w_p = 9.6kNm \end{cases} \rightarrow$$

$$\sigma_y = -\dfrac{32000}{A} + \dfrac{64 \cdot 10^6 \cdot 100}{I} = 116.876MPa$$

$$\sigma_x = 0 \text{(A점응력)}$$

$$\tau_{xy} = \dfrac{9.6 \cdot 10^6 \cdot 100}{2I} = 8.94MPa$$

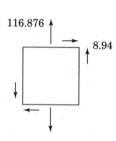

3 최대응력

$$\sigma_{1,2} = \dfrac{\sigma_x + \sigma_y}{2} \pm \sqrt{\left(\dfrac{\sigma_x - \sigma_y}{2}\right)^2 + \tau_{xy}^2} = 117.556MPa,\quad -0.68MPa$$

$$\tau_{max} = \sqrt{\left(\dfrac{\sigma_x - \sigma_y}{2}\right)^2 + \tau_{xy}^2} = 59.118MPa$$

* 주응력 부호가 반대이기 때문에 면외 최전단응력은 면내 최대전단응력보다 작다.

그림과 같은 표지판 구조물에 기본풍속압이 1.5kPa인 풍하중이 작용하고 있다. 기둥하단의 각 위치별 전단응력을 구하고 설계 적정 여부를 검토하시오.

단, (1) 기둥은 중공원형 강재 기둥으로서 재질은 SM490이며 외경이 150mm, 두께는 10mm이다.

(2) 거스트계수는 1.2, 항력계수 1.0, 고도 관련계수 1.0으로 가정한다.

(3) 자중은 무시한다.

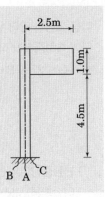

풀이

❶ 기본사항

$$A = \frac{\pi}{4}\left(150^2 - 130^2\right) = 1400\pi \text{ mm}^2$$

$$Q = \frac{1}{2} \cdot \frac{\pi \cdot 150^2}{4} \cdot \frac{4 \cdot 75}{3\pi} - \frac{1}{2} \cdot \frac{\pi \cdot 130^2}{4} \cdot \frac{4 \cdot 65}{3\pi} = 98166.7 \text{mm}^3$$

$$I = \frac{\pi}{64}\left(150^4 - 130^4\right) = 1.083 \cdot 10^7 \text{mm}^4$$

$$I_p = 2 \cdot I = 2.166 \cdot 10^7 \text{mm}^4$$

❷ 기둥하단 발생하중

$$\begin{cases} P_1 = 1.5 \cdot 10^{-3} \cdot 2425 \cdot 1000 = 3637.5\text{N} \\ P_2 = 1.5 \cdot 10^{-3} \cdot 150 \cdot 5500 = 1237.5\text{N} \end{cases} \rightarrow \begin{cases} V = P_1 + P_2 = 4875\text{N} \\ M = P_1 \cdot 5000 + P_2 \cdot \dfrac{5500}{2} = 2.159 \cdot 10^7 \text{Nmm} \\ T = P_1 \cdot \left(\dfrac{2425}{2} + \dfrac{150}{2}\right) = 4.683 \cdot 10^6 \text{Nmm} \end{cases}$$

❸ 기둥하단 전단응력

$$\tau_A = \frac{T}{I_p} \cdot 75 = 16.2154\text{MPa}$$

$$\tau_B = \frac{T}{I_p} \cdot 75 - \frac{V \cdot Q}{I \cdot 2 \cdot 10} = 14.006\text{MPa}$$

$$\tau_C = \frac{T}{I_p} \cdot 75 + \frac{V \cdot Q}{I \cdot 2 \cdot 10} = 18.425\text{MPa}$$

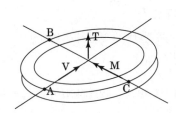

다음 그림과 같이 두께가 t, 평균직경이 인 강으로 제작된 압력용기가 있다. 압력용기에 내부압력 p와 용기의 양 단에 축하중 F가 작용하고 있을 때, 다음 물음에 답하시오. (단, 압력용기의 용접선 각도 α는 45°, 재료의 인장탄 성계수는 210GPa, 푸아송비는 0.3이다) (총 20점)

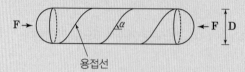

용접선

(1) 원통중앙부의 응력과 변형률을 계산할 때, 평면응력상태 또는 평면변형률상태를 적용할 수 있는 조건에 대하 여 설명하시오. (6점)

(2) 압력용기의 용접선과 평행한 방향으로 순수전단응력만 발생하게 할 경우 작용해야 할 축하중 F를 구하시오. (단, 압력용기의 두께는 15mm, 평균직경은 3m, 내부압력은 2MPa이다) (8점)

(3) (2)의 결과와 조건을 사용하여, 3차원 주변형률(ϵ_1, ϵ_2, ϵ_3)과 최대전단변형률 (γ_{max})을 구하시오. (6점)

풀이

1 막응력 공식유도

① 원주응력(둘레응력)

$$2 \cdot b \cdot t \cdot \sigma_1 = p \cdot b \cdot 2r \quad \rightarrow \quad \sigma_1 = \frac{p \cdot r}{t}$$

② 길이방향 응력(축응력)

$$\sigma_2 \cdot (\pi \cdot 2r_m) \cdot t = p \cdot \pi r^2$$

$$\rightarrow \quad \sigma_2 = \frac{p \cdot r_m^2}{2 \cdot t \cdot r} \cong \frac{p \cdot r}{2 \cdot t}$$

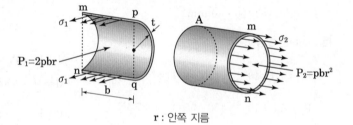

r : 안쪽 지름

2 순수전단력

$$\sigma_x = \frac{Pr}{2t} - \frac{F}{2\pi rt}, \quad \sigma_y = \frac{Pr}{t}$$

45° 상태에서 순수전단력만 발생하기 위해선

$$\frac{Pr}{2t} - \frac{F}{2\pi rt} + \frac{Pr}{t} = 0$$

$$F = 3P\pi r^2 = 4.241 \cdot 10^7 N = 4211.5kN (이 때 \sigma_x = -200MPa, \sigma_y = 200MPa)$$

3 주변형률 및 최대전단변형률

$$\begin{cases} E \cdot \epsilon_x = \sigma_x - \nu(\sigma_y + 0) & \rightarrow \quad \epsilon_x = -0.001238 \\ E \cdot \epsilon_y = \sigma_y - \nu(\sigma_x + 0) & \rightarrow \quad \epsilon_y = 0.001238 \\ E \cdot \epsilon_z = 0 - \nu(\sigma_x + \sigma_y) & \rightarrow \quad \epsilon_z = 0 \\ \gamma = 0 \end{cases}$$

$$\rightarrow \quad \{\epsilon_1, \epsilon_2, \epsilon_3\} = \{0.001238, \quad 0, \quad -0.001238\}$$

$$\frac{\gamma_{max}}{2} = \frac{1}{2}(\epsilon_1 - \epsilon_3) = 0.001238 \qquad \therefore \gamma_{max} = 002476$$

지하수 굴착 장비에 중공(hollow) 가이드 튜브가 설치되어 있다. 가이드 튜브에는 1200N의 상부 부착물에 의한 압축 축하중(compressive axial force, F) 및 200kN·m의 토크(torque, T)가 작용하고 있고, 5MPa의 가이드 튜브 내를 흐르는 지하수 유동에 의한 내압(internal pressure, p)도 작용한다. 가이드 튜브의 양쪽 끝단은 막혀있지 않고 뚫려 있기 때문에 지하수에 의한 가이드 튜브 내부 유동은 자유롭게 가이드 튜브를 통과하여 지상으로 배출된다. 다음 물음에 답하시오. (단, 가이드 튜브의 외경(outer diameter, D_0)은 500mm, 두께(t)는 5mm, 가이드 튜브 재료의 항복강도(σ_Y)는 350MPa, 탄성계수(E)는 190GPa이고, 내압에 의한 응력은 내반경(inner radius)을 사용하여 계산한다) (총 20점)

(1) 가이드 튜브에 발생하는 최대면내전단응력(maximum in-plane shear stress) 및 최대면외전단응력(maximum out-of-plane shear stress)을 각각 구하시오. (10점)

(2) 가이드 튜브가 연성재료로 제작되어 Tresca 항복조건을 따른다고 할 때, 항복(yielding)에 대한 안전계수를 결정하시오. (10점)

풀이

1 기본사항

$$r = \frac{(500-10)}{2} = 245\text{mm}$$

$$A = \frac{\pi}{4}\left(500^2 - (500-10)^2\right) = 7775.44\,\text{mm}^2$$

$$I = \frac{\pi}{64}\left(500^4 - (500-10)^4\right) = 2.38172 \cdot 10^8\,\text{mm}^4$$

$$I_p = 2I = 4.76343 \cdot 10^8\,\text{mm}^4$$

2 주응력

$$\begin{cases} \sigma_x = \dfrac{p \cdot r}{t} = 245\text{MPa} \\[2mm] \sigma_y = -\dfrac{F}{A} = -0.1543\text{MPa} \\[2mm] \tau_{xy} = \dfrac{T \cdot r}{I_p} = 102.867\text{MPa} \end{cases}$$

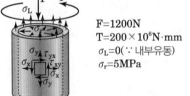

F=1200N
T=200×10^6N·mm
σ_L=0(∵ 내부유동)
σ_r=5MPa

$$\rightarrow \quad \sigma_{1,2} = \frac{\sigma_x + \sigma_y}{2} \pm \sqrt{\left(\frac{\sigma_x - \sigma_y}{2}\right)^2 + \left(\tau_{xy}\right)^2} = \begin{cases} 282.444\text{MPa} \rightarrow \sigma_1 \\ -37.598\text{MPa} \rightarrow \sigma_2 \end{cases}$$

3 최대전단응력

① 면내 : $(\tau_{max})_z = \sqrt{\left(\dfrac{\sigma_x - \sigma_y}{2}\right)^2 + \left(\tau_{xy}\right)^2} = 160.021\text{MPa}$(지배)

② 면외 : $(\tau_{max})_x = \dfrac{\sigma_2}{2} = -18.78\text{MPa} = 141.222\text{MPa}$

$\qquad (\tau_{max})_y = \dfrac{\sigma_1}{2}$

4 항복 안전계수(Tresca 항복조건 기준)

$$\begin{cases} \tau_{max} = 160.021\text{MPa} \\[2mm] \tau_Y = \dfrac{\sigma_Y}{2} = 175\text{MPa} \end{cases} \rightarrow \quad \text{F.S} = \frac{\tau_Y}{\tau_{max}} = 1.093$$

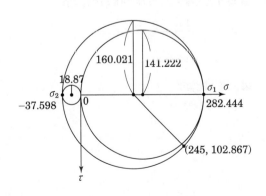

안지름이 500mm이고 벽의 두께가 6mm인 압축공기 저장탱크를 그림과 같이 강철반구를 용접하여 만들었다. 다음 물음에 답하시오. (총 20점)

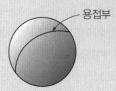

용접부

(1) 강철의 허용인장응력이 95MPa일 때, 탱크에 작용할 수 있는 최대 허용압력(p_1)을 구하시오. (4점)
(2) 강철의 허용전단응력이 40MPa일 때, 탱크에 작용할 수 있는 최대 허용압력(p_2)을 구하시오. (4점)
(3) 탱크의 바깥 표면에서 수직변형률이 0.0003을 초과하지 않아야 할 경우, 최대 허용압력(p_3)을 구하시오.
    (단, Hooke의 법칙을 적용할 수 있으며, 강철의 탄성계수는 $E = 200GPa$이고 프와송비는 $\nu = 0.28$이다)
    (4점)
(4) 용접 이음부를 실험한 결과, 용접부에 단위길이(cm)당 14kN 이상의 인장하중이 작용하면 파괴되었다. 용접부의 파괴에 대한 안전계수를 2.5로 할 때, 최대 허용압력(p_4)을 구하시오. (4점)
(5) 위의 결과($p_1 \sim p_4$)를 모두 고려하였을 때, 탱크의 최대 허용압력(MPa)을 결정하시오. (4점)

풀이

1 $\sigma_a = 95MPa$ 일 때 최대 허용압력(p_1)

$$2\pi r \cdot t \cdot \sigma = \pi \cdot r^2 \cdot p \quad \rightarrow \quad \sigma = \frac{p_1 r}{2t}$$

$$\therefore p_1 = 4.56MPa$$

2 $\tau_a = 40MPa$ 일 때 최대 허용압력(p_2)

$$\tau = \frac{\sigma}{2} = \frac{p_2 r}{4t} = 40$$

$$\therefore p_2 = 3.84MPa$$

3 $\epsilon_x \leq 0.0003$ 일 때 최대 허용압력(p_3)

$$\epsilon_x = \frac{1}{E}\left(\sigma_x - \nu\sigma_y\right) = \frac{\sigma}{E}(1-\nu) = \frac{p_3 r}{2tE}(1-\nu)$$

$$\therefore P_3 = 4MPa$$

4 파괴 안전계수 2.5일 때 최대 허용압력(p_4)

$$\sigma = \frac{14 \cdot 10^3}{10 \cdot t} = \frac{p \cdot r}{2t} \cdot n$$

$$\therefore p_4 = 4.48MPa$$

5 최종 허용압력

$$p_a = 3.84MPa$$

아래 그림과 같이 두께(t)가 얇고 곡면으로 구성되어 있는 압력용기가 내압 p를 받고 있다. (총 40점)

(1) 압력용기 표면에 있는 임의의 점 A에 작용하는 응력 σ_1, σ_2와 내압 p와의 관계식을 구하시오. (20점)

(2) 위에서 구한 관계식을 이용하여 반지름이 r_1, 두께가 t인 얇은 원통형 압력용기의 벽에 작용하는 응력(σ_1, σ_2)을 구하시오. (10점)

(3) 위에서 구한 관계식을 이용하여 반지름이 r_1, 두께가 t인 얇은 구형 압력용기의 벽에 작용하는 응력(σ_1, σ_2)을 구하시오. (10점)

- σ_1 : 자오선 방향의 응력
- σ_2 : 원주 방향의 응력
- r_1 : 자오선 방향의 곡률 반경
- r_2 : 원주 방향의 곡률 반경
- $d\theta_1$: 요소가 자오선 방향과 이루는 각도
- $d\theta_2$: 요소가 원주 방향과 이루는 각도

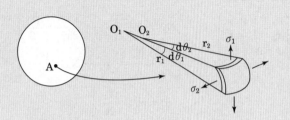

풀이

1 응력, 내압 관계식 [13] [14]

① 요소 길이

$$\begin{cases} L_{AC} = r_0 \, d\theta = r_\theta \sin\Phi \quad d\theta \\ L_{CD} = r_\Phi \, d\Phi \end{cases}$$

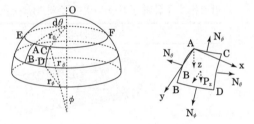

② ABCD

$$\Sigma P_z = 0 \;\; ; \;\; 2N_\Phi \frac{d\Phi}{2} L_{AC} + 2N_\theta \frac{d\theta}{2} L_{CD}\sin\Phi + p_z L_{AC} L_{CD} = 0$$

$$N_\Phi d\Phi \left(r_\theta \sin\Phi d\theta \right) + N_\theta d\theta \left(r_\Phi d\Phi \sin\Phi \right)$$

$$= -p_z \left(r_\theta \sin\Phi d\theta \right) \left(r_\Phi d\Phi \right)$$

양변을 $(r_\Phi \sin\Phi \, d\theta \, d\Phi \, \sin\Phi)$로 나누면

$$\frac{N_\Phi}{r_\Phi} + \frac{N_\theta}{r_\theta} = -p_z \;\; \rightarrow \;\; \therefore \frac{\sigma_1 t}{r_1} + \frac{\sigma_2 t}{r_2} = p$$

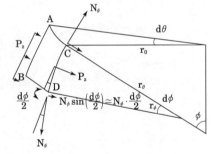

③ EFO

$$\Sigma F_y = 0 \;\; ; \;\; F + N_\Phi \sin\Phi \, 2\pi r_0 = 0$$

$$N_\Phi = \frac{-F}{2\pi r_\theta \sin^2\Phi} \;\; \rightarrow \;\; \therefore \sigma_1 t = \frac{-F}{2\pi r_1 \sin^2\theta_1}$$

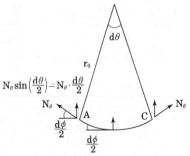

13) 재료역학에서 주응력 크기는 $\sigma_1 > \sigma_2$이지만, 본 문제 조건에 따라 자오선 방향 응력을 σ_1, 원주방향 응력을 σ_2로 한다.

14) 참고문헌 : Ansel C. Ugural, Advanced Mechanics of Materials and Applied Elasticity(4th), PRENTICE HALL, 2003, p493

2 원통형 압력용기

$$\begin{cases} p_z = -p \\ r_\Phi = \infty \\ r_\theta = r_0 = r_1 \\ \Phi = 90° \\ F = -p\pi r_1^2 \end{cases} \rightarrow \begin{cases} N_\Phi = \dfrac{-F}{2\pi r_\theta \sin^2\Phi} = \dfrac{p\pi r_1^2}{2\pi r_1} = \dfrac{pr_1}{2} \\ \dfrac{N_\Phi}{r_\Phi} + \dfrac{N_\theta}{r_\theta} = -p_z \rightarrow N_\theta = pr_1 \end{cases}$$

$$\rightarrow \quad \therefore \begin{aligned} \sigma_1 &= \dfrac{N_\Phi}{t} = \dfrac{pr_1}{2t} \\ \sigma_2 &= \dfrac{N_\theta}{t} = \dfrac{pr_1}{t} \end{aligned}$$

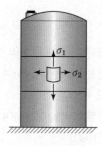

3 구형 압력용기

$$\begin{cases} p_z = -p \\ r_\Phi = r_\theta = r_1 \\ \Phi = 90° \\ F = -p\pi r_1^2 \end{cases} \rightarrow \begin{cases} N_\Phi = \dfrac{-F}{2\pi r_\theta \sin^2\Phi} = \dfrac{p\pi r_1^2}{2\pi r_1} = \dfrac{pr_1}{2} \\ \dfrac{N_\Phi}{r_\Phi} + \dfrac{N_\theta}{r_\theta} = -p_z \rightarrow N_\theta = \dfrac{pr_1}{2} \end{cases}$$

$$\rightarrow \quad \therefore \sigma_1 = \sigma_2 = \dfrac{pr_1}{2t}$$

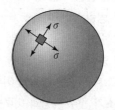

참고

압력용기 주응력 공식정리(방향 주의, $\sigma_1 > \sigma_2$)

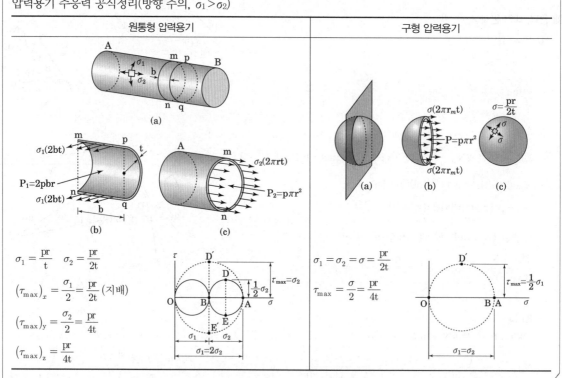

단면성질 7

Summary

출제범위 이 장에서는 구조부재 단면에 대한 기하학적 성질을 묻는 문제가 출제된다. 직사각형, 삼각형, 원형 단면 뿐만 아니라 타원, 부채꼴, 비대칭 L형 H형 단면에 대한 단면성능을 계산하는 문제들이 출제되고 있다.

학습전략 사각형, 삼각형, 원형에 대한 단면성능 기본공식은 암기해야 하며, 평소 잘 다루지 않는 타원 방정식도 정리해 두어야 시험장에서 당황하지 않는다. 타원 방정식은 원형 방정식의 일반적인 형태임을 감안하여 몇 번 숙지하면 암기하는데 큰 어려움은 없다. 또한 단면성질은 계산하는 과정에서 실수할 가능성이 가장 높으므로 가급적 계산기의 CAS 기능을 활용하여 식을 전개, 정리하는 연습이 필요하다.

건축구조기술사 | 87-3-4

직경이 D인 통나무에서 강성이 가장 좋은 직사각형 단면과 최대 단면계수를 갖는 단면의 형상을 구하시오.

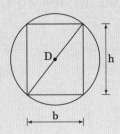

풀이

1 강성이 가장 좋은 직사각형 단면 : I_{max}

I를 D와 h에 대한 함수로 표현하면

$$\left\{ \begin{array}{l} I = \dfrac{bh^3}{12} \\ b = \sqrt{D^2 - h^2} \end{array} \right\} \;\rightarrow\; I = \dfrac{h^3}{12}\sqrt{D^2 - h^2}$$

I를 h에 대해 미분값이 0일 때의 h가 I_{max}이므로

$$\dfrac{dI}{dh} = 0 \;;\; h = \dfrac{\sqrt{3}}{2}D$$

$$\therefore I_{max} = \dfrac{\sqrt{3}}{64}D^4$$

2 최대 단면계수 : S_{max}

S를 D와 h에 대한 함수로 표현하면

$$\left\{ \begin{array}{l} S = \dfrac{bh^2}{6} \\ b = \sqrt{D^2 - h^2} \end{array} \right\} \;\rightarrow\; S = \dfrac{h^2}{6}\sqrt{D^2 - h^2}$$

S를 h에 대해 미분값이 0일 때의 h가 S_{max}이므로

$$\dfrac{ds}{dh} = 0 \;;\; h = \dfrac{\sqrt{6}}{3}D$$

$$\therefore S_{max} = \dfrac{\sqrt{3}}{27}D^3$$

PE.A−87−3−4

$$\cdots\cdots\cdots\cdots\cdots\cdots\ 1 \qquad\qquad\qquad\qquad 1$$

$$\frac{b \cdot h^3}{12}\,|b=\sqrt{d^2-h^2}\rightarrow i \qquad\qquad\qquad \frac{\sqrt{d^2-h^2}\,\cdot\,h^3}{12}$$

- 단면이차 모멘트 I를 d와 h의 함수로 입력한다.

$$\text{solve}\!\left(\frac{d}{dh}(i)=0,h\right) \qquad h=\frac{d\cdot\sqrt{3}}{2}\ \text{or}\ h=\frac{-d\cdot\sqrt{3}}{2}\ \text{or}\ h=0$$

- h에 대한 미분값이 0일 때 I는 최대가 된다.

$$i\,|\,h=\frac{d\cdot\sqrt{3}}{2}\ \text{and}\ d>0\ ① \qquad\qquad\qquad \frac{d^4\cdot\sqrt{3}}{64}$$

$$\cdots\cdots\cdots\cdots\cdots\cdots\ 2 \qquad\qquad\qquad\qquad -2$$

$$\frac{b \cdot h^2}{6}\,|b=\sqrt{d^2-h^2}\rightarrow s \qquad\qquad\qquad \frac{\sqrt{d^2-h^2}\,\cdot\,h^2}{6}$$

- 단면계수 S를 d와 h의 함수로 입력한다.

$$\text{solve}\!\left(\frac{d}{dh}(s)=0,h\right) \qquad h=\frac{d\cdot\sqrt{6}}{3}\ \text{or}\ h=\frac{-d\cdot\sqrt{6}}{3}\ \text{or}\ h=0$$

- h에 대한 미분값이 0일 때 S는 최대가 된다.

$$s\,|\,h=\frac{d\cdot\sqrt{6}}{3}\ \text{and}\ h>0 \qquad\qquad\qquad \frac{d^3\cdot\sqrt{3}}{27}$$

① d, h는 양의 실수이므로 with 연산자에 해당조건($d>0$)이면 계산속도가 빨라진다.

그림과 같은 L형 단면에 대하여 물음에 답하시오.

(1) 도심 G의 위치(X_G, Y_G)를 구하시오.
(2) 도심축(x축, y축)에 대한 단면이차모멘트 I_x I_y, 단면상승모멘트 I_{xy}를 구하시오.
(3) 도심 G에 대한 주단면이차모멘트(I_{max} I_{min} 및 주축의 각도(θ)를 구하고 주축을 도시하시오.

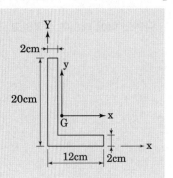

풀이

1 도심

$$X_G = \frac{18 \times 2 \times 1 + 12 \times 2 \times 6}{18 \times 2 + 12 \times 2} = 3 \text{cm}, \quad Y_G = \frac{10 \times 2 \times 1 + 20 \times 2 \times 10}{10 \times 2 + 20 \times 2} = 7 \text{cm}$$

2 I_x, I_y, I_{xy}

$$I_x = \frac{10 \cdot 2^3}{12} + 10 \cdot 2 (Y_G - 1)^2 + \frac{2 \cdot 20^3}{12} + 2 \cdot 20 \cdot (Y_G - 10)^2 = 2420 \text{cm}^4$$

$$I_y = \frac{18 \cdot 2^3}{12} + 18 \cdot 2 (X_G - 1)^2 + \frac{2 \cdot 12^3}{12} + 2 \cdot 12 (6 - X_G)^2 = 660 \text{cm}^4$$

$$I_{xy} = 10 \cdot 2 \cdot (7 - X_G) \cdot (1 - Y_G) + 20 \cdot 2 \cdot (1 - X_G) \cdot (10 - Y_G) = -720 \text{cm}^4$$

3 I_{max}, I_{min}, θ

$$\left\{ \begin{array}{l} \dfrac{I_x + I_y}{2} = 1540 \text{cm}^4 \\ \dfrac{I_x - I_y}{2} = 800 \text{cm}^4 \\ \sqrt{\left(\dfrac{I_x - I_y}{2}\right)^2 + I_{xy}} = 1137.01 \text{cm}^2 \end{array} \right\} \rightarrow \left\{ \begin{array}{l} I_{max, min} = \dfrac{I_x + I_y}{2} \pm \sqrt{\left(\dfrac{I_x - I_y}{2}\right)^2 + I_{xy}} = 2677.01 \text{cm}^4 \quad 402.986 \text{cm}^4 \\ \\ \theta = \dfrac{1}{2} \cdot \tan^{-1}\left(-\dfrac{I_{xy}}{\dfrac{I_x - I_y}{2}}\right) \cdot \dfrac{180°}{\pi} = 19.447° \end{array} \right\}$$

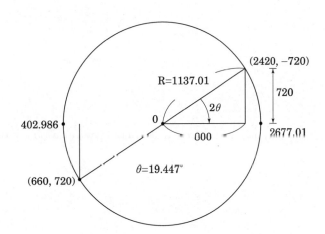

단면의 핵에 대하여 설명하고, 원형단면과 중공원형단면의 핵반경을 구하고 도시하시오.

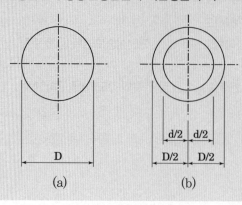

(a)　　　　　(b)

풀이

1 단면의 핵

압축력 작용시 단면에 인장력이 발생하지 않게 하는 단면의 위치 분포

2 원형단면

$$\sigma = \frac{P}{\frac{\pi \cdot D^2}{4}} - \frac{(P \cdot e)\left(\frac{D}{2}\right)}{\frac{\pi D^4}{64}} = 0 \;\; \rightarrow \;\; e = \frac{D}{8}$$

3 중공단면

$$\sigma = \frac{P}{\frac{\pi \cdot (D^2 - d^2)}{4}} - \frac{(P \cdot e)\left(\frac{D}{2}\right)}{\frac{\pi}{64}(D^4 - d^4)} = 0 \;\; \rightarrow \;\; e = \frac{D^2 + d^2}{8D}$$

그림과 같은 타원에서 내접하는 직사각형의 y축에 대하여 다음을 구하시오.

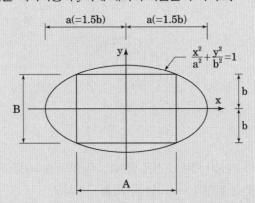

(1) 단면2차모멘트(I_y)가 최대로 되기 위한 A : B의 비를 구하고 이 때의 단면2차모멘트($I_{y(max)}$)를 구하시오.
   (단, a＝1.5b)

(2) 단면계수(S_y)가 최대로 되기 위한 A : B의 비를 구하고 이때의 단면계수($S_{y(max)}$)를 구하시오. (단, a＝1.5b)

풀이

1 타원방정식 [15)]

$$\frac{\left(\frac{a_1}{2}\right)^2}{(1.5b_0)^2} + \frac{\left(\frac{b_1}{2}\right)^2}{b_0^2} = 1 \quad \rightarrow \quad b_1 = \frac{2}{3}\sqrt{9b_0^2 - a_1^2}$$

2 $I_{y,max}$

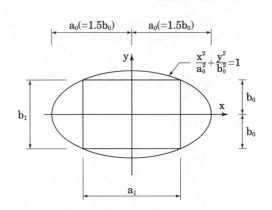

$$\left\{ \begin{array}{l} I_y = \dfrac{b_1 \cdot a_1^3}{12} \\ b_1 = \dfrac{2}{3}\sqrt{9b_0^2 - a_1^2} \end{array} \right\} \quad \rightarrow \quad \dfrac{\partial I_y}{\partial a_1} = 0 \, ; \left\{ \begin{array}{l} a_1 = \dfrac{3\sqrt{3}}{2}b_0 \\ b_1 = b_0 \end{array} \right\}$$

$$\frac{A}{B} = \frac{a_1}{b_1} = \frac{3\sqrt{3}}{2}$$

$$I_{max} = \frac{27\sqrt{3}\,b_0^4}{32} = \frac{27\sqrt{3}\,b^4}{32} = 1.4614b^4$$

3 $S_{y,max}$

$$\left\{ \begin{array}{l} S_y = \dfrac{b_1 \cdot a_1^2}{6} \\ b_1 = \dfrac{2}{3}\sqrt{9b_0^2 - a_1^2} \end{array} \right\} \quad \rightarrow \quad \dfrac{\partial S_y}{\partial a_1} = 0 \, ; \left\{ \begin{array}{l} a_1 = b_0\sqrt{6} \\ b_1 = \dfrac{2\sqrt{3}}{3}b_0 \end{array} \right\}$$

$$\frac{A}{B} = \frac{a_1}{b_1} = \frac{3\sqrt{2}}{2}$$

$$S_{max} = \frac{2\sqrt{3}\,b_0^3}{3} = \frac{2\sqrt{3}\,b^3}{3} = 1.1547b^3$$

15) 계산기 입력 시 변수 혼동을 피하기 위해 A,B,a,b를 로 대치

그림과 같은 직경 D인 원형단면에서 직사각형 단면(B×H)을 추출하여 휨재로 사용하려고 한다. 다음 물음에 답하시오.

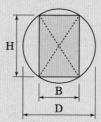

(1) 전단응력도(shear stress)가 최소가 되는 조건을 밝히고, 폭(B)와 춤(H)를 구하시오.
(2) 종국강도가 최대가 되는 조건을 밝히고, 폭(B)와 춤(H)를 구하시오.
(3) 처짐(deflection)이 최소가 되는 조건을 밝히고, 폭(B)와 춤(H)를 구하시오.

풀이

1 기본사항

$$H = \sqrt{D^2 - B^2}$$

2 전단응력도 최소조건

$$\begin{cases} \tau = \dfrac{V \cdot Q}{I \cdot B} \\ I = \dfrac{BH^3}{12} \\ Q = B \cdot \dfrac{H}{2} \cdot \dfrac{H}{4} \end{cases} \rightarrow \begin{cases} \dfrac{d\tau}{dB} = 0 \ ; \ \ B = \dfrac{\sqrt{2}}{2}D \\ H = \dfrac{\sqrt{2}}{2}D \\ \tau_{min} = \dfrac{3V}{D^2} \end{cases}$$

3 종국강도 최대조건

$$\begin{cases} M_p = \sigma_y(A_c \cdot y_c) \cdot 2 \\ A_c = \dfrac{BH}{2} \\ y_c = \dfrac{H}{4} \end{cases} \rightarrow \begin{cases} \dfrac{dM_p}{dB} = 0 \ ; \ \ B = \dfrac{\sqrt{3}}{3}D \\ H = \dfrac{\sqrt{6}}{3}D \\ M_{p,max} = \dfrac{D^3\sqrt{3}}{18} \cdot \sigma_y \end{cases}$$

4 처짐 최소조건

$$\left\{ \delta \propto \dfrac{1}{I} \right\} \rightarrow \begin{cases} \dfrac{dI}{dB} = 0 \ ; \ \ B = \dfrac{D}{2} \\ H = \dfrac{\sqrt{3}}{2}D \end{cases}$$

그림과 같은 단면에 대하여 다음을 구하시오.

(1) 점 O를 중심으로 x축과 y축에 대한 단면2차모멘트

(2) xy축에 대한 단면상승모멘트

(3) (1)과 (2)의 결과를 이용한 주축의 단면2차모멘트 및 방향

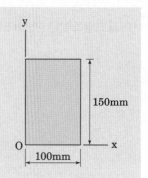

풀이

1 단면2차 모멘트(평행축 정리)

$$I_x = \frac{100 \times 150^3}{12} + (100 \times 150) \times \left(\frac{150}{2}\right)^2 = 1.125 \times 10^8 \, \text{mm}^4$$

$$I_y = \frac{150 \times 100^3}{12} + (100 \times 150) \times \left(\frac{100}{2}\right)^2 = 5 \times 10^7 \, \text{mm}^4$$

2 단면상승모멘트

$$I_{xy} = A \cdot \bar{x} \cdot \bar{y}$$
$$= (100 \times 150) \times 50 \times 75 = 5.62 \times 10^7 \, \text{mm}^4$$

3 주축의 단면2차 모멘트 및 방향

$$\frac{I_x + I_y}{2} = 8.125 \cdot 10^7 \, \text{mm}^4$$

$$\sqrt{\left(\frac{I_x - I_y}{2}\right)^2 + I_{xy}^2} = 6.435 \cdot 10^7 \, \text{mm}^4$$

$$I_{1,2} = \frac{I_x + I_y}{2} \pm \sqrt{\left(\frac{I_x - I_y}{2}\right)^2 + I_{xy}^2} = \begin{cases} I_1 = 14.56 \times 10^7 \, \text{mm}^4 \\ I_2 = 1.69 \times 10^7 \, \text{mm}^4 \end{cases}$$

$$\theta_p = \frac{1}{2} \times \tan^{-1}\left(\frac{I_{xy}}{\left(\frac{I_x - I_y}{2}\right)}\right) = 0.531849 \, \text{rad}(\frown) = 30.47°(\frown)$$

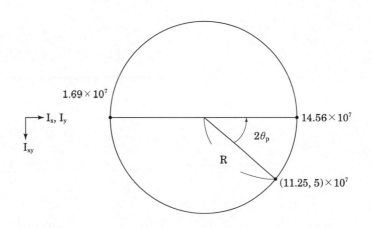

아래 그림과 같은 한변이 B인 정삼각형의 핵심거리를, 핵에 대한 기본개념을 이용하여 구하고, 핵구역을 그리시오.

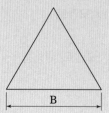

풀이

❶ 기본사항

$$A = B \cdot \frac{\sqrt{3}}{2}B \cdot \frac{1}{2} = \frac{\sqrt{3}B^2}{4}$$

$$I_z = \frac{B\left(\frac{\sqrt{3}}{2}B\right)^3}{36} = \frac{3\sqrt{3}}{288}B^4 = \frac{\sqrt{3}B^4}{96}$$

$$I_y = \frac{1}{12} \cdot \left(\frac{\sqrt{3}}{2}B\right) \cdot \left(\frac{B}{2}\right)^3 \cdot 2 = \frac{\sqrt{3}B^4}{96}$$

❷ e_1 산정

$$\sigma = \frac{P}{A} + \left(-\frac{P \cdot e_1 \cdot \frac{\sqrt{3}}{6} \cdot B}{I_z}\right) = 0$$

$$e_1 = \frac{\sqrt{3}}{12}B$$

❸ e_2 산정

$$\sigma = \frac{P}{A} + \left(-\frac{P \cdot e_1 \cdot \frac{\sqrt{3}}{3} \cdot B}{I_z}\right) = 0$$

$$e_1 = \frac{\sqrt{3}}{24}B$$

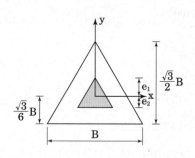

탄성-완전소성 거동(elastic-perfectly plastic behavior)의 재료로 제작된 직사각형 단면의 균질 보에서, 항복모멘트(yield moment, M_y)에 대한 소성모멘트(plastic moment, M_p)의 비, $\dfrac{M_y}{M_p}$ 를 구하시오.

풀이

1 항복모멘트(M_y)

$$M_y = \sigma_y \cdot S = \sigma_y \cdot \frac{bh^2}{6}$$

2 소성모멘트(M_p)

$$M_p = \sigma_y \cdot z = \sigma_y \cdot \frac{bh}{2} \cdot \left(\frac{h}{4} \cdot 2 \right) = \sigma_y \cdot \frac{bh^2}{4}$$

3 형상계수(f)

$$f = \frac{M_p}{M_y} = 1.5$$

다음 그림의 도심을 구하시오.

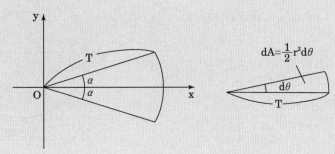

풀이

1 dA

$$dA_\theta = \frac{1}{2}r^2 d\theta$$

$$dA_\rho = 2\alpha\rho \cdot d\rho$$

2 도심

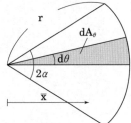
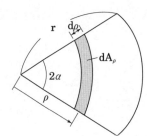

$$\left\{ \begin{array}{l} A_\theta = \int_u^\alpha dA_\theta = \int_u^\alpha \frac{1}{2}r^2 d\theta \\[2mm] \int \overline{x}\, dA_\rho = \int_0^r \rho \cdot 2\alpha\rho \cdot d\rho \end{array} \right\} \rightarrow A_\theta \cdot \overline{X} = \int x\, dA_\rho$$

$$\therefore \overline{X} = \frac{\int \overline{x}\, dA_\rho}{A_\theta} = \frac{\displaystyle\int_0^r \rho \cdot 2\alpha\rho \cdot d\rho}{\displaystyle\int_{-\alpha}^\alpha \frac{1}{2}r^2 d\theta} = \frac{2}{3}r$$

$$\overline{Y} = 0\,(\because \text{대칭})$$

외경 $D=508mm$, 두께 $t=12mm$의 강관말뚝에 대한 항복모멘트(M_y), 소성모멘트(M_p) 및 형상계수($f = M_p/M_y$)를 구하시오. (단, 강관의 항복강도 $f_y=350MPa$이다.)

풀이

1 단면성능

$D_1 = 508mm$

$D_2 = D_1 - 2 \cdot t = 484mm$

$$S_x = \frac{\frac{\pi}{64} \cdot \left(D_1^4 - D_2^4\right)}{\frac{D_1}{2}} = 2.2652 \cdot 10^6 mm^3$$

$$Z_x = \frac{\pi D_1^2}{4} \cdot \left(\frac{1}{2}\right) \cdot \left(\frac{4}{3\pi} \cdot \frac{D_1}{2}\right) - \frac{\pi D_2^2}{4} \cdot \left(\frac{1}{2}\right) \cdot \left(\frac{4}{3\pi} \cdot \frac{D_2}{2}\right)$$

$$= 2.95277 \cdot 10^6 mm^3$$

2 M_y, M_p, f

$M_y = f_y \cdot S_x = 7.9282 \cdot 10^8 Nmm = 792.82kNm$

$M_p = f_y \cdot Z_x = 1.03347 \cdot 10^9 Nmm = 1033.47kNm$

$f = \dfrac{M_p}{M_y} = 1.3035$

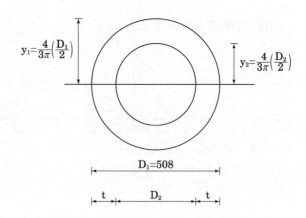

아래 그림의 PSC 거더 단면 A, B에 대하여 상, 하핵(core) 거리와 휨효율 계수를 구하고 구조성능을 비교 설명하시오.

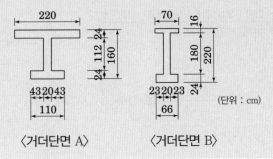

〈거더단면 A〉　　　〈거더단면 B〉

(단위 : cm)

풀이

1 단면 A [16] [17]

① 단면성능

$$A = 110 \cdot 24 + 24 \cdot 112 + 220 \cdot 24$$
$$= 10608 \text{mm}^2$$

$$y_1 = \frac{110 \cdot 24 \cdot (160 - 12) + 24 \cdot 112 \cdot (24 + 56) + 220 \cdot 24 \cdot 12}{110 \cdot 24 + 24 \cdot 112 + 220 \cdot 24}$$

$$= 63.077 \text{mm}$$

$$y_2 = 160 - y_1 = 96.923 \text{mm}$$

$$I = \frac{110 \cdot 24^3}{12} + 110 \cdot 24 \cdot (y_2 - 12)^2 + \frac{24 \cdot 112^3}{12} + 24 \cdot 112 \cdot \left(y_2 - 24 - \frac{112}{2}\right)^2$$
$$+ \frac{220 \cdot 24^3}{12} + 220 \cdot 24 \cdot (y_1 - 12)^2$$

$$= 3.67741 \cdot 10^7 \text{mm}^4$$

$$r = \sqrt{I/A} = 58.8781 \text{mm}$$

② 상하핵, 휨효율 계수

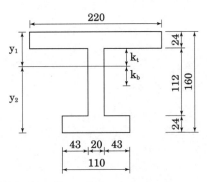

상핵 $k_t = \dfrac{r^2}{y_2} = 35.767 \text{mm}$

하핵 $k_b = \dfrac{r^2}{y_1} = 54.96 \text{mm}$

휨효율 계수 $Q = \dfrac{r^2}{y_1 y_2} = 0.567$

---

16) 휨효율 계수 관련 참고문헌 : 신현묵, 「프리스트레스트 콘크리트(10판)」, 동명사, 2007년, 208쪽
17) PSC 교량 거더이므로 약축방향 휨은 무시하고 계산하였다.

2 단면 2

① 단면성능

$A = 66 \cdot 24 + 180 \cdot 20 + 70 \cdot 16$

$\quad = 6304 \text{mm}^2$

$y_3 = \dfrac{66 \cdot 24 \cdot (220-12) + 180 \cdot 20 \cdot (16+90) + 70 \cdot 16 \cdot 8}{66 \cdot 24 + 180 \cdot 20 + 70 \cdot 16}$

$\quad = 114.218 \text{mm}$

$y_4 = 220 - y_3 = 105.782 \text{mm}$

$I = \dfrac{66 \cdot 24^3}{12} + 66 \cdot 24 \cdot (y_4 - 12)^2 + \dfrac{20 \cdot 180^3}{12} + 20 \cdot 180 \cdot \left(y_4 - 24 - \dfrac{180}{2}\right)^2$

$\quad + \dfrac{70 \cdot 16^3}{12} + 70 \cdot 16 \cdot (y_3 - 8)^2$

$\quad = 3.66306 \cdot 10^7 \text{mm}^4$

$r = \sqrt{I/A} = 76.228 \text{mm}$

② 상하핵, 휨효율 계수

상핵 $k_t = \dfrac{r^2}{y_4} = 54.93 \text{mm}$

하핵 $k_b = \dfrac{r^2}{y_3} = 50.87 \text{mm}$

휨효율 계수 $Q = \dfrac{r^2}{y_3 y_4} = 0.481$

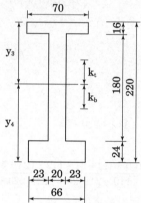

3 결론

① 일반적으로 잘 설계된 I형 보는 0.5 정도의 Q 계수를 가진다.

② Q가 0.45보다 작으면 투박한 단면이고, 0.55보다 크면 실용상 문제가 있는 너무 얇은 단면이다.

③ 따라서 1단면은 실용상 너무 얇은 단면이고, 2단면은 투박한 단면으로 볼 수 있다.

구조기본

구조역학은 정역학적인 힘의 평형방정식과 재료역학적인 처짐변형 관계를 이용하여 정정 또는 부정정 구조물을 해석하는 분야이다. 이 단원에서는 해석방법의 큰 축인 에너지법과 매트릭스법을 이용하여 보, 골조 및 트러스, 케이블, 아치 등 다양한 구조물에 대한 기본적인 해석방법을 다룬다.

1 보 해석

Summary

출제범위   이 장에서는 정정, 부정정 보의 해석에 대한 내용이 출제된다. 보 해석 문제는 구조물의 반력, 부재력, 처짐 산정이 목표이며 해당 부재력에 대한 FBD, SFD, BMD 작도를 요구하기도 한다. 또한 보 구조물에서 발생할 수 있는 온도변화, 변단면, 강성변화, 지점침하,제작오차등이 부가적인 조건으로 주어져 이 영향에 대한 해석을 요구하는 문제가 출제되기도 한다. 보를 해석하는 방법은 변위일치법, 처짐각법, 모멘트분배법, 3연모멘트법 등 전통적인 해석방법으로 풀이할 수 있으며 에너지법, 매트릭스법 등 CAS기능을 적극적으로 활용하여 풀이할 수도 있다.

학습전략   보 해석 문제는 비교적 간단하기 때문에 하나의 문제에 대해 적어도 3가지의 다른 풀이법으로 답안을 작성하는 연습이 필요하다. 이렇게 자신의 주력 풀이법 1개와 보조적인 풀이법1개 그리고 익숙하지 않아 연습이 필요한 풀이법 1개를 한 세트로 연습하게 되면 각각 풀이과정에 대해 크로스 체크가 가능하게 된다. 또한 각 문제는 풀이 방법이 지정되어 있지 않다 하더라도 출제자가 의도한 풀이방법이 있기 때문에 각 상황에 맞게 1순위 풀이법을 답안지에 적는 것이 고득점을 할 수 있는 비결이므로 이러한 연습방법을 적극 추천한다.

건축구조기술사 | 117-2-2

2경간 연속보의 지점 B 바로 앞에 전단력의 구속을 풀어
주는 장치를 도입하였다. 연속보의 부재력도(축력도,
전단력도, 휨모멘트도)를 작성하시오.

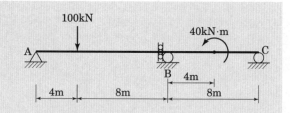

풀이

1 AB

$$\begin{cases} \Sigma F_y = 0 \ ; \quad V_A = 100\text{kN}(\uparrow) \\ \Sigma M_A = 0 \ ; \quad 100 \times 4 + M_B = 0 \\ \qquad\qquad \rightarrow M_B = 400\text{kNm}(\curvearrowleft) \end{cases}$$

2 BC

$$\begin{cases} \Sigma F_y = 0 \ : \quad V_B + V_C = 0 \\ \Sigma M_B = 0 \ ; \quad 400 - 40 - V_C \times 8 = 0 \end{cases}$$

$$\rightarrow \quad \begin{aligned} V_B &= 45\text{kN}(\downarrow) \\ V_C &= 45\text{kN}(\uparrow) \end{aligned}$$

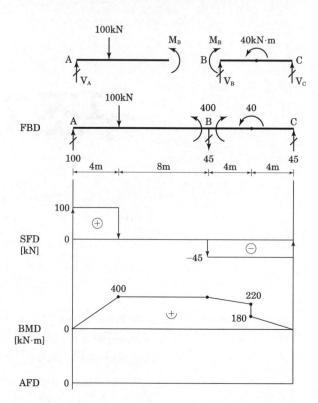

다음 내민보에 대해서 물음에 답하시오.

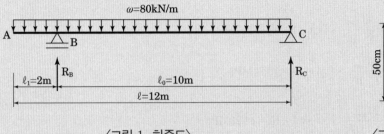

<그림 1. 하중도>

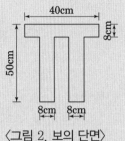

<그림 2. 보의 단면>

(1) 지점반력 R_B, R_C 및 B~C 구간에서 전단력이 0이 되는 위치(z_0), 모멘트 M_B 및 B~C 구간에서 최대휨모멘트 M_{max}값을 구하고, 전단력도(S.F.D)와 휨모멘트도(B.M.D)를 작성하시오.

(2) 단면의 중립축을 구하고, 중립축에 대한 단면2차모멘트 I_x를 구하시오.

(3) B~C 구간 M_{max} 단면에서 최대휨압축응력도 σ_{max}, 최대휨인장응력도 σ_{max}를 구하시오. (단, 횡좌굴에 의한 영향은 없는 것으로 가정한다.)

(4) 자유단 A에서의 처짐 δ_A를 구하시오. (단, $E_C = 205000MPa$로 하고 처짐계산 시 전단에 의한 영향은 무시할 것)

풀이

❶ 반력

$$\left. \begin{array}{l} R_B + R_C = 80 \cdot 12 \\ 10R_B - 80 \cdot \dfrac{12^2}{2} = 0 \end{array} \right\} \rightarrow \left\{ \begin{array}{l} R_B = 576kN \\ R_C = 384kN \end{array} \right\}$$

$$\left. \begin{array}{l} M = R_B \cdot x - 80 \cdot (2+x)^2/2 \\ \dfrac{dM}{dx} = 0 \end{array} \right\} \rightarrow \left\{ \begin{array}{l} x = 5.2m\,(B점\,기준) \\ M_{max} = 921.6kNm \end{array} \right\}$$

❷ 중립축 및 단면 2차모멘트

$$y_c = \frac{40 \cdot 8 \cdot 46 + 8 \cdot 42 \cdot 21 \cdot 2}{40 \cdot 8 + 8 \cdot 42 \cdot 2}$$

$$= 29.0645cm$$

$$I = \frac{40 \cdot 8^3}{12} + 40 \cdot 8 \cdot (46 - y_c)^2$$

$$+ \frac{16 \cdot 42^3}{12} + 16 \cdot 42 \cdot (y_c - 21)^2$$

$$- 235975cm^4$$

FBD

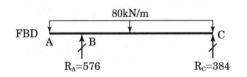

SFD [kN]

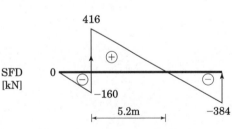

BMD [kN m]

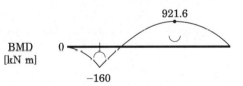

❸ 최대휨응력

$$M_{max}^{+} = 921.6 \text{kNm} \; ; \; \begin{cases} \sigma_c = \dfrac{M_{max}^{+}}{I \cdot 10^4} \cdot (50 - y_c) \cdot 10 = 81.76 \text{MPa} \\[3mm] \sigma_t = \dfrac{M_{max}^{+}}{I \cdot 10^4} \cdot (y_c) \cdot 10 = 113.512 \text{MPa} \end{cases} (지배)$$

$$M_{max}^{-} = 160 \text{kNm} \; : \; \begin{cases} \sigma_c = \dfrac{M_{max}^{-}}{I \cdot 10^4} \cdot (y_c) \cdot 10 = 19.71 \text{MPa} \\[3mm] \sigma_t = \dfrac{M_{max}^{-}}{I \cdot 10^4} \cdot (50 - y_c) \cdot 10 = 14.20 \text{MPa} \end{cases}$$

❹ δ_A 산정

$$\begin{cases} M_1 = -Px - 40x^2 \\[3mm] M_2 = -P(x + 2000) + \left(576000 + \dfrac{6}{5}P\right)x - 40 \cdot (x + 2000)^2 \end{cases}$$

$$U = \frac{1}{2 \cdot E \cdot I \cdot 10^4}\left[\int_0^{2000} M_1^2 dx + \int_2^{10000} M_2^2 dx\right]$$

$$\delta_A = \left.\frac{\partial \mu}{\partial p}\right|_{P=0}$$

$$= -11.2455 \text{mm} = 11.2455 \text{mm}\,(\uparrow)$$

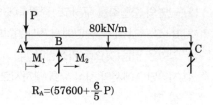

$$R_A = \left(57600 + \frac{6}{5}P\right)$$

PE.A-94-3-4

$$\cdots\cdots\cdots\cdots\cdots 1 \qquad\qquad\qquad 1$$

$$\text{solve}\left(\begin{cases} rb+rc=80\cdot 12 \\ 10\cdot rb-\dfrac{80\cdot 12^2}{2}=0, \end{cases}\{rb,\ rc\}\right) \qquad rb=576 \text{ and } rc=384$$

$$\dfrac{-80\cdot(2+x)^2}{2}+rb\cdot x\,|\,rb=576 \to m \qquad -40\cdot x^2+416\cdot x-160$$

$$\text{solve}\left(\dfrac{d}{dx}(m)=0,x\right) \qquad\qquad x=5.2$$

$$m\,|\,x=5.2 \qquad\qquad 921.6$$

$$\cdots\cdots\cdots\cdots\cdots 2 \qquad\qquad\qquad 2$$

$$\dfrac{40\cdot 8\cdot 46+8\cdot 42\cdot 21\cdot 2}{40\cdot 8+8\cdot 42\cdot 2} \to yc \qquad 29.0645$$

$$\dfrac{40\cdot 8^3}{12}+40\cdot 8\cdot(46-yc)^2+\dfrac{16\cdot 42^3}{12}+16\cdot 42\cdot(yc-21)^2 \to i \qquad 235975.$$

$$\cdots\cdots\cdots\cdots\cdots 3 \qquad\qquad\qquad -3$$

$$\dfrac{921.6\cdot 10^6}{i\cdot 10^4}\cdot(50-yc)\cdot 10 \qquad 81.7637$$

$$\dfrac{921.6\cdot 10^6}{i\cdot 10^4}\cdot yc\cdot 10 \qquad 113.512$$

$$\dfrac{160\cdot 10^6}{i\cdot 10^4}\cdot yc\cdot 10 \qquad 19.7069$$

$$\dfrac{160\cdot 10^6}{i\cdot 10^4}\cdot(50-yc)\cdot 10 \qquad 14.1951$$

$$\cdots\cdots\cdots\cdots\cdots 4 \qquad\qquad\qquad -4$$

$$-p\cdot x-40\cdot x^2 \to m1 \qquad -40\cdot x^2-p\cdot x$$

$$-p\cdot(x+2000)+\left(576000+\dfrac{6\cdot p}{5}\right)\cdot x-\dfrac{80\cdot(x+2000)^2}{2} \to m2$$

$$-40\cdot x^2+\left(\dfrac{p}{5}+416000\right)\cdot x-2000\cdot p-160000000$$

$$\int_0^{2000}\dfrac{m1^2}{2\cdot e\cdot i\cdot 10^4}dx+\int_0^{10000}\dfrac{m2^2}{2\cdot e\cdot i\cdot 10^4}dx \to u$$

$$\dfrac{3.3902\cdot p^2-2.30533E6\cdot p+9.24303E11}{e}$$

$$\dfrac{d}{dp}(u)\,|\,e=205000 \text{ and } p=0 \ \text{①} \qquad -11.2455$$

① with 연산자(|)는 사용시 연산 순서는 with 연산자(|) 앞쪽을 먼저 연산하고 이후 뒤쪽에 있는 값이 입력된다. 따라서 p로 미분 $\left(\dfrac{d}{dp}(u)\right)$을 먼저 수행하고, 그 결과에 대해 $e=205000$, $p=0$이 입력된다.

- 평형방정식을 이용하여 반력값을 구한다.

- B점을 기준으로 휨모멘트 M을 구한다.

- 휨모멘트 최대값 지점 x를 구한다.

- x값을 휨모멘트에 대입하여 최대값을 구한다.

- 하단기준 중립축 위치 yc를 구한다.

- 중립축에서의 I값

- B점 기준 $x=0\text{m}$, $x=5.2\text{m}$에서 각각 인장, 압축응력을 구한 후 비교하면 $x=5.2\text{m}$지점에서의 응력값이 지배적임을 알 수 있다.

- A점을 기준으로 휨모멘트 M1, M2를 구한 후 전체 부재의 변형에너지 U를 이용하여 A점의 처짐을 구한다.
이 때 P는 A점의 처짐을 산정하기 위한 Dummy 하중이므로 편미분 후 $P=0$으로 처리한다.

그림과 같이 등분포하중 30kN/m를 지지하는 보 상단에 동일한 휨강성(EI)를 가진 길이 6m의 보가 보강되었을 때 아랫보의 최대모멘트의 위치와 크기를 계산하시오. (단, 두 보를 연결하는 강봉의 인장변형은 무시하며, 윗보와 같이 삼등분점 집중하중 P를 받는 경우 보의 1/3(A 및 B)위치에서 처짐은 $5Pl^3/162EI$으로 계산됨)

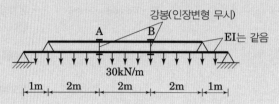

풀이 ○ 에너지법

1 구간별 모멘트

구분	M(x)	범위
ab	$M_1 = 120x - \dfrac{30x^2}{2}$	0~1
bc	$M_2 = 120(x+1) - \dfrac{30(x+1)^2}{2} - Px$	0~2
cd	$M_3 = 120(x+3) - \dfrac{30(x+3)^2}{2} - P(x+2) + Px$	0~1
ef	$M_4 = Px$	0~2
fg	$M_5 = P(x+2) - Px$	0~1

2 변형에너지

$$U = 2 \times \sum_1^5 \int \frac{Mi^2}{2EI} dx$$

$$= \frac{40(P^2 - 129P + 9216)}{3EI}$$

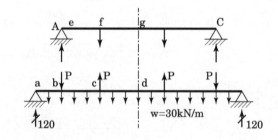

3 부정정력 산정

$$\frac{\partial M}{\partial P} = 0 \; ; \quad P = 64.5\text{kN}$$

4 최대휨모멘트 산정

① M_{max} 발생 위치

M_{max}는 $V = 0$인 지점에서 발생하므로

$120 - 30x - 64.5 = 0 \; ; \; x = 1.85\text{m}$

② M_{max} 산정

$$M_{max} = 120 \times 1.85 - \frac{30 \times 1.85^2}{2} - 64.5 \times 0.85$$

$$= 115.838\text{kN} \cdot \text{m} (\smile)$$

다음 단순보에서 A, B 지점의 지점반력을 구하고 단면력도(전단력도, 휨모멘트도, 축방향력도)를 도시하시오.

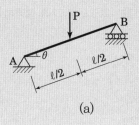

(a)

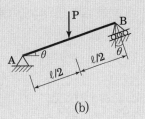

(b)

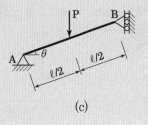

(c)

풀이

❶ (a) 구조물

$$\begin{cases} \Sigma F_x = 0 \ ; \ V_A \sin\theta + H_A \cos\theta - P\sin\theta + V_B \sin\theta = 0 \\ \Sigma F_y = 0 \ ; \ V_A \cos\theta - H_A \sin\theta - P\cos\theta + V_B \cos\theta = 0 \\ \Sigma M_A = 0 \ ; \ \dfrac{PL}{2}\cos\theta - V_B L\cos\theta = 0 \end{cases}$$

$$\begin{aligned} V_A &= \frac{P}{2} \\ \to H_A &= 0 \\ V_B &= \frac{P}{2} \end{aligned}$$

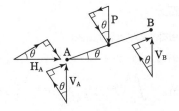

❷ (b) 구조물

$$\begin{cases} \Sigma F_x = 0 \ ; \ V_A \sin\theta + H_A \cos\theta - P\sin\theta = 0 \\ \Sigma F_y = 0 \ ; \ V_A \cos\theta - H_A \sin\theta - P\cos\theta + V_B = 0 \\ \Sigma M_A = 0 \ ; \ \dfrac{PL}{2}\cos\theta - V_B L = 0 \end{cases}$$

$$\begin{aligned} V_A &= \frac{P}{2}\left(\sin^2\theta + 1\right) \\ \to H_A &= \frac{P}{2}\sin\theta\cos\theta \\ V_B &= \frac{P}{2}\cos\theta \end{aligned}$$

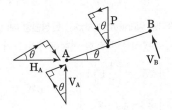

❸ (c) 구조물

$$\begin{cases} \Sigma F_x = 0 \ ; \ V_A \sin\theta + H_A \cos\theta - P\sin\theta - V_B\cos\theta = 0 \\ \Sigma F_y = 0 \ ; \ V_A \cos\theta - H_A \sin\theta - P\cos\theta + V_B\sin\theta = 0 \\ \Sigma M_A = 0 \ ; \ \dfrac{PL}{2}\cos\theta - V_B L\sin\theta = 0 \end{cases}$$

$$\begin{aligned} V_A &= P \\ \to H_A &= \frac{P}{2\tan\theta} \\ V_B &= \frac{P}{2\tan\theta} \end{aligned}$$

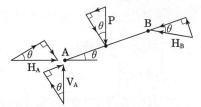

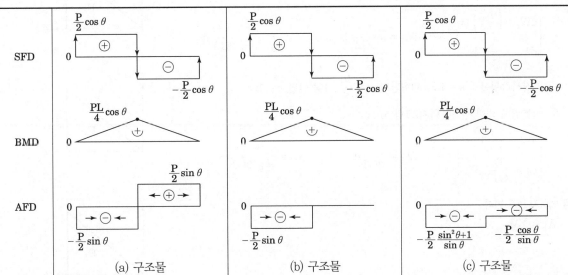

	(a) 구조물	(b) 구조물	(c) 구조물
SFD	$\frac{P}{2}\cos\theta$, $-\frac{P}{2}\cos\theta$	$\frac{P}{2}\cos\theta$, $-\frac{P}{2}\cos\theta$	$\frac{P}{2}\cos\theta$, $-\frac{P}{2}\cos\theta$
BMD	$\frac{PL}{4}\cos\theta$	$\frac{PL}{4}\cos\theta$	$\frac{PL}{4}\cos\theta$
AFD	$\frac{P}{2}\sin\theta$, $-\frac{P}{2}\sin\theta$	$-\frac{P}{2}\sin\theta$	$-\frac{P}{2}\dfrac{\sin^2\theta+1}{\sin\theta}$, $-\frac{P}{2}\dfrac{\cos\theta}{\sin\theta}$

아래 그림은 축력, 휨, 전단, 비틀림을 받는 선형(線型) 구조물의 미소요소(微小要素)이다. 각각에 대해 변형(變形)에너지(strain energy) U를 산정하는 식(式)을 힘과 변위의 관계를 나타내는 그래프를 그려 설명하시오.

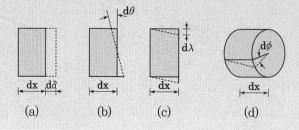

(a)   (b)   (c)   (d)

풀이

1 외적인 일(Extenal work)

$$dW_E = F \cdot ds = (k \cdot s)ds \, (단, F, s는 선형관계 유지)$$

$$W_E = \int_0^\Delta dW_E = \int_0^\Delta ks \; ds = \frac{k\Delta^2}{2} = \frac{P\Delta}{2}$$

$$(F : 0 \to P, \; s : 0 \to \Delta \; 서서히 증가)$$

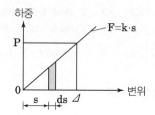

2 내적인 일(Internal Work); 탄성변형 에너지

① 축방향력에 의한 변형에너지(그림 a)

$$\begin{cases} dW_I = \left(\frac{1}{2}F\right)d\delta \\ d\delta = \frac{F}{EA}dx \end{cases} \rightarrow dW_I = \frac{F^2}{2EA}dx \; ; \; U_F = W_I = \frac{F^2L}{2EA}$$

② 휨모멘트에 의한 변형에너지(그림 b)

$$\begin{cases} dW_I = \left(\frac{1}{2}M\right)d\theta \\ d\theta = \frac{M}{EI}dx \end{cases} \rightarrow dW_I = \frac{M^2}{2EI}dx \; ; \; U_M = W_I = \int_0^L \frac{M^2}{2EI}dx$$

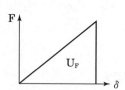

③ 전단력에 의한 변형에너지(그림 c)

$$\begin{cases} dW_I = \left(\frac{1}{2}V\right)d\lambda \\ d\lambda = \kappa\frac{V}{GA}dx \end{cases} \rightarrow dW_I = \kappa\frac{V^2}{2GA}dx \; ; \; U_V = W_I = \kappa\int_0^L \frac{V^2}{2GA}dx$$

* 직사각형단면 $\kappa = 1.2$, 원형단면 $\kappa = \frac{10}{9}$, I형 단면 $\kappa = 1.0$

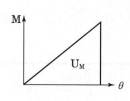

④ 비틀림에 의한 변형에너지(그림 d)

$$\begin{cases} dW_I = \left(\frac{1}{2}T\right)d\phi \\ d\phi = \frac{T}{GJ}dx \end{cases} \rightarrow dW_I = \frac{T^2}{2GJ}dx \; ; \; U_T = W_I = \int_0^L \frac{T^2}{2GJ}dx$$

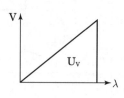

3 에너지 보존 법칙

$$W_E = \Sigma W_I$$

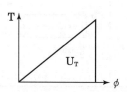

그림과 같은 캔틸레버 보에 대하여 다음 물음에 답하시오. (단, 보는 폭 200mm 및 높이 300mm인 직사각형 단면을 갖고, 탄성계수 및 포아송비는 각각 E=200GPa 및 ν=0.3이다) (총 15점)

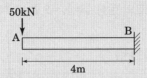

(1) 휨변형과 전단변형을 모두 고려한 경우 카스치리아노 제2정리에 의한 보의 임의 위치에서의 연직 처짐을 적분식으로 나타내시오. (5점)

(2) 휨 및 전단 변형을 모두 고려한 경우 카스치리아노 제2정리에 의한 A점에서의 연직 처짐(mm)을 구하시오. (10점)

풀이 ○ 에너지법

■1 기본사항

$$I = \frac{0.2 \cdot 0.3^3}{12} = 0.00045 \text{m}^4 \qquad\qquad A = 0.2 \cdot 0.3 = 0.06 \text{m}^2$$

$$E = 200000 \cdot \frac{10^{-3}}{(10^{-3})^2} = 2 \cdot 10^8 \text{kN/m}^2 \qquad G = \frac{E}{2(1+0.3)} \cdot \frac{10^{-3}}{(10^{-3})^2} = 7.69231 \cdot 10^7 \text{kN/m}^2$$

$$\kappa = 1.2 (\text{직사각형})$$

■2 연직처짐 적분식

$$\begin{cases} M_1 = -50 \cdot x \\ M_2 = -50x - P(x-s) \end{cases} \begin{cases} V_1 = -50 \\ V_2 = -50 - P \end{cases}$$

$$U = \int_0^s \left(\frac{M_1^2}{2EI} + \kappa \frac{V_1^2}{2GA} \right) dx + \int_s^4 \left(\frac{M_2^2}{2EI} + \kappa \frac{V_2^2}{2GA} \right) dx$$

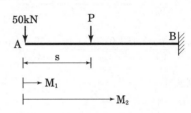

■3 임의 위치(s)에서의 처짐

$$\delta_s = \frac{\partial U}{\partial P}\bigg|_{P=0} = 9.259 \cdot 10^{-5} \cdot s^3 - 0.004457 \cdot s + 0.011903$$

■4 A점 연직처짐(mm)

$$\delta(s=0) = 0.011904 \text{m}$$
$$= 11.9038519 \text{mm} (\downarrow)$$

다음 그림과 같이 폭 30cm, 춤 40cm의 직사각형 단면을 가지고 있는 캔틸레버보가 AB구간에서 등분포하중 ω =50kgf/cm, 점 C에서 집중하중 P=5tf을 받고 있다. 다음 물음에 답하시오. (단, 보의 변형은 미소변형이론을 만족하는 것으로 가정하며, 전 구간 재료의 탄성계수 E=2.1×10^6kgf/cm²이다) (총 30점)

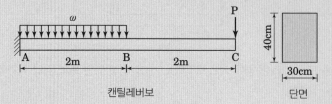

캔틸레버보   단면

(1) 캔틸레버보의 휨변형에 대한 처짐곡선을 이용하여 점 C에서의 처짐각(θ_c)과 처짐(δ_c)을 각각 구하시오. (20점)
(2) 재료의 허용휨인장강도 f_b=500kgf/cm²일 때, 캔틸레버보의 휨에 대한 안전을 검토하시오. (10점)

풀이

1 처짐 및 처짐각

① 처짐 곡선식

$$EI = 2.1 \cdot 10^6 \cdot 30 \cdot \frac{40^3}{12} = 3.36 \cdot 10^{11} \text{kgf/cm}^2$$

$$\begin{cases} y_1'' = \dfrac{M_1}{EI} = \dfrac{15000x - 3 \cdot 10^6 - \dfrac{50x^2}{2}}{EI} \\[4mm] y_2'' = \dfrac{M_2}{EI} = \dfrac{15000x - 3 \cdot 10^6 - 50 \cdot 200 \cdot (x - 100)}{EI} \end{cases}$$

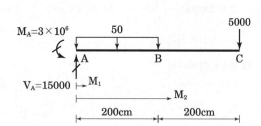

② 경계조건

$$\begin{cases} y_1(0) = 0 \\ y_1'(0) = 0 \end{cases} \rightarrow \quad y_1 = -6.2004 \cdot 10^{-12} \cdot x^2 \cdot (x^2 - 1200x + 720000)$$

$$\begin{cases} y_1(200) = y_2(200) \\ y_1'(200) = y_2'(200) \end{cases} \rightarrow \quad y_2 = 2.48016 \cdot 10^{-9}x^3 - 2.976 \cdot 10^{-6}x^2 - 1.984 \cdot 10^{-4}x + 0.0099206$$

③ C점 변위

$$\delta_c = y_2(400) = 0.386905 \text{cm} (\downarrow)$$

$$\theta_c = y_2'(400) = 0.001389 \text{rad} (\curvearrowright)$$

2 휨안전성 검토

$$\sigma_A = \frac{M_A}{I}\left(\frac{h}{2}\right) = \frac{3 \cdot 10^6}{30 \cdot 40^3/12} \cdot \frac{40}{2} = 375 \text{kgf/cm}^2 < f_b (= 500 \text{kgf/cm}^2) \qquad \text{O.K}$$

12−archi−1

.... 1.1　　　　　　　　　　　　　　　1.1

$$\frac{2.1 \cdot 10^6 \cdot 30 \cdot 40^3}{12} \rightarrow ei \qquad\qquad 3.36\text{E}11$$

• 휨강성 수치 입력

$$y_2'' - \frac{15000 \cdot x - 3 \cdot 10^6 - 50 \cdot 200 \cdot (x-100)}{ei} = 0 \rightarrow eq2$$
$$-0.00000001 \cdot x + y_2'' + 0.00000595 = 0$$

• 미분방정식 y_2''

.... 1.2　　　　　　　　　　　　　　　1.2

$$y_1'' - \frac{15000 \cdot x - 3 \cdot 10^6 - \frac{50 \cdot x^2}{2}}{ei} = 0 \rightarrow eq1$$
$$7.4404762\text{E}-11 \cdot x^2 - 0.00000004 \cdot x + y_1'' + 0.00000893 = 0$$

• 미분방정식 y_1''

$\text{expand}(\text{deSolve}(eq1 \text{ and } y1(0) = 0 \text{ and } y_1'(0) = 0, x, y1))$①
$$y1 = -6.2003968\text{E}-12 \cdot x^4 + 7.4404762\text{E}-9 \cdot x^3 - 0.00000446 \cdot x^2$$

• deSolve 기능일 이용하여 미분방정식
식의 해를 구한다. 시인성 확보를 위해
계산결과에 expand를 적용하였다.

$$y_2'' - \frac{15000 \cdot x - 3 \cdot 10^6 - 50 \cdot 200 \cdot (x-100)}{ei} = 0 \rightarrow eq2$$
$$-0.00000001 \cdot x + y_2'' + 0.00000595 = 0$$

$\text{expand}(\text{deSolve}(eq2 \text{ and } \delta b = y2(200) \text{ and } \theta b = y_2'(200), x, y2))$
$$y2 = 2.4801587\text{E}-9 \cdot x^3 - 0.00000298 \cdot x^2 - 0.00019841 \cdot x + 0.00992063$$

• y_2''의 해를 $y22$로 저장

$$2.4801587\text{E}-9 \cdot x^3 - 2.98\text{E}-6 \cdot x^2 - 1.9841\text{E}-4 \cdot x + 0.00992063 \rightarrow y22$$
$$2.4801587\text{E}-9 \cdot x^3 - 0.00000298 \cdot x^2 - 0.00019841 \cdot x + 0.00992063$$

.... 1.3　　　　　　　　　　　　　　　1.3

$$y22 | x = 400 \qquad\qquad -0.38751321$$

$$\frac{d}{dx}(y22) | x = 400 \qquad\qquad -0.00139193$$

• A점 기준으로 볼 때 C점은 400cm 떨
어져 있으며, $y22$ 구간이므로 길이단위
(cm)에 주의하여 처짐, 처짐각을 구한다.

.... 2　　　　　　　　　　　　　　　2

$$\frac{3 \cdot 10^6}{\frac{30 \cdot 40^3}{12}} \cdot \frac{40}{2} \qquad\qquad 375$$

① 2계 미분방정식의 해는 deSolve 함수를 이용하여 구할 수 있다.
deSolve함수 문법은 deSolve(미분방정식, 경계조건1, 경계조건2, 독립변수,
종속변수) 이다.

deSolve(2ndOrderODE **and** initCond1 **and** initCond2, Var, depVar) ⇒ a particular solution	$\text{deSolve}\left(y'' = y^{\frac{-1}{2}} \text{ and } y(0) = 0 \text{ and } y'(0) = 0, t, y\right)$
Returns a particular solution that satisfies 2nd Order ODE and has a specified value of the dependent variable and its first derivative at one point.	$\frac{2 \cdot y^{\frac{3}{4}}}{3} = t$
For initCond1, use the form:	
depVar (initialIndependentValue) = initialDependentValue	$\text{solve}(Ans, y)$
For initCond2, use the form:	$y = \frac{2^{\frac{2}{3}} \cdot (3 \cdot t)^{\frac{4}{3}}}{4}$ and $t \geq 0$
depVar (initialIndependentValue) = initial1stDerivativeValue	

[deSolve 함수 문법 : Ti-Nspire CAS Reference Guide 발췌]

외팔보 AB에 균일분포하중이 작용하기 전에 외팔 보 AB 끝단과 외팔 보 CD 끝단 사이에 $\delta_0 = 1.5mm$의 간격이 있다. 하중작용 후의 (1) A점의 반력, (2) D점의 반력을 구하시오. (단, E = 105GPa, w = 35kN/m이다)

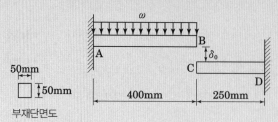

풀이

1 $\delta_{B1} = 1.5mm$일 때

$$\frac{\omega_1 \cdot l_{AB}^4}{8EI} = \delta_{B1} ; \quad \frac{\omega_1 \cdot 400^4}{8 \cdot 105 \cdot 10^3 \cdot (50^4/12)} = 1.5 \quad \rightarrow \quad \omega_1 = 25.6438kN/m$$

$$R_{A1} = \omega_1 \cdot 0.4 = 10.2539kN(\uparrow)$$

$$M_{A1} = -\omega_1 \cdot \frac{0.4^2}{2} = 2.05078kNm(\curvearrowleft)$$

2 $\delta_{B2} > 1.5mm$일 때

$$\omega_2 = \omega - \omega_1 = 9.3652kN/m$$

$$\frac{\omega_2 \cdot l_{AB}^4}{8EI} - \frac{R \cdot l_{AB}^3}{3EI} = \frac{R \cdot l_{BC}^3}{3EI} \quad \rightarrow \quad R = 1.12912kN$$

$$R_{A2} = \omega_2 \cdot 0.4 - R = 2.617kN(\uparrow)$$

$$M_{A2} = -\omega_2 \cdot \frac{0.4^2}{2} + R \cdot 0.4 = 0.2976kNm(\curvearrowleft)$$

$$R_{D2} = 1.12912kN(\uparrow)$$

$$M_{D2} = -1.12912 \cdot 0.25 = 0.28228kNm(\curvearrowleft)$$

3 최종반력(중첩)

$$R_A = 10.2539 + 2.617 = 12.8709kN(\uparrow)$$

$$M_2 = 2.05078 + 0.2976 = 2.34838kNm(\curvearrowleft)$$

$$R_D = 1.12912kN(\uparrow)$$

$$M_2 = 0.28228kNm(\curvearrowleft)$$

아래 그림과 같이 B단이 고정되어 있고, 반지름이 R인 원호형 캔틸레버보의 자유단 A에 하중 P가 작용하고 있을 때, 자유단 A의 연직처짐 δ_v를 계산하시오.

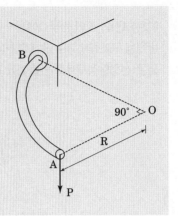

〈조건〉

• 재료의 탄성계수 　　　$E_s = 210000\text{MPa}$

• 반지름 　　　　　　　$R = 2\text{m}$

• 보의 직경 　　　　　　$d = 10\text{ cm}$

• 재료의 포아슨비 　　　$\nu = 0.3$

• 하중 　　　　　　　　$P = 10\text{kN}$

풀이

1 기본사항

$$I = \frac{\pi \cdot 100^4}{64} = 4.90874 \cdot 10^6 \text{mm}^4$$

$$J = 2 \cdot I$$

$$G = \frac{E}{2(1+\nu)} = 80769.2\text{MPa}$$

2 변형에너지

$$\begin{cases} a = R \cdot \sin\theta \\ b = R - R \cdot \cos\theta \end{cases} \rightarrow \begin{cases} M_\theta = -P \cdot a = -P \cdot R \cdot \sin\theta \\ T_\theta = P \cdot b = P \cdot R(1 - \cos\theta) \end{cases}$$

$$U = \int_0^{\frac{\pi}{2}} \frac{M_\theta^2}{2EI} r \, d\theta + \int_0^{\frac{\pi}{2}} \frac{T_\theta^2}{2GJ} r \, d\theta$$

3 연직처짐

$$\delta_v^A = \frac{\partial U}{\partial P}\bigg|_{P = 10000\text{N}} = 96.8885\text{mm} (\downarrow)$$

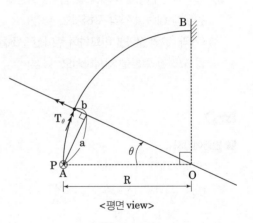

〈평면 view〉

다음 그림과 같이 원점 O에서 단면의 도심축까지의 반경이 R이고, 단면의 폭이 10mm, 높이가 20mm로 일정한 반원형 구조물의 자유단에 5kN의 수직하중 P가 단면의 도심에 작용하고 있다. 다음 물음에 답하시오. (단, 구조물은 선형탄성재료로 만들어졌으며, E=200GPa, G=80GPa이다) (총 20점)

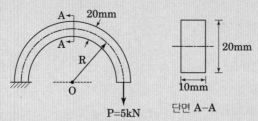

(1) 축력, 전단력, 휨모멘트에 대한 선형탄성 보이론에 따라 변형에너지와 수직 변위를 구하는 식을 유도하시오. (단, 휨강성은 EI, 축강성은 EA, 전단강성은 GA, 하중은 P로 표기한다) (10점)

(2) 축력, 전단력, 휨모멘트를 모두 고려한 자유단의 수직 변위를 반경 R이 20mm, 30mm, 40mm인 경우에 대하여 각각 구하시오. (단, 변위는 mm 단위로 표기하고, 소수점 이하 4째 자리까지 구한다) (3점)

(3) 축력과 전단력을 무시하고, 휨모멘트만을 고려한 자유단의 수직 변위를 반경 R이 20mm, 30mm, 40mm인 경우에 대하여 각각 구하시오. (3점)

(4) (2)와 (3)의 결과를 비교하여 주어진 구조물의 수직 변위 산정 시 반경 R과 단면력이 수직 변위에 미치는 영향을 고려한 결론을 제시하시오. (4점)

풀이

1 변형에너지

① 축력에 대한 변형에너지

$$U_N = \frac{1}{2} \cdot N \cdot \Delta = \frac{1}{2} \cdot N \cdot \frac{NL}{EA}$$
$$= \frac{N^3 L}{2EA} = \int \frac{N^2}{2EA} dx$$

② 전단력에 의한 변형에너지

$$u_V = \frac{1}{2}\tau \cdot \gamma = \frac{\tau^2}{2G}\left(\because \gamma = \frac{\tau}{G}\right)$$

$$U_V = \int u_V = \int \frac{\tau^2}{2G} = \int \frac{V^2 Q^2}{I_b b^2} \cdot \frac{A}{2GA} dV$$

$$= \int \frac{Q^2 A}{I_b b^2} dA \cdot \int \frac{V^2}{2GA} dx = \kappa \int \frac{V^2}{2GA} dx \left(\because \kappa = \int \frac{Q^2 A}{I_b b^2} dA\right)$$

여기서, κ : 직사각형단면(κ=1.2), 원형단면(κ=10/9), I형단면(κ=1.0)

③ 휨모멘트에 대한 변형에너지

$$\left\{\begin{array}{l} y'' = \kappa = \dfrac{M}{EI} \\ y' = \displaystyle\int \dfrac{M}{EI} = \theta \end{array}\right\} \rightarrow d\theta = \frac{M}{EI}$$

$$U_M = \int dU = \int \frac{1}{2} \cdot M \cdot d\theta = \int \frac{M^2}{2EI} dx$$

④ 변형에너지

$$U = U_N + U_V + U_M$$
$$= \int \frac{N^2}{2EA} dx + \kappa \int \frac{V^2}{2GA} dx + \int \frac{M^2}{2EI} dx$$

2 수직변위(가상일의 원리)

$$\delta_v = \frac{\partial U}{\partial P} = \int \frac{N}{EA} \cdot \frac{\partial U}{\partial P} dx + \kappa \int \frac{V}{GA} \cdot \frac{\partial U}{\partial P} dx + \int \frac{M}{EI} \cdot \frac{\partial U}{\partial P} dx$$

$$= \int \frac{Nn}{EA} dx + \kappa \int \frac{Vv}{GA} dx + \int \frac{Mm}{EI} dx$$

3 구조물 해석

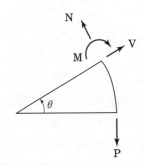

$$A = 10 \cdot 20, \quad I = 10 \cdot \frac{20^3}{12}, \quad \kappa = 6/5$$

$$\begin{cases} N_\theta = P \cdot \cos\theta \\ V_\theta = P \cdot \sin\theta \\ M_\theta = P \cdot R \cdot (1 - \cos\theta) \end{cases} \quad (dx = R \cdot d\theta)$$

4 자유단 처짐

$$U = \int_0^\pi \frac{N_\theta^2}{2EA} R \cdot d\theta + \kappa \cdot \int_0^\pi \frac{V_\theta^2}{2GA} R \cdot d\theta + \int_0^\pi \frac{M_\theta^2}{2EI} R \cdot d\theta$$

$$\delta_v = \frac{\partial U}{\partial P}$$

구분	R = 20mm	R = 30mm	R = 40mm
(N, V, M 고려시)	0.1571mm	0.5007mm	1.1624mm
(M 고려시)	0.1414mm	0.4771mm	1.131mm
δ_1/δ_2	1.111	1.049	1.0277

4 결론

반지름(R)이 커질수록 축력, 전단력에 대한 처짐영향이 감소한다.
축, 전단 변형은 휨변형에 비해 처짐영향이 미미하다. (대략 1~2%)

아래 그림 A와 같이 길이 L=5m, 탄성계수 E=200GPa, 한 변의 길이가 w=100mm인 정사각형 단면의 단순지지보가 x=a에서 스프링 상수 k인 탄성 스프링으로 추가 지지되고 있다. 다음 물음에 답하시오. (단, $a=\dfrac{5}{3}$ m, b=2.5m이다) (총 30점)

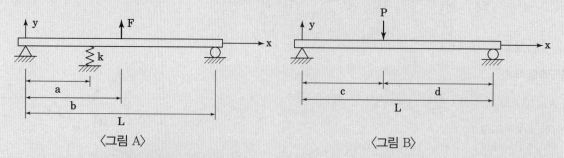

〈그림 A〉　　　　　　　　　　〈그림 B〉

(1) 그림 B에 주어진 보에서 처짐 $\delta(x)$를 P, EI, L, c, d에 대한 식으로 구하시오. (단, Dirac-delta와 같은 특이함수나 불연속함수를 사용하지 마시오) (6점)

(2) 위 (1)의 결과를 이용하여 그림 A의 x=a에서 수직방향 처짐 δ_a를 구하시오. (8점)

(3) 그림 A에서 x=1m 위치에 있는 단면의 중립축에서의 응력상태에 대한 모어원(Mohr's circle)의 중심과 반지름을 구하시오. (6점)

(4) 그림 A의 x=b에서 하중 F 대신 크기가 M인 시계방향의 모멘트가 작용할 때, x=a에서의 수직방향 처짐 δ_a를 구하시오. (단, 위 (1)의 결과와 우력모멘트의 개념을 이용하시오) (10점)

풀이

❶ 그림 B 구조물 $\delta(x)$

$$\begin{cases} \delta_1(x) = \displaystyle\iint \frac{R_a \cdot x}{EI} dx\ dx + C_1 x + C_2 \\ \delta_2(x) = \displaystyle\iint \frac{R_a \cdot x - P(x-c)}{EI} dx\ dx + C_3 x + C_4 \end{cases}$$

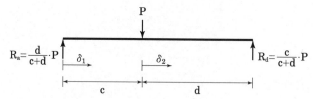

경계조건 대입

$$\begin{cases} \delta_1(0) = 0 \\ \delta_2(c+d) = 0 \\ \delta_1(c) = \delta_2(c) \\ \delta_1{}'(c) = \delta_2{}'(c) \end{cases} \rightarrow \begin{cases} C_1 = \dfrac{-P \cdot d \cdot c(c+2d)}{6LEI} \qquad C_2 = 0 \\ C_3 = \dfrac{-P \cdot c(3c^2 + 4cd + 2d^2)}{6LEI} \qquad C_4 = \dfrac{Pc^3}{6LEI} \end{cases}$$

∴ 처짐식

$$\begin{cases} \delta_1(x) = \dfrac{Pdx^3 - Pcdx(c+2d)}{6LEI} & [0 \leq x \leq c] \\ \delta_2(x) = \dfrac{-Pc(x^3 - 3Lx^2 + (3c^2 + 4cd + 2d^2)x - c^2 L)}{6LEI} & [0 \leq x \leq d] \end{cases}$$

2 그림 A 구조물 처짐 δ_a

$$\delta_Q = \delta_1\left(c = \frac{5}{3}, \quad d = \frac{10}{3}, \quad P = Q, \quad x = \frac{5}{3}\right) = \frac{-500Q}{243EI}$$

$$\delta_F = \delta_1\left(c = 2.5, \quad d = 2.5, \quad P = -F, \quad x = \frac{5}{3}\right) = \frac{2875F}{1296EI}$$

$$\delta = \frac{2875F}{1296EI} - \frac{500Q}{243EI} = \frac{Q}{k_s} \quad \rightarrow \quad Q = \frac{69Fk_s}{64(k_s + 810)}$$

$$\left(EI = 200000 \cdot \frac{100^4}{12} \cdot 10^{-9} = \frac{5000}{3}kNm^2\right)$$

$$\therefore \delta_a = \frac{Q}{k_s} = \frac{69F}{64(k_s + 810)}$$

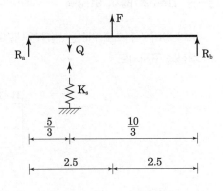

3 그림 A, x = 1m 지점에서 중립축 응력상태

$$\left\{\begin{array}{l} R_a + R_b + F = Q \\ -5R_b - 2.5F + \frac{5}{3}Q = 0 \\ Q = \frac{69Fk_s}{64(k_s + 810)} \end{array}\right\} \rightarrow \begin{array}{l} R_a = \frac{F(7k_s - 12960)}{32(k_s + 810)} \\ \\ R_b = \frac{-9F(k_s + 2880)}{64(k_s + 810)} \end{array}$$

x = 1m 지점에서 전단력 : $V = R_a = \dfrac{F(7k_s - 12960)}{32(k_s + 810)}$

$$\sigma_x = \sigma_y = 0$$

$$\tau_{xy} = \frac{VQ}{Ib} = \frac{V \cdot 50 \cdot 100 \cdot 25}{\dfrac{100^4}{12} \cdot 100} = \frac{3F(7k_s - 12960)}{640000(k_s + 810)}$$

$\therefore$ 모어원 중심 : (0,0), 반지름 : τ_{xy}

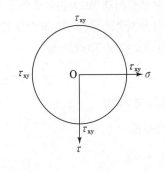

4 그림 A에서 x = b에 M 작용시 δ_a

$$\delta_Q = \frac{-500Q}{243EI}$$

$$\delta_{F1} = \delta_1\left(c = e, \quad d = e + 5 - 2e, \quad P = -F, \quad x = \frac{5}{3}\right)$$

$$= \frac{(e - 5)(9e^2 - 90e + 25)F}{162EI}$$

$$\delta_{F2} = \delta_1\left(c = e + 5 - 2e, \quad d = e \quad P = F, \quad x = \frac{5}{3}\right)$$

$$= \frac{e(9e^2 - 200)F}{162EI}$$

$$\delta_Q + \delta_{F1} + \delta_{F2} = \frac{Q}{k_s} \quad \rightarrow \quad Q = \frac{3(18e^3 - 135e^2 + 275e - 125)Fk_s}{2(243EI + 500k_s)}$$

$$\therefore \delta_a = \frac{Q}{k_s} = \frac{0.09375M}{k_s + 810}$$

$$\left(\text{이 때, } F = \frac{M}{5 - 2e}, \quad e = 2.5, \quad EI = \frac{5000}{3}\right)$$

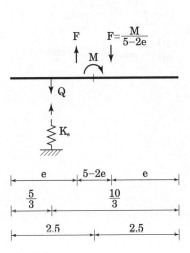

보의 춤이 직선으로 변하는 변단면 내민보(켄틸레버보)의 자유단에 집중하중 P=10kN이 작용할 때 자유단의 처짐을 구하시오.

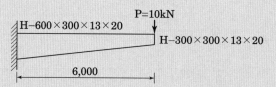

단,

(1) 경간은 6.0m

(2) 단면치수는 H−300×300×13×20(자유단), H−600×300×13×20(고정단)

(3) 플랜지와 웨브사이의 필렛은 무시

(4) 보자중은 무시하고, 모멘트 면적법 이용시 분할은 5등분으로 함.

(5) Es=200000N/mm^2

풀이 ○ 에너지법

❶ 기본사항

$$h_x = 300 + \frac{x}{20}$$

$$I_x = \frac{300 \cdot h_x^3}{12} - \frac{(300-13)}{12} \cdot (h_x - 40)^3$$

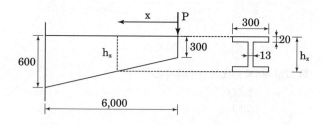

❷ 처짐산정

$$U = \int_0^{6000} \frac{(P \cdot x)^2}{2E_s \cdot I_x} dx$$

$$\frac{\partial U}{\partial P}\Big|_{P=10000}; \ \delta = 4.27mm(\downarrow)$$

다음 부정정 변단면보를 해석하여 지점반력을 구하시오.

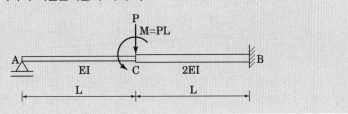

풀이 ○ 매트릭스 변위법

1 평형 방정식(P = AQ)

$$P_1 = Q_1, \quad P_2 = Q_2 + Q_3, \quad P_3 = -\frac{Q_1 + Q_2}{L} + \frac{Q_3 + Q_4}{L}$$

2 평형 매트릭스(A)

$$A = \begin{bmatrix} 1 & 0 & 0 & 0 \\ 0 & 1 & 1 & 0 \\ -\dfrac{1}{L} & -\dfrac{1}{L} & \dfrac{1}{L} & \dfrac{1}{L} \end{bmatrix}$$

3 전부재강도 매트릭스[S]

$$S = \begin{bmatrix} [a] & \\ & [2a] \end{bmatrix}, \quad [a] = \frac{EI}{L}\begin{bmatrix} 4 & 2 \\ 2 & 4 \end{bmatrix}$$

4 변위(d)

$$d = K^{-1}P = (ASA^T)^{-1}P = (ASA^T)^{-1}[0, \ -PL, \ P]^T$$

$$= \left[\frac{2PL^2}{9EI} \ -\frac{PL^2}{6EI} \ \frac{5PL^3}{54EI}\right]^T$$

5 부재력(Q)

$$Q = SA^Td = SA^T(ASA^T)^{-1}P$$

$$= \left[0, \ -\frac{7}{9}PL, \ -\frac{2}{9}PL, \ \frac{4}{9}PL\right]^T$$

6 지점반력

$$V_A = \frac{7}{9}P(\uparrow), \quad V_B = \frac{2}{9}P \ (\uparrow), \quad M_B = \frac{4}{9}PL(\curvearrowright)$$

다음 변단면보에서 C점의 처짐이 δ가 되기 위한 모멘트하중(M)의 크기를 구하시오. (단, 탄성계수는 E임)

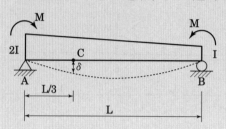

풀이 ○ 에너지법

❶ 변형에너지

$$I_A(x) = 2I - I \cdot \frac{x}{L} \text{(기준점 : A)}$$

$$\left\{\begin{array}{l} M_1 = \dfrac{2P}{3} \cdot x + M \\ M_2 = \dfrac{2P}{3} \cdot x + M - P\left(x - \dfrac{L}{3}\right) \end{array}\right\}$$

$$U = \int_0^{L/3} \frac{M_1^2}{2EI_A} dx + \int_{L/3}^L \frac{M_2^2}{2EI_A} dx$$

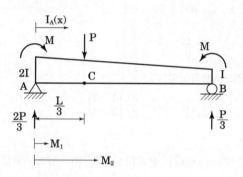

❷ C점 처짐

$$\delta = \frac{\partial U}{\partial P}\bigg|_{P=0} = \frac{0.07282ML^2}{EI}$$

❸ 모멘트 하중 산정

$$M = \frac{13.7325 \cdot EI \cdot \delta}{L^2}$$

그림과 같은 변단면 캔틸레버보에서 변위일치 방법으로 다음을 구하시오. (단, 탄성계수 E는 일정하다) (총 20점)

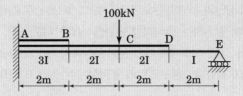

(1) 최대처짐이 생기는 위치 (12점)
(2) 최대처짐의 크기 (8점)

풀이 변위치법

1 반력

$$\delta_1 = \int_0^2 \frac{100x(4+x)}{2EI}dx + \int_0^2 \frac{(100x+200)(6+x)}{3EI}dx$$

$$= \frac{17600}{9EI}$$

$$\delta_2 = \int_0^2 \frac{Rx \cdot x}{EI}dx + \int_0^4 \frac{(Rx+2R)(x+2)}{2EI}dx + \int_0^2 \frac{(Rx+6R)(x+6)}{3EI}dx$$

$$= \frac{632R}{9EI}$$

$$\delta_1 = \delta_2 \; ; \; R = \frac{2200}{79} = 27.848\text{kN}(\uparrow)$$

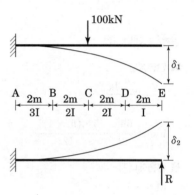

2 δ_{max}(CD구간에서 발생)

구간	M	m	L	EI
FC	R(a+x)	$-x$	0~(4-a)	2EI
CB	R(4+x)−100x	$-(4-a+x)$	0~2	2EI
BA	R(6+x)−100(x+2)	$-(4-a+2+x)$	0~2	3EI

$$\delta = \int_0^{4-a} \frac{(R(a+x)) \cdot (-x)}{2EI}dx + \int_0^2 \frac{(R(4+x)-100x) \cdot (-(4-a+x))}{2EI}dx$$

$$+ \int_0^2 \frac{(R(6+x)-100(x+2)) \cdot (-(4-a+2+x))}{3EI}dx$$

$$\frac{\partial \delta}{\partial a} = 0 \; ; \; a = 3.4023\text{m}$$

$$\delta_{max} = \frac{219.928}{EI}(\downarrow)$$

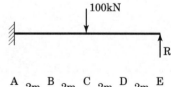

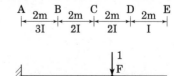

F.C.M.(Free Cantilever Method) 공법으로 PSC거더교 가설 중 그림과 같이 주두부에서 양단으로 40m씩 가설이 완료되었을 때 거더 단면의 상연과 하연의 온도가 각각40℃ 및 20℃로 계측되었다. 상, 하연 온도차에 의해 거더의 단부(B점 또는 C점)에 발생하는 연직방향 변위를 산정하시오. (단, 거더의 형고 h는 주두부에서 6.0m, 거더단부 B점 및 C점에서 2.0m 이며 주두부와 단부 사이에서 거더의 형고는 선형으로 변화한다. 거더의 콘크리트 탄성계수 $E = 33.0 \times 10^7 kN/m^2$, 콘크리트의 열팽창계수 $\alpha = 1.0 \times 10^{-5}/℃$)

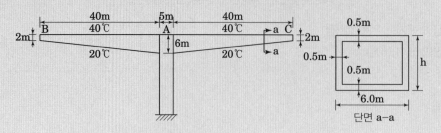

풀이 ◐ 에너지법

1 단면성능

$$h_x = 2 + \frac{4x}{40}$$

$$I(x) = \frac{6h_x^3}{12} - \frac{5 \cdot (h_x - 1)^3}{12}$$

2 변형에너지

$$M = -P \cdot x$$

$$U = \int_0^{40} \frac{M^2}{2E \cdot I(x)} dx - \int_0^{40} \frac{\alpha \Delta T}{h} M dx$$

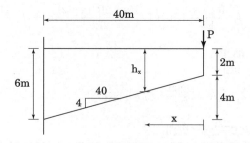

3 단부 연직변위

$$\delta_v = \frac{\partial U}{\partial P}\bigg|_{P=0} = 0.036056m = 36.056mm\,(\downarrow)$$

다음 그림과 같이 자유단에 집중하중이 재하된 변단면 캔틸레버보가 있다. 단면은 직경이 d_x인 반원이며, 고정단 A에서 자유단 B까지 직경이 선형적으로 감소한다. 다음 물음에 답하시오. (단, A와 B에서 d_x는 각각 d_A, d_B이고 $d_A \geq d_B$이며 π를 포함한 모든 계산상의 유효숫자는 5자리로 한다) (총 20점)

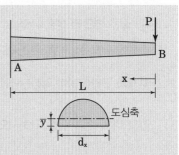

(1) 그림과 같은 반원단면의 도심축의 위치($\bar{y}$)와 도심축에 대한 단면2차모멘트를 극좌표계를 적용한 적분에 의해서 유도하시오. (8점)

(2) $\dfrac{d_A}{d_B} = 3$일 때, 보의 절대 최대 휨응력(f_{max})의 크기와 위치(x)를 구하시오. (6점)

(3) 절대 최대 휨응력이 고정단 A에서 발생될 때의 $\dfrac{d_A}{d_B}$ 범위와 절대 최대 휨응력 크기의 범위를 구하시오. (6점)

풀이

1 도심(y) 및 도심축 단면2차모멘트

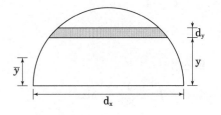

$$\begin{cases} x^2 + y^2 = \left(\dfrac{d_x}{2}\right)^2 \\ x = \sqrt{\left(\dfrac{d}{2}\right)^2 - y^2} \end{cases} \rightarrow \begin{cases} A = \dfrac{1}{2} \cdot \dfrac{\pi}{4} \cdot (d_x)^2 = \dfrac{\pi \cdot d_x^2}{8} \\ Q = \int y\, dA = \int_0^{\frac{d}{2}} y \cdot 2x \cdot dy = \dfrac{d_x^3}{12} \\ I = \int y^2 dA = \int_0^{\frac{d}{2}} y^2 \cdot 2x \cdot dy = \dfrac{\pi \cdot d^4}{128} \end{cases}$$

$$\bar{y} = \dfrac{Q}{A} = \dfrac{2d_x}{3\pi} = 0.212207\, d_x$$

$$I_0 = I - A \cdot (\bar{y})^2 = 0.00686\, d_x^4$$

2 $\dfrac{d_A}{d_B}$ 일 때 f_{max}

$$\begin{cases} d_x = d_B + \dfrac{x}{L}(d_A - d_B) = d_A\left(\dfrac{1}{3} + \dfrac{2 \cdot x}{3 \cdot L}\right) \\ f_x = \dfrac{P \cdot x}{I_0}\left(\dfrac{d_x}{2} - \bar{y}\right) \end{cases} \rightarrow \begin{array}{l} \dfrac{\partial f_x}{\partial x} = 0 \; ; \; x = \dfrac{L}{4} \\ \therefore f_{x,max} = \dfrac{83.907 PL}{d_A^3} = \dfrac{3.1077\ PL}{d_B^3} \end{array}$$

3 절대최대 휨응력 범위(x = L)

$$f_x = \dfrac{P \cdot x}{I} \cdot \left(\dfrac{d_x}{2} - \dfrac{2d_x}{3\pi}\right) = \dfrac{41.9536 \cdot P \cdot x \cdot L^3}{\left((d_A - d_B) \cdot x + L \cdot d_B\right)^3}$$

$$\dfrac{\partial f_x}{\partial x} = 0 \; ; \; x = \dfrac{d_B \cdot l}{2(d_A - d_B)} \geq 1 \rightarrow \text{즉, } 1 \leq \dfrac{d_A}{d_B} \leq \dfrac{3}{2} \text{일 때 A점에서 최대응력 발생}$$

$$\begin{cases} \dfrac{d_A}{d_B} = 1 \; ; \; f_{max} = \dfrac{41.954 PL}{d_B^3} \\ \dfrac{d_A}{d_B} = \dfrac{3}{2} \; ; \; f_{max} = \dfrac{12.421 PL}{d_B^3} \end{cases} \quad \therefore \dfrac{12.431 PL}{d_B^3} \leq f_{max} \leq \dfrac{41.959 PL}{d_B^3}$$

그림과 같은 변단면 캔틸레버의 C점에 하중 P가 작용할 때

(1) C점의 수직처짐 δ_c를 구하시오(단, 탄성계수는 E이다)

(2) 부재의 구간(CB)이 일정단면($I_c = \dfrac{bh^3}{12}$)일 경우의 처짐을 δ_{c0}라 하고 상기 변단면의 처짐을 δ_c라 한다면 처

짐의 비($\alpha = \dfrac{\delta_c}{\delta_{c0}}$)를 구하시오.

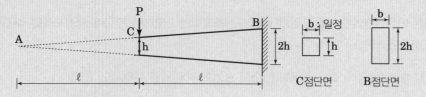

풀이 ○ 에너지법

1 I(x) 산정

$$\left. \begin{array}{l} h(x) = h + 2\varDelta \\ \dfrac{\varDelta}{x} = \dfrac{h/2}{L} \end{array} \right\} \quad h(x) = h + \dfrac{h}{L}x$$

$$\therefore I(x) = \dfrac{b \times \{h(x)\}^3}{12}$$

2 산정

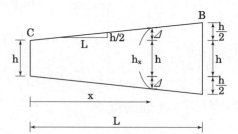

$$U = \int_0^L \dfrac{(-P \cdot x)^2}{2EI(x)}dx$$

$$\delta_c = \dfrac{\partial U}{\partial P} = \dfrac{3PL^3(8\ln(2)-5)}{2bh^3E} = 0.817766\dfrac{PL^3}{bh^3E}$$

3 δ_{c0} 산정

$$\delta_{c0} = \dfrac{PL^3}{3EI_C} = \dfrac{4PL^3}{bEh^3} \qquad \cdots \left(I_C = \dfrac{bh^3}{12}\right)$$

4 α

$$\alpha = \dfrac{\delta_c}{\delta_\infty} = 0.2044$$

그림과 같은 비균일단면 보가 있다. 등분포하중이 작용하고 있을 때 최대 휨응력이 발생하는 위치를 구하고, 허용휨응력이 $f_a = 20\text{MPa}$일 때 작용할 수 있는 최대 등분포 하중의 크기를 구하시오. (단, 지점 A, B에서의 단면 크기는 $300\text{mm} \times 300\text{mm}$, 중앙부 C에서의 단면 크기는 $300\text{mm} \times 750\text{mm}$이며, 보 자중은 무시한다.)

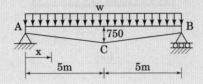

풀이

❶ I(x) 산정

$$h(x) = 300 + \frac{x}{5000} \times 450$$

$$I(x) = \frac{300 \times h(x)^3}{12}$$

❷ 최대 휨응력 발생위치(x)

$$M(x) = 5000wx - \frac{wx^2}{2}$$

$$\sigma = \frac{M}{I}y = \frac{M(x)}{I(x)} \times \left(\frac{h(x)}{2} \right)$$

$$\frac{\partial \sigma}{\partial x} = 0 \ ; \quad x = 2000\text{mm}$$

최대 휨응력은 A점에서 2000mm 떨어진 위치에서 발생

❸ 최대 등분포하중 크기(w)

$$M_{max} = M(2000) = 8 \times 10^5 \times w$$

$$\sigma_{max} = \left. \frac{M(x)}{I(x)} \times \left(\frac{h(x)}{2} \right) \right|_{x=2000\text{mm}} \le f_a$$

$$w = 28.8\text{N/mm} = 28.8\text{kN/m}$$

W의 하중이 등분포로 작용하고 있을 때 C점에서 처짐이 발생하지 않도록 거리 X를 산정하시오. (단, EI는 일정하다.)

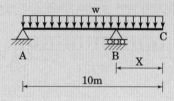

풀이 ● 에너지법

1 반력산정 1)

$$\Sigma M_A = 0 \; ; \; w \times 10 \times 5 + 10 \times Q - (10-t) \cdot R_B$$

$$R_B = \frac{50 \cdot w + 10 \cdot Q}{(10-t)}$$

2 변형 에너지

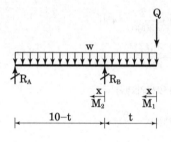

$$\begin{cases} M_1 = -\dfrac{w \cdot x^2}{2} - Q \cdot x \\ M_2 = -\dfrac{w \cdot (t+x)^2}{2} - Q(t+x) + R_B \cdot x \end{cases}$$

$$U = \int_0^t \frac{M_1^2}{2EI} dx + \int_0^{10-t} \frac{M_2^2}{2EI} dx$$

3 t 산정

$$\frac{\partial U}{\partial Q} = 0 \Big|_{Q=0} \; ; \; t = 3.02776m$$

---

1) 계산기 입력 시 문자 중복을 피하기 위하여 거리 X를 t로 치환하였다.

아래 그림과 같은 내민보에서 A점에서 3m 떨어진 D점에 집중하중(P)이 작용하고, 돌출부에는 등분포하중(ω)이 작용한다. (부재의 자중은 무시함) 여기서 집중하중(P)와 등분포하중(ω)의 각 하중 비율은 P : ω＝9 : 1이며, A점의 처짐각을 양으로 할 때 $\theta_A \fallingdotseq 0.0011255$rad이다. 그리고 보부재의 탄성계수(E)는 200000MPa이며, 부재의 단면은 아래 그림과 같다.

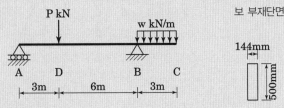

보 부재단면

144mm

500mm

(1) 집중하중 P값 및 등분포하중 ω값 산정
(2) B점의 처짐각 θ_B, C점의 처짐각 θ_C

풀이 1. 에너지법

1 기본사항

$$E = 200 \times 10^6 \text{kN/m}^2 \qquad I = \frac{1}{12} \times 0.144 \times 0.5^3 = 0.0015\text{m}^4$$

2 평형조건

$$\begin{cases} R_A + R_B = P + 3w \\ M_A + 3P - 9R_B + M_B + 3w \cdot 10.5 + M_C = 0 \end{cases} \rightarrow \begin{aligned} R_A &= \frac{2(6P - M_A - M_B - M_c) + 9w}{18} \\ R_B &= \frac{2(3P + M_A + M_B + M_C) + 63w}{18} \end{aligned}$$

3 변형에너지

$$\begin{cases} M_1 = R_A x + M_A \\ M_2 = R_A(x+3) + M_A - P \cdot x \\ M_3 = -M_C - \dfrac{\omega x^2}{2} \end{cases}$$

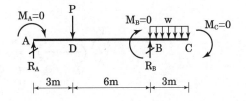

$$U = \int_0^3 \frac{M_1^2}{2EI} dx + \int_0^6 \frac{M_2^2}{2EI} dx + \int_0^3 \frac{M_3^2}{2EI} dx$$

4 집중하중 P, 등분포항중 w

$$\begin{cases} \theta_A = \dfrac{\partial U}{\partial M_A} = 0.0011255 \\ 9w = P \end{cases} \rightarrow \begin{aligned} w &= 8.82745\text{kN/m} \\ P &= 79.4471\text{kN} \end{aligned}$$

5 θ_B

$$\theta_B = \frac{\partial U}{\partial M_B} = -0.000662 = 0.000662\text{rad}(\curvearrowleft)$$

6 θ_C

$$\theta_C = \frac{\partial U}{\partial M_C} = -0.00053 = 0.00053\text{rad}(\curvearrowleft)$$

1 평형 매트릭스(A)

$$\left\{\begin{array}{l} P_1 = Q_1 \\ P_2 = Q_2 + Q_3 \\ P_3 = Q_4 + Q_5 \\ P_4 = Q_6 \\ P_5 = \dfrac{-(Q_1 + Q_2)}{3} + \dfrac{Q_3 + Q_4}{6} \\ P_6 = \dfrac{-(Q_5 + Q_6)}{3} \end{array}\right\} \rightarrow A = \begin{bmatrix} 1 & 0 & 0 & 0 & 0 & 0 \\ 0 & 1 & 1 & 0 & 0 & 0 \\ 0 & 0 & 0 & 1 & 1 & 0 \\ 0 & 0 & 0 & 0 & 0 & 1 \\ -\dfrac{1}{3} & -\dfrac{1}{3} & \dfrac{1}{6} & \dfrac{1}{6} & 0 & 0 \\ 0 & 0 & 0 & 0 & -\dfrac{1}{3} & -\dfrac{1}{3} \end{bmatrix}$$

2 부재 강도매트릭스(S)

$$S = \begin{bmatrix} [2a] & & \\ & [a] & \\ & & [2a] \end{bmatrix} \qquad [a] = \frac{EI}{6}\begin{bmatrix} 4 & 2 \\ 2 & 4 \end{bmatrix}$$

3 변위(d) 및 부재력(Q)

$$FEM = \begin{bmatrix} 0 & 0 & 0 & 0 & -\dfrac{w \cdot 3^2}{12} & \dfrac{w \cdot 3^2}{12} \end{bmatrix}^T$$

$$P_0 = \begin{bmatrix} 0 & 0 & \dfrac{w \cdot 3^2}{12} & -\dfrac{w \cdot 3^2}{12} & P & \dfrac{w \cdot 3}{2} \end{bmatrix}^T$$

$$d = (ASA^T)^{-1}P_0$$

$$Q = SA^T d + FEM$$

4 P, w

$$\left\{\begin{array}{l} \theta_A = d[1,1] = 0.0011255 \\ 9w = P \end{array}\right\} \rightarrow \begin{array}{l} w = 8.82745\,kN/m \\ P = 79.4471\,kN \end{array}$$

5 B, C 처짐각

$$\theta_B = d[3,1] = 0.000662\,rad\,(\curvearrowleft)$$

$$\theta_C = d[4,1] = 0.00053\,rad\,(\curvearrowleft)$$

아래 그림과 같은 자중이 W이고 길이가 L인 균일단면 보에서 자중에 의한 각 지점의 휨모멘트값이 동일하게 되는 a 및 b의 값을 L의 함수로 나타내고 휨모멘트도를 그리시오.

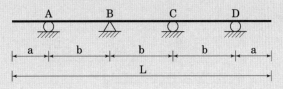

풀이 ○ 에너지법

1 변형에너지

$$\begin{cases} M_1 = -\dfrac{W}{2}x^2 \\ M_2 = R_A \cdot x - \dfrac{W}{2}(a+x)^2 \\ M_3 = R_A(b+x) - \dfrac{W}{2}(a+b+x)^2 + \left(\dfrac{W \cdot (2a+3b)}{2} - R_A\right) \cdot x \end{cases}$$

$$U = 2 \times \left(\int_0^a \frac{M_1^2}{2EI}dx + \int_0^b \frac{M_2^2}{2EI}dx + \int_0^{\frac{b}{2}} \frac{M_3^2}{2EI}dx \right)$$

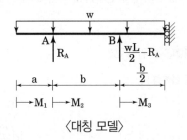

〈대칭 모델〉

2 반력산정(a, b로 표현)

$$\frac{\partial U}{\partial R_A} = 0 \; ; \quad R_A = \frac{W}{5b} \cdot (3a^2 + 5ab + 2b^2)$$

3 a, b 산정

$$\begin{cases} M_A = -\dfrac{W}{2} \cdot a^2 \\ M_B = \left(\dfrac{a^2}{10} - \dfrac{b^2}{10}\right)W \end{cases}$$

$$\begin{cases} M_A = M_B \\ 2a + 3b = L \end{cases} \rightarrow \begin{cases} a = 0.107L \\ b = 0.262L \end{cases}$$

4 최종반력 및 모멘트

$$R_A = 0.238WL$$

$$R_B = 0.262WL$$

$$M_A = -0.005721WL^2$$

$$M_B = 0.002861WL^2$$

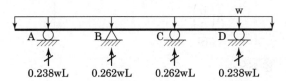

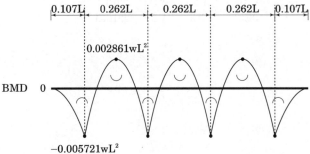

아래 그림과 같이 탄성 외팔보 BD가 또 다른 외팔보 AE 위에 놓여 있다. 보 BD의 C점에 하중 P가 작용하고 있고 두 외팔보의 굽힘강성은 EI로 동일하다. 다음 물음에 답하시오. (총 20점)

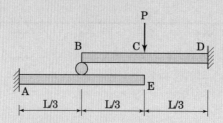

(1) B점에서의 접촉력 R_B를 구하시오. (10점)
(2) E점에서의 처짐 δ_E를 구하시오. (10점)

풀이 ○ 변위일치법

❶ 접촉력 R_B

$$
\left.
\begin{cases}
\delta_1 = \delta_2 \\[2mm]
\delta_1 = \dfrac{P\left(\dfrac{L}{3}\right)^3}{3EI} + \dfrac{P\left(\dfrac{L}{3}\right)^2}{2EI} \cdot \dfrac{L}{3} - \dfrac{R\left(\dfrac{2L}{3}\right)^3}{3EI} \\[6mm]
\delta_2 = \dfrac{R\left(\dfrac{L}{3}\right)^3}{3EI}
\end{cases}
\right\} \rightarrow \quad R = \dfrac{5P}{18}
$$

❷ 처짐 δ_E

$$
\delta_E = \dfrac{R\left(\dfrac{L}{3}\right)^3}{3EI} + \dfrac{R\left(\dfrac{L}{3}\right)^2}{2EI} \cdot \left(\dfrac{L}{3}\right) = \dfrac{25PL^3}{2916EI}
$$

그림과 같은 중간에 핀이 있는 양단(A, B 단) 고정보에 대해서 다음 물음에 답하시오.

(1) 휨모멘트도(BMD)
(2) 전단력도(SFD)
(3) C점의 수직 처짐(단, 전단에 의한 영향은 무시)

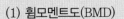

풀이 1. 변위일치법

① 부정정력, 반력산정(P_1, P_2, M_A, M_B)

$$\begin{cases} \Sigma F_y = 0 ; \quad P_1 + P_2 = P \\ \delta_1 = \delta_2 ; \quad \dfrac{P_1 \cdot 2^3}{3EI} = \dfrac{P_2 \cdot 4^3}{3 \cdot 2EI} \end{cases}$$

$$\rightarrow \quad \begin{aligned} P_A &= \frac{5}{4}P & M_A &= \frac{8}{5}P(\curvearrowleft) \\ P_B &= \frac{P}{5} & M_B &= \frac{4}{5}P(\curvearrowright) \end{aligned}$$

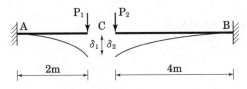

② δ_C

$$\delta_c = \frac{P_1 \cdot 2^3}{3EI} = \frac{32P}{15EI}(\downarrow)$$

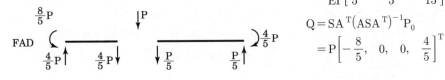

FAD

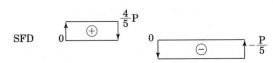

SFD

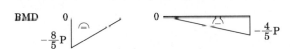

BMD

풀이 2. 매트릭스 변위법

① 평형 매트릭스(A), 강도 매트릭스(S)

$$A = \begin{bmatrix} 0 & 1 & 0 & 0 \\ 0 & 0 & 1 & 0 \\ \dfrac{1}{2} & \dfrac{1}{2} & -\dfrac{1}{4} & -\dfrac{1}{4} \end{bmatrix}$$

$$S = \begin{bmatrix} [a] & \\ & [b] \end{bmatrix} \quad [a] = \frac{EI}{2}\begin{bmatrix} 4 & 2 \\ 2 & 4 \end{bmatrix} \quad [b] = \frac{2EI}{4}\begin{bmatrix} 4 & 2 \\ 2 & 4 \end{bmatrix}$$

② 변위(d) 및 부재력(Q)

$$P_0 = \begin{bmatrix} 0 & 0 & -P \end{bmatrix}^T$$

$$d = K^{-1}P_0 = (ASA^T)^{-1}P_0$$
$$= \frac{P}{EI}\begin{bmatrix} \dfrac{8}{5}, & -\dfrac{4}{5}, & -\dfrac{32}{15} \end{bmatrix}^T$$

$$Q = SA^T(ASA^T)^{-1}P_0$$
$$= P\begin{bmatrix} -\dfrac{8}{5}, & 0, & 0, & \dfrac{4}{5} \end{bmatrix}^T$$

주요공식 요약 · 재료역학 · 구조기본 · 구조응용

그림과 같은 연속보의 각지점의 휨모멘트를 모멘트 분배법에 의하여 구하고 휨모멘트도를 그리시오. (단, EI는 일정하다)

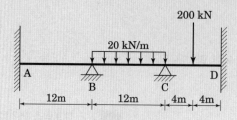

풀이 ● 1. 모멘트 분배법

1 기본사항

$$\text{FEM}_{BC} = -\frac{20 \times 12^2}{12} = -240 = -\text{FEM}_{CB}$$

$$\text{FEM}_{CD} = -\frac{200 \times 8}{8} = -200 = \text{FEM}_{DC}$$

2 강도계수 및 분배율

$$K_{AB} = \frac{I}{12}, \quad K_{BC} = \frac{I}{12}, \quad K_{CD} = \frac{I}{8}$$

$$DF_{BA} = DF_{BC} = \frac{I/12}{I/12 + I/12} = 0.5$$

$$DF_{CB} = \frac{I/12}{I/12 + I/8} = 0.4$$

$$DF_{CD} = 1 - 0.4 = 0.6$$

3 모멘트 분배 및 BMD

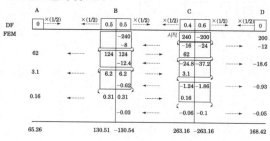

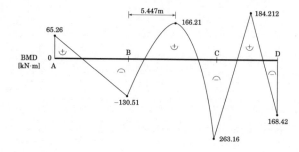

풀이 ● 2. 매트릭스 변위법

1 평형 매트릭스

$$A = \begin{bmatrix} 0 & 1 & 1 & 0 & 0 & 0 \\ 0 & 0 & 0 & 1 & 1 & 0 \end{bmatrix}$$

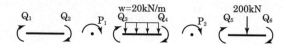

2 전부재강도 매트릭스 [S]

$$S = \begin{bmatrix} [a]/12 & & \\ & [a]/12 & \\ & & [a]/8 \end{bmatrix}, \quad [a] = \begin{bmatrix} 4 & 2 \\ 2 & 4 \end{bmatrix}$$

3 고정단모멘트(FEM), 하중매트릭스(P)

$$\text{FEM} = [0, \ 0, \ -240, \ 240, \ -200, \ 200]^T$$

$$P = -A \cdot \text{FEM} = \begin{bmatrix} 240 & -40 \end{bmatrix}^T$$

4 부재력(Q)

$$Q = SA^T(ASA^T)^{-1}P + \text{FEM}$$
$$= [65.263, \ 130.526, \ -130.526, \ 263.158,$$
$$-263.158, \ 168.421]^T$$

아래 그림과 같은 변단면 양단 고정보에 대해서 물음에 답하시오.

(1) 재단고정모멘트(Fixed end moment) M_A를 구하시오.

(2) 중앙점 처짐 δ_c를 구하시오. (단, 최종 답에서 재단고정모멘트는 $\alpha \times PL$, 처짐은 $\beta \times PL^3/EI$의 형태로 나타내고 α, β는 소수 다섯째 자리까지 표기하시오.)

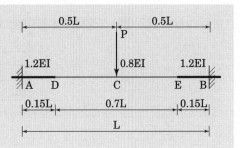

풀이 1. 에너지법

1 변형에너지

$$\begin{cases} M_1 = \dfrac{P}{2}x - M_A \\ M_2 = \dfrac{P}{2}(x+0.15L) - M_A \end{cases}$$

$$U = 2 \cdot \left[\int_0^{0.15L} \frac{M_1^2}{2(1.2EI)}dx + \int_0^{0.35L} \frac{M_2^2}{2(0.8EI)}dx \right]$$

2 부정정력 산정(M_A)

$$\frac{\partial U}{\partial M_A} = 0 \; ; \; M_A = 0.13472PL$$

3 중앙부 처짐(δ_c)

$$\frac{\partial U}{\partial P} = 0.00539 \cdot \frac{PL^3}{EI}$$

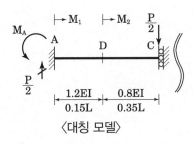

〈대칭 모델〉

풀이 2. 매트릭스 변위법

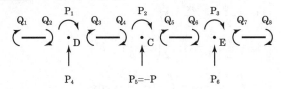

1 평형매트릭스(A)

$$\begin{cases} P_1 = Q_2 + Q_3 \\ P_2 = Q_4 + Q_5 \\ P_3 = Q_6 + Q_7 \\ P_4 = \dfrac{Q_1+Q_2}{0.15L} - \dfrac{Q_3+Q_4}{0.35L} \\ P_5 = \dfrac{Q_3+Q_4}{0.35L} - \dfrac{Q_5+Q_6}{0.35L} \\ P_6 = \dfrac{Q_5+Q_6}{0.35L} - Q_7 + Q \end{cases}$$

$$A = \begin{bmatrix} 0 & 1 & 1 & 0 & 0 & 0 & 0 & 0 \\ 0 & 0 & 0 & 1 & 1 & 0 & 0 & 0 \\ 0 & 0 & 0 & 0 & 0 & 1 & 1 & 0 \\ \frac{1}{0.15L} & \frac{1}{0.15L} & \frac{-1}{0.35L} & \frac{-1}{0.35L} & 0 & 0 & 0 & 0 \\ 0 & 0 & \frac{1}{0.35L} & \frac{1}{0.35L} & \frac{-1}{0.35L} & \frac{-1}{0.35L} & 0 & 0 \\ 0 & 0 & 0 & 0 & \frac{1}{0.35L} & \frac{1}{0.35L} & \frac{-1}{0.15L} & 0 \end{bmatrix}$$

2 전부재강도 매트릭스[S]

$$S = \begin{bmatrix} [a] & & & \\ & [b] & & \\ & & [b] & \\ & & & [a] \end{bmatrix}, \quad [a] = \frac{1.2EI}{0.15L}\begin{bmatrix} 4 & 2 \\ 2 & 4 \end{bmatrix}, \quad [b] = \frac{0.8EI}{0.35L}\begin{bmatrix} 4 & 2 \\ 2 & 4 \end{bmatrix}$$

3 변위(d)

$$d = (ASA^T)^{-1}[0 \; 0 \; 0 \; 0 \; -P \; 0]^T$$

$$= [0.012153 \; 0 \; -0.012153 \; -0.001029 \cdot L$$
$$-0.005388 \cdot L \; -0.001029 \cdot L]^T \times \frac{PL^2}{EI}$$

4 부재력(Q)

$$Q = SA^Td = [-0.1347 \; 0.0597 \; -0.0597 \; -0.1153$$
$$0.1153 \; 0.0560 \; -0.0560 \; 0.1347]^T \times PL$$

다음 그림과 같은 양단 고정보에서 정모멘트와 부모멘트의 절대값이 같게 되는 α값을 구하시오.

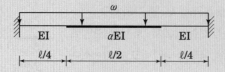

풀이 에너지법

1 변형에너지

$$\begin{cases} M_1 = \dfrac{\omega l}{2}x - \dfrac{\omega x^2}{2} - M \\ M_2 = \dfrac{\omega l}{2}\left(\dfrac{1}{4}+x\right) - \dfrac{\omega}{2}\left(x+\dfrac{1}{4}\right)^2 - M \end{cases}$$

$$U = \int_0^{l/4} \dfrac{M_1^2}{2EI}dx + \int_0^{l/4} \dfrac{M_2^2}{2\cdot\alpha\cdot EI}dx$$

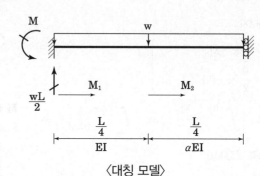

〈대칭 모델〉

2 반력산정

$$\dfrac{\partial U}{\partial M}=0 \ ; \quad M = \dfrac{(5\alpha+11)\omega l^2}{96(\alpha+1)}$$

3 산정 [2]

$$\begin{cases} M^- = |M_1(x=0)| = \dfrac{(5\alpha+11)\omega l^2}{96(\alpha+1)} \\ M^+ = \left|M_2\left(x=\dfrac{1}{4}\right)\right| = \dfrac{7\omega l^2}{96} - \dfrac{\omega l^2}{16(\alpha+1)} \end{cases} \rightarrow \quad M^+ = M^- \ ; \quad \alpha = 5$$

---

2) $\alpha \geq 0$이므로 $\dfrac{7}{96} - \dfrac{1}{16(\alpha+1)}$ 은 양수이다. 따라서 $\left|M_2\left(x=\dfrac{1}{4}\right)\right|$은 $\dfrac{7wl^2}{96} - \dfrac{wl^2}{16(\alpha+1)}$ 이다.

다음과 같은 연속보를 모멘트분배법을 이용하여 반력을 구하고 SFD, BMD를 그리시오.

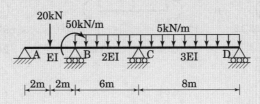

풀이 **1. 모멘트 분배법**

❶ 고정단 모멘트(FEM)

$$\text{FEM}_{AB} = -\frac{20 \times 4}{8} = -10\text{kNm} \qquad\qquad \text{FEM}_{BA} = 10\text{kNm}$$

$$\text{FEM}_{BC} = -\frac{5 \times 6^2}{12} = -15\text{kNm} \qquad\qquad \text{FEM}_{CB} = 15\text{kNm}$$

$$\text{FEM}_{CD} = -\frac{5 \times 8^2}{12} = -\frac{80}{3} = -26.69\text{kNm} \qquad \text{FEM}_{DC} = 26.69\text{kN}$$

❷ 강비(K)

$$K_{AB} = \frac{EI}{4} \quad\xrightarrow{\text{타단힌지}}\quad K_{AB}^R = \frac{EI}{4} \times \frac{3}{4} = \frac{3EI}{16}$$

$$K_{BC} = \frac{EI}{3}$$

$$K_{CD} = \frac{3EI}{8} \quad\xrightarrow{\text{타단힌지}}\quad K_{CD}^R = \frac{3EI}{8} \times \frac{3}{4} = \frac{9EI}{32}$$

❸ 분배율(DF)

$$\text{DF}_{BA} = \frac{K_{AB}^R}{K_{AB}^R + K_{BC}} = \frac{9}{25} = 0.36 \qquad \text{DF}_{CB} = \frac{K_{BC}}{K_{BC} + K_{CD}^R} = \frac{32}{59} = 0.542$$

$$\text{DF}_{BC} = \frac{K_{BC}}{K_{AB}^R + K_{BC}} = \frac{16}{25} = 0.64 \qquad \text{DF}_{CD} = \frac{K_{CD}^R}{K_{BC} + K_{CD}^R} = \frac{27}{59} = 0.458$$

❹ 모멘트 분배

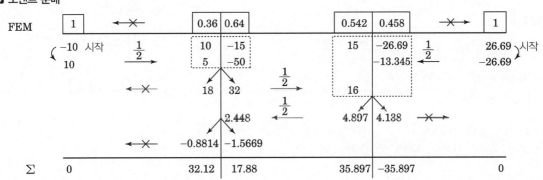

5 SFD, BMD

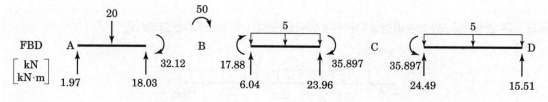

FBD
$\begin{bmatrix} kN \\ kN \cdot m \end{bmatrix}$

A ———————— B   C ———————— D

SFD [kN]

BMD [kN·m]

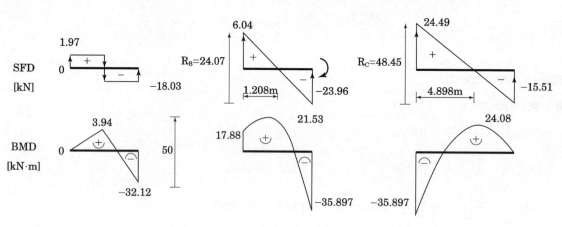

풀이 ⭕ **2. 매트릭스 변위법**

1 평형매트릭스(A)

$$A = \begin{bmatrix} 1 & 0 & 0 & 0 & 0 & 0 \\ 0 & 1 & 1 & 0 & 0 & 0 \\ 0 & 0 & 0 & 1 & 1 & 0 \\ 0 & 0 & 0 & 0 & 0 & 1 \end{bmatrix}$$

2 강도매트릭스(S)

$$S = \begin{bmatrix} [a] \times \dfrac{1}{4} & & \\ & [a] \times \dfrac{1}{3} & \\ & & [a] \times \dfrac{3}{8} \end{bmatrix}, \quad [a] = EI \begin{bmatrix} 4 & 2 \\ 2 & 4 \end{bmatrix}$$

3 부재력(Q)

$$FEM = \begin{bmatrix} -10, & 10, & -15, & 15, & -\dfrac{80}{3}, & \dfrac{80}{3} \end{bmatrix}^T$$

$$P = \begin{bmatrix} 0 & 50 & 0 & 0 \end{bmatrix}^T - A \cdot FEM$$
$$= \begin{bmatrix} 10, & -10+15+50, & -15+\dfrac{80}{3}, & -\dfrac{80}{3} \end{bmatrix}^T$$

$$Q = SA^T (ASA^T)^{-1} P + FEM$$
$$= \begin{bmatrix} 0, & 32.04, & 17.96, & 35.49, & -35.49, & 0 \end{bmatrix}^T$$

AB부재 중앙부에 집중하중과 BC부재에 등분포하중을 받는 연속보를 모멘트분배법으로 해석하여 휨모멘트 (BMD)와 전단력도(SFD)를 도시하시오. (단, EI는 일정하다.)

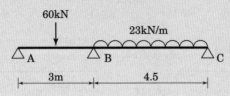

풀이 1. 모멘트 분배법

1 고정단 모멘트

$$\text{FEM}_{AB} = -\frac{60 \times 3}{8} = -22.5\text{kNm} = -\text{FEM}_{BA}$$

$$\text{FEM}_{BC} = -\frac{23 \cdot 4.5^2}{12} = -38.8125\text{kNm} = -\text{FEM}_{CB}$$

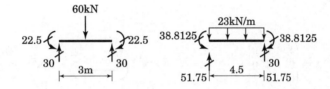

2 강도

$$K_{AB}{}^R = \left(\frac{I}{3}\right) \cdot \frac{3}{4} = \frac{I}{4} = 3K$$

$$K_{BC}{}^R = \left(\frac{I}{4 \cdot 5}\right) \cdot \frac{3}{4} = \frac{I}{6} = 2K$$

3 분배율

$$\text{DF}_{BA} = \frac{3K}{3K + 2K} = \frac{3}{5} = 0.6$$

$$\text{DF}_{BC} = \frac{2K}{3K + 2K} = \frac{2}{5} = 0.4$$

4 모멘트 분배

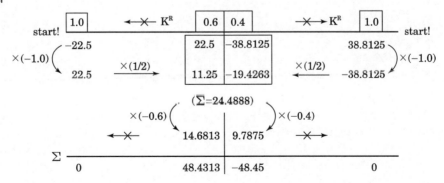

5 FBD, SFD, BMD

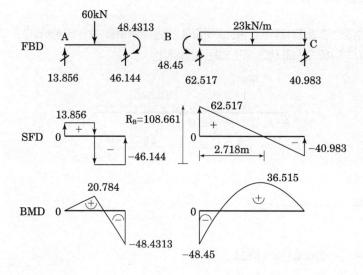

풀이 2. 매트릭스 변위법

1 평형매트릭스(A)

$$\begin{Bmatrix} P_1 = Q_1 \\ P_2 = Q_2 + Q_3 \\ P_3 = Q_4 \end{Bmatrix} \;\rightarrow\; A = \begin{bmatrix} 1 & 0 & 0 & 0 \\ 0 & 1 & 1 & 0 \\ 0 & 0 & 0 & 1 \end{bmatrix}$$

2 전부재강도 매트릭스[S]

$$S = \begin{bmatrix} [a] & \\ & [b] \end{bmatrix}, \quad [a] = \frac{EI}{3}\begin{bmatrix} 4 & 2 \\ 2 & 4 \end{bmatrix}, \quad [b] = \frac{EI}{4.5}\begin{bmatrix} 4 & 2 \\ 2 & 4 \end{bmatrix}$$

3 부재력(Q)

$$\text{FEM} = \begin{bmatrix} -22.5 & 22.5 & -38.8125 & 38.125 \end{bmatrix}^T$$

$$\begin{aligned} P &= -A \cdot \text{FEM} \\ &= \begin{bmatrix} 22.5 & -22.5+38.8125 & -38.8125 \end{bmatrix}^T \end{aligned}$$

$$\begin{aligned} Q &= SA^T(ASA^T)^{-1}P + \text{FEM} \\ &= \begin{bmatrix} 0, & 48.4313, & -48.4313, & 0 \end{bmatrix}^T \text{kNm} \end{aligned}$$

그림과 같은 보를 처짐각법, 모멘트분배법 및 3연모멘트법에 의해 해석하시오. (단, 반력 및 응력은 1회만 구하되 응력도는 반드시 그리시오.)

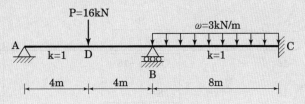

풀이 ○ 1. 처짐각법

① 고정단 모멘트

$$\text{FEM}_1 = -\frac{16 \times 8}{8} = -16\text{kNm} \qquad \text{FEM}_2 = 16\text{kNm}$$

$$\text{FEM}_3 = -\frac{3 \times 8^2}{12} = -16\text{kNm} \qquad \text{FEM}_4 = 16\text{kNm}$$

② 처짐각식

$$M_{AB} = 2E(2\theta_A + \theta_B) - 16 \qquad M_{BA} = 2E(\theta_A + 2\theta_B) + 16$$

$$M_{BC} = 2E(2\theta_B) - 16 \qquad M_{CB} = 2E(\theta_B) + 16$$

③ 절점조건

$$\left.\begin{cases} \Sigma M_A = 0 \; ; \quad M_{AB} = 0 \\ \Sigma M_B = 0 \; ; \quad M_{BA} + M_{BC} = 0 \end{cases}\right\} \quad \rightarrow \quad \theta_A = \frac{32}{7E}, \quad \theta_B = -\frac{-8}{7E}$$

④ 재단모멘트

$$M_{AB} = 0 \qquad\qquad M_{BA} = 20.57\text{kNm}$$

$$M_{BC} = -20.57\text{kNm} \qquad M_{CB} = 13.71\text{kNm}$$

⑤ FBD, SFD, BMD

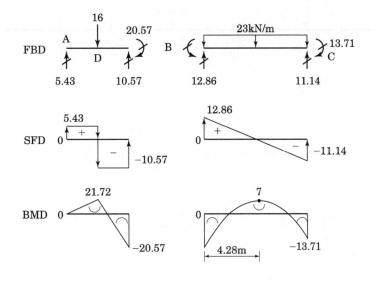

1 분배율

$DF_{BA} = DF_{BC} = 0.5$

2 모멘트 분배

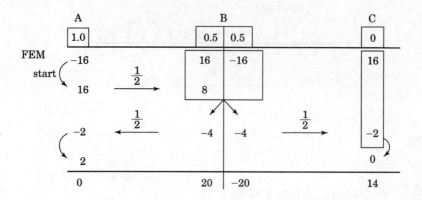

풀이 ○ 3. 3연 모멘트법

1 기본공식

$$M_L\left(\frac{L}{I}\right)_L + 2M_C\left\{\left(\frac{L}{I}\right)_L + \left(\frac{L}{I}\right)_R\right\} + M_R\left(\frac{L}{I}\right)_R$$
$$= -6E(\theta_L + \theta_R) + 6E(\beta_L + \beta_R)$$

2 재단 모멘트

$$\begin{cases} ABC \ ; \quad 2M_B \cdot \left(\frac{8}{I} + \frac{8}{I}\right) + M_C \cdot \left(\frac{8}{I}\right) = -6E\left(\frac{16 \cdot 8^2}{16EI} + \frac{3 \cdot 8^3}{24EI}\right) \\ BCE \ ; \quad M_B \cdot \left(\frac{8}{I}\right) + 2M_C \cdot \left(\frac{8}{I}\right) = -6E\left(\frac{3 \cdot 8^3}{24EI}\right) \end{cases}$$

$$\rightarrow \quad \begin{aligned} M_B &= -20.57\text{kNm} \\ M_C &= -13.71\text{kNm} \end{aligned}$$

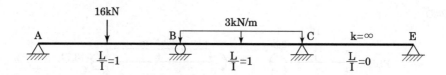

PE.A − 120 − 3 − 1

ⓒsol.1.SDM

| SDM(처짐각법) |

.... 1   −1

.... 2   −2

• 처짐각식 입력

$2 \cdot e \cdot (2 \cdot a + b) - 16 \rightarrow mab$ $4 \cdot a \cdot e + 2 \cdot b \cdot e - 16$

$2 \cdot e \cdot (a + 2 \cdot b) + 16 \rightarrow mba$ $2 \cdot a \cdot e + 4 \cdot b \cdot e + 16$

$2 \cdot e \cdot 2 \cdot b - 16 \rightarrow mbc$ $4 \cdot b \cdot e - 16$

$2 \cdot e \cdot b + 16 \rightarrow mcb$ $2 \cdot b \cdot e + 16$

.... 3   −3

$\text{solve}\left(\begin{cases} mab = 0 \\ mba + mbc = 0 \end{cases}, \{a, b\}\right)$ $a = \dfrac{32}{7 \cdot e}$ and $b = \dfrac{-8}{7 \cdot e}$

• 절점조건에 따른 연립방정식 풀이

.... 4   −4

• 재단모멘트 산정

⚠ $\{mab, mba, mbc, mcb\} \,|\, a = \dfrac{32}{7 \cdot e}$ and $b = \dfrac{-8}{7 \cdot e}$ ①

     $\{0., 20.5714, -20.5714, 13.7143\}$

ⓒsol.3.3ME

| 3연 모멘트(3ME) |
• 3연모멘트 기본공식을 이용한 연립 방정식 풀이

⚠ $\text{solve}\left(\begin{cases} 2 \cdot mb \cdot \left(\dfrac{8}{i} + \dfrac{8}{i}\right) + mc \cdot \dfrac{8}{i} = -6 \cdot e \cdot \left(\dfrac{16 \cdot 8^2}{16 \cdot e \cdot i} + \dfrac{3 \cdot 8^3}{24 \cdot e \cdot i}\right) \\ mb \cdot \dfrac{8}{i} + 2 \cdot mc \cdot \dfrac{8}{i} = -6 \cdot e \cdot \dfrac{3 \cdot 8^3}{24 \cdot e \cdot i} \end{cases}, \{mb, mc\}\right)$

     $i \neq 0.$ and $mb = -20.5714$ and $mc = -13.7143$

① 처짐각법에서 최종 재단모멘트를 산정할 때 리스트{ }와 with연산자를 사용하면 계산 입력시간을 단축할 수 있다. 위 문제에서 처짐각식으로 mab, mba, mbc, mcb를 입력하였고, 절점조건을 이용하여 처짐각 a, b를 산정하였으므로 리스트를 이용하여 {mab, mba, mbc, mcb}를 입력하고 with연산자를 이용해서 각도 a, b를 입력한다. 리스트는 트러스 구조물에서 가상일의 원리를 이용한 처짐 산정시에도 유용한 기능이므로 반드시 숙지가 필요하다.

다음 그림과 같은 연속보에 대한 답을 구하시오.(단 EI는 일정함)

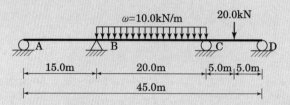

(1) 중앙경간에서의 최대모멘트(M_s)를 구하시오.

(2) 한계상태설계법에 의하여 중앙경간에서의 처짐(직접 처짐계산 생략)을 검토하시오. (단, $f_{ck}=30MPa$, 탄성계수비 n = 70, $f_y=400MPa$, $A_s=3380mm^2$, 폭 B = 1000mm, 유효깊이 d = 584.0mm, 부재의 지지조건 반영 계수 K = 1.3)

풀이 **에너지법**

❶ D점 반력

$\Sigma M_c = 0$; $35A + 20B - 10 \cdot 20 \cdot 10 + 20 \cdot 5 - 10D = 0$

$D = \dfrac{7A + 4(B - 95)}{2}$

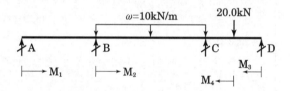

❷ 변형에너지

$M_1 = A \cdot x$

$M_2 = A \cdot (15 + x) + Bx - 5x^2$

$M_3 = D \cdot x$

$M_4 = D \cdot (5 + x) - 20x$

$U = \displaystyle\int_0^{15} \dfrac{M_1^2}{2EI}dx + \int_0^{20} \dfrac{M_2^2}{2EI}dx + \int_0^5 \dfrac{M_3^2}{2EI}dx + \int_0^5 \dfrac{M_4^2}{2EI}dx \quad \left(D = \dfrac{7A + 4(B-95)}{2}\right)$

❸ 반력산정

$\left\{\begin{array}{l} \dfrac{\partial U}{\partial A} = 0 \\ \dfrac{\partial U}{\partial B} = 0 \end{array}\right\} \rightarrow \begin{array}{l} A = \dfrac{-785}{57} = -13.772 \\ B = \dfrac{50275}{456} = 110.252 \end{array}$

❹ 중앙경간 M_{max}

$\dfrac{\partial M_2}{\partial x} = 0$; $x = 9.648m$

$M_{max} = 258.843kNm$

* 처짐검토 생략

그림과 같은 구조물에서 (1), (2), (3)과 같은 조건일 때 각각의 모멘트도를 그리시오.

(1) $\alpha = 1.0$ (2) $\alpha = \infty$ (3) $\alpha = 0$

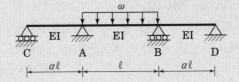

풀이 ○ 매트릭스 변위법

❶ 평형매트릭스(A)

$$\begin{cases} P_1 = Q_1 \\ P_2 = Q_2 + Q_3 \\ P_3 = Q_4 + Q_5 \\ P_4 = Q_6 \end{cases} \rightarrow A = \begin{bmatrix} 1 & 0 & 0 & 0 & 0 & 0 \\ 0 & 1 & 1 & 0 & 0 & 0 \\ 0 & 0 & 0 & 1 & 1 & 0 \\ 0 & 0 & 0 & 0 & 0 & 1 \end{bmatrix}$$

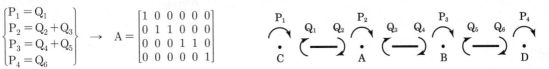

❷ 전부재강도 매트릭스(S)

$$S = \begin{bmatrix} [a] & & \\ & [b] & \\ & & [a] \end{bmatrix}, \quad [a] = \frac{EI}{\alpha l}\begin{bmatrix} 4 & 2 \\ 2 & 4 \end{bmatrix}, \quad [b] = \frac{EI}{l}\begin{bmatrix} 4 & 2 \\ 2 & 4 \end{bmatrix}$$

❸ 부재력(Q)

$$FEM = \begin{bmatrix} 0 & 0 & -\dfrac{\omega l^2}{12} & \dfrac{\omega l^2}{12} & 0 & 0 \end{bmatrix}^T$$

$$P = -A \cdot FEM = \begin{bmatrix} 0 & \dfrac{\omega l^2}{12} & -\dfrac{\omega l^2}{12} & 0 \end{bmatrix}^T$$

$$Q = SA^T(ASA^T)^{-1}P + FEM$$

$$= \begin{bmatrix} 0 & \dfrac{\omega l^2}{4(2\alpha+3)} & -\dfrac{\omega l^2}{4(2\alpha+3)} & \dfrac{\omega l^2}{4(2\alpha+3)} & -\dfrac{\omega l^2}{4(2\alpha+3)} & 0 \end{bmatrix}^T$$

❹ 휨모멘트도

$\alpha = 1.0$

$$M_{A,\alpha=1} = -\frac{\omega l^2}{20}$$

$$M_{max,\alpha=1} = \frac{3\omega l^2}{40}$$

$\alpha = \infty$

$$M_{A,\alpha=\infty} = 0$$

$$M_{A,\alpha=0} = -\frac{\omega l^2}{12}$$

$\alpha = 0$

$$M_{max,\alpha=\infty} = \frac{\omega l^2}{8}$$

$$M_{max,\alpha=0} = \frac{\omega l^2}{24}$$

그림과 같은 겔버보가 있다. 아래 사항에 대해 답하시오.

(1) 휨모멘트도(BMD) 및 전단력도(SFD)를 구하시오.

(2) 다음과 같은 응력도의 크기와 위치를 구하시오.

　① 인장측 최대 휨응력도, ② 압축측 최대 휨응력도, ③ 최대 전단응력도

(3) 그림에서 D점의 처짐값을 구하시오. (단, E＝29800MPa이다.)

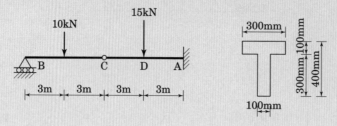

풀이

1 기본사항

$$y = \frac{100 \cdot 300 \cdot 150 + 300 \cdot 100 \cdot 350}{100 \cdot 300 + 300 \cdot 100} = 250\text{mm}$$

$$I = \frac{100 \cdot 300^3}{12} + 100 \cdot 300 \cdot 100^2$$
$$+ \frac{300 \cdot 100^3}{12} + 800 \cdot 100 \cdot 100^2$$
$$= 8.5 \cdot 10^8 \text{mm}^4$$

$$A = 100 \cdot 300 \cdot 2 = 60000\text{mm}^2$$

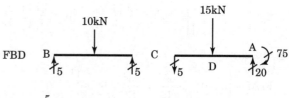

2 최대 휨응력

$$\sigma_t \begin{cases} = \dfrac{15 \cdot 10^6}{I} \cdot y = 4.412\text{MPa} \\ = \dfrac{75 \cdot 10^6}{I} \cdot (400 - y) = 13.24\text{MPa} \,(\text{A점}) \end{cases}$$

$$\sigma_c \begin{cases} = \dfrac{15 \cdot 10^6}{I} \cdot (400 - y) = 2.65\text{MPa} \\ = \dfrac{75 \cdot 10^6}{I} \cdot (y) = 22.06\text{MPa} \,(\text{A점}) \end{cases}$$

$$\tau_{max} = \frac{VQ}{Ib} = \frac{20 \times 10^3 \times 100 \times 250 \times 125}{I \times (100)} = 0.735\text{MPa} \,(\text{A점})$$

3 D점 처짐

$$\begin{cases} M_1 = 5 \cdot x \\ M_2 = 5 \cdot (x+3) - 10 \cdot x \\ M_3 = -(30 + 3Q) + (5 + Q) \cdot x \end{cases}$$

$$U = \int_0^3 \frac{M_1^2}{2EI}dx + \int_0^6 \frac{M_2^2}{2EI}dx + \int_0^3 \frac{M_3^2}{2EI}dx$$

$$\left. \frac{\partial U}{\partial Q} \right|_{Q=15 \text{ kN}} = 0.009771\text{m} \,(\downarrow)$$

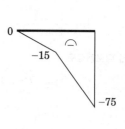
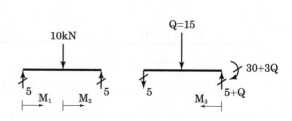

다음 구조물의 정정, 부정정을 판정한 후 지점반력을 구하고 단면력도(휨모멘트도, 전단력도, 축방향력도)를 그리시오.

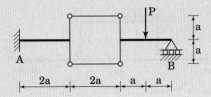

풀이

❶ 반력

① 오른쪽 구조물

$$\left.\begin{array}{l} R_B - P = 0 \\ 2a \cdot Q + P \cdot a - R_B \cdot 2a = 0 \end{array}\right\} \rightarrow \begin{array}{l} R_B = P \\ Q = \dfrac{P}{2} \end{array}$$

② 왼쪽 구조물

$$M_A = 2a \cdot Q = P \cdot a (\curvearrowright)$$

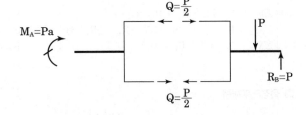

❷ AFD, SFD, BMD

AFD

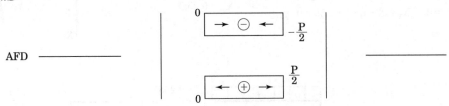

SFD

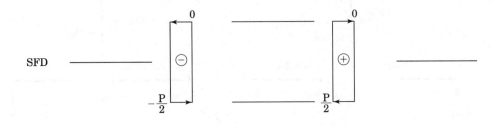

BMD

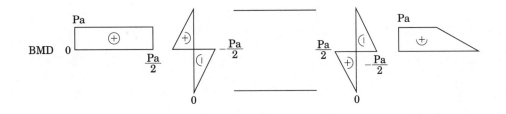

다음 그림과 같은 구조계를 해석하고, 단면력도를 작성하시오. (단, D, E점은 내부힌지, F점은 핀 연결로 가정하며, 등분포하중 q는 지간 l에 걸쳐 작용한다.)

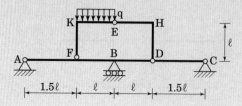

풀이

❶ 반력

$$\begin{cases} \Sigma F_y = 0; & R_A + R_B + R_C = q \cdot l \\ \Sigma M_A = 0; & q \cdot l \cdot 2l - 2.5l \cdot R_B - 5R_C = 0 \\ \Sigma M_{D,} = 0; & 1.5l \cdot R_C = 0 \end{cases} \rightarrow \begin{aligned} R_A &= 0.2ql \\ R_B &= 0.8ql \\ R_C &= 0 \end{aligned}$$

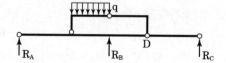

❷ 절점F 부재력

$$\begin{cases} \Sigma M_E^{FKE} = 0; & X_1 \cdot l - X_2 \cdot l - \dfrac{q \cdot l \cdot l}{2} = 0 \\ \Sigma M_D^{FED} = 0; & X_1 \cdot 2l - q \cdot l \cdot 1.5l = 0 \end{cases} \rightarrow \begin{aligned} X_1 &= 0.75ql \\ X_2 &= 0.25ql \end{aligned}$$

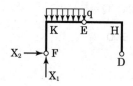

❸ 단면력도

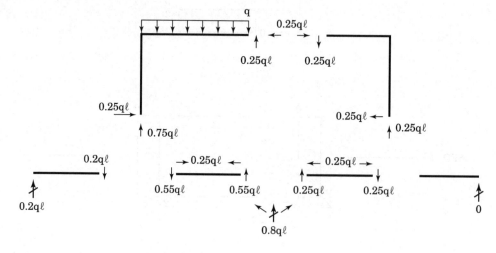

내부 힌지(D점)를 갖는 연속보의 A, B점의 휨모멘트와 D점의 처짐을 구하시오.

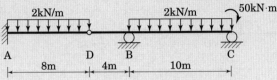

풀이 ◯ 에너지법

❶ 부정정력 산정

① 평형조건

$$\begin{cases} \Sigma M_c = 0 \; ; \;\; -14R_D - 2 \cdot 10 \cdot 5 + 50 + 10R_B = 0 \\ \Sigma F_y = 0 \; ; \;\; R_B + R_C - R_D - 2 \cdot 10 = 0 \end{cases} \rightarrow \begin{aligned} R_B &= \frac{7R_D + 25}{5} \\ R_C &= \frac{75 - 2R_D}{5} \end{aligned}$$

② 변형에너지

$$\begin{cases} M_1 = -50 + R_C \cdot x - 2 \cdot x^2/2 \\ M_2 = -50 + R_C(x+10) + R_B \cdot x - 2 \cdot 10(5+x) \\ M_3 = R_D \cdot x - 2 \cdot x^2/2 \end{cases}$$

$$U = \int_0^{10} \frac{M_1^2}{2EI}dx + \int_0^4 \frac{M_2^2}{2EI}dx + \int_0^8 \frac{M_3^2}{2EI}dx$$

③ 부정정력

$$\frac{\partial U}{\partial R_D} = 0 \; ; \;\; R_D = \frac{96}{23} = 4.17391kN$$

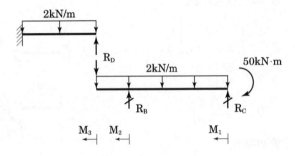

❷ A, B점 휨모멘드

$$M_A = M_3(8) = -30.6087kNm$$

$$M_B = M_2(0) = -16.6957kNm$$

❸ D점 처짐

$$\delta_D = \frac{2 \cdot 8^4}{8EI} - \frac{R_D \cdot 8^3}{3EI} = \frac{311.652}{EI}(\downarrow)$$

다음 그림과 같은 연속보에서 A, B점에서의 모멘트와 D점에서의 처짐을 구하시오.(단, EI는 일정하다.)

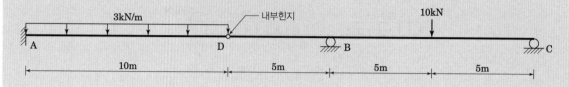

풀이 ◯ 매트릭스 변위법

1 평형매트릭스(A)

$$\begin{cases} P_1 = Q_1 \\ P_2 = Q_3 \\ P_3 = Q_4 + Q_5 \\ P_4 = Q_6 \\ P_5 = -\dfrac{Q_1 + Q_2}{10} + \dfrac{Q_3 + Q_4}{5} \end{cases} \rightarrow \quad A = \begin{bmatrix} 0 & 1 & 0 & 0 & 0 & 0 \\ 0 & 0 & 1 & 0 & 0 & 0 \\ 0 & 0 & 0 & 1 & 1 & 0 \\ 0 & 0 & 0 & 0 & 0 & 1 \\ -\dfrac{1}{10} & -\dfrac{1}{10} & \dfrac{1}{5} & \dfrac{1}{5} & 0 & 0 \end{bmatrix}$$

2 부재 강도매트릭스

$$S = \begin{bmatrix} [a] & & \\ & [b] & \\ & & [a] \end{bmatrix}$$

$$[a] = \frac{EI}{10}\begin{bmatrix} 4 & 2 \\ 2 & 4 \end{bmatrix}$$

$$[b] = \frac{EI}{5}\begin{bmatrix} 4 & 2 \\ 2 & 4 \end{bmatrix}$$

$$\frac{3\cdot 10^2}{12} = 25$$

$$15$$

$$\frac{10 \cdot 10}{8} = 12.5$$

3 변위(d)

$$FEM = \begin{bmatrix} -25 & 25 & 0 & 0 & -12.5 & 12.5 \end{bmatrix}^T$$

$$P = \begin{bmatrix} -25 & 0 & 12.5 & -12.5 & 15 \end{bmatrix}^T$$

$$d = (ASA^T)^{-1} \cdot P$$

$$= \begin{bmatrix} \dfrac{56.8182}{EI} & -\dfrac{196.023}{EI} & -\dfrac{85.2273}{EI} & \dfrac{11.3636}{EI} & \dfrac{795.455}{EI} \end{bmatrix}^T$$

$$\delta_D = d[5,1] = \frac{795.455}{EI}(\downarrow)$$

4 부재력(Q)

$$Q = SA^T d + FEM = \begin{bmatrix} -61.3636 & 0 & 0 & 44.3182 & -44.3182 & 0 \end{bmatrix}^T$$

$$M_A = Q[1,1] = -61.3636 kNm$$

$$M_B = Q[5,1] = -44.3182 kNm$$

다음 그림 (a), (b)에 대하여 축방향력도, 전단력도 그리고 휨모멘트도를 모두 그리시오. (총 24점)

(1) 그림(a)는 B점 및 D점에서 휨모멘트만 이완(M=0)된 상태 (12점)

(2) 그림(b)는 B점 및 D점에서 전단력만 이완(V=0)된 상태 (12점)

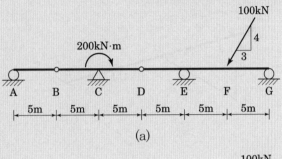

(a)

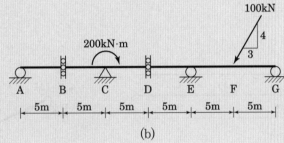

(b)

풀이

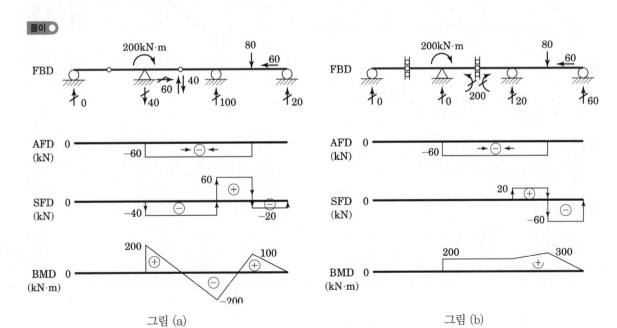

그림 (a)   그림 (b)

동일한 파이프단면으로 구성된 그림과 같은 구조물이 있다. D점에서 CD부재와 AB부재는 강접되어 있다. 휨에 의한 단면2차모멘트를 I라고 하고 전단탄성계수 G는 탄성계수 E의 0.5배(G=0.5E)라고 가정할 때 C점의 처짐을 구하시오. (단, 휨변형과 비틀림변형만 고려하여 처짐을 구하시오.)

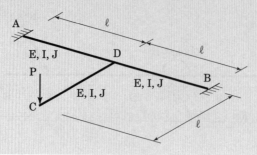

풀이 1. 에너지법

1 부재력

부재	M	T
CD	$M_1 = -px$	0
AD	$M_2 = \dfrac{P}{2}x - M$	$\dfrac{pl}{2}$
BD	$M_2 = \dfrac{P}{2}x - M$	$-\dfrac{pl}{2}$

* $G = 0.5E, \quad J = I_p = 2I$

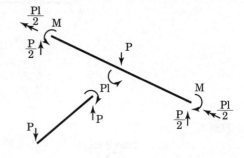

2 내부에너지

$$U = \int_0^1 \frac{M_1^2}{2EI}dx + 2 \cdot \left(\int_0^1 \frac{M_2^2}{2EI}dx + \frac{\left(\frac{P \cdot 1}{2}\right)^2 \cdot 1}{2GI_P} \right)$$

3 반력

$$\frac{\partial U}{\partial M} = 0 \ ; \quad M = \frac{Pl}{4}$$

4 처짐

$$\delta_c = \frac{\partial U}{\partial P}\bigg|_{M=\frac{Pl}{4}} = \frac{7Pl^3}{8EI}$$

풀이 2. 매트릭스 변위법

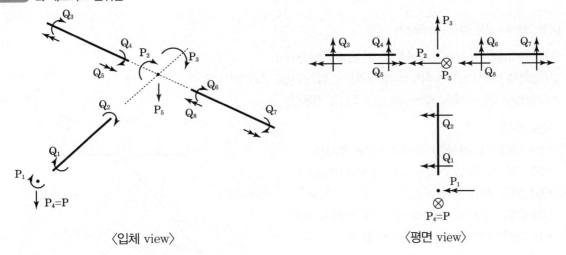

〈입체 view〉 〈평면 view〉

1 평형 매트릭스(A)

$$
\begin{cases}
P_1 = Q_1 \\
P_2 = Q_2 - Q_5 + Q_8 \\
P_3 = Q_4 + Q_6 \\
P_4 = \dfrac{Q_1 + Q_2}{l} \\
P_5 = \dfrac{1}{l}(-Q_1 - Q_2 - Q_3 - Q_4 + Q_6 + Q_7)
\end{cases}
\rightarrow \quad
A = \begin{bmatrix}
1 & 0 & 0 & 0 & 0 & 0 & 0 & 0 \\
0 & 1 & 0 & 0 & -1 & 0 & 0 & 1 \\
0 & 0 & 0 & 1 & 0 & 1 & 0 & 0 \\
\dfrac{1}{l} & \dfrac{1}{l} & 0 & 0 & 0 & 0 & 0 & 0 \\
-\dfrac{1}{l} & -\dfrac{1}{l} & -\dfrac{1}{l} & -\dfrac{1}{l} & 0 & \dfrac{1}{l} & \dfrac{1}{l} & 0
\end{bmatrix}
$$

2 전부재강도 매트릭스 [S]

$$
S = \begin{bmatrix} [a] & & \\ & [b] & \\ & & [b] \end{bmatrix}, \quad
[a] = \frac{EI}{l}\begin{bmatrix} 4 & 2 \\ 2 & 4 \end{bmatrix}, \quad
[b] = \frac{EI}{l}\begin{bmatrix} 4 & 2 & 0 \\ 2 & 4 & 0 \\ 0 & 0 & 0 \end{bmatrix} + \frac{GJ}{l}\begin{bmatrix} 0 & 0 & 0 \\ 0 & 0 & 0 \\ 0 & 0 & 1 \end{bmatrix} = \frac{EI}{l}\begin{bmatrix} 4 & 2 & 0 \\ 2 & 4 & 0 \\ 0 & 0 & 1 \end{bmatrix}
$$

* $GJ = 0.5E \times 2I = EI$

3 변위(d)

$$
d = (ASA^T)^{-1}[0, \quad 0, \quad 0, \quad P, \quad 0]^T
$$

$$
= \left[-\frac{pl^2}{EI} \quad -\frac{pl^2}{2EI} \quad 0 \quad \frac{7pl^3}{8EI} \quad \frac{pl^3}{24EI} \right]^T
$$

$$
\delta_c = d[4,1] = \frac{7pl^3}{8EI}
$$

4 부재력(Q)

$$
Q = SA^T(ASA^T)^{-1}P
$$

$$
= \left[0 \quad pl \quad \frac{pl}{4} \quad \frac{pl}{4} \quad \frac{pl}{2} \quad \frac{pl}{4} \quad \frac{pl}{4} \quad \frac{pl}{2} \right]^T
$$

아래 그림과 같은 철골구조도에서

(1) 수직하중(P)가 작용할 때 A점의 처짐량을 계산하시오.

(2) 접합부 B에서 편심이 최소화되는 2면전단 접합상세를 스케치하시오.

(단, 볼트의 수는 별도의 계산 없이 검토조건을 적용함)

[검토조건]
- P=100kN (사용하중), 부재의 자중은 무시함
- B1 : H$-350\times175\times7\times11(I_x=136\times10^6 mm^4)$
- G1 : H$-294\times200\times8\times12(I_x=113\times10^6 mm^4)$
- 앵글(2L$-90\times90\times7$)과 3-M20 고장력볼트 사용
- 상세는 양방향 단면상세를 스케치 할 것
- 부재치수의 단위는 mm임

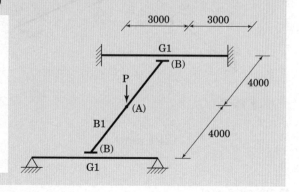

풀이 ◐ 1. 에너지법

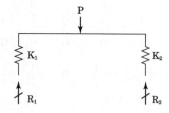

1 기본사항

$$I_G = 113\times10^6 mm^4 = 113\times10^6\times(10^{-3})^4 m^4$$

$$I_B = 136\times10^6 mm^4 = 136\times10^6\times(10^{-3})^4 m^4$$

$$E = 210000 MPa = 210000\times\frac{(10^{-3})}{(10^{-3})^2}\frac{kN}{m^2}$$

단순보 휨강성 : $K_1 = \dfrac{48EI_G}{6^3}$

양단고정보 휨강성 : $K_2 = \dfrac{192EI_G}{6^3}$

2 평형방정식

$$\begin{cases} \Sigma F_y = 0 \ ; \ R_1 + R_2 - P = 0 \\ \Sigma M_1 = 0 \ ; \ -8R_2 + 4P = 0 \end{cases}$$

$$\rightarrow R_1 = \frac{P}{2}, \ R_2 = \frac{P}{2}$$

3 변형에너지

$$U = \frac{R_1^2}{2K_1} + \frac{R_2^2}{2K_2} + \int_0^4 \frac{(R_1 x)^2}{2EI_B}dx + \int_0^4 \frac{(R_2 x)^2}{2EI_B}dx$$

4 A점 수직처짐

$$\delta_A = \frac{\partial U}{\partial P} = 0.000433P = 0.0433m(\downarrow)$$

풀이 ◐ 2. 매트릭스 변위법

1 평형 매트릭스(A)

$$\begin{cases} P_1 = Q_1 \\ P_2 = Q_2 + Q_3 \\ P_3 = Q_4 \\ P_4 = \left(\dfrac{Q_1+Q_2}{4}\right) - Q_5 \\ P_5 = -\left(\dfrac{Q_1+Q_2}{4}\right) + \left(\dfrac{Q_3+Q_4}{4}\right) \\ P_6 = -\left(\dfrac{Q_3+Q_4}{4}\right) - Q_6 \end{cases} \rightarrow A = \begin{bmatrix} 1 & 0 & 0 & 0 & 0 & 0 \\ 0 & 1 & 1 & 0 & 0 & 0 \\ 0 & 0 & 0 & 1 & 0 & 0 \\ \frac{1}{4} & \frac{1}{4} & 0 & 0 & 1 & 0 \\ -\frac{1}{4} & -\frac{1}{4} & \frac{1}{4} & \frac{1}{4} & 0 & 0 \\ 0 & 0 & -\frac{1}{4} & -\frac{1}{4} & 0 & -1 \end{bmatrix}$$

2 강도매트릭스(S)

$$S = \begin{bmatrix} [a] & & & \\ & [a] & & \\ & & k_1 & \\ & & & k_2 \end{bmatrix}, \quad [a] = \frac{EI_B}{4}\begin{bmatrix} 4 & 2 \\ 2 & 4 \end{bmatrix}$$

3 변위(d)(P=100kN)

$$d = (ASA^T)^{-1}[0, \ 0, \ 0, \ 0, \ P, \ 0]^T$$

$$= [0.0131 \ -0.0009 \ -0.0149 \ 0.0095 \ 0.0433 \ 0.0024]^T$$

$$\therefore \delta_A = d[5,1] = 0.0433m(\downarrow)$$

다음 그림과 같은 구조계의 E점에 연직하중 P가 작용시 E점의 처짐과 단부 A와 C의 휨모멘트를 구하시오. (단, 보AB, 보CD의 단면2차모멘트(I)와 탄성계수(E)는 일정하고, 직교상태이며, a>b 이다.)

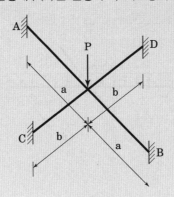

풀이 1. 변위일치법

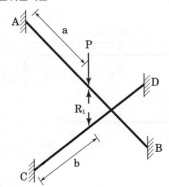

1 E점 처짐

① $\dfrac{(P-R_1)\cdot(2a)^3}{192EI}=\dfrac{R_1\cdot(2b)^3}{192EI}$

$\rightarrow\ R_1=\dfrac{Pa^3}{a^3+b^3}$

② $\delta_E=\dfrac{R_1(2b)^3}{192EI}=\dfrac{Pa^3b^3}{24(a^3+b^3)EI}$

2 A, C 휨모멘트

$M_A=\dfrac{2a}{8}(P-R_1)=\dfrac{Pab^3}{4(a^3+b^3)}(\frown)$

$M_C=\dfrac{2a}{8}(R_1)=\dfrac{Pa^3b}{4(a^3+b^3)}(\frown)$

풀이 2. 매트릭스 변위법

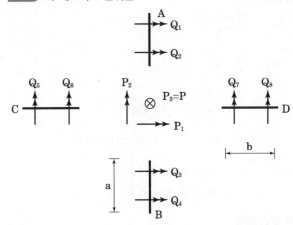

$A=\begin{bmatrix}0&1&1&0&0&0&0&0\\0&0&0&0&0&1&1&0\\-\frac{1}{a}&-\frac{1}{a}&\frac{1}{a}&\frac{1}{a}&-\frac{1}{b}&-\frac{1}{b}&\frac{1}{b}&\frac{1}{b}\end{bmatrix}$

$S=\begin{bmatrix}[i]&&&\\&[j]&&\\&&[i]&\\&&&[j]\end{bmatrix}\ [i]=\dfrac{EI}{a}\begin{bmatrix}4&2\\2&4\end{bmatrix}\ [j]=\dfrac{EI}{b}\begin{bmatrix}4&2\\2&4\end{bmatrix}$

$d=(ASA^T)^{-1}[0,\ 0,\ P]^T$

$=\left[0,\ 0,\ \dfrac{Pa^3b^3}{24(a^3+b^3)}(\downarrow)\right]$

$Q=SA^Td$

$=\dfrac{abP}{4(a^3+b^3)}[-b^2,\ -b^2,\ b^2,\ b^2,\ -a^2,\ -a^2,\ a^2,\ a^2]^T$

다음 각 보의 지점반력을 구하고 전단력도 및 휨모멘트도를 도시하시오. (단, 모든 부재의 EI는 일정하고 AB부
재와 CD부재는 직각으로 교차하며 E점은 강결구조임)

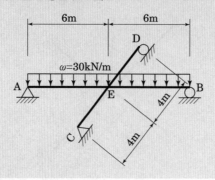

풀이 ○ 에너지법

❶ E점 반력

$$M_1 = \frac{12 \cdot 30 - R_E}{2} \cdot x - \frac{30}{2} \cdot x^2$$

$$M_2 = \frac{R_E}{2} \cdot x$$

$$U = 2 \times \left(\int_0^6 \frac{M_1^2}{2EI} dx + \int_0^4 \frac{M_2^2}{2EI} dx \right)$$

$$\frac{\partial U}{\partial R_E} = 0 \; ; \; R_E = \frac{1215}{7} = 173.371 kN(\uparrow)$$

$$R_A = 93.214 kN(\uparrow)$$

$$R_C = 86.785 kN(\uparrow)$$

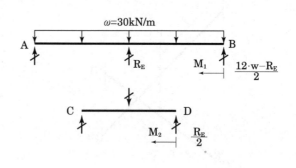

❷ SFD, BMD

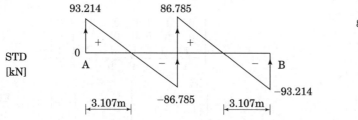

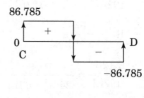

 STD
[kN]

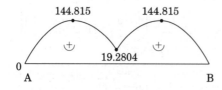

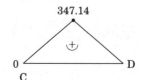

BMD
[kN·m]

폭 6m, 길이 10m인 등분포하중($w = 5kN/m^2$)을 받는 판의 하부에 장변방향으로 크기가 같은 3개의 보를 두고 각 보에 2개의 지점 (R_1)이 있는 경우, 모든 보의 지점 반력이 동일하고, 각 보의 지점 모멘트(M_1)와 중앙 모멘트 (M_c)가 동일하도록 지점 간격 l_0, l_1과 X_1, X_2 및 M_1을 구하시오. (단, 판의 단변방향은 장선(Joist)으로 지지되어 있음)

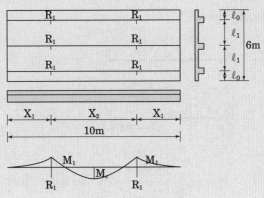

풀이 ○ 에너지법

1 단변방향

① 변형에너지

$$\begin{cases} M_1 = -\dfrac{50x^2}{2} \\ M_2 = -\dfrac{50(x+l_0)^2}{2} + 2R_1 x \end{cases} \rightarrow U = 2 \cdot \left(\int_0^{l_0} \dfrac{M_1^2}{2EI}dx + \int_0^{l_1} \dfrac{M_2^2}{2EI}dx \right)$$

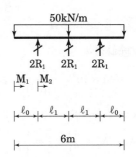

② 반력

$$\dfrac{\partial M}{\partial R_1} = 0 \ ; \quad R1 = \dfrac{25(6l_0^2 + 8l_0 l_1 + 3l_1^2)}{8l_1}$$

③ l_0, l_1

$$\begin{cases} 6R_1 = 10 \cdot 6 \cdot 5 \\ 2(l_0 + l_1) = 6 \end{cases} \rightarrow \begin{cases} l_0 = 2.0836m \\ l_1 = 0.9163m \end{cases} \text{이때 } R_1 = 50kN$$

2 장변방향

$$\begin{cases} M_B = -\dfrac{5 \cdot x_1^2}{2} \\ M_C = -\dfrac{5 \cdot \left(x_1 + \dfrac{x_2}{2}\right)^2}{2} + 5 \cdot 5\left(\dfrac{x_0}{2}\right) \end{cases} \rightarrow M_B = -M_C \text{ (부호주의)}$$

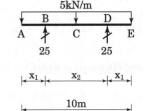

$$2x_1 + x_2 = 10$$

$$\therefore x_1 = 2.701m \quad x_2 = 5.858m \left(\text{이때 } R_B = M_C = 10.723kNm\right)$$

단순보는 H$-300\times300\times10\times15$($I_x = 2.04\times10^8mm^4, E=2.1\times10^5$N/mm^2)로 다음 그림과 같다. 스팬 중앙점 C에 M$=120$kNm가 작용할 때, 다음을 검토하시오. (단, 횡좌굴에 대하여는 충분히 안전하다고 가정)

(1) 지점 A의 처짐각 θ_A를 구하시오.

(2) 점 C의 처짐각 θ_C를 구하시오.

(3) 구간 A-C의 최대 처짐 Δ_{max}를 구하시오.

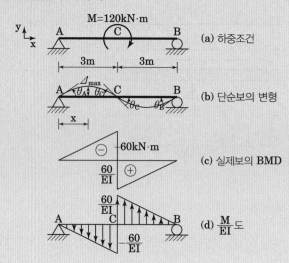

(a) 하중조건

(b) 단순보의 변형

(c) 실제보의 BMD

(d) $\dfrac{M}{EI}$ 도

풀이 1. 탄성하중법

1 계수값 정리

$$E = 2.1\times10^5\times\frac{10^{-3}}{(10^{-3})^2} = 2.1\times10^8 \text{kN/m}^2$$

$$I = 2.04\times10^8\times(10^{-3})^4 = 2.04\times10^{-4}\text{m}^4$$

$$A_1 = A_2 = \frac{60}{EI}\times\frac{3}{2} = \frac{90}{EI}$$

2 탄성하중보 반력

$$\left.\begin{array}{l} -R_A + R_B = 0 \\ -6R_A + A_1\cdot(3+1) - 2A_2 = 0 \end{array}\right\} \rightarrow \begin{array}{l} R_A = \dfrac{30}{EI}(\downarrow) \\[2mm] R_B = \dfrac{30}{EI}(\uparrow) \end{array}$$

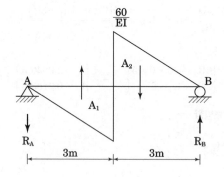

3 처짐각(탄성하중보 전단력)

$$\theta_A = R_A = \frac{30}{EI} = 7.0028\times10^{-4}\text{rad}(\curvearrowleft)$$

$$\theta_C = -R_A + A_1 = \frac{60}{EI} = 14\times10^{-4}\text{rad}(\curvearrowright)$$

4 AC구간 최대처짐(탄성하중보 휨모멘트)

$$\theta(x) = -R_A + \frac{60}{EI} \cdot \frac{x}{3} \cdot \frac{x}{2} = 0 \quad \rightarrow \quad x = \sqrt{3}\,m$$

$$\Delta(x) = -R_A \cdot x + \left(\frac{60}{EI} \cdot \frac{x}{3} \cdot \frac{x}{2}\right) \cdot \frac{x}{3}$$

$$\Delta_{max} = \Delta(\sqrt{3}) = \frac{-20\sqrt{3}}{EI} = 0.00809m\,(\uparrow)$$

풀이 ○ 2. 매트릭스 변위법

1 평형매트릭스(A)

$$\begin{cases} P_1 = Q_1 \\ P_2 = Q_2 + Q_3 \\ P_3 = Q_4 + Q_5 \\ P_4 = Q_6 \\ P_5 = \dfrac{Q_1 + Q_2}{L} - \dfrac{Q_3 + Q_4}{3-L} \\ P_6 = \dfrac{Q_3 + Q_4}{3-L} - \dfrac{Q_5 + Q_6}{3} \end{cases} \rightarrow A = \begin{bmatrix} 1 & 0 & 0 & 0 & 0 & 0 \\ 0 & 1 & 1 & 0 & 0 & 0 \\ 0 & 0 & 0 & 1 & 1 & 0 \\ 0 & 0 & 0 & 0 & 0 & 1 \\ \dfrac{1}{L} & \dfrac{1}{L} & -\dfrac{1}{3-L} & -\dfrac{1}{3-L} & 0 & 0 \\ 0 & 0 & \dfrac{1}{3-L} & \dfrac{1}{3-L} & -\dfrac{1}{3} & -\dfrac{1}{3} \end{bmatrix}$$

2 부제 강도매트릭스(S)

$$S = \begin{bmatrix} [a] \cdot \dfrac{EI}{L} & & \\ & [a] \cdot \dfrac{EI}{3-L} & \\ & & [a] \cdot \dfrac{EI}{3} \end{bmatrix}$$

$$a = \begin{bmatrix} 4 & 2 \\ 2 & 4 \end{bmatrix}$$

3 변위(d), 부재력(Q)

$$d = (ASA^T)^{-1} \cdot \begin{bmatrix} 0 & 0 & 120 & 0 & 0 & 0 \end{bmatrix}^T$$

$$Q = SA^T d$$

4 처짐각

$$\theta_A = d[1,1] = -\frac{30}{EI} = -7.0 \cdot 10^{-4}\,rad$$

$$\theta_C = d[3,1] = \frac{60}{EI} = 1.4 \cdot 10^{-4}\,rad$$

5 최대처짐

$$\frac{d}{dL}(d[5,1]) = 0 \;;\; L = \sqrt{3}$$

$$\therefore \Delta_{max} = d[5,1]_{L=\sqrt{3}} = \frac{20\sqrt{3}}{EI} = 0.000809m\,(\uparrow) \; (A에서 \; \sqrt{3} \; 떨어진 \; 위치에서 \; 발생)$$

다음 구조물에서 C점의 수직처짐을 구하시오. 부재의 단면은 원형이며 EI는 일정하다. (단, 전단탄성계수 G = 0.4E)

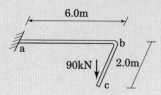

풀이 1. 에너지법

❶ 상수값 정리

G = 0.4E　　　　　　　　 J = 2I(원형단면)

* 단면적이 주어지지 않았으므로 휨, 비틀림 효과만 고려

❷ 구간별 M, T

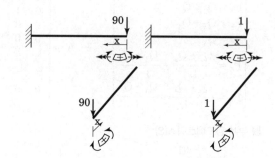

구간	M	m	T	t	범위
cb	-90x	-x	0	0	0~2
ba	-90x	-x	180	2	0~6

❸ δ_C 산정

$$\delta_C = \Sigma \int \frac{Mm}{EI}dx + \Sigma \int \frac{Tt}{GJ}dx$$

$$= \int_0^6 \frac{90x^2}{EI}dx + \int_0^2 \frac{90x^2}{EI}dx + \frac{180 \times 2 \times 6}{G \cdot J} = \frac{9420}{EI}(\downarrow)^{3)}$$

풀이 2. 매트릭스 변위법

❶ 모델링

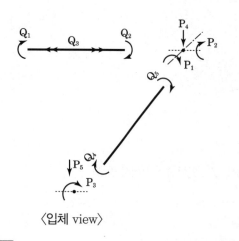

〈입체 view〉

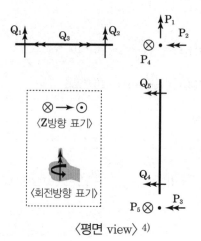

〈평면 view〉 4)

---

3) 최종 계산값의 부호가 (+)이면, 처짐방향은 가상하중(1)의 방향과 같다. (이 문제에서는 하향)
4) 매트릭스 모델링 시 비틀림을 표현해야 하는 경우 평면형태 표현방식이 실수를 줄일 수 있다.

2 평형방정식

$$P_1 = Q_2 \qquad\qquad P_2 = -Q_3 + Q_5 \qquad\qquad P_3 = Q_4$$

$$P_4 = -\frac{Q_1 + Q_2}{6} - \frac{Q_4 + Q_5}{2} \qquad\qquad P_5 = \frac{Q_4 + Q_5}{2}$$

3 평형매트릭스(P = AQ)

$$A = \begin{bmatrix} 0 & 1 & 0 & 0 & 0 \\ 0 & 0 & -1 & 0 & 1 \\ 0 & 0 & 0 & 1 & 0 \\ -\dfrac{1}{6} & -\dfrac{1}{6} & 0 & -\dfrac{1}{2} & -\dfrac{1}{2} \\ 0 & 0 & 0 & \dfrac{1}{2} & \dfrac{1}{2} \end{bmatrix}$$

4 등가 격점하중(P)

$$P = \begin{bmatrix} 0, & 0, & 0, & 0, & 90 \end{bmatrix}^T$$

5 전부재 강도 매트릭스(S)

$$S = \begin{bmatrix} [a] & \\ & [b] \end{bmatrix}, \quad [a] = \frac{EI}{6}\begin{bmatrix} 4 & 2 & 0 \\ 2 & 4 & 0 \\ 0 & 0 & 0.8 \end{bmatrix}, \quad [b] = \frac{EI}{2}\begin{bmatrix} 4 & 2 \\ 2 & 4 \end{bmatrix}$$

6 변위()

$$d = \begin{bmatrix} \dfrac{1620}{EI}, & -\dfrac{1350}{EI}, & -\dfrac{1530}{EI}, & \dfrac{6480}{EI}, & \dfrac{9420}{EI} \end{bmatrix}^T$$

$$\therefore \delta_C = d[5,1] = \frac{9420}{EI}\,(\downarrow)$$

아래와 같은 1차 부정정보에 대하여 A, B, C점에서의 휨모멘트를 구하고 BMD(휨모멘트도)를 그리시오.(단, EI 는 일정하고 지점침하는 없음)

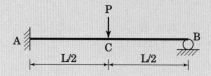

풀이 ○ 매트릭스 변위법

1 평형매트릭스(A)

$$\left\{\begin{array}{l} P_1 = Q_2 + Q_3 \\ P_2 = Q_4 \\ P_3 = -\dfrac{Q_1+Q_2}{L} + \dfrac{Q_3+Q_4}{L} \end{array}\right\} \rightarrow A = \begin{bmatrix} 0 & 1 & 1 & 0 \\ 0 & 0 & 0 & 1 \\ -\dfrac{2}{L} & -\dfrac{2}{L} & \dfrac{2}{L} & \dfrac{2}{L} \end{bmatrix}$$

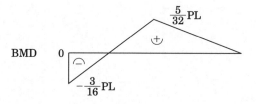

2 부재 강도매트릭스(S)

$$S = \frac{2EI}{L}\begin{bmatrix} 4 & 2 & & \\ 2 & 4 & & \\ & & 4 & 2 \\ & & 2 & 4 \end{bmatrix}$$

3 부재력(Q)

$$Q = SA^Td = SA^T(ASA^T)^{-1}[0, \quad P]^T$$
$$= \left[-\frac{3PL}{16} \quad -\frac{5PL}{32} \quad \frac{5PL}{32} \quad 0\right]^T$$

SFD

$$\frac{11}{16}P$$

$$-\frac{5}{16}P$$

0   ⊕   ⊖

A   C   B

BMD

$$\frac{5}{32}PL$$

$$-\frac{3}{16}PL$$

0   ⊖   ⊕

다음 그림과 같이 단순지지된 휨부재의 효율적인 강도 증진을 위하여 중앙부 부근의 단면성능을 3EI로 보강하였다. 중앙점 C의 처짐을 단위하중법을 이용하여 구하시오. (단, E=탄성계수, I=단면2차모멘트이며 전단력에 의한 변형은 무시한다) (30점)

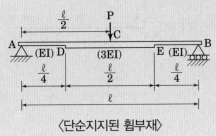

〈단순지지된 휨부재〉

풀이 ◯ 에너지법

❶ 기본구조물

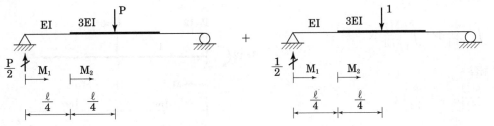

❷ 구간별 모멘트

$$M_1 = \frac{P}{2} \cdot x \qquad\qquad m_1 = \frac{x}{2}$$

$$M_2 = \frac{P}{2}\left(\frac{l}{4}+x\right) \qquad m_2 = \frac{1}{2}\left(\frac{l}{4}+x\right)$$

❸ 중앙부 처짐

$$\delta_c = 2 \cdot \left(\int_0^{\frac{1}{4}} \frac{M_1 \cdot m_1}{EI}dx + \int_0^{\frac{1}{4}} \frac{M_2 \cdot m_2}{3EI}dx \right) = \frac{5Pl^3}{576EI}$$

다음과 같은 캔틸레버보의 B점의 처짐 δ_B와 자유단 A점의 처짐각 θ_A를 구하시오. (단, 휨변형만 고려하고 부재의 탄성계수는 E, 단면2차모멘트는 AB부분은 I, BC부분은 2I이다.)

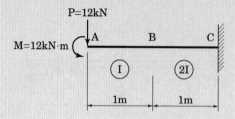

풀이

1 변형에너지

$$\begin{cases} M_1 = -P \cdot x - M \\ M_2 = -P(x+1) - M - Q \cdot x \end{cases}$$

$$U = \int_0^1 \frac{M_1^2}{2EI}dx + \int_0^1 \frac{M_2^2}{4EI}dx$$

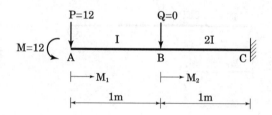

2 B점 처짐

$$\delta_B = \frac{\partial U}{\partial Q}\bigg|_{\substack{Q=0 \\ P=12 \\ M=12}} = \frac{8}{EI}(\downarrow)$$

3 A점 처짐각

$$\theta_A = \frac{\partial U}{\partial M}\bigg|_{\substack{Q=0 \\ P=12 \\ M=12}} = \frac{33}{EI}(\curvearrowleft)$$

치수가 동일한 두 개의 판(한변의 길이＝a)을 그림과 같이 겹쳐진 상태(상, 하의 판은 부착 상태가 아님)로 점 0의 바깥쪽으로 밀어내리려고 한다. 이 때 판이 추락하지 않고 점 0으로부터 밀어낼 수 있는 최대 y를 구하시오.

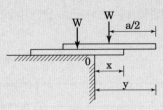

풀이

1 하중 작용점

한판의 길이가 a이므로 판의 무게 W는 각 판의 중심에 작용한다.

2 밑판의 최대 내민길이 : x

밑판 하중점이 0점을 넘으면 전도모멘트가 발생하므로

$$x \leq \frac{a}{2} \qquad \cdots ⓐ$$

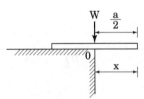

3 윗판의 최대 내민길이 : y

윗판의 하중점이 밑판 끝단을 넘으면 전도되므로

$$y \leq x + \frac{a}{2} \qquad \cdots ⓑ$$

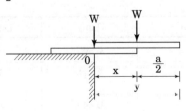

4 O점에 대한 모멘트 평형

$$\begin{cases} c_1 + x = \dfrac{a}{2} \\ c_2 + \dfrac{a}{2} = y \end{cases} \rightarrow \begin{cases} c_1 = \dfrac{a}{2} - x \\ c_2 = y - \dfrac{a}{2} \end{cases}$$

$$\Sigma M_0 = 0 \ ; \ W\left(\frac{a}{2} - x\right) \geq W\left(y - \frac{a}{2}\right)$$

$$y \leq a - x \qquad \cdots ⓒ$$

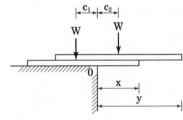

따라서 $X = \dfrac{a}{4}$ 일 때 $y_{max} = \dfrac{3a}{4}$ 가 된다.

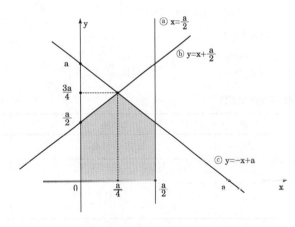

다음 그림과 같은 P.C BOX GIRDER(I.L.M)교량의 가설시 가설용 NOSE끝단에서의 최대 처짐값을 가상일의 원리를 적용하여 구하시오. (여기서, 콘크리트(단면적(A_c)) $= 95000 cm^2$, 단면이차모멘트(I_C) $= 2,100000000 cm^4$, 탄성계수(E_c) $= 33000 MPa$, 강재(SM400)(단면적(A_s) $= 1900 cm^2$, 단면이차모멘트(I_s) $= 25000000 cm^4$, 탄성계수(E_s) $= 200000 MPa$이다)

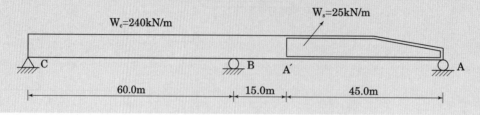

풀이 ○ 에너지법

1 기본사항

$$E_c I_c = (33000 \cdot 2.1 \cdot 10^9 \cdot 10^4) \cdot 10^{-3} \cdot 10^{-6}$$
$$= 6.93 \times 10^8 kNm^2$$
$$E_s I_s = (200000 \cdot 2.5 \cdot 10^7 \cdot 10^4) \cdot 10^{-3} \cdot 10^{-6}$$
$$= 0.5 \times 10^8 kNm^2$$

2 기본구조물

① 실제 하중

$$\begin{cases} 60R_B = 240 \cdot \dfrac{75^2}{2} + 25 \cdot 45 \cdot \left(60 + 15 + \dfrac{45}{2}\right) \\ R_c + R_B - 240 \cdot 75 - 25 \cdot 45 = 0 \end{cases}$$

$$\rightarrow \begin{cases} R_B = 13078.125 kN(\uparrow) \\ R_C = 6046.875 kN(\uparrow) \end{cases}$$

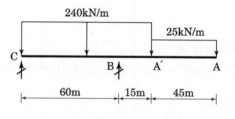

② 단위하중

$$\begin{cases} -60R_b + 120 = 0 \\ R_c = 1 \end{cases} \rightarrow \begin{cases} R_b = 2 \ (\uparrow) \\ R_c = 1(\downarrow) \end{cases}$$

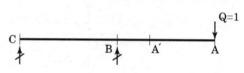

3 구간별 모멘트

구간	M(kN)	m	L(m)	EI(kNm²)
CB	$R_C \cdot x - 120x^2$	$-x$	0~60	$E_c I_c$
BA'	$R_C(x+60) - 120(x+60)^2 + R_B \cdot x$	$-(60+x)+2x$	0~15	$E_c I_c$
A''A	$-\dfrac{25}{2}x^2$	$-x$	0~45	$E_s I_s$

4 Nose 끝단 최대처짐

$$\delta_{A,V} = \Sigma \int \frac{Mm}{EI} dx = 0.239m(\downarrow)$$

등분포하중 w가 작용하는 지간 의 캔틸레버보에서 전단처짐 및 굽힘처짐에 대한 방정식을 구하고, 자유단의 전단처짐(δ_1)과 굽힘처짐(δ_2)의 비 δ_1/δ_2를 구하시오. (단, $l = 200\text{cm}$, 재료의 탄성계수비 $E/G = 2.5$이며 보의 단면은 $I-600 \times 190 \times 16 \times 35$이고 단면적 $A = 224.5\text{cm}^2$, 단면2차모멘트 $I = 130000\text{cm}^4$이다.)

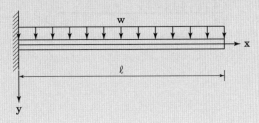

풀이

1 처짐산정

① 부재력

$$V(x) = W \cdot x$$

$$M(x) = -\frac{Wx^2}{2}$$

② 전단에 의한 처짐(H형강의 $\kappa = 1.0$)

$$\delta_V = \kappa \int_0^1 \frac{V(x)}{GA} \cdot \frac{\partial V(x)}{\partial x} dx = 1 \cdot \int_0^1 \frac{Wx}{\left(\dfrac{E}{2.5}\right) \cdot A} \cdot x$$

$$dx = \frac{5W^2 l^2}{4EA} = 222.717 \cdot \frac{W^2}{E}$$

③ 휨에 의한 처짐

$$\delta_M = \int_0^1 \frac{M(x)}{EI} \cdot \frac{\partial M(x)}{\partial x} dx = \int_0^1 \frac{\left(-\dfrac{Wx^2}{2}\right)}{EI} \cdot (-Wx)$$

$$dx = \frac{W^2 l^4}{8EI} = 1538.46 \cdot \frac{W^2}{E}$$

2 처짐비

$$\frac{\delta_V}{\delta_M} = \frac{\dfrac{5W^2 l^2}{4EA}}{\dfrac{W^2 l^4}{8EI}} = \frac{222.717}{1538.46} = 0.144766 = 14.48\%$$

그림과 같은 일단고정, 타단이동 지점보를 변형일치의 방법으로 해석하고 BMD 및 SFD를 그리시오.(단, EI는 일정함)

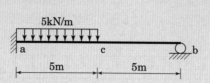

풀이

❶ 반력산정(적합조건)

$\delta_1 + \delta_2 = \delta_3$;

$$\frac{5 \cdot 5^3}{8EI} + \frac{5 \cdot 5^3}{6EI} \cdot 5 = \frac{R_B \cdot 10^3}{3EI}$$

$R_B = 2.7344\text{kN}(\uparrow)$

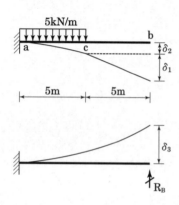

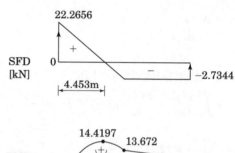

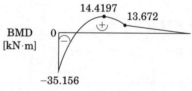

그림과 같은 양단 고정보의 B점에 연직집중하중 P가 작용시 보의 휨모멘트도(BMD), 비틀림모멘트도(TMD), 전단력도(SFM)를 작성하시오. (단, 보는 직사각형 단면으로 폭은 b, 높이는 h이며 보의 자중은 무시한다.)

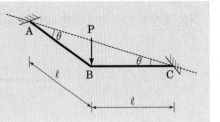

[조건]

- $P=30kN$, $l=4.2m$, $h=85cm$, $b=25cm$, $\tan\theta=0.51$
- 보의 탄성계수 $E=2.1\times10^4 N/mm^2$, 보의 전단탄성계수 $G=0.9\times10^4 N/mm^2$
- 직사각형 단면 극관성 모멘트 $I_d=0.36302\times10^6 cm^4$
- 보에 작용하는 비틀림모멘트 m_t와 B점에 발생하는 휨모멘트 M_B 관계식 : $m_t=M_s\tan\theta$
- B점의 처짐각 θ_B와 B점의 비틀림각 ϕ_B의 관계식 : $\theta_B=\phi_B\tan\theta$

풀이

① 기본사항

$$I=\frac{250\cdot850^3}{12}=1.279\cdot10^{10}mm^4 \qquad A=212500mm^2$$

$$J=0.363\cdot10^{10}mm^4 \qquad\qquad \kappa=\frac{6}{5}$$

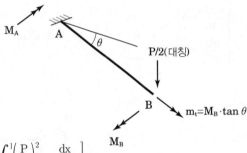

〈대칭 모델〉

② 부재력 산정

$$U=2\times\left[\int_0^1\left(M_B-\frac{Px}{2}\right)^2\cdot\frac{dx}{2EI}+\int_0^1\left(M_B\cdot\tan\theta\right)^2\cdot\frac{dx}{2GJ}+\kappa\int_0^1\left(\frac{P}{2}\right)^2\cdot\frac{dx}{2GA}\right]$$

$$\frac{\partial U}{\partial M_B}=0 \;;\quad M_B=1.00348\cdot10^7 Nmm=10.0348kNm$$

$$m_t=M_B\cdot\tan\theta=5.118kNm$$

$$M_A=M_B-\frac{P}{2}\cdot l=52.965kNm$$

* 적합조건 사용 시

$$\theta_B=\frac{P/2}{2EI}\cdot l^2-\frac{M_Bl}{EI}=\frac{M_B\tan\theta\cdot l}{GJ}\cdot\tan\theta; \quad M_B=10.0348kNm$$

③ SFD, TMD, BMD

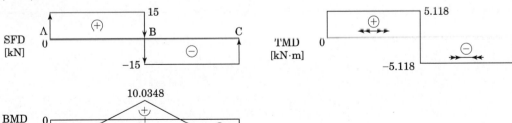

주요공식 요약

재료역학

구조기본

구조응용

다음 그림과 같은 양단 고정보의 고정단모멘트 M_{AB}, M_{BA}를 구하시오. (단, EI는 일정)

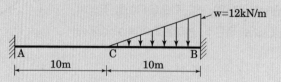

w=12kN/m

A   10m   C   10m   B

풀이

1 변형에너지

$$\begin{cases} M_1 = R_A \cdot x - M_A \\ M_2 = R_A(x+10) - M_A - 1.2x \cdot x \cdot \dfrac{1}{2} \cdot \dfrac{x}{3} \end{cases}$$

$$U = \int_0^{10} \frac{M_1^2}{2EI}dx + \int_0^{10} \frac{M_2^2}{2EI}dx$$

2 반력산정

$$\begin{cases} \dfrac{\partial U}{\partial R_A} = 0 \\ \dfrac{\partial U}{\partial M_A} = 0 \end{cases} \rightarrow \quad R_A = 6kN, \ M_A = 35kNm(\curvearrowleft), \ M_B = 115kN(\curvearrowright)$$

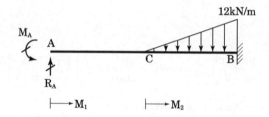

12kN/m

M_A A   C   B

R_A

M_1 M_2

다음 3개의 보를 모멘트 분배법으로 풀어서 A점의 모멘트가 같도록 ω_1, ω_2, ω_3를 결정하고, 휨모멘트도(BMD)를 작성하시오.

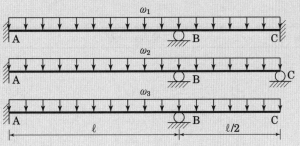

풀이 **1. 모멘트 분배법**

1 고정단 모멘트

$$C_1 = \frac{\omega l^2}{12}, \quad C_2 = \frac{\omega l^2}{48}, \quad C_3 = \frac{\omega l^2}{8}$$

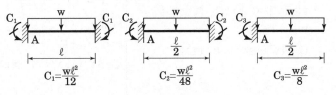

2 구조물 1(ω_1 작용)

$$K_{AB} = \frac{I}{l} = k, \quad K_{BC} = \frac{2I}{l} = 2k$$

$$DF_{BA} = \frac{1}{3}, \quad DF_{BC} = \frac{2}{3}$$

$$M_{A1} = -C_1 + \frac{1}{2}\left(-\frac{1}{3}\right)(C_1 - C_2) = \frac{-3\omega_1 l^2}{32}$$

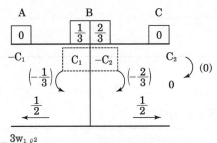

3 구조물 2(ω_2 작용)

$$K_{AB} = \frac{I}{l} = k, \quad K_{BC}^R = \frac{2I}{l} \cdot \frac{3}{4} = \frac{3k}{2}$$

$$DF_{BA} = \frac{2}{5}, \quad DF_{BC} = \frac{3}{5}$$

$$M_{A2} = -C_1 + \frac{1}{2}\left(-\frac{2}{5}\right)\left(C_1 - C_2 - \frac{C_2}{2}\right) = \frac{-3\omega_2 l^2}{32}$$

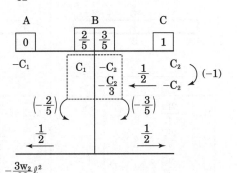

4 구조물 3(ω_3 작용)

$$DF_{BA} = \frac{2}{5}, \quad DF_{BC} = \frac{3}{5}$$

$$M_{A3} = -C_1 + \frac{1}{2}(-1)(C_1 - C_3) = \frac{-\omega_3 l^2}{16}$$

$$\therefore M_{A1} = M_{A2} = M_{A3} \text{이기 위한 } \omega_1 : \omega_2 : \omega_3 = 1 : 1 : \frac{3}{2}$$

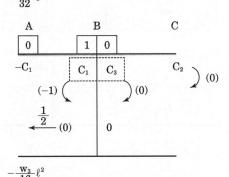

구조물 1(ω_1 작용)	구조물 2(ω_2 작용)	구조물 3(ω_3 작용)
$A = \begin{bmatrix} 0 & 1 & 1 & 0 \end{bmatrix}$ $S = \begin{bmatrix} \dfrac{4EI}{L} & \dfrac{2EI}{L} & 0 & 0 \\ \dfrac{2EI}{L} & \dfrac{4EI}{L} & 0 & 0 \\ 0 & 0 & \dfrac{8EI}{L} & \dfrac{4EI}{L} \\ 0 & 0 & \dfrac{4EI}{L} & \dfrac{8EI}{L} \end{bmatrix}$ $FEM = \begin{bmatrix} -C_1 & C_1 & -C_2 & C_2 \end{bmatrix}^T$ $P = \begin{bmatrix} -C_1 + C_2 \end{bmatrix}^T$ $Q = SA^T(ASA^T)^{-1}P + FEM$	$A = \begin{bmatrix} 0 & 1 & 1 & 0 \\ 0 & 0 & 0 & 1 \end{bmatrix}$ $S = \begin{bmatrix} \dfrac{4EI}{L} & \dfrac{2EI}{L} & 0 & 0 \\ \dfrac{2EI}{L} & \dfrac{4EI}{L} & 0 & 0 \\ 0 & 0 & \dfrac{8EI}{L} & \dfrac{4EI}{L} \\ 0 & 0 & \dfrac{4EI}{L} & \dfrac{8EI}{L} \end{bmatrix}$ $FEM = \begin{bmatrix} -C_1 & C_1 & -C_2 & C_2 \end{bmatrix}^T$ $P = \begin{bmatrix} -C_1 + C_2 & -C_2 \end{bmatrix}^T$ $Q = SA^T(ASA^T)^{-1}P + FEM$	$A = \begin{bmatrix} 0 & 1 & 1 & 0 \\ 0 & 0 & 0 & 1 \\ 0 & 0 & \dfrac{2}{1} & \dfrac{2}{1} \end{bmatrix}$ $S = \begin{bmatrix} \dfrac{4EI}{L} & \dfrac{2EI}{L} & 0 & 0 \\ \dfrac{2EI}{L} & \dfrac{4EI}{L} & 0 & 0 \\ 0 & 0 & \dfrac{8EI}{L} & \dfrac{4EI}{L} \\ 0 & 0 & \dfrac{4EI}{L} & \dfrac{8EI}{L} \end{bmatrix}$ $FEM = \begin{bmatrix} -C_1 & C_1 & -C_2 & C_2 \end{bmatrix}^T$ $P = \begin{bmatrix} -C_1 + C_2 & -C_2 & -\dfrac{\omega l}{4} \end{bmatrix}^T$ $Q = SA^T(ASA^T)^{-1}P + FEM$
$Q[1,1] = -\dfrac{3\omega_1 l^2}{32}$	$Q[1,1] = -\dfrac{3\omega_2 l^2}{32}$	$Q[1,1] = -\dfrac{\omega_3 l^2}{16}$

구조물 1(ω_1 작용)	구조물 2(ω_2 작용)	구조물 3(ω_3 작용)
$\begin{cases} M_{AB} = \dfrac{2EI}{L} \cdot (\theta_B) - C_1 \\ M_{BA} = \dfrac{2EI}{L} \cdot (2\theta_B) + C_1 \\ M_{BC} = \dfrac{4EI}{L} \cdot (2\theta_B) - C_2 \\ M_{CB} = \dfrac{4EI}{L} \cdot (\theta_B) + C_2 \end{cases}$ $M_{BA} + M_{BC} = 0 \; ; \quad \theta_B = \dfrac{-\omega_1 l^3}{192}$	$\begin{cases} M_{AB} = \dfrac{2EI}{L} \cdot (\theta_B) - C_1 \\ M_{BA} = \dfrac{2EI}{L} \cdot (2\theta_B) + C_1 \\ M_{BC} = \dfrac{4EI}{L} \cdot (2\theta_B + \theta_C) - C_2 \\ M_{CB} = \dfrac{4EI}{L} \cdot (\theta_B + 2\theta_C) + C_2 \end{cases}$ $\begin{cases} M_{BA} + M_{BC} = 0 \\ M_{CB} = 0 \end{cases} \rightarrow \begin{cases} \theta_B = \dfrac{-\omega_2 l^3}{192} \\ \theta_C = 0 \end{cases}$	$\begin{cases} M_{AB} = \dfrac{2EI}{L} \cdot (\theta_B) - C_1 \\ M_{BA} = \dfrac{2EI}{L} \cdot (2\theta_B) + C_1 \end{cases}$ $M_{BA} = \dfrac{\omega_3 l^2}{8} \; ; \quad \theta_B = \dfrac{\omega_3 l^3}{96EI}$
$M_{AB} = -\dfrac{3\omega_1 l^2}{32}$	$M_{AB} = -\dfrac{3\omega_2 l^2}{32}$	$M_{AB} = -\dfrac{\omega_3 l^2}{16}$

다음 그림은 고정단 – 이동단 지점을 갖는 보를 보여준다. 물음에 답하시오.
(단, 보의 탄성계수와 단면 2차모멘트는 각각 E와 I로 일정하다) (총 20점)

(1) 보에 집중하중 P가 고정단으로부터 b만큼 떨어진 위치에 작용할 때, 고정단에 발생되는 반력을 변위 일치법을 적용하여 구하시오. (10점)

(2) 보에 2차 포물선 형태의 분포하중이 작용할 때, 고정단에 발생되는 반력을 (1)에서 구한 반력을 활용하여 구하시오. (단, 포물선 분포하중은 보 좌측의 고정단에서 최대값 p_0를 갖는다) (10점)

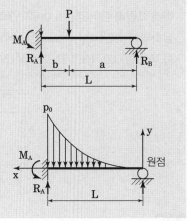

풀이

❶ 집중하중 작용시

$$\begin{cases} \delta_1 = \dfrac{P \cdot b^3}{3EI} + \dfrac{P \cdot b^2}{2EI} \cdot a \\ \delta_2 = \dfrac{R_B(a+b)^3}{3EI} \end{cases} \rightarrow \quad \delta_1 = \delta_2; \quad R_B = \dfrac{(3a+2b) \cdot b^2 P}{2(a+b)^3}(\uparrow)$$

$$R_a = P - R_B = \dfrac{(3b^2 + 6ab + 2a^2)a \cdot P}{2(a+b)^3}(\uparrow)$$

$$M_a = \dfrac{a(2a+b) \cdot b \cdot P}{2(a+b)^2}(\curvearrowleft)$$

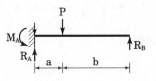

❷ 포물선 하중 작용시

$$w(x) = \dfrac{p_0}{L^2} \cdot x^2, \quad P = \int_0^L w(x)\,dx = \dfrac{p_0 L}{3}$$

$$x_c = \dfrac{\displaystyle\int_0^L x\,dA}{\displaystyle\int_0^L dA} = \dfrac{\displaystyle\int_0^L x \cdot y\,dx}{\displaystyle\int_0^L y\,dx} = \dfrac{3L}{4} \quad \left(y = \dfrac{x^2}{L^2}\right)$$

$$P = \dfrac{p_0 \cdot L}{3}, \quad a = \dfrac{3L}{4}, \quad b = \dfrac{L}{4}$$

$$R_B = \dfrac{11 p_0 L}{384}(\uparrow)$$

$$R_A = \dfrac{39 p_0 L}{128}(\uparrow)$$

$$M_A = \dfrac{7 p_0 L^2}{128}(\curvearrowleft)$$

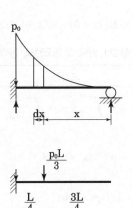

아래 그림과 같이 경간 8.0m의 연속보에 등분포하중(10kN/m)이 작용하는 보의 중앙지점 양쪽 3.0m의 플랜지 상하부에 덧판(100×8mm)을 용접하여 보강할 때, 보강 전 후의 중앙부와 지점부에 발생하는 모멘트와 휨응력을 비교하시오. (보 : H−300×150×6.5×9, A=46.78cm², I_x=7210cm⁴)

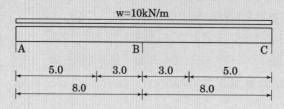

풀이

❶ 단면성능

$$I_1 = 7210 \cdot \left(10^{-2}\right)^4 = 7.21 \cdot 10^{-5} \text{m}^4$$

$$I_2 = I_1 + 2 \cdot \left(\frac{100 \cdot 8^3}{12} + 100 \cdot 8 \cdot (150+4)^2\right) = 1.10054 \cdot 10^{-4} \text{m}^4$$

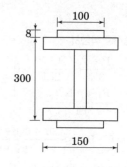

❷ 평형방정식

$$\left.\begin{array}{l} R_A + R_B + R_C = 10 \cdot 16 \\ -8R_B - 16R_C + 10 \cdot 16 \cdot 8 = 0 \end{array}\right\} \rightarrow \begin{array}{l} R_A = \dfrac{-(R_B - 160)}{2} \\ R_C = \dfrac{-(R_B - 160)}{2} \end{array}$$

❸ 구간별 모멘트

$$\left.\begin{array}{l} M_1 = R_A \cdot x - 10x^2/2 \\ M_2 = R_A(x+5) - 10(x+5)^2/2 \end{array}\right\}$$

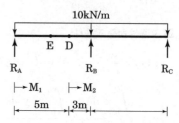

❹ 변형에너지, 반력 및 휨모멘트, 응력

보강전	보강후
$U_1 = 2 \cdot \left(\int_0^5 \dfrac{M_1^2}{2EI_1}dx + \int_0^3 \dfrac{M_2^2}{2EI_1}dx\right)$	$U_2 = 2 \cdot \left(\int_0^5 \dfrac{M_1^2}{2EI_1}dx + \int_0^3 \dfrac{M_2^2}{2EI_2}dx\right)$
$\dfrac{\partial U_1}{\partial R_B} = 0$; $R_B = 100\text{kN}$	$\dfrac{\partial U_2}{\partial R_B} = 0$; $R_B = 102.562\text{kN}$
$M_E = M_1(4) = 40\text{kNm}$ $M_D = M_1(5) = 25\text{kNm}$ $M_B = M_2(3) = -80\text{kNm}$	$M_E = M_1(4) = 34.88\text{kNm}$ $M_D = M_1(5) = 18.59\text{kNm}$ $M_B = M_2(3) = -90.24\text{kNm}$
$\sigma_E = \dfrac{M_F}{I_1} \cdot 150 = 83.22\text{MPa}$	$\sigma_E = \dfrac{M_F}{I_1} \cdot 158 = 76.43\text{MPa}$
$\sigma_D = \dfrac{M_D}{I_1} \cdot 150 = 52.01\text{MPa}$	$\sigma_D = \dfrac{M_D}{I_1} \cdot 158 = 40.75\text{MPa}$
$\sigma_B = \dfrac{M_B}{I_1} \cdot 150 = -166.44\text{MPa}$	$\sigma_B = \dfrac{M_B}{I_2} \cdot 158 = -129.57\text{MPa}$

전단력과 휨모멘트를 받는 그림의 보에서 (1)shape function N_{v1}, $N_{\theta1}$, N_{v2}, $N_{\theta2}$를 구하고, (2) shape function을 도시하시오. (단, 임의점에서의 변위 $v(x) = a + bx + cx^2 + dx^3$로 하시오.)

풀이

① 형상함수, 경계조건 및 상수값

$$\begin{cases} v = a + bx + cx^2 + dx^3 \\ \theta = \dfrac{dv}{dx} = b + 2cx + 3dx^2 \end{cases} \rightarrow \begin{cases} v(0) = v_1 \\ \theta(0) = \theta_1 \\ v(L) = v_2 \\ \theta(L) = \theta_2 \end{cases} ; \quad \begin{bmatrix} v_1 \\ \theta_1 \\ v_2 \\ \theta_2 \end{bmatrix} = \underbrace{\begin{bmatrix} 1 & 0 & 0 & 0 \\ 0 & 1 & 0 & 0 \\ 1 & L & L^2 & L^3 \\ 0 & 1 & 2L & 3L^2 \end{bmatrix}}_{Q} \begin{bmatrix} a \\ b \\ c \\ d \end{bmatrix}$$

$$\begin{bmatrix} a \\ b \\ c \\ d \end{bmatrix} = Q^{-1} \begin{bmatrix} v_1 \\ \theta_1 \\ v_2 \\ \theta_2 \end{bmatrix} = \begin{bmatrix} 1 & 0 & 0 & 0 \\ 0 & 1 & 0 & 0 \\ -\dfrac{3}{L^2} & -\dfrac{2}{L} & \dfrac{3}{L^2} & -\dfrac{1}{L} \\ \dfrac{2}{L^3} & \dfrac{1}{L^2} & -\dfrac{2}{L^3} & \dfrac{1}{L^2} \end{bmatrix} \begin{bmatrix} v_1 \\ \theta_1 \\ v_2 \\ \theta_2 \end{bmatrix}$$

$$\therefore v = v_1 + \theta_1 x + \left(\frac{-2\theta_1 - \theta_2}{L} + \frac{3v_2 - 3v_1}{L^2} \right) \cdot x^2 + \left(\frac{\theta_1 + \theta_2}{L^2} + \frac{2v_1 - 2v_2}{L^3} \right) \cdot x^3$$

② N_{v1}, $N_{\theta1}$, N_{v2}, $N_{\theta2}$

v를 v_1, θ_1, v_2, θ_2로 묶어서 다시 정리하면

$$v = \left(\frac{2x^3}{L^3} - \frac{3x^2}{L^2} + 1 \right) \cdot v_1 + \left(\frac{x^3}{L^2} - \frac{2x^2}{L} + x \right) \cdot \theta_1 + \left(\frac{3x^2}{L^2} - \frac{2x^3}{L^3} \right) v_2 + \left(\frac{x^3}{L^2} - \frac{x^2}{L} \right) \cdot \theta_2$$

$$v = \begin{bmatrix} N_{v1} & N_{\theta1} & N_{v2} & N_{\theta2} \end{bmatrix} \begin{bmatrix} v_1 \\ \theta_1 \\ v_2 \\ \theta_2 \end{bmatrix} = \begin{bmatrix} 1 - \dfrac{x^2}{L^2}\left(3 - \dfrac{2x}{L}\right) & \dfrac{x \cdot (x-L)^2}{L^2} & \dfrac{x^2}{L^2}\left(3 - \dfrac{2x}{L}\right) & \dfrac{x^2 \cdot (x-L)}{L^2} \end{bmatrix} \begin{bmatrix} v_1 \\ \theta_1 \\ v_2 \\ \theta_2 \end{bmatrix}$$

③ 최종 Shape Function

$$N_{v1} = 1 - \frac{x^2}{L^2}\left(3 - \frac{2x}{L} \right)$$

$$N_{\theta1} \frac{x \cdot (x-L)^2}{L^2}$$

$$N_{v2} = \frac{x^2}{L^2}\left(3 - \frac{2x}{L} \right)$$

$$N_{\theta2} = \frac{x^2 \cdot (x-L)}{L^2}$$

다음 그림과 같은 보에서 탄성상태에서의 휨모멘트도를 작성하고, A점과 C점에서 모두 소성힌지가 형성될 때의 하중은 탄성한도 일때의 하중의 몇 배인지 구하시오. (단 $\dfrac{M_p}{M_y} = 1.5$로 한다.)

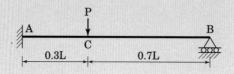

풀이

① 탄성해석

$$U = \int_0^{0.7L} \frac{(R_B \cdot x)^2}{2EI} dx + \int_0^{0.3L} \frac{(R_B(0.7L+x) - Px)^2}{2EI} dx$$

$$R_B = \frac{\partial U}{\partial R_B} = 0.1215P$$

$$M_A = -P(0.3L) + R_B L = -0.1785PL \, (지배)$$

$$M_C = R_B \times 0.7L = 0.08505PL$$

A점에서 소성힌지가 처음 발생하므로

$$M_A = M_y \; ; \quad -0.1785P_y L = M_y$$

$$P_y = 5.6022 \frac{M_y}{L}$$

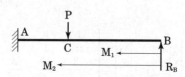

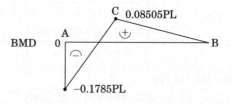

② 소성해석

$$\left\{ \begin{array}{l} P_u \delta = M_p (\theta_1 + \theta_1 + \theta_2) \\[2mm] \delta = 0.3L\theta_1 = 0.7L\theta_2 \\[2mm] \theta_1 = \dfrac{7}{3}\theta_2 \end{array} \right\} \rightarrow P_u = 8.09524 \frac{M_p}{L}$$

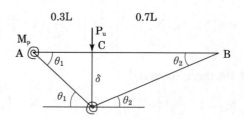

③ P_u/P_y

$$\frac{P_u}{P_y} = \frac{8.09524 M_p / L}{5.6022 M_y / L} = \frac{8.09524 \times 1.5 M_y / L}{5.6022 M_y / L} = 2.1675$$

다음 그림과 같은 보의 지점 A와 B에 발생하는 반력을 구하시오. (축방향변형 및 전단변형은 무시, 휨강도 EI는 일정)

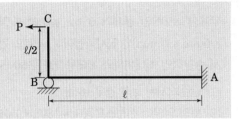

풀이

① R_B 산정(적합조건)

$$\frac{R_B \cdot L^3}{3EI} = \frac{\frac{PL}{2} \cdot L^2}{2EI} \quad ; \quad R_B = \frac{3P}{4}(\uparrow)$$

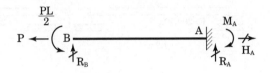

② R_A, M_A, H_A 산정 (평형조건)

$$\begin{cases} \Sigma F_x = 0 \; ; \; -P + H_A = 0 \\ \Sigma F_y = 0 \; ; \; R_B + R_A = 0 \\ \Sigma M_B = 0 \; ; \; -\dfrac{Pl}{2} - R_A \cdot l + M_A = 0 \end{cases} \rightarrow \begin{aligned} R_A &= \frac{3P}{4}(\downarrow) \\ H_A &= P(\rightarrow) \\ M_A &= \frac{PL}{4}(\curvearrowleft) \end{aligned}$$

아래 그림과 같은 봉 구조물 ABC의 점 C에서 수직하중 P가 작용하고 있다. 다음 물음에 답하시오. (단, 봉의 자중은 무시하고, 탄성계수는 E, 전단탄성계수는 G, 푸아송(Poisson) 비는 ν이다) (총 30점)

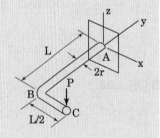

(1) 수직하중 P에 의한 점 C에서의 처짐 δ_C를 구하시오. (20점)

(2) 점 A의 상단부에서 작용하는 최대 주응력 σ_A를 구하시오. (10점)

풀이

① 처짐

$$G = \frac{E}{2(1+\nu)}, \quad I = \frac{\pi(2r)^2}{64}, \quad I_p = 2I$$

$$\delta_C = \frac{P\left(\dfrac{L}{2}\right)^3}{3EI} + \frac{PL^3}{3EI} + \frac{\dfrac{PL}{2} \cdot L}{GI_p} \cdot \frac{L}{2} = \frac{PL^3}{2E\pi r^4}(5+2\nu)$$

② 주응력

$$\sigma_x = \frac{PL}{I} \cdot r, \quad \tau_{xy} = \frac{\dfrac{PL}{2}}{I_p} \cdot r, \quad \sigma_{1,2} = \frac{\sigma_x + \sigma_y}{2} \pm \sqrt{\left(\frac{\sigma_x - \sigma_y}{2}\right)^2 + \tau_{xy}^2}$$

$$\sigma_1 = \frac{PL}{\pi r^3} \cdot (2+\sqrt{5}) = \frac{1.348PL}{r^3} \qquad \sigma_2 = \frac{PL}{\pi r^3} \cdot (2-\sqrt{5}) = -\frac{0.0751PL}{r^3}$$

무게가 180N인 물체가 0.1m 높이에서 길이가 1.2m인 보의 중앙에 떨어졌다. 보의 단면은 가로×높이 (25mm×75mm)인 직사각형이며, 재료의 탄성계수 E=200GPa이다. 다음 각각의 경우에 대하여 보의 중앙에서 순간적인 최대변위와 최대응력을 구하시오. (총 26점)

(1) 단순지지된 보의 경우 (6점)

(2) 보의 양단이 선형스프링(k=180kN/m)으로 지지된 경우 (8점)

(3) 보의 한단은 힌지, 다른 한단은 선형스프링(k=180kN/m)으로 지지된 경우 (12점)

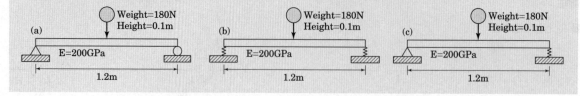

풀이

❶ 기본사항

$$I = \frac{25 \cdot 75^3}{12} \cdot 10^{-12} = 8.789 \cdot 10^{-7} \, \text{m}^4$$

$$E = 200000000 \text{kN/m}^2$$

❷ 단순지지

$$\left\{ \begin{array}{l} \delta_{st} = \dfrac{0.18 \cdot 1.2^3}{48EI} = 3.6864 \cdot 10^{-5}\text{m} \\[3mm] i = 1 + \sqrt{1 + \dfrac{2h}{\delta_{st}}} = 74.6637 \end{array} \right\} \rightarrow \left\{ \begin{array}{l} \delta_{max} = i \cdot \delta_{st} = 0.002752\text{m}(\downarrow) \\[3mm] \sigma_{max} = i \cdot \dfrac{0.18 \cdot 1.2}{4} \cdot \dfrac{37.5}{I} \cdot 10^{-3} \cdot 10^{-3} = 172.026\text{MPa} \end{array} \right\}$$

❸ 양단 스프링

$$\left\{ \begin{array}{l} \delta_{st} = \dfrac{0.18 \cdot 1.2^3}{48EI} + \dfrac{0.09}{180} = 5.3686 \cdot 10^{-4}\text{m} \\[3mm] i = 1 + \sqrt{1 + \dfrac{2h}{\delta_{st}}} = 20.327 \end{array} \right\} \rightarrow \left\{ \begin{array}{l} \delta_{max} = i \cdot \delta_{st} = 0.010913\text{m}(\downarrow) \\[3mm] \sigma_{max} = i \cdot \dfrac{0.18 \cdot 1.2}{4} \cdot \dfrac{37.5}{I} \cdot 10^{-3} \cdot 10^{-3} = 46.8338\text{MPa} \end{array} \right\}$$

❹ 일단힌지, 타단 스프링

$$\left\{ \begin{array}{l} \delta_{st} = \dfrac{0.18 \cdot 1.2^3}{48EI} + \dfrac{0.09}{180} \cdot \dfrac{1}{2} = 2.8686 \cdot 10^{-4}\text{m} \\[3mm] i = 1 + \sqrt{1 + \dfrac{2h}{\delta_{st}}} = 27.4234 \end{array} \right\} \rightarrow \left\{ \begin{array}{l} \delta_{max} = i \cdot \delta_{st} = 0.007867\text{m}(\downarrow) \\[3mm] \sigma_{max} = i \cdot \dfrac{0.18 \cdot 1.2}{4} \cdot \dfrac{37.5}{I} \cdot 10^{-3} \cdot 10^{-3} = 63.1839\text{MPa} \end{array} \right\}$$

스프링 구조물과 보 구조물의 변위에 대하여 다음 물음에 답하시오. (총 15점)

(1) 다음 그림과 같은 병렬스프링에 인장력 F가 작용할 때, C점에서 늘어난 길이 δ_c를 구하시오. (단, 스프링의 강성(stiffness)은 각각 k_1, k_2이고, 2개의 스프링이 늘어난 길이는 동일하게 제어된다) (5점)

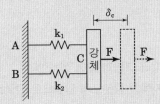

(2) 다음 그림과 같이 휨강성 EI인 보 AC와 휨강성 2EI인 보 BC가 C점에서 힌지(hinge)로 연결되어 있다. C점에 수직하중 F가 작용할 때, C점의 처짐 δ_c를 (1)의 병렬스프링 모델을 이용하여 구하시오. (10점)

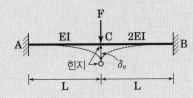

풀이

1 병렬스프링 구조물

$$k_T = k_1 + k_2$$

$$\delta_c = \frac{F}{k_T} = \frac{F}{k_1 + k_2}(\rightarrow)$$

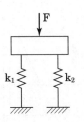

2 힌지연결 구조물

$$k_T = \frac{3EI}{L^3} + \frac{3 \cdot 2EI}{L^3} = \frac{9EI}{L^3}$$

$$\delta_c = \frac{F}{k_T} = \frac{FL^3}{9EI}(\downarrow)$$

다음 그림과 같은 중력식 댐에 원형 수문이 설치되어 있다. 수문은 원의 중심 C를 통과하는 수평축을 기준으로 회전하여 열고 닫을 수 있다. 수압에 의하여 수문이 개방되는 것을 방지하기 위하여 수로의 하부에 개방방지턱을 설치하였다. 개방방지턱의 조건과 해석상 가정이 다음과 같을 때, 개방방지턱에 작용하는 압축응력을 구하시오. (30점)

[수문의 조건 및 가정]

• 개방방지턱은 수로면 하부의 원호를 따라 그림과 같이 설치한다.
• 수압은 강체인 수문을 통하여 개방방지턱에 등분포의 압력으로 전달된다고 가정한다.
• h_c는 수면으로부터 C까지의 수심이며, d는 수문의 직경이다.

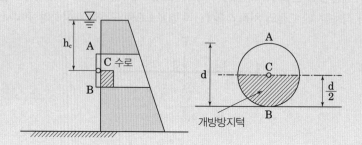

풀이

1 기본사항

$$\begin{cases} x^2 + y^2 = \left(\dfrac{d}{2}\right)^2 \\ x = \sqrt{\left(\dfrac{d}{2}\right)^2 - y^2} \\ dA = 2x\,dy \end{cases}$$

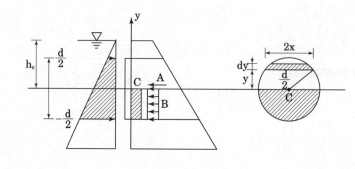

2 임의 높이에서 수압(C 기준)

$$p(y) = \rho_w g \cdot h_c - \rho_w g \cdot y = \gamma_w(h_c - y)$$

(y 부호주의)

3 개방 방지턱에 작용하는 압축응력

$$\begin{cases} \Sigma F_x = 0 \; ; \quad A + \dfrac{\pi d^2}{4} \cdot \dfrac{1}{2} \cdot B = \int_{-\frac{d}{2}}^{\frac{d}{2}} p \; dA \\ \Sigma M_c = 0 \; ; \quad \int_{-\frac{d}{2}}^{\frac{d}{2}} p \cdot y \; dA + \int_0^{-d/2} B \cdot y \; dA = 0 \end{cases} \rightarrow$$

$$A = \frac{(32h_c - 3\pi d) \cdot d^2 \cdot \gamma_w \cdot \pi}{128}$$

$$B = \frac{3\pi d \cdot \gamma_w}{16}$$

다음 그림과 같이 수조(water tank)가 양단에 단순지지 되어 있다. 수조에 물이 찬 측면의 면적을 1이라 가정할 때, 수조 바닥 AB상에서 발생되는 최대휨모멘트를 구하시오. (단, 물의 단위 중량은 γ, 수조의 길이는 L, 물이 채워진 높이는 h(h≪L)이며, 수조의 무게는 무시한다) (10점)

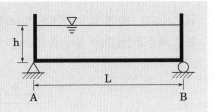

풀이

1 구조물 해석

$$\begin{cases} M_A = -M_B = -\dfrac{\gamma h^2}{2} \cdot \dfrac{h}{3} = -\dfrac{\gamma h^3}{6} \\ R_A + R_B - \gamma L = 0 \\ -\dfrac{\gamma h^3}{6} + R_A \cdot L - \dfrac{\gamma L^2}{2} + \dfrac{\gamma h^3}{6} = 0 \end{cases} \rightarrow R_A = R_B = \dfrac{\gamma L}{2}(\uparrow)$$

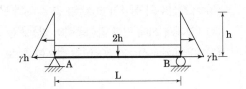

2 최대 휨멘트(AB 중간지점 C)

$$M_A = \dfrac{\gamma h^3}{6}(\frown)$$

$$M_c = -\dfrac{\gamma h^3}{6} + R_A \cdot L - \gamma \cdot \dfrac{L}{2} \cdot \dfrac{L}{4} = \left(\dfrac{3L^2}{8} - \dfrac{h^3}{6}\right)\gamma(\smile)$$

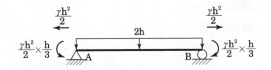

그림과 같이 길이 L=300mm인 막대 AB가 마찰이 없는 벽면에 기대어 평형상태를 유지하기 위해서 길이 S=400mm인 케이블 AC와 연결되어 있다. 막대 AB의 자중이 25N일 때, 다음 물음에 답하시오. (총 20점)

(1) B와 C 사이의 거리 h를 구하시오. (10점)

(2) 케이블 AC에 작용하는 인장력을 구하시오. (5점)

(3) B점에 작용하는 반력을 구하시오. (5점)

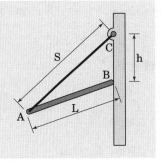

풀이

1 기하조건

$$\begin{cases} (a+h)^2 + b^2 = 400^2 \\ a^2 + b^2 = 300^2 \end{cases}$$

2 평형조건

$$\begin{cases} -R \cdot a + 25 \cdot \dfrac{b}{2} = 0 \\ F \cdot \dfrac{a+h}{400} = 25 \\ F \cdot \dfrac{b}{400} = R \end{cases}$$

연립하여 풀이하면

a = 152.753mm

b = 258.199mm

h = 152.753mm

R = 21.1289N

F = 32.7327N

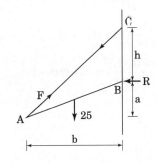

체조선수가 그림과 같이 단면이 사다리꼴인 보 위에 있는 경우를 고려한다. 나무로 만든 보는 양끝이 고정되어 있고 재료의 탄성계수 $E=12.6GPa$일 때 다음 물음에 답하시오. (단, $g=9.81m/s^2$) (총 20점)

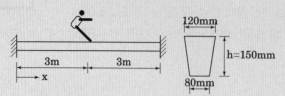

(1) 양쪽 끝단의 반력과 반력모멘트를 각각 R_0와 M_0라고 할 때 R_0와 M_0 사이의 관계식을 구하시오. (4점)

(2) 보의 최대 처짐량을 R_0를 사용하여 표현하시오. (4점)

(3) 체조선수의 질량이 60kg일 경우 R_0와 M_0의 값을 구하시오. (2점)

(4) (3)에서 최대 인장 굽힘응력이 발생하는 지점의 x좌표와 응력의 크기를 구하시오. (4점)

(5) (3)의 체조선수가 50cm를 점프한 후 보 위에 착지할 경우 최대 처짐량을 구하시오. (6점)

풀이 〇 에너지법

1 기본사항

$$y_c = \frac{80 \cdot 150 \cdot 75 + 2 \cdot 20 \cdot 150 \cdot 1/2 \cdot 100}{80 \cdot 150 + 2 \cdot 20 \cdot 150 \cdot 1/2}$$

$$= 80mm$$

$$I = \frac{80 \cdot 150^3}{12} + 80 \cdot 150 \cdot (75 - y_c)^2$$

$$+ 2 \cdot \left(\frac{20 \cdot 150^3}{36} + 20 \cdot 150 \cdot \frac{1}{2} \cdot (100 - y_c)^2 \right)$$

$$= 2.775 \cdot 10^7 mm^4$$

2 관계식

$$\begin{cases} R_0 = \dfrac{W}{2} \\ M_0 = \dfrac{W \cdot L}{8} \end{cases} \to M_0 = \frac{2R_0 L}{8} = 1500R_0$$

(단위 : M, mm)

3 보의 최대처짐

$$\begin{cases} M = \dfrac{W}{2} \cdot x - \dfrac{W \cdot 6000}{8} \\ U = 2 \cdot \displaystyle\int_0^{3000} \dfrac{M^2}{2EI} dx \end{cases}$$

$$\to \quad \delta_{max} = \frac{\partial U}{\partial W} = 0.003218 \cdot W$$

$$\left(검산: \frac{W(6000)^3}{192EI} = 0.003218 \cdot W \right)$$

4 m=60kg일 경우 R_0, M_0

$$R_0 = \frac{W}{2} = \frac{mg}{2} = 294.3N$$

$$M_0 = \frac{60 \cdot 9.81 \cdot 6000}{8} = 441450N$$

5 최대 인장굽힘응력 위치 및 크기

$$\begin{cases} M_0 = 441450N \ ; \ \sigma_t = \dfrac{M_0}{I} \cdot (150 - y_c) = 1.11357MPa \\ M_c = 441450N \ ; \ \sigma_t = \dfrac{M_c}{I} \cdot y_c = 1.27265MPa \end{cases}$$

6 50cm 점프후 착지 시 최대처짐

$$\delta_{st} = 0.003218 \cdot 60 \cdot 9.81 = 1.89382mm$$

$$i = 1 + \sqrt{1 + \frac{2h}{\delta_{st}}}$$

$$= 1 + \sqrt{1 + \frac{2 \cdot 500}{0.003218 \cdot 60 \cdot 9.81}} = 23.9989$$

$$\delta_{max} = i \cdot \delta_{st} = 45.4497mm$$

기초판에 기둥으로부터 중심축하중이 아래 그림과 같이 작용하고 있을 때, 기초 저면(底面)에 균등한 반력이 발생하도록 길이 a, b를 정하시오. (단, 기초판의 세로폭은 일정하다.)

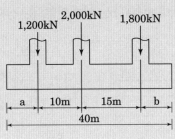

풀이

$$\begin{cases} \Sigma L = 40 \;;\; a+10+15+b=40 \\[2mm] \Sigma F_y = 0 \;;\; 1200+2000+1800 = 40 \cdot q \\[2mm] \Sigma M = 0 \;;\; 1200a+2000(a+10)+1800(a+10+15)=q \cdot \dfrac{40^2}{2} \end{cases} \rightarrow \begin{cases} a=7m \\[2mm] b=8m \\[2mm] q=125\dfrac{kN}{m} \end{cases}$$

아래 그림과 같은 굴뚝에서 인장응력도가 일어나지 않는 굴뚝의 최대 높이(H)를 구하시오. (단, 벽돌의 단위중량은 p, 단위길이당 풍하중은 ω)

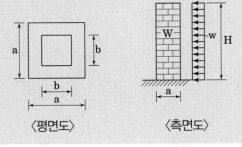

〈평면도〉　　　　〈측면도〉

풀이

1 기본사항

$$I = \frac{a^4-b^4}{12}$$

$$A = a^2 - b^2$$

2 휨응력

$$\begin{cases} M_x = \dfrac{\omega \cdot x^2}{2} \\[2mm] P_x = p \cdot A \cdot x \end{cases} \rightarrow \sigma_x = \frac{P_x}{A} - \frac{M_x}{I} \cdot \frac{a}{2}$$

3 인장응력이 발생하지 않는 굴뚝 최대 높이

$$\sigma_x = 0 \;;\; x = \frac{(a^4-b^4)\cdot p}{3a \cdot \omega}$$

캔틸레버 보가 각각 다른 재료인 2개의 정사각형 단면(100mm×100mm)으로 구성되어 있다. △T 만큼 온도가 변화한 경우 캔틸레버 단부의 처짐량을 △T, L, E_1, α_1로 표현하시오. (단, 재료의 탄성계수 $E_b = E_1$, $E_t = E_2$이며, 열팽창계수는 $\alpha_b = \alpha_1$, $\alpha_t = \alpha_1/2$이며 하첨자 b는 하부 단면, t는 상부 단면을 나타낸다.)

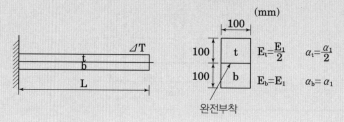

풀이

1 환산단면

$$c = \frac{200 \cdot 100 \cdot 50 + 100 \cdot 100 \cdot 150}{200 \cdot 100 + 100 \cdot 100} = \frac{250}{3} \text{mm}$$

$$I = \frac{200 \cdot 100^3}{12} + 200 \cdot 100 \cdot (c-500)^2 + \frac{100 \cdot 100^3}{12} + 100 \cdot 100 \cdot (150-c)^2$$

$$= \frac{2.75 \cdot 10^8}{3} \text{mm}^4$$

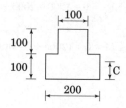

2 하중산정

$$P_1 = \frac{\alpha}{2} \cdot \Delta T \cdot E \cdot 100 \cdot 100$$

$$P_2 = \alpha \cdot \Delta T \cdot E \cdot 200 \cdot 100$$

$$M = P_2 \cdot (c-50) - P_1 \cdot (150-c) = \frac{10^6 \cdot \alpha \cdot \Delta T \cdot E}{3}$$

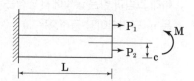

3 단부처짐

$$\delta = \frac{ML^2}{2EI} = \frac{\alpha \cdot \Delta T \cdot L^2}{550} (\uparrow)$$

그림과 같이 2경간 연속교에서 A, B, C 각 지점은 탄성지점으로, D 지점은 강결로 연결되어 있다. +10℃ 종방향 온도변화가 발생하였을 때 반력을 산정하시오.

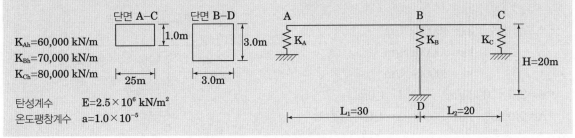

$K_{Ah}=60,000$ kN/m
$K_{Bh}=70,000$ kN/m
$K_{Ch}=80,000$ kN/m

탄성계수 $E=2.5 \times 10^6$ kN/m²
온도팽창계수 $a=1.0 \times 10^{-5}$

풀이

1 기본사항 [5]

$$I_1 = \frac{2.5 \cdot 1^3}{12} = 0.208333 \text{m}^4$$

$$A_2 = 3^2 = 9 \text{m}^2$$

2 변형에너지

$$M_1 = -\frac{2}{5}R_B \cdot x$$

$$M_2 = -\frac{3}{5}R_B \cdot x$$

$$U = \int_0^{30} \frac{M_1^2}{2EI_1}dx + \int_0^{20} \frac{M_2^2}{2EI_1}dx$$

$$+ \left(\frac{\left(\frac{2}{5}R_B\right)^2}{2k_{Ah}} + \frac{(-R_B)^2}{2k_{Bh}} + \frac{\left(\frac{3}{5}R_B\right)^2}{2k_{Ch}} \right) + \left(\frac{(-R_B)^2 \cdot 20}{2EA_2} - \alpha \cdot 10 \cdot 20 \cdot R_B \right)$$

3 지점반력

$$\frac{\partial U}{\partial R_B} = 0 \; ; \quad R_B = 0.432 \text{kN}(\uparrow) \quad \rightarrow \quad \begin{cases} R_A = 0.173 \text{kN}(\downarrow) \\ R_C = 0.259 \text{kN}(\downarrow) \end{cases}$$

---

5) '+10℃ 종방향 온도변화' 이므로 BD부재에 축방향 변형이 발생하는것으로 간주한다.

그림과 같이 2경간 연속보에서 A, B, C 지점은 탄성지점이고 D지점은 강결로 연결되어 있다. 30℃의 온도가 증가할 경우 각 지점의 반력을 산정하시오.

- 스프링 상수 : $k_A = 40000kN/m$
  $k_B = 30000kN/m$
  $k_C = 20000kN/m$
- $E = 2.0 \times 10^7 kN/m^2$ $I = 1.0m^4$
  $A = 0.09m^2$ $\alpha = 1.0 \times 10^{-5}/℃$

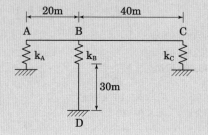

풀이 ○ 에너지법

1 변형에너지

$$M_1 = -\frac{2}{3}R_B \cdot x$$

$$M_2 = -\frac{1}{3}R_B \cdot x$$

$$U = \int_0^{20} \frac{M_1^2}{2EI}dx + \int_0^{40} \frac{M_2^2}{2EI}dx + \frac{R_B^2 \cdot 30}{2EA} - \alpha \cdot 30 \cdot 30 \cdot R_B + \frac{\left(\frac{2R_B}{3}\right)^2}{2k_A} + \frac{R_B^2}{2k_B} + \frac{\left(\frac{R_B}{3}\right)^2}{2k_c}$$

2 부정정력 산정

$$\frac{\partial U}{\partial R_B} = 0 \ ; \ R_B = 36.818kN(\uparrow)$$

3 반력산정

$$V_A = 24.5455kN(\downarrow)$$

$$V_B = V_D = 36.818kN(\uparrow)$$

$$V_C = 12.2731kN(\downarrow)$$

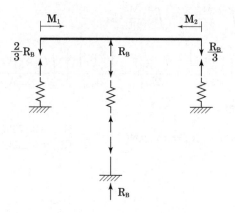

그림 (A)와 같이 직사각형 단면의 캔틸레버 구조물에 등분포하중이 작용하고 있다. 화재로 캔틸레버 구조물의 온도(T)가 상승하여 그림 (B)와 같이 부재 높이에 따라 온도의 선형분포(상면 온도 $500℃$, 하면 온도 $100℃$)가 발생하였다. 재료의 탄성계수(E)는 그림 (C)와 같이 온도에 따라 변화한다. 화재 발생 전 상온에서 하중 q에 의한 자유단 수직처짐(δ_1)과 화재 발생 후 자유단 수직처짐(δ_2)의 비($\beta = \dfrac{\delta_2}{\delta_1}$)를 구하시오. (단, 열팽창계수 $\alpha = 12 \times 10^{-6}℃$이다) (30점)

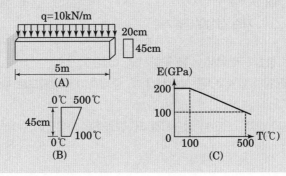

(A)

(B)

(C)

풀이 ◯ **에너지법**

1 화재발생 전 처짐

$E_1 = 200 \cdot 10^6 \text{kN/m}^2$

$I_1 = 0.2 \cdot 0.45^3/12 \, \text{m}^4$

$\delta_1 = \displaystyle\int_0^5 10 \cdot x \cdot \frac{x}{2} \cdot x \frac{dx}{E_1 I_1} = 0.002572\text{m} = 2.572\text{mm}(\downarrow)$

2 화재발생 후 처짐

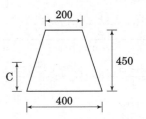

① 환산단면

$c = \dfrac{200 \cdot 450 \cdot 225 + 200 \cdot \dfrac{450}{2} \cdot 150}{200 \cdot 450 + 200 \cdot 450/2} = 200\text{mm}$

$I_2 = \dfrac{200 \cdot 450^3}{12} + 200 \cdot 450 \cdot (225 - c)^2 + \dfrac{200 \cdot 450^3}{36} + \dfrac{200 \cdot 450 \cdot (c - 150)^2}{2}$

$= 2.1938 \cdot 10^9 \text{mm}^4 = 2.194 \cdot 10^{-3} \text{m}^4$

$E_2 = 100 \cdot 10^6 \text{kN/m}^2$

② 화재발생 후 처짐(δ_2)

$M_t = \alpha \cdot \Delta T \cdot E_2 I_2 / h$

$\delta_2 = \displaystyle\int_0^5 \frac{(M_t + 5x^2) \cdot x}{E_2 I_2} dx = 0.136895 = 136.895\text{mm}(\downarrow)$

3 처짐비

$\dfrac{\delta_2}{\delta_1} = 53.225$

그림과 같이 두 개의 서로 다른 재료로 구성된 세장비가 큰(가늘고 긴) 길이 의 외팔보가 있다. 각각의 보는 직사각형 단면(너비 b, 높이 c)을 가지고 있으며, 완벽하게 접착되어 있다고 가정한다. 그림에서 위쪽 재료의 선형탄성계수는 E_1, 선형열팽창계수는 α_1이고, 아래쪽 재료의 선형탄성계수와 선형열팽창계수는 각각 E_2와 α_2이며 아래와 같은 관계를 가지고 있다. 다음 물음에 답하시오. (총 30점)

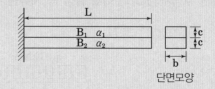

- $E_1 = 2E$, $E_2 = E$, $\alpha_1 = 1.5\alpha$, $\alpha_2 = \alpha$
  (E : 기준 선형탄성계수, α : 기준 선형열팽창계수)

(1) 보의 아랫면을 기준으로 중립축의 위치(y_c)를 구하시오. (5점)
(2) 구조물 전체의 온도를 균일하게 ΔT만큼 상승시킬 때, 중립축이 축방향으로 늘어난 총길이는 얼마인가? (10점)
(3) 구조물 전체의 온도를 균일하게 ΔT만큼 상승시킬 때, 중립축의 자유단이 수직방향으로 움직인 거리(처짐량)는 얼마인가? (15점)

풀이

1 환산단면 성능

$$y_c = \frac{\left(b \cdot c \cdot \dfrac{c}{2} + 2b \cdot c \cdot \dfrac{3c}{2}\right)}{b \cdot c + 2b \cdot c} = \frac{7}{6}c$$

$$I_T = \frac{b \cdot c^3}{12} + b \cdot c\left(y_c - \frac{c}{2}\right)^2 + \frac{2b \cdot c^3}{12} + 2b \cdot c\left(y_c - \frac{3c}{2}\right)^2$$

$$= \frac{11bc^3}{12}$$

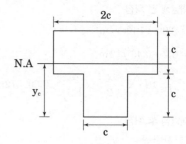

2 평형조건

$$\begin{cases} P_1 = 1.5\alpha \cdot \Delta T \cdot E \cdot 2b \cdot c \\ P_2 = 1.0\alpha \cdot \Delta T \cdot E \cdot b \cdot c \end{cases} \rightarrow \begin{cases} P_T = P_1 + P_2 = 4\alpha \cdot \Delta T \cdot E \cdot b \cdot c \\ M_T = P_1 \cdot \dfrac{c}{3} - P_2 \cdot \dfrac{2c}{3} = \dfrac{1}{3} \cdot \alpha\Delta T \cdot E \cdot b \cdot c \end{cases}$$

3 중립축 방향 변위

$$\delta_h = \frac{P_T L}{EA} = \frac{(4\alpha \cdot \Delta T \cdot E \cdot b \cdot c) \cdot L}{E \cdot (3b \cdot c)} = \frac{4\alpha \cdot \Delta T \cdot E}{3}(\rightarrow)$$

$$\delta_v = \frac{M_T L^2}{2EI_T} = \frac{2\alpha\Delta T L^2}{11c}(\downarrow)$$

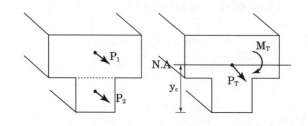

아래의 그림과 같이 단면의 형상이 일정한 2경간 연속보에 단면 상연단의 온도는 10K 상승하였고, 하연단의 온도는 10K 하강했으며, 상연단과 하연단 사이는 선형으로 온도의 변화가 발생하였을 때, 다음 물음에 답하시오. (단, 열팽창계수 $\alpha = 1.0 \times 10^{-5}/K$, 탄성계수 $E = 2.0 \times 10^5 MPa$이며, 소수점 셋째자리까지 계산한다) (총 25점)

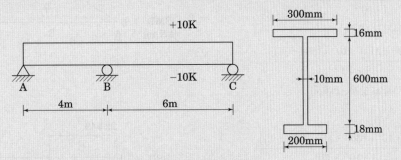

(1) 온도 변화에 따른 지점 A, B, C의 반력 R_A, R_B, R_C를 구하시오. (15점)

(2) 온도의 변화로 인해 상부 플랜지 단면에 발생하는 수직응력 중 절대값이 최대가 되는 응력의 크기를 구하시오. (인장 또는 압축을 명기할 것) (5점)

(3) 온도변화에 따라 웨브의 상연단과 상부 플랜지가 접합된 부분에서 발생하는 최대전단응력의 크기를 구하시오. (5점)

풀이 ○ **에너지법**

1 기본사항

$$E = 2 \cdot 10^5 \cdot \frac{10^{-3}}{(10^{-3})^2} N/m^2$$

$$y_c = \frac{200 \cdot 18 \cdot 9 + 300 \cdot 16 \cdot 626 + 600 \cdot 10 \cdot 318}{200 \cdot 18 + 300 \cdot 16 + 600 \cdot 10}$$

$$= \frac{4121}{12} = 343.417mm$$

$$I = \frac{200 \cdot 18^3}{12} + 200 \cdot 18 \cdot (y_c - 9)^2 + \frac{10 \cdot 600^3}{12} + 10 \cdot 600 \cdot (318 - y_c)^2 + \frac{300 \cdot 16^3}{12} + 300 \cdot 16 \cdot (626 - y_c)^2$$

$$= 9.7 \cdot 10^8 mm^4 = 9.7 \cdot 10^{-4} m^4$$

2 반력

$$\begin{cases} M_1 = R_A \cdot x \\ M_2 = R_A(4+x) - \frac{10R_A \cdot x}{6} \end{cases}$$

$$U = \int_0^4 \frac{M_1^2}{2EI}dx + \int_0^6 \frac{M_2^2}{2EI}dx \quad \int_0^4 M_1 \cdot \frac{\alpha \cdot 20}{0.634}dx \quad \int_0^6 M_2 \cdot \frac{\alpha \cdot 20}{0.634}dx$$

$$\frac{\partial U}{\partial R_A} = 0 \; ; \quad R_A = 22.949kN(\uparrow), \quad R_B = 38.248kN(\downarrow), \quad R_C = 15.299kN(\uparrow)$$

3 σ_{max}

$$M_B = 4 \cdot R_A = 91.796 \text{kNm}$$

$$M_T = \frac{\alpha \cdot \Delta T \cdot EI}{h} = \frac{10^{-5} \cdot 20 \cdot E \cdot I}{0.634} = 61.197 \text{kNm}$$

$$\sigma_{t,max} = \frac{(91.796 - M_T) \cdot 10^6 \cdot y_c}{I \cdot 10^{12}}$$
$$= 10.8334 \text{MPa}(\text{인장})$$

$$\sigma_{c,max} = \frac{(91.796 - M_T) \cdot 10^6 \cdot (634 - y_c)}{I \cdot 10^{12}}$$
$$= 9.1667 \text{MPa}(\text{상부 플랜지})$$

4 τ_{max}

$$\tau_{max} = \frac{22.949 \cdot 10^3 \cdot (300 \cdot 16 \cdot (626 - y_c))}{I \cdot 10^{12} \cdot 10}$$
$$= 3.209 \text{MPa}$$

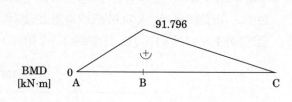

BMD
[kN·m]

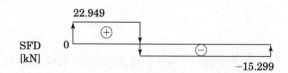

SFD
[kN]

캔틸레버 보 AB구간에 보 단면 h에 따라 보 상단과 하단의 크기가 같은 선형온도분포가 그림과 같이 주어졌을 때 점 C의 수직과 수평변위를 각각 산정하시오. (단, 보 재질의 선팽창 계수는 α이며 AB와 BC 부재의 휨 강성은 각각 EI_1, EI_2이다.)

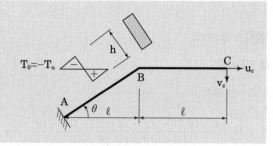

풀이 ○ 에너지법

1 변형에너지

$$\left\{\begin{array}{l} M_1 = -P \cdot x \\ M_2 = -Q \cdot x \cdot \sin\theta - P \cdot (x \cdot \cos\theta + 1) \end{array}\right\}$$

$$U = \int_0^1 \frac{M_1^2}{2EI_2} dx + \int_0^{\frac{1}{\cos\theta}} \frac{M_2^2}{2EI_1} dx + \int_0^{\frac{1}{\cos\theta}} M_2\left(\frac{\alpha 2T_u}{h}\right) dx$$

2 변위 [6]

$$\delta_V = \frac{\partial U}{\partial P}\bigg|_{P=0,\ Q=0} = \frac{3\alpha T_u 1^2}{h\cos\theta}(\uparrow)$$

$$\delta_H = \frac{\partial U}{\partial Q}\bigg|_{P=0,\ Q=0} = \frac{\alpha T_u 1^2 \sin\theta}{h(\cos\theta)^2}(\leftarrow)$$

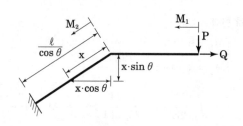

---

6) tExpand를 사용하면 삼각함수 적분결과를 간략화 할 수 있다.

그림의 보에서 처짐각법에 의해 힘과 변위의 관계를 나타내는 6×6 강성매트릭스를 유도하시오. (단, 축방향변위는 u_A, u_B, 수직변위는 v_A, v_B 처짐각은 θ_A, θ_B이고 R은 부재회전각이다.)

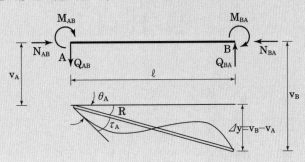

풀이 ● 에너지법

■ B점 고정 시

① k_{11}

$$U_1 = \int_0^L \frac{\left(-Q_{AB} \cdot x + M_{AB}\right)^2}{2EI}dx + \frac{(-N_{AB})^2 \cdot L}{2EA}$$

$$\overline{K_k} = \begin{bmatrix} k_{11} & k_{12} \\ k_{21} & k_{22} \end{bmatrix}$$

$$
\begin{aligned}
u_1 &= \frac{dU_1}{dN_{AB}} \\
v_1 &= \frac{dU_1}{dQ_{AB}} \\
\theta_1 &= \frac{dU_1}{dM_{AB}}
\end{aligned}
=
\underbrace{\begin{bmatrix} \dfrac{L}{EA} & 0 & 0 \\ 0 & \dfrac{L^3}{3EI} & \dfrac{-L^2}{2EI} \\ 0 & \dfrac{-L^2}{2EI} & \dfrac{L}{EI} \end{bmatrix}}_{f_{11}}
\begin{bmatrix} N_{AB} \\ Q_{AB} \\ M_{AB} \end{bmatrix}
\rightarrow
k_{11} = f_{11}^{-1} =
\begin{bmatrix} \dfrac{EA}{L} & 0 & 0 \\ 0 & \dfrac{12EI}{L^3} & \dfrac{6EI}{L^2} \\ 0 & \dfrac{6EI}{L^2} & \dfrac{4EI}{L} \end{bmatrix}
$$

② k_{21}

$$
\left.\begin{array}{l}
N_{AB} = N_{BA} \\
Q_{AB} = Q_{BA} \\
M_{AB} = Q_{BA} \cdot L - M_{BA}
\end{array}\right\}
\rightarrow
\begin{bmatrix} u_1 \\ v_1 \\ \theta_1 \end{bmatrix}
=
\underbrace{\begin{bmatrix} \dfrac{L}{EA} & 0 & 0 \\ 0 & \dfrac{-L^3}{6EI} & \dfrac{L^2}{2EI} \\ 0 & \dfrac{L^2}{2EI} & \dfrac{-L}{EI} \end{bmatrix}}_{f_{21}}
\begin{bmatrix} N_{BA} \\ Q_{BA} \\ M_{BA} \end{bmatrix}
\rightarrow
k_{21} = f_{21}^{-1} =
\begin{bmatrix} \dfrac{EA}{L} & 0 & 0 \\ 0 & \dfrac{12EI}{L^3} & \dfrac{6EI}{L^2} \\ 0 & \dfrac{6EI}{L^2} & \dfrac{2EI}{L} \end{bmatrix}
$$

■ A점 고정 시

① k_{22}

$$U_2 = \int_0^L \frac{\left(Q_{BA} \cdot x - M_{BA}\right)^2}{2EI}dx + \frac{(-N_{BA})^2 \cdot L}{2EA}$$

$$
\begin{aligned}
u_2 &= \frac{dU_2}{dN_{BA}} \\
v_2 &= \frac{dU_2}{dQ_{BA}} \\
\theta_2 &= \frac{dU_2}{dM_{BA}}
\end{aligned}
=
\underbrace{\begin{bmatrix} \dfrac{L}{EA} & 0 & 0 \\ 0 & \dfrac{L^3}{3EI} & \dfrac{-L^2}{2EI} \\ 0 & \dfrac{-L^2}{2EI} & \dfrac{L}{EI} \end{bmatrix}}_{f_{22}}
\begin{bmatrix} N_{BA} \\ Q_{BA} \\ M_{BA} \end{bmatrix}
\rightarrow
k_{22} = f_{22}^{-1} =
\begin{bmatrix} \dfrac{EA}{L} & 0 & 0 \\ 0 & \dfrac{12EI}{L^3} & \dfrac{6EI}{L^2} \\ 0 & \dfrac{6EI}{L^2} & \dfrac{4EI}{L} \end{bmatrix}
$$

② k_{12}

$$\left\{\begin{array}{l} N_{BA} = N_{AB} \\ Q_{BA} = Q_{AB} \\ M_{BA} = Q_{AB} \cdot L - M_{AB} \end{array}\right\} \rightarrow \begin{bmatrix} u_2 \\ v_2 \\ \theta_2 \end{bmatrix} = \underbrace{\begin{bmatrix} \dfrac{L}{EA} & 0 & 0 \\[2mm] 0 & \dfrac{-L^3}{6EI} & \dfrac{L^2}{2EI} \\[2mm] 0 & \dfrac{L^2}{2EI} & \dfrac{-L}{EI} \end{bmatrix}}_{f_{12}} \begin{bmatrix} N_{AB} \\ Q_{AB} \\ M_{AB} \end{bmatrix} \rightarrow k_{12} = f_{12}^{-1} = \begin{bmatrix} \dfrac{EA}{L} & 0 & 0 \\[2mm] 0 & \dfrac{12EI}{L^3} & \dfrac{6EI}{L^2} \\[2mm] 0 & \dfrac{6EI}{L^2} & \dfrac{2EI}{L} \end{bmatrix}$$

❸ 요소 강성행렬

$$\overline{K}_k = \begin{bmatrix} k_{11} & k_{12} \\ k_{21} & k_{22} \end{bmatrix} = \begin{bmatrix} \dfrac{EA}{L} & 0 & 0 & \dfrac{EA}{L} & 0 & 0 \\[2mm] 0 & \dfrac{12EI}{L^3} & \dfrac{6EI}{L^2} & 0 & \dfrac{12EI}{L^3} & \dfrac{6EI}{L^2} \\[2mm] 0 & \dfrac{6EI}{L^2} & \dfrac{4EI}{L} & 0 & \dfrac{6EI}{L^2} & \dfrac{4EI}{L} \\[2mm] \dfrac{EA}{L} & 0 & 0 & \dfrac{EI}{L} & 0 & 0 \\[2mm] 0 & \dfrac{12EI}{L^3} & \dfrac{6EI}{L^2} & 0 & \dfrac{12EI}{L^3} & \dfrac{6EI}{L^2} \\[2mm] 0 & \dfrac{6EI}{L^2} & \dfrac{2EI}{L} & 0 & \dfrac{6EI}{L^2} & \dfrac{2EI}{L} \end{bmatrix}$$

❹ 전체 강성행렬(부재 회전각 R인 경우)

$$T_k = \begin{bmatrix} C & S & 0 & 0 & 0 & 0 \\ -S & C & 0 & 0 & 0 & 0 \\ 0 & 0 & 1 & 0 & 0 & 0 \\ 0 & 0 & 0 & C & S & 0 \\ 0 & 0 & 0 & -S & C & 0 \\ 0 & 0 & 0 & 0 & 0 & 1 \end{bmatrix}$$

$C : \cos(R)$

$S : \sin(R)$

$R = \dfrac{\Delta y}{L}$

$$K_k = T_k^T \cdot \overline{K}_k \cdot T_K$$

$$\begin{bmatrix} \dfrac{12 \cdot ei \cdot S^2}{l^3} + \dfrac{C^2 \cdot ea}{l} & C \cdot \left(\dfrac{ea}{l} - \dfrac{12 \cdot ei}{l^3}\right) \cdot S & \dfrac{-6 \cdot ei \cdot S}{l^2} & \dfrac{12 \cdot ei \cdot S^2}{l^3} + \dfrac{C^2 \cdot ea}{l} & C \cdot \left(\dfrac{ea}{l} - \dfrac{12 \cdot ei}{l^3}\right) \cdot S & \dfrac{-6 \cdot ei \cdot S}{l^2} \\[3mm] C \cdot \left(\dfrac{ea}{l} - \dfrac{12 \cdot ei}{l^3}\right) \cdot S & \dfrac{ea \cdot S^2}{l} + \dfrac{12 \cdot C^2 \cdot ei}{l^3} & \dfrac{6 \cdot C \cdot ei}{l^2} & C \cdot \left(\dfrac{ea}{l} - \dfrac{12 \cdot ei}{l^3}\right) \cdot S & \dfrac{ea \cdot S^2}{l} + \dfrac{12 \cdot C^2 \cdot ei}{l^3} & \dfrac{6 \cdot C \cdot ei}{l^2} \\[3mm] \dfrac{-6 \cdot ei \cdot S}{l^2} & \dfrac{6 \cdot ei \cdot S}{l^2} & \dfrac{4 \cdot ei}{l} & \dfrac{-6 \cdot ei \cdot S}{l^2} & \dfrac{6 \cdot ei \cdot S}{l^2} & \dfrac{2 \cdot ei}{l} \\[3mm] \dfrac{12 \cdot ei \cdot S^2}{l^3} + \dfrac{C^2 \cdot ea}{l} & C \cdot \left(\dfrac{ea}{l} - \dfrac{12 \cdot ei}{l^3}\right) \cdot S & \dfrac{-6 \cdot ei \cdot S}{l^2} & \dfrac{12 \cdot ei \cdot S^2}{l^3} + \dfrac{C^2 \cdot ea}{l} & C \cdot \left(\dfrac{ea}{l} - \dfrac{12 \cdot ei}{l^3}\right) \cdot S & \dfrac{-6 \cdot ei \cdot S}{l^2} \\[3mm] C \cdot \left(\dfrac{ea}{l} - \dfrac{12 \cdot ei}{l^3}\right) \cdot S & \dfrac{ea \cdot S^2}{l} + \dfrac{12 \cdot C^2 \cdot ei}{l^3} & \dfrac{6 \cdot C \cdot ei}{l^2} & c \cdot \left(\dfrac{ea}{l} - \dfrac{12 \cdot ei}{l^3}\right) \cdot S & \dfrac{ea \cdot S^2}{l} + \dfrac{12 \cdot C^2 \cdot ei}{l^3} & \dfrac{6 \cdot C \cdot ei}{l^2} \\[3mm] \dfrac{-6 \cdot ei \cdot S}{l^2} & \dfrac{6 \cdot ei \cdot S}{l^2} & \dfrac{2 \cdot ei}{l} & \dfrac{-6 \cdot ei \cdot S}{l^2} & \dfrac{6 \cdot ei \cdot S}{l^2} & \dfrac{4 \cdot ei}{l} \end{bmatrix}$$

다음의 골조구조요소(Frame Element)의 요소강성행렬(Local Stiffness Matrix) 및 변환행렬(Transformation Matrix)을 이용하여 구조계강성행렬(Global Stiffness Matrix)을 구하시오. (단, L, A, I, T 는 일정(Constant) 요소계자유도 : V_1, V_2, V_3, V_4, V_5, V_6, 구조계자유도 : $\overline{V_1}$, $\overline{V_2}$, $\overline{V_3}$, $\overline{V_4}$, $\overline{V_5}$, $\overline{V_6}$임)

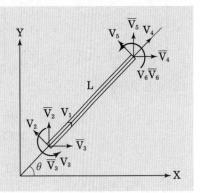

풀이 ○ 에너지법

1 요소 강성행렬($\overline{K_k}$)

① B점 고정시

$$U_{11} = \int_0^L \frac{(-V_3 + V_2 \cdot x)^2}{2EI} dx + \frac{(-V_1)^2 \cdot L}{2EA}$$

$$\begin{cases} u_1 = \dfrac{dU_{11}}{dV_1} \\ v_1 = \dfrac{dU_{11}}{dV_2} \\ \theta_1 = \dfrac{dU_{11}}{dV_3} \end{cases} \rightarrow \begin{bmatrix} u_1 \\ v_1 \\ \theta_1 \end{bmatrix} = \begin{bmatrix} \dfrac{L}{EA} & 0 & 0 \\ 0 & \dfrac{L^3}{3EI} & \dfrac{-L^2}{2EI} \\ 0 & \dfrac{-L^2}{2EI} & \dfrac{L}{EI} \end{bmatrix} \begin{bmatrix} V_1 \\ V_2 \\ V_3 \end{bmatrix} \rightarrow k_{11} = \begin{bmatrix} \dfrac{L}{EA} & 0 & 0 \\ 0 & \dfrac{L^3}{3EI} & \dfrac{-L^2}{2EI} \\ 0 & \dfrac{-L^2}{2EI} & \dfrac{L}{EI} \end{bmatrix}^{-1} = \begin{bmatrix} \dfrac{EA}{L} & 0 & 0 \\ 0 & \dfrac{12EI}{L^3} & \dfrac{6EI}{L^2} \\ 0 & \dfrac{6EI}{L^2} & \dfrac{4EI}{L} \end{bmatrix}$$

$$\begin{cases} V_1 = -V_4 \\ V_2 = -V_5 \\ V_3 = -V_5 \cdot L - V_6 \end{cases} \rightarrow \begin{bmatrix} u_1 \\ v_1 \\ \theta_1 \end{bmatrix} = \begin{bmatrix} \dfrac{-L}{EA} & 0 & 0 \\ 0 & \dfrac{L^3}{6EI} & \dfrac{L^2}{2EI} \\ 0 & \dfrac{-L^2}{2EI} & \dfrac{-L}{EI} \end{bmatrix} \begin{bmatrix} V_4 \\ V_5 \\ V_6 \end{bmatrix}$$

$$\rightarrow k_{21} = \begin{bmatrix} \dfrac{-L}{EA} & 0 & 0 \\ 0 & \dfrac{L^3}{6EI} & \dfrac{-L^2}{2EI} \\ 0 & \dfrac{-L^2}{2EI} & \dfrac{-L}{EI} \end{bmatrix}^{-1} = \begin{bmatrix} \dfrac{-EA}{L} & 0 & 0 \\ 0 & \dfrac{-12EI}{L^3} & \dfrac{-6EI}{L^2} \\ 0 & \dfrac{6EI}{L^2} & \dfrac{2EI}{L} \end{bmatrix}$$

② A점 고정시

$$U_{22} = \int_0^L \frac{(V_6 + V_5 \cdot x)^2}{2EI} dx + \frac{(V_4)^2 \cdot L}{2EA}$$

$$\begin{cases} u_2 = \dfrac{dU_{22}}{dV_4} \\ v_2 = \dfrac{dU_{22}}{dV_5} \\ \theta_2 = \dfrac{dU_{22}}{dV_6} \end{cases} \rightarrow \begin{bmatrix} u_2 \\ v_2 \\ \theta_2 \end{bmatrix} = \begin{bmatrix} \dfrac{L}{EA} & 0 & 0 \\ 0 & \dfrac{L^3}{3EI} & \dfrac{L^2}{2EI} \\ 0 & \dfrac{L^2}{2EI} & \dfrac{L}{EI} \end{bmatrix} \begin{bmatrix} V_4 \\ V_5 \\ V_6 \end{bmatrix} \rightarrow k_{22} = \begin{bmatrix} \dfrac{L}{EA} & 0 & 0 \\ 0 & \dfrac{L^3}{3EI} & \dfrac{L^2}{2EI} \\ 0 & \dfrac{L^2}{2EI} & \dfrac{L}{EI} \end{bmatrix}^{-1} = \begin{bmatrix} \dfrac{EA}{L} & 0 & 0 \\ 0 & \dfrac{12EI}{L^3} & \dfrac{-6EI}{L^2} \\ 0 & \dfrac{-6EI}{L^2} & \dfrac{4EI}{L} \end{bmatrix}$$

$$\begin{cases} V_4 = -V_1 \\ V_5 = -V_2 \\ V_6 = V_2 \cdot L - V_3 \end{cases} \rightarrow \begin{bmatrix} u_2 \\ v_2 \\ \theta_2 \end{bmatrix} = \begin{bmatrix} \dfrac{-L}{EA} & 0 & 0 \\ 0 & \dfrac{L^3}{6EI} & \dfrac{-L^2}{2EI} \\ 0 & \dfrac{L^2}{2EI} & \dfrac{-L}{EI} \end{bmatrix} \begin{bmatrix} V_1 \\ V_2 \\ V_3 \end{bmatrix} \rightarrow k_{12} = \begin{bmatrix} \dfrac{-EA}{L} & 0 & 0 \\ 0 & \dfrac{-12EI}{L^3} & \dfrac{6EI}{L^2} \\ 0 & \dfrac{-6EI}{L^2} & \dfrac{2EI}{L} \end{bmatrix}$$

③ 요소 강성행렬

$$\overline{K_k} = \begin{bmatrix} k_{11} & k_{12} \\ k_{21} & k_{22} \end{bmatrix} = \begin{bmatrix} \dfrac{EA}{L} & 0 & 0 & \dfrac{-EA}{L} & 0 & 0 \\ 0 & \dfrac{12EI}{L^3} & \dfrac{6EI}{L^2} & 0 & \dfrac{-12EI}{L^3} & \dfrac{6EI}{L^2} \\ 0 & \dfrac{6EI}{L^2} & \dfrac{4EI}{L} & 0 & -\dfrac{6EI}{L^2} & \dfrac{2EI}{L} \\ \dfrac{-EA}{L} & 0 & 0 & \dfrac{EI}{L} & 0 & 0 \\ 0 & \dfrac{-12EI}{L^3} & \dfrac{-6EI}{L^2} & 0 & \dfrac{12EI}{L^3} & \dfrac{-6EI}{L^2} \\ 0 & \dfrac{6EI}{L^2} & \dfrac{2EI}{L} & 0 & \dfrac{-6EI}{L^2} & \dfrac{4EI}{L} \end{bmatrix}$$

❷ 변환행렬(T$_k$)

$$T_k = \begin{bmatrix} C & S & 0 & 0 & 0 & 0 \\ -S & C & 0 & 0 & 0 & 0 \\ 0 & 0 & 1 & 0 & 0 & 0 \\ 0 & 0 & 0 & C & S & 0 \\ 0 & 0 & 0 & -S & C & 0 \\ 0 & 0 & 0 & 0 & 0 & 1 \end{bmatrix}$$

C : $\cos(\theta)$

S : $\sin(\theta)$

❸ 구조계 강성행렬

$$K_k = T_k^T \cdot \overline{K}_k \cdot T_K$$

$$\begin{bmatrix} \dfrac{12 \cdot ei \cdot S^2}{l^3} + \dfrac{C^2 \cdot ea}{l} & C \cdot \left(\dfrac{ea}{l} - \dfrac{12 \cdot ei}{l^3} \right) \cdot S & \dfrac{-6 \cdot ei \cdot S}{l^2} & \dfrac{-12 \cdot ei \cdot S^2}{l^3} + \dfrac{C^2 \cdot ea}{l} & C \cdot \left(\dfrac{12 \cdot ea}{l^3} - \dfrac{ea}{l} \right) \cdot S & \dfrac{-6 \cdot ei \cdot S}{l^2} \\ C \cdot \left(\dfrac{ea}{l} - \dfrac{12 \cdot ei}{l^3} \right) \cdot S & \dfrac{ea \cdot S^2}{l} + \dfrac{12 \cdot C^2 \cdot ei}{l^3} & \dfrac{6 \cdot C \cdot ei}{l^2} & C \cdot \left(\dfrac{12 \cdot ei}{l^3} - \dfrac{ea}{l} \right) \cdot S & \dfrac{-ea \cdot S^2}{l} + \dfrac{12 \cdot C^2 \cdot ei}{l^3} & \dfrac{6 \cdot C \cdot ei}{l^2} \\ \dfrac{-6 \cdot ei \cdot S}{l^2} & \dfrac{6 \cdot ei \cdot S}{l^2} & \dfrac{4 \cdot ei}{l} & \dfrac{6 \cdot ei \cdot S}{l^2} & \dfrac{-6 \cdot ei \cdot S}{l^2} & \dfrac{2 \cdot ei}{l} \\ \dfrac{-12 \cdot ei \cdot S^2}{l^3} + \dfrac{C^2 \cdot ea}{l} & C \cdot \left(\dfrac{12 \cdot ei}{l^3} - \dfrac{ea}{l} \right) \cdot S & \dfrac{6 \cdot ei \cdot S}{l^2} & \dfrac{12 \cdot ei \cdot S^2}{l^3} + \dfrac{C^2 \cdot ea}{l} & C \cdot \left(\dfrac{ea}{l} - \dfrac{12 \cdot ei}{l^3} \right) \cdot S & \dfrac{6 \cdot ei \cdot S}{l^2} \\ C \cdot \left(\dfrac{12 \cdot ei}{l^3} - \dfrac{ea}{l} \right) \cdot S & \dfrac{ea \cdot S^2}{l} + \dfrac{12 \cdot C^2 \cdot ei}{l^3} & \dfrac{-6 \cdot C \cdot ei}{l^2} & c \cdot \left(\dfrac{ea}{l} - \dfrac{12 \cdot ei}{l^3} \right) \cdot S & \dfrac{ea \cdot S^2}{l} + \dfrac{12 \cdot C^2 \cdot ei}{l^3} & \dfrac{-6 \cdot C \cdot ei}{l^2} \\ \dfrac{-6 \cdot ei \cdot S}{l^2} & \dfrac{6 \cdot ei \cdot S}{l^2} & \dfrac{2 \cdot ei}{l} & \dfrac{6 \cdot ei \cdot S}{l^2} & \dfrac{-6 \cdot ei \cdot S}{l^2} & \dfrac{4 \cdot ei}{l} \end{bmatrix}$$

다음과 같이 길이가 L이고 단면적(A)과 탄성계수(E)는 동일하되 단면이차모멘트(I)값이 길이방향으로 I에서 2I로 변하는 보 부재가 있다. 이 보는 양단에서 각각 수직 및 회전에 대한 두 개의 자유도 (전체 4개의 자유도, u1, u2, u3, u4)를 갖는다. 이 보 부재에 대한 4×4 크기의 강성행렬 $[S]_{4 \times 4} = \begin{bmatrix} s_{11} & s_{12} & s_{13} & s_{14} \\ s_{21} & s_{22} & s_{23} & s_{24} \\ s_{31} & s_{32} & s_{33} & s_{34} \\ s_{41} & s_{42} & s_{43} & s_{44} \end{bmatrix}$를 유도하

고자 한다. 이 강성행렬의 첫번째 열 ($s_{11}, s_{21}, s_{31}, s_{41}$)과 두번째 열($s_{12}, s_{22}, s_{32}, s_{42}$)을 구하시오.

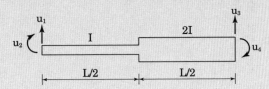

풀이 1. 에너지법

1 산정

$$U_{11} = \int_0^{L/2} \frac{(V_1 \cdot x + M_2)^2}{2EI} dx + \int_0^{L/2} \frac{\left(V_1 \cdot \left(\frac{L}{2} + x\right) + M_2\right)^2}{2(2EI)} dx$$

$$\left\{ \begin{aligned} u_1 &= \frac{\partial U_{11}}{\partial V_1} \\ u_2 &= \frac{\partial U_{11}}{\partial M_2} \end{aligned} \right\} \rightarrow \begin{bmatrix} u_1 \\ u_2 \end{bmatrix} = \begin{bmatrix} \dfrac{3L^3}{16EI} & \dfrac{5L^2}{16EI} \\ \dfrac{5L^2}{16EI} & \dfrac{3L}{4EI} \end{bmatrix} \begin{bmatrix} V_1 \\ M_2 \end{bmatrix}$$

$$\rightarrow k_{11} = \begin{bmatrix} \dfrac{3L^3}{16EI} & \dfrac{5L^2}{16EI} \\ \dfrac{5L^2}{16EI} & \dfrac{3L}{4EI} \end{bmatrix}^{-1} = \begin{bmatrix} \dfrac{192EI}{11L^3} & \dfrac{-80EI}{11L^2} \\ \dfrac{-80EI}{11L^2} & \dfrac{48EI}{11L} \end{bmatrix} = \begin{bmatrix} S_{11} & S_{12} \\ S_{21} & S_{22} \end{bmatrix}$$

2 산정

$$\left\{ \begin{aligned} V_1 + V_3 &= 0 \\ M_2 + M_4 - V_3 \cdot L &= 0 \end{aligned} \right\} \rightarrow \left\{ \begin{aligned} V_1 &= -V_3 \\ M_2 &= V_3 \cdot L - M_4 \end{aligned} \right\}$$

유연도 행렬에서 V_1, M_2를 V_2, M_4로 치환하여 정리하면

$$\begin{bmatrix} u_1 \\ u_2 \end{bmatrix} = \begin{bmatrix} \dfrac{L^3}{8EI} & \dfrac{-5L^2}{16EI} \\ \dfrac{7L^2}{16EI} & \dfrac{-3L}{4EI} \end{bmatrix} \begin{bmatrix} V_3 \\ M_4 \end{bmatrix} \rightarrow k_{21} = \begin{bmatrix} \dfrac{L^3}{8EI} & \dfrac{-5L^2}{16EI} \\ \dfrac{7L^2}{16EI} & \dfrac{-3L}{4EI} \end{bmatrix}^{-1} = \begin{bmatrix} \dfrac{-192EI}{11L^3} & \dfrac{80EI}{11L^2} \\ \dfrac{-112EI}{11L^2} & \dfrac{32EI}{11L} \end{bmatrix} = \begin{bmatrix} S_{31} & S_{32} \\ S_{41} & S_{42} \end{bmatrix}$$

1 산정

① 평형 매트릭스(A)

$$\begin{cases} P_1 = -\dfrac{2}{L}(Q_1 + Q_2) \\ P_2 = Q_2 \\ P_3 = \dfrac{2}{L}(Q_1 + Q_2 - Q_3 - Q_4) \\ P_4 = Q_2 + Q_3 \end{cases}$$

$$\rightarrow \quad A = \begin{bmatrix} -\dfrac{2}{L} & -\dfrac{2}{L} & 0 & 0 \\ 1 & 0 & 0 & 0 \\ \dfrac{2}{L} & \dfrac{2}{L} & -\dfrac{2}{L} & -\dfrac{2}{L} \\ 0 & 1 & 1 & 0 \end{bmatrix}$$

② 전부재 강도매트릭스(S)

$$S = \begin{bmatrix} [a] & \\ & [b] \end{bmatrix} \quad [a] = \frac{EI}{L}\begin{bmatrix} 8 & 4 \\ 4 & 8 \end{bmatrix} \quad [b] = \frac{EI}{L}\begin{bmatrix} 16 & 8 \\ 8 & 16 \end{bmatrix}$$

③ 변위(d)

$$d = K^{-1}P = (ASA^T)^{-1}[V_1 \, M_2 \, 0 \, 0]^T$$

$$\begin{bmatrix} d_1 \\ d_2 \end{bmatrix} = \begin{bmatrix} u_1 \\ u_2 \end{bmatrix} = \begin{bmatrix} \dfrac{3L^3}{16EI} & \dfrac{5L^2}{16EI} \\ \dfrac{5L^2}{16EI} & \dfrac{3L}{4EI} \end{bmatrix}\begin{bmatrix} V_1 \\ M_2 \end{bmatrix} \rightarrow k_{11} = \begin{bmatrix} \dfrac{3L^3}{16EI} & \dfrac{5L^2}{16EI} \\ \dfrac{5L^2}{16EI} & \dfrac{3L}{4EI} \end{bmatrix}^{-1} = \begin{bmatrix} \dfrac{192EI}{11L^3} & \dfrac{-80EI}{11L^2} \\ \dfrac{-80EI}{11L^2} & \dfrac{48EI}{11L} \end{bmatrix} = \begin{bmatrix} S_{11} & S_{12} \\ S_{21} & S_{22} \end{bmatrix}$$

2 산정

$$\begin{cases} V_1 + V_3 = 0 \\ M_2 + M_4 - V_3 \cdot L = 0 \end{cases} \rightarrow \begin{cases} V_1 = -V_3 \\ M_2 = V_3 \cdot L - M_4 \end{cases}$$

$$\begin{bmatrix} d_1 \\ d_2 \end{bmatrix} = \begin{bmatrix} u_1 \\ u_2 \end{bmatrix} = \begin{bmatrix} \dfrac{L^3}{8EI} & \dfrac{-5L^2}{16EI} \\ \dfrac{7L^2}{16EI} & \dfrac{-3L}{4EI} \end{bmatrix}\begin{bmatrix} V_3 \\ M_4 \end{bmatrix} \rightarrow k_{21} = \begin{bmatrix} \dfrac{L^3}{8EI} & \dfrac{-5L^2}{16EI} \\ \dfrac{7L^2}{16EI} & \dfrac{-3L}{4EI} \end{bmatrix}^{-1} = \begin{bmatrix} \dfrac{-192EI}{11L^3} & \dfrac{80EI}{11L^2} \\ \dfrac{-112EI}{11L^2} & \dfrac{32EI}{11L} \end{bmatrix} = \begin{bmatrix} S_{31} & S_{32} \\ S_{41} & S_{42} \end{bmatrix}$$

그림과 같이 탄성계수(E) 및 단면2차모멘트(I)가 일정한 부정정보를 강성매트릭스법으로 해석하고, 다음 물음에 답하시오. (단, [K]는 보요소의 강성매트릭스이다) (총 30점)

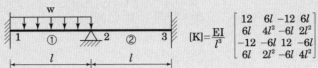

$$[K] = \frac{EI}{l^3} \begin{bmatrix} 12 & 6l & -12 & 6l \\ 6l & 4l^2 & -6l & 2l^2 \\ -12 & -6l & 12 & -6l \\ 6l & 2l^2 & -6l & 4l^2 \end{bmatrix}$$

(1) 절점 2에서의 회전변위를 구하시오. (15점)
(2) ①, ② 부재의 부재력을 구하시오. (15점)

풀이 ● 1. 매트릭스 변위법

❶ 평형방정식(P = AQ)

$$P_1 = Q_2 + Q_3$$
$$A = \begin{bmatrix} 0 & 1 & 1 & 0 \end{bmatrix}$$

❷ 부재 강도매트릭스

$$S = \frac{EI}{l} \cdot \begin{bmatrix} 4 & 2 & \square & \square \\ 2 & 4 & \square & \square \\ \square & \square & 4 & 2 \\ \square & \square & 2 & 4 \end{bmatrix}$$

❸ 고정단 모멘트(FEM), 등가격점하중(P)

$$FEM = \begin{bmatrix} -\dfrac{\omega l^2}{12} & \dfrac{\omega l^2}{12} & 0 & 0 \end{bmatrix}^T$$

$$P = -A \cdot FEM = \begin{bmatrix} -\dfrac{\omega l^2}{12} \end{bmatrix}$$

❹ 변위(d)

$$d = K^{-1} \cdot P = (ASA^T)^{-1}P = \begin{bmatrix} -\dfrac{wl^3}{96EI} \end{bmatrix}$$

❺ 부재력(Q)

$$Q = SA^Td + FEM = \begin{bmatrix} -\dfrac{5wl^2}{48} & \dfrac{wl^2}{24} & -\dfrac{wl^2}{24} & -\dfrac{wl^2}{48} \end{bmatrix}^T$$

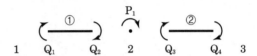

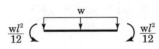

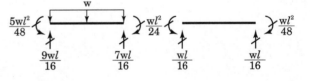

풀이 ● 2. 직접강도법

❶ 전구조물 강도매트릭스

$$K_1 = K_2 = \frac{EI}{l^3} \cdot \begin{bmatrix} 12 & 6l & -12 & 6l \\ 6l & 4l^2 & -6l & 2l^2 \\ -12 & -6l & 12 & -6l \\ 6l & 2l^2 & -6l & 4l^2 \end{bmatrix}$$

$$K_T = K_1 + K_2$$

〈강성매트릭스 부호〉

$$\begin{bmatrix} V_1 \\ M_1 \\ V_2 \\ M_2 = -\dfrac{\omega l^2}{12} \\ V_3 \\ M_3 \end{bmatrix} = \dfrac{EI}{l^3} \cdot \begin{bmatrix} 12 & 6l & -12 & 6l & 0 & 0 \\ 6l & 4l^2 & -6l & 2l^2 & 0 & 0 \\ -12 & -6l & 24 & 0 & -12 & 6l \\ 6l & 2l^2 & 0 & 8l^2 & -6l & 2l^2 \\ 0 & 0 & -12 & -6l & 12 & -6l \\ 0 & 0 & 6l & 2l^2 & -6l & 4l^2 \end{bmatrix} \begin{bmatrix} y_1 = 0 \\ \theta_1 = 0 \\ y_2 = 0 \\ \theta_2 \\ y_2 = 0 \\ \theta_2 = 0 \end{bmatrix}$$

2 격점변위($u_A = K_{AA}^{-1} \cdot X_A$)

$$K_{AA} = \dfrac{EI}{l^3} \cdot [8l^2]$$

$$X_A = [M_2] = \left[-\dfrac{\omega l^2}{12}\right]$$

$$u_A = [\theta_B] = K_{AA}^{-1} \cdot X_A = \left[-\dfrac{\omega \cdot l^3}{96EI}\right]$$

고정단
모멘트
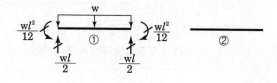

등가격점
하중
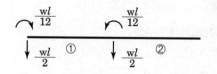

3 반력($X_B = X_{BA} \cdot u_A + \text{FEM}$)

$$K_{BA} = \dfrac{EI}{l^3} \cdot \begin{bmatrix} 6l & 2l^2 & 0 & -6l & 2l^2 \end{bmatrix}^T$$

$$X_B = K_{BA} \cdot u_A + \begin{bmatrix} -\dfrac{\omega l}{2} & -\dfrac{\omega l^2}{12} & -\dfrac{\omega l}{2} & 0 & 0 \end{bmatrix}^T$$

$$= \begin{bmatrix} -\dfrac{9\omega l}{16} & -\dfrac{5wl^2}{48} & -\dfrac{wl}{2} & \dfrac{wl}{16} & -\dfrac{wl^2}{48} \end{bmatrix}^T$$

FBD
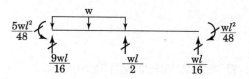

SFD
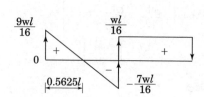

BMD
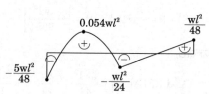

그림과 같은 보 요소가 있다. 이 보 요소의 양단은 스프링 상수가 k[N·mm/rad]인 스프링으로 구성되어 있다. 이 보의 강성행렬 $[K]_{4 \times 4}$를 구하고자 한다. (V_i, Δ_i), (M_i, θ_i)는 각각 절점 i에서의 (수직력, 수직처짐), (모멘트, 회전각)을 나타낸다. 아래 강성행렬에서 K_{11}과 K_{21}을 구하시오. (단, E=탄성계수보[N/mm²], I=단면2차모멘트[mm⁴], L=보 경간길이[mm]이다.)

$$\begin{Bmatrix} V_1 \\ M_1 \\ V_2 \\ M_2 \end{Bmatrix} = \begin{bmatrix} K_{11} & K_{12} & K_{13} & K_{14} \\ K_{21} & K_{22} & K_{23} & K_{24} \\ K_{31} & K_{32} & K_{33} & K_{34} \\ K_{41} & K_{42} & K_{43} & K_{44} \end{bmatrix} \begin{Bmatrix} \Delta_1 \\ \theta_1 \\ \Delta_2 \\ \theta_2 \end{Bmatrix}$$

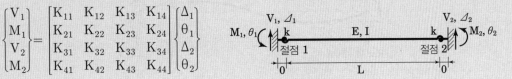

풀이 1. 에너지법

$$U_{11} = \int_0^L \frac{(-M_1 + V_1 \cdot x)^2}{2EI} dx + \frac{(-M_1)^2}{2k} + \frac{(-M_1 + V_1 L)^2}{2k}$$

$$y_1 = \frac{dU_{11}}{dV_1}$$
$$\theta_1 = \frac{dU_{11}}{dM_1}$$

; $$\begin{bmatrix} y_1 \\ \theta_1 \end{bmatrix} = \underbrace{\begin{bmatrix} \dfrac{L^2}{k} + \dfrac{L^3}{3EI} & -\dfrac{L^2}{k} - \dfrac{-L^2}{2EI} \\ -\dfrac{L^2}{k} - \dfrac{L^2}{2EI} & \dfrac{L^2}{k} + \dfrac{L}{EI} \end{bmatrix}}_{f_1} \begin{bmatrix} V_1 \\ M_1 \end{bmatrix}$$

$$[K_1] = [f_1]^{-1}$$
$$= \begin{bmatrix} \dfrac{12k \cdot EI}{(kL + 6EI)L^2} & \dfrac{6kEI}{(kL + 6EI)L} \\ \dfrac{6kEI}{(kL + 6EI)L} & \dfrac{4k(kL + 3EI) \cdot EI}{(kL + 2EI) \cdot (kL + 6EI)} \end{bmatrix}$$

$$\rightarrow \quad K_{11} = \frac{12k \cdot EI}{(kL + 6EI)L^2}$$
$$K_{21} = \frac{6k \cdot EI}{(kL + 6EI)L}$$

풀이 2. 매트릭스 변위법

1 평형매트릭스(A), 전부재 강도매트릭스(S)

$$\begin{Bmatrix} P_1 = -\dfrac{Q_1 + Q_2}{L} \\ P_2 = Q_3 \\ P_3 = -Q_4 \\ P_4 = Q_2 \end{Bmatrix} \rightarrow A = \begin{bmatrix} -\dfrac{1}{L} & -\dfrac{1}{L} & 0 & 0 \\ 0 & 0 & 1 & 0 \\ 1 & 0 & -1 & 0 \\ 0 & 1 & 0 & 1 \end{bmatrix}$$

$$S = \begin{bmatrix} [a] & & \\ & k & \\ & & k \end{bmatrix} \qquad [a] = \frac{EI}{L} \begin{bmatrix} 4 & 2 \\ 2 & 4 \end{bmatrix}$$

2 변위(d)

$$d = \begin{bmatrix} \Delta_1(\uparrow) \\ \theta_1((\curvearrowright)) \end{bmatrix} = (ASA^T)^{-1} \cdot [V_1 \quad -M_1 \quad 0 \quad 0]$$

$$= \underbrace{\begin{bmatrix} \dfrac{L^2}{k} + \dfrac{L^3}{3EI} & -\dfrac{L^2}{k} - \dfrac{-L^2}{2EI} \\ -\dfrac{L^2}{k} - \dfrac{L^2}{2EI} & \dfrac{L^2}{k} + \dfrac{L}{EI} \end{bmatrix}}_{f_1} \begin{bmatrix} V_1 \\ M_1 \end{bmatrix}$$

$$K = f^{-1} \Rightarrow K_{11} = \frac{12k \cdot EI}{(kL + 6EI)L^2}$$
$$K_{21} = \frac{6k \cdot EI}{(kL + 6EI)L}$$

아래 그림과 같이 단순보의 양단에 모멘트가 작용할 때 모멘트-변위간의 관계를 $\{M\}_{2\times1}=[K]_{2\times2}\{\theta\}_{2\times1}$ 형태로 유도하시오.

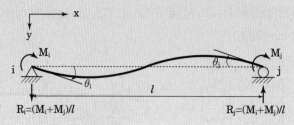

풀이 ● 매트릭스 변위법

1 평형매트릭스(A)

$$A = \begin{bmatrix} 1 & 0 \\ 0 & 1 \end{bmatrix}$$

2 부재 강도매트릭스(S)

$$s = \frac{EI}{l} \begin{bmatrix} 4 & 2 \\ 2 & 4 \end{bmatrix}$$

3 구조물 강도매트릭스(K)

$$K = ASA^T = \begin{bmatrix} \dfrac{4EI}{l} & \dfrac{2EI}{l} \\ \dfrac{2EI}{l} & \dfrac{4EI}{l} \end{bmatrix}$$

4 변위(d)

$$d = K^{-1}P = \begin{bmatrix} M_i \\ M_j \end{bmatrix} = \frac{1}{EI} \begin{bmatrix} \dfrac{1}{3} & -\dfrac{1}{6} \\ -\dfrac{1}{6} & \dfrac{1}{3} \end{bmatrix} \begin{bmatrix} M_i \\ M_j \end{bmatrix}$$

5 모멘트-변위 관계

$$\begin{bmatrix} M_i \\ M_j \end{bmatrix} = \begin{bmatrix} \dfrac{4EI}{l} & \dfrac{2EI}{l} \\ \dfrac{2EI}{l} & \dfrac{4EI}{l} \end{bmatrix} \begin{bmatrix} \theta_i \\ \theta_j \end{bmatrix}$$

그림의 연속보에서 강성매트릭스법에 의해 다음값을 구하시오. (단, EI
는 일정하다.)

(1) 절점회전각 θ_2

(2) 반력 R_1, R_{M1}, R_2, R_3, R_{M3}

(3) 응력도(S.F.D, B.M.D)를 그리시오.

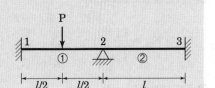

풀이 1. 매트릭스 변위법

1 평형 매트릭스(A)

$P_1 = Q_2 + Q_3 \rightarrow A = [0 \quad 1 \quad 1 \quad 0]$

2 부재 강도매트릭스(S)

$S = \begin{bmatrix} [a] & \\ & [a] \end{bmatrix}$, $[a] = \dfrac{EI}{l}\begin{bmatrix} 4 & 2 \\ 2 & 4 \end{bmatrix}$

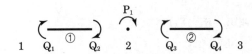

3 변위(d) 및 부재력(Q)

$FEM = \left[-\dfrac{Pl}{8}, \quad \dfrac{Pl}{8}, \quad 0, \quad 0 \right]^T$

$P_0 = \left[-\dfrac{Pl}{8} \right]$

$d = K^{-1}P_0 = (ASA^T)^{-1}P_0 = \left[-\dfrac{Pl^2}{64EI} \right]^T$; $\theta_2 = \dfrac{Pl^2}{64EI}(\curvearrowright)$

$Q = SA^Td + FEM = SA^T(ASA^T)^{-1}P_0 + FEM$

$= \left[-\dfrac{5Pl}{32}, \quad \dfrac{Pl}{16}, \quad -\dfrac{Pl}{16}, \quad -\dfrac{Pl}{32} \right]^T$

4 FBD, SFD, BMD

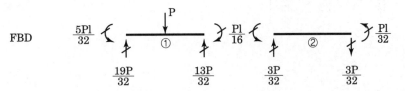

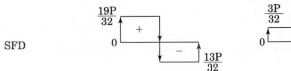

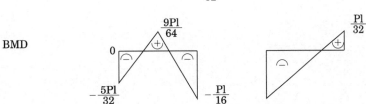

① 전구조물 강도매트릭스(K)

$$K_{12} = K_{23} = \frac{EI}{l^3} \cdot \begin{bmatrix} 12 & -6l & -12 & -6l \\ -6l & 4l^2 & 6l & 2l^2 \\ -12 & 6l & 12 & 6l \\ -6l & 2l^2 & 6l & 4l^2 \end{bmatrix} \qquad K_T = K_{12} + K_{23}$$

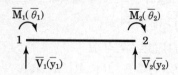

② 강도 방정식($P = k\Delta$)

$$\begin{bmatrix} V_1 \\ M_1 \\ V_2 \\ M_2 = -\dfrac{Pl}{8} \\ V_3 \\ M_3 \end{bmatrix} = \frac{EI}{l^3} \cdot \begin{bmatrix} 12 & -6l & -12 & -6l & 0 & 0 \\ -6l & 4l^2 & 6l & 2l^2 & 0 & 0 \\ -12 & 6l & 24 & 0 & -12 & -6l \\ -6l & 2l^2 & 0 & 8l^2 & 6l & 2l^2 \\ 0 & 0 & -12 & 6l & 12 & 6l \\ 0 & 0 & -6l & 2l^2 & 6l & 4l^2 \end{bmatrix} \begin{bmatrix} y_A = 0 \\ \theta_A = 0 \\ y_B = 0 \\ \theta_B \\ y_C = 0 \\ \theta_C = 0 \end{bmatrix}$$

③ 격점변위($U_A = K_{AA}^{-1} \cdot X_A$)

$$K_{AA} = \left[\frac{8EI}{l} \right]$$

$$X_A = [M_2] = \left[-\frac{Pl}{8} \right]$$

$$u_A = [\theta_B] = K_{AA}^{-1} \cdot X_A = \left[-\frac{Pl^2}{64EI} \right]$$

④ 반력($X_B = K_{BA} \cdot u_A + FEM$)

$$K_{BA} = \frac{EI}{l^3} \cdot \begin{bmatrix} -6l & 2l^2 & 12l & 6l & 2l^2 \end{bmatrix}^T$$

$$FEM = \begin{bmatrix} \dfrac{P}{2} & -\dfrac{Pl}{8} & \dfrac{P}{2} & 0 & 0 \end{bmatrix}^T$$

$$X_B = K_{BA} \cdot u_A + FEM$$

$$= \begin{bmatrix} \dfrac{19P}{32} & -\dfrac{5Pl}{32} & \dfrac{P}{2} & \dfrac{-3P}{32} & \dfrac{-Pl}{32} \end{bmatrix}^T$$

다음 그림과 같은 부정정 보의 단면력을 행렬(매트릭스)법으로 구하시오. (단, EI는 일정하다.)

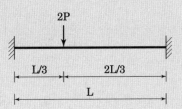

풀이 1. 매트릭스 직접강도법

1 전구조물 강도매트릭스(K)

$$K_{12}\left(L_0 = \frac{L}{3}\right) = \frac{EI}{L_0^3} \cdot \begin{bmatrix} 12 & -6L_0 & -12 & -6L_0 \\ -6L_0 & 4L_0^2 & 6L_0 & 2L_0^2 \\ -12 & 6L_0 & 12 & 6L_0 \\ -6L_0 & 2L_0^2 & 6L_0 & 4L_0^2 \end{bmatrix}$$

$$K_{23}\left(L_0 = \frac{2L}{3}\right) = \frac{EI}{L_0^3} \cdot \begin{bmatrix} 12 & -6L_0 & -12 & -6L_0 \\ -6L_0 & 4L_0^2 & 6L_0 & 2L_0^2 \\ -12 & 6L_0 & 12 & 6L_0 \\ -6L_0 & 2L_0^2 & 6L_0 & 4L_0^2 \end{bmatrix}$$

$$\therefore K = K_{12} + K_{23}$$

$\overline{M}_1(\overline{\theta}_1)$ $\overline{M}_2(\overline{\theta}_2)$

1 ———— 2

$\overline{V}_1(\overline{y}_1)$ $\overline{V}_2(\overline{y}_2)$

2 강도 방정식($P = k\Delta$)

$$\begin{bmatrix} V_1 \\ M_1 \\ V_2 = -2P \\ M_2 = 0 \\ V_3 \\ M_3 \end{bmatrix} = \frac{EI}{L^3} \cdot \begin{bmatrix} 324 & -54L & -324 & -54L & 0 & 0 \\ -54L & 12L^2 & 54L & 6L^2 & 0 & 0 \\ -324 & 54L & \frac{729}{2} & \frac{81L}{2} & -\frac{81}{2} & -\frac{27L}{2} \\ -54L & 6L^2 & \frac{81L}{2} & 18L^2 & \frac{27L}{2} & 3L^2 \\ 0 & 0 & -\frac{81}{2} & \frac{27L}{2} & \frac{81}{2} & \frac{27L}{2} \\ 0 & 0 & -\frac{27L}{2} & 3L^2 & \frac{27L}{2} & 6L^2 \end{bmatrix} \begin{bmatrix} y_1 = 0 \\ \theta_1 = 0 \\ y_2 \\ \theta_2 \\ y_3 = 0 \\ \theta_3 = 0 \end{bmatrix}$$

3 격점변위($U_A = K_{AA}^{-1} \cdot X_A$)

$$\left\{ \begin{array}{l} K_{AA} = \frac{EI}{L^3} \cdot \begin{bmatrix} \frac{729}{2} & \frac{81L}{2} \\ \frac{81L}{2} & 18L^2 \end{bmatrix} \\ X_A = \begin{bmatrix} V_2 & M_2 \end{bmatrix}^T = \begin{bmatrix} -2P & 0 \end{bmatrix}^T \end{array} \right\} \rightarrow u_A = [\theta_B] = K_{AA}^{-1} \cdot X_A = \begin{bmatrix} -\frac{16PL^3}{2187EI} & \frac{4PL^2}{243EI} \end{bmatrix}^T$$

4 반력($X_B = K_{BA} \cdot u_A + FEM$)

$$K_{BA} = \frac{EI}{L^3} \begin{bmatrix} -324 & -54L \\ 54L & 6L^2 \\ -\frac{81}{2} & \frac{27L}{2} \\ -\frac{27L}{2} & 3L^2 \end{bmatrix} \rightarrow X_B = K_{BA} \cdot u_A = \begin{bmatrix} \frac{40P}{27} & -\frac{8PL}{27} & \frac{14P}{27} & \frac{4PL}{27} \end{bmatrix}^T$$

1 평형 매트릭스(A)

$$\begin{cases} P_1 = Q_2 + Q_3 \\ P_2 = -\dfrac{3(Q_1+Q_2)}{L} + \dfrac{3(Q_3+Q_4)}{2L} \end{cases} \rightarrow A = \begin{bmatrix} 0 & 1 & 1 & 0 \\ -\dfrac{3}{L} & -\dfrac{3}{L} & \dfrac{3}{2L} & \dfrac{3}{2L} \end{bmatrix}$$

2 부재 강도매트릭스(S)

$$S = \begin{bmatrix} 3 \cdot [a] & \\ & \dfrac{3}{2} \cdot [a] \end{bmatrix} \qquad [a] = \dfrac{EI}{L} \cdot \begin{bmatrix} 4 & 2 \\ 2 & 4 \end{bmatrix}$$

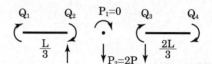

3 변위(d) 및 부재력(Q)

$$d = (ASA^T)^{-1}[0 \quad 2P]^T = \begin{bmatrix} \dfrac{4PL^2}{243EI} & \dfrac{16PL^3}{2187EI} \end{bmatrix}^T$$

$$Q = SA^Td = \begin{bmatrix} -\dfrac{8PL}{27} & -\dfrac{16PL}{81} & \dfrac{16PL}{81} & \dfrac{4PL}{27} \end{bmatrix}^T$$

FBD

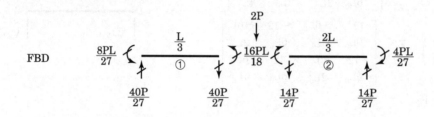

SFD

BMD

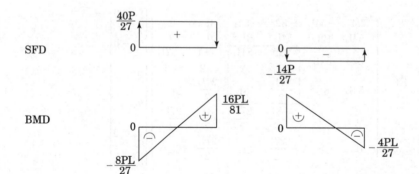

그림의 부정정보에서 절점변위 v_1, θ_1, θ_2를 강성매트릭스법에 의해 구하시오. (단, EI는 일정하고 수평변위는 무시한다.)

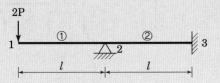

풀이 1. 매트릭스 직접강도법

1 전구조물 강도매트릭스(K)

$$K_{12} = K_{23} = EI \cdot \begin{bmatrix} 12/l^3 & -6/l^2 & -12/l^3 & -6/l^2 \\ -6/l^2 & 4/l & 6/l^2 & 2/l \\ -12/l^3 & 6/l^2 & 12/l^3 & 6/l^2 \\ -6/l^2 & 2/l & 6/l^2 & 4/l \end{bmatrix} \rightarrow K = K_{12} + K_{23}$$

$\overline{M}_1(\overline{\theta}_1)$ $\overline{M}_2(\overline{\theta}_2)$

1 ———————— 2

$\overline{V}_1(\overline{y}_1)$ $\overline{V}_2(\overline{y}_2)$

2 강도 방정식($P = k\Delta$)

$$\begin{bmatrix} V_1 = -2P \\ M_1 = 0 \\ V_2 \\ M_2 = 0 \\ V_3 \\ M_3 \end{bmatrix} = EI \cdot \begin{bmatrix} 12/l^3 & -6/l^2 & -12/l^3 & -6/l^2 & 0 & 0 \\ -6/l^2 & 4/l & 6/l^2 & 2/l & 0 & 0 \\ -12/l^3 & 6/l^2 & 24/l^3 & 0 & -12/l^3 & -6/l^2 \\ -6/l^2 & 2/l & 0 & 8/l & 6/l^2 & 2/l \\ 0 & 0 & -12/l^3 & 6/l^2 & 12/l^3 & 6/l^2 \\ 0 & 0 & -6/l^2 & 2/l^2 & 6/l^3 & 4/l \end{bmatrix} \begin{bmatrix} y_1 \\ \theta_1 \\ y_2 = 0 \\ \theta_2 \\ y_3 = 0 \\ \theta_3 = 0 \end{bmatrix}$$

3 격점변위($u_A = K_{AA}^{-1} \cdot X_A$)

$$\begin{cases} K_{AA} = EI \begin{bmatrix} 12/l^3 & -6/l^2 & -6/l^2 \\ -6/l^2 & 4/l & 2/l \\ -6/l^2 & 2/l & 8/l \end{bmatrix} \\ X_A = \begin{bmatrix} V_1 \\ M_1 \\ M_2 \end{bmatrix} = \begin{bmatrix} -2P \\ 0 \\ 0 \end{bmatrix} \end{cases} \rightarrow u_A = \begin{bmatrix} y_1 \\ \theta_1 \\ \theta_2 \end{bmatrix} = K_{AA}^{-1} \cdot X_A = \begin{bmatrix} \dfrac{-7Pl^3}{6EI} \\ \dfrac{-3Pl}{2EI} \\ \dfrac{-Pl^2}{2EI} \end{bmatrix} = \begin{bmatrix} \dfrac{7Pl^3}{6EI}(\downarrow) \\ \dfrac{3Pl}{2EI}(\curvearrowleft) \\ \dfrac{Pl^2}{2EI}(\curvearrowleft) \end{bmatrix}$$

4 반력($X_B = K_{BA} \cdot u_A$)

$$K_{BA} = EI \begin{bmatrix} -12/l^3 & 6/l^2 & 0 \\ 0 & 0 & 6/l^2 \\ 0 & 0 & 2/l \end{bmatrix} \rightarrow X_B = K_{BA} \cdot u_A = \begin{bmatrix} V_2 \\ V_3 \\ M_3 \end{bmatrix} = \begin{bmatrix} 5P \\ -3P \\ -Pl \end{bmatrix}$$

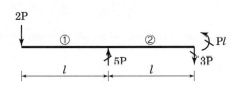

1 평형 매트릭스(A)

$$\begin{cases} P_1 = Q_1 \\ P_2 = Q_2 + Q_3 \\ P_3 = \dfrac{Q_1}{1} + \dfrac{Q_2}{1} \end{cases} \rightarrow A = \begin{bmatrix} 1 & 0 & 0 & 0 \\ 0 & 1 & 1 & 0 \\ 1 & 1 & 0 & 0 \end{bmatrix}$$

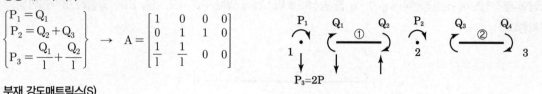

2 부재 강도매트릭스(S)

$$S = \frac{EI}{1} \cdot \begin{bmatrix} 4 & 2 & 0 & 0 \\ 2 & 4 & 0 & 0 \\ 0 & 0 & 4 & 2 \\ 0 & 0 & 2 & 4 \end{bmatrix}$$

3 변위 및 부재력

$$d = (ASA^T)^{-1}[0 \quad 0 \quad 2P]^T = \left[\frac{-3PL^2}{2EI} \quad \frac{-PL^2}{2EI} \quad \frac{7PL^3}{6EI} \right]^T$$

$$Q = SA^T d = [0 \quad 2PL \quad -2PL \quad -PL]^T$$

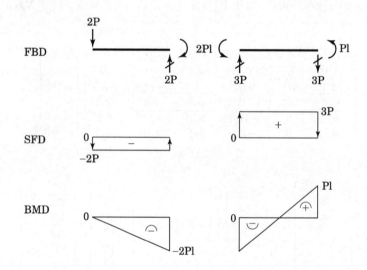

그림과 같은 보부재의 B점에서의 처짐과 처짐각, 반력 및 부재력을 강성매트릭스법으로 구하고 전단력도와 휨모멘트도를 그리시오.

- 보부재의 단면적 : A
- 보부재의 자중은 무시함
- B지점에서 수직하중 P와 휨모멘트 P L이 작용함

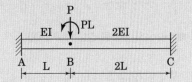

풀이 **1. 매트릭스 직접강도법**

1 전구조물 강도매트릭스(K)

$$K_{AB} = \frac{EI}{L^3} \cdot \begin{bmatrix} 12 & -6L & -12 & -6L \\ -6L & 4L^2 & 6L & 2L^2 \\ -12 & 6L & 12 & 6L \\ -6L & 2L^2 & 6L & 4L^2 \end{bmatrix} \qquad K_{BC} = \frac{2EI}{(2L)^3} \cdot \begin{bmatrix} 12 & -6(2L) & -12 & -6(2L) \\ -6(2L) & 4(2L)^2 & 6(2L) & 2(2L)^2 \\ -12 & 6(2L) & 12 & 6(2L) \\ -6(2L) & 2(2L)^2 & 6(2L) & 4(2L)^2 \end{bmatrix}$$

$$K = K_{AB} + K_{BC}$$

$$\overline{M}_1(\overline{\theta}_1) \qquad \qquad \overline{M}_2(\overline{\theta}_2)$$
$$1 \rule{3cm}{0.5pt} 2$$
$$\overline{V}_1(\overline{y}_1) \qquad \qquad \overline{V}_2(\overline{y}_2)$$

〈부호 규약〉

2 강도 방정식($P = k\Delta$)

$$\begin{bmatrix} V_1 \\ M_1 \\ V_2 = -P \\ M_2 = -PL \\ V_3 \\ M_3 \end{bmatrix} = \frac{EI}{L^3} \cdot \begin{bmatrix} 12 & -6L & -12 & -6L & 0 & 0 \\ -6L & 4L^2 & 6L & 2L^2 & 0 & 0 \\ -12 & 6L & 15 & 3L & -3 & -3L \\ -6L & 2L^2 & 3L & 8L^2 & 3L & 2L^2 \\ 0 & 0 & -3 & 3L & 3 & 3L \\ 0 & 0 & -3L & 2L^2 & 3L & 4L^2 \end{bmatrix} \begin{bmatrix} y_A = 0 \\ \theta_A = 0 \\ y_B \\ \theta_B \\ y_C = 0 \\ \theta_C = 0 \end{bmatrix}$$

3 격점변위($u_A = K_{AA}^{-1} \cdot X_A$)

$$\begin{cases} K_{AA} = \begin{bmatrix} \dfrac{15EI}{L^3} & \dfrac{3EI}{L^2} \\ \dfrac{3EI}{L^2} & \dfrac{8EI}{L} \end{bmatrix} \\ X_A = \begin{bmatrix} V_2 \\ M_2 \end{bmatrix} = \begin{bmatrix} -P \\ -PL \end{bmatrix} \end{cases} \rightarrow u_A = K_{AA}^{-1} \cdot X_A = \begin{bmatrix} \dfrac{-5PL^3}{111EI} \\ \dfrac{-4PL^2}{37EI} \end{bmatrix} = \begin{bmatrix} y_B \\ \theta_B \end{bmatrix}$$

4 반력($X_B = K_{BA} \cdot u_A$)

$$K_{BA} = \begin{bmatrix} -\dfrac{12EI}{L^3} & -\dfrac{6EI}{L^2} \\ \dfrac{6EI}{L^2} & \dfrac{2EI}{L} \\ -\dfrac{3EI}{L^3} & \dfrac{3EI}{L^2} \\ -\dfrac{3EI}{L^2} & \dfrac{2EI}{L} \end{bmatrix} \rightarrow X_B = K_{BA} \cdot u_A = \begin{bmatrix} V_1 \\ M_1 \\ V_3 \\ M_3 \end{bmatrix} = \begin{bmatrix} \dfrac{44P}{37} \\ -\dfrac{18PL}{37} \\ -\dfrac{7P}{37} \\ -\dfrac{3PL}{37} \end{bmatrix}$$

1 평형 매트릭스(A)

$$\begin{cases} P_1 = Q_2 + Q_3 \\ P_2 = \dfrac{Q_1 + Q_2}{L} - \dfrac{Q_3 + Q_4}{2L} \end{cases} \rightarrow A = \begin{bmatrix} 0 & 1 & 1 & 0 \\ \dfrac{1}{L} & \dfrac{1}{L} & -\dfrac{1}{2L} & -\dfrac{1}{2L} \end{bmatrix}$$

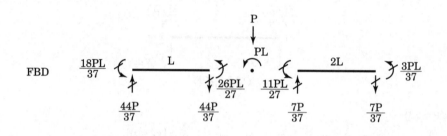

2 부재강도 매트릭스(S), 구조물 강성매트릭스(K)

$$S = \begin{bmatrix} [a] & 0 \\ 0 & [a] \end{bmatrix}, \quad [a] = \frac{EI}{L}\begin{bmatrix} 4 & 2 \\ 2 & 4 \end{bmatrix}, \quad K = ASA^T = \begin{bmatrix} \dfrac{8EI}{L} & \dfrac{3EI}{L^2} \\ \dfrac{3EI}{L^2} & \dfrac{15EI}{L^3} \end{bmatrix}$$

3 변위(d), 부재력(Q)

$$P_0 = [-PL, \quad -P]^T$$

$$d = K^{-1}P_0 = (ASA^T)^{-1}P_0 = \left[-\frac{4PL^2}{37EI}, \quad -\frac{5PL^3}{111EI}\right]^T$$

$$Q = SA^Td = \left[-\frac{18PL}{37}, \quad -\frac{26PL}{37}, \quad -\frac{11PL}{37}, \quad -\frac{3PL}{37}\right]^T$$

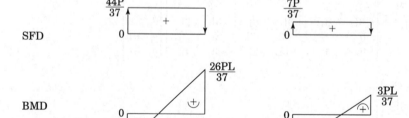

그림과 같은 연속보에서 θ_B, R_A, R_{MA}, R_B, R_C, R_{MC}을 강성매트릭스법에 의해 구하고 모멘트도와 전단력도를 그리시오. (단, EI는 일정함)

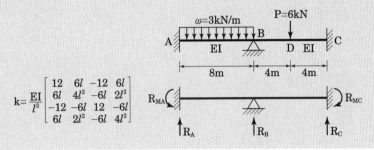

$$k = \frac{EI}{l^3} \begin{bmatrix} 12 & 6l & -12 & 6l \\ 6l & 4l^2 & -6l & 2l^2 \\ -12 & -6l & 12 & -6l \\ 6l & 2l^2 & -6l & 4l^2 \end{bmatrix}$$

풀이 1. 매트릭스 직접강도법

1 전구조물 강도매트릭스(K) [7]

$$K_{AB} = K_{BC} = \frac{EI}{8^3} \cdot \begin{bmatrix} 12 & -48 & -12 & -48 \\ -48 & 256 & 48 & 128 \\ -12 & 48 & 12 & 48 \\ -48 & 128 & 48 & 256 \end{bmatrix}$$

$$K = K_{AB} + K_{BC}$$

$\overline{M}_1(\overline{\theta}_1)$ ... $\overline{M}_2(\overline{\theta}_2)$

1 ———————————— 2

$\overline{V}_1(\overline{y}_1)$ ... $\overline{V}_2(\overline{y}_2)$

〈부호 규약〉

2 강도 방정식($P = k\Delta$)

$$\begin{bmatrix} V_A \\ M_A \\ V_B \\ M_B = -10 \\ V_C \\ M_C \end{bmatrix} = \frac{EI}{8^3} \cdot \begin{bmatrix} 12 & -48 & -12 & -48 & 0 & 0 \\ -48 & 256 & 48 & 128 & 0 & 0 \\ -12 & 48 & 24 & 0 & -12 & -48 \\ -48 & 128 & 0 & 512 & 48 & 128 \\ 0 & 0 & -12 & 48 & 12 & 48 \\ 0 & 0 & -48 & 128 & 48 & 256 \end{bmatrix} \begin{bmatrix} y_A = 0 \\ \theta_A = 0 \\ y_B = 0 \\ \theta_B \\ y_C = 0 \\ \theta_C = 0 \end{bmatrix}$$

3 격점변위($u_A = K_{AA}^{-1} \cdot X_A$)

$$\left\{ \begin{array}{l} K_{AA} = \frac{EI}{8^3}[512] \\ X_A = [M_B] = [-10] \end{array} \right\}$$

$$\rightarrow \quad u_A = [\theta_B] = K_{AA}^{-1} \cdot X_A = \left[-\frac{10}{EI} \right]$$

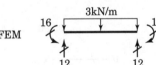

FEM

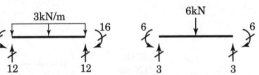

4 반력($X_B = K_{BA} \cdot u_A$)

$$\left\{ \begin{array}{l} K_{BA} = \frac{EI}{8^3}[-48 \quad 128 \quad 0 \quad 48 \quad 128]^T \\ FEM = [12 \quad -16 \quad 15 \quad 3 \quad 6]^T \end{array} \right\}$$

$$X_R = K_{BA} \cdot u_A + FEM$$

$$= [12.9375 \quad -18.5 \quad 15 \quad 2.0625 \quad 3.5]^T$$

등가
격점하중

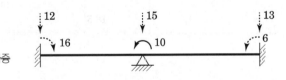

---

7) 풀이 일관성을 위하여 강성매트릭스 부호규약은 구조역학(양창현) 기준으로 풀이한다.

1 평형매트릭스(A), 부재 강도매트릭스(S)

$$P = \begin{bmatrix} 0 & 1 & 1 & 0 \end{bmatrix}$$

$$S = \begin{bmatrix} [a] & \\ & [a] \end{bmatrix}, \quad [a] = \frac{EI}{8}\begin{bmatrix} 4 & 2 \\ 2 & 4 \end{bmatrix}$$

2 변위(d), 부재력(Q)

$$FEM = \begin{bmatrix} -16 & 16 & -6 & 6 \end{bmatrix}^T$$

$$P = \begin{bmatrix} -12 \end{bmatrix}^T$$

$$d = (ASA^T)^{-1}P = -\frac{10}{EI}$$

$$Q = SA^Td + FEM = \begin{bmatrix} -18.5 & 11 & -11 & 3.5 \end{bmatrix}^T kNm$$

3 반력

$$R_A = -\frac{-18.5 + 11 - 3 \cdot \dfrac{8^2}{2}}{8} = 12.9375 kN(\uparrow)$$

$$\begin{cases} R_{B1} = 24 - 12.9375 = 11.0625 kN(\uparrow) \\ R_{B2} = -\dfrac{-11 + 3.5 - 24}{8} = 3.9375 kN(\uparrow) \end{cases} \rightarrow R_B = 11.0625 + 3.9375 = 15 kN(\uparrow)$$

$$R_C = 6 - 3.9375 = 2.0625 kN(\uparrow)$$

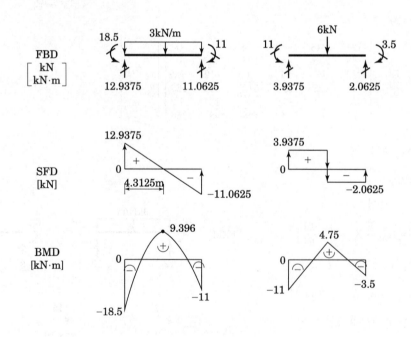

그림과 같은 축방향의 강성만 가지는 부재로 구성된 구조물에 대하여 아래에 주어진 〈강성행렬법〉을 사용하여 다음 물음에 답하시오. (단, ①, ②, ③은 절점번호이고, ①, ②는 부재번호이다) (총 24점)

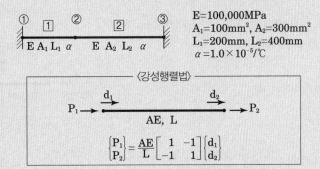

$E=100,000MPa$
$A_1=100mm^2$, $A_2=300mm^2$
$L_1=200mm$, $L_2=400mm$
$\alpha=1.0\times10^{-5}/℃$

〈강성행렬법〉

$$\begin{bmatrix} P_1 \\ P_2 \end{bmatrix} = \frac{AE}{L} \begin{bmatrix} 1 & -1 \\ -1 & 1 \end{bmatrix} \begin{bmatrix} d_1 \\ d_2 \end{bmatrix}$$

(1) 부재 ②의 온도가 40℃ 상승하였을 때, 각 부재의 부재력과 절점 ②의 변위를 강성행렬해석을 이용하여 계산하시오. (12점)

(2) 절점 ②에 우측방향으로 5,000N의 외력이 작용할 때, 각 부재의 부재력과 절점 ②의 변위를 강성행렬해석을 이용하여 계산하시오. (6점)

(3) 절점 ③의 위치가 우측으로 0.2mm 이동할 때, 각 부재의 부재력과 절점 ②의 변위를 강성행렬해석을 이용하여 계산하시오. (6점)

풀이 ◐ 매트릭스 직접강도법

❶ 구조물 강성매트릭스 및 강도방정식

$$K_T = \begin{bmatrix} \dfrac{EA_1}{L_1} & -\dfrac{EA_1}{L_1} & 0 \\ -\dfrac{EA_1}{L_1} & \dfrac{EA_1}{L_1}+\dfrac{EA_2}{L_2} & -\dfrac{EA_2}{L_2} \\ 0 & -\dfrac{EA_2}{L_2} & \dfrac{EA_2}{L_2} \end{bmatrix} = \begin{bmatrix} 50000 & -50000 & 0 \\ -50000 & 125000 & -75000 \\ 0 & -75000 & 75000 \end{bmatrix}$$

$$\begin{bmatrix} P_1 \\ P_2 \\ P_3 \end{bmatrix} = \begin{bmatrix} 50000 & -50000 & 0 \\ -50000 & 125000 & -75000 \\ 0 & -75000 & 75000 \end{bmatrix} \begin{bmatrix} d_1 \\ d_2 \\ d_3 \end{bmatrix}$$

❷ 부재 ② $\Delta T = 40℃$ 상승 시

① 절점조건

$d = \begin{bmatrix} 0 & d_2 & 0 \end{bmatrix}$ → $K_{AA} = [125000]$, $K_{BA} = [-50000 \quad -75000]^T$

$[P_2] = [-EA_2\alpha\Delta T] = [-12000]$ → $X_A = [-12000]$

② 절점변위

$d_A = K_{AA}^{-1} \cdot X_A = [-0.096mm] = [d_2]$

③ 반력

$X_B = K_{BA} \cdot d_A + R$

$= \begin{bmatrix} -50000 \\ -75000 \end{bmatrix} \cdot [-0.096] + \begin{bmatrix} 0 \\ -12000 \end{bmatrix} = \begin{bmatrix} 4800 \\ -4800 \end{bmatrix} = \begin{bmatrix} P_1 \\ P_2 \end{bmatrix}$

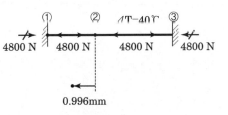

④ 부재력

$Q_1 = 4800N(압축), \quad Q_2 = 4800N(압축)$

❸ 절점② P = 5000N(→) 작용시

① 절점조건

$d = \begin{bmatrix} 0 \ d_2 \ 0 \end{bmatrix} \quad \rightarrow \quad K_{AA} = [125000], \quad K_{BA} = \begin{bmatrix} -50000 & -75000 \end{bmatrix}^T$

$[P_2] = [5000] \quad \rightarrow \quad X_A = [5000]$

② 절점변위

$d_A = K_{AA}^{-1} \cdot X_A = [0.04mm] = [d_2]$

③ 반력

$X_B = K_{BA} \cdot d_A + R$

$= \begin{bmatrix} -50000 \\ -75000 \end{bmatrix} \cdot [-0.096] + \begin{bmatrix} 0 \\ 0 \end{bmatrix} = \begin{bmatrix} -2000 \\ -3000 \end{bmatrix} = \begin{bmatrix} P_1 \\ P_2 \end{bmatrix}$

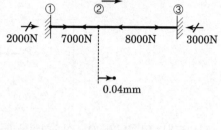

④ 부재력

$Q_1 = 7000N(인장), \quad Q_2 = 8000N(압축)$

❹ 절점 ③ $\varDelta$ = 0.2mm(→) 이동시

① 절점조건

$d = \begin{bmatrix} 0 & d_2 & 0 \end{bmatrix} \quad \rightarrow \quad K_{AA} = [125000], \quad K_{BA} = \begin{bmatrix} -50000 & -75000 \end{bmatrix}^T$

$[P_2] = [\delta EA_2/L_2] = [15000] \quad \rightarrow \quad X_A = [15000]$

② 절점변위

$d_A = K_{AA}^{-1} \cdot X_A = [0.12mm] = [d_2]$

③ 반력

$X_B = K_{BA} \cdot d_A + R$

$= K_{BA} \cdot [0.12] + \begin{bmatrix} 0 \\ 15000 \end{bmatrix} = \begin{bmatrix} -6000 \\ 6000 \end{bmatrix} = \begin{bmatrix} P_1 \\ P_2 \end{bmatrix}$

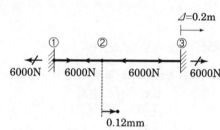

④ 부재력

$Q_1 = 6000N(인장), \quad Q_2 = 6000N(인장)$

아래 그림에서 $M_A = 4M_B$일 때 스프링상수 K_s 값을 구하고, C점에서의 처짐 δ_C 및 C′ 점에서의 처짐 $\delta_{C'}$ 를 산정하시오.

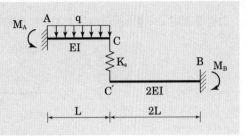

풀이 ○ 1. 에너지법

❶ 변형에너지

$$\begin{cases} M_1 = R \cdot x - \dfrac{qx^2}{2} \\ M_2 = -R \cdot x \end{cases}$$

$$U = \int_0^L \frac{M_1^2}{2EI}dx + \int_0^{2L} \frac{M_2^2}{2(2EI)}dx + \frac{R^2}{2K_s}$$

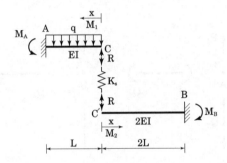

❷ 부정정력

$$\frac{\partial U}{\partial R} = 0 \; ; \quad R = \frac{3 \cdot q \cdot L^4 \cdot K_s}{8(5K_s L^3 + 3EI)}$$

❸ K_S

$$\begin{cases} M_A = R \cdot L - q \cdot L^2/2 \\ M_B = -R \cdot 2L \end{cases}$$

$$\rightarrow \quad M_A = 4M_B 이므로 \ K = \frac{12EI}{7L^3}$$

❹ δ_C, $\delta_{C'}$

$$\delta_c = \frac{qL^4}{8EI} - \frac{RL^3}{3EI} = \frac{23qL^4}{216EI}$$

$$\delta_c' = \frac{R(2L)^0}{3 \cdot 2EI} = \frac{2qL^1}{27EI}$$

풀이 ○ 2. 매트릭스 변위법

❶ 평형 매트릭스(A)

$$\begin{cases} P_1 = Q_2 \\ P_2 = Q_3 \\ P_3 = \dfrac{Q_1 + Q_2}{L} + Q_5 \\ P_4 = \dfrac{Q_3 + Q_4}{2L} - Q_5 \end{cases} \rightarrow A = \begin{bmatrix} 0 & 1 & 0 & 0 & 0 \\ 0 & 0 & 1 & 0 & 0 \\ \frac{1}{L} & \frac{1}{L} & 0 & 0 & 1 \\ 0 & 0 & \frac{1}{2L} & \frac{1}{2L} & -1 \end{bmatrix}$$

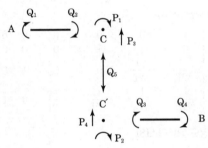

❷ 부재 강도매트릭스(S)

$$S = \begin{bmatrix} [a] & & \\ & [a] & \\ & & k_s \end{bmatrix} \qquad [a] = \frac{EI}{L} \cdot \begin{bmatrix} 4 & 2 \\ 2 & 4 \end{bmatrix}$$

❸ 변위(d) 및 부재력(Q)

$$FEM = \begin{bmatrix} -\dfrac{qL^2}{12} & \dfrac{qL^2}{12} & 0 & 0 & 0 \end{bmatrix}^T$$

$$d = (ASA^T)^{-1}\begin{bmatrix} -\dfrac{qL^2}{12} & 0 & -\dfrac{qL}{2} & 0 \end{bmatrix}^T$$

$$Q = SA^T d + FEM$$

❹ 스프링 상수

$$Q[1,1] = 4 \cdot Q[4,1] \; ; \quad k_s = \frac{12EI}{7L^3}$$

❺ 처짐

$$\delta_c = d[1.1] = \frac{23qL^4}{216EI}(\downarrow) \qquad \delta_{c'} = d[4.1] = \frac{2qL^4}{27EI}(\downarrow)$$

그림과 같이 스프링(spring)으로 지지된 캔틸레버보에 대하여 답하시오. (부재의 EI는 전구간 동일함)

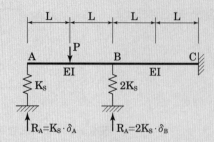

(1) $R_A = R_B$일 때 스프링상수 K_s 값을 EI, L로 표시하시오.

(2) $R_A = R_B$일 때 A점과 B점의 수직 반력값 R_A, R_B를 P로 표시하시오.

(3) $R_A = R_B$일 때 A점의 수직처짐 δ_A와 B점의 수직처짐 δ_B를 EI, L, P로 표시하시오.

풀이 1. 매트릭스 변위법

1 평형매트릭스(A)

$$A = \begin{bmatrix} 1 & 0 & 0 & 0 & 0 & 0 \\ 0 & 1 & 1 & 0 & 0 & 0 \\ -\dfrac{1}{2L} & -\dfrac{1}{2L} & 0 & 0 & 1 & 0 \\ \dfrac{1}{2L} & \dfrac{1}{2L} & -\dfrac{1}{2L} & -\dfrac{1}{2L} & 0 & 1 \end{bmatrix}$$

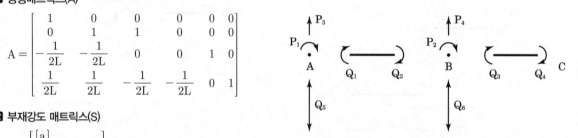

2 부재강도 매트릭스(S)

$$S = \begin{bmatrix} [a] & & & \\ & [a] & & \\ & & k_s & \\ & & & 2k_s \end{bmatrix}, \quad [a] = \frac{EI}{2L}\begin{bmatrix} 4 & 2 \\ 2 & 4 \end{bmatrix}$$

3 변위(d), 부재력(Q)

$$\left\{ \begin{array}{l} FEM = \left[-\dfrac{PL}{4}, \quad \dfrac{PL}{4}, \quad 0, \quad 0, \quad 0, \quad 0 \right]^T \\[3mm] P_0 = \left[\dfrac{PL}{4}, \quad -\dfrac{PL}{4}, \quad -\dfrac{P}{2}, \quad -\dfrac{P}{2} \right]^T \end{array} \right\} \rightarrow \begin{array}{l} d = (ASA^T)^{-1}P_0 \\[3mm] Q = SA^Td + FEM \end{array}$$

4 답안정리($R_A = R_B$일 때)

$$Q[5,1] = Q[6,1]; \quad K_s = \frac{25EI}{56L^3}$$

$$R_A = Q[5,1] = \frac{25P}{56}(\uparrow), \quad R_B = Q[6,1] = \frac{25P}{56}(\uparrow)$$

$$\delta_A = d[3,1] = \frac{PL^3}{EI}(\downarrow), \quad \delta_B = d[4,1] = \frac{PL^3}{2EI}(\downarrow)$$

풀이 2. 에너지법

1 변형에너지

$$
\left\{
\begin{array}{l}
M_1 = R_A x \\[2mm]
M_2 = R_A(x+L) - Px \\[2mm]
M_3 = R_A(x+2L) - P(x+L) - R_B x
\end{array}
\right\}
$$

$$
U = \int_0^L \frac{M_1^2 + M_2^2}{2EI}dx + \int_0^{2L} \frac{M_3^2}{2EI}dx + \frac{R_A^2}{2k_s} + \frac{R_B^2}{4k_s}
$$

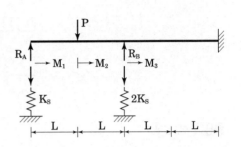

2 반력산정

$$
\left.
\begin{array}{l}
\dfrac{\partial U}{\partial R_A} = 0 \\[4mm]
\dfrac{\partial U}{\partial R_B} = 0
\end{array}
\right\}
\rightarrow
$$

$$
R_A = \frac{L^3(176L^3 \cdot k_s + 243EI) \cdot P \cdot k_s}{2(224L^6 k_s^2 + 240L^3 EI \cdot k_s + 9(EI)^2)}
$$

$$
R_B = \frac{4L^3(43L^3 \cdot k_s + 21EI) \cdot P \cdot k_s}{224L^6 k_s^2 + 240L^3 EI \cdot k_s + 9(EI)^2}
$$

3 답안정리

$$
R_A = R_B ; \quad K_s = \frac{25EI}{56L^3}
$$

$$
R_A = \frac{25P}{56}(\uparrow), \quad R_B = \frac{25P}{56}(\uparrow)
$$

$$
\delta_A = \frac{R_A}{k_s} = \frac{PL^3}{EI}(\downarrow), \quad \delta_B = \frac{R_B}{2k_s} = \frac{PL^3}{2EI}(\downarrow)
$$

4개의 지점의 반력이 동일하도록 스프링상수 K를 구하시오. (EI＝일정, W＝단위하중)

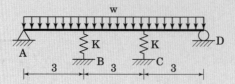

풀이 ○ 에너지법

❶ 변형에너지

$$\begin{cases} M_1 = (4.5W - R) \cdot x - \dfrac{W}{2} \cdot x^2 \\ M_2 = (4.5W - R) \cdot (3+x) - \dfrac{W}{2} \cdot (3+x)^2 + R \cdot x \end{cases}$$

$$U = 2 \times \left[\int_0^3 \frac{M_1^2}{2EI} dx + \int_0^{1.5} \frac{M_2^2}{2EI} dx + \frac{R^2}{2k} \right]$$

❷ 부정정력(R)

$$\frac{\partial U}{\partial R} = 0 \; ; \quad R = \frac{297kW}{2(45k + 2EI)} (\uparrow)$$

❸ 스프링 상수 k, 최종반력 R

$$R_A = R \; ; \quad (4.5W - R) = R 이므로$$

$$K = \frac{2EI}{21}, \quad R = \frac{9W}{4}$$

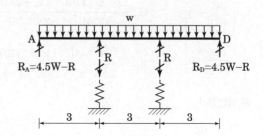

다음 그림과 같이 단순보 ABCD의 B점에 선형 탄성스프링을 보강하였다. 이 때, E점에서의 반력을 구하시오. (단, 스프링의 유연도(flexibility) $f = 1/k = 2\text{mm/kN}$이며, 보의 휨강도는 AB구간에서 $EI = 30000\text{kNm}^2$, BCD구간에서 $2EI = 60000\text{kNm}^2$이다.)

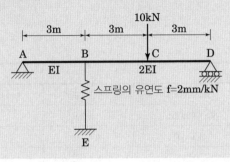

풀이 ○ 에너지법

❶ 상수값 정리

$$k = \frac{1}{2} \times 10^3 \text{kN/m}$$

$$EI = 3 \times 10^4 \times (10^{-3})^2 \text{kNm}^2$$

❷ 변형에너지

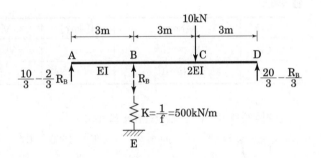

$$M_{AB} = \left(\frac{10}{3} - \frac{2}{3} \cdot R_B \right) \cdot x$$

$$M_{BC} = \left(\frac{10}{3} - \frac{2}{3} \cdot R_B \right)(x+3) + R_B \cdot x$$

$$M_{DC} = \left(\frac{20}{3} - \frac{R_B}{3} \right) \cdot x$$

$$U = \int_0^3 \frac{M_1^2}{2EI} dx + \int_0^3 \frac{M_2^2}{4EI} dx + \int_0^3 \frac{M_3^2}{4EI} dx + \frac{R_B^2}{2k}$$

❸ E점 반력

$$\frac{\partial U}{\partial R_B} = 0 \ ; \ \ R_B = R_E = 0.919\text{kN}(\uparrow)$$

그림은 연직하중을 받고 있는 원형강관구조물이다. 다음 각 물음에 답하시오. 여기서, 원형 강관의 제원 및 좌표는 아래 표와 같으며, 스프링계수(k)는 2.0kN/mm이며 강관의 자중은 무시한다.

(1) 스프링 지점의 반력
(2) 하중 재하점의 연직변위

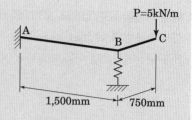

원형강관의 제원		구분	좌표(x, y, z) (mm)
단면적(A)	4500mm^2	A	(0, 0, 0)
단면2차모멘트(I)	8000000mm^4	B	(1500, 0, 0)
탄성계수(E)	200GPa	C	(1500, 750, 0)
포아송비	0.3	D	(1500, 0, −1000)

풀이 ○ 에너지법

1 부재력

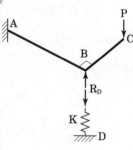

부재	M[Nmm]	T[Nmm]	V[N]	L[mm]
CB	$M_1 = -Px$	−	$V_1 = P$	750
BA	$M_2 = -(P-R_B) \cdot x$	$T_2 = -750P$	$V_2 = P - R_B$	1500

① 지점반력 및 처짐산정(전단변형 고려시)

$$U = \int_0^{750} \frac{M_1^2}{2EI}dx + \int_0^{1500} \frac{M_2^2}{2EI}dx + \frac{T_2^2 \cdot 1500}{2GJ} + \frac{R_B^2}{2k} + \kappa \cdot \left(\frac{V_1^2 \cdot 750}{2GA} + \frac{V_2^2 \cdot 1500}{2GA} \right)$$

$$P = 5000, \quad J = 2I, \quad G = \frac{E}{2(1+\nu)}, \quad \kappa = \frac{10}{9}(원형단면)$$

$$\frac{\partial U}{\partial R_B} = 0 \; ; \; R_B = 2930.36N(\uparrow)$$

$$\delta_C = \frac{\partial U}{\partial P} = 5.3444mm \, (\downarrow)$$

② 지점반력 및 처짐산정(전단변형 미고려시)

$$U = \int_0^{750} \frac{M_1^2}{2EI}dx + \int_0^{1500} \frac{M_2^2}{2EI}dx + \frac{T_2^2 \cdot 1500}{2GJ} + \frac{R_B^2}{2k}$$

$$P = 5000, \quad J = 2I$$

$$\frac{\partial U}{\partial R_B} = 0 \; ; \; R_B = 2922.08N(\uparrow)$$

$$\delta_C = \frac{\partial U}{\partial P} = 5.32823mm \, (\downarrow)$$

* 전단변형 고려시 처짐이 약 0.3% 증가(영향 미소)

아래 그림과 같은 자중이 20kN/m이고 길이가 90m인 균일단면 보에서 자중에 의한 최대 휨모멘트의 절대값이 최소가 되기 위한 스프링 계수 K를 구하고 이 때 보에 작용하는 휨모멘트도를 그리시오. 다만, 보의 휨강성 EI는 20000000kN·mm²이다.

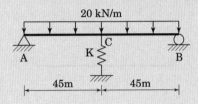

20 kN/m

풀이 ○ 변위일치법

1 적합조건

$$\frac{5\omega L^4}{384EI} - \frac{R_c L^3}{48EI} = \frac{R_c}{k}$$

$$R_c = \frac{5k\omega L^4}{8(kL^3 + 48EI)}$$

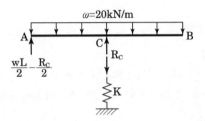

$$\omega = 20 \text{kN/m}$$

2 휨모멘트

$$M(x) = \left(\frac{\omega L}{2} - \frac{R_c}{2}\right) \cdot x - \frac{\omega x^2}{2}$$

$$\frac{dM}{dx} = 0 \; ; \quad x = \frac{L}{2} - \frac{R_c}{2\omega}$$

$$M_{max}^+ = M\left(x = \frac{L}{2} - \frac{R_c}{2\omega}\right) = \frac{(R_C - L\omega)^2}{8\omega}$$

$$M_{max}^- = M\left(\frac{L}{2}\right) = -\frac{L(2R_c - L \cdot \omega)}{8}$$

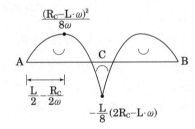

$$\frac{(R_C - L \cdot \omega)^2}{8\omega}$$

$$\frac{L}{2} - \frac{R_C}{2\omega}$$

$$-\frac{L}{8}(2R_C - L \cdot \omega)$$

3 k 산정

$$\begin{cases} M_{max}^+ = -M_{max}^- \; ; \; \dfrac{(R_C - L\omega)^2}{8\omega} = -\left(-\dfrac{L(2R_c - L \cdot \omega)}{8}\right) \\[4mm] R_c = \dfrac{5k\omega L^4}{8(kL^3 + 48EI)} \\[4mm] l = 90\text{m}, \quad EI = 2 \times 10^7 \text{kNm}^2, \quad \omega = 20\text{kN/m} \end{cases} \rightarrow \; k = \frac{384EI(5\sqrt{2} + 6)}{7L^3} = 19671.9\text{kN/m}$$

그림과 같이 3개의 스프링에 의해 지지된 중량 20kN인 균질한 강체 AB에 P=40kN의 강체 구슬을 올려놓으려 한다. 강체구슬이 굴러 떨어지지 않고 봉 AB가 수평하게 될 수 있는 위치(x)를 결정하시오. (단, 스프링 상수 $k_1=2.5$kN/mm, $k_2=1.5$kN/mm, $k_3=1.0$kN/mm이다.)

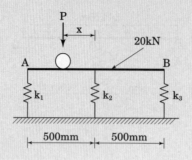

풀이 ● 변위일치법

❶ 강체 AB

$\Sigma F_y = 0$; $R_A + R_B + R_C - 40 - 20 = 0$ ··· ⓐ

$\Sigma M_A = 0$; $40 \cdot (0.5 - x) + 20 \cdot 0.5 - 0.5 R_B - R_C = 0$ ··· ⓑ

❷ 적합조건

$\dfrac{R_A}{2.5 \times 10^3} = \dfrac{R_B}{1.5 \times 10^3} = \dfrac{R_C}{1.0 \times 10^3} = \delta$ 이라 하면

$R_A = 2.5 \times 10^3 \cdot \delta$, $R_B = 1.5 \times 10^3 \cdot \delta$, $R_C = 1.0 \times 10^3 \cdot \delta$ ··· ⓒ

❸ ⓒ → ⓐ 대입

$\delta = 0.012$m($\downarrow$)이므로

$R_A = 30$kN, $R_B = 18$kN, $R_C = 12$kN ··· ⓓ

❹ ⓓ → ⓑ 대입

$x = 0.225$m $= 225$mm

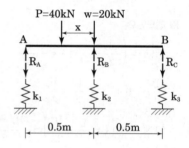

다음 그림과 같은 2경간 연속교에서 중간교각(BD부재)의 축방향강성($0 \leq K \leq \infty$)이 K일 때 다음 3가지 경우에 지점(B)의 수직반력(R_B)에 대한 영향선을 작성하시오. (단, 상부거더의 EI는 일정하고 D점의 수평반력과 모멘트반력은 무시한다.)

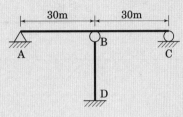

(1) K=∞일 때　　　(2) K=0일 때　　　(3) 임의의 값 K일 때

풀이 ○ 에너지법

❶ 변형에너지

$$\begin{cases} M_1 = \left(1 - \dfrac{a}{90} - \dfrac{R_B}{2}\right) \cdot x \\[2mm] M_2 = \left(1 - \dfrac{a}{90} - \dfrac{R_B}{2}\right) \cdot (x+a) - x \\[2mm] M_3 = \left(\dfrac{a}{90} - \dfrac{R_B}{2}\right) \cdot x \end{cases}$$

$$U = \int_0^a \frac{M_1^2}{2EI}dx + \int_0^{30-a} \frac{M_2^2}{2EI}dx + \int_0^{30} \frac{M_3^2}{2EI}dx + \frac{R_B^2}{2k}$$

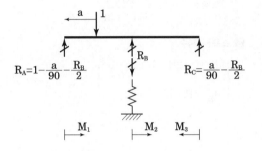

❷ R_B 산정

$$\frac{\partial U}{\partial R_B} = 0 \ ; \quad R_B = \frac{-k \cdot a(a^2 - 2700)}{12(4500k + EI)} \quad [0 \leq a \leq 30]$$

❸ 강성 변화에 따른 영향선

① k=∞일 때

$$R_B = \frac{-a^3 + 2700a}{54000}$$

② k=0일 때

$$R_B = 0$$

③ k-=임의값 일 때

$$R_B = \frac{-k \cdot a(a^2 - 2700)}{12(4500k + EI)}$$

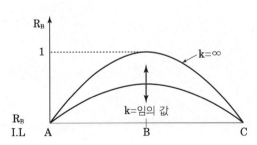

다음 그림과 같은 구조물에서 $M_A = 1.5M_B$일 때, 스프링계수 K_s값을 구하시오.

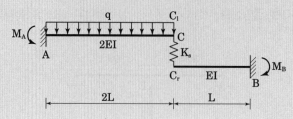

풀이 ○ 에너지법

1 스프링 반력산정

$$U = \int_0^{2L} \frac{\left(R \cdot x - \frac{qx^2}{2}\right)^2}{2 \cdot 2EI} dx + \int_0^L \frac{(R \cdot x)^2}{2EI} dx + \frac{R^2}{2k}$$

$$\frac{\partial U}{\partial R} = 0 \; ; \quad R = \frac{3kL^4 q}{5kL^3 + 3EI}$$

2 스프링 계수

$$\left\{ \begin{array}{l} M_A = -2R \cdot L + 2q \cdot L^2 \\ M_B = R \cdot L \end{array} \right\} \quad \rightarrow \quad M_A = 1.5M_B \; ; \quad K = \frac{12EI}{L^3}$$

그림과 같이 스프링상수가 k인 탄성스프링으로 지지된 보에 대하여 각 지점의 반력(M_1, F_1, F_2, F_3)과 처짐(δ_2, δ_3)을 구하시오.

[조건]

- 단면2차모멘트 : $I = 0.1728m^4$
- 재료의 탄성계수: $E = 21000MPa$
- 스프링 상수 : $k = 13440kN/m$

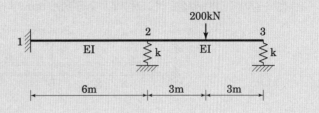

풀이 ○ 에너지법

1 변형에너지

$$E = 21000 \cdot 10^{-3} / (10^{-3})^2 kN/m^2$$

$$M_a = F_3 \cdot x$$

$$M_b = F_3(x+3) - 200x$$

$$M_c = F_3(x+6) - 200(x+3) + F_2 \cdot x$$

$$U = \int_0^3 \frac{M_a^2}{2EI} dx + \int_0^3 \frac{M_b^2}{2EI} dx + \int_0^6 \frac{M_c^2}{2EI} dx + \frac{F_2^2 + F_3^2}{2k}$$

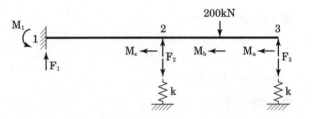

2 부정정력 산정

$$\left. \begin{array}{l} \dfrac{\partial U}{\partial F_2} = 0 \\[2mm] \dfrac{\partial U}{\partial F_3} = 0 \end{array} \right\} \rightarrow \quad \begin{array}{l} F_2 = 31.9042kN \\[2mm] F_3 = 79.3821kN \end{array}$$

3 반력산정

$$\left. \begin{array}{l} \Sigma F_y = 0 ; \quad F_1 + F_2 + F_3 - 200 = 0 \\[2mm] \Sigma M_1 = 0 ; \quad -M_1 - 6F_2 + 200 \cdot 9 - 12F_3 = 0 \end{array} \right\} \rightarrow \quad \begin{array}{l} F_1 = 88.7137kN \\[2mm] M_1 = 655.99kNm \end{array}$$

4 처짐

$$\delta_2 = \frac{F_2}{k} = 0.002374\,m\,(\downarrow)$$

$$\delta_3 = \frac{F_3}{k} = 0.005906\,m\,(\downarrow)$$

일단고정 캔틸레버 보의 자유단에 스프링이 설치된 다음과 같은 구조계에서 작용 하중에 따른 C점의 변위를 계산하고, C점의 처짐이 5mm가 되는 스프링 계수 값(K)을 구하시오.(단, 탄성계수(E=200000MPa)와 단면계수는 전체 길이에 걸쳐 일정하며, 그림의 치수 단위는 mm이다.)

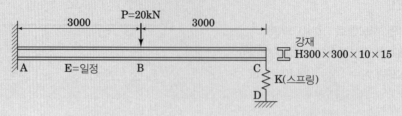

풀이⊙ 에너지법

❶ 기본사항

$$I = \left(\frac{300^4}{12} - \frac{(290 \cdot 270^3)}{12} \right) \cdot 10^{-12} m^4$$

$$E = 200 \cdot 10^6 kN/m^2$$

❷ 스프링 반력

$$M_1 = R \cdot x$$

$$M_2 = R(x+3) - Px$$

$$U = \int_0^3 \frac{M_1^2 + M_2^2}{2EI} dx + \frac{R^2}{2k}$$

$$\frac{\partial U}{\partial R} = 0 \ ; \quad R = \frac{5kP}{16K + 8859}$$

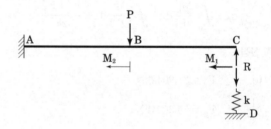

❸ 스프링 계수

$$\frac{R}{k} = 0.005 \Big|_{P=20} \ ; \quad k = 696.313 kN/m$$

다음 그림과 같은 강체(rigid body)에 수직하중 P가 b점에 작용할 때, 지점 a에서의 수직반력을 구하시오. (단, b점의 스프링계수는 k이고, c점의 스프링 계수는 2k이다.)

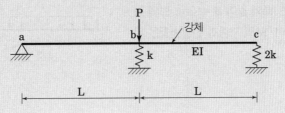

풀이 에너지법

❶ C점 반력

$$\Sigma M_A = 0 \; ; \quad R_C = \frac{P}{2} - \frac{R}{2}$$

❷ 변형에너지

$$U = \frac{R^2}{2k} + \frac{1}{2 \cdot 2k} \cdot \left(\frac{P}{2} - \frac{R}{2}\right)^2$$

❸ 반력산정

$$\frac{\partial U}{\partial R} = 0 \; ; \quad R = \frac{P}{9}$$

❹ A점 수직반력

$$\Sigma F_y = 0 \; ; \quad -P + R_A + R + \left(\frac{P}{2} - \frac{R}{2}\right) = 0$$

$$R_A = \frac{4}{9}P(\uparrow)$$

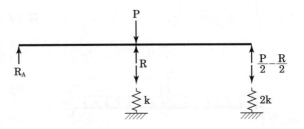

C점의 모멘트가 1,000kNm이 되게 하는 스프링상수 K값을 구하시오. (단, 보의 탄성계수 $E_b = 50000$MPa, 보의 단면2차모멘트 $I_b = 0.50m^4$, 보의 길이 $L = 10m$, 보의 등분포하중 $w = 100$kN/m이며, 보의 자중과 전단변형은 무시한다.)

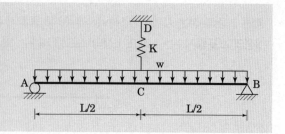

풀이 ○ 에너지법

1 변형에너지

$$M = \left(\frac{wL}{2} - \frac{T}{2}\right) \cdot x - \frac{wx^2}{2}$$

$$U = 2 \times \int_0^{L/2} \frac{M^2}{2E_b I_b} dx + \frac{T^2}{2k}$$

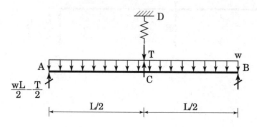

2 스프링 부재력

$$\frac{\partial U}{\partial T} = 0 \;\; ; \;\; T = \frac{5kwL^4}{8\left(48E_b I_b + kL^3\right)}$$

3 스프링 상수

$$M\left(\frac{L}{2}\right) = 1000 \;\; ; \;\; k = \frac{192E_b I_b\left(wL^2 - 8000\right)}{L^3\left(wL^2 + 32000\right)}$$

$$E_b I_b = 50000 \cdot \frac{10^{-3}}{\left(10^{-3}\right)^2} \cdot 0.5 = 2.5 \cdot 10^7 \text{kNm}^2$$

$w = 100$kN, $L = 10m$ 이므로

$k = 228571$kN/m

다음 그림과 같은 등분포하중을 받는 보에서 A, B, C점에서 같은 반력을 받도록 스프링 계수(k)를 구하시오. (단, EI일정)

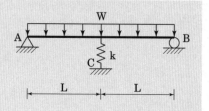

풀이 ○ 에너지법

1 평형방정식

$$R_A = R_B = WL - \frac{R_C}{2}(\uparrow)$$

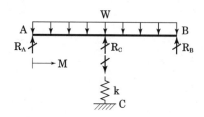

2 변형에너지

$$M = R_A \cdot x - W \cdot x^2/2$$

$$U = 2 \times \int_0^L \frac{M^2}{2EI} dx + \frac{R_C^2}{2k}$$

3 반력산정

$$\frac{\partial U}{\partial R_C} = 0 \;\; ; \;\; R_C = \frac{5kWL^4}{4\left(6EI + kL^3\right)}$$

3 스프링 계수

$$R_A = R_C; \;\; k = \frac{48EI}{7L^3}$$

다음 그림과 같은 구조물에서 AB부재가 수평이 될 때 (1) C, D, E점의 반력 (2) P하중의 작용위치 x를 구하시오. (단, $k_C = 50N/cm$, $k_D = 30N/cm$, $k_E = 20N/cm$, CD와 DE의 거리는 각각 1m이다.)

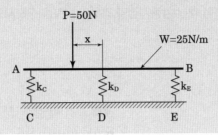

풀이 ○ 에너지법

❶ 평형조건

$$\begin{cases} \Sigma M_B = 0 \; ; \quad R_C \cdot 2 + R_D - 50 \cdot (1+x) - 25 \cdot \dfrac{2^2}{2} = 0 \\ \Sigma F_y = 0 \; ; \quad R_C + R_D + R_E - 50 - 25 \cdot 2 = 0 \end{cases}$$

$$\rightarrow \quad \begin{aligned} R_C &= 50x + R_E \\ R_D &= -2(25x + R_E - 50) \end{aligned}$$

❷ 적합조건

$$\begin{cases} \delta_C = \delta_D \; ; \quad \dfrac{R_C}{5000} = \dfrac{R_D}{3000} \\ \delta_C = \delta_E \; ; \quad \dfrac{R_C}{5000} = \dfrac{R_E}{2000} \end{cases} \rightarrow \begin{aligned} R_E &= 20N \\ x &= 0.6m \end{aligned}$$

$$\therefore x = 0.6m, \quad R_C = 50N, \quad R_D = 30N, \quad R_E = 20N$$

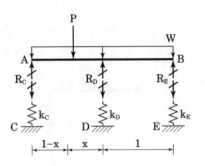

캔틸레버보의 자유단에 스프링 지점이 연결되어 있는 1차 부정정 구조물이다. 보의 휨 강성이 EI이고 스프링 상수가 k_s일 때 Castigliano의 정리(최소 일의 방법)를 이용하여 B점의 반력을 구하고 스프링 지점 대신 가동지점일 경우의 반력을 구하시오.

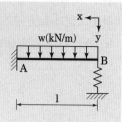

풀이 1. 에너지법

❶ 스프링 지점인 경우

$$U_1 = \int_0^l \frac{\left(R_{B1} \cdot x - \frac{wx^2}{2}\right)^2}{2EI} dx + \frac{R_{B1}^2}{2k_s}$$

$$\frac{\partial U_1}{\partial R_{B1}} = 0 \ ; \ R_{B1} = \frac{3k_s wl^4}{8(3EI + k_s l^3)}$$

$$= \frac{3wl}{8}\left(1 - \frac{k_b}{k_b + k_s}\right)\left(k_b = \frac{3EI}{l^3}\right)$$

❷ 가동 지점인 경우

$$U_2 = \int_0^l \frac{\left(R_B \cdot x - \frac{wx^2}{2}\right)^2}{2EI} dx$$

$$\frac{\partial U_2}{\partial R_B} = 0 \ ; \ R_B = \frac{3wl}{8}$$

풀이 2. 매트릭스 변위법

❶ 스프링 지점인 경우

$$A = \begin{bmatrix} 0 & 1 & 0 \\ 0 & \frac{1}{l} & 1 \end{bmatrix} \qquad S = \begin{bmatrix} 4EI/l & 2EI/l & 0 \\ 2EI/l & 4EI/l & 0 \\ 0 & 0 & k \end{bmatrix}$$

$$d = (ASA^T)^{-1}\left[-\frac{w \cdot l^2}{12} \quad -\frac{w \cdot l}{2}\right]^T$$

$$Q = SA^T d + \left[-\frac{w \cdot l^2}{12} \quad \frac{w \cdot l^2}{12} \ 0\right]^T$$

$$R_{B1} = -Q[3,1] = \frac{3k_s wl^4}{8(3EI + k_s l^3)}(\uparrow)$$

❷ 가동 지점인 경우

$$A = \begin{bmatrix} 0 & 1 \end{bmatrix} \qquad S = \begin{bmatrix} 4EI/l & 2EI/l \\ 2EI/l & 4EI/l \end{bmatrix}$$

$$d = (ASA^T)^{-1}\left[-\frac{w \cdot l^2}{12}\right]^T$$

$$Q = SA^T d + \left[-\frac{w \cdot l^2}{12} \quad \frac{w \cdot l^2}{12}\right]^T = \left[-\frac{wl^2}{8} \ 0\right]^T$$

$$R_{B2} = \frac{1}{l} \cdot \left(-\frac{wl^2}{8} + \frac{wl^2}{2}\right) = \frac{3wl}{8}(\uparrow)$$

그림의 단순보 AB는 중간점 C에서 스프링 상수 k를 갖는 스프링에 의해서 지지되어 있다. 보의 휨강성은 EI이 고 길이는 2L이다. 등분포하중 q로 인한 보의 최대모멘트가 최소가 되기 위한 스프링 상수 k의 값을 구하시오. (20점)

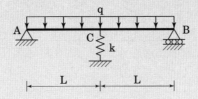

풀이 ○ 변위일치법

❶ 부정정력 산정

$$\frac{5q(2L)^4}{384EI} - \frac{R(2L)^3}{48EI} = \frac{R}{k} \quad \rightarrow \quad R = \frac{5qkL^4}{4(kL^3 + 6EI)}$$

❷ 휨모멘트

$$M_x = q \cdot L \cdot x - \frac{R}{2} \cdot x - \frac{q \cdot x^2}{2}$$

$$\frac{\partial M_x}{\partial x} = 0 \; ; \quad x = L - \frac{R}{2q}$$

$$M_1 = \frac{1}{8q}(2 \cdot q \cdot L - R)^2$$

$$M_2 = \frac{L}{2} \cdot (qL - R)$$

❸ 스프링 상수

$$M_1 + M_2 = 0 \; ; \quad k = \frac{48EI}{7L^3}(5\sqrt{2} + 6) = \frac{89.6302EI}{L^3}$$

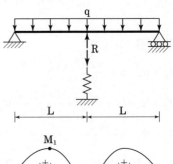

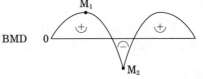

아래 구조물에서 4개 지점의 반력이 동일하도록 스프링 상수 k를 결정하시오. (20점)

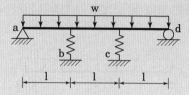

풀이 ○ 에너지법

1 평형방정식

$$\begin{cases} \Sigma F_x = 0 \;; \quad R_a + R_b + R_c + R_d - 3wl = 0 \\ \Sigma M_d = 0 \;; \quad -1 \cdot R_b - 2l \cdot R_c - 3l \cdot R_d + w \cdot \dfrac{(3l)^2}{2} = 0 \end{cases} \rightarrow \begin{cases} R_a = \dfrac{9wl - 2(2R_b - R_c)}{6} \\ R_d = \dfrac{9wl - 2(R_b - 2R_c)}{6} \end{cases}$$

2 변형에너지

$$\begin{cases} M_1 = R_a \cdot x - \dfrac{wx^2}{2} \\ M_2 = R_a \cdot (x+1) - w \cdot \dfrac{(x+1)^2}{2} + R_b \cdot x \\ M_3 = R_d \cdot x - \dfrac{wx^2}{2} \end{cases}$$

$$U = \int_0^1 \frac{M_1^2 + M_2^2 + M_3^2}{2EI} dx + \frac{R_b^2}{2k} + \frac{R_c^2}{2k}$$

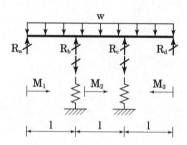

3 반력산정

$$\begin{cases} \dfrac{\partial U}{\partial R_b} = 0 \\ \dfrac{\partial U}{\partial R_c} = 0 \end{cases} \rightarrow \quad R_b = R_c = \frac{11wl^4 \cdot k}{2(5kl^3 + 6EI)}, \quad R_a = R_d = \frac{(2kl^3 + 9EI)wl}{5kl^3 + 6EI}$$

4 스프링 상수 k

모든 지점의 반력 동일

$$R_a = R_b \;; \quad k = \frac{18EI}{7l^3}$$

다음 구조물에서 고정지점 A에 Δ의 침하가 발생하였을 때, B점의 수직변위와 A점의 휨모멘트 반력을 구하시오. (단, 부재 AB의 휨강성 EI는 일정하고 B점에 연결된 부재의 스프링상수는 k이다) (20점)

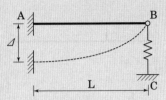

풀이 ○ 에너지법

❶ 포텐셜 에너지

$$U = \int_0^L \frac{(R_A \cdot x)^2}{2EI} dx + \frac{R_A^2}{2k}$$

$$V = -R_A \cdot \Delta$$

$$\Pi = U + V$$

❷ A점 휨모멘트

$$\frac{\partial \Pi}{\partial R_A} = 0 \ ; \quad R_A = \frac{3\Delta k EI}{kL^3 + 3EI}$$

$$M_A = R_A \cdot L = \frac{3\Delta k EIL}{kL^3 + 3EI} (\curvearrowright)$$

❸ B점 수직변위

$$\delta_B = \frac{R_A}{k} = \frac{3\Delta EI}{kL^3 + 3EI}$$

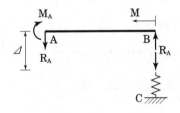

다음 그림과 같이 지점 A는 고정단, 지점 C는 스프링으로 지지되어 있는 보−스프링 복합 구조물에 대한 다음 물음에 답하시오. (단, 보의 휨강성은 EI로 일정하다) (총 20점)

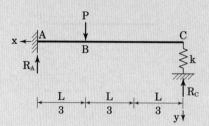

(1) 보의 처짐과 스프링의 변형에 대한 적합방정식을 유도하시오. (4점)

(2) 스프링 상수를 k로 가정한 경우, 지점 C에서 $x = \dfrac{2L}{3}$ 위치인 B점에 집중하중 P가 작용할 때, 지점 A와 C의 반력 R_A와 R_C를 계산하시오. (8점)

(3) 스프링 상수 k = ∞로 가정한 경우, 지점 C에서 $x = \dfrac{2L}{3}$ 위치인 B점에 집중하중 P가 작용할 때, 지점 A와 C의 반력 R_A와 R_C를 계산하시오. (8점)

풀이 ● 변위일치법

1 적합방정식

$$\delta_1 = \int_0^{2L/3} \frac{R_C x(-x)}{EI}dx + \int_0^{L/3} \frac{\left(R_C\left(x + \dfrac{2L}{3}\right) - Px\right) \cdot (-(x + 2L/3))}{EI}$$

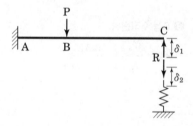

$$= \frac{L^3}{81EI}(4P - 27R_C)$$

$$\delta_2 = R_C / k$$

$$\delta_1 = \delta_2 \ ; \quad \frac{L^3}{81EI}(4P - 27R_C) = \frac{R_C}{K}$$

> **참고**
>
> 공식을 이용한 검산
>
> $$\delta_1 = \frac{P\left(\dfrac{L}{3}\right)^2}{3EI} + \frac{P\left(\dfrac{L}{3}\right)^2}{2EI} \cdot \frac{2L}{3} - \frac{R_C L^3}{3EI} = \frac{L^3}{81EI}(4P - 27R_C) \ (\text{OK})$$

2 스프링상수 k일 때 반력

$$\delta_1 = \delta_2 \ ; \quad R_C = \frac{4PkL^3}{27(kL^3 + 3EI)}(\uparrow)$$

$$\Sigma F_y = 0 \ ; \quad R_A = P - R_C = \frac{4P \cdot EI}{9(kL^3 + 3EI)} + \frac{23}{27}P(\uparrow)$$

3 스프링상수 k = ∞일 때 반력

$$R_A = \frac{23}{27}P(\uparrow) \qquad\qquad R_C = \frac{4}{27}P(\uparrow)$$

그림과 같이 2개의 외팔보가 스프링으로 연결된 구조물에서 지점 A에서의 모멘트 M_A와 지점 B에서의 모멘트 M_B가 $M_A = 1.5M_B$의 조건을 만족할 때, 스프링상수 k를 구하시오. (20점)

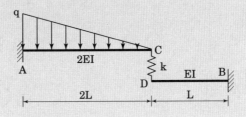

풀이 ● 1.에너지법

① 변형에너지

$$M_1 = R \cdot x - \frac{1}{2} \cdot \frac{q}{2L} \cdot x \cdot x \cdot \frac{x}{3}$$

$$M_2 = -R \cdot x$$

$$U = \int_0^{2L} \frac{M_1^2}{4EI}dx + \int_0^L \frac{M_2^2}{2EI}dx + \frac{R^2}{2k}$$

② 스프링 부재력

$$\frac{\partial U}{\partial R} = 0 \; ; \; R = \frac{4kL^4q}{5(5kL^3 + 3EI)}$$

③ 스프링 상수

$$M_A = 1.5M_B \; ;$$

$$R \cdot 2L - \frac{q \cdot 2L}{2} \cdot \frac{2L}{3} = -1.5 \cdot R \cdot L$$

$$\therefore k = -3.7499\frac{EI}{L^3} (k < 0이므로 문제 오류로 판단됨)$$

* $k > 0$이기 위해서 $\frac{M_A}{M_B} > \frac{13}{6}(= 2.1667)$이어야 한다. (즉, 스프링이 있다면 M_A는 최소한 $2.16M_B$ 이상이라는 의미)

따라서, 주어진 구조물에서 $M_A = 1.5M_B$를 만족하는 k는 존재하지 않는다.

참고

$M_A = 2.17M_B$인 경우 : $k = \frac{750EI}{L^3} > 0$ (O.K)

$M_A = 2.67M_B$인 경우 : $k - \frac{-375\ EI}{L^3} < 0$ (N.G)

1 평형매트릭스(A), 부재 강도매트릭스

$$A = \begin{bmatrix} 0 & 1 & 0 & 0 & 0 \\ 0 & 0 & 1 & 0 & 0 \\ \dfrac{1}{2L} & \dfrac{1}{2L} & 0 & 0 & 1 \\ 0 & 0 & -\dfrac{1}{L} & -\dfrac{1}{L} & -1 \end{bmatrix}$$

$$S = \begin{bmatrix} [a] & & \\ & [a] & \\ & & k \end{bmatrix} \qquad [a] = \dfrac{EI}{L}\begin{bmatrix} 4 & 2 \\ 2 & 4 \end{bmatrix}$$

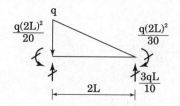

2 부재력(Q)

$$FEM = \begin{bmatrix} \dfrac{-q(2L)^2}{20} & \dfrac{q(2L)^2}{30} & 0 & 0 & 0 \end{bmatrix}^T$$

$$P = \begin{bmatrix} \dfrac{-q(2L)^2}{30} & 0 & \dfrac{-3qL}{10} & 0 \end{bmatrix}^T$$

$$Q = SA^T(ASA^T)^{-1}P + FEM$$

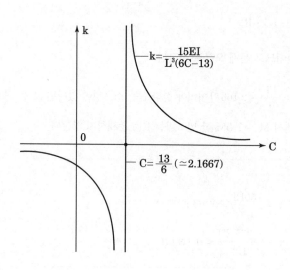

3 $\dfrac{M_A}{M_B}$ 비

$$C = \dfrac{M_A}{M_B} = \dfrac{Q[1,1]}{-Q[4,1]} \quad \rightarrow \quad k = \dfrac{15EI}{L^3(6C-13)}$$

$$\therefore \ k > 0 이기\ 위해서\ \dfrac{M_A}{M_B} > \dfrac{13}{6}(=2.1667)\ 이어야\ 한다.$$

그림과 같이 A단부는 고정되어 있고 B단부는 단순지지되어 등분포 하중을 지지하는 보에서 B단부에 12mm의 부동침하가 생겼을 때 A단부에 생기는 부모멘트의 값을 강성행렬법으로 계산하시오. (단, $E = 24 \times 10^3 \text{N/mm}^2$, $I = 5.4 \times 10^9 \text{N/mm}^4$으로 한다.)

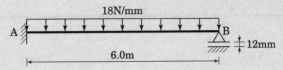

풀이 ○ 매트릭스 변위법

1 평형 매트릭스(A)

$$P_1 = Q_2 \quad \rightarrow \quad A = [0 \quad 1]$$

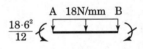

2 전부재 강도매트릭스(S)

$$S = \frac{EI}{6} \times \begin{bmatrix} 4 & 2 \\ 2 & 4 \end{bmatrix}$$

$$EI = 24 \cdot 10^3 \cdot 5.4 \cdot 10^9 \cdot (10^{-3})^3$$

3 고정단 모멘트(FEM), 등가격점하중(P)

$$FEM = [-259.2 - 54 \quad 54 - 259.2]^T = [-313.2 \quad -205.2]^T$$

$$P = [-(54 - 259.2)] = [205.2]$$

4 부재내력(Q)

$$Q = SA^T(ASA^T)^{-1} + FEM = [-210.6 \quad 0]^T$$

$$M_A = -210.6 \text{kNm} = 210.6 \text{kNm}(\curvearrowleft)$$

다음 그림과 같이 하중과 지점침하가 일어난 보의 모멘트도(BMD)를 작성하시오. (단, $EI = 2.4 \times 10^5 kN \cdot m^2$, $\Delta B = 4cm$, $\Delta C = 3cm$)

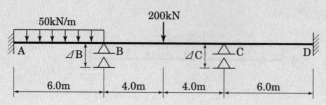

풀이 처짐각법

1 기본사항

$$FEM_{AB} = -\frac{50 \cdot 6^2}{12} = -150kNm$$

$$FEM_{BC} = -\frac{200 \cdot 8}{8} = -200kNm$$

$$FEM_{BA} = \frac{50 \cdot 6^2}{12} = 150kNm$$

$$FEM_{CB} = \frac{200 \cdot 8}{8} = 200kNm$$

2 처짐각 방정식

$$M_{AB} = \frac{2EI}{6}\left(\theta_B - \frac{3 \times 0.04}{6}\right) - 150 \qquad M_{BA} = \frac{2EI}{6}\left(2\theta_B - \frac{3 \times 0.04}{6}\right) + 150$$

$$M_{BC} = \frac{2EI}{8}\left(2\theta_B + \theta_C + 3 \times \frac{0.01}{8}\right) - 200 \qquad M_{CB} = \frac{2EI}{8}\left(\theta_B + 2\theta_C + 3 \times \frac{0.03}{6}\right) + 200$$

$$M_{CD} = \frac{2EI}{6}\left(2\theta_C + 3 \times \frac{0.03}{6}\right) \qquad M_{DC} = \frac{2EI}{6}\left(\theta_C + 3 \times \frac{0.03}{6}\right)$$

3 절점방정식

$$\begin{cases} \Sigma M_B = 0 \; ; \; M_{BA} + M_{BC} = 0 \\ \Sigma M_C = 0 \; ; \; M_{CB} + M_{CD} = 0 \end{cases} \rightarrow \begin{array}{l} \theta_B = 0.006638(rad) \\ \theta_C = -0.007226(rad) \end{array}$$

4 재단모멘트 (단위 : kN · m)

$M_{AB} = -1218.98$	$M_{BA} = -387.968$
$M_{BC} = 387.968$	$M_{CB} = -43.85$
$M_{CD} = 43.85$	$M_{DC} = 621.925$

5 FBD, SFD, BMD

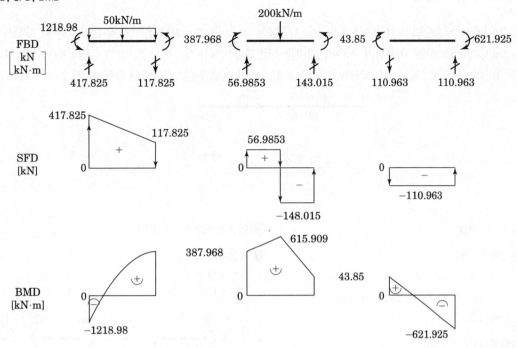

다음 그림에서 부정정보가 B점에서 4.5mm, C점에서 3mm의 수직방향 침하가 발생하였을 때 유연도법 (flexibility method)을 이용하여 지점의 반력과 모멘트를 구하시오. (단, $E = 200 \times 10^6 kN/m^2$, $I = 160 \times 10^{-6}m^4$이고, 반력단위는 kN, 모멘트는 $kN \cdot m$를 사용하며 소수점 3자리까지 표현하시오.)

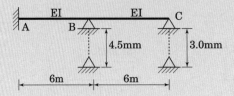

풀이 1. 에너지법

1 기본사항(N, mm)

$E = 200 \times 10^6 \times 10^3/10^6 = 200 \times 10^3 MPa$

$I = 160 \times 10^{-6} \times (10^3)^4 = 160 \times 10^6 mm^4$

$L = 6000mm$

2 포텐셜 에너지

$\begin{cases} M_1 = R_c \cdot x \\ M_2 = R_c(x + 6000) + R_B \cdot x \end{cases}$

$U = \int_0^{6000} \frac{M_1^2 + M_2^2}{2EI} dx$

$V = R_B \cdot 4.5 + R_c \cdot 3$

$\Pi = U + V$

3 반력, 모멘트

$\begin{cases} \dfrac{\partial \Pi}{\partial R_B} = 0 \\ \dfrac{\partial \Pi}{\partial R_C} = 0 \end{cases} \rightarrow \begin{cases} R_B = -7.238kN \\ R_C = 2.095kN \end{cases}$

$\rightarrow \begin{cases} M_A = M_2(6000) = -18.2857\,kNm \\ M_B = M_2(0) = 12.5714kNm \end{cases}$

풀이 2. 매트릭스 변위법

1 평형매트릭스(A)

$\begin{cases} P_1 = Q_2 + Q_3 \\ P_2 = Q_4 \end{cases} \rightarrow A = \begin{bmatrix} 0 & 1 & 1 & 0 \\ 0 & 0 & 0 & 1 \end{bmatrix}$

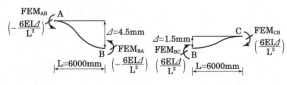

2 전부재강도 매트릭스 (S)

$S = \begin{bmatrix} [a] & \\ & [a] \end{bmatrix}, \quad [a] = \frac{EI}{L} \begin{bmatrix} 4 & 2 \\ 2 & 4 \end{bmatrix}$

3 고정단 모멘트

$FEM_{AB} = -\frac{6EI(4.5)}{L^2} = -24 \times 10^6 Nmm = FEM_{BA}$

$FEM_{BC} = \frac{6EI(4.5 - 3)}{L^2} = 8 \times 10^6 Nmm = FEM_{CB}$

4 변위(d)

$FEM = \begin{bmatrix} FEM_{AB} & FEM_{BA} & FEM_{BC} & FEM_{CB} \end{bmatrix}^T$

$P = -A \cdot FEM$

$d = (ASA^T)^{-1}P = [0.000536, \quad -0.000643]^T (rad)$

5 부재력(Q)

$Q = SA^T(ASA^T)^{-1}P + FEM$

$= [-1.82857, \quad -1.25714, \quad 1.25714, \quad 0]^T \times 10^7 Nmm$

$= [-18.2857, \quad -12.5714, \quad 12.5714, \quad 0]^T kNm$

다음 연속보의 C점에 2cm의 처짐이 발생하였을 때 재단모멘트를 구하시오. (단, $E = 4.0 \times 10^3 kN \cdot m^2$)

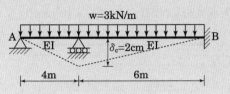

풀이 ○ 에너지법

① 구간별 모멘트

$$M_1 = R_A x - \frac{3}{2} x^2 \qquad\qquad 0 < x < 4$$

$$M_2 = R_A (x+4) - \frac{3}{2}(x+4)^2 + R_C x \qquad 0 < x < 6$$

② 포텐셜 에너지

$$EI = 4 \cdot 10^3 kNm^2$$

$$U = \int_0^4 \frac{M_1^2}{2EI} dx + \int_0^6 \frac{M_2^2}{2EI} dx$$

$$V = R_C \cdot 0.02$$

$$\pi = U + V$$

③ 부정정력 산정

$$\frac{\partial \pi}{\partial R_A} = 0, \quad \frac{\partial \pi}{\partial R_C} = 0$$

$$R_A = 7.632 kN(\uparrow), \quad R_C = 8.374 kN(\uparrow)$$

④ 재단 모멘트

$$M_c = R_A \cdot 4 - \frac{3 \cdot 4^2}{2} = 6.53 kNm (\smile)$$

$$M_B = R_A \cdot 10 + R_C \cdot 6 - \frac{3 \cdot 10^2}{2}$$

$$= -23.43 kNm = 23.43 kNm (\frown)$$

다음 그림과 같은 연속보에서 B지점의 5mm 침하되었을 경우 재단모멘트와 각 지점의 반력을 구하고 휨모멘트도와 전단력도를 도시하시오. (단, $E = 205000\text{MPa}$, $I = 403 \times 10^6 \text{mm}^4$)

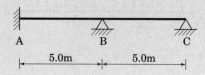

풀이 ○ 처짐각법

① 처짐각 방정식

$$M_{AB} = \frac{2EI}{5000}\left(\theta_B - \frac{3 \times 5}{5000}\right) \qquad M_{BA} = \frac{2EI}{5000}\left(2\theta_B - \frac{3 \times 5}{5000}\right)$$

$$M_{BC} = \frac{2EI}{5000}\left(2\theta_B + \theta_C + \frac{3 \times 5}{5000}\right) \qquad M_{CB} = \frac{2EI}{5000}\left(\theta_B + 2\theta_C + \frac{3 \times 5}{5000}\right)$$

② 절점방정식

$$\begin{cases} \Sigma M_B = 0 \ M_{BA} + M_{BC} = 0 \\ \Sigma M_C = 0 \ M_{CB} = 0 \end{cases} \rightarrow \quad \begin{aligned} \theta_B &= \frac{3}{7000} \\ \theta_C &= -\frac{3}{1750} \end{aligned}$$

③ 재단 모멘트

$$M_{AB} = -84.98\text{kN}\cdot\text{m} \qquad\qquad M_{BA} = -70.81\text{kN}\cdot\text{m}$$

$$M_{BC} = 70.81\text{kN}\cdot\text{m} \qquad\qquad M_{CB} = 0$$

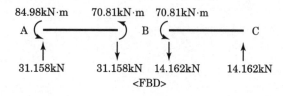

<FBD>

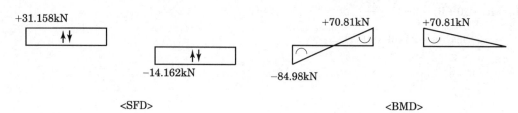

<SFD>   <BMD>

다음 구조물의 A지점이 시계방향으로 3° 회전하였다. EI = 9,300kN·m²일 때 M_A를 구하고 B. M. D을 그리시오.

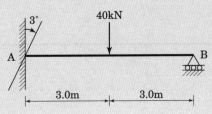

풀이 처짐각법

1 기본사항

$$\text{FEM}_{AB} = -\frac{40 \cdot 6^2}{8} = -30\text{kN}$$

$$\text{FEM}_{BA} = 30\text{kN}$$

2 처짐각 방정식

$$\begin{cases} M_{AB} = \dfrac{2EI}{L}\left(2 \times 3 \cdot \dfrac{\pi}{180} + \theta_B\right) - 30 \\ M_{BA} = \dfrac{2EI}{L}\left(3 \cdot \dfrac{\pi}{180} + 2\theta_B\right) + 30 \end{cases}$$

3 적합조건

$$M_{BA} = 0 \; ; \quad \theta_B = -0.031019$$

4 반력

$$M_A = 198.473\text{kN·m} \,(\curvearrowright)$$

$$V_A = 13.0789\text{kN}(\downarrow)$$

$$V_B = 53.0789\text{kN}(\uparrow)$$

FBD
$\begin{bmatrix} \text{kN} \\ \text{kN·m} \end{bmatrix}$

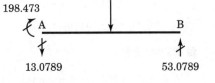

SFD
[kN]

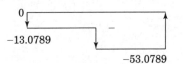

BMD
[kN·m]

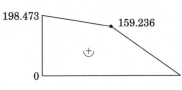

다음과 같은 연속보에서 지점 B가 δ만큼 침하되었을 때 각 지점의 휨모멘트와 휨모멘트도(BMD)를 구하시오.
(단, EI 일정, 3연모멘트법 적용)

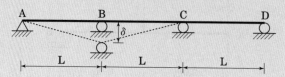

풀이 1. 3연 모멘트법

1 기본공식

$$M_L\left(\frac{L}{I}\right)_L + 2M_C\left(\frac{L}{I}\bigg|_L + \frac{L}{I}\bigg|_R\right) + M_R\left(\frac{L}{I}\right)_R$$
$$= -6E(\theta_L + \theta_R) + 6E(\beta_R + \beta_L)$$

2 휨모멘트 산정

$$\begin{cases} 부재 \ ABC \ ; \ 2M_B\left(\frac{L}{I} + \frac{L}{I}\right) + M_c\left(\frac{L}{I}\right) = 6E\left(\frac{\delta}{L} + \frac{\delta}{L}\right) \\ 부재 \ BCD \ ; \ M_B\left(\frac{L}{I}\right) + 2M_c\left(\frac{L}{I} + \frac{L}{I}\right) = 6E\left(\frac{\delta}{L}\right) \end{cases}$$

$$\rightarrow \quad \begin{aligned} M_B &= \frac{18EI\delta}{5L^2} \\ M_C &= \frac{-12EI\delta}{5L^2} \end{aligned}$$

풀이 2. 에너지법

1 변형에너지

$$\begin{cases} M_1 = Ax \\ M_2 = A(x+L) + Bx \\ M_3 = (2A+B)x \end{cases}$$

$$\rightarrow \quad U = \int_0^L \frac{M_1^2 + M_2^2 + M_3^2}{2EI}dx + B\cdot\delta$$

2 반력산정

$$\begin{cases} \dfrac{\partial U}{\partial A} = 0 \\ \dfrac{\partial U}{\partial B} = 0 \end{cases} \rightarrow \quad \begin{aligned} A &= \frac{18EI\delta}{5L^3} \\ B &= -\frac{48EI}{5L^3} \end{aligned}$$

3 휨모멘트

$$M_B = A \cdot L = \frac{18EI\delta}{5L^2}$$

$$M_C = (2A+B) \cdot L = \frac{-12EI\delta}{5L^2}$$

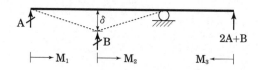

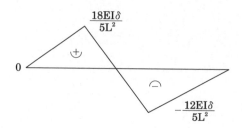

그림과 같은 2연속보에서 부재와 C지점의 간격이 초기에 $\delta_C = \dfrac{1}{24}$ 만큼 떨어져 있다. 하중 $\omega_0 = \dfrac{EI}{l^3}$ 에 의해

부재의 처짐이 C지점에 접촉한 후에도 탄성거동을 한다고 가정할 때 C점에서 부재의 휨응력도를 구하시오.

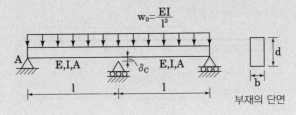

부재의 단면

풀이 ◯ 에너지법(EM)

① 전포텐셜 에너지

$$M = \left(\omega_0 \cdot 1 - \frac{R_C}{2} \right) x - \frac{\omega_0 x^2}{2}$$

$$\Pi = U - V = 2 \times \int_0^1 \frac{M^2}{2EI} dx + R_C \cdot \delta_C$$

② 반력

$$\begin{cases} \dfrac{\partial \pi}{\partial R_C} = 0 \\[2mm] \omega_0 = \dfrac{EI}{l^3} \\[2mm] \delta_c = \dfrac{1}{24} \end{cases} \rightarrow R_C = \dfrac{EI}{l^2}$$

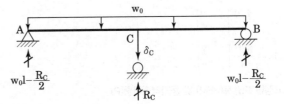

③ C점 휨응력

$$M_C = \left(\omega_0 \cdot 1 - \frac{R_C}{2} \right) \cdot 1 - \frac{\omega_0 l^2}{2} = 0$$

그림과 같은 부정정보에서 (1) B지점의 처짐각 및 모든 지점반력을 강성매트릭스법으로 구하고, (2) BMD를 그리시오. (단, AB구간의 EI = 720kN · m², BC구간의 EI = 360kN · m² 으로 하고, B지점에 1cm의 침하가 발생하였다고 한다.)

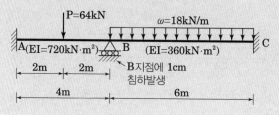

풀이 ● 1. 매트릭스 변위법

❶ 평형매트릭스(A), 부재 강도매트릭스(S)

$$A = \begin{bmatrix} 0 & 1 & 1 & 0 \end{bmatrix}$$

$$S = \begin{bmatrix} [a] & 0 \\ 0 & [b] \end{bmatrix}$$

$$[a] = \frac{720}{4}\begin{bmatrix} 4 & 2 \\ 2 & 4 \end{bmatrix}$$

$$[b] = \frac{360}{6}\begin{bmatrix} 4 & 2 \\ 2 & 4 \end{bmatrix}$$

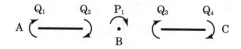

❷ 고정단 모멘트(FEM) 및 등가격점하중(P)

$$\begin{cases} FEM_1 = -\dfrac{64 \times 4}{8} = -32\text{kNm} & FEM_2 = 32\text{kNm} \\[2mm] FEM_3 = -\dfrac{6 \times 720 \times 0.01}{4^2} = -2.7\text{kNm} & FEM_4 = -2.7\text{kNm} \\[2mm] FEM_5 = -\dfrac{18 \times 6^2}{12} = -54\text{kNm} & FEM_6 = 54\text{kNm} \\[2mm] FEM_7 = \dfrac{6 \times 360 \times 0.01}{6^2} = 0.6\text{kNm} & FEM_8 = 0.6\text{kNm} \end{cases}$$

$$FEM = \begin{bmatrix} FEM_1 + FEM_3 & FEM_2 + FEM_4 & FEM_5 + FEM_7 & FEM_6 + FEM_8 \end{bmatrix}^T$$

$$P = -A \cdot FEM = \begin{bmatrix} 24.1 \end{bmatrix}$$

❸ 변위(d) 및 부재fur(Q)

$$d = (ASA^T)^{-1}[24.1]^T = [0.025104]^T \text{rad}$$

$$Q = SA^Td + FEM = \begin{bmatrix} -25.6625, & 47.375, & -47.375, & 57.6125 \end{bmatrix}^T \text{kNm}$$

❹ 지점반력(단위 : kN, kNm)

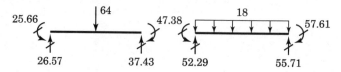

1 전구조물 강도매트릭스

$$K_{ij} = \frac{EI}{l^3} \cdot \begin{bmatrix} 12 & -6 \cdot l & -12 & -6 \cdot l \\ -6 \cdot l & 4 \cdot l^2 & 6 \cdot l & 2 \cdot l^2 \\ -12 & 6 \cdot l & 12 & 6 \cdot l \\ -6 \cdot l & 2 \cdot l^2 & 6 \cdot l & 4 \cdot l^2 \end{bmatrix} \begin{Bmatrix} K_{AB}(EI = 720, \ l = 4) \\ K_{BC}(EI = 360, \ l = 6) \end{Bmatrix} \rightarrow K = K_{AB} + K_{BC}$$

2 강도방정식

$$\begin{bmatrix} V_A \\ M_A \\ V_B \\ M_B = 24.1 \\ V_C \\ M_C \end{bmatrix} = \begin{bmatrix} 135 & -270 & -135 & -270 & 0 & 0 \\ -270 & 720 & 270 & 360 & 0 & 0 \\ -135 & 270 & 155 & 210 & -20 & -60 \\ -270 & 360 & 210 & 960 & 60 & 120 \\ 0 & 0 & -20 & 60 & 20 & 60 \\ 0 & 0 & -60 & 120 & 60 & -240 \end{bmatrix} \begin{bmatrix} y_A = 0 \\ \theta_A = 0 \\ y_B = 0 \\ \theta_B \\ y_C = 0 \\ \theta_C = 0 \end{bmatrix}$$

3 격점변위($u_A = K_{AA}^{-1} \cdot X_A$)

$K_{AA} = [960]$

$X_A = [M_B = 24.1]$

$u_A = K_{AA}^{-1} \cdot X_A = 0.025104\text{rad}$

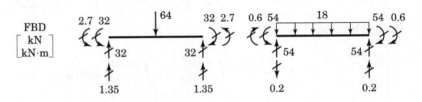

4 반력($X_B = K_{BA} \cdot u_A + FEM$)

$K_{BA} = [-270 \quad 210 \quad 330 \quad 60 \quad 120]^T$

$FEM = [33.35 \quad -34.7 \quad 84.45 \quad 54.2 \quad 54.6]^T$

$X_B = K_{BA} \cdot u_A + FEM$

$\quad = [26.57 \quad -25.66 \quad 89.72 \quad 55.71 \quad 57.61]^T$

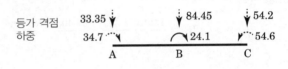

등가 격점
하중

5 FBD, SFD, BMD

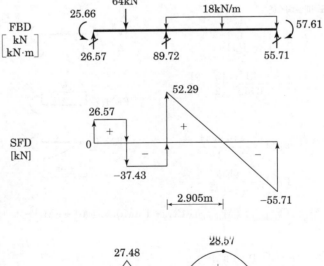

다음 그림과 같은 연속보에서 B지점이 δ 만큼 수직침하 하였을 때 B지점의 반력을 에너지법을 이용하여 구하시오.

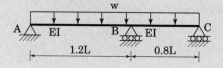

풀이 ① 1. 에너지법

❶ 평형방정식

$$\begin{cases} \sum F_y = 0 \; ; \; R_A + R_B + R_C - 2wL = 0 \\ \sum M_A = 0 \; ; \; -1.2LR_B - 2LR_C + \dfrac{w(2L)(2L)}{2} = 0 \end{cases} \rightarrow \begin{array}{l} R_A = WL - 0.4R_B \\[2mm] R_C = WL - 0.6R_B \end{array}$$

❷ 전포텐셜 에너지(Π)

$$\begin{cases} M_1 = R_A x - \dfrac{W}{2} x^2 \\[3mm] M_2 = R_C x - \dfrac{W}{2} x^2 \end{cases} \rightarrow \Pi = \int_0^{1.2L} \dfrac{M_1^2}{2EI} dx + \int_0^{0.8L} \dfrac{M_2^2}{2EI} dx + R_B \delta$$

❸ 반력

$$\frac{\partial \Pi}{\partial R_B} = 0 \; ; \; R_B = \frac{1.29167(WL^4 - 5.04032EI\delta)}{L^3}$$

풀이 ② 2. 매트릭스 변위법

❶ 평형매트릭스(A), 부재강도 매트릭스(S)

$$A = \begin{bmatrix} 1 & 0 & 0 & 0 \\ 0 & 1 & 1 & 0 \\ 0 & 0 & 0 & 1 \end{bmatrix} \qquad S = \begin{bmatrix} [a] & 0 \\ 0 & [b] \end{bmatrix}$$

$$[a] = \frac{EI}{1.2L} \times \begin{bmatrix} 4 & 2 \\ 2 & 4 \end{bmatrix} \qquad [b] = \frac{EI}{0.8L} \times \begin{bmatrix} 4 & 2 \\ 2 & 4 \end{bmatrix}$$

❷ 부재력(Q)

$$|FEM_1| = \frac{w(1.2L)^2}{12} \qquad |FEM_2| = \frac{w(0.8L)^2}{12}$$

$$|FEM_3| = \frac{6EI\delta}{(1.2L)^2} \qquad |FEM_4| = \frac{6EI\delta}{(0.8L)^2}$$

$$FEM = [-FEM_1 - FEM_3, \quad FEM_1 - FEM_3, \quad -FEM_2 + FEM_4, \quad FEM_2 + FM_4]^T$$

$$P = -A \cdot FEM$$

$$Q = SA^T d + FEM = SA^T(ASA^T)^{-1} P + FEM$$

❸ B점 반력

$$\begin{cases} R_{B1} = \dfrac{q[1,1] + q[2,1] + w(1.2L)^2/2}{1.2L} \\[4mm] R_{B2} = \dfrac{q[3,1] + q[4,1] - w(0.8L)^2/2}{0.8L} \end{cases} \rightarrow R_B = R_{B1} + R_{B2} = \frac{1.29167(WL^4 - 5.04032EI\delta)}{L^3}$$

그림과 같은 3경간 연속보에서 10mm의 지점침하가 지점B에서 발생하였다. 이 때 연속보를 해석하여 전단력도와 휨모멘트도를 그리시오. ($E = 200 \times 10^6 kN/m^2$, $I = 350 \times 10^{-6} m^4$)

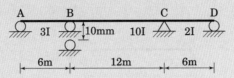

풀이 ○ 1. 에너지법

1 전포텐셜 에너지(Π)

$$\begin{cases} M_1 = R_A \cdot x \\ M_2 = R_A(x+6) + R_B \cdot x \\ M_3 = (3R_A + 2R_B) \cdot x \end{cases}$$

$$\begin{cases} U = \int_0^6 \frac{M_1^2}{3EI} + \int_0^{12} \frac{M_2^2}{10EI} + \int_0^6 \frac{M_3^2}{2EI} dx \\ V = R_B \cdot 0.01 \end{cases}$$

$$\Pi = U + V$$

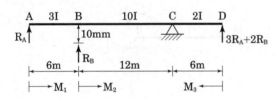

2 반력산정

$$\begin{cases} \dfrac{\partial \pi}{\partial R_A} = 0 \\ \dfrac{\partial \pi}{\partial R_B} = 0 \end{cases} \rightarrow \begin{aligned} R_A &= 29.43 kN \\ R_B &= -49.726 kN \end{aligned}$$

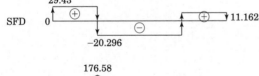

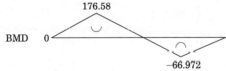

풀이 ○ 2. 처짐각법

1 처짐각 방정식

$$M_{AB} = \frac{2}{6}(3EI)\left(2\theta_A + \theta_B - 3 \cdot \frac{0.01}{6}\right)$$

$$M_{BA} = \frac{2}{6}(3EI)\left(\theta_A + 2\theta_B - 3 \cdot \frac{0.01}{6}\right)$$

$$M_{BC} = \frac{2}{12}(10EI)\left(2\theta_B + \theta_C + 3 \cdot \frac{0.01}{12}\right)$$

$$M_{CB} = \frac{2}{12}(10EI)\left(\theta_B + 2\theta_C + 3 \cdot \frac{0.01}{12}\right)$$

$$M_{CD} = \frac{2}{6}(2EI)(2\theta_C + \theta_D)$$

$$M_{DC} = \frac{2}{6}(2EI)(\theta_C + 2\theta_D)$$

2 절점방정식

$$\begin{cases} \Sigma M_A = 0 \; ; \; M_{AB} = 0 \\ \Sigma M_B = 0 \; ; \; M_{BA} + M_{BC} = 0 \\ \Sigma M_C = 0 \; ; \; M_{CB} + M_{CD} = 0 \\ \Sigma M_D = 0 \; ; \; M_{DC} = 0 \end{cases} \rightarrow \begin{aligned} \theta_A &= 0.002508 \\ \theta_B &= -0.000015 \\ \theta_C &= -0.000956 \\ \theta_D &= 0.000478 \end{aligned}$$

3 재단모멘트(단위 : kNm)

$M_{AB} = 0$	$M_{CB} = 66.896$
$M_{BA} = -176.606$	$M_{CD} = -66.896$
$M_{BC} = 176.606$	$M_{DC} = 0$

주요공식 요약

재료역학

구조기본

구조응용

그림과 같은 부정정 보에서 A는 고정지점, B는 롤러지점이며, 지점 B의 침하량이 Δ 이다. B점에 모멘트하중 M을 작용시켜 B점의 회전각(처짐각)을 반으로 줄이려고 한다. 보 전체에서 EI가 일정할 때, M을 구하시오. 또한 이 때 지점 반력을 구하시오.

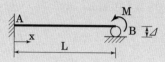

풀이 에너지법

❶ 지점침하에 의한 θ_B

$$\Pi = \int_0^L \frac{(R_B \cdot x - M)^2}{2EI} dx + R_B \cdot \Delta$$

$$\frac{\partial \Pi}{\partial R_B} = 0 \; ; \; R_B = \frac{3M}{2L} - \frac{3EI}{L^3} \cdot \Delta$$

$$\theta_B = \frac{\partial \Pi}{\partial M}\bigg|_{M=0} = \frac{3\Delta}{2L}(\curvearrowleft)$$

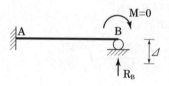

❷ $\dfrac{\theta_B}{2}$ 를 위한 모멘트(M)

$$\frac{\partial \Pi}{\partial M} = -\frac{1}{2} \times \frac{3\Delta}{2L} \; ; \; M = \frac{3EI\Delta}{L^2}(\curvearrowright)$$

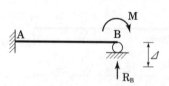

복공판 시공과정에서 중앙지점 B의 위치가 A점과 C점에 비해 낮게 위치하여($=10\text{mm}$) 단순지지 형태로 설치되었다. 복공판의 총 길이($2L$)는 2m이고, 휨강성 $EI=1.2\times10^6\text{Nm}^2$이다. 등분포하중 q의 크기가 0에서 500kN/m까지 변화할 때, B점의 모멘트 M_B와 q의 관계를 그림으로 나타내시오.

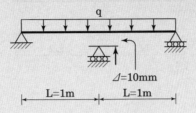

풀이

❶ $\Delta=10\text{mm}$ 인 경우

$EI=1.2\times10^3\text{kNm}^2$

$$\frac{5q_1\cdot 2^4}{384EI}=0.01 \quad\rightarrow q_1=57.6\text{kN/m}$$

$$M_{B_1}=\frac{q_1\cdot(2)^2}{8}=28.8\text{kNm}$$

❷ $\Delta>10\text{mm}$인 경우

$$\frac{5\cdot q_2\cdot 2^4}{384EI}=\frac{R_{B2}\cdot 2^3}{48EI} \quad\rightarrow\quad R_{B2}=1.25q_2$$

$$\rightarrow \begin{cases} R_{A2}=0.375q_2 \\ R_{C2}=0.375q_2 \end{cases}$$

$$M_{B2}=R_{A2}-q_2\cdot\frac{1}{2}=-0.125q_2$$

$$M_{B2}\big|_{q_2=442.4}=-55.3\text{kNm}$$

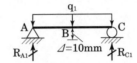

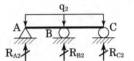

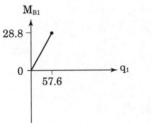

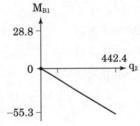

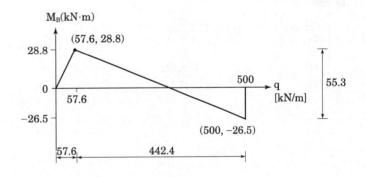

다음 그림과 같은 연속보의 지점 B에 지점침하($\triangle$)가 발생하였다. 이 연속보를 해석하여 전단력도와 휨모멘트도를 작성하시오. (단, 부재의 휨강성 EI는 일정하다.)

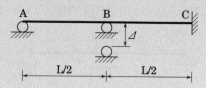

풀이 ● 에너지법

1 전포텐셜 에너지

① 내부에너지(U)

$$M_1 = R_A \cdot x$$

$$M_2 = R_A \cdot \left(x + \frac{L}{2}\right) + R_B \cdot x$$

$$U = \int_0^{\frac{L}{2}} \frac{M_1^2 + M_2^2}{2EI} dx$$

② 외부에너지(V)

$$V = -R_B \cdot \triangle$$

③ 전포텐셜 에너지($\varPi$)

$$\varPi = U - V = \int_0^{\frac{L}{2}} \frac{M_1^2 + M_2^2}{2EI} dx + R_B \cdot \triangle$$

2 반력

$$\left.\begin{cases} \dfrac{\partial \varPi}{\partial R_A} = 0 \\[2mm] \dfrac{\partial \varPi}{\partial R_B} = 0 \end{cases}\right\} \rightarrow \quad \begin{aligned} R_A &= \frac{240\Delta EI}{7L^3} \\[2mm] R_B &= -\frac{768\Delta EI}{7L^3} \end{aligned}$$

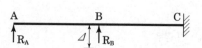

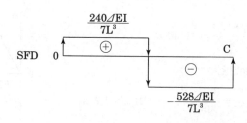

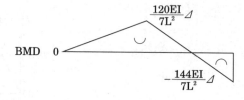

다음 그림에서 P와 M_A와의 관계를 도시하시오. (단 Δ만큼 처짐이 발생한 후 지점과 접합되며 $l=1.0$m, EI $=1.0 \times 10^5 \text{Nmm}^2$, $\Delta=2$mm로 한다.)

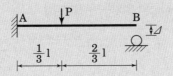

풀이

1 기본사항

$$EI = 10^5 \cdot 10^{-9} \text{kNm}^2$$

$$\Delta = 0.002\text{m}$$

2 $\Delta = 0.002$m일 때

$$0.002 = \frac{P \cdot \left(\frac{1}{3}\right)^3}{3EI} + \frac{P \cdot \left(\frac{1}{3}\right)^2}{2EI} \cdot \frac{2}{3}$$

$$P = 4.05 \cdot 10^{-6} \text{kN}$$

$$M_A^P = \frac{P \cdot 1}{3} = 1.35 \cdot 10^{-6} \text{kNm}$$

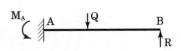

3 $\Delta > 0.002$m일 때

$$\frac{R \cdot 1^3}{3EI} = \frac{Q \cdot \left(\frac{1}{3}\right)^3}{3EI} + \frac{Q \cdot \left(\frac{1}{3}\right)^2}{2EI} \cdot \frac{2}{3}$$

$$R = \frac{4Q}{27} (\text{이 때, } Q = P - 4.05 \cdot 10^{-6})$$

$$M_A^R = \frac{Q}{3} - R \cdot 1 = \frac{5Q}{27} = \frac{5}{27} \cdot \left(P - 4.05 \cdot 10^{-6}\right)$$

최종 $M_A = M_A^P + M_A^R = \frac{5}{27} \cdot P + 6 \cdot 10^{-7}$

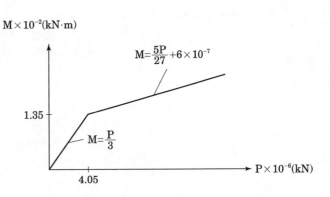

2경간 연속교에서 우측 교대에 지점침하가 발생할 경우에 이 지점 침하로 인해 거더에 발생하는 모멘트와 전단력을 구하시오. (단, 지점침하량 $S_c = 10mm$, 거더의 탄성계수 $E = 20000MPa$, 거더의 단면2차 모멘트 $I = 0.2m^4$, 교량의 지간장 $L = 10m$이며, 하중의 영향은 무시한다.)

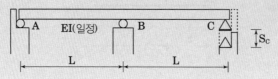

풀이 ◯ 에너지법

❶ 전포텐셜 에너지

$$U = 2 \cdot \int_0^L \frac{(R \cdot x)^2}{2EI} dx$$

$$V = R \cdot 0.01$$

$$\Pi = U + V$$

❷ 반력산정

$$l = 10m$$

$$EI = 20000 \cdot \frac{10^{-3}}{(10^{-3})^2} \cdot 0.2 kNm^2$$

$$\frac{\partial \Pi}{\partial R} = 0 \ ; \ R = -60kN$$

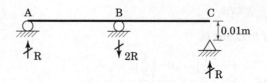

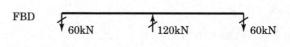

FBD

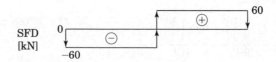

SFD
[kN]

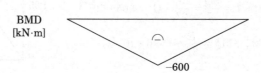

BMD
[kN·m]

다음 그림과 같은 보 ABC에 등분포하중과 집중하중이 가해졌을 때, B지점에서 연직으로 6.0mm의 침하가 발생하였다. 이 때 지점 B의 반력 R_B를 구하시오.(단, 보의 휨강성 $EI = 4000kNm^2$이다.)

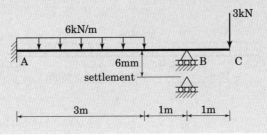

풀이 ○ 에너지법

1 전포텐셜 에너지

$$M_1 = -3x$$

$$M_2 = -3(x+1)+Rx$$

$$M_3 = -3(x+2)+R(x+1)-6x^2/2$$

$$\Pi = U+V = \int_0^1 \frac{M_1^2}{2EI}dx + \int_0^1 \frac{M_2^2}{2EI}dx + \int_0^3 \frac{M_3^2}{2EI}dx + R \cdot 0.006$$

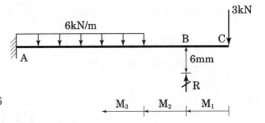

2 B점 반력

$$\frac{\partial \Pi}{\partial R} = 0 \ ; \quad R = 7.113kN(\uparrow)$$

그림과 같이 등분포하중(w = 30kN/m)을 받고 있는 3경간 연속보에 지점침하가 A에서 10mm, B에서 50mm, C에서 20mm, 그리고 D에서 40mm가 발생하였다. 각 지점의 반력을 구하시오.(단, EI는 일정, E = 200GPa, $I = 700 \times 10^6 mm^4$)

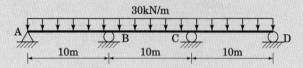

30kN/m

A ─── B ─── C ─── D

10m ── 10m ── 10m

풀이 **1. 에너지법**

❶ 평형방정식

$$\begin{cases} \Sigma F_y = 0 \ ; R_A + R_B + R_C + R_D = 30 \cdot 30 \\ \Sigma M_A = 0 \ ; -10R_B - 20R_c - 30R_D + \dfrac{30 \cdot 30^2}{2} = 0 \end{cases}$$

$$\rightarrow \quad R_B = -2R_A + R_D$$

$$R_C = R_A - 2 \cdot (R_D - 225)$$

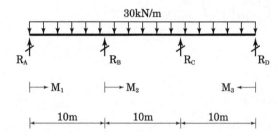

$$R_A \qquad R_B \qquad R_C \qquad R_D$$

$$\longmapsto M_1 \qquad \longmapsto M_2 \qquad M_3 \longleftarrow$$

10m ── 10m ── 10m

❷ 포텐셜 에너지

$$\begin{cases} M_1 = R_A \cdot x - \dfrac{30x^2}{2} \\ M_2 = R_A(10+x) + R_B \cdot x - \dfrac{30(10+x)^2}{2} \\ M_3 = R_D \cdot x - \dfrac{30 \cdot x^2}{2} \end{cases}$$

$$\Pi = U + V = \int_0^{10} \frac{M_1^2 + M_2^2 + M_3^2}{2EI} dx + 0.01R_A + 0.05R_B + 0.02R_C + 0.04R_D$$

❸ 반력산정

$$\begin{cases} \dfrac{\partial \Pi}{\partial R_A} = 0 \\ \dfrac{\partial \Pi}{\partial R_D} = 0 \end{cases} \rightarrow \quad \begin{matrix} R_A = 138.48 kN(\uparrow) & R_B = 277.92 kN(\uparrow) \\ R_D = 104.88 kN(\uparrow) & R_C = 378.72 kN(\uparrow) \end{matrix}$$

1 처짐각식(EI = 140000kNm²)

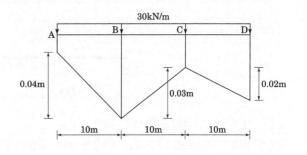

$$\begin{cases} M_{AB} = \dfrac{2EI}{10}\left(2\theta_A + \theta_B - \dfrac{3 \cdot 0.04}{10}\right) - 250 = 0 \\[2mm] M_{BA} = \dfrac{2EI}{10}\left(\theta_A + 2\theta_B - \dfrac{3 \cdot 0.04}{10}\right) + 250 = 115.2 \\[2mm] M_{BC} = \dfrac{2EI}{10}\left(2\theta_B + \theta_C + \dfrac{3 \cdot 0.03}{10}\right) - 250 = -115.2 \\[2mm] M_{CB} = \dfrac{2EI}{10}\left(\theta_B + 2\theta_C + \dfrac{3 \cdot 0.03}{10}\right) + 250 = 451.2 \\[2mm] M_{CD} = \dfrac{2EI}{10}\left(\theta_D + 2\theta_C - \dfrac{3 \cdot 0.03}{10}\right) - 250 = 0 \end{cases}$$

2 절점조건

$$\begin{cases} \sum M_A = 0; \quad M_{AB} = 0 \\[2mm] \sum M_B = 0; \quad M_{BA} + M_{BC} = 0 \\[2mm] \sum M_C = 0; \quad M_{CB} + M_{CD} = 0 \\[2mm] \sum M_D = 0; \quad M_{DC} = 0 \end{cases} \rightarrow \begin{array}{l} \theta_A = 0.011557 \\[2mm] \theta_B = -0.002186 \\[2mm] \theta_C = 0.000186 \\[2mm] \theta_D = -0.001557 \end{array}$$

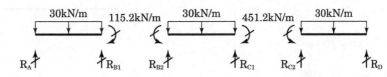

3 반력산정

$$\begin{cases} R_A + R_{B1} = 30 \cdot 10 \\[3mm] 30 \cdot \dfrac{10^2}{2} + 115.2 - 10 \cdot R_{B1} = 0 \\[3mm] R_{B2} + R_{c1} = 30 \cdot 10 \\[3mm] 30 \cdot \dfrac{10^2}{2} - 115.2 + 451.2 - 10 \cdot R_{C1} = 0 \\[3mm] R_{C2} + R_D = 30 \cdot 10 \\[3mm] 30 \cdot \dfrac{10^2}{2} - 451.2 - 10 \cdot R_D = 0 \end{cases} \rightarrow \begin{array}{l} R_A = 138.48kN \\[3mm] R_{B1} = 161.52kN \\[3mm] R_{B2} = 116.4kN \\[3mm] R_{C1} = 183.6kN \\[3mm] R_{C2} = 195.12kN \\[3mm] R_D = 104.88kN \end{array}$$

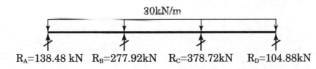

R_A=138.48 kN   R_B=277.92kN   R_C=378.72kN   R_D=104.88kN

아래 그림과 같이 지점 C가 부재로부터 만큼 이격되어 있는 보의 구간 BC에 분포하중이 작용하고 있다. 다음 물음에 답하시오. (단, 보는 선형탄성 거동을 하며, 휨강성 EI는 일정하다) (총 22점)

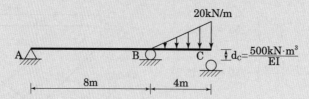

(1) 지점 C의 반력을 구하시오. (6점)
(2) 보의 모멘트도를 나타내고, 최대 및 최소 모멘트 값을 구하시오. (6점)
(3) 구간 AB에서 보의 최대 처짐을 구하시오. (10점)

풀이 ◐ 에너지법

1 구조물 해석(C점은 지점침하로 처리)

$$\begin{cases} \Sigma M_b = 0 \; ; \quad 8V_A - P(8-a) + \dfrac{4 \cdot 20 \cdot 4 \cdot \dfrac{2}{3}}{2} - 4V_C = 0 \\[4mm] \Sigma V = 0 \; ; \quad V_A + V_B + V_C = P + \dfrac{1}{2} \cdot 4 \cdot 20 \end{cases}$$

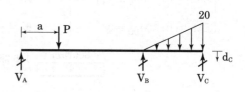

$$\rightarrow \quad V_B = \frac{-P \cdot a}{4} + 3P - 3V_A + \frac{40}{3}$$

$$V_C = \frac{P \cdot a}{4} - 2P + 2V_A + \frac{80}{3}$$

2 C점 반력

$$\begin{cases} M_1 = V_A \cdot x \\[2mm] M_2 = V_A(a+x) - P \cdot x \\[2mm] M_3 = V_A(8+x) - P(8-a+x) + V_B \cdot x - \dfrac{1}{2} \cdot x \cdot 5x \cdot x \cdot \dfrac{1}{3} \end{cases} \rightarrow \begin{cases} U = \displaystyle\int_0^a \frac{M_1^2}{2EI}dx + \int_0^{8-a} \frac{M_2^2}{2EI}dx + \int_0^4 \frac{M_3^2}{2EI}dx \\[4mm] V = V_C \cdot \dfrac{500}{EI} \\[4mm] \Pi = U + V \end{cases}$$

$$\frac{\partial \Pi}{\partial V_A} = 0 \; ; \quad V_A = -4.684\text{kN} = 4.684\text{kN}(\downarrow)$$

$$V_C = 17.3\text{kN}(\uparrow)$$

3 M_{max}, M_{min}

$$M_{max} = 37.472\text{kNm}$$

$$M_{min} = 8.13\text{kNm}$$

4 δ_{max}

$$\delta_v = \frac{\partial \Pi}{\partial P}, \quad \frac{\partial \delta_v}{\partial a} = 0 \; ; \quad a = 4.6188\text{m}$$

$$\delta_{max} = \frac{153.846}{EI}(\uparrow) \; (\text{처짐방향 주의})$$

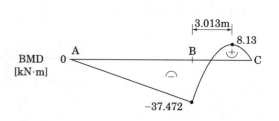

그림과 같은 부정정구조물에서 Tie Rod 부재(BC)의 부재력을 최소일법으로 구하시오. (단, 부재 자중은 무시하고 Tie Rod와 보는 같은 재료를 사용한다.)

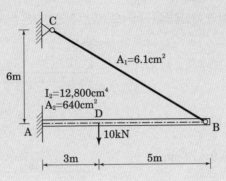

풀이 ○ 에너지법

❶ 기본사항

$$A_1 = 6.4 cm^2 \qquad A_2 = 640 cm^2 \qquad I_2 = 12800 cm^4$$

❷ 구간별 부재력

구분	M	N	구간
BD	$M_1 = \dfrac{3}{5} T \cdot x$	$T_1 = \dfrac{4}{5} T$	0~500
DA	$M_2 = \dfrac{3}{5} T \cdot (x + 500) - 10 \cdot x$	$T_1 = \dfrac{4}{5} T$	0~300
Tie		$T_2 = T$	1000

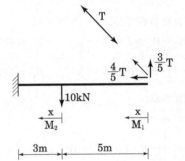

❸ 변형 에너지

$$U = \int_0^{500} \frac{M_1^2}{2EI_2} dx + \int_0^{300} \frac{M_2^2}{2EI_2} dx + \frac{T_1^2 \cdot 800}{2EA_2} + \frac{T_2^2 \cdot 1000}{2EA_1}$$

❹ BC 부재력

$$\frac{\partial U}{\partial T} = 0 \ ; \quad T = 2.9787 kN(인장)$$

경기장 스탠드 지붕골조를 그림과 같이 도식화하였다. 단부 A에 집중하중 P가 작용할 때,

(1) 지점 B와 지점 D의 반력을 구하시오.

(2) Cable변형을 고려한 단부 A점의 처짐값을 구하시오. (단, 전단변형은 무시함)

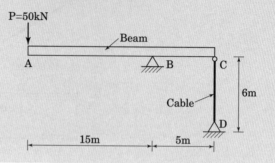

[조건]

- $E = 2.0 \times 10^8 \text{kN/mm}^2$
- Cable 단면적 $A = 1000 \text{mm}^2$
- Beam의 단면2차 모멘트 $I = 5.9 \times 10^9 \text{mm}^4$

풀이 에너지법

1 기본사항

$A = 1000 \cdot \left(10^{-3}\right)^2 \text{m}^2$

$I = 5.9 \cdot 10^9 \cdot \left(10^{-3}\right)^4 \text{m}^4$

2 지점 B, D 반력 산정

$$\left.\begin{array}{l} R_B + R_C = P \\ -P \cdot 20 + R_B \cdot 5 = 0 \end{array}\right\} \rightarrow \begin{array}{l} R_B = 4P\text{kN}(\uparrow) \\ R_C = 3P\text{kN}(\downarrow) \end{array}$$

3 변형에너지

$$\left.\begin{array}{l} M_1 = -P \cdot x \\ M_2 = -P \cdot (x+15) + 4P \cdot x \end{array}\right\}$$

$$U = \int_0^{15} \frac{M_1^2}{2EI_2} dx + \int_0^5 \frac{M_2^2}{2EI} dx + \frac{(-3P)^2 \cdot 6}{2EA}$$

4 처짐 산정

$$\delta_A = \left.\frac{\partial U}{\partial P}\right|_{P=50} = 0.077059\text{m}(\downarrow)$$

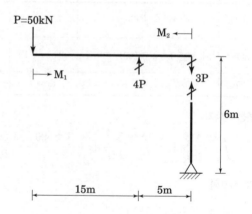

그림과 같은 구조물에서 A점의 휨모멘트를 구하시오. (단, $\omega = 10\text{kN/m}$, CA 부재의 단면은 $H-200 \times 10 \times 20$ (강축으로 휨을 받음), CB 부재는 $\phi = 10\text{mm}$ 강봉을 사용한다. 모든 부재는 강재 $F_y = 235\text{MPa}$, $E = 205000\text{MPa}$이고, CB부재의 좌굴은 무시한다.)

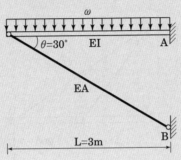

풀이 ○ 에너지법

❶ 기본사항

$$\text{부재 AC} \begin{cases} A_{AC} = 200^2 - (160 \times 190) = 9600\text{mm}^2 \\ I_{AC} = \dfrac{200^4}{12} - \dfrac{1}{12}(200-10)(200-40)^3 = 6.848 \times 10^7 \text{mm}^4 \\ L_{AC} = 3000\text{mm} \end{cases}$$

$$\text{부재 BC} \begin{cases} A_{BC} = 25\pi \\ L_{BC} = 2000\sqrt{3}\,\text{mm} \end{cases}$$

❷ 변형에너지

$$M_1 = -T\sin30°x - \frac{10x^2}{2}$$

$$U = \int_0^{3000} \frac{M_1^2}{2EI_{AC}}dx + \frac{(-T \cdot \cos30°)^2 \cdot 3000}{2EA_{AC}} + \frac{T^2 \cdot 2000\sqrt{3}}{2EA_{BC}}$$

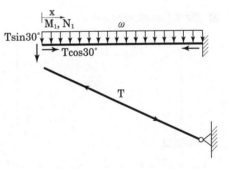

❸ 부정정력 T산정

$$\frac{\partial U}{\partial T} = 0 \; ; \; T = -9576\text{N} = 9.576\text{kN(압축)}$$

❹ 산정

$$M_A = \frac{-10 \times 3^2}{2} + 9.576 \times \sin30° \times 3$$

$$= -30.636\text{kN} \cdot \text{m}$$

그림과 같이 구조물에서 동일한 강선으로 된 AC와 AD에 작용하는 인장력을 구하시오. (단, BD부재는 무한강체이고, 모든 절점과 지점은 활절점(Pin Joint)으로 되어 있으며 AC 및 AD 부재의 탄성계수와 단면적은 각각 E, A로 동일하다.)

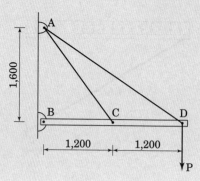

풀이 ● 매트릭스 변위법

1 평형 매트릭스(A)

$$\begin{cases} P_1 = Q_1 \\ P_2 = Q_2 + Q_3 \\ P_3 = Q_4 \\ P_4 = -\dfrac{Q_1 + Q_2}{1200} + \dfrac{Q_3 + Q_4}{1200} + \dfrac{4}{5}Q_5 \\ P_5 = \dfrac{Q_3 + Q_4}{1200} + \dfrac{2}{\sqrt{13}}Q_6 \end{cases} \rightarrow A = \begin{bmatrix} 1 & 0 & 0 & 0 & 0 & 0 \\ 0 & 1 & 1 & 0 & 0 & 0 \\ 0 & 0 & 0 & 1 & 0 & 0 \\ \dfrac{-1}{1200} & \dfrac{-1}{1200} & \dfrac{1}{1200} & \dfrac{1}{1200} & \dfrac{4}{5} & 0 \\ 0 & 0 & \dfrac{-1}{1200} & \dfrac{-1}{1200} & 0 & \dfrac{2}{\sqrt{13}} \end{bmatrix}$$

2 전부재 강도매트릭스(S) [8]

$$S = \begin{bmatrix} [B] & & & \\ & [B] & & \\ & & \dfrac{A_A E}{2000} & \\ & & & \dfrac{A_A E}{800\sqrt{13}} \end{bmatrix}$$

A_A : 단면적

$$[B] = \dfrac{EI \cdot t}{1200}\begin{bmatrix} 4 & 2 \\ 2 & 4 \end{bmatrix}$$

3 부재력(Q)

$$Q = SA^T(ASA^T)^{-1}[0,\ 0,\ 0,\ 0,\ P]^T$$

$$\lim_{t\to\infty} Q[5] = 1.07139P$$

$$\lim_{t\to\infty} Q[6] = 1.03018P$$

8) 평형매트릭스 A와 혼돈을 피하기 위해서 단면적 기호를 A_A로 표현 무한강성을 처리하기 위해 변수 t 도입

〈그림 A〉와 같은 H-형강 캔틸레버 보의 처짐이 과도하게 발생하여 원형강봉을 이용하여 〈그림 B〉와 같이 매달고자 한다.

(1) 〈그림 A〉에서 B점의 처짐량을 구하시오.

(2) 〈그림 B〉와 같이 원형강봉으로 매달았을 때, B점의 처짐량이 10mm 이하로 되기 위해 필요한 원형강봉 (SS400)의 최소직경을 구하시오.

- H-450×200×9×14(SS400), $A = 9.676 \times 10^6 \text{mm}^2$, $I_x = 3.35 \times 10^8 \text{mm}^4$
- H-형강 및 원형강봉의 탄성계수 : E = 205GPa
- SS400 : F_y = 235MPa

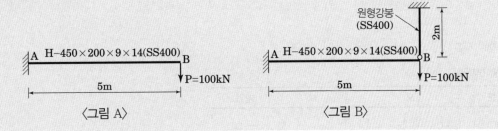

〈그림 A〉 　　　　　〈그림 B〉

풀이 ○ 에너지법

1 그림 A

$$\delta_B^A = \frac{PL^3}{3EI} = \frac{100 \times 10^3 \times 5000^3}{3 \times 205000 \times 3.35 \times 10^8} = 60.67 \text{mm}(\downarrow)$$

2 그림 B 최소직경(d)

$$\left. \begin{cases} U = \int_0^{5000} \frac{((T-P)x)^2}{2EI}dx + \frac{T^2 \times 2000}{2EA} \\ \frac{\partial U}{\partial T} = 0 \; ; \quad T = \frac{Pd^2}{d^2 + 20.4737} \end{cases} \right\} \rightarrow \left. \delta_B^B = \frac{\partial U}{\partial P} \right|_{P=100000} = \frac{1242.18}{d^2 + 20.4737}$$

$$\left(\delta_B^B \leq 10 \right); \quad d \geq 10.19 \text{mm} \quad \rightarrow \quad d = 11 \text{mm}$$

3 d=11mm일 때 강봉응력 검토

$$\sigma\left(= \frac{T}{A} \right) = \frac{85528.3}{\frac{\pi 11^2}{4}} = 899.983 \text{MPa} > f_a (=235 \text{MPa})(\text{N.G})$$

4 허용응력 만족을 위한 강봉직경 재산정

$$\sigma\left(= \frac{T}{A} \right) \leq 235 \; ; \quad \frac{\frac{Pd^2}{d^2 + 20.4737}}{\left(\frac{\pi d^2}{4} \right)} \leq 23 \quad \rightarrow \quad d \geq 22.83 \quad \rightarrow \quad d = 23 \text{mm}$$

5 d=23mm일 때 보 응력 확인

$$\sigma_{max} = \frac{(T-P) \times 5000}{I} \times y = \frac{(96274 - 100000) \times 5000}{3.35 \times 10^8} \times \left(-\frac{450}{2} \right) = 12.51 \text{MPa} \leq 235 \text{MPa}(\text{ok})$$

그림과 같이 단순보 AB의 중앙점 C에 트러스 DCE가 C점에서 힌지로 연결되어 있다. A 점의 수직반력과 C점에서 보의 모멘트를 구하시오.

$E = 200 \times 10^3 \text{Nmm}^2$, $A = 10\text{mm}^2$, $l_1 = 2000\text{mm}$, $l_2 = 3000\text{mm}$, $\omega = 10\text{N/mm}$, $I = 10 \times 10^6 \text{mm}^4$

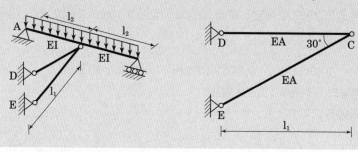

풀이 ○ 에너지법

❶ 구간별 부재력

구분	M	N	범위
AC	$\left(\omega \cdot L_2 - \dfrac{R_C}{2}\right)x - \dfrac{\omega \cdot x^2}{2}$	–	$0 \sim L_2$
BC	$\left(\omega \cdot L_2 - \dfrac{R_C}{2}\right)x - \dfrac{\omega \cdot x^2}{2}$	–	$0 \sim L_2$
DC	–	$\sqrt{3}\,R_C$	L_1
EC	–	$-2R_C$	$\dfrac{L_1}{\cos 30°}$

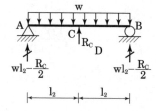

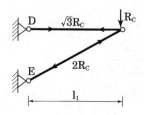

❷ 변형에너지

$$U = 2 \times \int_0^{L_2} \frac{M^2}{2EI} dx + \frac{\left(\sqrt{3}\,R_C\right)^2 \cdot L_1}{2EA} + \frac{\left(-2R_C\right)^2 \left(\dfrac{L_1}{\cos 30°}\right)}{2EA}$$

❸ 부정정력 산정

$\dfrac{\partial U}{\partial R_C} = 0$; $R_C = 20308.3\text{N} = 20.308\text{kN}$

$R_A = \omega \cdot L_2 - \dfrac{R_C}{2} = 19845.9\text{N} = 19.846\text{kN}$

$M_c = R_A L_2 - \dfrac{\omega L_2^2}{2} = 14.5376 \times 10^6 \text{N} \cdot \text{mm} = 14.538\text{kNm}$

그림과 같은 트러스 부재 BD, BE와 보 부재 AC의 합성구조물에 대하여 트러스의 부재력(N_{BD}, N_{BE})을 구하고, 보의 휨모멘트도 및 전단력도를 도시하시오. (단, 트러스의 길이는 각각 7m이며, EA=1000kN, EI=6000kN·m² 이다.)

[참고]

집중하중을 받는 양단고정보의 휨보멘트 $M_A = \dfrac{Pab^2}{(a+b)^2}$

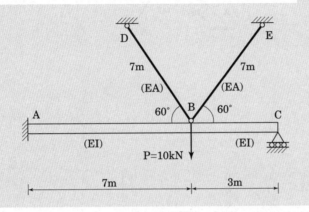

풀이 에너지법

① 변형에너지

$$\begin{cases} M_1 = R_C x \\ M_2 = R_C(x+3) - Px + (T_D + T_E)\dfrac{\sqrt{3}}{2} \cdot x \end{cases}$$

$$U = \int_0^3 \frac{M_1^2}{2EI}dx + \int_0^7 \frac{M_2^2}{2EI}dx + \frac{(T_D^2 + T_E^2) \cdot 7}{2EA}$$

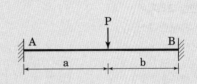

② 산정

$$\begin{cases} \dfrac{\partial U}{\partial R_C} = 0 \\ \dfrac{\partial U}{\partial T_D} = 0 \\ \dfrac{\partial U}{\partial T_E} = 0 \end{cases} \rightarrow \begin{array}{l} R_C = 4.32401 kN(\uparrow) \\ T_D = 1.34321 kN(인장) \\ T_E = 1.34321 kN(인장) \end{array}$$

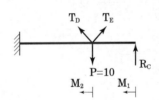

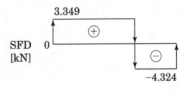

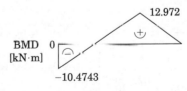

길이 5m의 보가 지점 C에서 2개의 축부재와 함께 핀접합으로 연결되어 있고 지점 D는 힌지로 되어 있다. 부재 AC와 부재 BC의 부재력 및 지점 D의 반력을 구하시오.

[조건]

• 재료의 탄성계수 : 2.1×10^5MPa

• 보의 단면적 : 25cm^2

• 단면2차모멘트 : 4×10^4cm^4

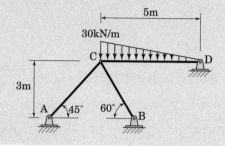

풀이 ○ 매트릭스 변위법

❶ 보 축변형 고려시 [9]

① 평형 매트릭스(A)

$$\begin{cases} P_1 = Q_1 \\ P_2 = Q_2 \\ P_3 = \dfrac{3Q_3}{3\sqrt{2}} + \dfrac{3Q_4}{2\sqrt{3}} \\ P_4 = \dfrac{3Q_3}{3\sqrt{2}} - \dfrac{\sqrt{3}\,Q_4}{2\sqrt{3}} - Q_5 \end{cases} \rightarrow A = \begin{bmatrix} 1 & 0 & 0 & 0 & 0 \\ 0 & 1 & 0 & 0 & 0 \\ -\dfrac{1}{5} & -\dfrac{1}{5} & \dfrac{3}{3\sqrt{2}} & \dfrac{3}{2\sqrt{3}} & 0 \\ 0 & 0 & \dfrac{3}{3\sqrt{2}} & -\dfrac{\sqrt{3}}{2\sqrt{3}} & -1 \end{bmatrix}$$

② 부재 강도매트릭스(S)

$$S = \begin{bmatrix} 4 \cdot \dfrac{EI}{5} & 2 \cdot \dfrac{EI}{5} & 0 & 0 & 0 \\ 2 \cdot \dfrac{EI}{5} & 4 \cdot \dfrac{EI}{5} & 0 & 0 & 0 \\ 0 & 0 & \dfrac{EA}{3\sqrt{2}} & 0 & 0 \\ 0 & 0 & 0 & \dfrac{EA}{2\sqrt{3}} & 0 \\ 0 & 0 & 0 & 0 & \dfrac{EA}{5} \end{bmatrix}$$

③ 부재력(Q)

$$\begin{cases} FEM = \left[-\dfrac{75}{2} \quad 25 \quad 0 \quad 0 \quad 0 \right]^T \\ P = \left[\dfrac{75}{2} \quad -25 \quad -\dfrac{105}{2} \quad 0 \right]^T \\ Q = SA^T(ASA^T)^{-1}P + FEM \end{cases}$$

$Q_{AC} = 25.39$kN(압축)

$Q_{BC} = 37$kN(압축)

$V_D = 25$kN($\uparrow$)

$H_D = 0.548$kN($\rightarrow$)

$\dfrac{30 \times 5^2}{20} = \dfrac{75}{2}$

$\dfrac{30 \times 5^2}{30} = 25$

$\dfrac{105}{2}$ $\dfrac{45}{2}$

30kN/m

C   D

9) 축부재 단면크기가 주어지지 않았다. 보의 단면과 같다고 가정하여 풀이한다.

2 보 축변형 미 고려시

① 평형 매트릭스(A)

$$\left.\begin{array}{l} P_1 = Q_1 \\[4pt] P_2 = Q_2 \\[4pt] P_3 = \dfrac{3Q_3}{3\sqrt{2}} + \dfrac{3Q_4}{2\sqrt{3}} \\[10pt] P_4 = \dfrac{3Q_3}{3\sqrt{2}} - \dfrac{\sqrt{3}\,Q_4}{2\sqrt{3}} \end{array}\right\} \;\rightarrow\; A = \begin{bmatrix} 1 & 0 & 0 & 0 \\[4pt] 0 & 1 & 0 & 0 \\[4pt] -\dfrac{1}{5} & -\dfrac{1}{5} & \dfrac{3}{3\sqrt{2}} & \dfrac{3}{2\sqrt{3}} \\[10pt] 0 & 0 & \dfrac{3}{3\sqrt{2}} & -\dfrac{\sqrt{3}}{2\sqrt{3}} \end{bmatrix}$$

② 부재 강도매트릭스(S)

$$S = \begin{bmatrix} 4 \cdot \dfrac{EI}{5} & 2 \cdot \dfrac{EI}{5} & 0 & 0 \\[8pt] 2 \cdot \dfrac{EI}{5} & 4 \cdot \dfrac{EI}{5} & 0 & 0 \\[8pt] 0 & 0 & \dfrac{EA}{3\sqrt{2}} & 0 \\[8pt] 0 & 0 & 0 & \dfrac{EA}{2\sqrt{3}} \end{bmatrix}$$

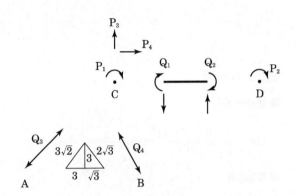

③ 부재력(Q)

$$\left.\begin{array}{l} FEM = \left[-\dfrac{75}{2}\ \ 25\ 0\ 0\right]^{T} \\[12pt] P = \left[\dfrac{75}{2}\ -25\ -\dfrac{105}{2}\ 0\right]^{T} \\[12pt] Q = SA^{T}(ASA^{T})^{-1}P + FEM \end{array}\right\} \;\rightarrow\;$$

$Q_{AC} = 25.88kN(압축)$

$Q_{BC} = 36.60kN(압축)$

$V_D = 25kN(\uparrow)$

$H_D = 0kN$

그림과 같은 구조물의 B점의 처짐을 구하시오. (단, 각 부재의 탄성계수는 E, 부재AB의 휨강성은 EI, 부재 BC 및 BD의 단면적은 A이다.)

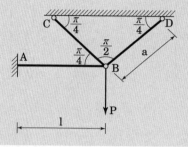

풀이 ○ 에너지법

1 변형에너지

$$U = \int_0^1 \frac{\{(R-P) \cdot x\}^2}{2EI} dx + \frac{\left(\frac{\sqrt{2}}{2}R\right)^2 \cdot a}{2EA} \cdot 2$$

2 부정정력

$$\frac{\partial U}{\partial R} = 0 \ ; \quad R = \frac{AL^3 P}{3aI + AL^3}$$

3 처짐

$$\delta_B = \frac{\partial U}{\partial P} = \frac{aL^3 P}{(3aI + AL^3)E}(\downarrow)$$

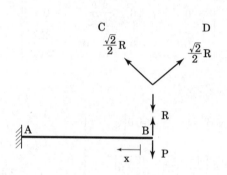

다음 구조물의 부재력을 구하시오.

(1) 보(AB) : 목재 300×450

(2) 부재CD : 목재 300×300

(3) AD, BD : 철봉 $\phi 40$

(4) 탄성계수 : 목재 $= 7000$MPa, 강재 $= 210000$MPa

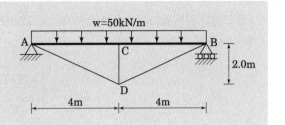

풀이 ○ **에너지법**

1 기본사항

구분	$A(m^2)$	$I(m^4)$	$E(kN/m^2)$
AB	$A_1 = 300 \times 450$	$I_1 = \dfrac{0.3 \times 0.45^3}{12}$	$E_1 = 7000 \times 10^3$
CD	$A_2 = 300 \times 300$	$I_2 = \dfrac{0.3 \times 0.3^3}{12}$	$E_2 = 7000 \times 10^3$
AD, BD	$A_3 = \dfrac{\pi}{4} \times 0.04^2$	$I_3 = \dfrac{\pi}{64}(0.4)^4$	$E_3 = 210000 \times 10^3$

2 변형에너지

부재	M	T
AC	$M_{AC} = \left(200 + \dfrac{T}{2}\right)x - \dfrac{50x^2}{2}$	$T_{AC} = T$
CD	$-$	$T_{CD} = T$
AD	$-$	$T_{AD} = -\dfrac{\sqrt{5}}{2}T$

$$U = 2 \times \left(\int_0^4 \frac{M_{AC}^2}{2E_1 I_1} dx + \frac{T_{AC}^2 \times 4}{2E_1 A_1} \right) + \frac{T_{CD}^2 \times 2}{2E_2 A_2} + 2 \times \left(\frac{T_{AD}^2 \cdot 2\sqrt{5}}{2E_3 A_3} \right)$$

3 부정정력 산정

$$\frac{\partial U}{\partial T} = 0 \; ; \quad T = 231.328 \text{kN} = 231.328 \text{ (압축)}$$

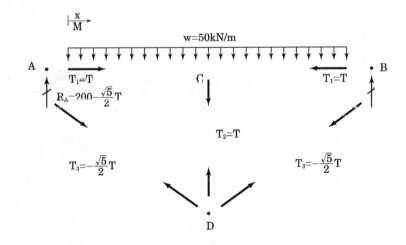

다음 그림과 같은 골조에 대하여 각 부재의 휨모멘트도, 전단력도, 축력도를 작성하고, 점C의 탄성처짐(변위)을 계산하시오. (25점)

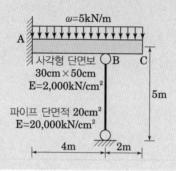

풀이 에너지법

1 기본사항

$$E_1 I_1 = 2000 \cdot \frac{30 \cdot 50^2}{12} \cdot \left(10^{-2}\right)^2$$

$$E_2 A_2 = 20000 \cdot 20$$

2 변형에너지

$$M_1 = -P \cdot x - \omega x^2/2$$

$$M_2 = -P \cdot (x+2) + F \cdot x - \omega \cdot (x+2)^2/2$$

$$U = \int_0^2 \frac{M_1^2}{2E_1 I_1} dx + \int_0^4 \frac{M_2^2}{2E_1 I_1} dx + \frac{F^2 \cdot 5}{2E_2 A_2}$$

3 파이프 부재력

$$\frac{\partial U}{\partial F} = 0 \ ; \quad F = 20.5 \text{kN(압축)}$$

4 C점 탄성변위

$$\delta_c = \frac{\partial U}{\partial P} = 0.000715 \text{m} \, (\downarrow)$$

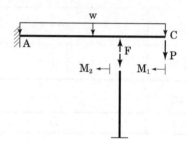

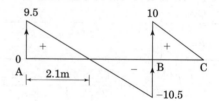

SFD
[kN]

AFD
[kN]

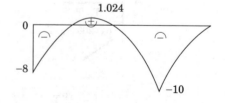

BMD
[kN·m]

그림과 같은 구조물의 끝단에 하중 P가 작용할 경우에 C점의 변형에너지 및 연직변위(δ_{cv})를 구하시오. (단, EI 는 일정하다.)

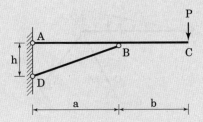

풀이 에너지법

1 반력산정

$$\Sigma M_B = \ ; \ -a \cdot V_A + P \cdot b = 0 \ \rightarrow \ V_A = \frac{b}{a} P \ (\downarrow)$$

$$\Sigma F_y = 0 \ ; \ -V_A - P + T \cdot \frac{h}{\sqrt{a^2 + h^2}} = 0 \ \rightarrow \ T = \left(1 + \frac{b}{a}\right)P \ (\text{압축})$$

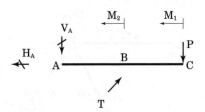

2 변형에너지

$$M_1 = -P \cdot x$$

$$M_2 = -P \cdot (x+b) + \frac{h}{\sqrt{a^2 + h^2}} \cdot T \cdot x$$

$$U = \int_0^b \frac{M_1^2}{2EI} dx + \int_0^a \frac{M_2^2}{2EI} dx + \frac{T^2 \cdot \sqrt{a^2 + h^2}}{2EA} + \frac{\left(\dfrac{a \cdot T}{\sqrt{a^2 + h^2}}\right)^2 \cdot a}{2EA} \ (\text{축강성 EA 가정})$$

$$= \frac{(a+b)^2 (a^2 + h^2)^{3/2} \cdot P}{2a^2 h^2 EA} + \frac{(a+b) \cdot (3a^2 EI + 3abEI + b^2 h^2 EA) \cdot P}{6h^2 EA \cdot EI}$$

3 연직변위

$$\delta_{CV} = \frac{\partial U}{\partial P} = \frac{P(a+b)\left(3(a+b)(a^2+h^2)^{3/2} \cdot EI + a^2(3a^2 EI + 3abEI + b^2 h^2 EA)\right)}{3a^2 h^2 EA \cdot EI}$$

* 만약 부재 축강성이 무한대라면 다음과 같다.

$$U = \int_0^b \frac{M_1^2}{2EI} dx + \int_0^a \frac{M_2^2}{2EI} dx = \frac{ab^2 P^2}{6EI} + \frac{b^3 P^2}{6EI}$$

$$\delta_{CV} = \frac{\partial U}{\partial P} = \frac{Pb^2(a+b)}{3EI}$$

그림과 같은 합성 구조물에서 BD의 부재력 T를 구하시오. (단, 모든 부재의 E, A, I는 동일하다. B점은 힌지이며 변위는 없다.)

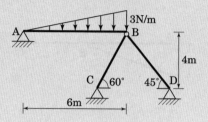

풀이 ● 매트릭스 변위법 10)

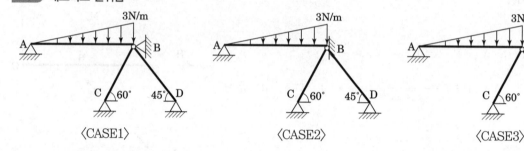

⟨CASE1⟩   ⟨CASE2⟩   ⟨CASE3⟩

❶ case1 : B점 수직, 수평변위가 없는 경우

$T = 0$

❷ CASE2 : B점 수직변위만 있는 경우

$$A = \begin{bmatrix} 1 & 0 & 0 & 0 & 0 \\ 0 & 1 & 0 & 0 & 0 \\ \dfrac{1}{6} & \dfrac{1}{6} & 0 & \dfrac{\sqrt{3}}{2} & \dfrac{1}{\sqrt{2}} \end{bmatrix}$$

$$S = \begin{bmatrix} \dfrac{4EI}{6} & \dfrac{2EI}{6} & 0 & 0 & 0 \\ \dfrac{2EI}{6} & \dfrac{4EI}{6} & 0 & 0 & 0 \\ 0 & 0 & \dfrac{EA}{6} & 0 & 0 \\ 0 & 0 & 0 & \dfrac{\sqrt{3}\,EA}{8} & 0 \\ 0 & 0 & 0 & 0 & \dfrac{EA}{4\sqrt{2}} \end{bmatrix}$$

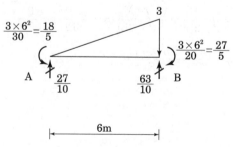

$$P = \begin{bmatrix} \dfrac{18}{5} & -\dfrac{27}{5} & -\dfrac{63}{10} \end{bmatrix}^T$$

$$FEM = \begin{bmatrix} \dfrac{18}{5} & -\dfrac{27}{5} & 0 & 0 & 0 \end{bmatrix}^T$$

$$Q = S A^T (A S A^T)^{-1} P + FEM$$

$$T = Q[5,1] = 2.991 kN(압축)$$

---

10) 문제 조건이 명확하지 않으므로 B점 조건에 대한 경우의; 수를 모두 검토한다. 건구 117-3-3의 경우 case3에 대하여 보의 축방향 변형여부를 고려하여 풀이하였다.

❸ CASE3 : B점 수직, 수평변위가 있는 경우

$$A = \begin{bmatrix} 1 & 0 & 0 & 0 & 0 \\ 0 & 1 & 0 & 0 & 0 \\ \dfrac{1}{6} & \dfrac{1}{6} & 0 & \dfrac{\sqrt{3}}{2} & \dfrac{1}{\sqrt{2}} \\ 0 & 0 & 1 & \dfrac{1}{2} & -\dfrac{1}{\sqrt{2}} \end{bmatrix}$$

$$S = \begin{bmatrix} \dfrac{4EI}{6} & \dfrac{2EI}{6} & 0 & 0 & 0 \\ \dfrac{2EI}{6} & \dfrac{4EI}{6} & 0 & 0 & 0 \\ 0 & 0 & \dfrac{EA}{6} & 0 & 0 \\ 0 & 0 & 0 & \dfrac{\sqrt{3}\,EA}{8} & 0 \\ 0 & 0 & 0 & 0 & \dfrac{EA}{4\sqrt{2}} \end{bmatrix}$$

$$P = \begin{bmatrix} \dfrac{18}{5} & -\dfrac{27}{5} & -\dfrac{63}{10} & 0 \end{bmatrix}^{T}$$

$$FEM = \begin{bmatrix} \dfrac{18}{5} & -\dfrac{27}{5} & 0 & 0 & 0 \end{bmatrix}^{T}$$

$$Q = SA^{T}(ASA^{T})^{-1}P + FEM$$

$$T = Q[5,\ 1] = 3.044kN(압축)$$

(* AB부재 축방향변형을 고려하지 않는 경우 T = 3.106kN(압축))

다음 그림과 같은 외팔보의 중앙점 B에 경사케이블을 설치하였다. 주어진 하중에 대한 케이블의 장력을 구하시오. (단, 케이블에서 $EA = 12000kN$, 보에서 $EI = 4500kN \cdot m^2$이며, 보의 축력의 영향은 무시한다.)

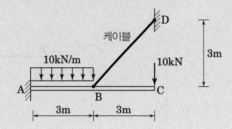

풀이 ○ 에너지법

❶ 부재력

부재	M(kNm)	T(kN)	L(m)
CB	$M_1 = -10x$	–	3
BA	$M_2 = -10(x+3) + \dfrac{T}{\sqrt{2}}x - 5x^2$	–	3
BD	–	T	$3\sqrt{2}$

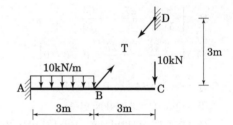

❷ 부정정력 산정(T)

$$U = \int_0^3 \frac{M_1^2}{2EI}dx + \int_0^3 \frac{M_2^2}{2EI}dx + \frac{T^2 \cdot 3\sqrt{2}}{2EA}$$

$$\frac{\partial U}{\partial T} = 0 \; ; \quad T = 37.875kN(인장)$$

중앙점에 하중(P)을 받는 단순보 AB의 처짐을 감소시키기 위하여 강선 AD 및 BD와 부재 CD를 그림에 보인 모양으로 배치하여 보강하였다. 보 AB와 부재 CD의 축압축 변형을 무시할 때 부재 CD에 발생하는 압축력 X를 계산하시오. (단, 사용된 모든 재료의 탄성계수는 $E = 2.0 \times 10^5 \text{MPa}$이고 보 AB의 단면2차모멘트는 $I = 1.0 \times 10^8 \text{mm}^4$이며, 강선 AD와 BD의 단면적은 $A = 1000 \text{mm}^2$, $\alpha = 15°$, $1 = 10\text{m}$이다.)

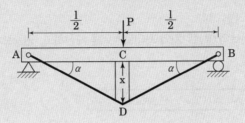

풀이 ◯ 에너지법

❶ 기본사항

$$E = 2 \times 10^3 \frac{\text{kN}}{\text{m}^2}$$

$$I = 1 \times 10^{-4} \text{m}^4$$

$$A = 1 \times 10^{-3} \text{m}^2$$

❷ 부재력표 [11]

부재	M(kNm)	T(kN)	L(m)
AC(2개소)	$\dfrac{p \cdot x}{2} - \dfrac{X \cdot x}{2}$	$\dfrac{X}{2\tan 15°}$	5
AD(2개소)	−	$\dfrac{X}{2\sin 15°}$	$\dfrac{5}{\cos 15°}$

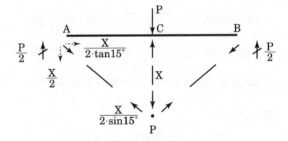

❸ 부정정력 산정(X) [12] [13]

$$U = 2 \times \int_0^5 \frac{\left(\dfrac{p \cdot x}{2} - \dfrac{X \cdot x}{2}\right)^2}{2EI} dx + 2 \times \left(\frac{\left(\dfrac{X}{2\sin 15°}\right)^2 \cdot \dfrac{5}{\cos 15°}}{2EA}\right)$$

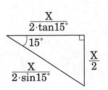

$$\frac{\partial U}{\partial X} = 0 \; ; \quad X = 0.8436 \cdot P(압축)$$

11) 계산기에서는 대소문자를 구별하지 못하므로 계산기 입력시 X를 t 등 구별 가능한 문자로 입력한다.
12) AB부재의 단면적이 주어지지 않았으므로 AB부재 축방향 변형은 무시한다.
13) CD의 축압축 변형은 없다고 했으므로 CD는 변형에너지는 발생하지 않는다.

등분포하중을 받는 단순보의 최대모멘트를 감소시키기 위해 그림과 같이 보의 중앙부에 케이블을 설치하였다. 이 때 설치된 케이블은 한쪽이 고정된 캔틸레버에 연결되어 있고, 설치된 케이블은 하중이 작용하기 전에 설치를 하였다. 등분포하중 6kN/m가 작용할 때 다음을 구하시오.

(1) 케이블에 작용하는 힘(F)

(2) 켄틸레버에 작용하는 최대모멘트(M)

(3) 단순보에 발생하는 최대모멘트의 발생위치와 최대모멘트를 계산하고, 단순보의 전단력도(SFD)와 모멘트도 (BMD)를 작성하시오.

	캔틸레버빔(AB)	케이블(AC)	단순보(DE)
단면2차모멘트	$1519 \times 10^4 \text{mm}^4$	–	–
단면형상	–	$\phi = 6\text{mm}$	$D = 100 \times 300\text{mm}$
탄성계수	200GPa	200GPa	10GPa
적용길이(Li)	1.8m	3.0m	6.0m

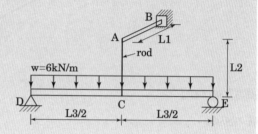

풀이 ○ 에너지법

1 기본사항

$$\text{EI}_{DE} = 10 \cdot 10^3 \cdot \frac{100 \cdot 300^3}{12} = 2.25 \cdot 10^{12} \text{Nmm}^2$$

$$\text{EI}_{AB} = 200 \cdot 10^3 \cdot 1519 \cdot 10^4 = 3.038 \cdot 10^{12} \text{Nmm}^2$$

$$\text{EA}_{AC} = 200 \cdot 10^3 \cdot \frac{\pi \cdot 6^2}{4} = 18 \cdot 10^5 \pi \text{Nmm}^2$$

2 변형에너지

$$M_{DC} = \left(-\frac{F}{2} + \frac{6 \cdot 6000}{2} \right) \cdot x - \frac{6 \cdot x^2}{2}$$

$$M_{AB} = -F \cdot x$$

$$U = 2 \cdot \int_0^{3000} \frac{M_{DC}^2}{2\text{EI}_{DE}} dx + \int_0^{1800} \frac{M_{AB}^2}{2\text{EI}_{AB}} dx + \frac{F^2 \cdot 3000}{2\text{EA}_{AC}}$$

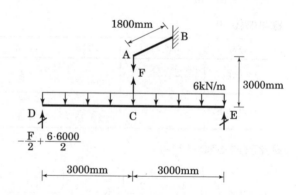

3 케이블에 작용하는 힘(F)

$$\frac{\partial U}{\partial F} = 0 \; ; \quad F = 14193.7\text{N} = 14.1937\text{kN}(인장)$$

4 켄틸레버에 작용하는 최대모멘트

$$M = -F \cdot L_1 = -14.1937 \cdot 1.8 = 25.5487\text{kNm}(\curvearrowleft)$$

5 단순보

$$M_{CD}(x) = 10.905 \cdot x - \frac{6 \cdot x^2}{2}$$

$$\frac{\partial M}{\partial x} = 0 \; ; \quad x = 1.8175\text{m}$$

$$M_{max} = M_{CD}(1.1875) = 9.9\text{kNm}(\smile)$$

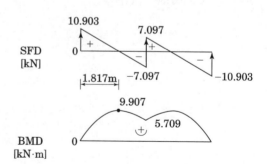

다음 그림과 같은 보-트러스의 혼성 구조물에서, B점에 집중하중이 작용한다. 재료의 탄성계수는 , 모든 트러스 부재의 단면적은 , 보 AC의 단면 2차모멘트는 라 할 때, 다음을 구하시오. (단, $EI = 5000kNm^2$, $EA = 1000kN$ 이며, 집중하중 $P = 20kN$이다)

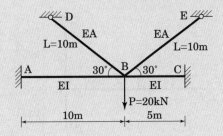

(1) B점의 연직처짐
(2) 부재 BD 및 부재 BE의 부재력

풀이 ○ 매트릭스 변위법

1 평형 방정식(P = AQ) 및 평형 매트릭스(A)

$$\begin{cases} P_1 = Q_2 + Q_3 \\ P_2 = \dfrac{-(Q_1 + Q_2)}{10} + \dfrac{(Q_3 + Q_4)}{5} + \dfrac{Q_5}{2} + \dfrac{Q_6}{2} \end{cases}$$

$$A = \begin{bmatrix} 0 & 1 & 1 & 0 & 0 & 0 \\ \dfrac{-1}{10} & \dfrac{-1}{10} & \dfrac{1}{5} & \dfrac{1}{5} & \dfrac{1}{2} & \dfrac{1}{2} \end{bmatrix}$$

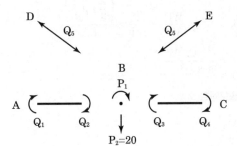

2 부재 강도매트릭스(S)

$$S = \begin{bmatrix} \dfrac{EI}{10} \times [a] & & & \\ & \dfrac{EI}{5} \times [a] & & \\ & & \dfrac{EA}{10} & \\ & & & \dfrac{EA}{10} \end{bmatrix} \qquad [a] = \begin{bmatrix} 4 & 2 \\ 2 & 4 \end{bmatrix}$$

3 B점 연직처짐(δ_B)

$$d = K^{-1}P = (ASA^T)^{-1}[0, \quad 20]^T$$
$$= [-0.006593, \quad 0.043956]^T$$
$$\delta_B = d[2,1] = 0.043956 \, m \, (\downarrow)$$

4 BD, BE 부재력(T_{BA}, T_{BE})

$$Q = SA^Td = [-19.78, \quad -26.37, \quad 26.37, \quad 39.56, \quad 2.2, \quad 2.2]^T$$
$$T_{BD} = Q[5,1] = 2.2kN(인장)$$
$$T_{BE} = Q[6,1] = 2.2kN(인장)$$

그림과 같은 구조계에서 고정단 A에 발생하는 휨모멘트를 구하시오. (단, 보 AB의 단면2차모멘트는 I, 기둥 CBD의 단면적은 A, 보와 기둥의 탄성계수는 E로 가정한다. 보 AB 상에는 등분포하중 w가 작용하며, 보와 기둥의 자중은 무시한다.)

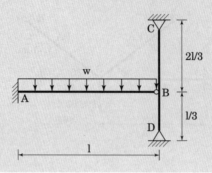

풀이 ● 변위일치법

1 적합조건

$$\delta_1 = \delta_2 \;\; ; \;\; \frac{Wl^4}{8EI} - \frac{Tl^3}{3EI} = \frac{\left(\frac{2}{3}T\right)\left(\frac{l}{3}\right)}{EA}$$

$$T = \frac{9Al^3W}{8\left(3Al^2 + 2I\right)}$$

2 휨모멘트

$$M_A = Wl \cdot \frac{1}{2} - T \cdot l$$

$$= \frac{Wl^2}{2} - \frac{9Wl^4A}{8\left(3Al^2 + 2I\right)}$$

$$= \frac{Wl^4\left(3Al^2 + 8I\right)}{8\left(3Al^2 + 2I\right)} \, (\curvearrowleft)$$

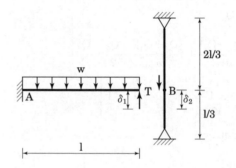

그림과 같은 크레인의 붐을 $E = 200000\text{MPa}$, $f_y = 300\text{MPa}$
인 강재로 만들고자 한다. 여기서, 붐 단면의 크기는 폭이
120mm이고, 높이는 200mm인 직사각형이다.

(1) 붐의 좌굴하중으로 저할 할 수 있는 인상중량 W를 인상각
　　$\theta = 30°$와 $60°$에 대하여 각각 구하시오. (단, 붐의 양단
　　경계조건은 hinge로 가정, 휨은 무시)
(2) 상기와 같이 분석된 인상각별 인상중량 분석 결과에 대한
　　고찰내용을 설명하시오.

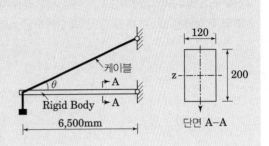

단면 A–A

풀이

❶ 좌굴하중

$$\begin{cases} I_z = \dfrac{120 \cdot 200^3}{12} \\ I_y = \dfrac{200 \cdot 120^3}{12} \end{cases} \rightarrow P_{cr} = \min\left[\dfrac{\pi^2 E \cdot I_z}{6500^2}, \quad \dfrac{\pi^2 E \cdot I_y}{6500^2}\right] = \dfrac{\pi^2 E \cdot I_y}{6500^2} = 1.34554 \times 10^6 \text{N}$$

❷ 부재력 검토

① 부재력

$$\begin{cases} F_1 \sin\theta - W = 0 \\ 1\cos\theta + F_2 = 0 \end{cases} \rightarrow F_1 = \dfrac{W}{\sin\theta}\text{(인장)} \qquad F_2 = \dfrac{W}{\tan\theta}\text{(압축)}$$

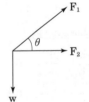

② $\theta = 30°$일 때

$$F_2 = \dfrac{W}{\tan 30°} \leq P_{cr} \; ; \quad W_{30°} \leq 776846\text{N}$$

$$\sigma_{30°} = \dfrac{F_1}{A} = 64.73\text{MPa}(< f_y \quad \text{O.K})$$

③ $\theta = 60°$일 때

$$F_2 = \dfrac{W}{\tan 60°} \leq P_{cr} \; ; \quad W_{60°} \leq 2330537\text{N}$$

$$\sigma_{60°} = \dfrac{F_1}{A} = 112.128\text{MPa}(< f_y \quad \text{O.K})$$

❸ 인상각별 인상중량

① $\sigma - \theta$ 관계 : $\sigma_\theta = \dfrac{F_1}{A} = \dfrac{W}{\sin\theta} = \dfrac{P_{cr}}{A} \cdot \dfrac{\tan\theta}{\sin\theta} = \dfrac{56.064}{\cos\theta}$

② 케이블 항복 시 각도 : $\sigma_\theta = 300$; $\theta = 79.23°$

③ 고찰

　　$\theta = 79.23°$ 도달 시 케이블이 항복하지만 $\theta =$
　　$60°$ 이후 케이블 응력이 급격히 증가하기 때문
　　에 케이블 설치 최대 각도를 $60°$ 이하로 제한

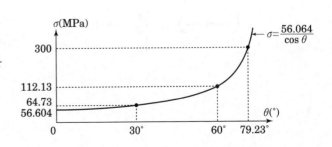

다음 구조계의 B에 집중하중 P가 작용 시 B의 수직 탄성변위를 구하시오. (단, 전체부재의 탄성계수는 E, 부재 AB의 휨강성은 EI, 부재 BC, BD의 단면적은 A로 가정한다.)

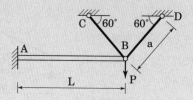

풀이 1. 매트릭스 변위법

❶ 평형매트릭스(A)

$$\begin{cases} P_1 = \dfrac{-Q_1 - Q_2}{L} + \dfrac{\sqrt{3}\,Q_3}{2} + \dfrac{\sqrt{3}\,Q_4}{2} \\ P_2 = \dfrac{Q_3}{2} - \dfrac{Q_4}{2} \\ P_3 = Q_2 \end{cases}$$

$$\rightarrow \quad A = \begin{bmatrix} -\dfrac{1}{L} & -\dfrac{1}{L} & \dfrac{\sqrt{3}}{2} & \dfrac{\sqrt{3}}{2} \\ 0 & 0 & \dfrac{1}{2} & -\dfrac{1}{2} \\ 0 & 1 & 0 & 0 \end{bmatrix}$$

❷ 부재 강도매트릭스(S)

$$S = \begin{bmatrix} \dfrac{4EI_1}{L} & \dfrac{2EI}{L} & 0 & 0 \\ \dfrac{2EI}{L} & \dfrac{4EI}{L} & 0 & 0 \\ 0 & 0 & EA/a & 0 \\ 0 & 0 & 0 & EA/a \end{bmatrix}$$

❸ 변위(d)

$$d = (ASA^T)^{-1}[P,\ 0,\ 0]^T$$

$$\delta_{B,v} = \frac{2L^3 aP}{3E(2I \cdot a + L^3 \cdot A)} (\downarrow)$$

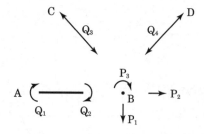

풀이 2. 에너지법

❶ 케이블 부정정력

$$M = -P \cdot x + \frac{\sqrt{3}}{2}(Q_1 + Q_2) \cdot x$$

$$U = \int_0^L \frac{M^2}{2EI} dx + \frac{(Q_1^2 + Q_2^2) \cdot a}{2EA}$$

$$\frac{\partial U}{\partial Q_1} = 0 \ \& \ \frac{\partial U}{\partial Q_2} = 0 \ ; \quad Q_1 = Q_2 = \frac{\sqrt{3}\,PAL^3}{3(AL^3 + 2Ia)}$$

❷ 수직처짐

$$\delta_{B,v} = \frac{\partial U}{\partial P} = \frac{2L^3 aP}{3E(2I \cdot a + L^3 \cdot A)} (\downarrow)$$

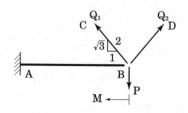

다음 그림과 같이 트러스부재로 지지된 단순보의 최대 휨모멘트 및 최대 처짐을 구하시오. (단, ① 모든 부재의 자중 및 보의 축방향변형은 무시하고, ② 보의 단면 2차모멘트는 1000000cm^4이며, 모든 트러스부재의 단면적 $A = 50\text{cm}^2$, ③ 모든 부재의 탄성계수는 2000000kg/cm^2이다) (20점)

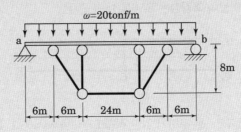

$\omega = 20\text{tonf/m}$

8m

6m 6m 24m 6m 6m

풀이 ○ 에너지법

1 기본사항

$$I_b = 0.01\text{m}^4 \quad A = 0.005\text{m}^2 \quad E = 2 \cdot 10^7 \text{ton/m}$$

2 변형에너지

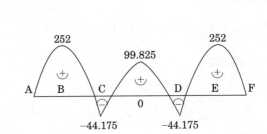

$$M_{AB} = \left(48 + \frac{P}{2}\right) \cdot x - x^2$$

$$M_{BC} = \left(48 + \frac{P}{2}\right) \cdot (x+6) - (x+6)^2 + T \cdot x$$

$$M_{CO} = \left(48 + \frac{P}{2}\right) \cdot (x+12) - (x+12)^2 + T \cdot (x+6) - T \cdot x$$

$$F_{CG} = T, \quad F_{BG} = -\frac{5}{4}T, \quad F_{GH} = -\frac{3}{4}T$$

$$U = 2 \cdot \left(\int_0^6 \frac{M_{AB}^2}{2EI_b}dx + \int_0^6 \frac{M_{BC}^2}{2EI_b}dx + \int_0^{12} \frac{M_{CD}^2}{2EI_b}dx\right) + 2 \cdot \left(\frac{F_{CG}^2 \cdot 8}{2EA} + \frac{F_{BG}^2 \cdot 10}{2EA} + \frac{F_{GH}^2 \cdot 12}{2EA}\right)$$

3 부정정력 산정

$$\frac{\partial U}{\partial T} = 0 \; ; \quad T = -79.3625 = 79.3625\text{tf(압축)}$$

4 최대휨모멘트

$$\begin{cases} M_{BC,x=0} = 252\text{tf} \cdot m \,(최대값) \\ M_{CD,x=0} = -44.1753 \text{ tf} \cdot m \\ M_{CD,x=12} = 99.8247 \text{ tf} \cdot m \end{cases}$$

252   99.825   252

A B C D E F

−44.175   0   −44.175

5 최대처짐

$$\delta_{중앙} = \frac{\partial U}{\partial P} = 0.105504\text{m}\,(\downarrow)$$

주요공식 요약 | 재료역학 | 구조기본 | 구조응용

다음 그림과 같이 캔틸레버보 AB와 단순보 DE가 길이 $\dfrac{L}{3}$인 행어 케이블 AC에 의하여 서로 연결되어 있다. 단순보에 등분포 하중 w가 작용하고 있다. 다음 물음에 답하시오. (단, 캔틸레버보 AB의 휨강성은 2EI, 단순보 DE의 휨강성은 EI이고, 행어 케이블의 축강성은 EA이다) (총 20점)

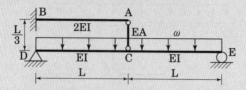

(1) 행어 케이블에 발생하는 인장력 F_{AC}를 구하기 위한 적합조건식을 제시하고, F_{AC}를 A, I, w, L을 이용하여 나타내시오. (12점)

(2) $L \leq \sqrt{\dfrac{I}{A}}$ 라고 가정했을 때, 행어 케이블에 발생할 수 있는 최대 인장력을 구하고, 이 때 캔틸레버보 AB와 단순보 DE에 발생하는 최대 휨모멘트를 구하시오. (8점)

풀이 ● 변위일치법

■1 케이블 인장력

$$\begin{cases} \delta_1 = \dfrac{F_{AC} \cdot L^3}{3 \cdot 2EI} \\[3mm] \delta_2 = \dfrac{F_{AC} \cdot L/3}{EA} \\[3mm] \delta_3 = \dfrac{5w(2L)^4}{384EI} - \dfrac{F_{AC}(2L)^3}{48EI} \end{cases} \rightarrow \quad \delta_3 = \delta_1 + \delta_2$$

$$F_{AC} = \dfrac{5AL^3w}{8(AL^3 + I)} \, (\text{인장})$$

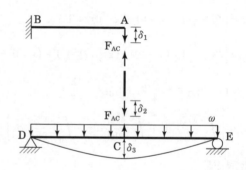

■2 최대 인장력

$$F_{AC,max} = \dfrac{5}{16}wL \, (\text{인장}) \quad or \quad F_{AC,max} = \dfrac{5}{16}w \cdot \sqrt{\dfrac{I}{A}} \left(\because A = \dfrac{I}{L^2} \right)$$

■3 최대 휨모멘트

① AB부재

$$M_{max} = \dfrac{5}{16}wL^2 \, (\frown)$$

② DE부재

$$M_x = \dfrac{27}{32} \cdot w \cdot L \cdot x - \dfrac{w}{2}x^2$$

$$\dfrac{\partial M_x}{\partial x} = 0 \; ; \; x = \dfrac{27}{32}L$$

$$M_{max} = \dfrac{729wL^2}{2048} = 0.356wL^2$$

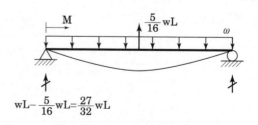

그림과 같이 사각형 단면으로 구성된 구조물 AB가 있다. 사각단면의 크기는 40mm×60mm이고, 탄성계수 E =200GPa, 항복응력 $f_y=10$GPa이다. 이 구조물이 버틸 수 있는 최대하중 W를 구하시오. (24점)

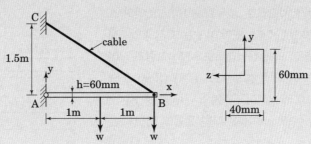

풀이

1 단면성능

$$A = b \cdot h = 40 \cdot 60, \quad I_z = \frac{40 \cdot 60^3}{12}, \quad I_y = \frac{60 \cdot 40^3}{12}$$

2 항복 휨응력 검토

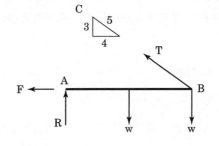

$$\begin{cases} \Sigma M_A = 0 \; ; \quad W + 2W = \dfrac{3T}{5} \cdot 2 \quad \rightarrow \quad T = \dfrac{5W}{2} \\[3mm] \Sigma F_y = 0 \; ; \quad R - 2W + \dfrac{3T}{5} = 0 \quad \rightarrow \quad R = \dfrac{W}{2} \\[3mm] \text{절점B} \; ; \quad F - \dfrac{4T}{5} = 0 \quad \rightarrow \quad F = 2W \end{cases}$$

$$\frac{F}{A} + \frac{R \cdot 1000}{I_z}\left(\frac{h}{2}\right) = f_y \quad \rightarrow \quad W_y = 461.538\text{kN}$$

3 소성 휨응력검토

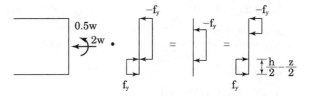

$$2W = z \cdot f_y \cdot b \quad \rightarrow \quad z = \frac{W}{200000}$$

$$\begin{cases} M = f_y\left(\dfrac{h}{2} - \dfrac{z}{2}\right) \cdot b\left(\dfrac{h}{2} - \dfrac{\left(\dfrac{h}{2} - \dfrac{z}{2}\right)}{2}\right) \cdot 2 \\[5mm] M = \dfrac{W}{2} \cdot 10^3 \end{cases} \quad \rightarrow \quad W_p = 717.42649\text{kN}$$

4 압축 좌굴검토

$$P_{cr} = \frac{\pi^2 E I_y}{2000^2} = 2W \quad \rightarrow \quad W_b = 78.957\text{kN}(\text{지배})$$

5 최대하중

$$W_{allow} = \min\left[W_y, \quad W_p, \quad W_b\right] = W_b = 78.957\text{kN}$$

길이가 4m인 보 DE는 D점과 E점에 각각 힌지와 스프링으로 지지되어 있고 등분포하중 w=2kN/m를 받고 있다. 보 DE의 탄성계수 E_{DE}=100GPa이고 단면2차모멘트 I_{DE}=20×10^6mm⁴이며 스프링의 탄성계수 k_E=800kN/m이다. 또한 이 보는 지간 중앙 C점에 부착된 길이 2m의 강봉에 의해 캔틸레버보 AB와 그림과 같이 연결되어 있다. 캔틸레버보 AB의 탄성계수 E_{AB}=200GPa이고 단면2차모멘트 I_{AB}=25×10^6mm⁴이며, 강봉의 탄성계수 E_{AC}=200GPa이고 단면적 A_{AC}=15mm²이다. 다음 물음에 답하시오. (총 25점)

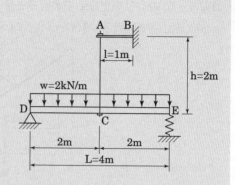

(1) 지점 B, D, E에서의 수직반력 R_B, R_D, R_E와 지점 B의 모멘트반력 M_B, 강봉 AC의 부재력 F_{AC}를 모두 구하시오. (15점)

(2) 단순보 DE의 중앙점 C에서의 수직처짐 δ_c를 구하시오. (3점)

(3) 단순보 DE의 최대모멘트 M_{max}를 구하고 전단력선도와 모멘트선도를 그리시오. (7점)

풀이 ○ 에너지법

❶ 기본사항

$$I_{DE} = 20 \cdot 10^6 \cdot \left(10^{-3}\right)^4 m^4 \qquad E_{DE} = 100000 \cdot \frac{10^{-3}}{\left(10^{-3}\right)^2} kN/m^2$$

$$I_{AB} = 25 \cdot 10^6 \cdot \left(10^{-3}\right)^4 m^4 \qquad E_{AB} = E_{AC} = 200000 \cdot \frac{10^{-3}}{\left(10^{-3}\right)^2} kN/m^2$$

$$A_{AC} = 15 \cdot \left(10^{-3}\right)^2 m^2 \qquad K_E = 800kN/m$$

❷ 구조물 해석

① DE 구조물 평형방정식

$$\begin{cases} \Sigma F_y = 0; \quad R_D + R_E + F - 2 \cdot 4 - P = 0 \\ \Sigma M_E = 0; \quad 4R_D + 2F - 2P - 2 \cdot 4 \cdot 2 = 0 \end{cases} \rightarrow \begin{aligned} R_D = \frac{8+P-F}{2} \\ R_E = \frac{8+P-F}{2} \end{aligned}$$

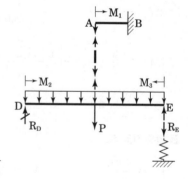

② 변형에너지

$$\begin{cases} M_1 = -F \cdot x \\ M_2 = R_D \cdot x - x^2 \\ M_3 = R_E \cdot -x^2 \end{cases}$$

$$U = \int_0^1 \frac{M_1^2}{2E_{AB}I_{AB}}dx + \int_0^2 \frac{M_2^2}{2E_{DE}I_{DE}}dx + \int_0^2 \frac{M_3^2}{2E_{DE}I_{DE}}dx + \frac{F^2 \cdot 2}{2E_{AC}A_{AC}} + \frac{R_E^2}{2k_E}$$

③ 부재력 및 반력

$$\frac{\partial U}{\partial F} = 0; \quad F = 3.4063kN(인장)$$

$$R_B = 3.4063kN(\uparrow), \quad R_D = 2.2968kN(\uparrow), \quad R_E = 2.2968kN(\uparrow)$$

$$M_B = 3.4063kNm(\curvearrowright)$$

❸ C점 수직처짐

$$\delta_c = \left.\frac{\partial U}{\partial P}\right|_{P=0} = 0.002498m$$

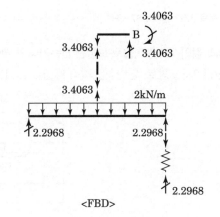

<FBD>

❹ 최대모멘트

$$M = 2.2968x - x^2$$

$$\frac{\partial M}{\partial x} = 0 \ ; \quad x = 1.1484m$$

$$M_{max} = 1.31882kNm$$

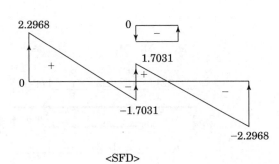

<SFD>

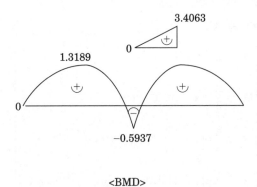

<BMD>

그림과 같이 외부케이블로 보강된 단순거더의 케이블장력 T를 구하시오. 단, 자중은 무시하며 거더의 탄성계수 및 단면 2차 모멘트, 단면적은 각각 E_g, I_g, A_g이고, 케이블의 탄성계수 및 단면적은 각각 E_p, A_p이다. ($a < L/3$)

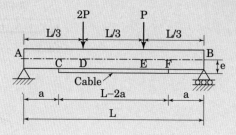

풀이 ◑ 에너지법

1 변형에너지

$$
\begin{cases}
M_1 = \dfrac{5}{3}P \cdot x \\[2mm]
M_2 = \dfrac{5}{3}P(x+a) - T \cdot e \\[2mm]
M_3 = \dfrac{5}{3}P\left(x+\dfrac{L}{3}\right) - T \cdot e - 2P \cdot x \\[2mm]
M_4 = \dfrac{5}{3}P\left(x+\dfrac{2L}{3}\right) - T \cdot e - 2P\left(x+\dfrac{L}{3}\right) - P \cdot x \\[2mm]
M_5 = \dfrac{4}{3}P \cdot x
\end{cases}
$$

$$
U = \int_0^a \frac{M_1^2 + M_5^2}{2E_gI_g}dx + \int_0^{\frac{L}{3}-a} \frac{M_2^2 + M_4^2}{2E_gI_g}dx + \int_0^{L/3} \frac{M_3^2}{2E_gI_g}dx + \frac{T^2(L-2a)}{2E_gA_g} + \frac{T^2(L-2a)}{2E_pA_p}
$$

2 케이블 장력(T) 산정

$$
\frac{\partial U}{\partial T} = 0 \;;
$$

$$
T = \frac{(2L^2 - 9a^2)}{6(L-2a)} \cdot \frac{eA_gA_pE_p}{e^2A_gA_pE_p + (A_gE_g + A_pE_p)I_g} \cdot P
$$

다음 그림과 같이 외부 케이블로 보강된 단순거더의 케이블 장력 T를 구하시오. (단, 자중은 무시하며 거더의 탄성계수 및 단면2차모멘트, 단면적은 각각 E_g, I_g, A_g이고, 케이블의 탄성계수 및 단면적은 각각 E_p, A_p이며, a < L/3이다.)

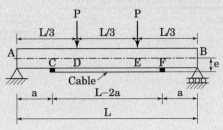

풀이 ○ 에너지법

① 부재력

부재	M	N
AC	$M_1 = P \cdot x$	—
CD	$M_2 = P(a+x) - T \cdot e$	$-T$
DG	$M_3 = P\left(\dfrac{L}{3}+x\right) - T \cdot e - P \cdot x$	$-T$
cable	—	T

② 변형에너지

$$U = 2 \times \left(\int_0^a \frac{M_1^2}{2E_gI_g}dx + \int_0^{\frac{L}{3}-a} \frac{M_2^2}{2E_gI_g}dx + \int_0^{\frac{L}{2}-\frac{L}{3}} \frac{M_3^2}{2E_gI_g}dx \right) + \frac{(-T)^2(L-2a)}{2E_gA_g} + \frac{T^2(L-2a)}{2E_pA_p}$$

③ 케이블 장력

$$\frac{\partial U}{\partial T} = 0 \; ; \quad T = \frac{(2L^2 - 9a^2)eA_gA_pE_p}{9(L-2a) \cdot \left[e^2A_gA_pE_p + (A_gE_g + A_pE_p)I_g\right]} \cdot P(\text{인장})$$

다음 그림과 같이 단순보 ABC를 킹포스트 트러스(king post truss)로 보강하였다. 부재의 단면 및 재료의 성질이 표와 같고, 모든 부재의 안전계수를 SF＝2.0 이라 할 때, 최대 허용하중(설계하중) P를 구하시오.

부재	단면(mm)	탄성계수(GPa)	항복응력(MPa)
보 ABC	직사각형 : b×d=60×160	200	240
부재 ADC	원형단면 : 직경=15	200	500
부재 BD	직사각형 : 50×40	12.4	29.6

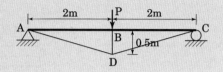

풀이 ○ 에너지법

1 기본사항

$$EI_1 = 2 \cdot 10^5 \cdot \frac{60 \cdot 160^3}{12} \cdot 10^{-9} = 4096 kNm^2$$

$$EA_1 = 2 \cdot 10^5 \cdot 60 \cdot 160 \cdot 10^{-3} = 1920000 kN$$

$$EA_2 = 2 \cdot 10^5 \cdot \frac{\pi 15^2}{4} \cdot 10^{-3} = 35342.9 kN$$

$$EA_3 = 1.24 \cdot 10^4 \cdot 50 \cdot 40 \cdot 10^{-3} = 24800 kN$$

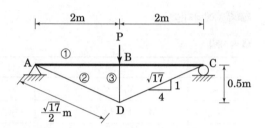

2 부정정력 산정

$$U = 2 \cdot \left[\int_0^2 \frac{\left(\left(\frac{P}{2} - \frac{T}{2} \right) \cdot x \right)^2}{2EI_1} dx + \frac{(-2T)^2 \cdot 2}{2EA_1} + \frac{\left(\frac{\sqrt{17}}{2}T \right)^2 \cdot \left(\frac{\sqrt{17}}{2} \right)}{2EA_2} \right] + \frac{(-T)^2 \cdot 0.5}{2EA_3}$$

$$\frac{\partial U}{\partial T} = 0 \ ; \ \ T = 0.383047P(압축)$$

3 허용하중 검토

① 보 ABC

$$\begin{cases} \sigma_1 = \frac{2T}{A_1} + \frac{M}{I_1}y = 0.00249P \\ \\ \sigma_y = 240 MPa \end{cases} \xrightarrow{\left(\sigma_1 \leq \frac{\sigma_y}{2} \right)} P \langle 48197.1N(지배)$$

② 부재 ADC

$$\begin{cases} \sigma_2 = \frac{\sqrt{17}T}{2A_2} = 0.004469P \\ \\ \sigma_y = 500 MPa \end{cases} \xrightarrow{\left(\sigma_2 \leq \frac{\sigma_y}{2} \right)} P \langle 55945.7N$$

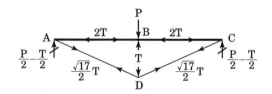

③ 부재 BD

$$\begin{cases} \sigma_3 = \frac{T}{A_3} = 0.000192P \\ \\ \sigma_y = 29.6 MPa \end{cases} \xrightarrow{\left(\sigma_3 \leq \frac{\sigma_y}{2} \right)} P \langle 77275.2N$$

$$\therefore P_{max} = 48.197 kN$$

골조 해석 2

Summary

출제내용　이 장에서는 골조에 대한 해석문제가 출제된다. 골조는 주로 ㄷ형, ㄱ형, ㅁ형, 경사라멘 등 다양한 형태의 구조물이며, 이 구조물에 대한 반력, 부재력 및 처짐을 구하고 FBD, SFD, BMD 작도를 요구한다. 골조 해석 역시 온도하중, 변단면, 강성변화, 지점침하, 제작오차 등 다양한 조건에 대한 풀이가 요구되며, 보 해석과 마찬가지로 변위일치, 처짐각법, 모멘트 분배법, 3연모멘트법 등 전통적인 풀이방법과 에너지법, 매트릭스법등 CAS 기능을 활용한 풀이, 교문법 등 근사해석법으로 풀이할 수 있다.

학습전략　골조 해석도 보 해석과 마찬가지로 하나의 문제에 대해 적어도 3가지의 다른 풀이법으로 답안을 작성하는 연습이 필요하다. 교문법 등 근사해석법은 풀이 및 정리에 시간이 많이 소요되기 때문에 시험장에서 풀이 시간관리가 중요하다. SFD, BMD를 평소 연습해두지 않으면 의외로 이 부분에서 막혀서 온전한 점수를 못받는 경우가 발생하므로 반드시 평소 BMD까지 그리는 연습을 해야한다.

건축구조기술사 | 83-2-4

다음 골조의 지점반력과 절점C에서의 단면력의 수평 및 수직성분을 구하시오.

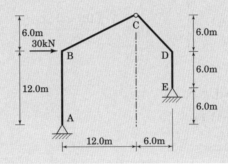

풀이

1 평형방정식

$$\begin{cases} \Sigma F_y = 0 \ ; \ V_A + V_E = 0 \\ \Sigma F_x = 0 \ ; \ 30 + H_A - H_E = 0 \\ \Sigma M_{C좌} = 0 \ ; \ -30 \times 6 - 18H_A + 12V_A = 0 \\ \Sigma M_{C우} = 0 \ ; \ 12H_E - 6V_E = 0 \end{cases}$$

$$H_A = \frac{150}{7}(\leftarrow), \quad H_E = \frac{60}{7}(\leftarrow), \quad V_A = \frac{120}{7}(\downarrow), \quad V_E = \frac{120}{7}(\uparrow)$$

2 절점 C에서의 단면력의 수평 및 수직성분(단위 : kN)

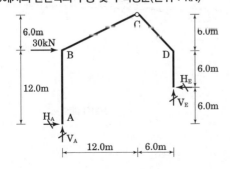
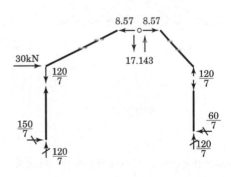

다음과 같은 3힌지 골조의 부재력도(BMD, SFD)를 도시하시오.

설계조건

(1) 하중조합은 KBC2005 한계상태설계법의 고정하중과 풍하중의
    조합임

(2) $P_d = 10kN$(고정하중)

(3) $P_W = 18kN$(풍하중)

(4) 자중 등은 무시하며 부호를 표기할 것

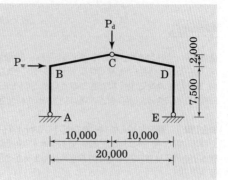

풀이

1 반력산정 [1]

$$\begin{cases} \Sigma M_{C,L} = 0 \; ; \quad 10V_A - 9.5H_A - 2P_w = 0 \\ \Sigma M_{C,R} = 0 \; ; \quad 9.5H_E - 10V_E = 0 \\ \Sigma F_x = 0 \; ; \quad P_w + H_A - H_E = 0 \\ \Sigma F_y = 0 \; ; \quad -P_d + V_A + V_E = 0 \end{cases}$$

$\rightarrow$

$$H_A = \frac{20P_d - 23P_w}{38} \qquad V_A = \frac{(4P_d - 3P_w)}{8}$$

$$H_E = \frac{5 \cdot (4P_d + 3P_w)}{38} \qquad V_E = \frac{(4P_d + 3P_w)}{8}$$

2 $P_d = 10kN$, $P_w = 18kN$일 때 반력

$H_A = 5.63kN(\leftarrow)$ $V_A = 1.75kN(\downarrow)$

$H_E = 12.37kN(\leftarrow)$ $V_E = 11.75kN(\uparrow)$

3 부재력

$$\begin{cases} \theta = \tan^{-1}\left(\frac{2}{10}\right) = 0.197396\,rad \\ BC구간 : \; V_{BC} = V_A \cdot \cos\theta - H_A \cdot \sin\theta - P_w \cdot \sin\theta \\ CD구간 : \; V_{DC} = -V_E \cdot \cos\theta + H_E \cdot \sin\theta \end{cases}$$

$\rightarrow \quad \begin{aligned} V_{BC} &= -4.142kN \\ V_{DC} &= -9.096kN \end{aligned}$

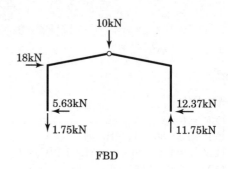

FBD

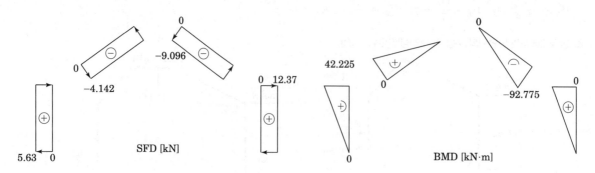

SFD [kN]   BMD [kN·m]

---

1) 문제에 하중조합 조건이 주어졌으나 하중계수를 무시하고 역학적 관점으로 풀이한다

〈그림 1〉에 주어진 비대칭 골조에 대하여 다음에 답하시오. (C점의 횡지지를 고려하여 횡변위가 발생하지 않는 상황에서 구한 휨모멘트도는 〈그림 2〉와 같다.)

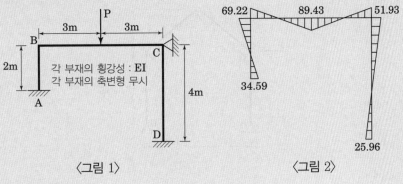

〈그림 1〉   〈그림 2〉

(1) 집중하중 P의 값을 구하시오.
(2) C점의 수평반력을 구하시오.
(3) C점의 횡지지가 제거되었을 때 변형형상을 스케치하시오.

풀이

❶ 집중하중 P

$69.22 + 89.43 = 3R_B$; $R_B = 52.883$

$88.43 + 51.93 = 3R_C$; $R_C = 47.12$

$\therefore P = R_B + R_C = 100kN$

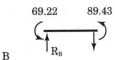

❷ C점의 수평반력

$H_B = \dfrac{69.22 + 34.59}{2} = 51.905 \ (\leftarrow)$

$H_C = \dfrac{51.93 + 25.96}{2} = 19.4725 (\rightarrow)$

따라서 C점의 수평반력은

$H = 51.905 - 19.4725 = 32.4325kN(\leftarrow)$

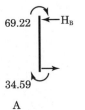

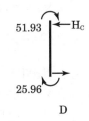

❸ 횡지지 제거시 변형형상

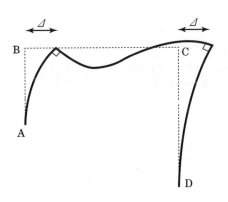

그림과 같은 3힌지 골조의 G점에서의 단면력을 구하고, 전체구조물의 단면력도(축력도, 전단력도, 휨모멘트도)를 그리시오.

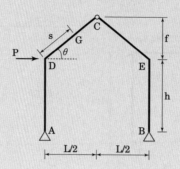

풀이

① 반력

$$\begin{cases} \Sigma F_y = 0 \ ; \quad -V_A + V_B = 0 \\ \Sigma F_y = 0 \ ; \quad -H_A - H_B + P = 0 \\ \Sigma M_B = 0 \ ; \quad -V_A L + Ph = 0 \\ \Sigma M_{C,L} = 0 \ ; \quad -Pf - \dfrac{V_A L}{2} + H_A(f+h) = 0 \end{cases}$$

$$\rightarrow \quad \begin{aligned} V_A &= \frac{PH}{L}(\downarrow) \\ H_A &= \frac{(2f+h)P}{2(f+h)}(\leftarrow) \\ V_B &= \frac{Ph}{L}(\uparrow) \\ H_B &= \frac{Ph}{2(f+h)}(\leftarrow) \end{aligned}$$

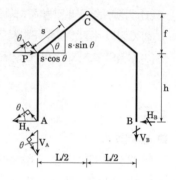

② G점 단면력

① 축력(인장⊕)

$$N = -P \cdot \cos\theta + H_A \cdot \cos\theta + V_A \cdot \sin\theta$$
$$= \frac{P \cdot h}{L}\sin\theta - \frac{P \cdot h}{2(f+h)}\cos\theta$$

② 전단력

$$V = -P\sin\theta + H_A\sin\theta - V_A\cos\theta$$
$$= -\left(\frac{P \cdot h}{2(f+h)}\sin\theta + \frac{P \cdot h}{L}\cos\theta \right)$$

③ 휨모멘트

$$M(s) = -P \cdot s \cdot \sin\theta + H_A(h + s \cdot \sin\theta) + V_A(s \cdot \cos\theta)$$
$$= \frac{P \cdot h\{(2f \cdot \cos\theta + 2h \cdot \cos\theta - L \cdot \sin\theta) \cdot s + (2f+h) \cdot L\}}{2(f+h) \cdot L}$$
$$M(0) = \frac{(2f+h) \cdot P \cdot h}{2(f+h)}$$

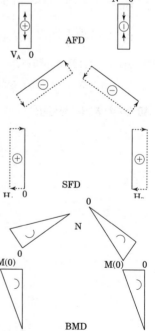

아래 그림과 같은 프레임 ABCD에서 자유단 D에 하중 P가 작용할 때, D점의 수평처짐 δ_H, 수직처짐 δ_V를 구하시오. (단, 모든 부재는 길이가 L이고, 강성은 EI이다.)

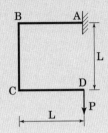

풀이 ▶ 1. 에너지법

① 변형에너지

$$
\begin{cases}
M_1 = -P \cdot x \\
M_2 = P \cdot L - Q \cdot x \\
M_3 = P(L-x) - Q \cdot L
\end{cases}
\rightarrow \quad U = \int_0^L \frac{\left(M_1^2 + M_2^2 + M_3^2\right)}{2EI} dx
$$

② 처짐

$$
\delta_H = \left.\frac{\partial U}{\partial Q}\right|_{Q=0} = \frac{PL^3}{EI}(\leftarrow) \quad
\delta_V = \left.\frac{\partial U}{\partial P}\right|_{Q=0} = \frac{5PL^3}{3EI}(\downarrow)
$$

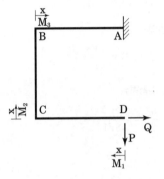

풀이 ▶ 2. 매트릭스 변위법

① 평형 매트릭스(A)

$$
\begin{cases}
P_1 = Q_1 + Q_4 \\
P_2 = Q_3 + Q_5 \\
P_3 = Q_6 \\
P_4 = \dfrac{Q_3 + Q_4}{L} \\
P_5 = -\dfrac{\left(Q_5 + Q_6\right)}{L} \\
P_6 = \dfrac{Q_1 + Q_2 + Q_3 + Q_4}{L}
\end{cases}
\rightarrow \quad
A = \begin{bmatrix}
1 & 0 & 0 & 1 & 0 & 0 \\
0 & 0 & 1 & 0 & 1 & 0 \\
0 & 0 & 0 & 0 & 0 & 1 \\
0 & 0 & \dfrac{1}{L} & \dfrac{1}{L} & 0 & 0 \\
0 & 0 & 0 & 0 & -\dfrac{1}{L} & -\dfrac{1}{L} \\
\dfrac{1}{L} & \dfrac{1}{L} & 0 & 0 & \dfrac{1}{L} & \dfrac{1}{L}
\end{bmatrix}
$$

② 부재 강도매트릭스(S)

$$
S = \begin{bmatrix} [a] & & \\ & [a] & \\ & & [a] \end{bmatrix} \quad
[a] = \frac{EI}{L}\begin{bmatrix} 4 & 2 \\ 2 & 4 \end{bmatrix}
$$

③ 변위(d)

$$
d = \left(ASA^T\right)^{-1} \cdot \begin{bmatrix} 0 & 0 & 0 & 0 & P & 0 \end{bmatrix}^T
$$

$$
\delta_H = d[4,1] = \frac{PL^3}{EI}(\leftarrow) \qquad \delta_V = d[5,1] = \frac{5PL^3}{3EI}(\downarrow)
$$

그림과 같이 A점은 고정단지점, C점은 이동단지점으로 된 부정정라멘에 대해 다음 물음에 답하시오. (단, AB부재의 축변형은 무시한다.)

(1) 이동지점 C의 반력을 구하시오.
(2) 라멘의 휨모멘트도를 그리시오.
(3) B점의 수평변위를 구하시오.

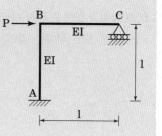

풀이 1. 에너지법

1 변형에너지

$$\left\{\begin{array}{l} M_1 = R \cdot x \\ M_2 = R \cdot l - P \cdot x \end{array}\right\} \rightarrow U = \int_0^L \frac{\left(M_1^2 + M_2^2\right)}{2EI} dx$$

2 C점 반력

$$\frac{\partial U}{\partial R} = 0 \ ; \quad R = \frac{3P}{8} (\uparrow)$$

3 B점의 수평변위

$$\delta_B = \frac{\partial U}{\partial P} = \frac{7PL^3}{48EI} (\rightarrow)$$

풀이 2. 매트릭스 변위법

$$A = \begin{bmatrix} 0 & 1 & 1 & 0 \\ 0 & 0 & 0 & 1 \\ -\dfrac{1}{l} & -\dfrac{1}{l} & 0 & 0 \end{bmatrix}$$

$$S = \frac{EI}{l} \begin{bmatrix} 4 & 2 & & \\ 2 & 4 & & \\ & & 4 & 2 \\ & & 2 & 4 \end{bmatrix}$$

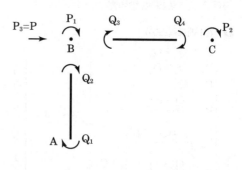

$$d = \left(ASA^T\right)^{-1} \cdot \begin{bmatrix} 0 & 0 & P \end{bmatrix}^T = \begin{bmatrix} \dfrac{Pl^2}{8EI} & -\dfrac{Pl^2}{16EI} & \dfrac{7Pl^3}{48EI} \end{bmatrix}^T$$

$$Q = SA^Td = \begin{bmatrix} -\dfrac{5Pl}{8} & -\dfrac{3pl}{8} & \dfrac{3pl}{8} & 0 \end{bmatrix}^T$$

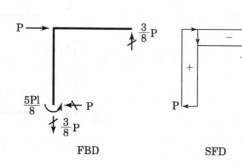

FBD   SFD

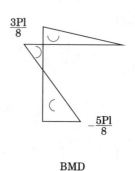

BMD

PE.A − 102 − 3 − 6

$$\cdots\cdots\cdots\cdots\cdots em \qquad\qquad -em$$

$r \cdot x \to m1$	$r \cdot x$
$r \cdot l - p \cdot x \to m2$	$l \cdot r - p \cdot x$

$$\int_0^l \frac{m1^2 + m2^2}{2 \cdot ei}\, dx \to u \qquad\qquad \frac{l^3 \cdot (4 \cdot r^2 - 3 \cdot p \cdot r + p^2)}{6 \cdot ei}$$

⚠ $\mathrm{solve}\left(\dfrac{d}{dr}(u) = 0, r\right) \qquad\qquad r = \dfrac{3 \cdot p}{8}$ or $l = 0$

⚠ $\dfrac{d}{dp}(u)\,|\,r = \dfrac{3 \cdot p}{8} \qquad\qquad \dfrac{7 \cdot p \cdot l^3}{48 \cdot ei}$

$$\cdots\cdots\cdots\cdots\cdots sm \qquad\qquad -sm$$

$$\begin{bmatrix} 0 & 1 & 1 & 0 \\ 0 & 0 & 0 & 1 \\ \frac{-1}{l} & \frac{-1}{l} & 0 & 0 \end{bmatrix} \to a \qquad\qquad \begin{bmatrix} 0 & 1 & 1 & 0 \\ 0 & 0 & 0 & 1 \\ \frac{-1}{l} & \frac{-1}{l} & 0 & 0 \end{bmatrix}$$

⚠ $\dfrac{ei}{l} \cdot \begin{bmatrix} 4 & 2 & 0 & 0 \\ 2 & 4 & 0 & 0 \\ 0 & 0 & 4 & 2 \\ 0 & 0 & 2 & 4 \end{bmatrix} \to s$

$$\begin{bmatrix} \frac{4 \cdot ei}{l} & \frac{2 \cdot ei}{l} & 0 & 0 \\ \frac{2 \cdot ei}{l} & \frac{4 \cdot ei}{l} & 0 & 0 \\ 0 & 0 & \frac{4 \cdot ei}{l} & \frac{2 \cdot ei}{l} \\ 0 & 0 & \frac{2 \cdot ei}{l} & \frac{4 \cdot ei}{l} \end{bmatrix}$$

⚠ $(a \cdot s \cdot a^\tau)^{-1} \cdot [0\ 0\ p]^\tau \to d$

$$\begin{bmatrix} \frac{l^2 \cdot p}{8 \cdot ei} \\ \frac{-l^2 \cdot p}{16 \cdot ei} \\ \frac{7 \cdot l^3 \cdot p}{48 \cdot ei} \end{bmatrix}$$

⚠ $s \cdot a^\tau \cdot (a \cdot s \cdot a^\tau)^{-1} \cdot [0\ 0\ p]^\tau \to q$

$$\begin{bmatrix} \frac{-5 \cdot l \cdot p}{8} \\ \frac{-3 \cdot l \cdot p}{8} \\ \frac{3 \cdot l \cdot p}{8} \\ 0 \end{bmatrix}$$

EM(에너지법)

- C점의 수직반력을 미지력으로 선정 후 구간별 휨몸멘트 M1, M2 산정

- C점 반력 산정

- B점 수평변위 산정

SM(매트릭스 강도법)

- 평형 매트릭스(A)

- 구조물 강도매트릭스(S)

- 절점 변위(d)

- 부재력(Q)

그림과 같이 파이프로 구성된 펜스구조물에서 DEF 보부재는 연속되어 있고, AD, BE, CF 부재는 캔틸레버 형태로 상부가 힌지로 보에 연결되어 있다. 수평하중 P가 y방향으로 E점에 작용할 때 모멘트분포를 일반식으로 나타내고, $H = \dfrac{L}{2}$일 때의 모멘트 분포도(BMD)를 그리시오.

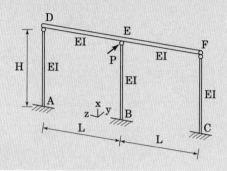

풀이 1. 에너지법

1 기본사항

$$k = \frac{3EI}{H^3}$$

$$H = \frac{L}{2}$$

2 평형방정식

$$\begin{cases} \Sigma F_x = 0 \;\; ; \;\; R_A + R_B + R_C - P = 0 \\ \Sigma M_A = 0 \;\; ; \;\; L \cdot (P - R_B) - 2L \cdot R_C = 0 \end{cases} \rightarrow \begin{aligned} R_A &= \frac{P - R_B}{2} \\ R_C &= \frac{P - R_B}{2} \end{aligned}$$

3 변형에너지

$$U = \frac{\left(R_A^2 + R_B^2 + R_C^2\right)}{2k} + \int_0^L \frac{\left(R_A x\right)^2 + \left(R_C x\right)^2}{2EI} dx$$

4 반력산정

$$\frac{\partial U}{\partial R_B} = 0 \;\; ; \;\; R_B = \frac{9P}{11}$$

$$\rightarrow \;\; R_A = \frac{P}{11}, \;\; R_C = \frac{P}{11}$$

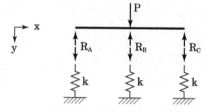

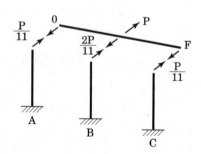

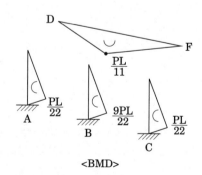

<BMD>

풀이 ● 2. 매트릭스 변위법

❶ 평형매트릭스(A)

$$\begin{cases} P_1 = Q_1 \\ P_2 = Q_2 + Q_3 \\ P_3 = Q_4 \\ P_4 = -\dfrac{Q_1 + Q_2}{L} + Q_5 \\ P_5 = \dfrac{Q_1 + Q_2 - Q_3 - Q_4}{L} + Q_6 \\ P_6 = \dfrac{Q_3 + Q_4}{L} + Q_7 \end{cases} \rightarrow A = \begin{bmatrix} 1 & 0 & 0 & 0 & 0 & 0 & 0 \\ 0 & 1 & 1 & 0 & 0 & 0 & 0 \\ 0 & 0 & 0 & 1 & 0 & 0 & 0 \\ -\dfrac{1}{1} & -\dfrac{1}{1} & 0 & 0 & 1 & 0 & 0 \\ \dfrac{1}{1} & \dfrac{1}{1} & -\dfrac{1}{1} & -\dfrac{1}{1} & 0 & 1 & 0 \\ 0 & 0 & \dfrac{1}{1} & \dfrac{1}{1} & 0 & 0 & 1 \end{bmatrix}$$

❷ 부재 강도매트릭스(S)

$$S = \begin{bmatrix} \dfrac{4EI}{L} & \dfrac{2EI}{L} & & & & \\ \dfrac{2EI}{L} & \dfrac{4EI}{L} & & & & \\ & & \dfrac{4EI}{L} & \dfrac{2EI}{L} & & \\ & & \dfrac{2EI}{L} & \dfrac{4EI}{L} & & \\ & & & & \dfrac{24EI}{L^3} & \\ & & & & & \dfrac{24EI}{L^3} \\ & & & & & & \dfrac{24EI}{L^3} \end{bmatrix}$$

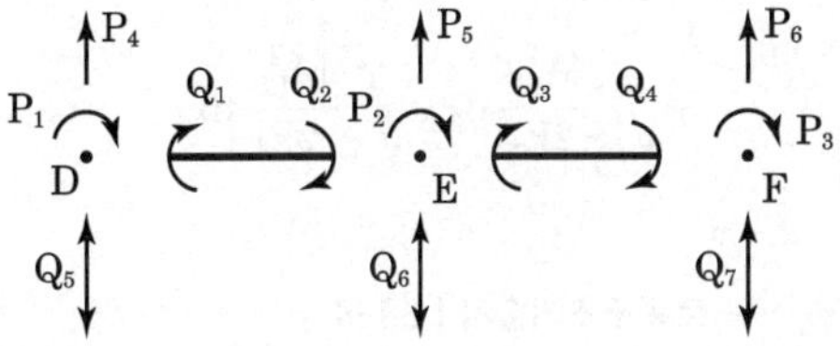

❸ 부재력(Q)

$$Q = SA^T d = SA^T(ASA^T)^{-1}[0,\ 0,\ 0,\ 0,\ -P,\ 0]^T$$

$$= \left[0 \quad -\frac{PL}{11} \quad \frac{PL}{11} \quad 0 \quad -\frac{P}{11} \quad -\frac{9P}{11} \quad -\frac{P}{11}\right]^T$$

다음 구조물에서 A, B점의 연직 반력을 구하시오. (단, 수평변위는 없는 것으로 가정하고, 모든 부재의 길이는 이고 EI는 일정하다.)

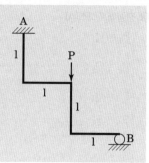

풀이 에너지법

1 변형에너지

$$\begin{cases} M_{AC} = -PL + 2R_B \cdot L \\ M_{CD} = (P - R_B) \cdot x - PL + 2R_B \cdot L \\ M_{BE} - R_B \cdot x \\ M_{ED} = R_B \cdot L \end{cases}$$

$$U = \int_0^1 \frac{M_{AC}^2}{2EI} dx + \int_0^1 \frac{M_{CD}^2}{2EI} dx$$

$$+ \int_0^1 \frac{M_{BE}^2}{2EI} dx + \int_0^1 \frac{M_{ED}^2}{2EI} dx$$

2 반력

$$\frac{\partial U}{\partial R_B} = 0 \; ; \; R_B = \frac{17}{46} P(\uparrow)$$

$$R_A = P - R_B = \frac{29}{46} P(\uparrow)$$

$$M_A = P \cdot 1 - R_B \cdot 2l = \frac{6}{23} PL(\curvearrowleft)$$

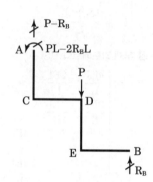

그림의 frame에서 C점의 수평변위를 계산하시오. (단, 부재들의 축변형과 전단변형은 무시한다. $E = 2.0 \times 10^5 MPa$, $I = 1.0 \times 10^8 mm^4$ 이다.)

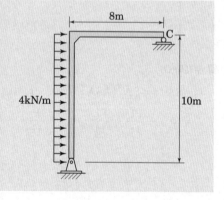

풀이 에너지법

1 기본사항

$$E = 2 \times 10^8 \frac{kN}{m^2} \qquad I = 1 \times 10^{-4} m^4$$

2 수평변위

$$\delta_{c,H} = \int_0^{10} \frac{(40x - 2x^2) \cdot x}{EI} dx + \int_0^8 \frac{25x \cdot \frac{5}{4} x}{EI} dx$$

$$= \frac{41}{60} m = 683.33 mm(\rightarrow)$$

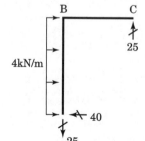

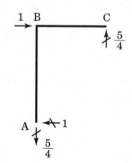

그림과 같이 타이로드가 설치된 강재 프레임에서 타이로드에 걸리는 인장력 T를 구하시오.

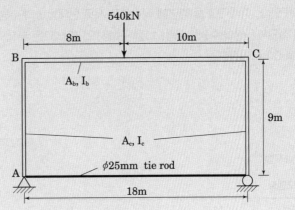

- $A_b = 24000\text{mm}^2$
- $I_b = 1.50 \times 10^9\text{mm}^4$
- $E = 200\text{kN/mm}^2$(모든 부재)
- $A_c = 18000\text{mm}^2$
- $I_c = 1.20 \times 10^9\text{mm}^4$

풀이 ○ 에너지법

1 상수값

$A_b = 0.024\text{m}^2$

$A_c = 0.018\text{m}^2$

$I_b = 1.5 \times 10^{-3}\text{m}^4$

$I_c = 1.2 \times 10^{-3}\text{m}^4$

$E = 200 \times 10^6\text{kN/m}^2$

$A_T = \dfrac{\pi \times 25^2}{4} \times 10^{-6}\text{m}^2$

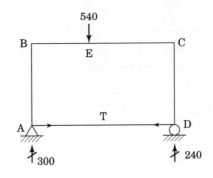

2 부재력표

부재	M(kNm)	T(kN)	L(m)	비고
AB	$-T \cdot x$	-300	9	I_c, A_C
BE	$-9T + 300 \cdot x$	$-T$	8	I_b, A_b
DC	$-T \cdot x$	-240	9	I_c, A_C
CE	$240 \cdot x - 9T$	$-T$	10	I_b, A_b
AD	$-$	T	18	A_T

3 변형에너지

$$U = \Sigma \int \frac{M^2}{2EI}dx + \Sigma \frac{T^2 L}{2EA}$$

4 타이로드 인장력(T)

$$\frac{\partial U}{\partial T} = 0 \;\; ; \;\; T = 91.6277\text{kN(인장)}$$

모든 부재의 길이가 L인 정사각형 구조물에서 AD부재의 중앙(E점, L/2 지점)에서 절단되어 있다. 이때 구조물 평면에 직각으로 서로 반대방향의 수평력 P가 E점에 작용할 때 절단부사이의 수평변위량(△)을 구하시오. (단, 모든 부재의 휨강성 EI와 비틀림강성 GJ는 일정함)

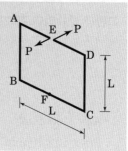

풀이○ 에너지법

1 구간별 모멘트

부재	M	T	L
EA	$-Px$	$-$	$\dfrac{L}{2}$
AB	Px	$-\dfrac{PL}{2}$	L
BF	Px	$-PL$	$\dfrac{L}{2}$

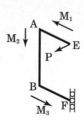

2 수평변위(△)

$$U = 2 \times \left(\Sigma \int \frac{M^2}{2EI} dx + \Sigma \frac{T^2 \cdot L}{2GJ} \right)$$

$$\Delta = \frac{\partial U}{\partial P} = \frac{PL^3}{6EIGJ}(9EI + 5GJ) = \frac{3PL^3}{2GJ} + \frac{5PL^3}{6EI}$$

다음 그림과 같은 프레임 구조에서, 지점 C의 우측 Δ만큼 떨어진 곳에 강성벽체가 있다. B점에 수평하중이 작용할 때, 지점 A의 수평반력을 구하시오. (단, E $=200$GPa, I $=4720$cm^4, $\Delta=2.5$cm이다.)

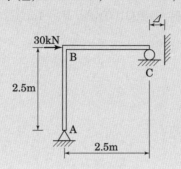

풀이 ○ 에너지법

1 기본사항

$E = 200 \cdot 10^6 \text{kN/m}^2$

$I = 4720 \cdot 10^{-8} \text{m}^4$

$\Delta = 0.025 \text{m}$

2 수평하중 30kN으로 인한 최대 횡변위(δ_c)

$$\delta_c = \int_0^{2.5} \frac{30 \cdot x \cdot x}{EI} dx + \int_0^{2.5} \frac{30 \cdot x \cdot x}{EI} dx = 0.0331 \text{m}$$

3 A지점 수평반력

① $\delta_c = 0.025$m일 경우 H_A

$$\int_0^{2.5} \frac{H_A \cdot x \cdot x}{EI} dx + \int_0^{2.5} \frac{H_A \cdot x \cdot x}{EI} dx = 0.025 \text{m}$$

② $\delta_c \geq 0.025$m일 경우 H_A

$H_a = 0$(C점의 수평반력으로 저항, 횡지지효과)

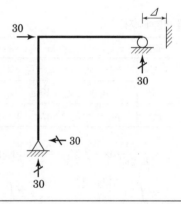

$\Sigma F_x = 0$	$\Sigma F_y = 0$	$\Sigma M = 0$
$H_A = 30(\leftarrow)$		$V_A = V_c = 30(\uparrow)$

라멘구조의 부재에 내, 외면의 온도차가 그림과 같이 발생하였다. 각 부재의 부재력을 구하고, 휨모멘트도와 전단력도를 작성하시오. (단, 선팽창계수 $\alpha = 1.0 \times 10^{-5}/℃$, 탄성계수 $E = 23100$MPa, 폭은 1m 로 가정)

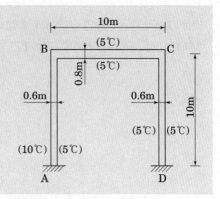

풀이 1. 에너지법

1 기본사항

$$I_b = \frac{1 \cdot 0.8^3}{12} = 0.04267\text{m}^4, \quad I_c = 0.018\text{m}^4, \quad A_b = 0.8\text{m}^2, \quad A_c = 0.6\text{m}^2, \quad E = 2.31 \cdot 10^7 \text{kN/m}^2$$

2 변형에너지

구분	M	N	$\alpha\triangle TL$
DC	$M_1 = -Q_m + Q_h \cdot x$	$N_1 = -Q_v$	$\alpha \cdot 5 \cdot 10$
CB	$M_2 = -Q_m + 10Q_h + Q_v \cdot x$	$N_2 = Q_h$	$\alpha \cdot 5 \cdot 10$
BA	$M_3 = -Q_m + 10Q_v + (10-x)Q_h$	$N_3 = Q_v$	$\alpha \cdot 7.5 \cdot 10$

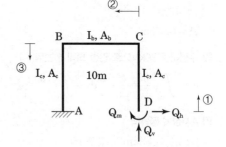

$$U = \int \frac{M^2}{2EI}dx + \int M\left(-\frac{\alpha\triangle T}{h}\right)dx + \Sigma\left(\frac{N^2L}{2EA} + N \cdot \alpha\triangle TL\right)$$

$$= \int_0^{10}\left(\frac{M_1^2 + M_3^2}{2EI_c} + \frac{M_2^2}{2EI_b} + M_3\left(-\frac{\alpha \cdot 5}{0.6}\right)\right)dx + \frac{(N_1^2 + N_3^2) \cdot 10}{2EA_C}$$

$$+ \frac{(N_2^2) \cdot 10}{2EA_b} + \alpha \cdot 10 \cdot (N_1 \cdot 5 + N_2 \cdot 5 + N_3 \cdot 7.5)$$

3 D점 반력

$$\begin{cases} \dfrac{\partial U}{\partial Q_v} = 0 \\ \dfrac{\partial U}{\partial Q_h} = 0 \\ \dfrac{\partial U}{\partial Q_m} = 0 \end{cases} \rightarrow \begin{array}{l} Q_h = -2.007 = 2.007\text{kN}(\leftarrow) \\ Q_v = 3.04 = 3.04\text{kN}(\uparrow) \\ Q_m = -10.89 = 10.89\text{kNm}(\curvearrowleft) \end{array}$$

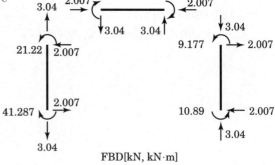

FBD[kN, kN·m]

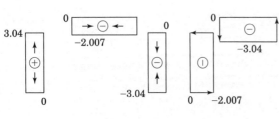

AFD[kN]　　　　SFD[kN]　　　　BMD[kN·m]

풀이 ○ 2. 매트릭스 변위법

1 평형방정식(P = AQ)

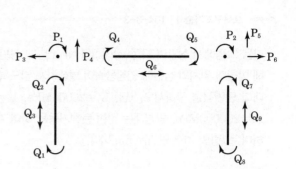

$$P_1 = Q_2 + Q_4 \qquad\qquad P_2 = Q_5 + Q_7$$

$$P_3 = \frac{(Q_1 + Q_2)}{10} + Q_6 \qquad P_4 = Q_3 - \frac{Q_4 + Q_5}{10}$$

$$P_5 = \frac{Q_4 + Q_5}{10} + Q_9 \qquad P_6 = Q_6 - \frac{Q_7 + Q_8}{10}$$

2 평형 매트릭스(A) 및 부재 강도매트릭스(S)

$$A = \begin{bmatrix} 0 & 1 & 0 & 1 & 0 & 0 & 0 & 0 & 0 \\ 0 & 0 & 0 & 0 & 1 & 0 & 1 & 0 & 0 \\ 1/10 & 1/10 & 0 & 0 & 0 & 1 & 0 & 0 & 0 \\ 0 & 0 & 1 & -1/10 & -1/10 & 0 & 0 & 0 & 0 \\ 0 & 0 & 0 & 1/10 & 1/10 & 0 & 0 & 0 & 1 \\ 0 & 0 & 0 & 0 & 0 & 1 & -1/10 & -1/10 & 0 \end{bmatrix}$$

$$S = \begin{bmatrix} [c] & & \\ & [b] & \\ & & [c] \end{bmatrix} \qquad [c] = \frac{1}{10} \cdot \begin{bmatrix} 4EI_c & 2EI_c & 0 \\ 2EI_c & 4EI_c & 0 \\ 0 & 0 & EA_c \end{bmatrix} \qquad [b] = \frac{1}{10} \cdot \begin{bmatrix} 4EI_b & 2EI_b & 0 \\ 2EI_b & 4EI_b & 0 \\ 0 & 0 & EA_b \end{bmatrix}$$

3 고정단 매트릭스(FEM), 등가 격점하중(P)

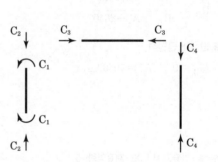

$$C_1 = \frac{\alpha \cdot 5 \cdot EI_c}{0.6} = 34.65$$

$$C_2 = \alpha \cdot 7.5 \cdot E \cdot A_c = 1039.5$$

$$C_3 = \alpha \cdot 5 \cdot E \cdot A_b = 924$$

$$C_4 = \alpha \cdot 5 \cdot E \cdot A_c = 693$$

$$FEM = \begin{bmatrix} C_1 & -C_1 & -C_2 & 0 & 0 & -C_3 & 0 & 0 & -C_4 \end{bmatrix}^T$$

$$P = -A \cdot FEM = \begin{bmatrix} C_1 & 0 & C_3 & C_2 & C_4 & C_3 \end{bmatrix}^T$$

4 부재력(Q) (kN, m)

$$Q = SA^T(ASA^T)^{-1}P + FEM$$
$$= \begin{bmatrix} 41.287 & -21.22 & 3.04 & 21.22 & 9.177 & -2.006 & -9.177 & -10.89 & -3.04 \end{bmatrix}^T$$

다음 그림에서 상판의 자중(w)이 20kN/m일 때 상판 자중에 의해 받침대 위치의 상판에 인장응력이 발생하지 않도록 하는 받침대의 단면적을 구하시오. (단, $E_c = 20000MPa$, $I_c = 0.550m^4$, $E_s = 200000MPa$, 받침대는 선형 탄성거동을 하며 자중은 무시하며, 그림의 치수 단위는 mm이다.)

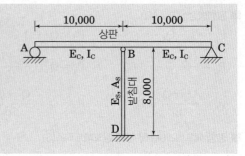

풀이 ○ 에너지법

1 부정정력 산정

$$R_A = 20 \cdot 20000/2 - R_B/2$$

$$M = R_A \cdot x - 20 \cdot x^2/2$$

$$U = 2 \cdot \int_0^{10000} \frac{M^2}{2E_cI_c}dx + \frac{R_B^2 \cdot 8000}{2E_sA_s}$$

$$R_B = \frac{\partial U}{\partial R_B} = \frac{250000A_s}{A_s + 2640}$$

2 받침대 단면적

$$M_B = 0 \ ; \quad A_s = 10560mm^2$$

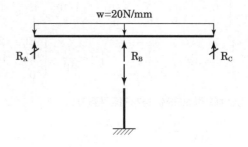

아래 그림과 같이 프레임의 양끝을 하중 P로 잡아당기는 경우 카스티글리아노(Castigliano)의 제 2정리를 사용하여 하중 작용점의 수평방향 변위를 구하시오. (단, 프레임은 길이에 비해 직경이 아주 작은 원형 봉으로 구성되어 있으며, 각 봉의 굽힘강성은 EI로 동일하다. 또한 굽힘에 의한 변형에너지만을 고려한다) (20점)

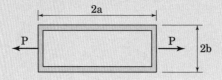

풀이 ○ 에너지법

1 변형에너지

$$M_1 = M_0$$

$$M_2 = M_0 - \frac{P}{2} \cdot x$$

$$U = 2 \cdot \left(\int_0^a \frac{M_1^2}{2EI}dx + \int_0^b \frac{M_2^2}{2EI} \right)$$

2 부정정력(카스티글리아노 제2정리)

$$\frac{\partial U}{\partial M_0} = 0 \ ; \quad M_0 = \frac{b^2P}{4(a+b)}$$

3 수평변위

$$\delta_h = \frac{\partial U}{\partial P} = \frac{(4a+b) \cdot b^3P}{24EI(a+b)}$$

다음 그림과 같은 프레임 구조물에서 점 A, B, C, D에 발생하는 모든 내력을 구하시오. (단, 모든 부재의 휨강성 EI는 일정하다) (20점)

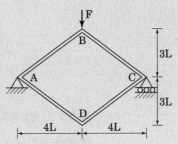

풀이 에너지법

1 평형방정식

$$\Sigma M_A = 0 \; ; \; -3 \cdot L \cdot R + 4L \cdot \frac{F}{2} + M_2 - M_1 = 0$$

$$M_2 = 3RL - 2FL + M_1$$

2 변형에너지

$$M_{BA} = M_1 + \frac{3}{5} \cdot x \cdot R - \frac{4}{5} \cdot x \cdot \frac{F}{2}$$

$$M_{AD} = -M_2 - \frac{3}{5} \cdot x \cdot R$$

$$U = 2 \cdot \int_0^{5L} \frac{M_{BA}^2 + M_{AD}}{2EI} dx$$

2 부재력

$$\left\{ \begin{matrix} \dfrac{\partial U}{\partial R} = 0 \\ \dfrac{\partial U}{\partial M_1} = 0 \end{matrix} \right\} \; \rightarrow \; R = \frac{F}{3}, \quad M_1 = \frac{FL}{2}$$

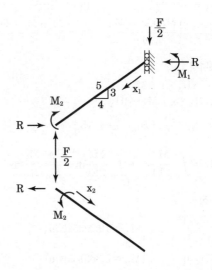

그림과 같은 골조의 휨모멘트도를 구하시오. (단, A, D절점은 고정이고, C절점은 핀으로 연결되어 있으며, 부재의 EI는 일정하다) (12점)

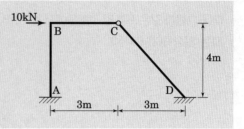

❶ 평형방정식

$$\begin{cases} \Sigma F_x = 0 \ ; \quad H_A + H_D + 10 = 0 \\ \Sigma F_y = 0 \ ; \quad R_A + R_D = 0 \\ \Sigma M_{C,L} = 0 \ ; \quad M_A + 3R_A - 4H_A = 0 \\ \Sigma M_{C,R} = 0 \ ; \quad -3R_D - 4H_D + M_D = 0 \end{cases}$$

$$\rightarrow \quad H_A = \frac{M_A - M_D - 40}{8} \qquad H_D = -\left(\frac{M_A - M_D + 40}{8}\right)$$

$$R_A = -\left(\frac{M_A + M_D + 40}{6}\right) \qquad R_D = \frac{M_A + M_D + 40}{6}$$

❷ 변형에너지

$$\begin{cases} M_1 = -H_A \cdot x + M_A \\ M_2 = R_A \cdot x + M_A - 4H_A \\ M_3 = R_D \cdot \dfrac{3x}{5} + H_D \cdot \dfrac{4x}{5} - M_D \end{cases}$$

$$\rightarrow \quad U = \int_0^4 \frac{M_1^2}{2EI}dx + \int_0^3 \frac{M_2^2}{2EI}dx + \int_0^5 \frac{M_3^2}{2EI}dx$$

❸ 반력산정

$$\begin{cases} \dfrac{\partial U}{\partial M_A} = 0 \\ \dfrac{\partial U}{\partial M_D} = 0 \end{cases} \rightarrow \begin{cases} M_A = 12.2905 \text{kNm} (\curvearrowleft) \\ M_D = 5.36313 \text{kNm} (\curvearrowleft) \end{cases}$$

$$\begin{cases} R_A = 3.7244 \text{kN} (\downarrow) & H_A = 5.86592 \text{kN} (\leftarrow) \\ R_D = 3.7244 \text{kN} (\uparrow) & H_D = 4.13408 \text{kN} (\leftarrow) \end{cases}$$

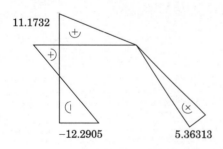

BMD[kN·m]

❶ 평형매트릭스(A)

$$Q_5 + Q_6 - 4H - 3 \cdot \frac{Q_3 + Q_4}{3} = 0$$

$$\rightarrow \quad H = \frac{1}{4}\left(-Q_3 - Q_4 + Q_5 + Q_6\right)$$

$$P_4 = -\frac{Q_1 + Q_2}{4} - H$$

$$A = \begin{bmatrix} 0 & 1 & 1 & 0 & 0 & 0 \\ 0 & 0 & 0 & 1 & 0 & 0 \\ 0 & 0 & 0 & 0 & 1 & 0 \\ -1/4 & -1/4 & 1/4 & 1/4 & -1/4 & -1/4 \end{bmatrix}$$

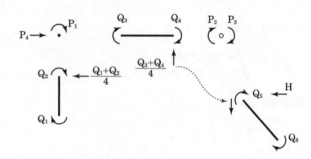

❷ 부재 강성매트릭스(S)

$$S = \begin{bmatrix} \dfrac{EI}{4}[a] & & \\ & \dfrac{EI}{3}[a] & \\ & & \dfrac{EI}{5}[a] \end{bmatrix} \qquad [a] = \begin{bmatrix} 4 & 2 \\ 2 & 4 \end{bmatrix}$$

❸ 부재력(Q)

$$Q = SA^T(ASA^T)^{-1} \cdot [0 \quad 0 \quad 0 \quad 10]^T$$

$$= [-12.2905 \quad -11.1732 \quad 11.1732 \quad 0 \quad 0 \quad -5.36313]^T$$

아래와 같은 달대 구조(Suspended Structure)의 전산해석결과를 검증하고자 한다. 이를 위해 수평반력과 모멘트를 산정하는 공식을 최소일의 방법으로 유도하고, 유도된 식에 근거하여 부재력을 검토하시오. (단, 절점 B, C는 강접합임)

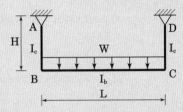

(1) $L=10000mm$, $H=4000mm$, $W=10kN/m$

(2) Column : $\phi 216.3 \times 6$, $A=3900mm^2$, $r=74mm$

(3) Girder : $H-600 \times 200 \times 11 \times 17$, $A=13400mm^2$, $r=240mm$

풀이 에너지법

1 평형 방정식

$$\left. \begin{array}{l} -H_A + H_D = 0 \\ V_A + V_D - 10 \cdot 10000 = 0 \\ -10000V_D + 10 \cdot \dfrac{10000^2}{2} = 0 \end{array} \right\} \rightarrow \left\{ \begin{array}{l} H_D = H_A \\ V_A = 50000N \\ V_D = 50000N \end{array} \right\}$$

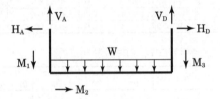

2 구간별 모멘트

$$\left\{ \begin{array}{l} M_1 = -H_A \cdot x \\ M_2 = H_A \cdot 4000 + V_A \cdot x - 10 \cdot \dfrac{x^2}{2} \\ M_3 = -H_D \cdot x \end{array} \right\}$$

3 변형에너지

① 축변형 미고려 시

$$U_1 = \int_0^{4000} \frac{M_1^2 + M_3^2}{2EI_c} dx + \int_0^{10000} \frac{M_2^2}{2EI_b} dx \; (I = r^2 A)$$

② 축변형 고려 시

$$U_2 = U_1 + 2 \cdot \frac{V_A^2 \cdot 4000}{2EA_c} + \frac{H_A^2 \cdot 10000}{2EA_b}$$

③ 축변형, 전단변형 고려시

$$U_3 = U_2 + 2 \cdot \kappa \int_0^{4000} \frac{H_A^2}{2GA_c} dx + \frac{A_b}{A_{web}} \int_0^{10000} \frac{(V_A - 10x)^2}{2GA_b} dx$$

$$\left(\kappa = 2, \quad A_{wbe} = 600 \cdot 11, \quad G = \frac{E}{2(1+0.3)} \right)$$

4 수평반력 및 모멘트(최소일의 원리)

① 축변형 미 고려 시

$$\frac{\partial U_1}{\partial H_A} = 0 \; ; \quad H_A = 1958.47\,\mathrm{N}(\rightarrow) \qquad\qquad M_B = 7.83386 \cdot 10^6\,\mathrm{Nmm}$$

② 축변형 고려 시

$$\frac{\partial U_2}{\partial H_A} = 0 \; ; \quad H_A = 1957.8\,\mathrm{N}(\rightarrow) \qquad\qquad M_B = 7.83121 \cdot 10^6\,\mathrm{Nmm}$$

③ 축변형, 전단변형 고려 시

$$\frac{\partial U_3}{\partial H_A} = 0 \; ; \quad H_A = 1948.38\,\mathrm{N}(\rightarrow) \qquad\qquad M_B = 7.79353 \cdot 10^6\,\mathrm{Nmm}$$

> 참고
>
> 전산해석 결과 비교 2)
>
> ① 축변형 미고려, 전단변형 미고려
>
> | Elem | Load | Part | Axial (N) | Shear-y (N) | Shear-z (N) | Torsion (N·mm) | Moment-y (N·mm) | Moment-z (N·mm) |
> |---|---|---|---|---|---|---|---|---|
> | 1 | W | I[1] | 50000.00 | 0.00 | 1958.47 | 0.00 | 0.00 | 0.00 |
> | 1 | W | J[4] | 50000.00 | 0.00 | 1958.47 | 0.00 | -7833862.43 | 0.00 |
> | 2 | W | I[3] | 50000.00 | 0.00 | -1958.47 | 0.00 | 0.00 | 0.00 |
> | 2 | W | J[2] | 50000.00 | 0.00 | -1958.47 | 0.00 | 7833862.43 | 0.00 |
> | 3 | W | I[4] | 1958.47 | 0.00 | -50000.00 | 0.00 | -7833862.43 | 0.00 |
> | 3 | W | J[2] | 1958.47 | 0.00 | 50000.00 | 0.00 | -7833862.43 | 0.00 |
>
>
>
> ② 축변형 고려, 전단변형 미고려
>
> | Elem | Load | Part | Axial (N) | Shear-y (N) | Shear-z (N) | Torsion (N·mm) | Moment-y (N·mm) | Moment-z (N·mm) |
> |---|---|---|---|---|---|---|---|---|
> | 1 | W | I[1] | 50000.00 | 0.00 | 1957.80 | 0.00 | -0.00 | 0.00 |
> | 1 | W | J[4] | 50000.00 | 0.00 | 1957.80 | 0.00 | -7831212.17 | 0.00 |
> | 2 | W | I[3] | 50000.00 | 0.00 | -1957.80 | 0.00 | 0.00 | 0.00 |
> | 2 | W | J[2] | 50000.00 | 0.00 | -1957.80 | 0.00 | 7831212.17 | 0.00 |
> | 3 | W | I[4] | 1957.80 | 0.00 | -50000.00 | 0.00 | -7831212.17 | 0.00 |
> | 3 | W | J[2] | 1957.80 | 0.00 | 50000.00 | 0.00 | -7831212.17 | 0.00 |
>
>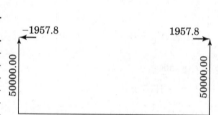
>
> ③ 축변형 고려, 전단변형 고려
>
> | Elem | Load | Part | Axial (N) | Shear-y (N) | Shear-z (N) | Torsion (N·mm) | Moment-y (N·mm) | Moment-z (N·mm) |
> |---|---|---|---|---|---|---|---|---|
> | 1 | W | I[1] | 50000.00 | 0.00 | 1948.39 | 0.00 | 0.00 | 0.00 |
> | 1 | W | J[4] | 50000.00 | 0.00 | 1948.39 | 0.00 | -7793555.10 | 0.00 |
> | 2 | W | I[3] | 50000.00 | 0.00 | -1948.39 | 0.00 | -0.00 | 0.00 |
> | 2 | W | J[2] | 50000.00 | 0.00 | -1948.39 | 0.00 | 7793555.10 | 0.00 |
> | 3 | W | I[4] | 1948.39 | 0.00 | -50000.00 | 0.00 | -7793555.10 | 0.00 |
> | 3 | W | J[2] | 1948.39 | 0.00 | 50000.00 | 0.00 | -7793555.10 | 0.00 |
>
>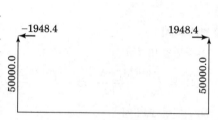

---

2) 수계산 면적조건과 동일하게 하기 위하여 전산해석 프로그램 단면성능에 스케일 팩터 반영

견고한 강판(rigid steel plate)을 그림과 같이 각각 100mm×100mm의 정사각형 단면을 갖고 있는 3개의 등간격 콘크리트 기둥으로 지지하려고 한다. 강판의 중심에 작용하는 하중 P가 작용하기 전에 중앙의 기둥이 양측에 있는 기둥보다 0.5mm 더 짧게 시공되어 있다. 이 때 안전하게 작용할 수 있는 하중 P의 최대값을 구하시오. (단, 콘크리트 기둥의 허용압축응력 $f_{ca}=12MPa$, 콘크리트 탄성계수 $E_c=27000MPa$이다.)

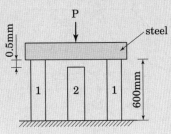

풀이

❶ 1부재 항복 검토($\delta=0.5mm$)

$$\delta = \frac{PL}{E_c A} = \frac{P_1 \cdot 600}{27000 \cdot 100 \cdot 100 \cdot 2} = 0.5 \quad \rightarrow \quad P_1 = 450000N$$

P_1일 때 $\sigma_1 = \dfrac{450000}{100 \cdot 100 \cdot 2} = 22.5 > 12MPa\,(N.G)$

P가 P_1에 도달하기 전에 1부재는 항복하게 된다.

❷ 1부재 항복시($\delta<0.5mm$)

$$f_{ca} = \frac{P_y}{100 \cdot 100 \cdot 2} \quad ; \quad \rightarrow \quad P_y = 240000N$$

$$\delta_y = \frac{P_y \cdot 600}{E_c \cdot 100 \cdot 100 \cdot 2} = 0.267mm$$

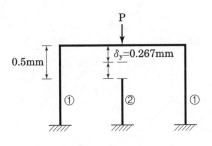

❸ 1부재 항복 후($0.267mm \leq \delta < 0.5mm$)

이 구간에서는 하중 증가 없이도 처짐이 0.5mm까지 발생한다.

❹ 2부재 접촉 후($\delta>0.5mm$)

$$P_u = 120 \times 2 + F_2 = 120 \times 2 + 12 \times 1000 \times 0.1^2 = 360kN$$

$$\delta_u = 0.5 + \frac{(360000-240000) \times 599.5}{E_c \times 100^2} = 0.766mm$$

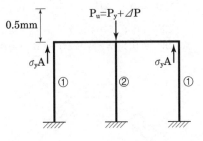

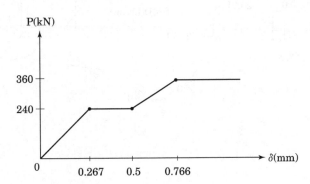

그림과 같이 정팔각형 프레임 구조물에 하중이 작용하는 경우에 대하여 축력선도(Axial Force Diagram), 전단력선도(Shear Force Diagram), 휨모멘트선도(Bending Moment Diagram)을 구하고 개략적인 변형도(Deformed Configuration)를 그리시오. (단, 정팔각형 중심에서 모든 꼭지점까지 거리는 10m이다.)

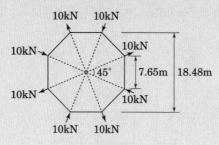

풀이 ○

❶ 구조물 모델링(대칭성)

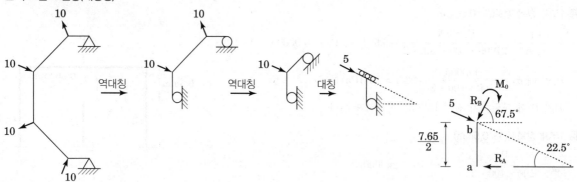

❷ 반력산정

$$\begin{cases} \Sigma M_a = 0 \; ; \quad M_0 + 5 \cdot \dfrac{7.65}{2} \cdot \cos 22.5° - R_B \cdot \dfrac{7.65}{2} \cdot \cos 67.5° = 0 \\ \Sigma F_y = 0 \; ; \quad 5 \cdot \sin 22.5° + R_B \cdot \sin 67.5° = 0 \\ \Sigma F_x = 0 \; ; \quad 5 \cdot \cos 22.5° = R_B \cdot \cos 67.5° + R_A \end{cases} \rightarrow \begin{array}{l} M_0 = -20.71 \text{kNm} \\ R_A = 5.412 \text{kN} \\ R_B = -2.071 \text{kN} \end{array}$$

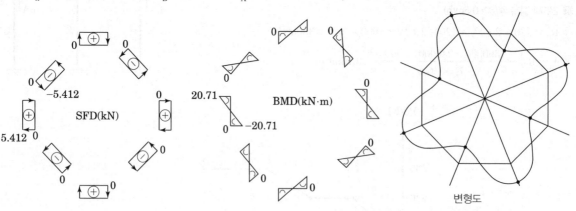

다음 그림과 같은 라멘구조물에서 C점의 수평방향 처짐을 3mm로 제한할 경우에 필요한 캔틸레버보 DE의 최대 길이 l을 구하시오. (단, 모든 부재에서 $EI = 90000 kN \cdot m^2$으로 일정하며 축력과 전단력의 영향은 무시한다) (30점)

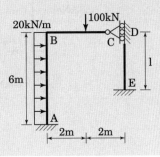

풀이 1. 변위일치법

1 부정정력 산정

$$\begin{cases} \delta_1 = \dfrac{20 \cdot 6^4}{8EI} + \dfrac{100 \cdot 2 \cdot 6^2}{2EI} - \dfrac{R \cdot 6^3}{3EI} \\ \delta_2 = \dfrac{R \cdot l^3}{3EI} \end{cases} \rightarrow \quad \delta_1 = \delta_2 \ ; \quad R = \dfrac{20520}{l^3 + 216}$$

2 캔틸레버보 길이

$$\delta = \dfrac{R \cdot l^3}{3EI} \le 0.003 m$$

$$l = 2.07054 m$$

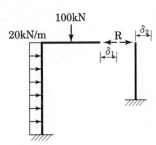

풀이 2. 매트릭스 변위법

1 평형매트릭스(A)

$$\begin{cases} P_1 = Q_2 + Q_3 \\ P_2 = Q_4 \\ P_3 = Q_5 \\ P_4 = -\dfrac{1}{4}(Q_3 + Q_4) \\ P_5 = -\dfrac{1}{6}(Q_1 + Q_2) - \dfrac{1}{1}(Q_5 + Q_6) \end{cases} \rightarrow \ A = \begin{bmatrix} 0 & 1 & 1 & 0 & 0 & 0 \\ 0 & 0 & 0 & 1 & 0 & 0 \\ 0 & 0 & 0 & 0 & 1 & 0 \\ 0 & 0 & -\dfrac{1}{4} & -\dfrac{1}{4} & 0 & 0 \\ -\dfrac{1}{6} & -\dfrac{1}{6} & 0 & 0 & -\dfrac{1}{1} & -\dfrac{1}{1} \end{bmatrix}$$

2 부재강성매트릭스(S)

$$S = \begin{bmatrix} \dfrac{EI}{6}[a] & & \\ & \dfrac{EI}{4}[a] & \\ & & \dfrac{EI}{l}[a] \end{bmatrix} \qquad [a] = \begin{bmatrix} 4 & 2 \\ 2 & 4 \end{bmatrix}$$

❸ 변위(d)

$$\mathrm{FEM} = \begin{bmatrix} -60 & 60 & -50 & 50 & 0 & 0 \end{bmatrix}^\mathrm{T}$$

$$P_0 = \begin{bmatrix} 0 & 0 & 0 & 50 & 60 \end{bmatrix}$$

$$P = P_0 - A \cdot \mathrm{FEM}$$

$$d = \left(ASA^\mathrm{T} \right)^{-1} P$$

$$d[5,1] = \frac{19l^3}{250\left(216 + 1^3\right)} = 0.003$$

$$\therefore l = 2.07054\mathrm{m}$$

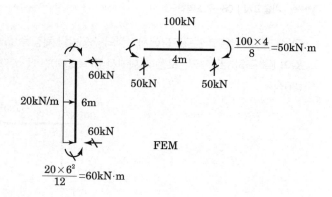

FEM

아래 그림과 같은 라멘(Rahmen)의 단면력을 강성 Matrix법으로 구하시오.

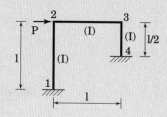

풀이 매트릭스 변위법

❶ 평형방정식(P = AQ)

$$P_1 = Q_2 + Q_3, \quad P_2 = Q_4 + Q_5, \quad P_3 = -\frac{Q_1 + Q_2}{l} - \frac{Q_5 + Q_6}{l/2}$$

❷ 평형매트릭스(A)

$$A = \begin{bmatrix} 0 & 1 & 1 & 0 & 0 & 0 \\ 0 & 0 & 0 & 1 & 1 & 0 \\ -\dfrac{1}{l} & -\dfrac{1}{l} & 0 & 0 & -\dfrac{2}{l} & -\dfrac{2}{l} \end{bmatrix}$$

❸ 전부재 강도 매트릭스(S)

$$S = \begin{bmatrix} [a] & & \\ & [a] & \\ & & [2a] \end{bmatrix}, \quad [a] = \frac{EI}{l}\begin{bmatrix} 4 & 2 \\ 2 & 4 \end{bmatrix}$$

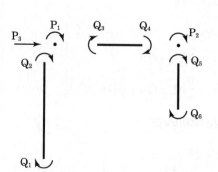

❹ 응력(Q)

$$Q = SA^\mathrm{T}d = SA^\mathrm{T}\left(ASA^\mathrm{T}\right)^{-1}\begin{bmatrix} 0, & 0, & p \end{bmatrix}^\mathrm{T}$$

$$= \begin{bmatrix} -\dfrac{7}{76}, & -\dfrac{1}{12}, & \dfrac{1}{12}, & \dfrac{8}{57}, & -\dfrac{8}{57}, & -\dfrac{31}{114} \end{bmatrix}^\mathrm{T} PL$$

그림과 같은 라멘구조의 수평반력 분담률을 산정하고 안전성을 검토하시오.

[검토조건]

- 모든 거더의 EI 값은 무한대이며 P=100kN이다.
- $E=200000N/mm^2$, $I=1.0\times10^8mm^4$
- $H=5000mm$, 기둥허용변위=1/500

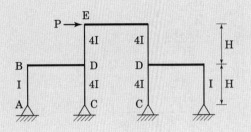

풀이 1. 매트릭스 변위법

1 평형매트릭스(A)

$$A = \begin{bmatrix} 1 & 0 & 0 & 0 & 0 & 0 & 0 & 0 & 0 & 0 & 0 & 0 \\ 0 & 0 & 1 & 0 & 0 & 0 & 0 & 0 & 0 & 0 & 0 & 0 \\ 0 & 0 & 0 & 0 & 1 & 0 & 0 & 0 & 0 & 0 & 0 & 0 \\ 0 & 0 & 0 & 0 & 0 & 0 & 1 & 0 & 0 & 0 & 0 & 0 \\ \dfrac{-1}{H} & \dfrac{-1}{H} & \dfrac{-1}{H} & \dfrac{-1}{H} & \dfrac{-1}{H} & \dfrac{-1}{H} & \dfrac{-1}{H} & \dfrac{-1}{H} & \dfrac{1}{H} & \dfrac{1}{H} & \dfrac{1}{H} & \dfrac{1}{H} \\ 0 & 0 & 0 & 0 & 0 & 0 & 0 & 0 & \dfrac{-1}{H} & \dfrac{-1}{H} & \dfrac{-1}{H} & \dfrac{-1}{H} \end{bmatrix}$$

2 전부재강도 매트릭스 [S]

$$S = \begin{bmatrix} [a] & & & & & \\ & [4a] & & & & \\ & & [4a] & & & \\ & & & [a] & & \\ & & & & [4a] & \\ & & & & & [4a] \end{bmatrix} \qquad [a]=\begin{bmatrix} 4 & 2 \\ 2 & 4 \end{bmatrix}\times\dfrac{EI}{H}$$

3 변위(d)

$$d = (ASA^T)^{-1}\cdot\begin{bmatrix} 0 & 0 & 0 & 0 & 0 & 100\cdot10^3 \end{bmatrix}^T$$

$$\delta = d[6,1] = 27.3437mm$$

4 부재력(Q)

$$Q = SA^Td$$

$$V_A = \frac{Q[1,1]+Q[2,1]}{5} = 10kN(\leftarrow)$$

$$V_C = \frac{Q[3,1]+Q[4,1]}{5} = 40kN(\leftarrow)$$

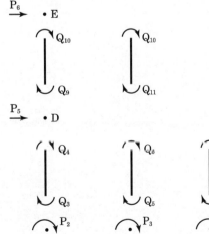

1 등가 횡강성(K_{eq})

$$\begin{cases} k_{AB} = \dfrac{3EI}{H^3} \\ K_{CD} = \dfrac{3 \cdot 4EI}{H^3} \\ K_{DE} = \dfrac{12 \cdot 4EI}{H^3} \end{cases}$$

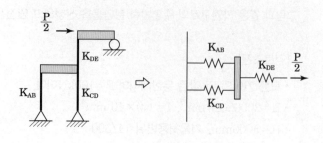

$$K_{eq} = \left(\dfrac{1}{K_{AB} + K_{CD}} + \dfrac{1}{K_{DE}} \right)^{-1} = \dfrac{12800}{7} kN \cdot m$$

2 구조물 전체 안전성 검토

$$\begin{cases} \delta = \dfrac{\dfrac{p}{2}}{K_{eq}} = 0.02734m \, (\rightarrow) \\ \delta_a = \dfrac{10}{500} = 0.02m \, (NG : 기둥 \; 허용변위 \; 초과) \end{cases}$$

3 수평반력 분담률

① AB기둥

$$\begin{cases} \delta_B = \dfrac{P/2}{(K_{AB} + K_{CD})} = 0.02083m \, (\rightarrow) \\ V_A = K_{AB} \times \delta_B = 10kN \end{cases}$$

② CD기둥

$$\begin{cases} \delta_D = \delta_B \\ V_C = K_{CD} \times \delta_D = 40kN \end{cases}$$

그림 1과 같은 구조체는 2개의 골조 요소(①번 부재와 ②번 부재)와 1개의 트러스 요소(③번 부재)로 구성되어 있으며 집중하중 P를 받고 있다. 각 절점 및 요소번호와 각 절점에서의 자유도 번호는 그림1과 그림2에 주어진 것과 같다. 각 절점 및 부재내력을 구하기 위하여 강성행렬법을 적용한다. 계산의 편의 상 단위는 생략한다.

요소 번호	요소 절점 번호		단면적	길이	탄성 계수	단면 이차 모멘트
	시작점	끝점				
①	1	2	1.0	1.0	1.0	1.0
②	2	3	1.0	1.0	1.0	1.0
③	4	2	1.0	1.0	1.0	1.0

〈하중, 요소 번호, 절점 번호〉　　〈자유도 번호〉

풀이 ○ 매트릭스 변위법

▮ 평형 매트릭스(A)

$$\begin{cases} P_1 = Q_2 + Q_4 \\ P_2 = Q_3 - Q_6 \\ P_3 = -Q_1 - Q_2 + Q_4 + Q_5 - Q_7 \end{cases} \rightarrow A = \begin{bmatrix} 0 & 1 & 0 & 1 & 0 & 0 & 0 \\ 0 & 0 & 1 & 0 & 0 & -1 & 0 \\ -1 & -1 & 0 & 1 & 1 & 0 & -1 \end{bmatrix}$$

▮ 강도매트릭스(S)

$$S = \begin{bmatrix} [a] & & \\ & [a] & \\ & & 1 \end{bmatrix}, \quad [a] = \begin{bmatrix} 4 & 2 & 0 \\ 2 & 4 & 0 \\ 0 & 0 & 1 \end{bmatrix}$$

▮ 변위(d)

$$FEM = \begin{bmatrix} -\dfrac{P}{8} & -\dfrac{P}{8} & 0 & 0 & 0 & 0 & 0 & 0 \end{bmatrix}^T$$

$$P_0 = \begin{bmatrix} -\dfrac{P}{8} & 0 & \dfrac{P}{2} \end{bmatrix}^T$$

$$d = (ASA^T)^{-1}P_0 = \begin{bmatrix} -\dfrac{P}{64} & 0 & \dfrac{P}{50} \end{bmatrix}^T$$

수평변위 : 0

수직변위 : $\dfrac{P}{50}(\downarrow)$

회전각 : $\dfrac{P}{64}(\curvearrowleft)$

▮ 부재력(Q)

$$\begin{aligned} Q &= SA^T d + FEM \\ &= [-0.27625P \quad -0.0575P \quad 0 \quad 0.0575P \\ &\qquad 0.08875P \quad 0 \quad -0.02P]^T \end{aligned}$$

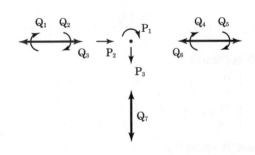

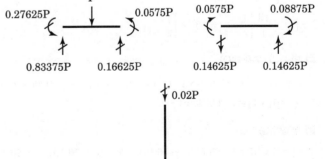

그림과 같은 골조의 b점에 수평하중 H가 작용할 때 C점의 수평변위 을 구하시오. (단, 휨변형만 고려함. $\dfrac{2EI}{l}$

$2 \times 10^5 \mathrm{(kN\,m)}$: 모든 부재에서 동일함, 휨모멘트와 변형과의 관계식 : $\mathrm{M_{ij}} = \dfrac{2EI}{l}(2\phi_i + \phi_j - 3R)$, ϕ : 절

점회전각, R : 부재회전각)

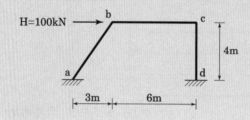

풀이 ◯ **1. 매트릭스 변위법**

① 평형 방정식(P = AQ)

$P_1 = Q_2 + Q_3$

$P_2 = Q_4 + Q_5$

$$\begin{cases} \Sigma M_a^{ab} = 0 \;\; ; \;\; -4H - 3V + Q_1 + Q_2 = 0 \\[2mm] \Sigma F_y^b = 0 \;\; ; \;\; -V + \dfrac{Q_3 + Q_4}{6} = 0 \\[2mm] \Sigma F_x^b = 0 \;\; ; \;\; P_3 + H + \dfrac{Q_5 + Q_6}{4} = 0 \end{cases} \rightarrow \;\; P_3 = -\dfrac{(Q_1 + Q_2)}{4} + \dfrac{Q_3 + Q_4}{8} - \dfrac{(Q_5 + Q_6)}{4}$$

② 평형 매트릭스(A)

$$A = \begin{bmatrix} 0 & 1 & 1 & 0 & 0 & 0 \\ 0 & 0 & 0 & 1 & 1 & 0 \\ -\dfrac{1}{4} & -\dfrac{1}{4} & \dfrac{1}{8} & \dfrac{1}{8} & -\dfrac{1}{4} & -\dfrac{1}{4} \end{bmatrix}$$

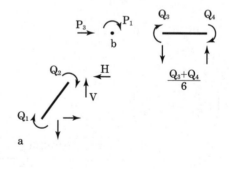

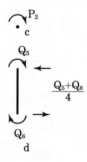

③ 전부재강도 매트릭스[S]

$$S = \begin{bmatrix} [a] & & \\ & [a] & \\ & & [a] \end{bmatrix}$$

$$[a] = \dfrac{EI}{l}\begin{bmatrix} 4 & 2 \\ 2 & 4 \end{bmatrix} = 10^5 \times \begin{bmatrix} 4 & 2 \\ 2 & 4 \end{bmatrix}$$

④ 변위(d), 부재력(Q)

$d = (ASA^T)^{-1}P = (ASA^T)^{-1}[0, \;\; 0, \;\; 100]^T = [0.000048\mathrm{rad}, \;\; 0.000048\mathrm{rad}, \;\; 0.000635\mathrm{m}]^T$

$\delta_c = d[3,1] = 0.000635\mathrm{m}\,(\rightarrow)$

⑤ 부재력(Q)

$Q = SA^Td = [-85.714, \;\; -76.191, \;\; 76.191, \;\; 76.191, \;\; -76.191, \;\; -85.714]^T\mathrm{kNm}$

1 기본사항

$$\frac{2EI}{l} = 2 \times 10^5 kNm$$

$$\begin{cases} 3R_1 + 6R_2 = 0 \\ 4R_1 - 4R_3 = 0 \end{cases} \rightarrow R_2 = \frac{1}{2}R_1, \quad R_3 = R_1$$

2 처짐각식

$$M_{ab} = 2 \times 10^5 (\theta_b - 3R_1) \qquad M_{ba} = 2 \times 10^5 (2\theta_b - 3R_1)$$

$$M_{bc} = 2 \times 10^5 \left(2\theta_b + \theta_c + \frac{3R_1}{2}\right) \qquad M_{cb} = 2 \times 10^5 \left(\theta_b + 2\theta_c + \frac{3R_1}{2}\right)$$

$$M_{cd} = 2 \times 10^5 (2\theta_c - 3R_1) \qquad M_{dc} = 2 \times 10^5 (\theta_c - 3R_1) \}$$

3 절점방정식, 층방정식

$$\begin{cases} \Sigma M_b = 0 \ ; \quad M_{ba} + M_{bc} = 0 \\ \\ \Sigma M_c = 0 \ ; \quad M_{cb} + M_{cd} = 0 \\ \\ \Sigma M_0 = 0 \ ; \quad 100 \times 8 + H_a \times 15 + H_d \times 12 - M_{ab} - M_{dc} = 0 \\ \\ \qquad H_a = \frac{M_{ab} + M_{ba}}{5} \\ \\ \qquad H_d = \frac{M_{cd} + M_{dc}}{4} \end{cases}$$

$$\rightarrow \quad \theta_b = 0.000048 rad, \quad \theta_c = 0.000048 rad, \quad R_1 = 0.000159 m$$

4 절점C 수평변위

$$\delta_c = 4R_3 = 4R_1 = 4 \times 0.000159 = 0.000635 m \, (\rightarrow)$$

5 재단모멘트

$$M_{ab} = -85.714 \qquad M_{ba} = -76.191 \qquad M_{bc} = 76.191$$

$$M_{cb} = 76.191 \qquad M_{cd} = -76.191 \qquad M_{dc} = -85.714$$

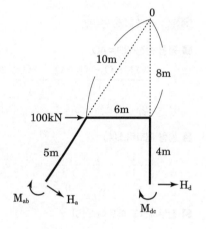

그림과 같은 구조체에서 수평력 F에 의한 수평변위 δ_x을 구하시오. (단, 벽체 하부의 경사부재는 인장강도만 있음)

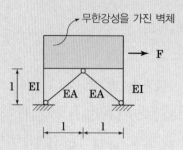

무한강성을 가진 벽체

풀이 매트릭스 변위법

1 평형 방정식(P=AQ)

$$P_1 = \frac{-Q_1 - Q_2 - Q_3 - Q_4}{1} + \frac{Q_5}{\sqrt{2}}$$

$$P_2 = Q_4$$

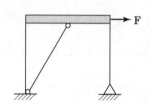

2 평형 매트릭스(A)

$$A = \begin{bmatrix} -\dfrac{1}{1} & -\dfrac{1}{1} & -\dfrac{1}{1} & -\dfrac{1}{1} & \dfrac{1}{\sqrt{2}} \\ 0 & 0 & 0 & 1 & 0 \end{bmatrix}$$

3 전부재강도 매트릭스 [S]

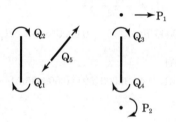

$$S = \begin{bmatrix} [a] & & \\ & [a] & \\ & & \dfrac{EA}{\sqrt{2}} \end{bmatrix}, \quad [a] = \frac{EI}{L}\begin{bmatrix} 4 & 2 \\ 2 & 4 \end{bmatrix}$$

4 변위(d), 부재력(Q)

$$d = K^{-1}P = (ASA^T)^{-1}P = (ASA^T)^{-1}[F, \quad 0]^T$$

$$= \left[\frac{4Fl^3}{E(60I + Al^2\sqrt{2})}, \quad \frac{6Fl^2}{E(60I + Al^2\sqrt{2})} \right]^T$$

$$Q = SA^Td = \frac{FI}{60I + Al^2\sqrt{2}} \times [-24l, \quad -24l, \quad -12l, \quad 0, \quad 2Al]^T$$

$$\therefore \delta_h = d[1,1] = \frac{4Fl^3}{E(60I + \sqrt{2}\,Al^2)}$$

다음 구조물에서 A, B, C점의 수평반력을 구하시오.

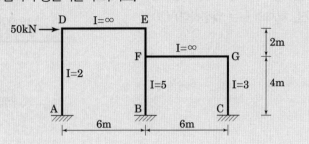

풀이 ○ 매트릭스 변위법

1 평형매트릭스(A)

$$\begin{cases} P_1 = -\dfrac{Q_1+Q_2}{6} - \dfrac{Q_5+Q_6}{2} \\ P_2 = -\dfrac{(Q_3+Q_4+Q_7+Q_8)}{4} + \dfrac{Q_5+Q_6}{2} \end{cases} \rightarrow A = \begin{bmatrix} -\dfrac{1}{6} & -\dfrac{1}{6} & 0 & 0 & -\dfrac{1}{2} & -\dfrac{1}{2} & 0 & 0 \\ 0 & 0 & -\dfrac{1}{4} & -\dfrac{1}{4} & \dfrac{1}{2} & \dfrac{1}{2} & -\dfrac{1}{4} & -\dfrac{1}{4} \end{bmatrix}$$

2 부재 강도매트릭스(S)

$$S = \begin{bmatrix} [a] & & & \\ & [b] & & \\ & & [c] & \\ & & & [d] \end{bmatrix}$$

$$[a] = \frac{2E}{6} \times \begin{bmatrix} 4 & 2 \\ 2 & 4 \end{bmatrix} \qquad [b] = \frac{5E}{4} \times \begin{bmatrix} 4 & 2 \\ 2 & 4 \end{bmatrix}$$

$$[c] = \frac{5E}{2} \times \begin{bmatrix} 4 & 2 \\ 2 & 4 \end{bmatrix} \qquad [d] = \frac{3E}{4} \times \begin{bmatrix} 4 & 2 \\ 2 & 4 \end{bmatrix}$$

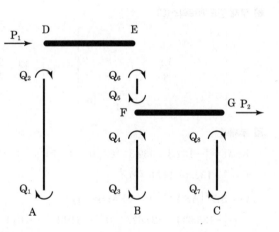

3 부재력(Q)

$$Q = SA^T(ASA^T)^{-1}[50, \quad 0]^T$$

4 수평반력

$$H_A = \frac{Q[1,1] + Q[2,1]}{6} = 4.08163\text{kN}(\leftarrow)$$

$$H_B = \frac{Q[3,1] + Q[4,1]}{4} = 28.699\text{kN}(\leftarrow)$$

$$H_C = \frac{Q[7,1] + Q[8,1]}{4} = 17.2194\text{kN}(\leftarrow)$$

주요공식 요약 | 재료역학 | 구조기본 | 구조응용

그림과 같은 부정정 구조물에서 각 부재의 재단모멘트를 구하고, 휨모멘트도를 그리시오. (단, 부재의 EI는 일정하다) (20점)

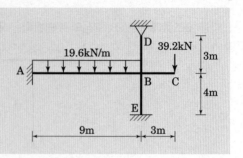

풀이 ◐ 매트릭스 변위법

1 평형매트릭스(A)

$$\begin{cases} P_1 = Q_2 + Q_4 + Q_5 \\ P_2 = Q_3 \end{cases}$$

$$\rightarrow \quad A = \begin{bmatrix} 0 & 1 & 0 & 1 & 1 & 0 \\ 0 & 0 & 1 & 0 & 0 & 0 \end{bmatrix}$$

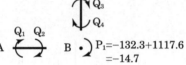

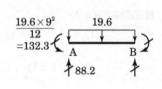

2 부재 강도매트릭스(S)

$$S = \begin{bmatrix} \dfrac{EI}{9} \cdot [a] & & \\ & \dfrac{EI}{3} \cdot [a] & \\ & & \dfrac{EI}{4} \cdot [a] \end{bmatrix} \qquad [a] = \begin{bmatrix} 4 & 2 \\ 2 & 4 \end{bmatrix}$$

3 부재력

$$FEM = \begin{bmatrix} -132.3 & 132.3 & 0 & 0 & 0 & 0 \end{bmatrix}^T$$

$$P = \begin{bmatrix} -132.3 + 117.6 & 0 \end{bmatrix}^T$$

$$Q = SA^T(ASA^T)^{-1}P + FEM \,(kNm)$$

$$= \begin{bmatrix} -133.636 & 129.627 & 0 & -6.014 & -6.014 & -3.007 \end{bmatrix}^T$$

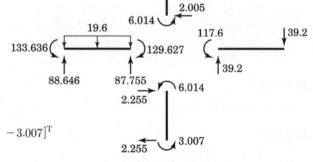

FBD

4 SFD, BMD

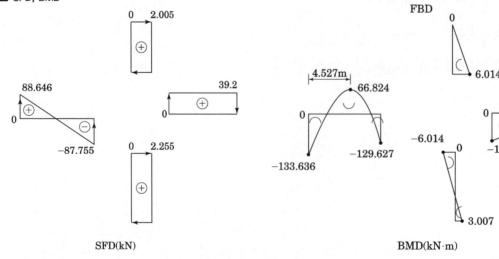

SFD(kN)   BMD(kN·m)

아래 그림과 같은 구조물의 휨모멘트도를 그리시오. (단, (1) 전단 변형 및 축방향 변형은 무시한다. (2) 모든 부재의 단면은 동일하며 자중은 무시한다.)

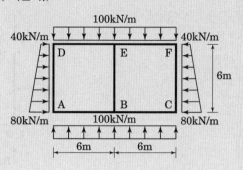

풀이 ● 1. 매트릭스 변위법

1 구조물 모델링[3]

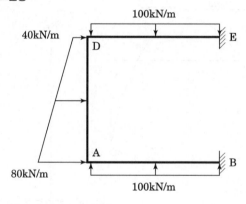

2 평형 매트릭스(A), 부재 강도매트릭스(S)

$$A = \begin{bmatrix} 1 & 0 & 0 & 0 & 0 & 1 \\ 0 & 0 & 1 & 0 & 1 & 0 \\ \dfrac{1}{6} & \dfrac{1}{6} & \dfrac{1}{6} & \dfrac{1}{6} & 0 & 0 \end{bmatrix} \qquad S = \begin{bmatrix} [a] & & \\ & [a] & \\ & & [a] \end{bmatrix} \qquad a = \dfrac{EI}{6}\begin{bmatrix} 4 & 2 \\ 2 & 4 \end{bmatrix}$$

3 고정단 모멘트(FEM), 하중 매트릭스(P)

$$FEM_1 = \dfrac{100 \cdot 6^2}{12} = 300, \quad FEM_5 = \dfrac{40 \cdot 6^2}{12} + \dfrac{40 \cdot 6^2}{20} = 192, \quad FEM_6 = \dfrac{40 \cdot 6^2}{12} + \dfrac{40 \cdot 6^2}{30} = 168$$

$$FEM = \begin{bmatrix} -FEM_1, & FEM_1, & FEM_1, & -FEM_1, & -FEM_5, & FEM_6 \end{bmatrix}^T$$

$$P = \begin{bmatrix} FEM_1 - FEM_6, & -FEM_1 + FEM_5, & 0 \end{bmatrix}^T$$

4 부재력(Q)

$$Q = SA^T(ASA^T)^{-1}P + FEM$$

$$= \begin{bmatrix} -218.286, & 338.286, & 221.714, & -341.714, & -221.714, & 218.286 \end{bmatrix}^T (kNm)$$

---

3) 대칭성 이용 ; 병진변위 처리 주의 P_3 누락 주의

1 변형 에너지

$$\begin{cases} M_1 = A + B \cdot x - 50x^2 \\ M_2 = A + C \cdot x - 20 \cdot x^2 - \dfrac{40x}{6} \cdot \dfrac{1}{2} \cdot x \cdot \dfrac{x}{3} \\ M_3 = -(A + 6C - 960) - B \cdot x + 50x^2 \end{cases}$$

$$U = \int_0^6 \frac{M_1^2}{2EI}dx + \int_0^6 \frac{M_2^2}{2EI}dx + \int_0^6 \frac{M_3^2}{2EI}dx$$

2 부재력 산정

$$\begin{cases} \dfrac{\partial U}{\partial A} = 0 \\ \dfrac{\partial U}{\partial B} = 0 \\ \dfrac{\partial U}{\partial C} = 0 \end{cases} \rightarrow \begin{matrix} A = -218.286 \\ B = 280 \\ C = 159.429 \end{matrix}$$

3 BMD

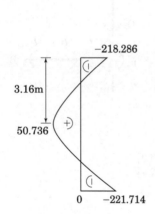

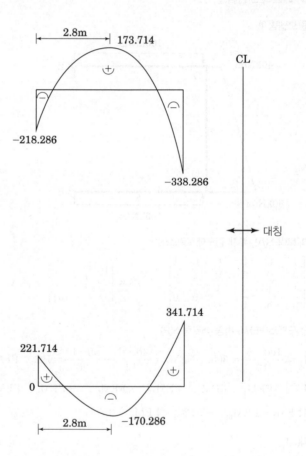

그림과 같은 하중을 받는 상자형라멘(Box Rahmen)의 A, B점 휨모멘트 M_A, M_B를 구하시오.

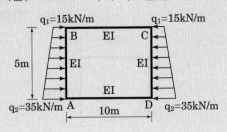

풀이 ○ 매트릭스 변위법

① 구조물 모델링 [4]

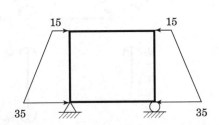 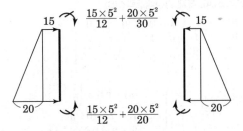

② 평형 매트릭스(A)

$$A = \begin{bmatrix} 1 & 0 & 1 & 0 & 0 & 0 & 0 & 0 \\ 0 & 1 & 0 & 0 & 1 & 0 & 0 & 0 \\ 0 & 0 & 0 & 1 & 0 & 0 & 1 & 0 \\ 0 & 0 & 0 & 0 & 0 & 1 & 0 & 1 \\ 0 & 0 & -1/5 & -1/5 & -1/5 & -1/5 & 0 & 0 \end{bmatrix}$$

③ 부재 강도 매트릭스(S)

$$S = \begin{bmatrix} [a] & & & \\ & [b] & & \\ & & [b] & \\ & & & [a] \end{bmatrix} \qquad \begin{aligned} [a] &= \frac{EI}{5}\begin{bmatrix} 4 & 2 \\ 2 & 4 \end{bmatrix} \\ [b] &= \frac{EI}{10}\begin{bmatrix} 4 & 2 \\ 2 & 4 \end{bmatrix} \end{aligned}$$

④ 부재력(Q)

$$FEM = \begin{bmatrix} 0 & 0 & \dfrac{575}{12} & -\dfrac{225}{4} & -\dfrac{575}{12} & \dfrac{225}{4} & 0 & 0 \end{bmatrix}^T$$

$$P = \begin{bmatrix} -\dfrac{575}{12} & \dfrac{575}{12} & \dfrac{225}{4} & -\dfrac{225}{4} & 0 \end{bmatrix}^T$$

$$Q = SA^T(ASA^T)^{-1}P + FEM$$

$$= \begin{bmatrix} -16.766 & 16.76 & 6\,16.766 & -17.956 & -16.766 & 17.956 & 17.956 & -17.956 \end{bmatrix}^T$$

$$\therefore \begin{cases} M_A = 17.766 kNm\,(\frown) \\ M_B = 16.766 kNm\,(\frown) \end{cases}$$

4) 지점조건이 없으면 매트릭스 변위법 적용이 불가하다.(Singular Matrix) 따라서 하중상태에 따른 적절한 지점조건을 부여한다.

그림과 같은 라멘(rahmen)의 모든 부재에서 $\triangle T = 30\,℃$의 온도 상승이 발생할 때, 휨모멘트선도를 구하시오. (단, $K_{AB} = K_{BC} = K_{CD} = K = 2 \times 10^6 \, mm^3$, 탄성계수 $E = 2.0 \times 10^5 MPa$, 열팽창계수 $\alpha = 1.0 \times 10^{-5}/℃$이다.)

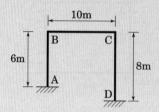

풀이 ◐ 매트릭스 변위법 5)

❶ 평형매트릭스(A), 부재 강성매트릭스(S)

$$A = \begin{bmatrix} 0 & 1 & 1 & 0 & 0 & 0 \\ 0 & 0 & 0 & 1 & 1 & 0 \\ -\dfrac{1}{6} & -\dfrac{1}{6} & 0 & 0 & -\dfrac{1}{8} & -\dfrac{1}{8} \end{bmatrix}$$

$$S = \begin{bmatrix} [a] & & \\ & [a] & \\ & & [a] \end{bmatrix} \qquad \begin{aligned} [a] &= EK \cdot \begin{bmatrix} 4 & 2 \\ 2 & 4 \end{bmatrix} \\ K &= 2 \cdot 10^{-3} m^3 \\ E &= 2 \cdot 10^8 \, kN/m^2 \end{aligned}$$

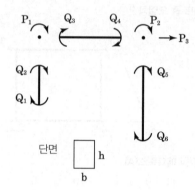

단면

❷ 고정단 모멘트(FEM), 하중 매트릭스(P)

$$M = \frac{\alpha \Delta T}{h} EI \,(\text{단, } I_1 = 6K, \quad I_2 = 10K, \quad I_3 = 8K)$$

$$FEM = \frac{\alpha \Delta T}{h} E \cdot \begin{bmatrix} I_1 & -I_1 & I_2 & -I_2 & I_3 & -I_3 \end{bmatrix}^T$$

$$= \begin{bmatrix} \dfrac{720}{h} & -\dfrac{720}{h} & -\dfrac{1200}{h} & \dfrac{1200}{h} & \dfrac{960}{h} & -\dfrac{960}{h} \end{bmatrix}^T$$

$$P = -A \cdot FEM = \begin{bmatrix} -\dfrac{480}{h} & \dfrac{240}{h} & 0 \end{bmatrix}^T$$

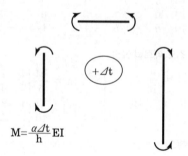

$$M = \frac{\alpha \Delta t}{h} EI$$

❸ 부재력(Q) (kNm)

$$Q = SA^T(ASA^T)^{-1}P + FEM$$

$$= \left[\frac{653.793}{h} \quad -\frac{951.724}{h} \quad \frac{951.724}{h} \right.$$

$$\left. -\frac{1200}{h} \quad \frac{1200}{h} \quad -\frac{802.759}{h} \right]$$

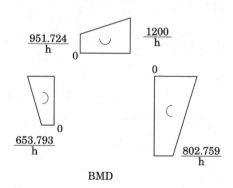

BMD

---

5) 구조물 안쪽에서 온도가 상승한 것으로 가정하여 풀이한다. 단면은 직사각형(b×h)으로 가정

다음 그림과 같은 구조물에서 A는 강절점, B는 롤러지점, D는 힌지지점이며, E는 고정지점이다. A점에 시계방향의 모멘트하중 M이 작용할 때, 각 부재의 분배모멘트 M_{AB}, M_{AC}, M_{AD}, M_{AE}를 구하시오. (단, 부재의 길이는 수평부재 $L_{AB}=2L$, $L_{AD}=L$ 및 수직부재 $L_{AC}=L$, $L_{AE}=L$이며, 부재 AC의 휨강성 EI는 무한대(∞)이고, 나머지 부재의 휨강성 EI는 일정하다.)

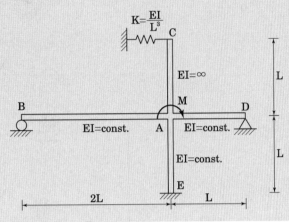

풀이 ○ 1. 처짐각법

1 처짐각식

$$M_{AB} = \frac{2EI}{2L}(2\theta_A + \theta_B)$$

$$M_{BA} = \frac{2EI}{2L}(\theta_A + 2\theta_B)$$

$$M_{AD} = \frac{2EI}{L}(2\theta_A + \theta_D)$$

$$M_{DA} = \frac{2EI}{L}(\theta_A + 2\theta_D)$$

$$M_{AE} = \frac{2EI}{L}(2\theta_A)$$

$$M_{EA} = \frac{2EI}{L}(\theta_A)$$

$$M_{AC} = F_C \cdot L = \frac{EI}{L^3} \cdot L = \frac{EI\theta_A}{L}$$

$F_C \cdot L = \frac{EI}{L^3} \cdot L \cdot \theta_A \cdot L$
$= \frac{EI}{L}\theta_A$
$= M_{AC}$

2 평형조건

$$\begin{cases} M_{BA} - 0 \\ M_{DA} = 0 \\ \Sigma AM_A = M \ ; \ M_{AB} + M_{AC} + M_{AD} + M_{AE} = M \end{cases} \rightarrow \ \theta_A - \frac{2ML}{19EI}, \quad \theta_B = \frac{ML}{19EI}, \quad \theta_D = -\frac{ML}{19EI}$$

3 분배모멘트

$$M_{AB} = \frac{3M}{19}, \quad M_{AC} = \frac{2M}{19}, \quad M_{AD} = \frac{6M}{19}, \quad M_{AE} = \frac{8M}{19}$$

1 평형매트릭스(A)

$$A = \begin{bmatrix} 1 & 0 & 0 & 0 & 0 & 0 & 0 & 0 & 0 \\ 0 & 1 & 1 & 0 & 1 & 0 & 0 & 1 & 0 \\ 0 & 0 & 0 & 1 & 0 & 0 & 0 & 0 & 0 \\ 0 & 0 & 0 & 0 & 0 & 0 & 1 & -\dfrac{1}{L} & -\dfrac{1}{L} \\ 0 & 0 & 0 & 0 & 0 & 0 & 0 & 0 & 1 \end{bmatrix}$$

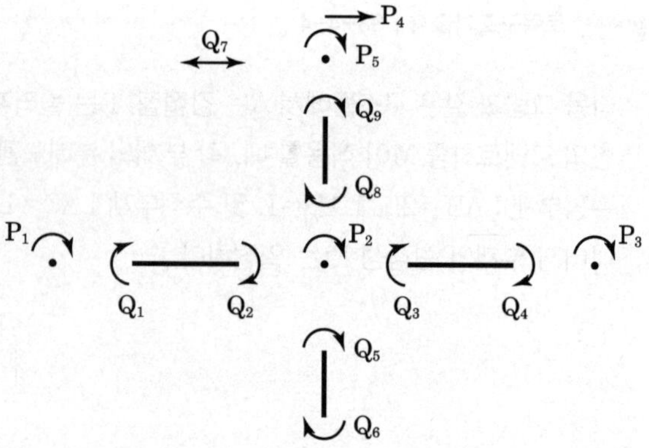

2 부재 강도매트릭스(S)

$$S = \begin{bmatrix} \dfrac{EI}{2L} \cdot [a] & & & & \\ & \dfrac{EI}{L} \cdot [a] & & & \\ & & \dfrac{EI}{L} \cdot [a] & & \\ & & & \dfrac{EI}{L} & \\ & & & & \dfrac{EI_2}{L} \cdot [a] \end{bmatrix}$$

$$[a] = \begin{bmatrix} 4 & 2 \\ 2 & 4 \end{bmatrix}$$

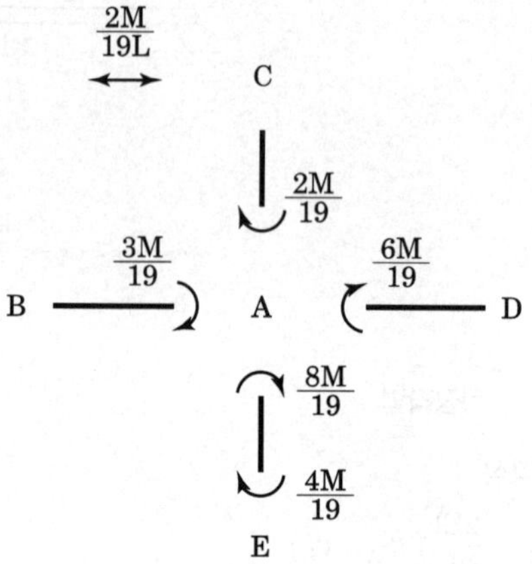

3 변위(d) 및 부재력(Q)

$$P = [0, \quad M, \quad 0, \quad 0, \quad 0]^T$$

$$d = \lim_{EI_2 \to \infty} \left((ASA^T)^{-1} P \right)$$

$$= \left[-\frac{ML}{19EI}, \quad \frac{2ML}{19EI}, \quad -\frac{ML}{19EI}, \quad \frac{2ML^2}{19EI}, \quad \frac{2ML}{19EI} \right]^T$$

$$Q = \lim_{EI_2 \to \infty} \left(SA^T (ASA^T)^{-1} P \right)$$

$$= \left[0, \quad \frac{3M}{19}, \quad \frac{6M}{19}, \quad 0, \quad \frac{8M}{19}, \quad \frac{4M}{19}, \quad \frac{2M}{19L}, \quad \frac{2M}{19}, \quad 0 \right]^T$$

처짐각법에 의한 휨모멘트도를 작성하시오.

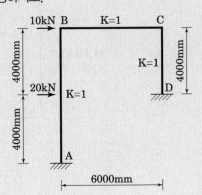

풀이 1. 처짐각법

1 기본사항

$$\text{FEM}_{AB} = -\frac{Pab^2}{L^2} = -20\text{kNm} = -\text{FEM}_{BA}$$

2 처짐각 방정식

$$M_{AB} = 2E\left(\theta_B - \frac{3\triangle}{8}\right) - 20 \qquad M_{BA} = 2E\left(2\theta_B - \frac{3\triangle}{8}\right) + 20$$

$$M_{BC} = 2E(2\theta_B + \theta_c) \qquad M_{CB} = 2E(\theta_B + 2\theta_c)$$

$$M_{CD} = 2E\left(2\,\theta_c - \frac{3\triangle}{4}\right) \qquad M_{DC} = 2E\left(\theta_c - \frac{3\triangle}{4}\right)$$

3 절점방정식, 층방정식

$$\begin{cases} \Sigma M_B = 0; & M_{BA} + M_{BC} = 0 \\ \Sigma M_c = 0; & M_{CB} + M_{CD} = 0 \\ \Sigma F_x = 0; & H_A + H_D + 30 = 0 \\ & H_A = (M_{AB} + M_{BA} - 20 \cdot 4)/8 \\ & H_D = (M_{CD} + MDC)/4 \end{cases}$$

$$\rightarrow \quad \theta_B = -\frac{20}{17E}$$

$$\theta_C = \frac{100}{17E}$$

$$\delta = \frac{1520}{51E}$$

4 재단모멘트

$$M_{AB} = -44.7059$$
$$M_{BA} = -7.0588$$
$$M_{BC} = 7.0588$$
$$M_{CB} = 21.1765$$
$$M_{CD} = -21.1765$$
$$M_{DC} = -32.9412$$

FBD(kN, kN·m)

5 SFD, BMD

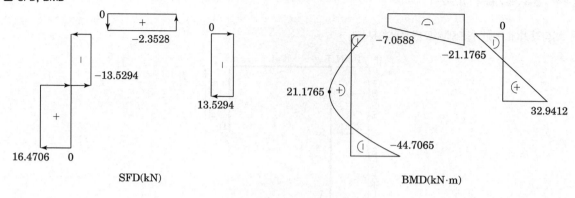

SFD(kN)   BMD(kN·m)

---

1 평형매트릭스(A)

$$
\begin{cases}
P_1 = Q_2 + Q_3 \\
P_2 = Q_4 + Q_5 \\
P_3 = Q_6 + Q_7 \\
P_4 = \dfrac{-Q_1 - Q_2 + Q_3 + Q_4}{4} \\
P_5 = \dfrac{-Q_3 - Q_4 - Q_7 - Q_8}{4}
\end{cases}
\rightarrow
A =
\begin{bmatrix}
0 & 1 & 1 & 0 & 0 & 0 & 0 & 0 \\
0 & 0 & 0 & 1 & 1 & 0 & 0 & 0 \\
0 & 0 & 0 & 0 & 0 & 1 & 1 & 0 \\
-\dfrac{1}{4} & -\dfrac{1}{4} & \dfrac{1}{4} & \dfrac{1}{4} & 0 & 0 & 0 & 0 \\
0 & 0 & -\dfrac{1}{4} & -\dfrac{1}{4} & 0 & 0 & -\dfrac{1}{4} & -\dfrac{1}{4}
\end{bmatrix}
$$

3 전부재강도 매트릭스[S] [6]

$$
S =
\begin{bmatrix}
2 \cdot [a] & & & \\
& 2 \cdot [a] & & \\
& & [a] & \\
& & & [a]
\end{bmatrix}
$$

$$
[a] = E \cdot
\begin{bmatrix}
4 & 2 \\
2 & 4
\end{bmatrix}
$$

4 변위(d)

$$
d = (ASA^T)^{-1}[0 \quad 0 \quad 0 \quad 20 \quad 10]^T
$$

5 부재력(Q)

$$
Q = SA^T d
$$
$$
= [-44.7059 \quad -21.1765 \quad 21.1765 \quad -7.0588 \quad 7.0588 \quad 21.1765 \quad -21.1765 \quad -32.9412]^T
$$

---

6) 매트릭스 모델링 시 AB 중간부분에 절점을 두었기 때문에 $K = \dfrac{I_{AB}}{L_{AB}} = 1$ 대신 $K = \dfrac{I_{AB}}{L_{AB}/2} = 2$ 적용

PE.A−87−2−1(SDM)

⋯⋯⋯⋯⋯⋯⋯ 1	1

$$\frac{-20 \cdot 4 \cdot 4^2}{8^2} \rightarrow femab \qquad\qquad -20$$

$$\frac{--20 \cdot 4 \cdot 4^2}{8^2} \rightarrow femba \qquad\qquad 20$$

⋯⋯⋯⋯⋯⋯⋯ 2	−2

$$2 \cdot ek \cdot \left(b - \frac{3}{8} \cdot \delta\right) - 20 \rightarrow mab \qquad\qquad 2 \cdot b \cdot ek - \frac{3 \cdot ek \cdot \delta}{4} - 20$$

$$2 \cdot ek \cdot \left(2 \cdot b - \frac{3}{8} \cdot \delta\right) + 20 \rightarrow mba \qquad\qquad 4 \cdot b \cdot ek - \frac{3 \cdot ek \cdot \delta}{4} + 20$$

$$2 \cdot ek \cdot (2 \cdot b + c) \rightarrow mbc \qquad\qquad 2 \cdot (2 \cdot b + c) \cdot ek$$

$$2 \cdot ek \cdot (b + 2 \cdot c) \rightarrow mcb \qquad\qquad 2 \cdot (b + 2 \cdot c) \cdot ek$$

$$2 \cdot ek \cdot \left(2 \cdot c - \frac{3}{4} \cdot \delta\right) \rightarrow mcd \qquad\qquad \frac{(8 \cdot c - 3 \cdot \delta) \cdot ek}{2}$$

$$2 \cdot ek \cdot \left(c - \frac{3}{4} \cdot \delta\right) \rightarrow mdc \qquad\qquad \frac{(4 \cdot c - 3 \cdot \delta) \cdot ek}{2}$$

⋯⋯⋯⋯⋯⋯⋯ 3	−3

$$\text{solve}\left(\begin{cases} mba + mbc = 0 \\ mcb + mcd = 0 \\ ha + hd + 30 = 0 \end{cases}, \{b, c, \delta\}\right) \Big| ha = \frac{mab + mba - 20 \cdot 4}{8} \text{ and } hd = \frac{mcd + mdc}{4}$$

$$b = \frac{-20}{17 \cdot ek} \text{ and } c = \frac{100}{17 \cdot ek} \text{ and } \delta = \frac{1520}{51 \cdot ek}$$

⋯⋯⋯⋯⋯⋯⋯ 4	−4

⚠ $$\{mab, mba, mbc, mcb, mcd, mdc\} \Big| b = \frac{-20}{17 \cdot ek} \text{ and } c = \frac{100}{17 \cdot ek} \text{ and } \delta = \frac{1520}{51 \cdot ek}$$

$$\{-44.7059, \ -7.05882, \ 7.05882, \ 21.1765, \ -21.1765, \ -32.9412\}$$

$$ha = \frac{mab + mba - 20 \cdot 4}{8} \text{ and } hd = \frac{mcd + mdc}{4} \Big| mab = -44.7059$$

$$\text{and } mba = -7.05882 \text{ and } mcd = -21.1765 \text{ and } mdc = -32.9412$$

$$ha = -16.4705 \text{ and } hd = -13.5294$$

30 − 16.4706	13.5294

solve($-7.0588 + 21.1756 - 6 \cdot x = 0, x$)	$x = 2.3528$

$-44.7065 + 16.4706 \cdot 4$	21.1759

SDM(처짐각법)

- 고정단 모멘트(FEM)

- 처짐각 방정식

- 절점방정식, 층방정식을 적용하여 미지수 θ_B, θ_C, δ 산정

- 재단 모멘트 산정(리스트 이용)

- 수평반력 산정

- 각 부재별 반력 산정

PE.A − 87 − 2 − 1(SM)

SM(매트릭스 강도법)

· 평형 매트릭스(A)

···················· 1   1

$$\begin{bmatrix} 0 & 1 & 1 & 0 & 0 & 0 & 0 & 0 \\ 0 & 0 & 0 & 1 & 1 & 0 & 0 & 0 \\ 0 & 0 & 0 & 0 & 0 & 1 & 1 & 0 \\ \frac{-1}{4} & \frac{-1}{4} & \frac{1}{4} & \frac{1}{4} & 0 & 0 & 0 & 0 \\ 0 & 0 & \frac{-1}{4} & \frac{-1}{4} & 0 & 0 & \frac{-1}{4} & \frac{-1}{4} \end{bmatrix} \to a$$

$$\begin{bmatrix} 0 & 1 & 1 & 0 & 0 & 0 & 0 & 0 \\ 0 & 0 & 0 & 1 & 1 & 0 & 0 & 0 \\ 0 & 0 & 0 & 0 & 0 & 1 & 1 & 0 \\ \frac{-1}{4} & \frac{-1}{4} & \frac{1}{4} & \frac{1}{4} & 0 & 0 & 0 & 0 \\ 0 & 0 & \frac{-1}{4} & \frac{-1}{4} & 0 & 0 & \frac{-1}{4} & \frac{-1}{4} \end{bmatrix}$$

· 구조물 강도매트릭스(S)

···················· 2   2

$$\begin{bmatrix} 8 & 4 & 0 & 0 & 0 & 0 & 0 & 0 \\ 4 & 8 & 0 & 0 & 0 & 0 & 0 & 0 \\ 0 & 0 & 8 & 4 & 0 & 0 & 0 & 0 \\ 0 & 0 & 4 & 8 & 0 & 0 & 0 & 0 \\ 0 & 0 & 0 & 0 & 4 & 2 & 0 & 0 \\ 0 & 0 & 0 & 0 & 2 & 4 & 0 & 0 \\ 0 & 0 & 0 & 0 & 0 & 0 & 4 & 2 \\ 0 & 0 & 0 & 0 & 0 & 0 & 2 & 4 \end{bmatrix} \cdot e \to s$$

$$\begin{bmatrix} 8 \cdot e & 4 \cdot e & 0 & 0 & 0 & 0 & 0 & 0 \\ 4 \cdot e & 8 \cdot e & 0 & 0 & 0 & 0 & 0 & 0 \\ 0 & 0 & 8 \cdot e & 4 \cdot e & 0 & 0 & 0 & 0 \\ 0 & 0 & 4 \cdot e & 8 \cdot e & 0 & 0 & 0 & 0 \\ 0 & 0 & 0 & 0 & 4 \cdot e & 2 \cdot e & 0 & 0 \\ 0 & 0 & 0 & 0 & 2 \cdot e & 4 \cdot e & 0 & 0 \\ 0 & 0 & 0 & 0 & 0 & 0 & 4 \cdot e & 2 \cdot e \\ 0 & 0 & 0 & 0 & 0 & 0 & 2 \cdot e & 4 \cdot e \end{bmatrix}$$

· 절점변위(d)

···················· 3   3

$(a \cdot s \cdot a^T)^{-1} \cdot [0\ 0\ 0\ 20\ 10]^T \to d$

⚠️

$$\begin{bmatrix} \dfrac{100}{17 \cdot e} \\ \dfrac{-20}{17 \cdot e} \\ \dfrac{100}{17 \cdot e} \\ \dfrac{1160}{51 \cdot e} \\ \dfrac{1520}{51 \cdot e} \end{bmatrix}$$

· 부재력(재단모멘트)
이후 각부재별 부재력 산정과정은 처짐
각법과 동일하다.

···················· 4   4

$s \cdot a^T \cdot d \to q$

⚠️

$$\begin{bmatrix} -44.7059 \\ -21.1765 \\ 21.1765 \\ -7.05882 \\ 7.05882 \\ 21.1765 \\ -21.1765 \\ -32.9412 \end{bmatrix}$$

다음 구조물을 처짐각법을 이용하여 해석하고 B.M.D와 S.F.D을 그리시오.

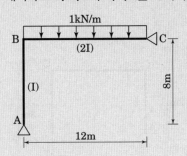

풀이 처짐각법

1 기본사항

$$\text{FEM}_{BC} = -\frac{wL^2}{12} = -12\text{kN} \cdot \text{m} = -\text{FEM}_{CB}$$

2 처짐각 방정식

$$M_{AB} = \frac{2EI}{8}(2\theta_A + \theta_B) \qquad\qquad M_{BA} = \frac{2EI}{8}(\theta_A + 2\theta_B)$$

$$M_{BC} = \frac{4EI}{12}(2\theta_B + \theta_C) - 12 \qquad\qquad M_{CB} = \frac{4EI}{12}(\theta_B + 2\theta_C) + 12$$

3 절점 방정식

$$\begin{cases} \Sigma M_A = 0 \ ; \ M_A = 0 \\ \Sigma M_B = 0 : \ M_{BA} + M_{BC} = 0 \\ \Sigma M_C = 0 \ ; \ M_{CB} = 0 \end{cases} \rightarrow \theta_A = -\frac{72}{7EI}, \quad \theta_B = \frac{144}{7EI}, \quad \theta_C = -\frac{198}{7EI}$$

4 재단 모멘트(단위 : kNm)

$$M_{AB} = 0 \qquad M_{BA} = 7.714 \qquad M_{BC} = -7.714 \qquad M_{CB} = 0$$

5 FBD, SFD, BMD

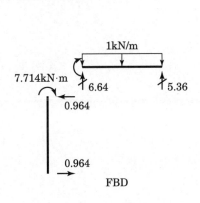

FBD

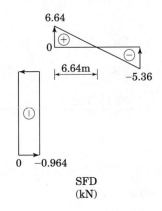

SFD
(kN)

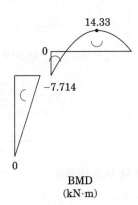

BMD
(kN·m)

그림과 같은 이형 문형Rahmen구조를 처짐각법(Slope Deflection Method)으로 휨모멘트도, 전단력도, 축력도를 각각 작성하시오. (단, EI는 일정)

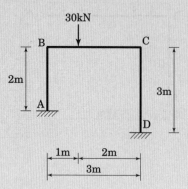

풀이 **처짐각법**

1 고정단 모멘트

$$\text{FEM}_{\text{BC}} = -\frac{30 \cdot 2^2}{3^2} = -\frac{40}{3}$$

$$\text{FEM}_{\text{CB}} = \frac{30 \cdot 2}{3^2} = \frac{20}{3}$$

2 처짐각 방정식

$$M_{AB} = \frac{2EI}{2}\left(\theta_B - \frac{3\Delta}{2}\right) \qquad M_{BA} = \frac{2EI}{2}\left(2\theta_B - \frac{3\Delta}{2}\right)$$

$$M_{BC} = \frac{2EI}{3}\left(2\theta_B + \theta_C\right) - \frac{40}{3} \qquad M_{CB} = \frac{2EI}{3}\left(\theta_B + 2\theta_C\right) + \frac{20}{3}$$

$$M_{CD} = \frac{2EI}{3}\left(2\theta_C - \frac{3\Delta}{3}\right) \qquad M_{DC} = \frac{2EI}{3}\left(\theta_C - \frac{3\Delta}{3}\right)$$

3 절점방정식, 전단방정식

$$\begin{cases} \sum M_B = 0 \; ; \; M_{BA} + M_{BC} = 0 \\[2mm] \sum M_C = 0 \; ; \; M_{CB} + M_{CD} = 0 \\[2mm] \sum F_x = 0 \; ; \; H_A + H_D = 0 \\[2mm] H_A = \dfrac{M_{AB} + M_{BA}}{2} \\[2mm] H_D = \dfrac{M_{CD} + M_{DC}}{3} \end{cases} \rightarrow \begin{array}{l} EI\theta_B = 6.346 \\[2mm] EI\theta_C = -3.131 \\[2mm] EI\Delta = 3.822 \end{array}$$

4 재단모멘트(kNm)

$$M_{AB} = 0.613 \qquad\qquad M_{BA} = 6.959$$

$$M_{BC} = -6.959 \qquad\qquad M_{CB} = 6.723$$

$$M_{CD} = -6.723 \qquad\qquad M_{DC} = -4.635$$

5 FBD, AFD, SFD, BMD

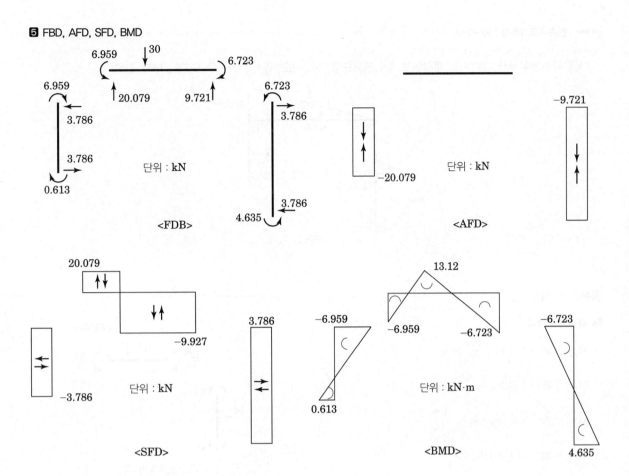

다음 구조물을 처짐각법으로 해석하고 휨모멘트도를 그리시오. (단, ( )안의 숫자는 부재 강비)

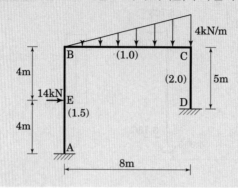

풀이 1. 처짐각법

1 처짐각 방정식

$$M_{AB} = 2E \cdot 1.5\left(\theta_B - \frac{3\Delta}{8}\right) - 14$$

$$M_{BA} = 2E \cdot 1.5\left(2\theta_B - \frac{3\Delta}{8}\right) + 14$$

$$M_{BC} = 2E \cdot 1.0\left(2\theta_B + \theta_C\right) - \frac{128}{15}$$

$$M_{CB} = 2E \cdot 1\left(\theta_B + 2\theta_C\right) + \frac{64}{5}$$

$$M_{CD} = 2E \cdot 2.0\left(2\theta_C - \frac{3\Delta}{5}\right)$$

$$M_{DC} = 2E \cdot 2.0\left(\theta_C - \frac{3\Delta}{5}\right)$$

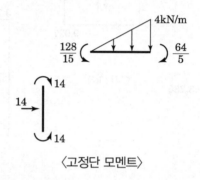

〈고정단 모멘트〉

2 절점조건 및 전단방정식

$$\begin{cases} \Sigma M_B = 0 ; \quad M_{BA} + M_{BC} = 0 \\[6pt] \Sigma M_C = 0 ; \quad M_{CB} + M_{CD} = 0 \\[6pt] \Sigma F_X = 0 ; \quad H_A + H_D = 14 \\[6pt] H_A = \dfrac{(M_{AB} + M_{BA})}{8} \\[10pt] H_D = \dfrac{(M_{CD} + M_{DC})}{5} \end{cases} \rightarrow \begin{aligned} &\theta_B = 0.099735/E \\[4pt] &\theta_C = 0.10221/E \\[4pt] &\Delta = 5.9275/E \end{aligned}$$

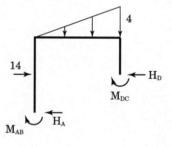

3 재단모멘트(kNm)

$M_{AB} = -20.3692$	$M_{BA} = 7.9299$
$M_{BC} = -7.9299$	$M_{CB} = 13.4084$
$M_{CD} = -13.4083$	$M_{DC} = -13.8172$

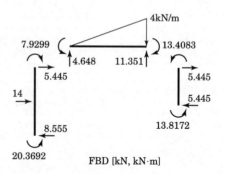

FBD [kN, kN·m]

❹ SFD, BMD

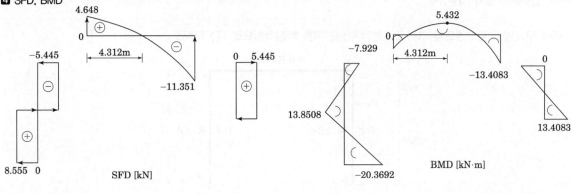

SFD [kN]

BMD [kN·m]

풀이 ○ **2. 매트릭스 변위법**

❶ 평형매트릭스(A)

$$\left.\begin{array}{l} P_1 = Q_2 + Q_3 \\ P_3 = Q_6 + Q_7 \\ P_2 = Q_4 + Q_5 \\ P_4 = -\dfrac{Q_1+Q_2}{4} + \dfrac{Q_3+Q_4}{4} \\ P_5 = -\dfrac{Q_3+Q_4}{4} - \dfrac{Q_7+Q_8}{5} \end{array}\right\} \rightarrow A = \begin{bmatrix} 0 & 1 & 1 & 0 & 0 & 0 & 0 & 0 \\ 0 & 0 & 0 & 1 & 1 & 0 & 0 & 0 \\ 0 & 0 & 0 & 0 & 0 & 1 & 1 & 0 \\ -\dfrac{1}{4} & -\dfrac{1}{4} & \dfrac{1}{4} & \dfrac{1}{4} & 0 & 0 & 0 & 0 \\ 0 & 0 & -\dfrac{1}{4} & -\dfrac{1}{4} & 0 & 0 & -\dfrac{1}{5} & -\dfrac{1}{5} \end{bmatrix}$$

❷ 전부재 강도매트릭스(S) [7]

$$S = \begin{bmatrix} 3E[a] & & & \\ & 3E[a] & & \\ & & E[a] & \\ & & & 2E[a] \end{bmatrix}, \quad [a] = \begin{bmatrix} 4 & 2 \\ 2 & 4 \end{bmatrix}$$

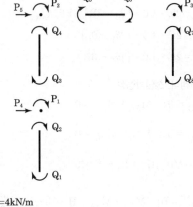

❸ 하중항(FEM) 및 등가 격점하중(P)

$$FEM = \begin{bmatrix} 0 & 0 & 0 & 0 & -\dfrac{128}{15} & \dfrac{64}{5} & 0 & 0 \end{bmatrix}^T$$

$$P_0 = \begin{bmatrix} 0 & 0 & 0 & 14 & 0 \end{bmatrix}^T$$

$$P = P_0 - A \cdot FEM = \begin{bmatrix} 0 & \dfrac{128}{15} & -\dfrac{64}{5} & 14 & 0 \end{bmatrix}^T$$

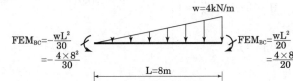

❹ 변위(d) 및 부재력(Q)

$$d = \left(ASA^T\right)^{-1} \cdot P = \dfrac{1}{E} \cdot \begin{bmatrix} 1.0865 & 0.0997 & 0.1022 & 5.9751 & 5.9275 \end{bmatrix}^T$$

$$Q = SA^T d + FEM$$
$$= \begin{bmatrix} -20.3692 & -13.8504 & 13.8504 & 7.0299 & -7.9299 & 13.4083 & -13.4083 & -13.8172 \end{bmatrix} kNm$$

---

7) $\dfrac{I_{AB}}{L_{AB}} = \dfrac{I_{AB}}{8} = 1.5$이므로 $\dfrac{I_{AB}}{L_{AB}} = \dfrac{I_{AB}}{L_{BE}} = 3$이다.

아래 구조물의 휨모멘트를 그리고 B점의 수평변위를 처짐각법으로 계산하시오.

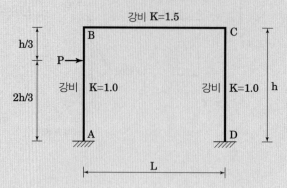

풀이 ● 1. 처짐각법

■1 기본사항

$$\mathrm{FEM_{AB}} = -\frac{P}{h^2} \cdot \frac{2h}{3} \cdot \left(\frac{h}{3}\right)^2$$

$$\mathrm{FEM_{BA}} = \frac{P}{h^2} \cdot \left(\frac{2h}{3}\right)^2 \cdot \frac{h}{3}$$

■2 처짐각식

$$\mathrm{M_{AB}} = 2E \cdot 1.0 \cdot (\theta_B - 3R) + \mathrm{FEM_{AB}}$$ $$\mathrm{M_{AB}} = 2E \cdot 1.0 \cdot (2\theta_B - 3R) + \mathrm{FEM_{BA}}$$

$$\mathrm{M_{BC}} = 2E \cdot 1.5 \cdot (2\theta_B + \theta_C)$$ $$\mathrm{M_{CB}} = 2E \cdot 1.5 \cdot (\theta_B + 2\theta_C)$$

$$\mathrm{M_{CD}} = 2E \cdot 1.0 \cdot (2\theta_B - 3R)$$ $$\mathrm{M_{DC}} = 2E \cdot 1.0 \cdot (\theta_B - 3R)$$

■3 절점방정식, 전단방정식

$$\begin{cases} \Sigma \mathrm{M_B} = 0; & \mathrm{M_{BA}} + \mathrm{M_{BC}} = 0 \\[2mm] \Sigma \mathrm{M_C} = 0; & \mathrm{M_{CB}} + \mathrm{M_{CD}} = 0 \\[2mm] \Sigma \mathrm{F_x} = 0; & \mathrm{H_A} + \mathrm{H_D} + P = 0 \\[2mm] \Sigma \mathrm{M_B^{AB}} = 0; & \mathrm{M_{AB}} + \mathrm{M_{BA}} - \mathrm{H_A} \cdot h - P \cdot \left(\frac{h}{3}\right) = 0 \\[2mm] \Sigma \mathrm{M_C^{CD}} = 0; & \mathrm{M_{CD}} + \mathrm{M_{DC}} - \mathrm{H_D} \cdot h = 0 \end{cases}$$

$$\rightarrow \quad \begin{array}{ccc} \theta_B = \dfrac{Ph}{1890E} & \theta_C = \dfrac{41Ph}{1890E} & R = \dfrac{59Ph}{1620E} \\[3mm] \mathrm{H_A} = \dfrac{-131}{189}P & \mathrm{H_D} = \dfrac{-58}{189}P & \end{array}$$

■4 재단모멘트

$$\mathrm{M_{AB}} = -0.292Ph \qquad \mathrm{M_{BA}} = -0.068Ph \qquad \mathrm{M_{BC}} = 0.068Ph$$

$$\mathrm{M_{CB}} = 0.132Ph \qquad \mathrm{M_{CD}} = -0.132Ph \qquad \mathrm{M_{DC}} = -0.175Ph$$

■5 B점의 수평변위

$$\begin{cases} R = \dfrac{59Ph}{1620E} \\[3mm] R = \dfrac{\Delta}{h} \end{cases} \rightarrow \quad \Delta = 0.03642 \frac{P \cdot h^2}{E}$$

⑥ FBD, SFD, BMD

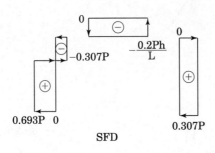

FBD

SFD

BMD

풀이 ○ 2. 매트릭스 변위법

$$A = \begin{bmatrix} 0 & 1 & 1 & 0 & 0 & 0 \\ 0 & 0 & 0 & 1 & 1 & 0 \\ -\dfrac{1}{h} & -\dfrac{1}{h} & 0 & 0 & -\dfrac{1}{h} & -\dfrac{1}{h} \end{bmatrix}$$

$$S = \begin{bmatrix} [a] & & \\ & 1.5[a] & \\ & & [a] \end{bmatrix} \qquad [a] = E \cdot \begin{bmatrix} 4 & 2 \\ 2 & 4 \end{bmatrix}$$

$$FEM = \begin{bmatrix} FEM_{AB} & FEM_{BA} & 0 & 0 & 0 & 0 \end{bmatrix}^T$$

$$P = \begin{bmatrix} -\dfrac{4Ph}{27} & 0 & \dfrac{20P}{27} \end{bmatrix}^T$$

$$Q = SA^T(ASA^T)^{-1}P + FEM = (결과 \ 동일)$$

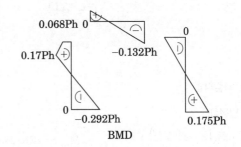

그림과 같은 라멘을 처짐각법을 적용하여 재단모멘트를 산정하시오. 괄호안의 값은 강도계수의 상대적인 값이다.

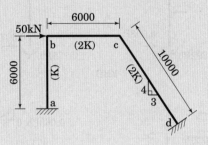

풀이 **1. 처짐각법**

1 처짐각 방정식

$$M_{AB} = 2EK\left(\theta_B - \frac{3 \cdot 4\Delta}{6}\right) \qquad M_{BA} = 2EK\left(2\theta_B - \frac{3 \cdot 4\Delta}{6}\right)$$

$$M_{BC} = 4EK\left(2\theta_B + \theta_C - \frac{3 \cdot 3\Delta}{6}\right) \qquad M_{CB} = 4EK\left(\theta_B + 2\theta_C + \frac{3 \cdot 3\Delta}{6}\right)$$

$$M_{CD} = 4EK\left(2\theta_C - \frac{3 \cdot 5\Delta}{10}\right) \qquad M_{DC} = 4EK\left(\theta_C - \frac{3 \cdot 5\Delta}{10}\right)$$

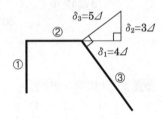

2 절점방정식, 전단방정식

$$\begin{cases} \Sigma M_B = 0 \ ; \quad M_{BA} + M_{BC} = 0 \\[2mm] \Sigma M_C = 0 \ ; \quad M_{CB} + M_{CD} = 0 \\[2mm] \Sigma M_0 = 0 \ ; \quad M_{AB} + M_{DC} - 50 \cdot 8 - 14H_A - 20H_D = 0 \\[2mm] \qquad\qquad H_A = \dfrac{M_{AB} + M_{BA}}{6} \\[4mm] \qquad\qquad H_D = \dfrac{M_{CD} + M_{DC}}{10} \end{cases}$$

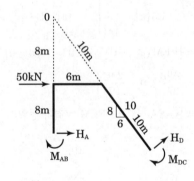

$$EK\theta_B = -2.14286$$

$$\rightarrow \quad EK\theta_C = 0.535714$$

$$EK\Delta = 11.7857$$

3 재단 모멘트(kN·m)

$M_{AB} = -51.429$	$M_{BA} = -55.714$
$M_{BC} = 55.714$	$M_{CB} = 66.429$
$M_{CD} = -66.429$	$M_{DC} = -68.571$

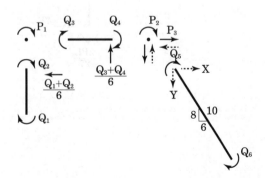

풀이 **2. 매트릭스 변위법**

❶ 평형 방정식(P＝AQ)

$$\begin{cases} 부재\ cd, & \Sigma M_d = 0 \ ; \quad Q_5 + Q_6 + 8X - 6Y = 0 \\[2mm] 절점\ C, & \Sigma F_y = 0 \ ; \quad -\dfrac{Q_3 + Q_4}{6} + Y = 0 \end{cases} \rightarrow \begin{aligned} X &= \dfrac{Q_3 + Q_4 - Q_5 - Q_6}{8} \\[2mm] Y &= \dfrac{Q_3 + Q_4}{6} \end{aligned}$$

$$\begin{cases} P_1 = Q_2 + Q_3 \\[2mm] P_2 = Q_4 + Q_5 \\[2mm] P_3 = -\dfrac{Q_1 + Q_2}{6} + \dfrac{Q_3 + Q_4 - Q_5 - Q_6}{8} \end{cases} \rightarrow A = \begin{bmatrix} 0 & 1 & 1 & 0 & 0 & 0 \\ 0 & 0 & 0 & 1 & 1 & 0 \\ -\dfrac{1}{6} & -\dfrac{1}{6} & \dfrac{1}{8} & \dfrac{1}{8} & -\dfrac{1}{8} & -\dfrac{1}{8} \end{bmatrix}$$

❷ 전부재강도 매트릭스 [S]

$$S = \begin{bmatrix} [a] & & \\ & 2[a] & \\ & & 2[a] \end{bmatrix}, \quad [a] = EK \cdot \begin{bmatrix} 4 & 2 \\ 2 & 4 \end{bmatrix}$$

❸ 부재력(Q)

$$P = \begin{bmatrix} 0 & 0 & 50 \end{bmatrix}^T$$

$$Q = SA^Td = SA^T(ASA^T)^{-1}P$$

$$= \begin{bmatrix} -51.429, & -55.714, & 55.714, & 66.429, & -66.429, & -68.571 \end{bmatrix}^T$$

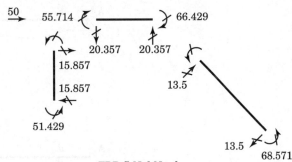

FBD [kN, kN·m]

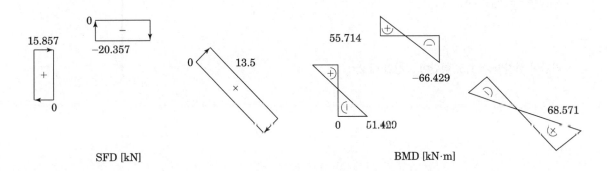

SFD [kN]   BMD [kN·m]

횡구속골조(braced frames)의 유효좌굴길이계수 k를 좌굴길이 계산도표(alignment chart)를 이용해서 산정할 경우, 해당 주각부 또는 주두부의 타단(far end)이 힌지이면 1.5, 타단이 고정이면 2.0배만큼 보의 강비를 할증하여 보정해야 한다. 그 역학적 이유를 처짐각방정식(slope-deflection equation)을 활용하여 설명하시오.

풀이 ● **처짐각법**

1 처짐각 방정식

$$M_{AB} = \frac{2EI}{L}(2\theta_A + \theta_B)$$

$$M_{BA} = \frac{2EI}{L}(\theta_A + 2\theta_B)$$

2 Non-Sway(연속보)

$$M_{AB} = -M_{BA} \rightarrow \theta_A = -\theta_B$$

$$\therefore M_{BA} = \frac{2EI}{L}\theta_B = K_1$$

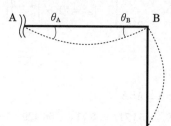

3 Non-Sway(힌지)

$$M_{AB} = 0 \rightarrow \theta_A = -\frac{\theta_B}{2}$$

$$\therefore M_{BA} = \frac{3EI}{L}\theta_B = 1.5K_1$$

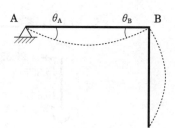

4 Non-Sway(고정)

$$\theta_A = 0$$

$$\therefore M_{BA} = \frac{4EI}{L}\theta_B = 2K_1$$

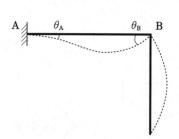

∴ 타단이 힌지일 때 1.5, 타단이 고정일 때 2.0

그림과 같은 라멘에서 A는 강절점이고, B, C, D는 고정지점이다. A점에 시계방향의 모멘트 M이 작용할 때, A점의 회전각과 지점반력을 구하시오. (단, 부재의 길이는 수평부재 $L_{AB}=2L$, $L_{AD}=1.5L$ 및 수직부재 $L_{AC}=1.5L$이며, 모든 부재의 탄성계수 E와 관성모멘트 I는 일정하다)

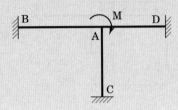

풀이 ○ **처짐각법**

1 고정단 모멘트

$$M_{BA} = \frac{2EI}{2L}(\theta_A) \qquad\qquad M_{CA} = \frac{2EI}{1.5L}(\theta_A)$$

$$M_{DA} = \frac{2EI}{1.5L}(\theta_A) \qquad\qquad M_{AB} = \frac{2EI}{2L}(2\theta_A)$$

$$M_{AC} = \frac{2EI}{1.5L}(\theta_A) \qquad\qquad M_{AD} = \frac{2EI}{1.5L}(\theta_A)$$

2 평형방정식

$$\Sigma M_A = M \ ; \quad M_{AB} + M_{AC} + M_{AD} = M$$

$$\theta_A = \frac{3ML}{22EI} = \frac{0.1363ML}{EI}(\curvearrowright)$$

3 고정단 모멘트

$$M_{BA} = \frac{3M}{22} \qquad M_{AB} = \frac{4M}{11} \qquad M_{CA} = \frac{2M}{11}$$

$$M_{AC} = \frac{4M}{11} \qquad M_{DA} = \frac{2M}{11} \qquad M_{AD} = \frac{4M}{11}$$

4 FBD

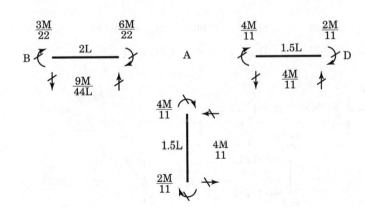

다음 그림과 같은 구조물의 반력을 구하고 휨모멘트도를 그리시오. (단, 모든 부재의 E(탄성계수), I(단면 2차 모멘트)는 일정하며, 기타 풀이에 필요한 사항은 가정하여 계산한다.)

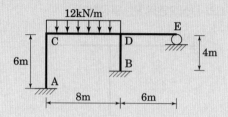

풀이 1. 처짐각법

1 처짐각 방정식

$$M_{AC} = \frac{2EI}{6}\left(\theta_C - \frac{3\Delta}{6}\right) \qquad M_{CD} = \frac{2EI}{8}\left(2\theta_C + \theta_D\right) - \frac{12 \cdot 8^2}{12}$$

$$M_{CA} = \frac{2EI}{6}\left(2\theta_C - \frac{3\Delta}{6}\right) \qquad M_{DC} = \frac{2EI}{8}\left(\theta_C + 2\theta_D\right) + \frac{12 \cdot 8^2}{12}$$

$$M_{BD} = \frac{2EI}{4}\left(\theta_D - \frac{3\Delta}{4}\right) \qquad M_{DE} = \frac{2EI}{6}\left(\theta_D + 2\theta_E\right)$$

2 절점 방정식, 층방정식

$$\begin{cases} \Sigma M_C = 0 \; ; \quad M_{CA} + M_{CD} = 0 \\[1mm] \Sigma M_D = 0 \; ; \quad M_{DB} + M_{DC} + M_{DE} = 0 \\[1mm] \Sigma M_E = 0 \; ; \quad M_{ED} = 0 \\[1mm] \Sigma F_x = 0 \; ; \quad \dfrac{M_{AC} + M_{CA}}{6} + \dfrac{M_{BD} + M_{DB}}{4} = 0 \end{cases} \rightarrow$$

$$\theta_C = \frac{60.5109}{EI}$$

$$\theta_D = \frac{-44.7211}{EI}$$

$$\theta_E = \frac{22.3605}{EI}$$

$$\Delta = -\frac{27.505}{EI}$$

3 고정단 모멘트(kNm)

$M_{AC} = 24.75$	$M_{CA} = 44.92$	$M_{BD} = -12.06$	$M_{DB} = -34.41$
$M_{CD} = -44.92$	$M_{DC} = 56.77$	$M_{DE} = -22.36$	$M_{ED} = 0$

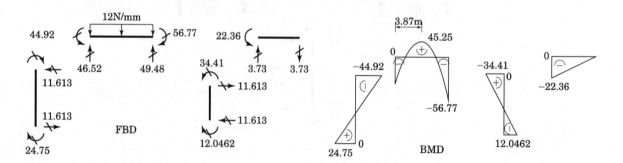

풀이 ○ 2. 매트릭스 변위법

1 평형 매트릭스(A)

$$A = \begin{bmatrix} 0 & 1 & 1 & 0 & 0 & 0 & 0 & 0 \\ 0 & 0 & 0 & 1 & 0 & 1 & 1 & 0 \\ 0 & 0 & 0 & 0 & 0 & 0 & 0 & 1 \\ -\dfrac{1}{6} & -\dfrac{1}{6} & 0 & 0 & -\dfrac{1}{4} & -\dfrac{1}{4} & 0 & 0 \end{bmatrix}$$

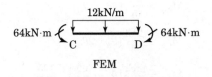

2 부재 강도 매트릭스(S)

$$S = \begin{bmatrix} \dfrac{1}{6} \cdot [a] & & & \\ & \dfrac{1}{8} \cdot [a] & & \\ & & \dfrac{1}{4} \cdot [a] & \\ & & & \dfrac{1}{6} \cdot [a] \end{bmatrix} \qquad [a] = EI \begin{bmatrix} 4 & 2 \\ 2 & 4 \end{bmatrix}$$

3 부재력(Q)

$$FEM = [0, \ 0, \ -64, \ 64, \ 0, \ 0, \ 0, \ 0]^T$$

$$P = [64, \ -64, \ 0, \ 0]^T$$

$$Q = SA^T(ASA^T)^{-1}P + FEM$$

$$= [24.75, \ 44.92, \ -44.92, \ 56.77, \ -12.05, \ -34.41, \ -22.36, \ 0]^T$$

FEM

64kN·m C —— 12kN/m —— D 64kN·m

다음 그림과 같은 라멘에서 처짐각법을 이용하여 B점의 반력을 구하고, 휨모멘트도를 작성하시오. (단, 점 A는 롤러, 점 B는 고정단이며, 탄성계수 E와 단면2차모멘트 I는 모든 부재에 대하여 일정하다.)

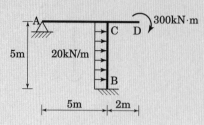

풀이 1. 처짐각법

1 처짐각식

$$M_{AC} = \frac{2EI}{5}\left(2\theta_A + \theta_C\right)$$

$$M_{CA} = \frac{2EI}{5}\left(\theta_A + 2\theta_C\right)$$

$$M_{BC} = \frac{2EI}{5}\left(\theta_C - \frac{3\Delta}{5}\right) - \frac{125}{3}$$

$$M_{CB} = \frac{2EI}{5}\left(2\theta_C - \frac{3\Delta}{5}\right) + \frac{125}{3}$$

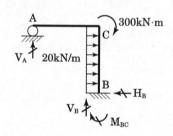

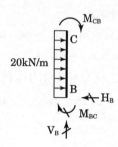

2 평형방정식, 전단방정식

$$\begin{cases} \sum M_A = 0 \ ; \quad M_{AC} = 0 \\ \sum M_C = 0 \ ; \quad M_{CA} + M_{CB} = 300 \\ \sum F_x = 0 \ ; \quad -H_B + 20 \cdot 5 = 0 \\ \sum M_C^{BC} = 0 \ ; \quad H_B = \left(-\frac{1}{5}\right) \cdot \left(M_{CB} + M_{BC} - \frac{20 \cdot 5^2}{2}\right) \end{cases}$$

$$\rightarrow \quad \begin{aligned} \theta_A &= -\frac{2875}{12EI} \\ \theta_C &= \frac{2875}{6EI} \\ \delta &= \frac{6875}{4EI} \end{aligned}$$

3 고정단 모멘트

$$M_{AC} = 0$$

$$M_{CA} = 287.5\,\text{kNm}$$

$$M_{BC} = -262.5\,\text{kNm}$$

$$M_{CB} = 12.5\,\text{kNm}$$

풀이 2. 매트릭스 변위법

1 평형 매트릭스(A)

$$A = \begin{bmatrix} 1 & 0 & 0 & 0 \\ 0 & 1 & 1 & 0 \\ 0 & 0 & -1/5 & -1/5 \end{bmatrix}$$

2 부재 강도매트릭스(S)

$$S = \begin{bmatrix} 4EI/5 & 2EI/5 & & \\ 2EI/5 & 4EI/5 & & \\ & & 4EI/5 & 2EI/5 \\ & & 2EI/5 & 4EI/5 \end{bmatrix}$$

3 변위(d)

$$FEM = \begin{bmatrix} 0 & 0 & \dfrac{125}{3} & -\dfrac{125}{3} \end{bmatrix}^T$$

$$P = \begin{bmatrix} 0 & 300 - \dfrac{125}{3} & 50 \end{bmatrix}^T$$

$$d = (ASA^T)^{-1}P = \begin{bmatrix} \dfrac{-2875}{12EI} & \dfrac{2875}{6EI} & \dfrac{6875}{4EI} \end{bmatrix}^T$$

4 부재력(Q)

$$Q = \begin{bmatrix} 0 & 287.5 & 12.5 & -262.5 \end{bmatrix}^T (kNm)$$

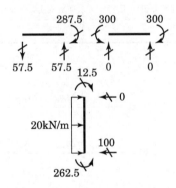

$$\frac{20 \times 5^2}{12} = \frac{125}{3}$$

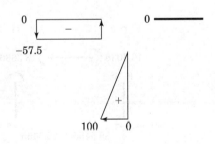

FBD [kN, kN·m]

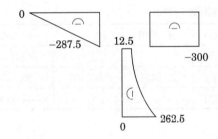

SFD [kN]　　　　　　BMD [kN·m]

처짐각법을 이용하여 아래와 같은 2층 골조 구조물의 각 부재 단부에 작용하는 모멘트를 결정하시오. (단, 각 부재들의 E와 I는 동일하다) (15점)

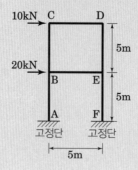

풀이 처짐각법

1 처짐각식(A = F = 0)

$M_{CB} = k(B + 2C - 3R_2)$	$M_{CD} = k(2C + D)$	$M_{DC} = k(C + 2D)$	$M_{DE} = k(E + 2D - 3R_2)$
$M_{BC} = k(2B + C - 3R_2)$			$M_{ED} = k(2E + D - 3R_2)$
$M_{BA} = k(2B - 3R_1)$	$M_{BE} = k(2B + E)$	$M_{EB} = k(B + 2E)$	$M_{EF} = k(2E - 3R_1)$
$M_{AB} = k(B - 3R_1)$			$M_{FE} = k(E - 3R_1)$

2 평형방정식 및 층방정식

$$\begin{cases} \Sigma M_B = 0 \; ; \;\; M_{BA} + M_{BE} + M_{BC} = 0 \\ \Sigma M_C = 0 \; ; \;\; M_{CB} + M_{CD} = 0 \\ \Sigma M_E = 0 \; ; \;\; M_{EF} + M_{EB} + M_{ED} = 0 \\ \Sigma M_D = 0 \; ; \;\; M_{DC} + M_{DE} = 0 \end{cases} \begin{cases} 10 = -\dfrac{M_{BC} + M_{CB}}{5} - \dfrac{M_{DE} + M_{ED}}{5} \\ 30 = -\dfrac{M_{AB} + M_{BA}}{5} - \dfrac{M_{FE} + M_{EF}}{5} \end{cases}$$

$$B = \frac{145}{11k}, \quad C = \frac{60}{11k}, \quad D = \frac{60}{11k}, \quad E = \frac{145}{11k}, \quad R_1 = \frac{210}{11k}, \quad R_2 = \frac{445}{33k}$$

3 단부 모멘트(단위 : kNm)

−16.3636	16.3636	16.3636	−16.3636
−8.63636			−8.63636
−30.9091	39.5455	39.5455	−30.9091
−44.0909			−44.0909

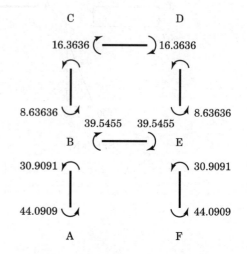

그림의 구조물에서

(1) 모멘트분배법에 의해 부재의 응력을 구하고 부재력도 (BMD, SFD, AFD)를 그리시오. (그림 a 참조) (10점)

(2) 강성매트릭스법에 의해 A절점의 반력 A_{R1}, A_{R2}, A_{R3}를 구하여 모멘트 분배법에 의해 구한 반력값과 비교하시오. 단, B점의 변위를 D로 하여 $A_R = A_{RL} + A_{RD} \cdot D$로 해석하시오. (15점)

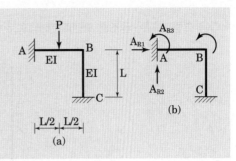

(b)

(a)

풀이 1. 모멘트 분배법

❶ 고정단 모멘트

$$\mathrm{FEM}_{AB} = -\frac{PL}{8}$$

$$\mathrm{FEM}_{BA} = \frac{PL}{8}$$

❷ 강도

$$K_{AB} = \frac{I}{L}, \quad K_{BC} = \frac{I}{L}$$

❸ 분배율

$$\mathrm{DF}_{AB} = \frac{1}{2}, \quad \mathrm{DF}_{BC} = \frac{1}{2}$$

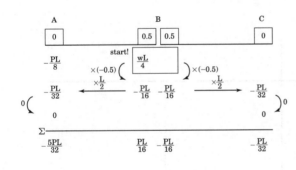

풀이 2. 매트릭스 변위법

❶ 평형매트릭스(A)

$$\begin{cases} P_1 = Q_2 + Q_3 \\ P_2 = Q_4 + Q_5 \\ P_3 = -\dfrac{Q_1 + Q_2}{\dfrac{L}{2}} + \dfrac{Q_3 + Q_4}{L/2} \end{cases}$$

$$\rightarrow \quad A = \begin{bmatrix} 0 & 1 & 1 & 0 & 0 & 0 \\ 0 & 0 & 0 & 1 & 1 & 0 \\ -\dfrac{2}{L} & -\dfrac{2}{L} & \dfrac{2}{L} & \dfrac{2}{L} & 0 & 0 \end{bmatrix}$$

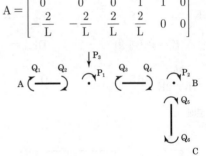

❷ 전부재 강도매트릭스(S)

$$S = \begin{bmatrix} 2[a] & & \\ & 2[a] & \\ & & [a] \end{bmatrix}, \quad [a] = \frac{EI}{L}\begin{bmatrix} 4 & 2 \\ 2 & 4 \end{bmatrix}$$

❸ 부재력(Q)

$$Q = SA^T d = SA^T(ASA^T)^{-1}[0, \ 0, \ P]^T$$

$$= \left[-\frac{5}{32}, \ -\frac{9}{64}, \ \frac{9}{64}, \ \frac{1}{16}, \ -\frac{1}{16}, \ -\frac{1}{32}\right]^T PL$$

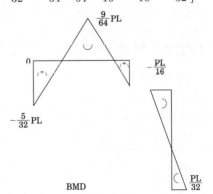

BMD

주요공식 요약 · 재료역학 · 구조기본 · 구조응용

다음 그림과 같은 골조를 모멘트분배법으로 해석하시오.

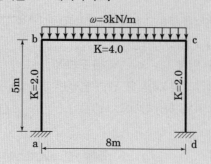

풀이 1. 모멘트 분배법

1 기본사항

$$FEM_{bc} = -\frac{\omega L^2}{12} = -16 = -FEM_{bc}$$

2 강도계수 및 분배율

$$K_{ab} = 2K \qquad\qquad K_{bc} = 4K$$

$$K_{bc}^R = \frac{1}{2} \times 4K = 2K(대칭) \qquad DF_{ab} = \frac{2K}{2K+2K} = 0.5$$

$$DF_{bc} = \frac{2K}{2K+2K} = 0.5 \qquad 0$$

3 모멘트 분배

	a		b	
DF	0		0.5	0.5

FEM

$\times(-0.5)$ 0   −16   start! $\times(-0.5)$

$\times 0$ 4 ← 8   8 $\therefore K^R$

$\times\frac{1}{2}$

0

Σ 4   8 −8   8 −8 −4

풀이 2. 매트릭스 변위법

1 평형 방정식(P=AQ)

$$P_1 = Q_2 + Q_3$$

$$P_2 = Q_4 + Q_5$$

$$P_3 = -\frac{Q_1 + Q_2}{5} - \frac{Q_5 + Q_6}{5}$$

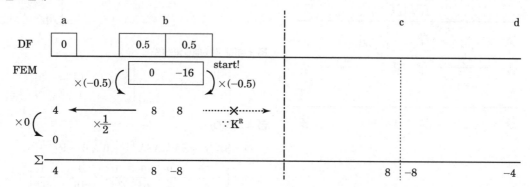

2 평형매트릭스(A)

$$A = \begin{bmatrix} 0 & 1 & 1 & 0 & 0 & 0 \\ 0 & 0 & 0 & 1 & 1 & 0 \\ -\dfrac{1}{5} & -\dfrac{1}{5} & 0 & 0 & -\dfrac{1}{5} & -\dfrac{1}{5} \end{bmatrix}$$

3 전부재강도 매트릭스[S]

$$S = \begin{bmatrix} [a] & & \\ & [2a] & \\ & & [a] \end{bmatrix}$$

$$[a] = 2E\begin{bmatrix} 4 & 2 \\ 2 & 4 \end{bmatrix}, \ \left(K = \frac{I}{L} = 2 \ 대입\right)$$

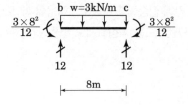

4 변위(d)

$$d = K^{-1}P = (ASA^{T})^{-1}P = (ASA^{T})^{-1}[16, \ -16, \ 0]^{T}$$

$$= \left[\frac{1}{E}, \ -\frac{1}{E}, \ 0\right]^{T}$$

5 부재력(Q)

$$Q = SA^{T}d + FEM = SA^{T}(ASA^{T})^{-1}P + [0, \ 0, \ -16, \ 16, \ 0, \ 0]^{T}$$

$$= [4, \ 8, \ -8, \ 8, \ -8, \ -4]^{T}$$

다음과 같이 "A" 및 "C" 지점이 고정된 구조물이 있다. 지점 "E"는 횡방향에 대하여 지지되어 있고 수직방향에 대하여 이동이 가능하며 평면 내 회전에 대하여 구속되어 있다. 이 구조물의 B-D 경간 중간에 집중하중 80kN이 작용할 때 모멘트 분배법에 근거하여 모멘트도를 작성하시오. (단, 탄성계수 E는 일정)

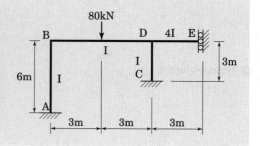

풀이 1. 모멘트 분배법

1 기본 구조물

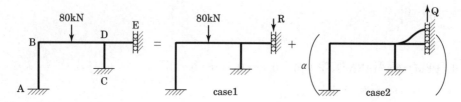

2 case1 모멘트 분배 및 R 산정

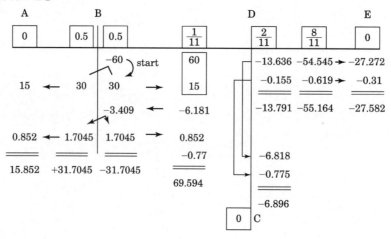

3 case2 모멘트 분배 및 Q 산정

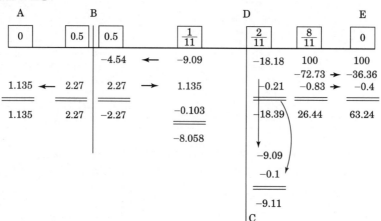

4 적합조건

$$\begin{cases} R = \dfrac{55.164 + 27.582}{3} = 27.582(\downarrow) \\[3mm] Q = \dfrac{26.44 + 63.24}{3} = 29.893(\uparrow) \end{cases} \qquad \alpha = \dfrac{27.582}{29.893} = 0.9227$$

5 최종 재단모멘트

$$Q = Q_{case1} + \alpha \cdot Q_{case2}$$

구분	Q_{AB}	Q_{BA}	Q_{BD}	Q_{DB}	Q_{CD}	Q_{DC}	Q_{DE}	Q_{ED}
case1	15.852	31.7045	−31.7045	69.594	−6.896	−13.791	−55.164	−27.582
case2	1.135	2.27	−2.27	−8.058	−9.11	−18.39	26.44	63.24
최종	16.89	33.80	−33.80	62.16	−15.30	−30.76	−30.77	30.77

풀이 2. 매트릭스 변위법

1 평형 매트릭스(A)

$$\begin{cases} P_1 = Q_2 + Q_3 \\[2mm] P_2 = Q_4 + Q_6 + Q_7 \\[2mm] P_3 = \dfrac{Q_7}{3} + \dfrac{Q_8}{3} \end{cases} \rightarrow A = \begin{bmatrix} 0 & 1 & 1 & 0 & 0 & 0 & 0 & 0 \\ 0 & 0 & 0 & 1 & 0 & 1 & 1 & 0 \\ 0 & 0 & 0 & 0 & 0 & 0 & \dfrac{1}{3} & \dfrac{1}{3} \end{bmatrix}$$

2 부재 강도매트릭스(S)

$$S = \begin{bmatrix} [a]/6 & & & \\ & [a]/6 & & \\ & & [a]/3 & \\ & & & [a]4/3 \end{bmatrix} \qquad [a] = \begin{bmatrix} 4 & 2 \\ 2 & 4 \end{bmatrix}$$

3 부재력(Q)

$$FEM = \begin{bmatrix} 0 & 0 & -60 & 60 & 0 & 0 & 0 & 0 \end{bmatrix}^T$$

$$P = \begin{bmatrix} 60 & -60 & 0 \end{bmatrix}^T$$

$$Q = SA^T(ASA^T)^{-1} + FEM$$

$$= \begin{bmatrix} 16.92 & 33.85 & -33.85 & 61.54 & -15.38 & -30.77 & -30.77 & 30.77 \end{bmatrix}^T$$

4 FBD, BMD

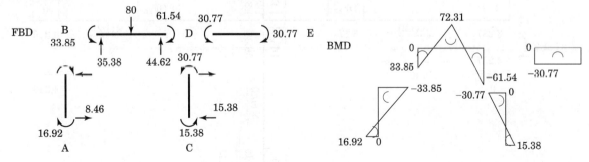

아래의 그림과 같은 라멘에서 E점에 외부로부터 M= 100kN·m의 모멘트가 작용했을 때 모멘트분배법으로 휨모멘트도(BMD)를 구하고, 각 지점에서의 반력 및 전단력도(SFD)를 구하시오.

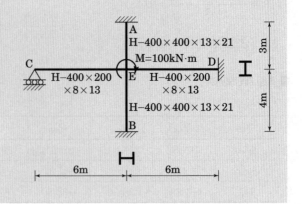

- 기둥재 단면
  $H = 400 \times 400 \times 13 \times 21 (I_c = 66600 cm^4)$
- 보재 단면
  $H = 400 \times 400 \times 8 \times 13 (I_b = 23700 cm^4)$

풀이 1. 모멘트 분배법

① 강도

$$\begin{cases} K_{AE} = \dfrac{I_c}{3} = 2.22 \times 10^{-4} & K_{ED} = \dfrac{I_b}{6} = 3.45 \times 10^{-5} \\ K_{CE}^R = \dfrac{I_b}{6} \times \dfrac{3}{4} = \dfrac{I_b}{8} = 2.9625 \times 10^{-5} & K_{BE} = \dfrac{I_c}{4} = 1.665 \times 10^{-4} \end{cases} \rightarrow \Sigma K = I_c \left(\dfrac{1}{3} + \dfrac{1}{8} \right) + I_b \left(\dfrac{1}{6} + \dfrac{1}{4} \right)$$

② 분배율

$$DF_{EA} = \frac{K_{AE}}{\Sigma K} = 0.485 \qquad DF_{EB} = \frac{K_{BE}}{\Sigma K} = 0.3638$$

$$DF_{EC} = \frac{K_{CE}}{\Sigma K} = 0.06474 \qquad DF_{ED} = \frac{K_{ED}}{\Sigma K} = 0.08632$$

③ 모멘트 분배

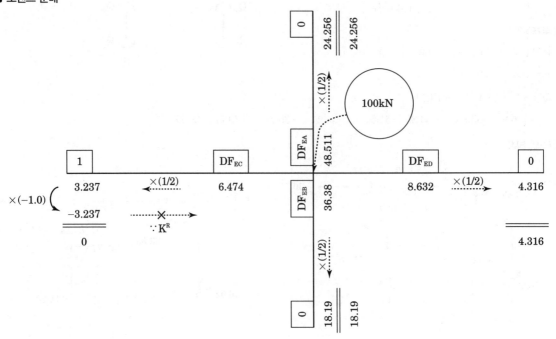

풀이 ○ 2. 매트릭스 변위법

① 평형매트릭스(A)

$$\begin{cases} P_1 = Q_2 + Q_3 + Q_6 + Q_7 \\ P_2 = Q_1 \end{cases} \rightarrow A = \begin{bmatrix} 0 & 1 & 1 & 0 & 0 & 1 & 1 & 0 \\ 1 & 0 & 0 & 0 & 0 & 0 & 0 & 0 \end{bmatrix}$$

② 전부재 강도매트릭스(S)[단위 : kN, cm]

$$S = \begin{bmatrix} [a] & & & \\ & [a] & & \\ & & [b] & \\ & & & [c] \end{bmatrix}$$

$$[a] = \frac{EI_b}{6}\begin{bmatrix} 4 & 2 \\ 2 & 4 \end{bmatrix}, \quad [b] = \frac{EI_c}{4}\begin{bmatrix} 4 & 2 \\ 2 & 4 \end{bmatrix}, \quad [c] = \frac{EI_c}{3}\begin{bmatrix} 4 & 2 \\ 2 & 4 \end{bmatrix}$$

$$I_b = 23700 \cdot 10^{-8}\mathrm{m}^4$$

$$I_c = 66600 \cdot 10^{-8}\mathrm{m}^4$$

③ 부재력(Q)

$$Q = SA^T(ASA^T)^{-1} \cdot [100 \quad 0]^T$$

$$= [0 \quad 6.474 \quad 8.632 \quad 4.316 \quad 18.19 \quad 36.38 \quad 48.511 \quad 24.256]^T(\mathrm{kNm})$$

④ FBD, SDM, BMD

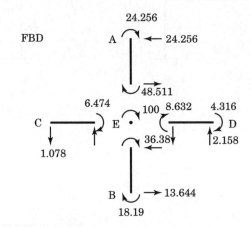

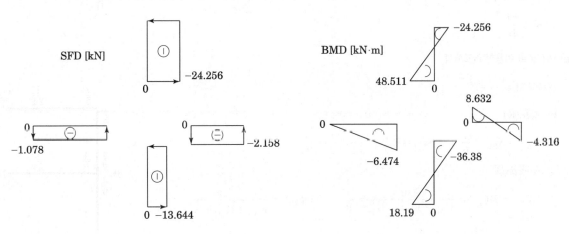

다음 물음에 대하여 답하시오.

(1) 그림 1과 같은 보의 모멘트(M)와 회전각(θ)의 관계를 나타내는 K를 E, I, L로 나타내어라. (단, 여기서 E, I, L은 각각 탄성계수, 단면이차모멘트, 보 길이를 나타낸다.)

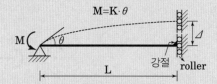

(2) 그림2(a)와 같은 2층 평면 골조가 있다. 모든 부재는 동일한 탄성계수 E와 단면2차모멘트 I값을 갖는다. 각 층 보에는 수직 등분포하중 $\omega = 12kN/m$가 작용하고 있다. 대칭성을 고려하여 그림 2(a)의 골조를 그림 2(b)와 같이 모델링 한 후, 상기(1)항에서 구한 K와 모멘트 분배법을 적용하여 골조의 모멘트를 구하시오.

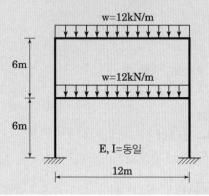

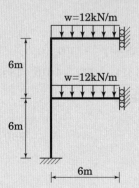

풀이 ● 1. 모멘트 분배법

1 모멘트와 회전각 관계(K)

$$U = \int_0^L \frac{(-M)^2}{2EI} dx$$

$$\theta = \frac{\partial U}{\partial M} = \frac{ML}{EI} \quad \rightarrow \quad M = \frac{EI}{L} \cdot \theta$$

$$\therefore K = \frac{EI}{L}$$

2 대칭성을 이용한 골조해석

① $FEM = \dfrac{12 \times 12^2}{12} = 144$

② 강도(K)

$$K_{AB} = K_{BC} = \frac{I}{6} \qquad K_{BD}^R = K_{CE}^R = \frac{I}{12} \times \frac{1}{2} = \frac{I}{24}$$

③ 분배율(DF)

$$DF_{BA} = DF_{BC} = \frac{K_{AB}}{K_{AB} + K_{BC} + K_{BD}} = \frac{4}{9} \qquad DF_{BD} = \frac{K_{BD}}{K_{AB} + K_{BC} + K_{BD}^R} = \frac{1}{9}$$

$$DF_{CB} = \frac{K_{BC}}{K_{BC} + K_{CE}^R} = \frac{4}{5} \qquad DF_{CE} = \frac{1}{5}$$

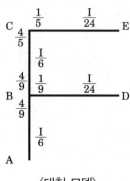

〈대칭 모델〉

④ 모멘트 분배

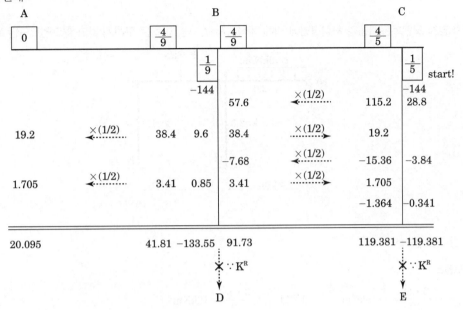

풀이 ◯ 2. 매트릭스 변위법

1 평형 매트릭스(A)

$$\begin{cases} P_1 = Q_3 + Q_6 + Q_7 \\ P_2 = Q_1 + Q_8 \\ P_3 = -\dfrac{1}{6}(Q_3 + Q_4) \\ P_4 = -\dfrac{1}{6}(Q_1 + Q_2) \end{cases} \rightarrow A = \begin{bmatrix} 0 & 0 & 1 & 0 & 0 & 1 & 1 & 0 \\ 1 & 0 & 0 & 0 & 0 & 0 & 0 & 1 \\ 0 & 0 & -\dfrac{1}{6} & -\dfrac{1}{6} & 0 & 0 & 0 & 0 \\ -\dfrac{1}{6} & -\dfrac{1}{6} & 0 & 0 & 0 & 0 & 0 & 0 \end{bmatrix}$$

2 전부재강도 매트릭스 (S)

$$S = \begin{bmatrix} [a] & & & \\ & [a] & & \\ & & [a] & \\ & & & [a] \end{bmatrix}, \quad [a] = \frac{EI}{6}\begin{bmatrix} 4 & 2 \\ 2 & 4 \end{bmatrix}$$

3 변위(d)

$FEM = \begin{bmatrix} -36, & 36, & -36, & 36, & 0, & 0, & 0, & 0 \end{bmatrix}^T$

$P_0 = \begin{bmatrix} 36, & 36, & 36, & 36 \end{bmatrix}^T$

$d = \left(ASA^T\right)^{-1} P_0 = \dfrac{1}{EI} \cdot \begin{bmatrix} 63.2195, & 147.512, & 837.659, & 1090.54 \end{bmatrix}^T$

4 부재력(Q)

$Q = SA^T d + FEM$

$= \begin{bmatrix} -119.415 & -96.585 & -133.463 & -82.537 & 21.073 & 42.146 & 91.317 & 119.415 \end{bmatrix}^T$

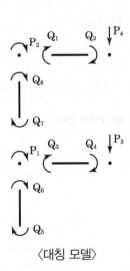

〈대칭 모델〉

$\dfrac{12 \times 6^2}{12} = 36$ 12kN/m 6m 36

36   36

〈FEM〉

그림의 라멘을 모멘트분배법과 처짐각법에 의해 해석하시오. (단, 반력은 구하지 말고 휨모멘트도만 그리시오.)

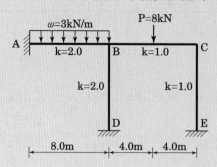

풀이 ○ **1. 모멘트 분배법**

1 고정단 모멘트

$$\text{FEM}_{AB} = -\frac{3 \cdot 8^2}{12} = -16\text{kNm} \qquad \text{FEM}_{BA} = \frac{3 \cdot 8^2}{12} = 16\text{kNm}$$

$$\text{FEM}_{BC} = -\frac{8 \cdot 8}{8} = -8\text{kNm} \qquad \text{FEM}_{CB} = \frac{8 \cdot 8}{8} = 8\text{kNm}$$

2 분배율

$$\text{DF}_{AB} = \frac{2}{2+2+1} = 0.4 \qquad \text{DF}_{BD} = \frac{2}{2+2+1} = 0.4$$

$$\text{DF}_{BC} = \frac{1}{2+2+1} = 0.2 \qquad \text{DF}_{CE} = \frac{1}{1+1} = 0.5$$

3 모멘트 분배

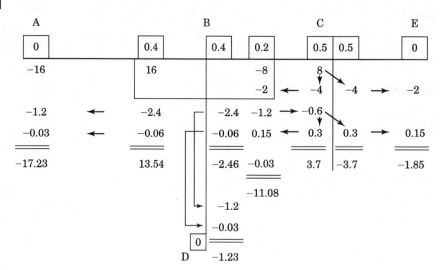

풀이 **2. 처짐각법**

① 처짐각 방정식

$$M_{AB} = 4E(\theta_B) - \frac{3 \cdot 8^2}{12} \qquad\qquad M_{BA} = 4E(2\theta_B) + \frac{3 \cdot 8^2}{12}$$

$$M_{BC} = 2E(2\theta_B + \theta_C) - \frac{8 \cdot 8}{8} \qquad M_{CB} = 2E(\theta_B + 2\theta_C) + \frac{8 \cdot 8}{8}$$

$$M_{BD} = 4E(2\theta_B) \qquad M_{DB} = 4E(\theta_B) \qquad M_{CE} = 2E(2\theta_C) \qquad M_{EC} = 2E(\theta_C)$$

② 절점 방정식

$$\begin{cases} \Sigma M_B = 0 \;;\; M_{BA} + M_{BC} + M_{BD} = 0 \\ \Sigma M_C = 0 \;;\; M_{CB} + M_{CE} = 0 \end{cases} \rightarrow \begin{aligned} E \cdot \theta_B &= -\frac{4}{13} \\[2mm] E \cdot \theta_C &= -\frac{12}{13} \end{aligned}$$

③ 재단 모멘트 (kNm)

$M_{AB} = -17.2308$	$M_{BA} = 13.5385$	$M_{BC} = -11.0769$	$M_{CB} = 3.6923$
$M_{BD} = -2.4615$	$M_{DB} = -1.2308$	$M_{CE} = -3.6923$	$M_{EC} = -1.8462$

풀이 **3. 매트릭스 변위법**

① 평형매트릭스(A)

$$\begin{cases} P_1 = Q_2 + Q_3 + Q_5 \\ P_2 = Q_4 + Q_7 \end{cases} \rightarrow A = \begin{bmatrix} 0 & 1 & 1 & 0 & 1 & 0 & 0 & 0 \\ 0 & 0 & 0 & 1 & 0 & 0 & 1 & 0 \end{bmatrix}$$

② 부재 강도매트릭스(S)

$$S = E \cdot \begin{bmatrix} [2a] & & & \\ & [a] & & \\ & & [2a] & \\ & & & [a] \end{bmatrix}, \quad [a] = \begin{bmatrix} 4 & 2 \\ 2 & 4 \end{bmatrix}$$

③ 부재력

$$FEM = \left[-\frac{3 \times 8^2}{12} \quad \frac{3 \times 8^2}{12} \quad -\frac{8 \times 8}{8} \quad \frac{8 \times 8}{8} \quad 0 \quad 0 \quad 0 \quad 0 \right]^T$$

$$P_0 = -A \cdot FEM = \begin{bmatrix} -8 & -8 \end{bmatrix}^T$$

$$Q = SA^T(ASA^T)^{-1}P_0 + FEM$$

$$= \begin{bmatrix} -17.231 & 13.539 & -11.077 & 3.6923 & -2.462 & -1.231 & -3.692 & -1.846 \end{bmatrix}^T$$

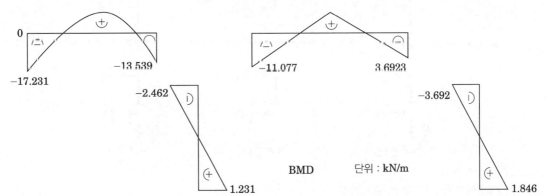

BMD   단위 : kN/m

포탈법(portal method)을 이용하여 아래그림의 구조물에 대하여 휨모멘트도(BMD)를 작성하고 지점의 축력 (axial force)을 계산하여 다이어그램(AFD)을 작성하시오.

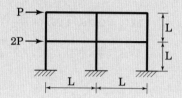

풀이 교문법

1 층 전단력(V), 외부기둥 반력(R)

① 기둥하단 전단력 분담률

$$V_1 : V_2 : V_3 = \frac{L}{2} : L : \frac{L}{2} = 1 : 2 : 1$$

② 2층

$$\begin{cases} \{V_1 : V_2 : V_3\} = \frac{P}{4} \cdot \{1,2,1\} ; \left\{\frac{P}{4}, \frac{P}{2}, \frac{P}{4}\right\} \\ R_2 \cdot 2L = P \cdot \frac{L}{2} \qquad\qquad ; R_2 = \frac{P}{4}(\uparrow) \end{cases}$$

③ 1층 [8]

$$\begin{cases} \{V_1 : V_2 : V_3\} = \frac{3P}{4} \cdot \{1,2,1\} \quad ; \left\{\frac{3P}{4}, \frac{3P}{2}, \frac{3P}{4}\right\} \\ R_2 \cdot 2L = P \cdot \left(L + \frac{L}{2}\right) + 2P \cdot \frac{L}{2} ; R_2 = \frac{5P}{4} \end{cases}$$

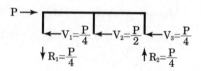

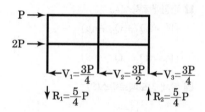

2 부재 전단력, 압축력

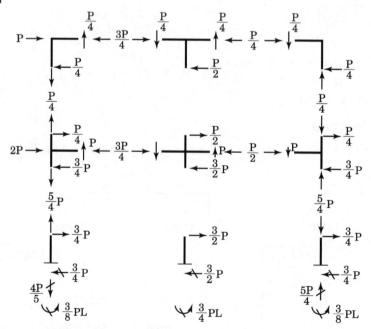

8) 1층 기둥 중앙부에서 변곡점이 발생한다고 가정

❸ BMD, AFD

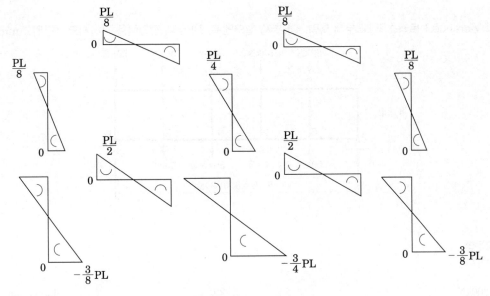

BMD

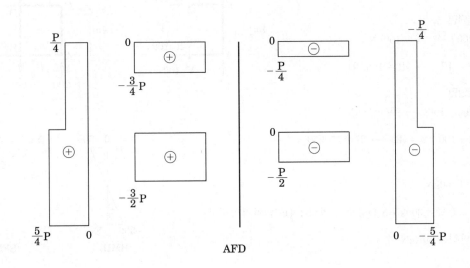

AFD

다음의 Vierendeel 트러스의 DE부재 축력, DE부재 휨모멘트, DF부재 전단력을 구하시오. (단위 : mm)

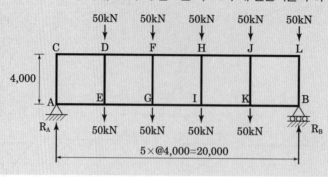

풀이 교문법

1 반력

$R_A = 200kN$

$R_B = 200kN$

2 ⓐ—ⓐ 절단면

$$\begin{cases} 2V = 200 & \rightarrow \quad V = 100kN \\ 200 \cdot 2 = 4R & \rightarrow \quad R = 100kN \end{cases}$$

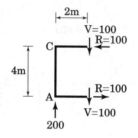

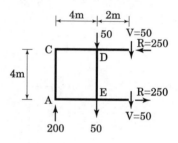

3 ⓑ—ⓑ 절단면

$$\begin{cases} 2V = 200 - 100 & \rightarrow \quad V = 50kN \\ 200 \cdot 6 - 100 \cdot 2 = 4R & \rightarrow \quad R = 250kN \end{cases}$$

4 부재력

$$\begin{cases} DE \ 축력 = 0kN \\ DE \ 휨모멘트 = 300kNm \ [D점 \ 처짐방향 : (E점 \ 처짐방향)] \\ DF \ 전단력 = 50KkN(\uparrow \downarrow) \end{cases}$$

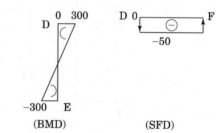

(BMD)   (SFD)

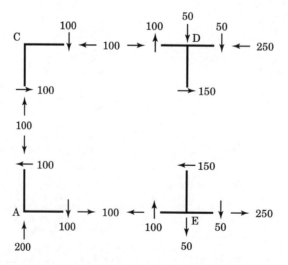

다음 그림과 같이 라멘조에 횡하중이 작용할 때 부재의 단면력(휨모멘트, 전단력, 축력)을 근사해법인 Portal Method로 구하시오.

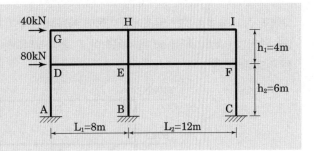

풀이 ○ 교문법

1 층 전단력(V), 외부기둥 반력(R)

① 기둥하단 전단력 분담률

$$V_1 : V_2 : V_3 = 4 : 10 : 6 = 1 : 2.5 : 1.5$$

② 2층

$$\begin{cases} \{V_1 : V_2 : V_3\} = \dfrac{40}{5} \cdot \{1, \ 2.5, \ 1.5\} = \{8, \ 20, \ 12\}kN \\ R_2 \cdot 20 = 40 \cdot 2 \ ; \quad R_2 = 4kN(\uparrow) \end{cases}$$

③ 1층 [9]

$$\begin{cases} \{V_1 : V_2 : V_3\} = \dfrac{120}{5} \cdot \{1, \ 2.5, \ 1.5\} = \{24, \ 60, \ 36\}kN \\ R_2 \cdot 20 = 40 \cdot (4+3) + 80 \cdot 3 \ ; \quad R_2 = 26kN \end{cases}$$

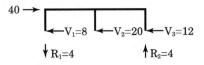

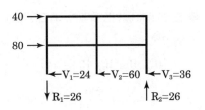

2 부재 전단력, 압축력

3 부재 휨모멘트 및 지점반력

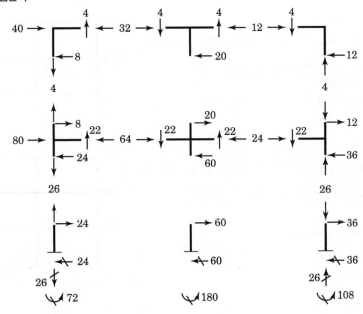

---

9) 1층 기둥 중앙부에서 변곡점이 발생한다고 가정

그림과 같이 횡력을 받는 골조에서 기둥에 작용하는 축력, 전단력 및 휨모멘트를 구하고, 각각을 도시하시오. (단, 포탈법(Portal method)을 적용하며, 기둥이 부담하는 전단력은 좌측기둥으로부터 1 : 2 : 2 : 1로 분담하는 것으로 가정함)

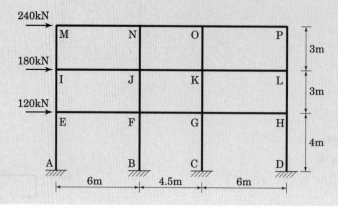

풀이 교문법 10)

1 층 전단력(H), 기둥 축력(P), 보 전단력(V)

① 3층

$$\{H_M, \ H_N, \ H_O, \ H_P\} = 240 \cdot \frac{\{1,2,2,1\}}{6} = \{40, 80, 80, 40\}kN$$

$$P_{IM} = P_{LP} = \frac{240 \cdot 1.5}{16.5} = 21.82kN$$

$$V_{MP} = 21.82kN$$

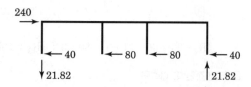

② 2층

$$\{H_I, \ H_J, \ H_K, \ H_L\} = 420 \cdot \frac{\{1,2,2,1\}}{6} = \{70, 140, 140, 70\}kN$$

$$P_{EI} = P_{HL} = \frac{240 \cdot 4.5 + 180 \cdot 1.5}{16.5} = 81.82kN$$

$$V_{IL} = 81.82 - 21.82 = 60kN$$

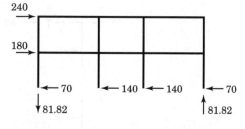

③ 1층

$$\{H_E, \ H_F, \ H_G, \ H_H\} = 540 \cdot \frac{\{1,2,2,1\}}{6} = \{90, 180, 180, 90\}kN$$

$$P_{EI} = P_{HL} = \frac{240 \cdot 8 + 180 \cdot 5 + 120 \cdot 2}{16.5} = 185.46kN$$

$$V_{MP} = 185.46 - 81.82 = 103.64kN$$

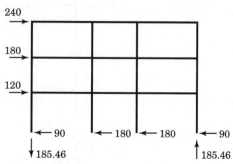

---

10) 포탈법에서 동일층 기둥 하단의 수평저항 전단력은 각 기둥 수평단면의 비에 비례한다고 가정한다. 따라서 기둥이 부담하는 전단력을 1 : 1.75 : 1.75 : 1로 가정 후 풀어야 하나, 문제 조건에 분담비가 1 : 2 : 2 : 1로 주어졌으므로 이를 따른다.

2 반력, 축력, 전단력

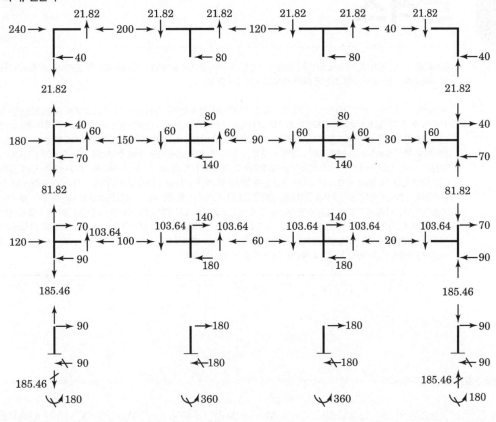

3 BMD(숫자 : 양단부 모멘트, 기호 : 처짐 방향)

⌣ 65.46 ⌢	⌣ 49.1 ⌢	⌣ 65.46 ⌢
60　120	120	60
⌣ 180 ⌢	⌣ 135 ⌢	⌣ 180 ⌢
105　210	210	105
⌣ 310.92 ⌢	⌣ 233.2 ⌢	310.92
180　360	360	180

3 트러스

Summary

출제내용   이 장에서는 트러스의 반력, 부재력, 처짐을 구하는 문제가 출제된다. 트러스 해석은 일반적인 하중조건 또는 온도변화, 지점침하, 제작오차 등의 조건에 대해 해석하는 문제가 출제된다.

학습전략   트러스의 한 절점에서 하나의 기지력과 두개의 미지의 부재력을 구할 때 수직, 수평 분력에 대한 연립방정식을 이용하여 구할 수 있다. 그러나 하나의 기지력과 하나의 미지의 부재력이 수직 또는 수평방향이고 나머지 하나의 미지력이 경사방향이라면 직관적인 방법을 통해 빠르게 부재력을 구할 수 있으므로 이 방법을 숙지하여 풀이 시간을 단축하도록 한다. 트러스 해석에서 영부재를 빨리 찾을수록 그 만큼 풀이 시간을 단축할 수 있기 때문에 연습문제를 통해 영부재를 찾는 연습이 필요하다. 트러스의 처짐을 구하는 문제는 대부분 에너지법을 이용하게 되는데, 이 때 계산기 입력시 트러스의 부재력, 부재 단면적, 부재 길이를 리스트(List, 중괄호)를 이용하면 빠르고 편리하게 계산할 수 있으므로 계산기의 List 기능을 숙지하도록 한다. 또한 트러스 문제는 매트릭스 직접강도법으로 풀이가 지정되어 출제되는 경우도 있으므로 트러스를 매트릭스 직접강도법으로 풀이할 경우 계산기 사용법을 연습하여 시간 내에 풀이할 수 있도록 연습해 둔다. 일반적으로 트러스의 부재력은 절점을 기준으로 절점을 누르는 방향은 압축, 절점을 잡아당기는 방향은 인장으로 표기한다. 그러나 매트릭스 변위법 풀이에서 부재력은 보 또는 골조해석과의 일관성을 유지하기 위해 부재를 중심으로 표기함에 유의한다. 따라서 매트릭스 변위법에서 트러스 부재력은 부재를 누르는 방향이 압축, 부재를 잡아당기는 방향이 인장으로 표기한다.(절점에 대한 힘을 표기하지 않음)

건축구조기술사 | 88-3-6

그림과 같은 정정트러스의 허용압축응력도 $f_c = 20MPa$ 허용인장응력도 $f_t = 10MPa$일 때, AB와 AD부재단면(그림)의 각각에 필요한 최소치수 b(mm)를 구하시오.

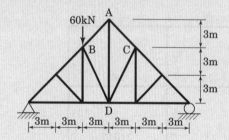
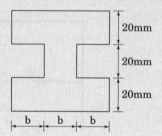

풀이

1 반력 및 영부재

$$\begin{cases} V_L + V_R = 60 \\ 60 \cdot 6 - 18 \cdot V_R = 0 \end{cases} \rightarrow \begin{array}{l} V_L = 40kN \\ V_R = 20kN \end{array}$$

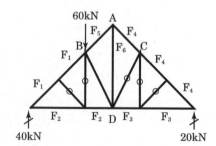

2 부재력

① 절점 : $\begin{cases} \dfrac{F_1}{\sqrt{2}} + F_2 = 0 \\[2mm] 40 + \dfrac{F_1}{\sqrt{2}} = 0 \end{cases}$ ② 절점 : $\begin{cases} -F_2 + F_3 - \dfrac{F_7}{\sqrt{5}} = 0 \\[2mm] F_6 + \dfrac{2F_7}{\sqrt{5}} = 0 \end{cases}$

③ 절점 : $\begin{cases} -\dfrac{F_5}{\sqrt{2}} + \dfrac{F_4}{\sqrt{2}} = 0 \\[2mm] -\dfrac{F_5}{\sqrt{2}} - \dfrac{F_4}{\sqrt{2}} - F_6 = 0 \end{cases}$ ④ 절점 : $\begin{cases} -F_3 - \dfrac{F_4}{\sqrt{2}} = 0 \\[2mm] \dfrac{F_4}{\sqrt{2}} + 20 = 0 \end{cases}$

$\rightarrow \begin{cases} F_1 = -40\sqrt{2} \quad F_2 = 40 \\[2mm] F_3 = 20 \qquad\quad F_4 = -20\sqrt{2} \\[2mm] F_5 = -20\sqrt{2} \quad F_6 = 40 \\[2mm] F_7 = -20\sqrt{5} \end{cases}$

3 최소치수 산정

$A = 60 \cdot 3b - 2 \cdot 20 \cdot b$

$f_c = \dfrac{F_{AB}}{A} = \dfrac{F_5 \cdot 1000}{A} = 20 \quad \rightarrow \quad b = 10.1015\,mm$

$f_t = \dfrac{F_{AD}}{A} = \dfrac{F_6 \cdot 1000}{A} = 10 \quad \rightarrow \quad b = 28.5714\,mm$

PE.A − 88 − 3 − 6

···················· 1   −1   • 반력산정

$\text{solve}\left(\begin{cases} \nu l + \nu r = 60 \\ 60 \cdot 6 - 18 \cdot \nu r = 0 \end{cases}, \{\nu l, \nu r\}\right)$ $\nu l = 40 \text{ and } \nu r = 20$

···················· 2   2   • 부재력 산정

$\text{solve}\left(\begin{cases} \dfrac{f1}{\sqrt{2}} + f2 = 0 \\[2mm] 40 + \dfrac{f1}{\sqrt{2}} = 0 \\[2mm] \dfrac{-f5}{\sqrt{2}} + \dfrac{f4}{\sqrt{2}} = 0 \\[2mm] \dfrac{-f5}{\sqrt{2}} - \dfrac{f4}{\sqrt{2}} - f6 = 0 \\[2mm] -f2 + f3 - \dfrac{f7}{\sqrt{5}} = 0 \\[2mm] f6 + \dfrac{2 \cdot f7}{\sqrt{5}} = 0 \\[2mm] -f3 - \dfrac{f4}{\sqrt{2}} = 0 \end{cases}, \{f1, f2, f3, f4, f5, f6, f7\}\right)^{①}$

$f1 = -40 \cdot \sqrt{2} \text{ and } f2 = 40 \text{ and } f3 = 20 \text{ and } f4 = -20 \cdot \sqrt{2} \text{ and } f5 = -20 \cdot \sqrt{2}$

$\text{and } f6 = 40 \text{ and } f7 = -20 \cdot \sqrt{5}$

···················· 3   −3   • 부재 최소치수 산정

$60 \cdot 3 \cdot b - 2 \cdot 20 \cdot b \to a$ $140 \cdot b$

$\text{solve}\left(\dfrac{f5 \cdot 1000}{a} = 20, b\right) \big| f5 = -20 \cdot \sqrt{2}$ $b = -10.1015$

$\text{solve}\left(\dfrac{f6 \cdot 1000}{a} = 10, b\right) \big| f6 = 40$ $b = 28.5714$

① 0부재를 구하고 나면, 미지의 부재력의 갯수가 7개로 줄어든다. 따라서 각
   절점에서 독립적인 평형방정식 7개를 선별해서 solve함수를 이용하면 한번
   에 구할 수 있다.

트러스 구조에서 영부재(Zero Force Member)에 대하여 기술하고, 다음 (1), (2) 트러스에서 영부재를 표시하시오.

(1)

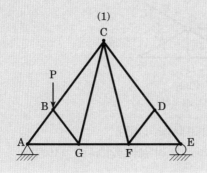

(1)

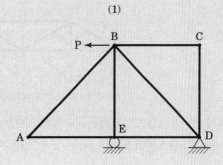

①

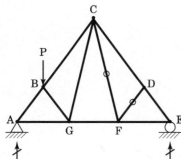

②

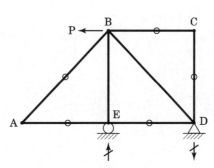

아래 구조물에 대하여 다음 물음에 답하시오. (총 20점)

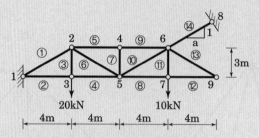

(1) 트러스 부재 ③, ⑨, ⑬의 부재력을 a에 관한 식으로 나타내시오. (10점)

(2) 트러스가 불안정 구조물이 되도록 하는 'a'의 값을 구하고 그 이유를 설명하시오. (10점)

풀이 ▶

1 부재력 산정

$$\begin{cases} \Sigma M_1 = 0 \; ; \;\; 20 \cdot 4 + 10 \cdot 12 + T \cdot a \cdot 3 - T \cdot 12 = 0 \\ \Sigma V_6 = 0 \; ; \;\; T_{10} \cdot \dfrac{3}{5} + 10 = T \\ \Sigma H_6 = 0 \; ; \;\; T_9 + T_{10} \cdot \dfrac{4}{5} = T \cdot a \end{cases}$$

$$T = \frac{200}{3(4-a)}, \quad T_9 = \frac{160(3a-2)}{9(4-a)}, \quad T_{10} = -\frac{50(3a+8)}{9(4-a)}$$

$$T_3 = 20\text{kN(인장)}, \; T_{13} = 0$$

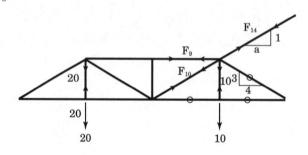

2 트러스 불안정 구조물이 되는 a

$T = \dfrac{200}{3(4-a)}$ 에서 a = 4일 경우 불안정 구조물

(반력이 모두 한 점을 통과, 모멘트 평형 성립 ×)

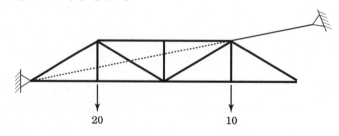

그림과 같은 트러스의 부재력을 구하시오.

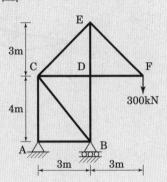

풀이

1 반력산정

$$\begin{cases} -V_A + V_B - 300 = 0 \\ -3V_B + 6 \cdot 300 = 0 \\ H_A = 0 \end{cases} \rightarrow \begin{array}{l} V_A = 300 \text{kN}(\downarrow) \\ V_B = 600 \text{kN}(\uparrow) \end{array}$$

2 트러스 해석(직관적 해석)

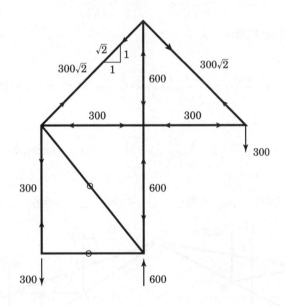

참고

① 트러스 부재력 표시기준(절점기준) : ● ⟶ 인장 ⟵ ●   ● ⟵ 압축 ⟶ ●

② 매트릭스법 풀이 시 표시기준(절점기준) : ⟵ 인장 ⟶   ⟶ 압축 ⟵

  • 매트릭스 풀이 시 부재 기준으로 부재력을 표시하면 좀 더 직관적으로 평형방식을 구할 수 있다.

주요공식 요약

재료역학

구조기본

구조응용

다음의 3-Hinge Truss 구조물의 부재력을 구하시오. (단위 : mm, 부재의 인장 압축 여부를 구하시오.)

(1) FG 부재

(2) CD 부재

(3) I J 부재

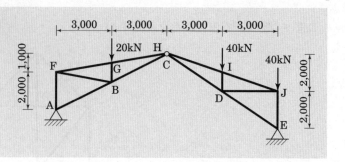

풀이

1 반력산정 [11]

$$\begin{cases} \Sigma F_x = 0 \; ; \; H_A + H_E = 0 \\ \Sigma F_y = 0 \; ; \; V_A + V_E = 100 \\ \Sigma M_{H,L} = 0 \; ; \; 6V_A - 3H_A - 20 \cdot 3 = 0 \\ \Sigma M_{H,R} = 0 \; ; \; -6V_E - 4H_E + 40(3+6) = 0 \end{cases}$$

$$\rightarrow \quad V_A = \frac{160}{7} kN(\uparrow) \quad H_A = \frac{180}{7} kN(\rightarrow)$$

$$V_E = \frac{540}{7} kN(\uparrow) \quad H_E = \frac{180}{7} kN(\leftarrow)$$

2 FG 부재(ⓐ-ⓐ 좌측 구조물)

$$\left\{ \Sigma M_B = 0 \; ; \; \frac{160}{7} \cdot 3 - \frac{180}{7} \cdot 1.5 + \frac{3 \cdot FG \cdot 0.5}{\sqrt{(3^2 + 0.5^2)}} + \frac{0.5 \cdot FG \cdot 3}{\sqrt{(3^2 + 0.5^2)}} = 0 \right\}$$

$$\rightarrow \quad FG = -30.41 \; kN = 30.41 kN(압축)$$

3 CD부재(ⓑ-ⓑ 우측 구조물)

$$\left\{ \Sigma M_I = 0 \; ; \; 40 \cdot 3 - \frac{540}{7} \cdot 3 + \frac{180}{7} \cdot 3 + \frac{3 \cdot CD \cdot 1}{\sqrt{3^2 + 2^2}} = 0 \right\} \rightarrow \quad CD = 41.21 kN(인장)$$

4 IJ부재(ⓒ-ⓒ 우측 구조물)

$$\left\{ \Sigma M_D = 0 \; ; \; 40 \cdot 3 - \frac{540}{7} \cdot 3 + \frac{180}{7} \cdot 2 - \frac{1 \cdot IJ \cdot 3}{\sqrt{3^2 + 1^2}} = 0 \right\} \rightarrow \quad IJ = -63.25 kN = 63.25 kN(압축)$$

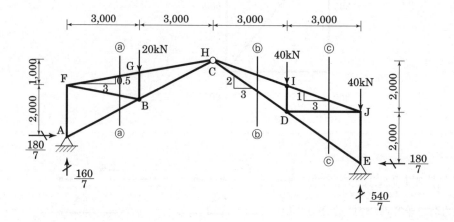

---

11) 3 Hinged Truss는 트러스 구조물을 3 Hinged Arch로 취급하여 정정해석으로 반력 산정 후 부재력을 구한다.

다음 그림과 같은 트러스의 부재력을 변형일치방법에 의하여 구하시오. (단, 점 C는 힌지, 점 A는 롤러, 탄성계수 E와 단면적 A는 모든 부재에서 동일하다.)

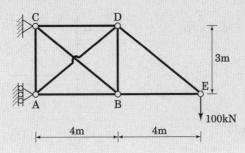

풀이 ○ 1. 변위일치법

1 기본구조물

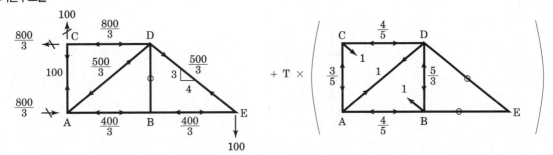

부재	F(kN)	f	L(m)	부재	F(kN)	f	L(m)
FB	−400/3	0	4	AC	100	−3/5	3
FD	500/3	0	5	AD	−500/3	1	5
BD	0	−3/5	3	CB	0	1	5
AB	−400/3	−4/5	4	CD	800/3	−4/5	4

2 부정정력 산정

$$\begin{cases} \delta_F = \Sigma \dfrac{FfL}{EA} = -\dfrac{1440}{EA} \\[3mm] \delta_f = \Sigma \dfrac{f^2 L}{EA} = \dfrac{432}{25EA} \end{cases} \rightarrow \quad \delta_F + T \cdot \delta_f = 0 \; ; \quad T = 83.333 \text{kN(인장)}$$

3 최종 부재력

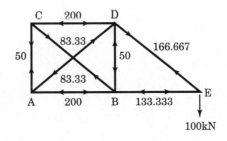

1 평형방정식(P = AQ)

$$P_1 = Q_1 + \frac{4}{5}Q_5 - \frac{4}{5}Q_7 \qquad P_2 = Q_4 + \frac{3}{5}Q_5 + \frac{3}{5}Q_7$$

$$P_3 = Q_2 - Q_3 + \frac{4}{5}Q_6 \qquad P_4 = Q_4 + \frac{3}{5}Q_6$$

$$P_5 = Q_3 + \frac{4}{5}Q_7 \qquad P_6 = \frac{3}{5}Q_7$$

$$P_7 = \frac{3}{5}Q_5 + Q_8 \qquad 0$$

2 평형매트릭스(A), 부재 강도매트릭스(S)

$$A = \begin{bmatrix}
1 & 0 & 0 & 0 & \frac{4}{5} & 0 & -\frac{4}{5} & 0 \\
0 & 0 & 0 & 1 & \frac{3}{5} & 0 & \frac{3}{5} & 0 \\
0 & 1 & -1 & 0 & 0 & \frac{4}{5} & 0 & 0 \\
0 & 0 & 0 & 1 & 0 & \frac{3}{5} & 0 & 0 \\
0 & 0 & 1 & 0 & 0 & 0 & \frac{4}{5} & 0 \\
0 & 0 & 0 & 0 & 0 & 0 & \frac{3}{5} & 0 \\
0 & 0 & 0 & 0 & \frac{3}{5} & 0 & 0 & 1
\end{bmatrix}$$

$$S = EA \cdot \begin{bmatrix}
1/4 & & & & & & & \\
& 1/4 & & & & & & \\
& & 1/4 & & & & & \\
& & & 1/3 & & & & \\
& & & & 1/5 & & & \\
& & & & & 1/5 & & \\
& & & & & & 1/5 & \\
& & & & & & & 1/3
\end{bmatrix}$$

3 부재력(Q) (kN)

$$Q = SA^Td = SA^T(ASA^T)^{-1}[0 \quad 0 \quad 0 \quad 0 \quad 0 \quad 100 \quad 0]^T$$

$$= [200 \quad -200 \quad -133.333 \quad -50 \quad -83.333 \quad 83.333 \quad 166.667 \quad 50]^T$$

핀절점의 트러스가 그림과 같이 L=8.0m 높이 H=3.0m이다. 트러스 철골단면 A=4,000mm² 탄성계수 E=200GPa, 하중P는 수직으로 D점에 작용한다.

(1) 하중 P가 120kN이면 C절점의 변위는 얼마인가?

(2) C절점의 변위가 2mm로 제한된다면 최대허용하중 P_{max}는 얼마인가?

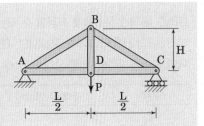

풀이 ○ 에너지법

❶ C점 변위

$$\delta_c = \Sigma f \cdot \frac{FL}{EA} = \frac{\left(\frac{2}{3}P\right)(-1)\cdot 4}{EA} \times 2 = -\frac{16P}{3EA}$$

❷ P=120KN 일 때 δ_c

$$\begin{cases} \delta_c = -\dfrac{16P}{3EA} \\ P = 120N \end{cases} \rightarrow \delta_c = -0.0008m = 0.8mm(\rightarrow)$$

❸ δ_c=2mm로 제한될 때 P_{max}

$$-\frac{16P}{3EA} = 0.002 \ ; \quad P = 300kN$$

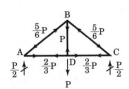

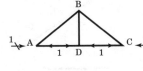

그림의 구조물에서 D점의 수평변위 δ_H를 가상일법에 의해 구하시오.

(단, EA는 일정함)

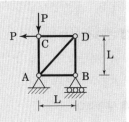

풀이 ○ 에너지법

❶ 부재력표

부재	F	f	L
AB	0	0	L
CD	P	0	L
AC	−P	0	L
BD	P	−1	L
AD	$-\sqrt{2}P$	$\sqrt{2}$	$\sqrt{2}L$

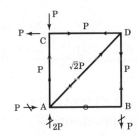

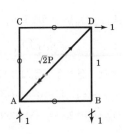

❷ 수평 변위 산정(δ_H)

$$\delta_H = \Sigma \frac{FfL}{EA} = -\frac{PL(2\sqrt{2}+1)}{EA} = 3.8284\frac{PL}{EA}(\leftarrow)$$

트러스 부재 절점 C점에 작용할 수 있는 최대허용하중 P와 부재 AC 및 부재 BC의 신축의 크기를 구하시오. (단, 압축재의 좌굴은 무시하고 부재의 단면은 원형이며 탄성계수 E = 200000MPa이다.)

부재	단면 직경(mm)	허용응력(MPa)
AC	$d_1 = 10$	$\sigma_1 = 15$
BC	$d_2 = 15$	$\sigma_2 = 5$

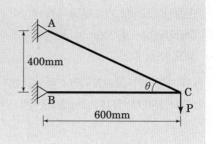

풀이 ○ 매트릭스 변위법

1 평형매트릭스(A)

$$\begin{cases} P_1 = \dfrac{3}{\sqrt{13}}Q_1 + Q_2 \\ P_2 = \dfrac{2}{\sqrt{13}}Q_1 \end{cases} \rightarrow A = \begin{bmatrix} \dfrac{3}{\sqrt{13}} & 1 \\ \dfrac{2}{\sqrt{13}} & 0 \end{bmatrix}$$

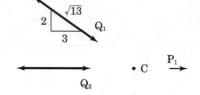

2 전부재강도 매트릭스[S]

$$S = \begin{bmatrix} \dfrac{EA_1}{0.2\sqrt{13}} & \\ & \dfrac{EA_2}{0.6} \end{bmatrix}$$

$$\left(A_1 = \dfrac{\pi}{4}0.01^2, \quad A_2 = \dfrac{\pi}{4}0.015^2, \quad E = 2 \times 10^8 \text{kN/m}^2 \right)$$

3 변위(d) 및 변형(e)

$$d = (ASA^T)^{-1}[0, \quad P]^T$$
$$e = A^Td = A^Td$$

4 부재력(Q)

$$Q = SA^Td = [1.80278P, \quad -1.5P]^T (\text{kN})$$

5 최대 허용하중(P_{max}, aloow≤Aσ_{allow})

$P_{AC, \text{max}}$; $1.80278P \le A_1 \times \sigma_1\left(= \dfrac{\pi}{4}0.01^2 \times 15 \times 10^3\right), \quad P_{AC,max} = 0.653\text{kN}$

$P_{BC, \text{max}}$; $1.5P \le A_2 \times \sigma_2\left(= \dfrac{\pi}{4}0.015^2 \times 5 \times 10^3\right), \quad P_{BC,max} = 0.589\text{kN}$

$P_{max, \text{allow}} = \min[P_{AC,max}, \ P_{BC,max}] = P_{BC,max} = 0.589\text{kN}$

6 최대 허용하중 작용 시 부재 신축량

$\delta_{AC} = e[1,1] = 0.0000488\text{m} = 0.0488\text{mm}$ (인장)

$\delta_{AC} = e[2,1] = -0.000015\text{m} = 0.015\text{mm}$ (압축)

같은 재료로 된 강재 AC와 BC가 트러스를 구성하고 있다. 하중 P_1과 P_2가 절점 C에서 각각 부재 AC와 BC방향으로 작용할 때, 절점 C의 수직변위가 발생하지 않을 경우 하중비(P_1/P_2)를 구하시오.

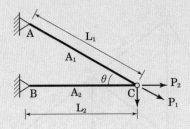

풀이 ○ 매트릭스 변위법

① 평형 매트릭스

$$\begin{cases} P_x = \cos\theta\, Q_1 + Q_2 \\ P_y = \sin\theta \end{cases} \quad \rightarrow \quad A = \begin{bmatrix} \cos\theta & 1 \\ \sin\theta & 0 \end{bmatrix}$$

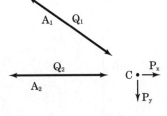

② 부재강도 매트릭스 [S]

$$S = \begin{bmatrix} \dfrac{EA_1}{L_1} & \\ & \dfrac{EA_2}{L_2} \end{bmatrix}$$

③ 변위(d)

$$d = (ASA^T)^{-1}[P_1 \cdot \cos\theta + P_2, \quad P_1 \sin\theta]^T = \left[\dfrac{P_2 L_2}{EA_2}, \quad -\dfrac{(A_1 L_2 P_2 \cos\theta - A_2 P_1 L_1)}{EA_1 A_2 \sin\theta} \right]^T$$

④ 하중비

$$\therefore (d\ [2,1] = 0) \ ; \quad \dfrac{P_1}{P_2} = \dfrac{A_1 L_2 \cos\theta}{A_2 L_1} = \dfrac{A_1 (L_1 \cos\theta) \cdot \cos\theta}{A_2 L_1} = \dfrac{A_1}{A_2}\cos^2\theta$$

다음 그림과 같은 트러스에서 C점의 수직처짐(δ_c)을 구하시오. (단, 각 부재는 동일재료이며, 탄성계수 E = 205000N/mm², 단면적 A_0 = 400mm²)

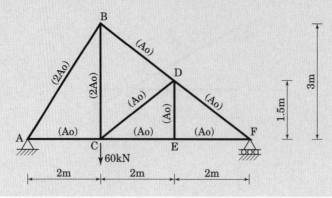

풀이 ● 에너지법

1 트러스 부재력

$$
\begin{cases}
\Sigma F_x^A = 0 \;\; ; \;\; \dfrac{2F_1}{\sqrt{13}} - F_2 = 0 \\[3mm]
\Sigma F_y^A = 0 \;\; ; \;\; \dfrac{2P}{3} + \dfrac{3F_1}{\sqrt{13}} = 0 \\[3mm]
\Sigma F_x^F = 0 \;\; ; \;\; \dfrac{-4F_3}{5} - F_4 = 0 \\[3mm]
\Sigma F_y^F = 0 \;\; ; \;\; \dfrac{3F_3}{5} + \dfrac{P}{3} = 0
\end{cases}
\rightarrow
\begin{array}{l}
F_1 = \dfrac{-2P\sqrt{13}}{9} \\[3mm]
F_2 = \dfrac{-4P}{9} \\[3mm]
F_3 = \dfrac{-5P}{9} \\[3mm]
F_4 = \dfrac{4P}{9}
\end{array}
$$

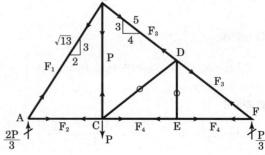

2 변형에너지

$$
\begin{cases}
F = \{F_1 \quad F_2 \quad F_3 \quad F_3 \quad F_4 \quad F_4 \quad P\} \\[2mm]
A = \{2A_0 \quad A_0 \quad A_0 \quad A_0 \quad A_0 \quad A_0 \quad 2A_0\} \\[2mm]
L = 1000 \cdot \{\sqrt{13} \quad 2 \quad 2.5 \quad 2.5 \quad 2 \quad 2 \quad 3\} \\[2mm]
E = 205000\text{MPa}
\end{cases}
\rightarrow
U = \Sigma\left(\dfrac{F^2 L}{2E \cdot A}\right)
$$

3 C점의 수직처짐(δ_C)

$$
\delta_c = \left.\dfrac{\partial U}{\partial P}\right|_{P=60000} = 3.9407\text{mm}(\downarrow)
$$

TI-*nspire* CAS 입력 설명

PE.A − 93 − 2 − 3

·················· 1   −1

$$\text{solve} \begin{cases} \dfrac{2 \cdot f1}{\sqrt{13}} - f2 = 0 \\ \dfrac{p \cdot 2}{3} + \dfrac{3 \cdot f1}{\sqrt{13}} = 0 \\ \dfrac{-4}{5} \cdot f3 - f4 = 0 \\ \dfrac{3 \cdot f3}{5} + \dfrac{p}{3} = 0 \end{cases}, \ \{f1, f2, f3, f4\}$$

$$f1 = \frac{-2 \cdot p \cdot \sqrt{13}}{9} \ \text{and} \ f2 = \frac{-4 \cdot p}{9} \ \text{and} \ f3 = \frac{-5 \cdot p}{9} \ \text{and} \ f4 = \frac{4 \cdot p}{9}$$

- 0부재를 감안하면 미지 부재력은 4개 이므로 미지력이 포함된 절점에서의 평형방정식 4개를 이용해서 부재력을 구한다.

·················· 2 ①   −2

$$\{f1, f2, f3, f3, f4, f4, p\} | f1 = \frac{-2 \cdot p \cdot \sqrt{13}}{9} \ \text{and} \ f2 = \frac{-4 \cdot p}{9} \ \text{and} \ f3 = \frac{-5 \cdot p}{9} \ \text{and} \ f4 = \frac{4 \cdot p}{9} \rightarrow f$$

$$\left\{ \frac{-2 \cdot p \cdot \sqrt{13}}{9}, \frac{-4 \cdot p}{9}, \frac{-5 \cdot p}{9}, \frac{-5 \cdot p}{9}, \frac{4 \cdot p}{9}, \frac{4 \cdot p}{9}, p \right\}$$

$$\{2 \cdot a0, a0, a0, a0, a0, a0, 2 \cdot a0\} \rightarrow a \qquad \{2 \cdot a0, a0, a0, a0, a0, a0, 2 \cdot a0\}$$

$$1000 \cdot \{\sqrt{13}, 2, 2.5, 2.5, 2, 2, 3\} \rightarrow l$$

$$\{1000 \cdot \sqrt{13}, 2000, 2500., 2500., 2000, 2000, 3000\}$$

$$\text{sum} \left(\frac{f^2 \cdot l}{2 \cdot e \cdot a} \right) | e = 205000 \rightarrow u \qquad \frac{0.013136 \cdot p^2}{a0}$$

- 각 부재력과 단면, 부재길이를 각각 리스트로 저장한 다음 변형에너지를 구한다.

·················· 3   −3

$$\frac{d}{dp}(u) | p = 60000 \ \text{and} \ a0 = 400 \qquad 3.94078$$

- 변형에너지를 미분하여 처짐을 구한다.

① 변형에너지를 구하기 위해서 부재력은 f, 단면은 a, 부재길이는 l 이라는 리스트로 각각 저장하였다. 리스트 연산은 리스트 원소의 갯수와 순서가 중요하다. 따라서 리스트 입력시 입력순서를 혼동하지 않도록 주의해야 한다.

그림과 같은 정정트러스에서 가상일법을 이용하여 D점의 수직처짐(δ_D)을 구하시오. (단, 각 부재는 동일 재료이며 탄성계수 $E = 205000 \text{N/mm}^2$, 단면적 $A_0 = 250 \text{mm}^2$)

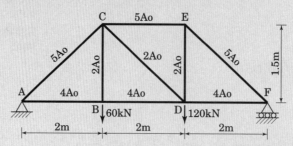

풀이 ○ 에너지법

1 기본구조물 [12]

① 실제하중

$$\begin{cases} \Sigma X_E = 0 \; ; \; -F_1 - \dfrac{500}{3} \cdot \dfrac{4}{5} = 0 \\ \Sigma Y_E = 0 \; ; \; -F_2 + \dfrac{500}{3} \cdot \dfrac{3}{5} = 0 \\ \Sigma Y_D = 0 \; ; \; -120 + F_2 + \dfrac{3}{5}F_3 = 0 \end{cases} \rightarrow \begin{array}{l} F_1 = -\dfrac{400}{3} \\ F_2 = 100 \\ F_3 = \dfrac{100}{3} \end{array}$$

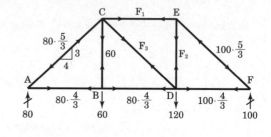

② 단위하중

$$\begin{cases} \Sigma X_E = 0 \; ; \; -f_1 - \dfrac{10}{9} \cdot \dfrac{4}{5} = 0 \\ \Sigma Y_E = 0 \; ; \; -f_2 + \dfrac{10}{9} \cdot \dfrac{3}{5} = 0 \\ \Sigma Y_D = 0 \; ; \; -1 + f_2 + \dfrac{3}{5}f_3 = 0 \end{cases} \rightarrow \begin{array}{l} f_1 = -\dfrac{8}{9} \\ f_2 = \dfrac{2}{3} \\ f_3 = \dfrac{5}{9} \end{array}$$

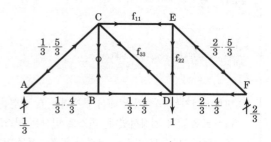

2 부재력표

부재	F(kN)	f	L(m)	EA(N)	부재	F(kN)	f	L(m)	EA(N)
AB	$\dfrac{320}{3}$	$\dfrac{4}{9}$	2	4EA0	CD	$\dfrac{100}{3}$	$\dfrac{5}{9}$	2.5	2EA0
AC	$-\dfrac{400}{3}$	$-\dfrac{5}{9}$	2.5	5EA0	DE	100	$\dfrac{2}{3}$	1.5	2EA0
BC	60	0	1.5	2EA0	DF	$\dfrac{400}{3}$	$\dfrac{8}{9}$	2	4EA0
CE	$-\dfrac{400}{3}$	$-\dfrac{8}{9}$	2	5EA0	EF	$-\dfrac{500}{3}$	$-\dfrac{10}{9}$	2.5	5EA0
BD	$\dfrac{320}{3}$	$\dfrac{4}{9}$	2	4EA0					

3 δ_D

$$\delta_D = \Sigma \left(\frac{F \cdot 1000 \cdot f \cdot L}{EA} \right) = 0.006963 \, \text{m} \, (\downarrow)$$

---

12) 트러스 부재력 산정 : 직관적인 방법 + 연립방정식

탄성계수 $E = 2 \times 10^5$MPa, 단면적 $A_0 = 10$cm^{2}인 그림의 트러스에서 E
점의 수평처짐 δ_E를 구하시오. (단, 현 하중상태에서의 각 부재력은 다음
과 같다.)

[부재력]

- $N_{AB} = 12$kN
- $N_{BC} = -20$kN
- $N_{CE} = -10$kN
- $N_{AD} = 8$kN
- $N_{DE} = 8$kN
- $N_{DC} = -12$kN
- $N_{AC} = 10$kN

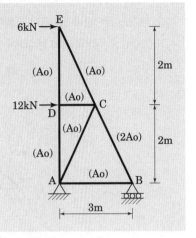

풀이 ○ 에너지법

❶ 단위하중에 의한 부재력

$$
\begin{cases}
E점 : \begin{cases} 1 + \dfrac{3F_2}{5} = 0 \\ -F_1 - \dfrac{4}{5}F_2 = 0 \end{cases} \\
B점 : -F_3 - \dfrac{3}{5}F_2 = 0
\end{cases}
\rightarrow
\begin{aligned}
& F_1 = \dfrac{4}{3} \\
& F_2 = -\dfrac{5}{3} \\
& F_3 = 1
\end{aligned}
$$

❷ 부재력표

부재	F(kN)	f	L(m)	EA
AB	12	1	3	EA
BC	−20	−5/3	2.5	2EA
CE	−10	−5/3	2.5	EA
AD	8	4/3	2	EA
DE	8	4/3	2	EA
DC	−12	0	1.5	EA
AC	10	0	2.5	EA

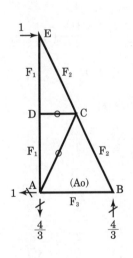

❸ $\delta_{E,H}$

$EA = 2 \cdot 10^5 \cdot 10 \cdot 10^2 \cdot 10^{-3}$kN

$\delta_{E,H} = \sum \dfrac{F \cdot f \cdot L}{EA} = 0.81mm(\rightarrow)$

다음 트러스의 C점 수직처짐과 B점의 수평변위를 구하시오. (단, d_1, d_2 부재의 단면적 : 5000mm^2, 그 외 부재 : 10000mm^2, 각 부재의 탄성계수 : 8.0kN/mm^2)

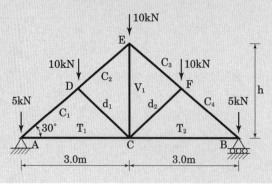

풀이 매트릭스 변위법

1 평형 방정식(P = AQ)

$$P_1 = -\frac{\sqrt{3}\,Q_1}{2} + \frac{\sqrt{3}\,Q_2}{2} + \frac{\sqrt{3}\,Q_5}{2} \qquad P_2 = \frac{Q_1}{2} - \frac{Q_2}{2} + \frac{Q_5}{2}$$

$$P_3 = \frac{\sqrt{3}\,Q_2}{2} - \frac{\sqrt{3}\,Q_3}{2} \qquad P_4 = \frac{Q_2}{2} + \frac{Q_3}{2} + Q_6$$

$$P_5 = \frac{\sqrt{3}\,Q_3}{2} - \frac{\sqrt{3}\,Q_4}{2} + \frac{\sqrt{3}\,Q_7}{2} \qquad P_6 = -\frac{Q_3}{2} + \frac{Q_4}{2} + \frac{Q_7}{2}$$

$$P_7 = \frac{\sqrt{3}\,Q_5}{2} - \frac{\sqrt{3}\,Q_7}{2} + Q_8 - Q_9 \qquad P_8 = \frac{Q_5}{2} + Q_6 + \frac{Q_7}{2}$$

$$P_9 = \frac{\sqrt{3}}{2}Q_4 + Q_9$$

2 평형 매트릭스(A)

$$A = \begin{bmatrix}
-\dfrac{\sqrt{3}}{2} & \dfrac{\sqrt{3}}{2} & 0 & 0 & \dfrac{\sqrt{3}}{2} & 0 & 0 & 0 & 0 \\
\dfrac{1}{2} & -\dfrac{1}{2} & 0 & 0 & \dfrac{1}{2} & 0 & 0 & 0 & 0 \\
0 & \dfrac{\sqrt{3}}{2} & -\dfrac{\sqrt{3}}{2} & 0 & 0 & 0 & 0 & 0 & 0 \\
0 & \dfrac{1}{2} & \dfrac{1}{2} & 0 & 0 & 1 & 0 & 0 & 0 \\
0 & 0 & \dfrac{\sqrt{3}}{2} & -\dfrac{\sqrt{3}}{2} & 0 & 0 & \dfrac{\sqrt{3}}{2} & 0 & 0 \\
0 & 0 & -\dfrac{1}{2} & \dfrac{1}{2} & 0 & 0 & \dfrac{1}{2} & 0 & 0 \\
0 & 0 & 0 & 0 & \dfrac{\sqrt{3}}{2} & 0 & -\dfrac{\sqrt{3}}{2} & 1 & -1 \\
0 & 0 & 0 & 0 & \dfrac{1}{2} & 1 & \dfrac{1}{2} & 0 & 0 \\
0 & 0 & 0 & \dfrac{\sqrt{3}}{2} & 0 & 0 & 0 & 0 & 1
\end{bmatrix}$$

❸ 전부재강도 매트릭스(S) (EA=5000 · 8kN)

$$S = \frac{EA}{\sqrt{3}} \begin{bmatrix} 2 & & & & & & & \\ & 2 & & & & & & \\ & & 2 & & & & & \\ & & & 2 & & & & \\ & & & & 1 & & & \\ & & & & & 2 & & \\ & & & & & & 1 & \\ & & & & & & & 2/\sqrt{3} \\ & & & & & & & & 2/\sqrt{3} \end{bmatrix}$$

❹ 변위(d)

$P = [0, \quad -10, \quad 0, \quad -10, \quad 0, \quad -10, \quad 0, \quad 0, \quad 0]^T$

$d = (ASA^T)^1 P$

$\delta_{C,v} = d[8,1] = 0.004069m = 4.069mm \ (\downarrow)$

$\delta_{B,h} = d[9,1] = 0.001949m = 1.949mm \ (\rightarrow)$

그림과 같은 트러스에 하중이 작용할 때, E점에서 처짐을 구하시오. (단, 부재의 단면적은 다음 표와 같으며 철골의 탄성계수는 E_s ＝205000MPa이다.)

부재	단면적(mm²)
$\overline{AC}$, $\overline{CE}$, $\overline{CD}$	182
$\overline{BD}$, $\overline{DE}$	254
$\overline{BC}$	325

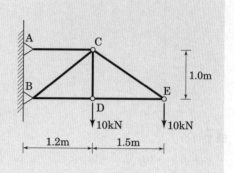

풀이 ▶ 1. 에너지법

❶ 부재력

부재	부재력(kN)	길이(m)	단면적(m²)
AC	$\dfrac{27P}{10}+12$	1.2	182×10^{-6}
CE	$\dfrac{\sqrt{13}}{2}P$	$\dfrac{\sqrt{13}}{2}$	182×10^{-6}
CD	10	1	182×10^{-6}
BD	$Q-\dfrac{3}{2}P$	1.2	254×10^{-6}
DE	$Q-\dfrac{3}{2}P$	1.5	254×10^{-6}
BC	$\dfrac{\sqrt{61}}{5}(P+10)$	$\dfrac{\sqrt{61}}{5}$	3325×10^{-6}

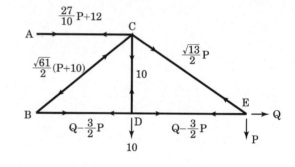

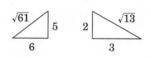

❷ 변형에너지

$$U = \sum \frac{F^2L}{2EA}\left(E = 205\times10^6 \text{kN/m}^2\right)$$

❸ 처짐산정

$$\delta_V = \left.\frac{\partial U}{\partial P}\right|_{P=10,\ Q=0} = 0.007268\text{m} = 7.26\text{mm}(\downarrow)$$

$$\delta_H = \left.\frac{\partial U}{\partial Q}\right|_{P=10,\ Q=0} = -0.000778\text{m} = 0.778\text{mm}(\leftarrow)$$

$$\delta_{\text{total}} = \sqrt{7.268^2+0.778^2} = 7.31\text{mm}$$

1 평형 매트릭스(A)

$$
\begin{cases}
P_1 = Q_1 + \dfrac{6}{\sqrt{61}}Q_5 - \dfrac{3}{\sqrt{13}}Q_6 \\[2mm]
P_2 = Q_4 + \dfrac{5}{\sqrt{61}}Q_5 + \dfrac{2}{\sqrt{13}}Q_6 \\[2mm]
P_3 = Q_2 - Q_3 \\[2mm]
P_4 = Q_4 \\[2mm]
P_5 = Q_3 + \dfrac{3}{\sqrt{13}}Q_6 \\[2mm]
P_6 = -\dfrac{2}{\sqrt{13}}Q_6
\end{cases}
\quad\rightarrow\quad
A = \begin{bmatrix}
1 & 0 & 0 & 0 & \dfrac{6}{\sqrt{61}} & -\dfrac{3}{\sqrt{13}} \\[2mm]
0 & 0 & 0 & 1 & \dfrac{5}{\sqrt{61}} & \dfrac{2}{\sqrt{13}} \\[2mm]
0 & 1 & -1 & 0 & 0 & 0 \\[2mm]
0 & 0 & 0 & 1 & 0 & 0 \\[2mm]
0 & 0 & 1 & 0 & 0 & \dfrac{3}{\sqrt{13}} \\[2mm]
0 & 0 & 0 & 0 & 0 & -\dfrac{2}{\sqrt{13}}
\end{bmatrix}
$$

2 평형매트릭스(A), 강도매트릭스(S)

$$
S = E \times
\begin{bmatrix}
\dfrac{A_1}{1.2} & 0 & 0 & 0 & 0 & 0 \\[2mm]
0 & \dfrac{A_2}{1.2} & 0 & 0 & 0 & 0 \\[2mm]
0 & 0 & \dfrac{A_2}{1.5} & 0 & 0 & 0 \\[2mm]
0 & 0 & 0 & \dfrac{A_1}{1} & 0 & 0 \\[2mm]
0 & 0 & 0 & 0 & \dfrac{5A_3}{\sqrt{61}} & 0 \\[2mm]
0 & 0 & 0 & 0 & 0 & \dfrac{2A_1}{\sqrt{13}}
\end{bmatrix}
$$

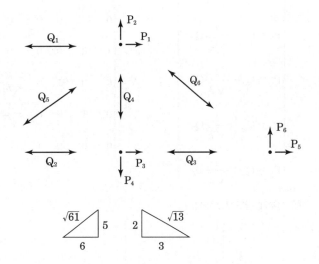

$A_1 = 182 \times 10^{-6}, \quad A_2 = 254 \times 10^{-6}$

$A_3 = 325 \times 10^{-6}, \quad E = 205 \times 10^6 \, \text{kN/m}^2$

3 변위(d)

$P_0 = [0 \quad 0 \quad 0 \quad 10 \quad 0 \quad -10]^T$

$d = (ASA^T)^{-1}P_0 = [0.001254 \quad -0.002649 \quad -0.000346 \quad 0.002917 \quad -0.000778 \quad -0.007268]^T$

$\delta_h = d[5,1] = 0.000778\,\text{m}\,(\leftarrow)$

$\delta_v = d[6,1] = 0.007268\,\text{m}\,(\downarrow)$

4 부재력(Q) (kN)

$Q = SA^T d = [39 \quad -15 \quad -15 \quad 10 \quad -31.241 \quad 18.0278]^T$

그림과 같은 부정정트러스의 단면력을 구하시오. (단, $E_s = 210 kN/mm^2$, $A = 753mm^2 (L-65 \times 65 \times 6)$이다.)

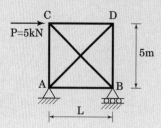

풀이 1. 매트릭스 변위법

1 평형매트릭스(A)

$$
\begin{cases}
P_1 = -Q_2 - \dfrac{1}{\sqrt{2}} Q_6 \\[2mm]
P_2 = Q_1 + \dfrac{1}{\sqrt{2}} Q_6 \\[2mm]
P_3 = Q_3 + \dfrac{1}{\sqrt{2}} Q_2 \\[2mm]
P_4 = Q_2 + \dfrac{1}{\sqrt{2}} Q_5 \\[2mm]
P_5 = Q_4 + \dfrac{1}{\sqrt{2}} Q_6
\end{cases}
\rightarrow
A = \begin{bmatrix}
0 & -1 & 0 & 0 & 0 & -\dfrac{1}{\sqrt{2}} \\[2mm]
1 & 0 & 0 & 0 & 0 & \dfrac{1}{\sqrt{2}} \\[2mm]
0 & 0 & 1 & 0 & \dfrac{1}{\sqrt{2}} & 0 \\[2mm]
0 & 1 & 0 & 0 & \dfrac{1}{\sqrt{2}} & 0 \\[2mm]
0 & 0 & 0 & 1 & 0 & \dfrac{1}{\sqrt{2}}
\end{bmatrix}
$$

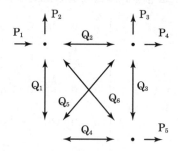

2 전부재 강도매트릭스(S)

$$
S = \frac{EA}{5000} \cdot
\begin{bmatrix}
1 & & & & & \\
& 1 & & & & \\
& & 1 & & & \\
& & & 1 & & \\
& & & & \dfrac{1}{\sqrt{2}} & \\
& & & & & \dfrac{1}{\sqrt{2}}
\end{bmatrix}
\quad (EA = 210 \times 753 kN)
$$

3 변위(d)

$$d = K^{-1}P = (ASA^T)^{-1} [5 \quad 0 \quad 0 \quad 0 \quad 0]^T$$

$$= 10^{-5} \cdot [7.6336 \quad 1.5810 \quad -1.5810 \quad 6.0527 \quad 1.0581]^T mm$$

4 부재력(Q)

$$Q = SA^T d = [2.5 \quad -2.5 \quad -2.5 \quad 2.5 \quad 3.53 \quad -3.53]^T kN$$

1 기본구조물(BC 부재를 잉여력으로 가정)

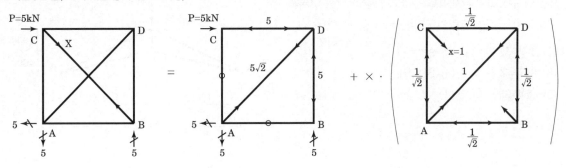

2 잉여력 X

① 부재력 표

부재	F_0(kN)	f	L(mm)	EA(kN)
AB	0	$-1/\sqrt{2}$	5000	
BD	-5	$-1/\sqrt{2}$	5000	
CD	-5	$-1/\sqrt{2}$	5000	
AC	0	$-$	5000	210×753
AD	5	1	$5000\sqrt{2}$	
BC	0	1	$5000\sqrt{2}$	

② 잉여력(X) 산정

$$\left\{ \begin{array}{l} \Delta_{BC} = \Delta_{BC,0} + X \cdot \delta_{BC} \\[2mm] \Delta_{BC} = 0 \\[2mm] \Delta_{BC,0} = \Sigma \dfrac{F_0 f L}{EA} \\[4mm] \delta_{BC} = \Sigma \dfrac{f^2 L}{EA} \end{array} \right\} \quad \rightarrow \quad X = -3.53\text{kN}$$

3 최종 부재력(kN)

$F_{AB} = 2.5 \qquad F_{BD} = -2.5$

$F_{CD} = -2.5 \qquad F_{AC} = 2.5$

$F_{AD} = 3.53 \qquad F_{BC} = -3.53$

다음의 구조물의 부재력을 구하고 인장과 압축 여부를
구분하시오. (단, 그림의 단위는 mm 임)

(1) AC부재   (2) AD부재
(3) BC부재   (4) BD부재
(5) CD부재

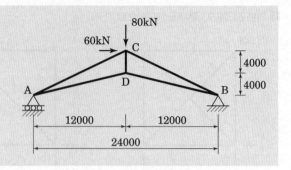

풀이

① 반력

$$\begin{cases} \Sigma F_x = 0 \; ; \quad H_B = 60 \\ \Sigma F_y = 0 \; ; \quad V_A + V_B = 80 \\ \Sigma M_A = 0 \; ; \quad -24V_B + 60 \cdot 8 + 80 \cdot 12 = 0 \end{cases}$$

$$\rightarrow \quad \begin{array}{l} V_A = 20\text{kN}(\uparrow) \\ V_B = 60\text{kN}(\uparrow) \\ H_B = 60\text{kN}(\leftarrow) \end{array}$$

② 절점 방정식

$$\begin{cases} \Sigma F_x^A = 0 \; ; \quad \dfrac{3F_{AC}}{\sqrt{13}} + \dfrac{3F_{AD}}{\sqrt{10}} = 0 \\[2mm] \Sigma F_y^A = 0 \; ; \quad 20 + \dfrac{2F_{AC}}{\sqrt{13}} + \dfrac{F_{AD}}{\sqrt{10}} = 0 \\[2mm] \Sigma F_x^B = 0 \; ; \quad -\dfrac{3F_{BC}}{\sqrt{13}} - \dfrac{3F_{BD}}{\sqrt{10}} - 60 = 0 \\[2mm] \Sigma F_y^B = 0 \; ; \quad 60 + \dfrac{2F_{BC}}{\sqrt{13}} + \dfrac{F_{BD}}{\sqrt{10}} = 0 \\[2mm] \Sigma F_y^D = 0 \; ; \quad F_{CD} - \dfrac{F_{AD}}{\sqrt{10}} - \dfrac{F_{BD}}{\sqrt{10}} = 0 \end{cases}$$

$$\rightarrow \quad \begin{array}{l} F_{AC} = -20\sqrt{13} \\ F_{AD} = 20\sqrt{13} \\ F_{CD} = 40 \\ F_{BC} = -40\sqrt{13} \\ F_{BD} = 20\sqrt{10} \end{array}$$

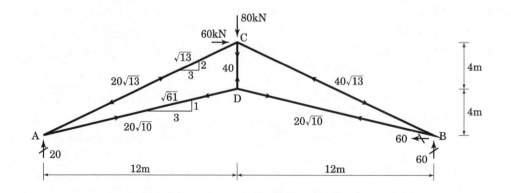

다음과 같은 트러스가 있다. 트러스를 이루는 부재의 단면적은 $A = 2000mm^2$, 부재 재료의 탄성계수는 $E_S = 2 \times 10^5 MPa$, 선팽창계수는 $\alpha = 1.0 \times 10^{-5}/℃$이다. 이 트러스는 양단 회전단으로 지지되었다. 시공 시 부재에 온도변화에 따른 잔류 응력이 존재하지 않았으나 시공 후 전체 부재의 온도가 외기에 의하여 30℃ 증가함에 따라 이에 대한 열응력이 존재하게 되었고 추가적으로 절점 3에 수직하중 $P = 100kN$이 작용함에 따라 이에 대한 응력이 발생하였다.

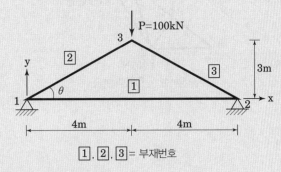

$\boxed{1}, \boxed{2}, \boxed{3}$ = 부재번호

(1) 이 트러스의 절점 3에서의 수직변위를 계산하시오.
(2) 각 부재의 내력을 구하고 이 내력이 압축인지 인장인지를 명시하시오.

풀이 ● **매트릭스 변위법**

1 평형매트릭스(A)

$$\begin{Bmatrix} P_1 = -\dfrac{3}{5}Q_2 - \dfrac{3}{5}Q_3 \\ P_2 = \dfrac{4}{5}Q_2 - \dfrac{4}{5}Q_3 \end{Bmatrix} \rightarrow A = \begin{bmatrix} 0 & -\dfrac{3}{5} & -\dfrac{3}{5} \\ 0 & \dfrac{4}{5} & -\dfrac{4}{5} \end{bmatrix}$$

2 전부재 강도매트릭스(S)

$$S = \begin{bmatrix} \dfrac{EA}{8} & & \\ & \dfrac{EA}{5} & \\ & & \dfrac{EA}{8} \end{bmatrix} \left(EA = 2 \times 10^5 \times 10^{-3} = 4 \times 10^5 kN \right)$$

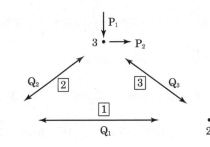

3 변위(d) 및 변형(e)

$P = [100, \quad 0]^T (kN)$

$e_0 = \alpha \Delta T [L_1, \quad L_2, \quad L_3]^T = 1.0 \cdot 10^{-5} \cdot 30 [8, \quad 5, \quad 5]^T (m)$

$d = K^{-1}(P + ASe_0) = (ASA^T)^{-1}(P + ASe_0) = [-0.000764, \quad 0]^T (m)$

$e = A^T d = [0, \quad 0.000458, \quad 0.000458]^T (m)$

4 부재력(Q)

$Q = S(e - e_0) = SA^T d - Se_0 = [-120, \quad -83.333, \quad -83.333]^T (kN)$

다음 트러스 구조물의 지점반력과 모든 부재의 부재력을 구하고 인장과 압축여부를 구분하시오.

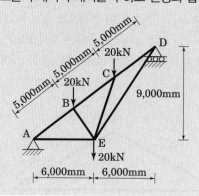

풀이

1 반력

$$\begin{cases} V_A + V_D = 60 \\ -12V_D + 20 \times (4+6+8) = 0 \end{cases} \rightarrow V_A = V_D = 30kN(\uparrow)$$

2 절점방정식

$\Sigma F_x^A = 0$; $AE + \dfrac{4}{5}AB = 0$

$\Sigma F_x^E = 0$; $-AE - \dfrac{2}{\sqrt{13}}BE + \dfrac{1}{\sqrt{10}}CE + \dfrac{2}{\sqrt{13}}DE = 0$

$\Sigma F_y^A = 0$; $30 + \dfrac{3}{5}AB = 0$

$\Sigma F_y^E = 0$; $-20 + \dfrac{3}{\sqrt{13}}BE + \dfrac{3}{\sqrt{10}}CE + \dfrac{3}{\sqrt{13}}DE = 0$

$\Sigma F_x^D = 0$; $-\dfrac{4}{5}CD - \dfrac{2}{\sqrt{13}}DE = 0$

$\Sigma F_y^B = 0$; $-20 - \dfrac{3}{5}AB - \dfrac{3}{\sqrt{13}}BE + \dfrac{3}{5}BC = 0$

$\Sigma F_y^D = 0$; $30 - \dfrac{3}{5}CD - \dfrac{3}{\sqrt{13}}DE = 0$

$$\rightarrow \begin{cases} AB = -50kN & AE = 40kN & BC = -38.89kN \\ BE = -16.02kN & CD = -50kN & CE = -28.11kN \\ DE = 72.11kN \end{cases}$$

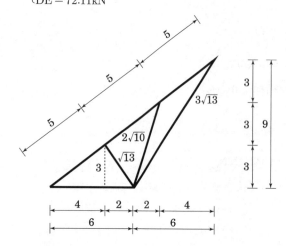

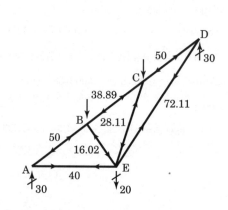

트러스의 자유단 A의 수직방향과 수평방향의 변위를 구하시오. (단, 각부재의 단면적 $A = 1500mm^2$, $E = 205 \times 10^3 N/mm^2$으로 한다.)

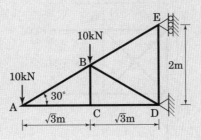

풀이 ● 에너지법

❶ 반력

$$\begin{cases} V_D - 10 - (10+P) = 0 \\ H_E - H_D - Q = 0 \\ 2 \cdot H_E - 10 \cdot \sqrt{3} - (10+P) \cdot 2\sqrt{3} = 0 \end{cases} \rightarrow \begin{array}{l} H_D = P\sqrt{3} - Q + 15\sqrt{3} \\ V_D = P + 20 \\ H_E = \sqrt{3}(P+15) \end{array}$$

❷ 부재력 [13]

$$\begin{cases} \Sigma F_x^A ; \ -Q + \dfrac{\sqrt{3}}{2}AB + AC = 0 \\ \Sigma F_y^A ; \ -(10+P) + \dfrac{1}{2}AB = 0 \\ \Sigma F_y^B ; \ -10 - \dfrac{1}{2}AB - \dfrac{1}{2}BD + \dfrac{1}{2}BE = 0 \\ \Sigma F_x^B ; \ -\dfrac{\sqrt{3}}{2}AB + \dfrac{\sqrt{3}}{2}BD + \dfrac{\sqrt{3}}{2}BE = 0 \\ \Sigma F_x^E ; \ H_E - \dfrac{\sqrt{3}}{2}BE = 0 \\ \Sigma F_y^E ; \ -DE - \dfrac{1}{2}BE = 0 \\ \Sigma F_x^C ; \ AC = CD \end{cases} \rightarrow \begin{array}{l} AB = 2(P+10) \\ AC = \sqrt{3}(-P-10) \\ BD = -10 \\ BE = 2(P+15) \\ CD = \sqrt{3}(-P-10) \\ DE = -(P+15) \end{array}$$

❸ 변형에너지

$$U = \Sigma \left(\dfrac{F^2 L}{2EA} \right)$$

❹ 처짐

$$\delta_v = \left. \dfrac{\partial U}{\partial V} \right|_{P=0, Q=0} = 0.001086m \ (\downarrow)$$

$$\delta_H = \left. \dfrac{\partial U}{\partial H} \right|_{P=0, Q=0} = 0.000195m \ (\rightarrow)$$

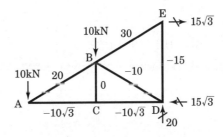

부재력 : 인장(+), 압축(−)

---

13) 변형에너지 산정을 위한 부재력은 계산기 solve 기능을 이용한다. 트러스 부재력은 P=Q=0을 대입하여 구할 수 있다.

그림과 같은 부정정 트러스 구조물에 집중하중 P가 작용하고 있을 때 모든 부재의 축력을 계산하시오.

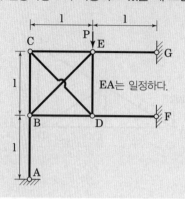

EA는 일정하다.

풀이 ● 1. 에너지법

❶ 지점반력

$$\begin{cases} \Sigma F_x = 0 \; ; \quad H_g + H_F = 0 \\ \Sigma F_y = 0 \; ; \quad -P + V_A = 0 \\ \Sigma M_D = 0 \; ; \quad 1 \cdot V_A + 1 \cdot H_G = 0 \end{cases} \rightarrow \begin{array}{l} V_A = P(\uparrow) \\ H_G = P(\leftarrow) \\ H_F = P(\rightarrow) \end{array}$$

❷ 절점 방정식(부정정정력 : CD)

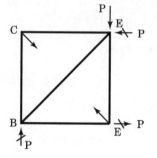

$$\begin{cases} \Sigma F_x^B = 0 \; ; \quad BD + \dfrac{BE = 0}{\sqrt{2}} \\[2mm] \Sigma F_y^B = 0 \; ; \quad BC + \dfrac{BE}{\sqrt{2}} + P = 0 \\[2mm] \Sigma F_x^D = 0 \; ; \quad P - BD - \dfrac{CD}{\sqrt{2}} = 0 \\[2mm] \Sigma F_y^D = 0 \; ; \quad \dfrac{CD}{\sqrt{2}} + DE = 0 \\[2mm] \Sigma F_x^E = 0 \; ; \quad -P - CE - \dfrac{BE}{\sqrt{2}} = 0 \end{cases} \rightarrow \begin{array}{l} BC = \dfrac{-CD\sqrt{2}}{2} \\[2mm] BD = \dfrac{2P - CD\sqrt{2}}{2} \\[2mm] BE = CD - P\sqrt{2} \\[2mm] CE = \dfrac{-CD\sqrt{2}}{2} \\[2mm] DE = \dfrac{-CD\sqrt{2}}{2} \end{array}$$

❸ 변형에너지

$F = \{BD \quad BC \quad BE \quad DE \quad CE \quad CD\}$

$L = \{1 \quad 1 \quad \sqrt{2}1 \quad 1 \quad 1 \quad \sqrt{2}1\}$

$U = \Sigma \dfrac{F^2 L}{2EA}$

❹ 부정정력 산정

$$\dfrac{\partial U}{\partial CD} = 0 \; ; \quad CD = 0.5601P$$

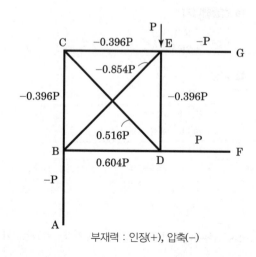

부재력 : 인장(+), 압축(−)

풀이 2. 매트릭스 변위법

1 평형 매트릭스(A)

$$
\begin{cases}
P_1 = Q_1 - Q_2 - \dfrac{Q_8}{\sqrt{2}} \\[2mm]
P_2 = -Q_3 - \dfrac{Q_8}{\sqrt{2}} \\[2mm]
P_3 = Q_2 + \dfrac{Q_9}{\sqrt{2}} \\[2mm]
P_4 = -Q_4 - \dfrac{Q_9}{\sqrt{2}} \\[2mm]
P_5 = Q_7 + \dfrac{Q_8}{\sqrt{2}} \\[2mm]
P_6 = Q_4 - Q_6 + \dfrac{Q_8}{\sqrt{2}} \\[2mm]
P_7 = -Q_7 - \dfrac{Q_9}{\sqrt{2}} \\[2mm]
P_8 = Q_3 - Q_5 + \dfrac{Q_9}{\sqrt{2}}
\end{cases}
\rightarrow
A =
\begin{bmatrix}
1 & -1 & 0 & 0 & 0 & 0 & 0 & -\dfrac{1}{\sqrt{2}} & 0 \\[2mm]
0 & 0 & -1 & 0 & 0 & 0 & 0 & -\dfrac{1}{\sqrt{2}} & 0 \\[2mm]
0 & 1 & 0 & 0 & 0 & 0 & 0 & 0 & \dfrac{1}{\sqrt{2}} \\[2mm]
0 & 0 & 0 & 1 & 0 & 0 & 0 & 0 & -\dfrac{1}{\sqrt{2}} \\[2mm]
0 & 0 & 0 & 0 & 0 & 0 & 1 & \dfrac{1}{\sqrt{2}} & 0 \\[2mm]
0 & 0 & 0 & 0 & 0 & -1 & 0 & \dfrac{1}{\sqrt{2}} & 0 \\[2mm]
0 & 0 & 0 & 0 & 0 & 0 & -1 & 0 & -\dfrac{1}{\sqrt{2}} \\[2mm]
0 & 0 & 1 & 0 & -1 & 0 & 0 & 0 & \dfrac{1}{\sqrt{2}}
\end{bmatrix}
$$

2 전부재강도 매트릭스(S)

$$
S = \frac{EA}{L}
\begin{bmatrix}
1 & & & & & & & \\
 & 1 & & & & & & \\
 & & 1 & & & & & \\
 & & & 1 & & & & \\
 & & & & 1 & & & \\
 & & & & & 1 & & \\
 & & & & & & 1/\sqrt{2} & \\
 & & & & & & & 1/\sqrt{2}
\end{bmatrix}
$$

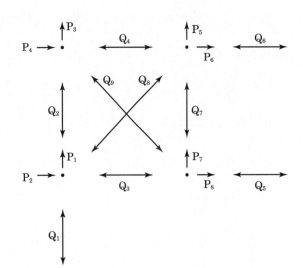

3 부재력(Q)

$$
Q = SA^{T}(ASA^{T})^{-1}[0, \quad 0, \quad 0, \quad 0, \quad -P, \quad 0, \quad 0, \quad 0]^{T}
$$
$$
= [-P \quad -0.396P \quad 0.604P \quad -0.396P \quad P \quad -P \quad -0.396P \quad -0.854P \quad 0.561P]^{T}
$$

그림과 같은 트러스 구조물에서 AB부재는 5mm, DE 부재는 10mm 짧게 제작되었다. G점의 수평변위를 구하시오. (단, 모든 부재의 EA는 동일하며, E = 200GPa, A = 400m^2)

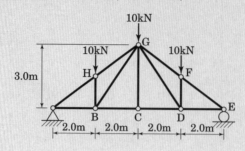

풀이 ● 매트릭스 변위법

1 평형방정식(P = AQ)

$$P_1 = Q_1 - Q_2 - \frac{2}{\sqrt{13}}Q_{11}$$

$$P_2 = -Q_9 - \frac{3}{\sqrt{13}}Q_{11}$$

$$P_3 = Q_2 - Q_3$$

$$P_4 = -Q_{13}$$

$$P_5 = Q_3 - Q_4 + \frac{2}{\sqrt{13}}Q_{12}$$

$$P_6 = -Q_{10} - \frac{3}{\sqrt{13}}Q_{12}$$

$$P_7 = \frac{4}{5}Q_5 - \frac{4}{5}Q_6$$

$$P_8 = \frac{3}{5}Q_5 - \frac{3}{5}Q_6 + Q_9$$

$$P_9 = -\frac{4}{5}Q_7 + \frac{4}{5}Q_8$$

$$P_{10} = \frac{3}{5}Q_7 - \frac{3}{5}Q_8 + Q_{10}$$

$$P_{11} = \frac{4}{5}Q_6 - \frac{4}{5}Q_8 + \frac{2}{\sqrt{13}}Q_{11} - \frac{2}{\sqrt{13}}Q_{12}$$

$$P_{12} = \frac{3}{5}Q_6 + \frac{3}{5}Q_8 + \frac{3}{\sqrt{13}}Q_{11} + \frac{3}{\sqrt{13}}Q_{12} + Q_{13}$$

$$P_{13} = Q_4 + \frac{4}{5}Q_7$$

$P_{12}=-10$

G • → P_{11}

Q_6 Q_8

$P_8=-10$ $P_{10}=-10$

$P_7 \rightarrow$ • H Q_{11} Q_{13} Q_{12} • → P_9

Q_5 Q_9 Q_{10} Q_7

A •

↑P_2 ↑P_4 ↑P_6 E • P_{13}

• B   • C   • D

Q_1 Q_2 Q_3 Q_4

→ P_1 P_3 P_5

❷ 평형매트릭스(A)

$$
A = \begin{bmatrix}
1 & -1 & 0 & 0 & 0 & 0 & 0 & 0 & 0 & 0 & -\dfrac{2}{\sqrt{13}} & 0 & 0 \\
0 & 0 & 0 & 0 & 0 & 0 & 0 & 0 & -1 & 0 & -\dfrac{3}{\sqrt{13}} & 0 & 0 \\
0 & 1 & -1 & 0 & 0 & 0 & 0 & 0 & 0 & 0 & 0 & 0 & 0 \\
0 & 0 & 0 & 0 & 0 & 0 & 0 & 0 & 0 & 0 & 0 & 0 & -1 \\
0 & 0 & 1 & -1 & 0 & 0 & 0 & 0 & 0 & 0 & 0 & \dfrac{2}{\sqrt{13}} & 0 \\
0 & 0 & 0 & 0 & 0 & 0 & 0 & 0 & 0 & -1 & 0 & -\dfrac{3}{\sqrt{13}} & 0 \\
0 & 0 & 0 & 0 & \dfrac{4}{5} & -\dfrac{4}{5} & 0 & 0 & 0 & 0 & 0 & 0 & 0 \\
0 & 0 & 0 & 0 & \dfrac{3}{5} & -\dfrac{3}{5} & 0 & 0 & 1 & 0 & 0 & 0 & 0 \\
0 & 0 & 0 & 0 & 0 & 0 & -\dfrac{4}{5} & \dfrac{4}{5} & 0 & 0 & 0 & 0 & 0 \\
0 & 0 & 0 & 0 & 0 & 0 & \dfrac{3}{5} & -\dfrac{3}{5} & 0 & 1 & 0 & 0 & 0 \\
0 & 0 & 0 & 0 & 0 & \dfrac{4}{5} & 0 & -\dfrac{4}{5} & 0 & 0 & \dfrac{2}{\sqrt{13}} & -\dfrac{2}{\sqrt{13}} & 0 \\
0 & 0 & 0 & 0 & 0 & \dfrac{3}{5} & 0 & \dfrac{3}{5} & 0 & 0 & \dfrac{3}{\sqrt{13}} & \dfrac{3}{\sqrt{13}} & 1 \\
0 & 0 & 0 & 1 & 0 & 0 & \dfrac{4}{5} & 0 & 0 & 0 & 0 & 0 & 0
\end{bmatrix}
$$

❸ 부재 강도매트릭스(S)

$$
S = EA \begin{bmatrix}
1/2 \\
 & 1/2 \\
 & & 1/2 \\
 & & & 1/2 \\
 & & & & 1/2.5 \\
 & & & & & 1/2.5 \\
 & & & & & & 1/2.5 \\
 & & & & & & & 1/2.5 \\
 & & & & & & & & 1/1.5 \\
 & & & & & & & & & 1/1.5 \\
 & & & & & & & & & & 1/\sqrt{13} \\
 & & & & & & & & & & & 1/\sqrt{13} \\
 & & & & & & & & & & & & 1/3
\end{bmatrix}
$$

❹ 변위산정

$$P_0 = \begin{bmatrix} 0 & 0 & 0 & 0 & 0 & 0 & 0 & 0 & -10 & 0 & -10 & 0 & -10 & 0 \end{bmatrix}^T$$

$$e_0 = \begin{bmatrix} -0.005 & 0 & 0 & -0.01 & 0 & 0 & 0 & 0 & 0 & 0 & 0 & 0 & 0 \end{bmatrix}^T$$

$$d = (ASA^T)^{-1}(P + ASe_0)$$

$$\delta_h = d[11,1] = -0.006667m = 6.77mm(\leftarrow)$$

다음 트러스에서 A점의 수직변위 δv를 구하시오. (단, 모든 부재의 단면적은 $200mm^2$, 탄성계수는 $2 \times 10^5 MPa$이다.)

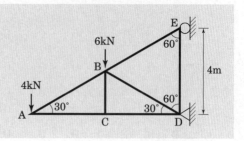

풀이 1. 에너지법

1 기본사항

$$A = 200mm^2 = 200 \times (10^{-3})^2 m^2$$

$$E = 2 \times 10^5 \times \frac{10^{-3}}{(10^{-3})^2} kN/m^2$$

2 반력산정

$$\begin{cases} \Sigma F_x = 0 \ ; \ H_E - H_D = 0 \\ \Sigma F_y = 0 \ ; \ -P - 6 + V_D = 0 \\ \Sigma M_D = 0 \ ; \ -P \times 4\sqrt{3} - 6 \times 2\sqrt{3} + 4H_E = 0 \end{cases}$$

$$\rightarrow \begin{aligned} V_D &= (P+6)(\uparrow) \\ H_D &= \sqrt{3}(P+3)(\leftarrow) \\ H_E &= \sqrt{3}(P+3)(\rightarrow) \end{aligned}$$

3 부재력

$$\begin{cases} \Sigma F_x^A = 0 \ ; \ \frac{\sqrt{3}}{2}AB + AC = 0 \\ \Sigma F_y^A = 0 \ ; \ \frac{1}{2}AB - P = 0 \\ \Sigma F_x^E = 0 \ ; \ H_E - \frac{\sqrt{3}}{2}BE = 0 \\ \Sigma F_y^E = 0 \ ; \ -DE - \frac{1}{2}BE = 0 \\ \Sigma F_x^D = 0 \ ; \ -CD - \frac{\sqrt{3}}{2}BD - H_D = 0 \\ \Sigma F_y^D = 0 \ ; \ \frac{1}{2}BD + DE + V_D = 0 \end{cases}$$

$$\rightarrow \begin{aligned} AB &= 2P \\ AC &= -P\sqrt{3} \\ BD &= -6 \\ BE &= 2(P+3) \\ CD &= -P\sqrt{3} \\ DE &= -(P+3) \end{aligned}$$

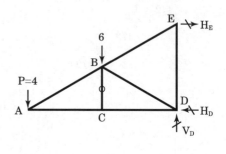

4 변형에너지

$$U = \Sigma \frac{F^2 L}{2EA}$$

5 A점 수직변위

$$\delta_A = \frac{\partial U}{\partial P}\bigg|_{P=4} = 0.007178m(\downarrow)$$

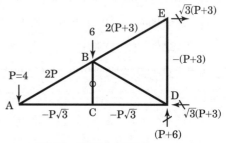

부재력 : 인장(+), 압축(−)

1 평형매트릭스(A)

$$\begin{cases} P_1 = \dfrac{\sqrt{3}}{2}Q_1 - Q_4 \\[3mm] P_2 = -\dfrac{Q_1}{2} \\[3mm] P_3 = \dfrac{\sqrt{3}}{2}(Q_1 - Q_2 - Q_3) \\[3mm] P_4 = \dfrac{Q_1 - Q_2 + Q_3}{2} + Q_6 \\[3mm] P_5 = Q_4 - Q_5 \\[3mm] P_6 = -Q_6 \\[3mm] P_7 = \dfrac{Q_2}{2} + Q_7 \end{cases} \rightarrow A = \begin{bmatrix} \dfrac{\sqrt{3}}{2} & 0 & 0 & -1 & 0 & 0 & 0 \\[2mm] -\dfrac{1}{2} & 0 & 0 & 0 & 0 & 0 & 0 \\[2mm] \dfrac{\sqrt{3}}{2} & -\dfrac{\sqrt{3}}{2} & -\dfrac{\sqrt{3}}{2} & 0 & 0 & 0 & 0 \\[2mm] \dfrac{1}{2} & -\dfrac{1}{2} & \dfrac{1}{2} & 0 & 0 & 1 & 0 \\[2mm] 0 & 0 & 0 & 1 & -1 & 0 & 0 \\[2mm] 0 & 0 & 0 & 0 & 0 & -1 & 0 \\[2mm] 0 & \dfrac{1}{2} & 0 & 0 & 0 & 0 & 1 \end{bmatrix}$$

2 부재강도매트릭스(S)

$$S = EA \times \begin{bmatrix} \dfrac{1}{4} & & & & & & \\ & \dfrac{1}{4} & & & & & \\ & & \dfrac{1}{4} & & & & \\ & & & \dfrac{1}{2\sqrt{3}} & & & \\ & & & & \dfrac{1}{2\sqrt{3}} & & \\ & & & & & \dfrac{1}{2} & \\ & & & & & & \dfrac{1}{4} \end{bmatrix}$$

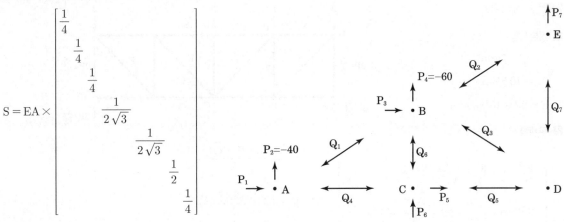

3 변위(d)

$$d = (ASA^T)^{-1}[0, \quad -4, \quad 0, \quad -6, \quad 0, \quad 0, \quad 0]^T$$

$$\delta_A = d[2,1] = -0.007178\text{m}$$

다음과 같은 트러스에서 중앙 절점 C의 수직처짐을 구하시오.

[조건]

- 양단은 단순지지이다.
- 상현재 및 하현재는 각각 2Ls-90×90×6(A=2×10.55cm² = 21.1cm²)
- 기타 부재는 Ls-90×90×6 (A=10.55cm²)
- $E = 2.1 \times 10^5 N/mm^2$
- 〈 〉안의 숫자는 부재번호

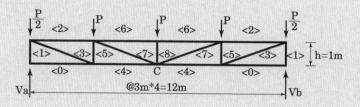

풀이 에너지법

1 기본사항

$A_1 = 21.1 mm^2$

$A_2 = 10.55 mm^2$

$E = 2.1 \cdot 10^5 N/mm^2$

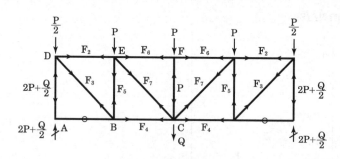

2 부재력

$$\begin{cases} \Sigma F_x^D = 0 \ ; \ F_2 + \dfrac{3}{\sqrt{10}} F_3 = 0 \\[2mm] \Sigma F_y^D = 0 \ ; \ -\dfrac{P}{2} + 2P + \dfrac{Q}{2} - \dfrac{1}{\sqrt{10}} F_3 = 0 \\[2mm] \Sigma F_x^E = 0 \ ; \ -F_2 + F_6 + \dfrac{3}{\sqrt{10}} F_7 = 0 \\[2mm] \Sigma F_y^E = 0 \ ; \ -F_2 + F_6 + \dfrac{3}{\sqrt{10}} F_7 = 0 \\[2mm] \Sigma F_x^B = 0 \ ; \ -\dfrac{3}{\sqrt{10}} F_3 + F_5 = 0 \end{cases}$$

$$\rightarrow$$

$$F_2 = -\frac{3(3P+Q)}{2}$$

$$F_3 = \frac{\sqrt{10}\,(3P+Q)}{2}$$

$$F_4 = \frac{3(3P+Q)}{2}$$

$$F_5 = -\frac{3P+Q}{2}$$

$$F_6 = -3(2P+Q)$$

$$F_7 = \frac{\sqrt{10}\,(P+Q)}{2}$$

3 C점 수직처짐

$$U = \Sigma \frac{F^2 L}{2EA}$$

$$\delta_c = \frac{\partial U}{\partial Q}\bigg|_{Q=0} = 0.000073 \ P \ mm(\downarrow) \ (P \ 단위 : N)$$

다음 구조물에서 최소일의 원리를 이용하여 모든 부재력을 구하고, 가상일의 원리를 활용하여 C점의 수직변위 (v_c)와 수평변위(u_c)를 구하시오. (단, 모든 부재의 축방향 강성(Axial rigidity)은 EA이다.)

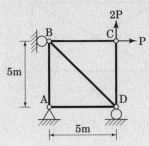

풀이 ○ 에너지법

1 부재력(최소일의 원리)

BD 부재력을 X라 하고 정정 트러스의 부재력를 구하고 내부 에너지를 구하면

$$U = \frac{1}{2EA} \cdot \left(5P^2 + 5Q^2 + 5\left(\frac{X}{\sqrt{2}}\right)^2 + 5\left(\frac{X}{\sqrt{2}}\right)^2 + 5\sqrt{2}X^2 \right)$$

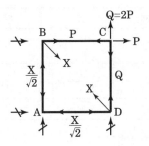

최소일의 원리를 이용하여 미지력 X를 구하면

$$\left.\frac{\partial U}{\partial X}\right|_{Q=2P} = 0 \ ; \quad X = 0$$

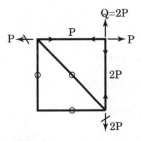

따라서 트러스 최종 부재력은 다음과 같다.

2 변위(가상일의 원리)

① 수직변위(v_c)

$$v_c = \frac{2P \cdot 1 \cdot 5}{EA} = \frac{10P}{EA} \ (\uparrow)$$

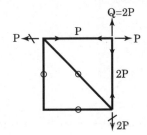
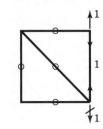

② 수평변위(u_c)

$$u_c = \frac{P \cdot 1 \cdot 5}{EA} = \frac{5P}{EA} (\rightarrow)$$

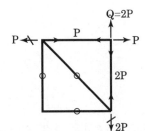
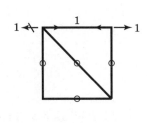

그림의 트러스에서 다음을 구하시오. (단, 모든 부재의 EA/L = 20kN/m이다.)

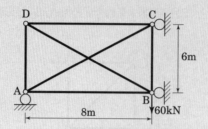

(1) BC부재의 부재력   (2) 절점 B의 연직변위

풀이 ○ 에너지법

1 부재력표($P = 60$kN)

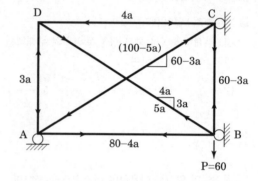

부재	F	부재	F
AB	$\dfrac{4P}{3} - 4a$	BC	$P - 3a$
AC	$-\left(\dfrac{5P}{3} - 5a\right)$	BD	$5a$
AD	$-3a$	CD	$-4a$

2 BC 부재력 산정 [14]

$$U = \Sigma \frac{F^2 L}{2EA} = \frac{1}{2} \cdot \frac{L}{EA} \Sigma F^2 = \frac{5a^2}{2} - 50a + 500$$

$$\frac{\partial U}{\partial a} = 0 \; ; \quad a = 10$$

$$\therefore F_{BC} = 30\text{kN(인장)}$$

3 절점 B 연직변위

$$\delta_B = \frac{\partial U}{\partial P}\bigg|_{\substack{P = 60 \\ F_{BC} = 30}} = \frac{25}{3} = 8.333\text{mm}(\downarrow)$$

---

14) 부정정력 F_{BD}를 5a로 가정하면 트러스 분력계산이 간단해진다.

탄성체이고 길이가 각각 L인 3개의 봉을 핀으로 결합한 구조물에서 절점 C에 P가 연직 아래 방향으로 작용할 때 부재 DC에 작용하는 인장력과 부재 AC와 BC에 작용하는 압축력들이 같아지기 위한 부재의 단면적 비(A_1/A)를 구하시오. (단, 부재 DC의 단면적은 A이고, 부재 AC와 BC의 단면적은 A_1이다. 부재 CD는 연직방향이다.)

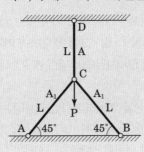

풀이 ⟩ 에너지법

1 변형에너지

$$T_{AC} = \left(\frac{T}{2} - \frac{P}{2}\right)\sqrt{2}$$

$$T_{CD} = T$$

$$U = \Sigma\frac{T^2 L}{2EA} = \frac{T_{AC}^2 \cdot L}{2E \cdot A_1} \times 2 + \frac{T_{CD}^2 \cdot L}{2E \cdot A}$$

2 부정정력 산정

$$\frac{\partial U}{\partial T} = 0 \; ; \; T = \frac{AP}{A + A_1}(\text{인장}) = T_{CD}$$

3 산정

$$T_{AC} = \left(\frac{T}{2} - \frac{P}{2}\right)\sqrt{2}$$

$$= -\frac{A_1\sqrt{2}\,P}{2\left(A + \sqrt{A_1}\right)} = \frac{A_1\sqrt{2}\,P}{2\left(A + \sqrt{A_1}\right)}(\text{압축})$$

4 단면적 비

$$T_{CD} = T_{AC} \; ; \quad \frac{AP}{A + A_1} = \frac{A_1\sqrt{2}\,P}{2\left(A + \sqrt{A_1}\right)}\text{이므로}$$

$$\frac{A_1}{A} = \sqrt{2}$$

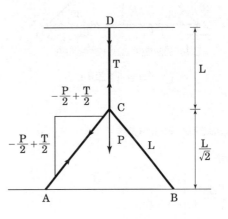

다음과 같이 양단이 회전단인 트러스가 있다. 모든 부재는 핀으로 연결되어 있고 각 부재의 단면적은 A = 6000mm², 탄성계수는 200000N/mm²이다. 이 트러스 절점 1에 수직하중 p = 500kN이 작용할 때 외기 온도 변화 $\delta T = -20℃$ 발생하였다.

(1) 트러스 부재 재료의 온도에 대한 선팽창계수가 $\alpha = 1.2 \times 10^{-5}/℃$ 일 때, 이 트러스에 대한 $[K]_{8 \times 8} \cdot \{U\}_{8 \times 1} = \{F\}_{8 \times 1}$ 매트릭스 식을 유도하시오 (〈그림 1〉 및 〈그림 2〉 참조). 여기서 $[K]_{8 \times 8}$는 지점경계 조건을 적용하기 전에 강성행렬이고 $\{U\}_{8 \times 1}$는 각 절점의 전체자유도에 대한 변위벡터이며, $\{F\}_{8 \times 1}$는 외력 및 온도하중을 포함하는 벡터이다.

(2) 상기 매트릭스 식을 경계조건 및 대칭성을 이용하여 $[K]_{2 \times 2} \cdot \{U\}_{2 \times 1} = \{F\}_{2 \times 1}$ 형태로 간략화 하시오.

(3) 상기 (2)에서 유도한 매트릭스 식을 이용하여 변위 $\{U\}_{2 \times 1}$를 산정하시오.

(4) 상기 (3)의 변위를 이용하여 각 부재의 내력을 산정하고 부재력의 압축 혹은 인장을 명시하시오.

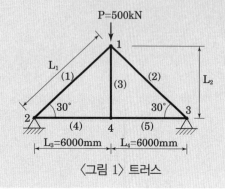

〈그림 1〉 트러스

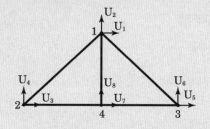

〈그림 2〉 부재번호, 절점번호 및 자유도

풀이 1. 매트릭스 직접강도법

1 기본사항

$$\overline{K}_{ij} = \left(\frac{EA}{L}\right)_{ij} \begin{bmatrix} 1 & 0 & -1 & 0 \\ 0 & 0 & 0 & 0 \\ -1 & 0 & 1 & 0 \\ 0 & 0 & 0 & 0 \end{bmatrix}$$

$$T_k = \begin{bmatrix} \cos\theta & \sin\theta & & \\ -\sin\theta & \cos\theta & & \\ & & \cos\theta & \sin\theta \\ & & -\sin\theta & \cos\theta \end{bmatrix}$$

$$K_{ij} = T_k^T \cdot \overline{K}_{ij} \cdot T_k$$

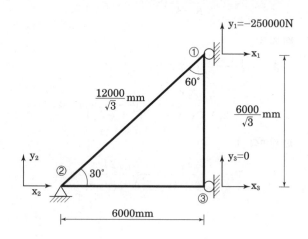

2 강도매트릭스

$$\begin{cases} K_{12} = T_k^T \cdot \overline{K}_{12} \cdot T_k \left(L_{12} = 12000/\sqrt{3}, \quad \theta = -150°\right) \\ K_{13} = T_k^T \cdot \overline{K}_{13} \cdot T_k \left(L_{13} = 6000/\sqrt{3}, \quad \theta = -90°\right) \\ K_{23} = T_k^T \cdot \overline{K}_{23} \cdot T_k \left(L_{23} = 6000, \quad \theta = 0°\right) \end{cases} \rightarrow K_T = K_{12} + K_{13} + K_{23}$$

❸ 온도하중에 의한 부재력

$$X_T = EA\alpha\Delta T \left(\begin{bmatrix} \cos(-150°) \\ \sin(-150°) \\ -\cos(-150°) \\ -\sin(-150°) \\ 0 \\ 0 \end{bmatrix} + \begin{bmatrix} \cos(-90°) \\ \sin(-90°) \\ 0 \\ 0 \\ -\cos(-90°) \\ -\sin(-90°) \end{bmatrix} + \begin{bmatrix} 0 \\ 0 \\ \cos(0°) \\ \sin(0°) \\ -\cos(0°) \\ -\sin(0°) \end{bmatrix} \right) = \begin{bmatrix} 249415 \\ 432000 \\ -537415 \\ -144000 \\ 288000 \\ -288000 \end{bmatrix}$$

❹ 강도방정식($X = K_T u + X_T$)

$$\begin{bmatrix} X_A \\ X_B \end{bmatrix} = \begin{bmatrix} K_{AA} & K_{AB} \\ K_{BA} & K_{BB} \end{bmatrix} \begin{bmatrix} u_A \\ u_B \end{bmatrix} + \begin{bmatrix} X_{TA} \\ X_{TB} \end{bmatrix}$$

$$\begin{bmatrix} X_1 \\ Y_1 = -250000 \\ X_2 \\ Y_2 \\ X_3 \\ Y_3 = 0 \end{bmatrix} = 25000 \begin{bmatrix} 3\sqrt{3} & 3 & -3\sqrt{3} & -3 & 0 & 0 \\ 3 & 9\sqrt{3} & -3 & -\sqrt{3} & 0 & -8\sqrt{3} \\ -3\sqrt{3} & -3 & 3\sqrt{3}+8 & 3 & -8 & 0 \\ -3 & -\sqrt{3} & 3 & \sqrt{3} & 0 & 0 \\ 0 & 0 & -8 & 0 & 8 & 0 \\ 0 & -8\sqrt{3} & 0 & 0 & 0 & 8\sqrt{3} \end{bmatrix} \begin{bmatrix} u_1 = 0 \\ v_1 \\ u_2 = 0 \\ v_2 = 0 \\ u_3 = 0 \\ v_3 \end{bmatrix} + \begin{bmatrix} 249415 \\ 432000 \\ -537415 \\ -144000 \\ 288000 \\ -288000 \end{bmatrix}$$

❹ 격점변위(u_A)

$$\left. \begin{aligned} K_{AA} &= 25000 \cdot \begin{bmatrix} 9\sqrt{3} & -8\sqrt{3} \\ -8\sqrt{3} & 8\sqrt{3} \end{bmatrix} \\[2mm] X_{TA} &= \begin{bmatrix} 432000 \\ -288000 \end{bmatrix} \\[2mm] X_A &= \begin{bmatrix} -250000 \\ 0 \end{bmatrix} \end{aligned} \right\} \rightarrow \quad u_A = \begin{bmatrix} v_1 \\ v_3 \end{bmatrix} = K_{AA}^{-1}(X_A - X_{TA}) = \begin{bmatrix} -9.09904 \\ -8.26766 \end{bmatrix} (mm)$$

❺ 반력(X_B)

$$\left. \begin{aligned} K_{BA} &= 25000 \begin{bmatrix} 3 & 0 \\ -3 & 0 \\ -\sqrt{3} & 0 \\ 0 & 0 \end{bmatrix} \\[2mm] u_A &= \begin{bmatrix} -9.09904 \\ -8.26766 \end{bmatrix} \\[2mm] X_{TB} &= \begin{bmatrix} 249415 & -537415 & -144000 & 288000 \end{bmatrix}^T \end{aligned} \right\} \rightarrow \quad X_B = \begin{bmatrix} X_1 \\ X_2 \\ Y_2 \\ X_3 \end{bmatrix} = K_{BA} \cdot u_A + X_{TB} = \begin{bmatrix} -433013 \\ 145013 \\ 250000 \\ 288000 \end{bmatrix} (N)$$

❻ 부재력 (부재력은 반력으로부터 역산가능)

$$Q_{ij} = \left(\frac{EA}{L}\right)_{ij} \cdot \begin{bmatrix} \cos\theta & \sin\theta \end{bmatrix} \cdot \begin{bmatrix} u_j - u_i \\ v_j - v_i \end{bmatrix} - EA\alpha\Delta T \;;$$

$$\left. \begin{aligned} Q_{12} &= \frac{EA}{\dfrac{12000}{\sqrt{3}}} \cdot \begin{bmatrix} \cos-150° & \sin-150° \end{bmatrix} \cdot \begin{bmatrix} 0-0 \\ 0-u_A[1,1] \end{bmatrix} = -500000N \\[3mm] Q_{13} &= \frac{EA}{\dfrac{6000}{\sqrt{3}}} \cdot \begin{bmatrix} \cos-90° & \sin\,90° \end{bmatrix} \cdot \begin{bmatrix} 0-0 \\ u_A[2,1]-u_A[1,1] \end{bmatrix} = 0N \\[3mm] Q_{23} &= \frac{EA}{6000} \cdot \begin{bmatrix} \cos0° & \sin0° \end{bmatrix} \cdot \begin{bmatrix} 0-0 \\ u_A[2,1]-0 \end{bmatrix} = 288000N \end{aligned} \right\}$$

1 평형 매트릭스(A)

$$\begin{cases} P_1 = \dfrac{Q_1}{2} + \dfrac{Q_2}{2} + Q_3 \\[2mm] P_2 = \dfrac{\sqrt{3}}{2}Q_1 - \dfrac{\sqrt{3}}{2}Q_2 \\[2mm] P_3 = -Q_3 \\[2mm] P_4 = Q_4 - Q_5 \end{cases} \rightarrow A = \begin{bmatrix} \dfrac{1}{2} & \dfrac{1}{2} & 1 & 0 & 0 \\[2mm] \dfrac{\sqrt{3}}{2} & -\dfrac{\sqrt{3}}{2} & 0 & 0 & 0 \\[2mm] 0 & 0 & -1 & 0 & 0 \\[1mm] 0 & 0 & 0 & 1 & -1 \end{bmatrix}$$

2 부재 강도매트릭스(S)

$$S = \frac{EA}{6000} \begin{bmatrix} \dfrac{\sqrt{3}}{2} & & & & \\[2mm] & \dfrac{\sqrt{3}}{2} & & & \\[2mm] & & \sqrt{3} & & \\[1mm] & & & 1 & \\[1mm] & & & & 1 \end{bmatrix} \quad (EA = 6000 \cdot 200000)$$

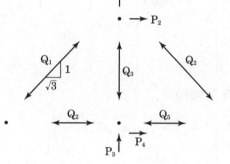

$P_1 = -500000N$

3 변위(d), 부재력(Q)

$$P = \begin{bmatrix} -500000 & 0 & 0 & 0 \end{bmatrix}^T$$

$$e_0 = 1.2 \cdot 10^{-5} \cdot (-20) \cdot 1000 \cdot \begin{bmatrix} \dfrac{12}{\sqrt{3}} & \dfrac{12}{\sqrt{3}} & \dfrac{6}{\sqrt{3}} & 6 & 6 \end{bmatrix}^T$$

$$d = (ASA^T)^{-1} \cdot (P + A \cdot S \cdot e_0) = \begin{bmatrix} -9.09904 & 0 & -8.26766 & 0 \end{bmatrix}^T mm$$

$$Q = SA^Td - S \cdot e_0 = \begin{bmatrix} -500000 & -500000 & 0 & 288000 & 288000 \end{bmatrix}^T N$$

1 평형 매트릭스(A). 부재 강도매트릭스(S)

$$\begin{cases} P_1 = \dfrac{Q_1}{2} + Q_2 \\[2mm] P_2 = -Q_2 \end{cases} \rightarrow A = \begin{bmatrix} \dfrac{1}{2} & 1 & 0 \\[2mm] 0 & -1 & 0 \end{bmatrix}$$

$$S = \frac{EA}{6000} \begin{bmatrix} \dfrac{\sqrt{3}}{2} & & \\[2mm] & \sqrt{3} & \\[1mm] & & 1 \end{bmatrix} \quad EA = 6000 \cdot 200000$$

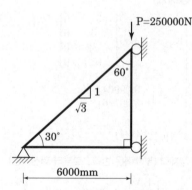

$P = 250000N$

60°

1

$\sqrt{3}$

30°

6000mm

2 변위(d), 부재력(Q)

$$P = \begin{bmatrix} -250000 & 0 \end{bmatrix}^T$$

$$e_0 = 1.2 \cdot 10^{-5} \cdot (-20) \cdot 1000 \cdot \begin{bmatrix} \dfrac{12}{\sqrt{3}} & \dfrac{6}{\sqrt{3}} & 6 \end{bmatrix}^T$$

$$d = (ASA^T)^{-1} \cdot (P + A \cdot S \cdot e_0) = \begin{bmatrix} -9.09904 & -8.26766 \end{bmatrix}^T mm$$

$$Q = SA^Td - S \cdot e_0 = \begin{bmatrix} -500000 & 0 & 288000 \end{bmatrix}^T kN$$

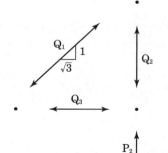

$P_1 = -250000N$

P_2

다음 그림과 같이 자유도가 6개인 트러스의 반력과 부재력을 강성행렬을 이용한 행렬 구조해석법(Matrix structural analysis)중에서 변위법(Displacement method ; 강성법(Stiffness method))을 이용하여 구하시오. (단, EI 일정하며, R3, R4는 외력이며, ①, ②, ③ 요소를 각각 4×4 강성행렬을 구한 후 6×6 구조강성 행렬을 구성하여, 경계조건을 적용, 2×2 감차행렬을 구하는 순서로 계산을 전개한다.)

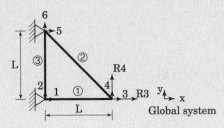

풀이 ○ 매트릭스 직접강도법

1 기본사항

$$\overline{K}_{ij} = \left(\frac{EA}{L}\right)_{ij} \begin{bmatrix} 1 & 0 & -1 & 0 \\ 0 & 0 & 0 & 0 \\ -1 & 0 & 1 & 0 \\ 0 & 0 & 0 & 0 \end{bmatrix}$$

$$T_k = \begin{bmatrix} \cos\theta & \sin\theta & & \\ -\sin\theta & \cos\theta & & \\ & & \cos\theta & \sin\theta \\ & & -\sin\theta & \cos\theta \end{bmatrix}$$

$$K_{ij} = T_k^T \cdot \overline{K}_{ij} \cdot T_k$$

2 강도매트릭스

$$\begin{cases} K_{12} = T_k^T \cdot \overline{K}_{12} \cdot T_k(L_{12} = L, \quad \theta = 0°) \\ K_{23} = T_k^T \cdot \overline{K}_{23} \cdot T_k(L_{23} = \sqrt{2}\,L, \quad \theta = 135°) \\ K_{13} = T_k^T \cdot \overline{K}_{13} \cdot T_k(L_{13} = L, \quad \theta = 90°) \end{cases} \rightarrow K_T = K_{12} + K_{23} + K_{13}$$

3 전구조물 강도방정식($P = K_T \cdot d_T$)

$$\begin{bmatrix} P_A \\ P_B \end{bmatrix} = \begin{bmatrix} K_{AA} & K_{AB} \\ K_{BA} & K_{BB} \end{bmatrix} \begin{bmatrix} d_A \\ d_B \end{bmatrix}$$

$$\begin{bmatrix} X_1 \\ Y_1 \\ X_2 = R_3 \\ Y_2 = R_4 \\ X_3 \\ Y_3 \end{bmatrix} = \frac{EA}{L} \begin{bmatrix} 1 & 0 & -1 & 0 & 0 & 0 \\ 0 & 1 & 0 & 0 & 0 & -1 \\ -1 & 0 & \frac{\sqrt{2}}{4}+1 & -\frac{\sqrt{2}}{4} & -\frac{\sqrt{2}}{4} & \frac{\sqrt{2}}{4} \\ 0 & 0 & -\frac{\sqrt{2}}{4} & \frac{\sqrt{2}}{4} & \frac{\sqrt{2}}{4} & -\frac{\sqrt{2}}{4} \\ 0 & 0 & -\frac{\sqrt{2}}{4} & \frac{\sqrt{2}}{4} & \frac{\sqrt{2}}{4} & -\frac{\sqrt{2}}{4} \\ 0 & -1 & \frac{\sqrt{2}}{4} & -\frac{\sqrt{2}}{4} & -\frac{\sqrt{2}}{4} & \frac{\sqrt{2}}{4}+1 \end{bmatrix} \begin{bmatrix} u_1 = 0 \\ v_1 = 0 \\ u_2 \\ v_2 \\ u_3 = 0 \\ v_3 = 0 \end{bmatrix}$$

④ 격점변위(d_A)

$$\begin{cases} K_{AA} = \dfrac{EA}{L}\begin{bmatrix} \dfrac{\sqrt{2}}{4}+1 & -\dfrac{\sqrt{2}}{4} \\[2mm] -\dfrac{\sqrt{2}}{4} & \dfrac{\sqrt{2}}{4} \end{bmatrix}\left(K_T \text{ 실선부분}\right) \\[6mm] P_A = \begin{bmatrix} R_3 \\ R_4 \end{bmatrix} \end{cases} \rightarrow d_A = K_{AA}^{-1} \cdot P_A = \dfrac{L}{EA} \cdot \begin{bmatrix} R_3 + R_4 \\ R_3 + (2\sqrt{2}+1)R_4 \end{bmatrix}$$

⑤ 반력()

$$K_{BA} = \dfrac{EA}{L}\begin{bmatrix} -1 & 0 \\ 0 & 0 \\ -\dfrac{\sqrt{2}}{4} & \dfrac{\sqrt{2}}{4} \\[2mm] \dfrac{\sqrt{2}}{4} & -\dfrac{\sqrt{2}}{4} \end{bmatrix} \rightarrow P_B = K_{BA} \cdot d_A = \begin{bmatrix} -R_3 - R_4 \\ 0 \\ R_4 \\ -R_4 \end{bmatrix}$$

⑥ 부재력(Q)

$$Q_{ij} = \left(\dfrac{EA}{L}\right)_{ij} \cdot [\cos\theta\ \sin\theta] \cdot \begin{bmatrix} u_j - u_i \\ v_j - v_i \end{bmatrix} \rightarrow \begin{cases} Q_{12} = \dfrac{EA}{L} \cdot [\cos 0°\ \ \sin 0°] \cdot \begin{bmatrix} d[1,1] \\ d[2,1] \end{bmatrix} = R_3 + R_4 \\[3mm] Q_{23} = \dfrac{EA}{\sqrt{2}\,L} \cdot [\cos 135°\ \ \sin 135°] \cdot \begin{bmatrix} -d[1,1] \\ -d[2,1] \end{bmatrix} = -R_4\sqrt{2} \\[3mm] Q_{13} = \dfrac{EA}{L} \cdot [\cos 90°\ \ \sin 90°] \cdot \begin{bmatrix} 0 \\ 0 \end{bmatrix} = 0 \end{cases}$$

[풀이] 2. 매트릭스 변위법

$$A = \begin{bmatrix} 1 & \dfrac{1}{\sqrt{2}} & 0 \\[2mm] 0 & -\dfrac{1}{\sqrt{2}} & 0 \end{bmatrix}$$

$$S = \dfrac{EA}{L}\begin{bmatrix} 1 & & \\ & \dfrac{1}{\sqrt{2}} & \\ & & 1 \end{bmatrix}$$

$$K = ASA^T = \dfrac{EA}{L}\begin{bmatrix} \dfrac{\sqrt{2}}{4}+1 & -\dfrac{\sqrt{2}}{4} \\[2mm] -\dfrac{\sqrt{2}}{4} & \dfrac{\sqrt{2}}{4} \end{bmatrix}$$

$$d = (ASA^T)^{-1} \cdot [R_3 \quad R_4]^T$$
$$= \dfrac{L}{EA} \cdot \left[(R_3 + R_4) \quad R_3 + R_4(2\sqrt{2}+1)\right]^T$$

$$Q = SA^T d = \left[R_3 + R_4 \quad -\sqrt{2} \cdot R_4 \quad 0\right]^T$$

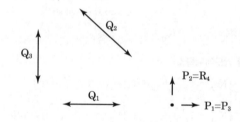

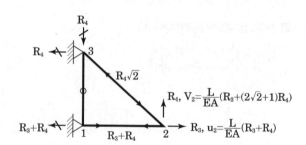

200kN의 외력을 받는 케이블 트러스 구조시스템에서 케이블 구조의 안정성과 강성을 확보하기 위해서 초기 긴장력 40kN을 도입한다. 케이블 트러스 구조시스템의 부재력을 구하시오.

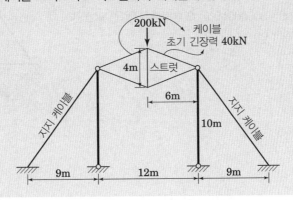

풀이

❶ 하중 작용시(대칭 이용, P = 100) [15]

$$\begin{cases} -\dfrac{9F_1}{\sqrt{181}} + \dfrac{3F_3}{\sqrt{10}} = 0 \\[3mm] -\dfrac{10F_1}{\sqrt{181}} - F_2 - \dfrac{F_3}{\sqrt{10}} = 0 \\[3mm] -100 + \dfrac{F_3}{\sqrt{10}} = 0 \end{cases} \rightarrow \begin{array}{l} F_1 = 448.454\text{kN} \\[2mm] F_2 = -433.333\text{kN} \\[2mm] F_3 = 316.228\text{kN} \end{array}$$

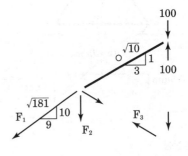

❷ 초기 긴장력 작용 시

$$\begin{cases} -\dfrac{9F_1}{\sqrt{181}} + \dfrac{3 \cdot 40}{\sqrt{10}} \cdot 2 = 0 \\[3mm] -\dfrac{10F_1}{\sqrt{181}} - F_2 - \dfrac{40}{\sqrt{10}} + \dfrac{40}{\sqrt{10}} = 0 \\[3mm] -\dfrac{40}{\sqrt{10}} - \dfrac{F_4}{2} = 0 \end{cases} \rightarrow \begin{array}{l} F_1 = 113.451\text{kN} \\[2mm] F_2 = -84.327\text{kN} \\[2mm] F_4 = -25.30\text{kN} \end{array}$$

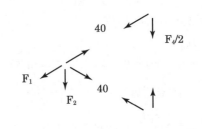

❸ 최종 부재력

$F_1 = 448.454 + 113.451 = 561.905\text{kN}$

$F_2 = -433.333 - 84.327 = -517.66\text{kN}$

$F_3 = 40 + 316.228 = 356.228\text{kN}$

$F_4 = -2 \cdot 100 - 25.30 = -225.3\text{kN}$

$F_5 = 40\text{kN}$

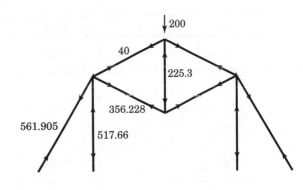

15) 케이블은 압축에 유효하지 않으므로 상부 케이블의 부재력은 0이다.

우측 그림과 같은 트러스에서 지점 a에서 5mm 아래로, 지점 b에서 10mm 위로, 지점 c에서 15mm 아래로 지점변위가 일어났을 때의 각각의 부재력을 구하시오. (단, E=200000MPa, 외부하중은 없음, 괄호안의 숫자는 부재의 단면적(cm^2) 임)

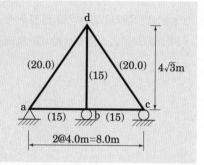

풀이 1. 에너지법

1 기본구조물

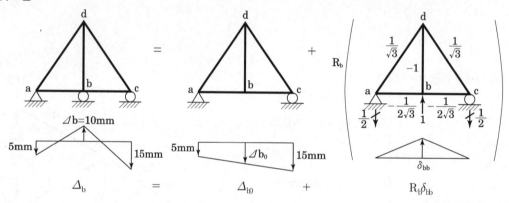

2 처짐산정

$$\left(\Delta_i + \omega_R = \Sigma \frac{fFL}{EA} + \int \frac{mM}{EI}dx + \Sigma f(\alpha \Delta TL) + \int \frac{m\alpha \Delta T}{c}dx \right)$$

① $\Delta_b = 10mm \, (\uparrow)$

② Δ_{b0}

- 기하학적 방법 : $5 + (15-5) \times (4/8) = 10mm \, (\downarrow)$

- 가상일 방법 : $\Delta_{b0} + (-5)\left(-\frac{1}{2}\right) + (-15)\left(-\frac{1}{2}\right) = 0 \rightarrow \Delta_{b0} = -10mm = 10mm \, (\downarrow)$

③ $\delta_{bb} = \Sigma \frac{fFL}{EA} = 3.864957 \times 10^{-5}$

부재	f	L(mm)	A(mm^2)	E(MPa)	F(kN)
ab	$-\dfrac{1}{2\sqrt{3}}$	4000	1500	200000	149.38(압축)
bc	$-\dfrac{1}{2\sqrt{3}}$	4000	1500	200000	149.38(압축)
ad	$\dfrac{1}{\sqrt{3}}$	8000	2000	200000	298.76(인장)
cd	$\dfrac{1}{\sqrt{3}}$	8000	2000	200000	298.76(인장)
bd	-1	4000	1500	200000	517.46(압축)

$$\Delta_b = \Delta_{t0} + R_b \delta_{bb} \; ; \quad 10 = -10 + R_b(3.864957 \times 10^{-5})$$

$$R_b = 517479N = 517.47kN(\uparrow)$$

풀이 ○ 2. 매트릭스 변위법

① 평형방정식(P=AQ, R=Q)

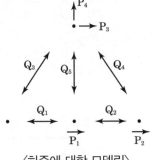

〈하중에 대한 모델링〉

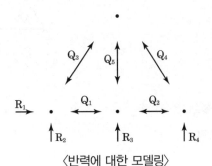

〈반력에 대한 모델링〉

$$\begin{cases} P_1 = Q_1 + Q_2 \\ P_2 = Q_2 + \dfrac{Q_4}{2} \\ P_3 = \dfrac{Q_3}{2} - \dfrac{Q_4}{2} \\ P_4 = \dfrac{\sqrt{3}(Q_3 + Q_4)}{2} + Q_5 \end{cases}$$

$$\begin{cases} R_1 = -Q_1 - \dfrac{Q_3}{2} \\ R_2 = -\dfrac{\sqrt{3}}{2}Q_3 \\ R_3 = -Q_5 \\ R_4 = -\dfrac{\sqrt{3}}{2}Q_4 \end{cases}$$

$$A = \begin{bmatrix} 1 & -1 & 0 & 0 & 0 \\ 0 & 1 & 0 & \dfrac{1}{2} & 0 \\ 0 & 0 & \dfrac{1}{2} & -\dfrac{1}{2} & 0 \\ 0 & 0 & \dfrac{\sqrt{3}}{2} & \dfrac{\sqrt{3}}{2} & 1 \end{bmatrix}$$

$$A_R = \begin{bmatrix} -1 & 0 & -\dfrac{1}{2} & 0 & 0 \\ 0 & 0 & -\dfrac{\sqrt{3}}{2} & 0 & 0 \\ 0 & 0 & 0 & 0 & -1 \\ 0 & 0 & 0 & -\dfrac{\sqrt{3}}{2} & 0 \end{bmatrix}$$

② 부재 강도매트릭스(S)

$$S = 2 \times 10^8 \times \begin{bmatrix} \dfrac{15 \times 10^{-4}}{4} & & & & \\ & \dfrac{15 \times 10^{-4}}{4} & & & \\ & & \dfrac{20 \times 10^{-4}}{8} & & \\ & & & \dfrac{20 \times 10^{-4}}{8} & \\ & & & & \dfrac{15 \times 10^{-4}}{4\sqrt{3}} \end{bmatrix}$$

③ 부재력(Q)

$$P = [0, \quad 0, \quad 0, \quad 0]^T$$

$$d_R = [0, \quad -0.005, \quad 0.01, \quad -0.015]^T(m)$$

$$e_0 = A_R^T \cdot d_R$$

$$d = (ASA^T)^{-1} \cdot (P - ASe_0)$$

$$Q = SA^Td + Se_0 = [-149.381, \quad -149.381, \quad 298.762, \quad 298.762, \quad -517.47]^T$$

다음과 같은 정정트러스의 절점 D에 연직하중 P가 작용할 때 각 부재별 축력을 구하시오.

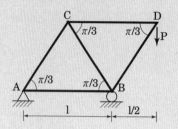

풀이 1. 절점방정식 이용

1 구조물 반력

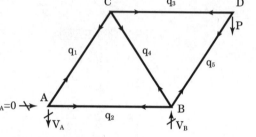

$$\begin{cases} H_A = 0 \\ -V_A + V_B - P = 0 \\ -L \cdot V_B + \dfrac{3L}{2} \cdot P = 0 \end{cases} \rightarrow \quad V_A = \dfrac{P}{2}(\downarrow) \quad V_B = \dfrac{3P}{2}(\uparrow)$$

2 절점방정식

$$\begin{cases} \Sigma F_x^A = 0 \;;\; \dfrac{q_1}{2} + q_2 = 0 \\ \Sigma F_y^A = 0 \;;\; \dfrac{\sqrt{3}}{2}q_1 - V_A = 0 \\ \Sigma F_x^D = 0 \;;\; -q_3 - \dfrac{q_5}{2} = 0 \\ \Sigma F_y^D = 0 \;;\; -P - \dfrac{\sqrt{3}}{2}q_5 = 0 \\ \Sigma F_x^B = 0 \;;\; -q_2 - \dfrac{q_4}{2} + \dfrac{q_5}{2} = 0 \end{cases} \rightarrow \begin{array}{l} q_1 = \dfrac{P\sqrt{3}}{3} \\[4pt] q_2 = -\dfrac{P\sqrt{3}}{6} \\[4pt] q_3 = \dfrac{P\sqrt{3}}{3} \\[4pt] q_4 = -\dfrac{P\sqrt{3}}{3} \\[4pt] q_5 = -\dfrac{2P\sqrt{3}}{3} \end{array}$$

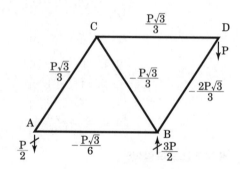

부재력 : 인장(+), 압축(−)

풀이 2. 반력계산 후 직관적 풀이

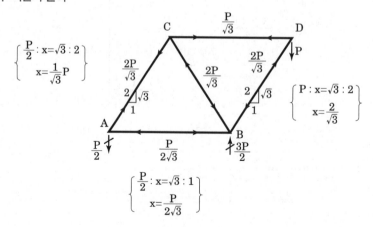

그림과 같은 트러스 구조물의 탄성변형에너지를 구하시오. (단, P=100kN, 모든 부재의 탄성계수(E)는 70GPa, 모든 부재의 단면적(A)는 1000mm²이다.)

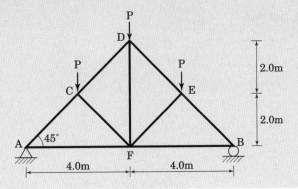

풀이 ○ 에너지법

1 부재력

$$
\begin{cases}
\sum F_y^A = 0 \ ; \ \dfrac{AC}{\sqrt{2}} + \dfrac{3P}{2} = 0 \\[2mm]
\sum F_x^A = 0 \ ; \ \dfrac{AC}{\sqrt{2}} + AF = 0 \\[2mm]
\sum F_y^C = 0 \ ; \ -P - \dfrac{AC}{\sqrt{2}} - \dfrac{CF}{\sqrt{2}} + \dfrac{CD}{\sqrt{2}} = 0 \\[2mm]
\sum F_x^C = 0 \ ; \ -\dfrac{AC}{\sqrt{2}} + \dfrac{CF}{\sqrt{2}} + \dfrac{CD}{\sqrt{2}} = 0 \\[2mm]
\sum F_y^D = 0 \ ; \ -P - DF - \dfrac{CD}{\sqrt{2}} - \dfrac{DE}{\sqrt{2}} = 0 \\[2mm]
\sum F_x^D = 0 \ ; \ -\dfrac{CD}{\sqrt{2}} + \dfrac{DE}{\sqrt{2}} = 0
\end{cases}
\rightarrow
\begin{aligned}
& AC = -\dfrac{3\sqrt{2}\,P}{2} \\[2mm]
& AF = \dfrac{3P}{2} \\[2mm]
& CD = -P\sqrt{2} \\[2mm]
& CF = -\dfrac{P\sqrt{2}}{2} \\[2mm]
& DE = -P\sqrt{2} \\[2mm]
& DF = P
\end{aligned}
$$

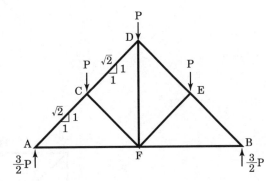

2 탄성변형에너지

$$ E = 70 \cdot 10^3 \cdot \frac{10^{-3}}{\left(10^{-3}\right)^2} = 7 \cdot 10^7 \mathrm{kN/m^2} $$

$$ A = 1000 \cdot \left(10^{-3}\right)^2 = 0.001 \mathrm{m^2} $$

$$ U = \sum \frac{F^2 L}{2EA} = \frac{2}{2EA} \times \left[\left(AC^2 + CD^2 + CF^2\right) \cdot 2\sqrt{2} + AF^2 \cdot 4 \right] + \frac{DF^2 \cdot 4}{2EA} $$

$$ = \frac{P\left(11 + 14\sqrt{2}\right)}{EA} = 4.3998 \mathrm{kNm} $$

다음 그림과 같은 트러스에서 다음을 구하시오. (단, 부재의 탄성계수
$E = 205\text{GPa}$, 각 부재의 단면적 $A = 5000\text{mm}^2$이다.)

(1) 절점 A의 반력 및 절점 D의 반력
(2) 절점 B의 수평변위

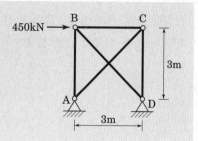

풀이 ◯ 매트릭스 변위법

1 평형매트릭스(A)

$$\begin{cases} P_1 = -Q_1 - \dfrac{Q_4}{\sqrt{2}} & P_2 = Q_2 + \dfrac{Q_4}{\sqrt{2}} \\ P_3 = Q_1 + \dfrac{Q_5}{\sqrt{2}} & P_4 = Q_3 + \dfrac{Q_5}{\sqrt{2}} \end{cases} \rightarrow A = \begin{bmatrix} -1 & 0 & 0 & -\dfrac{1}{\sqrt{2}} & 0 \\ 0 & 1 & 0 & \dfrac{1}{\sqrt{2}} & 0 \\ 1 & 0 & 0 & 0 & \dfrac{1}{\sqrt{2}} \\ 0 & 0 & 1 & 0 & \dfrac{1}{\sqrt{2}} \end{bmatrix}$$

2 부재 강도매트릭스(S)

$$S = 205 \cdot 5000 \cdot \begin{bmatrix} 1/3 & & & & \\ & 1/3 & & & \\ & & 1/3 & & \\ & & & \dfrac{1}{3\sqrt{2}} & \\ & & & & \dfrac{1}{3\sqrt{2}} \end{bmatrix}$$

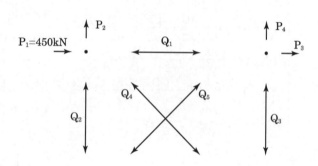

3 부재변위(d)

$d = K^{-1}P = (ASA^T)^{-1}[450, \quad 0, \quad 0, \quad 0]^T$

$\delta_{B,H} = d[1,1] = 0.002812\,\text{m} = 2.812\,\text{mm}(\rightarrow)$

4 부재력(Q)

$Q = SA^T d = [-199 \quad 251 \quad -199 \quad -354 \quad 281]^T$

5 반력

① 절점 A 반력

$V_A = 251 + \dfrac{281}{\sqrt{2}} = 450\text{kN}(\downarrow)$

$H_A = \dfrac{281}{\sqrt{2}} = 199\text{kN}(\leftarrow)$

② 절점 D 반력

$V_D = -V_A = 450\text{kN}(\uparrow)$

$H_D = 450 - H_A = 251\text{kN}(\leftarrow)$

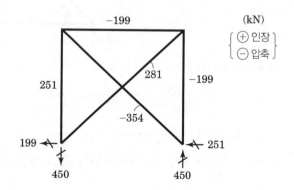

그림과 같은 트러스의 상현재 BC에 ΔT만큼 온도가 증가하는 경우, 부재 AC의 부재력을 구하시오.

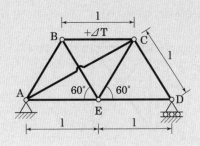

풀이 ○ 매트릭스 변위법

1 평형 매트릭스(A)

$$\begin{cases} P_1 = \dfrac{\sqrt{3}\,Q_1}{2} + \dfrac{\sqrt{3}\,Q_4}{2} \\[2mm] P_2 = \dfrac{Q_1}{2} - Q_2 - \dfrac{Q_4}{2} \\[2mm] P_3 = \dfrac{\sqrt{3}\,Q_3}{2} + \dfrac{\sqrt{3}\,Q_5}{2} + \dfrac{2Q_8}{\sqrt{13}} \\[2mm] P_4 = Q_2 - \dfrac{Q_3}{2} + \dfrac{Q_5}{2} + \dfrac{3Q_8}{\sqrt{13}} \\[2mm] P_5 = -\dfrac{\sqrt{3}\,Q_4}{2} - \dfrac{\sqrt{3}\,Q_5}{2} \\[2mm] P_6 = \dfrac{Q_4}{2} - \dfrac{Q_5}{2} + Q_6 - Q_7 \\[2mm] P_7 = \dfrac{Q_3}{2} + Q_7 \end{cases} \rightarrow A = \begin{bmatrix} \dfrac{\sqrt{3}}{2} & 0 & 0 & \dfrac{\sqrt{3}}{2} & 0 & 0 & 0 & 0 \\[2mm] \dfrac{1}{2} & -1 & 0 & -\dfrac{1}{2} & 0 & 0 & 0 & 0 \\[2mm] 0 & 0 & \dfrac{\sqrt{3}}{2} & 0 & \dfrac{\sqrt{3}}{2} & 0 & 0 & \dfrac{2}{\sqrt{13}} \\[2mm] 0 & 1 & -\dfrac{1}{2} & 0 & \dfrac{1}{2} & 0 & 0 & \dfrac{3}{\sqrt{13}} \\[2mm] 0 & 0 & 0 & -\dfrac{\sqrt{3}}{2} & -\dfrac{\sqrt{3}}{2} & 0 & 0 & 0 \\[2mm] 0 & 0 & 0 & \dfrac{1}{2} & -\dfrac{1}{2} & 1 & -1 & 0 \\[2mm] 0 & 0 & \dfrac{1}{2} & 0 & 0 & 0 & -1 & 0 \end{bmatrix}$$

2 부재 강도매트릭스(S)

$$S = \frac{EA}{l} \cdot \begin{bmatrix} 1 & & & & & & & \\ & 1 & & & & & & \\ & & 1 & & & & & \\ & & & 1 & & & & \\ & & & & 1 & & & \\ & & & & & 1 & & \\ & & & & & & 1 & \\ & & & & & & & 2\sqrt{13} \end{bmatrix}$$

3 변위(d) 및 부재력(Q)

$$c_0 - \alpha \Delta TL \cdot \begin{bmatrix} 0 & 1 & 0 & 0 & 0 & 0 & 0 & 0 \end{bmatrix}^T$$

$$d = (ASA^T)^{-1} \cdot ASe_0$$

$$= \alpha \Delta Tl \cdot \begin{bmatrix} 0.268 & -0.658 & 0.178 & 0.245 & 0.484 & -0.091 & -0.086 \end{bmatrix}^T$$

$$Q = SA^T d - Se_0$$

$$= \alpha \Delta TEA \cdot \begin{bmatrix} -0.097 & -0.097 & -0.011 & 0.097 & -0.097 & -0.091 & 0.005 & 0.168 \end{bmatrix}^T$$

$$\therefore Q_{AC} = Q_8 = 0.168 \cdot \alpha \Delta TEA$$

다음 그림과 같은 트러스 구조물에서 스프링의 강성이 무한히 클 경우와 무한히 작을 경우에 대해 각각 모든 트러스의 부재력과 스프링이 받는 힘을 구하시오. ($A=0.01m^2$, $E=2.0 \times 10^7 ton/m^2$) (20점)

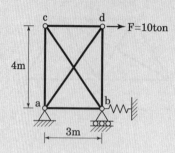

풀이 ◐ 매트릭스 변위법

1 평형매트릭스(A)

$$\begin{cases} P_1 = -Q_2 - \dfrac{3}{5}Q_5 \\[2mm] P_2 = Q_3 + \dfrac{4}{5}Q_5 \\[2mm] P_3 = Q_2 + \dfrac{3}{5}Q_6 \\[2mm] P_4 = Q_4 + \dfrac{4}{5}Q_6 \\[2mm] P_5 = Q_1 + \dfrac{3}{5}Q_5 + R \end{cases} \rightarrow A = \begin{bmatrix} 0 & -1 & 0 & 0 & -\dfrac{3}{5} & 0 & 0 \\[2mm] 0 & 0 & 1 & 0 & \dfrac{4}{5} & 0 & 0 \\[2mm] 0 & 1 & 0 & 0 & 0 & \dfrac{3}{5} & 0 \\[2mm] 0 & 0 & 0 & 1 & 0 & \dfrac{4}{5} & 0 \\[2mm] 1 & 0 & 0 & 0 & \dfrac{3}{5} & 0 & 1 \end{bmatrix}$$

2 부재 강도매트릭스(S)

$$S = EA \begin{bmatrix} 1/3 & & & & & \\ & 1/3 & & & & \\ & & 1/4 & & & \\ & & & 1/4 & & \\ & & & & 1/5 & \\ & & & & & 1/5 & \\ & & & & & & k/EA \end{bmatrix}$$

3 부재력(Q)

$$P = \begin{bmatrix} 0 & 0 & 10 & 0 & 0 \end{bmatrix}^T$$

$$Q = SA^T(ASA^T)^{-1}P$$

4 스프링 강성에 따른 부재력

① $k=0$인 경우

$$\lim_{k \to 0} Q = \begin{bmatrix} 4.375 & 4.375 & 5.833 & -7.5 & -7.292 \\ & 9.375 & 0 \end{bmatrix}^T (ton)$$

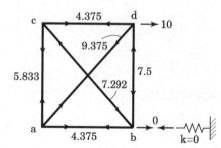

② $k=\infty$인 경우

$$\lim_{k \to \infty} Q = \begin{bmatrix} 0 & 4.667 & 6.222 & -7.111 & -7.778 \\ & 8.889 & 4.667 \end{bmatrix}^T (ton)$$

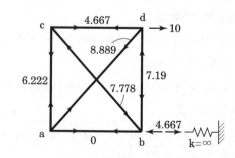

다음 트러스의 모든 부재력을 구하시오. (단, 탄성계수 $E = 200GPa$이고 ( ) 안의 값은 각 부재의 단면적이며, 단위는 mm^2이다) (20점)

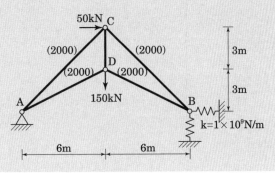

풀이 ○ 매트릭스 변위법

1 평형 매트릭스(A)

$$
\begin{cases}
P_1 = \dfrac{Q_2}{\sqrt{2}} - \dfrac{Q_3}{\sqrt{2}} \\[2mm]
P_2 = Q_1 + \dfrac{Q_2}{\sqrt{2}} + \dfrac{Q_3}{\sqrt{2}} \\[2mm]
P_3 = \dfrac{Q_3}{\sqrt{2}} + \dfrac{2Q_5}{\sqrt{5}} - Q_6 \\[2mm]
P_4 = -\dfrac{Q_3}{\sqrt{2}} - \dfrac{Q_5}{\sqrt{5}} + Q_7 \\[2mm]
P_5 = \dfrac{2Q_4}{\sqrt{5}} - \dfrac{2Q_5}{\sqrt{5}} \\[2mm]
P_6 = Q_1 - \dfrac{Q_4}{\sqrt{5}} - \dfrac{Q_5}{\sqrt{5}}
\end{cases}
\rightarrow \quad
A =
\begin{bmatrix}
0 & \dfrac{1}{\sqrt{2}} & \dfrac{-1}{\sqrt{2}} & 0 & 0 & 0 & 0 \\[2mm]
1 & \dfrac{1}{\sqrt{2}} & \dfrac{1}{\sqrt{2}} & 0 & 0 & 0 & 0 \\[2mm]
0 & 0 & \dfrac{1}{\sqrt{2}} & 0 & \dfrac{2}{\sqrt{5}} & -1 & 0 \\[2mm]
0 & 0 & \dfrac{-1}{\sqrt{2}} & 0 & \dfrac{-1}{\sqrt{5}} & 0 & 1 \\[2mm]
0 & 0 & 0 & \dfrac{2}{\sqrt{5}} & \dfrac{-2}{\sqrt{5}} & 0 & 0 \\[2mm]
1 & 0 & 0 & \dfrac{-1}{\sqrt{5}} & \dfrac{-1}{\sqrt{5}} & 0 & 0
\end{bmatrix}
$$

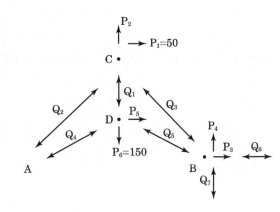

2 부재 강도매트릭스

$$
S = \begin{bmatrix}
\dfrac{EA}{3} & & & & & \\
& \dfrac{EA}{6\sqrt{2}} & & & & \\
& & \dfrac{EA}{6\sqrt{2}} & & & \\
& & & \dfrac{EA}{3\sqrt{5}} & & \\
& & & & \dfrac{EA}{3\sqrt{5}} & \\
& & & & & k \\
& & & & & & k
\end{bmatrix}
$$

$EA = 200,000 \cdot 2000 \cdot 10^{-3} \text{kN}$

$k = 1 \cdot 10^{9} \cdot 10^{-3} \text{kN/m}$

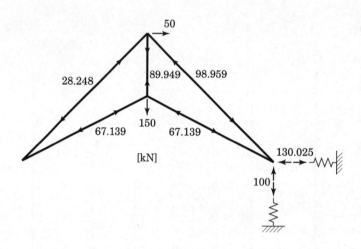

3 부재력(Q)

$P = \begin{bmatrix} 50 & 0 & 0 & 0 & 0 & 150 \end{bmatrix}^{T} \text{kN}$

$Q = SA^{T}(ASA^{T})^{-1}P$

$\quad = \begin{bmatrix} 89.9494 & -28.2482 & -98.9589 & -67.139 & -67.139 & -130.025 & -100 \end{bmatrix}^{T} \text{kN}$

두 개의 동일한 부재 AB와 BC가 그림(a)에서와 같이 연직하중 P를 지지하고 있다. 부재의 단면적(A)은 $0.0015m^2$인 알루미늄 합금이며, 그림(b)와 같은 응력-변형률의 관계를 나타내고 있다. 이때 하중 P가 각각 45kN, 108kN, 180kN 작용할 때 절점 B의 연직변위(δ_b)를 구하시오.

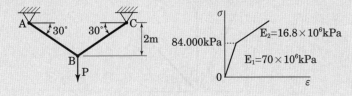

풀이

1 기본사항

$E_1 = 70000MPa$ $\sigma_{y1} = 84MPa$

$\epsilon_{y1} = 0001143$ $E_2 = 16800MPa$

$A = 1500mm^2$ $L_{AB} = 4000mm$

2 $\sigma - \epsilon$

$$\begin{cases} \sigma_1 = E_1 \cdot \epsilon_1 (\epsilon_1 \leq \epsilon_{y1}) \\ \sigma_2 = E_2 \cdot (\epsilon_2 - \epsilon_{y1}) + \sigma_{y1} (\epsilon_1 \geq \epsilon_{y1}) \end{cases}$$

3 $P(\sigma)$

$$\begin{cases} -P + 2F \cdot \dfrac{1}{2} = 0 \rightarrow F = P \\ \sigma = \dfrac{F}{A} = \dfrac{P}{A} \rightarrow P = \sigma \cdot A \end{cases}$$

4 $\delta(P)$

$$U = 2 \cdot \dfrac{F^2 \cdot L_{AB}}{2EA} \rightarrow \delta_v = \dfrac{\partial U}{\partial P} = \dfrac{2P \cdot L_{AB}}{EA}$$

5 $P - \delta$

① $E \leq E_{y1}$일 때

$$\begin{cases} P_1 = \sigma_1 \cdot A = 1.05 \cdot 10^8 \cdot \epsilon_1 \\ \delta_1 = \dfrac{2P_1 L_{AB}}{E_1 A} = 8000 \cdot \epsilon_1 \end{cases}$$

$$\xrightarrow{\epsilon_1 \to \epsilon_{y1}} \begin{cases} P_{y1} = 126000N \\ \delta_{y1} = 9.6mm \end{cases}$$

② $\epsilon \geq \epsilon_{y1}$일 때

$$\begin{cases} P_2 = P_{y1} + A \cdot (\sigma_2 - \sigma_{y1}) = 2.52 \cdot 10^7 \cdot \epsilon_2 + 95760 \\ \delta_2 = \delta_{y1} + \dfrac{2(P_2 - P_{y1})L_{AB}}{E_2 A} = 8000 \cdot \epsilon_2 \end{cases}$$

6 P=45kN, 108kN, 180kN일 때 연직변위

$P = 45000N \rightarrow \sigma = \dfrac{P}{A} = 30MPa < \sigma_1$

$\rightarrow \epsilon_1 = 0.000429 \rightarrow \delta = 3.428mm$

$P = 108000N \rightarrow \sigma = \dfrac{P}{A} = 72MPa < \sigma_1$

$\rightarrow \epsilon_1 = 0.001029 \rightarrow \delta = 8.229mm$

$P = 180000N \rightarrow \sigma = \dfrac{P}{A} = 120MPa > \sigma_1$

$\rightarrow \epsilon_2 = 0.003343 \rightarrow \delta = 26.723mm$

아래 그림과 같은 트러스에서 D점에 P_1, P_2의 하중이 작용할 때, Δ_1과 Δ_2를 구하시오. (단, 부재의 EA는 일정하다)

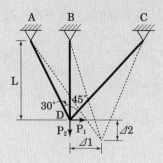

풀이 ● 매트릭스 변위법

1 평형방정식(P = AQ), 평형매트릭스(A)

$$\begin{Bmatrix} P_1 = \dfrac{Q_1}{2} - \dfrac{Q_3}{\sqrt{2}} \\[3mm] P_2 = \dfrac{\sqrt{3}\,Q_1}{2} + Q_2 + \dfrac{Q_3}{\sqrt{2}} \end{Bmatrix} \rightarrow A = \begin{bmatrix} \dfrac{1}{2} & 0 & -\dfrac{1}{\sqrt{2}} \\[3mm] \dfrac{\sqrt{3}}{2} & 1 & \dfrac{1}{\sqrt{2}} \end{bmatrix}$$

2 부재 강도매트릭스(S)

$$S = \frac{EA}{L} \cdot \begin{bmatrix} \dfrac{\sqrt{3}}{2} & & \\ & 1 & \\ & & \dfrac{1}{\sqrt{2}} \end{bmatrix}$$

3 부재변위(d)

$$d = K^{-1}P = (ASA^T)^{-1}\{P_1, \quad P_2\}^T = \begin{bmatrix} \dfrac{L \cdot (1.755P_1 - 0.019P_2)}{EA}(\rightarrow) \\[4mm] \dfrac{L \cdot (0.499P_2 - 0.0188P_1)}{EA}(\downarrow) \end{bmatrix}$$

그림과 같이 단면적이 $2cm^2$인 정사각형 단면의 부재로 구성된 직각삼각형 모양의 트러스 구조물이 있다. 점 C에 수평면에 대하여 $45°$ 방향으로 $4\sqrt{2}$ kN의 힘이 작용할 때, 다음 물음에 답하시오. (단, 각 점 A, B, C는 핀으로 연결되어 있으며, 재료의 탄성계수는 70GPa이고, 재료의 인장 및 압축 항복강도는 200MPa이다) (총 20점)

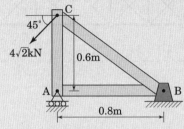

(1) 부재 BC와 AC에 걸리는 평균 응력을 구하시오. (6점)
(2) 평균 응력을 이용하여, 항복강도에 대한 부재 BC와 AC의 안전계수를 구하시오. (4점)
(3) 좌굴에 대한 부재 AC의 안전계수를 구하고, 안전성을 평가하시오. (10점)

풀이

1 반력산정

$$\begin{cases} V_A - V_B - 4 = 0 \\ H_B - 4 = 0 \\ -4 \cdot 0.6 - 0.8 \cdot V_B = 0 \end{cases} \rightarrow \begin{aligned} V_A &= 7kN(\uparrow) \\ V_B &= 3kN(\downarrow) \\ H_B &= 4kN(\rightarrow) \end{aligned}$$

2 부재력

$$\begin{cases} -4 + \dfrac{4}{5}F_{BC} = 0 \\ -4 - \dfrac{3}{5}F_{BC} - F_{AC} = 0 \end{cases} \rightarrow \begin{aligned} F_{AC} &= -7kN = 7kN(압축) \\ F_{BC} &= 5kN(인장) \end{aligned}$$

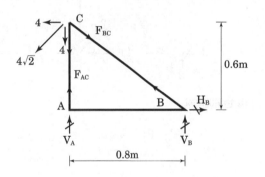

3 BC, AC 평균응력 및 안전계수

$$\begin{cases} \sigma_{AC} = \dfrac{7000}{200} = 35MPa(압축) & \dfrac{\sigma_y}{\sigma_{AC}} = 5.7143 \\ \sigma_{BC} = \dfrac{5000}{200} = 25MPa(인장) & \dfrac{\sigma_y}{\sigma_{BC}} = 8 \end{cases}$$

4 AC 좌굴 안전성

$$I = \frac{\left(\sqrt{200}\right)^4}{12}, \quad k = 1.0, \quad L = 600mm$$

$$P_{cr} = \frac{\pi^2 EI}{(kL)^2} = 6396.97N = 6.397kN$$

$$\sigma_{cr} = \frac{P_{cr}}{A} = 31.985MPa < \sigma_y(O.K)$$

$$n = 6.253$$

다음 그림과 같이 수평재들의 축강성이 EA인 트러스 구조물에서 수직하중 P에 대한 등가 휨강성(EI)을 구하시오.

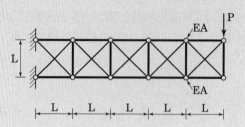

풀이 에너지법

① 기본가정

5차 부정정 트러스이지만 수직재 축강성을 무한대로 가정(다이어프램)하여 정정해석 수행

② 부재력

③ 변형에너지

$$U = 10 \cdot \frac{\left(\frac{\sqrt{2}}{2}P\right)^2 \cdot \sqrt{2}\,L}{2EA} + 2 \cdot \left(\frac{\left(\frac{P}{2}\right)^2 \cdot L}{2EA} + \frac{\left(\frac{3P}{2}\right)^2 \cdot L}{2EA} + \frac{\left(\frac{5P}{2}\right)^2 \cdot L}{2EA} + \frac{\left(\frac{7P}{2}\right)^2 \cdot L}{2EA} + \frac{\left(\frac{9P}{2}\right)^2 \cdot L}{2EA} \right)$$

④ 수직처짐

$$\delta_v = \frac{\partial U}{\partial P} = \frac{5PL}{2EA} \cdot (2\sqrt{2} + 33)$$

⑤ 등가 보의 수직처짐

$$\delta_{v,eq} = \frac{P(5L)^3}{3EI} = \frac{125PL^3}{3EI}$$

⑥ 등가 휨강성

$$\delta_v = \delta_{v,eq} \; ; \quad EI = \frac{50EAL}{3243} \cdot (33 - 2\sqrt{2}) = 0.4652\,EA\,L^2$$

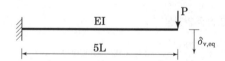

다음 복합트러스를 부재력 가정법을 사용하여 부재력을 산정하시오.

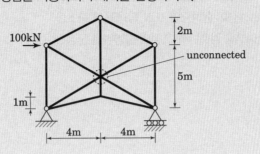

풀이

1 반력 및 부재력 가정

$$\begin{cases} H_A = 100kN(\leftarrow) \\ V_A = 62.5kN(\downarrow) \end{cases}$$

$$\begin{cases} \Sigma F_x^A = 0 \; ; \; -100 + 2x + x = 0 \\ \therefore x = \dfrac{100}{3} \end{cases}$$

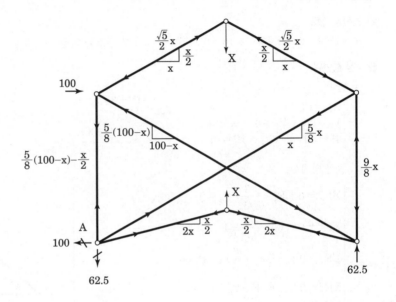

2 최종 부재력

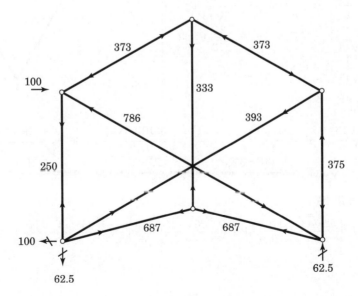

다음 트러스는 A점과 중앙부 지지점을 중심으로 대칭인트러스 구조이며 모든 부재의 EA = 1kN이다. A점에 횡하중이 1kN 작용할 때 구조물의 안정성과 부정정 구조물의 여부를 검토한 후 A점의 횡변위를 산정하시오.

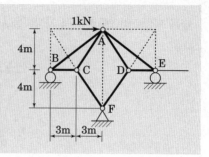

풀이 ○ 에너지법

1 안전성 검토

$m + r + f - 2j = 8 + 4 - 2 \cdot 6 = 0$: 횡하중 작용시 구조물 안정(수직방향 작용 시 불안정)

2 A점 횡변위

① 반력

$$\left.\begin{cases} H_F = P(\leftarrow) \\ V_B + V_E + V_F = 0 \\ 4P - 12V_E - 6V_F + 4P = 0 \end{cases}\right\} \rightarrow \quad \begin{aligned} V_E &= \frac{4P + 3V_B}{3} \\ V_F &= -\frac{2(2P + 3V_B)}{3} \end{aligned}$$

② 절점 방정식

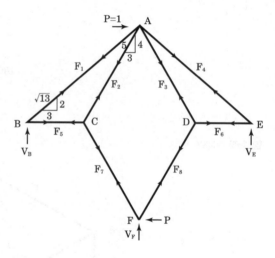

$$\begin{cases} \Sigma F_x^B = 0 \; ; \; F_5 + \frac{3}{\sqrt{13}}F_1 = 0 \\[4pt] \Sigma F_y^B = 0 \; ; \; V_B + \frac{2}{\sqrt{13}}F_1 = 0 \\[4pt] \Sigma F_x^F = 0 \; ; \; -\frac{3}{5}F_7 + \frac{3}{5}F_8 - P = 0 \\[4pt] \Sigma F_y^F = 0 \; ; \; \frac{4}{5}F_7 + \frac{4}{5}F_8 + V_F = 0 \\[4pt] \Sigma F_x^A = 0 \; ; \; P - \frac{3}{\sqrt{13}}F_1 - \frac{3}{5}F_2 + \frac{3}{5}F_3 + \frac{3}{\sqrt{13}}F_4 = 0 \\[4pt] \Sigma F_y^A = 0 \; ; \; -\frac{2}{\sqrt{13}}F_1 - \frac{4}{5}F_2 + \frac{4}{5}F_3 + \frac{2}{\sqrt{13}}F_4 = 0 \\[4pt] \Sigma F_X^E = 0 \; ; \; -\frac{3}{\sqrt{13}}F_4 + F_6 = 0 \\[4pt] \Sigma F_y^E = 0 \; ; \; \frac{2}{\sqrt{13}}F_4 + V_E = 0 \end{cases}$$

$$\rightarrow \begin{cases} F_1 = \dfrac{-V_B\sqrt{13}}{2} & F_2 = \dfrac{5V_B}{4} & F_3 = \dfrac{5(4P + 3V_B)}{12} & F_4 = \dfrac{-(4P + 3V_B)\sqrt{13}}{6} \\[10pt] F_5 = \dfrac{3V_B}{2} & F_6 = \dfrac{-(4P + 3V_B)}{2} & F_7 = \dfrac{5V_B}{4} & F_8 = \dfrac{5(4P + 3V_B)}{12} \end{cases}$$

③ 부정정력(V_B) 및 A점 변위

$$U = \Sigma \frac{F_i^2 \cdot L}{2 \cdot 1} = P^2\left(\frac{52\sqrt{13}}{9} + \frac{179}{9}\right) + P \cdot V_B\left(\frac{26\sqrt{13}}{3} + \frac{179}{6}\right) + V_B^2\left(\frac{13\sqrt{13}}{2} + \frac{179}{8}\right)$$

$$\frac{\partial U}{\partial V_B} = 0 \; ; \; V_B = \frac{-2P}{3}$$

$$\delta_A = \left.\frac{\partial U}{\partial P}\right|_{P=1} = 40.721\text{m}(\rightarrow) \; (\text{안정구조물이지만 변위가 과대하여 실제 구조물 안정을 기대할 수 없음})$$

아래 그림과 같은 구조물의 부재력을 근사해석법을 이용하여 구하시오.

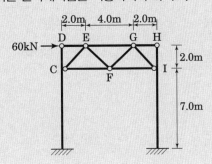

풀이

1 반력산정(교문법) [16]

$$\begin{cases} \Sigma F_x = 0 \ ; \ 60 - H - H = 0 \\ \Sigma F_y = 0 \ ; \ -V_A + V_B = 0 \\ \Sigma M_{A'} = 0 \ ; \ 60 \cdot 5.5 - 8V_B = 0 \end{cases} \rightarrow \begin{array}{l} H = 30 kN(\leftarrow) \\ V_A = 41.25 kN(\downarrow) \\ V_B = 41.25 kN(\uparrow) \end{array}$$

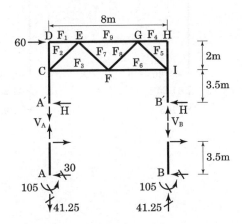

2 부재력

① AD 기둥(절단법)

$$\begin{cases} \Sigma F_x = 0 \ ; \ 60 - 30 + F_1 + \dfrac{F_2}{\sqrt{2}} + F_3 = 0 \\ \Sigma F_y = 0 \ ; \ -41.25 + \dfrac{F_2}{\sqrt{2}} = 0 \\ \Sigma M_A = 0 \ ; \ -105 + (60 + F_1) \cdot 9 + \left(\dfrac{F_2}{\sqrt{2}} + F_3 \right) \cdot 7 = 0 \end{cases} \rightarrow \begin{array}{l} F_1 = -112.5 kN \\ F_2 = 58.34 kN \\ F_3 = 41.25 kN \end{array}$$

16) 교문법(PM) 가정사항 : ① 기둥 중앙부에변곡점 위치(M=0), ② 변곡점에서 기둥 수평 전단력 동일

② BH 기둥(절단법)

$$\begin{cases} \Sigma F_x = 0 \ ; \ -F_4 - \dfrac{F_5}{\sqrt{2}} - F_6 - 30 = 0 \\[2mm] \Sigma F_y = 0 \ ; \ 41.25 + \dfrac{F_5}{\sqrt{2}} = 0 \\[2mm] \Sigma M_B = 0 \ ; \ -105 - 9F_4 - \left(\dfrac{F_5}{\sqrt{2}} + F_6\right) \cdot 7 = 0 \end{cases} \rightarrow \begin{array}{l} F_4 = 52.5\text{kN} \\[3mm] F_5 = -58.34\text{kN} \\[3mm] F_6 = -41.25\text{kN} \end{array}$$

③ 절점 F, G(절점법)

$$\begin{cases} \Sigma F_x^F = 0 \ ; \ -F_3 + F_6 - \dfrac{F_7}{\sqrt{2}} + \dfrac{F_8}{\sqrt{2}} = 0 \\[2mm] \Sigma F_y^F = 0 \ ; \ \dfrac{F_7}{\sqrt{2}} + \dfrac{F_8}{\sqrt{2}} = 0 \\[2mm] \Sigma F_x^G = 0 \ ; \ -F_9 - \dfrac{F_8}{\sqrt{2}} + F_4 + \dfrac{F_5}{\sqrt{2}} = 0 \end{cases} \rightarrow \begin{array}{l} F_7 = -58.34\text{kN} \\[3mm] F_8 = 58.34\text{kN} \\[3mm] F_9 = -30\text{kN} \end{array}$$

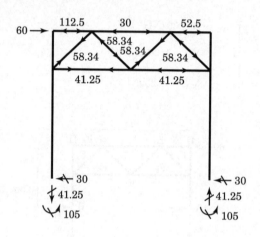

다음 그림과 같이 트러스 구조물의 DF 부재력을 구하시오.

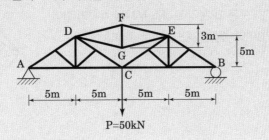

$P=50kN$

풀이

1 전체 트러스

$\Sigma M_B = 0$; $20R_A - 50 \cdot 10 = 0$

$\rightarrow$ $R_A = 25kN(\uparrow)$

2 주트러스(①-① 단면 왼쪽)

$\Sigma M_C = 0$; $25 \cdot 10 + 5F_{DE} = 0$

$F_{DE} = 50kN(압축)$

3 부트러스(②-② 단면 왼쪽)

$$\left.\begin{cases} x \cdot \dfrac{3}{\sqrt{109}} - y \cdot \dfrac{3}{\sqrt{109}} = 0 \\[3mm] 50 + x \cdot \dfrac{10}{\sqrt{109}} + y \cdot \dfrac{3}{\sqrt{109}} = 0 \end{cases}\right\} \rightarrow \begin{cases} x = -26.1008 \\[2mm] y = -26.1008 \end{cases}$$

$\therefore F_{DF} = 26.1008kN(압축)$

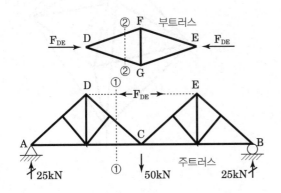

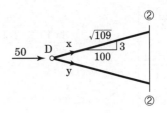

정팔면체 공간강재트러스의 압축하중이 작용하는 경우 좌굴하중 및 하중 방향의 변위를 산정하시오. (단, 모든 12개의 트러스 부재의 각각의 길이는 l, 단면적 A, 탄성 계수는 E이며, 단면 2차모멘트는 I이다.)

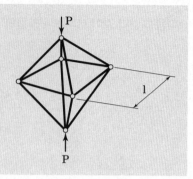

풀이

1 부재력

$$\begin{cases} \Sigma F_y^A = 0 \; ; \; P = 4Q \cdot \dfrac{1/\sqrt{2}}{l} \\[4mm] \Sigma F_x^B = 0 \; ; \; 2Q \cdot \dfrac{1/\sqrt{2}}{l} = 2T \cdot \dfrac{1/\sqrt{2}}{l} \end{cases} \rightarrow \begin{array}{l} Q = \dfrac{\sqrt{2}}{4}P\,(압축) \\[4mm] T = \dfrac{\sqrt{2}}{4}P\,(인장) \end{array}$$

2 좌굴하중

$$\begin{cases} Q = \dfrac{\sqrt{2}}{4}P \\[4mm] P_{cr} = \dfrac{\pi^2 EI}{l^2} \end{cases} \rightarrow P_{cr} = \dfrac{4\pi^2 EI}{\sqrt{2}\,L^2} = \dfrac{27.9155\;EI}{L^2}$$

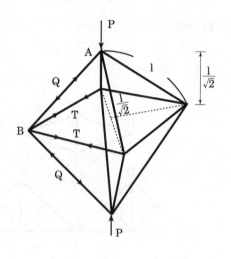

3 변위

$$U = 8 \cdot \frac{Q^2 l}{2EA} + 4 \cdot \frac{T^2 l}{2EA}$$

$$\delta = \frac{\partial U}{\partial P} = \frac{3PL}{2EA}\left(\begin{array}{c}\downarrow\\\uparrow\end{array}\right)$$

① 상부 꼭지점 : $\dfrac{3PL}{4EA}(\downarrow)$

② 하부 꼭지점 : $\dfrac{3PL}{4EA}(\uparrow)$

아래 그림은 기중기의 평면 및 입면인데, Ⓔ점 아래에 수직으로 작용하지 않는 하중을 끌어올리려 하고 있다. 양중 케이블에 걸린 하중의 크기가 100kN일 때, 구조물의 전 부재에 걸리는 부재력을 구하시오.

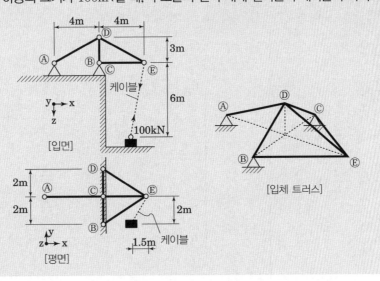

풀이 **1. 절점법 해석**

① 하중분력

$$\begin{cases} P_x = 100 \times \dfrac{1.5}{\sqrt{6^2+2^2+1.5^2}} = \dfrac{300}{13} \\[3mm] P_y = 100 \times \dfrac{2}{\sqrt{6^2+2^2+1.5^2}} = \dfrac{400}{13} \\[3mm] P_z = 100 \times \dfrac{6}{\sqrt{6^2+2^2+1.5^2}} = \dfrac{1200}{13} \end{cases}$$

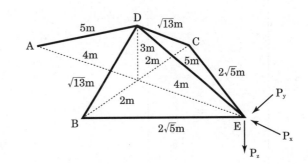

② 절점 E 부재력

$$\begin{cases} \Sigma F_x = 0 \; ; \; -T_{CE} \cdot \dfrac{4}{2\sqrt{5}} - T_{BE} \cdot \dfrac{4}{2\sqrt{5}} - T_{DE} \cdot \dfrac{4}{5} - P_x = 0 \\[3mm] \Sigma F_y = 0 \; ; \; T_{CE} \cdot \dfrac{2}{2\sqrt{5}} - T_{BE} \cdot \dfrac{2}{2\sqrt{5}} - P_y = 0 \\[3mm] \Sigma F_z = 0 \; ; \; T_{DE} \cdot \dfrac{3}{5} - P_z = 0 \end{cases}$$

$$\rightarrow \begin{array}{l} T_{DE} = 153.846kN(인장) \\[2mm] T_{CE} = -47.3 = 47.3kN(압축) \\[2mm] T_{BE} = -116.1 = 116.1kN(압축) \end{array}$$

③ 절점 D 부재력

$$\begin{cases} \Sigma F_x = 0 \; ; \; T_{DE} \cdot \dfrac{4}{5} = T_{DA} \cdot \dfrac{4}{5} \\[3mm] \Sigma F_y = 0 \; ; \; T_{DB} \cdot \dfrac{2}{\sqrt{13}} = T_{DC} \cdot \dfrac{2}{\sqrt{13}} \\[3mm] \Sigma F_z = 0 \; ; \; T_{DE} \cdot \dfrac{3}{5} + T_{DA} \cdot \dfrac{3}{5} + T_{DB} \cdot \dfrac{3}{\sqrt{13}} + T_{DC} \cdot \dfrac{3}{\sqrt{13}} = 0 \end{cases}$$

$$\rightarrow \begin{array}{l} T_{DA} = \dfrac{200}{13} = 153.846kN(인장) \\[3mm] T_{DB} = -\dfrac{400\sqrt{13}}{13} = 110.94kN(압축) \\[3mm] T_{DC} = 110.94kN(압축) \end{array}$$

1 평형 매트릭스(A)

$$L_1 = \sqrt{3^2 + 4^2} \qquad L_2 = 5 \qquad L_3 = \sqrt{2^2 + 3^2}$$

$$L_4 = \sqrt{2^2 + 3^2} \qquad L_5 = \sqrt{2^2 + 4^2} \qquad L_6 = \sqrt{2^2 + 4^2}$$

$$\begin{cases} P_1 = \dfrac{4}{L_1}Q_1 - \dfrac{4}{L_2}Q_2 \\[2mm] P_2 = \dfrac{2}{L_3}Q_3 - \dfrac{2}{L_4}Q_4 \\[2mm] P_3 = \dfrac{3}{L_1}Q_1 + \dfrac{3}{L_2}Q_2 + \dfrac{3}{L_3}Q_3 + \dfrac{3}{L_4}Q_4 \\[2mm] P_4 = \dfrac{4}{L_2}Q_2 + \dfrac{4}{L_5}Q_5 + \dfrac{4}{L_6}Q_6 \\[2mm] P_5 = \dfrac{2}{L_5}Q_5 - \dfrac{2}{L_6}Q_6 \\[2mm] P_6 = -\dfrac{3}{L_2}Q_2 \end{cases} \rightarrow A = \begin{bmatrix} \dfrac{4}{L_1} & -\dfrac{4}{L_2} & 0 & 0 & 0 & 0 \\[2mm] 0 & 0 & \dfrac{2}{L_3} & -\dfrac{2}{L_4} & 0 & 0 \\[2mm] \dfrac{3}{L_1} & \dfrac{3}{L_2} & \dfrac{3}{L_3} & \dfrac{3}{L_4} & 0 & 0 \\[2mm] 0 & \dfrac{4}{L_2} & 0 & 0 & \dfrac{4}{L_5} & \dfrac{4}{L_6} \\[2mm] 0 & 0 & 0 & 0 & \dfrac{2}{L_5} & -\dfrac{2}{L_2} \\[2mm] 0 & -\dfrac{3}{L_2} & 0 & 0 & 0 & 0 \end{bmatrix}$$

2 부재 강도 매트릭스(S)

$$S = EA \begin{bmatrix} \dfrac{1}{L_1} \\ & \dfrac{1}{L_2} \\ & & \dfrac{1}{L_3} \\ & & & \dfrac{1}{L_4} \\ & & & & \dfrac{1}{L_5} \\ & & & & & \dfrac{1}{L_6} \end{bmatrix}$$

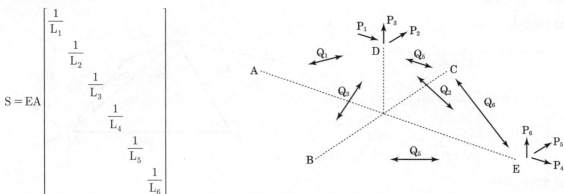

3 변위(d) 및 부재력(Q)

$$P = \begin{bmatrix} 0, & 0, & 0, & 100 \times \dfrac{-1.5}{L}, & 100 \times \dfrac{-2}{L}, & 100 \times \dfrac{-6}{L} \end{bmatrix}^T \quad (L = \sqrt{6^2 + 2^2 + 1.5^2})$$

$$d = (ASA^T)^{-1}P = \dfrac{1}{EA} \cdot [1322.09 \quad 0 \quad -480.74 \quad -408.512 \quad -344.01 \quad -4070.27]^T$$

$$Q = SA^T d = [153.846 \quad 153.846 \quad -110.94 \quad -110.94 \quad -116.104, \quad -47.3014]^T$$

그림과 같은 입체트러스(모든 절점은 힌지로 연결)의 C점에서 DC 방향으로 하중 P가 작용하고 있다.

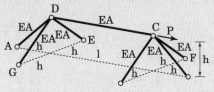

입 체 도

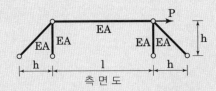

측 면 도

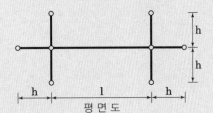

평 면 도

(1) 축력 T_{DC}, T_{CH}를 구하시오.

(2) $h=1$일 경우에 각 부재의 축력을 구하시오

풀이 ○ 매트릭스 변위법

1 평형 매트릭스(A)

$$
\begin{cases}
P_1 = \dfrac{Q_2}{\sqrt{2}} + Q_7 \\[2mm]
P_2 = -\dfrac{Q_1}{\sqrt{2}} + \dfrac{Q_3}{\sqrt{2}} \\[2mm]
P_3 = -\dfrac{Q_1}{\sqrt{2}} - \dfrac{Q_2}{\sqrt{2}} - \dfrac{Q_3}{\sqrt{2}} \\[2mm]
P_4 = -\dfrac{Q_5}{\sqrt{2}} - Q_7 \\[2mm]
P_5 = -\dfrac{Q_4}{\sqrt{2}} + \dfrac{Q_6}{\sqrt{2}} \\[2mm]
P_6 = -\dfrac{Q_4}{\sqrt{2}} - \dfrac{Q_5}{\sqrt{2}} - \dfrac{Q_6}{\sqrt{2}}
\end{cases}
\rightarrow \;
A =
\begin{bmatrix}
0 & \dfrac{1}{\sqrt{2}} & 0 & 0 & 0 & 0 & 1 \\[2mm]
-\dfrac{1}{\sqrt{2}} & 0 & \dfrac{1}{\sqrt{2}} & 0 & 0 & 0 & 0 \\[2mm]
-\dfrac{1}{\sqrt{2}} & -\dfrac{1}{\sqrt{2}} & -\dfrac{1}{\sqrt{2}} & 0 & 0 & 0 & 0 \\[2mm]
0 & 0 & 0 & 0 & -\dfrac{1}{\sqrt{2}} & 0 & -1 \\[2mm]
0 & 0 & 0 & -\dfrac{1}{\sqrt{2}} & 0 & \dfrac{1}{\sqrt{2}} & 0 \\[2mm]
0 & 0 & 0 & -\dfrac{1}{\sqrt{2}} & -\dfrac{1}{\sqrt{2}} & -\dfrac{1}{\sqrt{2}} & 0
\end{bmatrix}
$$

2 부재 강두매트릭스(S)

$$
S = \frac{EA}{h\sqrt{2}}
\begin{bmatrix}
1 & & & & & & \\
 & 1 & & & & & \\
 & & 1 & & & & \\
 & & & 1 & & & \\
 & & & & 1 & & \\
 & & & & & 1 & \\
 & & & & & & \dfrac{h\cdot\sqrt{2}}{l}
\end{bmatrix}
$$

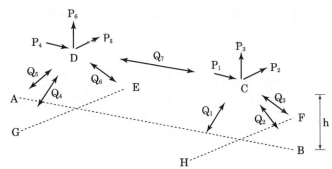

③ 부재력

$$Q = SA^T(SAS^T)^{-1}[P \quad 0 \quad 0 \quad 0 \quad 0 \quad 0]^T \rightarrow \begin{cases} T_{DC} = Q[7,1] = \dfrac{3h\sqrt{2}P}{6h\sqrt{2}+1} \\[4mm] T_{CH} = Q[1,1] = -\dfrac{(6h+1\sqrt{2})P}{2(6h\sqrt{2}+1)} \end{cases}$$

④ h=1인 경우 축력

$$Q = \left[\dfrac{-(1\sqrt{2}+6)P}{2(1+6\sqrt{2})} \quad \dfrac{(1\sqrt{2}+6)P}{(1+6\sqrt{2})} \quad \dfrac{-(1\sqrt{2}+6)P}{2(1+6\sqrt{2})} \quad \dfrac{3P}{1+6\sqrt{2}} \quad \dfrac{-6P}{1+6\sqrt{2}} \quad \dfrac{3P}{1+6\sqrt{2}} \quad \dfrac{3P\sqrt{2}}{1+6\sqrt{2}} \right]^T$$

다음 그림과 같은 입체트러스의 부재력을 구하시오. (단, 지점 a는 홈속의 롤러, b는 구지점, c는 구-소켓이다.)

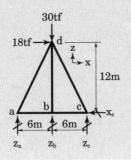

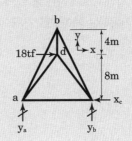

풀이

❶ 부재 길이

$$L_1 = \sqrt{6^2 + 12^2} \qquad L_4 = \sqrt{6^2 + 8^2 + 12^2}$$

$$L_2 = \sqrt{6^2 + 12^2} \qquad L_5 = \sqrt{4^2 + 12^2}$$

$$L_3 = 12 \qquad L_6 = \sqrt{6^2 + 8^2 + 12^2}$$

❷ 절점 d

$$\begin{cases} \sum F_x = 0 \; ; \; -\dfrac{6T_4}{L_4} + \dfrac{6T_6}{L_6} + 18 = 0 \\[2mm] \sum F_y = 0 \; ; \; -30 - \dfrac{12T_4}{L_4} - \dfrac{12T_5}{L_5} - \dfrac{12T_6}{L_6} = 0 \\[2mm] \sum F_z = 0 \; ; \; \dfrac{4T_5}{L_5} - \dfrac{8T_4}{L_4} - \dfrac{8T_6}{L_6} = 0 \end{cases}$$

$$T_4 = 16.92 \text{tf}$$
$$\rightarrow \quad T_5 = -21.08 \text{tf}$$
$$T_6 = -29.94 \text{tf}$$

❸ 절점 a, 절점 c, 절점 b

$$\begin{cases} \sum F_x^a = 0 \; ; \; \dfrac{12T_3}{L_3} + \dfrac{6T_4}{L_4} + \dfrac{6T_1}{L_1} = 0 \\[2mm] \sum F_y^a = 0 \; ; \; \dfrac{12T_1}{L_1} + \dfrac{8T_4}{L_4} + y_a = 0 \\[2mm] \sum F_z^a = 0 \; ; \; \dfrac{12T_4}{L_4} + z_a = 0 \end{cases}$$

$$T_1 = 3.73 \text{tf}$$
$$\rightarrow \quad T_2 = 3.73 \text{tf}$$
$$T_3 = -8.17 \text{tf}$$

$$\begin{cases} \sum F_x^c = 0 \; ; \; -T_3 - \dfrac{6T_2}{L_2} - \dfrac{6T_6}{L_6} - x_c = 0 \\[2mm] \sum F_y^c = 0 \; ; \; \dfrac{12T_2}{L_2} + \dfrac{8T_6}{L_6} + y_c = 0 \\[2mm] \sum F_z^c = 0 \; ; \; \dfrac{12T_6}{L_6} + z_c = 0 \end{cases}$$

$$y_a = -12 \text{ft}$$
$$\rightarrow \quad z_a = -13 \text{ft}$$
$$z_b = 20 \text{ft}$$

$$\begin{cases} \sum F_x^b = 0 \; ; \; -\dfrac{6T_1}{L_1} + \dfrac{6T_2}{L_2} = 0 \\[2mm] \sum F_y^b = 0 \; ; \; \dfrac{12T_1}{L_1} + \dfrac{12T_2}{L_2} + \dfrac{4T_5}{L_5} = 0 \\[2mm] \sum F_z^b = 0 \; ; \; \dfrac{12T_5}{L_5} + z_b = 0 \end{cases}$$

$$x_c = 18 \text{ft}$$
$$\rightarrow \quad y_c = 12 \text{ft}$$
$$z_c = 23 \text{ft}$$

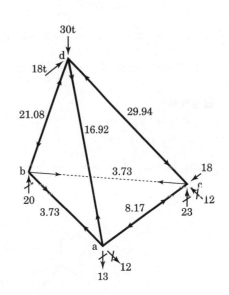

다음 그림과 같은 입체트러스의 부재력을 구하시오. (단, 각각의 지점은 그림과 같이 A점은 볼 소켓 지점이고, B점은 홈 속의 롤러 지점이며, C점은 축과 평행한 방향으로만 거동하는 케이블로 지지되어 있다) (18점)

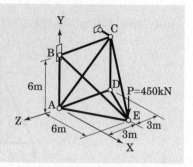

풀이

1 반력

$$\Sigma M_y^A = 0 \ ; \ -450 \cdot 3 + 6B_x = 0 \ \rightarrow \ B_x = 225 \text{kN}$$

$$\Sigma M_z^A = 0 \ ; \ C_y = 0 \ \rightarrow \ C_y = 0$$

$$\Sigma M_x^A = 0 \ ; \ 6B_y - 6 \cdot 450 = 0 \ \rightarrow \ B_y = 450 \text{kN}$$

$$\Sigma F_x = 0 \ ; \ -A_x + B_x = 0 \ \rightarrow \ A_x = 225 \text{kN}$$

$$\Sigma F_y = 0 \ ; \ A_y - B_y - C_y = 0 \ \rightarrow \ A_y = 450 \text{kN}$$

$$\Sigma F_z = 0 \ ; \ A_z - 450 = 0 \ \rightarrow \ A_z = 450 \text{kN}$$

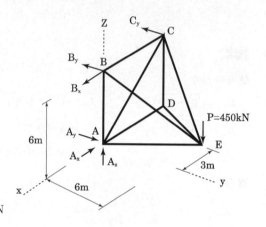

2 절점 B

$$\Sigma F_y = 0 \ ; \ -450 + F_{BE} \cdot \frac{6}{\sqrt{6^2 + 6^2 + 3^2}} = 0 \ \rightarrow \ F_{BE} = 675 \text{kN}$$

$$\Sigma F_x = 0 \ ; \ 225 - F_{BC} - 675 \cdot \frac{3}{\sqrt{6^2 + 6^2 + 3^2}} = 0 \ \rightarrow \ F_{BC} = 0$$

$$\Sigma F_z = 0 \ ; \ F_{BA} - 675 \cdot \frac{6}{\sqrt{6^2 + 6^2 + 3^2}} = 0 \ \rightarrow \ F_{BA} = 450 \text{kN}$$

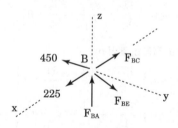

3 절점 A

$$\Sigma F_z = 0 \ ; \ -450 + 450 + \frac{F_{AC}}{\sqrt{2}} = 0 \ \rightarrow \ F_{AC} = 0$$

$$\Sigma F_y = 0 \ ; \ 450 - F_{AE} \cdot \frac{2}{\sqrt{5}} = 0 \ \rightarrow \ F_{AE} = 503.115 \text{kN}$$

$$\Sigma F_x = 0 \ ; \ -225 + F_{AD} + \frac{503.115}{\sqrt{5}} = 0 \ \rightarrow \ F_{AD} = 0$$

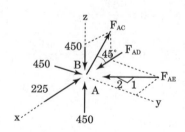

4 절점 D

$$\Sigma F_x = 0 \ ; \ F_{DE} = 0$$

$$\Sigma F_z = 0 \ ; \ F_{DC} = 0$$

5 절점 C

$$F_{CE} = 0$$

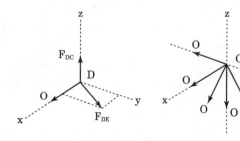

케이블 4

Summary

출제내용   이 장에서는 등분포하중을 받는 케이블과 집중하중을 받는 케이블 문제가 출제된다. 케이블 문제에서는 반력 및 케이블에 걸리는 장력과 신장량을 계산해야 한다.

학습전략   케이블 문제는 출제유형이 제한되어 있으며, 등분포 하중과 집중하중에 대해 각각 일정한 풀이 포맷을 유지하여 계산하는 습관을 갖도록 한다. 등분포 하중을 받는 케이블 문제는 적분을 통해 산정하므로 풀이절차를 순차적으로 적용하면 쉽게 답안을 도출할 수 있고 집중하중을 받는 케이블 문제는 매 하중 지점마다 값을 계산해야 하기 때문에 등분포 하중을 받는 문제보다 시간이 오래 걸리고 실수 여지를 포함하므로 주의가 필요하다.

건축구조기술사 | 96-4-3

다음과 같은 Cable A, B에서의 최대장력과 Cable B, C의 최대장력을 Cable의 일반정리를 이용하여 구하시오. (단, Cable은 완전히 유연하고 임의 점에서의 휨모멘트는 0으로 가정한다.)

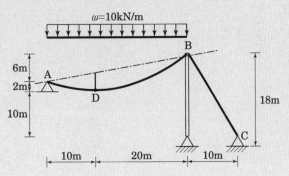

풀이

1 모델링

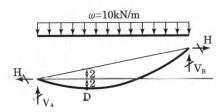 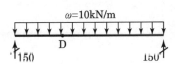

2 H 산정(케이블 일반정리)

$$M_D = H \cdot y \quad \rightarrow \quad 150 \times 10 - 10 \times \frac{10^2}{2} = H \cdot 4$$

$$H = 250\text{kN}$$

❸ 케이블 AB 최대장력

$$\begin{cases} \Sigma M_{D,Left} = 0 \; ; \; -250 \times 2 + V_A \cdot 10 - 10 \times 10 \times 5 = 0 \\ \Sigma F_y = 0 \; ; \; V_A + V_B - 10 \cdot 30 = 0 \end{cases} \rightarrow \begin{matrix} V_A = 100 \text{kN}(\uparrow) \\ V_B = 200 \text{kN}(\uparrow) \end{matrix}$$

$$T = \sqrt{H^2 + V_B^2} = 320.16 \text{kN}$$

❹ 케이블 BC 최대장력

$$T_{BC} = 250 \cdot \frac{2\sqrt{106}}{10} = 514.782 \text{kN}$$

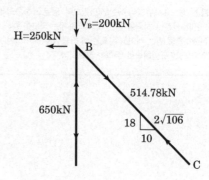

Cable을 이용한 Curtain wall을 그림과 같이 설계하려 한다. 이 때 Cable에 작용하여야 할 긴장력 (Pre-Tension)은 얼마인지 구하고, 상부지지 캔틸레버 Beam의 철골 Size를 $BH-600 \times 200 \times 12 \times 20$으로 했을 경우 부재 응력 및 처짐을 검토하시오. (단, 계수하중에 의한 허용 수직 처짐량은 20mm이고, 사용강재는 SM490($F_y = 325MPa$, $Es = 200,000MPa$)이다.)

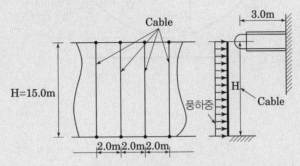

(1) 풍하중 $= 1.5kN/m^2$(계수하중), 외장 유리무게는 무시한다.

(2) 케이블 중앙부의 최대 허용 수평 변위는 $\dfrac{1}{50}$H로 본다.(Cable의 내력은 충분히 안전하므로 Cable 응력 검토 는 생략한다.)

풀이

❶ 기본사항

$w = 1.5 \cdot 2 = 3kN/m$

$A = 200 \cdot 600 - 188 \cdot 560 = 14720mm^2$

$\delta_{cable} = \dfrac{15000}{50} = 300mm = 0.3m$

$E = 200000MPa$

$I = \dfrac{200 \cdot 600^3}{12} - \dfrac{188 \cdot 560^3}{12} = 8.49 \cdot 10^8 mm^4$

$\delta_{team} = 20mm = 0.02m$

❷ 케이블 최소장력 (케이블 일반정리)

$T_{min} \cdot \delta_{cable} = \dfrac{45}{2} \cdot 7.5 - 3 \cdot 7.5 \cdot \left(\dfrac{7.5}{2}\right)$

$\therefore T_{min} = 281.25kN$

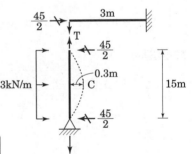

❸ 케이블 최대장력

$$\begin{cases} 보\ 처짐 : \dfrac{T \cdot 3^3}{3EI \cdot (10^{-3})^3} = 0.02 \quad \rightarrow \quad T = 377.19kN \\[4mm] 보\ 응력 : \dfrac{\dfrac{45}{2} \cdot 10^3}{A} + \dfrac{T \cdot 10^3 \cdot 3000}{I} \cdot 300 = 325 \quad \rightarrow \quad T = 305.027kN \end{cases}$$

$\therefore T_{max} = 305.027kN$

❹ 케이블에 작용해야할 긴장력(T)

$281.25kN \le T \le 305.027kN$

(이 범위 내에서 보의 처짐, 응력제한, 케이블 수평변위 만족)

아래 등분포하중을 받는 케이블 구조의 처짐곡선 y(x) 및 케이블 AOB의 신장량(elongation)을 구하시오. (단, 케이블의 단면적과 탄성계수는 각각 A, E로 표시하고, 케이블의 자중은 무시한다.)

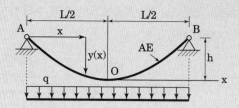

풀이

❶ 처짐곡선 y(x) (기준점 : A)

$$\begin{cases} y = ax^2 + bx + c \\ (0,0), \quad \left(\dfrac{L}{2}, -h\right), \quad (L,0) \end{cases} \rightarrow \quad a = \dfrac{4h}{L^2} \quad b = -\dfrac{4h}{L} \quad c = 0$$

$$\therefore y = \dfrac{4h}{L^2}x^2 - \dfrac{4h}{L}x$$

❷ 케이블 장력(T)

$$\dfrac{T}{H} = \dfrac{ds}{dx} = \dfrac{dx \cdot \sqrt{1 + (y')^2}}{dx} = \sqrt{1 + (y')^2}$$

$$\therefore T = H\sqrt{1 + (y')^2}$$

❸ 케이블 수평분력(H)

$$\begin{cases} \Sigma F_y = 0 \; ; \; V_A = q \cdot \dfrac{L}{2} \\ \Sigma M_{o,L} = 0 \; ; \; V_A \cdot \dfrac{L}{2} - H \cdot h - q \cdot \dfrac{L}{2} \cdot \dfrac{L}{4} = 0 \end{cases} \rightarrow \quad H = \dfrac{qL^2}{8h}$$

❹ 신장량(δ)

$$\delta = \int_0^L \dfrac{H \cdot \sqrt{1 + (y')^2} \times \sqrt{1 + (y')^2}}{EA} dx$$

$$= \dfrac{H}{EA} \int_0^L 1 + (y')^2 dx$$

$$= \dfrac{2qhL}{3EA} + \dfrac{qL^3}{8EAh}$$

참고

O점을 기준으로 할 경우 : $y = ax^2 = \dfrac{4h}{L^2}x^2$, $\quad \delta = \int_{-L/2}^{L/2} \dfrac{T(x)}{EA} ds$ (답 동일)

PE.A − 108 − 3 − 2

···················· 1   1   • 2차 곡선에 대한 계수값 a, b, c 산정

$$\text{solve}\begin{pmatrix} \begin{cases} a \cdot x^2 + b \cdot x + c = 0 | x = 0 \\ a \cdot x^2 + b \cdot x + c = -h | x = \dfrac{1}{2}, \{a,b,c\} \\ a \cdot x^2 + b \cdot x + c = 0 | x = l \end{cases} \end{pmatrix}$$

$$a = \frac{4 \cdot h}{l^2} \text{ and } b = \frac{-4 \cdot h}{l} \text{ and } c = 0 \text{ or } a = c4 \text{ and } b = c3$$

$$\text{and } c = 0 \text{ and } h = 0 \text{ and } l = 0$$

$$a \cdot x^2 + b \cdot x + c | a = \frac{4 \cdot h}{l^2} \text{ and } b = \frac{-4 \cdot h}{l} \text{ and } c = 0 \rightarrow y$$

$$\frac{4 \cdot h \cdot x^2}{l^2} - \frac{4 \cdot h \cdot x}{l}$$

• 케이블 장력 산정

···················· 2   2

$$\triangle h0 \cdot \sqrt{1 + \left(\frac{d}{dx}(y) \right)^2}$$

$$\frac{h0 \cdot \sqrt{64 \cdot h^2 \cdot x^2 - 64 \cdot h^2 \cdot l \cdot x + (16 \cdot h^2 + l^2) \cdot l^2}}{l^2}$$

• 케이블 수평분력 산정

···················· 3   3

$$\text{solve}\left(\frac{\nu a \cdot l}{2} - h0 \cdot h - \frac{q \cdot l^2}{8} = 0, h0 \right) | \nu a = \frac{q \cdot l}{2}$$ $$h0 = \frac{l^2 \cdot q}{8 \cdot h}$$

• 케이블 신장량 산정

···················· 4   −4

$$\triangle \text{expand}\left(\frac{h0}{e \cdot a} \cdot \int_0^l \left(1 + \left(\frac{d}{dx}(y) \right)^2 \right) dx \Big| h0 = \frac{l^2 \cdot q}{8 \cdot h} \right)$$

$$\frac{2 \cdot h \cdot l \cdot q}{3 \cdot a \cdot e} + \frac{l^3 \cdot q}{8 \cdot a \cdot e \cdot h}$$

그림과 같이 집중하중을 받는 케이블에서 케이블의 자중을 무시하고 다음을 계산하시오.

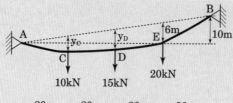

(1) 케이블 현에서 하중의 작용점까지의 수직거리(y_C, y_D)
(2) 케이블의 전체길이(ACDEB의 길이)
(3) 케이블의 최대장력

풀이

❶ 단순보 반력

$$\begin{cases} \Sigma F_y = 0 \; ; \; R_A + R_B = 45 \\ \Sigma M_A = 0 \; ; \; 10 + 15 \times 2 + 20 \times 3 = R_B \times 4 \end{cases} \rightarrow \begin{array}{l} R_A = 20kN \\ R_B = 25kN \end{array}$$

❷ 케이블 수평반력(케이블 일반정리)

$$R_b \cdot 20 = H \cdot 6 \quad \rightarrow \quad H = 83.33kN$$

❸ 수직거리(케이블 일반정리)

점 C : $R_A \times 20 = H \cdot y_C \quad \rightarrow \quad y_C = 4.8m$

점 D : $R_A \times 40 - 10 \times 20 = H \cdot y_D \quad \rightarrow \quad y_D = 7.2m$

❹ 케이블 전체길이(L)

$$L = \sqrt{20^2 + \left(\frac{20}{8} - y_c\right)^2} + \sqrt{20^2 + \left(y_c + \frac{20}{8} - y_D\right)^2} + \sqrt{20^2 + \left(y_D + \frac{20}{8} - 6\right)^2} + \sqrt{20^2 + \left(\frac{20}{8} + 6\right)^2}$$

$$= 82.203m$$

❺ 케이블 최대장력

$$\begin{cases} \Sigma M_A = 0 \; ; \; 10 \times 20 + 15 \times 40 + 20 \times 60 + H \times 10 = V_B \times 80 \\ \Sigma F_y = 0 \; ; \; V_A + V_B - 10 - 15 - 20 = 0 \end{cases} \rightarrow \begin{array}{l} V_A = 9.58kN \\ V_B = 35.42kN \end{array}$$

B에서 최대장력이 발생하므로

$$T_{max} = \sqrt{V_B^2 + H^2} = 90.55kN$$

그림과 같이 100kN/m의 등분포하중을 지지하는 케이블 구조의 A, B, C 위치에서 케이블의 인장력을 구하시오.

- B점은 케이블에서 가장 하단이며, 접선의 기울기가 0인 점이다.
- 케이블에 작용하는 등분포하중(ω), 수평력(F_H), 수평방향거리 x, 수직방향거리 y 의 관계식은 다음과 같다.

$$y = \frac{\omega}{2F_H}x^2$$

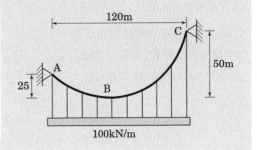

풀이

1 케이블 방정식, 수평반력

$$\begin{cases} y = \dfrac{100}{2H} \cdot x^2 \\ y(b) = 50 \\ y(120-b) = 25 \end{cases} \rightarrow \begin{array}{l} b = 70.2944m \\ \\ H = 4941.3kN \end{array}$$

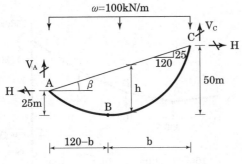

2 반력

$$\begin{cases} \Sigma M_A = 0 \; ; \; 25H - 120V_C + 100 \cdot 120 \cdot 60 = 0 \\ \Sigma F_y = 0 \; ; \; V_A + V_C = 120 \cdot 100 \end{cases}$$

$$\rightarrow \begin{array}{l} V_A = 4970.56kN \\ V_C = 7029.44kN \end{array}$$

3 최대장력 [17]

$$\begin{cases} h = \dfrac{\omega L^2}{8H} = \dfrac{100 \cdot 120^2}{8 \cdot 4941.1} = 36.4291m \\ n = \dfrac{h}{L} = \dfrac{36.4291}{120} \\ \tan\beta = \dfrac{25}{120} \end{cases}$$

$$\rightarrow \quad T_{max} = T_C = H(1 + 16n^2 + \tan^2\beta + 8n\tan\beta)^{1/2}$$
$$= 8592.6kN$$

또는

$$\begin{cases} \dfrac{dy}{dx} = 0.020238 \cdot x \\ \theta_C = \tan^{-1}\left(\dfrac{dy}{dx}\right)_{x=70.2944} = 0.958098\,rad \end{cases}$$

$$\rightarrow \quad T_{max} = \dfrac{H}{\cos\theta_B} = 8592.41kN$$

참고

케이블 길이

$$\begin{cases} L' = L \cdot \sec\beta = 120 \cdot \dfrac{\sqrt{120^2 + 25^2}}{120} = 5\sqrt{601} \\ h' = h \cdot \cos\beta = 36.4291 \cdot \dfrac{120}{\sqrt{120^2+25^2}} = 35.6634 \\ n' = \dfrac{h}{L'} = 0.297195 \end{cases} \rightarrow S_0 = L'\left(1 + \dfrac{8}{3}(n')^2 - \dfrac{32}{5}(n')^4\right) = 145.327m$$

---

17) 최대 장력은 기울기가 가장 큰 C점에서 발생

그림과 같이 높은 기둥이 케이블을 지지하고 있고 기둥의 수평변위는 없다. 이 경우에

(1) A점과 F점의 반력을 구하시오.
(2) 케이블의 최대장력을 구하시오.
(3) 케이블의 총길이를 구하시오.

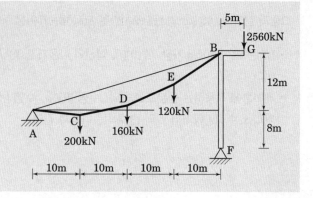

풀이

❶ 반력

$$\begin{cases} \Sigma M_F = 0 \;\; ; \;\; 40V_A - 8H - 200 \cdot 30 - 160 \cdot 20 - 120 \cdot 10 + 12800 = 0 \\ \Sigma M_{B,left} = 0 \;\; ; \;\; 40V_A + 12H - 200 \cdot 30 - 160 \cdot 20 - 120 \cdot 10 = 0 \\ \Sigma F_y = 0 \;\; ; \;\; V_A + V_F - 200 - 160 - 120 - 2560 = 0 \end{cases}$$

$$V_A = 68kN(\uparrow), \quad V_F = 2972kN(\uparrow), \quad H = 640kN$$

❷ 케이블 장력

$$T_{max} = \sqrt{412^2 + 640^2} = 761.147kN$$

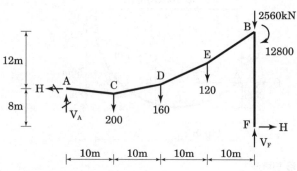

❸ 케이블 길이

$$\begin{cases} \Sigma M_C^{AC} = 0 \; ; \; 68 \times 10 = 640 \cdot x_1 \;\; \rightarrow \;\; x_1 = \dfrac{17}{16} \\ \Sigma M_D^{CD} = 0 \; ; \; 132 \times 10 = 640 \cdot x_2 \;\; \rightarrow \;\; x_2 = \dfrac{33}{16} \\ \Sigma M_E^{DE} = 0 \; ; \; 292 \times 10 = 640 \cdot x_3 \;\; \rightarrow \;\; x_3 = \dfrac{73}{16} \\ \Sigma M_B^{EB} = 0 \; ; \; 412 \times 10 = 640 \cdot x_4 \;\; \rightarrow \;\; x_4 = \dfrac{103}{16} \end{cases} \rightarrow \quad 총길이 = \sum_{i=1}^{4} \sqrt{x_i^2 + 10^2} = 43.1513m$$

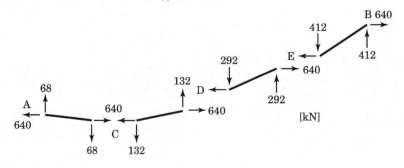

다음과 같은 3힌지의 보 지지 케이블 구조에 대하여 다음 사항을 구하시오. (단, 보의 강성 EI는 전 구간에서 일정하고, 보와 케이블을 연결하는 행거는 모두 동일한 장력을 받는 것으로 가정한다)

(1) 각 행거(Hanger)의 장력 T와 지점 반력 V_a, V_b
(2) 케이블의 수평력 H_A, H_B
(3) 케이블의 지점 반력 R_A, R_B
(4) 최대장력 T_{max}

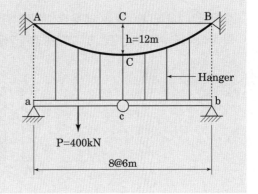

풀이

1 지점반력(V_a, V_b) 및 행거장력(T)

$$\begin{cases} \sum M_b = 0 \; ; \; 48V_a + (6+12+18+24+30+36+42)T - 400 \cdot 36 = 0 \\ \sum M_{c,left} = 0 \; ; \; 24V_a + (6+12+18)T - 400 \cdot 12 = 0 \\ \sum F_y = 0 \; ; \; V_a + V_b - 400 + 7T = 0 \end{cases}$$

$$\therefore V_a = 125kN(\uparrow), \quad V_b = 75kN(\downarrow), \quad T = 50kN(인장)$$

2 케이블 수평반력(H_A, H_B) 및 지점반력(R_A, R_B)

$$\begin{cases} \sum M_B = 0 \; ; \; 48R_A - 168T = 0 \\ \sum M_{C,left} = 0 \; ; \; 24R_A - 12H - (6+12+18)T = 0 \\ \sum F_y = 0 \; ; \; R_A + R_B - 7T = 0 \end{cases}$$

$$\therefore R_A = 175kN(\uparrow), \quad R_B = 175kN(\uparrow), \quad H = 200kN$$

3 최대장력(T_{max})

$$T_{max} = \sqrt{H^2 + R_A^2} = 265.754kN$$

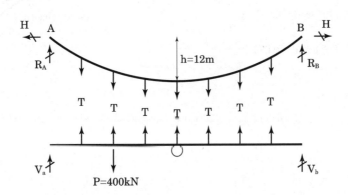

총 무게가 2kN인 케이블 AC에 무게가 수평방향으로 일정하게 분포된다고 할 때, 케이블의 Sag h와 A점 및 C점의 처짐각을 구하시오. (단, BC부재는 강체 거동을 하는 것으로 가정한다.)

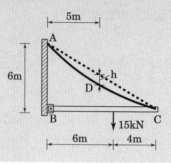

풀이

1 케이블 장력

$$\begin{cases} \Sigma M_B = 0 \ ; \ 15 \cdot 6 - V_c \cdot 10 = 0 \\ \Sigma M_A = 0 \ ; \ 0.2 \cdot 10 \cdot 5 + V_c \cdot 10 = H_c \cdot 6 \end{cases} \rightarrow \quad \begin{array}{l} V_c = 9kN \\ \\ H_c = 16.667kN \end{array}$$

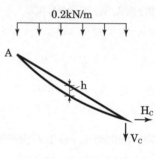

2 케이블 sag(h) (케이블 일반정리)

$$V_A = V_c{}' = 1kN$$

$$h_m = 1 \cdot 5 - 0.2 \cdot \frac{5^2}{2} = 2.5kNm$$

$$H_c \cdot h = h_m \quad \rightarrow \quad h = 0.15m$$

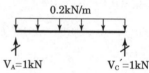

3 처짐각

$$\begin{cases} y = ax^2 + bx + c \\ (0,0), \ (5,3.15), \ (10,6) \end{cases} \rightarrow \quad y = -0.006x^2 + 0.66x$$

$$\alpha = \tan^{-1}\left(\frac{6}{10}\right) = 30.9638°$$

$$\theta_A = \frac{\partial y(0)}{\partial x} - \alpha = 0.11958 \text{rad} = 6.85°$$

$$\theta_c = \alpha - \frac{\partial y(10)}{\partial x} = 0.00042 \text{rad} = 0.024°$$

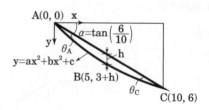

다음 그림과 같이 집중하중을 받는 케이블이 있다. 다음
물음에 답하시오. (총 20점)

(1) 케이블의 양단지점의 반력을 구하시오. (4점)
(2) 수직거리 y_C, y_D, y_F를 구하시오. (6점)
(3) 케이블의 총길이(m)를 구하시오. (5점)
(4) 케이블의 최대장력(kN)을 구하시오. (5점)

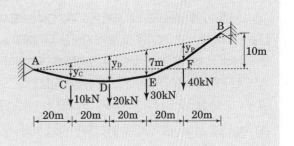

풀이

1 반력

$$\begin{cases} \Sigma M_B = 0 \; ; \; 100V_A + 10H_A = 10 \cdot 80 + 20 \cdot 60 + 30 \cdot 40 + 40 \cdot 20 \\ \Sigma M_{E,L} = 0 \; ; \; 60V_A = 1 \cdot H_A + 10 \cdot 40 + 20 \cdot 20 \\ \Sigma F_y = 0 \; ; \; V_A + V_B = 10 + 20 + 30 + 40 \\ \Sigma F_x = 0 \; ; \; H_A + H_B = 0 \end{cases}$$

$$\rightarrow \quad V_A = \frac{120}{7} \text{kN}(\uparrow) \quad H_A = \frac{1600}{7} \text{kN}(\leftarrow)$$

$$V_B = \frac{580}{7} \text{kN}(\uparrow) \quad H_B = \frac{1600}{7} \text{kN}(\rightarrow)$$

2 수직거리

$$\begin{cases} \Sigma M_{C,L} = 0 \; ; \; 20V_A - H(y_C - 2) = 0 \quad \rightarrow \quad y_C = \frac{7}{2} \text{m} \\ \Sigma M_{D,L} = 0 \; ; \; 40V_A - H(y_D - 4) - 10 \cdot 20 = 0 \quad \rightarrow \quad y_D = \frac{49}{8} \text{m} \\ \Sigma M_{F,R} = 0 \; ; \; 20V_B - H(2 + y_F) = 0 \quad \rightarrow \quad y_F = \frac{21}{4} \text{m} \end{cases}$$

3 총길이

$$L_{AC} = \sqrt{20^2 + (y_C - 2)^2} = 20.0562 \text{m}$$

$$L_{CD} = \sqrt{20^2 + \{(y_D - 4) - (y_C - 2)\}^2} = 20.0098 \text{m}$$

$$L_{DE} = \sqrt{20^2 + \{(y_D - 4) - 1\}^2} = 20.0316 \text{m}$$

$$L_{EF} = \sqrt{20^2 + \{1 + (8 - y_F)\}^2} = 20.3485 \text{m}$$

$$L_{FB} = \sqrt{20^2 + (10 - (8 - y_F))^2} = 21.2735 \text{m}$$

$$L = \Sigma L = 101.72 \text{m}$$

4 최대장력

$$T_{max} = \sqrt{H^2 + V_B^2} = 243.126 \text{m}$$

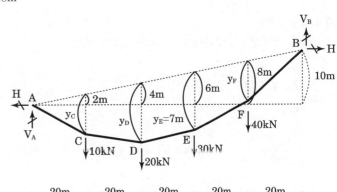

그림과 같이 케이블(cable)로 지지된 2경간 연속보에서 다음을 구하시오. (단, 케이블 및 보의 자중은 무시하고 보의는 일정하다. 케이블 지지점의 수평반력은 400kN이며, 연속보 전구간에 25kN/m의 등분포하중이 작용한다. 단면의 위치는 A점으로부터의 거리로써 표시한다) (총 26점)

(1) 부(−)의 최대 휨모멘트 값 및 작용 단면의 위치 (16점)
(2) 정(+)의 최대 휨모멘트 값 및 작용 단면의 위치 (10점)

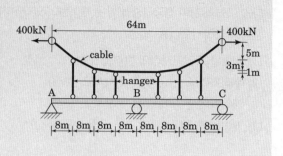

풀이

1 변형에너지

$$M_1 = \left(550 - \frac{R_B}{2}\right) \cdot x - \frac{25x^2}{2} (0 \le x \le 8)$$

$$M_2 = M_1 + 100(x-8)(8 \le x \le 16)$$

$$M_3 = M_2 + 100(x-16)(16 \le x \le 24)$$

$$M_4 = M_3 + 50(x-24)(24 \le x \le 32)$$

$$U = 2 \cdot \left(\int_0^8 \frac{M_1^2}{2EI}dx + \int_8^{16} \frac{M_2^2}{2EI}dx + \int_{16}^{24} \frac{M_3^2}{2EI}dx + \int_{24}^{32} \frac{M_4^2}{2EI}dx \right)$$

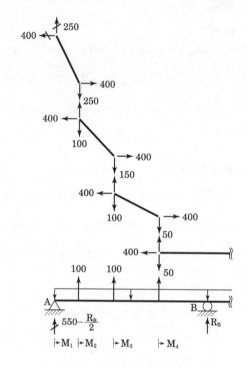

2 반력

$$\frac{\partial U}{\partial R_B} = 0 \; ; \; R_B = 697.656kN$$

$$R_A = 550 - \frac{R_B}{2} = 201.172kN$$

3 최대 휨모멘트

① 최대 정모멘트 : 양단에서 12.047m 떨어진 지점

$$M_{max}^+ = 1014.09kNm$$

② 최대 부모멘트 : 중앙부(B점)

$$M_{max}^- = -1962.5kNm$$

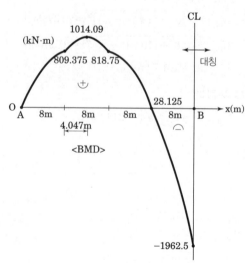

아치 5

Summary

출제내용   이 장에서는 원호 아치와 포물선 아치에 대한 문제가 출제된다. 원호 아치 부재는 원의 중심에서 일정한 거리가 떨어져 있으므로 원점에서의 회전각을 중심으로 부재력을 구한다. 포물선 아치는 양단 지점과 포물선 꼭짓점을 기준으로 포물선 함수를 구한 후 지점으로 부터의 거리에 대해 부재력을 구한다.

학습전략   아치의 부재력을 구할 때 임의의 단면에서의 부재력과 재축방향(자른 단면의 수직, 수평방향, local axis)의 분력을 정확하게 표시하는 것이 중요하다. 등분포 3활절 포물선 아치는 휨모멘트와 전단력이 0이고 축력만 발생한다는 결론을 미리 숙지하고 문제를 풀이하는 것이 편리하다. 이 때 축력을 유도하는 과정에서 삼각함수 공식이 사용되어 유도되었음을 유의한다. 원호 아치의 경우 원점의 회전각을 중심으로 BMD를 작성해야 하므로 이에 대한 연습도 필요하다.

건축구조기술사 | 103-2-2

그림의 3활절 아치의 반력을 구하고 점D와 E의
휨모멘트값을 산정하고 휨모멘트도를 그리시오.
(단, 아치의 모양은 2차 포물선이다.)

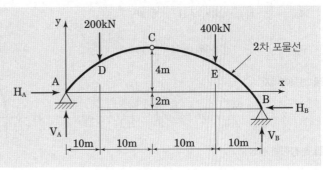

풀이

1 포물선 함수

$$\begin{cases} y = ax^2 + b \\ (7,\ 4) \\ (17,\ -2) \end{cases} \rightarrow \begin{cases} a = -\dfrac{1}{40} \\ b = \dfrac{209}{40} \end{cases} \rightarrow y = -\dfrac{x^2}{40} + \dfrac{209}{40}x$$

2 반력

$$\begin{cases} \Sigma F_x = 0 \ ; \ H_A - H_B = 0 \\ \Sigma F_y = 0 \ ; \ V_A + V_B = 600 \\ \Sigma M_B = 0 \ ; \ 17V_A + 2H_A - 200 \cdot 14 - 400 \cdot 4 = 0 \\ \Sigma M_{C,L} = 0 \ ; \ 7V_A - 4H_A - 200 \cdot 4 - 0 \end{cases}$$

$$\rightarrow \quad \begin{aligned} H_A &= 209.756\text{kN}(\rightarrow) & H_B &= 209.756\text{kN}(\leftarrow) \\ V_A &= 234.146\text{kN}(\uparrow) & V_B &= 365.854\text{kN}(\uparrow) \end{aligned}$$

3 휨모멘트

$$\begin{cases} M_D = 3V_A - 2.541 \cdot H_A = 169.448\text{kNm} \\ M_E = 4V_B - (2.054 + 2)H_B = 613.063\text{kNm} \end{cases}$$

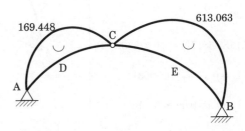

그림과 같은 두개의 아치가 B점에서 힌지로 서로 연결되어 있고 연결된 부위의 지점은 롤러로 지지되어 있다. 휨변형만을 고려하여 휨모멘트분포도를 그리시오. (단, 축력이나 전단력에 의한 변형은 무시함)

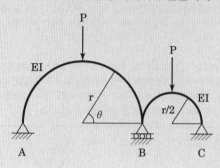

풀이 ○ 에너지법

1 구간별 모멘트

$$M_{\theta 1} = \frac{P}{2} \cdot r(1-\cos\theta_1) - H \cdot r \cdot \sin\theta_1$$

$$M_{\theta 2} = \frac{P}{2} \cdot \frac{r}{2}(1-\cos\theta_2) - H \cdot \frac{r}{2}\sin\theta_2$$

2 변형에너지

$$U = 2 \times \int_0^{\frac{\pi}{2}} \frac{M_{\theta 1}^2}{2EI} r \ d\theta_1 + 2 \times \int_0^{\frac{\pi}{2}} \frac{M_{\theta 2}^2}{2EI} \cdot \frac{r}{2} d\theta_2$$

3 부정정력 산정

$$\frac{\partial U}{\partial H} = 0 \ ; \quad H = \frac{P}{\pi}$$

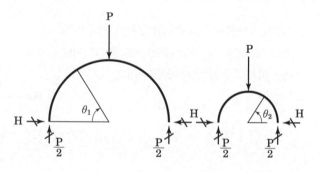

4 BMD

① AB 구간

$$\left\{\begin{array}{l} \dfrac{dM_1}{d\theta_1} = 0 \ ; \ \theta_1 = 32.4817° \\[2mm] M_1(32.4817°) = -0.092724 \cdot Pr \\[2mm] M_2 = 0 \ ; \quad \theta_1 = 64.9631° \\[2mm] M_1(90°) = 0.18169 \cdot Pr \end{array}\right\}$$

② BC 구간

$$\left\{\begin{array}{l} \dfrac{dM_2}{d\theta_2} = 0 \ ; \quad \theta_2 = 32.4817° \\[2mm] M_2(32.4817°) = -0.046362 \cdot Pr \\[2mm] M_2 = 0 \ ; \quad \theta_2 = 64.9631° \\[2mm] M_2(90°) = 0.090845 \cdot Pr \end{array}\right\}$$

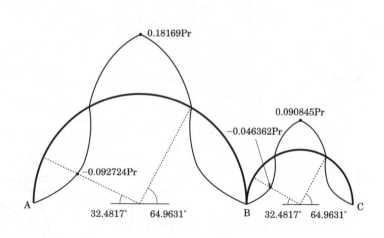

다음 구조물의 BMD를 그리시오. (EI = 30000kN m^2)

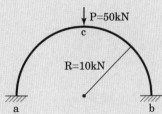

풀이 ○ 에너지법

1 반력산정

$$M(\theta) = 25 \cdot 10 \cdot (1-\cos\theta) + M_0 - H \cdot 10 \cdot \sin\theta$$

$$U = \int_0^{\frac{\pi}{2}} \frac{\{M(\theta)\}^2}{2EI} R \cdot d\theta$$

$$\left\{ \begin{array}{l} \dfrac{\partial U}{\partial M_0} = 0 \\ \dfrac{\partial U}{\partial H} = 0 \end{array} \right\} \quad \text{연립하면} \quad \rightarrow \quad \left\{ \begin{array}{l} M_0 = 55.3\text{kNm}\,(\curvearrowright) \\ H = 22.96\text{kN}(\rightarrow) \end{array} \right.$$

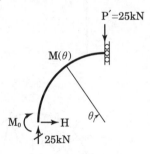

대칭성 이용
모델링

2 BMD

$$M(\theta) = -250 \cdot \cos(\theta) - 229.569 \cdot \sin(\theta) + 305.303$$

① M = 0일 때 : $\theta = 16.653°$

② M_{max}

$$\frac{\partial M}{\partial \theta} = 0 \; ; \quad \theta = 0.742822(\text{rad}) = 42.6179°$$

③ $\theta = \dfrac{\pi}{2}$ 일 때 : M = 75.734kNm

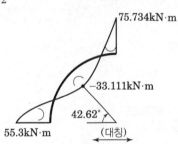

그림과 같은 구조물에서 (1), (2), (3) 조건에 대하여 각각의 모멘트도를 그리시오.

(1) h＝r

(2) h＝0

(3) h＝∞

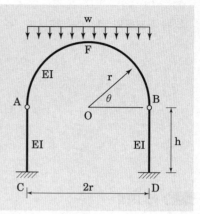

풀이 ⊙ 에너지법

① 변형에너지

$$\begin{cases} M_1 = Q \cdot x \\ M_2 = wr^2(1-\cos\theta) - Qr \cdot \sin\theta - \dfrac{wr^2(1-\cos\theta)^2}{2} \end{cases}$$

$$U = \left(\int_0^h \frac{M_1^2}{2EI} d\alpha + \int_0^{\frac{\pi}{2}} M_2^2 2EI \cdot r \cdot d\theta \right) \times 2$$

② 부재력 산정

$$\frac{\partial U}{\partial Q} = 0 \;\; ; \;\; Q = \frac{4r^4 w}{3\pi r^3 + 4h^3}$$

③ 조건에 따른 모멘트도

① h＝r일 때

$$\begin{cases} h = r \;\; ; \;\; Q = \dfrac{4rw}{3\pi+4} \\ \dfrac{\partial M_2}{\partial \theta} = 0 \;\; ; \;\; \theta = 17.33°, \; 90° \\ M_2 = 0 \;\; ; \;\; \theta = 36.58° \end{cases} \rightarrow \begin{array}{l} M_2(17.33°) = -0.044wr^2 \\ M_2(36.58°) = 0 \\ M_2(90°) = 0.202wr^2 \end{array}$$

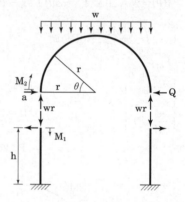

② h＝0일 때

$$\begin{cases} h = 0 \;\; ; \;\; Q = \dfrac{4rw}{3\pi} \\ \dfrac{\partial M_2}{\partial \theta} = 0 \;\; ; \;\; \theta = 25.11°, \; 90° \\ M_2 = 0 \;\; ; \;\; \theta = 58.08° \end{cases} \rightarrow \begin{array}{l} M_2(25.11°) = -0.09wr^2 \\ M_2(58.08°) = 0 \\ M_2(90°) = 0.076wr^2 \end{array}$$

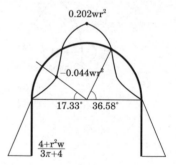

③ h＝∞일 때

$$\begin{cases} h = \infty \;\; ; \;\; Q = 0 \\ \dfrac{\partial M_2}{\partial \theta} = 0 \;\; ; \;\; \theta = 90° \end{cases} \rightarrow M_2(90°) = 0.5wr^2$$

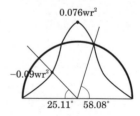

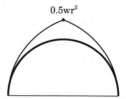

그림과 같은 곡선보에서 단부 단면의 도심에 $P=5kN$이 작용할 때, 축력과 전단력의 영향을 고려하여 단부의 수직처짐을 구하시오. (단, $E=200GPa$, $G=80GPa$이다.)

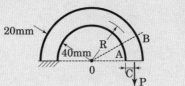

Section A–B

풀이

1 상수값 정리

$E = 200 \times 10^6 \, \text{kN/m}^2$

$G = 80 \times 10^6 \, \text{kN/m}^2$

$A = 0.02 \times 10^{-2} \, \text{m}^2$

$I = \dfrac{0.01 \cdot 0.02^3}{12}$

$R = 0.05 \text{m}$

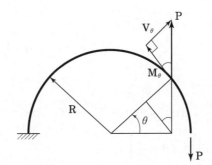

2 부재력 산정

$N_\theta = P \cdot \cos\theta$

$V_\theta = P \cdot \sin\theta$

$M_\theta = -P \cdot R \cdot (1-\cos\theta)$

3 수직처짐

$$\delta_V = \int_0^\pi \frac{M_\theta}{EI} \cdot \frac{\partial M_\theta}{\partial P} \cdot R \cdot d\theta + \frac{6}{5} \times \int_0^\pi \frac{V_\theta}{GA} \cdot \frac{\partial V_\theta}{\partial P} \cdot R \cdot d\theta + \int_0^\pi \frac{N_\theta}{EA} \cdot \frac{\partial N_\theta}{\partial P} \cdot R \cdot d\theta$$

$$= 4.4964 \times 10^{-4} P$$

$$= 0.002248 \text{m} (\downarrow)$$

우측 그림과 같은 반경이 a인 원호 AB의 C점상에 집중하중 P가 작용시 휨모멘트, 전단력도, 축력도를 그리시오. (단, A, B점은 힌지이며, C점은 게르버 힌지로 가정한다.)

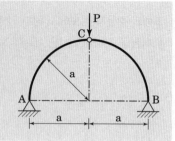

풀이

① 반력

$$R_A = R_B = \frac{P}{2} (\text{대칭 구조물})$$

$$\Sigma M_{C,left} = 0 \; ; \quad H_A \cdot a - R_A \cdot a = 0$$

$$H_A = H_B = \frac{P}{2}$$

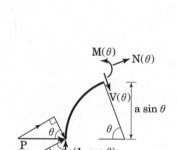

② BMD

$$M(\theta) = -\frac{P}{2}(a \cdot \sin\theta) + \frac{P}{2} \cdot a(1 - \cos\theta)$$

$$= \frac{Pa}{2}(1 - \sin\theta - \cos\theta) \left[0 \leq \theta \leq \frac{\pi}{2} \right]$$

$$\frac{dM}{d\theta} = 0 \; ; \quad \theta = 0.7853 \text{ rad} = 45°$$

$$M_{max} = M(45°) = -0.208Pa$$

③ SFD, AFD

$$V(\theta) = \frac{P}{2}\sin\theta - \frac{P}{2}\cos\theta \left[0 \leq \theta \leq \frac{\pi}{2} \right]$$

$$N(\theta) = -\frac{P}{2}\cos\theta - \frac{P}{2}\sin\theta \left[0 \leq \theta \leq \frac{\pi}{2} \right]$$

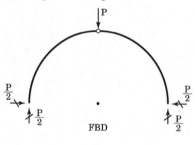

FBD

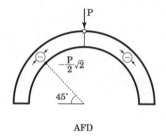

AFD

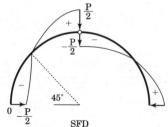

SFD

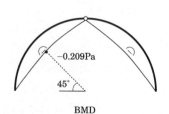

BMD

다음과 같이 벽에 고정 지지된 반지름이 R인 2차원 링 프레임(Ring Frame)이 있다. 이 프레임의 강성을 높이기 위하여 A와 O 지점을 케이블로 연결하였다. A 지점에 수직 방향의 하중 W를 가할 때, 다음 물음에 답하시오. (총 30점)

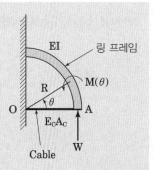

(1) 하중 W로 인한 케이블의 장력을 T라고 할 때, 임의의 각도 θ에서의 굽힘모멘트 $M(\theta)$를 T와 W의 식으로 구하시오. (6점)

(2) 링 프레임의 굽힘강성도가 EI, 케이블의 탄성계수가 E_c, 케이블의 단면적이 A_C일 때, 케이블에 걸리는 장력 T를 구하시오. (단, 에너지 방법을 이용하고, 링 프레임에 저장된 탄성에너지는 굽힘모멘트에 의한 에너지만을 고려한다) (16점)

(3) 케이블이 강체라고 가정할 때, 케이블에 걸리는 장력 T를 구하시오. (8점)

풀이

❶ M_θ

$$M_\theta = -W \cdot R(1-\cos\theta) + T \cdot R \cdot \sin\theta$$

❷ 케이블 장력 T

$$U_1 = \int_0^{\pi/2} \frac{M_\theta^2}{2EI} \cdot R \cdot d\theta + \frac{T^2 \cdot R}{2E_cA_c}$$

$$\frac{\partial U_1}{\partial T} = 0 \;\; ; \;\; T = \frac{2R^2 E_c A_c \cdot W}{E_c A_c \pi R^2 + 4EI}$$

❸ 케이블이 강체일 경우 T

$$U_2 = \int_0^{\pi/2} \frac{M_\theta^2}{2EI} \cdot R \cdot d\theta$$

$$\frac{\partial U_2}{\partial T} = 0 \;\; ; \;\; T = \frac{2W}{\pi}$$

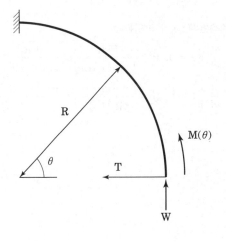

4분원에서 점A의 수평변위와 수직변위를 구하시오.

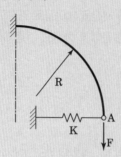

풀이 ◯ 에너지법

1 변형에너지

$$M(\theta) = (H+P) \cdot R \cdot \sin\theta - F \cdot R \cdot (1-\cos\theta)$$

$$U = \int_0^{\frac{\pi}{2}} \frac{\{M(\theta)\}^2}{2EI} \cdot R \cdot d\theta + \frac{H^2}{2k}$$

2 스프링 부재력(H)

$$\left. \frac{\partial U}{\partial H} \right|_{p=0} = 0 \;\; ; \;\; H = \frac{2FkR^3}{k\pi R^3 + 4EI}$$

3 A점 수평변위(δ_H), 수직변위(δ_V)

$$\delta_H = \frac{\partial U}{\partial P} \left\| P=0, \; H = \frac{2FkR^3}{k\pi R^3 + 4EI} \right. = \frac{2FR^3}{k\pi R^3 + 4EI} (\leftarrow)$$

$$\delta_V = \frac{\partial U}{\partial F} \left\| P=0, \; H = \frac{2FkR^3}{k\pi R^3 + 4EI} \right. = \frac{FR^3 \times \{kR^3(3\pi^2 - 8\pi - 4) + 4EI(3\pi - 8)\}}{4EI(k\pi R^3 + 4EI)} (\downarrow)$$

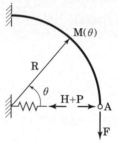

그림과 같은 1/4원으로 된 구조물에서 연직하중 P에 의한 점 A의 수직변위(δ_V), 수평변위(δ_H), 및 δ_H/δ_V를 구하시오. (단, EI는 일정하며, 휨변형만 고려한다.)

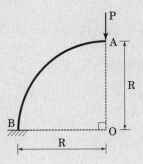

풀이 ○ 에너지법

1 변형에너지

$$M_\theta = -P \cdot R \cdot \sin\theta - H \cdot R \cdot (1-\cos\theta)$$

$$U = \int_0^{\frac{\pi}{2}} \frac{M_\theta^2}{2EI} dx = \int_0^{\frac{\pi}{2}} \frac{M_\theta^2}{2EI} \cdot R \cdot d\theta$$

2 수직변위(δ_V)

$$\delta_V = \left. \frac{\partial U}{\partial P} \right|_{H=0} = \frac{PR^3\pi}{4EI}$$

3 수평변위(δ_H)

$$\delta_H = \left. \frac{\partial U}{\partial H} \right|_{H=0} = \frac{PR^3}{2EI}$$

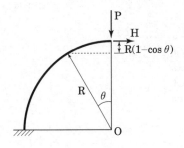

4 δ_H/δ_V

$$\frac{\delta_H}{\delta_V} = \frac{2}{\pi}$$

등분포하중을 받는 3-hinged 포물선 아치체 작용하는 부재응력과 반력을 구하시오.

풀이

1 포물선 방정식(A 원점)

$$\left.\begin{array}{l} y = ax^2 + bx + c \\ (0,0), \quad \left(\dfrac{L}{2}, h\right), \quad (L,0) \end{array}\right\} \quad \rightarrow \quad y = \dfrac{4h}{L}x - \dfrac{4h}{L^2}x^2$$

2 반력

$$\left.\begin{array}{l} \Sigma F_x = 0 \; ; \quad H_A - H_B = 0 \\[6pt] \Sigma F_y = 0 \; ; \quad V_A + V_B - \omega L = 0 \\[6pt] \Sigma M_A = 0 \; ; \quad -L \cdot V_B + \omega L \cdot \dfrac{L}{2} = 0 \\[6pt] \Sigma M_{C,R} = 0 \; ; \quad -V_B \cdot \dfrac{L}{2} + H_B \cdot h + w \cdot \dfrac{L}{2} \cdot \dfrac{L}{4} = 0 \end{array}\right\}$$

$$V_A = V_B = \dfrac{\omega L}{2}(\uparrow)$$

$$\rightarrow \quad H_A = \dfrac{\omega L}{8h}(\rightarrow)$$

$$H_B = \dfrac{\omega L}{8h}(\leftarrow)$$

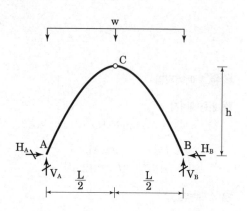

3 변수정리

$$y' = \tan\theta = \dfrac{\sin\theta}{\cos\theta} = \dfrac{4h}{L} - \dfrac{8h}{L^2}x = -\dfrac{8h}{L^2}\left(x - \dfrac{L}{2}\right) \quad \rightarrow \quad \left\{\begin{array}{l} \sin\theta = -\dfrac{8h}{L^2} \cdot \left(x - \dfrac{L}{2}\right)\cos\theta \\[8pt] \left(x - \dfrac{L}{2}\right) = -\dfrac{L^2}{8h} \cdot \dfrac{\sin\theta}{\cos\theta} = -\dfrac{H_A}{\omega} \cdot \dfrac{\sin\theta}{\cos\theta} \end{array}\right\}$$

4 휨모멘트

$$\left.\begin{array}{l} M_x = V_A \cdot x - H_A \cdot y - \dfrac{wx^2}{2} \\[8pt] y = \dfrac{4h}{L}x - \dfrac{4h}{L^2}x^2 \end{array}\right\} \quad \rightarrow \quad M_x = 0$$

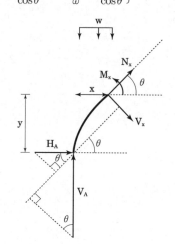

5 전단력

$$\left.\begin{array}{l} V_x = -H_A\sin\theta + V_A\cos\theta - \omega x\cos\theta \\[8pt] \sin\theta = -\dfrac{8h}{L^2} \cdot \left(x - \dfrac{L}{2}\right)\cos\theta \end{array}\right\} \quad \rightarrow \quad V_x = 0$$

6 축력

$$\left.\begin{array}{l} N_x = -H_A\cos\theta - V_A\sin\theta + \omega x\sin\theta = -H_A\cos\theta + \omega\left(x - \dfrac{L}{2}\right)\sin\theta \\[8pt] \left(x - \dfrac{L}{2}\right) = -\dfrac{H_A}{\omega} \cdot \dfrac{\sin\theta}{\cos\theta} \end{array}\right\} \quad \rightarrow \quad N_x = -\dfrac{\omega L^2/8}{\cos\theta} = H_A\sec\theta\,(압축)$$

PE.A − 87 − 3 − 5

···········1. · *function* − *function*

$$\text{solve}\begin{cases} y = a \cdot x^2 + b \cdot x + c \,|\, x = 0 \text{ and } y = 0 \\ y = a \cdot x^2 + b \cdot x + c \,|\, x = \dfrac{1}{2} \text{ and } y = h \\ y = a \cdot x^2 + b \cdot x + c \,|\, x = l \text{ and } y = 0 \end{cases}, \{a,b,c\}$$

$$a = \frac{-4 \cdot h}{l^2} \text{ and } b = \frac{4 \cdot h}{l} \text{ and } c = 0 \text{ or } a = c4 \text{ and } b = c3$$

$$\text{and } c = 0 \text{ and } h = 0 \text{ and } l = 0$$

$$a \cdot x^2 + b \cdot x + c \,\Big|\, a = \frac{-4 \cdot h}{l^2} \text{ and } b = \frac{4 \cdot h}{l} \text{ and } c = 0 \rightarrow y$$

$$\frac{4 \cdot h \cdot x}{l} - \frac{4 \cdot h \cdot x^2}{l^2}$$

···········2. · *reaction* 2. · *reaction*

$$\text{solve}\begin{cases} ha - hb = 0 \\ \nu a + \nu b - w \cdot l = 0 \\ -l \cdot \nu b + \dfrac{w \cdot l \cdot l}{2} = 0 \\ \dfrac{-\nu b \cdot l}{2} + hb \cdot h + \dfrac{\dfrac{w \cdot l}{2} \cdot l}{4} = 0 \end{cases}, \{\nu a, \nu b, ha, hb\} \,\Big|\, l > 0 \text{ and } h > 0$$

$$h > 0 \text{ and } l > 0 \text{ and } ha = \frac{l^2 \cdot w}{8 \cdot h} \text{ and } hb = \frac{l^2 \cdot w}{8 \cdot h}$$

$$\text{and } \nu a = \frac{l \cdot w}{2} \text{ and } \nu b = \frac{l \cdot w}{2}$$

·············3 ① −3

·············4. · *mx* −4. · *mx*

⚠ $\nu a \cdot x - ha \cdot y - \dfrac{w \cdot x^2}{2} \,\Big|\, ha = \dfrac{l^2 \cdot w}{8 \cdot h} \text{ and } \nu a = \dfrac{l \cdot w}{2}$ 0

·············5. · *shear* −5. · *shear*

⚠ $-ha \cdot \sin(\theta) + \nu a \cdot \cos(\theta) - w \cdot x \cdot \cos(\theta) \,\Big|\, ha = \dfrac{l^2 \cdot w}{8 \cdot h}$ and

$\nu a = \dfrac{l \cdot w}{2}$ and $\sin(\theta) = \dfrac{-8 \cdot h}{l^2} \cdot \left(x - \dfrac{l}{2}\right) \cdot \cos(\theta)$ 0

·············6. · *axial · force* −6. · *axial · force*

⚠ $-ha \cdot \cos(\theta) + w \cdot \dfrac{-ha}{w} \cdot \dfrac{\sin(\theta)}{\cos(\theta)} \cdot \sin(\theta) \,\Big|\, ha = \dfrac{l^2 \cdot w}{8 \cdot h}$ $\dfrac{-l^2 \cdot w}{8 \cdot h \cdot \cos(\theta)}$

① 포물선 아치 계산시 힘수 일부분을 적절히 치환해줘야 한다. 일부분 치환은
일종의 트릭이므로 수작업을 통해 적절히 조정해줘야 하므로 3. 변수정리
부분은 숙지해야 한다.

우측 여백:

• 2차 함수에 대한 계수값 a, b, c 산정

• 반력 산정

• 휨모멘트

• 전단력

• 축력

다음 그림과 같이 2차 포물선을 갖는 2 Hinge Arch의 휨모멘트 도를 작성하시오. (단, 부재의 탄성계수는 E, 단면 2차모멘트는 I로 한다.)

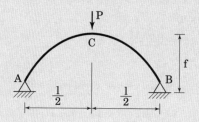

풀이 **에너지법**

1 포물선 방정식(원점 C)

$y = a \cdot x^2$이고 점 $\left(\dfrac{l}{2}, f\right)$를 지나므로

$$f = a \cdot \dfrac{l^2}{4} \;\rightarrow\; a = \dfrac{4f}{l^2}$$

$$\therefore y = \dfrac{4f}{l^2}x^2$$

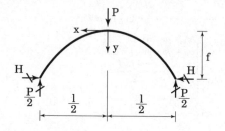

2 수평반력 산정

$$M_x = \dfrac{P}{2} \cdot \left(\dfrac{l}{2} - x\right) - H \cdot (f - y) \quad \left(y = \dfrac{4f}{l^2}x^2\right)$$

$$U = 2 \cdot \int_0^{\frac{l}{2}} \dfrac{M_x^2}{2EI}dx$$

$$\dfrac{\partial U}{\partial H} = 0 \;\; ; \;\; H = \dfrac{25l}{128f} \cdot P$$

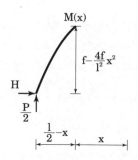

3 BMD

H를 M_x에 대입하면 $M_x = \dfrac{25Px^2}{32l} - \dfrac{Px}{2} + \dfrac{7Pl}{128}$

① 최대 정모멘트

$$M_0 = \dfrac{7Pl}{128}$$

② 최대 부모멘트

$$\dfrac{\partial M_x}{\partial x} = 0 \;\; ; \;\; x = 0.32l$$

$$M_{0.32} = -0.0253\,Pl$$

③ 변곡점

$$M_x = 0 \;\; ; \;\; x = 0.14l$$

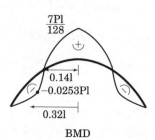

BMD

그림과 같이 동일한 등분포하중을 받는 3힌지 포물선 아치와
원호 아치에서 D점의 단면력을 각각 구하고, 두 구조형식의
구조적 특성을 비교하여 설명하시오.

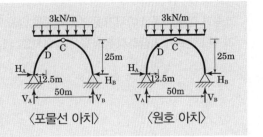

〈포물선 아치〉　　〈원호 아치〉

풀이

1 3힌지 포물선 아치

① 반력

$$V_A = 3 \cdot 25 = 75\text{kN} \qquad H = \frac{3 \cdot 25 \cdot 12.5}{25} = 37.5\text{kN}$$

② 포물선 함수

$$\begin{cases} y = ax^2 + bx + c\,(\text{A점 원점}) \\ (0,0), \ (25,25), \ (50,0) \end{cases} \rightarrow \quad y = 2x - \frac{x^2}{25}$$

$$\tan\theta = y'(12.5) = 1 \ ; \quad \theta = 45°$$

$$y(12.5\text{m}) = 18.75\text{m}$$

③ D점 부재력

$$V_D = \frac{75}{\sqrt{2}} - \frac{37.5}{\sqrt{2}} - \frac{3 \cdot 12.5}{\sqrt{2}} = 0$$

$$N_D = -\frac{75}{\sqrt{2}} - \frac{37.5}{\sqrt{2}} + \frac{3 \cdot 12.5}{\sqrt{2}} = 53.033\text{kN(압축)}$$

$$M_D = 75 \cdot 12.5 - 37.5 \cdot 18.75 - 3 \cdot \frac{12.5^2}{2} = 0$$

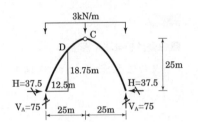

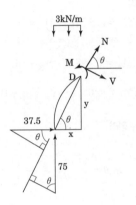

2 원호아치

① 반력

$$V_A = 3 \cdot 25 = 75\text{kN} \qquad H = \frac{3 \cdot 25 \cdot 12.5}{25} = 37.5\text{kN}$$

② 원호함수

$$x^2 + (y - 25)^2 = 25^2$$

$$\tan\theta = \frac{12.5}{25} \ ; \quad \theta = 60°$$

$$y(12.5) = 25 \cdot \sin 60° = 21.6506\text{m}$$

③ D점 부재력

$$V_D = (75 - 3 \cdot 12.5) \cdot \sin 60° - 37.5 \cdot \cos 60° = 13.726\text{kN}$$

$$N_D = -(75 - 3 \cdot 12.5) \cdot \cos 60° - 37.5 \cdot \sin 60° = 51.226\text{kN(압축)}$$

$$M_D = 75 \cdot 12.5 - 37.5 \cdot 25 \cdot \sin 60° - 3 \cdot \frac{12.5^2}{2} = -108.774\text{kNm}$$

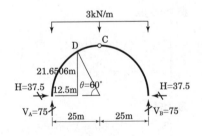

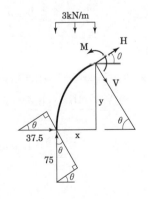

그림과 같은 포물선 아치가 등분포 하중을 받을 때, 단면 내에서 전단력과 휨모멘트가 발생하지 않음을 증명하시오. (14점)

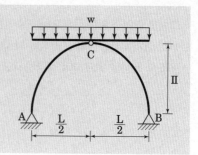

풀이

1 포물선 방정식(A 원점)

$$\begin{cases} \text{포물선 함수 : } y = ax^2 + bx + c \\ \text{경계조건 : } (0,0), \ \left(\dfrac{L}{2}, h\right), \ (L,0) \end{cases} \rightarrow \ y = \dfrac{4h}{L}x - \dfrac{4h}{L^2}x^2$$

2 반력

$$\begin{cases} \Sigma F_x = 0 \ ; \ H_A - H_B = 0 \\ \Sigma F_y = 0 \ ; \ V_A + V_B - \omega L = 0 \\ \Sigma M_A = 0; \ -L \cdot V_B + \omega L \cdot \dfrac{L}{2} = 0 \\ \Sigma M_{C,R} = 0 \ ; \ -V_B \cdot \dfrac{L}{2} + H_B \cdot h + w \cdot \dfrac{L}{2} \cdot \dfrac{L}{4} = 0 \end{cases}$$

$$V_A = V_B = \frac{\omega L}{2}(\uparrow)$$

$$\rightarrow \quad H_A = \frac{\omega L}{8h}(\rightarrow)$$

$$H_B = \frac{\omega L}{8h}(\leftarrow)$$

3 변수정리

$$y' = \tan\theta = \frac{\sin\theta}{\cos\theta} = \frac{4h}{L} - \frac{8h}{L^2}x = -\frac{8h}{L^2}\left(x - \frac{L}{2}\right) \rightarrow \begin{cases} \sin\theta = -\dfrac{8h}{L^2} \cdot \left(x - \dfrac{L}{2}\right)\cos\theta \\ \left(x - \dfrac{L}{2}\right) = -\dfrac{L^2}{8h} \cdot \dfrac{\sin\theta}{\cos\theta} = -\dfrac{H_A}{\omega} \cdot \dfrac{\sin\theta}{\cos\theta} \end{cases}$$

4 휨모멘트

$$\begin{cases} M_x = V_A \cdot x - H_A \cdot y - \dfrac{wx^2}{2} \\ y = \dfrac{4h}{L}x - \dfrac{4h}{L^2}x^2 \end{cases} \rightarrow \quad \therefore M_x = 0$$

5 전단력

$$\begin{cases} V_x = -H_A \sin\theta + V_A \cos\theta - \omega x \cos\theta \\ \sin\theta = -\dfrac{8h}{L^2} \cdot \left(x - \dfrac{L}{2}\right)\cos\theta \end{cases} \rightarrow \quad \therefore V_x = 0$$

6 축력

$$\begin{cases} N_x = -H_A \cos\theta - V_A \sin\theta + \omega x \sin\theta = -H_A \cos\theta + \omega\left(x - \dfrac{L}{2}\right)\sin\theta \\ \left(x - \dfrac{L}{2}\right) = -\dfrac{H_A}{\omega} \cdot \dfrac{\sin\theta}{\cos\theta} \end{cases}$$

$$\rightarrow \quad \therefore N_x = -\frac{\omega L^2/8}{\cos\theta} = H_A \sec\theta (\text{압축})$$

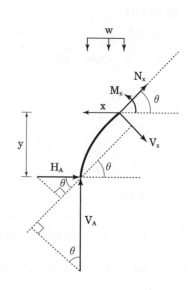

그림과 같이 경사지점을 갖는 단순모형 아치에서 전 구간에 휨모멘트가 발생하지 않는 아치의 형태를 x, y의 함수로 표시하시오. (단, C점을 원점으로 한다.)

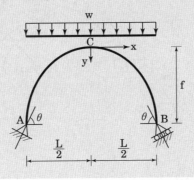

풀이

1 반력산정 [18]

$$\begin{cases} \Sigma F_x = 0 \; ; \; H\sin\theta + V_1\cos\theta - V_2\cos\theta = 0 \\ \Sigma F_y = 0 \; ; \; V_1\sin\theta + V_2\sin\theta - \omega L = 0 \\ \Sigma M_A = 0 \; ; \; \omega L \times \dfrac{L}{2} - V_2 L\sin\theta = 0 \end{cases}$$

$$\rightarrow \quad V_1 = \frac{\omega L}{2\sin\theta} \qquad V_2 = \frac{\omega L}{2\sin\theta} \qquad H = 0$$

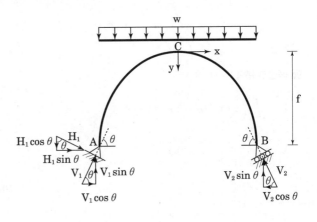

2 휨모멘트 조건

$M(x) = 0 \; ;$

$$\frac{\omega L}{2}\left(\frac{L}{2} - x\right) - \frac{\omega L}{2}\frac{\cos\theta}{\sin\theta}(f - y) - \frac{\omega}{2}\left(\frac{L}{2} - x\right)^2 = 0$$

$$\frac{\omega x^2}{2} + \frac{\omega \cdot L \cdot y\cos\theta}{2\sin\theta} + \frac{\omega L^2}{8} - \frac{\omega \cdot L \cdot f\cos\theta}{2\sin\theta} = 0$$

$$\frac{\omega}{2}\left[\underbrace{\left\{-x^2 + \frac{L \cdot y \cdot \cos\theta}{\sin\theta}\right\}}_{A} + \underbrace{\left\{\frac{L^2}{4} - \frac{L \cdot f \cdot \cos\theta}{\sin\theta}\right\}}_{B}\right] = 0$$

B는 A가 $(x, y) = (\dfrac{L}{2}, f)$의 특수한 경우이므로 위 식이

참일 조건은 A=0이다.

따라서 휨모멘트가 발생하지 않는 아치의 함수를 x, y로 나타내면

$$\left\{-x^2 + \frac{L \cdot y \cdot \cos\theta}{\sin\theta}\right\} = 0 \quad , \quad y = \frac{x^2}{L}\tan\theta \; (단, \; 0 < \theta < 90°)$$

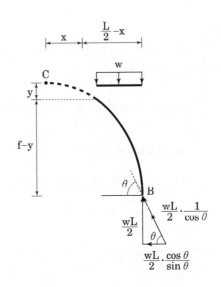

18) 건축구조역학(이수곤) p97 예제2.34 참조

다음 강체구조물의 반력(R_{Ay}, R_{Ax}, R_{By})을 구하시오. (단, 모든 부재에 직각방향으로 5kN/m의 하중이 작용함)

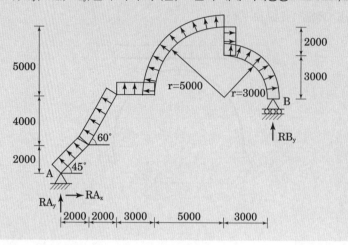

풀이

❶ 곡선부 분력 19)

$$H = \int_0^{\frac{\pi}{2}} \omega \cdot r \cdot \cos(\theta) d\theta = r \cdot \omega$$

$$V = \int_0^{\frac{\pi}{2}} \omega \cdot r \cdot \sin(\theta) d\theta = r \cdot \omega$$

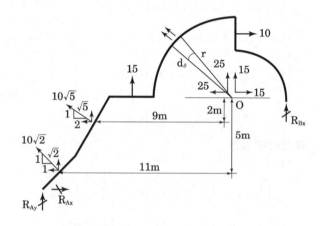

❷ 반력

$$\begin{cases} \Sigma F_x = 0 \ ; \ R_{Ax} - 10 - 2 \cdot 2 - 25 + 10 + 15 = 0 \\ \Sigma F_y = 0 \ ; \ R_{Ay} + R_{By} + 10 + 10 + 15 + 25 + 15 = 0 \\ \Sigma M_o = 0 \ ; \ -6R_{Ax} + 12R_{Ay} - 3R_{By} + 10(11+5) + 10(9 + 2 \cdot 2) + 15 \cdot 6 \cdot 5 + 10 \cdot \ 4 = 0 \end{cases}$$

$$\therefore \begin{cases} R_{Ax} = 30kN = 30kN(\rightarrow) \\ R_{Ay} = -31.5kN = 31.5kN(\downarrow) \\ R_{By} = -43.5kN = 43.5kN(\leftarrow) \end{cases}$$

19) 60° 부재의 경우 각도비(1 : $\sqrt{3}$: 2)와 주어진 길이비(1 : 2 : $\sqrt{5}$)가 정합되지 않기 때문에 각도비를 무시하고 주어진 길이비로 푼다.

지형적인 이유로 구조물의 지점조건의 높이차가 발생하였다. 이 구조물에 작용하는 하중이 주어진 경우, 순수 압축력만을 받는 구조시스템이 되도록 B와 D 위치에서 높이 h_B와 h_D를 구하시오.

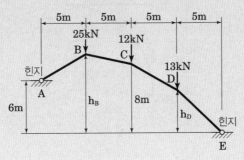

풀이

1 반력 및 h_B, h_D [20]

$$\begin{cases} \sum F_x^{AE} = 0 \; ; \; H_A - H_E = 0 \\[2mm] \sum F_y^{AE} = 0 \; ; \; V_a + V_e = 25 + 12 + 13 \\[2mm] \sum M_A^{AE} = 0 \; ; \; -20V_E + 6H_E + 5 \cdot 25 + 10 \cdot 12 + 15 \cdot 13 = 0 \\[2mm] \sum M_B^{AB} = 0 \; ; \; 5V_A - (h_B - 6)H_A = 0 \\[2mm] \sum M_C^{CE} = 0 \; ; \; 5 \cdot 13 - 10V_E + 8H_E = 0 \\[2mm] \sum M_D^{DE} = 0 \; ; \; -5V_E + h_d H_E = 0 \end{cases}$$

$$\begin{aligned} &V_A = 18.7 \text{kN}(\uparrow) &&H_A = 31 \text{kN}(\rightarrow) \\ \rightarrow \quad &V_E = 31.3 \text{kN}(\uparrow) &&H_E = 31 \text{kN}(\leftarrow) \\ &h_B = 9.01613 \text{m} &&h_D = 5.04839 \text{m} \end{aligned}$$

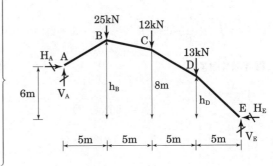

2 반력확인($V = 0$)

① 지점 A

$$\theta_A = \tan^{-1}\left(\frac{h_B - 6}{5}\right) = 0.542788 (\text{rad})$$

$$V = V_A \cos\theta_A - H_A \sin\theta_A = 0$$

② 지점 E

$$\theta_E = \tan^{-1}\left(\frac{h_D}{5}\right) = 0.790214 (\text{rad})$$

$$V = V_E \cos\theta_E - H_E \sin\theta_E = 0$$

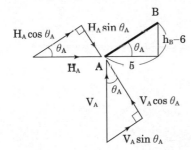

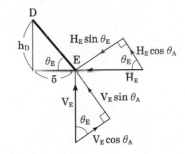

20) 순수압축을 받는 경우 전단력과 휨모멘트가 작용하지 않는다. 반력 4개, 미지높이 2개 이므로 총 6개의 평형방정식을 이용하여 미지수를 산정한다.

다음 같은 구조물의 박력 모멘트 M_A, M_B와 하중점 처짐 δ_C를 구하시오. (두 부재의 강성 EI는 일정하다)

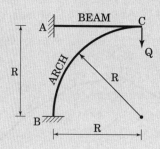

풀이 ○ 에너지법

1 변형에너지

$$\begin{cases} M_1 = V_0 x + M_0 \\ M_2 = -M_0 - (V_0 + Q)(R \cdot \sin\theta) - N_0(R - R\cos\theta) \end{cases}$$

$$U = \int_0^R \frac{\{M_1\}^2}{2EI} dx + \int_0^{\frac{2}{\pi}} \frac{\{M_2\}^2}{2EI} \cdot R \cdot d\theta$$

2 부재력 산정

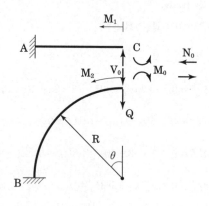

$$\begin{cases} \dfrac{\partial U}{\partial V_0} = 0 \\[2mm] \dfrac{\partial U}{\partial N_0} = 0 \\[2mm] \dfrac{\partial U}{\partial M_0} = 0 \end{cases} \rightarrow \begin{cases} V_0 = 0.00268 \cdot Q \\ N_0 = -1.21335 \cdot Q \\ M_0 = -0.121146 \cdot QR \end{cases}$$

3 C점 처짐

$$\delta_c = \frac{\partial U}{\partial Q}\bigg|\, (V_0 = 0.00268 \cdot Q \quad N_0 = -1.21445Q \quad M_0 = -0.121146QR)$$

$$= 0.05968 \frac{QR^3}{EI}(\downarrow)$$

그림과 같이 서로 반대방향인 하중 P가 작용하는 반경 R인 Ring 구조에서 임의의 점 x의 휨모멘트식을 유도하고, BMD(Bending Moment Diagram)를 작도하시오. (단, Ring의 두께는 일정함)

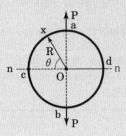

풀이 ○ 에너지법

1 반력산정(축약모델)

$$M_\theta = M_0 - \frac{P}{2} \cdot r \cdot (1 - \cos\theta)$$

$$U = \int_0^{\pi/2} \frac{M_\theta^2}{2EI} \cdot r \cdot d\theta$$

$$\frac{\partial U}{\partial M_0} = 0 \; ; \; M_0 = \frac{(\pi - 2) \cdot P \cdot r}{2\pi} = 0.1817\,Pr$$

2 BMD

$$M_a = M_{\theta=0} = \frac{(\pi - 2) \cdot P \cdot r}{2\pi} = 0.1817\,Pr$$

$$M_c = M_{\theta = \frac{\pi}{2}} = -\frac{P \cdot r}{\pi} = -0.318\,Pr$$

$$M_\theta = 0 \; ; \; \theta = 50.46°$$

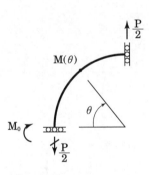

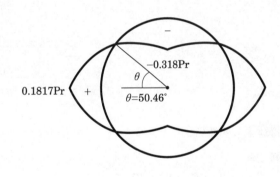

6 이동하중, 영향선

Summary

출제내용   이 장에서는 이동하중에 대한 영향선과 최대모멘트 및 최대전단력을 구하는 문제가 출제된다.

학습전략   이동하중으로 인한 최대 휨모멘트 위치는 기본 공식을 이용하여 풀이할 수도 있고 영향선을 이용하여 풀이할 수도 있다. 공식을 이용하여 풀이하는 경우 이동하중을 조건에 맞게 재하하는 것이 중요하며 재하위치를 정확하게 그려야 풀이과정에서 실수하지 않는다. 이 때 재하위치를 정확하게 표시할 때 시간이 오래 소요되며 표기에 혼동이 있을 수 있으므로 연습이 필요하다. 영향선을 이용하여 풀이하는 경우 역시 하중 재하위치에 따른 영향선의 값을 매번 찾아야 하므로 영향선 표기 시 각 위치에 대한 방정식을 정확하게 표기하여야 실수를 줄일 수 있다.

건축구조기술사 | 92-2-5

그림과 같은 집중하중 5kN, 등분포하중 2kN/m의 이동하중이 스팬 12m의 단순보를 지날 때 절대최대휨모멘트의 위치와 크기를 구하시오.

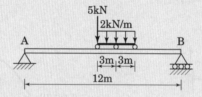

풀이 1. 미분 이용

1 반력

$$\begin{cases} \Sigma F_y = 0 \ ; \quad R_A + R_B = 17 \\ \Sigma M_B = 0 \ ; \quad 12R_A - 9(12-x) - 4(9-x) - 4(6-x) = 0 \end{cases}$$

$$R_A = \frac{168 - 17x}{12}, \quad R_B = \frac{36 + 17x}{12}$$

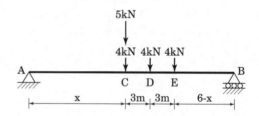

2 C에서 최대 휨모멘트 발생하는 경우

$$\begin{cases} M_C = R_A \cdot x \\ \dfrac{dM_C}{dx} = 0 \end{cases} \rightarrow \quad x = 4.94m \qquad M_{max} = 34.588kNm \, (지배) \rightarrow 절대최대휨모멘트$$

3 D에서 최대휨모멘트 발생하는 경우

$$\begin{cases} M_D = R_A(x+3) - 9 \cdot 3 \\ \dfrac{dM_D}{dx} = 0 \end{cases} \rightarrow \quad x = 3.44\,m \qquad M_{max} = 31.776kNm$$

풀이 2. 절대최대휨모멘트 공식 이용

❶ 합력 R(17kN)의 위치

$$17 \cdot a = 4 \cdot 3 + 4 \cdot 6 \quad \rightarrow \quad a = \frac{36}{17} = 2.118m$$

❷ 이동하중의 위치

가장 큰 집중하중과 합력의 중심이 보의 중앙에 위치

❸ R_A 산정

$$12R_A - 9 \cdot \left(6 + \frac{a}{2}\right) - 4 \cdot \left(3 + \frac{a}{2}\right) - 4 \cdot \frac{a}{2} = 0$$

$$R_A = 7kN$$

❹ 절대최대휨모멘트

보 중앙에서 가장 가까운 9kN 위치에서 발생

$$M_{max} = R_A \cdot \left(6 - \frac{a}{2}\right) = 34.588kNm (A점으로부터\ 4.94m\ 떨어진\ 위치)$$

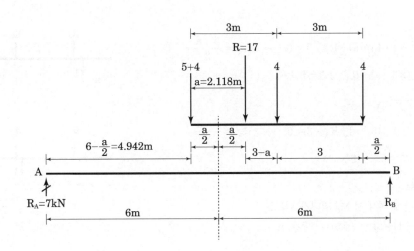

그림에서와 같이 10kN의 장비가 매달린 레일 구조물에서 이동한다. B지점에서 발생하게 될 최대 휨모멘트를 구하시오.

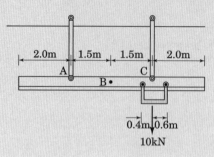

풀이

1 영향선

① $0 \le a \le 3.5$

$$\Sigma M_c = 0 ; -1 \cdot (5-a) + R_A \cdot 3 = 0 \rightarrow R_A = \frac{5-a}{3}$$

$$M_B = -1 \cdot (3.5-a) + R_A \cdot 1.5 = 0.5 \cdot a - 1$$

② $3.5 \le a \le 7$

$$\Sigma M_c = 0 ; -1 \cdot (5-a) + R_A \cdot 3 = 0 \rightarrow R_A = \frac{5-a}{3}$$

$$M_B = R_A \cdot 1.5 = 0.5 \cdot (5-a)$$

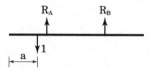

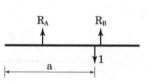

2 B점 최대 휨모멘트

장비가 왼쪽 끝단에 위치 시 M_B 최대가 되므로

$$M_{B,max} = (6 \cdot -1) + (4 \cdot -0.5) = -8kNm$$

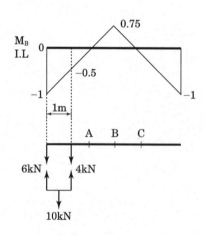

다음 그림과 같은 보(DH)-트러스의 혼성 구조물에서, 집중하중군 P1-P2-P3가 H에서 A로 이동한다. 재료의 탄성계수는 E, 모든 트러스 부재의 단면적은 a, 보 DH의 단면 2차모멘트는 I라 할 때, 다음을 구하시오.

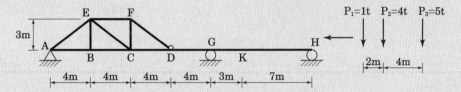

(1) 부재 CE의 부재력의 영향선 및 이동하중에 의한 최대 부재력과 하중위치
(2) 단면 K의 휨 모멘트의 영향선 및 이동하중에 의한 최대 모멘트와 하중위치

풀이

1 CE 영향선

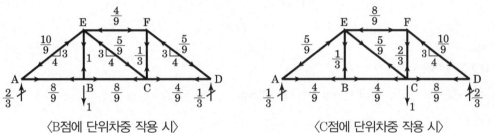

〈B점에 단위차중 작용 시〉 　　　〈C점에 단위차중 작용 시〉

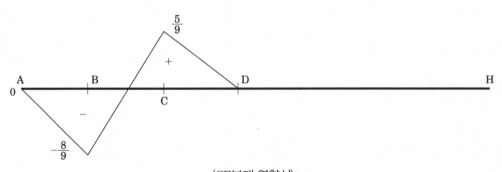

〈CE부재 영향선〉

2 CE부재 최대 부재력

① P_3가 B에 위치하는 경우

$$\frac{5}{9} \times 5 = -\frac{25}{9} \text{kN(최대값)}$$

② P_2가 C에 위치하는 경우

$$\frac{5}{9} \times 4 = \frac{20}{9} \text{kN}$$

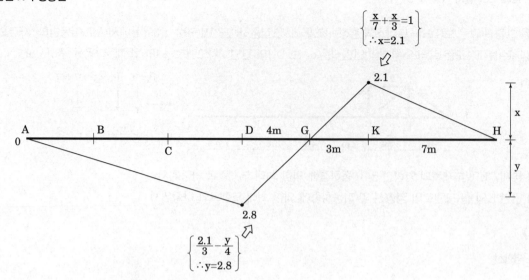

$$\begin{cases} \dfrac{x}{7}+\dfrac{x}{3}=1 \\ \therefore x=2.1 \end{cases}$$

$$\begin{cases} \dfrac{2.1}{3}-\dfrac{y}{4} \\ \therefore y=2.8 \end{cases}$$

❹ K단면 M_{max}

P_3가 D에 위치하는 경우

$$5\cdot(-2.8)+4\cdot\left(-\frac{2.8}{12}\cdot\ 8\right)+1\cdot(-1.4)=-22.87\text{kNm}$$

다음 2경간 연속보에서 B지점의 수직반력에 대한 영향선을 구하시오. (단, EI는 일정하다.)

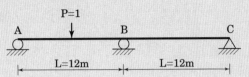

풀이

1 반력산정

$\Sigma M_C = 0$; $24R_A - (24-a) + 12R_B = 0$

$$R_A = -\frac{a + 12(R_B - 2)}{24}$$

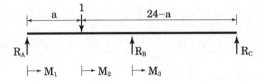

2 변형에너지

$M_1 = R_A x$

$M_2 = R_A(x+a) - x$

$M_3 = R_A(x+12) - (x+12-a) + R_B x$

$$U = \int_0^a \frac{M_1^2}{2EI}dx + \int_0^{12-a} \frac{M_2^2}{2EI}dx + \int_0^{12} \frac{M_3^2}{2EI}dx$$

3 산정

$\dfrac{\partial U}{\partial R_B} = 0$; $R_B = \dfrac{-a(a^2-432)}{3456} \, [0 \le a \le 12]$

$$R_B = \frac{-(24-a)((24-a)^2-432)}{3456} \, [12 \le a \le 24]$$

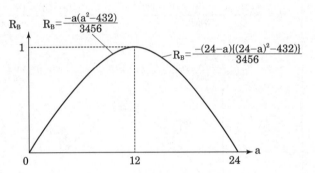

PE.C−86−2−5

<table>
<tr><td>·········· 1</td><td>−1</td></tr>
</table>

$\mathrm{solve}\,(24 \cdot ra - (24-a) + 12 \cdot rb = 0, ra)$ $ra = \dfrac{-(a+12 \cdot (rb-2))}{24}$

• 임의의 위치 a에 대한 반력산정

<table>
<tr><td>·········· 2</td><td>−2</td></tr>
</table>

• 변형에너지

$ra \cdot x \to m1$ $ra \cdot x$

$ra \cdot (x+a) - x \to m2$ $(ra-1) \cdot x + a \cdot ra$

$ra \cdot (x+12) - (x+12-a) + rb \cdot x \to m3$ $(ra+rb-1) \cdot x + a + 12 \cdot ra - 12$

$\displaystyle\int_0^a \frac{m1^2}{2 \cdot ei}dx + \int_0^{12-a} \frac{m2^2}{2 \cdot ei}dx + \int_0^{12} \frac{m3^2}{2 \cdot ei}dx \,|\, ra = \frac{-(a+12 \cdot (rb-2))}{24} \to u$

$\dfrac{a^4 + 12 \cdot a^3 \cdot (rb-4) + 576 \cdot a^2 - 5184 \cdot a \cdot rb + 20736 \cdot rb^2}{144 \cdot ei}$

<table>
<tr><td>·········· 3</td><td>−3</td></tr>
</table>

• 임의의 위치 a에 대한 반력 rb 산정
 ($a = 12$m 위치에 있을 때 rb 최대)

⚠ $\mathrm{solve}\left(\dfrac{d}{drb}(u) = 0, rb\right)$ $rb = \dfrac{-a \cdot (a^2 - 432)}{3456}$

$rb = \dfrac{-(24-a) \cdot ((24-a)^2 - 432)}{3456}$ $rb = \dfrac{(a-24) \cdot (a^2 - 48 \cdot a + 144)}{3456}$

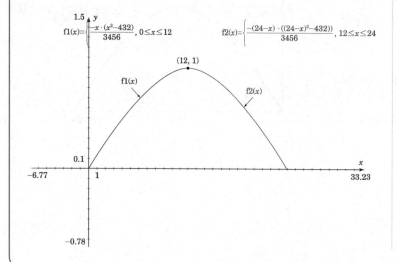

$f1(x) = \begin{cases} \dfrac{x \cdot (x^2 - 432)}{3456}, & 0 \le x \le 12 \end{cases}$ $f2(x) = \begin{cases} \dfrac{-(24-x) \cdot ((24-x)^2 - 432)}{3456}, & 12 \le x \le 24 \end{cases}$

다음과 같은 구조물에서 A점과 B점의 수직반력에 대한 영향선을 구하시오. (단, EI는 일정하고, $0 < K < \infty$임)

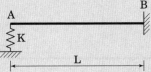

풀이

❶ R_A 영향선

① 적합방정식

$$\frac{1 \times (L-x)^3}{3EI} + \frac{1 \times (L-x)^2}{2EI} \cdot x = \frac{R_A \cdot L^3}{3EI} + \frac{R_A}{K} \;\; ;$$

$$R_A = \frac{K \cdot (L-x)^2 \cdot (2L+x)}{2(KL^3 + 3EI)}$$

$$= \frac{K}{2(KL^3 + 3EI)} \cdot (x^3 - 3L^2 x + 2L^3)$$

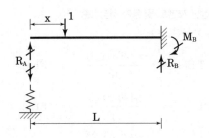

② 영향선

$$\frac{dR_A}{dx} = 0 \;\; ; \;\; x = -L \quad \text{or} \quad L$$

$$\begin{cases} R_A(-L) = \dfrac{2KL^3}{KL^3 + 3EI} \\[2mm] R_A(0) = \dfrac{KL^3}{KL^3 + 3EI} \\[2mm] R_A(L) = 0 \end{cases}$$

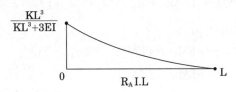

❷ R_B 영향선

① 평형방정식

$$R_B = 1 - R_A = \frac{-Kx^3 + 3KL^2 x + 6EI}{2KL^3 + 3EI}$$

$$= \frac{K}{2(kL^3 + 3EI)} \cdot \left(\frac{6EI}{K} + 3L^2 x - x^3 \right)$$

② 영향선

$$\frac{dR_B}{dx} = 0 \;\; ; \;\; x = -L \quad \text{or} \quad L$$

$$\begin{cases} R_B(-L) = \dfrac{(KL^3 - 3EI)}{KL^3 + 3EI} \\[2mm] R_A(0) = \dfrac{3KL^3}{KL^3 + 3EI} \\[2mm] R_A(L) = 1 \end{cases}$$

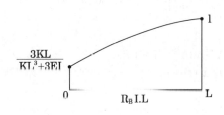

아래 그림과 같은 DL-24 하중이 작용하는 연속보에서, 지점 B의 정(+), 부(-) 최대 휨모멘트를 구하기 위한
영향선, 종거 및 하중 재하위치를 구하시오.

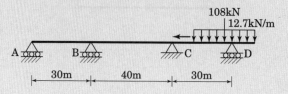

풀이

1 고정단 모멘트 및 등가 격점하중 [21]

① 고정단 모멘트

$$FEM_1 = -\frac{x_1(30-x_1)^2}{30^2} \qquad FEM_2 = \frac{x_1^2(30-x_1)}{30^2}$$

$$FEM_3 = -\frac{x_2(40-x_2)^2}{40^2} \qquad FEM_4 = \frac{x_2^2(40-x_2)}{40^2}$$

$$FEM_5 = -\frac{x_3(30-x_3)^2}{30^2} \qquad FEM_6 = \frac{x_3^2(30-x_3)}{30^2}$$

$$FEM = [FEM_1 \ FEM_2 \ FEM_3 \ FEM_4 \ FEM_5 \ FEM_6]^T$$

② 등가 격점하중

$$P = [-FEM_1 \quad -FEM_2 \quad -FEM_3 \quad -FEM_4$$
$$\quad -FEM_5 \quad -FEM_6]^T$$

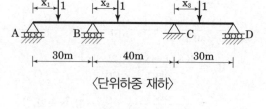

〈단위하중 재하〉

〈고정단 모멘트〉

〈등가 격점 하중〉

2 평형 매트릭스(A)

$$A = \begin{bmatrix} 1 & 0 & 0 & 0 & 0 & 0 \\ 0 & 1 & 1 & 0 & 0 & 0 \\ 0 & 0 & 0 & 1 & 1 & 0 \\ 0 & 0 & 0 & 0 & 0 & 1 \end{bmatrix}$$

3 강도 매트릭스(S)

$$S = \begin{bmatrix} [a] & & \\ & [b] & \\ & & [a] \end{bmatrix} \qquad [a] = \frac{EI}{30}\begin{bmatrix} 4 & 2 \\ 2 & 4 \end{bmatrix} \qquad [b] = \frac{EI}{40}\begin{bmatrix} 4 & 2 \\ 2 & 4 \end{bmatrix}$$

4 부재력

$$Q = SA^T(ASA^T)^{-1}P + FEM$$

$$M_B = Q[3,1]$$

5 영향선

① 단위하중 AB 구간 재하 시

$$M_{B1} = Q[3,1]\big|_{x_1=x, \quad x_2=0, \quad x_3=0} = \frac{7x^3}{27000} - \frac{7x}{30} \ (0 \le x \le 30)$$

---

21) 각 경간에 임의의 단위하중을 재하하여 M_B를 구한 후 영향선을 작성한다. 이 때 한 경간의 단위하중만을 고려하기 위해서 나머지
두 하중의 재하위치를 0으로 하면 된다.

$$\frac{dM_{B1}}{dx} = 0 \; ; \quad x = 17.32m$$

$$M_{B1,max} = -2.69 kNm/N$$

② 단위하중 BC 구간 재하 시

$$M_{B2} = Q[3,1]\Big|_{x_1=0, \quad x_2=x, \quad x_3=0} = -\frac{x^3}{4000} + \frac{7x^2}{300} - \frac{8x}{15} \ (0 \le x \le 40)$$

$$\frac{dM_{B2}}{dx} = 0 \; ; \quad x = 15.09m$$

$$M_{B2,max} = -3.59 kNm/N$$

③ 단위하중 CD 구간 재하 시

$$M_{B3} = Q[3,1]\Big|_{x_1=0, \quad x_2=0, \quad x_3=x} = \frac{x(x-60)(x-30)}{13500} \ (0 \le x \le 30)$$

$$\frac{dM_{B3}}{dx} = 0 \; ; \quad x = 12.68m$$

$$M_{B3,max} = 0.77 kNm/N$$

6 $M_{B2,max}$

① $M_{B,max}^{+}$

$$M_{B,max}^{+} = 108 \cdot 0.77 + \int_0^{30} M_{B3} \cdot 12.7dx = 273.66 kNm$$

② $M_{B,max}^{-}$

$$M_{B,max}^{-} = 108 \cdot -3.59 + \int_0^{30} M_{B1} \cdot 12.7dx + \int_0^{40} M_{B2} \cdot 12.7dx = -2183.36\,kNm$$

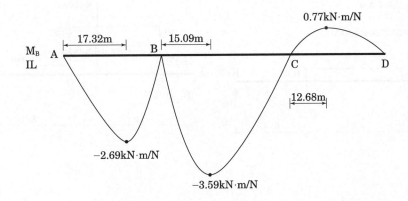

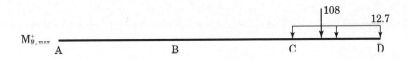

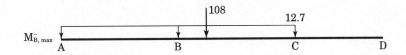

그림에서 자동차 하중이 B로부터 A방향으로 진행할 때의 절대 최대 휨모멘트와 하중재하 위치

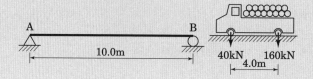

A   10.0m   B

40kN   160kN

4.0m

풀이 1.

◼ 반력

$$\begin{cases} \Sigma M_B = 0 \; ; \; R_A \cdot 10 - 4(10-x) - 160(6-x) = 0 \\ \Sigma F_y = 0 \; ; \; R_A + R_B - 40 - 160 = 0 \end{cases}$$

$$\rightarrow \quad \begin{aligned} R_A &= 136 - 20x \\ R_B &= 64 + 20x \end{aligned}$$

◼ M_{max}

① $M_C = R_A \cdot x$

$\dfrac{\partial M_C}{\partial x} = 0 \; ; \; x = 3.4m$

$M_{C, \, max} = 231.2kNm$

② $M_D = R_A(x+4) - 40 \cdot 4$

$\dfrac{\partial M_D}{\partial x} = 0 \; ; \; x = 1.4m$

$M_{D, \, max} = 423.2kNm \, (지배)$

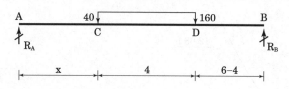

A   40   160   B

R_A C   D R_B

x   4   6-4

풀이 2.

◼ 합력 위치

$200 \cdot a = 160 \cdot 4 \quad \rightarrow \quad a = 3.2m$

◼ 절대최대 휨모멘트

① 차륜하중 위치 : 합력점(200)과 가까운 하중(160kN)
과의 중앙점이 스팬 중앙에 위치

② 발생위치 : 합력점과 가장 가까운 하중에서 발생

$$\begin{cases} R_A + R_B = 200 \\ 10 \cdot R_B = 40 \cdot 1.4 + 160 \cdot 5.4 \end{cases} \rightarrow \begin{aligned} R_A &= 108kN \\ R_B &= 92kN \end{aligned}$$

$$\begin{cases} M_C = R_A \cdot 1.4 = 151.2kNm \\ M_D = R_B \cdot 4.6 = 423.2kNm = M_{max} \end{cases}$$

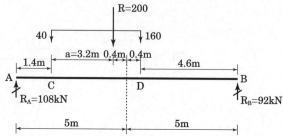

R=200

40   160

1.4m   a=3.2m   0.4m 0.4m   4.6m

A   C   D   B

$R_A = 108kN$ $R_B = 92kN$

5m   5m

아래 2경간 연속보 중앙지점 B의 모멘트에 대한 영향선을 작성하여 경간의 4등분점인 1~3의 영향선 종거값을 구하고, KL-510 표준차로하중이 지날 때 지점B에 발생하는 최대휨모멘트를 구하시오. (단, 보의 EI값은 동일하고 활하중의 재하차로는 1차로이며, 충격하중은 고려하지 않는다.)

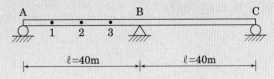

풀이

❶ 반력

$$\begin{cases} \Sigma M_c = 0 \; ; \; R_A \cdot 80 + R_B \cdot 40 - 1 \cdot (80-s) = 0 \\ \Sigma F_y = 0 \; ; \; R_A + R_B + R_C = 0 \end{cases}$$

$$R_A = \frac{-(s + 40 \cdot (R_B - 2))}{80}$$

$$R_C = \frac{s - 40 \cdot R_B}{80}$$

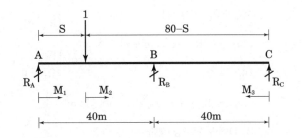

❷ 변형에너지

$$M_1 = R_A \cdot x$$

$$M_2 = R_A \cdot (x+s) - x$$

$$M_3 = R_C \cdot x$$

$$U = \int_0^s \frac{M_1^2}{2EI} dx + \int_0^{40-s} \frac{M_2^2}{2EI} dx + \int_0^{40} \frac{M_3^2}{2EI} dx$$

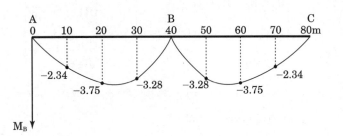

❸ R_B, M_B

$$\frac{\partial U}{\partial R_B} = 0 \; ; \; R_B = \frac{-s(s^2 - 4800)}{128000}$$

$$\begin{aligned} M_B(s) &= R_C \cdot 40 = \frac{s(s^2 - 1600)}{6400} \\ &= \frac{s(s+40)(s-40)}{6400} \, [0 \le s \le 40\text{m}] \\ &= \frac{(80-s)((80-s)+40)((80-s)-40)}{6400} \, [40 \le s \le 80\text{m}] \end{aligned}$$

다음 그림과 같은 게르버보에서 B점의 전단력에 대한 영향선을 작도하고, 이 영향선을 이용하여 그림의 오른쪽에 보이는 분포이동하중이 통과할 때(E점으로부터 A점 방향으로) B점에 발생하는 절대최대전단력을 구하시오. (30점)

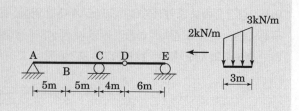

풀이

❶ B점의 전단력에 대한 영향선

① A~B 단위하중 재하

$$\begin{cases} R_A + R_C + R_E = 1 \\ 14R_A + 4R_C - 1 \cdot (14-x) = 0 \\ 6R_E = 0 \end{cases} \rightarrow \begin{cases} R_A = 1 - \dfrac{x}{10} \\ R_C = \dfrac{x}{10} \\ R_E = 0 \end{cases}$$

$$\therefore V_B = R_A - 1 = -\dfrac{x}{10} \qquad V_{B,x=5} = -\dfrac{1}{2}$$

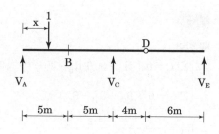

② B~D에 단위하중 재하

$$\begin{cases} R_A + R_C + R_E = 1 \\ 14R_A + 4R_C - 1 \cdot (14-x) = 0 \\ 6R_E = 0 \end{cases} \rightarrow \begin{cases} R_A = 1 - \dfrac{x}{10} \\ R_C = \dfrac{x}{10} \\ R_E = 0 \end{cases}$$

$$\therefore V_B = R_A = 1 - \dfrac{x}{10} \qquad V_{B,x=5} = \dfrac{1}{2} \qquad V_{B,x=14} = -\dfrac{2}{5}$$

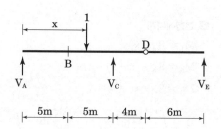

③ D~E에 단위하중 재하

$$\begin{cases} R_A + R_C + R_E = 1 \\ 14R_A + 4R_C = 0 \\ -6R_E + 1 \cdot (x-14) = 0 \end{cases} \rightarrow \begin{cases} R_A = \dfrac{x-20}{15} \\ R_C = \dfrac{7(20-x)}{30} \\ R_E = \dfrac{x-14}{6} \end{cases}$$

$$\therefore V_B = R_A = \dfrac{x-20}{15} \qquad V_{B,x=14} = -\dfrac{2}{5}$$

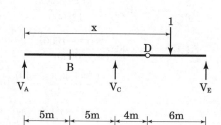

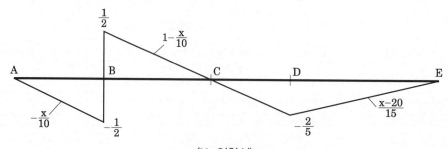

⟨V_B 영향선⟩

② **절대최대 전단력**

① Case 1

$$V = \int_0^3 \left(2 + \frac{(3-2)x}{3}\right) \cdot \left(-\frac{(x+2)}{10}\right)dx = -2.7\text{kN}(절대최대전단력)$$

② Case 2

$$V = \int_0^3 \left(2 + \frac{(3-2)x}{3}\right) \cdot \left(1 - \frac{(x+11)}{10}\right)dx = -1.95\text{kN}$$

③ Case 3

$$V = \int_0^3 \left(2 + \frac{(3-2)x}{3}\right) \cdot \left(\frac{(x+14)-20}{15}\right)dx = -2.2\text{kN}$$

④ Case 4

$$V = \int_0^{1.6} \left(2 + \frac{(3-2)x}{3}\right) \cdot \left(1 - \frac{(x+12.4)}{10}\right)dx + \int_{1.6}^3 \left(2 + \frac{(3-2)x}{3}\right) \cdot \left(\frac{(x+14)-20}{15}\right)dx = -2.12\text{kN}$$

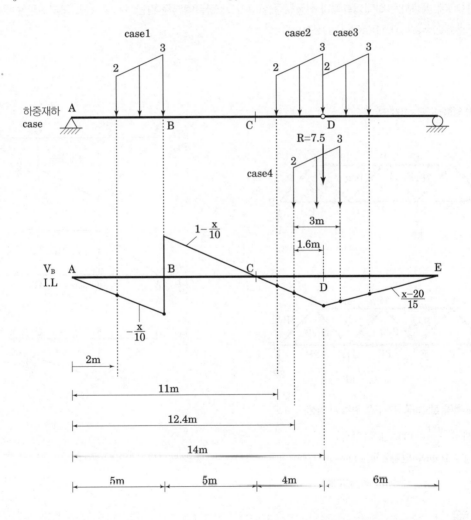

그림과 같이 원형 중공 단면을 갖는 트러스 구조물의 하현재를 따라 집중하중 P=100kN이 이동할 때, 다음 물음에 답하시오. (단, 부재의 자중은 무시하고, 모든 절점은 힌지 연결로 가정하며, 인장을 +로 표시한다) (총 25점)

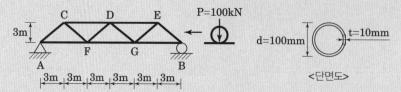

(1) 부재 CD, FG, AC의 축력에 대한 영향선을 그리시오. (10점)

(2) 부재 CD, FG, AC 중 절대최대축력이 발생하는 부재의 축력을 구하시오. (5점)

(3) 부재 CD에 발생하는 최대압축력과 좌굴하중을 구하고, 좌굴여부를 판단하시오. (단, 국부좌굴은 무시하며, 탄성계수 $E=2\times10^{5}$MPa이다) (10점)

풀이

❶ 부재력 및 영향선(3P=100kN)

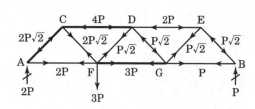

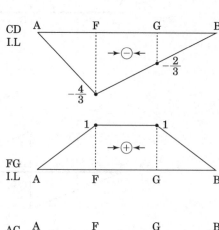

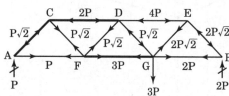

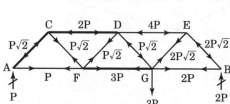

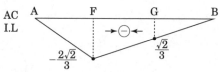

❷ 절대 최대 축력(집중하중 P가 F점 위치 시 발생)

$$\begin{cases} \text{CD부재} = \dfrac{400}{3} = 133.33\text{kN (압축)} \\[2mm] \text{FG부재} = 100\text{kN (인장)} \\[2mm] \text{AC부재} = \dfrac{200\sqrt{2}}{3} = 94.28\text{kN (압축)} \end{cases}$$

❸ CD부재 좌굴

$$I = \frac{\pi}{64}\left(100^{4} - 80^{4}\right) \cdot 10^{-12} = 2.898 \cdot 10^{-6}\,\text{m}^{4}$$

$$P_{cr} = \frac{\pi^{2} \cdot E \cdot I}{L^{2}} = 635.629\text{kN} \geq 133.33\text{kN (O.K)}$$

구조응용

구조역학은 정역학적인 힘의 평형방정식과 재료역학적인 처짐변형 관계를 이용하여 정정 또는 부정정 구조물을 해석하는 분야이다. 이 단원에서는 시간의 변화에 따른 구조물 거동을 해석하는 동역학, 항복이후 재료 거동특성을 고려하는 소성해석, 압축부재의 탄성좌굴 응력을 해석하는 안정론을 다룬다.

1 동역학

Summary

출제내용 이 장에서는 2계 선형 미분방정식에서의 고유주기, 고유진동수 문제가 출제된다. 주요한 출제내용으로는 구조물의 등가 강성 및 충격하중, 시스템 고유주기, 단자유도계의 응답스펙트럼 해석, 다자유도계의 고유치 문제 및 최대 변위 등이다.

학습전략 과거 동역학 문제는 단자유도계의 고유진동수, 등가강성 등이 주로 출제 되었지만, 최근에는 강제 진동을 받는 구조물의 최대변위 등 범위가 확대되어가고 있다. 따라서 동역학 공부는 기출문제를 먼저 접근하기 보다 2계 선형 미분방정식의 기본적인 내용을 숙지한 후 기출문제를 접근하는 것이 필요하다. 2계 미분방정식의 해는 기본적으로 암기하고 있어야 하며 수치해를 풀이할 때에는 계산기의 desolve 함수를 이용하면 편리하므로 계산기 매뉴얼을 통해 desolve 함수 사용에 익숙해지도록 한다.

건축구조기술사 | 82-3-1

다음과 같은 부정정라멘 구조체에서 기둥강성을 스프링으로 변환하여 지점의 수평반력분담을 단계별로 도식화하여 구하고 B점의 수평변위를 산출하시오. ($E = 2.06 \cdot 10^5 \text{MPa}$, $I = 66600 \cdot 10^4 \text{mm}^4$, $H = 6\text{m}$)

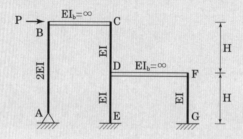

풀이

1 기본사항

$$E = 2.06 \cdot 10^8 \text{kN/m}^2$$
$$I = 6.66 \cdot 10^{-4} \text{m}^4$$

2 부재 횡강성 및 모형축소

$$K_1 = \frac{3(2EI)}{(2H)^3} = 476.375 \text{ kN/m} \qquad K_2 = \frac{12EI}{H^3} = 7622 \text{kN/m}$$

$$K_3 = \frac{12EI}{H^3} = 7622 \text{kN/m} \qquad K_4 = \frac{12EI}{H^3} = 7622 \text{kN/m}$$

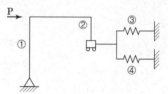

3 B점의 수평변위(δ_B)

$$K_{eq} = K_1 + \left(\frac{1}{K_3 + K_4} + \frac{1}{K_2} \right)^{-1} = 5557.71 \text{KN/m}$$

$$\delta_B = \frac{P}{K_{eq}} = 0.00018 \cdot P (\rightarrow)$$

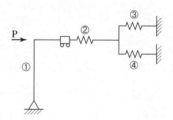

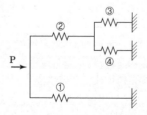

길이가 동일하고, 스프링 상수 k_1과 k_2인 스프링 s_1과 s_2가 그림과 같이 동일한 무게 F의 물체를 지지하고 있다. k_1과 k_2가 동일한 경우($k_1 = k_2$) 각각 (a), (b)의 등가 스프링 상수(*equivalent spring constant)와 수직 하향방향으로 늘어난 스프링의 길이를 구하시오.(단, 스프링 자중은 무시함)

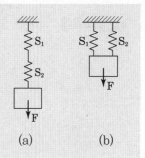

(a)　　　　　　(b)

풀이

1 구조물 a(각 스프링에 걸리는 힘이 같음, 직렬연결)

$$\delta = \delta_1 + \delta_2 = \frac{F}{k_1} + \frac{F}{k_2} = F \cdot \left(\frac{1}{k_1} + \frac{1}{k_2} \right)$$

$$F = \left(\frac{1}{k_1} + \frac{1}{k_2} \right)^{-1} \cdot \delta = \frac{k_1}{2} \cdot \delta$$

$$\delta_a = \frac{2F}{k_1}$$

2 구조물 b(각 스프링에 생기는 변형이 같음, 병렬연결)

$$F = F_1 + F_2 = k_1 \delta + k_2 \delta = \delta(k_1 + k_2) = 2k_1 \cdot \delta$$

$$\delta = \frac{F}{2k_1}$$

그림과 같이 무게 G인 물체를 높이 H에서 낙하시킨 경우 그림과 같은 스프링에 발생되는 변위 δ와 반력 P_f를 구하시오. (하중 G로 인한 스프링 변위는 δ_a)

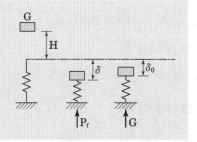

풀이

1 축하중 G로 인한 최종 스프링 변위 δ_{st}
(문제 조건에서 δ_a로 표현)

$$\delta_{st} = \frac{G}{k_s}$$

2 축하중 G로 인한 최대 스프링 변위 δ_{max}
(문제 조건에서 δ로 표현)

$$G(H + \delta_{max}) = \frac{1}{2} k_s \cdot \delta_{max}^2$$

$$\delta_{max} = \frac{G}{k_s} + \frac{G}{k_s} \sqrt{1 + \frac{2H}{\delta_{st}}} = \delta_{st} + \delta_{st} \sqrt{1 + \frac{2H}{\delta_{st}}}$$

충격계수 $i = \dfrac{\delta_{max}}{\delta_{st}}$ 라 정의하면

$$\delta_{max} = i \cdot \delta_{st} = \delta_{st} \left(1 + \sqrt{1 + \frac{2H}{\delta_{st}}} \right)$$

3 최대 스프링 변위 δ_{max}일 때 반력 P_f

$$P_f = \delta_{max} \cdot k_s = \delta_{st} \left(1 + \sqrt{1 + \frac{2H}{\delta_0}} \right) k_s$$

$$= G \left(1 + \sqrt{1 + \frac{2Hk_s}{G}} \right) \quad (k_s : \text{스프링 강성})$$

다음 구조물에 가해지는 충격에 대하여 최대 휨 응력 및 충격계수를 산정하시오. (E＝20000MPa)

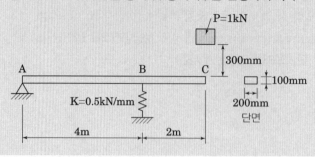

풀이 ○ 에너지법

1 기본사항

$$E = 20000 \cdot \frac{10^{-3}}{\left(10^{-3}\right)^2} \, kN/m^2$$

$$k = 0.5 \cdot \frac{1}{10^{-3}} \, kN/m$$

$$I = \frac{0.2 \cdot 0.1^3}{12} \, m^4$$

2 변형에너지

$$\left\{ \begin{array}{l} M_1 = \left(-\frac{1}{2}P\right)x \\[2mm] M_2 = -Px \end{array} \right\} \rightarrow U = \int_0^4 \frac{M_1^2}{2EI}dx + \int_0^2 \frac{M_2^2}{2EI}dx + \frac{\left(\frac{3}{2}P\right)^2}{2k}$$

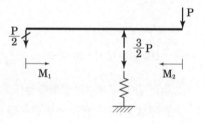

3 정적 처짐 δ_{st}

$$\delta_{st} = \frac{\partial U}{\partial P} = 0.0285m$$

4 최대처짐 δ_{max}

$$i = 1 + \sqrt{1 + \frac{2h}{\delta_{st}}} = 5.696$$

$$\delta_{max} = i \cdot \delta_{st} = 5.696 \times 0.0285 = 0.1623m$$

5 최대응력 σ_{max}

$$\sigma_{max} = i \cdot \frac{1 \cdot 2}{I} \cdot \frac{0.1}{2} \cdot \frac{10^3}{\left(10^3\right)^2} = 34.1761MPa$$

다음과 같은 보의 충격하중에 의한 처짐과 안전성을 검토하시오.

[검토조건]

- H$-300 \times 300 \times 10 \times 15$(SS400)
- 약축 방향에 대한 충격하중임
- $S_x = 1360 \times 10^3 \mathrm{mm}^3$, $S_y = 450 \times 10^3 \mathrm{mm}^3$
  $E = 205 \times 10^3 \mathrm{MPa}$
- 보의 자중은 무시함

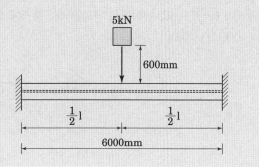

풀이 ○ 에너지법

1 기본사항

$I_y = S_y \times 150 \times 10^{-12} = 6.75 \times 10^{-5} \mathrm{m}^4$

$E = 205 \times 10^6 \mathrm{kN/m}^2$

2 δ_{st} 산정

$$U = 2 \times \int_0^3 \frac{\left(-M + \dfrac{P}{2}x\right)^2}{2EI_y} dx$$

$\dfrac{\partial U}{\partial M} = 0$; $M = \dfrac{PL}{8} = \dfrac{15}{4} = 3.75 \mathrm{kNm}$

$\delta_{st} = \dfrac{\partial U}{\partial P} = \dfrac{PL^3}{192EI} = 0.0004065 \mathrm{m} = 0.04065 \mathrm{mm}$

3 충격계수(i)

$i = 1 + \sqrt{1 + \dfrac{2h}{\delta_{st}}} = 55.3415$

4 δ_{max}

$\delta_{max} = i \cdot \delta_{st} = 0.022497 \mathrm{m} = 22.4965 \mathrm{mm}$

5 안전성 검토

$$\sigma_{max} = \frac{M_{max}}{S_y} = \frac{\dfrac{PL}{8}}{S_y} \times i = \frac{5 \times 10^3 \times \dfrac{6000}{8}}{450 \times 10^3} \times 55.3415$$

$\qquad = 461.179 \mathrm{MPa} > F_y(235\mathrm{MPa}), \quad F_u(400\mathrm{MPa}) \,(\mathrm{N.G})$

다음 그림과 같은 보(A점은 고정 지점, B는 탄성스프링 지점으로 스프링계수 $k=600kN/m$)의 C점에 $W=30kN$이 $h=0.3m$의 높이에서 낙하할 때, 충격에 의한 C점의 순간최대변위(δ_{max})를 구하시오. (단, $EI=2\times10^3kN\cdot m^2$이다.)

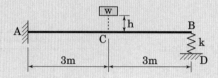

풀이

1 정적 처짐

$$\frac{W\cdot3^3}{3EI}+\frac{W\cdot3^2}{2EI}\cdot3=\frac{R_B}{k}+\frac{R_B6^3}{3EI}\ ;\ \ R_B=8.96kN(\uparrow)$$

$$\delta_C=\frac{W\cdot3^3}{3EI}-\frac{8.96\cdot3^3}{3EI}-\frac{8.96\cdot3\cdot3^2}{2EI}=0.0342m(\downarrow)$$

2 충격계수 i (h=0.3m일 때)

$$i=1+\sqrt{1+\frac{2h}{\delta_{C,st}}}=5.306$$

3 순간 최대변위(δ_{max})

$$\delta_{max}=i\times\delta_{C,st}=0.1815m(\downarrow)$$

참고

정적처짐 검산(매트릭스 변위법)

$$\begin{cases}P_1=Q_2+Q_3\\P_2=Q_4\\P_3=\dfrac{(Q_1+Q_2)}{3}-\dfrac{(Q_3+Q_4)}{3}\\P_4=\dfrac{(Q_3+Q_4)}{3}-Q_5\end{cases}\ \rightarrow\ A=\begin{bmatrix}0&1&1&0&0\\0&0&0&1&0\\\dfrac{1}{3}&\dfrac{1}{3}&-\dfrac{1}{3}&-\dfrac{1}{3}&0\\0&0&\dfrac{1}{3}&\dfrac{1}{3}&1\end{bmatrix}$$

$$S=\begin{bmatrix}[a]&\\&[a]\\&&k\end{bmatrix},\quad a=\frac{EI}{3}\begin{bmatrix}4&2\\2&4\end{bmatrix}$$

$$d=(ASA^T)^{-1}[0,\ \ 0,\ \ -30,\ \ 0]^T$$

$$d[3,1]=-0.034198(O.K)$$

다음 그림과 같이 고리추가 달린 길이가 L인 봉에 높이 h위치에서 질량 M인 추를 자유낙하 시킬 때, 봉이 늘어난 최대 길이 δ_{max}를 구하시오. (단, 봉이 늘어난 최대 길이는 정적처짐(δ_{st})의 항으로 표현하고, 봉의 단면적은 A_1, 탄성계수는 E이다.)

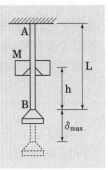

풀이

1 정적처짐(δ_{st})

$$\delta_{st} = \frac{M \cdot g \cdot L}{EA}$$

2 충격계수(i)

에너지 보존법칙을 이용하여 충격계수를 유도하면

$$W(h + \delta_{max}) = \frac{1}{2} \cdot P \cdot \delta_{max} = \frac{1}{2} \cdot \frac{\delta_{max}^2 EA}{L} \quad ;$$

$$\delta_{max} = \frac{WL}{EA}\left(1 + \sqrt{1 + \frac{2h}{\frac{WL}{EA}}}\right) = \delta_{st}\left(1 + \sqrt{1 + \frac{2h}{\delta_{st}}}\right)$$

$$= \delta_{st} \cdot i \left(i = 1 + \sqrt{1 + \frac{2h}{\delta_{st}}}, \quad i : 충격계수\right)$$

3 최대 처짐(δ_{max})

$$\delta_{max} = \delta_{st}\left(1 + \sqrt{1 + \frac{2h}{\delta_{st}}}\right)$$

$$\delta_{st} = \frac{M \cdot g \cdot L}{EA}$$

집중하중(P)을 받는 길이가 L인 캔틸레버 보에 대한 휨 변형 에너지 식을 유도하고, 연직으로 200mm 간격의 일단 고정 캔틸레버 보로 설치된 가설발판을 몸무게(W) 700N인 인부가 내려오고 있을 때, 가설발판에 발생하는 최대 휨응력을 구하시오.

〈조건〉

보의 길이는 500mm, 보의 단면은 구형이고 폭 500mm, 높이 50mm 이며, 보 재료의 탄성계수 50000MPa이고, 전단변형에 의한 영향은 무시한다.

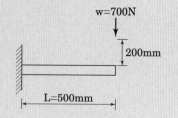

풀이 ○ 에너지법

1 휨변형 에너지

$$U = \int \frac{M}{2} d\theta = \int \frac{M}{2} \frac{M}{EI} dx = \int \frac{M^2}{2EI} dx \left(\frac{d\theta}{dx} = \frac{M}{EI} \right) \text{ or}$$

$$U = \int_L \int_A \frac{\theta \cdot \epsilon}{2} = \int_L \int_A \frac{\sigma^2}{2E} = \int_L \int_A \frac{M^2 y^2}{2EI^2} dA = \int \frac{M^2}{2EI} dx \ \left(\int y^2 dA = I^2 \right)$$

2 최대 휨응력

$$I = \frac{500 \cdot 50^3}{12} = 5.208 \times 10^6 mm^4$$

$$\delta_{st} = \frac{700 \cdot L^3}{3EI} - 0.122 mm$$

$$i = 1 + \sqrt{\left(1 + \frac{2h}{\delta_{st}} \right)} = 60.77$$

$$\sigma_{max} = \sigma_{st} \cdot i = \frac{700 \cdot 500}{I} \cdot 25 \cdot i = 102.293 MPa$$

몸무게가 600N인 사람이 절벽에 설치된 수면에서 높이(H)가 45.0m에 있는 번지 점프대에서 발목에 번지 끝을 묶고 번지 점프를 한다. (단, 번지 끈의 길이(L)가 25.0m이고 번지 끝의 스프링 계수가 160N/m이며, 중력가속도(g)는 10m/s²이다.)

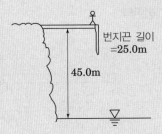

(1) 번지 끝이 가장 길게 늘어났을 때, 수면에서 발목까지의 거리를 구하시오.
(2) 최저점까지 낙하했을 때, 사람의 발목에 작용하는 힘을 구하시오.

풀이

❶ 충격계수 유도

$$\mathrm{mg}(\mathrm{h}+\delta_{\max}) = \frac{1}{2} \cdot \mathrm{P} \cdot \delta = \frac{\delta_{\max}^2 \cdot \mathrm{EA}}{2\mathrm{L}} \left(\delta_{\max} = \frac{\mathrm{PL}}{\mathrm{EA}}\right)$$

$$\delta_{\max} = \delta_{st}\left(1 + \sqrt{1 + \frac{2h}{\delta_{st}}}\right)\left(\delta_{st} = \frac{\mathrm{WL}}{\mathrm{EA}}\right)$$

$$\mathrm{i} = \frac{\delta_{\max}}{\delta_{st}} = 1 + \sqrt{1 + \frac{2\mathrm{h}}{\delta_{st}}}$$

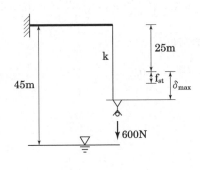

❷ 수면에서 발목까지 거리

$$\mathrm{i} = 1 + \sqrt{1 + \frac{2 \cdot 25}{0.6/0.16}} = 4.786$$

$$\delta_{\max} = \delta_{st} \cdot \mathrm{i} = \frac{0.6}{0.16} \cdot 4.786 = 17.947\mathrm{m}$$

∴ 수면에서 발목까지 거리 $= 45 - 25 - 17.947 = 2.053\mathrm{m}$

❸ 발목에 작용하는 힘

$$\mathrm{P}_{\max} = 0.6 \cdot \mathrm{i} = 2.872\mathrm{kN}$$

다음 그림과 같은 길이(L)인 수평봉 AB의 자유단(A)에 V의 속도로 수평으로 움직이는 질량 m인 블록이 충돌한다. 이 때 충격에 의한 봉의 최대수축량 δ_{max}와 이에 대응하는 충격계수를 구하시오. (단, L=1.0m, V=5.0m/sec, m=10.0kg, 봉의축강성 EA=1.0×10^5N, 중력가속도 g=9.8m/sec^2, A점은 자유단, B점은 고정단이다. 충돌시의 정적하중은 mg로 가정한다.)

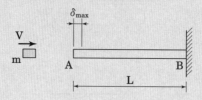

풀이

❶ 정적변위(δ_{st})

$$\delta_{st} = \frac{mgL}{EA} = \frac{10 \cdot 9.8 \cdot 1}{1 \cdot 10^5} = 9.8 \cdot 10^{-4} m$$

❷ 최대변위(δ_{max})

$$\frac{1}{2}mV^2 = \frac{1}{2}P\delta_{max} = \frac{1}{2}\delta_{max}^2 \cdot \frac{EA}{L} \; ;$$

$$\delta_{max} = V \cdot \sqrt{\frac{mL}{EA}} = 5 \cdot \sqrt{\frac{10 \cdot 1}{1 \cdot 10^5}} = 0.05m$$

❸ 충격계수(i)

$$i = \frac{\delta_{max}}{\delta_{st}} = 51.02$$

다음 그림과 같이 직사각형의 단면의 내민보 ABC가 있다. C점에 W = 750N이 h 높이에서 낙하하려고 한다. 이 때 부재가 견딜 수 있는 최대높이 h를 구하시오. (단, 부재의 허용 휨응력은 45MPa이고, 탄성계수 E는 12GPa, C점의 정적처짐은 δ_{st}이고, 최대처짐은 $\delta_{st} = \delta_{st} + [(\delta_{st})^2 + 2 \cdot h \cdot \delta_{st}]^{1/2}$이다)

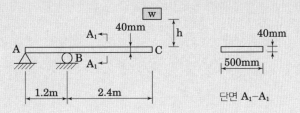

단면 A_1-A_1

풀이 에너지법

1 기본사항

$$I = \frac{1}{12} \cdot 0.5 \cdot 0.04^3 = 2.6667 \cdot 10^{-6} \text{m}^4$$

$$E = 12000 \cdot 10^3 \text{kN/m}^2$$

$$W = 0.75 \text{kN}$$

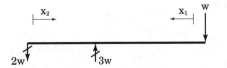

2 정적변위(δ_{st})

$$U = \int_0^{2.4} \frac{(-W \cdot x)^2}{2EI} dx + \int_0^{1.2} \frac{(-2W \cdot x)^2}{2EI} dx$$

$$\delta_{st} = \frac{\partial U}{\partial W} = \frac{27W}{125} = 0.162 \text{m} (\downarrow)$$

3 충격계수(i)

$$i = \frac{\delta_{max}}{\delta_{st}} = 1 + \sqrt{1 + \frac{2h}{\delta_{st}}}$$

4 허용응력 검토($\sigma_{max} \leq \sigma_a$)

$$\sigma_{max} = \sigma_{st} \cdot i = \frac{M}{I} y \cdot i = \frac{W \cdot 2.4 \cdot 0.02}{I} \cdot i$$

$$\sigma_a = 45 \cdot 10^3 \text{kN/m}^2$$

$$\sigma_{max} \leq \sigma_a \; ; \; h = 0.36 \text{m}$$

고무와셔(rubber washer)가 달려있는 강봉에서 질량 4kg의 물체가 1m의 높이에서 자유낙하 할 때 직경 15mm 강봉에 발생하는 최대응력을 구하시오. (단, 강봉의 탄성계수 E = 200GPa, 고무와셔의 스프링계수 k = 4.5N/mm, 강봉막대와 물체의 마찰효과는 무시)

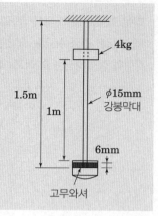

풀이

❶ 기본사항

$$k_b = \frac{EA}{l} = \frac{200 \cdot 10^3 \cdot \dfrac{\pi \cdot 15^2}{4}}{1500} = 23561.9 \text{N/mm}$$

$$k_r = 4.5 \text{N/mm}$$

❷ 최대변위

$$\left\{ \begin{aligned} &m \cdot g(h + \delta_b + \delta_r) = \frac{1}{2} \cdot k_b \cdot \delta_b^2 + \frac{1}{2} \cdot k_r \cdot \delta_r^2 \\ &k_b \cdot \delta_b = k_r \cdot \delta_r \end{aligned} \right\} \;\rightarrow\; \begin{aligned} &\delta_b = 0.02694 \text{mm} \\ &\delta_r = 141.056 \text{mm} \end{aligned}$$

$\delta_r > 6\text{mm}$ 이므로 N.G, δ_b 재계산

$$\left\{ m \cdot g(h + \delta_b + 6) = \frac{1}{2} \cdot k_b \cdot \delta_b^2 + \frac{1}{2} \cdot k_r \cdot 6^2 \right\} \;\rightarrow\; \begin{aligned} &\delta_b = 1.8303 \text{mm} \\ &\delta_r = 6 \text{mm} \end{aligned}$$

❸ 강봉에 발생하는 최대응력

$$\delta_b = \frac{\sigma_{max} \cdot l}{E} \;\rightarrow\; \sigma_{max} = 244.04 \text{MPa}$$

무게가 1kN인 물체가 그림과 같이 2m 높이에서 자유낙하하여 캔틸레버 위 C점에 떨어지는 경우 다음 물음에 답하시오. (단, 떨어진 후 물체와 보는 일체로 거동하고, 모든 에너지 손실을 무시한다고 가정하며, 보의 단면 2차 모멘트는 80000cm^4, 탄성계수는 200GPa이다) (총 20점)

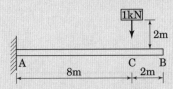

(1) 에너지 보존 법칙을 이용하여 C점의 수직 처짐과 등가 정적하중을 구하시오. (14점)
(2) B점의 수직 처짐과 처짐각을 구하시오. (6점)

풀이

1 δ_{max}

$$E = 200000 \cdot \frac{10^{-3}}{\left(10^{-3}\right)^2} kN/m^2 \qquad\qquad I = 80000 \cdot \left(10^{-2}\right)^4 m^4$$

$$W = 1kN \qquad\qquad h = 2m$$

$$L = 8m$$

$$\left\{\begin{array}{l} \delta_{max} = \delta_{st} \cdot \left(1 + \sqrt{1 + \dfrac{2h}{\delta_{st}}}\right) \\[3mm] \delta_{st} = \dfrac{WL^3}{3EI} \end{array}\right\} \;\rightarrow\; \delta_{max} = 0.0664m$$

2 등가 정적하중

$$W_{eq} = \delta_{max} \cdot \frac{3EI}{L^3} = 62.2454kN$$

3 B점의 수직처짐, 처짐각

$$\delta_B = \frac{W_{eq} \cdot L^3}{3EI} + \frac{W_{eq} \cdot L^2}{2EI} \cdot 2 = 0.0913m\,(\downarrow)$$

$$\theta_B = \frac{W_{ew} \cdot L^2}{2EI} = 0.01245rad\,(\curvearrowright)$$

그림과 같은 내민보 구조물에 무게 W＝mg인 물체가 높이 h로부터 떨어져 구조물에 충격을 가한 후 구조물과 일체로 거동한다. 다음 질문에 답하시오. (단, 보의 탄성계수는 E, 단면2차모멘트는 I, a＝5L이고, 스프링상수 k＝$\dfrac{EI}{2a^3}$ 이며, 보의 자중은 무시한다) (총 25점)

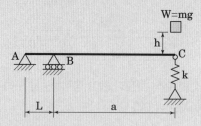

(1) W에 의한 C점의 정적 처짐량 δ_s를 구하시오. (10점)

(2) 충격에 의한 C점의 동적 최대처짐량 δ_d를 구하시오. (10점)

(3) 충격이 가해진 후 C점의 수직운동에 대한 구조물의 고유진동수를 구하시오. (5점)

풀이 ◯ 에너지법

❶ 정적 처짐량

$$\begin{cases} R_A + R_B + R_C = W \\ R_B \cdot L + (R_C - W) \cdot 6L = 0 \end{cases} \rightarrow \quad \begin{aligned} R_A &= -5(W - R_C) \\ R_B &= 6(W - R_C) \end{aligned}$$

$$\begin{cases} M_1 = R_A \cdot x \\ M_2 = (R_C - W) \cdot x \end{cases} \rightarrow \quad U = \int_0^L \frac{M_1^2}{2EI}dx + \int_0^{5L} \frac{M_2^2}{2EI}dx + \frac{R_C^2}{2} \cdot \frac{2 \cdot (5L)^3}{EI}$$

$$\frac{\partial U}{\partial R_C} = 0 \; ; \; R_c = \frac{W}{6}$$

$$\delta_{st} = \frac{\partial U}{\partial W} = \frac{125WL^3}{3EI}$$

❷ 동적 최대처짐량

$$i = 1 + \sqrt{1 + \frac{2h}{\delta_{st}}} = 1 + \frac{1}{25}\sqrt{\frac{5(125WL^3 + 6EIh)}{WL^3}}$$

$$\delta_{max} = i \cdot \delta_{st} = \frac{5WL^3}{3EI} \cdot \left(\sqrt{\frac{5(125WL^3 + 6EIh)}{WL^3}} + 25 \right)$$

❸ 고유진동수

$$k = \frac{W}{\delta_{max}}$$

$$\omega_n = \sqrt{k/m} = \frac{1}{5} \cdot \sqrt{\frac{15EI}{mL^3 \left(\sqrt{\dfrac{5(125mgL^3 + 6EIh)}{mgL^3}} + 25 \right)}}$$

그림과 같은 골조의 수평방향 고유주기 T를 구하고 가속도-주기 관계도표를 이용하여 산정된 수평력에 의한 휨모멘트도(BMD)를 그리시오. (골조의 질량은 골조 상부 양단에 집중된 것으로 가정)

$$m(질량) = 5000kg, \ EI_1 = 20000kN \cdot m^2$$

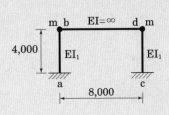

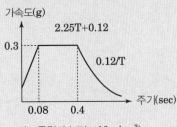

풀이

1 기본사항

$$k = \frac{12EI}{L^3} \cdot 2 = \frac{12 \times 20000 \times 2}{4^3} = 7500kN/m$$

$$m = 5 \times 2 = 10t$$

$$\omega_n = \sqrt{\frac{k}{m}} = 27.3861 rad/sec$$

$$T_n = 2\pi \sqrt{\frac{m}{k}} = 0.229 sec$$

$$F(t) = m \cdot 0.3g = 30t \cdot \frac{m}{s^2} = 30kN$$

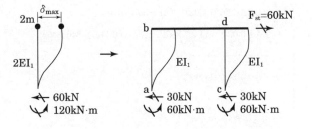

2 구조물 횡변위(δ)

$$\left. \begin{cases} my'' + ky = F(t) \\ y(0) = 0 \\ y'(0) = 0 \end{cases} \right\} \rightarrow \quad y = -0.004\cos(27.3816 \cdot t) + 0.004$$

$t = 0.114715sec$일 때 δ 최대값 발생

$$\delta_{max} = y(0.114715) = 0.008m$$

3 등가 정적하중(Fst)

$$F_{st} = k \cdot \delta_{st} = 7500 \cdot 0.008 = 60kN$$

4 BMD [1]

$$M_{AB} = \frac{2EI}{L}\left(-\frac{3\Delta}{L}\right) - -\frac{6EI\Delta}{L^2}$$

$$= -\frac{6 \times 20000 \times 0.008}{4^2} = -60kN \cdot m$$

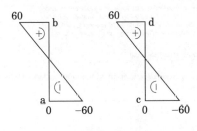

BMD[kN·m]

---

1) bd(보 부재) 휨강성은 ∞이므로 bd 구간에서는 휨모멘트가 발생하지 않는다.

PE.A − 84 − 3 − 3

·················· 1	1	• 기본 상수 입력

$\dfrac{12 \cdot 20000 \cdot 2}{4^3} \to k$ 　　　　7500

$5 \cdot 2 \to m$ 　　　　10

$\sqrt{\dfrac{k}{m}} \to wn$ 　　　　27.3861

$2 \cdot \pi \cdot \sqrt{\dfrac{m}{k}} \to tn$ 　　　　0.229429

$m \cdot 0.3 \cdot 10 \to ft$ 　　　　30.

·················· 2 　　　　−2　　• deSolve함수를 이용하여 운동방정식의
　　　　　　　　　　　　　　　　해와 최대 변위를 구한다.

$\text{deSolve} (m \cdot y'' + k \cdot y = ft \text{ and } y(0) = 0 \text{ and } y'(0) = 0, x, y)$

$$y = 0.004 - 0.004 \cdot \cos(27.3861 \cdot x)$$

$\text{fMax} (0.004 - 0.004 \cdot \cos(27.3861 \cdot x), x, 0, 5)$ ①

$$x = 0.22943 \cdot (n1 - 0.5) \text{ and } 1. \le n1 \le 22.$$

$x = 0.22942972190928 \cdot (n1 - 0.5) | n1 = 1$ 　　　$x = 0.11471486$

$0.004 - 0.004 \cdot \cos(27.3861 \cdot x) | x = 0.11471486095464$ 　　0.008

·················· 3 　　　　3　　• 등가 정적하중

$k \cdot 0.007999999999971$ 　　　　60.

·················· 4 　　　　−4　　• 휨모멘트

$\dfrac{-6 \cdot 20000 \cdot 0.008}{4^2}$ 　　　　−60.

① fMax( ) 함수를 이용하면 최대값이 생기는 독립변수값을 구할 수 있다.

---

fMax() 　　　　　　　　　　　　　　　　　　Catalog > 📖

fMax(*Expr, Var*) ⟹ *Boolean expression*
fMax(*Expr, Var, lowBound*)
fMax(*Expr, Var, upBound*)
fMax(*Expr, Var*) | *lowBound<Var<upBound*

Returns a Boolean expression specifying candidate values of *Var* that maximize *Expr* or locate its least upper bound.

You can use the "|" operator to restrict the solution interval and/or specify other constraints.

For the Approximate setting of the **Auto or Approximate** mode, **fMax()** iteratively searches for one approximate local maximum. This is often faster, particularly if you use the "|" operator to constrain the search to a relatively small interval that contains exactly one local maximum.

Note: See also **fMin()** and **max()**.

$\text{fMax}\left(1 - (x-a)^2 - (x-b)^2, x\right)$ 　　$x = \dfrac{a+b}{2}$

$\text{fMax}\left(.5 \cdot x^3 - x - 2, x\right)$ 　　　　$x = \infty$

$\text{fMax}\left(0.5 \cdot x^3 - x - 2, x\right) | x \le 1$ 　　$x = -0.816497$

[fMax 함수 문법 : Ti−Nspire CAS Reference Guide 발췌]

건축구조기술사 | 86-4-1

다음 구조물의 고유주기(natural period)를 산정하시오. (단, 무게 W는 보의
스프링에 의해 지지되고 있다.)

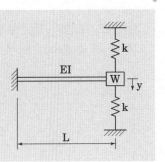

풀이

① 강성

$$k_{eq} = 2k + \frac{3EI}{L^3}$$

② 고유진동수

$$\omega_n = \sqrt{\frac{k_{eq}}{m}} = \sqrt{\frac{k_{eq} \cdot g}{W}}$$

③ 고유주기

$$T_n = \frac{2\pi}{\omega_n} = 2\pi \sqrt{\frac{WL^3}{g(2kL^3 + 3EI)}} = 2\pi \sqrt{\frac{W}{k_{eq} \cdot g}}$$

건축구조기술사 | 91-2-6

다음 구조물의 고유주기를 산정하시오. (단, 구조물의 자중 : 100kN, 중
력가속도 : 9.81m/sec^2, $Es = 205000\text{N/mm}^2$, $I = 1.17 \times 10^9 \text{mm}^4$, 기
둥의 자중은 무시)

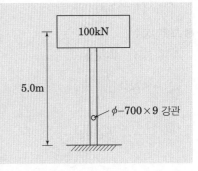

풀이

① 질량(m)

$$m = \frac{100 \cdot 10^3}{9.81 \cdot 10^3} = 10.1937\text{N} \cdot \text{s}^2/\text{mm}$$

② 구조물 강성(K)

$$k = \frac{3EI}{L^3} = \frac{3 \cdot 205000 \cdot 1.17 \cdot 10^9}{5000^3}$$

$$= 5756.4\text{N/mm}$$

③ 고유진동수(ω_n, f_n)

$$\omega_n = \sqrt{\frac{k}{m}} = 23.764\text{rad/s}$$

$$f_n = \frac{\omega_n}{2\pi} = 3.782\text{Hz}$$

④ 고유주기(T_n)

$$T_n = \frac{1}{f_n} = 0.2644\text{s}$$

다음 구조시스템의 고유진동수를 구하시오. (단, 기둥단면의 휨강성은 그림과 같고 축하중에 의한 2차 효과는 무시한다. 각 층에서의 기둥은 강접합, 최하층은 Pin접합으로 연결된다.)

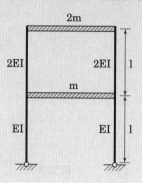

풀이

1 강성행렬

$$\begin{cases} 1층강성 : 2 \times \dfrac{3EI}{l^3} = \dfrac{6EI}{l^3} = k \\ 2층강성 : 2 \times \dfrac{12(2EI)}{l^3} = \dfrac{48EI}{l^3} = 8k \end{cases} \rightarrow [K] = \begin{bmatrix} 9k & -8k \\ -8k & 8k \end{bmatrix}$$

2 질량행렬

$$[M] = \begin{bmatrix} m & 0 \\ 0 & 2m \end{bmatrix}$$

3 고유진동수

$$\det(\omega_n^2[M] - [K]n) = 0$$

$$\omega_{n1} = 8.7241 \sqrt{\frac{EI}{m \cdot l^3}}$$

$$\omega_{n2} = 1.3756 \sqrt{\frac{EI}{m \cdot l^3}}$$

그림과 같은 2가지 지지조건으로 트러스가 지지되고 있다. 각각의 고유진동수를 산정하여 사용성 조건($f_n \geq$ 15Hz)에 만족하는지 확인하고 불만족 시 필요한 강성(I)을 산정하시오. (상, 하현재 : $H-300 \times 300 \times 10 \times 15$) ($A = 11,980mm^2$, $I = 20400 \times 10^4 mm^4$, $E_c = 200000MPa$) (단, 상, 하현재는 수직재 및 경사재로 인해 일체로 거동한다고 가정함, 단면 강성은 상,하현재만 이용해 계산)

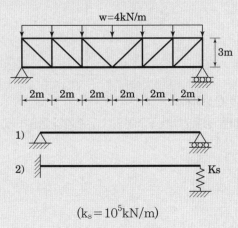

$$(k_s = 10^5 kN/m)$$

풀이 ○

1 기본사항

$$I_{eq} = 2 \cdot (I + A \cdot 1500^2) \cdot (10^{-3})^4 = 0.0543m^4$$

2 시스템 강성 [2]

① 구조물

$$k_1 = \frac{384E_c I_{eq}}{5L^4} = 4.023 \cdot 10^4 kN/m$$

② 구조물

$$\left\{ \begin{array}{l} k_{team} = \dfrac{8E_c I_{eq}}{L^4} = 4191.2kN/m \\ k_s = 10^5 kN/m \end{array} \right\} \rightarrow K_2 = K_{beam} + k_s = 1.04 \cdot 10^5 kN/m$$

3 등가질량 [3]

$$m_1 = 0.4857m = 0.4857 \cdot \frac{4 \cdot 12}{9.81} = 2.367 \qquad\qquad m_2 = 0.2357m = 0.2357 \cdot \frac{4 \cdot 12}{9.81} = 1.153$$

4 고유진동수

$$f_1 = \frac{1}{2\pi} \sqrt{\frac{k_1}{m_1}} = 20.708Hz > 15Hz \;\; (O.K)$$

$$f_2 = \frac{1}{2\pi} \sqrt{\frac{k_2}{m_2}} = 47.837Hz > 15Hz \;\; (O.K)$$

---

2) ① 구조물은 중앙부 처짐 기준으로 강성을 구한다. 단 사재 구속효과에 의해 양단은 고정단으로 고려. ② 구조물은 스프링 지점 처짐 기준으로 강성을 구한다.
3) 등가질량을 구하는 방법은 구조동력학(김두기, 4판) 예제1.3.5 참조

그림을 보고 다음 물음에 답하시오.

[조건]

- 중력가속도$=9.8\text{m/sec}^2$
- $\text{E}=205000\text{MPa}$
- $\text{I}=7.21\times10^7\text{mm}^4$
- 골조자중 무시, 무한강성보로 가정

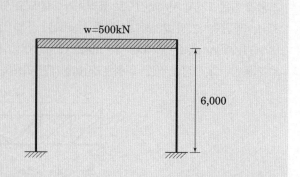

(1) 구조물의 강성 및 고유주기를 산정하시오.

(2) 기둥의 높이가 절반으로 줄어들 경우 (1)번 구조물의 고유주기와 동일하게 되기 위한 W 값을 구하시오.

풀이

❶ 기본사항

$$k_1 = \frac{12\text{EI}}{\text{L}^3} \cdot 2 = \frac{12\cdot205\cdot10^6\cdot7.21\cdot10^{-5}}{6^3} \cdot 2 = 1642.28\text{kN/m}$$

$$m = \frac{500}{9.8} = 51.02\text{kNs}^2/\text{m}$$

❷ 고유주기

$$\text{T}_{n,1} = 2\pi\frac{1}{\omega_{n,1}} = 2\pi\sqrt{\frac{\text{m}}{k_1}} = 1.10746/\text{sec}$$

❸ $\text{H}_2 = \frac{1}{2}\text{H}$일 때

$$k_2 = \frac{12\text{EI}}{3^3} \cdot 2 = 13138.2\text{kN/m}$$

$$\text{T}_{n,2} = 2\pi\frac{1}{\omega_{n,2}} = 2\pi\sqrt{\frac{\text{W}_2/9.8}{k_2}}$$

$$\therefore \text{T}_{n,1} = \text{T}_{n,2} \; ; \quad \text{W}_2 = 4000\text{kN}$$

다음 질량과 강성이 연결된 시스템의 1차와 2차고유진동수를 산정하시오.

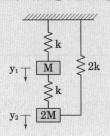

풀이 ○ 매트릭스 변위법

1 질량(M)

$$M = \begin{bmatrix} m & 0 \\ 0 & 2m \end{bmatrix}$$

2 시스템 강성(K)

$$\begin{cases} P_1 = Q_1 - Q_2 \\ P_2 = Q_2 + Q_3 \end{cases} \rightarrow \quad A = \begin{bmatrix} 1 & -1 & 0 \\ 0 & 1 & 1 \end{bmatrix}$$

$$S = \begin{bmatrix} k & & \\ & k & \\ & & 2k \end{bmatrix}$$

$$K = ASA^T = \begin{bmatrix} 2k & -k \\ -k & 3k \end{bmatrix}$$

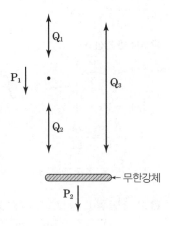

3 고유진동수[4]

$$\det\left(\omega_n^2 M - K\right) = 0 \quad \rightarrow \quad 2m^2\omega_n^4 - 7km\omega_n^2 + 5k^2 = 0$$

$$\omega_{n1} = \sqrt{\frac{k}{m}}\left(\frac{rad}{s}\right) \qquad\qquad \omega_{n2} = \sqrt{\frac{5k}{2m}} = 1.581\sqrt{\frac{k}{m}}\left(\frac{rad}{s}\right)$$

$$f_{n1} = \frac{\omega_{n1}}{2\pi} = 0.159\sqrt{\frac{k}{m}}\ (Hz) \qquad\qquad f_{n2} = \frac{\omega_{n2}}{2\pi} = 0.252\sqrt{\frac{k}{m}}\ (Hz)$$

---

[4] $\det\left(\omega_n^2 M - K\right) = 0$에서 ω_n을 바로 구하게 되면 복잡한 수식결과가 나타나게 된다. 이 경우 $\omega_n = x^2$으로 치환 후 계산하면 해를 간단히 얻을 수 있다.

다음 구조물의 고유진동수 및 주기를 구하시오. (단, 부재의 질량은 무시함)

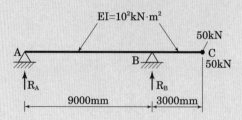

풀이 ○ 에너지법

1 반력

$$\left\{ \begin{array}{l} R_A + R_B = P \\ -9 \cdot R_B + 12P = 0 \end{array} \right\} \rightarrow \quad \begin{array}{l} R_A = -\dfrac{P}{3} \\[2mm] R_B = \dfrac{4P}{3} \end{array}$$

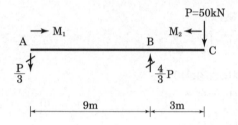

2 시스템 강성

$$\left\{ \begin{array}{l} M_1 = -\dfrac{P}{3}x \\[2mm] M_2 = Px \end{array} \right\} \rightarrow \quad U = \int_0^9 \dfrac{M_1^2}{2EI}dx + \int_0^3 \dfrac{M_2^2}{2EI}dx$$

$$\delta = \dfrac{\partial U}{\partial P} = \dfrac{36P}{EI}$$

$$k = \dfrac{EI}{36} = 2777.78 \text{kN/m}$$

3 고유진동수(ω_n, f_n) 및 고유주기(T_n)

$$\omega_n = \sqrt{\dfrac{k \cdot g}{P}} = \sqrt{\dfrac{2777.78 \times 9.8}{50}} = 23.33 \text{rad/s}$$

$$f_n = \dfrac{\omega_n}{2\pi} = 3.71362 \text{Hz}$$

$$T_n = \dfrac{1}{f_n} = \dfrac{2\pi}{\omega_n} = 0.2693 \text{s}$$

그림 (a)와 같은 테이블의 수평진동시 고유주기는 0.5 sec 이다. 이 테이블 위에 그림 (b)와 같이 200N의 플레이트가 완전히 고정되었을 때, 수평진동 시 고유주기는 0.75sec이다. 플레이트 고정전 테이블의 무게와 수평강성을 구하시오.

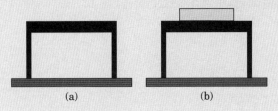

(a)　　　　(b)

풀이

1 가정조건

① 비감쇠 자유진동(테이블 감쇠 무시)

② 테이블 상부는 다이아프램 역할 수행

2 고정 전 테이블 무게 및 수평강성

$$\left\{ \begin{array}{l} T_{n,a} = 0.5 \ ; \quad 2\pi\sqrt{\dfrac{m_a}{k}} = 0.5 \\[4mm] T_{n,b} = 0.75 \ ; \quad 2\pi\sqrt{\dfrac{m_a + \dfrac{200}{9.81}}{k}} = 0.75 \end{array} \right\} \rightarrow \begin{array}{l} m_a = 16.3099\text{kg} \\[4mm] k = 2575.55\text{kg/s}^2 \left(= \dfrac{\text{N}}{\text{m}} \right) \end{array}$$

∴ 테이블 무게 $W = m_a \cdot 9.81 = 160\text{N}$

수평강성 $k = 2575.55\text{N/m}$

주요공식 요약

재료역학

구조기본

구조응용

$Ax = \lambda x$ 식을 이용한 고유치 문제에 대하여 다음을 답하시오.

(1) 고유값(Eigenvalue) λ 및 고유벡터(Eigenvector) x의 개념

(2) $A = \begin{bmatrix} -5 & 2 \\ 2 & -2 \end{bmatrix}$ 의 고유값과 고유벡터의 산정

풀이

1 고유값, 고유벡터 개념

① 정의

정방행렬 A에 대해 영벡터가 아닌 벡터 x, 실수 λ가 있다고 한다면, $Ax = \lambda x$를 만족하는 실수 λ를 고유값(Eigen value), 벡터x를 고유벡터(Eigen vector)라 한다.

$Ax = \lambda x$는 $Ax - \lambda x = (A - \lambda I)x = 0$으로 표현할 수 있다.

② 성질

고유벡터 x는 행렬 A를 곱해서 변환을 해도 방향이 바뀌지 않는 벡터다.

고유값 λ는 변환된 고유벡터와 원래 고유벡터의 크기 비율이다.

③ 산정방법

$(A - \lambda I)x = 0$에서 $(A - \lambda I)$의 행렬식이 0이 되도록 특성방정식의 해를 구하면 된다.

$$\det(A - \lambda I) = 0$$

(만약 $A - \lambda I$가 역행렬이 존재한다면 $x = 0$이 되므로 조건 위배)

2 고유값과 고유벡터의 산정

① 고유값

$$\det(A - \lambda I) = 0 \;\; ; \;\; \begin{vmatrix} -5 - \lambda & 2 \\ 2 & -2 - \lambda \end{vmatrix} = (-5 - \lambda)(-2 - \lambda) - 4 = 0$$

$\lambda = -1$　　or　　$\lambda = -6$

② 고유벡터

$\lambda_1 = -1$일 때 : $\begin{bmatrix} -4 & 2 \\ 2 & -1 \end{bmatrix} \begin{bmatrix} x \\ y \end{bmatrix} = \begin{bmatrix} 0 \\ 0 \end{bmatrix}$ → $x = 1, \;\; y = 2$

$\lambda_2 = -6$일 때 : $\begin{bmatrix} 1 & 2 \\ 2 & 4 \end{bmatrix} \begin{bmatrix} x \\ y \end{bmatrix} = \begin{bmatrix} 0 \\ 0 \end{bmatrix}$ → $x = 1, \;\; y = -0.5$

참고

계산기에서 Eigenvector를 직접 구할 경우

열벡터가 각각의 고유값에 대한 고유벡터를 나타낸다.

$$\text{eigVc}\left(\begin{bmatrix} -5 & 2 \\ 2 & -2 \end{bmatrix} \right) = \begin{bmatrix} -0.894427 & -0.447214 \\ 0.447214 & 0.894427 \end{bmatrix} \rightarrow \begin{cases} \dfrac{\left\{ \begin{matrix} -0.894427 \\ 0.447214 \end{matrix} \right\}}{-0.894427} = \left\{ \begin{matrix} 1 \\ -0.5 \end{matrix} \right\} \\ \\ \dfrac{\left\{ \begin{matrix} -0.447214 \\ 0.894427 \end{matrix} \right\}}{-0.447214} = \left\{ \begin{matrix} 1 \\ 2 \end{matrix} \right\} \end{cases}$$

다음 구조물의 고유진동수와 고유주기를 구하시오. (단, $K_1 =$ 100N/cm, W=2000N, E=21000MPa, 중력가속도 g= $9.8m/s^2$)

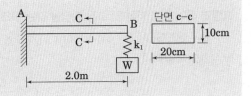

풀이

1 계수값 정리

$$k_1 = 100 \times \frac{10^{-3}}{10^{-2}} = 10kN/m$$

$$W = 2000N = 2kN$$

$$E = 21 \times 10^3 \times \frac{10^{-3}}{(10^{-3})^2} = 2.1 \times 10^7 kN/m^2$$

$$I = \frac{0.2 \times 0.1^3}{12} = 1.667 \times 10^{-5} m^4$$

2 등가강성(K_{eq})

$$K_{eq} = \left(\frac{1}{k_b} + \frac{1}{k_1}\right)^{-1} = \left(\frac{L^3}{3EI} + \frac{1}{k_1}\right)^{-1} = 9.292kN/m$$

3 고유진동수, 고유주기

$$\omega_n = \sqrt{\frac{K_{eq}}{m}} = \sqrt{\frac{9.292}{2/9.8}} = 6.74765 rad/s$$

$$T_n = \frac{2\pi}{\omega_n} = 0.9311 sec$$

다음 그림과 같이 A, B점이 고정단인 구조물이 있다. 지붕은 강체로서 무게는 4500N이며, 횡방향 진동에 대한 고유주기는 0.1sec이다. 지붕의 자중 증가에 따라 고유주기를 20% 증가시키고자 할 때 지붕 자중의 증가량을 구하시오. (단, 기둥의 자중은 무시하시오. $g=9.81m/s^2$)

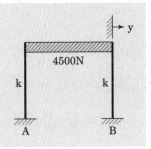

풀이

1 구조물 강성(k_1)

$$\begin{cases} T_{n1} = 2\pi\sqrt{\frac{m_1}{k_t}} = 2\pi\sqrt{\frac{4.5/9.81}{k_t}} \\ T_{n1} = 0.1 \end{cases}$$

$$\rightarrow \quad k_t = 1810.94kN/m$$

2 고유주기 증가에 대응하는 지붕자중(W_2)

$$\begin{cases} T_{n2} = 2\pi\sqrt{\frac{m_2}{k_t}} = 2\pi\sqrt{\frac{W_2/9.81}{1810.94}} \\ T'_{n2} = 0.12 \end{cases} \rightarrow W_2 = 6.48kN$$

3 지붕 자중증가량(ΔW)

$$\Delta W = W_2 - W_1 = 6.48 - 4.5 = 1.98kN$$

그림과 같이 힌지 지점 및 고정 지점을 갖는 구조계의 고유진동수를 구하시오. (단, 기둥부재의 자중은 무시하고, $E_1 = E_2 = 300\text{GPa}$, $I_1 = 2 \times 10^7 \text{mm}^4$, $I_2 = 1 \times 10^7 \text{mm}^4$이다. 또한 수평부재는 강체(rigid body)이며, 자중은 $W = 2\text{kN/m}$이다.)

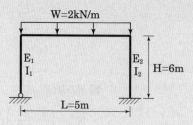

풀이

① 상수값 정리

$$E_1 = E_2 = 300 \times 10^3 \times \frac{10^{-3}}{(10^{-3})^2} \text{kNm}^2$$

$$I_1 = 2 \times 10^7 \times (10^{-3})^4 \text{m}^4$$

$$I_2 = 1 \times 10^7 \times (10^{-3})^4 \text{m}^4$$

② 시스템 강성(k)

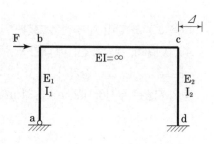

$$\begin{cases} M_{ab} = \dfrac{2E_1 I_1}{6}\left(2\theta_a - \dfrac{3\Delta}{6}\right) & M_{ba} = \dfrac{2E_1 I_1}{6}\left(\theta_a - \dfrac{3\Delta}{6}\right) \\[2mm] M_{cd} = \dfrac{2E_2 I_2}{6}\left(-\dfrac{3\Delta}{6}\right) & M_{dc} = \dfrac{2E_2 I_2}{6}\left(-\dfrac{3\Delta}{6}\right) \end{cases}$$

$$\left.\begin{cases} \Sigma M_a = 0 \ ; \ M_{ab} = 0 \\[2mm] \Sigma F_x = 0 \ ; \ F + \dfrac{M_{ab} + M_{ba} + M_{cd} + M_{dc}}{6} = 0 \end{cases}\right\} \rightarrow \begin{array}{l} \theta_a = \dfrac{F}{1000} \\[3mm] \Delta = \dfrac{F}{250} \end{array}$$

$$\Delta = \frac{F}{250} \quad \rightarrow \quad F = 250 \cdot \Delta$$

$$\therefore \text{시스템 강성 } k = 250 \text{kN/m}$$

③ 고유진동수(ω_n, f_n), 고유주기(T_n)

$$m = \frac{W}{g} = \frac{2 \times 5}{9.8} = 1.0204 \text{kNs}^2/\text{m}$$

$$\omega_n = \sqrt{\frac{k}{m}} = 15.6525 \text{rad/s}$$

$$f_n = \frac{2\pi}{\omega_n} = 0.4014 \text{Hz}$$

$$T_n = \frac{1}{f_n} = 2.49 \text{s}$$

토목구조기술사 | 90-4-5

다음 그림과 같이 질량 m이 매달린 보와 탄성 스프링으로 구성된 구조의 고유진동수를 구하시오. (단, 보 AB는 무질량 강체이며 수평방향으로 설치되어 있다.)

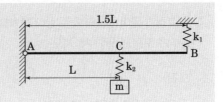

풀이

1 시스템 강성

$$\delta = \frac{W}{k_2} + \frac{\left(\frac{2}{3}W\right)}{k_1} \times \frac{2}{3} = W\left(\frac{1}{k_2} + \frac{4}{9k_1}\right)$$

$$K_{eq} = \left(\frac{1}{k_2} + \frac{4}{9k_1}\right)^{-1} = \frac{9k_1 \cdot k_2}{9k_1 + 4k_2}$$

2 고유진동수(ω_n, f_n), 고유주기(T_n)

$$\omega_n = \sqrt{\frac{k}{m}} = 3\sqrt{\frac{1}{m} \cdot \frac{k_1 \cdot k_2}{(9k_1 + 4k_2)}}$$

$$f_n = \frac{\omega_n}{2\pi} = \frac{3}{2\pi}\sqrt{\frac{1}{m} \cdot \frac{k_1 \cdot k_2}{(9k_1 + 4k_2)}}$$

$$T_n = \frac{1}{f_n} = \frac{2\pi}{3}\sqrt{m \cdot \frac{(9k_1 + 4k_2)}{k_1 \cdot k_2}}$$

토목구조기술사 | 93-1-10

다음 그림과 같은 구조물의 강성계수 및 고유진동수를 구하시오. (단, W는 판의 중량이다.)

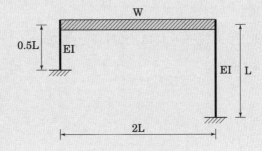

풀이

1 시스템 강성

$$k = \frac{12EI}{(0.5L)^3} + \frac{12EI}{L^3} = \frac{108EI}{L^3}$$

2 고유진동수

$$\omega_n = \sqrt{\frac{k}{m}} = 6 \cdot \sqrt{\frac{3EIg}{WL^3}}$$

$$f_n = \frac{1}{2\pi} \cdot \sqrt{\frac{k}{m}}$$

$$= \frac{1}{2\pi} \cdot \sqrt{\frac{108EI}{L^3} \cdot \frac{g}{W}} = \frac{3}{\pi}\sqrt{\frac{3EIg}{WL^3}}$$

다음 그림과 같이 원통형 지주 상에 풍력발전기가 설치되어 있다. 구조계의 고유 진동수와 허용진폭을 구하시오.

〈조건〉

- 풍력발전기의 중량 : 30000N
- 편심질량 : 300kg
- 축차 편심 : 50mm
- 지주의 외경 : 1000mm
- 두께 : $t_p=50$mm
- 허용 휨응력 : $f_{b2}=100$MPa
- 탄성계수 : 200000MPa이며, 지주의 질량은 무시한다.

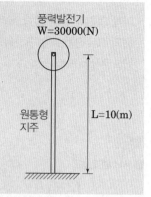

풍력발전기
W=30000(N)

원통형
지주

L=10(m)

풀이

1 기본사항

$$m = \frac{30}{9.8} = 3.061 \text{kN}$$

$$I = \frac{\pi}{64}(1^4 - 0.9^4) = 0.01688 \text{m}^4$$

$$k = \frac{3EI}{L^3} = 10128.7 \text{kN/m}$$

2 고유진동수

$$\omega_n = \sqrt{\frac{k}{m}} = 57.52 \text{rad/s}$$

3 허용진폭(δ_{max})

$$f_{allow}(=100) = \frac{M_{max}}{I} \cdot y \; ; \quad M_{max} = \frac{f_{allow} \cdot I}{500} = 3.376 \times 10^9 \text{Nmm} = 3376 \text{kNm}$$

$$M_{max} = P_{max} \times 10 \; ; \quad P_{max} = 337.6 \text{kN}$$

$$\delta_{max} = \frac{PL^3}{3EI} = 0.033 \text{m}$$

그림과 같은 층상 구조물의 감쇠를 고려하지 않은 고유진동수와 모드 형상을 구하시오. 모든 기둥의 단면은 동일하고 기둥의 질량은 무시한다.

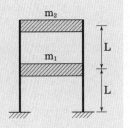

- $EI = 3.0 \times 10^7 Nm^2$
- $L = 5m$
- $m_1 = m_2 = m = 300kg$

풀이

1 기본사항

$$k_1 = k_2 = \frac{24EI}{L^3} = 5760kN/m$$

$$m = 0.3kNs^2/m$$

2 운동방정식

$$\begin{cases} m_1 y_1'' + k_1 y_1 - k_2(y_2 - y_1) = 0 \\ m_2 y_2'' + k_2(y_2 - y_1) = 0 \end{cases}$$

$$\begin{bmatrix} m_1 & 0 \\ 0 & m_2 \end{bmatrix} \begin{bmatrix} y_1'' \\ y_2'' \end{bmatrix} + \begin{bmatrix} k_1 + k_2 & -k_2 \\ -k_2 & k_2 \end{bmatrix} \begin{bmatrix} y_1 \\ y_2 \end{bmatrix} = \begin{bmatrix} 0 \\ 0 \end{bmatrix}$$

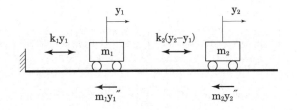

3 고유진동수$\left(\det(-\omega_n^2 M + K) = 0 \right)$

$$\det\left(\begin{bmatrix} -\omega_n^2 \cdot m + 2k & -k \\ -k & -\omega_n^2 \cdot m + k \end{bmatrix} \right) = \begin{bmatrix} 0 \\ 0 \end{bmatrix}$$

$$\omega_n^2 = \begin{Bmatrix} 7333.75 \\ 50266.3 \end{Bmatrix} \quad \rightarrow \quad \begin{Bmatrix} \omega_{n1} = 85.637 \dfrac{rad}{s} \\ \omega_{n2} = 224.201 \dfrac{rad}{s} \end{Bmatrix}$$

4 모드형상$\left(\{ -\omega_n^2 M + K \} \Phi = 0 \right)$

① $\omega_n = \omega_{n1} = 85.637rad/s$ 일 때

$-9319.88 \cdot \Phi_{11} + 5760\Phi_{21} = 0$

$\Phi_{11} = 1.0$ 일 때 $\Phi_{21} = 1.618$

② $\omega_n = \omega_{n2} = 224.201rad/s$ 일 때

$3559.83 \cdot \Phi_{12} + 5760\Phi_{22} = 0$

$\Phi_{12} = 1.0$ 일 때 $\Phi_{22} = -0.618$

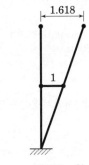

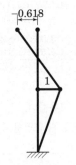

$w_n = w_{n1} = 85.637rad/s$ $w_n = w_{n2} = 224.201rad/s$

PE.C−101−3−5

························· 1	−1	• 기본 정수 입력
$5760 \rightarrow k0$	5760	
$0.3 \rightarrow m0$	0.3	
························· 2	−2	• 운동방정식에 따른 질량행렬, 강성행렬 입력
$\begin{bmatrix} m0 & 0 \\ 0 & m0 \end{bmatrix} \rightarrow m$	$\begin{bmatrix} 0.3 & 0 \\ 0 & 0.3 \end{bmatrix}$	
$\begin{bmatrix} k0+k0 & -k0 \\ -k0 & k0 \end{bmatrix} \rightarrow k$	$\begin{bmatrix} 11520 & -5760 \\ -5760 & 5760 \end{bmatrix}$	
························· 3	−3	• 고유진동수 산정
$w^2 \cdot m - k$	$\begin{bmatrix} 0.3 \cdot w^2 - 11520 & 5760 \\ 5760 & 0.3 \cdot w^2 - 5760 \end{bmatrix}$	
⚠ $\text{solve}(\det(w^2 \cdot m - k) = 0, w)$		
	$w = -224.201 \text{ or } w = 85.6373 \text{ or } w = 85.6373 \text{ or } w = 224.201$	
························· 4	−4	• 모드형상
⚠ $\text{solve}\left(\left((w^2 \cdot m - k) \cdot \begin{bmatrix} x \\ y \end{bmatrix} = \begin{bmatrix} 0 \\ 0 \end{bmatrix}\right)[1\ 1], y\right) \| w = 85.6373 \text{ and } x = 1$		
	$y = 1.61803$	
⚠ $\text{solve}\left(\left((w^2 \cdot m - k) \cdot \begin{bmatrix} x \\ y \end{bmatrix} = \begin{bmatrix} 0 \\ 0 \end{bmatrix}\right)[1\ 1], y\right) \| w = 224.201 \text{ and } x = 1$		
	$y = -0.618025$	
························· ex	− ex	• 수치 예제이므로 eigVl, eigVc를 이용하여 고유진동수와 모드해석값을 구할 수 있다.
$\left(\text{eigVl}(m^{-1} \cdot k)\right)^{\frac{1}{2}}$	$\{224.201, 85.6373\}$	
$\text{eigVc}(m^{-1} \cdot k)$	$\begin{bmatrix} 0.850651 & 0.525731 \\ -0.525731 & 0.850651 \end{bmatrix}$	
$\dfrac{\begin{bmatrix} 0.85065080835204 & 0.52573111211913 \\ -0.52573111211913 & 0.85065080835204 \end{bmatrix}}{0.85065080835204}$	$\begin{bmatrix} 1. & 0.618034 \\ -0.618034 & 1. \end{bmatrix}$	
$\dfrac{\begin{bmatrix} 0.85065080835204 & 0.52573111211913 \\ -0.52573111211913 & 0.85065080835204 \end{bmatrix}}{0.52573111211913}$	$\begin{bmatrix} 1.61803 & 1. \\ -1. & 1.61803 \end{bmatrix}$	

※ 고유벡터, 고유값 관련된 개념적인 내용은 공업수학 서적 또는 웹자료 등을 통해 확인할 수 있다.

아래의 그림과 같은 철근콘크리트 기초가 기초저면의 도심 O에 회전스프링 강성 $k = 2 \times 10^6 \text{Nm/rad}$을 가진다. 저면도심 O를 관통하는 Z축의 로킹 모션(rocking motion)에 대한 고유진동수를 구하시오. (단, 구조계는 비감쇠이며, 기초 전체의 중심은 C이다. 또한 콘크리트의 단위체적질량은 $w_c = 2500 \text{kg/m}^3$이고, 기초의 제원은 폭 $B = 1200 \text{mm}$, 길이 $L = 1800 \text{mm}$, 높이 $H = 500 \text{mm}$이며, 중력가속도 $g = 9.8 \text{m/s}^2$이다.)

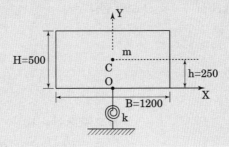

풀이

1 운동방정식

$$I_{z,o} \cdot \theta'' + k \cdot \theta = 0$$

2 Z축 관성질량

① 기초중심 $I_{z,c}$

$$I_{z,c} = m \cdot \frac{B^2 + H^2}{12}$$

$$= (2500 \cdot 1.2 \cdot 1.8 \cdot 0.5) \cdot \frac{1.2^2 + 0.5^2}{12} = 380.25 \text{kgm}^2$$

② 기초저면 $I_{z,o}$

$$I_{z,o} = I_{z,c} + mh^2$$

$$= 380.25 + (2500 \cdot 1.2 \cdot 1.8 \cdot 0.5) \cdot 0.25^2 = 549 \text{kgm}^2$$

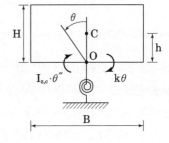

3 고유진동수

$$\omega_n = \sqrt{\frac{k}{I_{z,o}}} = \sqrt{\frac{2 \cdot 10^6}{549}} = 60.3572 \text{rad/sec}$$

참고

자중효과 고려 시

$I_{z,o} \cdot \theta'' + k \cdot \theta = Wh\theta$이므로 $(\because \sin\theta \cong \theta)$

$$\omega_n = \sqrt{\frac{k - mgh}{I_{z,o}}} = \sqrt{\frac{2 \cdot 10^6 - 2500 \cdot 1.2 \cdot 1.8 \cdot 0.5 \cdot 9.8 \cdot 0.25}{549}}$$

$$= 60.2573 \text{rad/sec}$$

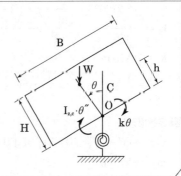

다음 그림과 같은 외팔보의 연직방향 자유진동에 대한 고유진동수를 구하시오.

[조건]

- E=210GPa
- $I=1.5 \times 10^{-4} m^4$
- L=12m
- W=5kN
- $k_5=24kN/m$
- 보의 질량 무시

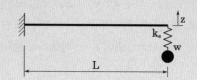

풀이

❶ 질량(m)

$$m = \frac{5}{9.81} kNm/s^2$$

❷ 시스템 강성(k)

$$k_s = 24kN/m$$

$$k_b = \frac{3EI}{L^3}$$

$$= \frac{3 \cdot (210000 \cdot 10^{-3}/(10^{-3})^2) \cdot 1.5 \cdot 10^{-4}}{12^3} kN/m$$

$$\frac{1}{k_{eq}} = \frac{1}{k_s} + \frac{1}{k_b} \quad ; \quad k_{eq} = 16.68kN/m$$

❸ 고유진동수(ω_n, T_n)

$$\omega_n = \sqrt{k_{eq}/m} = 5.72 rad/sec$$

$$f_n = \frac{\omega_n}{2\pi} = 0.91Hz$$

다음과 같은 외팔보에서 연직방향 자유진동에 대한 운동방정식을
유도하고, 고유진동수를 구하시오. (여기서, 보의 강성은 EI로 가
정하고, 보의 자중은 무시한다. 이때 외팔보의 E=210000MPa, I
$=1.2 \times 10^{-4} m^4$, 스프링의 $K_s=10kN/m$이다. 외팔보의 길이 L
=10m, 스프링에 달린 구의 무게 W=10kN이다.)

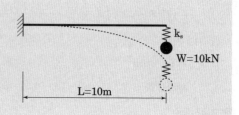

풀이

❶ 시스템 강성

$$k_b = \frac{3 \cdot 210000 \cdot \frac{10^{-3}}{(10^{-3})^2} \cdot 1.2 \cdot 10^{-4}}{10^3} = 75.6kN/m$$

$$k_s = 10kN/m$$

$$\frac{1}{k_{eq}} = \frac{1}{k_b} + \frac{1}{k_2} \quad ; \quad k_{eq} = 8.83178kN/m$$

❷ 운동방정식

$my'' + cy' + ky = f(t)$에서 비감쇠 자유진동이므로

$my'' + ky = 0$

❸ 고유진동수 5)

$$m = \frac{W}{g} = \frac{10}{9.81} = 1.01937 kNs^2/m$$

$$\omega_n = \sqrt{k_{eq}/m} = 2.9435 rad/s$$

$$f_n = \frac{\omega_n}{2\pi} = 0.4684Hz$$

---

5) 문제에서 중력가속도(g)가 명시되어 있지 않으므로 g=9.81m/s²으로 가정

구조물을 그림과 같이 무게가 없는 탄성기둥과 무게가 있는 강체거더로 모델링하였다. 이 구조물의 동특성을 산정하기 위하여 강체거더에 유압잭을 이용하여 수평방향으로 변위를 가한 후 놓아서 자유진동이 발생하도록 하였다. 이때 유압잭으로 발생시킨 변위(u_1)는 20mm이고 3cycle 후 최대변위(u_4)는 16mm이었다. 다음을 구하시오. (단, 지점 B는 힌지단, 지점 A 및 C는 고정단이며, 내부힌지는 마찰이 없고, 강체거더의 기둥은 강결로 이루어져 있고, 강체거더의 무게(W)는 500kN, 모든 기둥의 단면2차모멘트(I)는 $25.8 \times 10^6 \text{mm}^4$, 탄성계수(E)는 200GPa로 한다.)

(1) 구조물의 강성
(2) 감쇠비
(3) 고유진동수 및 감쇠고유진동수
(4) 임계감쇠 및 감쇠계수
(5) 10cycle 후 최대변위(u_{11})

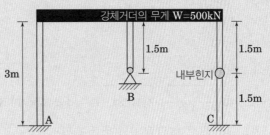

풀이 ○ 매트릭스 변위법

1 구조물 횡변위

$$\begin{cases} P_1 = -\dfrac{Q_1+Q_2}{3} - \dfrac{Q_3+Q_4+Q_5+Q_6}{1.5} \\[2mm] P_2 = \dfrac{Q_5+Q_6}{1.5} - \dfrac{Q_7+Q_8}{1.5} \\[1mm] P_3 = Q_5 \\ P_4 = Q_8 \\ P_5 = Q_3 \end{cases}$$

$$\rightarrow \quad A = \begin{bmatrix} \dfrac{1}{3} & -\dfrac{1}{3} & -\dfrac{1}{1.5} & -\dfrac{1}{1.5} & -\dfrac{1}{1.5} & -\dfrac{1}{1.5} & 0 & 0 \\[2mm] 0 & 0 & 0 & 0 & \dfrac{1}{1.5} & \dfrac{1}{1.5} & -\dfrac{1}{1.5} & -\dfrac{1}{1.5} \\[2mm] 0 & 0 & 0 & 0 & 1 & 0 & 0 & 0 \\ 0 & 0 & 0 & 0 & 0 & 0 & 0 & 1 \\ 0 & 0 & 1 & 0 & 0 & 0 & 0 & 0 \end{bmatrix}$$

$$S = \begin{bmatrix} [a] & & & \\ & 2[a] & & \\ & & 2[a] & \\ & & & 2[a] \end{bmatrix} \qquad [a] = \dfrac{EI}{3}\begin{bmatrix} 4 & 2 \\ 2 & 4 \end{bmatrix}$$

$$d = (ASA^T)^{-1}[P \quad 0 \quad 0 \quad 0 \quad 0]^T$$

$$\therefore \delta = d[1,1] = \dfrac{9P}{16EI} \text{(kN, m단위)}$$

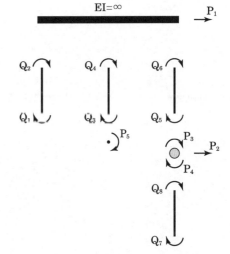

2 시스템 횡강성

$$P = k_{eq} \cdot \delta$$

$$\therefore k_{eq} = \dfrac{P}{\delta} = \left(\dfrac{9}{16EI}\right)^{-1} = 9173.33 \text{kN/m} = 9.17333 \cdot 10^6 \text{N/m}$$

❸ 감쇠비(ξ)

$$\frac{u_1}{u_{j+1}} = e^{j \cdot \frac{2\pi\xi}{\sqrt{1-\xi^2}}}, \quad u_1 = 20\text{mm}, \quad u_4 = 16\text{mm}, \quad j = 3\text{cycle}$$

$$\frac{20}{16} = e^{3 \times \frac{2\pi\xi}{\sqrt{1-\xi^2}}} \ ; \quad \xi = 0.011837\,(\xi < 10\%\text{이므로 아임계감쇠})$$

❹ 고유진동수(ω_n), 감쇠진동수(ω_d)

$$\omega_n = \sqrt{\frac{k_{eq}}{m}} = \sqrt{\frac{9.17333 \cdot 10^6}{500 \cdot 10^3/9.81}} = 13.4157\text{rad/s}$$

$$\omega_d = \omega_n\sqrt{1-\xi^2} = 13.4147$$

❺ 임계감쇠(c_{cr}), 감쇠계수(c)

$$c_{cr} = 2\sqrt{mk_{eq}} = 2\sqrt{\frac{500 \cdot 10^3}{9.81} \cdot 9.17333 \cdot 10^6} = 1.36755 \cdot 10^6\text{Ns/m (또는 kg/s)}$$

$$c = \xi \cdot c_{cr} = \xi \cdot 2\sqrt{mk} = 16187.7\text{Ns/m (또는 kg/s)}$$

❻ 10cycle 후 최대변위

$$\frac{u_1}{u_{j+1}} = e^{j \cdot \frac{2\pi\xi}{\sqrt{1-\xi^2}}} \ (u_1 = 20\text{mm}, \quad j = 10 \ \text{cycle}, \quad \xi = 0.011837)$$

$$\therefore u_{11} = 9.50616\text{mm}$$

다음 그림에 나타난 골조구조물에서 수평보의 휨강성이 기둥에 비해 매우 커서 거의 강체처럼 거동한다고 하자. 이 골조구조물의 수평방향 고유진동수를 구하시오. (단, 모든 기둥의 자중은 무시하고 $EI = 2 \times 10^5 kNm^2$이며, 수평보의 총 무게 $W = 500kN$이다) (20점)

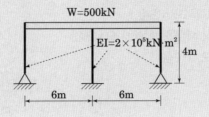

풀이

1 시스템 강성

$$k = \frac{3EI}{4^3} \cdot 2 + \frac{12EI}{4^3} = 56250 kN/m$$

2 질량

$$m = \frac{500}{9.8} = 51.0204 kNs^2/m$$

3 고유진동수

$$\omega_n = \sqrt{\frac{k}{m}} = 33.204 rad/s$$

$$f_n = \frac{\omega_n}{2\pi} = 5.2846 Hz$$

아래 그림은 2차원 트러스 구조물이다. 여기서 $E=200GPa$이고 단면적은 $0.04m^2$, 그리고 밀도는 5×10^3 kg/m³이다. 다음 물음에 답하시오. (단, 집중질량으로 가정한다) (총 30점)

(1) 요소 강성행렬과 질량행렬을 구하시오. (6점)
(2) 전체 강성행렬과 질량행렬을 구하시오. (6점)
(3) 주어진 하중 및 경계조건에 대해 처짐을 계산하시오. (8점)
(4) 구조물의 고유진동수를 구하시오. (10점)

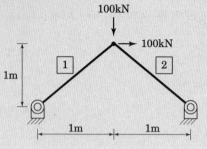

풀이 ○ 매트릭스 직접강도법

❶ 기본사항(N, m 단위로 통일)

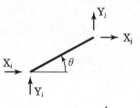

$E = 200000 \cdot \dfrac{1}{(10^{-3})^2} N/m$ $\qquad A = 0.04 m^2$

$L = \sqrt{2}\,m$ $\qquad\qquad\qquad \rho = 5 \cdot 10^3 kg/m^3$

$m = AL\rho$

$$k_i = \frac{EA}{L} \begin{bmatrix} C^2 & S \cdot C & -C^2 & -S \cdot C \\ S \cdot C & S^2 & -S \cdot C & -S^2 \\ -C^2 & -S \cdot C & C^2 & S \cdot C \\ -S \cdot C & -s^2 & S \cdot C & S^2 \end{bmatrix} \quad : \quad \begin{cases} S = \sin\theta \\ C = \cos\theta \end{cases}$$

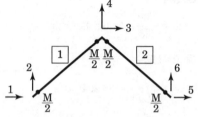

❷ 요소 강성행렬(N/m)

$$k_{1(\theta=45°)} = 2.8284 \cdot 10^9 \cdot \begin{bmatrix} 1 & 1 & -1 & -1 \\ 1 & 1 & -1 & -1 \\ -1 & -1 & 1 & 1 \\ -1 & -1 & 1 & 1 \end{bmatrix} \qquad k_{2(\theta=-45°)} = 2.8284 \cdot 10^9 \cdot \begin{bmatrix} 1 & -1 & -1 & 1 \\ -1 & 1 & 1 & -1 \\ -1 & 1 & 1 & -1 \\ 1 & -1 & -1 & 1 \end{bmatrix}$$

❸ 전체 강성행렬(N/m)

$$K_T = 2.8284 \cdot 10^9 \cdot \begin{bmatrix} 1 & 1 & -1 & -1 & 0 & 0 \\ 1 & 1 & -1 & -1 & 0 & 0 \\ -1 & -1 & 2 & 0 & -1 & 1 \\ -1 & -1 & 0 & 2 & 1 & -1 \\ 0 & 0 & -1 & 1 & 1 & -1 \\ 0 & 0 & 1 & -1 & -1 & 1 \end{bmatrix} \qquad K_{AA} = 2.8284 \cdot 10^9 \cdot \begin{bmatrix} 2 & 0 \\ 0 & 2 \end{bmatrix}$$

❹ 요소 질량행렬($kg = N \cdot s^2/m$)

$$m_1 = 141.421 \cdot \begin{bmatrix} 1 & 0 & 0 & 0 \\ 0 & 1 & 0 & 0 \\ 0 & 0 & 1 & 0 \\ 0 & 0 & 0 & 1 \end{bmatrix} \qquad m_2 = 141.421 \cdot \begin{bmatrix} 1 & 0 & 0 & 0 \\ 0 & 1 & 0 & 0 \\ 0 & 0 & 1 & 0 \\ 0 & 0 & 0 & 1 \end{bmatrix}$$

❺ 전체 질량행렬($kgN \cdot s^2/m$)

$$M_T = 141.421 \cdot \begin{bmatrix} 1 & 0 & 0 & 0 & 0 & 0 \\ 0 & 1 & 0 & 0 & 0 & 0 \\ 0 & 0 & 2 & 0 & 0 & 0 \\ 0 & 0 & 0 & 2 & 0 & 0 \\ 0 & 0 & 0 & 0 & 1 & 0 \\ 0 & 0 & 0 & 0 & 0 & 1 \end{bmatrix} \qquad M_{AA} = 141.421 \cdot \begin{bmatrix} 2 & 0 \\ 0 & 2 \end{bmatrix}$$

6 처짐

$$u_A = K_{AA}^{-1} \cdot X_A = \left(2.8284 \cdot 10^9 \cdot \begin{bmatrix} 2 & 0 \\ 0 & 2 \end{bmatrix}\right)^{-1} \cdot \begin{bmatrix} 100000 \\ -100000 \end{bmatrix} = \begin{bmatrix} 1.76776 \cdot 10^{-5} \\ -1.76776 \cdot 10^{-5} \end{bmatrix} (m)$$

7 고유진동수

$$\omega_n^2 M_{AA} - K_{AA} = 0$$

$$\det(A) = 0$$

$$\omega_n = 4472.14 \mathrm{rad/s}$$

$$f_n = 711.762 \mathrm{Hz} (수직, 수평 동일)$$

그림과 같이 Y−방향으로는 모멘트골조, X−방향으로는 모멘트골조 및 가새골조의 지진력저항시스템으로 구성된 1층 철골 구조물에 대하여 다음 물음에 답하시오. (총 30점)

[참고]

- 기둥 4개 단면은 동일하고, 가새 4개 단면도 동일하다.
- 기둥과 가새의 강재 탄성계수 E=205000MPa
- I_x(기둥강축)$=4.72\times10^7mm^4$
- I_y(기둥약축)$=1.6\times10^7mm^4$
- m(지붕질량)$=8000kg$
- 기둥과 가새 질량 무시

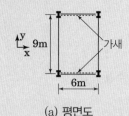

(a) 평면도

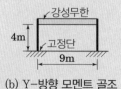

(b) Y−방향 모멘트 골조

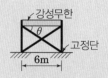

(c) X−방향 모멘트 골조+가새골조

(1) 구조물의 Y−방향 고유진동수(Hz)를 구하시오. (10점)

(2) 구조물의 X−방향 고유진동수가 Y−방향 고유진동수보다 크거나 같기 위한 가새의 최소 단면적(mm^2)을 구하시오. (단, 압축을 받는 가새의 강성은 고려하지 않는다) (20점)

풀이 ● 매트릭스 변위법

1 기본사항

$$m = 8000kg = 8000Ns^2/m \qquad E = 205000/(10^{-3})^2 kN/m^2$$

$$I_x = 4.72 \cdot 10^7 \cdot (10^{-3})^4 m^4 \qquad I_y = 1.6 \cdot 10^7 \cdot (10^{-3})^4 m^4$$

2 y방향 고유진동수

$$A = \begin{bmatrix} -\dfrac{1}{4} & -\dfrac{1}{4} & -\dfrac{1}{4} & -\dfrac{1}{4} \end{bmatrix} \qquad S = \begin{bmatrix} [a] & \\ & [a] \end{bmatrix} \qquad [a] = \dfrac{E \cdot 2I_y}{4}\begin{bmatrix} 4 & 2 \\ 2 & 4 \end{bmatrix}$$

$$d = (ASA^T)^{-1}[P] = \begin{bmatrix} \dfrac{P}{7257000} \end{bmatrix} \rightarrow k_y = \left(\dfrac{1}{7257000}\right)^{-1} = 7257000N/m$$

$$\omega_{n,y} = \sqrt{\dfrac{k_y}{m}} = 30.1185\dfrac{rad}{s} \qquad \therefore f_{n,y} = \dfrac{\omega_{n,y}}{2\pi} = 4.79351Hz$$

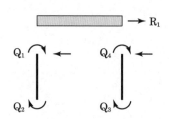

2 x방향 가새 최소면적

$$A = \begin{bmatrix} -\dfrac{1}{4} & -\dfrac{1}{4} & -\dfrac{1}{4} & -\dfrac{1}{4} & \dfrac{6}{\sqrt{52}} \end{bmatrix} \qquad S = \begin{bmatrix} [a] & & \\ & [a] & \\ & & \dfrac{E \cdot 2A_{req}}{\sqrt{52}} \end{bmatrix} \qquad [a] = \dfrac{E \cdot 2I_x}{4}\begin{bmatrix} 4 & 2 \\ 2 & 4 \end{bmatrix}$$

$$d = (ASA^T)^{-1}[P] = \begin{bmatrix} \dfrac{169P}{2460000(750000 \cdot A_{req}\sqrt{13}+169)} \end{bmatrix}$$

$$k_x = \left(\dfrac{169}{2460000(750000 \cdot A_{req}\sqrt{13}+169)}\right)^{-1} N/m$$

$$\omega_{n,x} = \dfrac{\sqrt{k_x/m}}{2\pi} \geq f_{n,y} \qquad \therefore A_{req} \geq 1.218676 \cdot 10^{-4}m^2$$

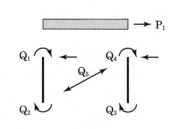

그림과 같이 질량이 무시되는 강체봉과 2개의 스프링으로 연결된 시스템이 있다. 이를 1-자유도의 스프링-질량 모델로 표현할 때 치환되는 스프링의 계수(유효스프링계수, k_e)를 구하고, 이를 사용하여 시스템의 고유진동수를 구하시오. (16점)

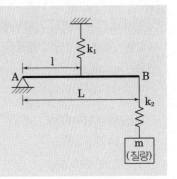

풀이

❶ 평형방정식

$$F \cdot l = P \cdot L$$

❷ 변형에너지

$$U = \frac{F^2}{2k_1} + \frac{P^2}{2k_2}$$

❸ 시스템 강성

$$\delta_{v,B} = \frac{\partial U}{\partial P} = \frac{P\left(k_1 l^2 + k_2 L^2\right)}{k_1 k_2 l^2}$$

$$k_{eq} = \frac{\delta_{v,B}}{P} = \frac{k_1 k_2 l^2}{k_1 l^2 + k_2 L^2}$$

❹ 고유진동수

$$\omega_n = \sqrt{\frac{k_{eq}}{m}} = \sqrt{\frac{k_1 k_2 l^2}{m\left(k_1 l^2 + k_2 L^2\right)}}$$

$$f_n = \frac{\omega_n}{2\pi} = \frac{1}{2\pi} \cdot \sqrt{\frac{k_1 k_2 l^2}{m\left(k_1 l^2 + k_2 L^2\right)}}$$

주요공식 요약　　재료역학　　구조기본　　구조응용

그림에서 같은 크기의 기둥부재가 강접합과 pin접합으로 보에 연결되어 있다. 고유주기가 동일하게 하기 위한 W값을 구하시오. (단, 기둥질량과 보 기둥의 자중은 무시하고 보의 휨강성은 매우 큰 것으로 가정하며, 그림의 단위는 mm임)

- 사용부재 H-300×150×6.5×9
- $A = 4678 \times 10^3 mm^2$
- $L = 7.21 \times 10^7 mm^4$
- $E = 2.1 \times 10^3 N/mm$

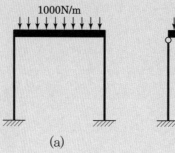

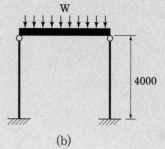

(a)   (b)

풀이

1 (a) 구조물

$$\left.\begin{array}{l} k_a = \dfrac{24EI}{L^3} \\ m_a = \dfrac{W_a}{g} \end{array}\right\} \rightarrow \omega_{n,a} = \sqrt{\dfrac{k_a}{m_a}} \qquad T_{n,a} = \dfrac{2\pi}{\omega_{n,a}}$$

2 (b) 구조물

$$\left.\begin{array}{l} k_b = \dfrac{6EI}{L^3} \\ m_b = \dfrac{W_b}{g} \end{array}\right\} \rightarrow \omega_{n,b} = \sqrt{\dfrac{k_b}{m_b}} \qquad T_{n,b} = \dfrac{2\pi}{\omega_{n,b}}$$

3 W_b 산정

$$W_a = 1000 \frac{N}{m} = 1000 \cdot \frac{1}{10^3} N/mm$$

$$T_{n,a} = T_{n,b} \rightarrow W_b = 0.25 \frac{N}{mm} = 250 N/m$$

다음 그림과 같이 각 층의 질량과 횡강성의 힘이 주어진 2자유도 구조시스템의 고유진동수와 모드 현상을 산정하시오. (kN · s⁵/m(질량단위), kN/m(강성단위))

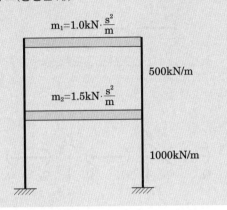

풀이

1 운동방정식 (my″+ky=F)

$$\begin{bmatrix} 1.5 & 0 \\ 0 & 1 \end{bmatrix}\begin{bmatrix} y_1'' \\ y_2'' \end{bmatrix} + \begin{bmatrix} 1500 & -500 \\ -500 & 500 \end{bmatrix}\begin{bmatrix} y_1 \\ y_2 \end{bmatrix} = \begin{bmatrix} 0 \\ 0 \end{bmatrix}$$

2 고유진동수

$$\begin{bmatrix} 1.5\omega_n^2 - 1500 & 500 \\ 500 & \omega_n^2 - 500 \end{bmatrix}\begin{bmatrix} \phi_1 \\ \phi_2 \end{bmatrix} = \begin{bmatrix} 0 \\ 0 \end{bmatrix}$$

$\det(A) = 0$; $\omega_n = 16.4708,\ 35.053$

$f = \dfrac{\omega_n}{2\pi}$; $f = 2.62141,\ 5.5789$

3 모드형상

① $\omega_n = 16.4708$인 경우

   $\phi_{11} = 1,\quad \phi_{21} = 2.186$

② $\omega_n = 35.053$인 경우

   $\phi_{12} = 1,\quad \phi_{22} = -0.686$

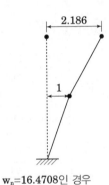
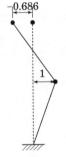

$w_n=16.4708$인 경우　　　　$w_n=35.053$인 경우

그림과 같은 시스템에서 b점에 초기강제변위 z_0가 주어진 경우, 시간에 따른 a점 질량의 z 방향 변위 $z(t)$를 구하시오. (단, 진동방정식 $z = A_1 \sin \omega t + A_2 \cos \omega t$이다.)

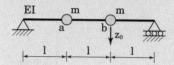

풀이 매트릭스 변위법

1 질량행렬(M)

$$M = \begin{bmatrix} m & \\ 0 & m \end{bmatrix}$$

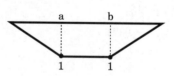

2 강성행렬(K)

$$A = \begin{bmatrix} 1 & 0 & 0 & 0 & 0 & 0 \\ 0 & 1 & 1 & 0 & 0 & 0 \\ 0 & 0 & 0 & 1 & 1 & 0 \\ 0 & 0 & 0 & 0 & 0 & 1 \\ \dfrac{-1}{l} & \dfrac{-1}{l} & \dfrac{1}{l} & \dfrac{1}{l} & 0 & 0 \\ 0 & 0 & \dfrac{-1}{l} & \dfrac{-1}{l} & \dfrac{1}{l} & \dfrac{1}{l} \end{bmatrix} \qquad S = \dfrac{EI}{l}\begin{bmatrix} 4 & 2 & & & & \\ 2 & 4 & & & & \\ & & 4 & 2 & & \\ & & 2 & 4 & & \\ & & & & 4 & 2 \\ & & & & 2 & 4 \end{bmatrix}$$

$$d = \left(ASA^T\right)^{-1}\begin{bmatrix} 0 & 0 & 0 & 0 & W_1 & W_2 \end{bmatrix}^T$$

$$\begin{cases} d[5,1] = \dfrac{4l^3 W_1}{9EI} + \dfrac{7l^3 W_2}{18EI} \\[3mm] d[6,1] = \dfrac{7l^3 W_1}{18EI} + \dfrac{4l^3 W_2}{9EI} \end{cases} \rightarrow K = \begin{bmatrix} \dfrac{4l^3}{9EI} & \dfrac{7l^3}{18EI} \\[3mm] \dfrac{7l^3}{18EI} & \dfrac{4l^3}{9EI} \end{bmatrix}^{-1} = \begin{bmatrix} \dfrac{48EI}{5l^3} & \dfrac{-42EI}{5l^3} \\[3mm] \dfrac{-42EI}{5l^3} & \dfrac{48EI}{5l} \end{bmatrix}$$

3 고유진동수

$$\det\left(M \cdot \omega_n^2 - K\right) = 0 \quad \rightarrow \quad \omega_{n1} = 1.09545 \cdot \sqrt{\dfrac{EI}{l^3 \cdot m}}$$

$$\omega_{n2} = 4.24264 \cdot \sqrt{\dfrac{EI}{l^3 \cdot m}}$$

4 모드형상

① $\omega_n = \omega_{n1}$ 일 때

$$\left(M \cdot \omega_{n1}^2 - K\right)\phi_1 = 0 \quad \rightarrow \quad \phi_1 = \begin{bmatrix} 1 \\ 1 \end{bmatrix}$$

② $\omega_n = \omega_{n2}$ 일 때

$$\left(M \cdot \omega_{n2}^2 - K\right)\phi_2 = 0 \quad \rightarrow \quad \phi_2 = \begin{bmatrix} 1 \\ -1 \end{bmatrix}$$

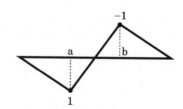

그림과 같은 2자유도 구조물의 고유진동주기와 진동모드형상을 구하시오.

- m_1, m_2는 각 층의 질량을 의미하며, k_1, k_2는 각 층의 층강성을 의미한다. 여기서, m=10ton, k=500kN/m이다.
- 진동모드형상은 u_2의 형상이 1이 되도록 정규화한다.

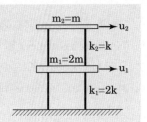

풀이

1 운동방정식($Mu'' + Ku = 0$)

$$\begin{cases} 2\mu_1'' + 2ku_1 - k(u_2 - u_1) = 0 \\ \mu_2'' + k(u_2 - u_1) = 0 \end{cases} \rightarrow \underbrace{\begin{bmatrix} 2m & 0 \\ 0 & m \end{bmatrix}}_{M} \begin{bmatrix} u_1'' \\ u_2'' \end{bmatrix} + \underbrace{\begin{bmatrix} 3k & -k \\ -k & k \end{bmatrix}}_{K} \begin{bmatrix} u_1 \\ u_2 \end{bmatrix} = [0]$$

2 고유진동수, 고유주기($\det(-\omega_n^2 M + K) = 0$)

$$\begin{cases} \omega_{n1} = \sqrt{\dfrac{k}{2m}} = \sqrt{\dfrac{500 \times 10^3}{2 \times 10 \times 10^3}} = 5\dfrac{rad}{s} \rightarrow T_{n1} = \dfrac{2\pi}{5} = 1.25664s \\ \omega_{n2} = \sqrt{\dfrac{2k}{m}} = \sqrt{\dfrac{2 \times 500 \times 10^3}{10 \times 10^3}} = 10\dfrac{rad}{s} \rightarrow T_{n2} = \dfrac{2\pi}{10} = 0.628319s \end{cases}$$

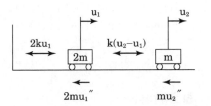

3 모드형상($(-\omega_n^2 M + K)\{u\} = 0$)

① $\omega_{n1} = 5rad/s$ 일 때

$$\begin{bmatrix} 1000000u_1 - 500000u_2 \\ -500000u_1 + 250000u_2 \end{bmatrix} = \begin{bmatrix} 0 \\ 0 \end{bmatrix}$$

$u_2 = 1, \quad u_1 = 0.5$

② $\omega_{n2} = 10rad/s$ 일 때

$$\begin{bmatrix} -500000u_1 - 500000u_2 \\ -500000u_1 - 500000u_2 \end{bmatrix} = \begin{bmatrix} 0 \\ 0 \end{bmatrix}$$

$u_2 = 1, \quad u_1 = -1$

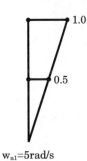

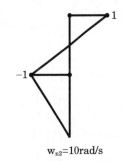

$w_{n1}=5rad/s$ $w_{n2}=10rad/s$

참고

계산기를 이용한 고유치 확인(m, k 수치가 주어졌을 때만 확인가능)

$$\begin{cases} M = \begin{bmatrix} 20000 & 0 \\ 0 & 20000 \end{bmatrix} \\ K = \begin{bmatrix} 1500000 & -500000 \\ -500000 & 1500000 \end{bmatrix} \end{cases} \rightarrow \begin{matrix} eigVl(\sqrt{M^{-1} \cdot K}) = \{10, \ 5\} \\ eigVc(\sqrt{M^{-1} \cdot K}) = \begin{bmatrix} 0.707107 & 0.447214 \\ -0.707107 & 0.894427 \end{bmatrix} \end{matrix}$$

$$\therefore \begin{cases} \omega_{n1} = 5 \rightarrow u_1 = 0.447214 \qquad u_2 = 0.894427 \\ \omega_{n2} = 10 \rightarrow u_1 = 0.707107 \qquad u_2 = -0.707107 \end{cases}$$

그림과 같은 시스템에 대해 u_1과 θ를 자유도로 하는 운동방정식, 고유진동수 (Natural frequency) 및 이에 해당하는 모드형상을 구하시오. (단, 단위와 자중은 무시하며 단진자의 길이 $L=3m$이다. 또한, $m_1=2$, $m_2=1$, $k_1=6$, $k_2=2$이며, $\sin\theta \cong \theta$인 선형시스템으로 가정한다.)

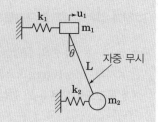

풀이

❶ 운동방정식

$$\begin{cases} \Sigma F_x = 0 \; ; \quad m_1 u_1'' + k_1 u_1 + m_2(u_1'' + L\theta'') + k_2(u_1 + L\theta) = 0 \\ \Sigma M_0 = 0 \; ; \quad k_2(u_1 + L\theta)L + m_2(u_1'' + L\theta'' + g \cdot \theta)L = 0 \end{cases}$$

$$\begin{bmatrix} m_1 + m_2 & m_2 L \\ m_2 L & m_2 L^2 \end{bmatrix} \begin{bmatrix} u_1'' \\ \theta'' \end{bmatrix} + \begin{bmatrix} k_1 + k_2 & k_2 L \\ k_2 L & k_2 L^2 + m_2 \cdot g \cdot L \end{bmatrix} \begin{bmatrix} u_1 \\ \theta \end{bmatrix} = 0$$

$$\rightarrow \underbrace{\begin{bmatrix} 3 & 3 \\ 3 & 9 \end{bmatrix}}_{K} \begin{bmatrix} u_1'' \\ \theta'' \end{bmatrix} + \underbrace{\begin{bmatrix} 8 & 6 \\ 6 & 47.4 \end{bmatrix}}_{M} \begin{bmatrix} u_1 \\ \theta \end{bmatrix} = 0 \left(g = \frac{9.8m}{s^2} \right)$$

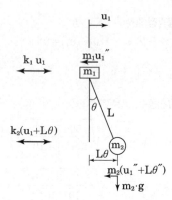

❷ 고유진동수

$$\det(M \cdot \omega_n^2 - K) = 0 \; ; \quad \begin{cases} \omega_{n1} = 1.61818 \dfrac{rad}{s} \\ \omega_{n2} = 2.69842 \dfrac{rad}{s} \end{cases}$$

❸ 모드형상

① $\omega_{n1} = 1.61818 rad/s$ 일 때

$$\{M \cdot 1.61818^2 - K\} \begin{Bmatrix} u_1 \\ \theta \end{Bmatrix} = 0 \quad \rightarrow \quad \begin{matrix} u_1 = 1 \\ \theta = 0.079 \end{matrix}$$

② $\omega_{n2} = 2.69842 rad/s$ 일 때

$$\{M \cdot 2.69842^2 - K\} \begin{Bmatrix} u_1 \\ \theta \end{Bmatrix} = 0 \quad \rightarrow \quad \begin{matrix} u_1 = 1 \\ \theta = -0.874 \end{matrix}$$

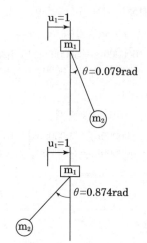

참고

ω_{n2} 자중을 무시하는 경우

$$\underbrace{\begin{bmatrix} 3 & 3 \\ 3 & 9 \end{bmatrix}}_{K} \begin{bmatrix} u_1'' \\ \theta'' \end{bmatrix} + \underbrace{\begin{bmatrix} 8 & 6 \\ 6 & 18 \end{bmatrix}}_{M} \begin{bmatrix} u_1 \\ \theta \end{bmatrix} = 0$$

$$eigVl\left(\sqrt{M^{-1} - K} \right) = \begin{cases} \omega_{n1} = 1.414 \dfrac{rad}{s} \\ \omega_{n2} = 1.732 \dfrac{rad}{s} \end{cases} \qquad eigVc\left(\sqrt{M^{-1} - K} \right) = \begin{cases} u_1 = 0, \quad \theta = 1 \\ u_1 = 1, \quad \theta = -0.333 \end{cases}$$

그림과 같은 구조물의 동적특성과 관련하여 다음 물음에 답하시오. (단, 기둥과 바닥판의 축방향 변형은 무시하고, 바닥판의 휨강성은 기둥의 휨강성에 비하여 무한히 큰 것으로 가정한다) (총 25점)

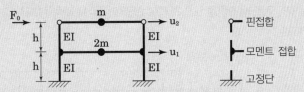

(1) 층별 횡변위 u_1과 u_2에 대하여, 질량행렬[M] 및 강성행렬[K]을 구하시오. (10점)
(2) 감쇠를 고려하지 않은 고유진동수(ω_1, ω_2)와 모드형상 벡터($\{\phi_1\}$, $\{\phi_2\}$)를 구하시오. (단, 모드형상 벡터는 최상층의 값을 1.0으로 한다) (10점)
(3) 최상층에 가한 횡력 F_0에 의한 변위벡터$\{u\}$를 (2)에서 구한 모드형상 벡터의 합($\alpha_1\{\phi_1\}+\alpha_2\{\phi_2\}$)으로 나타내고자 한다. 이때 α_1과 α_2의 비율(α_2/α_1)을 구하시오. (5점)

풀이

1 질량행렬[M], 강성행렬[K]

$$[M] = \begin{bmatrix} 2m & 0 \\ 0 & m \end{bmatrix}$$

$$[K] = \begin{bmatrix} k_1 + k_2 & -k_2 \\ -k_2 & k_2 \end{bmatrix} = \frac{EI}{h^3} \begin{bmatrix} 30 & -6 \\ -6 & 6 \end{bmatrix} \left(\therefore k_1 = \frac{24EI}{h^3}, \quad k_2 = \frac{6EI}{h^3} \right)$$

2 고유진동수

$$\det\left([K] - \omega_n^2 [M] \right) = 0 \quad \rightarrow \quad \begin{cases} \omega_{n1} = 2.07734 \sqrt{\dfrac{EI}{mh^3}} \\[2mm] \omega_{n2} = 4.08469 \sqrt{\dfrac{EI}{mh^3}} \end{cases}$$

3 모드형상

$$\left(-\omega_n^2 [M] + [K] \right)\{\Phi\} = 0 \quad \rightarrow \quad \begin{cases} \omega_n = \omega_{n1} \text{일 때 } ; \ \{\Phi_1\} = \{0.280776, \ 1\} \\[2mm] \omega_n = \omega_{n2} \text{일 때 } ; \ \{\Phi_2\} = \{-1.78074, \ 1\} \end{cases}$$

4 α_2/α_1

$$\alpha_1\{\Phi_1\} + \alpha_2\{\Phi_2\} = [K]^{-1} \cdot \begin{bmatrix} 0 \\ F_0 \end{bmatrix} \quad \rightarrow \quad \begin{cases} \alpha_1 = 0.20017 \cdot \dfrac{F_0 h^3}{EI} \\[3mm] \alpha_2 = 0.00816 \cdot \dfrac{F_0 h^3}{EI} \end{cases}$$

$$\frac{\alpha_2}{\alpha_1} = 0.04078$$

아래와 같이 20층 RC조 사무소 건물을 중량 $W = 10000kN$, 건물강성 $k = 477kN/mm$의 1자유도계로 모델링 하였다. 건물로 유입되는 가속도의 값이 원시스템의 25% 이하로 줄이기 위해 좌측그림처럼 상부구조와 기초사이의 A점에 면진층을 갖는 면진구조 시스템을 도입하기로 하였다. 원 시스템의 고유주기(T_0)와 도입된 면진층의 요구되는 수평강성을 구하시오.

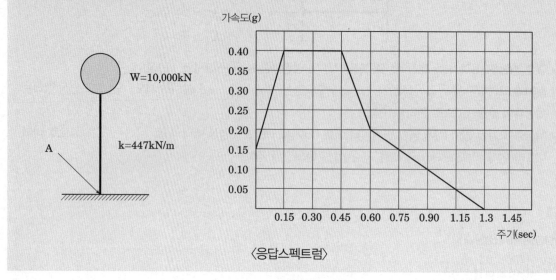

〈응답스펙트럼〉

풀이

1 면진층 도입 전 고유주기(T_n)

$$m = \frac{w}{g} = \frac{10000}{9.81} = 1019kN \cdot s^2/m$$

$$k_1 = 447 \cdot \frac{1}{10^{-3}} kN/m$$

$$\omega_{n1} = \sqrt{\frac{k_1}{m}} = 20.9406 rad/sec$$

$$T_{n1} = \frac{2\pi}{\omega_{n1}} = 0.3sec \quad \rightarrow \quad a = 0.4g$$

2 면진층 도입 후 수평강성(k_2)

$$\omega_{n2} = \sqrt{k_2/m}$$

$$a = \frac{0.4g}{4} = 0.1g \quad \rightarrow \quad T_{n2} = 0.9sec$$

$$T_{n2} = \frac{2\pi}{\omega_{n2}} \quad ; \quad k_2 = 49682kN/m$$

3 면진층 수평강성(k_1)

$$\left(\frac{1}{k_2} = \frac{1}{k_1} + \frac{1}{k_I} \right) \quad ; \quad k_I = 55959.6kN/m$$

최대 탄성 횡변위가 250mm인 구조물에 요구되는 최소 횡강성(Lateral Stiffness) K값을 아래의 유사가속도 응답스펙트럼을 이용하여 구하시오. (단, 이 구조물의 질량은 $0.175\text{kN} \cdot \sec^2/\text{mm}$ 이다.)

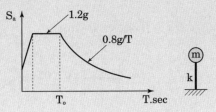

풀이

① 유사가속도 응답스펙트럼

$$\omega_d = \omega_n \sqrt{1-\xi^2} \cong \omega_n$$

$$\text{PS}_A(\xi,\omega_n) = \omega_n \text{PS}_V(\xi,\omega_n) = \omega_n^2 \text{PS}_D(\xi,\omega_n)$$

$$\text{F}_{s,\max} = \text{k} \cdot \Delta_{\max} = \text{k} \cdot \text{PS}_D(\xi,\omega_n) = (\omega_n^2 \cdot \text{m})\text{PS}_D(\xi,\omega) = \text{m} \cdot \text{PS}_A(\xi,\omega_n) = \text{V}_b(\text{밑면전단력})$$

② 기본사항

$$\text{m} = 0.175\text{kN} \cdot \text{s}^2/\text{mm}$$

$$\text{g} = 9.8\text{m}/\text{s}^2 = 9800\text{mm}/\text{s}^2$$

③ 고유주기 및 탄성횡변위

$$\text{T}_n = 2\pi \sqrt{\frac{\text{m}}{\text{k}}} = 2\pi \sqrt{\frac{0.175}{\text{k}}}$$

$$\left. \begin{cases} \text{F} = \text{k} \cdot \Delta \\ \text{F} = \text{m} \cdot \text{S}_a \end{cases} \right\} \rightarrow \Delta = \frac{\text{m} \cdot \text{S}_a}{\text{k}}$$

④ 최소 횡강성

① T_0 산정

$$\frac{0.8\text{g}}{\text{T}_0} = 1.2\text{g} \rightarrow \text{T}_0 = 0.666\sec$$

② $\text{T}_n < \text{T}_0(=0.666\sec)$ 가정 시

$$\left. \begin{cases} \text{S}_a = 1.2\text{g} \\ \Delta = \dfrac{\text{m} \cdot \text{S}_a}{\text{k}} \le \delta_{\max} \end{cases} \right\} \rightarrow \text{k} \ge 8.232\text{kN}/\text{mm} \rightarrow \text{T}_n = 2\pi\sqrt{\frac{0.175}{8.232}} = 0.916\text{s} > 0.666\text{s}\,(\text{NG})$$

③ $\text{T}_n > \text{T}_0(=0.666\sec)$ 가정 시

$$\left. \begin{cases} \text{S}_a = 0.8\text{g}/\text{T}_n \\ \Delta = \dfrac{\text{m} \cdot \text{S}_a}{\text{k}} \le \delta_{\max} \end{cases} \right\} \rightarrow \text{k} \ge 4.359\text{kN}/\text{mm} \rightarrow \text{T}_n = 2\pi\sqrt{\frac{0.175}{4.359}} = 1.259\text{s} > 0.666\text{s}\,(\text{OK})$$

∴ 최소 횡강성 k = 4.359kN/mm

(a) 와 같은 구조물의 단면이 (b)와 같을 때 (c)와 같은 가속도 스펙트럼에 대해서 기둥 AC에 발생하는 (1) 최대응력과 (2) C점의 최대변위를 구하시오. (단, 기둥의 자중은 무시하고 질량의 자중은 고려한다. $E = 200 \times 10^3 MPa$)

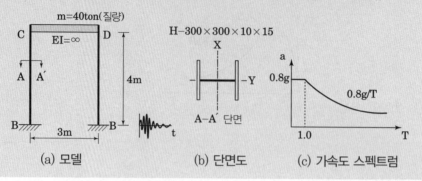

(a) 모델   (b) 단면도   (c) 가속도 스펙트럼

풀이

1 기본사항

$$I = \frac{(300^4 - 290 \times 270^3)}{12} \times 10^{-12} = 1.9932 \times 10^{-4} m^4$$

$$E = 200 \times 10^6 kN/m^2$$

$$k = \frac{24EI}{4^3} = 14949.6 kN/m$$

$$\omega_n = \sqrt{\frac{k}{m}} = 19.33 rad/s$$

$$T_n = \frac{2\pi}{\omega} = 0.325s \text{ (가속도 스펙트렘에서 } a = 0.8g\text{에 해당)}$$

2 최대응력

$$F = ma = 40 \times 0.8g = 313.6 kN$$

$$y_{max} = \frac{313.6}{k} = 0.020977 m$$

$$M = \frac{6EI}{L^2} y_{max} = \frac{6EI}{4^2} \times 0.020977 = 313.6 kNm$$

$$\sigma_{max} = \frac{M}{I} \times y = \frac{313.6 \times 10^6}{I \times 10^{12}} \times 150 = 235.994 MPa$$

3 최대변위

$$\delta_{max} = 0.020977 m = 20.977 mm$$

질량이 2ton인 물탱크가 철골기둥에 지지되어 있다. 물탱크의 높이는 10m이며, 기둥은 동일한 단면으로 한다.
($I = 1.0 \times 10^9 mm^4$, $E = 205 \times 10^3 N/mm^2$, $g = 10m/sec^2$)

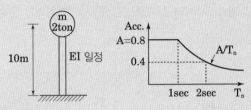

(1) 이 물탱크의 고유주기를 구하시오.
(2) 그림의 응답스펙트럼을 이용하여 밑면전단력과 전도모멘트를 구하시오.
(3) 이 때 최상층(높이 10m)에서의 변위를 구하시오.

풀이

❶ 기본사항

$m = 2000kg$ $I = 10^{-3}m^4$

$E = 205 \times 10^9 \dfrac{N}{m^2}$ $L = 10m$

❷ 고유주기

$$k = \frac{3EI}{L^3} = 615000 N/m$$

$$\omega_n = \sqrt{\frac{k}{m}} = 17.5357 rad/s$$

$$T_n = \frac{1}{f_n} = \frac{2\pi}{\omega_n} = 0.3583s$$

❸ 밑면전단력

$T_n = 0.3583s \quad \rightarrow \quad A = 0.8g$

$V = m \cdot A = 2000 \times 0.8 \times 10 = 16000N = 16kN$

❹ 전도모멘트

$M = V \cdot L = 16 \times 10 = 160kN$

❺ 최상층 변위

$$\delta = \frac{VL^3}{3EI} = \frac{16000 \times 10^3}{3 \times E \times I} = 0.026016m$$

[그림 1]과 같이 집중질량을 갖는 봉 A, B, C의 고유주기가 T_A, T_B, T_C일 때, 각 봉의 기둥에 [그림 2]의 가속도 응답 스펙트럼을 갖는 입력 지진이 작용할 때, 각 봉의 기둥에 발생하는 응답 전단력 V_A, V_B, V_C를 구하시오. (단, T_A, T_B, T_C는 [그림 2]의 T_1과 T_2 사이의 값이고, 응답은 수평방향이고 탄성범위 이내에 존재)

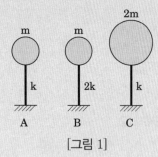

[그림 1]

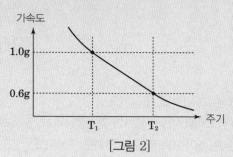

[그림 2]

풀이

1 고유주기

$$T_A = 2\pi \sqrt{\frac{m}{k}}$$

$$T_B = 2\pi \sqrt{\frac{m}{2k}} = \frac{T_A}{\sqrt{2}}$$

$$T_C = 2\pi \sqrt{\frac{2m}{k}} = \sqrt{2} \cdot T_A \left(\text{단, } T_1 < T_B < T_A < T_C < T_2\right)$$

2 응답 전단력

$$A(T_n) = \frac{A_2 - A_2}{T_2 - T_1}(x - T_1) + 1.0g = \frac{0.4g}{T_2 - T_1} \cdot (T_n - T_1) + 1.0g$$

고유주기 $T_n = 2\pi \cdot \sqrt{\frac{m}{k}}$ 이므로

$$V = m \cdot A(T) = m \cdot \left\{ \frac{0.4g \cdot (T_n - T_1)}{T_2 - T_1} + 1.0g \right\} = m \cdot g \cdot \left\{ \frac{5T_2 - 7T_1 + 2T_n}{5 \cdot (T_2 - T_1)} \right\}$$

따라서 각 봉 기둥의 응답 전단력은

$$\begin{cases} V_A = m \cdot g \cdot \left\{ \dfrac{5T_2 - 7T_1 + 2T_A}{5 \cdot (T_2 - T_1)} \right\} \\[4mm] V_B = m \cdot g \cdot \left\{ \dfrac{5T_2 - 7T_1 + \dfrac{2T_A}{\sqrt{2}}}{5 \cdot (T_2 - T_1)} \right\} \quad \left(\text{이때, } T_A = 2\pi \sqrt{\dfrac{m}{k}} \right) \\[4mm] V_C = m \cdot g \cdot \left\{ \dfrac{5T_2 - 7T_1 + 2\sqrt{2}\,T_A}{5 \cdot (T_2 - T_1)} \right\} \end{cases}$$

[그림 1]의 구조물을 단자유도 시스템으로 모델링하였다. 이 구조물의 내진설계에 지반운동으로 [그림 2]의 설계스펙트럼을 적용한다. 단, 대상지역에서의 최대지반가속도가 0.2g인 경우 [그림 2] 설계스펙트럼의 수직축 A(pseudo-aceleration)에 0.2를 곱하여 스케일 축소시키고 적용하도록 한다. 이 지반운동이 작용할 때, 구조물에 발생하는 횡방향 변위(lateral displacement)와 밑면전단력(base shear)을 구하시오.

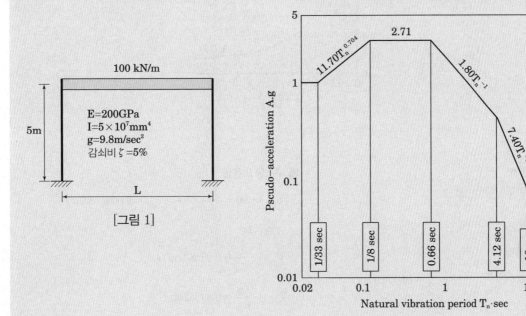

[그림 1]

[그림 2]

풀이

1 시스템 강성

$$k = \frac{12EI}{L^3} \cdot 2 = \frac{12 \cdot (5 \cdot 10^7 \cdot 10^{-12}) \cdot (200 \cdot 10^6)}{5^3} \cdot 2 = 1920 \text{kN/m}$$

2 설계스펙트럼 가속도

$$\omega_n = \sqrt{\frac{k}{m}} = \sqrt{\frac{1920}{100 \cdot 10/9.8}} = 4.3377 \text{rad/s}$$

$$T_n = \frac{2\pi}{\omega_n} = 1.448 \text{s}$$

$$A = \frac{1.8}{T_n} \cdot 0.2 = 0.2485 \text{g}$$

3 횡방향변위

$$\delta_{max} = \frac{F}{k} = \frac{ma}{k} = \frac{100 \cdot \dfrac{10}{9.8} \cdot 0.2485 \cdot 9.8}{1920} = 0.1294 \text{m}$$

4 밑면전단력

$$V = mA = 248.5 \text{kN}(기둥 한 개의 전단력 : 124.25\text{kN})$$

가속도응답스펙트럼이 다음과 같이 주어졌을 때, 주기가 각각 0.5초와 3초인 단자유도시스템 A와 B에서 변위응답의 비(D_A/D_B)와 속도응답의 비(V_A/V_B)를 구하시오. (단, 중력가속도 $1g = 9.8m/sec^2$이다) (20점)

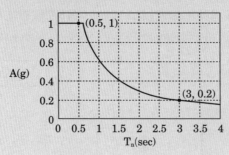

풀이

❶ D-V-A 관계

$$\begin{cases} \omega_n \cdot D = V \\ \omega_n^2 \cdot D = \omega_n \cdot V = A \end{cases}$$

❷ 구조물 A 응답

$$T_{nA} = 0.5 = \frac{2\pi}{\omega_{nA}} \quad \rightarrow \quad \omega_{nA} = 12.5664 rad/s$$

$$A = 1.0g$$

$$V_A = \frac{A}{\omega_{nA}} = 0.779859 m/s$$

$$D_A = \frac{V_A}{\omega_{nA}} = 0.062059 m$$

❸ 구조물 B 응답

$$T_{nB} = 3.0 = \frac{2\pi}{\omega_{nB}} \quad \rightarrow \quad \omega_{nB} = 2.0944 rad/s$$

$$A = 0.2g$$

$$V_B = \frac{A}{\omega_{nB}} = 0.935831 m/s$$

$$D_B = \frac{V_B}{\omega_{nB}} = 0.446826 m$$

❹ 응답비

$$\frac{D_A}{D_B} = 0.138889$$

$$\frac{V_A}{V_B} = 0.83333$$

그림과 같은 교각의 교축직각방향 해석모형에 대하여 기둥의 설계지진력을 구하시오. (단, 교량 가설지역 조건
: 내진 I 등급, 지진구역 I , 지반종류 II 이며, 콘크리트의 탄성계수 $E_c = 2.35 \times 10^4$MPa이다.)

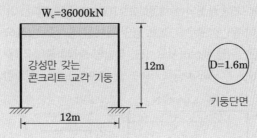

$W_c = 36000$kN

강성만 갖는
콘크리트 교각 기둥

12m

12m

D=1.6m

기둥단면

풀이

1 설계조건

① 지진구역 계수 : $Z = 0.11g$ (∵ 지진구역 I)

② 위험도 계수 : $I = 1.4$ (∵ 재현주기 1,000년)

③ 지반 계수 : $S = 1.2$ (∵ 지반종류 II)

④ 가속도 계수 : $A = I \times Z \times S = 0.1848g$

2 구조물 고유주기

① $k = 2 \cdot \dfrac{12EI}{L^3} = 2 \cdot \dfrac{12 \cdot 2.35 \cdot 10^4 \cdot \dfrac{10^{-3}}{(10^{-3})^2} \cdot \left(\dfrac{\pi \cdot 1.6^4}{64}\right)}{12^3} = 104999$kN/m

② $\omega_n = \sqrt{\dfrac{k}{36000/9.81}} = 5.34904$rad/s

3 설계지진력(밑면전단력)

① $D = \dfrac{A}{\omega_n^2} = \dfrac{0.1848 \cdot 9.81}{(5.34904)^2} = 0.063361$m

② $V = k \cdot D = 6652.8$kN

③ 1개 기둥에 발생하는 설계전단력 : $V = \dfrac{6652.8}{2} = 3326.4$kN

다음 그림에 나타나 있는 단층 골조(frame)는 기둥에 비해서 보의 강성이 매우 크기 때문에 u(t)의 방향으로 하나의 자유도만을 가지고 있다고 가정할 수 있다. 기둥의 무게는 무시할 수 있으며 보에 집중된 골조 전체의 무게는 5000kN이다. 횡변위 u(t)에 대한 골조의 전체 강성은 1000kN/mm이다. 이 골조에 그림과 같이 직사각형 함수의 충격하중(P_0=500kN)이 횡방향으로 0.02초 동안 가해질 때, 운동방정식의 풀이를 통해 최대 횡변위와 골조의 밑면에 가해지는 최대 전단력을 계산하시오. (단, 횡방향 충격하중이 가해지기 전 초기 변위와 초기 속도는 모두 0이고, 감쇠(damping)는 무시하며 중력가속도 g=9807mm/sec^{2}로 한다) (30점)

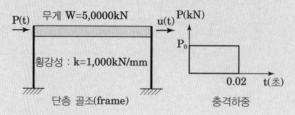

단층 골조(frame)　　　　충격하중

풀이

1 기본사항(단위 : kg, m, s)

$g = 9.807\text{m/s}^2$

$W = 5000\text{kN} = 5 \cdot 10^6\text{N}(= \text{kg} \cdot \text{m/s}^2)$ 　　　$P = 500\text{kN} = 5 \cdot 10^5\text{N}(= \text{kg} \cdot \text{m/s}^2)$

$m = 5 \cdot 10^6/9.807\text{kg}$ 　　　$k = 1000\text{kN/mm} = 1000 \cdot \dfrac{10^3}{10^{-3}}\text{N/m}(= \text{kg/s}^2)$

$\omega_n = \sqrt{\dfrac{k}{m}} = 44.2877\text{rad/s}$

2 최대변위

① $t \le 0.02(\text{sec})$일 때 응답(y_1)

$$\left.\begin{cases} y_1'' + \omega_n^2 y_1 = \dfrac{P}{m} \\ y_1(0) = 0 \\ y_1'(0) = 0 \end{cases}\right\} \rightarrow y_1(t) = 5 \cdot 10^{-4} \cdot (1 - \cos\omega_n t)$$

② $0.02 \le t(\text{sec})$일 때 응답(y_3) [6]

$$\left.\begin{cases} y_2'' + \omega_n^2 y_2 = -\dfrac{P}{m} \\ y_2(0) = y_1(0.02) \\ y_2'(0) = y_1'(0.02) \end{cases}\right\} \rightarrow \begin{array}{l} y_2(t) = 10^{-4} \cdot (6.8364 \cdot \cos\omega_n t + 3.8719 \cdot \sin\omega_n t - 5) \\[4pt] y_3(t) = y_1(t) + y_2(t) = 10^{-4} \cdot (1.836 \cdot \cos\omega_n t + 3.871 \cdot \sin\omega_n t) \end{array}$$

최종 $y_3(t) = y_3(t - 0.02)$

$\qquad = 10^{-4} \cdot \{1.836 \cdot \cos\omega_n(t - 0.02) + 3.871 \cdot \sin\omega_n(t - 0.02)\}$

---

[6] y_3은 y_1의 응답(P = +500)과 y_2의 응답(P = -500)을 중첩시켜 구하며, 최종 y_2는 (t-0.02)만큼 좌표축 이동이 필요하다.

③ 최대변위

$$t = 0.0709(n + 0.640972) = 0.0454, \quad 0.1164, \quad 0.1873 \cdots$$ 일 때 $y_{3,max} = 0.000429m$

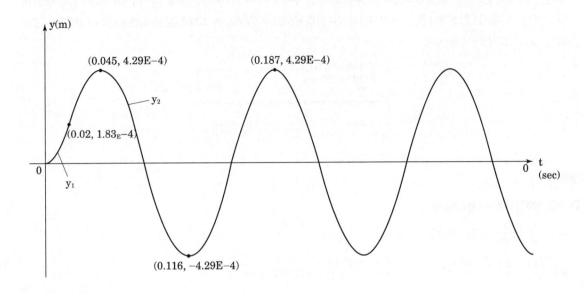

2 최대 밑면전단력

$$V_{max} = k \cdot \delta_{max} = 428.541kN$$

$$\therefore \begin{cases} 전체 \ 밑면전단력 : \ V_{max} = 428.541kN \\ 기둥 \ 1개 \ 밑면전단력 : \ V_{max} = 214.5kN \end{cases}$$

무게가 5kN의 전동기가 캔틸레버 단부에 설치되어 진동수 $\omega = 16$rad/sec의 420kN의 상하운동을 한다. 캔틸레버 자중은 무시하고 감쇠계수를 10%로 가정하여 상하운동으로 발생하는 최대처짐량과 캔틸레버 지지부에 전달되는 힘의 크기를 산정하시오.

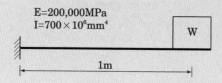

E=200,000MPa
I=700×10⁶mm⁴

W

1m

풀이

1 기본사항(단위통일 : kN, m, s)

$$m = \frac{w}{g} = \frac{5}{9.8} = 0.510204 \text{kN} \cdot \text{s}^2/\text{m}$$

$$k = \frac{3EI}{L^3} = \frac{3 \times 2 \cdot 10^5 \times 7 \times 10^8 \times 10^{-3} \times (10^{-3})^2}{1^3} = 420,000 \text{kN/m}$$

$$c = \xi \cdot c_{cr} = 0.1 \cdot 2\sqrt{mk} = 92.5348 \text{kN} \cdot \text{s/m}$$

$$F(t) = 420 \cdot \sin 16t$$

$$\omega_n = \sqrt{k/m} = 907.304 \text{rad/s}$$

$$\omega_d = \omega_n \sqrt{1-\xi^2} = 902.756 \text{rad/s}$$

$$r = \frac{\omega_o}{\omega_n} = \frac{16}{\omega_n} = 0.017635$$

2 최대응답

$$\left.\begin{cases} my'' + cy' + ky = f(t) \\ y = y_h + y_p \end{cases}\right\} \rightarrow \begin{cases} y_h = e^{-\xi\omega_n t}(A\sin\omega_d t + B\cos\omega_d t) \\ y_p = \dfrac{\delta_{st}}{\sqrt{(1-r^2)^2 + (2\xi r)^2}} \cdot \sin(\omega_o t - \theta) \end{cases}$$

y_h는 시간이 지나면 소멸되므로

$$y_{max} = y_{p,max} = \frac{\delta_{st}}{\sqrt{(1-r^2)^2 + (2\xi r)^2}} = \frac{420/k}{\sqrt{(1-r^2)^2 + (2\xi r)^2}} = 0.001 \text{m}$$

2 V_{max}

$$V_{max} = k \cdot \delta_{max} = 420 \text{kN}$$

아래 구조물의 수평진동에 대한 아래 물음에 답하시오. (단, 기둥의 단면2차모멘트 $I_c = 51840cm^4$, 탄성계수 E $= 21000kN/cm^2$, W $= 196kN$(보, 바닥, 기둥의 절반 무게를 합산한 것임), 보 및 바닥은 무한강성체로 가정할 것)

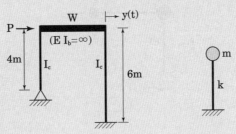

(1) 1질점계 치환모델에 대한 강성 k, 질량 m을 구하고 자유진동에 대한 평형 미분방정식을 세우시오. (단, 감쇠는 없는 것으로 하고, 중력가속도 g $= 980cm/sec^2$으로 할 것)

(2) 고유주기 T를 구하시오.

(3) P $= 67kN$을 서서히 가력 했다가 순간적으로 제거했을 경우 자유진동에 대한 해 y(t)를 구하시오.

풀이

1 강성, 질량

$$\begin{cases} k_1 = \dfrac{3EI}{L^3} = \dfrac{3 \times 21000 \times 51840}{400^3} = 51.03kN/cm \\ k_2 = \dfrac{12EI}{L^3} = \dfrac{12 \times 21000 \times 51840}{600^3} = 60.48kN/cm \end{cases} \rightarrow k_{eq} = k_1 + k_2 = 111.51kN/cm$$

$$m = \frac{W}{g} = \frac{196}{980} = 0.2kNs^2/cm$$

$$\omega_n = \sqrt{\frac{k_{eq}}{m}} = 0.23.6125rad/sec$$

$$T_n = \frac{2\pi}{\omega_n} = 0.266sec$$

2 자유진동 평형 미분방정식

$$my'' + ky = 0 \quad or \quad y'' + \omega_n^2 y = 0$$

$$y = A \cdot \sin\omega_n t + B \cdot \cos\omega_n t$$

3 P $= 67kN$ 가력 후 제거시 y(t)

$$\begin{cases} y(0) = \delta_{st} = \dfrac{67}{k_{eq}} \\ y'(0) = 0 \end{cases} \rightarrow \begin{array}{l} A = 0 \\ B = 0.600843 \end{array}$$

$$y = 0.600843 \cdot \cos(23.6125 \cdot t)(cm)$$

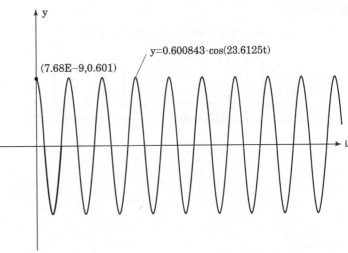

그림과 같이 2개의 보로 이루어진 구조물을 u_1과 u_2의 2자유도 시스템으로 동적해석하려고 한다. 지반에 수평지반가속도 $\ddot{u}_g(t)$가 작용할 때 주어진 구조물의 운동방정식을 유도하시오. (단, 감쇠와 보의 축변형은 무시한다.)

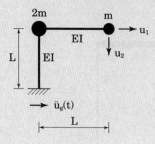

풀이

1 질량행렬

$$M = \begin{bmatrix} 3m & 0 \\ 0 & m \end{bmatrix}$$

2 구조물 강성행렬(K)

$$\begin{cases} M_1 = -P_2 x \\ M_2 = -P_1 x - P_2 L \end{cases} \rightarrow U = \int_0^L \frac{M_1^2}{2EI} dx + \int_0^L \frac{M_2^2}{2EI} dx$$

$$\begin{cases} u_1 = \dfrac{\partial U}{\partial P_1} = \dfrac{L^3}{3EI} P_1 + \dfrac{L^3}{2EI} P_2 \\ u_2 = \dfrac{\partial U}{\partial P_2} = \dfrac{L^3}{2EI} P_1 + \dfrac{4L^3}{3EI} P_2 \end{cases} \rightarrow \begin{bmatrix} u_1 \\ u_2 \end{bmatrix} = \begin{bmatrix} \dfrac{L^3}{3EI} & \dfrac{L^3}{2EI} \\ \dfrac{L^3}{2EI} & \dfrac{4L^3}{3EI} \end{bmatrix} \begin{bmatrix} P_1 \\ P_2 \end{bmatrix}$$

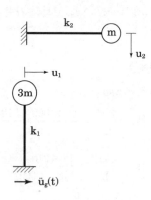

$$K = \begin{bmatrix} \dfrac{L^3}{3EI} & \dfrac{L^3}{2EI} \\ \dfrac{L^3}{2EI} & \dfrac{4L^3}{3EI} \end{bmatrix}^{-1} = \begin{bmatrix} \dfrac{48EI}{7L^3} & -\dfrac{18EI}{7L^3} \\ -\dfrac{18EI}{7L^3} & \dfrac{12EI}{7L^3} \end{bmatrix}$$

3 운동방정식 [7]

지반 가속도에 따른 운동방정식 : $M\ddot{u} + Ku = -M\ddot{u}_g(t)$

$$\begin{bmatrix} 3m & 0 \\ 0 & m \end{bmatrix} \begin{bmatrix} \ddot{u}_1 \\ \ddot{u}_2 \end{bmatrix} + \begin{bmatrix} \dfrac{48EI}{7L^3} & -\dfrac{18EI}{7L^3} \\ -\dfrac{18EI}{7L^3} & \dfrac{12EI}{7L^3} \end{bmatrix} \begin{bmatrix} u_1 \\ u_2 \end{bmatrix} = \begin{bmatrix} -3m \cdot \ddot{u}_g(t) \\ 0 \end{bmatrix}$$

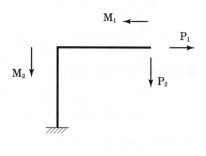

---

7) 여기서 u는 지반운동에 따른 상대변위를 나타낸다.

그림과 같은 강체보를 가진 5층 건물이 $\ddot{u}_g(t)$의 지반가속도를 받고 있다. 모든 층의 질량은 m이며, 모든 층은 동일한 층 높이 h와 동일한 강성 k를 갖는다. 변위가 밑면에서부터 높이에 따라 선형적으로 증가한다고 가정하고, 시스템의 운동방정식을 유도한 후 고유진동수를 구하시오.

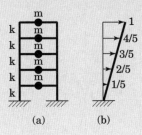

(a)   (b)

풀이

1 층강성 및 변위

층	층강성	층변위(δ_1)	층간변위(δ_2)
5F	k	1	1/5
4F	k	4/5	1/5
3F	k	3/5	1/5
2F	k	2/5	1/5
1F	k	1/5	1/5

2 변형에너지

$$E_s = \Sigma\left(\frac{k \cdot \delta_2^2}{2}\right) = \frac{k}{10}$$

3 운동에너지

$$E_k = \Sigma\left(\frac{m \cdot V^2}{2}\right) = \Sigma\left(\frac{m \cdot (\omega_n \cdot \delta_1)^2}{2}\right) = \frac{11}{10}m \cdot \omega_n^2$$

4 고유진동수

$$E_s = E_k \; ; \quad \omega_n = 0.301511 \sqrt{k/m}$$

질량 M, 강성 K, 비감쇠인 단자유도계의 주구조물에 질량이 m인 단진자가 연결되어 있다. 이 전체구조물에 대한 (1) 운동방정식, (2) 기본주파수와 (3) 이에 해당하는 모드형상을 구하시오. (단, θ는 매우 작으며, M=10, m=2, K=500, 진자의길이 l=6, 중력가속도 g=2임)

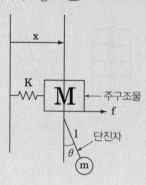

풀이

① 운동방정식

$$\begin{cases} \Sigma F_x = 0 \; ; \quad M_1 x + kx + m_2(x + l \cdot \theta'') = f \\ \Sigma M = 0 \; ; \quad m_2(x + l \cdot \text{theta}) \cdot l + m_2 \cdot g \cdot l \cdot \theta = 0 \end{cases}$$

$$\begin{bmatrix} M_1 + m_2 & m_2 \cdot l \\ m_2 \cdot l & m_2 \cdot l^2 \end{bmatrix} \begin{bmatrix} x'' \\ \theta'' \end{bmatrix} + \begin{bmatrix} k & 0 \\ 0 & m_2 \cdot g \cdot l \end{bmatrix} \begin{bmatrix} x \\ \theta \end{bmatrix} = \begin{bmatrix} f \\ 0 \end{bmatrix}$$

$$\underbrace{\begin{bmatrix} 12 & 12 \\ 12 & 72 \end{bmatrix}}_{M} \begin{bmatrix} x'' \\ \theta'' \end{bmatrix} + \underbrace{\begin{bmatrix} 500 & 0 \\ 0 & 24 \end{bmatrix}}_{K} \begin{bmatrix} x \\ \theta \end{bmatrix} = \begin{bmatrix} f \\ 0 \end{bmatrix}$$

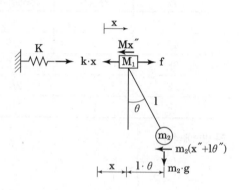

② 기본주파수

$$\det\left(\omega_n^2 [M] - [K]\right) = 0 \quad \rightarrow \quad \begin{cases} \omega_{n1} = 0.576963 \text{rad/s} \quad f_{n1} = \dfrac{\omega_{n1}}{2\pi} = 0.091827 \text{Hz} \\ \omega_{n2} = 7.07581 \text{rad/s} \quad f_{n2} = \dfrac{\omega_{n2}}{2\pi} = 1.12615 \text{Hz} \end{cases}$$

③ 모드형상

① $\omega_{n1} = 0.576963 \text{rad/s}$ 일 때

$$\begin{bmatrix} x \\ \theta \end{bmatrix} = \begin{bmatrix} 1 \\ 124.17 \end{bmatrix}$$

② $\omega_{n2} = 7.07581 \text{rad/s}$ 일 때

$$\begin{bmatrix} x \\ \theta \end{bmatrix} = \begin{bmatrix} 1 \\ -0.168 \end{bmatrix}$$

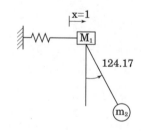

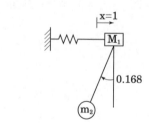

질량이 m인 회전체(Roller)가 스프링강성이 K인 스프링에 매달려있다. 만일 (1) 지면과 회전체의 마찰계수가 0일 때, 각주파수 ω_{slip}을 구하고, (2) 마찰계수가 0이 아닐 때, 각주파수 ω_{noslip}(미끄러지지 않을 때)을 구하여 그 비를 구하시오.

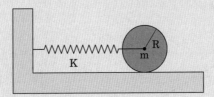

풀이

❶ 마찰계수 0일 때

$$m y'' + k y = 0 \quad \rightarrow \quad \omega_{slip} = \sqrt{\frac{k}{m}}$$

❷ 마찰계수가 0이 아닐 때

① 회전관성

$$\begin{cases} \Sigma M_c = 0 \ ; \quad F_f \cdot R + I_c \cdot \theta'' = 0 \\[2mm] F_f = -\dfrac{1}{2} m y'' \end{cases} \quad \leftarrow \quad \left(I_c = \frac{1}{2} m R^2, \quad \theta'' = \frac{y''}{R} \right)$$

(질량관성과 같은 방향)

② 운동방정식

$$\begin{cases} m y'' - F_f + k y = 0 \\[2mm] m y'' + \dfrac{1}{2} m y'' + k = 0 \\[2mm] \dfrac{3}{2} m y'' + k = 0 \end{cases} \quad \rightarrow \quad \omega_{noslip} = \sqrt{\frac{2k}{3m}}$$

$$\therefore \ \frac{\omega_{slip}}{\omega_{noslip}} = \sqrt{\frac{3}{2}}$$

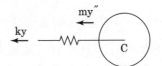

주요공식 요약

재료역학

구조기본

구조응용

다음 그림과 같이 강재로 만든 지붕과 기둥으로 구성된 구조물을 유압잭에 연결된 강선을 이용하여 강제변위를 가하는 실험을 수행하였다. 기둥은 지붕과 바닥에 강접합으로 용접되어 있고, 기둥의 질량은 무시하며, 지붕은 강체라고 가정할 때, 물음에 답하시오. (단, 강재의 탄성계수 $E = 200\text{GPa}$, 단위중량 $\gamma = 77.0\text{kN/m}^3$, 중력가속도 $g = 9.81\text{m/sec}^2$이다) (총 20점)

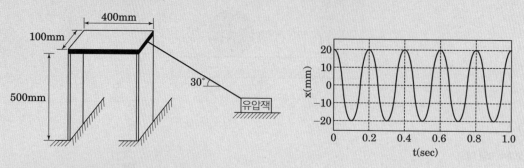

(1) 천천히 작용시킨 유압잭의 힘이 200N일 때, 지붕의 수평변위가 20mm였다. 기둥의 두께를 구하시오. (10점)

(2) (1)의 상황에서 유압잭과 연결된 강선을 갑자기 끊어 구조물이 좌우로 자유진동할 때, 수평변위를 측정하였더니 다음과 같았다. 지붕의 두께를 구하시오. (단, x는 수평변위이다) (10점)

풀이

1 기둥두께(t_c)

$$200 \cdot \cos 30° = k_e \cdot 0.02 \quad \rightarrow \quad k_e = 8660.25\text{N/m}$$

$$k_e = 2 \cdot \frac{12 \cdot EI}{0.5^3} \quad \rightarrow \quad I = 2.25527 \cdot 10^7 \text{m}^4$$

$$I = \frac{0.1 \cdot t_c^3}{12} \quad \rightarrow \quad t = 0.030023\text{m}$$

2 지붕두께(t_p)

$$m = \frac{W}{g} = \frac{77 \cdot 10^3 \cdot 0.1 \cdot 0.4 \cdot t_p}{9.81} = 313.965\text{N} \cdot \text{s}^2/\text{m}$$

$$\begin{cases} T_n = \dfrac{1}{f_n} = 2\pi\sqrt{\dfrac{m}{k_e}} = 1.19634\sqrt{t_P} \\ T_n = 0.2 \end{cases} \quad \rightarrow \quad t_p = 0.027948\text{m}$$

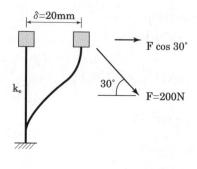

다음 문제에 대한 답을 구하시오.

(1) 동적방정식 중 질량행렬[M]과 강성행렬[K]을 산정하시오. (단, 질량행렬은 집중질량(lumped mass)임)

(2) 1차, 2차 고유진동수(ω_1, ω_2)를 산정하시오.

(3) 레일리히 감쇠(Rayleigh damping)를 이용한 감쇠행렬[C]을 산정하시오.
   (단, 1차, 2차 감쇠비(ξ_1, ξ_2)는 0.05임)

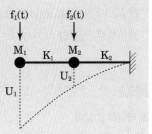

풀이

1 운동방정식

$$\begin{cases} m_1 y_1'' + k_1(y_1 - y_2) = 0 \\ m_2 y_2'' + k_2 y_2 - k_1(y_1 - y_2) = 0 \end{cases}$$

$$\rightarrow \underbrace{\begin{bmatrix} m_1 & 0 \\ 0 & m_2 \end{bmatrix}}_{[M]} \begin{bmatrix} y_1'' \\ y_2'' \end{bmatrix} + \underbrace{\begin{bmatrix} k_1 & -k_1 \\ -k_1 & k_1 + k_2 \end{bmatrix}}_{[K]} \begin{bmatrix} y_1 \\ y_2 \end{bmatrix} = \begin{bmatrix} 0 \\ 0 \end{bmatrix}$$

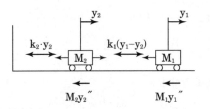

2 고유진동수 $\det(-\omega_n^2[M] + [K]) = 0$

$$\omega_{n1} = \sqrt{\frac{k_1}{2m_1} + \frac{k_1}{2m_2} + \frac{k_2}{2m_2} - \frac{\sqrt{k_1^2(m_1 + m_2)^2 + 2k_1 k_2 m_1(m_1 - m_2) + k_2^2 m_1^2}}{2m_1 m_2}}$$

$$\omega_{n2} = \sqrt{\frac{k_1}{2m_1} + \frac{k_1}{2m_2} + \frac{k_2}{2m_2} + \frac{\sqrt{k_1^2(m_1 + m_2)^2 + 2k_1 k_2 m_1(m_1 - m_2) + k_2^2 m_1^2}}{2m_1 m_2}}$$

3 레일리 감쇠행렬[C]

$$\left(\xi = \frac{a_0}{2} \cdot \frac{1}{\omega_n} + \frac{a_1}{2} \omega_n \right) ; \begin{cases} 0.05 = \dfrac{a_0}{2} \cdot \dfrac{1}{\omega_{n1}} + \dfrac{a_1}{2} \omega_{n1} \\ 0.05 = \dfrac{a_0}{2} \cdot \dfrac{1}{\omega_{n2}} + \dfrac{a_1}{2} \omega_{n2} \end{cases} \rightarrow \begin{array}{l} a_0 = 0.05 \cdot \dfrac{2\omega_{n1}\omega_{n2}}{\omega_{n1} + \omega_{n2}} \\ a_1 = 0.05 \cdot \dfrac{2}{\omega_{n1} + \omega_{n2}} \end{array}$$

∴ 레일리 감쇠행렬 $[C] = a_0[M] + a_1[K]$

참고

강성행렬을 구하는 다른 방법(매트릭스 변위법)

$$\begin{cases} P_1 = Q_1 \\ P_2 = -Q_1 + Q_2 \end{cases} \rightarrow [A] = \begin{bmatrix} 1 & 0 \\ -1 & 1 \end{bmatrix}$$

$$[S] = \begin{bmatrix} k_1 & 0 \\ 0 & k_2 \end{bmatrix}$$

$$K = ASA^T = \begin{bmatrix} k_1 & -k_1 \\ -k_1 & k_1 + k_2 \end{bmatrix}$$

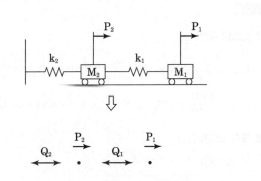

레일리 감쇠모델(Rayleigh damping model)을 구조물 해석모델에 사용하였다. 2.0초와 1.0초 주기의 감쇠비를 5%로 가정할 때, 0.5초 주기의 감쇠비를 구하시오.

풀이

1 레일리 감쇠비

$$\begin{cases} c = a_0 m + a_1 k \\ \omega_n = \dfrac{2\pi}{T_n} \end{cases} \rightarrow \xi = \dfrac{c}{C_{cr}} = \dfrac{a_0 m + a_1 k}{2\sqrt{mk}} = \dfrac{a_0}{2\omega_m} + \dfrac{a_1 \omega_n}{2} = \dfrac{a_0 T_n}{4\pi} + \dfrac{a_1 \pi}{T_n}$$

2 레일리 감쇠상수

$$\begin{cases} (T_{n1} = 2) \ ; \ \ 0.05 = \dfrac{a_0 \cdot 2}{4\pi} + \dfrac{a_1 \pi}{2} \\ (T_{n2} = 1) \ ; \ \ 0.05 = \dfrac{a_0 \cdot 1}{4\pi} + \dfrac{a_1 \cdot \pi}{1} \end{cases} \rightarrow \begin{array}{l} a_0 = 0.20944 \\ a_1 = 0.01061 \end{array}$$

3 구조물 감쇠비

$$(T_{n3} = 0.5) \ ; \ \ \xi = \dfrac{a_0 \cdot 0.5}{4\pi} + \dfrac{a_1 \cdot \pi}{0.5} = 0.075 = 7.5\%$$

그림과 같은 구조계에서 감쇠율이 10%일 경우 등가 감쇠계수(Eqivalent Damping Coefficient)를 산정하시오. (단, 보의 자중은 무시)

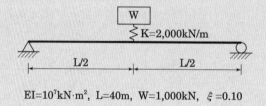

$EI = 10^7 kN \cdot m^2, \ L = 40m, \ W = 1,000kN, \ \xi = 0.10$

풀이

1 시스템 강성(K_{eq})

$$K_{eq} = \left(\dfrac{1}{K_B} + \dfrac{1}{K_S} \right)^{-1} = \left(\dfrac{L^3}{48EI} + \dfrac{1}{K_S} \right)^{-1} = \left(\dfrac{40^3}{48 \cdot 10^7} + \dfrac{1}{2000} \right)^{-1}$$

$$= \dfrac{30000}{19} = 1578.95 kN/m \quad or \quad 1578.95 \times 10^3 kg/s^2$$

2 등가 감쇠계수(c)

$$c = \xi \times C_{cr} = \xi \times 2\sqrt{mK_{eq}}$$

$$= 0.1 \times 2 \sqrt{\left(\dfrac{1000}{9.81} \right) \cdot 1578.95} = 80.2788 kNs/m \quad or \quad 80.2788 \times 10^3 kg/s$$

다음 골조의 강성계수를 구하시오.

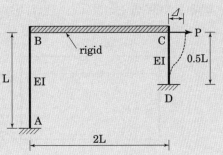

풀이

❶ AB기둥의 횡강성(양단 고정) [8]

$$K_{AB} = \frac{12EI}{L^3}$$

❷ CD기둥의 횡강성(양단고정)

$$K_{CD} = \frac{12EI}{(0.5L)^3} = \frac{96EI}{L^3}$$

❸ 골조 횡강성

$$K = K_{AB} + K_{CD} = \frac{108EI}{L^3}$$

---

8) D는 고정단으로 주어졌으나, CD기둥의 변형 형상은 D가 핀접합일 경우의 변형형상이 주어졌다. 따라서 D는 고정단으로 가정하여 골조 횡강성을 구한다. 보 BC는 rigid이므로 휨변형은 없으며 다이아프램 역할을 수행한다.

주요공식 요약

재료역학

구조기본

구조응용

그림의 철근콘크리트 방폭구조물의 시스템항복강도는 $F_y = 180kN$ 이다. 이러한 시스템에 아래 그림과 같은 폭발하중 F가 작용할 경우 예상되는 최대 수평변위를 산정하시오. (단, 감쇠는 무시한다.)

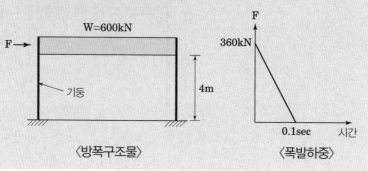

[조건]

• 구조물횡강성 $k = 9000kN/m$

• 중력가속도 $g = 9.8m/sec^2$

〈방폭구조물〉　　　　〈폭발하중〉

풀이 1. 직접적분 및 하중중첩

1 기본사항

$k = 9000kN/m$

$m = \dfrac{W}{g} = \dfrac{600}{9.8} = 61.2245kNs^2/m$

$\omega_n = \sqrt{\dfrac{k}{m}} = 12.1244rad/s$

$F_1(t) = -\dfrac{360}{0.1}t + 360$

$F_2(t) = \dfrac{360}{0.1}t$ (뒤아멜 적분 시 하중과 다름)

2 개별 하중에 대한 응답

① $F(t) = F_1(t)$일 때

$\begin{cases} B.C : y_1(0) = 0, \quad y_1'(0) = 0 \\ my_1'' + ky_1' = -\dfrac{360}{0.1}t + 360 \end{cases}$ → $y_1 = -0.04 \cdot \cos 12.1244 \cdot t + 0.032991 \cdot \sin 12.1244 \cdot t - 0.4(t - 0.1)$

② $F(t) = F_2(t)$일 때

$\begin{cases} B.C : y_2(0) = 0, \quad y_2'(0) = 0 \\ my_2'' + ky_2' = \dfrac{360}{0.1}t \end{cases}$ → $y_2 = 0.4 \cdot t - 0.032991 \cdot \sin 12.1244 \cdot t$

3 최종 응답

$\begin{cases} [0 \leq t \leq 0.1]일 때 : y_3(t) = y_1(t) \\ y_3 = -0.04 \cdot \cos 12.1244 \cdot t + 0.032991 \cdot \sin 12.1244 \cdot t - 0.4(t - 0.1) \end{cases}$

$\begin{cases} [0.1 \leq t]일 때 : y_4(t) = y_1(t) + y_2(t - 0.1) \\ y_4 = -0.032991 \cdot \sin(12.1244 \cdot t - 1.21244) - 0.04 \cdot \cos(12.1244 \cdot t) + 0.032991 \cdot \sin(12.1244 \cdot t) \end{cases}$

4 최대 수평변위 및 안전성 검토 [9]

$t = 0.162706$일 때 　 $y_{max} = y_4(0.162706) = 0.023275\,m$

$P = k \cdot y_{max} = 209.472kN > F_y$ 　 N.G

---

9) 문제 조건에서 '시스템 항복강도'로 주어졌기 때문에 F_y를 개별 기둥의 항복이 아닌 전체 구조물에 대한 항복 개념으로 안전성을 검토하였다. 만약 주어진 항복강도를 개별 기둥의 항복강도로 본다면 안전성은 O.K가 된다.

풀이 **2. 뒤아멜 적분**

1 기본사항

$$F_1(t) = -\frac{360}{0.1}t + 360$$

$$F_2(t) = 0 (직접적분 시 하중과 다름에 유의)$$

2 구간

$$\begin{cases} y_0 = 0 \\ v_0 = 0 \\ y_1 = \dfrac{v_0}{\omega_n} \cdot \sin\omega_n t + y_0 \cdot \cos\omega_n t + \dfrac{1}{m \cdot \omega_n}\displaystyle\int_0^t F_1(\tau) \cdot \sin(\omega_n(t-\tau))\,d\tau \\ \quad = -0.04 \cdot (\cos(12.1244 \cdot t) - 0.824786 \cdot (\sin(12.1244 \cdot t) - 12.1244 \cdot (t-0.1))) \end{cases}$$

$\therefore$ 최종응답

$$y_3 = y_1(t) = -0.04 \cdot (\cos(12.1244 \cdot t) - 0.824786 \cdot (\sin(12.1244 \cdot t) - 12.1244 \cdot (t-0.1)))$$

3 구간

$$\begin{cases} y_0 = y_3(0.1) = 0.016866 \\ v_0 = y_3{}'(0.1) = 0.194461 \\ y_2 = \dfrac{v_0}{\omega_n} \cdot \sin\omega_n t + y_0 \cdot \cos\omega_n t + \dfrac{1}{m \cdot \omega_n}\displaystyle\int_0^t F_2(\tau) \cdot \sin(\omega_n(t-\tau))\,d\tau \\ \quad = 0.016866 \cdot \cos(12.1244 - t) - 0.016953 \cdot \sin(12.1244 \cdot t) + 0.4t \end{cases}$$

$\therefore$ 최종응답

$$y_4 = 0.016866 \cdot \cos(12.1244 \cdot t - 1.21244) - 0.016953 \cdot \sin(12.1244 \cdot t - 1.21244) + 0.4(t-0.1)$$

4 최대 수평변위

$$t = 0.162706s \text{ 일 때} \quad y_{max} = y_4(0.162706) = 0.023275\,m$$

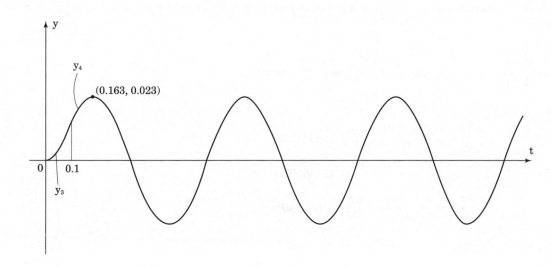

그림과 같이 3개의 철골 기둥에 7000mm(길이)×1000mm(폭)×400mm(두께)의 콘크리트 보가 pin으로 연결되어 있으며 기둥 하부는 기초에 고정되어 있다. 이 구조물에 0.3g의 지진가속도가 작용할 때 가장 큰 휨강성을 가진 기둥의 휨응력을 구하시오. (단 기둥의 질량은 무시하고 $E = 2.1 \times 10^5 N/mm^2$, 그림의 단위는 mm임)

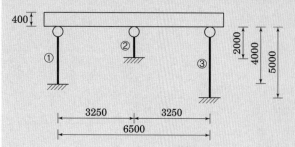

부재 번호	부재	$A(mm^2)$	$I(mm^4)$
①번	ㅁ-150×150×6	3.363×10^3	1.15×10^7
②번	ㅁ-125×125×6	2.76×10^3	6.41×10^6
③번	H-200×200×8×2 (강축으로 설치)	6.353×10^3	4.72×10^7

풀이

1 기본사항 [10]

$\gamma_c = 2400 kg/m^3$(가정)

$F = \gamma_c \cdot V \cdot 0.3g$

$= 2400 \cdot (7 \cdot 1 \cdot 0.4) \cdot 0.3 \cdot 9.8 = 19756.8N$

$k = \dfrac{3 \cdot E \cdot I_1}{4000^3} + \dfrac{3 \cdot E \cdot I_2}{2000^3} + \dfrac{3 \cdot E \cdot I_3}{5000^3} = 855.879N/mm$

2 δ

$\delta = \dfrac{F}{k} \times i = 46.1673mm$ m (※계단하중으로 가정하였으므로 충격계수 i (=2) 반영)

3 P

$\delta = \dfrac{P_i \cdot L_i^3}{E \cdot I_1}$: $P_1 = 5226.28N, \quad P_2 = 23.304N, P_3 = 10982.6N$

4 σ

$\sigma = \dfrac{P \cdot L}{I} \cdot y$; $\begin{cases} \sigma_1 = \dfrac{P_1 \times 4000}{I_1} \cdot \dfrac{150}{2} = 136.338MPa \\[2mm] \sigma_2 = \dfrac{P_2 \times 2000}{I_2} \cdot \dfrac{125}{2} = 454.46MPa\,(지배) \\[2mm] \sigma_3 = \dfrac{P_3 \times 5000}{I_3} \cdot \dfrac{200}{2} = 116.341MPa \end{cases}$

---

[10] 지진하중(0.3g)을 계단하중으로 가정한다. 이럴 경우 동적응답은 정적응답의 2배가 되어 충격하중 개념을 적용해야한다. 만약 지진하중이 순간 적용된다면 충격계수 없이 등가정적하중으로만 치환한다.

    참고 : 구조동역학(ANIL.K CHOPRA, 5판, p142 계단하중), 구조동역학(김두기, 4판, p114 계단하중), 구조동역학(김상대, p44 예제1.5)

그림의 강재 뼈대구조가 거더층에서 수평력 $F(t)=900\sin\theta t(N)$을 발생시키는 회전기계를 지지하고 있다. 감쇠를 임계감쇠의 5%로 가정하고 다음을 구하시오. (단, 거더는 무한강성(Rigid)으로 가정한다.)

[조건]

• $\theta=5.3(\text{rad/sec})$

• t의 단위 : sec

• 기둥 : E = 200000MPa, I = 28000000mm^4

   Z = 278600mm^3, 중력가속도(g) = 9.8m/sec^2

(1) 정상 진동의 진폭   (2) 기둥의 최대 동적 응력

풀이

1 기본사항

$$m = \frac{W}{g} = \frac{68}{9.8} = 6.938 \text{kNs}^2/\text{m}$$

$$k = \frac{3 \cdot 2 \cdot 10^5 \cdot 28.8 \cdot 10^6}{4500^3} \times 2 = 379.259 \text{kN/m}$$

$$c = 2 \cdot 0.05 \cdot \sqrt{m \cdot k} = 5.12991 \text{kNs/m}$$

$$\delta_{st} = \frac{F_0}{k} = \frac{900 \text{ N}}{379.259 \text{ N/mm}} = 2.37 \text{mm}$$

$$\omega_n = \sqrt{\frac{k}{m}} = 7.393 \text{rad/s} \quad \omega_d = \omega_n\sqrt{1-\xi^2} = 7.3839 \text{rad/s}$$

$$\omega_0 = 5.3 \text{rad/s} \qquad r = \frac{\omega_0}{\omega_n} = 0.717$$

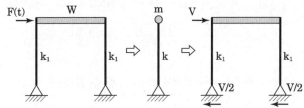

2 운동방정식(감쇠 강제진동)

$$my'' + cy' + ky = F_0\sin\omega_0 t \quad \text{or} \quad y'' + 2\xi\omega_n y' + \omega_n^2 y = \frac{F_0}{m}\sin(\omega_0 t)$$

$\begin{cases} y = y_{h,(\text{일시적응답, 초기조건, 소멸})} + y_{p,(\text{안정상태응답, 외력조건,진동})} \\[2mm] = e^{-\xi\omega_n t}[C_1\cos\omega_d t + C_2\sin\omega_d t] + \left[\dfrac{-2\xi r\ \delta_{st}}{(1-r^2)^2 + (2\xi r)^2}\cos\omega_0 t + \dfrac{(1-r^2)\delta_{st}}{(1-r^2)^2 + (2\xi r)^2}\sin\omega_0 t\right] \\[4mm] = e^{-\xi\omega_n t}[C_1\cos\omega_d t + C_2\sin\omega_d t] + [-0.7047\cos\omega_0 t + 4.7781\sin\omega_0 t] \end{cases}$

$\begin{cases} \text{경 계 조 건} \quad y(0)=0 \\ \qquad\qquad\quad y'(0)=0 \end{cases} \rightarrow \begin{array}{l} C_1 - 0.7047 \\[2mm] C_2 = -3.39437 \end{array}$

$$r = \frac{\omega_0}{\omega_n} = 0.717 y = e^{-\xi\omega_n t}[0.7047\cos\omega_d t - 3.39436\sin\omega_d t] + [-0.7047\cos\omega_0 t + 4.7781\sin\omega_0 t]$$

$$= 0.7047 \cdot 0.691^t \cdot \left[\cos\omega_d t - 4.8168 \cdot \left\{\sin\omega_d t + 0.2076 \cdot 1.44724^t \cdot (\cos\omega_0 t - 6.7804 \cdot \sin\omega_0 t)\right\}\right]$$

❸ 정상진동의 진폭

감쇠에 의해 는 소멸하므로

$$y_P = \frac{-2\xi r\ \delta_{st}}{(1-r^2)^2+(2\xi r)^2}\cos\omega_0 t + \frac{(1-r^2)\delta_{st}}{(1-r^2)^2+(2\xi r)^2}\sin\omega_0 t = \frac{\delta_{st}}{\sqrt{(1-r^2)^2+(2\xi r)^2}}\sin(\omega_0 t-\theta)$$

정상진동 진폭 : $\dfrac{\delta_{st}}{\sqrt{(1-r^2)^2+(2\xi r)^2}} = 4.8298\text{mm}$

❹ 기둥의 최대 동적응력

① 안정상태 응답(y_p)만 고려하는 경우[11], [12]

$$\begin{cases} \delta_{max} = 4.8298\text{mm} \\ V_{max} = k \times \delta_{max} = 379.259\text{N/mm} \times 4.8298\text{mm} = 1831.75\text{N} \\ M_{max} = \dfrac{V_{max}}{2} \times L = \dfrac{1831.75}{2} \times 4500 \times 10^{-6} = 4.1214 \cdot 10^6\text{Nmm} \\ \sigma_{max} = \dfrac{M_{max}}{Z} = \dfrac{4.1214 \times 10^6}{278600} = 14.7933\text{MPa} \end{cases}$$

② 전체응답($y = y_h + y_p$)을 고려하는 경우[13]

$$\begin{cases} \delta_{max} = 6.811\text{mm} \\ V_{max} = k \times \delta_{max} = 379.259\text{N/mm} \times 6.811\text{mm} = 2583.13\text{N} \\ M_{max} = \dfrac{V_{max}}{2} \times L = \dfrac{2583.13}{2} \times 4500 \times 10^{-6} = 5.812\text{kNm} \\ \sigma_{max} = \dfrac{M_{max}}{Z} = \dfrac{5.812 \times 10^6}{278600} = 20.8616\text{M} \end{cases}$$

* 전체 응답은 뒤아멜 적분으로도 구할 수 있다.[14]

$$\left. \begin{cases} y = \dfrac{v_0}{\omega_n}\sin\omega_n t + y_0\cos\omega_n t + \dfrac{1}{m\omega_d}\displaystyle\int_0^t F(\tau) \cdot e^{-\xi\omega_n(t-\tau)} \cdot \sin\omega_d(t-\tau) \\ v_0 = 0 \qquad y_0 = 0 \\ F(\tau) = 900 \cdot \sin 5.3t \end{cases} \right\}$$

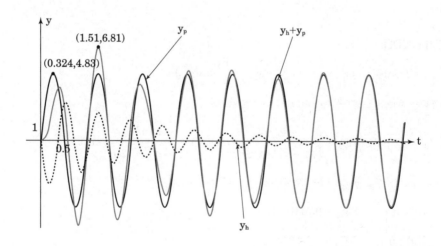

---

11) 두 기둥을 하나의 강성 K로 치환했기 때문에 각 기둥에 걸리는 전단력을 구하기 위해서 $V_{max}/2$ 하였다.
12) 관례상 탄성단면계수를 s, 소성단면계수를 z로 표기, 이 문제에서는 z를 탄성단면계수로 보고 풀이하였다.
13) 일시적 응답까지 고려한 최대 진폭을 구하기 위해서는 계산기의 그래프 trace 또는 f_{max} 함수 이용
14) 전체응답은 desolve 기능으로도 구할 수 있다.

그림과 같이 4개의 철골기둥이 하부는 콘크리트 기초에 고정되어 있고 상부는 두께 200mm의 슬래브 (4.8m×4.8m)를 핀접합으로 지지하는 구조물에서 0.2g의 지진가속도가 작용할 때, 기둥에 발생하는 최대 휨응력을 구하시오. (단, 기둥부재는 각형강관 ㅁ-125×125×6($I_x = I_y = 6410000mm^4$, E=205000MPa)

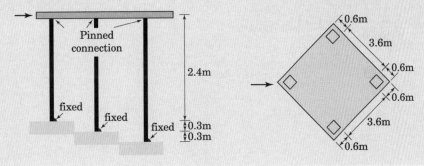

풀이

① 기본사항 [15)]

① 횡력이 주축의 45° 작용, 기둥단면 대칭 → 마름모꼴 I=정사각형 I

② '1단고정-타단핀' 접합 : $k = 3EI/L^3$

③ 슬래브 RC 타설가정($\rho_{RC} = 2400kgf/m^3$)

② 구조물 전체강성

$$\begin{cases} k_1 = \dfrac{3 \times 205 \times 10^6 \times 6.41 \times 10^{-6}}{2.4^3} = 285.167 \\[4mm] k_2 = 2 \times \dfrac{3 \times 205 \times 10^6 \times 6.41 \times 10^{-6}}{2.7^3} = 400.564 \\[4mm] k_3 = \dfrac{3 \times 205 \times 10^6 \times 6.41 \times 10^{-6}}{3^3} = 146.006 \end{cases} \rightarrow K_{eq} = k_1 + k_2 + k_3 = 831.737kN/m$$

③ 지진력

$$m = \frac{W}{g} = \frac{4.8 \times 4.8 \times 0.2 \times 2400 \times 9.81}{9.81} = 11059.2kg$$

$$F = ma = 11059.2 \times 0.2g = 21698.2N$$

④ 기둥별 지진력 배분

$$\begin{cases} F_1 = F \times \dfrac{k_1}{K} = 7439.37N \\[4mm] F_2 = F \times \dfrac{k_2}{K} = 10449.8N(2개 기둥) \rightarrow \dfrac{F_2}{2} = 5224.9(1개 기둥) \\[4mm] F_3 = F \times \dfrac{k_3}{K} = 3808.96N \end{cases}$$

15) 구조동역학(김상대) p54 예제1.8 참조

5 기둥별 응력

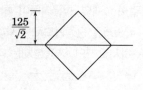

$$\begin{cases} \sigma_1 = \dfrac{M}{I}y = \dfrac{7439.37 \times 2400}{6410000} \times \left(\dfrac{125}{\sqrt{2}}\right) = 246.2\text{MPa}\,(최대응력) \\[4mm] \sigma_2 = \dfrac{M}{I}y = \dfrac{5224.9 \times 2700}{6410000} \times \left(\dfrac{125}{\sqrt{2}}\right) = 194.5\text{MPa} \\[4mm] \sigma_3 = \dfrac{M}{I}y = \dfrac{3808.96 \times 3000}{6410000} \times \left(\dfrac{125}{\sqrt{2}}\right) = 157.6\text{MPa} \end{cases}$$

경사지에 위치한 1층 철근콘크리트 골조가 지형 때문에 높이 차이가 있는 기둥으로 설계되어 있다. 지진이 발생하여 상층 수평변위가 1.5cm로 측정되었다. 골조의 고유진동수와 각 기둥에 나타나는 전단력을 구하시오. (단, 구조물의 전체중량은 50kN이고, 기둥과 보는 동일한 단면으로, 한 변이 30cm인 정사각형 단면이다.)

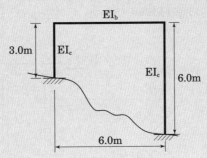

풀이 매트릭스 변위법

1 수평변위 1.5cm 발생 시 기둥 전단력

① 구조해석

$$A = \begin{bmatrix} 0 & 1 & 1 & 0 & 0 & 0 \\ 0 & 0 & 0 & 1 & 1 & 0 \\ -\dfrac{1}{3} & -\dfrac{1}{3} & 0 & 0 & -\dfrac{1}{6} & -\dfrac{1}{6} \end{bmatrix}$$

$$S = \begin{bmatrix} [2a] & & \\ & [a] & \\ & & [a] \end{bmatrix} \quad [a] = \dfrac{EI}{6}\begin{bmatrix} 4 & 2 \\ 2 & 4 \end{bmatrix} \quad I = \dfrac{0.3 \times (0.3)^3}{12}$$

$$d = (ASA^T)^{-1}[0, \quad 0, \quad P]^T$$

$$Q = SA^Td = [-1.63158P, \quad -0.8421P, \quad 0.8421P, \quad 0.5P, \quad -0.5P, \quad -0.55263P]^T$$

② 등가 수평력 $P(\delta = 15\text{cm})$

$$\delta = d[3,1] \ ; \quad 0.0015 = \dfrac{5380.12P}{E} \quad \rightarrow \quad P = 2.788043 \times 10^{-6} \times E$$

③ 기둥전단력

3m 기둥 : $V = \dfrac{Q[1,1] + Q[2,1]}{3} = -0.824561P = -2.29891 \times 10^{-6}E$

6m 기둥 : $V = \dfrac{Q[5,1] + Q[6,1]}{6} = -0.175439P = -4.891304 \times 10^{-7}E$

2 고유진동수(ω_n, f_n) 고유주기(T_n)

$$\begin{cases} m - \dfrac{W}{g} = \dfrac{50 \times 10^3}{9.81} = 5096.84\text{kg} \\ k_{eq} = \dfrac{E}{5380.12} = 1.858695 \times 10^{-4} \times E \end{cases} \rightarrow$$

$$\omega_n = \sqrt{\dfrac{k_{eq}}{m}} = 1.909649 \times 10^{-4}\sqrt{E}$$

$$f_n = \dfrac{\omega_n}{2\pi} = 3.0393 \times 10^{-5}\sqrt{E}$$

$$T_n = \dfrac{1}{f_n} = \dfrac{2\pi}{\omega_n} = \dfrac{32902.29753}{\sqrt{E}}$$

다음 그림과 같이 4개의 원형강관기둥이 강체 거동을 하는 두께 200mm인 정사각형 콘크리트 슬래브 (6.0m×6.0m)를 지지하고 있다. 기둥의 하부는 콘크리트 기초에 고정되어 있고, 상부는 슬래브에 핀접합되어 있다. 이 구조물에 0.3g의 지진가속도가 작용할 때, 기둥에 발생하는 최대 휨응력을 구하시오. (단, 콘크리트의 단위중량은 24kN/m³이며, 원형강관기둥의 외경은 150mm, 두께는 6mm, 탄성계수는 2.1×10^5MPa이고 기둥의 자중은 무시한다.)

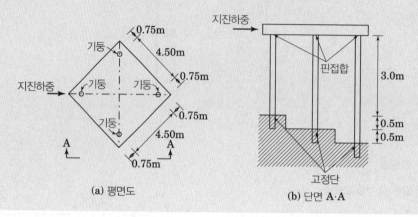

(a) 평면도   (b) 단면 A·A

풀이

① 기본사항

$$I = \frac{\pi(150^4 - 138^4)}{64} \cdot 10^{-12} = 7.0478 \times 10^{-6} m^4$$

$$E = 2.1 \cdot 10^8 kN/m^2$$

$$k = \frac{3EI}{3^3} + \frac{3EI}{3.5^2} \cdot 2 + \frac{3EI}{4^3} = 440.943 kN/m$$

② 운동방정식

$$F = ma = 24 \cdot 0.2 \cdot \frac{6^2}{g} \cdot 0.3g = 51.84 kN$$

$$m = 24 \cdot 0.2 \cdot \frac{6^2}{9.8} = 17.633 kNs^2/m$$

$$my'' + ky = F$$

③ 최대변위 [16]

$$\begin{cases} y = y_h + y_p = A\sin\omega_n t + B\cos\omega_n t + F/k \\ y(0) = 0, \quad y'(0) = 0 \end{cases} \rightarrow y = \frac{F}{k}(1 - \cos\omega_n t)$$

$$\delta_{max} = \frac{F}{k} \cdot 2 = 0.235 m \ (\because 최대 응답시 \quad 1 - \cos\omega_n t \rightarrow 2)$$

---

16) 이 문제는 구조동역학(김상대) P54 예제1.8 문제와 동일하지만 풀이방식은 다르다. 예제 문제에서는 0.3g의 지진가속도를 등가 정적하중으로 치환하여 계산하였지만, 본 문제 풀이에서는 0.3g의 가속도가 구조물에 지속적으로 작용하는 '계단하중'으로 판단하였기 때문에 동적 최대 응답계수 2를 적용하였다. 계단하중 관련내용은 구조동력학(초프라) chapter4에서 확인할 수 있다.

4 최대응력

① L=3m 기둥

$$F_1 = \frac{3EI}{3^3} \cdot \delta_{max} = 38.667 kN$$

$$M_1 = F_1 \cdot L_1 = 116 kNm \, (L_1 = 3m)$$

$$\sigma_{max1} = \frac{M_1}{I} \cdot y = \frac{116 \cdot 10^6}{I \cdot 10^{12}} \cdot 75 = 1234.45 MPa$$

② L=3.5m 기둥

$$F_2 = \frac{3EI}{3.5^3} \cdot \delta_{max} = 24.35 kN$$

$$M_2 = F_2 \cdot L = 85.225 kNm \, (L_2 = 3.5m)$$

$$\sigma_{max2} = \frac{M_2}{I} \cdot y = \frac{85.225 \cdot 10^6}{I \cdot 10^{12}} \cdot 75 = 906.94 MPa$$

③ L=4m 기둥

$$F_3 = \frac{3EI}{4^3} \cdot \delta_{max} = 16.3127 kN$$

$$M_3 = F_3 \cdot L = 65.251 kNm \, (L_3 = 4m)$$

$$\sigma_{max2} = \frac{M_3}{I} \cdot y = \frac{65.251 \cdot 10^6}{I \cdot 10^{12}} \cdot 75 = 694.376 MPa$$

∴ σ_{max}는 L=3m 기둥에서 발생($\sigma_{max} = 1234.45 MPa$)

다음 그림과 같이 4개의 철골 튜브기둥이 15cm 두께의 정사각형 강체슬래브(4.8m×4.8m)를 지지하고 있다. 기둥의 하부는 콘크리트 기초에 고정되어 있고, 상부는 슬래브에 핀접합되어 있다. 이 구조물에 0.3g의 지진가속도가 작용할 때, 기둥에 발생하는 최대 휨응력을 구하시오. (단, 기둥의 자중은 무시하며, 철골 튜브기둥의 탄성계수는 2.1×10^5MPa, 콘크리트의 단위중량은 24kN/m³, 중력가속도$=9.8$m/s²이다) (20점)

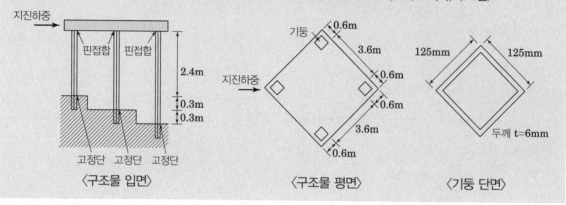

〈구조물 입면〉　　〈구조물 평면〉　　〈기둥 단면〉

풀이

1 기본사항

$$I = \left(\frac{125^4}{12} - \frac{113^4}{12} \right) \cdot \left(10^{-3} \right)^4 = 6758 \cdot 10^{-6} \text{m}^4$$

$$E = 2.1 \cdot 10^5 \cdot 10^{-3} / \left(10^{-3} \right)^2 = 2.1 \cdot 10^8 \text{kN/m}^2$$

$$\begin{cases} k_1 = \dfrac{3EI}{2,4^3} = 307.971 \text{kN/m} \\[2mm] k_2 = \dfrac{3EI}{2.7^3} = 216.298 \text{kN/m} \\[2mm] k_3 = \dfrac{3EI}{3^3} = 157.681 \text{kN/m} \end{cases} \rightarrow k_t = k_1 + 2k_2 + k_3 = 898.249 \text{kN/m}$$

$$m = 24 \cdot 4.8^2 \cdot 0.15 / g = 82.944 / g$$

$$F = ma = 82.944 / g \cdot 0.3g = 24.8832 \text{kN}$$

2 정적해석(0.3g 등가정적 하중 해석)

① 최대처짐

$$\delta_{max} = \frac{F}{k_t} = 0.0277 \text{m}$$

② 최대휨응력

· 기둥(L = 2.4m) :
$$\begin{cases} F_1 = F \cdot \dfrac{k_1}{k_t} = 8.531 \text{kN} \\[2mm] \sigma_{max} = \dfrac{F_1 \cdot 2.4}{I} \cdot \left(\dfrac{0.125\sqrt{2}}{2} \right) \cdot 10^{-3} = 267.789 \text{MPa}\, (\text{지배}) \end{cases}$$

- 기둥(L = 2.7m) :
$$\begin{cases} F_2 = F \cdot \dfrac{k_2}{k_t} = 5.991\text{kN} \\[4mm] \sigma_{max} = \dfrac{F_2 \cdot 2.7}{I} \cdot \left(\dfrac{0.125\sqrt{2}}{2} \right) \cdot 10^{-3} = 211.586\text{MPa} \end{cases}$$

- 기둥(L = 3.0m) :
$$\begin{cases} F_3 = F \cdot \dfrac{k_3}{k_t} = 4.368\text{kN} \\[4mm] \sigma_{max} = \dfrac{F_3 \cdot 3.0}{I} \cdot \left(\dfrac{0.125\sqrt{2}}{2} \right) \cdot 10^{-3} = 171.394\text{MPa} \end{cases}$$

3 동적해석(0.3g 계단하중 해석)

① 응답해석

$$my'' + ky = F \quad \rightarrow \quad y = \dfrac{F}{k}(1 - \cos x) = \delta_{st}(1 - \cos x)$$

(지속하중을 받는 경우 동적응답은 정적응답의 2배)

② y_{max}

$$y_{max} = 2 \cdot \delta_{st} = 0.0554\text{m}$$

③ σ_{max}

$$\sigma_{max} = 2 \cdot \sigma_{max.st} = 535.578\text{MPa}$$

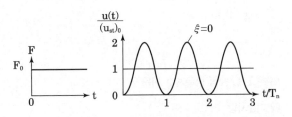

아래 그림과 같은 스틸프레임 구조 상부 거더상에 수평력 $F(t) = 12\sin 6.0t(kN)$을 일으키는 회전기계 (rotating machine)가 작용하고 있다. 이 회전기계에 의하여 발생하는 steady 상태의 진폭, 고유주기, 수학적 모델 및 기둥상에 작용하는 최대 동역학 응력을 구하시오. (단, 감쇠비는 5%로 가정하고 거더는 회전에 대해 강결 상태이며, 기둥 질량은 무시한다. 강재는 SM400이고, 피로는 상시 허용 응력의 80%로 하며, 좌굴 효과는 무시하고 거더 상면의 중량은 15kN/m가 작용)

[기둥 단면상수]
- $E = 200000MPa$
- $I = 4 \times 10^7 mm^4$
- $Z = 3.25 \times 10^5 mm^3$
- $g = 9.8m/sec^2$

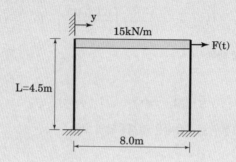

풀이 ○ 1. 동적 증폭계수 이용

① 기본사항

$$k = \frac{12EI}{L^3} \times 2 = \frac{12 \cdot 200 \cdot 10^6 \cdot 4 \cdot 10^{-5}}{4.5^3} \cdot 2 = 2107kN/m$$

$$m = \frac{15 \cdot 8}{9.8} = 12.245kNm/s^2$$

$$c = C_{cr} \cdot \xi = 2\sqrt{mk} \cdot \xi = 16.0624kNs/m$$

$$\omega_n = \sqrt{k/m} = 13.1176rad/s, \quad \omega_d = \omega_n\sqrt{1-\xi^2} = 13.012rad/s, \quad \omega_0 = 6rad/s, \quad r = \frac{\omega_0}{\omega_n} = 0.4574$$

② Steady 상태 응답(일시응답 무시)

① 최대진폭($y_{p,max}$)

$$\delta_{st} = \frac{F_0}{k} = \frac{12}{k} = 0.005695m$$ 이므로

$$y_{p,max} = \frac{\delta_{st}}{\sqrt{(1-r^2)^2 + (2\xi r)^2}} = 0.00719m$$

② 고유주기

$$T_n = \frac{1}{f_n} = \frac{2\pi}{\omega_n} = 2\pi\sqrt{\frac{m}{k}} = 0.479s$$

③ 최대 동역학 응력

$$V = \frac{1}{2} \cdot k \cdot y_{p,max} = 7.575kN$$

$$M = \frac{2EI}{L}\left(-\frac{3y_{p,max}}{L}\right) = -\frac{6EIy_{p,max}}{L^2} = 17.043kNm \text{ (거더가 회전 강결이므로 양단고정 조건)}$$

$$\sigma = \frac{M}{Z} = 52.44 \ MPa < \text{피로 허용응력}(=0.8 \cdot 235 = 188MPa) \quad O.K$$

풀이 ● 2. 미정계수법

❶ 운동방정식

$$\begin{cases} 12.2449y'' + 16.0624y' + 2107y = 12 \cdot \sin(6t) \\ y_p = C_1 \sin 6t + C_2 \cos 6t \end{cases}$$

❷ 적분상수 산정(미정계수법)

y_p를 y에 대입 후 $\sin - \cos$항 분리(미정계수법)

$$\begin{cases} 96.3742 \cdot C_1 + 1666.18 \cdot C_2 = 0 \\ 1666.18 \cdot C_1 - 96.3742 \cdot C_2 = 12 \end{cases} \rightarrow \quad C_1 = 7.178 \times 10^{-3}, \quad C_2 = -4.1519 \times 10^{-4}$$

C_1, C_2를 y_p에 대입하여 정리하면

$$y_p = 7.178 \times 10^{-3} \cdot \sin 6t - 4.1519 \times 10^{-4} \cdot \cos 6t$$

$$= 7.19 \times 10^{-3} \cdot \sin(6t - 9.057777)$$

❸ 안정상태 최대변위

> **참고**
>
> 일시응답(y_h) 및 전체응답(y)
>
> $$\begin{cases} y = y_h + y_p \\ y_h = e^{-\xi\omega_n t} \cdot (D_1 \cdot \sin\omega_d \cdot t + D_2 \cos\omega_d \cdot t) \\ y_p = 7.178 \times 10^{-3} \cdot \sin 6t - 4.1519 \times 10^{-4} \cdot \cos 6t \end{cases}, \quad 초기조건 : y(0) = 0, \quad y'(0) = 0$$
>
> $y = y_h + y_p$에서 초기조건을 적용한 다음 D_1, D_2를 연립하여 구하면
>
> $$\begin{cases} D_1 - 0.050063(D_2 - 0.065665) = 0 \\ D_2 - 0.000415 = 0 \end{cases} \rightarrow \quad D_1 = -3.267 \times 10^{-3}, \quad D_2 = 0.415 \times 10^{-3}$$

다음 그림과 같이 강재기둥의 하단을 해저에 고정하고, 강재기둥의 유연성을 이용하여 선박의 접안에너지를 흡수하려고 한다. 선박의 접안에너지(W)는 5kNm이며, 접점은 고정점으로부터 9m 위에 있는 자유단일 때 다음을 구하시오. (단, 강재기둥의 자중은 무시하고, 강재기둥의 탄성계수 $E_s = 2.0 \times 10^5$MPa, 단면2차모멘트 $I_s = 1.215 \times 10^9$mm^4, 단면계수 $Z_s = 4.5 \times 10^6$mm^{3}이다)

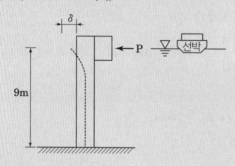

(1) 자유단에서의 수평변위(δ)
(2) 강재기둥에 발생하는 최대 휨응력(f_{max})

풀이

❶ 구조물 강성

$$K = \frac{3EI}{L^3} = 1000\text{N/mm}$$

❷ 수평변위

$$W = 5 \times 10^6 \text{Nmm}$$

$$U = \frac{F \cdot \delta}{2} \cdot = \frac{k \cdot \delta^2}{2}$$

$$W = U \;\; ; \quad \delta = 100\text{mm} (\leftarrow)$$

❸ 최대 휨응력

$$M_{max} = F \cdot L = k \cdot \delta \cdot L$$

$$f_{max} = \frac{M_{max}}{I} \times y = \frac{M_{max}}{Z_s} = \frac{k \cdot \delta \cdot L}{Z_s} = 200\text{MPa}$$

3개의 강재기둥으로 지지하고 있는 강체슬래브 위에 모터가 회전하고 있다. 기둥의 지점B 경계조건은 힌지단, 지점A와 지점C는 고정단이고, 강체슬래브와는 강결로 이루어져 있다. 모터의 편심질량은 200kg이고 편심이 50mm이며 강체슬래브의 무게(W)는 25kN이다. 기둥의 허용휨응력(fa)이 200MPa일 때, 모터의 허용 회전속도의 구간을 결정하시오. (단, 기둥의 질량은 무시하고 감쇠는 없는 것으로 가정하며, 각각의 기둥간격은 2m이고, 모든 기둥의 단면2차모멘트(I)는 $25.8 \times 10^6 \text{mm}^4$, 단면계수(S)는 $249 \times 10^3 \text{mm}^3$, 탄성계수(E)는 200GPa로 한다.)

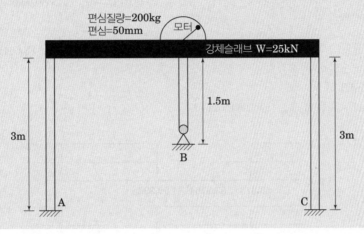

풀이

1 기본사항(단위통일 : kN, m)

$$E = 200000 \cdot \frac{10^{-3}}{(10^{-3})^2} \text{kN/m}^2 \qquad I = 25.8 \cdot 10^6 \cdot (10^{-3})^4 \text{m}^4 \qquad S = 249 \cdot 10^3 \cdot (10^{-3})^3 \text{m}^3$$

$$m = \frac{25}{9.81} = 2.54842 \text{kNs}^2/\text{m} \qquad k = 2 \cdot \frac{12EI}{3^3} + \frac{3EI}{1.5^3} = 9173.33 \text{kN/m}$$

$$\omega_n = \sqrt{k/m} = 59.9968 \text{rad/s}$$

$$F_0 = m_{moter} \cdot e \cdot \omega_o^2 = 200 \cdot 10^{-3} \cdot 0.05 \cdot \omega_o^2 = 0.01\omega_o^2 \text{kN}$$

2 최대변위

① 운동방정식

$$my'' + ky = F_0 \cdot \sin\omega_o t$$

$$y'' + \omega_n y = \frac{F_0}{m} \cdot \sin\omega_o t$$

② 최대변위

$$\begin{cases} y = y_h + y_p \ ; \\ y_h = 0 \ (\because y(0)=0, \quad y'(0)=0) \\ y_p = \frac{F_0/(m \cdot \omega_n^2)}{1-(\omega_o/\omega_n)^2} \cdot \sin\omega_o t \end{cases} \rightarrow \begin{cases} y = \frac{F_0/(m \cdot \omega_n^2)}{1-(\omega_o/\omega_n)^2} \cdot \sin\omega_o t = \frac{0.038494 \cdot \omega_o^2}{3599.62 - \omega_o^2} \cdot \sin\omega_o t \\ y_{max} = \frac{0.038494 \cdot \omega_o^2}{3599.62 - \omega_o^2} \end{cases}$$

3 기둥별 응력검토

① A, C기둥

$$
\left\{
\begin{array}{l}
M = \dfrac{6EI}{L_A^{\,2}} \cdot (\pm y_{max}) \\[3mm]
M = f_y \cdot S
\end{array}
\right\}
\rightarrow
\left\{
\begin{array}{l}
\dfrac{6EI}{L_A^{\,2}} \cdot y_{max} \leq f_y \cdot S \ ; \ \omega_o \leq 53.2164 \quad or \quad \omega_o > 59.9968 \\[3mm]
\dfrac{6EI}{L_A^{\,2}} \cdot -y_{max} \leq f_y \cdot S \ ; \ \omega_o < 59.9968 \quad or \quad \omega_o \geq 70.2718
\end{array}
\right.
$$

② B기둥

$$
\left\{
\begin{array}{l}
M = \dfrac{3EI}{L_B^{\,2}} \cdot (\pm y_{max}) \\[3mm]
M = f_y \cdot S
\end{array}
\right\}
\rightarrow
\left\{
\begin{array}{l}
\dfrac{3EI}{L_B^{\,2}} \cdot y_{max} \leq f_y \cdot S \ ; \ \omega_o \leq 48.3137 \quad or \quad \omega_0 > 59.9968 \\[3mm]
\dfrac{3EI}{L_B^{\,2}} \cdot -y_{max} \leq f_y \cdot S \ ; \ \omega_o < 59.9968 \quad or \quad \omega_o \geq 88.6641
\end{array}
\right.
$$

4 모터의 허용 회전속도 구간

$\omega_{o,allow} \leq 48.3137 rad/s$ 또는 $\omega_{o,allow} \geq 88.6641 rad/s$

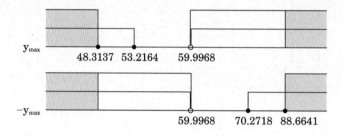

아래 그림과 같이 길이 L＝8m이고, 단면이차모멘트 I＝2.5×10⁸mm⁴로 동일한 두 단순보의 중간에 회전모터가 고정되어 있다. 회전모터의 질량은 3ton이고, 500rpm으로 작동하며, 최대 70kN의 하중을 발생시킨다. 단순보의 중앙에 회전모터 질량이 집중되어 있고, 회전모터에 의한 하중은 두 단순보에 동일하게 작용하는 것으로 가정할 때, 다음 물음에 답하시오. (단, 단순보의 탄성계수 E＝200GPa이며, 회전모터에 의한 편심 발생과 단순보의 질량은 무시한다) (총 20점)

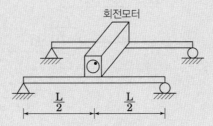

(1) 단순보의 감쇠비가 2%인 경우, 회전모터로 인하여 단순보에 발생하는 정상상태 최대진폭을 구하시오. (10점)

(2) 위에서 구한 정상상태 최대진폭을 $\dfrac{1}{2}$로 줄이기 위하여 필요한 감쇠비를 구하시오. (10점)

풀이

1 기본사항

$$k = \frac{48EI}{L^3} \cdot 2 = \frac{48 \cdot 200000 \cdot 2.5 \cdot 10^8}{8000^3} \cdot 2 \cdot \frac{10^{-3}}{10^{-3}} = 9375 \text{kN/m}$$

$$\delta_{st} = \frac{F_0}{k} = \frac{70}{k} = 0.007467 \text{m}$$

$$\omega_o = \frac{500}{60} \cdot 2\pi = 52.3599 \text{rad/s}$$

$$\omega_n = \sqrt{\frac{k}{m}} = \sqrt{\frac{9375}{3}} = 55.9017 \text{rad/s}$$

$$(m = 3\text{ton} = 3000\text{kg} = 3000 \ \text{N} \cdot \text{s}^2/\text{m} = 3\text{kN} \cdot \text{s}^2/\text{m})$$

$$\gamma = \frac{\omega_o}{\omega_n} = 0.9366$$

2 정상상태 최대진폭

$$\delta_{st,max} = \frac{\delta_{st}}{\sqrt{(1-\gamma^2)^2 + (2\xi\gamma)^2}} = 0.0582 \text{m} = 58.2 \text{mm}$$

3 이기 위한 감쇠비(ξ_{req})

$$\frac{0.0582}{2} = \frac{\delta_{st}}{\sqrt{(1-\gamma^2)^2 + (2\xi_{req} \cdot \gamma)^2}} \ ; \ \xi_{req} = 0.12 = 12\%$$

다음 그림에서 일정한 휨강성 EI과 단위 길이 당 질량 m으로 분포된 캔틸레버 보에 집중 무게 W(집중질량은 W/g로 표현해야 하며 g는 중력가속도)가 중앙부에 위치할 경우와 끝단에 위치할 경우에 Rayleigh 방법을 이용하여 각각의 고유진동수를 구하시오. (단부 조건을 만족하는 처짐곡선을 적용하라.)

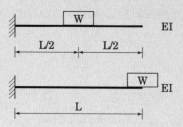

풀이 ⊙

❶ 형상함수 가정 및 단순조화운동 시스템(단부조건 고려) [17]

$$\Psi(\mathrm{x}) = 1 - \cos\left(\frac{\pi x}{2L}\right)$$

$$u(\mathrm{x,t}) = z_0 \cdot \sin(\omega_\mathrm{n} \mathrm{t}) \cdot \Psi(\mathrm{x}) = z_0 \cdot \sin(\omega_\mathrm{n}\mathrm{t})\left(1 - \cos\left(\frac{\pi \mathrm{x}}{2\mathrm{L}}\right)\right)$$

$$u_0''(\mathrm{x}) = \left.\frac{\partial^2 u}{\partial \mathrm{x}^2}\right|_{\omega_\mathrm{n}\mathrm{t}=\frac{\pi}{2}} = z_0 \cdot 1 \cdot \left(\frac{\pi^2}{4\mathrm{L}^2}\cos\left(\frac{\pi \mathrm{x}}{2\mathrm{L}}\right)\right)$$

$$\dot{u}_0(\mathrm{x}) = \left.\frac{\partial u}{\partial \mathrm{t}}\right|_{\omega_\mathrm{n}\mathrm{t}=1} = z_0 \cdot \omega_\mathrm{n} \cdot 1 \cdot \left(1 - \cos\left(\frac{\pi \mathrm{x}}{2\mathrm{L}}\right)\right)$$

❷ W/g 보 중앙 위치시

① 최대 변형에너지 : $E_{\mathrm{S}0} = \int_0^\mathrm{L} \frac{1}{2} \cdot \mathrm{EI} \cdot [u_0''(\mathrm{x})]^2 d\mathrm{x}$

② 최대 운동에너지 : $E_{\mathrm{K}0} = \int_0^\mathrm{L} \frac{1}{2}\mathrm{m} \cdot [\dot{u}_0(\mathrm{x})]^2 d\mathrm{x} + \frac{1}{2}\frac{\mathrm{W}}{\mathrm{g}}(\dot{u}_0(\mathrm{x})|_{\mathrm{x}=\mathrm{L}/2})^2$

③ 고유진동수($E_{\mathrm{S}0} = E_{\mathrm{K}0}$) : $\omega_\mathrm{n} = 5.95683\sqrt{\dfrac{\mathrm{EI}}{\mathrm{L}^3\left(\dfrac{\mathrm{W}}{\mathrm{g}} + 2.643\mathrm{mL}\right)}}$

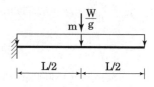

❸ W/g 보 끝단 위치시

① 최대 변형에너지 : $E_{\mathrm{S}0} = \int_0^\mathrm{L} \frac{1}{2} \cdot \mathrm{EI} \cdot [u_0''(\mathrm{x})]^2 d\mathrm{x}$

② 최대 운동에너지 : $E_{\mathrm{K}0} = \int_0^\mathrm{L} \frac{1}{2}\mathrm{m} \cdot [\dot{u}_0(\mathrm{x})]^2 d\mathrm{x} + \frac{1}{2}\frac{\mathrm{W}}{\mathrm{g}}(\dot{u}_0(\mathrm{x})|_{\mathrm{x}=\mathrm{L}})^2$

③ 고유진동수($E_{\mathrm{S}0} = E_{\mathrm{K}0}$) : $\omega_\mathrm{n} = 1.74472\sqrt{\dfrac{\mathrm{EI}}{\mathrm{L}^3\left(\dfrac{\mathrm{W}}{\mathrm{g}} + 0.22676\mathrm{mL}\right)}}$

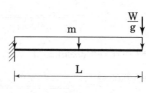

---

17) $\dot{u}$은 시간(t)에 대한 미분값$\left(\dfrac{\partial u}{\partial t}\right)$이고, u'은 거리(x)에 대한 미분값$\left(\dfrac{\partial u}{\partial x}\right)$이다. u_0에서 하첨자 0는 시간(t)에 대한 최대값을 의미한다. 집중하중이 중앙에 위치하는 경우와 끝단에 위치하는 경우의 형상함수는 동일하다고 가정하였다.

참고

W/g가 보 끝단 위치시 형상함수를 $\Psi(x) = \dfrac{W/g}{6EI}(3Lx^2 - x^3)$로 가정하는 경우[18]

$$u(x,t) = z_0 \cdot \sin(\omega_n t) \cdot \Psi(x) = z_0 \cdot \sin(\omega_n t)\left(\dfrac{W/g}{6EI}(3Lx^2 - x^3)\right)$$

$$u_0''(x) = \dfrac{\partial^2 u}{\partial x^2}\bigg|_{\omega_n t = \frac{\pi}{2}} = z_0 \cdot 1 \cdot \left(\dfrac{W}{g} \cdot \dfrac{(L-x)}{EI}\right)$$

$$\dot{u}_0(x) = \dfrac{\partial u}{\partial t}\bigg|_{\omega_n t = 1} = z_0 \cdot \omega_n \cdot 1 \cdot \left(\dfrac{W}{g} \cdot \dfrac{x^2(3L-x)}{6EI}\right)$$

- 최대 변형에너지 : $E_{S0} = \displaystyle\int_0^L \dfrac{1}{2} \cdot EI \cdot \left[u_0''(x)\right]^2 dx$

- 최대 운동에너지 : $E_{K0} = \displaystyle\int_0^L \dfrac{1}{2}m \cdot \left[\dot{u}_0(x)\right]^2 dx + \dfrac{1}{2}\dfrac{W}{g}(\dot{u}_0(x)|_{x=L})^2$

- 고유진동수$(E_{S0} = E_{K0})$: $\omega_n = 2 \cdot \sqrt{\dfrac{105\ EI}{L^3\left(140\dfrac{W}{g} + 33mL\right)}} = \sqrt{\dfrac{3\ EI}{L^3\left(\dfrac{W}{g} + \dfrac{33}{140}mL\right)}}$

---

18) Rayleigh Method 관련 참고자료.
Anil K. Chopra, Dynamics of Structures(4th), Prenice Hall, 2012, p330
Mario Paz, *Structural Dynamics(6th)*, Springer, 2019 , p514

감쇠장치(Damper)와 부속장치로 보강된 구조물을 그림과 같이 모델링하였다. 구조물의 기둥은 상하부 모두 강절로 강체보와 기초에 연결되어 있다. 감쇠계수(Damping Coefficient)가 300kN · sec/m일 때 구조물의 주기를 산정하시오. (단, 보강전 지진력 저항시스템의 감쇠와 감쇠 시스템의 수평강성은 고려하지 않는다.)

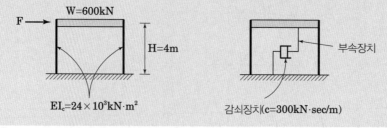

$EI_c = 24 \times 10^3 kN \cdot m^2$

감쇠장치(c=300kN·sec/m)

풀이

❶ 감쇠 보강 전

$$\left\{ \begin{array}{l} m = \dfrac{W}{g} = \dfrac{600 \times 10^3}{9.81} = 61162.1 kg \\[3mm] k = 2 \times \dfrac{12EI}{H^3} = \dfrac{2 \times 12 \times 24 \times 10^3 \times 10^3}{4^3} = 9000000 kg/s^2 \end{array} \right\} \rightarrow$$

$$\omega_n = \sqrt{\dfrac{k}{m}} = 12.1305 rad/s$$

$$T_n = \dfrac{1}{f_n} = \dfrac{2\pi}{\omega_n} = 0.517864 \sec$$

❷ 감쇠 보강 후

$$\left\{ \begin{array}{l} c = 300(kN \ s/m) = 300 \times 10^3 kg/s \\[3mm] C_{cr} = 2\sqrt{mk} = 1.48386 \times 10^6 kg/s \end{array} \right\} \rightarrow \xi = \dfrac{c}{Ccr} = \dfrac{300000}{1.48386 \times 10^6} = 0.202176 \ (\xi < 1, \text{ 아임계 감쇠})$$

$$\omega_d = \omega_n \sqrt{1 - \xi^2} = 11.88 rad/s$$

$$T_d = \dfrac{2\pi}{\omega_d} = 0.528886 s$$

∴ 감쇠장치로 인해 진동주기가 늘어나므로 응답감소를 기대할 수 있다.

질량이 m이고 x방향 강성이 k인 [그림 1]과 같은 단자유도 구조물(고유주기 : 1.0초)이 있다. [그림 1]의 구조물을 x방향 강성이 a · k인 면진장치와 질량 0.1m이 추가된 [그림 2]와 같은 면진구조물로 변경하였다. 면진구조물의 목표 고유주기가 3.0초일 때 a값을 구하시오. (단, 면진장치는 탄성거동하고, x방향의 변위는 면진장치에 집중되는 것으로 가정한다.)

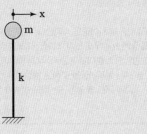
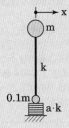

[그림 1] 고유주기 : 1.0초   [그림 2] 목표고유주기 : 3.0초

풀이

1 면진장치 설치 전

$$\left\{ \begin{array}{l} T_{n1} = 1 \\ T_{n1} = \dfrac{2\pi}{\omega_{n1}} = \dfrac{2\pi}{\sqrt{k/m}} \end{array} \right\} \rightarrow k = 4\pi^2 m$$

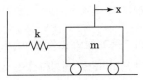

2 면진장치 설치 후

$$\left\{ \begin{array}{l} T_{n2} = 3 \\ T_{n2} = \dfrac{2\pi}{\omega_{n2}} = \dfrac{2\pi}{\sqrt{a\left(4\pi^2 m\right)/(1.1m)}} \end{array} \right\} \rightarrow a = 0.1222$$

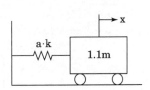

2

소성 해석

Summary

출제내용　이 장에서는 재료의 항복이후의 성질을 이용하여 구조해석에 적용한 소성해석에 관한 문제가 출제된다. 구조물의 붕괴는 평형조건, 붕괴조건, 항복조건이 만족되면 발생하는데, 온전한 부정정 상태의 구조물에서 순차적으로 소성힌지가 발생하여 붕괴직전까지 하중의 크기를 늘려가며 해석하는 하계정리와 구조물에 붕괴가 가능한 소성힌지의 발생 가능성을 case별로 구하여 최종 붕괴하중을 구하는 상계정리에 관한 문제가 출제된다.

학습전략　탄성과 소성, 좌굴에 대한 재료적 거동의 차이점을 숙지한다. 가끔 출제자가 소성과 좌굴의 개념을 혼동하여 좌굴 이후에도 소성적 거동을 한다는 가정하에 문제를 출제한 경우도 있다. 하계정리의 경우 소성힌지 발생 횟수만큼 구조해석을 해야하기 때문에 자신이 가장 빨리 구조 해석할 수 있는 방법으로 풀이하여 순차적 해석에 따른 소요시간을 단축하여야 한다. 상계정리의 경우 구조물별 붕괴기구에 대한 경우의 수를 연습한다. 붕괴하중을 구하는 방정식은 간단하지만 변수가 많아 계산 시 실수할 우려가 있으므로 CAS 기능 이용을 추천한다. 경사 구조물에 대한 붕괴기구는 각도 변화가 있는 부재와 각도를 유지하는 부재를 혼동하지 않도록 연습하는 것이 필요하다.

건축구조기술사 | 85-2-4

다음 박공골조의 기둥과 보의 소성모멘트가 M_p로 일정하고 연직하중(V)과 횡하중 (0.5V)이 작용할 때 상한계 해법을 이용하여 붕괴하중을 산정하시오. (단, 부재에 작용하는 압축력 효과는 무시한다.)

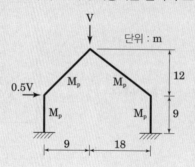

풀이

❶ 수직하중에 의한 붕괴

$$V \cdot \delta_v = M_p \cdot 2(\theta_1 + \theta_2 + \theta_3 + \theta_4)$$

$$\begin{cases} 9\theta_1 = 12\theta_2 \\ 9\theta_2 = 18\theta_3 \\ 12\theta_3 = 9\theta_4 \\ \delta_v = 9\theta_2 \end{cases}$$

$$\therefore V = \frac{7}{9}M_p$$

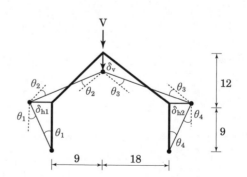

2 수평하중에 의한 붕괴

$$\begin{cases} \dfrac{V}{2} \cdot \delta_h = M_p \cdot 4\theta \\ \delta_h = 9\theta \end{cases}$$

$$\therefore V = \dfrac{8}{9} M_p$$

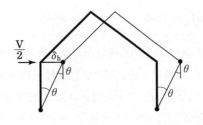

3 조합하중에 의한 붕괴

$$V \cdot \delta_3 + \dfrac{V}{2} \cdot (\delta_1 + \delta_2) = M_p \cdot 2(\theta_1 + \theta_2 + \theta_3)$$

$$\begin{cases} 9\theta_1 = 18\theta_2 \\ 9\theta_3 = 12\theta_1 + 12\theta_2 \\ \delta_3 = 9\theta_1 \\ \delta_1 = 12\theta_1 \\ \delta_2 = 12\theta_2 \end{cases}$$

$$\therefore V = \dfrac{7}{18} M_p$$

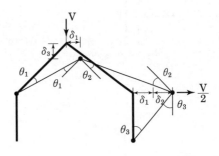

건축구조기술사 | 86-2-5

다음 그림과 같은 단면의 소성 중립축 y와 무게중심(center of mass) y_0
및 소성단면계수 Z_x를 산정하시오. (단, 단위는 mm)

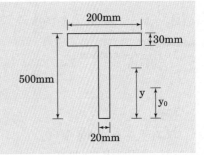

풀이

1 소성중립축 y

$$200 \times 30 + (470 - y) \cdot 20 = 20 \cdot y$$

$$y = 385\text{mm}$$

2 무게중심 y_0

$$y_0 = \dfrac{200 \times 30 \times 485 + 470 \times 20 \times 235}{200 \times 30 + 470 \times 20} = 332.403\text{mm}$$

3 소성단면계수

$$Z_x = \left\{ y \times 20 \times \dfrac{y}{2} \right\} + \left\{ 200 \times 30 \times (500 - 15 - y) \right\} + \left\{ (500 - 30 - y) \times 20 \times \dfrac{(500 - 30 - y)}{2} \right\}$$

$$= 2.1545 \cdot 10^6 \text{mm}^3$$

아래 그림의 B점에서 하중 P가 0에서 점차 증가할 때 기둥 BC가 오일러 탄성좌굴이 발생할 때의 하중을 구하고,
하중이 증가하여 A점에서 소성힌지가 발생하여 붕괴에 이른다고 가정한 경우의 P–δ_B곡선을 그리시오. (단, 면
외 변형은 없고 기둥의 하중–변위곡선은 (b)와 같으며 보의 소성 후 거동은 (c)와 같다고 가정한다. 모든 부재의
재질은 강재로 되어 있고 E=$200 \times 10^3 \text{N/mm}^2$, Fy=$235 \text{N/mm}^2$임)

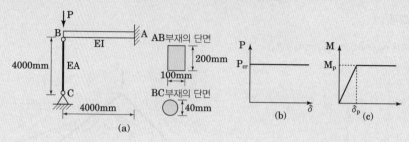

풀이

❶ BC기둥 좌굴하중

$$P_{cr} = \frac{\pi^2 \cdot EI_{BC}}{L^2} = 15503 \text{N}$$

❷ BC좌굴 후 AB부재 붕괴하중

$$\left\{ \begin{array}{l} M_A = P_u \cdot 4000 \\ M_P = \sigma_y \cdot Z_{AB} = 235 \cdot \dfrac{100 \cdot 200^2}{4} = 2.35 \times 10^8 \text{N} \cdot \text{mm} \end{array} \right\}$$

$$(M_A = M_P) \rightarrow P_u = 58750 \text{N}$$

$$\delta_u = \frac{P_u L_{AB}^3}{3EI_{AB}} = 94 \text{mm}$$

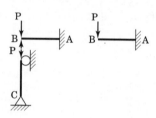

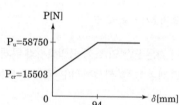

참고

BC좌굴 후 소성 거동시 [19)]

$$\left\{ \begin{array}{l} M_A = (P_u - P_{cr}) \cdot 4000 \\ M_P = \sigma_y \cdot Z_{AB} = 235 \cdot \dfrac{100 \cdot 200^2}{4} = 2.35 \times 10^8 \text{N} \cdot \text{mm} \end{array} \right\}$$

$$(M_A = M_P) \rightarrow P_u = 74253 \text{N}$$

$$\delta = \frac{(P_u - P_{cr})L_{AB}^3}{3EI_{AB}} = 94 \text{mm}$$

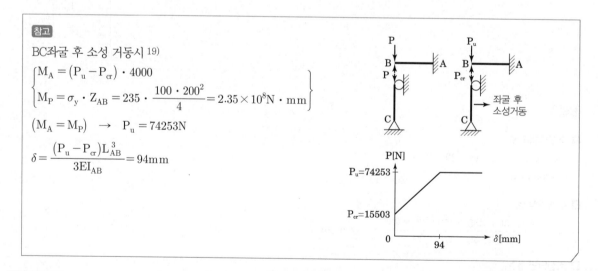

19) 주어진 조건을 준수한다면 BC기둥이 좌굴 후 소성 거동하는 것으로 풀어야 한다.($P_u=745223$N) 그러나 안정론에서 임계하중을
초과하면 불안정상태가 되므로 주어진 조건처럼 소성거동을 할 수 없고 BC기둥 좌굴 후 AB보는 단순 캔틸레버 해석을 해야 한
다.($P_u=58750$N)

다음 그림과 같은 강재로 된 양단고정보에서 다음의 물음에 답하시오.
(여기서, EI는 일정하고 $Z_p = 300000mm^3$, $F_u = 235N/mm^2$이다.)

(1) 탄성한도 내에서 보의 휨모멘트도를 그리시오.
(2) 소성붕괴기구를 일으킬 때의 극한하중 P_u를 구하시오.

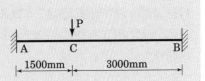

풀이

■ 탄성한도 내에서의 BMD

① 고정단 반력(공식 이용)

$$\begin{cases} M_{AB} = -\dfrac{P \cdot 1.5 \cdot 3^2}{4.5^2} = 0.667P \\[3mm] M_{BA} = \dfrac{P \cdot 1.5^2 \cdot 3}{4.5^2} = 0.33P \end{cases}$$

② 평형 방정식

$$\begin{cases} R_A + R_B = P \\ M_{AB} + M_{BA} - 3P + 4.5R_A = 0 \end{cases} \rightarrow \begin{array}{l} R_A = 0.7407P \\ R_B = 0.2593P \end{array}$$

$$M_C = 1.5R_A + M_{AB} = 0.4445P$$

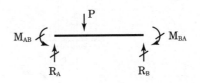

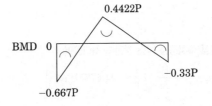

② 붕괴하중 P_u

$$\begin{cases} M_p = F_u \cdot Z_p = 70.5kN \cdot m \\ 1.5 \times 2 \cdot \theta \times P_u = 6 \cdot \theta \cdot M_p \end{cases} \rightarrow P_u = 141kN$$

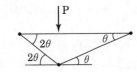

다음 그림과 같이 원형강관($\phi-139.8\times6.0$)에 150kN의 편심 인장력이 작용할 때, 최대 편심거리 (e)를 구하시오. (재질 SPS 400($F_y=235N/mm^2$), $A=2522mm^2$, 소성단면계수 $Z_p=107000mm^3$, 단면계수 $S_x=80900mm^3$)

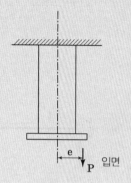

입면

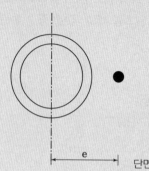

단면

풀이

❶ 편심 축하중을 받는 강관의 최대응력

$$\begin{cases} \sigma_{t,max} = \dfrac{P}{A}+F_y = 294.477MPa \\ \sigma_{c,max} = \dfrac{P}{A}-F_y = -175.523MPa \end{cases}$$

❷ 소성응력 도달 시 각도 θ_p

$$\begin{cases} C = \sigma_{c,max}\cdot A_c = 175.523\cdot\left((2\pi-2\theta_p)\cdot66.9\cdot6\right) \\ T = \sigma_{t,max}\cdot A_t = 294.477\cdot(2\theta_p\cdot66.9\cdot6) \end{cases}$$

$\rightarrow$ (C = T) ; $\theta_p = 1.17324(rad) = 67.2216°$

❸ 인장측 y_p 산정

$$y_p = \frac{(66.9)\cdot\sin\theta_p}{\theta_p} = 52.5745(mm)$$

❹ M_p 산정

$$M_p = 2\times(\sigma_y\cdot A\cdot y_p)$$
$$= 2\times[235\cdot(2\theta_p\cdot66.9\cdot6)\cdot y_p]\cdot10^{-6} = 23.2738(kN\cdot m)$$

❺ 최대 편심거리

$$e = \frac{M_p}{P} = 155.158mm$$

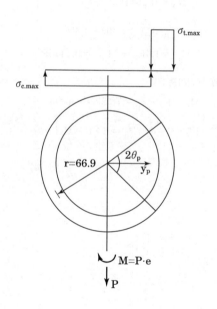

다음 보의 극한하중을 상한계 이론(항복 메커니즘)으로 산정하고 극한하중 도달 시 중앙부 처짐을 산정하시오.

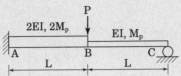

풀이 ○

1 소성힌지 발생 전(1차 부정정 구조물) [20]

① 평형방정식

$$\begin{cases} R_{A1} + R_{C1} = P_1 \\ -M_{A1} + P_1 L - R_{C1} \cdot 2L = 0 \end{cases} \rightarrow \begin{array}{l} R_{A1} = P_1 - R_{C1} \\ M_{A1} = L(P_1 - 2R_{C1}) \end{array}$$

② 부정정력(R_{C1})

$$\begin{cases} M_1 = R_{C1} \cdot x \\ M_2 = R_{C1}(x+L) - P_1 \cdot x \end{cases} \rightarrow U_1 = \int_0^L \frac{M_1^2}{2EI}dx + \int_0^L \frac{M_2^2}{4EI}dx$$

$$\left(\frac{\partial U_1}{\partial R_{C1}} = 0\right) ; \quad R_{C1} = \frac{5P_1}{18} \rightarrow \begin{cases} R_{A1} = \dfrac{13P_1}{18} \\ M_{A1} = \dfrac{4P_1 L}{9} \end{cases}$$

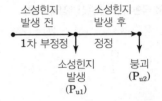

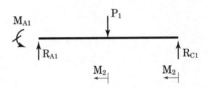

2 소성힌지 발생위치 및 처짐

$$\begin{cases} M_{A1}\left(=\dfrac{4P_1 L}{9}\right) = 2M_p ; \quad P_1 = \dfrac{9M_p}{2L} = 4.5\dfrac{M_p}{L} \\ M_{B1}\left(=\dfrac{5P_1 L}{18}\right) = M_p ; \quad P_{u1} = \dfrac{18M_p}{5L} = 3.6\dfrac{M_p}{L}\,(지배) \end{cases}$$

B점에서 소성힌지 발생

$$\delta_{B1} = \frac{\partial U_1}{\partial P_1}\bigg|_{P_1 = P_{u1} = \frac{18M_p}{5L}} = \frac{11P_1 L^3}{216EI} = \frac{11M_p L^2}{60EI} = 0.183\frac{M_p L^2}{EI}$$

3 소성힌지 발생 후(정정 구조물)

$$\begin{cases} R_{A2} + R_{C2} = P_2 \\ -M_{A2} + P_2 L - R_{C2} \cdot 2L = 0 \\ M_p - R_{c2} \cdot L = 0 \end{cases} \rightarrow \begin{array}{l} R_{A2} = \dfrac{P_2 L - M_p}{L} \\ M_{A2} = P_2 L - 2M_p \\ R_{C2} = \dfrac{M_p}{L} \end{array}$$

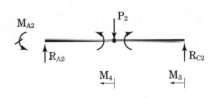

---

20) 상계정리는 최종 붕괴하중을 구할 수 있지만 하중증가에 따른 소성힌지 발생위치를 파악할 수 없다. 따라서 붕괴하중과 처짐은 하계정리를 이용하여 구하고, 상계정리를 이용하여 붕괴하중을 검산한다.

4 붕하중 및 처짐

① 붕괴하중

$$\left(M_{A2} = 2M_p\right) \ ; \ P_{u2} = \frac{4M_p}{L}$$

② 붕괴시 처짐

$$\begin{cases} M_3 = R_{C2} \cdot x \\ M_4 = R_{C2}(x+L) - P_2 \cdot x \end{cases}$$

$$\rightarrow \quad U_2 = \int_0^L \frac{M_2^2}{2EI}dx + \int_0^L \frac{M_2^2}{4EI}dx$$

$$\delta_{B2} = \frac{\partial U_2}{\partial P_2}\bigg|_{P_2 = \frac{4M_p}{L}} = \frac{M_p L^2}{4EI} = 0.25 \frac{M_p L^2}{EI}$$

5 극한하중 검산(상계정리 이용)

$$P_u \cdot \theta \cdot L = \left(M_p \cdot 2\theta\right) + \left(2M_p \cdot \theta\right)$$

$$P_u = \frac{4M_p}{L}$$

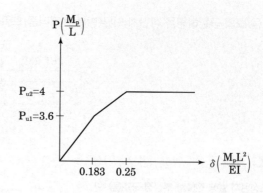

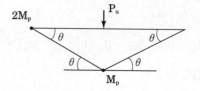

아래 단면에 대해 물음에 답하시오.

(1) 다음 6개 항목의 값을 구하시오.

- 탄성단면계수 : Z_e
- 소성단면계수 : Z_p
- 형상계수 : f
- 항복모멘트 : M_y
- 항복곡률 : ϕ_y
- 전소성모멘트 : M_p

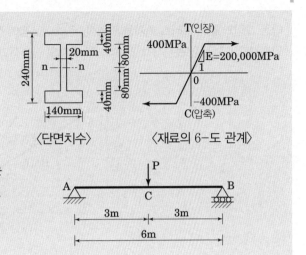

〈단면치수〉 　〈재료의 6-도 관계〉

(2) 아래 단순보에서 집중하중 P를 서서히 증가시키는 경우, 항복하중 P_y 및 종국하중 P_u를 구하시오 (단, 보의 단면과 재료는 앞에서 주어진 것으로 한다.)

풀이

❶ 탄성단면계수, 소성단면계수, 형상계수

$$\begin{cases} Z_e = \dfrac{I}{y} = \dfrac{1}{12}\left(140 \times 240^3 - 120 \times 160^3\right) \div 120 = 1.00267 \times 10^6 \, \text{mm}^3 \\[2mm] Z_p = 2 \cdot \left(140 \times 40 \times 100 + 20 \times 80 \times 40\right) = 1.248 \times 10^6 \, \text{mm}^3 \end{cases} \rightarrow \quad f = \dfrac{Z_p}{Z_e} = 1.24468$$

❷ 항복모멘트, 전소성모멘트

$$\begin{cases} M_y = \sigma_y \cdot Z_e = 400 \cdot Z_e = 4.01067 \times 10^8 \, \text{N} \cdot \text{mm} \\[2mm] M_p = \sigma_y \cdot Z_p = 400 \cdot Z_p = 4.992 \times 10^8 \, \text{N} \cdot \text{mm} \end{cases}$$

❸ 항복곡률

$$\phi_y = \frac{M_y}{EI} = 1.667 \times 10^{-5} \left(E = 200000 \, \text{MPa}, \quad I = \frac{140 \cdot 240^3 - 120 \cdot 160^3}{12} \, \text{mm}^4 \right)$$

❹ 항복하중

$$\frac{P_y}{2} \cdot 3000 = M_y = \sigma_y \cdot Z_e \; ;$$

$$P_y = \sigma_y \cdot Z_e \cdot \frac{2}{3000} \times 10^{-3} = 267.37 \text{kN}$$

❺ 종국하중

$$P_u \cdot 3000 \cdot \theta = 2\theta \cdot M_p \; ;$$

$$P_u = \frac{2}{3000} M_p = \frac{2}{3000} \cdot \sigma_y \cdot Z_p \times 10^{-3} = 332.8 \text{kN}$$

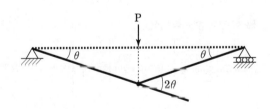

다음 그림과 같이 트러스 스시템에 연직하중 P가 a점에 작용한다. 각 부재의 좌굴현상은 무시하며, 각 부재의 압축강도와 인장강도는 각각 T_p이다. 각 부재의 단면적과 탄성계수의 곱은 EA로 동일하다.

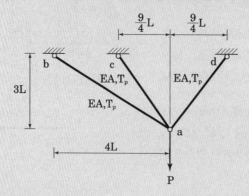

(1) 최대하중을 산정하시오.
(2) 최대하중에 도달한 시점의 a점의 수직변위를 구하시오.
(3) 주어진 원래 시스템에서 ab 부재를 소거한 새로운 시스템의 최대하중 및 최대하중에 도달시점의 a점 수직변위를 구하고 원래 시스템과 비교하여 설명하시오.

풀이

1 항복전 구조물 해석

$$A = \begin{bmatrix} \dfrac{3}{5} & \dfrac{4}{5} & \dfrac{4}{5} \\ \dfrac{4}{5} & \dfrac{3}{5} & -\dfrac{3}{5} \end{bmatrix} \quad S = \dfrac{EA}{L} \begin{bmatrix} \dfrac{1}{5} & & \\ & \dfrac{4}{15} & \\ & & \dfrac{4}{15} \end{bmatrix}$$

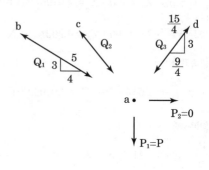

$$d = (ASA^T)^{-1}[P \quad 0]^T = \dfrac{PL}{EA} \cdot [2.6 \quad -0.78]^T$$

$$Q = SA^T(ASA^T)^{-1}[P \quad 0]^T = [0.187P \quad 0.430P \quad 0.680P]^T$$

$$Q[3,1] = T_p \quad \rightarrow \quad P_y = 1.472T_p \quad ad부재(Q_3)항복$$

$$d[1,1]|_{P=1.472T_p} = 3.8265 \cdot \dfrac{T_p \cdot L}{EA}$$

2 AD부제 항복 후 해석

$$A = \begin{bmatrix} \dfrac{3}{5} & \dfrac{4}{5} \\ \dfrac{4}{5} & \dfrac{3}{5} \end{bmatrix} \quad S = \dfrac{EA}{L} \begin{bmatrix} \dfrac{1}{5} & \\ & \dfrac{4}{15} \end{bmatrix}$$

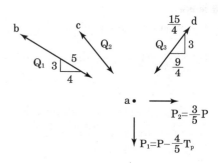

$$d = (ASA^T)^{-1}\left[P - \dfrac{4}{5}T_P \quad \dfrac{3}{5}T_P\right]^T$$

$$= \dfrac{L}{EA}\left[53.5714(P - 1.4T_p) \quad -53.5714(P - 1.45T_p)\right]^T$$

$$Q = SA^T(ASA^T)^{-1}\left[P - \frac{4}{5}T_P \quad \frac{3}{5}T_P\right]^T$$

$$= \left[3.429T_p - 2.142P \quad 2.857P - 3.51T_p\right]^T$$

$$\begin{cases} Q[1,1] = -T_p \quad \to \quad P = 2.067T_p \\[2mm] Q[2,1] = T_p \quad \to \quad P = 1.6T_p \,(\text{지배}) \\[2mm] d[1,1]\big|_{P=1.6T_p} = 10.7143 \cdot \dfrac{T_p \cdot L}{EA} \end{cases}$$

❸ ab 부재 제거시

$$A = \begin{bmatrix} \dfrac{4}{5} & \dfrac{4}{5} \\[2mm] \dfrac{3}{5} & -\dfrac{3}{5} \end{bmatrix} \qquad S = \frac{EA}{L}\begin{bmatrix} \dfrac{4}{15} & \\[2mm] & \dfrac{4}{15} \end{bmatrix}$$

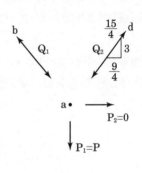

$$d = (ASA^T)^{-1}\left[P \quad 0\right]^T = \frac{PL}{EA} \cdot \left[2.93 \quad 0\right]^T$$

$$Q = SA^T(ASA^T)^{-1}\left[P \quad 0\right]^T = \left[0.625P \quad 0.625P\right]^T$$

$$Q[1,1] = T_p \quad \to \quad P_y = 1.6T_p$$

$$d[1,1]\big|_{P=1.6T_p} = 4.688 \cdot \frac{T_p \cdot L}{EA}$$

❹ P–D 곡선

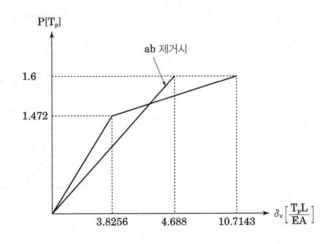

철근콘크리트 2-경간 연속보가 일정한 크기의 휨강성 EI와 정모멘트 휨강도 M_p, 부모멘트 휨강도 M_p' 로 각 경간 중앙부에 집중하중 P가 작용한다.

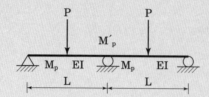

(1) 탄성범위의 모멘트 분포를 구하시오. (단, 정모멘트와 부모멘트의 크기를 P와 L로 표현하시오.

(2) 휨강도에 도달한 최대하중의 크기를 구하시오. (단, 정모멘트 강도 M_p, 부모멘트강도 M_p', 그리고 L로 표현하시오.)

(3) 모멘트 재분배가 이루어지기 위하여 가운데 지점에서 철근콘크리트 보의 필요한 소성힌지의 회전능력을 구하시오. (단, 정모멘트 강도 M_p, 부모멘트강도 M_p', 그리고 EI, 보의 길이 L로 표현하시오.)

풀이

1 모멘트 분포

$$A = \begin{bmatrix} 1 & 0 & 0 & 0 \\ 0 & 1 & 1 & 0 \\ 0 & 0 & 0 & 1 \end{bmatrix} \quad S = \begin{bmatrix} [a] & \\ & [a] \end{bmatrix}, \quad [a] = \frac{EI}{L}\begin{bmatrix} 4 & 2 \\ 2 & 4 \end{bmatrix}$$

$$FEM = \begin{bmatrix} -\dfrac{PL}{8} & \dfrac{PL}{8} & -\dfrac{PL}{8} & \dfrac{PL}{8} \end{bmatrix}^T$$

$$P = -A \cdot FEM = \begin{bmatrix} \dfrac{PL}{8} & 0 & -\dfrac{PL}{8} \end{bmatrix}^T$$

$$Q = SA^T(ASA^T)^{-1}P + FEM = \begin{bmatrix} 0, & \dfrac{3PL}{16}, & -\dfrac{3PL}{16}, & 0 \end{bmatrix}^T$$

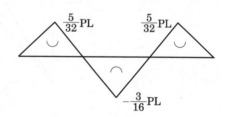

2 최대하중의 크기

$$\begin{cases} \dfrac{5P_{cr} \cdot L}{32} = M_p & \rightarrow \quad P_{cr} = \dfrac{32M_p}{5L} \\[4mm] \dfrac{3P_{cr} \cdot L}{16} = M_p' & \rightarrow \quad P_{cr} = \dfrac{16M_p'}{3L} \text{ (지배)} \end{cases}$$

3 RC보 소요 회전능력

B지점 소성힌지 발생 후 붕괴 시 정모멘트

$$\begin{cases} M_c = \dfrac{L}{2} \cdot \left(\dfrac{P_{cr}}{2} - \dfrac{M_p'}{L} \right) \\[4mm] M_c = M_p \end{cases} \rightarrow \quad P_{cr} = \dfrac{2M_p'}{L} + \dfrac{4M_p}{L}$$

도달 시 B점 회전각

$$\theta_B = \frac{P_{cr} \cdot L^2}{16EI} - \frac{M_p' \cdot L}{3EI} = \frac{L}{EI} \cdot \left(\frac{M_p}{4} - \frac{5M_p'}{24} \right)$$

∴ RC보는 θ_B 이상의 회전능력 필요

철골조의 보와 기둥 부재의 소성모멘트가 같은 크기의 M_p, 트러스 부재 ac의 축강도는 T_p로 설계되었다. a와 d는 힌지 지점이고 나머지 보와 기둥의 접합은 강접합, 트러스부재 ac는 각각 힌지로 접합되어 있다. 연직하중 P가 부재 bc 중앙에 횡하중 P는 b에 작용한다. (단, 부재의 전단응력과 축응력으로 인한 휨강도저하의 효과는 무시한다.)

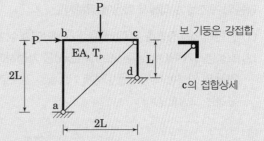

보 기둥은 강접합

c의 접합상세

(1) 가능한 파괴모드를 도시하시오.

(2) 최대하중의 크기를 상한계 해법(Upper bound solution)으로 구하시오. (단, 최대하중의 크기와 해당범위를 $\dfrac{P_u L}{M_p}$과 $\dfrac{T_u L}{M_p}$로 표현하시오.)

풀이

❶ 보파괴

$$P \cdot \theta \cdot L = M_p \cdot 4\theta$$

$$\therefore \frac{PL}{M_p} = 4 \quad \rightarrow \quad Y = 4$$

❷ 골조파괴

$$P \cdot 2L \cdot \theta = M_p \cdot 3\theta + \frac{2\theta \cdot L}{\sqrt{2}} \cdot T_p$$

$$\frac{PL}{M_p} = \frac{3}{2} + \frac{\sqrt{2}\,T_p L}{2M_p} \quad \rightarrow \quad Y = \frac{3}{2} + \frac{\sqrt{2}}{2}X$$

❸ 조합파괴

$$P \cdot 2L\theta + P \cdot L \cdot \theta = M_p \cdot 5\theta + \frac{2\theta \cdot L}{\sqrt{2}} \cdot T_p$$

$$\frac{PL}{M_p} = \frac{5}{3} + \frac{\sqrt{2}\,T_p L}{3M_p} \quad \rightarrow \quad Y = \frac{5}{3} + \frac{\sqrt{2}}{3}X$$

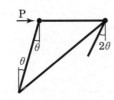

보파괴　　골조피괴

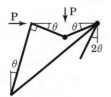

조합파괴

❹ 최대하중의 크기와 범위

상계정리 : 항복조건 및 붕괴기구 조건을 만족하는 붕괴하중은 실제 붕괴하중보다 크거나 같다.

$$\therefore P_u = {}_{min}\left[Y_1, \quad Y_2, \quad Y_3\right]$$

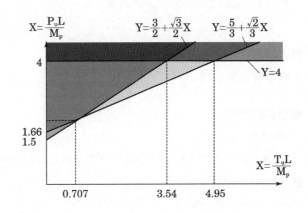

다음의 구조물에 대해서 물음에 답하시오.

(1) 단면의 소성중립축 위치[cm] 및 소성단면계수 Z_p[cm^3], 전소성모멘트 M_p[kN·m]를 구하시오.

(2) 소성붕괴기구(Collapse mechanism)을 가정하여 도시하고, 소성붕괴하중 P_u[kN]를 구하시오. (단, 재료는 인장 및 압축에 대해서 동일하게 거동하는 것으로 보며, 항복응력도 $\sigma_y = 240$MPa이며 응력도(σ)−변형도(ε) 관계는 그림과 같다.)

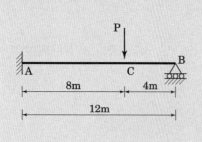
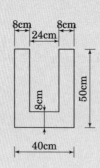
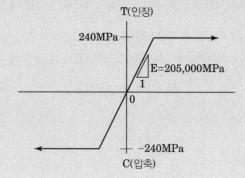

풀이

1 소성중립축(y)

$$8 \times (50 - y_p) \times 2 = 2 \times 8 \times y_p + 24 \times 8$$

$$\therefore y_p = 19\text{cm}$$

2 소성단면계수(Z_p)

$$\left(8 \times 31 \times 15.5 \times 2\right) + \left(19 \times 8 \times \frac{19}{2} \times 2\right) + 24 \times 8 \times (19 - 4) = 13456\text{cm}^3$$

3 전소성 모멘트

$$M_P = \sigma_y \cdot Z_p$$
$$= 240 \times 13456 \times 10^3 = 3.2295 \times 10^9 \text{N} \cdot \text{mm} = 3229.5\text{kN} \cdot \text{m}$$

4 소성붕괴하중

$$P_U \cdot 8 \cdot \theta = M_P \cdot 4 \cdot \theta \quad \rightarrow \quad P_U = 1614.72\text{kN}$$

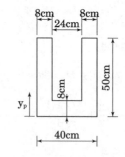
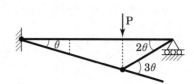

BC부재에 W가 작용하고 있을 때 붕괴하중 P_y를 산정하시오.

$W=P/l$

$P \rightarrow B$ C

$h=\dfrac{l}{2}$

A   D

l

풀이

1 보 파괴

$$\begin{cases} \dfrac{P_1}{L} \times L \times \dfrac{1}{2} \times \dfrac{L}{2} \cdot \alpha = M_p \cdot 4\alpha \\[3mm] \therefore P_1 = 16\dfrac{M_p}{L} \end{cases}$$

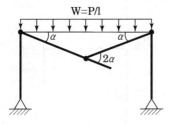

2 골조파괴

$$\begin{cases} P_2 \times \dfrac{L}{2} \times \alpha = M_p \cdot 2\alpha \\[3mm] \therefore P_2 = 4\dfrac{M_p}{L} \end{cases}$$

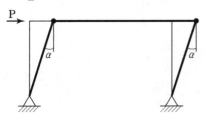

3 조합파괴

$$\begin{cases} \alpha \cdot x = \beta \cdot (L-x) \\[2mm] \dfrac{1}{2} \cdot \dfrac{P_3}{L} \cdot L \cdot \alpha \cdot x + P_3 \cdot \dfrac{L}{2} \cdot \alpha = M_p(2\alpha + 2\beta) \\[3mm] P_3 = \dfrac{-4M_p \cdot L}{(x+L) \cdot (x-L)} \end{cases}$$

$$\dfrac{dP_3}{dx} = 0 \; ; \; x = 0 \quad \rightarrow \quad \therefore P_3 = 4\dfrac{M_p}{L}$$

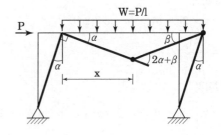

보충

$w = C \cdot \dfrac{P}{L}$ 인 경우 붕괴하중

$$\begin{cases} P_1 = \dfrac{16M_p}{C \cdot L} \\[3mm] P_2 = \dfrac{4M_p}{L} \\[3mm] P_3 = \dfrac{4L \cdot M_P}{(L-x)(C \cdot x + L)} \end{cases}$$

$$\dfrac{dP_3}{dx} = 0 \; ; \; x = \dfrac{(C-1)L}{2C} = \dfrac{L}{2} - \dfrac{L}{2C}$$

C가 커질수록 보의 소성힌지 위치 변화함

구분	C=1	C=10	C=100
P_1	$16M_p/L$	$8M_p/5L$	$4M_p/25L$
P_2	$4M_p/L$	$4M_p/L$	$4M_p/L$
P_3	$4M_p/L$	$1.322M_p/L$	$0.157M_p/L$
x	0	0.45L	0.495L

주요공식 요약 · 재료역학 · 구조기본 · 구조응용

다음 프레임의 붕괴기구(failure mechanism)를 이용하여 극한하중을 산정하시오. 모든 부재는 강성 EI 와 소성모멘트 M_p가 일정하다. 극한하중도달 시 B점에서 휨모멘트 크기 및 전체 프레임의 휨모멘트 분포를 그려 항복조건여부를 확인하시오.

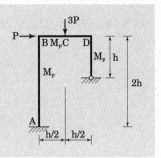

풀이

1 보 파괴

$$3P_1 \cdot \frac{h}{2}\alpha = M_p(\alpha \times 2 + 2\alpha)$$

$$P_1 = \frac{8M_P}{3h} = 2.67\frac{M_p}{h}$$

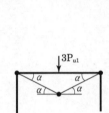

2 골조 파괴

$$P_2 \times \alpha \times 2h = M_p \times (\alpha + \alpha + 2\alpha)$$

$$P_2 = \frac{2M_P}{h}$$

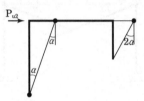

3 조합파괴

$$P_3 \times 2\alpha \times h + 3P_3\alpha \times \frac{h}{2} = M_p(\alpha + \alpha + \alpha + \alpha + 2\alpha)$$

$$P_3 = \frac{12M_p}{7h} = 1.71\frac{M_p}{h}(붕괴하중)$$

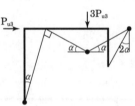

4 FBD, BMD

① 부재DE$(\Sigma M_D = 0)$; $-M_p + H_E = 0$ $\therefore H_E = \frac{M_p}{h}(\leftarrow)$

② 전체 구조물$(\Sigma F_x = 0)$; $H_A + H_E = P$ $\therefore H_A = \frac{5M_p}{7h}(\rightarrow)$

③ 부재AB$(\Sigma AM_B = 0)$; $-M_p + \frac{5M_p}{7h}\times 2h - M_B = 0$ $\therefore M_B = \frac{3M_p}{7}$

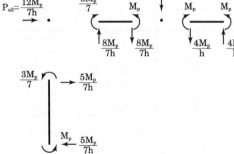

FBD

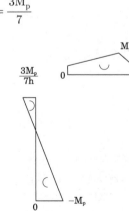

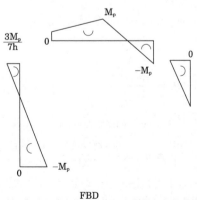

FBD

그림 (a)와 같은 구조물에서 단면($\Phi-200\times4$)의 조건이 (b)와 같을 때

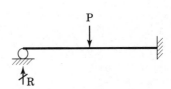

(1) 단면의 형상계수 (Z_p/S)를 구하시오.

(2) C점의 $P-\delta$(하중－처짐) 거동을 그림으로 나타내시오.

(단, 부재가 전소성모멘트(M_p)에 도달할 때 소성힌지가 발생하는 것으로 가정하고, 전단변형을 무시하고 휨변형만 고려, $E=250\times10^3MPa$, $F_y=300MPa$)

풀이

■ 기본사항($f=Z_p/s$)

$$S=\frac{\left(\dfrac{\pi\times200^4}{64}-\dfrac{\pi\times192^4}{64}\right)}{100}=118323mm^3$$

$$I=S\times100\times10^{-12}m^4$$

$$Z_p=\left[\left(\frac{4\times100}{3\pi}\right)\times\left(\frac{\pi\times100^2}{2}\right)-\left(\frac{4\times96}{3\pi}\right)\times\left(\frac{\pi\times96^2}{2}\right)\right]\times2=153685\,mm^3$$

$$f=\frac{Z_p}{s}=1.299$$

$$E=205\times10^6kN/m^2$$

$$M_p=Z_p\times f_y\times10^{-6}=46.1055kNm$$

② 탄성해석

① 변형에너지 및 부정정력 산정

$$\left.\begin{array}{l}M_1=Rx\\M_2=R(0.5+x)-Px\end{array}\right\}\ \rightarrow\ U=\int_0^{0.5}\frac{M_1^2}{2EI}dx+\int_0^{0.5}\frac{M_2^2}{2EI}dx$$

$$\frac{\partial U}{\partial R}=0\ ;\ \ R=\frac{5}{16}P=0.3125P$$

② B점 소성힌지 발생시 하중, 처짐

$$M_p=Z_pf_y=\frac{3P}{16}$$

$$\therefore P_1=245.896kN$$

$$\delta_1=\left.\frac{\partial U}{\partial P}\right|_{P=P_1}=0.000924m=0.924mm$$

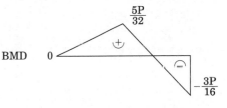

❸ B점 소성힌지 발생 후 거동

① C점 소성힌지 발생

$$\frac{P}{4} - \frac{M_p}{2} = M_p$$

$$\therefore P_u = 6M_p = 276.633 \text{kN}$$

② 처짐

$$U_2 = \int_0^{0.5} \frac{\left[\left(\frac{P}{2} - M_p\right)x\right]^2}{2EI} dx + \int_0^{0.5} \frac{\left[\left(\frac{P}{2} + M_p\right)x - M_p\right]^2}{2EI} dx$$

$$\delta = \frac{\partial U_2}{\partial P} = 0.001188 = 1.188 \text{mm}$$

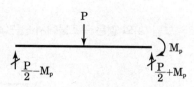

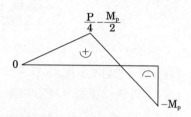

❹ P−δ 곡선

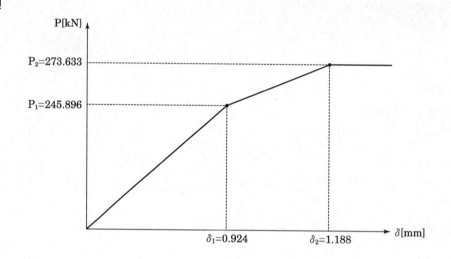

AC, CB부재를 소성설계 할 경우 소성하중(P_p)을 구하고자 한다.

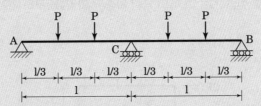

(1) 붕괴 메커니즘을 이용하여 소성하중(P_p)을 구하시오.

(2) L＝3000mm이고, AC, BC부재가 H－200×200×10×12일 경우 소성하중(P_p)을 계산하시오. ($F_y＝$ 315MPa)

풀이

1 붕괴메커니즘

① case 1

$$P_{p1}\left(\frac{2L\theta}{3}+\frac{L\theta}{3}\right)=4M_p\theta \quad \rightarrow \quad \therefore P_{p1}=\frac{4M_p}{L}$$

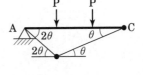

② case 2

$$P_{p2}\left(\frac{2L\theta}{3}+\frac{L\theta}{3}\right)=5M_p\theta \quad \rightarrow \quad P_{p2}=\frac{5M_p}{L}$$

③ 붕괴하중

$$P_P=\min\left[P_{p1}\,P_{p2}\right]=\frac{4M_p}{L}$$

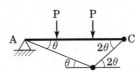

2 L＝3000mm, F_y＝315MPa일 경우 P_p

① Z

$$Z=\left(200\times12\times(100-6)+10\times\left(\frac{176}{2}\right)^2\times\frac{1}{2}\right)\times2=528640\,\text{mm}^3$$

② P_p

$$M_P=F_y\cdot Z=1.66522\times10^8\text{N}\cdot\text{mm}$$

$$p_p=\frac{4M_P}{L}=\frac{4\times1.66522\times10^8}{3000}=222029\text{N}$$

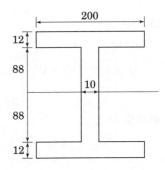

그림과 같은 라멘의 붕괴기구를 설명하고, 그 때의 극한 하중 P_g와 P_w을 구하시오. (단, $h = \frac{2}{3}l$, $P_w = \frac{P_g}{4}$ 이다)

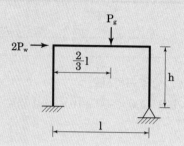

풀이

1 기본사항

$h = \frac{2}{3}l$

$P_w = \frac{P_g}{4}$

2 보 파괴

$\begin{cases} \delta = \dfrac{2l}{3}\theta \\ P_g\delta = M_p(\theta + 3\theta + 2\theta) \end{cases} \rightarrow \quad P_g = \dfrac{9M_p}{l}$

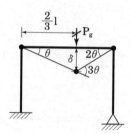

3 기둥파괴

$\begin{cases} \delta = h\theta \\ 2P_w\delta = M_p(\theta + \theta + \theta) \end{cases} \rightarrow \quad P_g = \dfrac{9M_p}{l}$

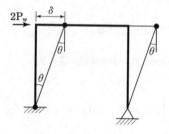

4 조합파괴

$\begin{cases} \delta_1 = \dfrac{2l}{3}\theta, \quad \delta_2 = h\theta \\ P_g\delta_1 + 2P_w\delta_2 = M_p(\theta + 3\theta + 2\theta + \theta) \end{cases} \rightarrow \quad P_g = \dfrac{7M_p}{l}$

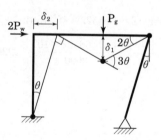

5 붕괴하중

$P_g = \min\left[\dfrac{9M_p}{l} \quad \dfrac{9M_p}{l} \quad \dfrac{7M_p}{l}\right] = \dfrac{7M_p}{l}$

$P_w = \dfrac{P_g}{4} = \dfrac{7M_p}{4l}$

그림 (a)와 같은 골조에 수평하중 P가 작용하고 있다. 그림 (b)와 같이 강봉을 이용하여 가새보강하였을 때 다음 물음에 답하시오.

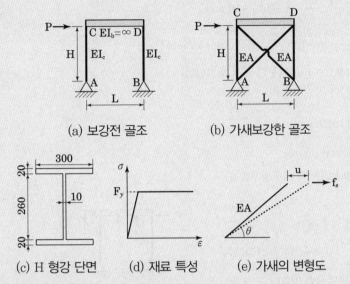

(a) 보강전 골조   (b) 가새보강한 골조

(c) H 형강 단면   (d) 재료 특성   (e) 가새의 변형도

(1) 그림 (a)의 보강전 골조에 작용하는 수평하중 P에 대하여 발생하는 수평변위 Δ의 관계를 그래프($P-\Delta$)로 표현하시오. (단, 소성붕괴하중 P_p까지 고려)

(2) 그림 (b)와 같은 가새보강 골조의 가새에 대하여 탄소성거동에 의한 그림 (e)와 같이 f_s-u의 관계를 그래프로 표현하시오.

(3) (1)과 (2)를 고려하여 가새 보강 후의 수평하중−변위 관계를 그래프로 표현하시오.

(단, 가새의 축력에 의한 기둥의 축력변화는 무시)

[설계조건]

- 골조에서 보의 휨강성 EI_b는 무한대로 가정
- 기둥 부재는 그림 (c)와 같은 H−형강을 이용하여 강축으로 저항
- 기둥에 발생되는 축력은 무시하고, 휨거동만 고려
- 가새로 사용한 강봉은 인장력에만 유효한 것으로 가정
- 사용한 강재는 그림 (d)처럼 완전탄소성의 응력−변형률 관계로 가정
- 강재의 항복강도는 $F_y = 235MPa$ 탄성계수는 $E = 205000MPa$
- 강봉의 직경은 $\phi = 20mm$
- 기둥의 높이는 $H = 4000mm$, 골조의 스팬은 $L = 4000mm$
- 부재치수의 단위는 mm임

풀이

1 기본사항

① 기둥

$$I_c = \frac{300 \cdot 300^3 - 290 \cdot 260^3}{12} = 2.5025 \cdot 10^8 \text{mm}^4$$

$$Z_p = 2 \cdot \left(300 \cdot 20 \cdot 140 + 10 \cdot \frac{130^2}{2}\right) = 1.849 \cdot 10^6 \text{mm}^3$$

$$M_p = F_y \cdot Z_p = 434515 \text{Nmm}(\text{기둥의 소성 휨모멘트})$$

② 가새

$$A_s = \frac{\pi \cdot 20^2}{4} = 314.159 \text{mm}^2$$

$$L_1 = \sqrt{H^2 + L^2} = 4000\sqrt{2}\,\text{mm}$$

$$F_P = F_y \cdot A_s = 73827.4 \text{N}(\text{강봉의 소성축력})$$

2 보강 전 골조 P−∆

① 붕괴하중 P_u(상계정리 이용)

$$\left. \begin{array}{l} P_u \cdot \Delta = M_p(\theta + \theta) \\ \Delta = \theta \cdot H \end{array} \right\} \rightarrow P_u = 217258\text{N}$$

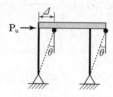

② 붕괴시 횡변위 ∆(에너지법 이용)

$$U = 2 \cdot \int_0^H \frac{\left(\dfrac{P}{2} \cdot x\right)^2}{2EI_c}\, dx$$

$$\Delta = \left. \frac{\partial U}{\partial P} \right|_{P = P_u} = 45.1734\text{mm}$$

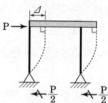

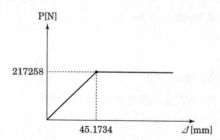

3 가새 f_s−u

① 붕괴하중

$$\left. \begin{array}{l} Q = \dfrac{f_s}{\cos 45°} \\ Q = F_p \end{array} \right\} \rightarrow f_{s,u} = 52203.9\text{N}$$

② 붕괴시 횡변위

$$U = \frac{Q^2 \cdot L_1}{2EA_s}$$

$$\Delta = \left. \frac{\partial U}{\partial f_s} \right|_{f_S = f_{S,u}} = 9.17073\text{mm}$$

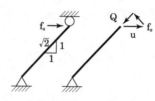

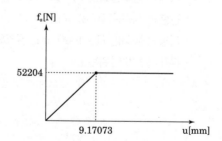

4 가새 보강 후 P− Δ

① 항복 전 구조물 구조해석

- 평형방정식

$$\left.\begin{array}{l} P-H_A-H_B=0 \\ P\cdot H-V_B\cdot L=0 \end{array}\right\} \quad \rightarrow \quad \left\{\begin{array}{l} H_B=P-H_A \\ V_B=V_A=P \end{array}\right.$$

- 변형에너지

$$\left.\begin{array}{l} M_1=\left(H_A-\dfrac{R}{\sqrt{2}}\right)x \\ M_2=H_B\cdot x=(P-H_A)x \end{array}\right\} \quad \rightarrow \quad U=\int_0^H \dfrac{M_1^2+M_2^2}{2EI_c}\,dx+\dfrac{R^2L_1}{2EA_s}$$

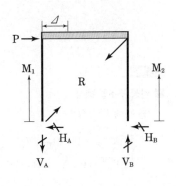

- 부정정력 및 반력

$$\left.\begin{array}{l} \dfrac{\partial U}{\partial H_A}=0 \\ \dfrac{\partial U}{\partial R}=0 \end{array}\right\} \quad \rightarrow \quad \begin{array}{l} H_A=0.77102P \\ R=0.766562P \\ H_B=0.22898P \end{array}$$

② 가새 항복 시 하중 및 변위

$$R=F_p\ ; \quad P=96309.8N \qquad \Delta=\dfrac{\partial U}{\partial P}\bigg|_{P=96309.8}=9.17073mm$$

③ 가새 항복 후 하중 및 변위($P_1=96309.8N,\ \Delta_1=9.17073mm$)

- 평형방정식

$$\left.\begin{array}{l} P_1+dP-H_A-H_B=0 \\ (P_1+dP)\cdot H-V_B\cdot L=0 \end{array}\right\} \quad \rightarrow \quad \left\{\begin{array}{l} H_B=dP-H_A+96309.8 \\ V_B=dP+96309.8 \end{array}\right\}$$

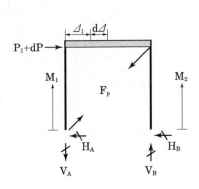

- 변형에너지

$$\left.\begin{array}{l} M_1=\left(H_A-\dfrac{F_p}{\sqrt{2}}\right)x \\ M_2=H_B\cdot x=(dP-H_A+96309.8)x \end{array}\right\} \quad \rightarrow \quad U=\int_0^H \dfrac{M_1^2+M_2^2}{2EI_c}\,dx$$

- 반력

$$\dfrac{\partial U}{\partial H_A}=0 \quad \rightarrow \quad \left\{\begin{array}{l} H_A=0.5(dP+148514) \\ H_B=0.5dP+22053 \end{array}\right.$$

- 붕괴하중 및 변위

$$M_D(=H_B\cdot H)=M_P \quad \rightarrow \quad dP=173152N \qquad (\Delta_1+d\Delta)=\dfrac{\partial U}{\partial dp}=45.1733mm$$

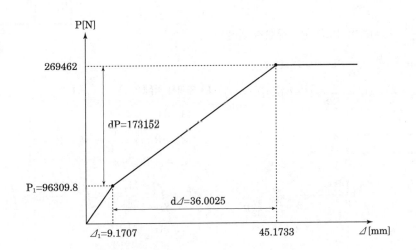

다음 보의 최대 하중을 산정하고, 최대하중 도달 시 B점의 처짐을 산정하시오.
(단, 모든 부재의 휨강성은 EI, 소성모멘트는 M_p이다.)

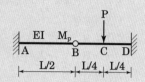

풀이

1 탄성 구조물 해석

① 평형 방정식

$$\begin{cases} \Sigma M_{B,R} = 0 \; ; \; M_D - V_D \cdot \dfrac{L}{2} + P \cdot \dfrac{L}{4} = 0 \\ \Sigma F_x^{BC} = 0 \; ; \; V_D + R_B - P = 0 \end{cases}$$

$$\rightarrow \quad M_D = \dfrac{V_D L}{2} - \dfrac{PL}{4}$$
$$R_B = P - V_D$$

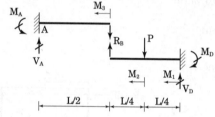

② 변형에너지

$$\begin{cases} M_1 = V_D \cdot x - M_D \\ M_2 = V_D \cdot \left(x + \dfrac{L}{4}\right) - M_D - P \cdot x \\ M_3 = -R_B \cdot x \end{cases}$$

$$U = \int_0^{L/4} \dfrac{M_1^2}{2EI} dx + \int_0^{L/4} \dfrac{M_2^2}{2EI} dx + \int_0^{L/2} \dfrac{M_3^2}{2EI} dx$$

③ 반력 및 휨모멘트

$$\begin{cases} \dfrac{\partial U}{\partial V_D} = 0 \; ; \; V_D = \dfrac{27}{32} P(\uparrow) \end{cases} \rightarrow R_B = \dfrac{5}{32} P$$

$$\begin{cases} M_D = -\dfrac{11}{64} PL = 0.1719PL(\frown)(소성힌지\ 발생) \\ M_A = -R_B \times \dfrac{L}{2} = \dfrac{5}{64} PL = 0.0781PL(\frown) \\ M_C = V_D \times \dfrac{L}{4} - M_D = \dfrac{5}{128} PL = 0.0391PL(\smile) \end{cases}$$

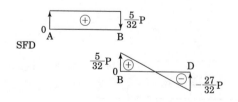

SFD

BMD

2 소성힌지 발생 후 해석

① 반력

$$\begin{cases} \Sigma F_x^{BC} = 0 \; ; \; R_{B2} + R_{D2} - P = 0 \\ \Sigma M_{B,R} = 0 \; ; \; \dfrac{PL}{4} + M_p - \dfrac{R_{D2} \cdot L}{2} = 0 \end{cases}$$

$$\rightarrow \quad R_{B2} = \dfrac{P}{2} - \dfrac{2M_p}{L}$$
$$R_{D2} = \dfrac{P}{2} + \dfrac{2M_p}{L}$$

② 휨모멘트

$$\begin{cases} M_A = -R_{D2} \cdot \dfrac{L}{2} = -\dfrac{PL}{4} - M_p(소성힌지\ 발생) \\ M_C = R_{d2} \cdot \dfrac{L}{4} + M_p = \dfrac{PL}{8} + \dfrac{3M_p}{2} \end{cases}$$

③ 붕괴하중

$$M_A = M_p \; ; \; P_u = \dfrac{8M_p}{L}$$

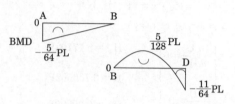

3 붕괴시 처짐 $\left(P = P_u = \dfrac{8P_p}{L}\right)$

$$\begin{cases} M_1 = R_{D2} \cdot x + M_p \\ M_2 = R_{D2}\left(x + \dfrac{L}{4}\right) + M_p - P_u \cdot x \\ M_3 = -R_{B2} \cdot x - Q \cdot x \end{cases}$$

$$U_2 = \int_0^{L/4} \dfrac{M_3^2}{2EI} dx + \int_0^{L/4} \dfrac{M_4^2}{2EI} dx + \int_0^{L/2} \dfrac{M_5^2}{2EI} dx$$

$$\delta_B = \dfrac{\partial U}{\partial Q} = \dfrac{M_p L^2}{12EI}$$

길이 6.0m 강재 보의 좌측 단부는 상하 방향의 수직이동만 가능하고, 우측은 이동단(Roller) 지점조건으로되어 있다. 항복강도가 250MPa인동일한 강재를 이용해서 2가지단면형상(상자형, H-형)의 소성거동을 분석해 보고 자 한다. 다음 사항을 구하시오.

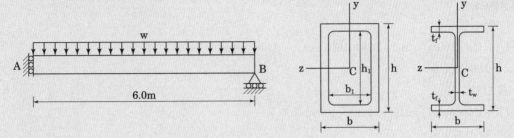

(1) 부재력도(축력도, 전단력도, 휨모멘트도)

(2) 각 단면형상계수

  • 상자형 단면 : b=150mm, h=300mm, b₁=110mm, h₁=260mm

  • H-형 단면 : b=150mm, h=300mm, t_f=110mm, t_w=10mm

(3) 각 단면형상이 감당할 수 있는 최대 등분포하중의 크기

풀이

❶ 구조물 해석 및 부재력도

$V_B = 6000\omega$

$M_A = 6000V_B - \omega \cdot \dfrac{6000^2}{2} = 18000000\omega$

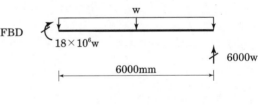

FBD

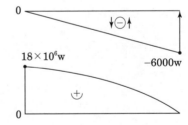

SFD

BMD

❷ 각 단면 형상계수($f = M_p/M_y$)

① 상자형 단면

$I = \dfrac{150 \times 300^3}{12} - \dfrac{110 \times 260^3}{12} = 1.76387 \times 10^8$

$M_y = \dfrac{\sigma_y I}{\dfrac{y}{2}} = \dfrac{250 \times I}{\dfrac{300}{2}} = 2.93978 \times 10^8 \text{Nmm}$

$M_p = F_y Z_p = 250 \times \left\{ 2 \times \left(\dfrac{150^3}{2} - 110 \times \dfrac{130^2}{2} \right) \right\}$

$\quad = 3.79 \times 10^8 \text{Nmm}$

$f = \dfrac{M_p}{M_y} = \dfrac{3.79}{2.93978} = 1.28921$

② H형 단면

$I = \dfrac{150 \times 300^3}{12} - \dfrac{140 \times 260^3}{12} = 1.32447 \times 10^8$

$M_y = \dfrac{\sigma_y I}{\dfrac{y}{2}} = \dfrac{250 \times I}{\dfrac{300}{2}} = 2.20744 \times 10^8 \text{Nmm}$

$$M_p = F_y Z_p = 250 \times 2 \times \left(\left(150 \times 20 \times \left(130 + \frac{20}{2} \right) \right) + \left(130 \times 10 \times \frac{130}{2} \right) \right)$$

$$= 2.5225 \times 10^8 \text{Nmm}$$

$$f = \frac{M_p}{M_y} = \frac{2.5225}{2.20744} = 1.14272$$

❸ 최대 등분포하중

① 상자형 단면

$$M_A (= 18000000 \omega_1) = M_p (= 3.79 \times 10^8 \text{Nmm})$$

$$\omega_1 = 21.0556 \text{N/mm}$$

② H형 단면

$$M_A (= 18000000 \omega_2) = M_p (= 2.5225 \times 10^8 \text{Nmm})$$

$$\omega_2 = 14.0139 \text{N/mm}$$

❹ 고찰

동일 높이를 갖는 두 단면에서, 단면성능은 상자형 단면이 우세하지만, 단위면적당 단명성능은 H형 단면 크므로 H형 단면이 더 경제적이다.

구분	M_y(Nmm)	M_p(Nmm)	f	A(mm^2)	M_y/A	M_p/A
상자	2.93978×10^8	3.79×10^8	1.28921	16400	17925.5	23109.8
H형	2.20744×10^8	2.5225×10^8	1.14272	8600	25667.9	29331.4
상자/H형	1.33	1.502	1.129	1.907	0.698	0.788

아래 그림과 같은 길이가 L이며, 집중하중 P를 받는 완전탄소성거동의 보가 있다. 보 부재에 최초 항복모멘트가 발생했을 때와 붕괴기구가 형성되었을 때 c점의 처짐의 비를 구하시오. (단, E : 보의 탄성계수, I : 단면이차모멘트)

풀이

① 최초 항복모멘트 발생 시

① 반력

$$U_1 = \int_0^{L/2} \frac{(R_b \cdot x)^2}{2EI}dx + \int_0^{L/2} \frac{\left(R_b\left(x+\frac{L}{2}\right)-P \cdot x\right)^2}{2EI}dx$$

$$\frac{\partial U_1}{\partial R_b} = 0 \quad ; \quad R_b = \frac{5P}{16}(\uparrow)$$

② 항복하중 및 처짐

$$\begin{cases} M_a = R_b \cdot L - P \cdot \frac{L}{2} = -\frac{3PL}{16}(\text{소성힌지 발생}) \\ M_c = R_b \cdot \frac{L}{2} = \frac{5PL}{32} \end{cases}$$

$$(M_a = M_y) \quad ; \quad \frac{3P_yL}{16} = M_y \quad \rightarrow \quad P_y = \frac{16M_y}{3L}$$

$$\delta_{cy} = \frac{\partial U_1}{\partial P}\Bigg|_{\substack{R_b = \frac{5P_y}{16} \\ P_y = \frac{16M_y}{3L}}} = \frac{7M_yL^2}{144EI}$$

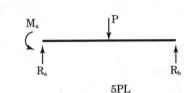

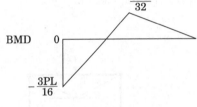

② 붕괴기구 형성 시

① 반력

$$(\Sigma M_a = 0) \quad ; \quad -L \cdot R_b + P \cdot \frac{L}{2} - M_p = 0 \quad \rightarrow \quad R_b = \frac{PL-2M_p}{2L}(\uparrow)$$

② 붕괴하중 및 처짐

$$(M_c = M_p) \quad ; \quad R_b \cdot \frac{L}{2} = M_p \quad \rightarrow \quad P_u = \frac{6M_p}{L}$$

$$U_2 = \int_0^{\frac{L}{2}} \frac{(R_b \cdot x)^2}{2EI}dx + \int_0^{\frac{L}{2}} \frac{\left(R_b\left(x+\frac{L}{2}\right)-P \cdot x\right)^2}{2EI}dx$$

$$\delta_{cu} = \frac{\partial U_2}{\partial P}\Bigg|_{P_u = \frac{6M_p}{L}} = \frac{M_pL^2}{16EI}$$

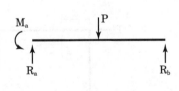

③ 처짐비

$$\frac{\delta_{cu}}{\delta_{cy}} = \frac{9M_p}{7M_y}$$

다음 그림과 같은 구조물(A는 고정 지점, E는 힌지 지점)에서 붕괴하중(collapse load) F의 최소값을 구하시오.
단, 축력과 전단력의 효과는 무시한다.

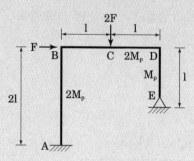

풀이

1 보 파괴

$$2F_1 \cdot \alpha \cdot l = 2M_p \cdot 3\alpha + M_p \cdot \alpha$$

$$F_1 = \frac{7M_p}{2l}$$

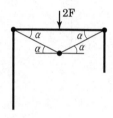

2 프레임 파괴

$$F_2 \cdot \alpha \cdot 2l = 2M_p \cdot 2\alpha + M_p \cdot 2\alpha$$

$$F_2 = \frac{3M_p}{l}$$

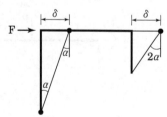

3 조합파괴

$$2F_3 \cdot \alpha \cdot l + F_3 \cdot \alpha \cdot 2l = 2M_p \cdot (\alpha + 2\alpha) + M_p \cdot 3\alpha$$

$$F_3 = \frac{9M_p}{4l}$$

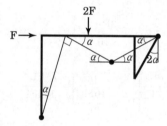

4 붕괴하중

$$F_u = \min\left[F_1, \quad F_2, \quad F_3\right] = \frac{9M_p}{4l}$$

그림과 같은 양단고정보에 집중하중 P가 작용할 때의 항복하중 P_y에 대한 극한하중 P_u의 비를 구하시오. (단, f_y = 250MPa이다.)

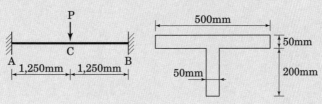

풀이

1 기본사항

$$c = \frac{50 \cdot 200 \cdot 100 + 500 \cdot 50 \cdot 225}{50 \cdot 200 + 500 \cdot 50} = 189.286 \text{mm}$$

$$I = \frac{50 \cdot 200^3}{12} + 50 \cdot 200 \cdot (c-100)^2 + \frac{500 \cdot 50^3}{12} + 500 \cdot 50 \cdot (225-c)^2$$

$$= 1.5015 \times 10^8 \text{mm}^4$$

$$c_p \; ; \begin{cases} \dfrac{500 \cdot 50 + 200 \cdot 50}{2} = 50 \cdot c_p \quad \rightarrow \quad c_p = 350 \text{mm (NG)} \\[3mm] \dfrac{500 \cdot 50 + 200 \cdot 50}{2} = 500(250 - c_p) \quad \rightarrow \quad c_p = 215 \text{mm (OK)} \end{cases}$$

$$Z_p = \left(500 \cdot \frac{35^2}{2}\right) + (200 \cdot 50 \cdot 115) + \left(500 \cdot \frac{15^2}{2}\right) = 1512500 \text{mm}^3$$

2 항복하중

$$M_y = \frac{\sigma_y \cdot I}{y} = \frac{250 \cdot I}{c} = 1.9831 \times 10^8 \text{Nmm} = 198.31 \text{kNm}$$

$$M_y = \frac{P_y L}{8} \; ; \; P_y = 634.592 \text{kN}$$

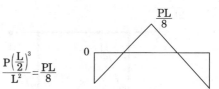

$$\frac{P\left(\frac{L}{2}\right)^3}{L^2} = \frac{PL}{8}$$

3 극한하중

$$M_p = \sigma_y Z_p = 378.125 \times 10^6 \text{Nmm} = 378.125 \text{kNm}$$

$$M_p = \frac{P_u L}{8} \; ; \; P_u = 1210 \text{kN}$$

4 항복하중에 대한 극한하중의 비

$$\frac{P_u}{P_y} = \frac{1210}{634.592} = 1.907$$

5 극한하중 검산

$$P_u \cdot 1.25 \cdot a = M_p \cdot 4a$$

$$P_u = 1210 \text{kN}$$

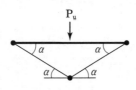

그림과 같은 소성거동을 하는 1점은 고정(fix)이고, 5점은 힌지(Hinge)인 frame의 붕괴하중(Collapse Load)을 구하시오. (단, 모든 단면은 동일한 M_p로 가정)

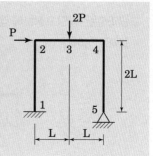

풀이

❶ 보파괴

$$2P_1 \cdot \alpha \cdot L = M_p \cdot 4\alpha$$

$$P_1 = \frac{2M_p}{L}$$

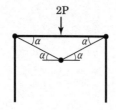

❷ 골조파괴

$$P_2 \cdot 2L \cdot \alpha = M_p \cdot 3\alpha$$

$$P_2 = \frac{3M_p}{2L}$$

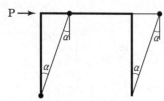

❸ 조합파괴

$$P_3 \cdot \alpha \cdot 2L + 2P_3 \cdot \alpha \cdot L = M_p \cdot (\alpha + 2\alpha + \alpha + \alpha)$$

$$P_3 = \frac{5M_p}{4L}$$

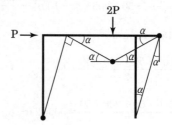

❹ 붕괴하중

$$P_u = \min[P_1, \quad P_2, \quad P_3] = P_3 = \frac{5M_p}{4L}$$

그림과 같은 뼈대 구조물 E점에 20kN의 수평력이 작용하고, C점에 10kN의 연
직력이 작용하고 있다. (단, A와 F는 힌지지점, B와 D는 강절점이다)

(1) 소성힌지가 발생할 수 있는 곳을 명시하고 소성붕괴 기구를 그리시오.

(2) 붕괴기구 별로 소성모멘트를 구하시오.

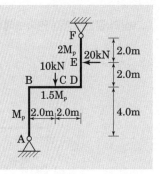

풀이

1 소성힌지 D, E 발생

$$20 \cdot \alpha \cdot 2 = 2M_p \cdot 2\alpha + 1.5M_p \cdot \alpha$$

$$M_p = 7.273 \text{kNm}$$

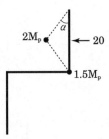

3 소성힌지 B, E 발생

$$20 \cdot \alpha \cdot 2 = 2M_p \cdot \alpha + M_p \cdot \frac{\alpha}{2}$$

$$M_p = 16 \text{kNm (지배)}$$

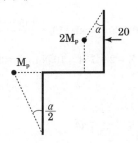

2 소성힌지 B, C, D 발생

$$10 \cdot \alpha \cdot 2 = 1.5M_p \cdot 3\alpha + M_p \cdot \alpha$$

$$M_p = 3.636 \text{kNm}$$

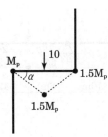

4 소성힌지 B, C, D, E 발생

$$20 \cdot \alpha \cdot 2 + 10 \cdot \alpha \cdot 2 = 2M_p \cdot 2\alpha + 1.5M_p \cdot 2\alpha + M_p \cdot \alpha$$

$$M_p = 7.5 \text{kNm}$$

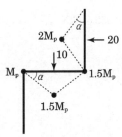

그림과 같은 2경간 연속보에서 소성붕괴 하중을 구하시오. (단, 강종은 SM400 사용 H-900×300×16×38)

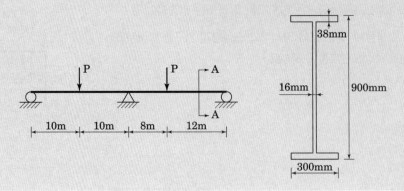

풀이 ●

1 기본사항

$$Z = 2 \times \left(300 \cdot 38 \cdot (450-19) + \frac{(450-38)^2 \cdot 16}{2} \right) = 1.254 \times 10^7 \mathrm{mm}^3$$

$$M_p = 235 \cdot Z = 2.94754 \times 10^9 \mathrm{Nmm} = 2947.54 \mathrm{kNm}$$

2 붕괴모드

① case 1

$$P_1 \cdot 10 \cdot \theta = M_p \cdot 3\theta$$

$$P_1 = \frac{3M_p}{10} = 884.261 \mathrm{kN}$$

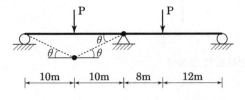

② case 2

$$P_2 \cdot 3\theta \cdot 8 = M_p \cdot 8\theta$$

$$P_2 = \frac{M_p}{3} = 982.510 \mathrm{kN}$$

③ 붕괴하중

$$P_u = \min \left[P_1, \quad P_2 \right] = P_1 = 884.261 \mathrm{kN}$$

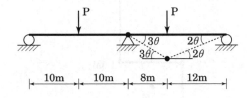

다음 그림과 같은 집중하중을 받고 있는 3경간 교량에서 E점의 상하연이 파단되어 힌지구조로 변할 때, 추가로 파단이 발생할 수 있는 범위를 구하시오. (단, 자중은 무시하고, EI는 일정하며, 파단강도(M_r)는 $\pm36kNm$ 이다)

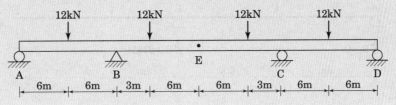

풀이

1 E점 힌지 발생 전

① 평형매트릭스(A)

$$\left.\begin{array}{l} P_1 = Q_1 \\ P_2 = Q_2 + Q_3 \\ P_3 = -\dfrac{1}{9}(Q_3 + Q_4) \end{array}\right\} \rightarrow A = \begin{bmatrix} 1 & 0 & 0 & 0 \\ 0 & 1 & 1 & 0 \\ 0 & 0 & -\dfrac{1}{9} & -\dfrac{1}{9} \end{bmatrix}$$

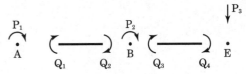

〈대칭모델〉

② 부재 강도매트릭스(S)

$$S = \begin{bmatrix} [a] & \\ & [b] \end{bmatrix}$$

$$[a] = \frac{EI}{12} \cdot \begin{bmatrix} 4 & 2 \\ 2 & 4 \end{bmatrix}$$

$$[b] = \frac{EI}{9} \cdot \begin{bmatrix} 4 & 2 \\ 2 & 4 \end{bmatrix}$$

③ 부재력(Q)

$$FEM = \left[-\frac{12 \cdot 12}{8}, \quad \frac{12 \cdot 12}{8}, \quad -\frac{12 \cdot 3 \cdot 6^2}{12^2}, \quad \frac{12 \cdot 3^2 \cdot 6}{12^2} \right]^T$$

$$= \left[-18, \quad 18, \quad -9, \quad \frac{9}{2} \right]^T$$

$$P = \left[18, \quad -18+9, \quad \frac{7}{2} \right]^T$$

$$Q = SA^T(ASA^T)^{-1}P + FEM = [0, \quad 25.44, \quad -25.44, \quad -10.56]^T$$

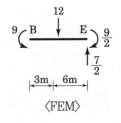

〈FEM〉

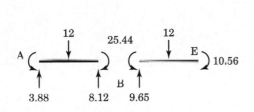

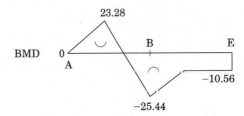

❷ E점 힌지 발생 후

교량은 중력방향 하중을 받으므로 E점 파단강도는 36kNm(↓) 방향으로 재하

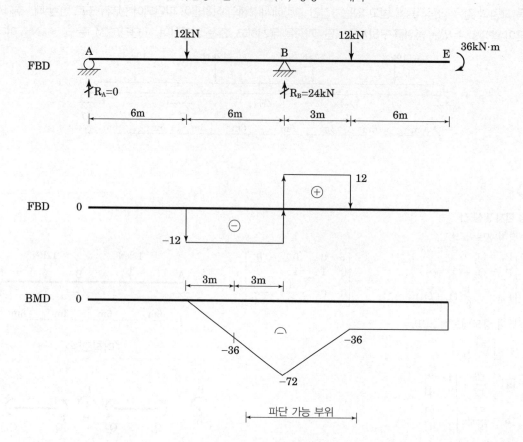

다음 그림과 같은 구조물(A는 힌지지점, E는 고정지점)에서 붕괴하중 (Collapse Load) F를 구하시오.(단, 모든 부재의 소성모멘트는 M_p로 가정하고, 축력과 전단력의 효과는 무시한다)

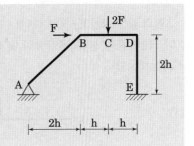

풀이

① 보 파괴

$$2F_1 \cdot (h \cdot \theta) = M_p \cdot (\theta + 2\theta + \theta)$$

$$F_1 = \frac{2M_p}{h}$$

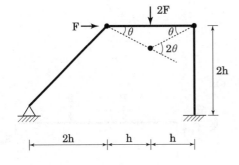

② 프레임 파괴

① 수평변위 : $2h\theta = 2h\Phi \rightarrow \Phi = \theta$

② 수직변위 : $2h\theta = 2h\psi \rightarrow \psi = \theta$

$$F_2 \cdot (2h\theta) + 2F_2(h\psi) = M_p(2\theta + 2\Phi + \psi)$$

$$F_2 = \frac{5M_p}{4h}$$

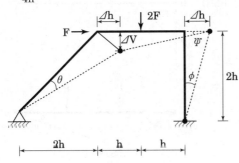

③ 조합파괴

① 수평변위 : $2h\theta = 2h\Phi \rightarrow \Phi = \theta$

② 수직변위 : $2h\theta + h\theta = h\psi \rightarrow \psi = 3\theta$

$$F_3 \cdot (2h\theta) + 2F_3(h\psi) = M_p((\theta + \psi) + (\psi + \Phi) + \Phi)$$

$$F_3 = \frac{9M_p}{8h}$$

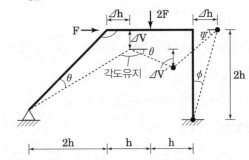

④ 붕괴하중

$$F = \min[F_1, \quad F_2, \quad F_3] = F_3 = \frac{9M_p}{8h}$$

그림과 같은 보를 H−800×300×14×26 규격의 강재단면으로 설계할 때, 파괴시의 극한하중(P_u)을 구하고, 이 극한하중이 항복하중(P_y)의 몇 배가 되는지 구하시오. (단, 강재는 SM400이고 강재의 항복강도는 $f_y = 240MPa$ 임)

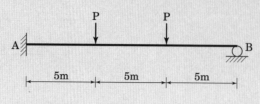

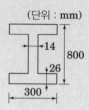

풀이

❶ 기본사항

$$I = \frac{300 \cdot 800^3}{12} - \frac{286 \cdot 748^3}{12} = 2.826 \times 10^9 \text{mm}^4$$

$$S = \frac{I}{400} = 7.064 \times 10^6 \text{mm}^3$$

$$Z = \left(300 \cdot 26 \cdot (400-13) + 374 \cdot 14 \cdot \frac{374}{2}\right) \cdot 2 = 7.995 \times 10^6 \text{mm}^3$$

$$M_y = 240 \cdot S = 1.695 \cdot 10^9 = 1695 \text{kNm}$$

$$M_p = 240 \cdot Z = 1.919 \cdot 10^9 = 1919 \text{kNm}$$

❷ 반력산정

$$\frac{R_B \cdot 15^3}{3EI} = \frac{P \cdot 5^3}{3EI} + \frac{P \cdot 5^2}{2EI} \cdot 10 + \frac{P \cdot 10^3}{3EI} + \frac{P \cdot 10^2}{2EI} \cdot 5$$

$$R_B = \frac{2}{3}P$$

❸ 항복하중

BMD에서 A점 모멘트가 항복에 먼저 도달하므로

$$M_A = 5P_y = 1695 \quad \rightarrow \quad P_y = 339 \text{kN}$$

❹ 붕괴하중

① case1

$$P_1 \cdot 5\alpha + P \cdot 10\alpha = M_p \cdot 5\alpha \quad \rightarrow \quad P_1 = \frac{M_p}{3} = 639.6 \text{kN}$$

② case2

$$P_2 \cdot 5\alpha + P \cdot 10\alpha = M_p \cdot 4\alpha \quad \rightarrow \quad P_2 = \frac{4M_p}{15} = 511.7 \text{kN(지배)}$$

❺ 하중비

$$\frac{P_u}{P_y} = \frac{511.7}{339} = 1.51\text{배}$$

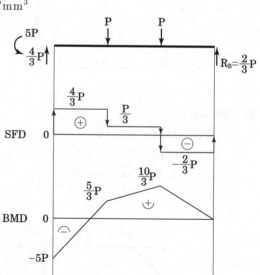

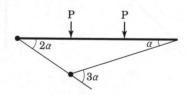

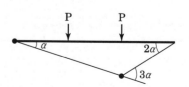

다음 그림과 같은 중공 직사각형 단면과 중공 원형단면에서 두 단면 형상의 소성 모멘트(M_p)를 구하여, 단면의 효율성을 검토하시오.

[조건]

- 재료는 선형탄성-완전소성(linear elastic-perfectly plastic)
- 재료의 항복응력(f_y) = 400MPa
- 부재치수는 mm

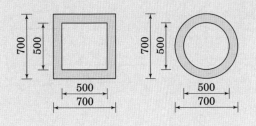

풀이

① 직사각형 단면성능

$$M_{p1} = \sigma_y \cdot \left(\frac{700^3}{4} - \frac{500^3}{4} \right) = 2.18 \times 10^{10} \mathrm{Nmm}$$

$$A_1 = 700^2 - 500^2 = 240000 \mathrm{mm}^2$$

$$\frac{M_{p1}}{A_1} = 90833 \mathrm{Nmm/mm}^2$$

② 원형 단면성능

$$M_{p2} = \sigma_y \cdot \left(\frac{\pi \cdot 700^2}{4} \cdot \frac{1}{2} \cdot \frac{4 \cdot 350}{3\pi} \cdot 2 - \frac{\pi \cdot 500^2}{4} \cdot \frac{1}{2} \cdot \frac{4 \cdot 250}{3\pi} \cdot 2 \right) = 1.453 \cdot 10^{10} \mathrm{Nmm}$$

$$A_2 = \frac{\pi \cdot 700^2}{4} - \frac{\pi \cdot 500^2}{4} = 188496 \mathrm{mm}^2$$

$$\frac{M_{p2}}{A_2} = 77101 \mathrm{Nmm/mm}^2$$

③ 단면성능 비교

$$\frac{M_{p1}}{M_{p2}} = 1.5$$

$$\frac{A_1}{A_2} = 1.273$$

다음 그림과 같은 응력-변형률 관계를 갖는 두 재료 A, B가 있다. 각각의 단면이 폭 b, 높이 h인 직사각형 단면일 때, 각각의 경우에 대하여 소성 모멘트 M_p를 구하시오.

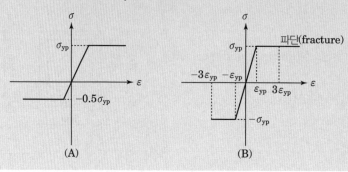

(A) (B)

풀이

1 재료 A

① 중립축[21]

$$C = T \ ; \ \frac{\sigma_{yp}}{2} \cdot (h-x) \cdot b = \sigma_{yp} \cdot x \cdot b$$

$$\therefore x = \frac{h}{3}$$

② 소성 모멘트

$$M_p = C \cdot y_C + T \cdot y_t = \frac{\sigma_{yp}}{2} \cdot \frac{2h}{3} \cdot b \cdot \frac{h}{3} + \sigma_{yp} \cdot \frac{h}{3} \cdot b \cdot \frac{h}{6}$$

$$= \frac{bh^2}{6} \cdot \sigma_{yp}$$

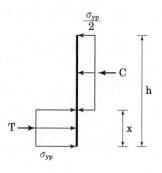

2 재료 B

① 중립축

σ-ε 곡선이 대칭이므로 중립축은 도심에 위치한다.

② 소성모멘트

$$M_p = 2 \cdot C \cdot y_C$$

$$= 2 \cdot b \cdot \left(\frac{1}{2} \cdot \frac{h}{6} \cdot \sigma_{yp} \cdot \frac{h}{6} \cdot \frac{2}{3} + \frac{h}{3} \cdot \sigma_{yp} \cdot \left(\frac{h}{6} + \frac{h}{3} \cdot \frac{1}{2} \right) \right)$$

$$= \frac{13bh^2}{54} \cdot \sigma_{yp}$$

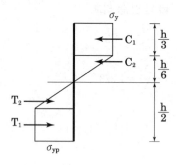

21) 완전 탄소성이므로 직사각형 응력분포를 이룬다

다음 그림과 같은 뼈대 구조물 C점에 15kN의 수평력이 작용하고, E점에 20kN의 연직력이 작용하고 있을 때, 다음을 구하시오. (단, A점은 로울러 지점, D점은 힌지 지점, F점은 고정 지점, B는 강절점이다.)

(1) 소성힌지가 발생할 수 있는 곳을 명시하고, 붕괴기구 별로 소성모멘트를 구하시오.

(2) 각 지점의 반력을 구하고, 휨모멘트도를 그리시오.

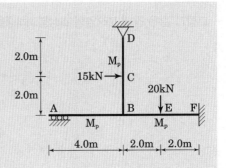

풀이

❶ 붕괴기구

① case A

$15 \cdot \alpha \cdot 2 = M_p \cdot 3\alpha$

$M_p = 10\text{kNm}$

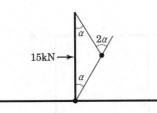

② case B

$20 \cdot \alpha \cdot 2 = M_p \cdot 4\alpha$

$M_p = 10\text{kNm}$

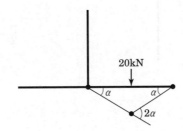

③ case C

$15 \cdot \alpha \cdot 2 + 20 \cdot \alpha \cdot 2 = M_p \cdot 6\alpha$

$M_p = 11.667\text{kNm}$ (지배)

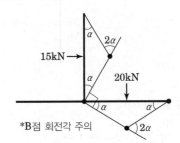

*B점 회전각 주의

❷ FBD, BMD($M_p = 11.667$kNm)

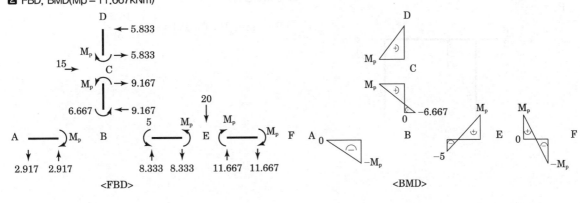

그림과 같은 강재 프레임의 소성붕괴하중을 계산하시오. (단, 각 부재는 동일한 소성모멘트(M_p)를 갖는다.)

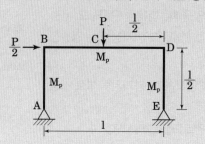

풀이

1 보 파괴

$$P_1 \cdot \alpha \cdot \frac{1}{2} = M_p \cdot 4\alpha$$

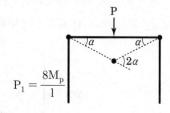

$$P_1 = \frac{8M_p}{l}$$

2 골조파괴

$$\frac{P_2}{2} \cdot \alpha \cdot \frac{1}{2} = M_p \cdot 2\alpha$$

$$P_2 = \frac{8M_p}{l}$$

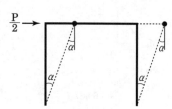

3 조합파괴

$$P_3 \cdot \alpha \cdot \frac{1}{2} + \frac{P_3}{2} \cdot \alpha \cdot \frac{1}{2} = M_p(4\alpha)$$

$$P_3 = \frac{16M_p}{3l}(지배)$$

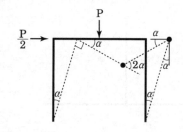

4 붕괴하중(P_u)

$$P_u = \min\left[P_1,\ P_2,\ P_3\right] = P_3 = \frac{16M_p}{3l}$$

그림과 같은 보에 대하여 다음을 구하시오.

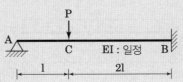

(1) 항복하중 P_y와 항복 시 C점의 처짐 δ_{cy}

(2) 붕괴하중 P_u와 붕괴 시 C점의 처짐 δ_{cc}

풀이

1 구조물 해석(탄성상태)

$$\begin{cases} M_1 = R_A \cdot x \\ M_2 = R_A(x+l) - P \cdot x \end{cases}$$

$$\rightarrow \quad U = \int_0^l \frac{M_1^2}{2EI}dx + \int_0^{2l} \frac{M_2^2}{2EI}dx$$

$$\frac{\partial U}{\partial R_A} = 0 \ ; \quad R_A = \frac{14}{27}P$$

$$M_{max1} = M_C = R_A \cdot l = \frac{14}{27}Pl \ (\text{C점 항복})$$

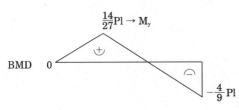

2 항복하중 및 처짐

$$M_C = M_y \ ; \quad P_y = \frac{27}{14} \cdot \frac{M_y}{l}$$

$$\delta_{ry} = \frac{\partial U}{\partial P}\bigg|_{R_A = \frac{11}{27}P, \quad P = \frac{27}{14} \cdot \frac{M_y}{l}} = \frac{10M_y l^2}{21EI}$$

3 구조물 해석(C점 항복 후)

$$R_A \cdot l = M_p \quad \rightarrow \quad R_A = \frac{M_p}{l}$$

$$M_{max2} = M_2\big|_{x=2l} = 3M_p - 2Pl \ (\text{B점 항복 및 붕괴})$$

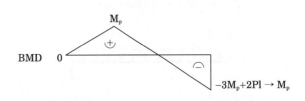

4 붕괴하중 및 처짐

$$M_{max2} = -M_p \ ; \quad P_u = \frac{2M_p}{l}$$

$$\delta_{cy} = \frac{\partial U}{\partial P}\bigg|_{R_A = \frac{M_p}{l}, \quad P = P_u} = \frac{2M_p l^2}{3EI}$$

다음 그림과 같이 지지된 보에서 소성힌지가 발생할 수 있는 곳을 명시하고, 소성모멘트 M_p를 구하시오.

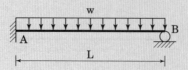

풀이

1 최초 소성힌지 발생 위치

① 반력산정(적합조건)

$$\delta = \frac{R_B L^3}{3EI} = \frac{\omega L^4}{8EI} \quad ; \quad R_B = \frac{3\omega L}{8} (\uparrow)$$

② 휨모멘트

$$M(x) = \cdot \frac{3\omega L}{8} \cdot x - \frac{\omega x^2}{2} \text{(B점 기준)}$$

$$\frac{\partial M}{\partial x} = 0 \quad ; \quad x = \frac{3L}{8}$$

$$M_{max} = M\left(\frac{3L}{8}\right) = \frac{9\omega L^2}{128}$$

$$M_A = M(L) = -\frac{\omega L^2}{8}$$

∴ 최초 소성힌지 발생 위치 : A점

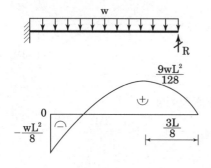

2 붕괴시 소성힌지 발생위치 및 M_p

$$\omega_p \cdot \frac{1}{2} \cdot L \cdot \alpha \cdot x = M_p\left(\alpha + \alpha + \frac{\alpha \cdot x}{L-x}\right)$$

$$\omega_p = \frac{2M_p \cdot (2L-x)}{L \cdot x(L-x)}$$

$$\frac{\partial \omega_p}{\partial x} = 0 \quad ; \quad x = 0.5857L$$

$$\omega_p = 11.6569 M_p / L^2$$

$$M_p = 0.085786 \omega_p L^2$$

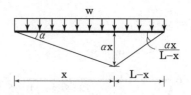

다음 그림에서

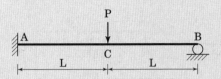

(1) 탄성한도 내에서 휨모멘트 작성
(2) A점, C점이 소성힌지가 될 때의 하중과 탄성하중의 비를 구하시오.

풀이

1 탄성한도내 휨모멘트

$$\begin{cases} M_1 = R_B \cdot x \\ M_2 = R_B \cdot (x+L) - P \cdot x \end{cases}$$

$$\rightarrow \quad U = \int_0^L \frac{M_1^2 + M_2^2}{2EI} dx$$

$$\frac{\partial U}{\partial R_B} = 0 \ ; \quad R_B = \frac{5P}{16}$$

$$\begin{cases} M_A = -\frac{6PL}{16}(지배) \\ M_C = \frac{5PL}{16} \end{cases} \rightarrow \quad \therefore P_y = \frac{8M_y}{3L}$$

2 A, C점 소성힌지 발생시 하중

$$P_u \cdot (\alpha L) = M_P(\alpha + 2\alpha) \quad \rightarrow \quad \therefore P_u = \frac{3M_p}{L}$$

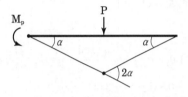

3 하중비

$$\frac{P_u}{P_y} = \frac{9M_p}{8M_y}$$

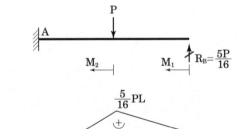

그림과 같은 하중을 받는 1단힌지 타단고정보의 소성붕괴하중 q_e와 소성힌지 위치 $\overline{x}$ 를 구하시오.

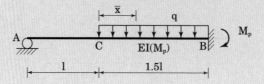

풀이

1 소성힌지 발생위치

$$\left\{\begin{array}{l} \delta_1 = (1+x) \cdot \theta_2 \\ \delta_2 = 1 \cdot \theta_2 \\ \delta_1 = (1.5l-x) \cdot \theta_1 \end{array}\right\} \rightarrow \begin{array}{l} \theta_1 = \dfrac{\delta_1}{1.5l-x} \\[3mm] \theta_2 = \dfrac{\delta_1}{x+1} \\[3mm] \delta_2 = \dfrac{\delta_1 \cdot 1}{x+1} \end{array}$$

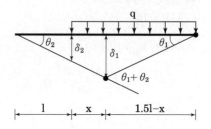

$$M_p(\theta_1 + \theta_1 + \theta_2) = q \cdot \frac{\delta_1(1.5l-x)}{2} + q \cdot \left[\left(\delta_1 \cdot \left(\frac{1+x}{2} \right) \right) - \left(\delta_2 \cdot \frac{1}{2} \right) \right] \; ;$$

$$q = \frac{-0.8M_p \cdot (x+3.5l)}{1 \cdot (x-1.5l) \cdot (x+0.6l)}$$

$$\frac{\partial q}{\partial x} = 0 \; ; \quad x = 0.3078871$$

2 소성붕괴하중

$$q_u = 2.81465 \frac{M_p}{l^2}$$

PE.C−115−4−3

$\cdots\cdots\cdots\cdots\cdots 1$ 1

$\text{solve}\left(\begin{cases} d1 = (l+x) \cdot s2 \\ d2 = l \cdot s2 \\ d1 = (1.5 \cdot l - x) \cdot s1 \end{cases}, \{s1, s2, d2\}\right)$

• 평형조건에 따른 처짐, 처짐각 산정

$$d2 = \frac{l \cdot d1}{x+l} \ \text{and} \ s1 = \frac{-d1}{x - 1.5 \cdot l} \ \text{and} \ s2 = \frac{d1}{x+1}$$

⚠ solve

$\left(mp \cdot (s1 + s1 + s2) = \dfrac{q \cdot d1 \cdot (1.5 \cdot l - x)}{2} + q \cdot \left(\dfrac{d1 \cdot (l+x)}{2} - \dfrac{d2 \cdot l}{2}\right), q\right)$

• 정정구조물 상태에서 에너지 평형에 따른 q 산정

$\left| d2 = \dfrac{l \cdot d1}{x+l} \ \text{and} \ s1 = \dfrac{-d1}{x - 1.5 \cdot l} \ \text{and} \ s2 = \dfrac{d1}{x+l} \right.$

$$q = \frac{-0.8 \cdot mp \cdot (x + 3.5 \cdot l)}{l \cdot (x - 1.5 \cdot l) \cdot (x + 0.6 \cdot l)}$$

⚠ $\text{solve}\left(\dfrac{d}{dx}(q) = 0, x\right)\left| q = \dfrac{-0.8 \cdot mp \cdot (x + 3.5 \cdot l)}{l \cdot (x - 1.5 \cdot l) \cdot (x + 0.6 \cdot l)} \right.$

• 붕괴발생시 소성힌지 발생위치

$$x = 0.307887 \cdot l \ \text{or} \ x = -7.30789 \cdot l \ \text{or} \ mp = 0.$$

$\cdots\cdots\cdots\cdots\cdots 2$ 2

$q = \dfrac{-0.8 \cdot mp \cdot (x + 3.5 \cdot l)}{l \cdot (x - 1.5 \cdot l) \cdot (x + 0.6 \cdot l)} \left| x = 0.30788655293195 \cdot l \right.$

• 붕괴시 하중 q

$$q = \frac{2.81465 \cdot mp}{l^2}$$

실제로 구조물은 변형이 일어난 상태에서 힘의 평형을 만족하여야 한다. 그러나 대부분의 구조물에서 변형은 미소하기 때문에 이를 무시하고 변형 전 형상을 기준으로 힘의 평형을 적용하는 것이 일반적이다. [그림 a]는 물탱크와 이를 지지하는 두 기둥을 나타내고 있다. 수평하중이 커지면 기둥은 일단 탄성적으로 휨변형을 보이다가 [그림 b]와 같이 4개의 소성힌지가 동시에 발생하며 붕괴할 것이다. 이에 대하여 다음 물음에 답하시오. (단, 4개 소성힌지의 소성모멘트는 모두 2000kN·m로 동일하다고 가정한다) (총 20점)

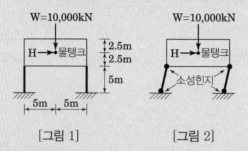

[그림 1]   [그림 2]

(1) 만일 소성힌지가 발생하기 전에 기둥의 휨변형이 무시할 만 하다면, 즉 기둥이 rigid-plastic 거동을 보인다면, 이 때의 붕괴하중 H를 구하시오. (10점)

(2) 이번에는 기둥의 휨변형을 고려하기 위하여 소성힌지가 발생하기 전에 물탱크가 5cm 만큼 수평 이동했다고 가정하면, 이 때의 붕괴하중 H를 구하시오. (10점)

풀이

❶ H(휨변형 무시)

$$H \cdot 5\theta = M_p \cdot 4\theta$$
$$\therefore H = 1600 \text{kNm}$$

❷ H(5cm 수평이동)

$$\begin{cases} \Sigma V = 0 \ ; \ V_1 + V_2 = 10000 \\ \Sigma H = 0 \ ; \ H_1 + H_2 = H \\ \Sigma M_A = 0 \ ; \ V_1 \cdot 0.05 + H_1 \cdot 5 = 4000 \\ \Sigma M_D = 0 \ ; \ V_2 \cdot 0.05 + H_2 \cdot 5 = 4000 \\ \Sigma M_B = 0 \ ; \ 10000 \cdot 5 + H \cdot 2.5 + 4000 = V_2 \cdot 10 \end{cases}$$

$$H = 1500 \text{kN}$$
$$V_1 = 4225 \text{kN} \qquad V_2 = 5775 \text{kN}$$
$$H_1 = 757.75 \text{kN} \qquad H_2 = 742.25 \text{kN}$$

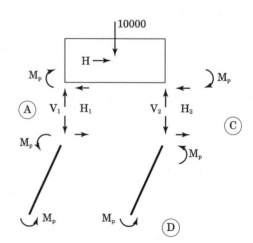

다음 그림과 같은 강재 I형 단면보가 집중하중 P를 받고 있다. 소성힌지에 의한 붕괴메커니즘을 적용하여 극한하중 P_u를 구하시오. (단, 강재의 항복응력은 250MPa이다) (25점)

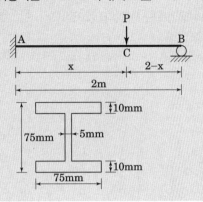

풀이

1 소성모멘트(M_p)

$$M_p = \sigma_y \cdot \left(10 \cdot 75 \cdot \left(\frac{55}{2}+5\right) \cdot 2 + 5 \cdot \frac{55}{2} \cdot \frac{55}{4} \cdot 2\right) \cdot 10^{-6}$$

$$= 13.1328 \text{kNm}$$

2 극한하중(P_u)

$$P_u \cdot \theta \cdot x = M_p \cdot \left(\theta + \theta + \frac{\theta \cdot x}{2-x}\right)$$

$$P_u = \frac{M_p(x-4)}{x(x-2)}$$

$$\frac{\partial P_u}{\partial x} = 0 \; ; \quad x = 2\left(2 - \sqrt{2}\right)$$

$$P_u = M_p\left(\sqrt{2} + \frac{3}{2}\right) = 38.2718 \text{kN}$$

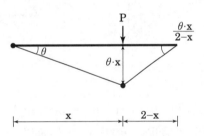

아래 구조물에서 힘P를 서서히 증가시킬 때, 최초로 발생하는 소성힌지의 위치를 구하고, 구조체가 소성 붕괴되는 최소하중 P의 크기를 구하시오. (단, 모든 단면은 일정하고 소성모멘트는 M_p이다) (20점)

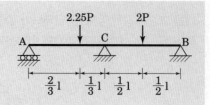

풀이

1 평형매트릭스(A)

$$\begin{cases} P_1 = Q_1 \\ P_2 = Q_2 + Q_3 \\ P_3 = Q_4 + Q_5 \\ P_4 = Q_6 + Q_7 \\ P_5 = Q_8 \\ P_6 = \dfrac{-3(Q_1+Q_2)}{2l} + \dfrac{3(Q_3+Q_4)}{l} \\ P_7 = -\dfrac{2(Q_5+Q_6)}{l} + \dfrac{2(Q_7+Q_8)}{l} \end{cases} \rightarrow \quad A = \begin{bmatrix} 1 & 0 & 0 & 0 & 0 & 0 & 0 & 0 \\ 0 & 1 & 1 & 0 & 0 & 0 & 0 & 0 \\ 0 & 0 & 0 & 1 & 1 & 0 & 0 & 0 \\ 0 & 0 & 0 & 0 & 0 & 1 & 1 & 0 \\ 0 & 0 & 0 & 0 & 0 & 0 & 0 & 1 \\ -\dfrac{3}{2l} & -\dfrac{3}{2l} & \dfrac{3}{l} & \dfrac{3}{l} & 0 & 0 & 0 & 0 \\ 0 & 0 & 0 & 0 & -\dfrac{2}{l} & -\dfrac{2}{l} & \dfrac{2}{l} & \dfrac{2}{l} \end{bmatrix}$$

2 부재 강도매트릭스(S)

$$S = \frac{EI}{l} \begin{bmatrix} [a] \cdot \dfrac{3}{2} & & & \\ & 3[a] & & \\ & & 2[a] & \\ & & & 2[a] \end{bmatrix}$$

$$[a] = \begin{bmatrix} 4 & 2 \\ 2 & 4 \end{bmatrix}$$

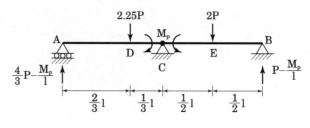

3 부재력(Q)

$$Q = SA^T(ASA^T)^{-1} \cdot [0 \quad 0 \quad 0 \quad 0 \quad 0 \quad 2.25P \quad 2P]^T$$

$$= [0 \quad -0.236PL \quad 0.236PL \quad 0.396PL \quad -0.396PL \quad -.0302PL \quad 0.302PL \quad 0]^T$$

4 첫 소성힌지 발생위치

$$M_c = 0.396PL = M_p;$$

$$P_u = \frac{2.525M_p}{L} \text{일 때 C점에서 발생}$$

5 붕괴하중

$$\begin{cases} M_D = \left(\dfrac{3P}{4} - \dfrac{M_p}{l}\right) \cdot \dfrac{2l}{3} = M_p \quad \rightarrow \quad P_1 = \dfrac{10M_p}{3l} \\ M_E = \left(P - \dfrac{M_p}{l}\right) \cdot \dfrac{l}{2} = M_p \quad \rightarrow \quad P_2 = \dfrac{3M_p}{l}(\text{지배}) \end{cases}$$

$$\therefore P_u = \frac{3M_p}{l}$$

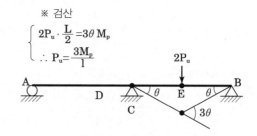

※ 검산

$$\begin{cases} 2P_u \cdot \dfrac{L}{2} = 3\theta M_p \\ \therefore P_u = \dfrac{3M_p}{l} \end{cases}$$

다음 그림은 길이 10m인 단순보(T형 강재 SS400)의 단면이다. 다음 물음에 답하시오. (단, 횡좌굴에 대해서는 충분히 안전하며, SS400강재의 재료정수는 $E = 210GPa$, $F_y = 240MPa$, $F_u = 400MPa$로 가정한다) (총 25점)

(1) 소성단면계수(Z_p)를 구하시오. (10점)
(2) 소성모멘트(M_p)를 구하시오. (8점)
(3) 소성모멘트에 해당하는 최대 등분포하중을 구하시오. (7점)

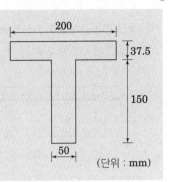

(단위 : mm)

풀이

1 소성중립축

$$200 \cdot 37.5 = 150 \cdot 50 = 7500mm^2$$

→ 소성 중립축은 플랜지 – 웨브 접합부에 존재

2 소성단면계수

$$Z_p = \int_0^{150} 50 \cdot y \; dy + \int_0^{37.5} 200 \cdot ydy = 703125mm^2$$

3 소성모멘트

$$M_p = F_y \cdot Z_p = 168.75kNm$$

4 최대 등분포하중

$$\frac{\omega \cdot l^2}{8} = M_p \quad \rightarrow \quad \omega = 13.5kN/m$$

아래 그림과 같이 길이 L = 10m인 양단 고정보가 등분포 하중 w를 받고 있다. 이 보에 대해 그림과 같이 두 가지 형태의 중공 단면을 고려할 때, 다음 물음에 답하시오. (총 18점)

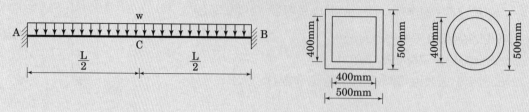

(1) 위 보에 대하여 소성힌지에 의한 붕괴 메커니즘을 설명하시오. (6점)

(2) 정사각형 중공 단면과 원형 중공 단면을 사용할 경우, 각각의 극한 하중을 구하시오. (단, 완전 탄소성으로 가정하고, 재료의 항복응력은 350MPa이다) (12점)

풀이

1 극한하중

$$w \cdot L \cdot \left(\frac{L}{2}\theta\right) \cdot \frac{1}{2} = M_p \cdot 4\theta \quad \rightarrow \quad w_p = \frac{16M_p}{L^2}$$

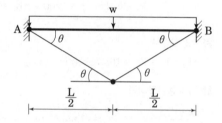

2 정사각형 중공단면

$$M_p = 2 \cdot \sigma_y \cdot \left(0.5 \cdot \frac{0.5}{2} \cdot \frac{0.5}{4} - 0.4 \cdot \frac{0.4}{2} \cdot \frac{0.4}{4}\right) = 5337.5 \text{kNm}$$

$$w_p = \frac{16M_p}{L^2} = 854 \text{kN/m}$$

3 원형 중공단면

$$M_p = 2 \cdot \sigma_y \cdot \left(\frac{1}{2} \cdot \frac{\pi}{4}(0.5)^2 \cdot \frac{2(0.5)}{3\pi} - \frac{1}{2} \cdot \frac{\pi}{4}(0.4)^2 \cdot \frac{2(0.4)}{3\pi}\right) = 3558.33 \text{kNm}$$

$$w_p = \frac{16M_p}{L^2} = 569.333 \text{kN/m}$$

그림과 같은 프레임 구조물에서 모든 부재의 소성모멘트는 M_p이다. 구조물의 붕괴 메커니즘을 설명하고, 붕괴하중 F를 구하시오. (단, 축력과 전단력의 효과는 무시한다) (20점)

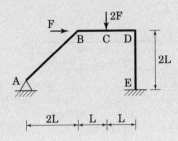

풀이

1 보파괴

$$2 \cdot F_1 \cdot L \cdot \theta = M_p \cdot 4\theta$$

$$F_1 = \frac{2M_p}{L}$$

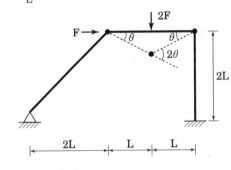

2 기둥파괴

$$\begin{cases} 2L \cdot \theta_3 = 2L \cdot \theta_2 \ ; \ \theta_2 = \theta_3 \\ 2L \cdot \theta_3 = 2L \cdot \theta_1 \ ; \ \theta_3 = \theta_1 \end{cases}$$

$$F_2 \cdot 2L \cdot \theta_1 + 2F_2 \cdot L \cdot \theta_1 = M_p \cdot 5\theta_1$$

$$F_2 = \frac{5M_p}{4L}$$

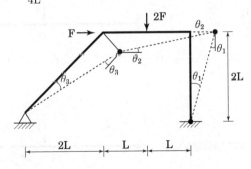

3 조합파괴

$$\begin{cases} 2L \cdot \theta_1 = 2L \cdot \theta_3 \ ; \ \theta_3 = \theta_1 \\ 2L \cdot \theta_1 + L \cdot \theta_1 = L \cdot \theta_2 \ ; \ \theta_2 = 3\theta_1 \end{cases}$$

$$F_3 \cdot 2L \cdot \theta_1 + 2F_3 \cdot L \cdot \theta_2 = M_p(\theta_1 + 2\theta_2 + 2\theta_3)$$

$$F_3 = \frac{9M_p}{8L} \ (\text{지배})$$

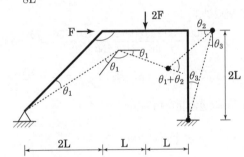

다음 그림과 같이 지점 A가 고정단이고, 지점 B가 이동단인 부정정보에서 집중하중 P가 작용할 때, 물음에 답하시오. (단, 인장 및 압축에 대한 항복강도 f_y는 325MPa이다) (총 24점)

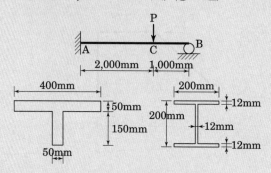

(1) 〈단면 1〉에 대하여 항복하중 P_y와 P_u 극한하중 을 구하시오. (12점)
(2) 〈단면 2〉에 대하여 항복하중 P_y와 P_u 극한하중 을 구하시오. (8점)
(3) 〈단면 1〉과 〈단면 2〉의 P_u/P_y 값이 다른 이유를 설명하시오. (4점)

풀이

■ 단면 1

① 단면성능

$$y_{c1} = \frac{400 \cdot 50 \cdot (150+25) + 150 \cdot 50 \cdot 75}{400 \cdot 50 + 150 \cdot 50} = 147.727 \text{mm}$$

$$I_1 = \frac{50 \cdot 150^3}{12} + 50 \cdot 150 \cdot (y_{c1} - 75)^2 + \frac{400 \cdot 50^3}{12} + 400 \cdot 50 \cdot (150+25-y_{c1})^2$$

$$= 7.27746 \cdot 10^7 \text{mm}^4$$

$$S_1 = \frac{I_1}{y_{c1}} = 492628 \text{mm}^3$$

$$400 \cdot (200 - y_{p1}) = 400 \cdot (y_{p1} - 150) + 50 \cdot 150 \rightarrow y_{p1} = 165.625$$

$$Z_1 = 400 \cdot \frac{34.375^2}{2} + 400 \cdot \frac{15.625^2}{2} + 50 \cdot 150 \cdot (15.625 + 75) = 964844 \text{mm}^3$$

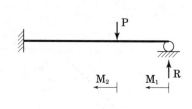

② 항복하중(P_y)

$$\begin{cases} M_1 = R \cdot x \\ M_2 = R \cdot x - P(x-1000) \\ U = \int_0^{1000} \frac{M_1^2}{2EI} dx + \int_1^{3000} \frac{M_2^2}{2EI} dx \end{cases} \rightarrow \frac{\partial U}{\partial R} = 0 \; ; \; R = \frac{14P}{27}$$

$$\begin{cases} M_C = R \cdot 1000 = \frac{14P_y}{27} \\ M_y = S_1 \cdot f_y \end{cases} \rightarrow M_C = M_y \; ; \; P_y = 308.77231 \text{kN}$$

③ 극한하중(P_u)

$$\begin{cases} P_u \cdot 2000\theta = M_p \cdot 4\theta \rightarrow P_u = M_p/500 \\ M_p = Z_1 \cdot f_y \end{cases} \rightarrow P_u = 627.148438 \text{kN}$$

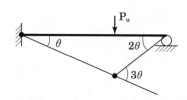

2 단면 2

① 단면성능

$$I = \frac{200 \cdot 200^3}{12} - \frac{188 \cdot 176^3}{12} = 47922176 mm^4$$

$$S = \frac{I}{100} = 479221.76 mm^3$$

$$Z = 2 \cdot \left(200 \cdot 12 \cdot (100-6) + 12 \cdot 88 \cdot \frac{88}{2} \right) = 544128 mm^3$$

② 항복하중(P_y)

$$\left. \begin{array}{l} M_C = R \cdot 1000 = \dfrac{14P_y}{27} \\ M_y = S_2 \cdot f_y \end{array} \right\} \quad \rightarrow \quad M_C = M_y \; ; \quad P_y = 300.369 kN$$

③ 극한하중(P_u)

$$\left. \begin{array}{l} P_u \cdot 2000\theta = M_p \cdot 4\theta \quad \rightarrow \quad P_u = M_p/500 \\ M_p = Z_2 \cdot f_y \end{array} \right\} \quad \rightarrow \quad P_u = 353.683 kN$$

3 P_u/P_y

$$\left(\frac{P_u}{P_y} \right)_1 = 2.0311 \;,\quad \left(\frac{P_u}{P_y} \right)_2 = 1.1774$$

I형강은 단면효율을 극대화하였기 때문에 항복이후 극한하중까지 여유가 상대적으로 작음

그림 (가)와 같이 3경간 연속보가 하중을 받고 있다. 보의 단면은 그림 (나)와 같이 H−900×300×16×38로 일정하고 재료의 응력−변형률 관계는 그림 (다)와 같으며 인장과 압축 항복강도의 크기는 $\delta_y = 400$MPa로 동일하다. 다음 물음에 답하시오. (총 20점)

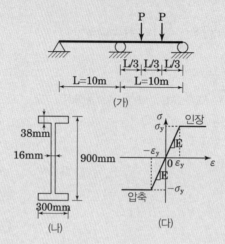

(가)

(나)

(다)

(1) 소성모멘트 M_p를 구하시오. (6점)
(2) 소성붕괴 메커니즘을 모두 구하고 소성붕괴하중을 구하시오. (14점)

풀이

1 소성모멘트

$$Z_p = 2 \cdot \left(300 \cdot 38 \cdot \left(450 - \frac{38}{2}\right) + 16 \cdot \frac{(450-38)^2}{2}\right) = 1.25427 \cdot 10^7 \text{mm}^3$$

$$M_p = Z_p \cdot \sigma_y \cdot 10^{-6} = 5017.08\text{kNm}$$

2 소성붕괴하중

① case1

$$\left\{\begin{array}{l} \dfrac{2L\theta_1}{3} = \dfrac{L\theta_2}{3} \quad ; \quad \theta_2 = 2\theta_1 \\[3mm] P_1 \cdot \dfrac{L\theta_1}{3} + P_1 \cdot \dfrac{2L\theta_1}{3} = M_p(\theta_1 + \theta_1 + \theta_2) \\[3mm] P_1 = \dfrac{4M_p}{L} = 2006.83264\text{kN}(지배) \end{array}\right\}$$

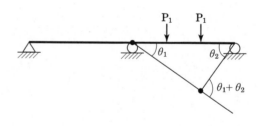

② Case2

$$\left\{\begin{array}{l} \dfrac{L\theta_1}{3} = \dfrac{2L\theta_2}{3} \quad ; \quad \theta_1 = 2\theta_2 \\[3mm] P_2 \cdot \dfrac{L\theta_1}{3} + P_2 \cdot \dfrac{L\theta_1}{3} = M_p(2\theta_1 + \theta_2) \\[3mm] P_2 = \dfrac{5M_p}{L} = 2508.54\text{kN} \end{array}\right\}$$

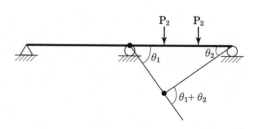

안정론 **3**

Summary

출제내용   이 장에서는 재료역학 교과서와 구조역학 교과서에서 다루는 기둥의 탄성좌굴에 대한 문제를 다룬다. 안정론에서는 이상기둥의 안정평형 문제, 기둥의 지점 조건별 좌굴하중, 편심기둥, 보−기둥 문제가 출제되며 평형방정식 또는 에너지법을 이용하여 풀이할 수 있다.

학습전략   안정론도 동역학과 유사하게 2계 미분방정식을 다루는 문제이며 고유치를 구하는 문제이므로 2계 미분방정식에 대한 기초 지식이 필요하다. 편심기둥과 보−기둥 해석은 식을 전개하는 과정에서 변수의 치환과 대입이 발생하기 때문에 결론을 먼저 적어놓고 식을 전개해 나가면 실수할 우려가 적다. 수치해석 문제에서 계산기를 이용하여 좌굴하중 산정시 적절한 초기값을 설정하지 않으면 임계 하중값을 구할 수 없으므로 적절한 초기값 설정과 함께 그래프를 플로팅하여 답안을 확인하는 습관도 필요하다.

건축구조기술사 | 86-3-6

다음 그림과 같이 길이 L인 부재에 압축력 P가 작용할 때 한계세장비 $\lambda = \dfrac{\sqrt{2\pi^2 E}}{F_y}$ 를 유도하시오. (단, 거리 x만큼 떨어진 단면의 휨모멘트는 $-EI\dfrac{d^2y}{dx^2}$, 외력 P에 의해 x점에 가해지는 휨모멘트는 $P_{cr} \cdot y$이다.)

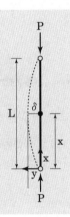

풀이

❶ 오일러 좌굴 방정식

$$\left.\begin{array}{l} M = EIy'' \\ M = -P \cdot y \end{array}\right\} \rightarrow y'' + k^2 y = 0 \;\left(k^2 = \dfrac{P}{EI}\right)$$

$$\therefore y = A\cos(kx) + B\sin(kx)$$

❷ 경계조건

$$\left.\begin{array}{l} y(0) \;;\; A = 0 \\ y(L) = 0 \;;\; B\sin kL = 0 \end{array}\right\}$$
$$\rightarrow A = 0, \quad B\sin(kL) = 0$$

❸ 좌굴하중

$$B\sin(kL) = 0 \;\rightarrow\; kL\left(= \sqrt{\dfrac{P_{cr}}{EI}} \times L\right) = \pi$$

$$\therefore P_{cr} = \dfrac{\pi^2 EI}{L^2}$$

❹ 좌굴응력

$$\left.\begin{array}{l} r = \sqrt{\dfrac{I}{A}} \\ \lambda = \dfrac{L}{r} \end{array}\right\} \rightarrow \sigma_{cr} = \dfrac{P_{cr}}{A} = \dfrac{\pi^2 EI}{L^2 A} = \dfrac{\pi^2 E r^2}{L^2} = \dfrac{\pi^2 E}{\lambda^2}$$

❺ 한계세장비

$$\left.\begin{array}{l} \lambda = \sqrt{\dfrac{\pi^2 E}{\sigma_{cr}}} \\ \sigma_{cr} = \dfrac{F_y}{2} \end{array}\right\} \rightarrow \lambda_c = \sqrt{\dfrac{2\pi^2 E}{F_y}}$$

양단이 회전단인 20mm×40mm 직사각형 단면 강재기둥에서 오일러식을 적용하여 얻어지는 최소길이를 구하시오. 또한 길이가 1.5m인 경우 좌굴하중의 크기를 구하시오. (단, $E_s = 215000$MPa와 압축항복강도 $F_y = 210$MPa이다.)

풀이

1 최소길이

$$\sigma_{cr} = \frac{\pi^2 EI}{L^2 A} = \frac{\pi^2 \cdot 215000 \cdot 20 \cdot 40^3/12}{L^2 \cdot 20 \cdot 40} \leq 210$$

$$\therefore L \geq 1160.72mm \quad \rightarrow \quad L_{min} = 1160.72mm$$

(좌굴응력=항복응력이므로, 최소길이는 재료 압축성능을 모두 발휘할 수 있는 길이)

$$P_{cr} = \sigma_{cr} \cdot A = 210 \cdot 20 \cdot 40 = 168000N$$

2 L = 1.5m일 때 좌굴하중 크기

$$P_{cr} = \frac{\pi^2 EI}{L^2}$$

$$= \frac{\pi^2 \cdot 215000 \cdot 20 \cdot 40^3/12}{1500^2} = 100597N$$

그림과 같은 중심축하중을 받는 양단 핀지지의 압축재에 대해 다음을 검토하시오.

(1) 탄성좌굴하중 P_{cr}을 유도하시오.

(2) 좌굴응력을 산정하고 세장비에 따른 탄성좌굴과 비탄성좌굴을 구분하여 설명하시오.

풀이

1 오일러 좌굴 방정식

$$\begin{cases} M = EIy'' \\ M = -P \cdot y \end{cases} \rightarrow y'' + k^2 y = 0 \left(k^2 = \frac{P}{EI} \right)$$

$$\therefore y = A\cos(kx) + B\sin(kx)$$

2 경계조건

$$\begin{cases} y(0) \ ; \ A = 0 \\ y(L) = 0 \ ; \ B\sin kL = 0 \end{cases}$$

$$\rightarrow A = 0, \ B\sin(kL) = 0$$

3 좌굴하중

$$B\sin(kL) = 0 \rightarrow kL \left(= \sqrt{\frac{P_{cr}}{EI}} \times L \right) = \pi$$

$$\therefore P_{cr} = \frac{\pi^2 EI}{L^2}$$

4 좌굴응력

$$\begin{cases} r = \sqrt{\dfrac{I}{A}} \\ \lambda = \dfrac{L}{r} \end{cases} \rightarrow \sigma_{cr} = \frac{P_{cr}}{A} = \frac{\pi^2 EI}{L^2 A} = \frac{\pi^2 E r^2}{L^2} = \frac{\pi^2 E}{\lambda^2}$$

PE.A − 116 − 3 − 3

················ 1	−1	• 오일러 좌굴방정식의 해
deSolve $(y'' + k^2 \cdot y = 0, x, y)$	$y = c3 \cdot \cos(|k| \cdot x) + c4 \cdot \sin(|k| \cdot x)$	
$a \cdot \cos(k \cdot x) + b \cdot \sin(k \cdot x) \to y$	$a \cdot \cos(k \cdot x) + b \cdot \sin(k \cdot x)$	
················ 2	−2	• 경계조건 대입
$y = 0 \,|\, x = 0$	$a = 0$	
$y = 0 \,|\, x = l$	$a \cdot \cos(k \cdot l) + b \cdot \sin(k \cdot l) = 0$	
················ 3	−3	• 좌굴하중 산정
solve $\left(\sqrt{\dfrac{pcr}{e \cdot i}} \cdot l = \pi, pcr \right)$	$pcr = \dfrac{e \cdot i \cdot \pi^2}{l^2}$ and $\dfrac{1}{l} \geq 0$	
················ 4	−4	• 좌굴응력 산정
⚠ $\dfrac{pcr}{a} \,|\, pcr = \dfrac{e \cdot i \cdot \pi^2}{l^2}$ and $i = r^2 \cdot a$ and $l = \lambda \cdot r$	$\dfrac{e \cdot \pi^2}{\lambda^2}$	

단면이 a×b이고, 길이 L인 기둥이 xz평면에서는 고정-힌지이고, yz평면에서는 상단이 자유일 때 다음 사항을 구하시오.

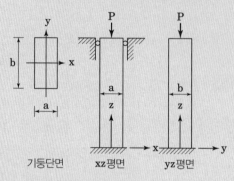

기둥단면   xz평면   yz평면

(1) 구속조건을 만족하는 기둥의 단면비(a/b)를 구하시오.
(2) (1)의 결과를 이용하여 기둥의 길이 L=5m, 재료의 탄성계수 E=210000MPa, 축하중 P=100kN, 안전율 =2일 때, 단면의 크기를 구하시오.

풀이

❶ 단면비

$$\frac{\pi^2 \cdot E \cdot \dfrac{a \cdot b^3}{12}}{(2L)^2} = \frac{\pi^2 \cdot E \cdot \dfrac{b \cdot a^3}{12}}{(0.7L)^2}$$

$$\therefore \frac{a}{b} = \frac{7}{20} = 0.35$$

❷ 단면의 크기

$$P = n \cdot 100 = 200kN$$

$$E = 210000 \cdot \frac{10^{-3}}{(10^{-3})^2} kN/m^2$$

$$L = 5m$$

$$\frac{\pi^2 \cdot E \cdot \dfrac{0.35b \cdot b^3}{12}}{(2L)^2} = 200 \;\; ;$$

$$\therefore \begin{cases} b = 0.134867m = 134.867mm \\ a = 0.047720 = 47.203mm \end{cases}$$

그림과 같이 구조물에서 C점에 하중 P가 작용할 때 오일러 좌굴하중 P_{cr}을 구하시오. (단, 단면은 원형단면이며 일정하고 C점에서 횡지지된 것으로 가정한다.)

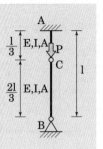

풀이

① 반력산정

$$\begin{cases} R_a + R_b = P \\[2mm] \dfrac{R_a \cdot \dfrac{L}{3}}{EA} = \dfrac{R_b \times \dfrac{2L}{3}}{EA} \end{cases} \rightarrow \quad \begin{aligned} R_a &= \frac{2}{3}P \\[2mm] R_b &= \frac{P}{3} \end{aligned}$$

② 오일러 방정식

$$\begin{cases} M = EIy'' \\[2mm] M = -\dfrac{P}{3} \cdot y \end{cases} \rightarrow \quad y'' + k^2 y = 0 \left(k^2 = \frac{P}{3EI} \right)$$

$$y = A\sin kx + B\cos kx$$

③ 경계조건

$$\begin{cases} y(0) = 0 \\[2mm] y'\left(\dfrac{1}{3}\right) = 0 \end{cases} \rightarrow \quad \underbrace{\begin{bmatrix} 0 & 1 \\[2mm] k\cos\left(\dfrac{kl}{3}\right) & -k\sin\left(\dfrac{kl}{3}\right) \end{bmatrix}}_{C} \begin{bmatrix} A \\ B \end{bmatrix} = \begin{bmatrix} 0 \\ 0 \end{bmatrix}$$

$\left(y'\left(\dfrac{1}{3}\right) = 0 \ \text{대신} \ y\left(\dfrac{2l}{3}\right) = 0 \ \text{사용해도 결과 동일} \right)$

④ 좌굴하중( )

$$\det | \, C \, | = 0 \ ; \quad kl = \frac{3\pi}{2} \quad \rightarrow \quad P_{cr} = \frac{27\pi^2 EI}{4l^2} = \frac{66.62 EI}{l^2}$$

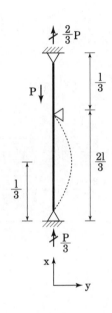

PE.A$-$103$-$2$-$1

$\cdots\cdots\cdots\cdots$ 1   1   • 반력산정

$$\text{solve}\left(\begin{cases} ra+rb=p \\ \dfrac{ra\cdot l}{\dfrac{3}{ea}}=\dfrac{rb\cdot 2\cdot l}{\dfrac{3}{ea}} \end{cases},\{ra,rb\}\right) \qquad ea\neq 0 \text{ and } ra=\dfrac{2\cdot p}{3} \text{ and } rb=\dfrac{p}{3}$$

$\cdots\cdots\cdots\cdots$ 2 -2 • 오일러 좌굴방정식의 해

$\text{deSolve}\left(y''+k^2\cdot y=0,x,y\right)$ $y=c7\cdot\cos(|k|\cdot x)+c8\cdot\sin(|k|\cdot x)$

$a\cdot\sin(k\cdot x)+b\cdot\cos(k\cdot x)\to y$ $b\cdot\cos(k\cdot x)+a\cdot\sin(k\cdot x)$

$\cdots\cdots\cdots\cdots$ 3   3   • 경계조건 대입

$y=0\,|\,x=0$ $b=0$

$\dfrac{d}{dx}(y)=0\,\bigg|\,x=\dfrac{l}{3}$ $a\cdot k\cdot\cos\left(\dfrac{k\cdot l}{3}\right)-b\cdot k\cdot\sin\left(\dfrac{k\cdot l}{3}\right)=0$

$\cdots\cdots\cdots\cdots$ 4 -4 • 좌굴하중 산정

⚠ $\text{solve}\left(\det\left(\begin{bmatrix} 0 & 1 \\ k\cdot\cos\left(\dfrac{k\cdot l}{3}\right) & -k\cdot\sin\left(\dfrac{k\cdot l}{3}\right) \end{bmatrix}\right)=0,kl\right)\bigg|\,k=\dfrac{kl}{l}$

$$kl=\dfrac{3\cdot(2\cdot n1-1)\cdot\pi}{2} \text{ or } kl=0$$

$\text{solve}\left(k\cdot l=\dfrac{3\cdot\pi}{2},p\right)\bigg|\,k=\sqrt{\dfrac{p}{3\cdot ei}}$ $p=\dfrac{27\cdot ei\cdot\pi^2}{4\cdot l^2} \text{ and } \dfrac{1}{l}\geq 0$

$\text{solve}\left(k\cdot l=\dfrac{3\cdot\pi}{2},p\right)\bigg|\,k=\sqrt{\dfrac{p}{3\cdot ei}}$ $p=\dfrac{66.6198\cdot ei}{l^2} \text{ and } \dfrac{1.}{l}\geq 0.$

그림과 같은 단부 조건의 기둥에 3지점이 회전강성 K_r로 연결되어 있는 경우 좌굴하중을 산정하시오. (단 , 기둥의 휨강성은 무한대로 가정하라)

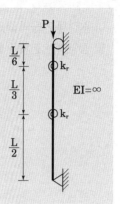

$EI = \infty$

풀이

1 포텐셜 에너지

$$U = \frac{1}{2} k_r (\theta_1 + \theta_2)^2 + \frac{1}{2} k_r (\theta_3 - \theta_2)^2$$

$$V = -P \left\{ \frac{L}{2}(1 - \cos\theta_1) + \frac{L}{3}(1 - \cos\theta_2) + \frac{L}{6}(1 - \cos\theta_3) \right\}$$

$$\Pi = U + V$$

2 P_{cr} 산정

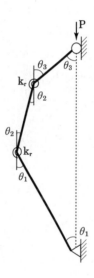

$$\left. \begin{array}{l} \dfrac{\partial \pi}{\partial \theta_1} = 0 \\[2mm] \dfrac{\partial \pi}{\partial \theta_2} = 0 \\[2mm] \dfrac{\partial \pi}{\partial \theta_3} = 0 \end{array} \right\} \;\Rightarrow\; \begin{bmatrix} k_r - \dfrac{PL}{2} & k_r & 0 \\[2mm] kr & 2k_r - \dfrac{PL}{3} & -k_r \\[2mm] 0 & -k_r & k_r - \dfrac{PL}{6} \end{bmatrix} \begin{bmatrix} \theta_1 \\ \theta_2 \\ \theta_3 \end{bmatrix} = \begin{bmatrix} 0 \\ 0 \\ 0 \end{bmatrix}$$

$\det(A) = 0$; $k_r = 0.294599\,PL$

$$P_{cr} = 3.3945 \frac{k_r}{L}$$

다음 강체 기둥의 좌굴하중을 평형조건식이나 에너지방법으로 구하시오. (단, 기둥 A의 하부와 기둥 C의 하부 및 중앙부는 힌지와 회전스프링으로 연결되어 있다.)

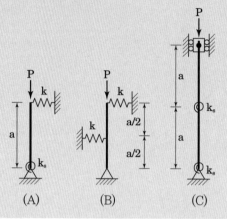

(A)   (B)   (C)

풀이

1 구조물 A

$$\begin{cases} P \cdot \triangle = k \cdot \triangle \cdot a + K_s \cdot \theta \\ \triangle = a \cdot \theta \end{cases} \rightarrow P_{cr} = k \cdot a + \frac{k_s}{a}$$

or

$$\begin{cases} \varPi = \frac{1}{2} k_s \cdot \theta^2 + \frac{1}{2} k \cdot (a \cdot \theta)^2 - P \cdot a(1 - \cos\theta) \\ \frac{\partial \varPi}{\partial \theta} = 0 \end{cases} \rightarrow P_{cr} = k \cdot a + \frac{k_s}{a}$$

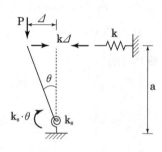

2 구조물 B

$$\begin{cases} P \cdot \triangle = k \cdot \frac{\triangle}{2} \cdot \frac{a}{2} + k \cdot \triangle \cdot a \\ \triangle = a \cdot \theta \end{cases} \rightarrow P_{cr} = \frac{5}{4} k \cdot a$$

or

$$\begin{cases} \varPi = \frac{1}{2} k \cdot (a \cdot \theta)^2 + \frac{1}{2} k \cdot \left(\frac{a}{2} \cdot \theta \right)^2 - P \cdot a(1 - \cos\theta) \\ \frac{\partial \varPi}{\partial \theta} = 0 \end{cases}$$

$$\rightarrow P_{cr} = \frac{5}{4} k \cdot a$$

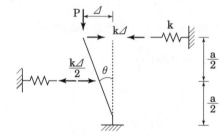

3 구조물 C

$$\begin{cases} P \cdot \triangle + \frac{k_s \cdot \theta}{2 \cdot a} \cdot a = 3 \cdot \theta \cdot k_s \\ \triangle = a \cdot \theta \end{cases} \rightarrow P_{cr} = \frac{5k_s}{2a}$$

or

$$\begin{cases} \varPi = \frac{1}{2} \cdot k_s \cdot \theta^2 + \frac{1}{2} \cdot k_s \cdot (2\theta)^2 - P \cdot a(1 - \cos\theta) \cdot 2 \\ \frac{\partial \varPi}{\partial \theta} = 0 \end{cases} \rightarrow P_{cr} = \frac{5k_s}{2a}$$

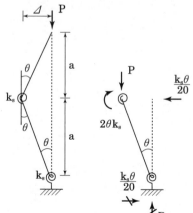

그림과 같은 부재의 단부에 축력 P가 작용할 때, 좌굴하중(buckling load) P_{cr}을 구하시오. (단, k는 회전스프링의 스프링 계수이며, 각 절점에서의 처짐각은 매우 작은 것으로 한다.)

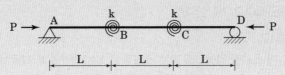

풀이

1 적합조건

$$\begin{cases} \delta_1 = \delta_2 + \delta_3 \\ \delta_1 = \theta_A \cdot L \\ \delta_2 = \theta_D \cdot L \\ \delta_3 = \theta_B \cdot L \end{cases} \rightarrow \quad \theta_B = \theta_A - \theta_D$$

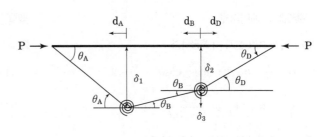

2 전포텐셜 에너지($\Pi = U - V$)

$$\Pi = U + V$$

$$U = \frac{k \cdot (\theta_A + \theta_B)^2}{2} + \frac{k \cdot (\theta_D - \theta_B)^2}{2}$$

$$V = -P \cdot (d_A + d_B + d_D) = -PL \cdot \left(\frac{\theta_A^2}{2} + \frac{\theta_B^2}{2} + \frac{\theta_D^2}{2} \right)$$

$$\begin{cases} d_A = L - L \cdot \cos\theta_A \cong L - L \cdot \left(1 - \frac{\theta_A^2}{2} \right) = \frac{\theta_A^2 L}{2} \\ \\ d_B = L - L \cdot \cos\theta_B \cong L - L \cdot \left(1 - \frac{\theta_B^2}{2} \right) = \frac{\theta_B^2 L}{2} \\ \\ d_D = L - L \cdot \cos\theta_D \cong L - L \cdot \left(1 - \frac{\theta_D^2}{2} \right) = \frac{\theta_D^2 L}{2} \end{cases}$$

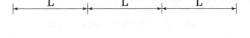
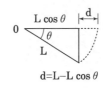

$$d = L - L \cos\theta$$

3 좌굴하중

$$\begin{cases} \dfrac{\partial \Pi}{\partial \theta_A} = 0 \\ \\ \dfrac{\partial \Pi}{\partial \theta_D} = 0 \end{cases} \rightarrow \underbrace{\begin{bmatrix} 5k - 2PL & -4k + PL \\ -4k + PL & 5k - 2PL \end{bmatrix}}_{A} \begin{bmatrix} \theta_A \\ \theta_D \end{bmatrix} = 0$$

$$\det(A) = 0 \ ; \quad P_{cr} = \frac{k}{L}, \quad \frac{3k}{L}$$

그림과 같이 이상화된 기둥의 C점에 축방향 하중 P가 작용하고 있다. A, B, C는 모두 핀(pin)으로 연결되어 있고, A점에 회전 강성 β를 갖는 스프링을 설치하였다. (단, 스프링은 선형탄성 거동을 하며, 변위와 회전각은 작다고 가정한다)

(1) 이때의 좌굴하중을 구하시오.

(2) B점과 C점에 A점과 동일한 스프링 강성 β를 갖는 스프링을 설치하였을 때 좌굴하중을 구하시오.

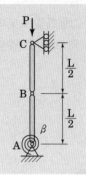

풀이 1. 에너지법

❶ A점 스프링 설치 시 좌굴하중

$$\Pi = \frac{1}{2} \cdot \beta \cdot \theta^2 - P(1-\cos\theta) \cdot \frac{L}{2} \cdot 2$$

$$\frac{\partial \Pi}{\partial \theta} = 0 \; ; \; P_{cr} = \frac{\beta}{L \cdot \sin\theta} \cong \frac{\beta}{L}$$

❷ B점, C점 스프링 설치 시 좌굴하중

$$\Pi = \frac{1}{2} \cdot \beta \cdot \theta^2 \cdot 2 + \frac{1}{2}\beta(2\theta)^2 - P(1-\cos\theta) \cdot \frac{L}{2} \cdot 2$$

$$\frac{\partial \Pi}{\partial \theta} = 0 \; ; \; P_{cr} = \frac{6\beta}{L \cdot \sin\theta} \cong \frac{6\beta}{L}$$

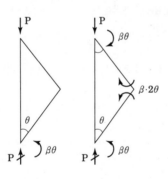

풀이 2. 평형방정식 이용

❶ A점 스프링 설치 시 좌굴하중

$$\Delta = \frac{L \cdot \theta}{2}, \quad M_p = \beta \cdot \theta \text{이고,}$$

$$\begin{cases} \Sigma M_A^{AB} = 0 \; ; \; M_p - \frac{LH}{2} - P\Delta = 0 \\ \Sigma M_B^{BC} = 0 \; ; \; -\frac{LH}{2} + P\Delta = 0 \end{cases} \rightarrow \begin{array}{l} H = \frac{\beta\theta}{L} \\ P_{cr} = \frac{\beta}{L} \end{array}$$

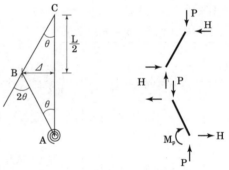

❷ B점, C점 스프링 설치 시 좌굴하중

$$\Delta = \frac{L \cdot \theta}{2}, \quad M_p = \beta \cdot \theta \text{이고,}$$

$$\begin{cases} \Sigma M_B^{AB} = 0 \; ; \; M_p + 2M_p - P\Delta - \frac{LH}{2} = 0 \\ \Sigma M_B = 0 \; ; \; -M_p - 2M_p + P\Delta - \frac{LH}{2} = 0 \end{cases}$$

$$\begin{array}{l} H = 0 \\ \rightarrow \quad P_{cr} = \frac{6\beta}{L} \end{array}$$

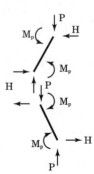

그림과 같은 구조물에서 좌굴하중 P$_{cr}$을 구하고, 안정성(stability)을 설명하시오. (단, 외력은 P, β는 스프링상수, l은 기둥의 길이, θ는 변형 전과 후의 사잇각임)

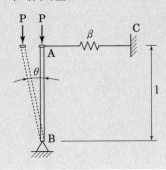

[출제분야 및 세부내용]

좌굴 안정론 : 이상기둥 좌굴하중

풀이◐ 1. 평형방정식 이용

1 좌굴하중

$$P \cdot \delta = \beta \cdot \delta \cdot l \quad \rightarrow \quad P_{cr} = \beta \cdot l$$

① $0 \leq P \leq P_{cr}$일 때 ; $P\delta \leq \beta\delta l$

변전도모멘트가 복원모멘트를 넘지 않으므로 안정

② $P \geq P_{cr}$일 때 ; $P\delta \geq \beta\delta l$

전도모멘트가 복원 모멘트보다 크므로 불안정

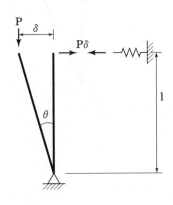

풀이◐ 2. 에너지법 이용

1 미소변위

$$\begin{cases} \Delta V = L - L\cos\theta \\ \Delta H = L\sin\theta \end{cases}$$

2 포텐셜 에너지

$$\begin{cases} U = \dfrac{F}{2} \cdot \Delta H = \dfrac{\beta\Delta H^2}{2} = \dfrac{\beta}{2}l^2\sin^2\theta \\ V = -P \cdot \Delta V = -P(1 - l\cos\theta) \end{cases} \rightarrow \varPi = U + V$$

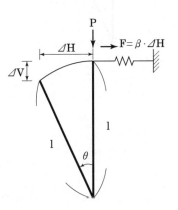

3 좌굴하중

$$\frac{\partial \varPi}{\partial \theta} = 0 \ ; \quad \beta l^2\sin\theta \cdot \cos\theta - Pl\sin\theta = 0$$

$$\beta l^2\theta - PL\theta = 0 \, (\because \sin\theta \cong \theta, \ \cos\theta \cong 1)$$

$$\therefore P_{cr} = \beta \cdot l$$

다음 그림과 같이 강체(rigid body) 구조물에 수직하중이 작용할 때, 구조물의 임계하중 (critical load) P_{cr}을 구하시오. (단, k는 스프링 계수이고, k_θ는 회전스프링 계수이다.)

풀이◐ 1. 에너지법

1 전포텐셜에너지

$$\Pi = \frac{1}{2} \cdot k_\theta \cdot \alpha^2 + \frac{1}{2} \cdot k \cdot (\alpha \cdot L)^2 - PL(1-\cos\alpha)$$

2 좌굴하중

$$\frac{\partial \Pi}{\partial \alpha} = 0 \; ; \quad P_{cr} = \frac{k_\theta}{L} + kL$$

풀이◐ 2. 평형방정식 이용

1 평형방정식

$$\Sigma M = 0 \; ; \quad P \cdot \alpha \cdot L - k_\theta \cdot \alpha - H \cdot L$$
$$= 0 \, (H = k \cdot \alpha \cdot L)$$

2 좌굴하중

$$P_{cr} = \frac{k_\theta}{L} + kL$$

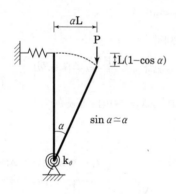

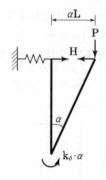

다음 그림과 같이 단순 지지된 강체 막대가 C점과 D점에서 선형 스프링으로 지지되어 있으며 압축력 P를 받고 있다. C점과 D점은 내부힌지이며 연결된 스프링의 강성은 각각 k와 2k이다. 다음 물음에 답하시오. (단, 모든 계산상의 유효숫자는 3자리로 한다) (총 30점)

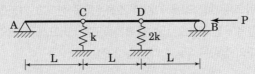

(1) 좌굴 특성방정식(Characteristic Equation)을 구하시오. (14점)

(2) 발생 가능한 모든 좌굴하중을 산정하시오. (6점)

(3) 각 좌굴하중에 적합한 상대좌굴모드벡터를 구하고 좌굴모드형상을 그리시오. (10점)

풀이

1 전포텐셜 에너지

$$\begin{cases} U = \dfrac{k \cdot (L\theta_1)^2}{2} + \dfrac{2k \cdot (L\theta_2)^2}{2} \\ V = -PL(1 - \cos\theta_1 + 1 - \cos\theta_2 + 1 - \cos(\theta_1 - \theta_2)) \\ \Pi = U + V \end{cases}$$

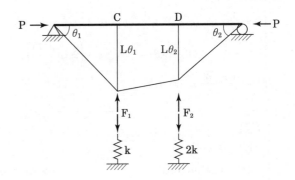

2 좌굴특성방정식($\sin\theta \cong \theta$)

① 정류에너지 원리

$$\begin{cases} \dfrac{\partial \Pi}{\partial \theta_1} = 0 \; ; \; (kL^2 - 2PL)\theta_1 + PL\theta_2 = 0 \\ \dfrac{\partial \Pi}{\partial \theta_2} = 0 \; ; \; PL\theta_1 + (2kL^2 - 2PL)\theta_2 = 0 \end{cases} \rightarrow \begin{bmatrix} kL^2 - 2PL & PL \\ PL & 2kL^2 - 2PL \end{bmatrix} \begin{bmatrix} \theta_1 \\ \theta_2 \end{bmatrix} = 0$$

② 좌굴특성방정식($\det(A) = 0$;)

$$2k^2 L^4 - 6kL^3 P + 3L^2 P^2 = 0$$

3 좌굴하중

$$P_{cr} = \begin{cases} \dfrac{kL(3 - \sqrt{3})}{3} = 0.423kL \\ \dfrac{kL(3 + \sqrt{3})}{3} = 1.577kL \end{cases}$$

4 모드벡터

① $P_{cr} = 0.423kL$일 때

$$\begin{cases} 0.1547kL^2 \theta_1 + 0.4227kL^2 \theta_2 = 0 \\ \theta_1 = 1일 때 \quad \theta_2 = -0.366 \end{cases}$$

② $P_{cr} = 1.577kL$일 때

$$\begin{cases} -2.154kL^2 \theta_1 + 1.577kL^2 \theta_2 = 0 \\ \theta_1 = 1일 때 \quad \theta_2 = 1.366 \end{cases}$$

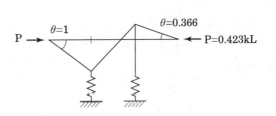

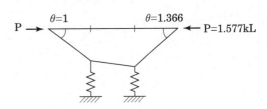

아래와 같이 회전운동을 하는 단자유도 구조시스템이 있다. 여기서 강체 막대의 끝에 달려 있는 볼의 무게는 W, 강체막대의 길이는 L이다. 지점 O에는 회전강성 k_θ의 회전스프링이 연결되어 있으며, 지점 O로부터 a만큼 떨어진 곳에 강성 k의 스프링이 연결되어 있다. 이 구조시스템이 작은 회전각을 가지고 조화운동을 한다고 가정할 때, 에너지법을 이용하여 다음 물음에 답하시오. (단, 중력가속도는 g이고, 구조계의 감쇠효과 및 스프링과 강체 막대의 질량은 무시한다) (총 20점)

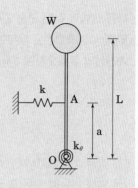

(1) 회전운동에 대한 각진동수를 계산하시오. (12점)
(2) 구조시스템이 안정일 조건(stability condition)을 설명하시오. (8점)

풀이

❶ 포텐셜 에너지

$$\begin{cases} U = \dfrac{1}{2} \cdot k \cdot (\theta \cdot a)^2 + \dfrac{1}{2} \cdot k_\theta \cdot \theta^2 \\ V = -W \cdot L(1 - \cos\theta) = -W \cdot L \cdot \left(2\sin^2\left(\dfrac{\theta}{2}\right)\right) \cong -WL \cdot \left(\dfrac{\theta^2}{2}\right) \\ T = \dfrac{1}{2} \cdot \dfrac{W}{g} \cdot \left(L \cdot \dot\theta\right)^2 \end{cases} \rightarrow \quad \Pi = U + V + T$$

> **참고**
>
> 삼각함수 공식
>
> $\sin 2\alpha = 2\sin\alpha\cos\alpha$ $\qquad\qquad \cos 2\alpha = \cos^2\alpha - 1 = 2\cos^2\alpha - 1 = 1 - 2\sin\alpha$

❷ 운동방정식

$$\begin{cases} \dfrac{\partial U}{\partial t} = k \cdot \theta \cdot a \cdot \dot\theta + k_\theta \cdot \theta \cdot \dot\theta \\ \dfrac{\partial V}{\partial t} = -W \cdot L \cdot \theta \cdot \dot\theta \\ \dfrac{\partial T}{\partial t} = \dfrac{W}{g} \cdot L \cdot \dot\theta \cdot \ddot\theta \end{cases} \rightarrow$$

$$\dfrac{\partial \Pi}{\partial t} = \dfrac{\partial U}{\partial t} + \dfrac{\partial V}{\partial t} + \dfrac{\partial T}{\partial t} = \dot\theta \cdot \left(\dfrac{W}{g} \cdot L \cdot \ddot\theta + (k \cdot a + k_\theta - WL) \cdot \theta\right) = 0$$

$$\therefore \dfrac{W}{g} \cdot L \cdot \ddot\theta + (k \cdot a + k_\theta - WL) \cdot \theta = 0$$

❸ 각진동수

$$\omega_n = \sqrt{\dfrac{k_E}{m}} = \sqrt{\dfrac{k \cdot a + k_\theta - WL}{WL/g}}$$

❹ 구조물 안정조건

$$k_E (= k \cdot a + k_\theta - WL) > 0$$

$$\dfrac{\partial^2 (U + V)}{\partial \theta^2} > 0 \ ; \ \begin{cases} \dfrac{\partial (U + V)}{\partial \theta} = k \cdot \theta \cdot a + k_\theta \cdot \theta - W \cdot L \cdot \theta \\ \dfrac{\partial^2 (U + V)}{\partial \theta^2} = k \cdot a + k_\theta - W \cdot L \end{cases}$$

다음 그림과 같이 압축력을 받는 2자유도 구조시스템이 있다. 여기서 AB와 BC는 강체 (rigid bar)이고, A점은 강성이 $k_\theta(=kL^2)$인 회전스프링과 연결되어 있고, B와 C점은 선형스프링에 의하여 연결되어 있다. 다음 물음에 답하시오. (단, B점은 내부힌지이다) (총 24점)

(1) 강체 AB와 BC의 회전각을 각각 θ_1, θ_2로 표시하고 2개의 평형방정식을 구하시오. (8점)

(2) 최소의 임계하중 Fcr과 이에 대응하는 좌굴모드벡터(θ_1, θ_2)를 산정하시오. (8점)

(3) 이 시스템의 총 포텐셜에너지를 구하시오. (8점)

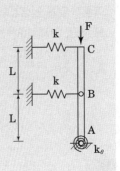

풀이

1 변형도

$$\begin{cases} \delta_1 = L - L\cos\theta_1 \\ \delta_2 = L - L\cos\theta_2 \end{cases} \qquad \begin{cases} d_1 = L\sin\theta_1 \\ d_2 = L\sin\theta_2 \end{cases}$$

2 포텐셜 에너지

$$U = \frac{kL^2}{2}\theta_1^2 + \frac{kd_1^2}{2} + \frac{k}{2}(d_1+d_2)^2$$

$$V = -P(\delta_1 + \delta_2)$$

$$\Pi = U + V$$

$$= kL^2\left(\sin^2\theta_1 + \sin\theta_1 \cdot \sin\theta_2 + \frac{\theta_1^2}{2} + \frac{\sin^2\theta_2}{2}\right) + PL(\cos\theta_1 + \cos\theta_2 - 2)$$

3 임계하중

$$\begin{cases} \dfrac{\partial \Pi}{\partial \theta_1} = 0 \\ \dfrac{\partial \Pi}{\partial \theta_2} = 0 \end{cases} \rightarrow \begin{bmatrix} 3kL^2 - PL & kL^2 \\ kL^2 & kL^2 - PL \end{bmatrix}\begin{bmatrix} \theta_1 \\ \theta_2 \end{bmatrix} = \begin{bmatrix} 0 \\ 0 \end{bmatrix} \text{(평형방정식)}$$

$$\det(A) = 0 \;;\; F_{cr} = (2-\sqrt{2})kL \quad \text{or} \quad (2+\sqrt{2})kL$$

최소임계하중 $F_{er} = (2-\sqrt{2})kL$

4 모드형상

$$F_{er} = (2-\sqrt{2})kL \;;\; \theta_1 = 1, \quad \theta_2 = -2.414$$

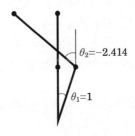

그림과 같은 편심압축력을 받는 부재의 압축력(P)과 처짐(y)과의 식을 유도하고, 상관관계를 그래프로 설명하시오. (단, 부재의 EI는 일정)

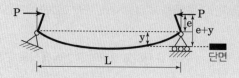

풀이

❶ 미분방정식 [22]

$$\begin{cases} M = EIy'' \\ M = -Py - Pe \\ k^2 = P/EI \end{cases} \rightarrow \begin{aligned} & y'' + k^2 y + k^2 e = 0 \\ & y = A\sin kx + B\cos kx - e \end{aligned}$$

❷ 경계조건 [23]

$$\begin{cases} y(0)=0 \\ y(L)=0 \end{cases} \rightarrow \begin{cases} A = e \cdot \tan\left(\dfrac{kL}{2}\right) \\ B = e \end{cases}$$

$$\therefore \ y = e\left\{ \tan\left(\frac{kL}{2}\right)\sin(kx) + \cos(kx) - 1 \right\}$$

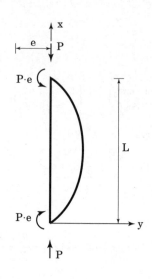

❸ 보 중앙부 수직처짐(δ_c)

$$\begin{cases} \delta_c = y\left(\dfrac{L}{2}\right) = e\left\{ \sec\left(\dfrac{kL}{2}\right) - 1 \right\} \\ k = \sqrt{\dfrac{P}{EI}} \\ EI = \dfrac{P_{cr} \cdot L^2}{\pi^2} \end{cases} \rightarrow \ \delta_c = e\left\{ \sec\left(\frac{\pi}{2}\sqrt{\frac{P}{P_{cr}}}\right) - 1 \right\}$$

❹ 하중–중앙부 처짐–편심 관계($P - \delta_c - e$)

① $P \rightarrow P_{cr}$이면 $\delta_c \rightarrow \infty$가 된다.

② 편심 e=0인 경우 ; $P = P_{cr}$에서 좌굴 발생

③ 편심 e 발생 시 P_{cr} 도달 전 δ_c 증가

④ 편심 e가 커짐에 따라 δ_c는 비선형적으로 증가

　• P_1 작용 시 δ_{e1}과 δ_{e2} 관계가 선형적이지 않음

　• 중첩원리 적용불가

　• 선형탄성 가정으로 구한 y식이 유효하지 않음

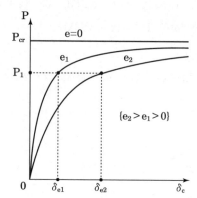

---

22) 편심기둥 해석시 티모센코 2판 부호체계가 가장 직관적이다.
23) 경계조건에서 y(L)=0 대신 y'(L/2)=0 사용 가능

편심축하중을 받는 기둥의 처짐곡선방정식을 유도하고, 하중-처짐도 및 기둥중앙에서 발생하는 최대 처짐을 구하시오. (단, 기둥의 양단은 단순지지되어 있고, 단면도심과 축하중 작용선의 편심거리는 e이다.)

풀이

1 미분방정식

$$\begin{cases} M = EIy'' \\ M = -Py - Pe \\ k^2 = P/EI \end{cases} \rightarrow \begin{aligned} & y'' + k^2 y + k^2 e = 0 \\ & y = A\sin kx + B\cos kx - e \end{aligned}$$

2 경계조건

$$\begin{cases} y(0) = 0 \\ y(L) = 0 \end{cases} \rightarrow \begin{cases} A = e \cdot \tan\left(\dfrac{kL}{2}\right) \\ B = e \end{cases}$$

$$\therefore y = e\left\{\tan\left(\frac{kL}{2}\right)\sin(kx) + \cos(kx) - 1\right\}$$

3 보 중앙부 수직처짐(δ_c)

$$\begin{cases} \delta_c = y\left(\dfrac{L}{2}\right) = e\left\{\sec\left(\dfrac{kL}{2}\right) - 1\right\} \\ k = \sqrt{\dfrac{P}{EI}} \\ EI = \dfrac{P_{cr} \cdot L^2}{\pi^2} \end{cases} \rightarrow \delta_c = e\left\{\sec\left(\frac{\pi}{2}\sqrt{\frac{P}{Pcr}}\right) - 1\right\}$$

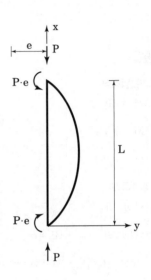

다음 그림과 같은 편심 축하중을 받는 양단 힌지 기둥에 대하여 다음 물음에 답하시오. (단, e=45mm, L=10000mm, E=200GPa이고, 기둥의 단면은 한 변의 길이가 300mm인 정사각형이다) (총 30점)

(1) 처짐곡선식을 유도하시오. (20점)
(2) P=5000kN일 때 기둥내의 최대 압축응력을 구하시오. (10점)

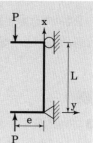

풀이

1 미분방정식

$$\begin{cases} M = EIy'' \\ M = -Py - Pe \\ k^2 = P/EI \end{cases} \rightarrow \begin{array}{l} y'' + k^2 y + k^2 e = 0 \\ y = A\sin kx + B\cos kx - e \end{array}$$

2 경계조건

$$\begin{cases} y(0) = 0 \\ y(L) = 0 \end{cases} \rightarrow \begin{cases} A = e \cdot \tan\left(\dfrac{kL}{2}\right) \\ B = e \end{cases}$$

$$\therefore y = e\left\{\tan\left(\dfrac{kL}{2}\right)\sin(kx) + \cos(kx) - 1\right\}$$

3 보 중앙부 수직처짐(δ_c)

$$\begin{cases} \delta_c = y\left(\dfrac{L}{2}\right) = e\left\{\sec\left(\dfrac{kL}{2}\right) - 1\right\} \\ k = \sqrt{\dfrac{P}{EI}} \\ EI = \dfrac{P_{cr} \cdot L^2}{\pi^2} \end{cases} \rightarrow \delta_c = e\left\{\sec\left(\dfrac{\pi}{2}\sqrt{\dfrac{P}{P_{cr}}}\right) - 1\right\}$$

4 P=5,000kN 시 최대압축응력

$$\sigma_{max} = \frac{P}{A} + \frac{M_{max} \cdot c}{I} = \frac{P}{A} + \frac{P \cdot (e + y_{max}) \cdot c}{I} = \frac{P}{A} + \frac{P \cdot e \cdot \sec\left(\dfrac{KL}{2}\right) \cdot c}{I}$$

$$= \frac{P}{A}\left(1 + \frac{e \cdot c}{r^2} \cdot \sec\left(\frac{kL}{2}\right)\right) = 143.018 \text{MPa}$$

$$\begin{cases} P = 5000 \cdot 10^3 N \quad e = 45mm \quad c = 300/2\,mm \quad A = 300^2 mm^2 \\ I = 300^4/12\,mm^4 \quad r = \sqrt{I/A} \quad k = \sqrt{P/EI} \quad L = 10000mm \end{cases}$$

다음 그림과 같은 편심축하중을 받는 장주에서 다음 물음에 답하시오. (단, 기둥의 휨강성 EI 와 축강성 EA는 일정하다) (총 20점)

(1) 기둥 중앙점의 최대 처짐을 구하시오. (10점)
(2) 최대압축응력을 구하기 위한 시컨트(Secant) 공식을 유도하시오. (10점)

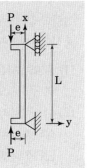

풀이

❶ 미분방정식

$$\begin{cases} M = EIy'' \\ M = -Py - Pe \\ k^2 = P/EI \end{cases} \rightarrow \begin{array}{l} y'' + k^2 y + k^2 e = 0 \\ y = A\sin kx + B\cos kx - e \end{array}$$

❷ 경계조건

$$\begin{cases} y(0) = 0 \\ y(L) = 0 \end{cases} \rightarrow \begin{cases} A = e \cdot \tan\left(\dfrac{kL}{2}\right) \\ B = e \end{cases}$$

$$\therefore y = e\left\{\tan\left(\frac{kL}{2}\right)\sin(kx) + \cos(kx) - 1\right\}$$

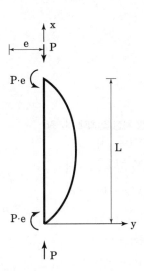

❸ 보 중앙부 수직처짐(δ_c)

$$\begin{cases} \delta_c = y\left(\dfrac{L}{2}\right) = e\left\{\sec\left(\dfrac{kL}{2}\right) - 1\right\} \\ k = \sqrt{\dfrac{P}{EI}} \\ EI = \dfrac{P_{cr} \cdot L^2}{\pi^2} \end{cases} \rightarrow \delta_c = e\left\{\sec\left(\frac{\pi}{2}\sqrt{\frac{P}{P_{cr}}}\right) - 1\right\}$$

❹ 시컨트 공식

$$\sigma_{max} = \frac{P}{A} + \frac{M_{max} \cdot c}{I} = \frac{P}{A} + \frac{P \cdot (e + y_{max}) \cdot c}{I} = \frac{P}{A} + \frac{P \cdot e \cdot \sec\left(\dfrac{KL}{2}\right) \cdot c}{I}$$

$$= \frac{P}{A}\left(1 + \frac{e \cdot c}{r^2} \cdot \sec\left(\frac{kL}{2}\right)\right) \left(\frac{e \cdot c}{r^2} : 편심비\right)$$

그림과 같이 탄성계수와 면적관성모멘트가 각각 E와 I인 부재에 축방향 압축하중 P가 단면의 중심으로부터 편심거리 e만큼 떨어진 곳에 작용하고 있을 때 다음 물음에 답하시오. (총 20점)

(1) 횡방향 처짐량 v(x)를 유도하고 최대 횡방향 처짐량 v_{max}를 Euler 임계하중 P_{cr}을 이용하여 구하시오. (8점)

(2) 정사각형의 단면을 갖는 부재가 다음과 같이 두개의 핀에 의해 고정되어 있다. 현재 온도 상태에서 두 핀은 부재와 접촉하고 있고 부재는 내력이 0인 완전 평형상태에 있다. 부재의 단면적이 $200mm^2$, 열팽창계수 $\alpha = 10 \times 10^{-6}m/(m \cdot K)$, 부재와 좌측 구조물간의 거리 d=2mm이고 e=1mm, L=0.4m, E=200GPa일 때, 부재의 온도가 현재 온도에서 30K 만큼 증가하는 경우 부재가 좌측점 A와 접촉하는지 예측하시오. (단, 온도변화에 의해 발생하는 부재의 힘을 계산할 때 편심이나 굽힘에 의한 효과는 무시한다) (8점)

(3) (2)의 부재에 발생하는 최대 압축응력을 구하시오. (4점)

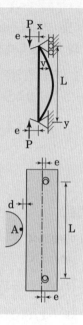

풀이

1 횡방향 처짐 및 최대 처짐량

① 미분방정식

$$\left. \begin{cases} M = EIy'' \\ M = -Py - Pe \\ k^2 = P/EI \end{cases} \right\} \rightarrow \begin{array}{l} y'' + k^2y + k^2e = 0 \\ y = A\sin kx + B\cos kx - e \end{array}$$

② 경계조건

$$\left. \begin{cases} y(0) = 0 \\ y(L) = 0 \end{cases} \right\} \rightarrow \begin{cases} A = e \cdot \tan\left(\dfrac{kL}{2}\right) \\ B = e \end{cases}$$

③ 횡방향 처짐

$$y = e\left\{\tan\left(\frac{kL}{2}\right)\sin(kx) + \cos(kx) - 1\right\}$$

④ 최대 처짐량

$$\left. \begin{cases} y_{max} = y\left(\dfrac{L}{2}\right) = e\left\{\sec\left(\dfrac{kL}{2}\right) - 1\right\} \\ k = \sqrt{\dfrac{P}{EI}} \\ EI = \dfrac{P_{cr} \cdot L^2}{\pi^2} \end{cases} \right\} \rightarrow y_{max} = e\left\{\sec\left(\frac{\pi}{2}\sqrt{\frac{P}{P_{cr}}}\right) - 1\right\}$$

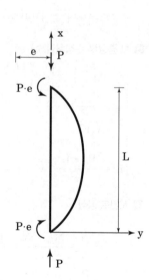

2 좌굴하중

$$\begin{cases} I = \dfrac{200^2}{12}\,mm^2 \\[3mm] E = 200000MPa \\[3mm] L = 400mm \end{cases} \rightarrow \quad P_{cr} = \dfrac{\pi^2 EI}{L^2} = 41123.4N = 41.1234kN$$

3 온도 증가 시 발생 하중

$$\alpha \Delta TL - \dfrac{PL}{EA} = 0$$

$$\rightarrow \quad \therefore P = EA\ \alpha \Delta T = 200000 \cdot 200 \cdot 10 \cdot 10^{-6} \cdot 30 = 12000N = 12kN$$

4 온도 증가 시 접촉여부 검토

$$y_{max} = e \cdot \left(\sec\left(\dfrac{\pi}{2}\ \sqrt{\dfrac{P}{P_{cr}}} \right) - 1 \right)$$

$$= 1 \cdot \left(\sec\left(\dfrac{\pi}{2}\ \sqrt{\dfrac{12000}{41123.4}} \right) - 1 \right) = 0.513mm \, \langle \, d(2mm), \ 접촉안함$$

5 최대 압축응력

$$\sigma_{max} = \dfrac{P}{A} \left(1 + \dfrac{e \cdot c}{r^2} \cdot \sec\left(\dfrac{\pi}{2}\ \sqrt{\dfrac{P}{P_{cr}}} \right) \right)$$

$$= \dfrac{12000}{200} \left(1 + \left(\dfrac{1 \cdot 5\sqrt{2}}{\dfrac{200^2/12}{200}} \right) \cdot \sec\left(\dfrac{\pi}{2}\ \sqrt{\dfrac{12000}{41123.4}} \right) \right) = 98.506MPa$$

길이가 6m이며, 상단이 자유이고, 하단이 고정인 $H-200 \times 200 \times 8 \times 12$(SM490) 기둥에 중심축하중 $P(=30KN)$와 약축에 대해 휨을 발생시키는 횡하중 $H(=2kN)$가 동시에 작용하는 경우 기하학적 비선형 효과를 고려하여 하단 A점의 모멘트와 상단 B 점의 횡변위를 구하시오. (다만, 전단변위는 무시한다. 재료적 비탄성은 고려하지 않는다. 기둥의 $A_s = 6350mm^2$, $I_y = 16.0 \times 10^6 mm^4$) $E = 200000MPa$ 가정

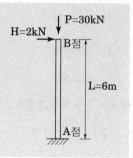

풀이

1 오일러 방정식

$$\begin{cases} M(x) = P(\delta - y) + H(L - x) \\ M(x) = EIy'' \\ k^2 = \dfrac{P}{EI} \end{cases}$$

$$y'' = -k^2 y + \frac{k^2}{P}(-H \cdot x + P \cdot \delta + H \cdot L)$$

$$y = A \cdot \sin(kx) + B \cdot \cos(kx) + \frac{H \cdot x - \delta \cdot P - H \cdot L}{P}$$

2 경계조건 대입

$$\begin{cases} y'(0) = 0 \ ; \ A \cdot k - \dfrac{h}{P} = 0 \\ y(0) = 0 \ ; \ B + \dfrac{\delta \cdot P + H \cdot L}{P} = 0 \\ y(L) = \delta \ ; \ A \cdot \sin kL + B \cdot \cos kL = 0 \end{cases}$$

$$A = \frac{H}{P \cdot k}, \quad B = -\frac{h \cdot \tan kL}{P \cdot k}, \quad \delta = \frac{-H \cdot (kL \cdot \cos kL - \sin kL)}{P \cdot k \cdot \cos kL}$$

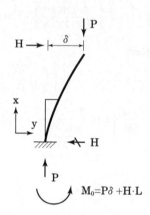

3 상단 B점의 횡변위(δ_B)

$$\delta_B = y(L) = \frac{-H \cdot (kL \cdot \cos kL - \sin kL)}{P \cdot k \cdot \cos kL} \ (P = 30000N, \ H = 2000N, \ L = 6000mm, \ k^2 = P/EI)$$

$$= -52.0364 = 52.0364mm \, (\rightarrow)$$

4 M_A

$$M_A = P \cdot \delta_B + H \cdot L = 13.561kNm$$

다음 보-기둥의 처짐 및 처짐각의 곡선식을 유도하시오. (단, EI=일정)

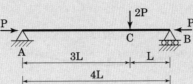

풀이

1 처짐 미분 방정식

① $0 \leq x \leq 3L$(A점 기준)

$$\begin{cases} M = EI y_1'' \\ M = -\left(\dfrac{P \cdot x}{2} + P \cdot y_1 \right) \\ k^2 = P/EI \end{cases} \rightarrow y_1'' + k^2 y = -\dfrac{k^2}{2}x$$

$$y_1 = A \cdot \sin kx + B \cdot \cos kx - \dfrac{x}{2}$$

② $0 \leq x \leq L$(B점 기준)

$$\begin{cases} M = EI y_2'' \\ M = -\left(\dfrac{3P \cdot x}{2} + P \cdot y_2 \right) \\ k^2 = P/EI \end{cases} \rightarrow y_2'' + k^2 y_2 = -\dfrac{3k^2}{2}x$$

$$y_2 = C \cdot \sin kx + D \cdot \cos kx - \dfrac{3x}{2}$$

2 경계조건 [24]

$$\begin{cases} y_1(0) = 0 \ ; \ B = 0 \\ y_2(0) = 0 \ ; \ D = 0 \end{cases}$$

$$\begin{cases} y_1(3L) = y_2(L) \\ y_1'(3L) = -y_2'(L) \end{cases} \rightarrow \begin{cases} A = \dfrac{2\sin(kL)}{k \cdot \sin(3kL)\cos(kL) + k \cdot \cos(3kL)\sin(kL)} = \dfrac{2\sin(kL)}{k \cdot \sin(4kL)} \\ C = \dfrac{2\sin(3kL)}{k \cdot \sin(3kL)\cos(kL) + k \cdot \cos(3kL)\sin(kL)} = \dfrac{2\sin(3kL)}{k \cdot \sin(4kL)} \end{cases}$$

3 처짐각, 처짐

$$\begin{cases} \text{A점 기준} : 0 \leq x \leq 3L \ ; \ \theta_1 = \dfrac{2\sin(kL)}{\sin(4kL)}\cos(kx) - \dfrac{1}{2}(\cup) \quad y_1 = \dfrac{2\sin(kL)}{k \cdot \sin(4kL)} \cdot \sin(kx) - \dfrac{x}{2}(\downarrow) \\ \text{B점 기준} : 0 \leq x < L \ ; \ \theta_2 = \dfrac{2\sin(3kL)}{\sin(4kL)}\cos(kx) - \dfrac{3}{2}(\cup) \quad y_2 = \dfrac{2\sin(3kL)}{k \cdot \sin(4kL)} \cdot \sin(kx) - \dfrac{3x}{2}(\downarrow) \end{cases}$$

---

24) 행렬 차수를 줄이기 위해 B=D=0 경계조건 반영 후 A, C 산정

다음 그림과 같은 동일한 EI값을 갖는 보가 있다. (단, E는 재료의 탄성계수, I는 단면2차모멘트, l은 보의 지간
이다.)

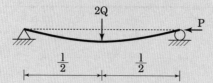

(1) 양단이 핀으로 지지되어 있고 $P < P_{cr} = \pi^2 EI / l^2$인 조건하에서 중앙점의 처짐을 구하시오.

(2) 보의 단면이 폭 30cm, 높이 50cm인 직사각형단면으로 가정하고 지간은 l = 3m이며, E = 210000MPa, P
= 5kN, Q = 20kN일 때, 축력 P가 없는 경우에 중앙점의 처짐 δ_1과 축력 P가 작용하는 경우에 중앙점의 처
짐 δ_2를 구하여 비교하시오.

풀이

1 오일러 좌굴방정식

$$\left\{ \begin{array}{l} M = EIy'' \\ M = -Py - Qx \end{array} \right\} \rightarrow \left\{ \begin{array}{l} y = A \cdot \sin kx + B \cdot \cos kx - \dfrac{Qx}{p} \\ y' = Ak \cdot \cos kx - Bk \cdot \sin kx - \dfrac{Q}{P} \end{array} \right\} \left(k = \sqrt{\dfrac{P}{EI}} \right)$$

2 경계조건

$$\left\{ \begin{array}{l} y(0) = 0 \ : \ B = 0 \\ y'\left(\dfrac{l}{2}\right) = 0 \ : \ Ak \cdot \cos\left(\dfrac{kl}{2}\right) = \dfrac{Q}{P} \ \rightarrow \ A = \dfrac{Q}{Pk} \cdot \left(\cos\left(\dfrac{kl}{2}\right) \right)^{-1} \end{array} \right.$$

$$\therefore y = \dfrac{Q}{Pk} \cdot \sec\left(\dfrac{kl}{2}\right) \cdot \sin kx - \dfrac{Qx}{P}$$

3 $P \le P_{cr}$일 때 중앙부 처짐

$$\delta_0 = y\left(\dfrac{l}{2}\right) = \dfrac{Q}{P \cdot k} \cdot \dfrac{\sin\left(\dfrac{kl}{2}\right)}{\cos\left(\dfrac{kl}{2}\right)} - \dfrac{Q \cdot l}{2P} = \dfrac{Q}{p \cdot k} \cdot \tan\left(\dfrac{kl}{2}\right) - \dfrac{Q \cdot l}{2P}$$

4 처짐비교(l = 3cm, P = 5kN, Q = 20kN)

$$E = 210000 \cdot \dfrac{10^{-3}}{(10^{-3})^2} = 2.1 \cdot 10^8 \text{kN/m}^2$$

$$k = \sqrt{\dfrac{P}{EI}} = \sqrt{\dfrac{5}{2.1 \cdot 10^8 \cdot 0.3 \cdot 0.5^3 / 12}} = 0.00276 \ (1/\text{m}^2)$$

$$\left\{ \begin{array}{l} \delta_1 = \dfrac{(2Q)l^3}{48EI} = \dfrac{(2 \cdot 20) \cdot 3^3}{48 \cdot 2.1 \cdot 10^8 \cdot 0.3 \cdot 0.5^3 / 12} = 3.42857 \cdot 10^{-5} \text{m} \\ \delta_2 = y(1.5) = 3.42859 \cdot 10^{-5} \text{m} \end{array} \right\} \rightarrow \dfrac{\delta_2}{\delta_1} = 1.00000686333$$

다음 그림과 같이 균일한 휨강성(EI)을 갖고 있는 보-기둥(beam-column)이 단순지지되어 있다. 양단에서 압축하중 P와 B점에서 모멘트 M_0를 받고 있다. 이 때 $P<P_{cr}$인 조건하에서 처짐곡선식 $y=f(x)$를 구하시오. (단, E는 재료의 탄성계수, I는 단면2차모멘트, l은 지간이다.)

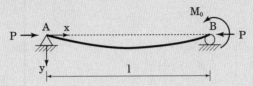

풀이

❶ 오일러 좌굴방정식

$$\left.\begin{array}{l} M = EIy'' \\[2mm] M = -Py - \dfrac{M_0}{l}x \end{array}\right\} \rightarrow y'' + k^2 y + \dfrac{k^2 M_0}{Pl}x = 0 \left(k = \sqrt{\dfrac{P}{EI}}\right)$$

$$\therefore y = A \cdot \sin kx + B \cdot \cos kx - \dfrac{M_0}{Pl}x$$

❷ 경계조건

$$\left.\begin{array}{l} y(0)=0 \ ; \ B=0 \\[2mm] y(l)=0 \ ; \ A \cdot \sin kl - \dfrac{M_0}{P} = 0 \end{array}\right\} \rightarrow \left\{\begin{array}{l} B=0 \\[2mm] A = \dfrac{M_0}{P \cdot \sin kl} \end{array}\right\}$$

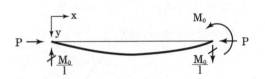

❸ 처짐곡선식

$$y = \dfrac{M_0}{P \cdot \sin kl} \cdot \sin kx - \dfrac{M_0}{Pl}x \left(k = \sqrt{\dfrac{P}{EI}}\right)$$

그림과 같은 골조의 자유단에 수직하중 P가 작용하는 경우 수직부재가 좌굴하기 시작할 때의 하중 P_k를 구하시오. (단, 수직부재의 좌굴형상은 포물선으로 가정)

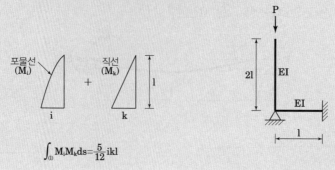

$$\int_{(l)} M_i M_k ds = \frac{5}{12} ikl$$

풀이 1. 미분 방정식 이용(정해)

1 기본사항

$$M_0 = \frac{2EI}{l}(2\theta_a) = \frac{4EI}{l}(\theta_a) \ (\text{from 보})$$

$$M_0 = P \cdot \Delta \ (\text{from 기둥})$$

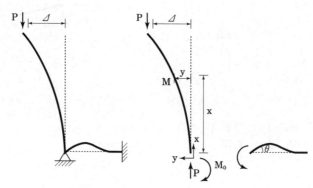

2 미분 방정식

$$\begin{cases} M(x) = -P \cdot y + M_o \\ M(x) = EI \cdot y'' \\ k^2 = P/EI \end{cases} \rightarrow \ y'' + k^2 y = \frac{k^2 M_o}{P}$$

$$y = A \sin kx + B \cos kx + \frac{M_0}{P} = A \sin kx + B \cos kx + \frac{4\theta_a}{l \cdot k^2}$$

3 경계조건

$$\begin{cases} y(0) = 0 \ ; \ B + \dfrac{4 \cdot \theta_a}{k^2 \cdot l} = 0 \\ y'(0) = \theta_a \ ; \ A \cdot k - \theta_a = 0 \\ y(2L) = \Delta = \dfrac{M_0}{P} \ : \ A \cdot \sin(2kl) + B \cdot \cos(2kl) = 0 \end{cases} \rightarrow \begin{bmatrix} 0 & 1 & \dfrac{4}{k^2 \cdot l} \\ k & 0 & -1 \\ \sin \ (2kl) & \cos \ (2kl) & 0 \end{bmatrix} \begin{bmatrix} A \\ B \\ \theta_a \end{bmatrix} = \begin{bmatrix} o \\ 0 \\ 0 \end{bmatrix}$$

4 Pcr산정 [25]

$\det(A)=0 \; ; \; kl=0.6989$

$P_{cr} = 0.48846 \dfrac{EI}{l^2}$

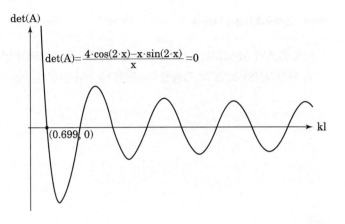

$\det(A) = \dfrac{4 \cdot \cos(2 \cdot x) - x \cdot \sin(2 \cdot x)}{x} = 0$

$(0.699, 0)$

풀이 ○ 2. 주어진 적분식 활용(근사해)

1 수직부재 지점 회전각

$\begin{cases} M_0 = \dfrac{2EI}{l}(2\theta_a) = \dfrac{4EI}{l}(\theta_a) \\ M_0 = P \cdot \Delta \end{cases} \rightarrow \quad \theta_a = \dfrac{P \cdot \Delta \cdot l}{4EI}$

2 수직부재 처짐(A 고정단 가정 시)

$y_b = \displaystyle\int_0^{2l} \dfrac{M_i \cdot m_k}{EI} dx$

$= \dfrac{5}{12EI}(P \cdot \Delta)(1 \cdot 2l)(2l) = \dfrac{5 \cdot P \cdot \Delta \cdot l^2}{3EI}$

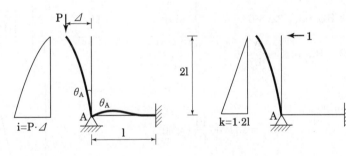

$i = P \cdot \Delta$

$k = 1 \cdot 2l$

3 수직부재 전체 처짐

$y(x) = y_b + x \cdot \theta_a = \dfrac{5 \cdot P \cdot \Delta \cdot l^2}{3EI} + \dfrac{P \cdot \Delta \cdot l}{4EI} \cdot x$

4 좌굴하중

$y(2l) - \Delta \; ; \; P_{cr} = \dfrac{6EI}{13l^2} = \dfrac{0.4615EI}{l^2}$

---

25) 초기값 설정에 따른 해의 수렴성 확인을 위해, 그래프를 plot해서 값이 일치하는지 확인해야 한다.

다음 골조의 A는 고정단, B, C, D는 힌지접합으로 연결되어 있다. 연직하중 P 가 무한강성의 보 BC에 작용할 때 극한하중 P를 산정하시오.

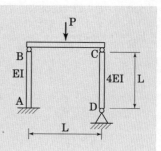

풀이

① 기둥 CD의 평형방정식

$$\frac{P}{2}\Delta = H \cdot L \quad \rightarrow \quad H = \frac{P}{2L}\Delta$$

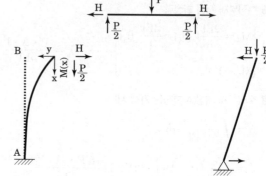

② 기둥 AB의 좌굴

$$\begin{cases} M = -H \cdot x - \frac{P}{2} \cdot y \\ M = EIy'' \\ k^2 = P/2EI \end{cases} \rightarrow \quad y'' + k^2 y = k^2\left(-\frac{\Delta}{L} \cdot x\right)$$

$$y = A \cdot \sin kx + B \cdot \cos kx - \frac{\Delta}{L} \cdot x$$

③ 경계조건

$$\begin{cases} y(0) = 0 \; ; \; B = 0 \\ y(L) = \Delta; \; A \sin kL + B \cos kL - 2\Delta = 0 \\ y'(L) = 0 \; ; \; A k \cos kL - B k \sin kL - \frac{\Delta}{L} = 0 \end{cases} \rightarrow \begin{bmatrix} 0 & 1 & 0 \\ \sin kL & \cos kL & -2 \\ k \cdot \cos kL & -k \cdot \sin kL & -\frac{1}{L} \end{bmatrix} \cdot \begin{bmatrix} A \\ B \\ \Delta \end{bmatrix} = \begin{bmatrix} 0 \\ 0 \\ 0 \end{bmatrix}$$

④ AB 기둥 좌굴하중

$$\begin{cases} \det(X) = 0 \; ; \; kL = 1.6556 \\ k = \sqrt{\dfrac{P}{2EI}} \end{cases} \rightarrow \quad P_{cr} = 2.71706 \frac{EI}{L^2} \text{(지배)}$$

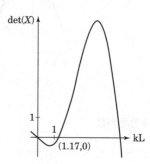

⑤ CD 기둥 좌굴하중

$$P_{cr} = \frac{\pi^2 \cdot 4EI}{L^2} = 39.4784 \cdot \frac{EI}{L^2}$$

참고

SWAY가 발생하지 않는 경우 좌굴하중

$$\begin{cases} \text{AB 기둥} : \; \dfrac{P_{cr}}{2} = \dfrac{\pi^2 EI}{(0.7L)^2} \rightarrow P_{cr} = \dfrac{40.2841}{L^2} \dfrac{EI}{L^2} \text{(지배)} \\ \text{BC 기둥} : \; \dfrac{P_{cr}}{2} = \dfrac{\pi^2 4EI}{L^2} \rightarrow P_{cr} = \dfrac{78.9568}{L^2} \dfrac{EI}{L^2} \end{cases}$$

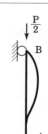

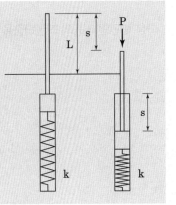

세장한 기둥 하부가 마찰이 없는 실린더에 설치되어 있으며 실린더 하부에 스프링으로 지지되어 있다. 실린더 상하부는 고정단으로 간주하므로 지면을 기준으로 하여 기둥의 상부는 캔틸레버 그리고 기둥하부는 양단 고정으로 간주한다. (단, s는 기둥의 끝단이 원점으로부터 아랫방향으로 움직인 변위이다.)

(1) 실린더 상부가 좌굴하지 않고 s＝L에 도달하기 위한 조건을 기둥의 강성 EI, 스프링 상수 k, 그리고 L로 표현하시오.

(2) 실린더 안에 위치하는 기둥하부가 좌굴하기 위한 조건을 제시하시오.

풀이

❶ 실린더 상부기둥 좌굴하지 않을 조건

$$\begin{cases} P_{cr} = \dfrac{\pi^2 EI}{(2 \cdot (L-s))^2} \\ P_{cr} \geq k \cdot s \end{cases} \rightarrow \quad \dfrac{\pi^2 EI}{(2 \cdot (L-s))^2} \geq k \cdot s$$

$$\begin{cases} f(s) = s \cdot (L-s)^2 \\ \dfrac{\partial f(s)}{\partial s} = 0 \end{cases} \rightarrow \quad s = \dfrac{L}{3} \text{일 때 } f(s)\text{가 극대값을 가지므로 } s = \dfrac{L}{3} \text{을 대입하면}$$

$$\dfrac{\pi^2 EI}{(2 \cdot (L-L/3))^2} \geq k \cdot \dfrac{L}{3} \rightarrow \dfrac{\pi^2 EI}{kL^2} > \dfrac{16}{27}$$

❷ 실린더 하부기둥 좌굴조건 [26]

$$P_{cr} = \dfrac{\pi^2 EI}{(0.5 \cdot s)^2} = k \cdot s \rightarrow s = \sqrt[3]{\dfrac{4\pi^2 EI}{k}} = 3.405 \cdot \sqrt[3]{\dfrac{EI}{k}}$$

---

26) 실린더 상하부를 고정단 취급하므로, 실린더 내 기둥은 양단 고정 거동이다.

다음 변단면 기둥의 좌굴하중을 계산하시오. (단, 변위 함수는 $y = a \sin \dfrac{\pi x}{L}$ 로 가정하시오.)

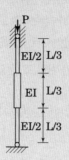

풀이 ○ 1 Rayleighy–Riz 방법 (근사해)

1 형상 함수

$$y = a \cdot \sin\left(\frac{\pi x}{L}\right), \quad y' = a \cdot \frac{\pi}{L}\cos\left(\frac{\pi x}{L}\right), \quad y'' = -a \cdot \left(\frac{\pi}{L}\right)^2 \sin\left(\frac{\pi x}{L}\right)$$

2 전포텐셜 에너지 [27)]

$$
\begin{cases}
V = -\dfrac{P}{2}\displaystyle\int (y')^2 dx = -\dfrac{P}{2}\displaystyle\int_0^L \left\{a\dfrac{\pi}{L}\cos\left(\pi\dfrac{x}{L}\right)\right\}^2 dx = -a^2\dfrac{\pi^2}{4L}P \\[4mm]
U = \displaystyle\int \dfrac{M^2}{2EI}dx = \displaystyle\int \dfrac{EI}{2}(y'')^2 dx = 2 \cdot \left(\displaystyle\int_0^{\frac{L}{3}} \dfrac{\left(\frac{EI}{2}\right)}{2}(y'')^2 dx + \displaystyle\int_{\frac{L}{3}}^{\frac{L}{2}} \dfrac{EI}{2}(y'')^2 dx\right) = \dfrac{19.5917}{L^3}a^2 EI \\[4mm]
\pi = U + V
\end{cases}
$$

3 좌굴하중

$$\frac{\partial \pi}{\partial a} = 0 \;\; ; \;\; P_{cr} = \frac{7.94 EI}{L^2} = \frac{\pi^2 EI}{(1.11L)^2}$$

풀이 ○ 2. 좌굴방정식 이용(정해)

1 구간별 좌굴방정식

① $0 \leq x \leq \dfrac{L}{3}$

$$
\begin{cases}
M_1 = -Py_1 \\[2mm]
M_1 = \dfrac{EI}{2} \cdot y_1'' \\[2mm]
k_1^2 = 2P/EI
\end{cases}
\;\rightarrow\;
\begin{aligned}
& y_1'' + k_1^2 \cdot y_1 = 0 \\[2mm]
& y_1 = A \cdot \sin k_1 x + B \cdot \cos k_1 x
\end{aligned}
$$

---

27) 참고 : $V = -P \cdot e = -P \cdot \displaystyle\int_0^L (1-\cos\theta)ds = -P \cdot \displaystyle\int_0^L \dfrac{\theta^2}{2}dx$

② $\dfrac{L}{3} \leq x \leq \dfrac{2L}{3}$

$$\left\{ \begin{array}{l} M_2 = -Py_2 \\ M_2 = EI \cdot y_2{}'' \\ k_2^2 = P/EI \end{array} \right\} \rightarrow \begin{array}{l} y_2{}'' + k_2^2 \cdot y_2 = 0 \left(k_2 = \dfrac{k_1}{\sqrt{2}} \right) \\[3mm] y_2{}'' = C \cdot \sin k_2 x + D \cdot \cos k_2 x = C \cdot \sin \dfrac{k_1}{\sqrt{2}} x + D \cdot \cos \dfrac{k_1}{\sqrt{2}} x \end{array}$$

❷ 경계조건

$$\left\{ \begin{array}{l} y_1(0) = 0 \\ y_1\left(\dfrac{L}{3}\right) - y_2\left(\dfrac{L}{3}\right) = 0 \\ y_2{}'\left(\dfrac{L}{2}\right) = 0 \\ y_1{}'\left(\dfrac{L}{3}\right) - y_2{}'\left(\dfrac{L}{3}\right) = 0 \end{array} \right\} \rightarrow \begin{bmatrix} 0 & 1 & 0 & 0 \\ \sin\dfrac{k_1 L}{3} & \cos\dfrac{k_1 L}{3} & -\sin\dfrac{\sqrt{2}\,k_1 L}{6} & -\cos\dfrac{\sqrt{2}\,k_1 L}{6} \\ 0 & 0 & \dfrac{\sqrt{2}\,k_1}{2} \cdot \cos\dfrac{\sqrt{2}\,k_1 L}{4} & -\dfrac{\sqrt{2}\,k_1}{2} \cdot \sin\dfrac{\sqrt{2}\,k_1 L}{4} \\ k_1\cos\dfrac{k_1 L}{3} & -k_1\sin\dfrac{k_1 L}{3} & -\dfrac{\sqrt{2}\,k_1}{2} \cdot \cos\dfrac{\sqrt{2}\,k_1 L}{6} & \dfrac{\sqrt{2}\,k_1}{2} \cdot \sin\dfrac{\sqrt{2}\,k_1 L}{6} \end{bmatrix} \begin{bmatrix} A \\ B \\ C \\ D \end{bmatrix} = 0$$

❸ kL 산정

$\det| X | = 0$; $k_1 L = 3.74514$

❹ 산정

$$P_{cr} = 7.013\dfrac{EI}{L^2} = \dfrac{\pi^2 EI}{(1.186L)^2}$$

그림과 같은 단면의 압축재에 대하여 물음에 답하시오. (단, -H형강 한 개의 단면 치수는 H-294×200×8 ×12, 단면적 A = 72.38cm², 강축에 대한 단면이차모멘트 $I_x = 11300 cm^4$, 약축에 대한 단면이차모멘트 $I_y = 1600 cm^4$, 압축재의 길이 1416cm, 재료의 탄성계수 E = 20500MPa, 두 개의 H형강은 충분히 접합되어서 일체로 거동한다고 볼 수 있음, 양단은 방향성이 없는 완전한 핀으로 되어 있음)

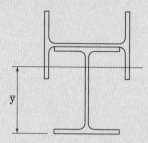

(1) 도심 거리 $\bar{y}$ 를 구하시오.
(2) 도심축에 대한 단면이차모멘트 I_x(강축), I_y(약축) 및 단면이차반경 r_x, r_y 를 구하시오.
(3) 오일러 좌굴응력도 σ_{cr}[MPa] 및 좌굴하중 P_{cr}[kN]을 구하시오.

풀이

❶ 기본사항

$$A = 7238 mm^2 \qquad I_x = 11300 \cdot 10^4 mm^4 \qquad I_y = 1600 \cdot 10^4 mm^4$$

❷ 도심

$$\bar{y} = \frac{A \cdot 294/2 + A \cdot (294+4)}{2A} = 222.5mm$$

❸ 단면2차모멘트 및 단면이차반경

$$\begin{cases} I_x(강축) = I_x + A \cdot (147 - \bar{y})^2 + I_y + A \cdot (298 - \bar{y})^2 = 2.11517 \times 10^8 mm^4 \\ I_y(약축) = I_x + I_y = 1.29 \times 10^8 mm^4 \end{cases}$$

$$\begin{cases} r_x = \sqrt{\dfrac{I_x(강축)}{2A}} = 120.878mm \\ r_y = \sqrt{\dfrac{I_y(약축)}{2A}} = 94.4mm \end{cases}$$

❹ σ_{cr} 및 P_{cr}

$$\begin{cases} \sigma_{cr,강축} = \dfrac{\pi^2 E}{\left(\dfrac{KL}{r_x}\right)^2} = 147.443MPa \\ \sigma_{cr,약축} = \dfrac{\pi^2 E}{\left(\dfrac{KL}{r_y}\right)^2} = 89.922MPa(지배) \end{cases}$$

$$\therefore P_{cr} = \sigma_{cr,약축} \cdot 2A = 1301.7kN$$

그림과 같은 트러스에 대하여 다음을 구하시오.

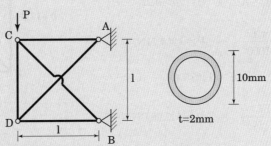

(1) 트러스의 축력을 계산하시오.
(2) 모든 부재의 단면의 조건이 다음과 같을 때, P가 증가하여 좌굴이 발생할 때 좌굴부재의 순서와 붕괴강도(P_{cr})를 구하시오. (단, 각 부재의 E, A, I는 동일하고, 강관직경 10mm 두께 t=2mm, l=1000mm, E=205000MPa, F_y=235MPa이며, 모든 부재는 오일러좌굴에 의해 좌굴이 발생하고, 면내 거동만 고려한다.)

풀이

■ 기본사항

$E = 205000\text{MPa}$

$A = \dfrac{\pi(10^2 - 6^2)}{4} = 50.2655\text{mm}^2$

$I = \dfrac{\pi}{64}(10^4 - 6^4) = 427.257\text{mm}^4$

$F_y = 235\text{MPa}$

■ 구조물 해석

① 평형매트릭스(A)

$$\begin{cases} P_1 = -Q_1 - \dfrac{1}{\sqrt{2}}Q_5 \\ P_2 = -Q_3 - \dfrac{1}{\sqrt{2}}Q_5 \\ P_3 = -Q_2 - \dfrac{1}{\sqrt{2}}Q_4 \\ P_4 = Q_3 + \dfrac{1}{\sqrt{2}}Q_4 \end{cases} \rightarrow A = \begin{bmatrix} -1 & 0 & 0 & 0 & -\dfrac{1}{\sqrt{2}} \\ 0 & 0 & -1 & 0 & -\dfrac{1}{\sqrt{2}} \\ 0 & -1 & 0 & -\dfrac{1}{\sqrt{2}} & 0 \\ 0 & 0 & 1 & \dfrac{1}{\sqrt{2}} & 0 \end{bmatrix}$$

② 부재 강도매트릭스(S)

$$S - \begin{bmatrix} 1 & & & & \\ & 1 & & & \\ & & 1 & & \\ & & & \dfrac{1}{\sqrt{2}} & \\ & & & & \dfrac{1}{\sqrt{2}} \end{bmatrix} \cdot \dfrac{EA}{1000}$$

③ 부재력(Q)

$$Q = SA^T(ASA^T)^{-1}[0 \quad P \quad 0 \quad 0]^T$$
$$= [0.5598\ P \quad -0.4422\ P \quad -0.4422\ P \quad 0.6254\ P \quad -0.7888\ P]^T$$

④ 부재 좌굴-항복 여부 검토

AC : $0.5598P = F_y \cdot A \rightarrow P = 21178.4N$

CD, BC :
$$\begin{cases} 0.4422P = F_y \cdot A \rightarrow P = 26710.2N \\ 0.4422P = \dfrac{\pi^2 EI}{1000^2} \rightarrow P = 1954.71N \end{cases}$$

BC :
$$\begin{cases} 0.7888P = F_y \cdot A \rightarrow P = 14975.4N \\ 0.7888P = \dfrac{\pi^2 EI}{\left(1000\sqrt{2}\right)^2} \rightarrow P = 547.964N(지배) \end{cases}$$

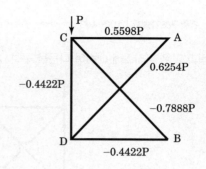

❸ BC 좌굴 후 거동 [28]

CD, BC :
$$\begin{cases} P = F_y \cdot A \rightarrow P = 11812.4N \\ P = \dfrac{\pi^2 EI}{1000^2} \rightarrow P = 864.455N(지배) \end{cases}$$

∴ 좌굴순서 : BC → CD, BD

봉괴하중 : P = 864.455N

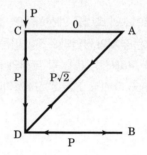

----

28) BC부재 좌굴 시 구조부재로서 힘 저항능력을 잃게 된다.(탄소성 해석과 다름)

다음과 같은 구조물에서 보AB에 하중 ω를 증가시켜 기둥 CD가 탄성좌굴(P_{cr})할 때 붕괴되는 것으로 가정하여 ω_{cr}을 구하시오. (단, 기둥 CD의 축방향 변형을 고려하며, ω_{cr}는 기둥 CD가 좌굴할 때의 AB보의 등분포하중 임)

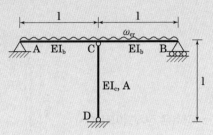

풀이

1 CD기둥 좌굴하중(r_{cr})

$$R_{cr} = \frac{\pi^2 EI_c}{L^2}$$

2 AB 보 부정정력(R)

$$
\begin{cases}
\delta_1 = \dfrac{5\omega(2L)^4}{384EI_b} - \dfrac{R(2L)^3}{48EI_b} \\[3mm]
\delta_2 = \dfrac{RL}{EA} \\[3mm]
\delta_1 = \delta_2
\end{cases}
\rightarrow \quad R = \frac{5AL^3\omega}{4\left(AL^2 + 6I_b\right)}
$$

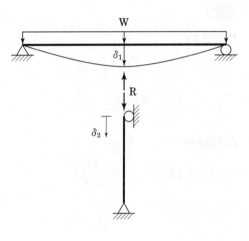

3 ω_{cr} 산정

P=R_{cr}일 때 등분포 하중 ω_{cr}를 구하면

$$\omega_{cr} = \frac{4EI_c\pi^2\left(AL^2 + 6I_b\right)}{5AL^5}$$

그림 (a), (b)와 같이 단순지지인 압축재가 그림 (c)와 같은 H-형강으로 구성되어 있고 중심압축력을 받고 있다. 강축에 대한 오일러좌굴하중[$(P_{cr})_x$]과 약축에 대한 오일러 좌굴하중[$(P_{cr})_y$]이 같아지기 위한 H-형강의 플랜지의 폭(b_f)을 구하시오.

[검토조건]

- 부재의 항복강도 : 235MPa
- 부재의 탄성계수 : 205000MPa
- 압축재의 전체총길이 : 6000mm, 강축은 전체길이로 지지
- 약축은 중앙 3000mm에서 횡지지
- 길이단위는 mm임

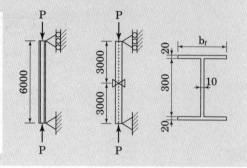

풀이

1 단면성능

$$I_x = \frac{b_f \cdot 340^3}{12} - \frac{(b_f - 10) \cdot 300^3}{12}$$

$$I_y = 2 \times \left(\frac{20 \cdot b_f^3}{12} \right) + \frac{300 \cdot 10^3}{12}$$

2 좌굴하중

① 강축방향 : $P_{cr,x} = \dfrac{\pi^2 E I_x}{6000^2}$

② 약축방향 : $P_{cr,y} = \dfrac{\pi^2 E I_y}{3000^2}$

3 플랜지 폭(b_f)

$P_{cr,x} = P_{cr,y}$; $b_f = 287.646 \text{mm}$

그림과 같이 지지된 일정한 단면의 압축재가 축방향 하중 P에 의해서 좌굴이 발생하여 축방향으로 λ 만큼의 수직변위가 발생한 경우 수직변위 λ를 구하시오. (단, 압축력에 의해 부재의 길이가 줄어드는 것은 무시하며, EI는 일정함)

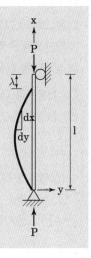

풀이

1 오일러 좌굴방정식

$$\left.\begin{array}{l} M = -P \cdot y \\ EIy'' = M \end{array}\right\} \rightarrow EIy'' = -Py$$

$$y'' + k^2 y = 0 \left(k^2 = \frac{P}{EI}\right)$$

$$y = A\sin kx + B\cos kx$$

2 경계조건

$$\left.\begin{array}{l} y(0) = 0 \ ; \ B = 0 \\ y(1-\lambda) = 0 \ ; \ A\sin(k(1-\lambda)) = 0 \end{array}\right\}$$

$$\rightarrow \quad A \neq 0 \ \text{이므로} \quad k(1-\lambda) = n\pi \ (n = 1일 때 최소)$$

3 수직변위

$$k = \frac{\pi}{1-\lambda} = \sqrt{\frac{P}{EI}}$$

$$\therefore \lambda = 1 - \pi \cdot \sqrt{\frac{EI}{P}}$$

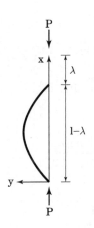

다음 그림과 같이 자중을 무시할 수 있는 수평 강체봉 BC를 두 개의 강철 장주로 지지한 구조물이 있다. B단을 지지한 기둥은 직경 25mm의 원형 단면봉이고, C단을 지지한 기둥은 25mm×25mm의 정사각형 단면봉이다. 이 때, 다음 값들을 구하시오.

(1) 집중하중 Q_{cr}이 최대값이 되게 하는 x의 값
(2) 집중하중 Q_{cr}의 최대값

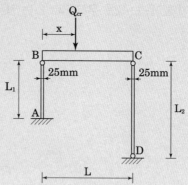

[조건]

- 강재의 탄서계수 $R_s = 2.1 \times 10^5 MPa$
- $L_1 = 1.2m$, $L_2 = 1.5m$, $L = 9m$
- A는 고정지점 B, C, D는 힌지 지점

풀이

■ 기본사항

$$E = 2.1 \times 10^8 kN/m^2$$

$$I_1 = \frac{\pi \cdot 0.025^4}{64} = 1.9175 \times 10^{-8} m^4$$

$$I_2 = \frac{0.025^4}{12} = 3.255 \times 10^{-8} m^4$$

② 기둥 AB

$$Q_{cr} \cdot \left(1 - \frac{x}{0.9}\right) = \frac{\pi^2 EI_1}{(0.7 \cdot 1.2)^2} \qquad \cdots ⓐ$$

③ 기둥 CD

$$Q_{cr} \cdot \left(\frac{x}{0.9}\right) = \frac{\pi^2 EI_2}{(1.5)^2} \qquad \cdots ⓑ$$

④ $Q_{cr,max}$ 및 x

ⓐ, ⓑ를 연립하면

$$x = 0.3127 mm$$

$$Q_{cr,max} = 86.308 kN$$

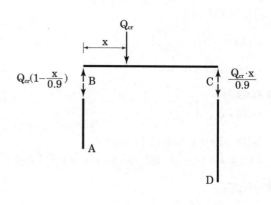

다음 그림과 같은 뼈대(frame)구조물의 임계하중(P_{cr})을 구하시오. (단, 모든 부재의 E와 I는 일정, 각 부재의 길이(l)는 동일함)

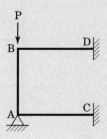

풀이

1 BD부재 처짐각

$$M_0 = \frac{2EI}{L}(2\theta) \; ; \quad \theta = \frac{M_0 L}{4EI}$$

2 미분방정식

$$M = -Py + M_0 = EIy''$$

$$y'' + k^2 y - \frac{M_0}{EI} = 0 \left(k^2 = \frac{P}{EI}\right)$$

$$y = A \cdot \sin kx + B \cdot \cos kx + \frac{M_0}{k^2 EI}$$

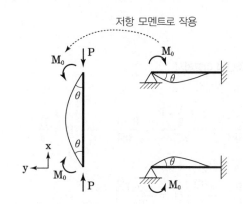

저항 모멘트로 작용

3 경계조건

$$\begin{cases} y(0) = 0 \; ; \; B + \dfrac{M_0}{k^2 EI} = 0 \\[2mm] y(L) = 0 \; ; \; A \cdot \sin kL + B\cos kL + \dfrac{M_0}{k^2 EI} = 0 \\[2mm] y'(0) = \theta \; ; \; A \cdot k - \dfrac{M_0 L}{4EI} = 0 \end{cases} \rightarrow \begin{bmatrix} 0 & 1 & \dfrac{1}{k^2 EI} \\[2mm] \sin kL & \cos kL & \dfrac{1}{k^2 EI} \\[2mm] k & 0 & -\dfrac{L}{4EI} \end{bmatrix} \begin{bmatrix} A \\ B \\ M_0 \end{bmatrix} = \begin{bmatrix} 0 \\ 0 \\ 0 \end{bmatrix}$$

4 좌굴하중

$$\begin{cases} \det(A) = 0 \; ; \; kL = 4.577859 \\[2mm] k^2 = \dfrac{P}{EI} \end{cases} \rightarrow P_{cr} = \frac{20.95679 EI}{L^2} = \frac{\pi^2 EI}{(0.68625L)^2}$$

참고

계산기 사용 tip

$\det(A) = \dfrac{4 + k \cdot \sin(kL) - 4 \cdot \cos(kL)}{4kEI}$에서

$kl = x$ and $k = \dfrac{x}{l}$ 같이 변수를 대입하면 편리하다.

$$\det\left(\begin{bmatrix} 0 & 1 & \dfrac{1}{k^2 \cdot ei} \\[2mm] \sin(k \cdot l) & \cos(k \cdot l) & \dfrac{1}{k^2 \cdot ei} \\[2mm] k & 0 & \dfrac{-1}{4 \cdot ei} \end{bmatrix}\right) \begin{array}{l} | \; kl = a \; \text{and} \\ \quad k = \dfrac{x}{l} \end{array}$$

$$\text{solve}\left(\frac{-1 \cdot (4 \cdot \cos(x) - x \cdot \sin(x) - 4)}{4 \cdot ei \cdot x} = 0, x\right)$$

다음 그림과 같은 구조물에서 기둥 BD가 좌굴하기 위한 하중 P의 크기를 구하시오. (단, 구조물의 탄성계수는 E, 보 ABC의 횡좌굴은 기둥 BD가 좌굴할 때까지는 발생하지 않고 응력은 탄성상태를 유지하는 것으로 한다.)

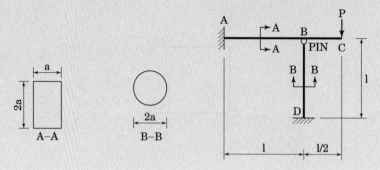

풀이

❶ 기둥 축변형 미고려시

① 기둥 부재력

$$\frac{P \cdot l^3}{3EI} + \frac{P \cdot \frac{1}{2} \cdot l^2}{2EI} = \frac{R \cdot l^3}{3EI} \quad \rightarrow \quad R = \frac{7P}{4}$$

② 좌굴하중

$$\frac{7P}{4} = \frac{\pi^2 EI_c}{(0.7l)^2} \left(I_c = \frac{\pi(2a)^4}{64} \right)$$

$$P_{cr} = 9.04 \frac{a^4 E}{l^2}$$

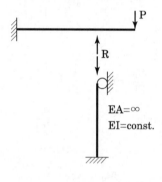

EA=∞
EI=const.

❷ 기둥 축변형 고려시

① 기둥 부재력

$$\left\{ \begin{array}{l} M_1 = -Px \\ M_2 = -P\left(\frac{1}{2}+x\right) + Rx \end{array} \right\} \rightarrow U = \int_0^{1/2} \frac{M_1^2}{2EI_b}dx + \int_0^1 \frac{M_2^2}{2EI_b}dx + \frac{R^2 l}{2EA_b}$$

$$A = \pi a^2, \quad I_b = \frac{a(2a)^3}{12}$$

$$\frac{\partial U}{\partial R} = 0 \ ; \ R = \frac{7Pl^2\pi}{4(2a^2 + \pi l^2)}$$

② 좌굴하중

$$R = \frac{\pi^2 \cdot E \cdot I_c}{(0.7l)^2} \left(I_c = \frac{\pi(2a)^4}{64} \right)$$

$$P_{cr} = 9.04 \frac{Ea^4}{l^2} + 5.755 \frac{a^6 E}{l^4}$$

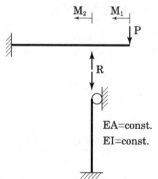

EA=const.
EI=const.

그림과 같은 구조에서 기둥 BC의 길이 $l=3.7\text{m}$일 때, 좌굴에 의해 B점에 횡변위가 발생하지 않도록 하기 위한 허용가능 최대수평하중 를 결정하시오. (단, 허용응력은 다음 근사공식을 사용한다.)

$$\sigma_{allow} = \frac{\sigma_Y}{2}\left(1-0.5\times\left(\frac{\lambda}{\lambda_c}\right)^2\right), \quad E=200,000\text{MPa}, \quad \sigma_Y=350\text{MPa}$$

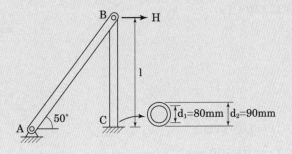

풀이

1 단면성능 [29]

$$\begin{cases} A = \dfrac{\pi}{4}\left(90^2-80^2\right)=1335.18\text{mm}^2 \\[2mm] I = \dfrac{\pi}{64}\left(90^4-80^4\right)=1.21\cdot10^6\text{mm}^4 \\[2mm] r = \sqrt{\dfrac{I}{A}}=30.104\text{mm} \\[2mm] L_e = KL = 0.7\cdot3700=2590\text{mm} \end{cases} \rightarrow \begin{cases} \lambda_c = \sqrt{\dfrac{\pi^2 E}{\dfrac{\sigma_Y}{2}}}=106.205 \\[4mm] \lambda = \dfrac{L_e}{r}=86.0351\,(<\lambda_c,\ \text{단주, 중간주}) \end{cases}$$

2 최대 수평하중

$P_{max} = H_{max}\cdot\tan50°$

$P_{allow} = \sigma_{allow}\cdot A$

$\quad = \dfrac{350}{2}\left(1-0.5\cdot\left(\dfrac{86.0351}{106.205}\right)^2\right)\cdot1335.18 = 156989\text{N}$

$P_{max} \le P_{allow}$; $\therefore H_{max}=131730\text{N}=131.73\text{kN}(\rightarrow)$

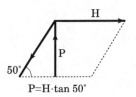

---

29) 유효 좌굴길이 L_e는 fix-pin 조건으로 적용

그림과 같은 단면을 가진 양단 pin 기둥(장주)의 오일러 좌굴하중과 좌굴 응력을 구하시오. (단 H−200×200×8×12의 $A = 6353mm^2$, $I_x = 4.72×10^7mm^4$, $I_y = 1.60×10^7mm^4$, H−150×100×6×9의 $A = 2684mm^2$, $I_x = 1.02×10^7mm^4$, $I_y = 0.151×10^7mm^4$, 기둥의 길이 l = 10m, 강재의 탄성계수는 E = 210GPa)

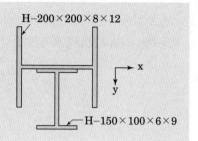

풀이

❶ 개별단면 성능

$$I_{x1} = 4.72 \cdot 10^7 mm^4 \qquad I_{y1} = 1.6 \cdot 10^7 mm^4$$

$$A_1 = 6353 mm^2 \qquad I_{x2} = 1.02 \cdot 10^7 mm^4$$

$$I_{y2} = 0.151 \cdot 10^7 mm^4 \qquad A_2 = 2684 mm^2$$

❷ 합성단면 성능

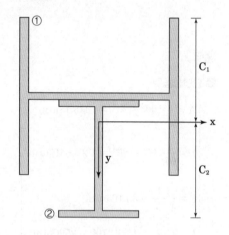

$$c_1 = \frac{A_1 \cdot 100 + A_2 \cdot \left(100 + \frac{8}{2} + \frac{150}{2}\right)}{A_1 + A_2} = 123.463 mm$$

$$c_2 = 100 + \frac{8}{2} + 150 - c_1 = 130.537 mm$$

$$I_x = I_{y1} + A_1 \cdot (c_1 - 100)^2 + I_{x2} + A_2 \cdot (c_2 - 75)^2$$
$$= 3.79758 \cdot 10^7 mm^4$$

$$I_y = I_{x1} + I_{y2} = 4.871 \cdot 10^7 mm^4$$

❸ 좌굴하중, 좌굴응력

$$P_{cr} = \min [P_{cr,x}, \ P_{cr,y}]$$

$$= \min \left[\frac{\pi^2 EI_x}{L^2} \quad \frac{\pi^2 EI_y}{L^2} \right] = \frac{\pi^2 EI_x}{L^2} = 787098N = 787.093kN$$

$$\sigma_{cr} = \frac{P_{cr}}{A_1 + A_2} = 87.0968 MPa$$

아래 그림과 같이 기둥 하단부가 힌지로 지지된 뼈대구조가 횡방향 변위가 발생하면서 좌굴이 되는 경우의 좌굴하중을 구하시오. (단, 모든 부재의 길이와 휨강성은 각각 L과 EI로 일정하며, 부재의 축방향 변형과 전단변형 효과는 무시한다.)

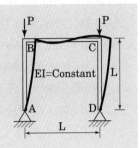

풀이

1 횡변위-회전각 관계

$$\begin{cases} \text{보 BC} : M_{BA} = \dfrac{2EI}{L}(2\theta_B + \theta_C) = \dfrac{6EI}{L}\theta \\ \text{기둥 AB} : \Sigma M_A = 0 \ ; \ P \cdot \delta - M_{BA} = 0 \end{cases} \rightarrow \ \delta = \dfrac{6EI\theta_B}{PL} = \dfrac{6\theta_B}{k^2 L}$$

2 오일러 방정식

$$\begin{cases} M = EIy'' \\ M = -P \cdot y \end{cases} \rightarrow \ y'' + k^2 y = 0 \left(k^2 = \dfrac{P}{EI} \right)$$

$$y = A \cdot \sin kx + B \cdot \cos kx$$

3 경계조건

$$\begin{cases} y(0) = 0 \ ; \ B = 0 \\ y(L) = \delta \ ; \ A \cdot \sin kL - \dfrac{6\theta_B}{k^2 L} = 0 \\ y'(L) = \theta_B \ ; \ Ak \cdot \cos kL - \theta_B = 0 \end{cases} \rightarrow \ \begin{bmatrix} \sin kL & -\dfrac{6}{k^2 L} \\ k \cdot \cos kL & -1 \end{bmatrix} \begin{bmatrix} A \\ \theta_B \end{bmatrix} = \begin{bmatrix} 0 \\ 0 \end{bmatrix}$$

4 좌굴하중(det(A) = 0)

$$\det\left(\begin{bmatrix} \sin kL & -\dfrac{6}{k^2 L} \\ k \cdot \cos kL & -1 \end{bmatrix} \right) = \dfrac{6 \cdot \cos(kL) - kL \cdot \sin(kL)}{kL} = 0$$

$$kL = 1.34955$$

$$P_{cr} = 1.82129 \cdot \dfrac{EI}{L^2} \cong \dfrac{\pi^2 EI}{(2.32788 \ L)^2}$$

그림과 같이 기둥 AC와 기둥 DE의 상단은 강체 BD에 핀으로 연결되어 있고, 기둥 AC와 기둥 DE의 하단은 각각 고정단 및 핀으로 지지되어 있으며, 두 기둥 모두 20×20[mm]의 정사각형 단면을 가지고 있다. 두 기둥이 항복응력 또는 탄성좌굴응력에 도달하면 파괴된다고 가정하였을 때, 두 기둥이 동시에 파괴되도록 하는 하중 Q의 값과 거리 x를 구하시오. (단, 하중 Q는 C점으로부터 오른쪽으로 x만큼 떨어진 곳에 작용하며, 두 기둥의 탄성계수는 200GPa이고, 항복응력은 100MPa이다) (25점)

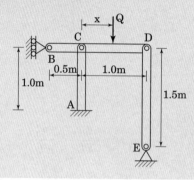

풀이

❶ 반력산정

$$\begin{cases} \Sigma M_D = 0 \ ; \ R_1 \cdot 0.5 + R_2 \cdot 1.5 = Q \cdot (0.5 + x) \\ \Sigma V = 0 \ ; \ R_1 + R_2 = Q \end{cases} \rightarrow \begin{array}{l} R_1 = Q - Q \cdot x \\ R_2 = Q \cdot x \end{array}$$

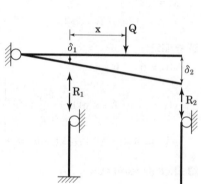

❷ 항복하중

$$\begin{cases} \text{AC 항복} : \ \dfrac{R_1}{A} = 100\text{MPa} = 100{,}000\text{kN/m}^2 \ \rightarrow \ Q_1 = \dfrac{40}{1-x} \quad \text{...①} \\[3mm] \text{DE 항복} : \ \dfrac{R_2}{A} = 100\text{MPa} = 100{,}000\text{kN/m}^2 \ \rightarrow \ Q_2 = \dfrac{40}{x} \quad\quad \text{...②} \end{cases}$$

❸ 좌굴하중

$$\begin{cases} \text{AC 좌굴} : \ R_1 = \dfrac{\pi^2 \cdot E \cdot I}{(0.7 \cdot 1)^2} \ \rightarrow \ Q_3 = \dfrac{53.7121}{1-x} \quad \text{...③} \\[4mm] \text{DE 좌굴} : \ R_2 = \dfrac{\pi^2 \cdot E \cdot I}{1.5^2} \ \rightarrow \ Q_4 = \dfrac{11.6973}{x} \quad\quad \text{...④} \end{cases}$$

❹ 파괴형태 조합

$$\begin{cases} \text{AC 항복(①), DE 항복(②)} \ ; \ x = 0.5\text{m}, \quad Q = 80\text{kN} \\ \text{AC 항복(①), DE 좌굴(④)} \ ; \ x = 0.226\text{m}, \quad Q = 51.697\text{kN (지배)} \\ \text{AC 좌굴(③), DE 항복(②)} \ ; \ x = 0.4268\text{m}, \quad Q = 93.712\text{kN} \\ \text{AC 좌굴(③), DE 좌굴(④)} \ ; \ x = 0.1788\text{m}, \quad Q = 65.409\text{kN} \end{cases}$$

다음 L형 단면을 갖는 하단고정 상단자유인 기둥의 길이는 3m이다. 이 경우 Euler좌굴하중을 구하시오. (단, 탄성계수 $E = 2.0 \times 10^5$ MPa이고, 하중 P는 도심에 작용하며, 모든 계산결과는 소수점 셋째 자리에서 반올림한다) (20점)

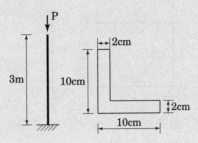

풀이

1 기본사항

$$c = \frac{20 \cdot 100 \cdot 10 + 80 \cdot 20 \cdot 60}{20 \cdot 100 + 80 \cdot 20} = 32.22 \text{mm}$$

$$I_x = I_y = \frac{100 \cdot 20^3}{12} + \frac{20 \cdot 80^3}{12} + 20 \cdot 100 \cdot (c-10)^2 + 80 \cdot 20 \cdot (c-60)^2$$

$$I_{xy} = 100 \cdot 20 \cdot (50-c) \cdot (-c+10) + 80 \cdot 20 \cdot (-c+10) \cdot (60-c)$$

$$= -1.778 \cdot 10^6 \text{mm}^4$$

$$I_{1,2} = \frac{I_x + I_y}{2} \pm \sqrt{\left(\frac{I_x - I_y}{2}\right)^2 + (I_{xy})^2} = 4.92 \cdot 10^6 \text{mm}^4$$

$$1.364 \cdot 10^6 \text{mm}^4 \left(I_{min}\right)$$

$$\theta_p = \frac{1}{2} \cdot \tan^{-1}\left(\frac{2 \cdot I_{xy}}{I_x - I_y}\right) = \pm 45°$$

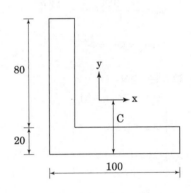

2 좌굴하중

$$P_{cr} = \frac{\pi^2 \cdot E \cdot I_{min}}{(2 \cdot 3000)^2} = 74814 \text{N} = 74.814 \text{kN}$$

그림 (a)와 같은 구조물에서 축방향 집중 하중 P가 기둥 AB에 작용한다. 이 구조는 그림 (b)와 같이 A, B에서 회전 스프링에 의해 탄성 지지된 기둥으로 볼 수 있다. (총 20점)

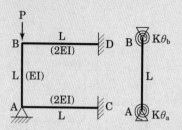

(1) 절점 A, B의 회전 스프링의 회전 강성도($k\theta_a$, $k\theta_b$)를 구하시오. (10점)
(2) 좌굴 하중 P_{cr}의 값을 구하시오. (10점)

풀이

❶ 회전 강성도

$$M_0 = \frac{2 \cdot 2EI}{L}(2\theta_a) = \frac{8EI\theta}{L}$$

$$\therefore k\theta_a = k\theta_b = \frac{8EI}{L}$$

❷ 미분방정식

$$\left\{ \begin{array}{l} M = -P \cdot y + M_0 \\ M = EIy'' \\ k^2 = \dfrac{P}{EI} \end{array} \right\}$$

$$\rightarrow \quad y = A \cdot \sin kx + B \cdot \cos kx + \frac{M_0}{P}$$

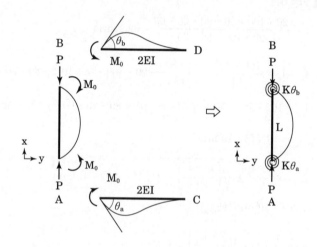

❸ 경계조건

$$\left\{ \begin{array}{l} y(0) = 0 \ ; \ B + \dfrac{M_0}{P} = 0 \\[2mm] y'\left(\dfrac{L}{2}\right) = 0 \ ; \ A \cdot k \cdot \cos\left(\dfrac{kL}{2}\right) - B \cdot k \cdot \sin\left(\dfrac{kL}{2}\right) = 0 \\[2mm] y'(0) = \theta \ ; \ A \cdot k = \theta\left(= \dfrac{M_0}{8EI} = \dfrac{M_0 \cdot k^2 \cdot L}{8P}\right) \end{array} \right\}$$

$$\rightarrow \begin{bmatrix} 0 & 1 & \dfrac{1}{P} \\[2mm] k \cdot \cos\dfrac{kL}{2} & k \cdot \sin\dfrac{kL}{2} & 0 \\[2mm] k & 0 & -\dfrac{k^2L}{8P} \end{bmatrix} \begin{bmatrix} A \\ B \\ M_0 \end{bmatrix} = \begin{bmatrix} 0 \\ 0 \\ 0 \end{bmatrix}$$

❹ 좌굴하중

$$\det(A) = 0 \ ; \quad (\text{초기조건} : 0 < kL < 6) \quad \rightarrow \quad kL = 5.1409 = \sqrt{\frac{P}{EI}} \cdot L$$

$$P_{cr} = \frac{20.4285EI}{L^3} = \frac{\pi^2 EI}{(0.611L)^2}$$

참고 계산시 사용시 주의사항(삼각함수의 근사해)

det(A)=0에서 초기조건을 부여하지 않을 경우 해는 kL=6.28319로 나오게 된다. 이러한 현상의 원인은 근사 계산 시 Newton Rapson Method 해법 특성 상 초기값 설정에 따라 수렴하는 해가 달라질 수 있기 때문이다. det(A)=8 · cos(kL)−sin(kL)−8를 그래프로 그려서 해를 Trace 해보면 5근방에서 해가 형성됨을 알 수 있다. 따라서 삼각함수의 근사해를 구할 경우 초기값 설정이 중요하며, 그래프를 통해 해를 검증할 필요가 있다. (본 문제의 경우 초기값을 0~6 사이로 지정하면 올바른 해를 얻을 수 있다.)

① 초기값 범위 지정 시− 미지정 시 해 비교

$$\text{solve}\left(\det\left(\begin{bmatrix} 0 & 1 & \dfrac{1}{k^2 \cdot ei} \\ \sin(k \cdot l) & \cos(k \cdot l) & \dfrac{1}{k^2 \cdot ei} \\ k & 0 & \dfrac{-1}{8 \cdot ei} \end{bmatrix}\right)=0,\, kl\, \middle|\, k=\dfrac{kl}{l}\ \text{ and }\ 0<kl<6\right)$$ 초기값 범위 지정 시

$o<kl<6$ and $l=0$ or $kl=1.E^{-}38$ and $ei \neq 0$ or $kl=5.14086$ and $ei \neq 0$

$$\text{solve}\left(\det\left(\begin{bmatrix} 0 & 1 & \dfrac{1}{k^2 \cdot ei} \\ \sin(k \cdot l) & \cos(k \cdot l) & \dfrac{1}{k^2 \cdot ei} \\ k & 0 & \dfrac{-1}{8 \cdot ei} \end{bmatrix}\right)=0,\, kl\, \middle|\, k=\dfrac{kl}{l}\right)$$ 초기값 범위 미지정 시

$kl=1.17549E^{-}38$ and $ei \neq 0$ or $kl=6.28319$ and $ei \neq 0$ or $kl=10.7081$ and $ei \neq 0$ or $kl=12.5664$ and $ei \neq 0$ or $kl=16.6059$ and $ei \neq 0$ or $kl=1$

② 그래프를 이용한 근사해 확인

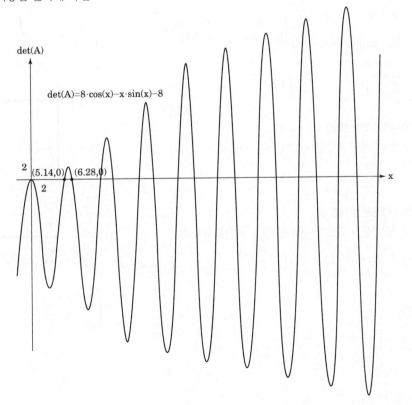

다음 그림과 같이 수평보 BD는 휨강성이 각각 4EI와 EI인 기둥 AB와 CD로 지지된다. 지점 A는 고정이고, 지점 C는 힌지이며, B와 D는 힌지연결부로 되어 있다. 지면 내 평면에서 좌굴이 발생한다고 가정할 때 다음 물음에 답하시오. (총 15점)

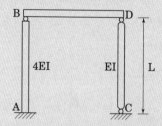

(1) B지점의 보에 수직하중 P가 작용하는 경우 임계하중(P_{cr})을 구하시오. (5점)

(2) D지점의 보에 수직하중 P가 작용하는 경우, 기둥 CD부재에서 휨 변형이 발생하는 경우와 발생하지 않는 경우의 좌굴 모드를 설명하고, 각각의 임계하중(P_{cr})을 구하시오. (10점)

풀이

■ B지점 P 작용

$$\left\{\begin{array}{l} M = 4EIy'' \\ M = -P \cdot y \\ k^2 = P/4EI \end{array}\right\} \rightarrow y = A \cdot \sin kx + B \cdot \cos kx$$

$$\left\{\begin{array}{l} y(0) = 0 \;;\; -B = 0 \\ y'(L) = 0 \;;\; Ak \cdot \cos kL = 0 \end{array}\right\} \rightarrow \begin{bmatrix} 0 & -1 \\ k \cdot \cos kL & 0 \end{bmatrix}\begin{bmatrix} A \\ B \end{bmatrix} = 0$$

$$\det(A) = 0 \;;\; -k\cos kL = 0$$

$$kL = \frac{\pi}{2} = \sqrt{\frac{P}{4EI}} \cdot L \rightarrow P_{cr} = \frac{\pi^2 EI}{L^2}$$

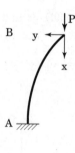

■ D점 P 작용(CD부재 휨변형 발생)

Sway 발생 전에 CD기둥 좌굴발생 (양단 단순접합)

$$P_{cr} = \frac{\pi^2 EI}{L^2}$$

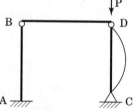

■ D점 P 작용(CD부재 휨변형 미발생)

Sway 발생 시 AB기둥의 휨변형 능력에 의해 저항(골조효과)

$$\left\{\begin{array}{l} \Sigma AM_c = 0 \;;\; P \cdot \Delta = H \cdot L \rightarrow H = \frac{P \cdot \Delta}{L} \\ \Delta = \frac{H \cdot L^3}{3 \cdot 4EI} \end{array}\right\} \rightarrow P = \frac{12EI}{L^2}$$

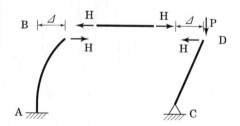

아래 그림에서와 같이 길이 L, 강성도 EI(E : 탄성계수, I : 관성모멘트)인 기둥 AB가 하단 지점 A에 고정되어 있고, 기둥의 상단 B에 완전하게 부착된 원통형 컨테이너 C가 있다. 이 컨테이너의 단면적은 A_c이며 비중량 $\gamma(\gamma = \rho g$, ρ는 밀도이고 g는 중력가속도이다)의 모래가 천천히 충진되어 기둥의 좌굴(Buckling)을 유발한다. 아래 두 그림에서와 같이 충진되는 모래 표면이 평평하게 유지된다고 가정할 때 다음 물음에 답하시오. (총 30점)

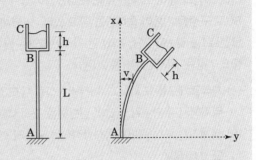

(1) 위 그림과 같은 좌굴된 기둥의 모양으로부터 처짐곡선 v의 미분방정식과 경계조건을 구성하시오. (16점)

(2) 앞에서 구한 미분방정식과 경계조건으로부터 기둥의 좌굴을 발생시키는 모래의 높이 h를 구하는 식이 다음과 같이 됨을 보이시오. (14점)

$$\left(\frac{\alpha h}{L}\right)^{\frac{3}{2}} \cdot \tan\left(\frac{\alpha h}{L}\right)^{\frac{1}{2}} - 2\alpha = 0 \quad \left(\text{여기서, 무차원수} \quad \alpha = \frac{\gamma A_c L^3}{EI}\right)$$

풀이

1 기본사항

$$P = \gamma \cdot A_C \cdot h \qquad\qquad M_0 = P(\Delta + \Delta h) = P\left(\Delta + \frac{h}{2} \cdot \theta\right)$$

$$\Delta h = \frac{h}{2} \cdot \sin\theta \cong \frac{h}{2} \cdot \theta \qquad \alpha = \frac{\gamma \cdot A_c \cdot L^3}{EI}$$

$$k = \sqrt{\frac{P}{EI}} = \sqrt{\frac{\alpha h}{L^3}}$$

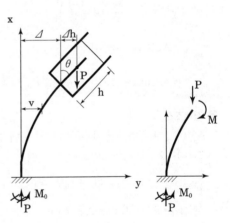

2 처짐곡선 미분방정식

$$\begin{cases} M = -P \cdot v + M_0 \\ M = EIv'' \end{cases} \rightarrow \begin{aligned} & v'' + k^2 \cdot v = k^2 \cdot \left(\Delta + \frac{h}{2} \cdot \theta\right) \\ & v = A \cdot \cos kx + B \cdot \sin kx + \Delta + \frac{h}{2} \cdot \theta \end{aligned}$$

3 경계조건

$$\begin{cases} v(0) = 0 \; ; \; A + \Delta + \frac{h}{2} \cdot \theta = 0 \\ v(L) = \Delta \; ; \; A \cdot \cos kL + B \cdot \sin kL + \frac{h}{2} \cdot \theta = 0 \\ v'(0) = 0 \; ; \; B \cdot k = 0 \\ v'(L) = \theta \; ; \; -Ak \cdot \sin kL + Bk \cdot \cos kL - \theta = 0 \end{cases} \rightarrow \begin{bmatrix} 1 & 0 & 1 & h/2 \\ \cos kL & \sin kL & 0 & h/2 \\ 0 & 1 & 0 & 0 \\ -k \cdot \sin kL & k \cdot \cos kL & 0 & -1 \end{bmatrix} \begin{bmatrix} A \\ B \\ \Delta \\ \theta \end{bmatrix} = 0$$

4 좌굴발생 모래높이

$$\det(A) = 0 \; ; \; kh \cdot \tan(kL) - 2 = 0, \quad \left(\text{양변에 } \alpha \text{곱하고 } k = \sqrt{\frac{\alpha h}{L^3}} \text{ 대입}\right)$$

$$\alpha k h \cdot \tan(kL) - 2\alpha = 0 \xrightarrow{k = \sqrt{\alpha h/L^3}} \therefore \left(\frac{\alpha \cdot h}{L}\right)^{\frac{3}{2}} \cdot \tan\left(\left(\frac{\alpha \cdot h}{L}\right)^{\frac{1}{2}}\right) - 2\alpha = 0 \, (\text{증명완료})$$

아래 그림과 같이 고정단 A점을 갖는 길이 L인 변형체 AB와 길이 L/2인 강체 BC로 구성된 기둥이 축하중을 받고 있다. 변형체 AB는 탄성계수 E와 단면2차 모멘트 I를 갖는다. (단, δ와 θ는 각각 B점의 수평 변위와 회전각을 나타내며, 기둥의 자중은 무시한다) (총 20점)

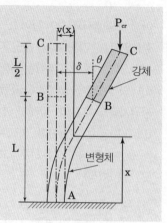

(1) 자유물체도를 도시하고, 미분방정식을 유도하여 구간 AB에 대한 임의의 x 위치에서 수평변위 v(x)의 일반해를 구하시오. (10점)

(2) 경계조건을 적용하여 특성방정식을 도출하고, 탄성좌굴하중(P_{cr})을 구하시오. (10점)

풀이

❶ 미분방정식

$$M(x) = EIy'' = -P \cdot y + M_0$$

$$EIy'' + P \cdot y = M_0$$

$$y'' + \frac{P}{EI}y = \frac{P}{EI} \cdot \frac{M_0}{P}$$

$$y'' + k^2 y = k^2 \cdot \frac{M_0}{P} \quad \left(k = \sqrt{\frac{P}{EI}}\right)$$

$$\therefore y = A\sin kx + B\cos kx + \frac{M}{P}$$

$$= A\sin kx + B\cos kx + \delta + \frac{L}{2}\theta$$

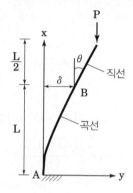

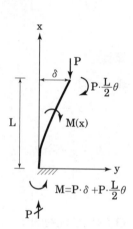

$$M = P \cdot \delta + P \cdot \frac{L}{2}\theta$$

❷ 경계조건

$y'(0)$; $A = 0$(행렬 차수를 줄이기 위해 경계조건 먼저 대입)

$$\begin{cases} y(0) = 0 \ ; \ B + \delta + L\theta/2 = 0 \\ y(L) = \delta \ ; \ B \cdot \cos(kL) + L\theta/2 = 0 \\ y'(L) = \theta \ ; \ -Bk\sin kL - \theta = 0 \end{cases} \rightarrow \begin{bmatrix} 1 & 1 & L/2 \\ \cos kL & 0 & L/2 \\ -k\sin kL & 0 & -1 \end{bmatrix} \begin{bmatrix} B \\ \delta \\ \theta \end{bmatrix} = \begin{bmatrix} 0 \\ 0 \\ 0 \end{bmatrix}$$

❸ 탄성좌굴하중

$$\det(C) = 0 \ ; \ kL = 1.07687$$

$$P_{cr} = \frac{1.15965EI}{L^2}$$

다음 [그림 A]와 같이 하단이 고정된 기둥의 길이 L이 5.0m인 경우 임계하중 P_{cr}을 1000kN 이상이 되도록 설계한다. 기둥은 인장탄성계수 E가 70GPa인 알루미늄 합금으로 되어 있으며, 폭과 높이 a는 0.3m이다. 기둥 단면은 [그림 B]와 같이 상단부와 하단부의 z축 방향 두께가 t이며, 경사부의 y축 방향 두께가 t라고 할 때, 다음 물음에 답하시오. (총 30점)

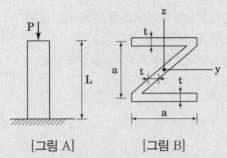

[그림 A]   [그림 B]

(1) 임계하중 조건을 만족하는 단면 이차 모멘트의 최솟값을 구하시오. (8점)
(2) 단면 이차 모멘트 I_y, I_z, I_{yz}를 구하시오. (단, t≪a이며, t의 2차항 이상은 무시한다) (12점)
(3) 좌굴이 일어나는 단면의 방향성에 유의하여 두께 t의 최솟값을 구하시오. (10점)

풀이

1 I_y, I_z, I_{yz}

$$I_y = t \cdot a \cdot \left(\frac{a}{2}\right)^2 \cdot 2 + \frac{t \cdot a^3}{12} = \frac{7ta^3}{12}$$

$$I_z = \frac{t \cdot a^3}{12} \cdot 2 + \frac{t \cdot a^3}{12} = \frac{ta^3}{4}$$

$$I_{yz} = 0$$

2 I_{max}, I_{min}

$$I_{max} = \frac{7ta^3}{12}$$

$$I_{min} = \frac{ta^3}{4}$$

3 t_{min}

$$1000 = \frac{\pi^2 \cdot EI}{(2L)^2} = \frac{\pi^2 \cdot 70 \cdot 10^6 \cdot t \cdot \frac{0.3^3}{4}}{(2 \cdot 5)^2} \quad ;$$

$$t_{min} = 0.0214m \left(\text{이 때 } I_{max} = 3.3773 \cdot 10^{-4}m^4, \quad I_{min} = 1.447445 \cdot 10^{-4}m^4\right)$$

여섯 개의 강체(rigid) 봉이 서로 힌지로 연결되어 정육각형 프레임을 형성하고, 각 힌지에는 회전 스프링이 부착되어 있다. 프레임이 전체적으로 수평 및 수직 축에 대하여 대칭을 유지하면서 변형한다고 가정할 때, 다음 물음에 답하시오. (단, 여섯 개의 힘은 원래의 방향을 유지하면서 작용하고, 회전 스프링 상수는 k이며, 스프링에 걸리는 초기 하중은 없다) (총 20점)

(1) 여섯 개의 회전 스프링에 저장되는 변형 에너지(U)를 구하시오. (8점)
(2) 여섯 개의 힘에 의한 일(W)을 구하시오. (8점)
(3) 총 포텐셜 에너지(U−W)를 최소화하는 좌굴 하중(F_{cr})을 구하시오. (4점)

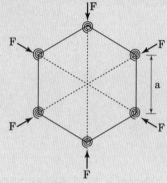

풀이

❶ 스프링 변형에너지

$$U = \frac{1}{2} \cdot k \cdot (2\theta)^2 \cdot 2 + \frac{1}{2} \cdot k \cdot \theta^2 \cdot 4$$

❷ 외부일

$$\begin{cases} \delta_1 = \dfrac{a}{2} - \dfrac{a}{2} \cdot \sin(30° - \theta) \\[2mm] \delta_2 = a \cdot \cos(30° - \theta) - \dfrac{a\sqrt{3}}{2} \end{cases}$$

$$V = -2 \cdot F \cdot \delta_1 + 4 \cdot \frac{F\sqrt{3}}{2} \cdot \delta_2$$

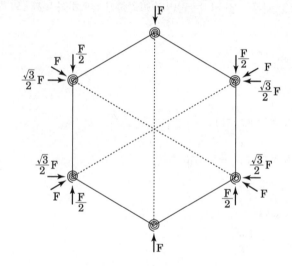

❸ 좌굴하중

① 총 포텐셜 에너지

$$\Pi = U + V$$

② 임계좌굴하중

$$\frac{\partial \Pi}{\partial \theta} = 0 \ ; \ F_{cr} = \frac{3k}{a}$$

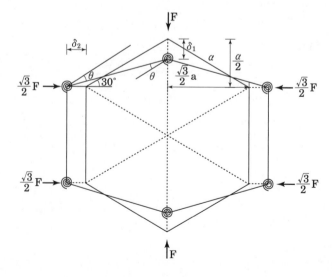

그림과 같이 길이가 L이고 단면의 크기가 b×h인 직사각형 기둥이 있다. 기둥의 하단은 고정단으로 지지되어 있고, 상단의 경우 x-z 평면은 힌지로 지지 되어 있으며 y-z 평면은 자유단이다. 다음 물음에 답하시오. (총 15점)

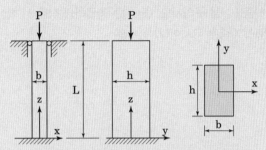

(1) 약축과 강축에 대한 탄성좌굴하중이 같게 발생하도록 하는 단면비(h/b)를 구하시오. (10점)

(2) L=6m, E=200GPa, b=10cm, h=20cm일 때, 최소 탄성좌굴하중을 구하시오. (5점)

풀이

1 단면비(h/b)

$$\left\{\begin{array}{l} I_x = \dfrac{bh^3}{12} \\[3mm] I_y = \dfrac{hb^3}{12} \end{array}\right\} \rightarrow \dfrac{\pi^2 E \cdot I_x}{(2L)^2} = \dfrac{\pi^2 E \cdot I_y}{(0.7L)^2} \qquad \therefore \dfrac{h}{b} = \dfrac{20}{7}$$

2 최소 탄성좌굴하중

$$\left\{\begin{array}{l} P_{cr,x} = \dfrac{\pi^2 E \cdot I_x}{(2L)^2} = 913.852kN(지배) \\[4mm] P_{cr,y} = \dfrac{\pi^2 E \cdot I_y}{(0.7L)^2} = 1865kN \end{array}\right\} \rightarrow \quad \therefore P_{cr} = 913.852kN$$

다음 기둥의 최하부는 고정단이고 최상부는 자유단이다. 기둥은 상하부 두 개의 구간으로 구성되어 있으며, 접촉부는 강결되어 있다. 하부기둥의 길이와 단면2차모멘트는 각각 상부기둥의 3배와 9배이며 기둥의 상하부 탄성계수 E는 동일하다. 기둥의 탄성좌굴 특성방정식을 도출하고, 좌굴하중(P_{cr})을 구하시오. (단, δ는 좌굴하중 작용 시 최상부의 수평 변위를 나타내며, 기둥의 자중은 무시한다) (25점)

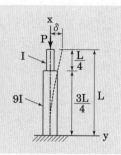

풀이

① 상부 기둥

$$\begin{cases} EIy_1'' = P(\delta - y_1) \\ k^2 = \dfrac{P}{EI} \end{cases} \rightarrow \quad y_1'' + k^2 y_1 - k^2\delta = 0$$

$$\therefore y_1 = A\sin kx + B\cos kx + \delta$$

② 하부 기둥

$$\begin{cases} 9EIy_2'' = P(\delta - y_2) \\ k^2 = \dfrac{P}{EI} \end{cases} \rightarrow \quad y_2'' + \dfrac{k^2}{9}y_2 - \dfrac{k^2\delta}{9} = 0$$

$$\therefore y_2 = C\sin\left(\dfrac{kx}{3}\right) + D\cos\left(\dfrac{kx}{3}\right) + \delta$$

③ 경계조건

행렬 차수를 줄이기 위하여 C, D 정리

$$\begin{cases} y_2(0) = 0 \; ; \; D + \delta = 0 \rightarrow D = -\delta \\ y_2'(0) = 0 \; ; \; \dfrac{k}{3}\cdot C = 0 \rightarrow C = 0 \end{cases} \quad \therefore y_2 = -\delta\cos\left(\dfrac{kx}{3}\right) + \delta$$

나머지 경계조건 대입

$$\begin{cases} y_1(L) = \delta \; ; \; A\sin kL + B\cos kL = 0 \\ y_1\left(\dfrac{3L}{4}\right) = y_2\left(\dfrac{3L}{4}\right) \; ; \; A\sin\left(\dfrac{3kL}{4}\right) + B\cos\left(\dfrac{3kL}{4}\right) + \delta\cos\left(\dfrac{kL}{4}\right) = 0 \\ y_1'\left(\dfrac{3L}{4}\right) = y_2'\left(\dfrac{3L}{4}\right) \; ; \; A\,k\cos\left(\dfrac{3kL}{4}\right) - Bk\sin\left(\dfrac{3kL}{4}\right) - \delta\dfrac{k}{3}\sin\left(\dfrac{kL}{4}\right) \end{cases}$$

$$\underbrace{\begin{bmatrix} \sin kL & \cos kL & 0 \\ \sin\left(\dfrac{3kL}{4}\right) & \cos\left(\dfrac{3kL}{4}\right) & \cos\left(\dfrac{kL}{4}\right) \\ k\cos\left(\dfrac{3kL}{4}\right) & -k\sin\left(\dfrac{3kL}{4}\right) & -\dfrac{k}{3}\sin\left(\dfrac{kL}{4}\right) \end{bmatrix}}_{Q} \begin{bmatrix} A \\ B \\ \delta \end{bmatrix} = 0$$

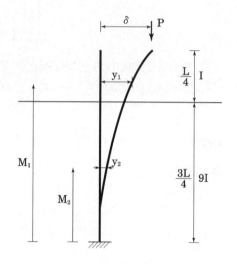

④ 특성방정식

$$\det(Q) = 0 \; ; \; 2\cos\left(\dfrac{kL}{2}\right) + 1 = 0$$

⑤ 탄성좌굴하중

$$kL = 4.1887902 \rightarrow P_{cr} = \dfrac{17.545963 EI}{L^2} = \dfrac{\pi^2 EI}{(0.75L)^2}$$

(하부 강성 9배 증가로 유효좌굴길이 2.67배 감소)

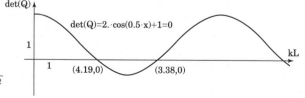

SUPPLEMENT

계산기 기본 사용법

한솔아카데미 유튜브

1 연립방정식 풀이

연립방정식은 반력산정, 처짐각식 풀이 등 역학 풀이 시 가장 기본적으로 사용되는 방법이다.

예제 | 1-1

방정식 $x^2 + 3x + c = 0$에서 $c = -7$일 때 x값을 구하시오.

풀이

방정식의 해는 solve( ) 함수로 구할 수 있다. 입력 포맷은 solve(방정식, 미지수)이다.
$c = -7$라는 조건은 with 연산자(|)를 이용하면 편리하다.

solve($x^2 + 3 \cdot x + c = 0$, x) | c = −7	$x = \dfrac{-(\sqrt{37}+3)}{2}$ or $x = \dfrac{\sqrt{37}-3}{2}$

위 결과에서 해가 무리수$\left(\dfrac{\sqrt{37}-3}{2}\right)$ 형태로 출력되었는데, ctrl+enter를 입력하면 근사해 형태로 출력된다.

solve($x^2 + 3 \cdot x + c = 0$, x) | c = −7	$x = -4.54138$ or $x = 1.54138$

예제 | 1-2

다음 연립방정식의 해(x, y)를 구하시오.

$$-4x + 3y = -8$$
$$7x - 4y = 14$$

풀이

연립방정식은 solve( ) 함수로 구할 수 있다. 입력 포맷은 solve(방정식1 and 방정식2, 미지수1, 미지수2) 또는 solve(방정식1 and 방정식2, {미지수1, 미지수2})이다.

solve($-4 \cdot x + 3 \cdot y = -8$ and $7 \cdot x - 4 \cdot y = 14$, x, y)	$x = 2$ and $y = 0$
solve($-4 \cdot x + 3 \cdot y = -8$ and $7 \cdot x - 4 \cdot y = 14$, {x, y})	$x = 2$ and $y = 0$

처짐각식 $M_{AB} = 2E\left(\theta_B - \dfrac{3\Delta}{8}\right) - 20$, $M_{BA} = 2E\left(2\theta_B - \dfrac{3\Delta}{8}\right) + 20$, $M_{BC} = 2E\left(2\theta_B + \theta_c\right)$, $M_{CB} = 2E\left(\theta_B + 2\theta_c\right)$, $M_{CD} = 2E\left(2\theta_C - \dfrac{3\Delta}{4}\right)$, $M_{DC} = 2E\left(\theta_C - \dfrac{3\Delta}{4}\right)$ 이고 $H_A = \dfrac{M_{AB} + M_{BA} - 80}{8}$,

$H_D = \dfrac{M_{CD} + M_{DC}}{4}$ 일 때 다음 연립방정식의 해 θ_B, θ_C, δ를 구하고 최종 재단모멘트를 구하시오.

$$M_{BA} + M_{BC} = 0 \qquad M_{CB} + M_{CD} = 0 \qquad H_A + H_D + 30 = 0$$

풀이

처짐각 식은 변수저장 기능(sto→)을 사용하여 입력한다.

$2 \cdot e \cdot \left(\theta b - \dfrac{3 \cdot \delta}{8}\right) - 20 \;\to\; \text{mab}$	$\dfrac{-e \cdot (3 \cdot \delta - 8 \cdot \theta b)}{4} - 20$
$2 \cdot e \cdot \left(2 \cdot \theta b - \dfrac{3 \cdot \delta}{8}\right) + 20 \;\to\; \text{mba}$	$20 - \dfrac{e \cdot (3 \cdot \delta - 16 \cdot \theta b)}{4}$
$2 \cdot e \cdot (2 \cdot \theta b + \theta c) \;\to\; \text{mbc}$	$2 \cdot e \cdot (2 \cdot \theta b + \theta c)$
$2 \cdot e \cdot (\theta b + 2 \cdot \theta c) \;\to\; \text{mcb}$	$2 \cdot e \cdot (\theta b + 2 \cdot \theta c)$
$2 \cdot e \cdot \left(2 \cdot \theta c - \dfrac{3 \cdot \delta}{4}\right) \;\to\; \text{mcd}$	$\dfrac{-e \cdot (3 \cdot \delta - 8 \cdot \theta c)}{2}$
$2 \cdot e \cdot \left(\theta c - \dfrac{3 \cdot \delta}{4}\right) \;\to\; \text{mdc}$	$\dfrac{-e \cdot (3 \cdot \delta - 4 \cdot \theta c)}{2}$

연립방정식은 식 입력 템플릿 {▓과 with 연산자(|)를 이용하여 풀이하면 편리하다.

$\text{solve}\left(\begin{cases} \text{mba} + \text{mbc} = 0 \\ \text{mcb} + \text{mcd} = 0 \\ \text{ha} + \text{hd} + 30 = 0 \end{cases}, \{\theta b, \theta c, \delta\}\right) \Big\vert\, \text{ha} = \dfrac{\text{mab} + \text{mba} - 80}{8} \text{ and } \text{hd} = \dfrac{\text{mcd} + \text{mdc}}{4}$
$\delta = \dfrac{1520}{51 \cdot e} \text{ and } \theta b = \dfrac{-20}{17 \cdot e} \text{ and } \theta c = \dfrac{100}{17 \cdot e}$

위에서 구한 해 θ_B, θ_C, δ와 with 연산자(|)를 이용하여 최종 재단 모멘트를 구한다. 이 때 리스트 { } 형태로 재단모멘트를 표시하면 시간이 단축된다.

$\{\text{mab}, \text{mba}, \text{mbc}, \text{mcb}, \text{mcd}, \text{mdc}\} \,\big\vert\, \delta = \dfrac{1520}{51 \cdot e} \text{ and } \theta b = \dfrac{-20}{17 \cdot e} \text{ and } \theta c = \dfrac{100}{17 \cdot e}$
$\{\;44.7059, \quad 7.05882, \quad 7.05882, \quad 21.1765, \quad 21.1765, \quad -32.0412\}$

$$\text{solve}\left(\begin{cases} \text{mba}+\text{mbc}=0 \\ \text{mcb}+\text{mcd}=0 \\ \text{ha}+\text{hd}+30=0 \end{cases}, \{\theta b, \theta c, \delta\}\right) \Big| \text{ha}=\frac{\text{mab}+\text{mba}-80}{8} \text{ and } \text{hd}=\frac{\text{mcd}+\text{mdc}}{4}$$

① with 연산자까지 입력 후

$$\{\text{mab, mba, mbc, mcb, mcd, mdc}\}|$$

$$\delta=\frac{1520}{51\cdot e} \text{ and } \theta b=\frac{-20}{17\cdot e} \text{ and } \theta c=\frac{100}{17\cdot e}$$

② 커서를 이동하여 해 전체
선택 후 엔터를 누르면

$$\{\text{mab, mba, mbc, mcb, mcd, mdc}\}\Big|\delta=\frac{1520}{51\cdot e} \text{ and } \theta b=\frac{-20}{17\cdot e} \text{ and } \theta c=\frac{100}{17\cdot e}$$

③ 복사하여 붙여넣기 완료

② 미적분

예제 | 2-1

구간별 모멘트가 다음과 같을 때 변형에너지 U를 구하시오.

$$\begin{cases} M_{AC}=-P\cdot L+2R_B\cdot L \\ M_{CD}=(P-R_B)\cdot x-P\cdot L+2R_B\cdot L \\ M_{BE}=R_B\cdot x \\ M_{ED}=R_B\cdot L \end{cases}$$

$$U=\int_0^L \frac{M_{AC}^2}{2EI}dx+\int_0^L \frac{M_{CD}^2}{2EI}dx+\int_0^L \frac{M_{BE}^2}{2EI}dx+\int_0^L \frac{M_{ED}^2}{2EI}dx$$

풀이

구간별 모멘트를 각각 입력하여 변수로 저장 후 단축키 또는 템플릿을 이용하여 적분한다.

$-p\cdot l+2\cdot rb\cdot l \to \text{mac}$	$l\cdot(2\cdot rb-p)$
$(p-rb)\cdot x-p\cdot l+2\cdot rb\cdot l \to \text{mcd}$	$(p-rb)\cdot x+l\cdot(2\cdot rb-p)$
$-rb\cdot x \to \text{mbe}$	$-rb\cdot x$
$rb\cdot l \to \text{med}$	$l\cdot rb$
$\int_0^l \frac{\text{mac}^2}{2\cdot ei}dx+\int_0^l \frac{\text{mcd}^2}{2\cdot ei}dx+\int_0^l \frac{\text{mbe}^2}{2\cdot ei}dx+\int_0^l \frac{\text{med}^2}{2\cdot ei}dx \to u$	$\dfrac{l^3\cdot(4\cdot p^2-17\cdot p\cdot rb+23\cdot rb^2)}{6\cdot ei}$

TI-*nspire* CAS 입력 설명) 계산기가 문자를 인식하는 기준

EI는 E×I이지만 계산기 입력시 곱하기 입력 없이 ei로 붙여 썼다. 이렇게 입력하면 계산기는 ei를 하나의 변수로 인식하게 된다. 만약 분자에 e 또는 i가 있어서 약분이 발생한다면 e×i로 입력해야 한다. 이 문제에서는 약분이 생기지 않으므로 편의상 ei를 붙여서 입력하였다.

예제 2-1에서 구한 변형에너지 U가 $\dfrac{\partial U}{\partial R_B} = 0$를 만족할 때 R_B를 구하시오.

풀이

solve( ) 함수와 미분 템플릿 $\dfrac{d}{dx}(u)$을 이용하여 R_B를 구한다.

$\text{solve}\left(\dfrac{d}{drb}(u) = 0,\ rb\right)$	$rb = \dfrac{17 \cdot p}{46} \text{ or } l = 0$

TI-*nspire* CAS 입력 설명 전미분과 편미분

공업수학에서 전미분 기호(d)와 편미분 기호(∂)는 구분하여 사용하지만, 계산기에서는 미분할 변수를 하나만 지정할 수 있으므로 전미분, 편미분 구분 없이 d를 사용한다.

3 2계 미분방정식

초기조건 $y(0) = 0$, $y'(0) = 0$일 때 다음 2계 미분방정식의 해를 구하시오.

$$my'' + ky = F(t) \ \left(\text{단, } m = 10{,}000\text{kg} \quad k = 7{,}500{,}000\text{kg/s}^2 \quad F(t) = 30{,}000\text{N}\right)$$

풀이

desolve() 함수를 이용하여 2계 미분방정식을 풀이한다.
입력 포맷은 desolve(미분방정식 and 초기조건1 and 초기조건2, 독립변수, 종속변수)이다.

$10000 \rightarrow m$	10000
$7500000 \rightarrow k$	7500000
$30000 \rightarrow ft$	30000
$\text{deSolve}(m \cdot y'' + k \cdot y = ft \text{ and } y(0) = 0 \text{ and } y'(0) = 0,\ t,\ y)$	$y = \dfrac{1}{250} - \dfrac{\cos(5 \cdot \sqrt{30} \cdot t)}{250}$
$\text{deSolve}(m \cdot y'' + k \cdot y = ft \text{ and } y(0) = 0 \text{ and } y'(0) = 0,\ t,\ y)$	$y = 0.004 - 0.004 \cdot \cos(27.3861 \cdot t)$

운동방정식(2계 미분방정식)에서 단위 처리

2계 미분방정식 $my'' + cy' + ky = F(t)$ 에서 좌변의 최종 계산되는 단위는 힘(N, 뉴턴)의 단위이고 우변 역시 최종 계산단위는 힘(N, 뉴턴) 단위로서 양변의 단위는 서로 동일하다.

좌변의 첫째 항(my'')은 "질량×가속도"이다. 질량의 단위는 [kg]이고 가속도의 단위는 [m/s²]이므로 질량×가속도의 단위는 [kg·m/s²], 즉 힘[N, 뉴턴]의 단위이다. 질량은 무게[kN] 단위로 주어지는 경우가 있는데 이 때에는 질량단위로 환산하면 된다. ($1kgf = 1kg \times 9.8m/s^2 = 9.8kg·m/s^2 = 9.8N$)

좌변의 두번째 항(cy')은 "점성×속도"이다. 점성의 단위는 [kg/s]이고 속도의 단위는 [m/s]이므로 점성×속도의 단위는 [kg·m/s²], 즉 힘[N, 뉴턴]의 단위이다.

좌변의 세번째 항(ky)은 "강성×변위"이다. 강성의 단위는 [kg/s²]이고 변위의 단위는 [m]이므로 강성×변위의 단위는 [kg·m/s²], 즉 힘[N, 뉴턴]의 단위이다. 여기서 강성의 단위가 [kg/s²]인 이유는 축강성은 '단위길이당 힘' 즉 [N/m]이고 $1N = 1kg·m/s^2$이므로 [N/m] = [kg/s²]이기 때문이다.

4 리스트(LIST) 기능 이용한 문제풀이

예제 | 4-1

부정정 트러스를 단위하중법으로 풀이하는 과정에서 아래와 같은 부재력표를 구성하였다. 수평변위 공식에 대입하여 최종 변위를 산정하시오. (단 EA는 일정)

부재	F_0	f_1	L_0
AB	0	0	L
CD	P	0	L
AC	$-P$	0	L
BD	P	-1	L
AD	$-\sqrt{2}P$	$\sqrt{2}$	$\sqrt{2}L$

수평변위공식

$$\delta_H = \sum \frac{F_0 f_1 L_0}{EA}$$

풀이

일정한 순서를 갖는 집합의 계산은 리스트(LIST) 기능을 이용하면 편리하다. 리스트는 중괄호 { }와 콤마를 이용하여 입력하면 되며 이 때 입력순서가 다르지 않도록 주의해야 한다.

계산된 리스트의 합은 sum( )함수를 이용하면 된다.

$$\{0, p, -p, p, -\sqrt{2}\cdot p\} \to f0 \qquad\qquad \{0, p, -p, p, -p\cdot\sqrt{2}\}$$

$$\{0, 0, 0, -1, \sqrt{2}\} \to f1 \qquad\qquad\qquad \{0, 0, 0, -1, \sqrt{2}\}$$

$$\{1, 1, 1, 1, \sqrt{2}\cdot 1\} \to l0 \qquad\qquad\qquad \{1, 1, 1, 1, 1\cdot\sqrt{2}\}$$

$$\frac{f0\cdot f1\cdot l0}{ea} \qquad\qquad\qquad\qquad \left\{0, 0, 0, \frac{-1\cdot p}{ea}, \frac{-2\cdot 1\cdot p\cdot\sqrt{2}}{ea}\right\}$$

$$\text{sum}\left(\frac{f0\cdot f1\cdot l0}{ea}\right) \qquad\qquad\qquad \frac{1\cdot p\cdot(-2\cdot\sqrt{2}-1)}{ea}$$

5　행렬 : 행렬의 생성과 연산

┌─ 예제 | 5-1 ▪▪

3×4 행렬을 생성하시오.

풀이 ○

❶ menu를 이용한 매트릭스 생성

menu ▶ 7 Matrix & Vector ▶ 1 Create ▶ 1 Matrix에서

Number of rows : 3 입력

Number of columns : 4 입력

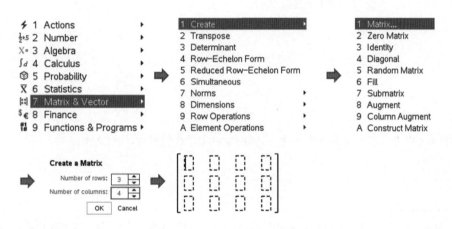

❷ 단축키를 이용한 행렬생성

ctrl + (키를 누르면 1×1 행렬이 생성되는데, 이 상태에서 ↵ 키를 누르면 행이 추가되고 shift + ↵ 키를 누르면 열이 추가된다.

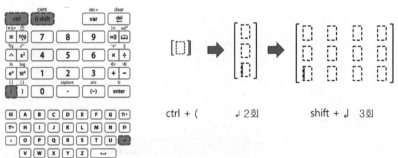

다음 행렬의 역행렬, 행렬식, 전치행렬을 구하시오.

$$P = \begin{bmatrix} 1 & 2 & 3 \\ 1 & 2 & 1 \\ 1 & 0 & 3 \end{bmatrix}$$

풀이

menu 또는 단축키를 이용하여 3×3 행렬을 생성 후 원소를 입력한 다음 P에 저장시킨다.

$$\begin{bmatrix} 1 & 2 & 3 \\ 1 & 2 & 1 \\ 1 & 0 & 3 \end{bmatrix} \to p \qquad\qquad \begin{bmatrix} 1 & 2 & 3 \\ 1 & 2 & 1 \\ 1 & 0 & 3 \end{bmatrix}$$

역행렬은 $\wedge + (-) + 1$ 키를 입력하여 구할 수 있다.

$$p^{-1} \qquad\qquad\qquad \begin{bmatrix} -\dfrac{3}{2} & \dfrac{3}{2} & 1 \\ \dfrac{1}{2} & 0 & -\dfrac{1}{2} \\ \dfrac{1}{2} & -\dfrac{1}{2} & 0 \end{bmatrix}$$

전치행렬은 menu ▶ 7 Matrix & Vector ▶ 2 Transpose를 이용하여 구할 수 있다.

$$p^{\mathrm{T}} \qquad\qquad\qquad \begin{bmatrix} 1 & 1 & 1 \\ 2 & 2 & 0 \\ 3 & 1 & 3 \end{bmatrix}$$

행렬식은 menu ▶ 7 Matrix & Vector ▶ 3 Determinat 를 이용하거나 직접 det( )를 타이핑하여 구할 수 있다.

$$\det(p) \qquad\qquad\qquad\qquad\qquad\qquad\qquad\qquad\qquad\qquad\qquad -4$$

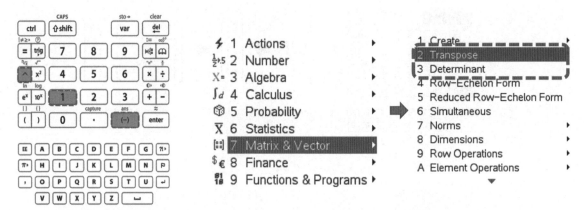

〈역행렬 입력키〉　　　　　　　〈전치행렬, 행렬식 선택메뉴〉

다음 평형 매트릭스(A)를 생성하시오.

$$A = \begin{bmatrix} 0 & 1 & 1 & 0 & 0 & 0 \\ 0 & 0 & 0 & 1 & 1 & 0 \end{bmatrix}$$

풀이

A 매트릭스 입력 시 tab 키를 이용하면 행렬 입력시간을 상당히 줄일 수 있다.

ctrl + (키를 눌러 1×1 행렬을 생성하고 ↵ 키 1번, shift + ↵ 키 5번을 눌러 2×6 행렬을 만든다.

$$\begin{bmatrix} \square & \square & \square & \square & \square & \square \\ \square & \square & \square & \square & \square & \square \end{bmatrix}$$

만들어진 행렬에 원소를 차례로 입력해야 하는데, tab 키를 누르면 행렬의 원소에서 한 칸씩 오른쪽으로 이동하게 된다. 따라서 행렬의 첫번째 원소[1, 1]에 커서를 두고 다음과 같이 연속으로 입력한 후 ctrl + var A enter를 눌러 행렬을 문자 A에 저장한다.

0 tab 1 tab 1 tab 0 tab 0 tab 0 tab 0 tab 0 tab 0 tab 1 tab 1 tab 0

$$\begin{bmatrix} 0 & 1 & 1 & 0 & 0 & 0 \\ 0 & 0 & 0 & 1 & 1 & 0 \end{bmatrix} \to a \qquad\qquad \begin{bmatrix} 0 & 1 & 1 & 0 & 0 & 0 \\ 0 & 0 & 0 & 1 & 1 & 0 \end{bmatrix}$$

다음 전부재 강도매트릭스(S)를 생성하시오.

$$S = \begin{bmatrix} 4EI/L & 2EI/L & 0 & 0 & 0 & 0 \\ 2EI/L & 4EI/L & 0 & 0 & 0 & 0 \\ 0 & 0 & 4EI/L & 2EI/L & 0 & 0 \\ 0 & 0 & 2EI/L & 4EI/L & 0 & 0 \\ 0 & 0 & 0 & 0 & 8EI/L & 4EI/L \\ 0 & 0 & 0 & 0 & 4EI/L & 8EI/L \end{bmatrix}$$

풀이

주어진 강도 매트릭스는 다음과 같이 두 개의 부분행렬과 영행렬로 구성된 것으로 볼 수 있다.

$$S = \begin{bmatrix} \dfrac{4EI}{L} & \dfrac{2EI}{L} & 0 & 0 & 0 & 0 \\ \dfrac{2EI}{L} & \dfrac{4EI}{L} & 0 & 0 & 0 & 0 \\ 0 & 0 & \dfrac{4EI}{L} & \dfrac{2EI}{L} & 0 & 0 \\ 0 & 0 & \dfrac{2EI}{L} & \dfrac{4EI}{L} & 0 & 0 \\ 0 & 0 & 0 & 0 & \dfrac{8EI}{L} & \dfrac{4EI}{L} \\ 0 & 0 & 0 & 0 & \dfrac{4EI}{L} & \dfrac{8EI}{L} \end{bmatrix} = \begin{bmatrix} \dfrac{EI}{L}\begin{bmatrix}4 & 2 \\ 2 & 4\end{bmatrix} & 0 & 0 & 0 & 0 \\ 0 & 0 & \dfrac{EI}{L}\begin{bmatrix}4 & 2 \\ 2 & 4\end{bmatrix} & 0 & 0 \\ 0 & 0 & 0 & 0 & \dfrac{EI}{L}\begin{bmatrix}8 & 4 \\ 8 & 8\end{bmatrix} \end{bmatrix}$$

강도 매트릭스를 빠르게 입력하기 위해서 두 개의 부분행렬을 먼저 생성하고, 6×6 크기의 영행렬을 생성한 다음 두 개의 부분행렬을 복사해서 붙여넣는 방법을 사용한다.

두 개의 부분행렬을 먼저 생성한다.(ctrl+(키 이용)

$$\frac{ei}{1} \cdot \begin{bmatrix} 4 & 2 \\ 2 & 4 \end{bmatrix} \qquad \begin{bmatrix} \frac{4 \cdot ei}{1} & \frac{2 \cdot ei}{1} \\ \frac{2 \cdot ei}{1} & \frac{4 \cdot ei}{1} \end{bmatrix}$$

$$\frac{ei}{1} \cdot \begin{bmatrix} 8 & 4 \\ 4 & 8 \end{bmatrix} \qquad \begin{bmatrix} \frac{8 \cdot ei}{1} & \frac{4 \cdot ei}{1} \\ \frac{4 \cdot ei}{1} & \frac{8 \cdot ei}{1} \end{bmatrix}$$

6×6 크기의 영행렬을 생성한다. 영행렬은 menu ▶ 7 Matrix & Vector ▶ 2 Zero Matrix를 선택한 후 newMat(6,6)을 입력하면 영행렬이 생성된다. (직접 newMat(6,6)을 타이핑해도 된다.)

$$\text{newMat}(6, \ 6) \qquad \begin{bmatrix} 0 & 0 & 0 & 0 & 0 & 0 \\ 0 & 0 & 0 & 0 & 0 & 0 \\ 0 & 0 & 0 & 0 & 0 & 0 \\ 0 & 0 & 0 & 0 & 0 & 0 \\ 0 & 0 & 0 & 0 & 0 & 0 \\ 0 & 0 & 0 & 0 & 0 & 0 \end{bmatrix}$$

커서를 이동하여 생성된 영행렬을 선택한 후 enter를 누르면 자동으로 복사해서 붙여넣기가 실행된다.

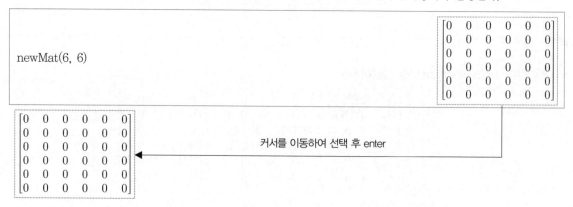

이 상태에서 다시 커서를 이동하여 첫번째 부분행렬을 선택한 후 ctrl+c를 눌러 복사한다.

그 다음 커서를 복사한 영행렬로 이동시킨 다음 ⇧ shift 키를 누른 후 첫번째 삽입 위치를 선택한 다음 ctrl+v를 눌러 복사한다. 이 후 두번째 삽입 위치를 선택한 후 ctrl+v를 재실행 한다.

$$\frac{ei}{1} \cdot \begin{bmatrix} 4 & 2 \\ 2 & 4 \end{bmatrix} \qquad \text{① 부분행렬 선택 후 복사(ctrl+c)} \qquad \begin{bmatrix} \frac{4 \cdot ei}{1} & \frac{2 \cdot ei}{1} \\ \frac{2 \cdot ei}{1} & \frac{4 \cdot ei}{1} \end{bmatrix}$$

$$\frac{ei}{1} \cdot \begin{bmatrix} 8 & 4 \\ 4 & 8 \end{bmatrix} \qquad \begin{bmatrix} \frac{8 \cdot ei}{1} & \frac{4 \cdot ei}{1} \\ \frac{4 \cdot ei}{1} & \frac{8 \cdot ei}{1} \end{bmatrix}$$

$$newMat(6, 6) \qquad \begin{bmatrix} 0 & 0 & 0 & 0 & 0 & 0 \\ 0 & 0 & 0 & 0 & 0 & 0 \\ 0 & 0 & 0 & 0 & 0 & 0 \\ 0 & 0 & 0 & 0 & 0 & 0 \\ 0 & 0 & 0 & 0 & 0 & 0 \\ 0 & 0 & 0 & 0 & 0 & 0 \end{bmatrix}$$

② 첫번째 삽입 위치 선택 후 붙여넣기(ctrl+v)

$$\begin{bmatrix} 0 & 0 & 0 & 0 & 0 & 0 \\ 0 & 0 & 0 & 0 & 0 & 0 \\ 0 & 0 & 0 & 0 & 0 & 0 \\ 0 & 0 & 0 & 0 & 0 & 0 \\ 0 & 0 & 0 & 0 & 0 & 0 \\ 0 & 0 & 0 & 0 & 0 & 0 \end{bmatrix} \Rightarrow \begin{bmatrix} \frac{4 \cdot ei}{l} & \frac{2 \cdot ei}{l} & 0 & 0 & 0 & 0 \\ \frac{2 \cdot ei}{l} & \frac{4 \cdot ei}{l} & 0 & 0 & 0 & 0 \\ 0 & 0 & 0 & 0 & 0 & 0 \\ 0 & 0 & 0 & 0 & 0 & 0 \\ 0 & 0 & 0 & 0 & 0 & 0 \\ 0 & 0 & 0 & 0 & 0 & 0 \end{bmatrix} \Rightarrow \begin{bmatrix} \frac{4 \cdot ei}{l} & \frac{2 \cdot ei}{l} & 0 & 0 & 0 & 0 \\ \frac{2 \cdot ei}{l} & \frac{4 \cdot ei}{l} & 0 & 0 & 0 & 0 \\ 0 & 0 & 0 & 0 & 0 & 0 \\ 0 & 0 & 0 & 0 & 0 & 0 \\ 0 & 0 & 0 & 0 & 0 & 0 \\ 0 & 0 & 0 & 0 & 0 & 0 \end{bmatrix}$$

③ 두번째 삽입위치 선택 후 붙여넣기(ctrl+v)

$$\Rightarrow \begin{bmatrix} \frac{4 \cdot ei}{l} & \frac{2 \cdot ei}{l} & 0 & 0 & 0 & 0 \\ \frac{2 \cdot ei}{l} & \frac{4 \cdot ei}{l} & 0 & 0 & 0 & 0 \\ 0 & 0 & \frac{4 \cdot ei}{l} & \frac{2 \cdot ei}{l} & 0 & 0 \\ 0 & 0 & \frac{2 \cdot ei}{l} & \frac{4 \cdot ei}{l} & 0 & 0 \\ 0 & 0 & 0 & 0 & 0 & 0 \\ 0 & 0 & 0 & 0 & 0 & 0 \end{bmatrix}$$

이 상태에서 다시 커서를 이동하여 두번째 부분행렬을 선택한 후 ctrl+c를 눌러 복사한다.
그 다음 커서를 복사한 영행렬로 이동시킨 다음 ⇧ shift 키를 누른 후 세번째 삽입 위치를 선택한 다음 ctrl+를 눌러
복사한다. 그 다음 ctrl+var A enter를 눌러 행렬을 문자 S에 저장한다.

$$\frac{ei}{l} \cdot \begin{bmatrix} 4 & 2 \\ 2 & 4 \end{bmatrix} \qquad\qquad\qquad\qquad \begin{bmatrix} \frac{4 \cdot ei}{l} & \frac{2 \cdot ei}{l} \\ \frac{2 \cdot ei}{l} & \frac{4 \cdot ei}{l} \end{bmatrix}$$

$$\frac{ei}{l} \cdot \begin{bmatrix} 8 & 4 \\ 4 & 8 \end{bmatrix} \qquad\quad ① 부분행렬 선택 후 복사(ctrl+c) \qquad \begin{bmatrix} \frac{8 \cdot ei}{l} & \frac{4 \cdot ei}{l} \\ \frac{4 \cdot ei}{l} & \frac{8 \cdot ei}{l} \end{bmatrix}$$

$$newMat(6, 6) \qquad\qquad\qquad\qquad\qquad\qquad \begin{bmatrix} 0 & 0 & 0 & 0 & 0 & 0 \\ 0 & 0 & 0 & 0 & 0 & 0 \\ 0 & 0 & 0 & 0 & 0 & 0 \\ 0 & 0 & 0 & 0 & 0 & 0 \\ 0 & 0 & 0 & 0 & 0 & 0 \\ 0 & 0 & 0 & 0 & 0 & 0 \end{bmatrix}$$

② 세번째 삽입위치 선택 후 붙여넣기(ctrl+v)

$$
\begin{bmatrix}
\dfrac{4\cdot ei}{l} & \dfrac{2\cdot ei}{l} & 0 & 0 & 0 & 0 \\
\dfrac{2\cdot ei}{l} & \dfrac{4\cdot ei}{l} & 0 & 0 & 0 & 0 \\
0 & 0 & \dfrac{4\cdot ei}{l} & \dfrac{2\cdot ei}{l} & 0 & 0 \\
0 & 0 & \dfrac{2\cdot ei}{l} & \dfrac{4\cdot ei}{l} & 0 & 0 \\
0 & 0 & 0 & 0 & 0 & 0 \\
0 & 0 & 0 & 0 & 0 & 0
\end{bmatrix}
\Rightarrow
\begin{bmatrix}
\dfrac{4\cdot ei}{l} & \dfrac{2\cdot ei}{l} & 0 & 0 & 0 & 0 \\
\dfrac{2\cdot ei}{l} & \dfrac{4\cdot ei}{l} & 0 & 0 & 0 & 0 \\
0 & 0 & \dfrac{4\cdot ei}{l} & \dfrac{2\cdot ei}{l} & 0 & 0 \\
0 & 0 & \dfrac{2\cdot ei}{l} & \dfrac{4\cdot ei}{l} & 0 & 0 \\
0 & 0 & 0 & 0 & \dfrac{8\cdot ei}{l} & \dfrac{4\cdot ei}{l} \\
0 & 0 & 0 & 0 & \dfrac{4\cdot ei}{l} & \dfrac{8\cdot ei}{l}
\end{bmatrix}
\to S
$$

③ 최종 입력 후 문자 S에 저장

$$
\begin{bmatrix}
\dfrac{4\cdot ei}{l} & \dfrac{2\cdot ei}{l} & 0 & 0 & 0 & 0 \\
\dfrac{2\cdot ei}{l} & \dfrac{4\cdot ei}{l} & 0 & 0 & 0 & 0 \\
0 & 0 & \dfrac{4\cdot ei}{l} & \dfrac{2\cdot ei}{l} & 0 & 0 \\
0 & 0 & \dfrac{2\cdot ei}{l} & \dfrac{4\cdot ei}{l} & 0 & 0 \\
0 & 0 & 0 & 0 & \dfrac{8\cdot ei}{l} & \dfrac{4\cdot ei}{l} \\
0 & 0 & 0 & 0 & \dfrac{4\cdot ei}{l} & \dfrac{8\cdot ei}{l}
\end{bmatrix}
$$

예제 | 5-5

다음 각 부재 강성 매트릭스(K_{12}, K_{23})가 주어졌을 때 구조물 강성매트릭스 K_T를 생성하시오.

$$
K_{12} = \frac{EI}{L^3}
\begin{bmatrix}
12 & 6L & -12 & 6L \\
6L & 4L^2 & -6L & 2L^2 \\
-12 & -6L & 12 & -6L \\
6L & 2L^2 & -6L & 4L^2
\end{bmatrix}
\qquad
K_{23} = \frac{EI}{L^3}
\begin{bmatrix}
12 & 6L & -12 & 6L \\
6L & 4L^2 & -6L & 2L^2 \\
-12 & -6L & 12 & -6L \\
6L & 2L^2 & -6L & 4L^2
\end{bmatrix}
$$

풀이

2개의 부재 강성 매트릭스를 중첩하기 위한 구조물 강성매트릭스(K_T)의 크기는 6×6이다. 따라서 부재 강성 매트릭스를 K_T의 크기로 표현하면 다음과 같다.

$$
K_{12} = \frac{EI}{L^3}
\begin{bmatrix}
12 & 6L & -12 & 6L & 0 & 0 \\
6L & 4L^2 & -6L & 2L^2 & 0 & 0 \\
-12 & -6L & 12 & -6L & 0 & 0 \\
6L & 2L^2 & -6L & 4L^2 & 0 & 0 \\
0 & 0 & 0 & 0 & 0 & 0 \\
0 & 0 & 0 & 0 & 0 & 0
\end{bmatrix}
\qquad
K_{23} = \frac{EI}{L^3}
\begin{bmatrix}
0 & 0 & 0 & 0 & 0 & 0 \\
0 & 0 & 0 & 0 & 0 & 0 \\
0 & 0 & 12 & 6L & -12 & 6L \\
0 & 0 & 6L & 4L^2 & -6L & 2L^2 \\
0 & 0 & -12 & -6L & 12 & -6L \\
0 & 0 & 6L & 2L^2 & -6L & 4L^2
\end{bmatrix}
$$

따라서 4×4의 부분행렬 생성한 다음 6×6의 영행렬에 부분행렬을 복사해서 붙여넣기 하여 구조물 강성매트릭스를 완성한다.

$$K_{12} = K_{23} = \frac{EI}{L^3} \begin{bmatrix} 12 & 6L & -12 & 6L \\ 6L & 4L^2 & -6L & 2L^2 \\ -12 & -6L & 12 & -6L \\ 6L & 2L^2 & -6L & 4L^2 \end{bmatrix}$$ 이므로 부분행렬은 하나만 만든다.

$$\frac{ei}{l^3} \cdot \begin{bmatrix} 12 & 6 \cdot l & -12 & 6 \cdot l \\ 6 \cdot l & 4 \cdot l^2 & -6 \cdot l & 2 \cdot l^2 \\ -12 & -6 \cdot l & 12 & -6 \cdot l \\ 6 \cdot l & 2 \cdot l^2 & -6 \cdot l & 4 \cdot l^2 \end{bmatrix} \qquad \begin{bmatrix} \frac{12 \cdot ei}{l^3} & \frac{6 \cdot ei}{l^2} & \frac{-12 \cdot ei}{l^3} & \frac{6 \cdot ei}{l^2} \\ \frac{6 \cdot ei}{l^2} & \frac{4 \cdot ei}{l} & \frac{-6 \cdot ei}{l^2} & \frac{2 \cdot ei}{l} \\ \frac{-12 \cdot ei}{l} & \frac{-6 \cdot ei}{l^2} & \frac{12 \cdot ei}{l^3} & \frac{-6 \cdot ei}{l^2} \\ \frac{6 \cdot ei}{l^2} & \frac{2 \cdot ei}{l} & \frac{-6 \cdot ei}{l^2} & \frac{4 \cdot ei}{l} \end{bmatrix}$$

6×6 크기의 영행렬을 만든 후 부분행렬을 복사해서 K_{12} 위치에 붙여넣고 K_{12}으로 저장한다.

$$\frac{ei}{l^3} \cdot \begin{bmatrix} 12 & 6 \cdot l & -12 & 6 \cdot l \\ 6 \cdot l & 4 \cdot l^2 & -6 \cdot l & 2 \cdot l^2 \\ -12 & -6 \cdot l & 12 & -6 \cdot l \\ 6 \cdot l & 2 \cdot l^2 & -6 \cdot l & 4 \cdot l^2 \end{bmatrix} \qquad \begin{bmatrix} \frac{12 \cdot ei}{l^3} & \frac{6 \cdot ei}{l^2} & \frac{-12 \cdot ei}{l^3} & \frac{6 \cdot ei}{l^2} \\ \frac{6 \cdot ei}{l^2} & \frac{4 \cdot ei}{l} & \frac{-6 \cdot ei}{l^2} & \frac{2 \cdot ei}{l} \\ \frac{-12 \cdot ei}{l} & \frac{-6 \cdot ei}{l^2} & \frac{12 \cdot ei}{l^3} & \frac{-6 \cdot ei}{l^2} \\ \frac{6 \cdot ei}{l^2} & \frac{2 \cdot ei}{l} & \frac{-6 \cdot ei}{l^2} & \frac{4 \cdot ei}{l} \end{bmatrix}$$

① 부분행렬 선택 후 복사(ctrl+c)

$$\begin{bmatrix} 0 & 0 & 0 & 0 & 0 & 0 \\ 0 & 0 & 0 & 0 & 0 & 0 \\ 0 & 0 & 0 & 0 & 0 & 0 \\ 0 & 0 & 0 & 0 & 0 & 0 \\ 0 & 0 & 0 & 0 & 0 & 0 \\ 0 & 0 & 0 & 0 & 0 & 0 \end{bmatrix}$$

newMat(6, 6)

② K_{12} 위치 선택 후 붙여넣기(ctrl+v) 후 K_{12}으로 저장

$$\begin{bmatrix} 0 & 0 & 0 & 0 & 0 & 0 \\ 0 & 0 & 0 & 0 & 0 & 0 \\ 0 & 0 & 0 & 0 & 0 & 0 \\ 0 & 0 & 0 & 0 & 0 & 0 \\ 0 & 0 & 0 & 0 & 0 & 0 \\ 0 & 0 & 0 & 0 & 0 & 0 \end{bmatrix} \Rightarrow \begin{bmatrix} \frac{12 \cdot ei}{l^3} & \frac{6 \cdot ei}{l^2} & \frac{-12 \cdot ei}{l^3} & \frac{6 \cdot ei}{l^2} & 0 & 0 \\ \frac{6 \cdot ei}{l^2} & \frac{4 \cdot ei}{l} & \frac{-6 \cdot ei}{l^2} & \frac{2 \cdot ei}{l} & 0 & 0 \\ \frac{-12 \cdot ei}{l} & \frac{-6 \cdot ei}{l^2} & \frac{12 \cdot ei}{l^3} & \frac{-6 \cdot ei}{l^2} & 0 & 0 \\ \frac{6 \cdot ei}{l^2} & \frac{2 \cdot ei}{l} & \frac{-6 \cdot ei}{l^2} & \frac{4 \cdot ei}{l} & 0 & 0 \\ 0 & 0 & 0 & 0 & 0 & 0 \\ 0 & 0 & 0 & 0 & 0 & 0 \end{bmatrix} \rightarrow K_{12}$$

$$\begin{bmatrix} \frac{12 \cdot ei}{l^3} & \frac{6 \cdot ei}{l^2} & \frac{-12 \cdot ei}{l^3} & \frac{6 \cdot ei}{l^2} & 0 & 0 \\ \frac{6 \cdot ei}{l^2} & \frac{4 \cdot ei}{l} & \frac{-6 \cdot ei}{l^2} & \frac{2 \cdot ei}{l} & 0 & 0 \\ \frac{-12 \cdot ei}{l} & \frac{6 \cdot ci}{l^2} & \frac{12 \cdot ci}{l^3} & \frac{6 \cdot ci}{l^2} & 0 & 0 \\ \frac{6 \cdot ei}{l^2} & \frac{2 \cdot ei}{l} & \frac{-6 \cdot ei}{l^2} & \frac{4 \cdot ei}{l} & 0 & 0 \\ 0 & 0 & 0 & 0 & 0 & 0 \\ 0 & 0 & 0 & 0 & 0 & 0 \end{bmatrix}$$

6×6 크기의 영행렬을 만든 후 부분행렬을 복사해서 K_{23} 위치에 붙여넣고 K_{23}으로 저장한다.

$$\frac{ei}{l^3} \cdot \begin{bmatrix} 12 & 6 \cdot l & -12 & 6 \cdot l \\ 6 \cdot l & 4 \cdot l^2 & -6 \cdot l & 2 \cdot l^2 \\ -12 & -6 \cdot l & 12 & -6 \cdot l \\ 6 \cdot l & 2 \cdot l^2 & -6 \cdot l & 4 \cdot l^2 \end{bmatrix} \qquad \begin{bmatrix} \dfrac{12 \cdot ei}{l^3} & \dfrac{6 \cdot ei}{l^2} & \dfrac{-12 \cdot ei}{l^3} & \dfrac{6 \cdot ei}{l^2} \\ \dfrac{6 \cdot ei}{l^2} & \dfrac{4 \cdot ei}{l} & \dfrac{-6 \cdot ei}{l^2} & \dfrac{2 \cdot ei}{l} \\ \dfrac{-12 \cdot ei}{l} & \dfrac{-6 \cdot ei}{l^2} & \dfrac{12 \cdot ei}{l^3} & \dfrac{-6 \cdot ei}{l^2} \\ \dfrac{6 \cdot ei}{l^2} & \dfrac{2 \cdot ei}{l} & \dfrac{-6 \cdot ei}{l^2} & \dfrac{4 \cdot ei}{l} \end{bmatrix}$$

① 부분행렬 선택 후 복사(ctrl+c)

newMat(6, 6)

$$\begin{bmatrix} 0 & 0 & 0 & 0 & 0 & 0 \\ 0 & 0 & 0 & 0 & 0 & 0 \\ 0 & 0 & 0 & 0 & 0 & 0 \\ 0 & 0 & 0 & 0 & 0 & 0 \\ 0 & 0 & 0 & 0 & 0 & 0 \\ 0 & 0 & 0 & 0 & 0 & 0 \end{bmatrix}$$

② K_{23} 위치 선택 후 붙여넣기(ctrl+v) 후 K_{23}으로 저장

$$\begin{bmatrix} 0 & 0 & 0 & 0 & 0 & 0 \\ 0 & 0 & 0 & 0 & 0 & 0 \\ 0 & 0 & 0 & 0 & 0 & 0 \\ 0 & 0 & 0 & 0 & 0 & 0 \\ 0 & 0 & 0 & 0 & 0 & 0 \\ 0 & 0 & 0 & 0 & 0 & 0 \end{bmatrix} \Rightarrow \begin{bmatrix} 0 & 0 & 0 & 0 & 0 & 0 \\ 0 & 0 & 0 & 0 & 0 & 0 \\ 0 & 0 & \dfrac{12 \cdot ei}{l^3} & \dfrac{6 \cdot ei}{l^2} & \dfrac{-12 \cdot ei}{l^3} & \dfrac{6 \cdot ei}{l^2} \\ 0 & 0 & \dfrac{6 \cdot ei}{l^2} & \dfrac{4 \cdot ei}{l} & \dfrac{-6 \cdot ei}{l^2} & \dfrac{2 \cdot ei}{l} \\ 0 & 0 & \dfrac{-12 \cdot ei}{l^3} & \dfrac{-6 \cdot ei}{l^2} & \dfrac{12 \cdot ei}{l^3} & \dfrac{-6 \cdot ei}{l^2} \\ 0 & 0 & \dfrac{6 \cdot ei}{l^2} & \dfrac{2 \cdot ei}{l} & \dfrac{-6 \cdot ei}{l^2} & \dfrac{4 \cdot ei}{l} \end{bmatrix} \rightarrow K_{23}$$

$$\begin{bmatrix} 0 & 0 & 0 & 0 & 0 & 0 \\ 0 & 0 & 0 & 0 & 0 & 0 \\ 0 & 0 & \dfrac{12 \cdot ei}{l^3} & \dfrac{6 \cdot ei}{l^2} & \dfrac{-12 \cdot ei}{l^3} & \dfrac{6 \cdot ei}{l^2} \\ 0 & 0 & \dfrac{6 \cdot ei}{l^2} & \dfrac{4 \cdot ei}{l} & \dfrac{-6 \cdot ei}{l^2} & \dfrac{2 \cdot ei}{l} \\ 0 & 0 & \dfrac{-12 \cdot ei}{l^3} & \dfrac{-6 \cdot ei}{l^2} & \dfrac{12 \cdot ei}{l^3} & \dfrac{-6 \cdot ei}{l^2} \\ 0 & 0 & \dfrac{6 \cdot ei}{l^2} & \dfrac{2 \cdot ei}{l} & \dfrac{-6 \cdot ei}{l^2} & \dfrac{4 \cdot ei}{l} \end{bmatrix}$$

K_{12}와 K_{23}을 더하여 K_T로 저장한다.

$$K_{12} + K_{23} \rightarrow K_T \qquad \begin{bmatrix} \dfrac{12 \cdot ei}{l} & \dfrac{6 \cdot ei}{l^2} & \dfrac{-12 \cdot ei}{l^3} & \dfrac{6 \cdot ei}{l^2} & 0 & 0 \\ \dfrac{6 \cdot ei}{l^2} & \dfrac{4 \cdot ei}{l} & \dfrac{-6 \cdot ei}{l^2} & \dfrac{2 \cdot ei}{l} & 0 & 0 \\ \dfrac{-12 \cdot ei}{l^3} & \dfrac{6 \cdot ei}{l^2} & \dfrac{24 \cdot ei}{l^3} & 0 & \dfrac{-12 \cdot ei}{l^3} & \dfrac{6 \cdot ei}{l^2} \\ \dfrac{6 \cdot ei}{l^2} & \dfrac{2 \cdot ei}{l} & 0 & \dfrac{8 \cdot ei}{l} & \dfrac{-6 \cdot ei}{l^2} & \dfrac{2 \cdot ei}{l} \\ 0 & 0 & \dfrac{-12 \cdot ei}{l^3} & \dfrac{-6 \cdot ei}{l^2} & \dfrac{12 \cdot ei}{l^3} & \dfrac{-6 \cdot ei}{l^2} \\ 0 & 0 & \dfrac{6 \cdot ei}{l^2} & \dfrac{2 \cdot ei}{l} & \dfrac{-6 \cdot ei}{l^2} & \dfrac{4 \cdot ei}{l} \end{bmatrix}$$

저자약력

김 성 민(金成珉)　경기대학교 경제학, 토목공학
　　　　　　　　　건축구조기술사
　　　　　　　　　한국토지주택공사 근무

김 성 범(金成範)　동국대학교 건축공학
　　　　　　　　　행정고시(건축직)
　　　　　　　　　건축구조기술사
　　　　　　　　　토목구조기술사

재료역학 · 구조역학 · 응용역학
역학의 정석

定價 52,000원

저　자　김성민 · 김성범
발행인　이　종　권

2023年　3月　23日　초 판 발 행
2024年　10月　1日　1차개정발행

發行處　**(주) 한솔아카데미**

(우)06775 서울시 서초구 마방로10길 25 트윈타워 A동 2002호
TEL : (02)575-6144/5　　FAX : (02)529-1130
〈1998. 2. 19 登錄 第16-1608號〉

※ 본 교재의 내용 중에서 오타, 오류 등은 발견되는 대로 한솔아
　카데미 인터넷 홈페이지를 통해 공지하여 드리며 보다 완벽한
　교재를 위해 끊임없이 최선의 노력을 다하겠습니다.
※ 파본은 구입하신 서점에서 교환해 드립니다.

www.inup.co.kr / www.bestbook.co.kr

ISBN 979-11-6654-543-6 13540